※ 수산물품질관리사 '개정' 1차 이론서 서문

수산물품질관리사의 역량을 갈고 또 닦고서 수산물품질관리사(이하 : '수품사'라 한다)의 다음을 위해서 수품사 1차 이론서의 핵심 부문을 수품사 비전을 보고 다시 편집을 합니다.

이 1차 수품사 이론서 출판의 취지 및 특징은 기존 '수품사 129호 김용회' 등이 출간한 수품사 기본서 및 모의고사에 많은 사랑을 받았고, 수품사 1차 및 2차 문제 분석서를 많은 수품사 가족분들의 개정 및 이론서 출간을 다양하게 요청을 받아서 수품사 2기 . 3기 및 4기 와 관련된 연구진분들이 수품사 후배님들을 위하여 하나로 힘을 합해서 1차 기출 개정 출간 후 새롭게 수품사 1차 이론서를 다양한 시각 및 기출 방향에 부응하게 출간을 합니다.

본서 개정은 수산진공무원 GWP 고시학원 강의 시작과 수산일반, 수산경영 강의 경험으로 김용회 경매사(자격번호 : 2020181025호), 수품사(자격번호 : 129호), 관세사(자격번호 : 2849호) 등의 경험과 수산관련 교재를 김용회가 약50권을 저술한 경험으로 재정을 합니다.

수산고등학교 강의 준비 및 일반 학원 수품사 개설 강의 등 대비로 변호사 3인 및 세무사 1인 그리고 수품사 2기 김용회를 포함하여 수품사 2기 및 3기. 4기분들에게 학교 강의 및 일반학원 강의 등에 개방하여 준비하는 전제 조건이 수품사 1차 기출 및 1차 이론서 개정. 발행 등이라 이를 먼저 준비를 합니다.

이하 수품사 1차 이론서 개정분에 관심을 가진분들에게 감사드립니다. 특히 법학박사 김윤조 교수님의 전체적인 수품사 관련한 법령을 감수 등 많은 힘을 주시었습니다.

끝으로 김태산 작가분의 각종 도표를 약 100개정도 정성을 들이시어 작성한 태산군에게 무한한 감사를 드리면서 항상 책 출판과 편집을 함께 하시면서 힘쓰주시는 베스트 에듀 출판사 강신대 본부장의 노고에 진심으로 감사드립니다. 그린로드 사장인 김태양군도 책을 새롭게 출간하는데 여러 가지 오타 및 편집과정에 참여하여 도와 주신데 감사드립니다.
항상 나를 믿으시는 나의 사랑하는 가족 아넥스. 금복. 금산. 금하의 건강한 2021년 되시길 기원하면서 . . . . .

2021. 04. 29.

항상 지금이 다음이고 다음이 지금이라는 근본 생각과 행동으로

다음을 생각하면서 김포시의 시민인 김태양 그린로드 사장의 멋진 항해를 기원하면서
경매사(20201801025) 및 관세사(2849호) · 물류관리사 · 보세사· 공인중개사(13-05621)·
수산물품질관사 129호 김용회

수품사 1차 이론서 목차 구성

. 수산물품질관리사 1차 이론서 서문 및 김용회 및 수품사 2기분들 기출 분석

. 수산물품질관리사 1차 '법령' 이론서 목차

최신개정판

수산물 품질관리사 1차 이론서

감수 및 주편저자 [illegible]

- 국가공인자격증 수산직공무원가산점 3점
- 수품사가 직필한 국내유일한 해설서
- 제4회 수품사 80% 적중률

1차합격필독서

그린로드

. 수산물품질관리사 1차 '수산물 유통론 ' 이론서 목차

. 수산물품질관리사 1차 ‘ 수확 전 후 품질관리론’ 이론서 목차

. 수산물품질관리사 1차 ‘ 수산 일반 ‘ 이론서 목차

Ⅰ. 수품사 2기 김용회 및 김동헌 : 1차 및 2차 기출 등 분석 ' 반드시 1독 요'

((제 1과목 농수산물 관련 법령))

초기시험이라 출제경향이 들쭉날쭉해서 많은 수험생들이 불필요한 고생을 하였으나 6회의 기출문제가 누적되면서 어느 정도 출제방향의 아웃라인이 형성되고 있어 후배들의 고생을 덜기 위해서 각 과목별로 분석하고 대응책을 제시해 봅니다.

손자병서에서 적을 알고 나를 알면 백전불태(知彼知己百戰不殆)라고 합니다. 출제경향과 범위를 어느 정도 알고 시작하면 아무래도 도움이 될 것으로 생각합니다.

1. 농수산물 관련 법령공부의 특성

- 법령은 여느 시험에서도 그러하듯 가장 정직한 과목입니다. 출제범위가 확실하고 설령 법령 문구가 잘못 제정되어 있더라도 법령 자구 그대로 출제된다는 의미이고 공부한 만큼 반드시 결과가 따르는 과목입니다.
  비전공자에게 법령은 까다로울 수도 있으나 최근 대부분의 법령이 어려운 용어를 순화하여 개정되었고 법 제정목적과 정의부터 반복하여 차근차근 공부하면 누구나 기본점수를 확보할 수 있기 때문입니다
- 그리고 수품사 시험에서 법령은 1차는 물론 2차에서도 2~30점을 차지하여 투자대비 가성비가 아주 높으므로 절대로 소홀히 해서는 안 되는 과목입니다.

2. 4회 이후의 기출문제 출제 분량

- 여타 과목의 범위와 난이도가 아주 들쭉날쭉한 반면 법령은 그래도 예측가능성을 담보할 수 있는 출제가 이루어졌다고 봅니다. 따라서 4회 이후에도 지금의 경향대로 출제되는 것으로 예상하고 공부하는 것이 좋을 듯 합니다.

법령별 출제문제 분포를 보면 25문제 중에서 농수산물품질관리법령(이하 품질관리법)이 10문제(40%), 농수산물유통및가격안정에관한법령(이하 농안법) 6문제(24%),농수산물원산지표시에 관한 법률(이하 원산지법) 6문제(24%), 그리고 친환경농어업 육성 및 유기식품 등 관리지원에 관한법률(이하 친환경법) 3문제(12%)가1회 및 2회에 출제되었으며, 3회에 들어 품질관리법이 9, 농안법이 7문제로 약간 변동이 있었지만 10,6,6,3 분포는 당분간 유지되리라 예상해 봅니다. 6회에는 용어정의,목적,품질인증 요건, 법 69조 및 70조 햅썹,법 71조 지정해역,법 88조 검사,수품사규정인 제 106조 2항 등이 출재 되었습니다.

3. 농수산물품질관리법 출제 경향

(1) 어느 법이나 그러하듯 용어의 정의는 전체법령을 이해하는데 필수적이고 중요합니다. 1회에 생산자단체의 정의(유형), 3회에 수산특산물, 물류표준화, 동음이의어 지리적표시의 정의가 출제되었습니다.

(2) 품질관리심의회도 단골출제 부분으로 포괄적으로 알아야 합니다.
심의사항(1회,3회), 심의회설치 구성문제(2회) 등 매 회 출제되었으므로 소홀히 하지 말아야 합니다.

(3) **품질인증 부분도 꼭 공부**해야합니다. 품질인증자금 지원주체(1회-자금지원대상은 3회 2차 시험기출),품질인증 취소사유(2회), 인증유효기간 연장신청 기간 및 절차(3회) 등 꼭 한 문제씩 출제되었죠. 품질 인증기관 취소사유는 2회 2차시험에도 출제되었습니다. 4회 2차는 품질인정 요건이 출재 되었다.

(4) 지리적표시도 매 회 한 문제는 단골출제, 비포장낱개판매 시 표시방법(1회), 표시권이전, 승계(2회- 이 문제는 2회 2차 주관식에도 출제되었음), 등록거절사유 세부기준(2회), 등록공고사항(3회) 지정해역 위생관리 등 문제는 1회에 출제되었으며, 2차시험도 1회, 2회에는 2문제가 출제된 바 있습니다. 등록 생산가공시설 위해요소위반 행정처분(1회), 생산제한사유(2회) 등이 출제, 제 4회에도 출재되었습니다.

(5) 검사 및 검증 부분, 특히 검사는 2차에서 오히려 비중이 높으므로 집중적으로 투자해야 합니다. 관능검사 포장제품의 시료채취(1회), 검사표시구분(검인 등)(1회), 검정결과 허위표시시 벌칙(3회)이 출 되었으나 포장, 비포장 시료채취는 2차 주관식에서 2회,3회 연속으로 출제된 부분입니다. 또한 관능검 사 대상건은 3회 2차 5점짜리 문제로 출제되었죠.
제 4회에서도 법 88조가 출재되었습니다.

(6) 안전성조사도 매 회 단골메뉴입니다. 조사절차(1회), 조치사항 및 방법(2회,3회)이 출제됨 유전자변형수 산물은 기준고시의 주체(2회), 표시의무자 금지행위(3회)가 출제되었고, 특히 금지행위는 3회 2차서술 형에도 출제되어 간과할 수 없는 부분입니다. 조금 조잡한 부분이나 품질관리사 관련 문제가 매 회 단골출제되었죠. 점수주기 위한 것이라 댕큐죠. 직무종류(1회,2회), 시행규칙상 직무유형(3회), 자격증대여 벌칙(3회지문), 교육실시기관(3회) 등 중요도에 비해 빈출문제에 해당됩니다.

(7) 벌칙 및 행정처분은 실무상 상당히 중요하므로 1,2차 대비 꼭 암기해야 합니다. 우수표시품 표시자 처 벌기준(3회), 과태료부과대상(2회)이 있습니다. 기타 우수표시품 사후관리 문제가 1문제 출제되었습니 다. (2회)

4. 농수산물유통 및 가격안정에 관한 법령 출제 경향분석

1) 농안법은 최근 품질관리법상 이력추적관리 부분 중 수산물과 관련된 유통관리부분이 유통법을로 분리되어 수산물 유통의 관리 및 지원에 관한 법률 (약칭: 수산물유통법 이라 함)로 따로 제정되어 2018년부터 시행되므로 품질관리법상 이력추적관리 부분이 1회 2차 주관식 문제(O,X문제)로 한 번 출제된 이후 다양하게 1차 및 2차에 출제되었습니다.

2) 이 법이 시행되므로써 예상컨데 4회시험에는 법령하나가 추가될 가능성이 있으며 산지유통대책이나 소매유통개선지원사업(각 2회출제) 등 유통구조개선부분은 물론 이력추적관리제도에서도 한 문제 정도 출제가능성이 높아지고 있습니다.

3) 농안법이 3회에 7문제로 늘어난 이유의 하나가 아닐까 하는 심증도 있고요.

4) 농안법은 특히 2차시험 유통주체와 관련해서 도매시장, 공판장, 등 개설주체, 요건, 절차와 그리고 유통주체인 도매시장법인, 시장도매인, 중도매인, 산지유통인, 경매사 등의 허가, 지

정, 등록요건 및 절차를 확실히 구분해서 공부해야 하고 유통정책도 공부를 해야 합니다.

5) 지난 출제 경향을 보면. 도매시장 개설요건 및 절차(1회,3회), 도매시장의 관리자 지정대상(2회), 개설자의 의무(3회) 등 골고루 출제되었음. 민영도매시장 개설요건 및 절차(1회, 3회)가 출제되었으며. 수산물공판장 개설주체, 절차는 단골메뉴로(1회,2회,3회) 매 회 출제되었습니다.

6) 도매시장 유통주체는 완벽하게 공부해야 합니다(2회,3회 2차에도기출), 경매사 숫자 및 임면주체, 절차(1회, 3회), 시장도매인 우선판매가능 물품(2회), 중도매인 업무(3회), 산지유통인(1회)등 골고루 출제되었습니다.

7) 1회엔 표준정산서 내용이란 뜬금없이 지엽적인 문제도 있었지요. 도매시장 거래품목 중 수산부류(2회)는 보너스문제이고, 주산지 지정과 해제(2회)는 고난도의 문제였습니다. 유통정책 부분에도 소매유통개선지원사업(2회), 산지유통대책(2회)가 출제되었습니다.

8) 4회에는 유통경로 합리화, 주산지에 관한 도지사의 권한,수산부류거래품목,생산자 관련단체,입찰방법 ,농수산물 전자거래소의 거래수수료,농수산물 공판장, 산징유통인 등 부분에 출제가 되었습니다. (이 부분은 2차시험 유통분야로 출제된 바 있습니다)

5. 원산지 관련 법령 출제문제 분석

1) 원산지법은 생활밀착형 문제가 많아 일상에서 조금만 관심을 가지면 익숙하게 숙지하실수 있는 상식문제가 많지만 법령의 특성상 명확하게 공부해야 하고 숫자와 행정벌칙 등 난해한 부분도 있습니다.

2) 1회에 제정목적이 나왔고, 2회와 3회에는 타 법률 적용부분이 출제되었습니다. 혼합비율 수산물표시기준은 숫자와 함께 숙지해야 합니다. (1회기출, 혼합 시 시도명표시방법(2회) 원료배합비율에 "따른 표시기준은 빈출문제(2회, 3회 연속출제)이죠. 표시의무자(표시주체)도 중요하고(1회), 표시로 의제되는 경우(2회)도 알고 있어야 합니다. 조리판매음식점 등에서 표시대상 어종은 1회, 2회 연속출제되고 3회 2차시험에도 나왔습니다. 중요합니다. 표시자의 금지행위(3회), 품질관리원장에게 위임하는 사항(3회)도 출제되었죠.

3) 과징금은 아주 중요합니다. (1회,3회) 행위별로 과징금 금액까지 암기해야 할 것입니다. 살아있는 수산물 표시위반 과태료(2회), 정보의 제공의무(1회), 명예감시원의 업무(1회) 등 지엽적인 부분도 출제되었습니다.
4) 제4회 기출은 원산지법 제 6조의 규정 중 '혼동''에 대한 벌칙, 시행령 원산지 표시대상 12가지에 대한 과퇴료 규정이 TAC와 비교 출제,원산지 표시방법이 시행령 별표가 기출,이 원산지표시방법은 농수산물품질관리법령 제 32조의 지리적표시품의 표시방법도 동일횟차에 기출이 된 것을 주의를 요합니다. 그리고 원산지법 용어,위반자의 교육이수명령 및 이행기간이 출제(통지받은 날부터 최대 3개월 이내), 원산지법 제 10조 및 4조의 방사성물질과 관련된 해수부장관의 국민에게 알권리 충족 등 이 제 2018년 1차에 기출이 되었습니다.

5) 특히 원산지법규정과 타법 비교하는 문제가 2문 최근에 출제 되었습니다. 앞으로 농수산물 원산지표시에 관한 법률은 원산지법의 일반법인 대외무역법 등에 대한 ''특별법적인 성격(법제3조)'이므로 중요힌 위치를 점하고 있으므로 깊이 있는 준비를 히여야 합니다.

6. 친환경지원법 출제문제 분석

1) 이법은 농수산물품질관리법령 제 56조 및 60조의 유전자변형과 유사한 점은 있어도 권한기관이 식품의약품안전처장이 아닌 ''해수부장관''이 주무부서인 것이 특징이다.

2) 이법은 사실 2차 연관성도 떨어지고 해서 중요 3 법령에 자신이 없거나 시간할애가 가능한 전업수험생(?)은 공부하는 것이 좋겠지만 직장인이거나 타 법령에 어느 정도 숙달한(재수생 등) 분은 그냥 수험서 예상문제나 요약된 것과 기출문제 훑어보고 넘어가는 것도 좋을 듯 합니다.

3) 각 회당 3 문제 중 쉬운 문제 하나씩은 나오므로 놓치지 않기 위해서 용어의 정의나 유효기간 등 몇 몇 수치 정도는 공부해야 합니다. 친환경 육성계획의 내용(1회), 친환경기여도 평가(3회) 등 정책적인 사항이 나왔는데 깊이 공부하지 않으면 어려운 부분입니다. 용어의 정의 중 활성처리제(1회), 친환경수산물 유형(2회)는 보너스 문제였지만, 인증기관지정 후 홈페이지 게시내용(1회), 인증심사원 자격정지사유(2회)가 출제되었으나 사지선다이므로 어느 정도 고를 수 있습니다.

(1) 유기식품 인증유효기간(2회),
(2) 유기식품 표시기준(3회)도 선택형이므로 평이한 문제.
(3) 양식생물 pH조절사용가능 물질(3회)은 뜬금없는 문제였지만 상식으로 해결가능(산성과 알칼리성의 개념)

4) 제 4회는 법률의 용어 1문, 유기수산물의 인증유효기간 1문이 출제가 되었습니다.

7. 1~6회 1차 기출 분석 . 총괄 평가 및 대책

이상 분석한 결과를 종합하여 보면. 품질관리법령에서는 매 회 각 파트별로 골고루 출제되고 있으며 얼마나 지엽적이고 시행규칙쪽으로 편중되느냐에 따라 난이도가 약간 달라지나 3회시험 통틀어 과락이 될 정도의 난이도는 없었으므로 꾸준한 공부가 필요하고 위에서 언급한 바와 같이 2차시험에도 영향을 많이 주므로 처음부터 단답식이나 서술형이라고 생각하고 2차 공부하듯이 임하는 것이 좋을 듯 합니다. 농수산물 가격 및 안전법 파트에서는 도매시장, 민영도매시장, 수산물공판장에 대한 것은 개설주체, 요건, 절차, 임무 등을 기본적으로 숙지하여야 합니다. 도매시장 유통주체에는 지정, 허가, 등록, 임면절차부터 임무까지 확실히 파악해야 하겠습니다. 최근 유통합리화부분이 중요시 되고 있음을 유의하여야 하고, 1차유통론과 연관하여 공부하면 이해가 더 빠를 것으로 생각합니다.

특히 수산물공판장과 소비지시장의 중요성이 부각되고 있으므로 숙지바랍니다. 원산지법령은 조문은 몇 안되지만 시행령과 시행규칙의 별첨규정이 자주 개정되고 출제도 이 부분에서 되고 있으므로 숫자를 포함한 기본적인 사항을 반복 숙지할 필요가 있습니다.

특히 우리 생활과 밀접한 음식점 등의 원산지표시대상과 방법 등은 상식으로 생각하고 꼭 알아두셔야 할 것입니다. 향후 원산지위반 단속을 위한 처벌, 과징금 등 행정조치사항도 출제가 예상되는 부분입니다. 친환경법은 기본적인 것만 정리하고 찍기신공을 활용하는 것도 하나의 방안이라 생각합니다. 다음은 2차 출제문제 중에서 법령 쪽에 출제된 것을 분석하여 1차 공부의 방향을 설정하는데 도움을 드리고자 합니다.

2019년 수산물품질관리사 1차 객관식 출제 범위에서 '수산물 유통의 관리 및 지원에 관한 법령''일명''수산물유통법''이 추가 및 포함되었습니다.

((제 2과목 : 수산물 유통과목))

수산물유통론(이하 ; 유통론 이라 한다.) 과목은 1차 시험 고득점 전략과목으로 비교적 적은 투자로 평균점수를 올릴 수 있는 과목입니다. 특별히 깊이 있는 공부가 없어도 4차례의 기출문제를 분석해 보면 쉽게 풀 수 있는 문제가 반복하여 출제되고 있습니다.

특히 유통론은 법 체계와 2차 문제와도 연계를 검토하여야 합니다. 출제범위 추가를 고려하여야 합니다.

큐넷에서 공지된 출제영역에서 골고루 출제되고 시사나 경제상식에 해당하는 문제도 다수 출제되고 있으나 고득점을 위해서는 계산문제의 공식을 반드시 암기해야 하고, 유통관련 법령(유통주체 및 유통기구)에 대한 부분은 특히 2차 시험과도 연관시켜 공부하여야 할 것입니다.

지난 6년간 출제된 문제 중심으로 분야별 출제비중을 살펴보면. . . (이 분석은 일부 문제는 공통적이거나 구분이 애매하여 임의로 분류한 것도 있음) 유통개요에서 총 7문제(8. 0%), 유통기구 및 경로 총 6문제(8%), 주요수산물 유통경로 총 18문제(22. 7%), 수산물 거래부분 19문제(24. 0%), 수요공급이론 8문제(10. 7%),

마케팅 분야 11문제(13. 3%), 유통정보와 유통정책 기타에서 10문제(13. 3%)가 출제되었습니다.
특히 수품사 2차에서 BRAND'브랜드의 특징이 제 4회 2차에서 기출이 되었습니다.

1. 유통의 개념과 수산물(가공품)의 유통의 특성은 매회 기본적으로 출제됨
 - 수산물의 특성에 따른 가격변동성(1회), 수산가공품의 유통의 장점(3회), 유통구조의 특성(2회), 과 그에 따른 유통시장교란의 원인(2회) 등 수산물의 특성에 관련된 문제는 기본적인 상식문제이므로 지문만 잘 읽어보면 쉽게 맞출 수 있는 문제들입니다. 유통일반 이론으로 생산소비 거리 4유형(2회), 운송, 보관, 금융, 정보활동 등 유통활동 4가지(1회)

2. 유통기구 및 조직과 경로분야에서는 수산물의 유형별, 시장별로 자주 출제되고 있으며, 시사성 있는 분야(공판장, 산지위판장, 직판장 등)의 특성부분에도 유의해야 할 듯 합니다. 직접적 유통기구의 특성(1회), 계통출하 유통기구(위판장,1회) 산지직판장 유통의 특성(1회)가 출제됨

3. 주요 수산물 유통경로와 해당수산물(가공품)의 특징 및 장단점, 그리고 우리나라의 유통실태 파악은 반드시 준비가 되어야 합니다. 출제비중도 높을 뿐만 아니라 품목별로 전반적인 유통실태의 이해가 전제되어야 하기 때문입니다. 활어유통(1회,3회), 양식수산물(1회, 2회:굴, 3회:넙치), 선어유통(1회,2회,3회), 냉동수산물(1회, 2회, 3회,4회 2차), 수산가공품 유통특성 및 장단점(2회,3회), 어종별 유통경로(3회), 냉동수산물 유닛로드시스템(3회), 기타 수산물시장 지역성 원인(2회) 등 상당수가 연속 집중 출제되고 있습니다.

이 부분은 매회 출제비중이 늘어나 3회시험에서는 7문제가 출제되고 있어 유의해야 하겠습니다. 2018년 11월 03일 4회 2차 시험에서도 냉동수산물의 특징이 출제되었습니다.

4. 출제 분석

1) 수산물거래(시장, 시장 외)분야는 수산물품질관리사가 주요 역할을 하는 분야라 그런지 출제비중도 높을 뿐만 아니라 다양한 부분에서 난이도 분포도 골고루 출제되는 경향이 있습니다.
2) 산지공판장을 필두로 한 소매. 도매시장의 특성, 주체, 기능, 유통종사자의 역할과 거래방식은 물론 공동판매 및 전자상거래 부분도 단골로 출제되었습니다. 특히 도매시장 유통주체인 경매사, 시장도매인 산지유통인, 중도매인 등의 개념과 역할은 2차 시험(3회)에서도 계속 출제되고 있으므로 유의해야 합니다.

3) 도매시장 유통주체(1회), 공영도매시장(2회), 산지시장 특성(1회), 산지직판장 설명(1회), 산지위판장의 거래방식(상향식경매, 3회), 산지위판장 특성(3회), 산지유통인 등록 및 업무(3회), 중도매인의 기능(1회)
 - 소매시장의 기능 및 역할(2회,3회 연속), 공동판매의 특성과 기능(1회2문제, 2회),
 - 전자상거래(1회:장애요인, 2회:특성, 3회:활성화 제약요인)는 매회 출제되고 있습니다.

5. **수요공급 이론부분**은 경제학 원론 수준이고 계산문제가 있지만 공식만 숙지하면 지극히 간단히 해결할 수 있는 산수문제이므로 패싱하지 않을 것을 권장합니다. **수요의 가격탄력성 관련 문제(1회,2회,3회)**는 구성만 바뀌어서 연속 출제되고 있습니다. 4회에는 공급의 탄력성 문제가 유력시 됩니다, 공급곡선문제(1회)도 공식으로 간단히 해결가능한 문제입니다. 유통마진률도 3회 연속 출제되었고 2차 시험에도 계산문제로 연속 출제되었으므로 소홀히 하면 안됩니다. 개념정리를 명확히 하면 산수문제일 뿐이기 때문이지요. **유통마진의 구성요소(2회)**도 기출되었습니다.

6. **마케팅이론 또한 비교적 비중이 높은 부분**으로 소홀히 할 수 없습니다.

1) 3회에 4문제나 출제되고 있으며, 1회에 출제된 마케팅믹스(4P-4C)는 2차에서 그대로 출제되는 등 1차-2차 연관성이 높은 부분이라 할 것이며, 유통이론에서 중요한 부분이지요. 포장 및 브랜드 부분도 매회 출제되었습니다. **포장의 기능(1회,2회),** 브랜드구조(3회) 가격전략으로 단수가격전략(2회), 수의매매(1회), 가격결정사례문제(3회)가 출제되었음.
2) **제품수명 4싸이클 문제(2회),** 촉진수단으로 중간상인 거래촉진사례(3회)가 출제되었고 마케팅관련 미 시적 외부환경요인(3회)은 상당히 고난도 문제였습니다. 마케팅이론 역시 3회에 걸쳐 총 10문제로 13. 3%가 출제되어 그 중요성이 커지고 있습니다.
3) 브랜드 특성이 2018년 11.03일 2차 서술형문제 중 단답식으로 출제가 되었습니다.

7. 마지막으로 유통정보와 정책부분입니다.

일부 상식문제도 있으나 배타적무역특혜 관련 협정을 묻는 문제(1회) 등 어려운 문제도 있었지만 전체적으로 10문제나 출제되어 중요성을 간과할 수 없습니다. 유통정책의 목적(1회), 유통정책 수단(2회), 민간협력형수급정책(2회), <u>식품안전성 확보제도(2회),수산물재해보험(2회), 수산물표준화 및 등급화(3회),</u> 등 정책관련 문제는 문제만 꼼꼼히 읽으면 수월하게 답이 추정되는 문제입니다. 유통정보분야는 **유통정보 전달매체(RFID:2회),** 생산부터 소비까지 단계별 정보전달체계(이력추적제:3회), 판매정보 수집도구(바코드:3회) 등 포괄적이거나 지엽적인 문제도 골고루 출제되었습니다.

8. 전체적인 분석결과

→이상 살펴본 바와 같이 **유통론은 난이도** 평가에 있어서 회차에 따라 차이가 있으나 통상 80점 이상은 무난하고 많게는 <u>**90점 이상 받을 수 있는 과목이고 출제경향이**</u>었다고 봅니다.

수산물의 기본적인 특성은 어획후품질관리론과 수산일반, 유통론에서 일관되게 연관되어 출제되는 기본적인 상식이고 그에 따른 유통관리에 있어서 특수성을 유추하면 유통개요와 유통기구, 경로는 상식적으로 해결 가능한 문제들입니다.

→ 유형별 유통경로는 각 수산물(가공품)의 특성을 감안하여 이해함과 더불어 우리나라의 거래실태<u>(**계통출하, 비계통거래, 수입산** 등)를 꼼꼼히 생각해보면서 풀어보면 객관식이</u>므로 유추가 가능합니다.

- 다만 수산물 거래시장에 대하여는 법령의 농안법, 유통지원법과 연관하여 도매시장, 소매시장의 개념,

특히 수산물에 특이한 산지위판장, 직판장, 공판장 등의 개념을 이해하고, 시장의 유통주체에 대하여

세분하여 기능과 역할을 공부해야 합니다. 유통주체 부분은 2차시험에도 단골로 출제되고 있어요. 시장 외 거래인 전자상거래도 매회 출제되는 부분이므로 특히 유의하시길 바랍니다.

- 수요공급이론과 가격이론은 기술한 바와 같이 절대로 어려운 부분이 아니므로 유통마진과 더불어 조금만 신경쓴다면 다 맞출 수 있는 산수문제가 출제되고 있으므로 공식 몇 개는 암기해야 합니다.

→ 마케팅전략과 유통정보분야도 문항수가 상당한 비중을 차지하므로 무시할 수 없는 분야이지요. 시사와 상식을 겸비하여 준비하면 크게 어렵지 않을 것으로 예상합니다.

9. 결론

유통론은 따로 심도 있게 공부하기보다는 다양한 교재를 중심으로 한 반복 숙지를 한다면 무난히 고득점을 올릴 수 있는 과목이므로 너무 깊이 들어가지 말고, 다른 과목과 연계하여 공부를 하면서 위에서 분석한 기출문제의 경향을 한 번씩 살펴보면서 가볍게 준비하시면 소기의 성과를 거두리라 믿어 의심치 않습니다.

2019년 수산물품질관리사 1차 객관식 ''법령''출제 범위에서 '수산물 유통의 관리 및 지원에 관한 법령''일명''수산물유통법''이 추가 및 포함되었습니다. 허나 유통론과도 연관이 있고, 2차 서술형과도 연관이 있는 아주 중요한 법령입니다.

((제 3과목 : 수확 전.후 품질관리))

1. 과목의 특성 및 출제 경향

1) 수확후 품질관리론은 **수산물품질관리사라는 자격명에 걸맞는 소양과 지식**을 검증하는 가장 중요한 과목으로 전문성과 난이도가 가장 높은 과목으로 분류할 수 있습니다. 이 과목은 법령과 마찬가지로 1차 출제내용의 상당부분이 2차에서도 출제되고 있습니다.

(2차 1회 7문제 24점, 2회 4문제 13점, 3회 5문제 15점, 검사검정관련성 포함하면 그 이상)

2) 따라서 1차 부터 2차시험을 염두해 두고 심도 있는 공부가 필요할 것입니다. 또한 검사, 검증 및 등급판정 문제를 원활히 풀기 위한 기초를 강화한다는 측면에서 배점비율 이상의 영향을 주는 과목이므로 1차공부를 2차와 같이한다고 생각하고 체계적이고 깊이 있는 이해를 하여야 합니다.

3) 2018년 수품사 제 4회 제 1차 문제를 분석

(1) 어류의 사후변화 현상, 어육단백질 설명,수산물의 선도 개념, 타우린(말린오징어나 말린 전복의 표면에 형성되는 박색 분말은?),시간-온도 허용한도(T.T.T 이론 = 수품사 1차 2회 기

출도 되었습니다),레토르트 파우치 특징, 냉동저장시 품질변화 방지책 등이 출제가 되었습니다.

2. 기출문제 분포비율- 큐넷 공지된 항목별 출제범위를 기준으로 1회~3회 분석

가) 원료의 품질관리 개요, 특징 분야 : 14문제(18. 7%) ,나) 저장 : 18문제(24. 0%)
다) 선별 및 포장 : 9문제(12. 0%) ,라) 가공 및 기계 : 14문제(18. 7%)
마) 위생관리 : 20문제(26. 7%) 이고, 특히 위생관리 중 독소관리부분만 13문제(17. 3%)

3. 원료의 품질관리 개요 등(공통문제 포함)

이 항목에서는 수산물의 일반적인 특성, 사후변화과정과 이론, 각종수산물, 수산가공품의 종류, 성분(특성) 등 기초적이고 수산일반에서 알아야 할 기본적인 지식을 묻는 문항이 많았습니다.

(1) (해당작용-사후경직-해경-자가소화-부패 : 1회), 사후경직 현상 설명(2회) 등은 과정별로 성분변화와 현 어류의 사후변화과정상을 숙지하고 설명할 수 있어야 합니다.

(2) 사후 경직 시 변화는 2차시험에서도 출제됨(1회) 품질관리 중 관능적 판단요소(1회)는 2차시험과 직접 연 관된 문제이고, 가공품의 종류도 구분할 수 있어야 하는 바, 제 4회 1차에서도 ''사후경직 현상''이 출제가 되었습니다.

(3) 저건품(멸치 : 1회), 자건품의 종류(3회)가 출제되었습니다. 수산물의 영양성분과 특수성분은 독성과 함께 수산물 종류별로 반드시 숙지해야 합니다.

(4) 콜라겐(상어껍질:1회), 한천원료(우뭇가사리 : 1회), 오징어표피 적갈색갈변색소(옴므크론 : 2회),

(5) 이매패의 폐각근 단백질성분(파라미오신 :2회),어패류' X성분' 종류(2회), 갈조류에 포함된 다당류(알긴산, 후코이단 : 3회),해산어류 비린내성분(TMA:3회), EPA의 성분과 특성(3회) 그리고 2차에서도 해조류 색소명, 적색근육색소명(1회)가 단답형으로 출제된 바 있습니다.

성분중 액젓의 성분 중 총질소 측정법(킬달법 : 3회)은 뜬금없는 식품기사 수준의 문제였습니다. 원료의 품질관리분야는 다른 항목의 기초가 되는 부분이고 문항수도 많으므로 특별히 신경써서 공부할 필요가 있는 부분이라고 생각합니다.

※ 엑스 성분 ; 멸치,밴댕이 및 까나리의 '맛 성분조성

1. 개념 ; 저분자 아미노산,저분자 질소화합물,저분자 탄소화물,유리 아미노산 ,저분자 팹티드, 유기산,비단백 질소화합물,뉴클레오티드 유기염기 등을 일컫고, 어패류의 맛을 결정하는 것이 엑스성분이다. 저분자 탄소화물 등을 통틀어서 엑스분이라 명한다. 단,단백질,색소,지질 등의 고분자 물질을 제외한다. (이경혜 교수 40P 인용)

2. 엑스성분 특징 ; 수품사 2차 서술형(9회 21번 등) 김용회 및 이경혜 교수 인용

1) 문어,오징어 - 타우린,베타인(상쾌한 감미를 가짐)
2) 조개류 : 호박산 ,호박산 나트륨 이 맛에 간여하는 성분이다.
3) 적색류 : 가다랑어,방어,고등어, 정어리 등 - 백색어는 주로 '간장''에 축적 .
4) 백색류 : 대구,가자미, 넙치, 참돔 등 -적색어는 주로 근육에 많이 ;;지질''축적 축적.
5) 어류의 포화 . 불포화 지방상의 비율 약 20 : 80 이고 불포화지방산의 비율이 높아 상화가 용이하여 변질 및 부패가 용이한 편이다.

X 성분	함유성분 (정성. 정량시험 법으로 검사)
베타민(동식물계의 널리 분포되어 있는 염기성화합물)	오징어,문어,새우 등 수산무척추동물의 근육-갑각류 ,연체 동물
요소(Urea) . TMAO	가오리 (TMAO), 상어,요소(암모니아)
아미노산	1. 백색류 ; 알라닌,글리신 2. 적색류 ; 히스타민 3. 조개류 ; 타우린,알라닌,글리신 등
Nucleotide(뉴클레오티드)	어류의 근육 ; 이노신산
유기산	어류 ; 젓산

6) 고도의 불포화 지방산의 이중결합을 5/6개에 따른 - EPA/DHA 등

3. 우리 나라 연근해에서 어획되고 있는 멸치, 밴''댕이 및 까나리의 '''맛 성분조성''을 밝히기 위하여 수산물에 널리 분포하고 있는 ''함질소 엑스성분인 '''유리아미노산, combined amino acid류, ''ATP관련 화합물, 4급암모늄 염기 및 구아니시노 화합물 등을 분석하여 상호 비교하였다.

4. 엑스분 질소함량은 밴댕이가 633mg/100g으로서 가장 높고, 다음은 멸치로서 601 mg/100 g이었으며 까나리는 455mg/100 g으로서 가장 낮았다. 어류 필수아미노산 3종에서부터 32종의 다양한 유리아미노산이 검출되었으나, 그 조성은 모두 유사한 경향이었고,

함량이 풍부한 것들로서는 histidine, taurine, alanine, leucine, carnosine, glutamic acid, lysine 등이었다. 그러나 그 함량에는 어종별로 차이가 있어서 밴댕이, 멸치, 까나리에서 각각 1,672mg/l00g, 1,416mg/100 g 및 951mg/100 g이었다. Combined amino acid류 함량을 유리아미노산 수준과 비교하면 까나리에서 110%, 멸치에서 84. 8%, 그리고 밴댕이에서는 62. 4%로서 어종별로 차이가 있었다.

ATP관련 화합물은 밴댕이, 멸치, 까나리에서 각각 6.15%, 4.14%, 3.81%로서 어종에 따른 차이가 많았다. Betaine류는 멸치와 까나리에서 glycinebetaine, β-alaninebetaine, β-butyrobetaine이 그리고, 밴댕이에서는 β-alaninebetaine이 검출되었으나 미량에 불과하였다.

5. TMAO는 까나리에서 265 mg, 멸치 249 mg, 그리고 밴댕이에서는 201 mg이었으며, TMA는 모두 12 mg 이하로서 비슷하였다. Creatine 함량은 밴댕이 242 mg, 멸치 146 mg, 까나리 131 mg으로서 차이가 있었다. 엑스분 중의 질소 분포는 유리아미노산과

combined amino acid류 질소가 가장 높아서 멸치, 밴댕이, 까나리에서 각각 71. 1%, 69. 0% 및 68. 7%로서 유사하였으며, 엑스분 질소의 회수율은 각각 90. 8%, 93. 2%, 95. 0% 이었다.

★ 수산물의 변화과정의 화학적인 상세 해설 등 (김기홍 설명 및 김용회 정리 등) (수산물 체포 후 생 -사-해당작용-사후경직-해경-자기소화 -발효식품활용-부패)

(1) 수산물의 변화과정에서 수산물 중 어류가 살아있을 때 에너지원인 글리코겐의 생성되는데 이 과정이 ATP라 한다. 이는 수산물의 혈액인 이를 분석하면 생선의 소화관을 통해서 에너지원이 되는 포도당을 흡수하는데 이 때 돌기의 육모가 에너지를 흡수한다. ,이 에너지가 포도당 즉 에너지이다. 그러나 수산물의 생선의 근육에서 이 포도당을 바로 사용을 하지 못하므로 변화를 시켜주는 것이 간의 역할이다. 고로 간이 사용가능한 글리코겐 효소로 변화시켜주는 과정이 필요하다.

(2) 간이 근육이 사용가능한 에너지원으로 분류되는 글리코겐 효소로 변화시켜서 살아 움직이게 하는 에너지를 내게 한다. 이 과정을 ATP(근육이 힘을 내는 과정 = 에너지 발생과정)라 한다. 수산물이 살아 있을 때는 ATP가 일정한 절차를 거치는 것이지만, 수산물이 죽은 후는 ATP과정이 아니라 젖산의 생성이 된다. 이 젖산의 변화가 수산물의 변화과정이고, 이 젖산의 활동으로 간기능 저하 수산물의 피로가 누적되고 결국은 사후경직 후 해경. 자기소화. 부패로 진행된다.

(3) 간에서 이 젖산의 분해도 기능을 하므로 간의 중요한 장기 중 하나이다. 사후경직은 근육의 본질인 힘을 발휘하지 못하는 단계이고, 결국은 굳어지는 것이다. 이 굳어지는 것은 젓산의 축적으로 산도가 증가되는데 이를 측정하는 지표가 ph 이다. 이후 해경에서 근육이 풀리면서 근육으 연한 현상이 되는데 발효식품(젓갈 . 식×해 등), 홍어 및 축육 등에서 활용되고, 해경 후 자기소화 단계와 유사한 상황으로 수산물에서는 이를 인위적으로 개입하는 것이 소금 활용하는 염제품,햇볕을 활용하는 건제품 등으로 분류될 수 있다.

(4) 사후경직은 결국은 ATP가 변화되어 그 부산물인 젓산의 생성이므로 이를 방지하는 것인 신선도을 유지하는 것이고, 이 신선도 측정 방법(ATP,ph,VBN-휘발성염기질소,K값,TMA-트리메텔아민,히스타민,암모니아 등) 및 측정 후 신선도 유지방법으로 소금을 활용하는 방법, 유통법 제 35조인 콜드체인(저온저장방법) 등이 이용된다. 결국에는 이 사후경직 단계가 가장 중요한 과정이므로 이 시점에서 수산물의 가치는 판단되는 것이고, 해경 및 자기소화 전에 수산물을 보존하는 것이 가장 중요하다.

(5) 자기소화를 세분화 하면 젓산의 축적으로 사후경직이 일정한 후 근육이 풀리면서 해경단계로 진행되고, 이후 자기소화 단계로 나누어 지는데, 이는 단백질 효소인 구조망인 팹티드 및 이 팹티드가 전자해리가 일어나서 분자인 아니노산으로 변화되고 이 양자의 작용으로 조직연화 및 부패 촉진 등 현상이 일어 난다.

(6) K 값은 신선한 횟감용의 선도측정에 활용된다. 이는 ATP의 분해정도를 이용하는 신선도를 판정하는 방법이다. K 값은 ATP의 분해가 사후에 일어난다.

(7) K 값 = (H × R + HX) / (ATP + ADP + AMP + IMP + H × R + HX)

(8) ATP→ADP→AMP→IMP→inosine →Hypoxanthine로 변화되는 과정이다.

4. 수산물의 저장

수산물의 시간적 거리를 획기적으로 단축시키는 저장은 가공 파트와 함께 부가가치를 향상시켜 수산물의 산업화, 대중화를 통하여 국민경제와 국민건강 및 삶의 질 향상에 필수적이고도 중요한 부분입니다.

(1) 먼저, 수산물별 각종 저장방식(건조, 염장, 냉장, 냉동, 훈제, 복합적 방식 등)별로 저장의 기본원리(수분활성도, 기체차단, 효소활성 억제, 미생물 억제,살균 등)를 이해하고 저장방식별 종류와 그에 해당되는 수산물과 가공품의 유형별로 정리 숙지할 필요가 있습니다.

(2) 저장의 기초원리 분야로 결합수의 특징(2회), 동건법과 동결건조법의 원리(2회), 냉각해수 저장법(1회) 염장법은 전통적인 저장방식으로 중요합니다. 염장법의 장단점(2회), 고등어 염장시 염분침투속도(1회)

특히 물간법의 장점은 서술형으로 3회 2차에서도 출제되었습니다. 저장 중에서 동결저장은 냉동기술의 발달과 더불어 아주 중요하고 많은 문제가 출제되었습니다. 동결저장의 식품보존성 증대와의 연관성을 기초원리부터 동결방식이나 장치, 동결시 식품품질저하와 대책에 대한 폭 넓은 공부가 필요합니다.

(3) 동결 기초원리로 급속동결과 완만동결비교(1회), 0도씨 1톤 물의 동결필요 열량(3,320Kcal : 1회).

어육 90%동결 시 팽창률계산(3회), 냉동고등어 실용저장기간과 품질저하율 계산문제(2회)는 난이도가 있는 식품기사급 문제였습니다. 실용저장기간 관련 TTT판정해석 문제는 1회 2차시험에도 나온 문제로 수품사 시험의 체면을 유지하기 위한 기사급문제가 아닌가 생각합니다.

(4) 냉동식품의 저장 시 품질변화와 대책은 변화유형 별로 원인과 대응책을 함께 공부해야 할 것입니다. (2차시험 필수 출제 부분임) 동결저장시 품질변화(2회, 1회2차 서술형으로도 출제됨), 연육동결시 단백질 변성지표판단 효소

(5) 결어 ; (수품사 1차 2회 분석),

냉동화상 억제법(3회, 3회 2차에서 용어단답형 출제), 냉동새우의 흑변과 대책(3회, 3회 2차에 효소명출제), 통조림 저장과 관련하여(이 부분은 가공문제로 분류도 가능) 매회 출제되고 있는 바, 통조림진공도 측정 계산문제(1회), 통조림가공시 탈기의 목적(2회)이 출제되고, 2회 2차시험에서도 통조림 급속냉각을 하는 목적에 대한 서술형이 출제되었으므로 후술하는 가공부분과 함께 유의해서 공부해야 할 듯합니다.

5. 선별과 포장

(1) 비교적 낮은 출제비중이긴 하나 그다지 어렵지 않으므로 득점기회로 삼아야 하겠습니다. 특히 어류 선도판정법은 관능검사, 정밀검사, 물리, 화학, 생물학적 검사와 더불어 2차과목과의 연관성이 아주 높으므로 유형별로 확실한 정리가 필요한 부분입니다.

(2) 어류선도판정법이 아닌 것(3회), ATP생성물로 신선도 측정법(K값 : 1회)이 출제. 선상에서 선별할 때 상자담기(1회)는 실무자가 아니면 난이도가 있습니다.

(3) 포장 부분은 포장의 기능과 목적(1회,3회), 종이재료의 포장의 재질(1회), 레토르트파우치용 포장재(가공필름:2회) 통조림용 알루미늄관의 특성(3회), MA포장의 문제점(2회)등이 나왔으나 비교적 쉬운 문항이었습니다.

6. 가공유형과 기계

(1) 가공부분은 문제비중이 많으나 비교적 쉬운 편입니다. 다만, 각종 수산가공품의 가공원리에 대한 이해가 필요하고 연육가공원료와 가공원리, 기법, 기계장치와 통조림 부분은 숙지해야 할 곳입니다.

(2) 척추제거 후 2개 육편 처리(필렛 : 3회), 통조림제조공정 순서(탈기-밀봉-살균-냉각 : 3회) 가공원료의 일반적 특징(1회), 냉훈품의 가공원리(2회), 염장품과 젓갈의 가공원리(육질분해 : 2회), 가공시 첨가하는 산화방지제의 종류(3회) 등 일반원리를 묻는 문항이 출제되었습니다.

(3) 유형별로 가자미식해 제조법(1회), 공업한천원료와 탈수법(2회)이 출제되었습니다. 특히 연육의 원료 및 가공에 관하여 많이 출제되었습니다.

(4) 동남아시아 동결연육원료(실꼬리돔:2회), 연육원료 중 냉수성어종(명태:3회), 연육제조 시 첨가물(3회), 특히 연육제조 시 첨가물인 당과 소금의 작용원리는 3회 2차 서술형(5점) 문제로 출제된 바 있으므로 중요한 내용입니다.

(5) 가공기계에서는 Surumi 제조기계(1회), 열풍건조기 중 상자형과 터널형의 공통점(2회), 통조림밀봉기의 3요소(3회), 연육분야에서 5문제가 집중 출제되었으니 유의하기 바랍니다.

7. 위생관리 중 위해요소중점관리제도(HACCP)

<u>해썹은 자주</u> 출제된 문제이며 2차에서도 출제되고 있는 중요한 부분입니다. 1회 2차문항 중 위해요소 기준 및 대처 방법에 대하여 출제되었습니다. **HACCP** 선행요건 중 위생관리항목(1회), 선행요건이 아닌 것 (2회)

(1) HACCP 7원칙이 아닌 것(2회),(2018년 제4회 2차 기출)
(2) 7원칙 중 위해사전방지 단계(1회)
(3) HACCP 준비 5단계의 절차순서(2회),
(4) 생물학적 위해요소(3회) 등 고루 출제되었으므로 HACCP 선행단계는

(5) 물론 준비단계 5절차와 본단계 7절차를 순서별로 제목과 내용을 숙지해 두어야 합니다.

8. 위생관리 중 독소관리

1) 출제 비중이 높고 난이도 높은 문제가 다수 출제되었으므로 특히 유의해야 할 부분입니다. 과락을 면하기 위해서도 꼭 공부가 필요하지만 2차 시험과의 연관성(복어독, 히스타민 등)이 많으므로 그러합니다.

2) 생물독소와 화학독, 바이러스와 세균을 구분하고, 독소별로 기본증상 정도는 알아야 하고, 어패류독소는 종류별로 암기해야 할 것입니다.

3) 식중독관련 바이러스성 식중독 특징(1회), 포도상 구균(2회), 노로바이러스 식중독 증상(3회)과 패혈증비브리오균의 설명(2회), 각종 식중독균 설명(1회) 등 다양한 유형의 식중독문제가 출제되었지요.

4) 기생충에서 구두충의 특징(1회), 아나사키스(고래회중)의 특징(3회)이 출제되고, 각종 독소성분의 연결(1회), 매물고둥 독소성분물질(테트라민 : 2회) 복어독 성분 및 특징(2회, 3회 연속) 기타 식품공전 상 중금속관리기준(1회)은 어려운 문제이고, 알레르기유발물질(히스타민 : 3회)은 2차(1회)에 이하 단답형으로 출제된 문항입니다.

9. 2차 시험기출문제 정리 및 1차시험과의 연관성 등

지금까지 항목별로 출제문제 분석을 하였습니다만, 연관성을 구체적으로 살펴보기 위하여 2차시험 기출문제를 정리하여 보면 1차와 거의 대부분 연관되어 있음을 알 수 있습니다.

가. 제 1회 2차시험 중 수확 후 품질관리 관련문제

- 단답형,O,X형 등

1) 통조림 품질검사의 종류 ( )넣기 : 세균검사, 밀봉부위검사, 타관검사 등등
2) **사후경직에** 관여하는 화학반응과 물질요소 : **ATP, 젖산**
3) **붉은살** 생선의 부패시 유독물질과 그 반응 : **히스타민, 알르레기 반응**
4) TTT계산결과 35%일때 그 해석 (O,X 문제)

- 서술형

1) 위해요소중점관리 기준에서 수산물 위해요소와 대처방법
2) 해조류 녹색색소명, 적색육근육색소명, 갈변의 이유 등
3) 냉동동결 저장시 품질저하 현상과 그 방지대책

나. 제 2회 2차시험 중 수확 후 품질관리 관련문제

- 단답형 등

1) 냉동저장 원리 : 동결곡선과 빙결점, 공정점 ( ) 넣기
2) 콜드체인시스템의 2가지 장점 3) 글레이징과 처리 유형

- 서술형

1) 통조림 냉각공정시 급속냉각을 하는 이유

<u>다. 제 3회 2차시험 중 수확후 품질관리 관련문제 - 단답형 등</u>

1) 통조림 살균, 멸균 시 지표세균(보톨리늄) , 2) 용어쓰기 : 콜드쇼크, 냉동화상

3) 새우의 냉동 흑변의 원인물질인 효소와 효소명 : 티로신, 티로시나제(효소명),멜라민.

㉣ . 제 4회는 김용회 저 "적중예상 문제 80선"참조 바랍니다. - 서술형 분석 등

1) 냉동연육 제조 시 수세 및 당 첨가 이유

2) 물간법의 장점 2개 서술

2차시험의 출제경향에서는 난이도가 증가하지는 않고 점수배분도 1회에 24점에 비해 2회, 3회에서는 13점, 15점 수준으로 약간 감소되긴 하였으나, 지난 3회시험에서 품질관리사 수준을 벗어난 식품공전 문제가 다수 출제되어 수험생의 항의와 이의신청이 쇄도하였기 때문에 다시 일반적인 수확후 품질관리 문제 쪽으로 기울어 질 것이 예상되기 때문에 결코 가볍게 볼 수 있는 과목이 아님을 미루어 짐작할 수 있다고 하겠습니다.

<u>10. 종합 의견</u>

(1) 이상과 같이 수산물품질관리사 합격은 **<u>수확 후 품질관리 과목의 공부여하에 달려있다고 해도</u>** 과언이 아님을 알 수 있으므로 반드시 심층적인 공부를 하여야 할 것으로 판단합니다. 출제문항 비중에서도 그러하고 소위 변별력있는 문제가 다양하게 출제되므로 공부시간도 그만큼 할애할 필요가 있습니다.

(2) 특히 어**<u>류의 사후변화과정, 원료의 성분과 기능, 각종 저장법 중 냉동저장의 원리와 사후관리대책, 가공분야에서 연육제조가공 부분, 그리고 난해하지만 식품독성과 위해요소중점관리 영역은 출제비율 만큼이나 그 중요성이 높고 4회에서도 동일한 경향으로 출제가 예상되므로 반드시 마스터한다는 각오로 전</u>**력을 다해 유의해서 공부하고 ,앞에 언급한 기술한 2차 시험과의 연관성을 검토 비교하면서 숙지하는 것 필요합니다.

(3) 또 이 과목의 이해의 정도가 검사, 검정, 식품공전 증 2차 판정실무 공부를 할때 이해 및 암기의 능률을 높이는 이점으로 크게 작용하게 됩니다. 즉, 특정 수산물의 검사기준을 막연히 암기하는 것과 그 수산물의 특성과 성분, 변화과정을 이해하고 각 검사기준을 설정한 목적과 원리를 알고 암기하는 것은 천양지차가 있습니다.

<u>((제 4과목 : 수산 일반론))</u>

1. 수산일반 과목의 특성과 출제경향, 대응방안

(1) 수산일반은 공부할 분야가 광범위하고 일반인에게는 생소한 부분이 많아 상당히 까다로운 과목이고 평 균점수도 그다지 높게 나오지 않으므로 적절한 준비가 필요합니다. 큐넷 공지된 출제범위를 기준으로 지난 4회 문제를 분석해보면. . .

수산의 개념과 특성, 현황에서 13문제(16. 0%), **수산자원관리에서 16문제(20. 0%), 어구어법에서 12문제(14. 6%), 수산양식관리에서 26문제**(33. 3%), 국내외 수산업관리제도에서 13문제(16. 0%)로 골고루 출제되었으며 **특히 1/3이 수산양식관리에**서 출제되어 난이도를 높이고 있습니다.

(2) **수산양식분야는 전문성**이 크고 어종 및 유형별 양식환경, 종묘,사료, 질병 등 암기할 사항이 많아서 깊이있는 공부가 필요합니다. 따라서 수산일반 공부는 단순히 수험사의 교재 1권에 의존하기보다 고등학교수산교재, EBS수산일반 강좌를 활용하고 가페니 뉴스 등에서의 수산관련 기사 등 자료도 활용하는 등 광범위한 노력이 수반되어야 고득점이 가능하리라 생각합니다.

(3) 출제문제 중에서는 양식기사수준의 문제도 간혹 있으나 사지선다형의 특성상 공부한 만큼 선택의 폭이 좁혀지므로 포기하지 않는 노력이 필요하며, 수산업, 수산물의 특성과 양식관리 일부는 수확후 품질관리과목 공부와도 연관성이 깊기 때문에 공부한 만큼 타 과목의 이해에 도움이 됩니다.

(4) 또한 미래의 먹거리에 대한 자원과 환경의 이해도를 높여주므로 상식과 교양을 넓힌다는 의미에서도 유용한 과목이고, 시간적 여유가 있다면 고등학교 해양과목을 읽어보시는 것도 해양생태계의 이해와 함께 지구환경 보전과 관련하여 유익한 시간이 되리라 믿습니다.

2. 수산업의 정의부분에서는 기본점수 확실히 취득하기 위해,

1) 주로 수산업법상 수산업의 정의(1회), 및 (4회) 수산업법의 내용(2회) 수산업법상 정의하는 수산업(3회)가 연속 출제되었고 수산자원 및 수산물의 특성(2회,3회)는 **타 과목에도 연관되는 쉬우면서도 중요한** 것입니다.

2) 수산업현황은 눈여겨보지 않으면 놓칠 수 있는데 **3년간 최다생산어업(1회)**, 2010년이후 생산량별 최다어업순서(2회), **최근 3년간 최대수출수입국(2회)가** 출제되었습니다.

3) 수산업의 지속발전방안(1회), 수산업 대내외환경(2회) 수산자원관리법의 목적(3회)는 지문을 숙독 하면 풀수있는 상식문제입니다.

3. 수산자원관리에서는 수산물의 특성과 자원관리법 중 통계조사방법이 연속 출제되었습니다.

(1) 어종별 연령형질 판단은 단골메뉴입니다. 고**등어(1회), 고래(2회), 어종별(3회) 출제로 숙지가** 필요한 부분이이고 약간의 상식으로 해결가능한 수산물의 분류도 단골출제되었지요. **갈조류종류(2회), 고도회유성어종**(다랑어:3회) **경골어류의 종류(3회) 자원관리에서도** 매회 출제되었으나 평이합니다. 환경관리(1회), 물리적환경요인(1회) 지속가능한 연근해자원 이용수단(2회), 적극적 자원조성활동(3회) 등이 있습니다.

(2) 조사통계방식 부분에서 **<u>계군식별법중 표지방류법(1회), 자원량추정법중 직접 자원조사법(3회)</u>**, 어군계군조사법(3회)는 어려운 부분이고 이해가 힘든 부분임에도 최근 출제가 많아지고 있습니다. 뜬금없이 어류 면역기관이 **아닌 장기(2회)는** 양식기사 문제로 **틀리라고 낸** 문제 같습니다.

4. 어구 어법 분야는 공부를 할 때는 참 재미가 있으나 범위가 만만치 않고 암기할 것이 많아 주의가 필요합니다.

(1) 어선, 어구에서는 어선크기 표시단위(톤:1회), 흘수, 건현의 의미(2회), 그물코 크기표시(2회)가 출제되 고 3회에는 출제되지 않았으나 그만큼 4회에서 1문제 이상 출제가능성이 높아져 소홀히 할 수 없습니다. 어법은 어종의 특성과 어법의 원리 및 어획장소(근해, 원양, 깊이 등)와 연관하고 한자용어의 해석을활용해서 공부하면 의외로 쉽게 해결이 가능한 분야입니다.

(2) 어로활동 순서(탐색-집어-어획: 2회)는 보너스 문제이고, 집어등 사용어종, 어업(1회, 3회)은 연속 출 제되고, 근해안강망어법(1회), 선망어업(3회), 수중고정설치 어법(3회), 기선권현망어법 대상어종(멸치: 1회), 등 매회 한 두 문제 골고루 출제되었지만, 득점의 기회인 문제들입니다. 또한 어법과 관련하여 해역별 대표어종 및 어종(3회)은 명확히 해야 할 것입니다. 제 4회에도 어법이 출재가 되었습니다.

5. 수산양식은 출제비율에 있어서도 비중이 3분의 1이나 되는 등 중요한 부분입니다.

(1) 수산양식 일반이론(유형, 시설, 환경 등)에서 공통적인 문제와 사료 및 종묘생산관련사항, 질병관리와 종별 양식 각론에서 깊이 있는 문제가 매회 다수 출제되어 소홀히 할수 없으며, 따라서 양식에 대한 전반적인 이해가 필요합니다.

(2) 양식어종에 관하여 양식의 일반이론(2회), 국내 완전양식 어종(1회), 협염성 양식어종(참돔:2회). 난류계 전복품종구분(1회), 1년생 양식해조류(미역: 2회), 제 4회 수산통계상 연간 양식 생샌량이 가장 많은 것(해조류) 등이 출제되었습니다.

(3) 양식시설 환경으로 어종별 양식시설(3회), 양식어종 선택시 유의사항(3회), 양식장 화학적 환경요인(2회),순환여과식 양식장 주요독성물질(암모니아: 3회)이 출제되었고요.

(4) 영양관리에 있어 사료계수 구하기와 그 의미(1회,3회 연속출제)는 공식과 함께 숙지해야 합니다. 그 외에 종묘생산방법(3회), 인공종묘 먹이생물(2회), 등 종묘채취 및 양성부분은 어렵지만 자주 나옵니다.

(5) 양식각론에서는 해조류양식법(1회), 우렁쉥이 종묘부착 방법(1회), 미역의 가이식 목적(1회), 무지개송어 양식방법(2회), 전복양식방법(2회), 난태성양식대상어류(우럭: 2회) 및 뱀장어 생태(3회), 김의 생활 변천사(3회) 등 지엽적이고 어려운 문제도 출제되었습니다.

(6) 활어운반시 조치사항(1회)는 분류하기 어려우나 어획후 품질관리과목에서 출제될만한 문

제였습니다. 제4회에도 양식에서 사용되는 치료방법.개별.집단 방법이 출재되었습니다.

(7) 질병관리에서는 세균성 질병종류(1회), 바이러스성 어류질병 종류(2회), 진균성 질병(3회) 등 매회 한문제씩 출제되었으나 양식기사 수준의 어려운 문제였습니다.

6. 수산업관리제도는 가볍게 볼수 없는 부분이고 문제수도 상당하지만 공부만 하면 쉽게 풀수 있습니다. 특히 수산업법 등 정의를 다시한번 정리를 바랍니다.

1) 어업관리제도(면허,허가,신고 등)는 유형별로 매회 출제되므로 종류, 내용, 해당어업별로 숙지해야 합니다. 관리제도별 유효기간(1회), 관리제도별 대표어업(3회). 어업관리제도 분류(허,면,신 : 2회)가 출제 특히 면허어업에서는 종류(1회), 내용(2회), 정의(3회) 등 단골 메뉴였으며, 관리제도를 규정하는 법령이 수산업,어촌발전기본법(2회)임이 출제되었습니다.

2) TAC 와 원산지표시대상 12가지 비교 분석

(1) TAC제도는 수산자원관리 분야로 볼수 있으나 대외수산업관리제로 분류하였습니만, 제도의 내용(1회), 대상어종(2회), 정의(3회) 등 매회 연속 출제된 문제로 중요한 부분이므로 숙지해야 합니다. 수품사 2차에도 출제가 되었습니다.

(2) TAC 와 원산지표시대상 12가지 비교하여 1차에서 과태료 금액 산정하는 문제 및 2017년에는 양자를 혼합하여 제시 한 후 원산지표시대상을 선택하는 문제가 출제되었습니다.

3) 특이하게 국제수산기구 중 다랑어류 국제자원관리기구(WCPFC-중서부태평양수산위원회)는 출제오류인지 1회와 3회에 같은 문제가 출제된 바 있으며 상당히 어려운 문제였습니다.

4) 수산업법상 수산업과 수산업 어촌발전기본법,그리고 농수산물품질관리법령상 어업/수산물의 범위 및 정의를 구분하는 문제가 제 1회부터 제 4회까지 4번이상 출제를 하였습니다.

7. 총괄 의견

1) 서두에서 기술한 바와 같이 **수산일반은** 폭 넓은 범위에서 다양한 문제가 출제되므로 이해와 상식이 부족하면 **단시간의 준비로는 고득점이 어려운** 과목입니다. 차칫하면 과락도 우려되는 과목이기도 합니다만,

2) 기본교재에서 제공되는 내용뿐만 아니라 관련서적, 시사뉴스, 통계자료 등을 섭렵하면서 내공을 키우는 것이 필요할 듯 합니다. 그러나 수산업, 수산물의 기본적인 특성을 이해하면 거져주는 문제도 상당하므로 시간을 충분히 두고 넓은 시야에서 꾸준하게 공부하되 시험에 임박해서 양식분야에 중점적으로 투자하여 소기의 성과를 거두어야 할 것입니다.

3) 수산업의 개요부분의 정의와 특성, 어구어법 중 어종별 대표어업, 어업관리제도는 공부한 데로 정직하게 출제 되므로 절대 패싱하지 말고, 사료계수는 공식과 함께 반드시 암기하여 계산문제도 놓치지 말고, 어종이나 양식 수산물의 일반적이 생태와 식생활과 관련한 상식적인 특성만 알아도 절대로 과락은 없으므로 자신감을 갖고 공부에 임하여 좋은 성과를 거두시기 바랍니다.

4) 다시언급을 하면 수산일반은 다양한 수산관련 지식이 필요한 과목이라 평소에 어촌 및 낚시 등 뉴스에 접하여 찾아보는 습관이 필요합니다. 에시로

(1) 갑오징어 : 10개의 팔과 2개의 눈을 가진 두족류는 ? (제 4회 기출)

(2) 자원량의 변동 관련한 러셀의 방정식에서 '자연증가량은'?

5) 마치면서

이상으로 수확 후 품질관리 기출문제에 대한 분석과 나름대로의 대책을 주관적으로 분석하여 보았으니 소견을 참고하여 좋은 성과를 거두는 영광이 있기를 빕니다. 후배 수험생의 건승을 기원하면서 다가오는 제 7 회에는 수품사 가족이 될 것을 진심으로 기원하면서 본 1차 및 2차와 연계된 기출 분석시리즈를 마치겠습니다. 감사합니다.

수품사 2기 동기회장 김용회 및 김동헌 등 올림

수품사 129호 김용회 추가 분석을 더합니다. 2019. 03.29.

개정 분석은 강의 진행중에 합니다. 2021.04.29. 경매사 및 수품사 김용회.

제1편 . 농수산물품질관리 법령

제1. 법령 구성체계

농수산물품질관리법률은 목적,정의 심의회구성,5조표준규격(등급규격, 및 포장규격),법14조 수산물 등의 품질인증,법 32조 지리적표시의 등록 등,법43조 무효심판,법56조 유전자변형농수산물의 표시(식품의약품안전처장),법60조 농수산물의 안전성 조사 등(식품의약품안전처장),법69조 위생관리기준.법70조위해용소중점관리기준(HACCP),법71조 지정해역의 지정(수질검사는 국립수산과학원장 위임),법88조 농수산물검사(서류검사,관능검사,정밀검사), 법96조 제검사, 법99조 검정기관의 지정 등, 법106조2항 수산물품질관리사 직무 등,법114조 청문, 법117조 벌칙, 법123조 과태료, 부칙으로 구성되어있다.

1. 농수산물품질관리법령 관련 정리

제1조 (목적)

이 법은 농수산물의 '적절한' 품질관리를 통하여 농수산물의 '안전성을 확보하고 '상품성을 향상하며 '공정하고 '투명한 ''거래를 유도함으로써 농어업인의 '소득 증대와 ''소비자 보호에 이바지하는 것을 목적으로 한다.

제2조 (정의)

· 수산물''이란 「수산업·어촌 발전 기본법」 제3조제1호가목에 따른 어업활동으로부터 생산되는 산물(「소금산업 진흥법」 제2조제1호에 따른 소금은 ''제외''한다)

1. 농수산물품질관리법 제 2조 ''수산물''이란 : 상단 참조
2. 수산업법상 **'수산업''범위**

제 2조 정의 : **제2조(정의)**

이 법에서 사용하는 용어의 뜻은 다음과 같다.

1. **"수산업"**이란 **어업·어획물운반업 및 수산물가공업**을 말한다.
2. **"어업"**이란 수산동식물을 포획·채취하거나 양식하는 사업과 *염전에서 바닷물을 자연 증발시켜 소금*을 생산하는 사업을 말한다.
3. "어획물**운반업"**이란 어업현장에서 **양륙지(揚陸地)까지** 어획물이나 그 제품을 운반하는 사업을 말한다.
4. "수산물**가공업"**이란 수산**동식물을 직접 원료 또는 재료**로 하여 식료·사료·비료·호료(糊料)·유지(油脂) 또는 가죽을 제조하거나 가공하는 사업을 말한다.

3. 수산업 어촌발전기본법상 '수산업''

제 2조 정의 : **「수산업·어촌 발전 기본법」(이하 "법"이라 한다) 제3조제1호에 따른 수산업은 다음 각 호의 산업을 말한다.**

1. **어업: 해면어업, 내수면어업, 해수양식어업, 담수(淡水)양식어업, 소금생산업, 수산종자생산업, 관상어양식업**
2. **어획물운반업**
3. **수산물가공업: 수산동물가공업, 수산식물가공업, 동물성유지제조업(수산동물을 가공하는 것에 한정한다),소금가공업**
4. **수산물유통업: 수산물판매업, 수산물운송업, 수산물보관업**

. **"이력추적관리"**란 농수산물(축산물은 제외한다. 이하 이 호에서 같다)의 안전성 등에 문제가

발생할 경우 해당 농수산물을 추적하여 원인을 규명하고 필요한 조치를 할 수 있도록 농수산물의 생산단계부터 판매단계까지 각 단계별로 정보를 기록·관리하는 것을 말한다.

. "지리적표시"란 농수산물 또는 제13호에 따른 농수산가공품의 명성·품질, 그 밖의 특징이 본질적으로 특정 지역의 지리적 특성에 기인하는 경우 해당 농수산물 또는 농수산가공품이 그 특정 지역에서 생산·제 조 및 가공되었음을 나타내는 표시를 말한다.

. "동음이의어 지리적표시"란 동일한 품목에 대한 지리적표시에 있어서 타인의 지리적표시와 발음은 같지만 해당 지역이 다른 지리적표시를 말한다.

. "지리적표시권"이란 이 법에 따라 등록된 지리적표시(동음이의어 지리적표시를 포함한다. 이하 같다)를 배타적으로 사용할 수 있는 지식재산권을 말한다.

. "유전자변형농수산물"이란 인공적으로 유전자를 분리하거나 재조합하여 의도한 특성을 갖도록 한 농수산물을 말한다.

. "유해물질"이란 농약, 중금속, 항생물질, 잔류성 유기오염물질, 병원성 미생물, 곰팡이 독소, 방사성물질, 유독성 물질 등 식품에 잔류하거나 오염되어 사람의 건강에 해를 끼칠 수 있는 물질로서 총리령으로 정하는 것을 말한다.

제3조(농수산물품질관리심의회의 설치)

① 이 법에 따른 농수산물 및 수산가공품의 품질관리 등에 관한 사항을 심의하기 위하여 농림축산식품부장관 또는 해양수산부장관 소속으로 농수산물품질관리심의회(이하 "심의회"라 한다)를 둔다. <개정 2013. 3. 23. >

② 심의회는 위원장 및 부위원장 각 1명을 포함한 60명 이내의 위원으로 구성한다.

③ 위원장은 위원 중에서 호선(互選)하고 부위원장은 위원장이 위원 중에서 지명하는 사람으로 한다.

④ 위원은 다음 각 호의 사람으로 한다. <개정 2013. 3. 23. >

⑦ **심의회의 업무 중 특정한 분야의 사항을 효율적으로 심의하기 위하여 대통령령으로 정하는 분야별 분 과위원회를 둘 수 있다.**

⑧ 제6항에 따른 **지리적표시 등록심의 분과위원회 및 제7항에 따른 분야별 분과위원회**에서 심의한 사항은 심의회에서 심의된 것으로 본다.

제4조(심의회의 직무)

심의회는 다음 각 호의 사항을 심의한다. <개정 2012.6.1, 2013.3.23, 2020.2.18>

1. 표준규격 및 물류표준화에 관한 사항
2. 농산물우수관리ㆍ수산물품질인증 및 이력추적관리에 관한 사항
3. 지리적표시에 관한 사항
4. 유전자변형농수산물의 표시에 관한 사항
5. 농수산물(축산물은 제외한다)의 안전성조사 및 그 결과에 대한 조치에 관한 사항

6. 농수산물(축산물은 제외한다) 및 수산가공품의 검사에 관한 사항
7. 농수산물의 안전 및 품질관리에 관한 정보의 제공에 관하여 총리령, 농림축산식품부령 또는 해양수산부령으로 정하는 사항
8. 제69조에 따른 수산물의 생산ㆍ가공시설 및 해역(해역)의 위생관리기준에 관한 사항
9. 수산물 및 수산가공품의 제70조에 따른 위해요소중점관리기준에 관한 사항
10. 지정해역의 지정에 관한 사항
11. 다른 법령에서 심의회의 심의사항으로 정하고 있는 사항
12. 그 밖에 농수산물 및 수산가공품의 품질관리 등에 관하여 위원장이 심의에 부치는 사항

2. 표준규격·등급규격 10종류·전통식품 등

제1절 농수산물품질관리법률

법제5조(표준규격)

① 농림축산식품부장관 또는 해양수산부장관은 농수산물(축산물은 제외한다. 이하 이 조에서 같다)의 품성을 높이고 유통 능률을 향상시키며 공정한 거래를 실현하기 위하여 농수산물의 **포장규격과 등급규격**(이하 "표준규격"이라 한다)을 정할 수 있다.
② 표준규격에 맞는 농수산물(이하 "표준규격품"이라 한다)을 출하하는 자는 포장 겉면에 표준규격품의 표시를 할 수 있다.
③ 표준규격의 제정기준, 제정절차 및 표시방법 등에 필요한 사항은 농림축산식품부령 또는 해양수산부령으로 정한다.

규칙 제5조(표준규격의 제정)

① 법 제5조제1항에 따른 농수산물의 표준규격은 **포장규격 및 등급**규격으로 구분한다.
② 제1항에 따른 포장규격은 「산업표준화법」 제12조에 따른 한국산업표준(이하 "한국산업표준"이라 한다)에 따른다. 다만, 한국산업표준이 제정되어 있지 아니하거나 한국산업표준과 다르게 정할 필요가 있다고 인정되는 경우에는 보관·수송 등 유통 과정의 편리성, 폐기물 처리문제를 고려하여 다음 각 호의 항목에 대하여 그 규격을 따로 정할 수 있다.

1. 거래단위 2. 포장치수 3. 포장재료 및 포장재료의 시험방법
4. 포장방법 5. 포장설계 6. 표시사항
7. 그 밖에 품목의 특성에 따라 필요한 사항

③ 제1항에 따른 등급규격은 품목 또는 품종별로 그 특성에 따라 고르기, 크기, 형태, 색깔, 신선도, 건조도, 결점, 숙도(熟度) 및 선별 상태 등에 따라 정한다.
④ 국립농산물품질관리원장, 국립수산물품질관리원장 또는 산림청장은 표준규격의 제정 또는 개정을 위하여 필요하면 전문연구기관 또는 대학 등에 시험을 의뢰할 수 있다.
⑤ 법 제5조제2항에 따라 표준규격품을 출하하는 자가 표준규격품임을 표시하려면 해당 물품

의 포장 겉면에 "표준규격품"이라는 문구와 함께 다음 각 호의 사항을 표시하여야 한다.

1. 품목
2. 산지
3. 품종. 다만, 품종을 표시하기 어려운 품목은 국립농산물품질관리원장, 국립수산물품질관리원장 또는 산림청장이 정하여 고시하는 바에 따라 품종의 표시를 생략할 수 있다.
4. 생산 연도(곡류만 해당한다) 5. 등급
6. 무게(실중량). 다만, 품목 특성상 무게를 표시하기 어려운 품목은 국립농산물품질관리원장, 국립수산물품질관리원장 또는 산림청장이 정하여 고시하는 바에 따라 개수(마릿수) 등의 표시를 단일하게 할 수 있다.
7. 생산자 또는 생산자단체의 명칭 및 전화번호

제2절 표준규격 고시 (김용회 핵심 100문 100답 인용)

1. 수산물 표준규격-국립수산물품질관리원고시 제 2016-6호 **''수입자/가공업자/사업자'/판매자'준수 기준**

(1조) 목적 : 포장규격과 등급규격-상품성향상과 유통능률 향상 및 공정한 거래 실현

(2조) 정의 : ● **표준규격품**이란 '**포장규격 및'등급규격**에 맞게 출하하는 수산물을 말한다.
다만,등급규격이 제정되어 있지 않은 품목은 포장규격에 맞게 출하하는 수산물

1) **포장규격**이란 거래단위,포장치수,포장재료,포장방법,설계,표시사항 등을 말한다.
2) **등급규격**이란 수산물의 품종별 특성에 따라 형태,크기,색택,신선도,건조도 또는 선별상태 등 품질구분에 필요한 항목을 설정하여 특,상,보통으로 정한 것
3) **거래단위**란 수산물의 거래시 포장에 사용되는 각종 용기 등의 무게를 제외한 내용물의 무게 또는 마 리수를 말한다.

(3조) ●**거래단위** : **''표준거래''단위는 3kg,5,10,15 및 20kg을 기본**으로 한다. 다만,-중략-
5kg 미만,최대 거래단위 이상 등 표준거래단위 이외의 거래단위는 거래당사자간의 협의 또는 시장 유통여건에 따라 사용 가능-중략-

종 류	표준거래단위	품 목
선 어 류	(1) 3. 5. 10kg (2) 7kg (3) 8kg (4) 5.8.10.15.16.20KG (5) 5,7,10KG (6) 5,7,10,15,20KG	1. 화살오징어,도다리,숭어,양태, 수조기,쥐치, 2. 삼치,가자미,부세,조기 3. 대구,붕장어,오징어,고등어,민어 4. 오징어 5. 부세 6. 백조기
	(1) 3. 5. 10. 15. 20kg (2)5. 8. 10. 15. 16. 20kg (3) 3. 4. 5. 10kg	1. 문어,전어. (3조 표준 2가지) 2. 고등어 3. 멸치(멸치 젓은!!!)

패 류	(1) 0,2kg. 1. 3. 10kg (2) 3. 5. 10. 20kg	1. 생굴 2. 바지락
	(3) 3. 5. 10kg	1. 고막,피조개,우렁쉥이

(4조) **포장치수의 허용범위** : 1항 골판지상자 및 발포폴리틸랜상자(P. S)의 포장치수 중 길이, 너비의 허용범위가 ±2. 5%로 한다.

(9조) **표시방법** : 표준규격품의 표시방법은 별표4에 따른다. -표준 양식

표 준 규 격 품					
품 목		등 급		생 산 자 단체	
산 지		무 게 (마릿수)	kg(마리)	이 름	
생산년도				전화번호	

◉ **무게는 반드시 표기**하여야 하며 필요시 마릿수를 병기할 수 있다.

(10조) 수산물 종류별 등급규격은 별표 5와 같다. -중략-

(11조) 표준규격의 특례 : 포장규격 또는 등급규격이 제정되어 있지 않은 품목 또는 품종은 **유사 품목** 또는 품종의 포장규격 또는 등급규격을 적용할 수 있다.

-이하 중략-

제3절 10가지 등급판정 정리 등

1. 북어 등급규격 -

<김용회 저 핵심 100문 100답 9p 참조 -18년 기출>

항 목	특	상	보 통
1마리의 크기(전장,cm)	40	30	30 이상
다른크기의 것의 혼입률 (%)	0 이하	10 이하	30 이하
색 택	우 량	양 호	보 통
공 통 규 격	1. 형태 및 크기가 균일하여야 한다. 2. 고유한 향미를 가지고 다른 냄새가 없어야 한다. 3. 인체에 해로운 성분이 없어야 한다. 4. 수분 ; 20% 이하		

2. 생굴 등급규격

<김용회 저 핵심 100문 100답 10p 참조>

항 목	특	상	보 통
1개의 무게(g)	3 이상	3 이상	3 이상
다른크기 및 **외상이 있는 것** 의 혼입률(%)	3 이하	5 이하	10 이하
색 택	우 량	양 호	보 통
선 도	우 량	양 호	보 통
공 통 규 격	1. 고유한 색깔과 향미를 가지고 있어야 한다. 2. 다른 품종의 것이 없어야 한다. 3. 부서진 패각 및 기타 협잡물이 없어야 한다. 4. 내용물 중의 수질은 혼탁되지 아니하여야 한다.		

- 이하 생략

제4절. '전통식품' '품질기준' 이고, 직접 출재 범위는 언급이 없습니다.

(1) ''식해'' 기준 '''전통식품

항 목	기 준
원 료	이종품의 혼입이 없어야 한다.
색 택	고유한 색깔이 양호하고 변색이 없어야 한다.
향 미	1. 고유의 향미를 가지고 2. 이미,이취가 없어야 한다. 3. 숙성정도가 양호하여야 한다.
협 잡 물	토사 및 기타 협잡물이 없어야 한다.

(2) 젓갈의 품질기준 - 전통식품 범위

항목	기 준
원료	1. 알을 이용한 것은 생식소의 충전이 양호하며 파란 및 수란이 없어야 한다. 2. 그 외 원료는 이종품 및 잡어의 혼합이 없어야 한다.
색택	1. 고유의 색깔이 양호하고 2. 변색이 없어야 한다.
협잡물	토사 및 기타 협잡물이 없어야 한다.
향미	1. 고유한 향미를 가지고 2. 이미.이취가 없어야 한다.
처리	1. 알의 경우 핏줄제거 2. 배열이 양호하여야 한다.
타르색소	1. 양념젓갈에 한하여 , 2. 검출되어서는 아니된다.

(3) 게장의 품질기준 - 전통식품

항 목	기 준
성상 및 형태	1. 고유한 색택과 향미를 가며 2. 이미.이취가 없어야 한다. 3. 점질물 및 물러짐 발생이 없어야 한다.
탈락 보각 등 집게발	1. 보간은 3개 이상 탈락은 없어야 한다. 2. 집게발의 경우 탈락된 수만큼 포장 단위내에 포한 된 경우는 상단 1에서 제외 한다.

(4) 액젓의 전통식품의 품질기준

항 목	기 준
색 택	고유한 색깔을 띠고 변색이 없어야 한다.
향 미	고유한 향미를 가지고 이취가 없어야 한다.
협 잡 물	토사 및 기타 협잡물이 없어야 한다.
수 분 %	70.0 % 이하
염 분 %	23.0 % 이하
전 질 소 %	1.0 이상 이어야 한다.

(5) 굴비의 전통식품 기준

항 목	기 준
형 태	고유한 형태를 지니며
색 깔	배부분이 노란색을 띄어야 한다.
성 상 등	내장이 밖으로 유출되지 않아야 한다.

(6) . 마른 가닥 미역의 품질기준 - 전통식품 기준

항 목	기 준
색 택	1. 고유한 색택을 자져야 한다. 2. 황갈색 또는 적황색을 띄는 고엽의 혼입이 없어야 한다.
향 미	1. 이미.이취가 없고 2. 고유한 향미를 가져야 한다.
형 태 등	1. 형태가 바르고 균일하여야 한다. 2. 병출해엽의 혼입이 없어야 한다.
이 물 등 혼입	이물이 혼입되지 않아야 한다.

(7) 고추장 굴비의 전통식품 기준

1) 수분 ; 40.0% 이하 2) 굴비의 함량 ; 50.0% 이하 3) 비가식부위함량 ; 1.0% 이하

(8) 어간장의 품질기준 ‘’‘’‘전통식품

1) 수분 ; 68% 이하 2) 아미노산성 질소 ; 800mg% 이상

3) 전질소 ; 1% 이상 4) 염 분 ; 25% 이하

제3. 수산물·수산가공품 검사기준(제88조관련)

※ 수산물.수산가공품. 검사기준에 관한 고시-제 3자 시각 임.

1. 관능검사기준

가. 활어·패류 - 2016년 수품사 2회 2차 기출

항 목	합 격
외 관	손상과 변형이 없는 형태로서 병.충해가 없는 것
활력도	살아 있고 활력도가 양호한 것
선 별	대체로 고르고 이종품의 혼입이 없는 것

나. 신선·냉장품

항 목	합 격
형 태	손상과 변형이 없고 처리상태가 양호한 것
색 택	고유의 색택으로 양호한 것
선 도	선도가 양호한 것
선 별	크기가 대체로 고르고 다른 종류가 혼입되지 아니한 것
잡 물	혈액 등의 처리가 잘되고 그 밖에 협잡물이 없는 것
냄 새	신선하여 이취가 없는 것

다. 냉동품

(1) 어.패류

항 목	합 격
형 태	고유의 형태를 가지고 손상과 변형이 거의 없는 것
색 택	고유의 색택으로 양호한 것
선 별	크기가 대체로 고르고 다른 종류가 혼입되지 아니한 것
선 도	선도가 양호한 것
잡 물	혈액 등의 처리가 잘 되고 그 밖에 협잡물이 없는 것
건조 및 유소	글레이징이 잘되어 건조 및 유소현상이 없는 것 다만, 건조 및 유소를 방지할 수 있도록 포장한 것은 제외한다
온 도	중심온도가 -18℃이하인 것 다만, 횟감용 참치류의 중심온도는 -40℃이하인 것

(2) 연육

항 목	합 격
형 태	고기갈이 및 연마 상태가 보통이상인 것
색 택	색택이 양호하고 변색이 없는 것
냄 새	신선하여 이취가 없는 것
잡 물	뼈 및 껍질 그 밖에 협잡물이 없는 것
육 질	절곡시험 C급 이상인 것으로 육질이 보통인 것
온 도	제품 중심온도가 -18℃이하인 것

(3) 해조류

항 목	합 격
형 태	조체발육이 보통이상의 것으로 손상 및 변형이 심하지 아니한 것
색 택	고유의 색택을 가지고 변질되지 아니한 것
선 별	파치품.충해엽 등의 혼입이 적고 다른 해조 등의 혼입이 거의 없는 것
잡 물	토사 및 이물질의 혼입이 거의 없는 것
온 도	제품 중심온도가 -18℃이하인 것

(4) 붉은대게 액즙

항 목	합 격
색 택	고유의 색택을 가지고 있는 것
잡 물	토사, 패각, 그 밖에 이물이 없는 것
향 미	고유의 향미가 양호한 것
온 도	제품의 중심온도가 -18℃이하인 것

(5) 어육연제품(찐어묵 등)

항 목	합 격
형 태	고유의 형태를 가지고 손상과 변형이 거의 없는 것
색 택	고유의 색택으로 양호한 것
잡 물	잡물이 없는 것
탄 력	탄력이 양호한 것
온 도	제품의 중심온도가 -18℃이하인 것

(6) 이료용 및 사료용 수산물.수산가공품은 (1)의 기준중 선별, 잡물 항목을 제외한다.

라. 건제품

※ 마른 톳 (18년 기출이라 별도 정리 함)

항 목	1 등	2 등	3 등
원 료	산지 및 채취의 결절이 동일하고 조체발육이 '우량'한 것	좌동 단 ' 양호'한 것	좌동 단 ''보통''인 것
색 택	고유한 색택으로서 우량이며,변질이 아니된 것	좌 동	좌동 단,''보통이며,변질이 아니된 것
협잡물	다른 해조 및 토사 그 밖에 협잡물이 1% 이하 인 것	좌동 단 ''3%''이하	좌동 단, ''5%'이하

※ 마른 오징어

항 목	합 격
형 태	1. 형태가 바르고 손상이 없으며 흡반의 탈락이 적은 것 2. 썰거나 짖은 것은 크기가 고른 것
색 택	색택이 보통이며 얼룩이 거의 없는 것
곰팡이 및 적분	곰팡이가 없고 적분이 거의 없는 것
협잡물	토사 및 그 밖에 협잡물이 없는 것
향 미	고유의 향미를 가지고 이취가 없는 것
선 별	크기가 대체로 고른 것

※ (1) - (1) 마른 김 또는 얼구운 김

항 목	특 등	1 등	2 등	3 등	등 외
중 량	100매 1속의 중량이 250g 이상인 것(공통) 다만, 재래식은 200g 이상인 것(특등 외 1등~등외 적용)				
	다만, 얼구운김의 중량은 마른김 ''화입''으로 인한 감량을 감안할 수 있다.				
협잡물	토사,따개비,갈대입 및 그 밖에 협잡물이 없는 것				
결 속	10매를 1첩으로 하고 10첩을 1속으로 하여 강인한 대지로 묶는다. 다만, 수요자의 요청에 따라 첩단위 또는 평첩의 상태로 포장할 수 있다.				
결속대지 및문고지	형광물질이 검출되지 아니한 것				

(1) 마른김 및 얼구운김

항 목	검 사 기 준				
	특 등	1 등	2 등	3 등	등 외
형 태	길이206㎜이상,너비189㎜이상이고 형태가 바르며 축파지,구멍기가 없는 것.다만,대판은 길이223㎜이상, 너비 195㎜이상인 것	길이206㎜이상,너비189㎜이상이고 형태가 바르며 축파지, 구멍기가 없는 것.다만, 재래식은 길이 260㎜이상,너비 190㎜이상,대판은길이 223㎜이상, 너비195㎜이상인 것	좌와 같음	좌와 같음	길이 206㎜, 너비189㎜이나 과도하게 가장자리를 치거나 형태가바르지 못하고 경미한 축파지 및 구멍기가 있는 제품이약간 혼입된것. 다만, 재래식과대판의 길이 및 너비는 1등에 준한다.
색 택	고유의 색택(흑색)을띄고 광택이 우수하고선명한 것	고유의 색택을 띄고 광택이 우량하고 선명한 것	고유의 색택을 띄고광택이 양호하고 사태가 경미한 것	고유의 색택을 띄고 있으나 광택이 보통이고 사태나 나부기가보통인 것	고유의 색택이 떨어지고 나부기 또는 사태가 전체 표면의 20%이하인 것
청태의 혼입	청태(파래·매생이)의 혼입이없는것	청태의 혼입이 3%이내인 것. 다만, 혼해태는 20%이하인 것	청태의 혼입이 10% 이내인 것.다만, 혼해태는 30% 이하인 것	청태의 혼입이 15%이내인것. 다만, 혼해태는 45%이하인 것	청태의 혼입이 15%이내인것. 다만, 혼해태는 50%이하인 것
향 미	고유의 향미가 우수한 것	고유의 향미가 우량한 것	고유의 향미가 양호한것	고유의 향미가 보통인것	고유의 향미가 다소 떨어지는 것

(2) 마른우무가사리

항 목	1 등	2 등	3 등	등 외
원 료	산지 및 채취의 계절이 동일하고 조체 발육이 우량한 것	산지 및 채취의 계절이 동일하고 조체 발육이양호한 것	산지 및 채취의 계절이 동일하고 조체 발육이 보통인 것	좌와 같음
색 택	고유의 색택으로서 우량하며, 빌효로 인하여 뜨지 아니한 것	고유의 색택으로서 양호하며, 발효로 인하여 뜨지 아니한 것	고유의 색택으로서 보통이며, 발효로 인하여 뜨지 아니한 것	고유의 색택으로서 보통이며, 발효에 의하여 뜬 정도가 심하지 아니한것
협잡물	다른 해조 및 그 밖에 협잡물이 1%이하인 것	다른 해조 및 그 밖에 협잡물이3% 이하인 것	다른 해조 및 그 밖에 협잡물이5%이하인 것	좌와 같음

(3) 마른톳

항 목	1 등	2 등	3 등
원 료	산지 및 채취의 계절이 동일하고 조체발육이 우량한 것	산지 및 채취의 계절이 동일하고 조체발육이 양호한 것	산지 및 채취의 계절이 동일하고 조체발육이 보통인 것
색 택	고유의 색택으로서 우량하며 변질이 아니된 것	고유의 색택으로서 우량하며 변질이 아니된 것	고유의 색택으로서 보통이며 변질이 아니된 것
협잡물	다른 해조 및 토사 그 밖에 협잡물이 1%이하인 것	다른 해조 및 토사 그 밖에 협잡물이 3%이하인 것	다른 해조 및 토사 그 밖에 협잡물이 5%이하인 것

(4) 마른어류(어포 포함)

항 목	합 격
형 태	형태가 바르고 손상이 적으며 충해가 없는 것
색 택	고유의 색택이 양호한 것
협잡물	토사 및 그 밖에 협잡물이 없는 것.
향 미	고유의 향미를 가지고 이취가 없는 것

(5) 마른오징어류(문어.갑오징어 등)

항 목	합 격
형 태	1. 형태가 바르고 손상이 없으며 흡반의 탈락이 적은 것 2. 썰거나 찢은 것은 크기가 고른 것
색 택	색택이 보통이며 얼룩이 거의 없는 것
곰팡이및 적분	곰팡이가 없고 적분이 거의 없는 것
협잡물	토사 및 그 밖에 협잡물이 없는 것
향 미	고유의 향미를 가지고 이취가 없는 것

- 이하 생략 ' 산지경매사 상품성 평가 혹은 수품사 2차 기본서 등 참조

자.한천

(1) 실한천

항 목	1 등	2 등	3 등
형 태	300mm이상으로 크기가 대체로 고른 것.		
색택	백색 또는 유백색으로 광택이 있으며 약간의 담황색이 있는 것	백색 또는 유백색이나 약간의 담갈색 또는 담흑색이 있는 것	백색 또는 유백색이나 담갈색 또는 약간의 담흑색이 있는 것
제 정 도	급냉.난건.풍건이 없고,파손품.토사의 혼입이 없는 것	급냉.난건.풍건이경미하며,파손품.토사의 혼입이 극히 적은 것	급냉.난건.파손품.토사 및 협잡물이 적은 것

(2) 가루한천 또는 인상한천

항 목	1 등	2 등	3 등
색 택	백색 또는 유백색이며 광택이 양호한 것	백색이며 담황색이 약간 있는 것	백색이며 약간의 담갈색 또는 담흑색이 있는 것
제 정 도	품질 및 크기가 고른 것	품질 및 크기가 대체로 고른 것	품질 및 크기가 약간 고르지 못한 것

(3) 산한천.설한천.그 밖의 한천

항 목	1 등	2 등
형 태	1.산한천은 길이100mm이상이고 설한천(길이 100mm이하의 것)의 혼입이 5% 이내인 것	
	2. 그 밖의 한천 : 형태 및 품질이 대체로 고른 것	2. 그 밖의 한천 : 형태 및 품질이 약간 고르지 못한 것
색 택	백색 또는 유백색이며, 광택이 양호한 것	백색 또는 유백색이나 약간의 황갈색 또는 담황색이 있는 것
협 잡 물	혼입이 없는것	

차. 어육연제품 - 18년 기출

(1) <u>어묵류 (찐어묵.구운어묵.튀김어묵.맛살 등) -18년 기출</u>

항 목	합 격
성 상	1. 색.형태.풍미 및 식감이 양호하고 이미.이취가 없는 것 2. 고명을 넣은 것은 그 모양 및 배합상태가 양호한 것

	3. 구운어묵은 구운색이 양호하며 눌은 것이 없는 것 4. 맛살은 게.새우 등의 형태와 풍미가 유사한 것
탄 력	**5mm두께로 절단한 것을 반으로 접었을 때 금이 가지 아니한 것**
이 물	혼합되지 아니한 것

(2) 어육소시지(고명어육소시지, 혼합어육소시지, 고명혼합어육소시지)

항 목	합 격
성 상	1. 색택이 양호한 것 2. 향미가 양호하며 이미.이취가 없는 것 3. 식감이 양호한 것 4. 육질 및 결착이 양호한 것
겉 모 양	1. 변형되지 아니한 것. 2. 밀봉이 완전한 것. 3. 손상되지 아니한 것. 4. 케이싱과 내용물이 분리되지 아니한 것. 5. 케이싱 결착부에 내용물이 부착되지 아니한 것.
이 물	혼합되지 아니한 것

(3) 특수포장어묵 -18년 기출

항 목	합 격
성 상	색.형태.풍미 및 식감이 양호하고 이미.이취가 없는 것
탄 력	**5mm두께로 절단한 것을 반으로 접었을 때 금이 가지 아니한 것**
이 물	혼합되지 아니한 것
외면 및 용기상태	1. 변형되지 아니한 것 2. 밀봉이 완전한 것 3. 손상되지 아니한 것 4. 케이싱과 내용물이 분리되지 아니한 것 5. 케이싱의 매듭에 내용물이 부착되지 아니한 것

2. 정밀검사기준

항 목	기 준	검 사 대 상
1. 중금속		○활, 신선・냉장품, 냉동품, 건제품
1) 총수은	0.5mg/kg이하	○어류, 연체류, 패류, 냉동식용대구머리, 냉동창란(생물로 기준할 때) 다만, 심해성 어류 및 다랑어류 및 새치류 제외 (심해성어류 : 쏨뱅이류(적어포함, 연안성어종 제외), 금눈돔, 칠성상어, 얼룩상어, 악상어, 청상아리, 기름치, 곱상어, 귀상어, 은상어, 청새리상어, 흑기흉상어, 다금바리, 체장메기(홍메기), 블랙오레오도리, 스무스오레오도리, 오렌지라피, 붉평치, 먹장어(연안성 제외), 흑점샛돔(은샛돔), 파타고니아이빨고기, 은민대구(뉴질랜드계군에 한함) 등) (다랑어류 및 새치류 : 참다랑어, 남방참다랑어, 날개다랑어, 눈다랑어, 황다랑어, 돛새치, 청새치, 녹새치, 백새치, 황새치, 백다랑어, 가다랑어, 점다랑어, 몽치다래, 물치다래)
2) 메틸수은	1.0mg/kg이하	○심해성어류, 다랑어류, 새치류(생물로 기준할 때) 2009.12.1일부터 시행
3) 납	0.5mg/kg이하	○ 어류, 냉동식용대구머리, 냉동창란(생물로 기준할 때)
	2.0mg/kg이하	○연체류, 패류(생물로 기준할 때)
4) 카드뮴	2.0mg/kg이하	○연체류, 패류(생물로 기준할 때)
2. 동물용의약품 등		○어류, 갑각류 및 전복(양식가능 품종으로서 활, 신선・냉장품 및 냉동품)
1) 옥시테트라싸이클린/클로르테트라싸이클린/ 테트라싸이클린 합으로서	0.2mg/kg이하	- 어류 - 갑각류 -**18년 기출** - 전복
2) 독시싸이클린	0.05mg/kg이하	- 어류
3) 클로람페니콜	불 검 출	- 어류 - 갑각류
4) 스피라마이신	0.2mg/kg이하	
5) 옥소린산	0.1mg/kg이하	
6) 플루메퀸	0.5mg/kg이하	
7) 엔로플록사신/시프로 플록사신 합으로서	0.1mg/kg이하	
8) 설파제의 총합으로서 (설파클로르피리다진, 설파디아진, 설파디메톡신, 설파메톡시피리다진, 설파메	0.1mg/kg이하	- 어류

라진, 설파메타진,설파메톡사졸, 설파모노메톡신, 설파티아졸, 설파퀴녹살린, 설파독신, 설파페나졸,설피속사졸, 설파클로르피라진)		
9) 아목시실린	0.05mg/kg이하	- 어류
10) 암피실린	0.05mg/kg이하	- 갑각류
3. 마비성패독(PSP)	80µg/100g이하	○해산이매패 및 그 가공품
4. 복어독	10MU/g이하	○활, 신선.냉장품, 냉동품 - 복어 육질 및 껍질
5. 타르색소	불검출	○신선.냉장품, 냉동품 - 캐비아 및 그 대용품 - 필레 처리한 연어.송어.피조개.성게.명란 ※다만, 관능검사결과 색소를 첨가하지 아니하였다고 인정되는 경우에는 정밀검사를 생략할 수 있다 ○명란젓 및 명란맛젓
6. 세균수	1g중 50,000이하 1g중 100,000이하	○생식용 생굴에 한함 ○냉동품 (생식용에 한함)
7.분변계대장균	230MPN/100g이하	○생식용 생굴, 냉동품(생식용에 한함)
8. 대장균군	음성	○어육연제품
9. pH	6.0이상	○수출용 냉동굴에 한함
10. 조회분	6.0%이하 28.0%이하 30.0%이하	○한천 ○마른해조분 ○그 밖의 어분 (갑각류 껍질등)
11. 조단백질	3.0%이하 7.0%이상 35.0%이상 45.0%이상 50.0%이상	○한천 ○마른해조분 ○그 밖의 어분(갑각류 껍질 등) ○혼합어분 ○게엑스분(분말) ○어분.어비(혼합어분 및 그 밖의 어분 제외)
12. 조지방	1.0%이하 12.0%이하	○게엑스분(분말) ○어분.어비, 그 밖의 어분(갑각류 껍질 등)
13. 전질소	0.5%이상 1.0%이상 3.0%이상	○어류젓혼합액 ○멸치액젓, 패류 간장(굴.홍합.바지락간장 등) ○어육 액즙
14. 엑스분	21.0%이상	○패류간장

	40.0%이상	○ 어육액즙
15. 비타민A 함유량	1g당 8,000 I.U이상	○ 어간유

항 목	기 준	대 상			
16. 제리강도			1등	2등	3등
	C급 (100 ~ 300g/㎠이상)	실한천(㎤당)	300g이상	200g이상	100g이상
	J급 (100 ~ 350g/㎠이상)	실한천(㎤당)	350g이상	250g이상	100g이상
		가루.인상한천(㎤당)	350g이상	250g이상	150g이상
		산한천(㎤당)	200g이상	100g이상	-
17. 열탕불용 해잔사물	4.0%이하	○ 한천			
18. 붕산	0.1%이하	○ 한천			
19. 이산화황 (SO2)	30mg/kg미만	○ 조미쥐치포류, 건어포류, 기타건포류, 마른새우류(두절포함)			
20. 산가	2.0%이하 4.0%이하	○ 어간유 ○ 어유			
21. 염분	3.0%이하	<어분.어비> 어분.어비			
	12.0%이하	<조미가공품> 어육액즙			
	13.0%이하	<염장품> 성게젓			
	15.0%이하	<염장품> 간성게			
		<조미가공품> 패류 간장			
	20.0%이하	<조미가공품> 다시마 액즙			
	23.0%이하	<염장품> 멸치액젓, 어류젓 혼합액			
	40.0%이하	<염장품> 간미역(줄기포함)			

22. 추가

항 목	기 준	대 상
24. 식중독균 가. 장염비브리오 나. 살모넬라 다. 황색포도상구균 라. 리스테리아모노사이토제네스	 음 성 음 성 음 성 음 성	○ 냉장.냉동한 횟감용 수산물 - 더 이상의 가공, 가열조리를 하지 않고 섭취하는 수산물
25. 토 사	3.0%이하	○ 어분.어비(갑각류 껍질 등)

도표 : 김태산 인용 : 검사 절차

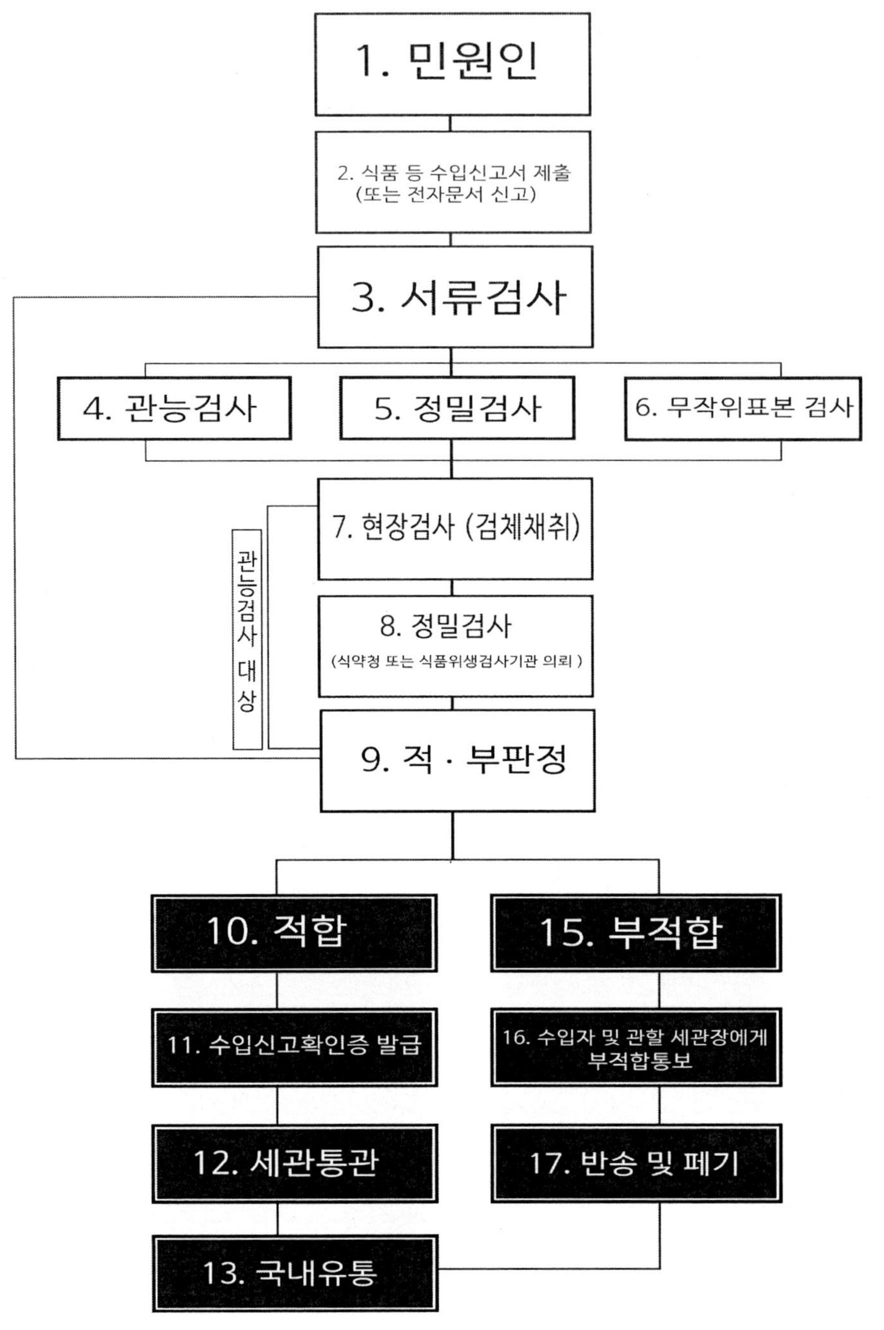

제4. 수산물 검사 관련 용어

※ 검사란 수산물의 **상품적 가치를 평가**하기 위하여 정해진 규정 및 절차에 따라 검정. 감정. 등 하여 수산물을 등급 또는 적정 및 부적합 등을 판정하는 것을 말한다.

※ **검정**이란 수산물의 품위. 성분 등을 **기계기구 또는 약품** 등을 사용하여 대상수산물을 측정. 분석. 시험하여 **수치로 판단하**는 것을 말한다.

※ **감정**이란 수산물의 품위 등을 이화학적-실험실의 장비 등-을 이용하여 수산물의 가치를 판정하는 것을 말함.

※ **시험이**란 일정기간의 기준을 두고서 수산물을 시험하여 대상 수산물의 변화,변동,변질 등의 추이를 밝혀내는 것

※ **분석**이란 수산물에 함유되어 있는 농산물,유기,무기성분 등의 함유량을 **정성. 정량시험**으로 전문가가 검체를 선별하여 시험 및 판정하는 것을 말한다.

※ **측정**이란 일정한 시험방법에 따라 수산물에 포함되어 있는 성분을 수량적으로 수치화 하는 것을 말함.

<u>※ 수산물 가공품 관련 법령 고시 2조 정의 . 용어</u>

1. "**어·패류**"라 함은 어류·패류·갑각류 및 연체류 등의 수산<u>**동물**을</u> 말한다.

2. "<u>**신선**</u>·**냉장품**"이라 함은 얼음 등을 이용하여 신선상태를 유지하거나 동결되지 <u>**아니** 하도록 10℃**이하**로 **냉장**한</u> 수산 동·**식물**을 말한다. -16년 기출

3. "**냉동품**"이라 함은 수산동·식물을 <u>''원형·처리''</u> 또는 <u>''가공''하여 **동결시킨** 제품</u>을 말한다.

4. "**건제품**"이라 함은 수산동·식물의 **수분을 감소**시키기 위하여 건조하거나 단**순히 삶거나, 굽거나,염장**하여 말린 제품을 말한다.

* <u>**유소현상**</u>이란 건제품에서 발생하는 부패현상입니다. → <u>**건어물의 지방 산패**</u> 현상입니다.

●"**염장품**"**이**라 함은 수산동·식물을 <u>**식염 또는 식염수**를 이용하여 절이거나 식염 또는 식염과 주정</u>을 가하여 숙성시켜 만든 제품을 말한다.

6. "**조미가공품**"이라 함은 수산<u>**동·식물에 조미료를 첨가하여 조림·건조 또는 구워서 만든**</u> 제품 및 패 류 자숙 시 유출되는 액의 유효성분을 농축하여 만든 간장류(쥬스류)등의 제품을 말한다.

7. "**어간유·어유**"라 함은 수산**동물의 간장**에서 추출한 유지 또는 이를 원료로 하여 농축한 것(어간유)과 수산동물의 간장을 제외한 어체에서 추출한 유지(어유)를 말한다.

8. "**어분·어비**"라 함은 어류 및 기타 수산<u>**동물을 자숙·압착·건조하여 분쇄한 것(어분)과 어류 및 기타 수산동물을 자숙**</u>· 압착·**건조하여 비료**로 사용하는 것(어비)을 말한다

9. "**한천**"이라 함은 홍조류중의 한천성분(다당류)을 <u>**물리적 또는 화학적** 방법에 의하여 추출·응고 및 건조시</u>켜 만든 제품을 말한다.

10. "**어육연제품**"이라 함은 어육에 소량의 소금 및 부재료를 넣고 갈아서 만든 고기풀을 가열·응고시켜 만든 **탄성 있는 겔 상태**의 가공품을 말한다.

11. "**통·병조림품**"이라 함은 수산동·식물을 관 또는 병에 넣어 **탈기·밀봉·살균·냉각** 등의 가공공정을 거쳐 만든 제품을 말한다

제5. 농수산물품질관리에 법률 3조 및 4조, 5조

시행령 및 규칙 : **제2조(수산가공품의 기준)**

「농수산물 품질관리법」(이하 "법"이라 한다) 제2조제1항제13호나목에 따른 수산가공품은 다음 각 호의 어느 하나에 해당하는 제품으로 한다.

1. 수산물을 원료 또는 재료의 **50퍼센트를 넘게** 사용하여 가공한 제품
2. 제1호에 해당하는 제품을 원료 또는 재료의 **50퍼센트를 넘게 사용하여 2차 이상 가공**한 제품
3. 수산물과 그 가공품, 농산물(임산물 및 축산물을 **포함**한다. 이하 같다)과 그 가공품을 **함께** 원료·재료로 **사용한 가공품인** 경우에는 수산물 또는 그 가공품의 함량이 농산물 또는 그 가공품의 함량보다 **많은 가공품**

제2조(생산자단체의 범위) - 기출 2회 반복 출재 됨

「농수산물 품질관리법」(이하 "법"이라 한다) 제2조제1항제2호에서 "농림축산식품부령 또는 해양수산부령으로 정하는 단체"란 다음 각 호의 단체를 말한다.

1. 「농어업경영체 육성 및 지원에 관한 법률」 제16조제1항 또는 제2항에 따라 설립된 영농조합법인 또는 **영어**조합**법인**
2. 「농어업경영체 육성 및 지원에 관한 법률」 제19조제1항 또는 제3항에 따라 설립된 농업회사법인 또는 **어업회사법인**

제3조(**농수산물품질관리심의회의 설치)**

① 이 법에 따른 농수산물 및 수산가공품의 품질관리 등에 관한 사항을 심의하기 위하여 농림축산식품부장관 또는 해양수산부장관 소속으로 농수산물품질관리심의회(이하 "심의회"라 한다)를 둔다. <개정 2013. 3. 23. >
② 심의회는 위원장 및 부위원장 각 1명을 포함한 60명 이내의 위원으로 구성한다.
③ 위원장은 위원 중에서 호선(互選)하고 부위원장은 위원장이 위원 중에서 지명하는 사람으로 한다.
④ 위원은 다음 각 호의 사람으로 한다. <개정 2013. 3. 23. >
⑦ **심의회의 업무 중 특정한 분야의 사항을 효율적으로 심의하기 위하여 대통령령으로 정하는 분야별 분 과위원회를 둘 수 있다.**
⑧ 제6항에 따른 **지리적표시 등록심의 분과위원회 및 제7항에 따른 분야별 분과위원회**에서 심의한 사항은 심의회에서 심의된 것으로 본다.

제4조(심의회의 직무)

심의회는 다음 각 호의 사항을 심의한다. <개정 2012.6.1, 2013.3.23, 2020.2.18>

1. 표준규격 및 물류표준화에 관한 사항
2. 농산물우수관리·수산물품질인증 및 이력추적관리에 관한 사항
3. 지리적표시에 관한 사항
4. 유전자변형농수산물의 표시에 관한 사항
5. 농수산물(축산물은 제외한다)의 안전성조사 및 그 결과에 대한 조치에 관한 사항
6. 농수산물(축산물은 제외한다) 및 수산가공품의 검사에 관한 사항
7. 농수산물의 안전 및 품질관리에 관한 정보의 제공에 관하여 총리령, 농림축산식품부령 또는 해양수산부령으로 정하는 사항
8. 제69조에 따른 수산물의 생산·가공시설 및 해역(해역)의 위생관리기준에 관한 사항

9. 수산물 및 수산가공품의 제70조에 따른 위해요소중점관리기준에 관한 사항
10. 지정해역의 지정에 관한 사항
11. 다른 법령에서 심의회의 심의사항으로 정하고 있는 사항
12. 그 밖에 농수산물 및 수산가공품의 품질관리 등에 관하여 위원장이 심의에 부치는 사항

☑ 시행령 및 규칙 : 제4조(회의)

① 위원장은 심의회의 회의를 소집하며, 그 의장이 된다.
② 심의회는 재적위원 과반수의 출석으로 개의(開議)하고, 출석위원 과반수의 찬성으로 의결한다.
③ 심의회는 심의에 필요하다고 인정되는 경우 이해관계자, 해당 지방지치단체의 관련자 및 관련 분야 전문가 등을 출석시켜 의견을 들을 수 있으며, 필요한 경우에는 관련 자료 제출 등의 협조를 요청할 수 있다.

제5조(분과위원회의 설치)

법 제3조제7항에서 "대통령령으로 정하는 분야별 분과위원회"란 안전성 분과위원회 및 기획ㆍ제도 분과위원회를 말한다.

제6조(분과위원회의 구성)

① 분과위원회[법 제3조제6항에 따른 지리적표시 등록심의 분과위원회(이하 "지리적표시 분과위원회"라 한다) 및 제5조에 따른 분과위원회를 말한다. 이하 "분과위원회"라 한다]는 분과위원회의 위원장(이하 "분과위원장"이라 한다) 및 분과위원회의 부위원장(이하 "분과부위원장"이라 한다) 각 1명을 **포함한 10명 이상 20명 이하의 위원**으로 각각 구성한다.

((비교 : 법률상은 장을 포함한 10명 이하의 위원으로 구성한다.))

② 분과위원장, 분과부위원장 및 분과위원회의 위원은 위원장이 심의회의 위원 중에서 전문적인 지식과 경험을 고려하여 각각 지명하는 사람으로 한다.
③ 분과위원장 및 분과부위원장의 직무에 대해서는 제3조를 준용한다. 이 경우 "위원장"은 "분과위원장"으로, "위원회의 부위원장"은 "분과부위원장"으로 본다.
④ 분과위원회의 회의에 대해서는 제4조를 준용한다. 이 경우 "위원장"은 "분과위원장"으로, "심의회"는 "분과위원회"로 본다.

제7조(심의회 등의 운영)

① 심의회와 분과위원회의 사무를 처리하기 위하여 심의회와 분과위원회에 각각 간사 2명과 서기 2명을 둔다. <개정 2013. 3. 23. >
② 제1항에 따른 간사와 서기는 농림축산식품부장관이 그 소속 공무원 중에서 각각 1명을, 해양수산부장관이 그 소속 공무원 중에서 각각 1명을 임명한다.

법률 : 제5조(표준규격)

① 농림축산식품부장관 또는 해양수산부장관은 농수산물(축산물은 제외한다. 이하 이 조에서 같다)의 상품성을 높이고 유통 능률을 향상시키며 공정한 거래를 실현하기 위하여 농수산물의 **포장**규격과 **등급**규격(이하 "표준규격"이라 한다)을 정할 수 있다.
② **표준규격**에 맞는 농수산물(이하 "표준규격품"이라 한다)을 출하하는 자는 **포장 겉면**에 표준규격품의 표시를 할 수 있다.
③ **표준규격의** 제정기준, 제정절차 및 표시방법 등에 필요한 사항은 농림축산식품부령 또는

해양수산부령으로 정한다. <개정 2013. 3. 23. >

시행령 : 제5조(표준규격의 제정)

① 법 제5조제1항에 따른 농수산물의 **표준규격**은 **포장**규격 및 **등급**규격으로 구분한다.

② 제1항에 따른 **포장규격**은 「산업표준화법」 제12조에 따른 한국산업표준(이하 "한국산업표준"이라 한다)에 따른다. **다만, 한국산업표준이 제정되어 있지 아니**하거나 한국산업표준과 다르게 정할 필요가 있다고 인정되는 경우에는 보관·수송 등 유통 과정의 편리성, 폐기물 처리문제를 고려하여 다음 각 호의 항목에 대하여 그 규격을 따로 정할 수 있다.

1. 거래단위 2. 포장치수 3. 포장재료 및 포장재료의 시험방법
4. 포장방법 5. 포장설계 6. 표시사항 7. 그 밖에 품목의 특성에 따라 필요한 사항

③ 제1항에 따른 **등급규격은 품목 또는 품종별로** 그 특성에 따라 **고르기, 크기, 형태, 색깔, 신선도, 건조도, 결점, 숙도(熟度) 및 선별 상태** 등에 따라 정한다.

④ 국립농산물품질관리원장, **국립수산물품질관리원장** 또는 산림청장은 표준규격의 제정 또는 개정을 위하여 필요하면 전문연구기관 또는 대학 등에 시험을 의뢰할 수 있다. <

제6조(표준규격의 고시)

국립농산물품질관리원장, **국립수산물품질관리원장** 또는 산림청장은 제5조에 따라 표준규격을 제정, 개정 또는 폐지하는 경우에는 그 사실을 고시하여야 한다. <개정 2013. 3. 24. >

제7조(표준규격품의 출하 및 표시방법 등)

① 농림축산식품부장관, 해양수산부장관, 특별시장·광역시장·도지사·**특별자치도지사(이하 "시·도지사"**라 한다)는 농수산물을 생산, 출하, 유통 또는 판매하는 자에게 표준규격에 따라 생산, 출하, 유통 또는 판매하도록 **권장**할 수 있다. <개정 2013. 3. 24. >

② 법 제5조제2항에 따라 **표준규격품을 출하하는 자가 표준규격품임을 표시**하려면 해당 물품의 포장 **겉면**에 "**표준규격품**"이라는 **문구와 함께 다음 각 호의 사항을 표시**하여야 한다.

1. 품목 2. 산지
3. 품종. 다만, 품종을 표시하기 어려운 품목은 국립농산물품질관리원장, 국립수산물품질관리원장 또는 산림청장이 정하여 고시하는 바에 따라 품종의 표시를 생략할 수 있다.
4. 생산 연도(곡류만 해당한다. 2019.7.1일 부터 수산물에서 삭제) 5. 등급
6. 무게(실중량). 다만, 품목 특성상 무게를 표시하기 어려운 품목은 국립농산물품질관리원장, 국립수산물품질관리원장 또는 산림청장이 정하여 고시하는 바에 따라 개수(마릿수) 등의 표시를 단일하게 할 수 있다.
7. 생산자 또는 생산자단체의 명칭 및 전화번호

제6. 수산물 품질인증 표시(법14조 및 령제32조제1항 관련) 지리적표시품 (법32조) 등

제1절 품질인증 표시 및 표시방법 등

해수부장관은 수산물과 수산특산물의 품질을 향상시키고, 소비자를 보호하기 위하여 품질인증 제도를 실시하는 것을 품질인증제도이다.

제14조(수산물의 품질인증) ' 개정 2020'

① 해양수산부장관은 수산물의 품질을 향상시키고 소비자를 보호하기 위하여 품질인증제도를 실시한다. <개정 2013.3.23, 2017.11.28>

② 제1항에 따른 품질인증(이하 "품질인증"이라 한다)을 받으려는 자는 해양수산부령으로 정하는 바에 따라 해양수산부장관에게 신청하여야 한다. 다만, 다음 각 호의 어느 하나에 해당하는 자는 품질인증을 신청할 수 없다. <개정 2013.3.23, 2020.2.18>

1. 제16조에 따라 품질인증이 취소된 후 1년이 지나지 아니한 자
2. 제119조 또는 제120조를 위반하여 벌금 이상의 형이 확정된 후 1년이 지나지 아니한 자

③ 품질인증을 받은 자는 품질인증을 받은 수산물(이하 "품질인증품"이라 한다)의 포장ㆍ용기 등에 해양수산부령으로 정하는 바에 따라 품질인증품임을 표시할 수 있다.

④ 품질인증의 기준ㆍ절차ㆍ표시방법 및 대상품목의 선정 등에 필요한 사항은 해양수산부령으로 정한다.

제15조(품질인증의 유효기간 등)

① 품질인증의 유효기간은 품질인증을 받은 날부터 2년으로 한다. 다만, 품목의 특성상 달리 적용할 필요가 있는 경우에는 4년의 범위에서 해양수산부령으로 유효기간을 달리 정할 수 있다. <개정 2013.3.23>

② 품질인증의 유효기간을 연장받으려는 자는 유효기간이 끝나기 전에 해양수산부령으로 정하는 바에 따라 해양수산부장관에게 연장신청을 하여야 한다. <개정 2013.3.23>

③ 해양수산부장관은 제2항에 따른 신청을 받은 경우 제14조제4항에 따른 품질인증의 기준에 맞다고 인정되면 제1항에 따른 유효기간의 범위에서 유효기간을 연장할 수 있다.

제16조(품질인증의 취소)

해양수산부장관은 품질인증을 받은 자가 다음 각 호의 어느 하나에 해당하면 품질인증을 취소할 수 있다. 다만, 제1호에 해당하면 품질인증을 취소하여야 한다.
<개정 2013.3.23, 2020.2.18>

1. 거짓이나 그 밖의 부정한 방법으로 인증을 받은 경우
2. 제14조제4항에 따른 품질인증의 기준에 현저하게 맞지 아니한 경우
3. 정당한 사유 없이 제31조제1항에 따른 품질인증품 표시의 시정명령, 해당 품목의 판매금지 또는 표시정지 조치에 따르지 아니한 경우
4. 업종전환ㆍ폐업 등으로 인하여 품질인증품을 생산하기 어렵다고 판단되는 경우

제17조(품질인증기관의 지정 등)

① 해양수산부장관은 수산물의 생산조건, 품질 및 안전성에 대한 심사ㆍ인증을 업무로 하는 법인 또는 단체로서 해양수산부장관의 지정을 받은 자(이하 "품질인증기관"이라 한다)로 하여금 제14조부터 제16조까지의 규정에 따른 품질인증에 관한 업무를 대행하게 할 수 있다. <개정 2013.3.23>

② 해양수산부장관, 특별시장ㆍ광역시장ㆍ도지사ㆍ특별자치도지사(이하 "시ㆍ도지사"라 한다) 또는 시장ㆍ군수ㆍ구청장(자치구의 구청장을 말한다. 이하 같다)은 어업인 스스로 수산물의 품질을 향상시키고 체계적으로 품질관리를 할 수 있도록 하기 위하여 제1항에 따라 품질인증기관으로 지정받은 다음 각 호의 단체 등에 대하여 자금을 지원할 수 있다.

1. 수산물 생산자단체(어업인 단체만을 말한다)
2. 수산가공품을 생산하는 사업과 관련된 법인(「민법」 제32조에 따른 법인만을 말한다)

③ 품질인증기관으로 지정을 받으려는 자는 품질인증 업무에 필요한 시설과 인력을 갖추어 해양수산부장관에게 신청하여야 하며, 품질인증기관으로 지정받은 후 해양수산부령으로 정하는 중요 사항이 변경되었을 때에는 변경신고를 하여야 한다. 다만, 제18조에 따라 품질인증기관의 지정이 취소된 후 2년이 지나지 아니한 경우에는 신청할 수 없다.

④ 해양수산부장관은 제3항 본문에 따른 변경신고를 받은 날부터 10일 이내에 신고수리 여부를 신고인에게 통지하여야 한다. <신설 2020.2.18>

⑤ 해양수산부장관이 제4항에서 정한 기간 내에 신고수리 여부 또는 민원 처리 관련 법령에 따른 처리기간의 연장을 신고인에게 통지하지 아니하면 그 기간(민원 처리 관련 법령에 따라 처리기간이 연장 또는 재연장된 경우에는 해당 처리기간을 말한다)이 끝난 날의 다음 날에 신고를 수리한 것으로 본다. <신설 2020.2.18>

⑥ 품질인증기관의 지정 기준, 절차 및 품질인증 업무의 범위 등에 필요한 사항은 해양수산부령으로 정한다. <개정 2013.3.23, 2020.2.18>

제18조(품질인증기관의 지정 취소 등)

① 해양수산부장관은 품질인증기관이 다음 각 호의 어느 하나에 해당하면 그 지정을 취소하거나 6개월 이내의 기간을 정하여 품질인증 업무의 전부 또는 일부의 정지를 명할 수 있다. 다만, 제1호부터 제4호까지 및 제6호 중 어느 하나에 해당하면 품질인증기관의 지정을 취소하여야 한다. <개정 2013.3.23, 2020.2.18>

1. 거짓이나 그 밖의 부정한 방법으로 품질인증기관으로 지정받은 경우
2. 업무정지 기간 중 품질인증 업무를 한 경우
3. 최근 3년간 2회 이상 업무정지처분을 받은 경우
4. 품질인증기관의 폐업이나 해산ㆍ부도로 인하여 품질인증 업무를 할 수 없는 경우
5. 제17조제3항 본문에 따른 변경신고를 하지 아니하고 품질인증 업무를 계속한 경우
6. 제17조제6항의 지정기준에 미치지 못하여 시정을 명하였으나 그 명령을 받은 날부터 1개월 이내에 이행하지 아니한 경우
7. 제17조제6항의 업무범위를 위반하여 품질인증 업무를 한 경우
8. 다른 사람에게 자기의 성명이나 상호를 사용하여 품질인증 업무를 하게 하거나 품질인증기관지정서를 빌려준 경우
9. 품질인증 업무를 성실하게 수행하지 아니하여 공중에 위해를 끼치거나 품질인증을 위한 조사 결과를 조작한 경우
10. 정당한 사유 없이 1년 이상 품질인증 실적이 없는 경우

② 제1항에 따른 지정 취소 및 업무정지의 세부 기준은 해양수산부령으로 정한다.

제19조(품질인증 관련 보고 및 점검 등)

① 해양수산부장관은 품질인증을 위하여 필요하다고 인정하면 품질인증기관 또는 품질인증을 받은 자에 대하여 그 업무에 관한 사항을 보고하게 하거나 자료를 제출하게 할 수 있으며 관계 공무원에게 사무소 등에 출입하여 시설·장비 등을 점검하고 관계 장부나 서류를 조사하게 할 수 있다. <개정 2013.3.23>

② 제1항에 따른 점검이나 조사에 관하여는 제13조제2항 및 제3항을 준용한다.

③ 제1항에 따라 점검이나 조사를 하는 관계 공무원에 관하여는 제13조제4항을 준용한다.

(6) 시행령 : 제28조(지위의 승계 등)

① 다음 각 호의 어느 하나에 해당하는 사유로 발생한 권리·의무를 가진 자가 사망하거나 그 권리·의무를 양도하는 경우 또는 법인이 합병한 경우에는 상속인, 양수인 또는 합병 후 존속하는 법인이나 합병으로 설립되는 법인이 그 지위를 승계할 수 있다.

1. 제9조에 따른 우수관리인증기관(농산물 대상)의 지정
2. 제11조에 따른 우수관리시설의 지정
3. 제17조에 따른 품질인증기관의 지정(해양수산부장관은 수산물 이하 생략)

② 제1항에 따라 지위를 승계하려는 자는 승계의 "사유가 발생한 날부터 "1개월 이내에 농림축산식품 부령 또는 해양수산부령으로 정하는 바에 따라 각각 지정을 받은 기관에 신고하여야 한다.

※ 품질인증 대상 품목 약136개 품목. 원산지 표시대상품목 약 247개. HACCP 대상 품목 7개품목

1. 원산지 대상품목-총247품목

(1) 국산수산물 및 원양산 수산물 191종 : 해면어루 108종목,내수면 어류 20종류,식염(천일염,정제소금)등

(2) 수입수산물과 그 가공품 또는 반입 수산물과 그 가공품 19품목 : HS제 1류~5류,12류~25류 소금

(3) 수산물 가공품 37품목-식품공전에 따름-

구 분	품 목
어육가공품 6종	어묵,어육소시지,어육반제품,어육살,연육,기타어육가공품
두부류 또는 묵류 1종	묵류
다 류 3종	고형차 등
음료류 2종	추출 음료 등
젓갈류 5종	젓갈,양념젓갈,액젓,조미액젓,식해류
절임식품 2종	절임류,당정임
건포류 1종	조미건어포류
식염 4종	재제소금,태음. 용융소금,기타소금,가공소금
기타식품류 5종	조미김,튀김식품,생식류,즉석섭취,편의식품류
장기보존식품 3종	통. 병조림식품,레토르트식품,냉동식품
수산물가공품 4종	훈제품,어간장,한천,해조류조미품

2. HACCP 적용 고시상 규정 7품목 ; 어육가공품 중 어묵류 1종,저장성 통. 병조림 중 굴통조림 1종,냉동수산물 중 어류,연체류,패류,각갑류,조미가공품

3. 품질인증 대상 품목 약136개 품목(비교 원산지대상 247개,햅쓰는 7개)

1) 수산품질 78종, 2) 특산품 11종,
3) 전통식품 47종(액젓 ; 멸치,까나리,청매실멸치,새우),
4) 죽류 6종,게장류 3, 5) 건제품 2,기타 6품목
(조미김,재첩국,고추장굴비,양념장어,부각류(해조류),어간장)-김용회 2차 10회 12번 인용

제2 수산물 등에 대한 품질인증 **※ 품질인증 관련 시행령 및 규칙**

시행령 = 대통령령 : 제28조(수산물 등의 품질인증 대상품목)
법 제14조제1항에 따른 품질인증(이하 "품질인증"이라 한다) 대상품목은 식용을 목적으로 생산한 **수산물** 및 수산***특산물***로 한다. - 제 4회 2차 기출

령 제29조(품질인증의 기준) === 18년 기차 기출

① **품질인증**을 받기 위해서는 다음 각 호의 기준을 모두 충족해야 한다.
1. 해당 수산물·수산**특산물**이 **그 산지의 유명도가 높거**나 **상품으로서의 차별화**가 인정되는 것일 것
2. 해당 수산물·수산**특산물**의 품질 수준 **확보 및 유지**를 위한 **생산기술과 시설·자재**를 갖추고 있을 것
3. 해당 수산물·수산**특산물**의 생산·출하 과정에서의 **자체 품질관리체제**와 **유통 과정에서의 사후관리체제를 갖추고 있을 것**

② 제1항에 따른 기준의 세부적인 사항은 **국립수산물품질관리원장**이 정하여 고시한다. <개정
③ 국립수산물품질관리원장은 제1항에 따른 품질인증의 기준을 정하기 위한 자료 조사 및 그 시안(試案)의 작성을 다음 각 호의 어느 하나에 해당하는 기관 또는 연구소에 의뢰할 수 있다. <개정 2013. 3. 24. >

1. 해양수산부 소속 기관
2. 「정부출연연구기관 등의 설립·운영 및 육성에 관한 법률」 또는 「과학기술분야 정부출연연구기관 등의 설립·운영 및 육성에 관한 법률」에 따른 식품 관련 전문연구기관
3. 「고등교육법」 제2조에 따른 학교 또는 그 연구소

령 제30조(품질인증의 신청)
법 제14조제2항에 따라 수산물 또는 수산**특산물에 대하여 품질인증**을 받으려는 자는 별지 제12호서식의 수산물·수산특산물 품질인증 (연장)신청서에 다음 각 호의 서류를 첨부하여 국립수산물품질관리원장 또는 법 제17조에 따라 **품질인증기관으로 지정받은 기관**(이하 "품질인증기관"이라 한다)의 장에게 제출하여야 한다.
1. 신청 품목의 생산계획서
2. 신청 품목의 제조공정 개요서 및 단계별 설명서

령 제31조(품질인증 심사 절차)
① 국립수산물품질관리원장 또는 **품질인증기관의 장**은 제30조에 따른 품질인증의 신청을 받은 경우에는 심사일정을 정하여 그 신청인에게 통보하여야 한다. <개정 2013. 3. 24. >
② 국립수산물품질관리원장 또는 품질인증기관의 장은 필요한 경우 그 소속 심사담당자와 신청인의 업체 소재지를 관할하는 특별자치도지사·시장·**군수·구청장이 추천하는 공무원으로 심사반**을 구성하여 품질인증의 심사를 하게 할 수 있다. <개정 2013. 3. 24. >
③ 생산자**집단**이 수산물 또는 수산특산물의 품질인증을 신청한 경우에는 생산자집단 구성원 전원에 대하여 **각각** 심사를 하여야 한다. 다만, 국립수산물품질관리원장이 필요하다고 인

정하여 고시하는 경우에는 국립수산물품질관리원장이 정하는 방법에 따라 일부 구성원을 **선정하여 심사할 수** 있다. <개정

④ 국립수산물품질관리원장 또는 품질인증기관의 장은 제29조에 따른 품질인증의 기준에 적합한지를 심사한 후 적합한 경우에는 품질인증을 하여야 한다. <개정 2013. 3. 24. >

⑤ 국립수산물품질관리원장 또는 품질인증기관의 장은 제4항에 따른 심사를 한 결과 부적합한 것으로 판정된 경우에는 지체 없이 그 사유를 분명히 밝혀 신청인에게 알려주어야 한다. 다만, 그 부적합한 사항이 **10일 이내에 보완**할 수 있다고 인정되는 경우에는 보완기간을 정하여 신청인으로 하여금 보완하도록 한 후 품질인증을 할 수 있다.

⑥ 품질인증의 심사를 위한 세부적인 절차 및 방법 등에 관하여 필요한 사항은 국립수산물품질관리원장이 정하여 고시한다. <개정 2013. 3. 24. >

령 제32조(품질인증품의 표시사항 등)

① 법 제14조제3항에 따른 수산물 및 수산**특산물 품질인증 표시**는 별표 7과 같다.

② 법 제14조제4항에 따른 수산물 및 수산특산물의 품질인증의 표시항목별 인증방법은 다음 각 호와 같다.

1. **산지**: 해당 품목이 생산되는 시·군·구(자치구의 구를 말한다. 이하 같다)의 행정구역 명칭으로 인증하되, 신청인이 강·해역 등 특정지역의 명칭으로 인증받기를 희망하는 경우에는 그 명칭으로 인증할 수 있다.
2. **품명**: 표준어로 인증하되, 그 명칭이 명확하지 아니한 경우 또는 소비자가 식별하는 데 지장이 없다고 인정되는 경우에는 해당 품목의 생태·형태·용도 등에 따라 산지에서 관행적으로 사용되는 명칭으로 인증할 수 있다.
3. **생산자 또는 생산자집단**: 명칭(법인의 경우에는 명칭과 그 대표자의 성명을 포함한다)·주소 및 전화번호
4. **생산조건**: 자연산과 양식산으로 인증한다.

③ 제1항 및 제2항에 따른 품질인증의 표시를 하려는 자는 품질인증을 받은 수산물의 포장·용기의 겉면에 소비자가 알아보기 쉽도록 표시하여야 한다. 다만, 포장하지 아니하고 판매하는 경우에는 해당 물품에 꼬리표를 부착하여 표시할 수 있다.

령 제33조(품질인증서의 발급 등)

① 국립수산물품질관리원장 또는 품질인증기관의 장은 수산물·수산특산물의 품질인증을 한 경우에는 별지 제13호서식의 수산물(수산특산물) 품질인증서를 발급한다.

② 제1항에 따라 수산물(수산특산물) 품질인증서를 발급받은 자는 품질인증서를 잃어버리거나 품질인증서가 손상된 경우에는 별지 제14호서식의 수산물·수산특산물 품질인증 재발급신청서에 손상된 품질인증서를 첨부(품질인증서가 손상되어 재발급받으려는 경우만 해당한다)하여 국립수산물품질관리원장 또는 품질인증기관의 장에게 제출하여야 한다.

제3.수산물 특산품의 품질인증방법 및 표시방법
(법 14조 이하 및 시행령 32조)

1. 표지도형
   인증기관명: Name of Certifying Body: 인증번호: Certificate Number:

2. 제도법

가. 도형표시
   1) 표지도형의 가로의 길이(사각형의 왼쪽 끝과 오른쪽 끝의 폭: W)를 기준으로 세로의 길이는 0.95×W의 비율로 한다.
   2) 표지도형의 흰색모양과 바깥 테두리(좌·우 및 상단부만 해당한다)의 간격은 0.1×W로 한다.
   3) 표지도형의 흰색모양 하단부 좌측 태극의 시작점은 상단부에서 0.55×W 아래가 되는 지점으로 하고, 우측 태극의 끝점은 상단부에서 0.75×W 아래가 되는지점으로 한다.
나. 표지도형의 한글 및 영문 글자는 고딕체로 하고, 글자 크기는 표지도형의 크기에 따라 조정한다.
다. 표지도형의 색상은 녹색을 기본색상으로 하고, 포장재의 색깔 등을 고려하여 파란색 또는 빨간색으로 할 수 있다.
라.표지도형내부의"품질인증","(QUALITYSEAFOOD)"및"QUALITY EAFOOD"의 글자 색상은 표지도형 색상과 동일하게 하고, 하단의 "해양수산부"와"MOFKOREA"의글자는흰색으로 한다.
마. 배색 비율은 녹색 C80+Y100, 파란색 C100+M70, 빨간색 M100+Y100+K10 한다.
바. 표지도형의 크기는 포장재의 크기에 따라 조정한다.
사. 표지도형 밑에 인증기관명과 인증번호를 표시한다.
아. 표지도형의 위치는 포장재 주 표시면의 옆면에 표시하되, 포장재 구조상 옆면에 표시하기 어려울 경우에는 표시위치를 변경할 수 있다.

제4. 품질인증의 유효기간 등

법제33조 : ① 품질인증의 <u>유효기간은 품질인증을 받은 날부터 2년</u>으로 한다. 다만, 품목의 <u>특성상 달리 적용할 필요가 있는 경우에는 4년의 범위에서 해양수산부령</u>으로 유효기간을 달리 정할 수 있다.

제34조(품질인증의 유효기간)

법 제15조제1항 단서에서 "품목의 특성상 달리 적용할 필요가 있는 경우"란 생산에서 <u>출하될 때까지의 기간이 **1년 이상**인 경우</u>를 말한다. 이 경우 유효기간은 **3년 또는 4년**으로 하되 생산에 필요한 기간을 고려하여 **국립수산물품질관리원장이 정**하여 고시한다.

※ 수산물과 수산**특산물의 품질인증에 관한 세부**실시요령 제 6조

<u>1. 뱀장어,굴,김,미역,다시마 : 3년</u>

<u>2. 전복 : 4년</u>

제35조(유효기간의 연장신청)

① 법 제15조제2항에 따라 수산물 및 수산특산물의 품질인증 유효기간을 연장받으려는 자는 해당

품질인증을 한 기관의 장에게 별지 제12호서식의 수산물·수산특산물 품질인증 (연장)신청서에 품질인증서 원본을 첨부하여 그 유효기간이 끝나기 **1개월 전**까지 제출하여야 한다.

② 국립수산물품질관리원장 또는 품질인증기관의 장은 제1항에 따라 수산물 또는 수산특산물 품질인증 유효기간의 연장신청을 받은 경우에는 법 제15조제3항에 따라 그 기간을 연장할 수 있다. 이 경우 유효기간이 끝나기 **전 6개월 이내**에 법 제30조제1항에 따라 **조사한 결과** 품질인증기준에 적합하다고 인정된 경우에는 관련 **서류만 확인하여 유효기간을 연장**할 수 있다. <개정 2013. 3. 24. >

③ 법 제18조제1항에 따라 품질인증기관이 지정 취소 등의 처분을 받아 품질인증 업무를 수행할 수 없는 경우에는 제1항에도 불구하고 국립수산물품질관리원장에게 수산물·수산특산물 품질인증 (연장)신청서를 제출할 수 있다. <개정 2013. 3. 24. >

④ 국립수산물품질관리원장 또는 품질인증기관의 장은 신청인에게 연장절차와 연장신청 기간을 유효기간이 끝나기 2개월 전까지 미리 알려야 한다. 이 경우 통지는 휴대전화 문자메세지, 전자우편, 팩스, 전화 또는 문서 등으로 할 수 있다. <개정 2013. 3. 24. >

제36조(품질인증기관의 지정기준) 품질인증기관의 지정기준은 별표 8과 같다.

제37조(품질인증기관의 지정절차)

① 품질인증기관으로 지정받으려는 자는 별지 제15호서식의 품질인증기관 지정신청서에 다음 각 호의 서류를 첨부하여 국립수산물품질관리원장에게 제출하여야 한다.

1. 정관 2. 품질인증의 업무 범위 등을 적은 사업계획서
3. 품질인증기관의 지정기준을 갖추었음을 증명하는 서류

② 제1항에 따른 지정신청서를 받은 국립수산물품질관리원장은 「전자정부법」 제36조제1항에 따라 행정정보의 공동이용을 통하여 법인 등기사항증명서를 확인하여야 한다.

③ 국립수산물품질관리원장은 제1항에 따른 신청이 제36조에 따른 품질인증기관 지정기준에 적합하다고 인정하는 경우에는 신청인에게 별지 제16호서식의 품질인증기관 지정서를 발급하여야 한다. <개정 2013. 3. 24. >

④ 국립수산물품질관리원장은 제3항에 따라 품질인증기관 지정서를 발급하는 경우에는 품질인증기관이 수행하는 업무의 범위를 정하여 통지하여야 하며, 그 내용을 관보에 고시하여야 한다.

제38조(품질인증기관의 지정내용 변경신고)

① 법 제17조제3항 본문에서 "해양수산부령으로 정하는 중요 사항"이란 다음 각 호의 사항을 말한다. <개정 2013. 3. 24. >

1. 품질인증기관의 명칭·대표자·정관 2. 품질인증기관의 사업계획서
3. 품질인증 심사원 4. 품질인증 업무규정

② 품질인증기관으로 지정을 받은 자는 품질인증기관으로 지정받은 후 제1항 각 호의 사항이 변경되었을 때에는 그 사유가 발생한 날부터 1개월 이내에 별지 제17호서식의 품질인증기관 지정내용 변경신고서에 지정서 원본과 변경 내용을 증명하는 서류를 첨부하여 국립수산물품질관리원장에게 제출하여야 한다. <개정 2013. 3. 24. >

③ 제2항에 따른 품질인증기관 지정내용 변경신고를 받은 국립수산물품질관리원장은 신고 사항을 검토하여 별표 8에 따른 품질인증기관의 지정기준에 적합한 경우에는 별지 제16호서식의 품질인증기관 지정서를 재발급하여야 한다.

제39조(품질인증기관의 지정 취소 등의 세부 기준)

① 법 제18조제2항에 따른 품질인증기관의 지정 취소 및 업무정지에 관한 세부 기준은 별표 9와 같다.

② 국립수산물품질관리원장은 법 제18조에 따라 품질인증기관의 지정을 취소하거나 업무정지를 명한 때에는 그 사실을 고시하여야 한다.

제5 . 품질인증 고시 - 2차 기출

※ 국립수산물품질관리원고시 제2016-9호

<table>
<tr><td>구 분</td><td colspan="4">품 질 기 준</td></tr>
<tr><td>공 통 기준</td><td colspan="4">○원료: 국산이어야 한다.
○형태 : 손상과 변형이 거의 없고 처리상태 및 비만도 등이 양호하여야 한다.
○색깔 : 고유의 색깔을 띄고 선명하며 변질 · 변색이 없고 곰팡이가 없어야 한다.
○선별 : 크기가 균일하고 파치품의 혼입이 거의 없어야 한다.
○향미 : 고유의 향미를 가지고 이미, 이취가 없어야 한다.
○처리 : 머리부, 등뼈, 내장 및 껍질이 잘 제거되고 육질에 혈액이 붙어있지 아니하여야 하며 진공포장 하여야 한다. (꽁치과메기에 한함)
○협잡물 : 토사 및 그밖에 협잡물이 없어야 한다.
○정밀검사 : 「식품위생법」제7조제1항에서 정한 기준·규격에 적합하여야 한다</td></tr>
<tr><td rowspan="8">개 별 기 준</td><td>품 목</td><td>중량(크기)</td><td>수 분</td><td>혼입률 등</td></tr>
<tr><td>마른 오징어</td><td>60g이상/마리</td><td>23. 0% 이하</td><td>비교"17년기출</td></tr>
<tr><td>널마른 오징어</td><td>80g이상/마리</td><td>50. 0% 이하</td><td></td></tr>
<tr><td>마른 옥돔</td><td>25cm 이상/마리</td><td></td><td></td></tr>
<tr><td>마른멸치</td><td>1. 대멸 77mm 이상/마리
2. 중멸 51mm 이상/마리
3. 소멸 31mm 이상/마리
4. 자멸 16mm 이상/마리
5. 세멸 16mm 미만/마리</td><td>30. 0% 이하
단,
세멸 ; 35. 0% 이하</td><td>머리가 없는 것 또는 크기가 다른 것의 혼입율 5% 미만,
단 , 진 균 수 ;1g당 1,000 이하</td></tr>
<tr><td>마른 한치</td><td>40g이상/마리</td><td>35. 0% 이하</td><td></td></tr>
<tr><td>덜마른 한치</td><td>60g이상/마리</td><td>50. 0% 이하</td><td></td></tr>
<tr><td>마른꽃새우</td><td></td><td>20. 0% 이하</td><td>파치품 포함 크기가 다른 것의 혼입율 5% 미만</td></tr>
</table>

	황태	70g이상/마리 35cm 이상/마리	20. 0% 이하	
	황테채		23. 0% 이하	
	황태포	50g이상/마리 35cm 이상/마리	20. 0% 이하	
	굴비	20cm 이상/마리	70. 0% 이하	
	꽁지과메기	20cm 이상/마리 절단 7cm 이상/편	50. 0% 이하	세균수; 1g당 100,000 이하 대장균수 ; 1g당 10 이하
	마른굴	3g이상/개	20. 0% 이하	
	마른홍합	3g이상/개	20. 0% 이하	
	마른 뱅어포	15g이상/장	20. 0% 이하	구멍기가 거의 없어야 한다.

수산물과 수산특산물의 품질인증 세부기준

제1조(목적)

이 고시는 「농수산물품질관리법」제14조 및 같은 법 시행규칙(이하 “규칙”이라 한다) 제29조제2항에 따라 수산물과 수산특산물(이하 “수산물 등” 이라 한다)의 품질인증 기준의 세부적인 사항을 정하는 것을 목적으로 한다.

제2조(품질인증의 세부기준)

① 규칙 제29조제2항에 따른 수산물 등의 품질인증세부기준은 품목별 품질기준과 공장심사 기준으로 한다.

② 제1항에 따른 품목별 품질기준은 별표 1과 같다.

③ 제1항에 따른 공장심사 기준은 별표 2와 같고, 심사결과 다음 각 호의 기준에 적합하여야 한다.

1. 전체 항목중 **“수”로 평가된 항목이 5개** 이상이어야 한다.
2. 전체 항목중 **“미”로 평가된 항목이 2개** 이하이어야 한다.
3. 전체 항목중 **“양”으로 평가된 항목이 없**어야 한다.

== 이하 생략 : 산지 경매사 상품성 평가 참조

제6 .이력추적관리 1. 농산물 -농림축산식품부장관에게 등록.

제24조(이력추적관리)

① 다음 각 호의 어느 하나에 해당하는 자 중 이력추적관리를 하려는 자는 농림축산식품부장관에게 등록하여야 한다. <개정 2013. 3. 23. , 2015. 3. 27. >

1. 농산물(축산물은 제외한다. 이하 이 절에서 같다)을 생산하는 자
2. 농산물을 유통 또는 판매하는 자(표시·포장을 변경하지 아니한 유통·판매자는 제외한다. 이하 같다)

2. 수산물 이력추적관리는 일명 '수산물유통법' 19조~34조로 이관/이법이 됨.

제7. 지리적 표시의 개념 및 등록 등

1. 개념

1) 농림축산식품부장관 또는 **해양수산부장관**은 -지리적 --특성을 가진 농수산물 또는 농수산가공품의 품질 향상과 '지역특화산업 육성 및 소비자 보호를 위하여 지리적표시의 등록 제도를 실시한다.

2) 지리적 표시 대상 지역은 시행령 12조

(1) 해당품목의 특성에 영향을 주는 '지리적 특성이 동일한 행정구역,산,강 등에 다를 것

(2) 해당품목의 특성에 영향을 주는 '지리적 특성, 서식지 및 어획,채취의 환경이 동일한 연안해역(연안관리법)에 따를 것, 이 경우 연안해역은 '위도와 경도'로 구분하여야 한다.

2. 법제32조 지리적 표시품의 표시 및 표시방법 등

지리적표시품의 표시(령제60조 관련)

1) 지리적표시품의 표지
2) 제도법

가. 도형표시

(1) 표지도형의 가로의 길이(사각형의 왼쪽 끝과 오른쪽 끝의 폭: W)를 기준으로 세로의 길이는 0.95×W의 비율로 한다.

(2) 표지도형의 흰색모양과 바깥 테두리(좌、우 및 상단부만 해당한다)의 간격은 0.1×W로 한다.

(3) 표지도형의 흰색모양 하단부 좌측 태극의 시작점은 상단부에서 0.55×W 아래 가 되는 지점으로 하고, 우측 태극의 끝점은 상단부에서 0.75×W 아래가 되는 지점으로 한다.

나. 표지도형의 한글 및 영문 글자는 고딕체로 하고, 글자 크기는 표지도형의 크기에 따라 조정한다.

다. 표지도형의 색상은 녹색을 기본색상으로 하고, 포장재의 색깔 등을 고려하여 파란 색 또는 빨간색으로 할 수 있다.

라. 표지도형 내부의 "지리적표시", "(PGI)" 및 "PGI"의 글자 색상은 표지도형 색상과 동일하게 하고, 하단의 "농림축산식품부"와 "MAFRA KOREA" 또는 "해양수산부" "MOF KOREA"의 글자는 흰색으로 한다.

마. 배색 비율은 녹색 C80+Y100, 파란색 C100+M70, 빨간색 M100+Y100+K10으로한다.

4) 표시방법 - 법 32조 지리적 표시품

가. 크기: 포장재의 크기에 따라 표지와 글자의 크기를 키우거나 줄일 수 있다.
나. 위치: 포장재 주 표시면의 옆면에 표시하되, 포장재 구조상 옆면에 표시하기 어려 울 경우에는 표시위치를 변경할 수 있다.
다. 표시내용은 소비자가 쉽게 알아볼 수 있도록 인쇄하거나 스티커로 포장재에서 떨어지지 않도록 부착하여야 한다.

라. 포장하지 않고 낱개로 판매하는 경우나 소포장 등으로 지리적표시품의 표지를 인쇄하거나 부착하기에 부적합한 경우에는 표지와 등록 명칭만 표시할 수 있다.

마. 글자의 크기(포장재 15kg 기준)
1) 등록 명칭(한글, 영문): 가로 2.0cm(57pt.) × 세로 2.5cm(71pt.)
2) 등록번호, 생산자, 주소(전화): 가로 1cm(28pt.) × 세로 1.5cm(43pt.)
3) 그 밖의 문자: 가로 0.8cm(23pt.) × 세로 1cm(28pt.)

바. 제3호의 표시사항 중 표준규격, 우수관리인증 등 다른 규정 또는 「양곡관리법」 등 다른 법률에 따라 표시하고 있는 사항은 그 표시를 생략할 수 있다.

제3절. 법령 : 농수산물품질관리법 제 32조 및 43조 무효심판(뒤 90p이하 참조) 등

법 제32조(지리적표시의 등록)

① 농림축산식품부장관 또는 **해양수산부장관**은 −지리적 --특성을 가진 농수산물 또는 농수산가공품의 품질 향상과 지역특화산업 육성 및 소비자 보호를 위하여 지리적표시의 등록 제도를 실시한다.

② 제1항에 따른 지리적표시의 등록은 −특정--지역에서 지리적 특성을 가진 −농수산물 또는 -농수산''가공품''을 생산하거나 제조·가공하는 자로 구성된 ''법인''만 신청할 수 있다.
다만, 지리적 특성을 가진 농수산물 또는 농수산가공품의 생산자 또는 가공업자가 1인인 경우에는 법인이 아니라도 등록신청을 할 수 있다.

령 제4조(회의)

① 위원장은 심의회의 회의를 소집하며, 그 의장이 된다.
② 심의회는 재적위원 과반수의 출석으로 개의(開議)하고, 출석위원 과반수의 찬성으로 의결한다.
③ 심의회는 심의에 필요하다고 인정되는 경우 이해관계자, 해당 지방자치단체의 관련자 및 관련 분야 전문가 등을 출석시켜 의견을 들을 수 있으며, 필요한 경우에는 관련 자료 제출 등의 협조를 요청할 수 있다.

령 제5조(분과위원회의 설치)

법 제3조제7항에서 "**대통령령으로 정하는 분야별** 분과위원회"란 안전성 분과위원회 및 **기획·제도 분과**위원회를 말한다.

령 제6조(분과위원회의 구성)

(법률상 위원장 포함 10인 이하 / 장 포함 :시행령상 10인~20인)

① 분과위원회[법 제3조제6항에 따른 **지리적표시 등록심의 분과**위원회(이하 "지리적표시 분과위원회"라 한다) 및 제5조에 따른 분과위원회를 말한다. 이하 "분과위원회"라 한다]는 분과위원회의 위원장(이하 "분과위원장"이라 한다) 및 분과위원회의 부위원장(이하 "분과부위원장"이라 한다) 각 1명을 **포함한 10명 이상 20명 이하의** 위원으로 각각 구성한다.

② 분과위원장, 분과부위원장 및 분과위원회의 위원은 위원장이 심의회의 위원 중에서 전문적인 지식과 경험을 고려하여 각각 지명하는 사람으로 한다.

③ 분과위원장 및 분과부위원장의 직무에 대해서는 제3조를 준용한다. 이 경우 "위원장"은 "분과위원장"으로, "위원회의 부위원장"은 "분과부위원장"으로 본다.

④ 분과위원회의 회의에 대해서는 제4조를 준용한다. 이 경우 "위원장"은 "분과위원장"으로, "심의회"는 "분과위원회"로 본다.

령 제7조(심의회 등의 운영)

① 심의회와 분과위원회의 사무를 처리하기 위하여 심의회와 분과위원회에 각각 간사 2명과 서기 2명을 둔다.

② 제1항에 따른 간사와 서기는 농림축산식품부장관이 그 소속 공무원 중에서 각각 1명을, 해양수산부장관이 그 소속 공무원 중에서 각각 1명을 임명한다.

제8. 유전자변형농수산물의 표시. 공표명령

제1절 유전자변형농수산물의 표시 : 1. 법률 제56조(유전자변형농수산물의 표시)

① 유전자변형농수산물을 생산하여 출하하는 자, 판매하는 자, 또는 판매할 목적으로 보관·진열하는 자는 대통령령으로 정하는 바에 따라 해당 농수산물에 유전자변형농수산물임을 표시하여야 한다.

② 제1항에 따른 유전자변형농수산물의 표시대상품목, 표시기준 및 표시방법 등에 필요한 사항은 대통령령으로 정한다.

<u>2. 시행령 및 규칙</u>-유전자변형농수산물의 표시 : **제4장 유전자변형농수산물의 표시**

제19조(유전자변형농수산물의 표시대상품목)

법 제56조제1항에 따른 유전자변형농수산물의 표시대상품목은「식품위생법」제18조에 따른 안전성 평가 결과 <u>식품의약품안전처장이 식용으로 적합</u>하다고 인정하여 고시한 품목(해당 품목을 싹틔워 기른 농산물을 포함한다)으로 한다.

제20조(유전자변형농수산물의 표시기준 등)

① 법 제56조제1항에 따라 유전자변형농수산물에는 해당 농수산물이 유전자변형농수산물임을 표시하거나, 유전자변형농수산물이 포함되어 있음을 표시하거나, 유전자변형농수산물이 포함되어 있을 가능성이 있음을 표시하여야 한다.
② 법 제56조제2항에 따라 유전자변형농수산물의 표시는 해당 농수산물의 포장·용기의 표면 또는 판매장소 등에 하여야 한다.
③ 제1항 및 제2항에 따른 유전자변형농수산물의 표시기준 및 표시방법에 관한 세부사항은 식품의약품안전처장이 정하여 고시한다.
④ 식품의약품안전처장은 유전자변형농수산물인지를 판정하기 위하여 필요한 경우 시료의 검정기관을 지정하여 고시하여야 한다.

제21조(유전자변형농수산물의 표시 등의 조사)

① 법 제58조제1항 본문에 따른 유전자변형표시 대상 농수산물의 수거·조사는 업종·규모·거래품목 및 거래형태 등을 고려하여 식품의약품안전처장이 정하는 기준에 해당하는 영업소에 대하여 매년 1회 실시한다.
② 제1항에 따른 수거·조사의 방법 등에 관하여 필요한 사항은 **총리령**으로 정한다.

제2절 공표명령 : 제22조(공표명령의 기준·방법 등)

① 법 제59조제2항에 따른 공표명령의 대상자는 같은 조 제1항에 따라 처분을 받은 자 중 다음 각 호의 어느 하나의 경우에 해당하는 자로 한다.

1. 표시위반물량이 농산물의 경우에는 100톤 이상, **수산물의 경우에는 10톤 이상**인 경우
2. 표시위반물량의 **판매가격 환산금액**이 농산물의 경우에는 10억원 이상, **수산물인 경우에는 5억원 이상**인 경우
3. **적발일을 기준**으로 **최근 1년 동안 처분**을 받은 **횟수가 2회 이상**인 경우

② 법 제59조제2항에 따라 공표명령을 **받은 자는 지체 없이** 다음 각 호의 사항이 포함된 공표문을 「신문 등의 진흥에 관한 법률」 제9조제1항에 따라 등록한 전국을 **보급지역으로 하는 1개 이상의 일반일간**신문에 게재하여야 한다.

1. "「농수산물 품질관리법」 위반사실의 **공표"라는 내용의 표제**
2. 영업의 종류
3. **영업소의 명칭 및 주소**
4. 농**수산물의 명칭**
5. 위반내용
6. 처분권자, 처분일 및 **처분내용**

③ 식품의약품안전처장은 법 제59조제3항에 따라 지체 없이 다음 각 호의 사항을 식품의약품안전처의 **인터넷 홈페이지에** 게시하여야 한다.
1. "「농수산물 품질관리법」 위반사실의 공표"라는 내용의 표제
2. 영업의 종류
3. 영업소의 명칭 및 주소
4. 농수산물의 명칭
5. 위반내용
6. 처분권자, 처분일 및 처분내용

④ 식품의약품안전처장은 법 제59조제2항에 따라 공표를 명하려는 경우에는 위반행위의 내용 및 정도, 위반기간 및 횟수, 위반행위로 인하여 발생한 피해의 범위 및 결과 등을 고려하여야 한다. 이 경우 공표명령을 내리기 전에 해당 대상자에게 **소명자료를 제출하거나 의견을 진술할 수 있는 기회**를 주어야 한다.

⑤ 식품의약품안전처장은 법 제59조제3항에 따라 공표를 하기 전에 해당 대상자에게 소명자료를 제출하거나 의견을 진술할 수 있는 기회를 주어야 한다.

제3절 .제60조(안전관리계획)

① 식품의약품안전처장은 농수산물(**축산물은 제외**한다. 이하 이 장에서 같다)의 품질 향상과 안전한 농수산물의 생산·공급을 위한 안전관리계획을 매년 수립·시행하여야 한다.

② 시·도지사 및 시장·군수·구청장은 관할 지역에서 생산·유통되는 농수산물의 안전성을 확보하기 위한 세부추진계획을 수립·시행하여야 한다.

③ 제1항에 따른 안전관리계획 및 제2항에 따른 세부추진계획에는 제61조에 따른 안전성조사, 제68조에 따른 위험평가 및 잔류조사, 농어업인에 대한 교육, 그 밖에 총리령으로 정하는 사항을 포함하여야 한다.

제61조(안전성조사) ① 식품의약품안전처장이나 시·도지사는 농수산물의 안전관리를 위하여 농수산물 또는 농수산물의 생산에 이용·**사용하는 농지·어장·용수(用水)·자재** 등에 대하여 다음 각 호의 조사(이하 "안전성조사"라 한다)를 하여야 한다

1. 농산물 생략 함. 2. 수산물

가. 생산단계: 총리령으로 정하는 안전기준에의 적합 여부

나. 저장단계 및 출하되어 거래되기 이전 단계: 「식품위생법」 등 관계 법령에 따른 잔류허용기준 등의 초과 여부

② 식품의약품안전처장은 제1항제1호가목 및 제2호가목에 따른 생산단계 안전기준을 정할 때에는 관계 중앙행정기관의 장과 협의하여야 한다. <개정 2013. 3. 23. >

③ 안전성조사의 대상품목 선정, 대상지역 및 절차 등에 필요한 세부적인 사항은 총리령으로 정한다

법률 : 제68조(농산물의 위험평가 등) ① 식품의약품안전처장은 농산물의 효율적인 안전관리를 위하여 다음 각 호의 식품안전 관련 기관에 농산물 또는 농산물의 생산에 이용·사용하는 농지·용수·자재 등에 잔류하는 유해물질에 의한 위험을 평가하여 줄 것을 요청할 수 있다.

1. 농촌진흥청 2. 산림청 3. 삭제 <2013.3.23.>

4. 「과학기술분야 정부출연연구기관 등의 설립·운영 및 육성에 관한 법률」에 따른 한국식품연구원 5. 「한국보건산업진흥원법」에 따른 한국보건산업진흥원 6. 대학의 연구기관 7. 그 밖에 식품의약품안전처장이 필요하다고 인정하는 연구기관

② **식품의약품안전처장은 제1항에 따른 위험평가의 요청 사실과 평가 결과를 공표**하여야 한다.

③ 식품의약품안전처장은 농산물의 과학적인 안전관리를 위하여 농산물에 잔류하는 유해물질

의 실태를 조사(이하 "잔류조사"라 한다) 할 수 있다.

④ 제2항에 따른 <u>위험평가의 요청과 결과의 공표에 관한 사항은 대통령령으로 정하고, 잔류조사의 방법 및 절차 등 잔류조사에 관한 세부사항은 총리령</u>으로 정한다.

. 법률 : 제69조(위생관리기준)

해양수산부장관은 **외국과의 협약**을 이행하거나 외국의 일정한 위생관리기준을 **지키도록 하기 위하여 수출**을 목적으로 하는 수산물의 생산·**가공시설 및 수산물을 생산**하는 해역의 위생관리기준(이하 "**위생관리기준**"이라 한다)을 정하여 고시한다.

제9. 제70조(위해요소중점관리기준) <u>== HACCP</u>

① 해양수산부장관은 **외국과의 협약**에 규정되어 있거나 수출 **상대국에서 정하여 요청**하는 경우에는 수**출**을 목적으로 하는 수산물 및 수산**가공품**에 유해물질이 섞여 들어오거나 남아 있는 것 또는 수산물 및 수산가공품이 오염되는 것을 방지하기 위하여 생산·가공 등 각 단계를 중점적으로 관리하는 **위해요소중점관**리기준을 정하여 고시한다.

② **해양수산부장관**은 국내에서 생산되는 수산물의 품질 향상과 안전한 생산·공급을 위하여 생산단계, 저장 단계(생산자가 저장하는 경우만 해당한다. 이하 같다) 및 **출하**되어 거래되기 **이전** 단계의 과정에서 유해물질이 섞여 들어오거나 남아 있는 것 또는 수산물이 오염되는 것을 방지하는 것을 목적으로 하는 위해요소중점관리기준을 정하여 고시한다.

③ 해양수산부장관은 제74조제1항에 따라 등록한 생산·**가공시설등을 운영하는 자**에게 제1항 및 제2항에 따른 위해요소중점관리기준을 준수하도록 할 수 있다.

④ 해양수산부장관은 제1항 및 제2항에 따른 위해요소중점관리기준을 이행하는 자에게 해양수산부령으로 정하는 바에 따라 그 이행 사실을 증명하는 서류를 발급할 수 있다.

⑤ 해양수산부장관은 제1항 및 제2항에 따른 위해요소중점관리기준이 효과적으로 준수되도록 하기 위하여 제74조제1항에 따라 등록을 한 자(그 종업원을 포함한다)와 같은 항에 따라 등록을 하려는 자(그 종업원을 포함한다)에게 위해요소중점관리기준의 이행에 필요한 기술·정보를 제공하거나 교육훈련을 실시할 수 있다.

1. 농수산물 품질관리법령상 위해요소중점관리기준을 이행하는 시설로 등록된 생산·가공시설에서 위해요소중점관리기준을 불성실하게 이행하는 경우로서 2차 위반 시의 행정처분 기준은?

① 시정명령 ② 생산·가공·출하·운반의 제한·중지 명령
③ 영업정지 1개원 ④ 등록취소

답) ② 중지 · 개선 · 보수명령등 및 등록취소의 기준(제29조제1항 관련)

1. 일반기준

가. 위반행위가 둘 이상인 경우로서 그에 해당하는 각각의 처분기준이 다른 경우에는 그 중 무거운 처분기준을 적용한다.

나. 위반행위가 둘 이상인 경우로서 각 위반행위에 대한 처분기준이 시정명령 또는 개선 · 보수 명령인 경우에는 처분을 가중하여 생산 · 가공 · 출하 · 운반의 제한 · 중지 명령을 할 수 있다.

다. 위반행위의 횟수에 따른 처분의 기준은 처분일을 기준으로 최근 1년간 같은 위반행위로 처분을 받는 경우에 적용한다.

라. 위반사항의 내용으로 보아 그 위반의 정도가 경미하거나 그 밖의 특별한 사유가 있다고 인정되는 경우에는 그 처분을 경감할 수 있으며, 처분 전에 원인규명 등을 통하여 그 사유가 명확한 경우에 처분을 한다.

마. 등록한 생산 · 가공시설 등에서 생산된 물품에 대하여 외국에서 위반사항이 통보된 경우에는 조사 · 점검 등을 통하여 그 사유가 명백한 경우에 처분을 할 수 있다.

제 6절 . 제73조(지정해역 및 주변해역에서의 제한 또는 금지)

① 누구든지 **지정해역 및 지정해역으로부터 1킬**로미터 이내에 있는 해역(이하 "**주변해역**"이라 한다)에서 다음 각 호의 어느 하나에 해당하는 행위를 하여서는 아니 된다.

1. 「해양환경관리법」 제22조제1항제1호부터 제3호까지 및 같은 조 제2항에도 불구하고 같은 법 제2조 제11호에 따른 **오염물질을 배출**하는 행위
2. 「**수산업법**」 제8조제1항제4호에 따른 어류등양식어업(이하 "**양식어업**"이라 한다)을 하기 위하여 설치한 양식어장의 시설(이하 "**양식시설**"이라 한다)에서 「해양환경관리법」 제2조 제11호에 따른 **오염** 물질을 배출하는 행위
3. 양식어업을 하기 위하여 설치한 양식시설에서 「**가축분뇨의 관리 및 이용에 관한 법률**」 제2조제1호에 따른 가축(개와 고양이를 **포함**한다. 이하 같다)을 사육(가축을 **방치**하는 경우를 포함한다. 이하 같다)하는 행위

시행령 및 규칙 : 제6장 지정해역의 지정 및 생산 · 가공시설의 등록 · 관리

제24조(수산물 생산 · 가공시설등의 등록사항 등)

법 제74조제3항에서 "**대통령령**으로 정하는 사항"이란 다음 각 호의 사항을 말한다.

1. 법 제69조에 따른 위생관리기준(이하 "위생관리기준"이라 한다)에 맞는 수산물의 생산、가공시설과 법 제70조제1항 또는 제2항에 따른 위해요소중점관리기준(이하 "위해요소중점관리기준"이라 한다)을 이행하는 시설(이하 "생산、가공시설등"이라 한다)의 명칭 및 소재지
2. 생산、가공시설등의 대표자 성명 및 주소
3. 생산、가공품의 종류

제25조(조사 · 점검의 주기)

법 제76조제2항에 따른 생산、가공시설등에 대한 조사、점검주기는 **2년에** 1회 이상으로 한다. 다만, 위생관리기준에 맞추거나 또는 위해요소중점관리기준을 이행하여야 하는 생산、가공시설등에 대한 조사、점검 주기는 외국과의 협약에 규정되어 있거나 수**출 상대국에서 정**하여 요청하는 경우 이를 반영할 수 있다.

제26조(공동 조사 · 점검의 요청방법 등)

법 제74조제1항에 따라 생산、가공시설등을 등록한 자(이하 "생산、가공업자등"이라 한다)는 법 제76조제2항에 따른 조사、점검을 해양수산부장관으로부터 사전에 통지받은 경우에는 해양수산부령으로 정하는 공동조사、점검신청서를 해양수산부장관에게 제출하여 공동으로 조사、점검을 실시하여 줄 것을 요청할 수 있다.

제27조(지정해역에서의 생산제한)

① 법 제77조에 따라 법 제71조에 따른 지정해역(이하 "지정해역"이라 한다)에서 수산물의 생산을 제한할 수 있는 경우는 다음 각 호와 같다.

1. 선박의 **좌초、충돌、침몰**, 그 밖에 인근에 위치한 **폐기물처리시설의 장애** 등으로 인하여 해양오염이 발생한 경우
2. 지정해역이 **일시적**으로 위생관리기준에 적합하지 아니하게 된 경우
3. **강우량의 변화** 등에 따른 영향으로 지정해역의 오염이 우려되어 해양수산부장관이 수산물의 생산제한이 필요하다고 인정하는 경우

② 제1항에 따른 지정해역에서의 수산물에 대한 생산제한의 절차、방법, 그밖에 필요한 사항은 해양수산부령으로 정한다.

제28조(지정해역의 지정해제)

양수산부장관은 법 제77조에 따라 지정해역에 대한 **최근 2년 6개월간**의 조사、점검 결과를 평가한 후 위생관리기준에 적합하지 아니하다고 인정되는 경우에는 지정해역의 전부 **또는 일부를 해제**하고, 그 내용을 고시하여야 한다.

※④ **해양수산부장관은 제1항에 따라 지정해역을 지정**하는 경우 다음 각 호의 구분에 따라 지정할 수 있으며, 이를 지정한 경우에는 그 사실을 **고시**하여야 한다.

1. **잠정지정해역**: <u>1년 이상의 기간 동안 매월 1회 이상</u> 위생에 관한 조사를 하여 **그 결과가** 지정해역위생관리기준에 부합하는 경우

2. 일반지정해역: 2년 6개월 이상의 기간 동안 매월 1회 이상 위생에 관한 조사를 하여 그 결과가 지정해역위생관리기준에 부합하는 경우

제29조(중지 · 개선 · 보수명령 등)

① 법 제78조에 따른 생산、가공、출하、운반의 시정、제한、중지 명령, 생산、가공시설등의 개선、보수명령(이하 "중지、개선、보수명령등"이라 한다) 및 등록취소의 기준은 별표 2와 같다.

② 제1항에 따른 **중지、개선、보수명령등 및 등록취소**에 관한 세부절차 및 방법 등에 관하여 필요한 사항은 **해양수산부령**으로 정한다.

제77조(지정해역에서의 생산제한 및 지정해제)

해양수산부장관은 지정해역이 위생관리기준에 맞지 아니하게 되면 대통령령으로 정하는 바에 따라 지정해역에서의 수산물 생산을 제한하거나 지정해역의 지정을 해제할 수 있다.

제78조(생산·가공의 중지 등)

해양수산부장관은 생산·가공시설등이나 생산·가공업자등이 다음 각 호의 어느 하나에 해당하면 대통령령으로 정하는 바에 따라 **생산·가공·출하·운반**의 **시정·제한·중지 명령, 생산·가공시설등의 개선·보수 명령** 또는 *등록취소*를 할 수 있다. 다만, 제1호에 해당하면 그 등록을 취소하여야 한다.

1. **거짓이나 그 밖의 부정한 방법으로 제74조에 따른 등록을 한 경우**
2. 위생관리기준에 맞지 아니한 경우
3. 제70조제1항 및 제2항에 따른 위해요소중점관리기준을 이행하지 아니하거나 불성실하게 이행하는 경우
4. 제76조제2항 및 제3항제1호(제2항에 해당하는 부분에 한정한다)에 따른 조사·점검 등을 거부·방해 또는기피하는 경우
5. 생산·가공시설등에서 생산된 수산물 및 수산가공품에서 유해물질이 검출된 경우
6. 생산·가공·출하·운반의 시정·제한·중지 명령이나 생산·가공시설등의 개선·보수 명령을 받고 그 명령에 따르지 아니하는 경우

. 법 70조 및 71조 이하 , 등록은 74조 및 법 78조와 시행령 29조 1항 별표
중지 · 개선 · 보수명령등 및 등록취소의 기준(제29조제1항 관련)

1. 일반기준

가. 위반행위가 둘 이상인 경우로서 그에 해당하는 각각의 처분기준이 다른 경우에는 그 중 무거운 처분기준을 적용한다.

나. 위반행위가 둘 이상인 경우로서 각 위반행위에 대한 처분기준이 시정명령 또는 개선 · 보수 명령인 경우에는 처분을 가중하여 생산 · 가공 · 출하 · 운반의 제한 · 중지 명령을 할 수 있다.

다. 위반행위의 횟수에 따른 처분의 기준은 처분일을 기준으로 최근 1년간 같은 위반행위

로 처분을 받는 경우에 적용한다.

라. 위반사항의 내용으로 보아 그 위반의 정도가 경미하거나 그 밖의 특별한 사유가 있다고 인정되는 경우에는 그 처분을 경감할 수 있으며, 처분 전에 원인규명 등을 통하여 그 사유가 명확한 경우에 처분을 한다.

마. 등록한 생산·가공시설 등에서 생산된 물품에 대하여 외국에서 위반사항이 통보된 경우에는 조사·점검 등을 통하여 그 사유가 명백한 경우에 처분을 할 수 있다.

2. 개별기준

시행령 별표 [별표 2] 중지、개선、보수명령등 및 등록취소의 기준(제29조제1항 관련)

제69조 및 70조, 74조 등 : 개별기준

위반행위(근거 법조문 제78조)	행정처분 기준		
	1차 위반	2차 위반	3차 위반
※ 법69조 : 위반하여 위생관리기준에 부접합한 경우 : 1) 중대하게 미달된 경우 및 품질유지에 영향을 줄 우려가 있다고 인정되는 경우	생산·가공·출하·운반의 제한· 중지 명령 또는 생산·가공시설 등으 개선·보수명령	등록취소	
2) 경미하게 미달되나 수산물 및 수산가공품의 품질수준의 유지에 영향을 줄 우려가 있다고 인장되는 경우	생산·가공·출하·운반의 시정명령 또는 생산·가공시설 등의 개선·보수명령	생산·가공·출하·운반의 제한· 중지 명령	등록취소
※ 법70조 제1항을 위반하여 위해요소 중점관리기준을 이행하지 않거나 불성실하게 이행하는 경우			
1) 이행하지 않는 경우	생산·가공·출하·운반의 제한· 중지 명령	등록취소	
2) 불성실하게 이행하는 경우	시정명령	생산·가공·출하·운반의 제한· 중지 명령	등록취소
법70조 제 1항을 위반하여 생산·가공시설 등에서 생산된 수산물 및 수산가공품에서 위해물질이 검출된 경우			
1) 시정이 가능한 경우	생산·가공·출하·운반의 시정명령	생산·가공·출하·운반의 제한· 중지 명령	등록취소
2) 시정이 불가능한 경우	생산·가공·출하·운반의 제한· 중지 명령	등록취소	
법70조 제2항을 다른 HACCP 이행 하는 시설에서 생산된 수산물 및 수산가공품에서 '다음의 구분에 따른' 위해물질이 검출된 경우	2020년 02월 신설		
1) 시정이 가능한 경우	생산,가공,출하,운반의 시정 명령	생산,가공,출하,운반의 제한 및 중지명령	등록 취소

2) 시정이 불가능한 경우	생산,가공,출하, 운반의 제한 및 중지명령	등록 취소	
3) 식품위생법 제7조에 따라 고시된 식품의 기준 및 규격에 관한 사항 중 동물성 수산물 및 그 가공식품에서 검출되어서는 안 되는 물질로 규정되어 있는 항생물질이 검출 된 경우	상 동	상 동	
※ 법제74조 제1항을 위반하여 거짓 또는 그 밖의 부정한 방법으로 법 제74조에 따른 등록을 한 경우	등록취소		
※ 법76조 제2항 및 제4항 제1호(같은 조 제2하에 해당하는 부분에 한정)에 따른 조사,점감 등을 거부.방해 또는 기피한 경우	생산·가공·출하·운반의 제한· 중지명령	등록취소	
※ 법제78조 제1항 에 따른 중지.개선.보수명령 등을 받고 이에 불응하는 경우	등록취소		
※ 생산 및 가공업자 등이 부가가치세법 제8조에 따라 관할 세무서장에게 폐업 신고를 하거나 관할 세무서장이 사업자 등록을 말소한 경우	등록취소		2020년 02월 신설

제10. 수산물 및 수산가공품의 검사의 종류 및 규정

제1절. 법률 제88조(수산물 등에 대한 검사)

- 기출 8번이상 기출 기출 됨 - 수산물/수산가공품의 검사 기준(서류,관능,정밀검사)

① 다음 각 호의 어느 하나에 해당하는 수산물 및 수산가공품은 품질 및 규격이 맞는지와 유해물질이 섞여 들어오는지 등에 관하여 해양수산부장관의 검사를 받아야 한다.

1. 정부에서 수매·비축하는 수산물 및 수산가공품
2. 외국과의 협약이나 수출 상대국의 요청에 따라 검사가 필요한 경우로서 해양수산부장관이 정하여 고시하는 수산물 및 수산가공품

② 해양수산부장관은 제1항 외의 수산물 및 수산가공품에 대한 검사 신청이 있는 경우 검사를 하여야 한다. 다만, 검사기준이 없는 경우 등 해양수산부령으로 정하는 경우에는 그러하지 아니한다.

③ 제1항이나 제2항에 따라 검사를 받은 수산물 또는 수산가공품의 포장·용기나 내용물을 바꾸려면 다시 해양수산부장관의 검사를 받아야 한다.

④ 해양수산부장관은 제1항부터 제3항까지의 규정에도 불구하고 다음 각 호의 어느 하나에 해당하는 경우에는 검사의 일부를 생략할 수 있다.

1. 지정해역에서 위생관리기준에 맞게 생산·가공된 수산물 및 수산가공품
2. 제74조제1항에 따라 등록한 생산·가공시설등에서 위생관리기준 또는 위해요소중점관리기준에 맞게 생산·가공된 수산물 및 수산가공품

3. 다음 각 목의 어느 하나에 해당하는 어선으로 해외수역에서 포획하거나 채취하여 현지에서 직접 수출하는 수산물 및 수산가공품(외국과의 협약을 이행하여야 하거나 외국의 일정한 위생관리기준·위해요소중점관리기준을 준수하여야 하는 경우는 제외한다)

가. 「원양산업발전법」 제6조제1항에 따른 원양어업허가를 받은 어선
나. 「식품산업진흥법」 제19조의5에 따라 수산물가공업(대통령령으로 정하는 업종에 한정한다)을 신고한 자가 직접 운영하는 어선

4. 검사의 일부를 생략하여도 검사목적을 달성할 수 있는 경우로서 대통령령으로 정하는 경우

⑤ 제1항부터 제3항까지의 규정에 따른 검사의 종류와 대상, 검사의 기준·절차 및 방법, 제4항에 따라 검사의 일부를 생략하는 경우 그 절차 및 방법 등은 해양수산부령으로 정한다.

제2절.※ 서류검사 및 관능검사. 정밀검사 정의

[별표 24] <개정 2013.3.24>

<u>수산물 및 수산가공품에 대한 검사의 종류 및 방법</u>(제113조제1항, 제115조제1항 및 제2항 관련)

1. 서류검사

가. "서류검사"란 검사신청 서류를 검토하여 그 적합 여부를 판정하는 검사로서 다음의 수산물·수산가공품을 그 대상으로 한다.

1) 법 제88조제4항 각 호에 따른 수산물 및 수산가공품

2) 국립수산물품질관리원장이 필요하다고 인정하는 수산물 및 수산가공품

나. 서류검사는 다음과 같이 한다.

1) 검사신청 서류의 완비 여부 확인

2) 지정해역에서 생산하였는지 확인(지정해역에서 생산되어야 하는 수산물 및 수산가공품만 해당한다)

3) 생산·가공시설 등이 등록되어야 하는 경우에는 등록 여부 및 행정처분이 진행 중인지 여부 등

4) 생산·가공시설 등에 대한 시설위생관리기준 및 위해요소중점관리기준에 적합한지 확인(등록시설만 해당한다)

5) 「원양산업발전법」 제6조에 따른 원양어업의 허가 여부 또는 「식품산업진흥법」 제19조의5에 따른 수산물가공업의 신고 여부의 확인(법 제88조제4항제3호에 해당하는 수산물 및 수산가공품만 해당한다)

6) 외국에서 검사의 일부를 생략해 줄 것을 요청하는 서류의 적정성 여부

2. 관능검사

가. "관능검사"란 오관(五官)에 의하여 그 적합 여부를 판정하는 검사로서 다음의 수산물 및 수산가공품을 그 대상으로 한다.

1) 법 제88조제4항제1호에 따른 수산물 및 수산가공품으로서 외국요구기준을 이행했는지를 확인하기 위하여 품질·포장재·표시사항 또는 규격 등의 확인이 필요한 수산물·수산가공품

2) 검사신청인이 위생증명서를 요구하는 수산물·수산가공품(비식용수산·수산가공품은 제외한다)

3) 정부에서 수매·비축하는 수산물·수산가공품

4) 국내에서 소비하는 수산물·수산가공품

나. 관능검사는 다음과 같이 한다.

국립수산물품질관리원장이 전수검사가 필요하다고 정한 수산물 및 수산가공품 외에는 다음의 표본추출방법으로 한다.

1) 무포장 제품(단위 중량이 일정하지 않은 것)

신청 로트(Lot)의 크기		관능검사 채점 지점(마리)
	1톤 미만	2
1톤 이상	3톤 미만	3
3톤 이상	5톤 미만	4
5톤 이상	10톤 미만	5
10톤 이상	20톤 미만	6
20톤 이상		7

2) 포장 제품(단위 중량이 일정한 블록형의 무포장 제품을 포함한다)

신청 개수		추출 개수	채점 개수
	4개 이하	1	1
5개 이상	50개 이하	3	1
51개 이상	100개 이하	5	2
101개 이상	200개 이하	7	2
201개 이상	300개 이하	9	3
301개 이상	400개 이하	11	3
401개 이상	500개 이하	13	4
501개 이상	700개 이하	15	5
701개 이상	1,000개 이하	17	5
1,001개 이상		20	6

3. 정밀검사

가. "정밀검사"란 물리적·화학적·미생물학적 방법으로 그 적합 여부를 판정하는 검사로서 다음의 수산물·수산가공품을 그 대상으로 한다.

1) 검사신청인 또는 외국요구기준에서 분석증명서를 요구하는 수산물 및 수산가공품

2) 관능검사결과 정밀검사가 필요하다고 인정되는 수산물 및 수산가공품

3) 외국요구기준에 따라 수출된 수산물 및 수산가공품에서 유해물질이 검출된 경우 그 수산물 및 수산가공품의 생산·가공시설에서 생산·가공되는 수산물

나. 정밀검사는 다음과 같이 한다.

외국요구기준에서 정한 검사방법이 있는 경우에는 그 방법으로 하고, 그 방법이 없을 때에는 「식품위생법」 제14조에 따른 식품등의 공전(公典)에서 정한 검사방법으로 한다.

비고

1. 법 제88조제4항제1호 및 제2호에 따른 수산물·수산가공품 또는 수출용으로서 살아있는 수산물에 대한 별지 제69호서식의 위생(건강)증명서 또는 별지 제70호서식의 분석증명서를 발급받기 위한 검사신청이 있는 경우에는 검사신청인이 수거한 검사시료로 정밀검사를 할 수 있다. 이 경우 검사신청인은 수거한 검사시료와 수출하는 수산물이 동일함을 증명하는 서류를 함께 제출하여야 한다.
2. 국립수산물품질관리원장 또는 검사기관의 장은 검사신청인이 「식품위생법」 제24조에 따라 지정된 식품위생검사기관의 검사증명서 또는 검사성적서를 제출하는 경우에는 해당 수산물·수산가공품에 대한 정밀검사를 갈음하거나 그 검사항목을 조정하여 검사할 수 있다.

. 검사 절차 : 김태산 인용

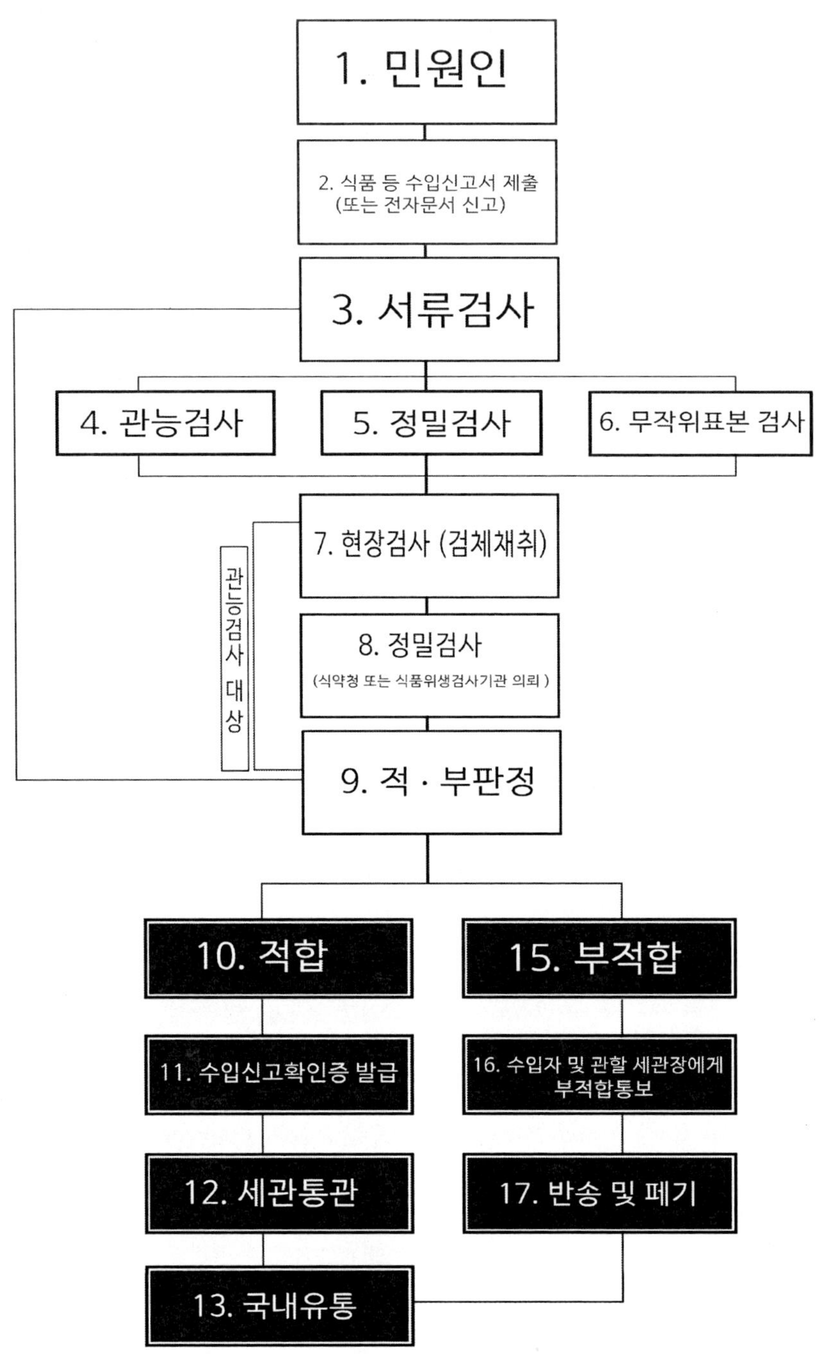
1. 민원인
2. 식품 등 수입신고서 제출
(또는 전자문서 신고)
3. 서류검사
4. 관능검사
5. 정밀검사
6. 무작위표본 검사
7. 현장검사 (검체채취)
관능검사 대상
8. 정밀검사
(식약청 또는 식품위생검사기관 의뢰)
9. 적 · 부판정
10. 적합
15. 부적합
11. 수입신고확인증 발급
16. 수입자 및 관할 세관장에게
부적합통보
12. 세관통관
17. 반송 및 폐기
13. 국내유통

제11. 농수산물품질관리법령 기관 등 인가.운영

∵ 인가란 법적 구성요건으로 기본조건 충족 후 국가기관. 위임기관 등이 제 3자적으로 보충하는 법률행위적 행정행위 중 형성적 행정행위이다. 기본조건과 인가조건은 별개의 사항이다.

제1절.

1. 법 16조 : 품질 인증(수산특산물만)의 취소 및 시정조치 등

해양수산부장관은 품질인증을 받은 자가 다음 각 호의 어느 하나에 해당하면 품질인증을 취소할 수 있다. 다만, 제1호에 해당하면 품질인증을 취소하여야 한다.

1. 거짓이나 그 밖의 부정한 방법으로 인증을 받은 경우
2. 제14조제4항에 따른 품질인증의 기준에 현저하게 맞지 아니한 경우
3. 정당한 사유 없이 제31조제1항에 따른 품질인증품 표시의 시정명령, 해당 품목의 판매금지 또는 표시정지 조치에 따르지 아니한 경우
4. 전업·폐업 등으로 인하여 품질인증품을 생산하기 어렵다고 판단되는 경우

2. 법18조 : 품질인증 기관의 지정 취소, 6월내 업무정지, 필수기관취소 등

법 18조 제18조(품질인증기관의 지정 취소 등)

① **해양수산부장관**은 품질인증기관이 다음 각 호의 어느 하나에 해당하면 그 지정을 취소하거나 6개월 이내의 기간을 정하여 품질인증 업무의 전부 또는 일부의 정지를 명할 수 있다. 다만,'제1호부터 제4호'까지 및 '제6호' 중 어느 하나에 해당하면 품질인증기관의 지정을 취소하여야 한다.

1. 거짓이나 그 밖의 부정한 방법으로 품질인증기관으로 지정받은 경우
2. 업무정지 기간 중 품질인증 업무를 한 경우
3. 최근 3년간 2회 이상 업무정지처분을 받은 경우
4. 품질인증기관의 폐업이나 해산·부도로 인하여 품질인증 업무를 할 수 없는 경우
5. 제17조제3항 본문에 따른 변경신고를 하지 아니하고 품질인증 업무를 계속한 경우
6. 제17조제4항의 지정기준에 미치지 못하여 시정을 명하였으나 그 명령을 받은 날부터 1개월 이내에 이행하지 아니한 경우
7. 제17조제4항의 업무범위를 위반하여 품질인증 업무를 한 경우
8. 다른 사람에게 자기의 성명이나 상호를 사용하여 품질인증 업무를 하게 하거나 품질인증기관지정서를 빌려준 경우
9. 품질인증 업무를 성실하게 수행하지 아니하여 공중에 위해를 끼치거나 품질인증을 위한 조사 결과를 조작한 경우
10. 정당한 사유 없이 1년 이상 품질인증 실적이 없는 경우

② 제1항에 따른 지정 취소 및 업무정지의 세부 기준은 '해양수산부령'으로 정한다

3. 농산물이력추적관리 등록의 취소 및 6월내 표시정지 등

제2절. 수산물 이력추적관리 – 이관 됨

(수산물 유통의 관리 및 지원에 관한 법률 (27조~34조)

1. 등록(해수부장관)

(1) 임의-농**수산물을 생산·유통 또는 판매하는 자 중 농산물의 이력추적관리**를 하려는 자.
(2) **필수적 등록 : 대통령령**으로 정하는 수산물을 생산,유통,판매자
⇒ 등록 대상자가 등록을 위반시 1년이하의 징역 또는 1천만원 이하의 벌금 부과 가능 하다.

1) 국민건강에 위해가 발생할 우려가 있는 수산물로서 위해발생의 원인규명 및 신속한 조치가 필요한 수산물
2) 소비량이 많은 수산물로서 국민식생활에 미치는 영향이 큰 수산물
3) 기타 장관이 필요성을 인정하는 수산물

2. 서류 등 법규준수: 이력추적관리 수산물을 생산·유통 또는 판매하려는 자는 이력추적관리에 필요한 입고, 출고 및 관리 내용을 일정기간 기록보관, 단,행상,노점상 통신판매 등 소비자에 직접판매자는 법규준수 예외대상이며 원산지표시 면제 대상도 되는 사람들이다.

3. 유효기간: 농수산물품질관리법- 법 24조

(1) 원칙 ; 등록한 날로부터 3년(10년의 범위내에 해수부장관이 정함)
1) 양식수산물 : 5년 ,
2) 복어 3,

4. 수산물의 이력추적관리 부호 코드

① 일반수산물 : 13자리 == 0000 00 00 00000 (5로트 관리 시스템)
(수관원장부여4+등록자제품고유번호2 + 연도번호2 + 등록자식별단위번호5)
② **천일염 : 10자리이상 == 0000 000000**

(연도번호4자리OO + 해당연도출하순서6자리이상)**

(1) 천일염 10자리 ; 0020 000020--**앞 4자리는 년도**//뒤 6자리는 출하 순서

(2) 그 외 수산물 13자리 ; 0012 01 20 00020 (5로트 관리 임)
1) 4는 국립수산물품질관리원장 번호/두자리 수산문 종류(바지락)
2) 20 두자리는 년도 / 5자리는 5로트 내역관리 임.
3) 5로트 관리--2020년 제 1번째 바지락 출하 품 임.

5. 이력추적관리의 등록 취소 및 정지 ,벌칙 등

(1) 필수적인 등록 취소
1) 거짓이나 그 밖의 부정한 방법으로 등록
2) 표시금지명령을 위반하여 계속 표시

(2) **법규 위반의 적발 등 기준 공통사항**

1) 둘이상위반하여 시정명령이나 등록취소인 경우에는 하나의 위반으로 본다.
2) 표시금지와 표시금지인 경우는 둘을 합산한다.
3) 만약 다른기준인 경우 중한처분을 기준으로 한다.
4) 표시금지합산한 경우 무거운처분의 1/2가중(단, 양자의 합산기간초과불가하다.)

(3) 위반횟수판정-최근1년간(행정처분일~적발일 기준)

(4) 구성원위반시-소속조직단체의 병과시는 한단계 낮은 저분

(5) 과실,특별한사유 경감 표시금지⇒1/2, 등록취소⇒6개월표시금지

6. 금지행위 위반한 경우 징역 및 벌금 규정.

⇒ **(위반자는 3년 이하의 징역 또는 3천만원이하의 벌금이 부과 가능하다.)**

이력추적관리수산물 또는 유통이력수입수산물(이력표시수산물)

① 이력추적대상수산물이 아닌 것에 표시를 하거나 비슷한 표시를 하는 행위
② 이력표시수산물에 이력추적관리의 등록을 하지 아니한 농수산물이나 유통이력신고를 하지 아니한 수산물을 혼합하여 판매하거나 혼합하여 판매할 목적으로 보관하거나 진열
③ 이력표시수산물이 아닌 수산물을 이력표시수산물로 광고하거나 잘못 인식할수 있도록 광고하는 행위

제3. 지리적 표시—등록 거절 사유 및 시정명령 등

((대상지역에서만 법 32조 이하))

제32조(지리적표시의 등록)

① 농림축산식품부장관 또는 **해양수산부장관은 지리적 특성을 가진 농수산물 또는 농수산가공품의 품질**향상과 지역특화산업 육성 및 소비자 보호를 위하여 지리적표시의 등록 제도를 실시한다.
② 제1항에 따른 지리적표시의 등록은 특정지역에서 지리적 특성을 가진 농수산물 또는 농수산**가공품**을 생산하거나 제조·가공하는 자로 구성된 법인만 신청할 수 있다. 다만, 지리적 특성을 가진 농수산물 또는 농수산가공품의 생산자 또는 가공업자가 1인인 경우에는 법인이 아니라도 등록신청을 할 수 있다.
③ 제2항에 해당하는 자로서 제1항에 따른 지리적표시의 등록을 받으려는 자는 농림축산식품부령 또는 해양수산부령으로 정하는 등록 신청서류 및 그 부속서류를 농림축산식품부령 또는 해양수산부령으로 정하는 바에 따라 농림축산식품부장관 또는 해양수산부장관에게 제출하여야 한다. 등록한 사항 중 농림축산식품부령 또는 해양수산부령으로 정하는 중요 사항을 변경하려는 때에도 같다. <개정 2013. 3. 23. >
④ 농림축산식품부장관 또는 **해양수산부장관은 제3항에 따라 등록 신청**을 받으면 제3조제6항에 따른 지리적표시 등록심의 분과위원회의 심의를 거쳐 제9항에 따른 등록거절 사유가

없는 경우 지리적표시 등록 신청 공고결정(이하 "공고결정"이라 한다)을 하여야 한다. 이 경우 농림축산식품부장관 또는 해양수산부장관은 신청된 지리적표시가 「상표법」에 따른 타인의 상표(지리적 표시 단체표장을 포함한다. 이하 같다)에 저촉되는지에 대하여 미리 특허청장의 의견을 들어야 한다. <개정 2013. 3. 23. >

⑤ 농림축산식품부장관 또는 해양수산부장관은 공고결정을 할 때에는 그 결정 내용을 관보와 인터넷 홈페이지에 공고하고, 공고일부터 2개월간 지리적표시 등록 신청서류 및 그 부속서류를 일반인이 열람할 수 있도록 하여야 한다. <개정 2013. 3. 23. >

⑥ 누구든지 제5항에 따른 **공고일부터 2개월 이내에** 이의 사유를 적은 서류와 증거를 첨부하여 농림축산식품부장관 또는 해양수산부장관에게 이의신청을 할 수 있다.

⑦ 농림축산식품부장관 또는 해양수산부장관은 다음 각 호의 경우에는 지리적표시의 등록을 결정하여 신청자에게 알려야 한다. <개정 2013. 3. 23. >

1. 제6항에 따른 이의신청을 받았을 때에는 제3조제6항에 따른 **지리적표시 등록**심의 **분과위원회**의 심의를 거쳐 **등록을 거절할 정당한 사유가 없다**고 판단되는 경우
2. 제6항에 따른 기간에 이의신청이 없는 경우

⑧ 농림축산식품부장관 또는 해양수산부장관이 지리적표시의 등록을 한 때에는 지리적표시권자에게 지리적표시등록증을 교부하여야 한다. <개정 2013. 3. 23. >

⑨ 농림축산식품부장관 또는 해양수산부장관은 제3항에 따라 등록 신청된 지리적표시가 다음 각 호의 어느 하나에 해당하면 등록의 거절을 결정하여 신청자에게 알려야 한다.

1. 제3항에 따라 먼저 등록 신청되었거나, 제7항에 따라 등록된 타인의 지리적표시와 같거나 비슷한 경우
2. 「상표법」에 따라 먼저 출원되었거나 등록된 타인의 상표와 같거나 비슷한 경우
3. 국내에서 널리 알려진 타인의 상표 또는 지리적표시와 같거나 비슷한 경우
4. 일반명칭[농수산물 또는 농수산가공품의 명칭이 기원적(起原的)으로 생산지나 판매장소와 관련이 있지만 오래 사용되어 보통명사화된 명칭을 말한다]에 해당되는 경우
5. 제2조제1항제8호에 따른 지리적표시 또는 같은 항 제9호에 따른 동음이의어 지리적표시의 정의에 맞지 아니하는 경우
6. 지리적표시의 등록을 신청한 자가 그 지리적표시를 사용할 수 있는 농수산물 또는 농수산가공품을 생산·제조 또는 가공하는 것을 업(業)으로 하는 자에 대하여 단체의 가입을 금지하거나 가입조건을 어렵게 정하여 실질적으로 허용하지 아니한 경우

⑩ 제1항부터 제9항까지에 따른 지리적표시 등록 대상품목, 대상지역, 신청자격, 심의·공고의 절차, 이의신청 절차 및 등록거절 사유의 세부기준 등에 필요한 사항은 대통령령으로 정한다.

제33조(지리적표시 원부)

① 농림축산식품부장관 또는 해양수산부**장관은 지리적표시 원부(原簿)에** 지리적표시권의 설정·이전·변경·소멸·회복에 대한 사항을 등록·보관한다. <개정 2013. 3. 23. >

② 제1항에 따른 지리적표시 원부는 그 전부 또는 일부를 전자적으로 생산·관리할 수 있다.

③ 제1항 및 제2항에 따른 지리적표시 원부의 등록·보관 및 생산·관리에 필요한 세부사항은 농림축산식품부령 또는 해양수산부령으로 정한다. <개정 2013. 3. 23. >

제34조(지리적표시권)

① 제32조제7항에 따라 지리적표시 등록을 받은 자(이하 "지리적표시권자"라 한다)는 등록한

품목에 대하여 **지리적표시권을 갖는**다.

② 지리적표시권은 **다음 각 호의** 어느 하나에 해당하면 각 호의 이해당사자 **상호간**에 대하여는 그 효력이**미치지 아니**한다.

1. **동음이의어** 지리적표시. 다만, 해당 지리적표시가 **특정지역의 상품을** 표시하는 것이라고 수요자들이 뚜렷하게 인식하고 있어 해당 상품의 원산지와 **다른 지역을 원산지인 것으로 혼동**하게 하는 경우는 **제외**한다.
2. 지리적표시 등록신청서 **제출 전에 「상표법」에** 따라 등록된 상표 또는 출원심사 **중인** 상표
3. 지리적표시 등록신청서 제출 **전에 「종자산업법」** 및 **「식물신품종 보호법」**에 따라 등록된 품종 명칭 또는 출원심사 **중인 품종** 명칭
4. 제32조제7항에 따라 지리적표시 등록을 받은 농수산물 또는 농수산가공품(이하 "지리적표시품"이라 한다)과 동일한 품목에 사용하는 지리적 명칭으로서 등록 **대상지역에서 생산**되는 농수산물 또는 농수산가공품에 사용하는 **지리적 명칭**

③ 지리적표시권자는 **지리적표시품에** 농림축산식품부령 또는 **해양수산부령**으로 정하는 바에 따라 지리적표시를 할 수 있다. 다만, 지리적표시품 중 **「인삼산업법」**에 따른 인삼류의 경우에는 농림축산식품부령으로 정하는 표시방법 외에 인삼류와 그 용기·포장 등에 "고려인삼", "고려수삼", "고려홍삼", "고려태극삼" 또는 "고려백삼" 등 "고려"가 들어가는 용어를 사용하여 **지리적표시를 할 수** 있다.

제35조(지리적표시권의 이전 및 승계) - 수품사 1차 기출 및 2차 기출

지리적표시권은 타인에게 이전하거나 승계할 **수 없다. 다만,** 다음 각 호의 어느 하나에 해당하면 농림축산식품부장관 또는 해양수산부장관의 **사전 승인**을 받아 이전하거나 승계할 수 있다.

1. **법인** 자격으로 등록한 지리적표시권자가 법인명을 **개정하거나 합병**하는 경우
2. **개인** 자격으로 등록한 지리적표시권자가 **사망**한 경우

제36조(권리침해의 금지 청구권 등)

① 지리적표시권자는 자신의 권리를 침해한 자 또는 침해할 우려가 있는 자에게 그 침해의 금지 또는 예방을 청구할 수 있다.

제40조(지리적표시품의 표시 시정 등)

농림축산식품부장관 또는 해양수산부장관은 지리적표시품이 다음 각 호의 어느 하나에 해당하면 대통령령으로 정하는 바에 따라 시정을 명하거나 판매의 금지, 표시의 정지 또는 등록의 취소를 할 수 있다. <개정 2013. 3. 23. >

1. 제32조에 따른 등록기준에 미치지 못하게 된 경우
2. 제34조제3항에 따른 표시방법을 위반한 경우
3. 해당 지리적표시품 생산량의 급감 등 지리적표시품 생산계획의 이행이 곤란하다고 인정되는 경우

제42조(지리적표시심판위원회)

① 농림축산식품부장관 또는 해양수산부장관은 다음 각 호의 사항을 심판하기 위하여 농림축산식품부장관 또는 해양수산부장관 소속으로 지리적표시심판위원회(이하 "심판위원회"라 한다)를 <u>둔다</u>.

1. 지리적표시에 관한 심판 및 재심
2. 제32소세9항에 따른 지리적표시 등록거절 또는 제40조에 따른 등록 취소에 대한 심판

및 재심

3. 그 밖에 지리적표시에 관한 사항 중 **대통령령**으로 정하는 사항

② 심판위원회는 위원장 1명을 **포함한 10명 이내**의 심판위원(이하 "심판위원"이라 한다)으로 구성한다.

③ 심판위원회의 위원장은 심판위원 중에서 농림축산식품부장관 또는 해양수산부장관이 정한다.

④ 심판위원은 관계 공무원과 지식재산권 분야나 지리적표시 분야의 학식과 경험이 풍부한 사람 중에서

농림축산식품부장관 또는 해양수산부장관이 위촉한다. <개정 2013. 3. 23. >

⑤ 심판위원의 임기는 **3년으로 하며, 한 차례만 연임**할 수 있다.

⑥ 심판위원회의 구성·운영에 관한 사항과 그 밖에 필요한 사항은 대통령령으로 정한다.

第43조(지리적표시의 무효심판) - 1차 및 2차 기출 16년 등

① 지리적표시에 관한 이해관계인 또는 제3조제6항에 따른 지리적표시 등록심의 분과위원회는 지리적표시가 다음 각 호의 어느 하나에 해당하면 무효심판을 청구할 수 있다.

1. 제32조제9항에 따른 등록**거절 사유에 해당함에도 불구**하고 등록된 경우
2. 제32조에 따라 지리적표시 **등록이 된 후**에 그 지리적표시가 **원산지 국가에서 보호가 중단**되거나 **사용되지 아니하**게 된 경우

② 제1항에 따른 심판은 청구의 이익이 있으면 '''**언제든지**''' **청구**할 수 있다.

③ 제1항제1호에 따라 지리적표시를 무효로 한다는 심결이 확정되면 그 지리적표시권은 처음부터 없었던 것으로 보고, 제1항제2호에 따라 지리적표시를 무효로 한다는 심결이 확정되면 그 지리적표시권은 그 지리적표시가 제1항제2호에 해당하게 된 때부터 없었던 것으로 본다.

④ 심판위원회의 위원장은 제1항의 심판이 청구되면 그 취지를 해당 지리적표시권자에게 알려야 한다.

第44조(지리적표시의 취소심판)

① 지리적표시가 다음 각 호의 어느 하나에 해당하면 그 지리적표시의 취소심판을 청구할 수 있다.

1. 지리적표시 등록을 한 후 지리적표시의 등록을 한 자가 그 지리적표시를 사용할 수 있는 농수산물 또는 농수산가공품을 생산 또는 제조·가공하는 것을 **업으로 하는 자에 대하여 단체**의 가입을 **금지하거나 어려운 가입조건**을 규정하는 등 단체의 가입을 **실질적으로 허용하지 아니**한 경우 또는 그 지리적표시를 사용할 수 **없는 자에 대하여 등록 단체의 가입을 허용**한 경우
2. 지리적표시 등록 단체 또는 그 소속 단체원이 **지리적표시를 잘못 사용함**으로써 수요자로 하여금 상품의 품질에 대하여 **오인하게 하거나 지리적 출처에 대하여 혼동**하게 한 경우

② 제1항에 따른 취소심판은 ''**취소 사유에 해당하는 사실이** ''**없어진 날부터** ''**3년**이 지난 후에 청구할 수 **없다**.

③ 제1항에 따라 취소심판을 청구한 경우에는 **청구 후** 그 심판청구 사유에 해당하는 사실이

없어진 경우에도 **취소 사유에 영향을 미치지 아니**한다.
④ 제1항에 따른 **취소심판은 "누구든지"** 청구할 수 있다.
⑤ 지리적표시 등록을 취소한다는 **심결이 확정**된 때에는 그 지리적표시권은 그때부터 소멸된다.
⑥ 제1항의 심판의 청구에 관하여는 제43조제4항을 준용한다.

제45조(등록거절 등에 대한 심판)

제32조제9항에 따라 지리적표시 등록의 거절을 통보받은자 또는 제40조에 따라 등록이 취소된 자는 이의가 있으면 등록거절 또는 등록취소를 통보 받은 날부"30일 이내에 심판을 청구할 수 있다.

제51조(재심의 청구)

① 심판의 당사자는 심판위원회에서 확정된 심결에 대하여 이의가 있으면 재심을 청구할 수 있다.
② 제1항의 재심청구에 관하여는 「민사소송법」 제451조 및 제453조제1항을 준용한다.

제52조(사해심결에 대한 불복청구)

① 심판의 당사자가 공모하여 제3자의 권리 또는 이익을 침해할 목적으로 심결을 하게 한 경우에 그 제3자는 그 확정된 심결에 대하여 재심을 청구 할 수 있다.
② 제1항에 따른 재심청구의 경우에는 심판의 당사자를 공동피청구인으로 한다.

시행령 (지리적표시) : 령 제12조(지리적표시의 대상지역)

법 **제32조제1항에** 따른 지리적표시의 등록을 위한 지리적표시 대상지역은 자연환경적 및 인적 요인을 고려하여 다음 각 호의 어느 하나에 따라 구획하여야 한다. 다만, 「**인삼산업**법」에 따른 인삼류의 경우에는 **전국을** 단위로 하나의 대상지역으로 한다.

1. 해당 품목의 특성에 영향을 주는 지리적 특성이 **동일한** 행정구역, 산, 강 등에 따를 것
2. 해당 품목의 특성에 영향을 주는 지리적 특성, 서식지 및 어획·채취의 **환경이 동일한 연안해역**(「연안관리법」 제2조제2호에 따른 **연안해역**을 말한다. 이하 같다)에 따를 것. 이 경우 연안해역은 **위도와 경도**로 구분하여야 한다.

령 제13조(지리적표시의 등록법인 구성원의 가입·탈퇴)

법 제32조제2항 본문에 따른 **법인은** 지리적표시의 등록 대상품목의 생산자 또는 가공업자의 가입이나 탈퇴를 정당한 사유 없이 거부하여서는 아니 된다.

령 제14조(지리적표시의 심의·공고·열람 및 이의신청 절차)

① 농림축산식품부장관 또는 해양수산부장관은 법 제32조제2항 및 제3항에 따라 지리적표시의 등록 또는 중요 사항의 변경등록 신청을 받으면 그 신청을 받은 날부터 **30일 이내에 지리적**

표시 분과위원회에 심의를 요청하여야 한다.

② 농림축산식품부장관 또는 해양수산부장관은 지리적표시 분과위원회에서 지리적표시의 등록 또는 중요 사항의 변경등록을 하기에 부적합한 것으로 의결되면 지체 없이 그 사유를 구체적으로 밝혀 신청인에게 알려야 한다. 다만, 부적합한 사항이 30일 이내에 보완될 수 있다고 인정되면 일정 기간을 정하여 신청인에게 보완하도록 할 수 있다.

③ 법 제32조제5항에 따른 **공고결정에는 다음 각 호의 사항을 포함**하여야 한다.

1. 신청인의 성명ㆍ주소 및 전화번호
2. 지리적표시 등록 대상품목 및 등록 명칭
3. 지리적표시 대상지역의 범위
4. 품질, 그 밖의 특징과 지리적 요인의 관계
5. 신청인의 자체 품질기준 및 품질관리계획서
6. 지리적표시 등록 신청서류 및 그 부속서류의 열람 장소

④ 농림축산식품부장관 또는 해양수산부장관은 법 제32조제6항에 따른 이의신청에 대하여 지리적표시 분과위원회의 심의를 **거쳐 그 결과를 이의신청인**에게 알려야 한다.

⑤ 제1항부터 제4항까지에서 규정한 사항 외에 지리적표시의 심의ㆍ공고ㆍ열람 및 이의신청 등에 필요한 사항은 농림축산식품부령 또는 해양수산부령으로 정한다.

령 제15조(지리적표시의 등록거절 사유의 세부기준)

법 제32조제9항에 따른 지리적표시 등록거절 사유의 세부기준은 다음 각 호와 같다.

1. 해당 품목이 지리적표시 대상지역에서만 생산된 농수산물이 아니거나 이를 주원료로 하여 **해당 지역**에서 **가공된 품목이 아닌** 경우
2. 해당 품목의 **우수성이 국내나 국외에서 널리 알려지지 않은** 경우
3. 해당 품목이 지리적표시 대상지역에서 생산된 **역사가 깊지 않은** 경우
4. 해당 품목의 명성ㆍ품질 또는 그 밖의 특성이 본질적으로 특정지역의 생산환경적 요인이나 인적 요인에 기인하지 않는 경우
5. 그 밖에 농림축산식품부장관 또는 해양수산부장관이 지리적표시 등록에 필요하다고 인정하여 고시하는 기준에 적합하지 않은 경우

제16조(시정명령 등의 처분기준) 법 제40조에 따른 지리적표시품에 대한 시정명령, 판매금지, 표시정지 또는 등록취소에 관한 기준은 별표 1과 같다.

령 제17조(지리적표시심판위원회의 구성)

① 법 제42조제1항에 따른 지리적표시심판위원회(이하 "심판위원회"라 한다)의 위원(이하 "심판위원"이라 한다)은 다음 각 호의 어느 하나에 해당하는 사람 중에서 농림축산식품부장관 또는 해양수산부장관이 위촉하는 사람으로 한다.

1. 농림축산식품부, 해양수산부 및 산림청 소속 **공무원 중 3급ㆍ4급의 일반직** 국가공무원이나

고위공무원단에 속하는 **일반직**공무원인 사람

2. 특허청 소속 공무원 중 3급ㆍ4급의 일반직 국가공무원이나 고위공무원단에 속하는 일반직공무원 중 특허청에서 2년 이상 심사관으로 종사한 사람
3. 변호사나 **변리사** 자격이 있는 사람
4. 지식재산권 분야나 지리적표시 분야의 **학식과 경험이 풍부한** 사람

② 심판위원회의 사무를 처리하기 위하여 심판위원회에 간사 2명과 서기 2명을 둔다.

③ 제1항에 따른 간사와 서기는 농림축산식품부장관이 그 소속 공무원 중에서 각각 1명을, 해양수산부장관이 그 소속 공무원 중에서 각각 1명을 임명한다.

령 제18조(심판위원회의 운영)

① 심판위원회의 위원장은 법 제46조에 따라 심판청구를 받으면 심판번호를 부여하고, 그 사건에 대하여 법 제48조에 따라 심판위원을 지정하여 그 청구를 한 자에게 심판번호와 심판위원 지정을 서면으로 알려야 한다. 이 경우 그 사건에 대하여 지리적표시 분과위원회의 분과위원으로 심의에 **관여한** 위원이나 심판 청구에 **이해관계가 있는 위원은** 심판위원으로 지정될 수 **없다**.

② 심판위원회는 심리(審理)의 종결을 당사자 및 참가인에게 알려야 한다.

③ 심판위원회는 심판의 결정을 하려면 다음 각 호의 사항을 적은 결정서를 작성하고 기명날인하여야 한다.

1. 심판번호
2. 당사자ㆍ참가인의 성명 및 주소(법인의 경우에는 그 명칭, 대표자의 성명 및 영업소의 소재지를 말한다)
3. 당사자ㆍ참가인의 대리인의 성명 및 주소나 영업소의 소재지(대리인이 있는 경우만 해당한다)
4. 심판사건의 표시 5. 결정의 주문 및 그 이유 6. 결정 연월일

제4. 안전성조사 검사 기관의 지정—2년지정 취소 후 경과 필요.

((농수산물품질관리법 60~~65조))

※ 검사란 수산물의 상품적 가치를 평가하기 위하여 정해진 규정 및 절차에 따라 검정. 감정. 등 하여 수산물을 등급 또는 적정 및 부적합 등을 판정하는 것을 말한다,

제56조(**유전자변형농수산물의 표시**)

① 유전자변형농수산물을 생산하여 출하하는 자, 판매하는 자, 또는 판매할 목적으로 보관·진열하는 자는 대통령령으로 정하는 바에 따라 해당 농수산물에 유전자변형 농수산물임을 표시하여야 한다.

② 제1항에 따른 유전자변형농수산물의 표시대상품목, 표시기준 및 표시방법 등에 필요한 사

항은 대통령령으로 정한다.

제57조(**거짓표시 등의 금지**)

제56조제1항에 따라 유전자변형농수산물의 표시를 하여야 하는 자(이하 **"유전자변형농수산물 표시의무자"라 한다)는 다음 각 호의 행위를 하여서는 아니 된다.**

1. 유전자변형농수산물의 표시를 **거짓**으로 하거나 이를 **혼동**하게 할 우려가 있는 **표시**를 하는 행위
2. 유전자변형농수산물의 표시를 **혼동**하게 할 **목적**으로 그 **표시를 손상·변경**하는 행위
3. 유전자변형농수산물의 표시를 한 농수산물에 다른 농수산물을 **혼합하여 판매**하거나 혼합하여 판매할 **목적**으로 **보관 또는 진열**하는 행위

제59조(**유전자변형농수산물의 표시 위반에 대한 처분**)

① 식품의약품안전처장은 제56조 또는 제57조를 위반한 자에 대하여 다음 각 호의 어느 하나에 해당하는 처분을 할 수 있다.

1. 유전자변형농수산물 표시의 **이행·변경·삭제 등 시정명령**
2. 유전자변형 표시를 위반한 농**수산물의 판매 등 거래행위의 금지**

② **식품의약품안전처장**은 제57조를 위반한 자에게 제1항에 따른 처분을 한 경우에는 처분을 받은 자에게해당 처분을 받았다는 **사실을 공표**할 것을 명할 수 있다. <개정 2013. 3. 23. >
③ 식품의약품안전처장은 유전자변형농수산물 표시의무자가 제57조를 위반하여 제1항에 따른 처분이 확정된 경우 처분내용, 해당 영업소와 농수산물의 명칭 등 처분과 관련된 사항을 대통령령으로 정하는 바에따라 인터넷 홈페이지에 공표하여야 한다. <개정 2013. 3. 23. >
④ 제1항에 따른 처분과 제2항에 따른 공표명령 및 제3항에 따른 인터넷 홈페이지 공표의 기준·방법 등에필요한 사항은 대통령령으로 정한다.

제60조(안전관리계획)

① 식품의약품안전처장은 농수산물(**축산물은 제외**한다. 이하 이 장에서 같다)의 품질 향상과 안전한 농수산물의 생산·공급을 위한 안전관리계획을 **매년** 수립·시행하여야 한다.
② 시·도지사 및 시장·군수·구청장은 관할 지역에서 생산·유통되는 농수산물의 안전성을 확보하기 위한 세부추진계획을 수립·시행하여야 한다.
③ 제1항에 따른 안전관리계획 및 제2항에 따른 세부추진계획에는 제61조에 따른 안전성조사, 제68조 에 따른 위험평가 및 잔류조사, 농어업인에 대한 교육, 그 밖에 총리령으로 정하는 사항을 포함하여야 한다.

제61조(안전성조사)

① 식품의약품안전처장이나 시·도지사는 농수산물의 안전관리를 위하여 농수산물 또는 농수산물의 생산에이용·사용하는 농지·어장·용수(用水)·자재 등에 대하여 다음 각 호의 조사(이하 "안전성조사"라 한다)를하여야 한다

2. 수산물

가. 생산단계: 총리령으로 정하는 안전기준에의 적합 여부
나. 저장단계 및 출하되어 거래되기 이전 단계: 「식품위생법」 등 관계 법령에 따른 잔류허용기준 등의 초과 여부

② **식품의약품안전처장은 제1항제1호가목 및 제2호가목에 따른 생산단계 안전기준을 정할 때에는 관계 중앙행정기관의 장과 협의하여야 한다.** <개정 2013. 3. 23. >
③ **안전성조사의 대상품목 선정, 대상지역 및 절차 등에 필요한 세부적인 사항은 총리령으로 정한다**

제63조**(안전성조사 결과에 따른 조치)**

① 식품의약품안전처장이나 시·도지사는 생산과정에 있는 농수산물 또는 농수산물의 생산을 위하여 이용·사용하는 농지·어장·용수·자재 등에 대하여 안전성조사를 한 결과 생산단계 안전기준을 위반한 경우에는 해당 농수산물을 생산한 자 또는 소유한 자에게 다음 각 호의 조치를 하게 할 수 있다. <개정 2013. 3. 23. >

1. 해당 농수산물의 **폐기, 용도 전환, 출하 연기 등의 처리**
2. 해당 농수산물의 생산에 이용·사용한 농지·어장·용수·자재 등의 **개량 또는 이용·사용의 금지**
3. 그 밖에 **총리령**으로 정하는 조치

제65조(안전성검사기관의 지정 취소 등)

① 식품의약품안전처장은 제64조제1항에 따른 안전성검사기관이 다음 각 호의 어느 하나에 해당하면 지정을 취소하거나 6개월 이내의 기간을 정하여 업무의 정지를 명할 수 있다. 다만, 제1호 또는 제2호에 해당하면 지정을 취소하여야 한다.
1. 거짓이나 그 밖의 부정한 방법으로 지정을 받은 경우
2. 업무의 정지명령을 위반하여 계속 안전성조사 및 시험분석 업무를 한 경우
3. 검사성적서를 거짓으로 내준 경우
4. 그 밖에 총리령으로 정하는 안전성검사에 관한 규정을 위반한 경우
② 제1항에 따른 지정 취소 등의 세부 기준은 총리령으로 정한다.

.법 69조 및 HACCP 제70조(위해요소중점관리기준)

第69조(위생관리기준)

해양수산부장관은 **외국과의 협약**을 이행하거나 **외국의 일정**한 위생관리기준을 지키도록 하기 위하여 수**출**을 **목적**으로 하는 수산물의 생산·가공시설 및 수산물을 생산하는 **해역의** 위생관리기준(이하 "위생관리기준"이라 한다)을 정하여 **고시한다**.

第70조(위해요소중점관리기준)

① 해양수산부장관은 **외국과의 협약에** 규정되어 있거나 수**출 상대국**에서 정하여 요청하는 경우에는 수**출을 목적**으로 하는 수산물 및 수산가공품에 유해물질이 섞여 들어오거나 남아 있는 것 또는 수산물 및 수산가공품이 **오염되는 것을 방지**하기 위하여 생산·가공 등 각 단계를 중점적으로 관리하는 위해요소중점관리기준을 정하여 고시한다.

② 해양수산부장관은 국내에서 생산되는 수산물의 품질 향상과 안전한 생산·공급을 위하여 생산단계, 저장 단계(**생산자가 저장하는 경우만** 해당한다. 이하 같다) 및 출하되어 거래되기 **이전** 단계의 과정에서 유해물질이 섞여 들어오거나 남아 있는 것 또는 수산물이 오염되는 것을 방지하는 것을 목적으로 하는 위해요소중점관리기준을 정하여 고시한다.

③ 해양수산부장관은 제74조제1항에 따라 등록한 생산·가공시설등을 운영하는 자에게 제1항 및 제2항에따른 위해요소중점관리기준을 준수하도록 할 수 있다.

第71조(지정해역의 지정)

① 해양수산부장관은 위생관리기준에 맞는 해역을 지정해역으로 지정하여 고시 할 수 있다.

② 제1항에 따른 지정해역(이하 "지정해역"이라 한다)의 지정절차 등에 필요한 사항은 해양수산부령으로 정한다.

第73조

① 누구든지 **지정해역 및 지정해역**으로부터 **1킬로미터 이내에 있는 해역**(이하 **"주변해역"**이라 한다)에서 다음 각 호의 어느 하나에 해당하는 행위를 하여서는 아니 된다.

第77조 (지정해역에서의 생산제한 및 지정해제) 벌칙규정

해양수산부장관은 지정해역이 위생관리기준에 맞지 아니하게 되면 **대통령령**으로 정하는 바에 따라 지정해역에서의 수산물 생산을 제한하거나 지정해역의 지정을 해제할 수 있다. [개정 2013. 3. 23. 제11690호(정부조직법)]

※ ④ **해양수산부장관은 제1항에 따라 지정해역을 지정**하는 경우 다음 각 호의 구분에 따라 지정할 수 있으며, 이를 지정한 경우에는 그 사실을 고시하여야 한다.

1. **잠정지정해역: 1년 이상의 기간 동안 매월 1회 이상** 위생에 관한 조사를 하여 그 결과가 지정해역위생관리기준에 부합하는 경우
2. **일반지정해역: 2년 6개월 이상의 기간 동안 매월 1회 이상** 위생에 관한 조사를 하여 그 결과가 지정해역위생관리기준에 부합하는 경우

제78조 (생산 · 가공의 중지 등)

해양수산부장관은 생산·가공시설등이나 생산·가공업자등이 다음 각 호의 어느 하나에 해당하면 대통령령으로 정하는 바에 따라 생산·가공·출하·운반의 시정·제한·중지 명령, 생산·가공시설등의 개선·보수 명령 또는 등록취소를 할 수 있다. 다만, 제1호에 해당하면 그 등록을 취소하여야 한다.

1. 거짓이나 그 밖의 부정한 방법으로 제74조에 따른 등록을 한 경우
2. 위생관리기준에 맞지 아니한 경우
3. 제70조제1항 및 제2항에 따른 위해요소중점관리기준을 이행하지 아니하거나 불성실하게 이행하는 경우
4. 제76조제2항 및 제3항제1호(제2항에 해당하는 부분에 한정한다)에 따른 조사·점검 등을 거부·방해 또 는 기피하는 경우
5. 생산·가공시설등에서 생산된 수산물 및 수산가공품에서 유해물질이 검출된 경우
6. 생산·가공·출하·운반의 시정·제한·중지 명령이나 생산·가공시설등의 개선·보수 명령을 받고 그 명령에 따르지 아니하는 경우

시행령 • 시행규칙 : 제28조(지정해역의 지정해제)

해양수산부장관은 법 제77조에 따라 지정해역에 대한 최근 2년 6개월간의 조사 · 점검 결과를 평가한 후 위생관리기준에 적합하지 아니하다고 인정되는 경우에는 지정해역의 전부 또는 일부를 해제하고, 그 내용을 고시하여야 한다.

제29조(중지 · 개선 · 보수명령 등)

① 법 제78조에 따른 생산 · 가공 · 출하 · 운반의 시정 · 제한 · 중지 명령, 생산 · 가공시설등의 개선 · 보수명령(이하 "중지 · 개선 · 보수명령등"이라 한다) 및 등록취소의 기준은 별표 2와 같다.

② 제1항에 따른 중지 · 개선 · 보수명령등 및 등록취소에 관한 세부절차 및 방법 등에 관하여 필요한 사항은 해양수산부령으로 정한다.

※ **해양수산부장관은 제1항에 따라 지정해역을 지정**하는 경우 다음 각 호의 구분에 따라 지정할 수 있으며, 이를 지정한 경우에는 그 사실을 고시하여야 한다. <개정 2013. 3. 24. >

1. **잠정지정해역: 1년 이상의 기간 동안 매월 1회 이상** 위생에 관한 조사를 하여 그 결과가 지정해역위생관리기준에 부합하는 경우
2. **일반지정해역: 2년 6개월 이상의 기간 동안 매월 1회 이상** 위생에 관한 조사를 하여 그 결과가 지정해역위생관리기준에 부합하는 경우

※ 시행 규칙 : **제6장 지정해역의 지정 및 생산 · 가공시설의 등록 · 관리**

제85조(위해요소중점관리기준 이행증명서의 발급)

국립수산물품질관리원장은 위해요소중점관리기준을 이행하는 자가 법 제70조제4항에 따라 위

해요소중점관리기준의 이행 사실을 증명하는 서류의 발급을 신청하는 경우에는 별지 제44호 서식에 따른 위해요소중점관리기준이행증명서를 발급한다. 이 경우 수산물 및 수산가공품을 수입하는 국가 또는 위해요소중점관리기준을 이행하는 자가 특별히 요구하는 서식이 있는 경우에는 그에 따라 발급할 수 있다. <개정 2013. 3. 24. >

第86조(지정해역의 지정 등)

① **해양수산부장관**이 법 제71조제1항에 따라 지정해역으로 지정할 수 있는 경우는 다음 각 호와 같다. <개정 2013. 3. 24. >

1. 지정해역 지정을 **위한 위생조사·점검계획을 수립한 후** 해역에 대하여 조사·점검을 한 결과 법 제69조에 따라 **해양수산부장관이 정하여 고시한 해역의** 위생관리기준(이하 "지정해역위생관리기준"이라 한다)에 적합하다고 인정하는 경우
2. **시·도지사가 요청한 해역이** 지정해역위생관리기준에 적합하다고 인정하는 경우

② **시·도지사**는 제1항제2호에 따라 지정해역을 지정받으려는 경우에는 다음 각 호의 서류를 갖추어 해양수산부장관에게 **요청**하여야 한다. <개정 2013. 3. 24. >

1. 지정받으려는 해역 및 그 부근의 도면
2. 지정받으려는 해역의 위생조사 결과서 및 지정해역 지정의 타당성에 대한 국립**수산과학원**장의 의견서
3. 지정받으려는 해역의 오염 방지 및 수질 보존을 위한 지정해역 위생관리계획서

③ 시·도지사는 국립**수산과학원장**에게 제2항제2호에 따른 의견서를 요청할 때에는 해당 해역의 수산자원과 폐기물처리시설·분뇨시설·축산폐수·농업폐수·생활폐기물 및 그 밖의 오염원에 대한 조사자료를 제출하여야 한다.

④ **해양수산부장관은 제1항에 따라 지정해역을 지정**하는 경우 다음 각 호의 구분에 따라 지정할 수 있으며, 이를 지정한 경우에는 그 사실을 고시하여야 한다. <개정 2013. 3. 24. >

1. **잠정지정해역: 1년 이상의 기간 동안 매월 1회 이상** 위생에 관한 조사를 하여 그 결과가 지정해역위생관리기준에 부합하는 경우
2. **일반지정해역: 2년 6개월 이상의 기간 동안 매월 1회 이상** 위생에 관한 조사를 하여 그 결과가 지정해역위생관리기준에 부합하는 경우

第87조(지정해역의 관리 등)

① 국립**수산과학원장**은 지정된 지정해역에 대하여 매**월 1회 이상** 위생에 관한 조사를 하여야 한다.

② 국립**수산과학원장**은 제1항에 따라 위생조사를 한 결과 지정해역이 지정해역위생관리기준에 부합하지 아니하게 된 경우에는 지체 없이 그 사실을 해양수산부장관, 국립수산물품질관리원장 및 **시·도지사에게** 보고하거나 통지하여야 한다.

③ 제2항에 따라 보고·통지한 지정해역이 지정해역위생관리기준으로 **회복된** 경우에는 지체 없

이 그 사실을 해양수산부장관, 국립수산물품질관리원장 및 시·도지사에게 보고하거나 통지하여야 한다.

第88조(수산물의 생산 · 가공시설 등의 등록신청 등) ① 법 제74조제1항에 따라 수산물의 생산·가공시설(이하 "생산·가공시설"이라 한다)을 등록하려는 자는 별지 제45호서식의 생산·가공시설 등록신청서에 다음 각 호의 서류를 첨부하여 국립수산물품질관리원장에게 제출하여야 한다. **다만, 양식시설의 경우에는 제7호**의 서류**만 제출**한다.

1. 생산·가공시설의 구조 및 설비에 관한 도면
2. 생산·가공시설에서 생산·가공되는 제품의 제조공정도
3. 생산·가공시설의 용수배관 배치도
4. 위해요소중점관리기준의 이행계획서(외국과의 협약에 규정되어 있거나 수출상대국에서 정하여 요청하는 경우만 해당한다)
5. 다음 각 목의 구분에 따른 생산·가공용수에 대한 수질검사성적서(생산·가공시설 중 선박 또는 보관시설은 제외한다)
   가. 유럽연합에 등록하게 되는 생산·가공시설: 법 제69조에 따른 수산물 생산·가공시설의 위생관리기준(이하 "시설위생관리기준"이라 한다)의 수질검사항목이 포함된 수질검사 성적서
   나. 그 밖의 생산·가공시설: 「먹는물수질기준 및 검사 등에 관한 규칙」 제3조제2항에 따른 수질검사성적서

6. 선박의 시설배치도(유럽연합에 등록하게 되는 생산·가공시설 중 선박만 해당한다)
7. **어업의 면허·허가·신고, 수산물가공업의 등록·신고**, 「식품위생법」에 따른 영업의 허가·신고, 공판장·도매시장 등의 개설 허가 등에 관한 증명서류(면허·허가·등록·신고의 대상이 **아닌 생산·가공시설은 제외**한다)

② 법 제74조제1항에 따른 위해요소중점관리기준을 이행하는 시설(이하 "위해요소중점관리기준 이행시설"이라 한다)을 **등록하려는 자는** 별지 제46호서식의 위해요소중점관리기준 이행시설 등록신청서에 다음 각 호의 서류를 첨부하여 국립**수산물품질관리원장**에게 제출하여야 한다.

1. 위해요소중점관리기준 이행시설의 구조 및 설비에 관한 도면
2. 위해요소중점관리기준 이행시설에서 생산·가공되는 수산물·수산가공품의 생산·가공 공정도
3. 위해요소중점관리기준 이행계획서
4. 어업의 면허·허가·신고, 수산물가공업의 등록·신고, 「식품위생법」에 따른 영업의 허가·신고, 공판장·도매시장 등의 개설허가 등에 관한 증명서류(면허·허가·등록·신고의 대상이 아닌 위해요소중점관리기준 이행시설은 제외한다)

③ 제1항 및 제2항에 따라 등록신청을 받은 국립**수산물품질관리**원장은 **다음 각 호의 사항을 조사·점검**한 후 이에 적합하다고 인정하는 경우에는 생산·가공시설에 대해서는 별지 제47호서식의 수산물의 생산·가공시설 등록증을 신청인에게 발급하고, 위해요소중점관리기준 이행

시설에 대해서는 별지 제48호서식의 위해요소중점관리기준 이행시설 등록증을 발급한다.

1. **생산·가공시설**: 법 제69조에 따라 해양수산부장관이 정하여 고시한 시설위생관리기준에 적합할 것. 다만, 패류양식시설은 제86조제4항 각 호의 어느 하나에 해당하는 지정해역에 있어야 한다.
2. **위해요소중점관리기준 이행시설**: 법 제70조제1항 및 제2항에 따라 해양수산부장관이 정하여 고시한 위해요소중점관리기준에 적합할 것

④ 국립**수산물품질관리원장**은 제3항에 따라 조사·점검을 하는 경우에는 법 제91조제1항에 따른 수산물검사관(이하 "수산물검사관"이라 한다)이 조사·점검하게 하여야 한다. 다만, 선박이 해외수역 또는 공해(公海) 등에 위치하는 등 부득이한 경우에는 국립수산물품질관리원장이 지정하는 자가 조사·점검하게 할 수 있다. <개정 2013. 3. 24. >

⑤ 법 제74조제3항에 따라 등록사항의 **변경신고**를 하려는 경우에는 별지 제49호서식의 생산·가공시설 등록 변경신고서 또는 별지 제50호서식의 위해요소중점관리기준 이행시설 등록 변경신고서에 다음 각 호의 서류를 첨부하여 국립**수산물품질관리원장**에게 제출하여야 한다.

1. 생산·가공시설 등록증 또는 위해요소중점관리기준 이행시설 **등록증**
2. 등록사항의 **변경을 증명할 수 있는 서류**

⑥ 국립**수산물품질관리원장**은 제3항에 따라 생산·가공시설을 등록하거나 위해요소중점관리기준 이행시설을 등록한 경우에는 **해양수산부장관에게 보고**하여야 하고, 법 제70조제3항에 따른 위해요소중점관리기준을 이행하는 시설을 등록한 경우에는 관할 **시·도지사에게도 통지**하여야 한다. <개정 2013. 3. 24. >

제89조(위생관리에 관한 사항 등의 보고)

법 제75조제1항에 따라 국립수산물품질관리원장 또는 시·도지사(이하 "조사·점검기관의 장"이라 한다)는 영 제42조의 구분에 따라 다음 각 호의 사항을 생산·가공시설과 위해요소중점관리기준 이행시설(이하 "생산·가공시설등"이라 한다)의 대표자로 하여금 보고하게 할 수 있다.

1. 수산물의 생산·가공시설등에 대한 생산·원료입하·제조 및 가공 등에 관한 사항
2. 제93조에 따른 생산·가공시설등의 중지·개선·보수명령등의 이행에 관한 사항

제90조(조사、점검)

① 국립**수산과학원장**은 법 제76조제1항에 따른 조사·점검결과를 종합하여 다음 연도 2월 말일까지 해양수산부장관에게 보고하여야 한다.

② 조사·점검기관의 장은 법 제76조제2항에 따라 생산·가공시설등을 조사·점검하는 경우 다음 각 호의 기준에 따라야 한다.

1. 국립**수산물품질관리원**장은 수산물**검사관**이 조사·점검하게 할 것. 다만, 선박이 해외수역 또는 공해 등에 있는 등 **부득이**한 경우에는 국립**수산물품질관리원장이 지정**하는 자가 조

사·점검하게 할 수 있다.

2. **시·도지사는** 국립수산물품질관리원장 또는 국립수산과학원장이 실시하는 위해요소중점관리기준에 관한 **교육을 1주 이상 이수한 관계 공무원이 조사·점검**하게 할 것

제91조(공동조사 신청서)

영 제26조에 따른 생산·가공시설등의 공동 조사·점검 신청서는 별지 제51호서식에 따른다.

제92조(지정해역에서의 생산제한 및 생산제한 해제)

시·도지사는 지정해역이 영 제27조제1항 각 호의 어느 하나에 해당하는 경우에는 즉시 지정해역에서의 생산을 제한하는 조치를 하여야 하며, 생산이 제한된 지성해역이 지정해역위생관리기준에 적합하게 된 경우에는 즉시 생산제한을 해제하여야 한다.

제93조(생산、가공의 중지、개선、보수명령등)

① 조사·점검기관의 장은 법 제78조에 따라 수산물의 생산·가공·출하·운반의 시정·제한·중지 명령 또는 생산·가공시설등의 개선·보수명령(이하 "중지·개선·보수 명령등"이라 한다)을 한 경우에는 그 준수 여부를 수시로 확인하여야 하며, 중지·개선·보수 명령등의 기간이 끝난 경우에는 시설위생관리기준에 적합한지를 조사·점검하여야 한다.

② 수산물의 생산·가공시설등의 등록이 취소된 자는 발급받은 생산·가공시설등의 등록증을 지체 없이 반납하여야 한다.

※ HACCP의 적용 대상 중 고시 상 규정되어 있는 종류를 적어시오. 김용회 239p

(1) 어육가공품 중 어묵류(1가지)
(2) 냉동수산물 중 어류,연체퓨,패류,갑가류,조미가공품(5가지)
(3) 저장성 통. 병조림 중 ; 굴 통조림(1가지)
1) 햅쓰 선행요건 2가지 ; 위생관리시설기준,표준위생운영지침
2) 햅쓰 예비절차 5단계 ; 팀제를 확인하여 공정하게 작성 및 확인하자.
3) 햅쓰 본절차 7가지 암기 ; 위중한 모를 개선. 검증하여 문서로 기록을 하자.

⁂ 해썹의 용어 및 적용

1. **HACCP** 란 수산물 및 수산가공품에 위해물이 혼입 또는 잔류하거나 수산물 및 수산가공품이 오염되는 것을 방지하기 위하여 생산. 가공 등 각 과정을 중점적으로 관리하는 것을 말한다.
2. **HACCP 계획**이란 HACCP 원칙에 기초하여 수행되는 절차를 기술한 서면으로 된 문서를 말한다.
3. **위해**란 관리하지 아니할 때 인체에 질병 또는 해를 일으킬 수 있는 미생물학적,화학적, 물리적인 요소를 말한다.
4. **중요관리점(CCP; Critical control point)**란 수산물 및 수산가공품에서 발생할 수 있는 위해를 방지 또는 제거하거나 형용할 수 있는 수준으로 감소시킬 수 있는 공정 또는 단계를 말한다.
5. **한계기준(Critical Limit)**란 위해의 발생을 방지,제거 또는 허용할 수 있는 수준으로 감소 시키기 위하여 관리하여야 하는 미생물학적,화학적,물리적인 요소의 최대값 최소값을 말한다.
6. **감시(monitoring)**란 CCP가 적정하게 관리되고 있는지 여부를 평가하기 위하여 계획적으로 실시하는 일련의 관찰 또는 측정을 말하며,장차 검증에 사용되는 정확한 기록을 생산하는

것을 포함한다.

7. **시정조치**(Corrective Action)란 CCP를 모니터링한 결과 한계기준을 벗어났을 때 행하는 조치를 말한다.
8. **검증**(Verification)란 해썹(. HACCP) PLAN 의 적정성 및 그 이행체계가 햅쓰 플랜에 따라 정상적으로 운영되고 있는지 여부를 평가하는 행위를 말한다.
9. **해썹 팀**(HACCP TEAM) 란 해썹. HACCP플랜 의 개발. 이행. 유지에 책임이 있는 사람들의 집단을 말한다.
10. **해썹**(HACCP) **이행시설이**란 수출을 목적으로 하는 수산물 및 수산가공품을 생산하는 시설 중 법 제 74조 제 1항의 규정에 의하여 햅쓰. HACCP를 이행하는 시설로 국립수산물품질관리원장에게 등록하거나 등록하고자 하는 가공공장을 말한다.
11. 상단 규정 법 제 3조 ; . (HACCP) 이행시설로 등록하고자 하거나 등록한 시설은 식품산업진흥법 제 19조의5의 규정에 의한 수산물가공하업의 등록. 신고를 하거나 동법 22조의 규정에 의한 영업의 허가를 받거나 신고한 시설이어야 한다.

12. 하단 제3조 ; 이 고시는 생산. 출하전단계수산물 중 다음 각호의 육상어류 양식장에 적용한다.

(1) 수산업법 제 41조 및 동법 시행령 제 27조의 규정에 의하여 육상해수양식어업으로 ''허가''한 양식업체

(2) 내수면어업법 제 11조 및 동법시행령 제 9조의 구정에 의하여 육상양식어업으로 ''신고''한 양식업체

3. 법 90조 ; 수산물 검사 기관의 지정 및 취소와 6개월 내 업무의 전부/일부 정지 등

※ **검사**란 수산물의 상품적 가치를 평가하기 위하여 정해진 규정 및 절차에 따라 검정. 감정. 등 하여 수산물을 등급 또는 적정 및 부적합 등을 판정하는 것을 말한다,

① 해양수산부장관은 제89조에 따른 수산물**검사**기관이 다음 각 호의 어느 하나에 해당하면 그 지정을 취소하거나 6개월 이내의 기간을 정하여 검사 업무의 전부 또는 일부의 정지를 명할 수 있다. 다만, **제1**호 또는 제2호에 해당하면 그 지정을 취소하여야 **한다.**

1. 거짓이나 그 밖의 부정한 방법으로 지정받은 경우
2. 업무정지 기간 중에 검사 업무를 한 경우
3. 제89조제3항에 따른 지정기준에 미치지 못하게 된 경우
4. 검사를 거짓으로 하거나 성실하지 아니하게 한 경우
5. 정당한 사유 없이 지정된 검사를 하지 아니하는 경우

② 제1항에 따른 지정 취소 등의 세부 기준은 그 위반행위의 유형 및 위반 정도 등을 고려하여 해양수산부령으로 정한다.

※ 다음 중'' **3회 이상''** **위반시 ''지정취소나 업무정지 6개월**''의 사유는=행정처분 중 추가 설명

1. 시설. 장비 등 어느 하나가 지정기준에 미치지 아니한 경우
2. 검사품의 재조제가 필요한 경우(1차는 경고. 2차 업무정지 3개월)
3. 검사품의 재조재가 필요하지 않은 경우(경고,2차는 업무정지 1개월)
4. 정당한 사유없이 지정된 검사를 하지 않은 경우(경고,업무정지 1개월)

4.제92조 : 수산물의 검사관의 자격 취소 등 ((취소 후 1년이 지나서 재 시험/신청 가능))
2018년 제 4회 2차 기출

※ **검사**란 수산물의 상품적 가치를 평가하기 위하여 정해진 규정 및 절차에 따라 검정. 감정. 등 하여 수산물을 등급 또는 적정 및 부적합 등을 판정하는 것을 말한다,

① 국가검역·검사기관의 장은 수산물검사관에게 다음 각 호의 어느 하나에 해당하는 사유가 발생하면 그자격을 취소하거나 6개월 이내의 기간을 정하여 자격의 정지를 명할 수 있다.

1. 거짓이나 그 밖의 부정한 방법으로 검사나 재검사를 한 경우
2. 이 법 또는 이 법에 따른 명령을 위반하여 현저히 부적격한 검사 또는 재검사를 하여 정부나 수산물검사기관의 공신력을 크게 떨어뜨린 경우

② 제1항에 따른 자격 취소 및 정지에 필요한 세부사항은 해양수산부령으로 정한다.

제93조 (검사 결과의 표시)
수산물검사관은 제88조에 따라 검사한 결과나 제96조에 따라 재검사한 결과 다음 각 호의 어느 하나에 해당하면 그 수산물 및 수산가공품에 검사 **결과를 표시**하여야 한다. **다만, 살아 있는 수산물** 등 성질상 표시를 할 수 없는 경우에는 그러하지 아니하다.
1. 검사를 신청한 자(이하 "검사신청인"이라 한다)가 요청하는 경우
2. 정부에서 수매·비축하는 수산물 및 수산가공품인 경우
3. 해양수산부장관이 검사 결과를 표시할 필요가 있다고 인정하는 경우
4. 검사에 불합격된 수산물 및 수산가공품으로서 제95조제2항에 따라 관계 기관에 폐기 또는 판매금지 등의 처분을 요청하여야 하는 경우

97조 해수부장관은 88조 검사나 96조 재검사의 경우-등-검사판정을 취소 한다. -18년 기출
단 1은 필수적으로 취소한다.

1. 거짓이나 그 밖의 부정한 방법으로 검사를 받은 사실이 확인된 경우
2. 검사 또는 재건사 결과의 표시 또는 검사증명서를 위조하거나 변조한 사실이 확인된 경우
3. 검사 또는 재검사를 받은 수산물 또는 수산가공품의 포장이나 내용물을 바꾼 사실이 확인된 경우

제12. 법 98조 검정 및 검정항목

제1절 . 법 제98조(검정)

※ **검정**이란 수산물의 품위. 성분 등을 기계기구 또는 약품 등을 사용하여 대상수산물을 **측정. 분석. 시험**하여 **수치로 판단**하는 것을 말한다.

검정 항목 시행규칙 별표 30

구 분	검정항목
일반성분 등	수분,회분,지방,단백질,염분,산가,조섬유,전분,토사,휘발성 염기질소,엑스분,히스타민,수소이온농도,트리메탈아민,비타민 A, 붕산,일산화탄소,이산화황(SO2) 등
식품첨가물	인공감미료
중금속	**수은,카드뮴,구리,납,아연 등**
방사능	방사능
세 균	**대장균군,생균수,장염비브리오,샬모넬라,황색포도상구균,리스테리아 등**
항생물질	옥시테트라사이클린,옥소린산
독 소	복어독소,패류독소
바이러스	노로바이러스

① 농림축산식품부장관 또는 해양수산부장관은 농수산물 및 농산가공품의 거래 및 수출· 수입을 원활히 하기 위하여 다음 각 호의 검정을 실시할 수 있다. 다만, 「종자산업법」 제2조제1호에 따 른 종자에 대한 검정은 ''제외한다. <개정 2013. 3. 23. , 2016. 12. 27. >

1. 농산물 및 농산가공품의 품위·성분 및 유해물질 등
2. 수산물의 품질·규격·성분·잔류물질 등
3. 농**수산물의 생산에 이용·사용하는 농지·어장·용수·자재 등의 품위·성분 및 유해**물질 등

② 농림축산식품부장관 또는 해양수산부장관은 검정신청을 받은 때에는 검정 인력이나 검정 장비의 부족등 검정을 실시하기 곤란한 사유가 없으면 검정을 실시하고 신청인에게 그 결과를 통보하여야 한다.

③ 제1항에 따른 검정의 항목·신청절차 및 방법 등 필요한 사항은 농림축산식품부령 또는 해양수산부령으로 정한다.

제99조(검정기관의 지정 등)

※ **검정**이란 수산물의 품위. 성분 등을 기계기구 또는 약품 등을 사용하여 대상수산물을 **측정. 분석. 시험**하여**수치로 판단**하는 것을 말한다.

① 농림축산식품부장관 또는 해양수산부장관은 검정에 **필요한 인력과 시설을** 갖춘 기관(이하 "검정 기관 "이라 한다)을 지정하여 제98조에 따른 검정을 대행하게 할 수 있다.

② 검정기관으로 지정을 받으려는 자는 검정에 필요한 인력과 시설을 갖추어 농림축산식품부장관 또는 해양수산부장관에게 신청하여야 한다. 검정기관으로 지정받은 후 농림축산식품부령 또는 해양수산부령으로 정하는 중요 사항이 변경되었을 때에는 농림축산식품부령 또는 해양수산부령으로 정하는 바에 따라 변경신고를 하여야 한다. <개정 2013. 3. 23. >

③ 제100조에 따라 검정기관 지정이 취소된 후 1년이 지나지 아니하면 검정기관 지정을 신청할 수 없다.

※ 100조 검정기관의 지정 취소 등 → 별표 32

※ **검정**이란 수산물의 품위. 성분 등을 **기계기구 또는 약품** 등을 사용하여 대상수산물을 측정. 분석. 시험하여 **수치로 판단하**는 것을 말한다.

① 농림축신식품부장관 또는 해양수산부장관은 검정기관이 다음 각 호의 어느 하나에 해당하면 지정을 취소하거나 6개월 이내의 기간을 정하여 해당 검정 업무의 정지를 명할 수 있다. 다만, 제1호 또는 제2호에 해당하면 지정을 취소하여야 한다.

1. 거짓이나 그 밖의 부정한 방법으로 지정을 받은 경우
2. 업무정지 기간 중에 검정 업무를 한 경우
3. 검정 결과를 거짓으로 내준 경우
4. 제99조제2항 후단의 변경신고를 하지 아니하고 검정 업무를 계속한 경우
5. 제99조제4항에 따른 지정기준에 맞지 아니하게 된 경우
6. 그 밖에 농림축산식품부령 또는 해양수산부령으로 정하는 검정에 관한 규정을 위반한 경우

② 제1항에 따른 지정 취소 및 정지에 관한 세부 기준은 농림축산식품부령 또는 해양수산부령으로 정한다.

제4절 금지행위 및 확인 · 조사 · 점검 등

제101조 (부정행위의 금지 등)

누구든지 제79조, 제85조, 제88조, 제96조 및 제98조에 따른 검사, 재검사 및 검정과 관련하여 다음 각 호의 행위를 하여서는 아니 된다.

1. 거짓이나 그 밖의 부정한 방법으로 검사·재검사 또는 검정을 받는 행위
2. 제79조 또는 제88조에 따라 검사를 받아야 하는 농수산물 및 수산가공품에 대하여 검사를 받지 아니하는 행위
3. 검사 및 검정 결과의 표시, 검사증명서 및 검정증명서를 위조하거나 변조하는 행위
4. 제79조제2항 또는 제88조제3항을 위반하여 검사를 받지 아니하고 포장·용기나 내용물을 바꾸어 해당농수산물이나 수산가공품을 판매·수출하거나 판매·수출을 목적으로 보관 또는 진열하는 행위 5. 검정결과에 대하여 거짓광고나 과대광고를 하는 행위

4. 농수산물품질관리법 시행령 : 별표 32→

(1) 동일한 사항으로 최근 3년간 4회 위반인 경우에는 지정 취소한다.
(법 18조 비교 ; 최근 3년간 2회 이상 업무정지처분을 받은 경우)
(2) 위반 행위가 2 이상인 경우 -그 중 무거운 처분 기준
(3) 2 이상의 처분기준이 ''동일한''업무정지''인 경우 -무거운 처분기준 2분의 1까지 가중.

(4) 이 경우 각 처분기준을 합산한 기간을 초과할 수 ''없''다.

(5) 위반 횟수는 최근 3년간 같은 위반행위로 행정처분을 받은 경우에 적용

1) '최초'로 행정처분을 한 날과 다시 '같은' 위반행위를 '적발한' 날을 기준으로 한다.

2) '위반 행위가 단순 착오 등-검정업무정지는-2분의 1 이''하''경감 가능

3) '지정 취소일 때에는 6개월의 검정 업무정지 처분으로 경감할 수 있다.

제13. 수산물품질관리사의 직무 등

제1절. 법제106조 (수품사의 자격 및 업무범위 그리고 운영)

제106조(농산물품질관리사 또는 수산물품질관리사의 직무)

① 농산물품질관리사는 다음 각 호의 직무를 수행한다

② 수산물품질관리사는 다음 각 호의 직무를 수행한다.

1. 수산물의 등급 판정
2. 수산물의 생산 및 수확 후 품질관리기술 지도
3. 수산물의 출하 시기 조절, 품질관리기술에 관한 조언
4. 그 밖에 수산물의 품질 향상과 유통 효율화에 필요한 업무로서 해양수산부령으로 정하는 업무

시행규칙 :제134조의2((수산물품질관리사의 업무))

(수산물품질관리사의 업무) 법 제106조제2항제4호에서 "해양수산부령으로 정하는 업무"란 다음 각 호의 업무를 말한다.

1. 수산물의 생산 및 수확 후의 품질관리기술 지도
2. 수산물의 선별·저장 및 포장 시설 등의 운용·관리
3. 수산물의 선별·포장 및 브랜드 개발 등 상품성 향상 지도
4. 포장수산물의 표시사항 준수에 관한 지도
5. 수산물의 규격출하 지도

제109조 (수품사 자격 취소) → 2년-후 다시 시험 봄.

농림축산식품부장관 또는 해양수산부장관은 다음 각 호의 어느 하나에 해당하는 사람에 대하여 농산물품질관리사 또는 수산물품질관리사 자격을 취소하여야 한다.

1. 농산물품질관리사 또는 수산물품질관리사의 자격을 거짓 또는 부정한 방법으로 취득한 사람
2. 제108조제2항을 위반하여 다른 사람에게 농산물품질관리사 또는 수산물품질관리사의 명의를 사용하게 하거나 자격증을 빌려준 사람(징역 1년 이하 혹은 1천만원 이하 벌금 대상)

제14.유전자변형농수산물의 표시 및 농수산물의 안전성조사 등에 관한 규칙(총리령)

[시행 2014.12.10.] [총리령 제1112호, 2014.12.10., 일부개정]공포법령보기

제1장 총칙

제1조(목적) 이 규칙은 「농**수산물 품질관리법」 및 같은 법 시행령**에 따른 유전자변형농수산물의 표시에 대한 정기적인 수거·조사와 농수산물의 안전성조사 및 위험평가 등에 필요한 사항을 규정함을 목적으로 한다.

제2조(**유해물질**) 「농수산물 품질관리법」(이하 "법"이라 한다) 제2조제1항제12호에서 "**총리령**으로 정하는 것"이란 다음 각 호의 물질을 말한다.

1. 농약	2. 중금속
3. 항생물질	4. 잔류성 유기오염물질
5. 병원성 미생물	6. 생물 독소
7. 방사능	8. 그 밖에 식품의약품안전처장이 고시하는 물질

제3조(정보제공) 법 제4조제7호에 따라 농수산물품질관리심의회는 농수산물의 안전 및 품질관리에 관한 정보의 제공에 관하여 다음 각 호의 사항을 심의한다.

1. 농수산물의 안전에 관한 정보의 공개 범위·주기·시기 및 방법에 관한 사항
2. 법 제61조에 따른 안전성조사 결과 중 국민에게 제공할 필요가 있는 중요 정보에 관한 사항

제2장 유전자변형농수산물의 표시

제4조(유전자변형농수산물의 표시에 대한 정기적인 수거、조사의 방법 등) 「농수산물 품질관리법 시행령」(이하 "영"이라 한다) 제21조제2항에 따른 정기적인 수거·조사는 지방식품의약품안전청장이 유전자변형농수산물에 대하여 대상 업소, 수거·조사의 방법·시기·기간 및 대상품목 등을 포함하는 정기 수거·조사 계획을 매년 세우고, 이에 따라 실시한다.

제3장 농수산물의 안전성조사 등

제5조(안전관리계획 등) 법 제60조제3항에서 "**총리령**으로 정하는 사항"이란 다음 각 호를 말한다.

1. 소비자 교육·홍보·교류 등
2. 안전성 확보를 위한 조사·연구
3. 그 밖에 식품의약품안전처장이 농수산물의 안전성 확보를 위하여 필요하다고 인정하는 사항

제6조(생산단계의 안전기준) 식품의약품안전처장은 법 제61조제1항제1호가목 및 같은 항 제2호가목에 따라 농수산물의 안전성 확보를 위하여 국내외 연구 자료나 법 제68조에 따른 위험평가 결과 등을 고려하여 생산단계의 농수산물(축산물은 제외한다. 이하 이 장에서 같다)과 농수산물의 생산에 이용·사용하는 농지·어장·용수·자재 등(이하 "농수산물 등"이라 한다)에 대한 유해물질의 안전기준을 정하여 고시한다.

제7조(안전성조사의 대상품목) ① 법 제61조제1항에 따른 안전성조사(이하 "안전성조사"라 한다)의 대상품목은 생산량과 소비량 등을 고려하여 법 제60조에 따라 수립·시행하는 안전관리계획(이하 "안전관리계획"이라 한다)으로 정한다.
② 제1항에 따른 대상품목의 구체적인 사항은 식품의약품안전처장이 정한다.

제8조(**안전성조사의 대상지역** 등) ① 안전성조사의 대상지역은 농수산물의 생산장소, 저장장소, 도매시장, 집하장, 위판장 및 공판장 등으로 하되, **유해물질의 오염이 우려되는 장소**에 대하여 우선적으로 안전성조사를 하여야 한다.

② 안전성조사의 대상은 단계별 특성에 따라 다음 각 호와 같이 한다.

1. **생산단계 조사:** 다음 각 목에 해당하는 것을 대상으로 할 것
가. 농산물의 생산에 이용·사용하는 농지·용수(用水)·자재 등
나. 출하되기 전인 농산물 다. 유통·판매되기 전인 농산물

2.**유통·판매 단계 조사:**출하되어 유통 또는 판매되고 있는 농산물을 대상으로 할 것

③ 수산물 안전성조사의 대상은 **단계별 특성**에 따라 다음 각 호와 같이 한다.

1. **생산단계** 조사: 저장 과정을 거치지 **아니하**고 출하하는 수산물을 대상으로 할 것
2. **저장단계**조사: 저장 과정을 거치는 수산물 중 **생산자가 저장**하는 수산물을 대상으로 할 것
3. 출하되어 거래되기**전** 단계 조사: 수산물의 도매시장, 집하장, 위판장 또는 공판장 등에 출하되어 거래되기 **전 단계에 있는 수산물을 대상**으로 할 것

④ 안전성조사는 제2항 및 제3항에 따른 각 조사의 단계별로 시료(試料)를 수거하여 조사하는 방법으로 한다.
⑤ 제1항부터 제4항까지에서 규정한 사항 외에 안전성조사에 필요한 사항은 식품의약품안전처장이 정하여 고시한다.

제9조(안전성조사의 절차 등) ① 안전성조사의 대상 유해물질은 식품의약품안전처장이 매년 안전관리계획으로 정한다. 다만, 국립농산물품질관리원장, 국립수산과학원장, 국립수산물품질관리원장 또는 특별시장·광역시장·특별자치시장·도지사·특별자치도지사(이하 "시·도지사"라 한다)는 재배면적, 부적합률 등을 고려하여 안전성조사의 대상 유해물질을 식품의

약품안전처장과 협의하여 조정할 수 있다.

② 안전성조사를 위한 시료 수거는 농수산물 등의 생산량과 소비량 등을 고려하여 대상품목을 우선 선정한다.
③ 시료의 분석방법은 「식품위생법」 등 관계 법령에서 정한 분석방법을 준용한다. 다만, 분석능률의 향상을 위하여 국립농산물품질관리원장, 국립수산과학원장 또는 국립수산물품질관리원장이 정하는 분석방법을 사용할 수 있다.
④ 제1항부터 제3항까지의 규정에 따른 안전성조사의 세부 사항은 식품의약품안전처장이 정하여 고시한다.
⑤ 법 제62조제1항 각 호 외의 부분 후단에 따라 무상으로 수거할 수 있는 농수산물 등의 종류 및 수거량은 별표 1과 같다.

제10조(안전성**조사 결과**에 대한 조치) ① 국립농산물품질관리원장, 국립수산물품질관리원장 또는 시·도지사는 안전성조사 결과 생산단계 안전기준에 위반된 경우에는 해당 농수산물을 생산한 자 또는 소유한 자에게 법 제63조제1항제1호에 따른 다음 각 호의 조치를 하도록 그 처리방법 및 처리기한을 정하여 알려 주어야 한다.

1. 해당 농수산물(생산자가 저장하고 있는 농수산물을 포함한다. 이하 이 항에서 같다)의 유해물질이 시간이 지남에 따라 분해·소실되어 일정 기간이 지난 후에 식용으로 사용하는 데 문제가 없다고 판단되는 경우: 해당 유해물질이 「식품위생법」 등에 따른 잔류허용기준 이하로 감소하는 기간까지 출하 연기
2. 해당 농수산물의 유해물질의 분해·소실 기간이 길어 국내에 식용으로 출하할 수 없으나, 사료·공업용 원료 및 수출용 등 다른 용도로 사용할 수 있다고 판단되는 경우: 다른 용도로 전환
3. 제1호 또는 제2호에 따른 방법으로 처리할 수 없는 농수산물의 경우: 일정한 기간을 정하여 폐기

② 국립농산물품질관리원장, 국립**수산물품질관리원장 또는 시·도지사**는 안정성조사 결과 생산단계 안전기준에 위반된 경우에는 해당 농수산물을 생산하거나 해당 농수산물 생산에 이용·사용되는 농지·어장·용수·자재 **등을 소유한 자에**게 법 제63조제1항제2호에 따른 다음 각 호의 조치를 하도록 그 처리방법 및 처리기한을 정하여 알려 주어야 한다.

1. **객토(客土), 정화(淨化) 등의 방법**으로 유해물질 제거가 가능하다고 판단되는 경우: 해당 농수산물 생산에 이용·사용되는 농지·어장·용수·자재 등의 개량
2. **유해물질이 시간이 지남에 따라 분해·소실되어 일정 기간이 지난 후**에 이용·사용하는 데에 문제가 없다고 판단되는 경우: 해당 유해물질이 잔류허용기준 이하로 감소하는 기간까지 농수산물의 생산에 해당 농지·어장·용수·자재 등의 이용·사용 중지
3. **제1호 또는 제2호에 따른 방법으로 조치할 수 없는경우: 농수산물의 생산에 해당 농지·어장·용수·자재 등의 이용·사용 금지**

③ 법 제63조제1항제3호에서 "총리령으로 정하는 조치"란 해당 농수산물의 생산자에 대하여 법 제66조에 따른 교육을 받게 하는 조치를 말한다.
④ 법 제63조제2항에 따른 통보를 받은 해당 행정기관의 장은 그에 따른 조치를 한 후 그 결과를 해당 통보를 한 국립농산물품질관리원장, 국립수산물품질관리원장 또는 시·도지사에게 통보하여야 한다.
⑤ 제1항부터 제4항까지의 규정에 따른 조치에 필요한 세부 사항은 식품의약품안전처장이 정하여 고시한다.

제11조(안전성**검사기관의 지정기준**등) ① 법 제64조제2항에 따라 안전성검사기관으로 지정받으려는 자는 별지 제1호서식의 안전성검사기관 지정신청서에 다음 각 호의 서류를 첨부하여 국립농산물품질관리원장 또는 국립수산물품질관리원장에게 제출하여야 한다.

1. **정관(법인인 경우만**해당한다)
2. 안전성조사 및 시험분석 업무의 범위 및 유해물질의 항목 등을 적은 사업계획서
3. 제6항에 따른 안전성검사기관의 지정기준을 갖추었음을 증명할 수 있는 서류
4. 안전성조사 및 시험분석의 절차 및 방법 등을 적은 업무 규정

② 제1항에 따른 신청서를 받은 국립농산물품질관리원장 또는 국립수산물품질관리원장은 「전자정부법」 제36조제1항에 따른 행정정보의 공동이용을 통하여 법인 등기사항증명서(법인인 경우만 해당한다)를 확인하여야 한다.
③ 국립농산물품질관리원장 또는 국립수산물품질관리원장은 제1항에 따른 안전성검사기관의 지정신청을 받은 경우에는 제6항에 따른 안전성검사기관의 지정기준에 적합한지를 심사하고, 심사 결과 적합한 경우에는 안전성검사기관으로 지정하고 그 지정 사실 및 안전성검사기관이 수행하는 업무의 범위 등을 고시하여야 한다.
④ 국립농산물품질관리원장 또는 국립수산물품질관리원장은 제3항에 따라 안전성검사기관을 지정하였을 때에는 별지 제2호서식의 안전성검사기관 지정서를 발급하여야 한다.
⑤ 제1항부터 제4항까지의 규정에 따른 안전성검사기관 지정의 세부 절차 및 운영 등에 필요한 사항은 식품의약품안전처장이 정하여 고시한다.
⑥ 법 제64조제3항에 따른 안전성검사기관의 지정기준은 별표 2와 같다.

제12조(안전성검사기관의 지정 취소 등의 처분기준) ① 법 제65조제1항에 따른 안전성검사기관의 지정 취소 및 업무정지에 관한 처분기준은 별표 3과 같다.

② 국립농산물품질관리원장 또는 국립수산물품질관리원장은 법 제65조에 따라 안전성검사기관의 지정을 취소하거나 업무정지처분을 한 경우에는 지체 없이 그 사실을 고시하여야 한다.

제13조(안전성검사에 관한 규정 위반) 법 제65조제1항제4호에서 "총리령으로 정하는 안전성검사에 관한 규정을 위반한 경우"란 별표 3 제2호라목부터 아목까지의 규정을 위반한 경우를

말한다.

제14조(위험평가의 대상 및 방법) ① 영 제23조제2항에 따른 농산물 등의 위험평가의 대상 및 방법은 다음 각 호와 같다.

1. 위험평가의 대상

가. 국제식품규격위원회 등 국제기구 또는 외국의 정부가 인체의 건강을 해칠 우려가 있다고 인정하여 판매 또는 판매 목적의 처리·가공·포장·사용·수입·보관·운반·진열 등을 금지하거나 제한한 농산물
나. 국내외의 연구·검사기관이 수행한 농산물의 안전성 등에 관한 연구·조사에서 인체의 건강을 해칠 우려가 있는 성분이 검출된 경우, 그 성분이 검출될 우려가 있다고 판단되는 농산물
다. 새로운 원료·성분 또는 기술을 사용하여 처리·가공되거나 안전성에 대한 기준 및 규격이 정해지지 아니하여 인체의 건강을 해칠 우려가 있는 농산물
라. 그 밖에 인체의 건강을 해칠 우려가 있다고 식품의약품안전처장이 인정하는 농산물
마. 농산물의 생산에 이용·사용하는 농지, 용수, 자재 등

2. 평가대상인 위해요소

가. 농약, 중금속, 항생물질, 방사능 등 화학적 요인
나. 농산물의 형태 및 이물(異物) 등물리적 요인
다. 병원성 미생물, 곰팡이 독소 등 생물학적 요인

3.위험평가 방법: 다음 각 목의 과정을 거칠 것. 다만, 식품의약품안전처장이 따로 정하는 경우에는 그에 따른다.
가. 위해요소의 인체독성을 확인하는 위험성 확인과정
나. 위해요소의 인체 노출 허용량을 산출하는 위험성 결정과정
다. 위해요소가 인체에 노출된 양을 산출하는 노출평가과정
라. 가목부터 다목까지의 규정에 따른 과정의 결과를 종합하여 건강에 미치는 영향을 판단하는 위해도 결정과정

② 법 제68조제1항제7호에서 "식품의약품안전처장이 필요하다고 인정하는 연구기관"이란 다음 각 호의 기관을 말한다.

1. 식품의약품안전평가원
2. 특별시·광역시·도·특별자치도(이하 "시·도"라 한다) 보건환경연구원
3. 한국농어촌공사 4. 시·도 농업기술원
5. 법 제64조에 따라 국립농산물품질관리원장 또는 국립수산물품질관리원장이 지정한 안

전성검사기관

제15조(잔류조사의 방법 및 절차 등) ① 법 제68조제3항에 따른 유해물질 실태조사(이하 "잔류조사"라 한다) 대상 유해물질은 식품의약품안전처장이 매년 안전관리계획으로 정한다.

② 잔류조사는 제1항에 따른 유해물질별로 잔류조사의 신뢰도를 높일 수 있는 수준으로 하되, 품목별 생산량, 식이 섭취량, 오염 정도 등 객관성을 확보할 수 있는 지표나 통계자료 등을 활용한다.
③ 잔류조사의 시료 수거는 농산물의 생산량 등을 고려하여 무작위로 한다.
④ 유해물질의 분석방법은 「식품위생법」 등 관계 법령에서 정한 분석방법을 준용한다. 다만, 분석의 효율성을 높이기 위하여 필요한 경우에는 식품의약품안전처장이 정하는 분석방법을 사용할 수 있다.
⑤ 식품의약품안전처장은 잔류조사의 신뢰도를 높이기 위하여 잔류조사에 참여하는 안전성검사기관을 대상으로 숙련도 평가를 실시한다. 다만, 숙련도 평가의 객관성을 확보하기 위하여 전문기관에 위탁하여 평가할 수 있다.
⑥ 제1항부터 제5항까지의 규정에 따른 잔류조사의 세부 사항은 식품의약품안전처장이 정하여 고시한다.

제16조(조사공무원의 증표) 법 제58조제3항 및 제62조제3항에 따른 조사공무원의 증표는 별지 제3호서식과 같다.

제4장 보칙 '이하 생략'

제15. 수산물안전성조사 업무처리 세부실시요령

제1조(목적)이 요령은「수산물 안전성조사업무 처리요령」(식품의약품안전처 고시, 이하 "처리요령"이라 한다) 제14조에 따라 수산물 및 수산물의 생산에 이용.사용하는 어장.용수.자재 등(이하 "수산물 등" 이라 한다)에 대한 안전성조사업무처리에 필요한 세부사항을 정함으로써 수산물 안전성조사(이하 "안전성조사": 라 한다)에 관한 원활한 업무수행 도모를 목적으로 한다.

제2조(정의)이 요령에서 사용하는 용어의 뜻은 다음과 같다.

1. "조사기관" 이라 함은 수산물의 안전성 확보를 위하여 시료의 수거, 관련 장부.서류의 열람, 조사결과에 따른 조치 등을 담당하는 국립수산물품질관리원각 지원을말한다.
2. **"부적합 수**산물" 이라 함은 안전성조사 결과「농수산물품질관리법」(이하 "법" 이라 한다) 제61조제1항에 따른 안전기준 또는 잔류허용기준을 초과한 수산물을 말한다.
3. "관계기관" 이라 함은 국립수산과학원, 특별시.광역시.도.특별자치도.시.군.구(자치구의 구를 말한다. 이하 같다), 수산업협동조합 및 회원조합 등을 말한다.
4. **"잔류조사"** 라 함은 **신종유해**물질 검색 및 안전성 수준진단을 위해 실시하는 안전성조사를 말한다.

제3조(안전성조사 추진계획의 수립 및 시달)

① 국립**수산물품질관리원**장(이하 "본원장" 이라 한다)은 해양수산부장관 또는 식품의약품안전처장으로부터 시달된 안전관리계획을 토대로 안전성조사 추진계획을 수립하여 국립수산물품질관리원 각 지원장(이하 "조사기관장" 이라 한다)에게 시달한다.

② 조사기관장은본원장으로부터 시달된 안전성조사 추진계획을 토대로 시.군.구별 생산량 등을 감안하여 대상품목, 조사량 등 자체 세부추진계획을 수립하고 이를 관계기관에 통보한다.

③ 본원장은 제1항의 안전성조사 추진계획 수립을 위하여 매년 11월말까지 조사기관별 다음연도의 안전성조사 대상품목, 물량 등을 사전 조사할 수 있다.

제4조(안전성조사공무원)

① 조사기관장은「유전자변형농수산물의 표시 및 농수산물의 안전성조사 등에 관한 규칙」(이하 "규칙" 이라 한다) 제16조에 따라 조사공무원증을 발급받은 해양수산직공무원 또는 연구직공무원 중에서 안전성조사 담당공무원(이하 "조사공무원 "이라 한다)을 지명하여 업무를 담당하게 하여야 한다.

② 조사공무원은 안전성조사 대상지역 선정, 시료의 수거, 관련 장부.서류의 열람,

조사결과에 따른 조치 등의 업무를 담당하게 하고, 시료수거 조사공무원으로 하여금 분석업무를 동시에 수행하도록 하여서는 아니 된다. 다만, 인력부족 등 업무형편상 부득이한 경우에는 예외로 한다.

③ 조사공무원은 관계 장부나 서류의 열람, 시료의 수거 등 안전성조사 업무를 수행할 때에는 제1항에 따른 증표를 제시하고, 성명.출입시간.출입목적 등이 표시된 문서를 관계인에게 내주어야 한다.

제5조(안전성조사 기준 및 대상품목 등)

① 안전성조사 항목별 잔류허용기준 및 대상품목은 별표1과 같다.

② 제1항에도 불구하고 **「식품위생법」 제7조에 따라 식품의약품안전처장**이 고시한 식품등의 기준 및 규격이 개정되어 변경되거나 신설된 때에는 이를 우선 적용할 수 있다.

제6조(잔류조사 대상 등)

① 안전성조사 추진계획에 포함되는 잔류조사 대상 수산물은 법 제61조에 따른 **생산.저장.거래 전** 단계 수산물로 한다.

② 제1항에 따른 잔류조사 대상 유해물질은 다음 각 호와 같다.

1. 국내의 기준 및 규격이 없는 EU 양식수산물 잔류물질 통제계획 대상 유해물질
2. 국내의 기준 및 규격은 없으나 위해정보에 따라 수산물 안전사고의 개연성이 높은 유해물질

③ 잔류조사는 수산물 안전성 위해요인 파악, 안전성수준 진단 및 노출평가의 기초자료로만 활용한다.

제7조(안전성조사의 시료수거 장소 등)

① 안전성조사 시료수거 장소는 다음 각호와 같다.

1. **생산단계** : 해면.내수면양식장.운반선 등
2. **저장단계**: 냉장.냉동보관창고 등
3. **출하되어 거래되기 전**단계 : 도매시장, 집하장, 위판장, 공판장 등

② 안전성조사 대상수산물은 다음 각호와 같다.

1. **생산단계**: 출하 또는 출하 대기중인 수산물 다만, 사용이 금지된 유해물질 등의 사용여부 조사가 필요할 때에는 양식중인 수산물도 수거할 수 있다.
2. **저장단계**: 생산자가 보관하는 수산물
3. **출하되어 거래되기 전**단계 : 도매시장, 집하장, 위판장, 공판장 등에 출하되어 중.도매인등에게 거래되기 전에 있는 수산물

제8조(안전성조사 입회)

조사공무원은 안전성조사를 위한 시료수거와 관계 장부 및 서류를 열람하고자 할 때에는 당해 수산물의 생산자 또는 생산자로부터 판매를 위탁받은 자 등(이하 "이해관계인"이라 한다)을 입회하도록 한다. 다만, 이해관계인이 입회에 응하지 아니한 때에는 관계기관 직원 1인 이상을 입회시켜 그 사실을 확인하게 할 수 있다.

제9조(시료의 수거 등)

① 조사기관장은 안전성조사 시료를 수거하고자 할 때에는 사전에 직접 또는 관계기관 등과 협의하여 조사대상 업체 및 장소를 선정하고 조사에 임해야 한다. 다만, 특별한 사유가 있는 경우에는 당일 또는 현장에서 선정할 수도 있다.

② 조사공무원은 안전성조사를 위하여 시료를 수거하고자 할 때에는 이해관계인에게 시료수거 사유를 설명한 후 식품공전 제9 검체의 채취 및 취급방법 등에 따라 시료를 수거하여야 한다.

③ 조사공무원이 시료를 수거하였을 때에는 요령 별지 제2호서식의 안전성조사 시료수거증 2부를 작성하여 사본은 이해관계인에게 교부하고, 원본은 보관용으로 사용한다.

④ 조사공무원은 이해관계인이 안전성조사를 위한 시료의 수거 및 관계 장부 또는 서류의 열람을 거부.방해.기피할 때에는 법 제123에 따른 과태료를 부과할 수 있도록 확인서를 작성하고 필요시 가능한 증거자료를 확보한다.

제10조(시료대금의 지급)

① 조사공무원은 안전성조사를 위하여 시료를 수거하고자 할 때에는 법 제62조제1항에 따라 무상으로 수거할 수 있다. 다만, 이해관계인이 시료대금을 요구할 경우에는 수거증에 "유상채취 품목임"을 기재하고 최근 도매시장의 단가를 적용하여 지불한다.

② 제1항의 단서에 따라 시료대금을 지불할 경우 조사공무원은 예산집행에 필요한 근거서류(통장사본, 세금 계산서 또는 간이영수증 등)를 확보하고 신용카드, 국고금 계좌이체, 현금 등으로 지불할 수 있으며 지급방법을 수거증에 기재하여야 한다.

제11조(분석 의뢰)

① 조사공무원이 안전성조사 시료수거를 완료한 때에는 전산(수산물안전정보시스템)으로 기록 관리하고 분석을 의뢰하여야 한다.

② 거점분석기관에 분석을 의뢰할 경우, 시료송부로 인한 분석이 지연되지 않도록

적절한 조치를 취하여야 한다.

제12조(시료의 보관) 안전성조사 분석결과 부적합된 수산물의 시료는 용기 또는 시료봉투에 담아 관리번호를 기재하여 분석이 완료된 날부터 30일간 보관하여야 한다. 이 경우 보관용 시료는 수거 당시의 형태를 유지하여야 하며, 대형 어류는 단순 절단, 패류의 경우 패각을 제거한 상태로 보관할 수 있다.

제13조(부적합수산물의**처리 등) - 2016년/2018년 2회/4회 기출**

① 조사기관장은 안전성조사 결과 부적합 수산물이 발생한 때에는 다음 각호에 따라 생산자 및 관할 관계기관장에게 통보하여야 한다.

1.출하연기

당해 수산물에 잔류된 유해물질이 시간이 경과함에 따라 분해.소실되어 일정기간이 지난 후 당해 수산물을 식용으로 사용하는데 문제가 없다고 판단되는 경우 : 생산단계 조사결과 사용이 **허용된 항생물질, 패류독소** 등

2. 용도전환

당해 수산물에 잔류된 유해물질이 분해.소실기간이 길어 국내에 식용으로 출하할 수는 없으나, 사료.공업용원료 및 수출용 등 다른 용도로 사용할 수 있다고 판단되는 경우

3. 폐 기 - 2018년 4회 기출/2016년 2회 기출

위 제1호 또는 제2호에 의한 방법에 따라 수산물을 처리할 수 없는 경우 : 중금속, 사용이 **금지된 유해약품(말라카이트그린, 클로람페니콜**등), 출하되어 거래되기 전 단계 수산물의 패류독소, 복어독 등

② 조사기관장은 안전성조사 결과 부적합된 수산물이 관련법에 의하여 사용이 **금지된 유해약품(말라카이트그린, 클로람페니콜 등)**이 검출된 경우에는 관할 지방행정기관의 장에게「약사법」에 따른 과태료를 부과토록 통보하여야 한다.

③ 제1항과 같이 부적합이 발생한 때에는 그 결과를 **본원장에게 보고하**여야 한다.

④ 조사기관장은처리요령 제10조제3항에 따라 시장.군수 또는 자치구의 구청장 등이 부적합 통보된 수산물에 대한 재조사 요청이 있는 때에는 조사공무원을 지명하여 재조사를 실시하여야 한다.

⑤ 조사기관장은 안전성조사 결과 금지된 유해약품이 검출되어 부적합된 해당 **양식장**에 대하여는 다음 각호에 의하여 관리하여 한다.

1. 검출시점을 **기준으로 ''12''(기존 6개월에서 개정 됨)개월 동안 2개월 주기로 특별관리**하여야 한다. 다만, 타 수조에 대한 추가 전수조사를 실시하여 검출되지 않았거나 출하가능한 성어가 없는 경우에는 조사 시기를 변경할 수 있

다. -2017년 기출

2. 특별관리기간 경과 **후 조사결과를 본원장**에게 보고하여야 한다.

다만, 금지약품 검출 시에는 즉시보고하여야 한다.

제14조(수산물 안전성조사 전산관리 등)조사공무원은 안전성조사 계획수립 또는 시료수거.분석 종료 시에는 즉시 그 결과를 수산물안전정보시스템에 등록하여야 한다.

제15조(과태료의 부과)

① 과태료는 안전성조사 장소를 관할하는 조사기관장이 다음 절차에 따라 부과한다.

1. 과태료부과 의견진술안내서 발부 및 결정

가. 조사공무원이 제9조제4항에 따른 사실을 확인한 때에는「질서위반행위규제법」제16조 및 같은법 시행령 제3조에 따라 생산자가 과태료 부과내용에 대한 의견을 진술할 수 있도록 위반행위일 익일로부터 기산, 14일의 기간(종료일이 공휴일인 때에는 그 익일을 종료일로 한다)을 정하여 별지 제1호 서식의 과태료부과 의견진술안내서를 현장에서 발부하여야 한다.

나. 조사기관장은 제9조제4항에 따른 과태료를 부과코자 할 경우 법 제123조 제1항 및 같은법 시행령 제45조 별표4에 따른다.

다. 의견진술 기간내에 생산자가 과태료부과에 대한 의견을 진술하였을 경우 조사기관장은이를 과태료 부과여부 및 부과액 결정에 반영할 수 있다.

2. 과태료 처분통지 및 처분에 대한 이의 제기 시 처리절차

가. 의견진술 기간이 경과하면 조사기관장 과태료부과 대상자에게 별지 제2호 서식에 따른 과태료처분통지서를 작성하여 세입징수관사무처리규칙 규정의 납입고지서와 함께 5일 이내에 등기우편으로 발송하여 과태료 징수업무를 처리하며, 납입고지서에는 이의방법, 이의기간 등을 함께 기재하여야 한다.

나. 과태료처분에 불복이 있는 생산자가 그 처분이 있음을 안 날로부터 60일 이내에 이의를 제기할 경우 지역본부장은 지체 없이 관할 법원에 관련자료(이의제기 서류, 사실 확인서, 과태료처분 통지서, 납입고지서 등)를 첨부하여 그 사실을 통보하고, 이의를 제기한 자에게 법원 이송사실을 통보한다.

다. **이의제기 "60일"의 기산점은**과태료처분 통지서가 부과대상자에게 우편으로 송달된 날의 익일로부터 기산하며, 그 만료일이 공휴일에 해당하는 때

에는 그 익일을 만료일로 한다.

라. 이의제기의 효력은 조사기관에 이의가 접수된 날로부터 발생한 것으로 본다. 다만, 이의제기 서류를 우편으로 제출하는 경우에는 우편물의 통신 일부인에 표시된 날을 조사기관에 접수된 날로 본다.

마. 이의제기를 전화 또는 구두로 접수하였을 경우에는 관계공무원이 이의 내용을 작성하여 이의자의 확인을 받도록 하며, 서면으로 접수되어 보완할 사항이 있는 경우에는 이의를 제기한 자에게 지체 없이 전화 등으로 통지하여 보완하도록 하거나 이의 제기자 입회하에 보완사항을 관계공무원이 대필하여 보완할 수 있으며, 이의 제기의 접수 및 통보 등 일련의 업무는 조사기관의 조사공무원이 처리한다.

② 과**태료 징수절차는「국고금관리법 시행규칙」**을 준용한다

제2. 농수산물의 원산지표시에 관한 법률

제1장 총칙

제1조(목적)

이 법은 농산물·수산물이나 그 가공품 등에 대하여 적정하고 합리적인 원산지 표시를 하도록 하여 소비자의 알권리를 보장하고, 공정한 거래를 유도함으로써 생산자와 소비자를 보호하는 것을 목적으로 한다.

제2조(정의)

이 법에서 사용하는 용어의 뜻은 다음과 같다.

1. "농산물"이란 「농업·농촌 및 식품산업 기본법」 제3조제6호가목에 따른 농산물을 말한다.
2. **"수산물"**이란 「수산업·어촌 발전 기본법」 제3조제1호가목에 따른 어업활동으로부터 생산되는 산물을 말한다.
3. "농수산물"이란 농산물과 수산물을 말한다.
4. **"원산지"**란 농산물이나 수산물이 생산·채취·포획된 국가·지역이나 해역을 말한다.
5. "식품접객업"이란 「식품위생법」 제36조제1항제3호에 따른 식품접객업을 말한다.
6. "집단급식소"란 「식품위생법」 제2조제12호에 따른 집단급식소를 말한다.
7. "통신판매"란 「전자상거래 등에서의 소비자보호에 관한 법률」 제2조제2호에 따른 통신판매(같은 법 제2조제1호의 전자상거래로 판매되는 경우를 포함한다. 이하 같다) 중 대통령령으로 정하는 판매를 말한다.
8. 이 법에서 사용하는 용어의 뜻은 이 법에 특별한 규정이 있는 것을 제외하고는 「농수산물 품질관리법」, 「식품위생법」, 「대외무역법」이나 「축산물 위생관리법」에서 정하는 바에 따른다.

제3조(다른 법률과의 관계)

이 법은 농수산물 또는 그 가공품의 원산지 표시에 대하여 다른 법률에 우선하여 적용한다.

제4조(농수산물의 원산지 표시의 심의) - 법 10조에서 도출 됨

이 법에 따른 농산물·수산물 및 그 가공품 또는 조리하여 판매하는 쌀·김치류, 축산물(「축산물 위생관리법」 제2조제2호에 따른 축산물을 말한다. 이하 같다) 및 수산물 등의 원산지 표시 등에 관한 사항은 「농수산물 품질관리법」 제3조에 따른 농수산물품질관리심의회(이하 "심의회"라 한다)에서 심의한다.

제2장 원산지 표시 등

제5조(원산지 표시)

① 대통령령으로 정하는 농수산물 또는 그 가공품을 수입하는 자, 생산ㆍ가공하여 출하하거나 판매(통신판매를 포함한다. 이하 같다)하는 자 또는 판매할 목적으로 보관ㆍ진열하는 자는 다음 각 호에 대하여 원산지를 표시하여야 한다. <개정 2016. 12. 2. >

1. 농수산물
2. 농수산물 가공품(국내에서 가공한 가공품은 제외한다)
3. 농수산물 가공품(국내에서 가공한 가공품에 한정한다)의 원료

② 다음 각 호의 어느 하나에 해당하는 때에는 제1항에 따라 원산지를 표시한 것으로 본다. 갈음 규정 (원산지 표시와 동일한 것)

1. 「농수산물 품질관리법」 제5조 또는 「소금산업 진흥법」 제33조에 따른 **표준규격품의** 표시를 한 경우
2. 「농수산물 품질관리법」 제6조에 따른 우수관리인증의 표시, 같은 법 제14조에 따른 **품질인증품의 표시** 또는 「소금산업 진흥법」 제39조에 따른 **우수천일염인증**의 표시를 한 경우

2의2. 「소금산업 진흥법」 제40조에 따른 **천일염생산방식인증의** 표시를 한 경우

3. 「소금산업 진흥법」 제41조에 따른 **친환경천일염인증의** 표시를 한 경우
4. 「농수산물 품질관리법」 제24조에 따른 **이력추적관리의** 표시를 한 경우
5. 「농수산물 품질관리법」 제34조 또는 「소금산업 진흥법」 제38조에 따른 **지리적표시**를 한 경우

5의2. 「식품산업진흥법」 제22조의2에 따른 **원산지인증의** 표시를 한 경우

5의3. **「대외무역법」** 제33조에 따라 수출입 농수산물이나 수출입 농수산물 **가공품의 원산지를 표시**한 경우

6. 다른 법률에 따라 농수산물의 원산지 또는 농수산물 **가공품의 원료의 원산지**를 표시한 경우

③ 식품접객업 및 집단급식소 중 대통령령으로 정하는 영업소나 집단급식소를 설치ㆍ운영하는 자는 대통령령으로 정하는 농수산물이나 그 가공품을 조리하여 판매ㆍ제공하는 경우(조리하여 판매 또는 제공할 목적으로 보관ㆍ진열하는 경우를 포함한다. 이하 같다)에 그 농수산물이나 그 가공품의 원료에 대하여 원산지(쇠고기는 식육의 종류를 포함한다. 이하 같다)를 표시하여야 한다.

다만, 「식품산업진흥법」 제22조의2에 따른 원산지인증의 표시를 한 경우에는 원산지를 표시한 것으로 보며, 쇠고기의 경우에는 식육의 종류를 별도로 표시하여야 한다.

④ 제1항이나 제3항에 따른 표시대상, 표시를 하여야 할 자, 표시기준은 대통령령으로 정하고, 표시방법과 그 밖에 필요한 사항은 농림축산식품부와 해양수산부의 공동 부령으로 정한다.

제2절. 시행령 및 규칙 및 원산지 표시기준 별표

제3조(원산지의 표시대상)

① 법 제5조제1항 각 호 외의 부분에서 "대통령령으로 정하는 농수산물 또는 그 가공품"이란 다음 각 호의 농수산물 또는 그 가공품을 말한다. <개정 2013. 3. 23. >

1. 유통질서의 확립과 소비자의 올바른 선택을 위하여 필요하다고 인정하여 농림축산식품부장관과 해양수산부장관이 공동으로 고시한 농수산물 또는 그 가공품
2. 「대외무역법」 제33조에 따라 산업통상자원부장관이 공고한 수입 농수산물 또는 그 가공품

② 법 제5조제1항제3호에 따른 농수산물 가공품의 원료에 대한 원산지 표시대상은 다음 각 호와 같다. 다만, 물, 식품첨가물, 주정(酒精) 및 당류(당류를 주원료로 하여 가공한 당류가공품을 포함한다)는 배합 비율의 순위와 표시대상에서 제외한다.

1. 원료 배합 비율에 따른 표시대상

가. 사용된 원료의 배합 비율에서 **한 가지 원료의 배합 비율이 98퍼센트 이상**인 경우에는 그 원료
나. 사용된 원료의 배합 비율에서 **두 가지 원료의 배합 비율의 합이 98퍼센트 이상인 원료가 있는** 경우에는 배합 비율이 **높은 순서의 2순위**까지의 원료
다. 가목 및 나목 외의 경우에는 배합 비율이 **높은 순서의 3순위**까지의 원료
라. 가목부터 다목까지의 규정에도 불구하고 **김치류 중 고춧가루**(고춧가루가 포함된 가공품을 사용하는 경우에는 그 가공품에 사용된 고춧가루를 **포함**한다. 이하 같다)를 사용하는 품목은 고춧가루를 제외한 원료 중 배합 비율이 **가장 높은 순서의 2순위**까지의 원료와 고춧가루

2. 제1호에 따른 표시대상 원료로서 「식품위생법」 제10조에 따른 식품 등의 표시기준 및 「축산물 위생관리법」 제6조에 따른 축산물의 표시기준에서 정한 복합원재료를 사용한 경우에는 농림축산식품부장관과 해양수산부장관이 공동으로 정하여 고시하는 기준에 따른 원료

③ 제2항을 적용할 때 원료 농수산물의 명칭을 제품명 또는 제품명의 일부로 사용하는 경우로서 그 원료 농수산물이 같은 항에 따른 표시대상이 아닌 경우에는 그 원료 농수산물을 함께 표시대상으로 하여야 한다.

⑤ 법 제5조제3항에서 "대통령령으로 정하는 농수산물이나 그 가공품을 조리하여 판매·제공하는 경우"란 다음 각 호의 것을 조리하여 판매·제공하는 경우를 말한다. 이 경우 조리에는 날 것의 상태로 조리하는 것을 포함하며, 판매·제공에는 배달을 통한 판매·제공을 포함한다. <개정 2011. 10. 10. , 2012. 12. 27. ,

8. 넙치, 조피볼락, 참돔, 미꾸라지, 뱀장어, 낙지, 명태(황태, 북어 등 건조한 것은 제외한다
이하 같다고등어, 갈치, 오징어, 꽃게 및 참조기(해당 수산물가공품을 포함한다. 이하 같다),
추가 = 아귀, 다랑어, 주꾸미'

9. 조리하여 판매·제공하기 위하여 수족관 등에 보관·진열하는 살아있는 수산물

⑥ 농수산물이나 그 가공품의 신뢰도를 높이기 위하여 필요한 경우에는 제1항부터 제3항까지 및 제5항에 따른 표시대상이 아닌 농수산물과 그 가공품의 원료에 대해서도 그 원산지를 표시할 수 있다. 이 경우 법 제5조제4항에 따른 표시기준과 표시방법을 준수하여야 한다.

제4조(원산지 표시를 하여야 할 자) 법 제5조제3항에서 "대통령령으로 정하는 영업소나 집단급식소를 설치·운영하는 자"란 「식품위생법 시행령」 제21조제8호가목의 휴게음식점영업, 같은

호 나목의 일반음식점영업 또는 같은 호 마목의 위탁급식영업을 하는 영업소나 같은 법 시행령 제2조의 집단급식소를 설치·운영하는 자를 말한다.

[별표 1] <개정 2016. 2. 3> **원산지의 표시기준**(제5조제1항 관련)

1. 농수산물

가. 국산 농수산물

1) 국산 농산물: "국산"이나 "국내산" 또는 그 농산물을 생산·채취·사육한 지역의 시·도명이나 시·군·구명을 표시한다.

2) 국산 수산물: "국산"이나 "국내산" 또는 "연근해산"으로 표시한다. 다만, 양식 수산물이나 연안정착성 수산물 또는 내수면 수산물의 경우에는 해당 수산물을 생산·채취·양식·포획한 지역의 시·도명이나 시·군·구명을 표시할 수 있다.

나. 원양산 수산물

1) 「원양산업발전법」 제6조제1항에 따라 원양어업의 허가를 받은 어선이 해외수역에서 어획하여 국내에 반입한 수산물은 "원양산"으로 표시하거나 "원양산" 표시와 함께 "태평양", "대서양", "인도양", "남빙양", "북빙양"의 해역명을 표시한다.

2) 1)에 따른 표시 외에 연안국 법령에 따라 별도로 표시하여야 하는 사항이 있는 경우에는 1)에 따른 표시와 함께 표시할 수 있다.

다. 원산지가 다른 동일 품목을 혼합한 농수산물

1) 국산 농수산물로서 그 생산 등을 한 지역이 각각 다른 동일 품목의 농수산물을 혼합한 경우에는 혼합 비율이 높은 순서로 3개 지역까지의 시·도명 또는 시·군·구명과 그 혼합 비율을 표시하거나 "국산", "국내산" 또는 "연근해산"으로 표시한다.

2) 동일 품목의 국산 농수산물과 국산 외의 농수산물을 혼합한 경우에는 혼합비율이 높은 순서로 3개 국가(지역, 해역 등)까지의 원산지와 그 혼합비율을 표시한다.

라. 2개 이상의 품목을 포장한 수산물: 서로 다른 2개 이상의 품목을 용기에 담아 포장한 경우에는 **혼합 비율이 높은 2개까**지의 품목을 대상으로 가목2), 나목 및 제2호의 기준에 따라 표시한다.

2. 수입 농수산물과 그 가공품 및 반입 농수산물과 그 가공품

가. 수입 농수산물과 그 가공품(이하 "수입농수산물등"이라 한다)은 「대외무역법」에 따른 통관 시의 원산지를 표시한다.

나. 「남북교류협력에 관한 법률」에 따라 반입한 농수산물과 그 가공품(이하 "반입농수산물등"이라 한다)은 같은 법에 따른 반입 시의 원산지를 표시한다.

3. 농수산물 가공품(수입농수산물등 또는 반입농수산물등을 국내에서 가공한 것을 **포함한**다)

가. 사용된 원료의 원산지를 제1호 및 제2호의 기준에 따라 표시한다.

나. 원산지가 **다른 동일 원료**를 혼합하여 사용한 경우에는 **혼합 비율이 높은** 순서로 **2개** 국가(지역, 해역 등)까지의 원료 원산지와 그 혼합 비율을 각각 표시한다.

다. 원산지가 다른 동일 원료의 원산지별 혼합 비율이 변경된 경우로서 그 어느 하나의 변경의 폭이 최대 15퍼센트 이하이면 종전의 원산지별 혼합 비율이 표시된 포장재를 혼합 비율이 **변경된 날부터 1년의** 범위에서 사용할 수 있다.

라. 사용된 원료(물, 식품첨가물, 주정 및 당류는 제외한다)의 원산지가 모두 국산일 경우에는 원산지를 일괄하여 "국산"이나 "국내산" 또는 "연근해산"으로 표시할 수 있다.

마. 원료의 수급 사정으로 인하여 원료의 원산지 또는 혼합 비율이 자주 변경되는 경우로서 다음의 어느 하나에 해당하는 경우에는 농림축산식품부장관과 해양수산부장관이 공동으로 정하여 고시하는 바에 따라 원료의 원산지와 혼합 비율을 표시할 수 있다.

1) 특정 원료의 원산지나 혼합 비율이 최근 3년 이내에 연평균 3개국(회) 이상 변경되거나 최근 1년 동안에 3개국(회) 이상 변경된 경우와 최초 생산일부터 1년 이내에 3개국 이상 원산지 변경이 예상되는 신제품인 경우

2) 원산지가 다른 동일 원료를 사용하는 경우

3) 정부가 농수산물 가공품의 원료로 공급하는 수입쌀을 사용하는 경우

4) 그 밖에 농림축산식품부장관과 해양수산부장관이 공동으로 필요하다고 인정하여 고시하는 경우

. 농수산물 원산지표시에 관한 법률 : 제6조(거짓 표시 등의 금지)

① 누구든지 다음 각 호의 행위를 ''하여서는 ''아니 된다.

1. 원산지 표시를 ''거짓으로 하거나 이를'' 혼동하게 할 우려가 있는 ''표시를 하는 행위
2. 원산지 표시를 ''혼동하게 할 목적으로 그 표시를 ''손상ㆍ변경하는 행위
3. 원산지를 ''위장하여 ''판매하거나, 원산지 표시를 한 농수산물이나 그 가공품에 다른 농수산물이나 가공품을 ''혼합하여 ''판매하거나 판매할 목적으로 ''보관이나 ''진열하는 행위

② 농수산물이나 그 가공품을 **조리하여 판매ㆍ제공하는 자**는 다음 각 호의 행위를 하여서는 아니 된다.

1. 원산지 표시를 ''거짓으로 하거나 이를 ''혼동하게 할 우려가 있는 표시를 하는 행위
2. 원산지를 ''위장하여 조리ㆍ판매ㆍ제공하거나, 조리하여 판매ㆍ제공할 목적으로 농수산물이나 그 가공품의 원산지 표시를 손상ㆍ변경하여 보관ㆍ진열하는 행위
3. 원산지 표시를 한 농수산물이나 그 가공품에 원산지가 다른 동일 농수산물이나 그 가공품을 ''혼합하여 조리ㆍ판매ㆍ제공하는 행위

③ 제1항이나 제2항을 위반하여 원산지를 **혼동**하게 할 우려가 있는 표시 및 **위장판매의 범위**

등 필요한사항은 농림축산식품부와 해양수산부의 공동 부령으로 정한다.

④ 「유통산업발전법」 제2조제3호에 따른 대규모점포를 개설한 자는 임대의 형태로 운영되는 점포(이하 "임대점포"라 한다)의 임차인 등 운영자가 제1항 각 호 또는 제2항 각 호의 어느 하나에 해당하는 행위를 하도록 방치하여서는 아니 된다.

⑤ **「방송법」**

제9조제5항에 따른 승인을 받고 상품소개와 판매에 관한 전문편성을 행하는 방송채널사용사업자는 해당 방송채널 등에 물건 판매중개를 의뢰하는 자가 제1항 각 호 또는 제2항 각 호의 어느 하나에 해당하는 행위를 하도록 방치하여서는 아니 된다.

제6조의2(과징금)

① 농림축산식품부장관, 해양수산부장관, ''관세청장, 특별시장 · 광역시장 · 특별자치시장 · 도지사 또는 특별자치도지사(이하 "시 · 도지사"라 한다)는 ''제6조제1항 또는 ''제2항을''' **2년간** ''**2회 이상**'' 위반한 자에게 그 위반''금액의 ''***5배 이하에*** *해당하는 금액을 과징금으로 부과 · 징수할 수 있*다. 이 경우 제6조제1항을 위반한 횟수와 같은 조 제2항을 위반한 **횟수는** '''**합산**한다.

② 제1항에 따른 위반금액은 제6조제1항 또는 제2항을 위반한 농수산물이나 그 가공품의 판매금액으로서 각 위반행위별 ''판매금액을 모두 ''더한 금액을 말한다. 다만, 통관단계의 위반금액은 제6조제1항을 위반한 농수산물이나 그 가공품의 수입 ''신고 금액으로서 각 위반행위별 수입 신고 금액을 모두 ''더한 금액을 말한다. <개정 2017. 10. 13. >

③ 제1항에 따른 과징금 부과 · 징수의 세부기준, 절차, 그 밖에 필요한 사항은 '**대통령령**으로 정한다.

④ 농림축산식품부장관, 해양수산부장관, ''관세청장, 시 · 도지사는 제1항에 따른 과징금을 내야 하는 자가 납부기한까지 내지 아니하면 ''국세 또는 지방세 체납처분의 예에 따라 징수한다.

제7조(원산지 표시 등의 조사)

① 농림축산식품부장관, 해양수산부장관, 관세청장이나 시 · 도지사는 제5조에 따른 원산지의 표시 여부 · 표시사항과 표시방법 등의 적정성을 확인하기 위하여 대통령령으로 정하는 바에 따라 관계 공무원으로 하여금 원산지 표시대상 농수산물이나 그 가공품을 수거하거나 조사하게 하여야 한다. 이 경우 관세청장의 수거 또는 조사 업무는 제5조제1항의 원산지 표시 대상 중 수입하는 농수산물이나 농수산물 가공품(국내에서 가공한 가공품은 제외한다)에 한정한다. <개정 2013. 3. 23. ,

② 제1항에 따른 조사 시 필요한 경우 해당 영업장, 보관창고, 사무실 등에 출입하여 농수산물이나 그 가공품 등에 대하여 확인 · 조사 등을 할 수 있으며 영업과 관련된 장부나 서류의 열람을 할 수 있다.

③ 제1항이나 제2항에 따른 수거 · 조사 · 열람을 하는 때에는 원산지의 표시대상 농수산물이나 그 가공품을 판매하거나 가공하는 자 또는 조리하여 판매 · 제공하는 자는 정당한 사유 없이 이를 거부 · 방해하거나 기피하여서는 아니 된다.

④ 제1항이나 제2항에 따른 수거 또는 조사를 하는 관계 공무원은 그 권한을 표시하는 증표를 지니고 이를 관계인에게 내보여야 하며, 출입 시 성명ㆍ출입시간ㆍ출입목적 등이 표시된 문서를 관계인에게 교부하여야 한다.

제8조(영수증 등의 비치) - 과태료 20,40,80 만원 이하

제5조제3항에 따라 원산지를 표시하여야 하는 자는「축산물 위생관리법」제31조나「가축 및 축산물 이력관리에 관한 법률」제18조 등 다른 법률에 따라 발급받은 원산지 등이 기재된 영수증이나 거래명세서 등을 매입일부터 6개월간 비치ㆍ보관하여야 한다.

제9조(원산지 표시 등의 위반에 대한 ''처분 등)

① 농림축산식품부장관, 해양수산부장관, ''관세청장 또는 시ㆍ도지사는 제5조나 제6조를 위반한 자에 대 하여 다음 각 호의 처분을 할 수 있다. 다만, 제5조제3항을 위반한 자에 대한 처분은 제1호에 한정한다.

1. 표시의 이행ㆍ변경ㆍ삭제 등 시정명령
2. 위반 농수산물이나 그 가공품의 판매 등 거래행위 금지

② 농림축산식품부장관, 해양수산부장관, 관세청장 또는 시ㆍ도지사는 다음 각 호의 자가 제5조 또는 제6조를 위반하여 농수산물이나 그 가공품 등의 원산지 등을 '2회 이상 표시하지 아니하거나 ''거짓으로 표시함에 따라 ''제1항에 따른 처분이 확정된 경우 처분과 관련된 사항을 공표하여야 한다. <개정 2011. 7. 25. ,

1. 제5조제1항에 따라 원산지의 표시를 하도록 한 농수산물이나 그 가공품을 생산ㆍ가공하여 출하하거나 판매 또는 판매할 목적으로 가공하는 자
2. 제5조제3항에 따라 음식물을 조리하여 판매ㆍ제공하는 자

③ 제2항에 따라 '''**공표**''를 하여야 하는 사항은 다음 각 호와 같다.

→ 농수산물품질관리법 제 56조 이하 유전자변형의 공표명령과 비교 .

1. 제1항에 따른 처분 내용
2. 해당 영업소의 명칭
3. 농수산물의 명칭
4. 제1항에 따른 처분을 받은 자가 입점하여 판매한「방송법」제9조제5항에 따른 방송채널사용사업자 또는「전자상거래 등에서의 소비자보호에 관한 법률」제20조에 따른 통신판매중개업자의 명칭
5. 그 밖에 처분과 관련된 사항으로서 대통령령으로 정하는 사항

④ 제2항의 **공표는 다음 각 호의 자의''' 홈페이지에 공표**한다.

1. 농림축산식품부　　2. 해양수산부　　2의2. 관세청
3. 국립농산물품질관리원　4. 대통령령으로 정하는 국가검역·검사기관
5. 특별시·광역시·특별자치시·도·특별자치도, 시·군·구(자치구를 말한다)
6. 한국소비자원
7. 그 밖에 대통령령으로 정하는 주요 인터넷 정보제공 사업자

⑤ 제1항에 따른 처분과 제2항에 따른 공표의 기준·방법 등에 관하여 필요한 사항은 **대통령령**으로 정한다.

제9조의2(원산지 표시 위반에 대한 교육)
① 농림축산식품부장관, 해양수산부장관, 관세청장 또는 시·도지사는 제9조제2항 각 호의 자가 제5조 또는 제6조를 위반하여 제9조제1항에 따른 처분이 확정된 경우에는 농수산물 원산지 표시제도 **교육을 이수하도록 명**하여야 한다. <개정 2017. 10. 13. >

② 제1항에 따른 이수명령의 이행기간은 교육 이수명령을 **통지받은 날부터 최대 3개월 이내**로 정한다. (**미이수한 경우는 과태료 500만원 이하**의 행정처분이 가능하다.)
-- 시행령 규정 과태료 금액 : 1차 위반 30,60,100만원 이하

③ 농림축산식품부장관과 해양수산부장관은 제1항 및 제2항에 따른 농수산물 원산지 표시제도 교육을 위하여 교육시행지침을 마련하여 시행하여야 한다.

④ 제1항부터 제3항까지의 규정에 따른 교육내용, 교육대상, 교육기관, 교육기간 및 교육시행지침 등 필요한 사항은 대통령령으로 정한다.

제10조(농수산물의 원산지 표시에 관한 정보제공) - 기출
① 농림축산식품부장관 또는 해양수산부장관은 농수산물의 원산지 표시와 관련된 정보 중 방사성물질이 유출된 국가 또는 지역 등 국민이 알아야 할 필요가 있다고 인정되는 정보에 대하여는 「공공기관의 정보공개에 관한 법률」에서 허용하는 범위에서 이를 국민에게 제공하도록 노력하여야 한다.

② 제1항에 따라 정보를 제공하는 경우 제4조에 따른 심의회의 심의를 거칠 수 있다.

③ 농림축산식품부장관 또는 해양수산부장관은 제1항에 따라 국민에게 정보를 제공하고자 하는 경우 「농수산물 품질관리법」 제103조에 따른 농수산물안전정보시스템을 이용할 수 있다.

제3장 보칙

제11조**(명예감시원) - 기출**
① 농림축산식품부장관, 해양수산부장관 또는 시·도지사는 「농수산물 품질관리법」 제104조의 농수산물 명예감시원에게 농수산물이나 그 가공품의 원산지 표시를 지도·홍보·계몽과 위반사항의 신고를 하게 할 수 있다.

② 농림축산식품부장관, 해양수산부장관 또는 시・도지사는 제1항에 따른 활동에 필요한 경비를 지급할 수 있다.

제12조(포상금 지급 등) - 1인 10건 , 2000천만원 초가 불가 단, 개정 중- 차후 보완.

① 농림축산식품부장관, 해양수산부장관, 관세청장 또는 시・도지사는 제5조 및 제6조를 위반한 자를 주무관청이나 수사기관에 신고하거나 고발한 자에 대하여 대통령령으로 정하는 바에 따라 예산의 범위에서 포상금을 지급할 수 있다.

② 농림축산식품부장관 또는 해양수산부장관은 농수산물 원산지 표시의 활성화를 모범적으로 시행하고 있는 지방자치단체, 개인, 기업 또는 단체에 대하여 우수사례로 발굴하거나 시상할 수 있다.

③ 제2항에 따른 시상의 내용 및 방법 등에 필요한 사항은 농림축산식품부와 해양수산부의 공동 부령으로 정한다. <신설 2016. 12. 2. >

제13조(권한의 위임 및 위탁)

이 법에 따른 농림축산식품부장관, 해양수산부장관, ''관세청장'' 또는 시・도지사의 권한은 그 일부를 대통령령으로 정하는 바에 따라 소속 기관의 장, 관계 행정기관의 장 또는 시장・군수・구청장(자치구의 구청장을 말한다. 이하 같다)에게 위임 또는 위탁할 수 있다.

제13조의2(행정기관 등의 업무협조)

① 국가 또는 지방자치단체, 그 밖에 법령 또는 조례에 따라 행정권한을 가지고 있거나 위임 또는 위탁받은 공공단체나 그 기관 또는 사인은 원산지 표시제의 효율적인 운영을 위하여 서로 협조하여야 한다.

② 농림축산식품부장관, 해양수산부장관 또는 관세청장은 원산지 표시제의 효율적인 운영을 위하여 필요한 경우 국가 또는 지방자치단체의 전자정보처리 체계의 정보 이용 등에 대한 협조를 관계 중앙행정기관의 장, 시・도지사 또는 시장・군수・구청장에게 요청할 수 있다. 이 경우 협조를 요청받은 관계 중앙행정기관의 장, 시・도지사 또는 시장・군수・구청장은 특별한 사유가 없으면 이에 따라야 한다.

③ 제1항 및 제2항에 따른 협조의 절차 등은 대통령령으로 정한다. [본조신설 2011. 7. 25.]

제14조(벌칙)

① 제6조제1항 또는 제2항을 위반한 자는 **7년 이하의 징역이나 1억원 이하의 벌금**에 처하거나 이를 병과(倂科)할 수 있다. <개정 2016. 12. 2. >

② 제1항의 죄로 형을 선고받고 그 형이 **확정된 후 5년 이내에** 다시 제6조제1항 또는 제2항을 위반한 자는 **1년 이상 10년 이하의 징역 또는 500만원 이상 1억5천만원 이하의 벌금**에 처하거나 이를 병과할 수 있다. <신설 2016. 12. 2. >

제16조(벌칙)
제9조제1항에 따른 처분을 이행하지 아니한 자는 **1년 이하의 징역이나 1천만원 이하의 벌금**에 처한다.

제17조(양벌규정)
법인의 대표자나 법인 또는 개인의 대리인, 사용인, 그 밖의 종업원이 그 법인 또는 개인의 업무에 관하여 제14조부터 제16조까지의 어느 하나에 해당하는 위반행위를 하면 그 행위자를 벌하는 외에 그 법인이나 개인에게도 해당 조문의 벌금형을 과(科)한다.
다만, 법인 또는 개인이 그 위반행위를 방지하기 위하여 해당 업무에 관하여 **상당한 주의와 감독**을 게을리하지 아니한 경우에는 그러하지 아니하다.

제18조(과태료)
① 다음 각 호의 어느 하나에 해당하는 자에게는 **1천만원 이하의 과태료**를 부과한다.
1. 제5조제1항·제3항을 위반하여 원산지 표시를 하지 아니한 자
2. 제5조제4항에 따른 원산지의 표시방법을 위반한 자
3. 제6조제4항을 위반하여 임대점포의 임차인 등 운영자가 같은 조 제1항 각 호 또는 제2항 각 호의 어느 하나에 해당하는 행위를 하는 것을 알았거나 알 수 있었음에도 방치한 자
3의2. 제6조제5항을 위반하여 해당 방송채널 등에 물건 판매중개를 의뢰한 자가 같은 조 제1항 각 호 또는 제2항 각 호의 어느 하나에 해당하는 행위를 하는 것을 알았거나 알 수 있었음에도 방치한 자
4. 제7조제3항을 위반하여 수거·조사·열람을 거부·방해하거나 기피한 자
5. 제8조를 위반하여 영수증이나 거래명세서 등을 비치·보관하지 아니한 자

② 제9조의2제1항에 따른 "**교육"을 이수하지 아니한 자에**게는 "**500만원 이하의 "과태료**를 부과한다. <신설 2016. 5. 29. >
→ 시행령 규정은 1차 위반 30만원,2차 60,3차 100만
③ 제1항 및 제2항에 따른 과태료는 대통령령으로 정하는 바에 따라 농림축산식품부장관, 해양수산부장관,**관세청장 또는 시·도지사가 부과·징수**한다.

부칙 <법률 제10022호, 2010. 2. 4. > 부칙보기
제1조(시행일) 이 법은 공포 후 6개월이 경과한 날부터 시행한다.
제2조(일반적 경과조치) 이 법 시행 당시 종전의 「농산물품질관리법」, 「수산물품질관리법」이나 「식품위생법」에 따라 행하여진 처분·절차, 그 밖의 행위로서 이 법에 그에 해당하는 규정이 있는 때에는 이 법에 따라 행하여진 것으로 본다. -이하 생략 -

제2절. 농수산물 원산지 표시방법 및 법 6조의 혼동 및 위장 범위

농수산물 등의 원산지 표시방법(제3조제1호 관련)

1. 적용대상
   가. 영 별표 1 제1호에 따른 농수산물
   나. 영 별표 1 제2호에 따른 수입 농수산물과 그 가공품 및 반입 농수산물과 그 가공품

2. 표시방법

가. 포장재에 원산지를 표시할 수 있는 경우

1) 위치: 소비자가 쉽게 알아볼 수 있는 곳에 표시한다.
2) 문자: 한글로 하되, 필요한 경우에는 한글 옆에 한문 또는 영문 등으로 추가하여 표시할 수 있다.

3) 글자 크기

가) 포장 표면적이 3,000㎠ 이상인 경우: 20포인트 이상
나) 포장 표면적이 50㎠ 이상 3,000㎠ 미만인 경우: 12포인트 이상
다) 포장 표면적이 50㎠ 미만인 경우: 8포인트 이상. 다만, 8포인트 이상 의 크기로 표시하기 곤란한 경우에는 다른 표시사항의 글자 크기와 같은 크기로 표시할 수 있다.
라) 가), 나) 및 다)의 포장 표면적은 포장재의 외형면적을 말한다. 다만, 「식품위생법」 제10조에 따른 식품 등의 표시기준에 따른 통조림·병조림 및 병제품에 라벨이 인쇄된 경우에는그라벨의면적으로 다.

4) 글자색: 포장재의 바탕색 또는 내용물의 색깔과 다른 색깔로 선명하게 표시한다.
5) 그 밖의 사항

가) 포장재에 **직접 인쇄하는 것을 원칙으로 하되, 지워지지 아니하는 잉크·각인·소인 등을 사용하여 표시하거나 스티커, 전자저울에 의한 라벨지 등으로도 표시할 수 있**다.

나) 그물망 포장을 사용하는 경우 또는 포장을 하지 않고 엮거나 묶은 상태인 경우에는 꼬리표, 내찰 등으로도 표시할 수 있다.

나. 포장재에 원산지를 표시하기 어려운 경우(다목의 경우는 제외한다)

1) **푯말, 안내표시판, 일괄 안내표시판, 상품에 붙이는 스티커 등을 이용하**여 다음의 기준에 따라 소비자가 쉽게 알아볼 수 있도록 표시한다. 다만,원산지가 다른 동일 품목이 있는 경우에는 해당 품목의 원산지는 일괄 안내표시판에 표시하는 방법 외의 방법으로 표시하여야 한다.
가) 푯말: 가로 8cm × 세로 5cm × 높이 5cm 이상
나) 안내표시판
(1) 진열대: 가로 7cm × 세로 5cm 이상
(2) 판매장소: 가로 14cm × 세로 10cm 이상

다) 일괄 안내표시판
(1) 위치: 소비자가 쉽게 알아볼 수 있는 곳에 설치하여야 한다.
(2)**크기: 나)(2)에 따른 기준 이상으로 하되, 글자 크기는 20포인트이상으로 한다.**

라) 상품에 붙이는 스티커: 가로 3cm × 세로 2cm 이상 또는 직경 2.5cm 이상이어야 한다.

2) 문자: 한글로 하되, 필요한 경우에는 한글 옆에 한문 또는 영문 등으로 추가하여 표시할 수 있다.

3) 원산지를 표시하는 글자(일괄 안내표시판의 글자는 제외한다)의 크기는 제품의 명칭 또는 가격을 표시한 글자 크기의 1/2 이상으로 하되, 최소12포인트 이상으로 한다.

다. 살아 있는 수산물의 경우

1) 보관시설(수족관, 활어차량 등)에 원산지별로 섞이지 않도록 구획(동일 어종의 경우만 해당한다)하고, 푯말 또는 안내표시판 등으로 소비자가 쉽게 알아볼 수 있도록 표시한다.

2) 글자 크기는 30포인트 이상으로 하되, 원산지가 같은 경우에는 일괄하여 표시할 수 있다.

3) 문자는 한글로 하되, 필요한 경우에는 한글 옆에 한문 또는 영문 등으로 추가하여 표시할 수 있다.

라. 농수산물 가공품의 원산지 표시방법(제3조제1호 관련)

1. 적용대상: 영 별표 1 제3호에 따른 농수산물 가공품

2. 표시방법

가. 포장재에 원산지를 표시할 수 있는 경우

1) 위치: 「식품위생법」 제10조 및 「축산물 위생관리법」 제6조의 표시기준에 따른 원재료명 표시란에 추가하여 표시한다. 다만, 원재료명 표시란에 표시하기 어려운 경우에는 소비자가 쉽게 알아볼 수 있는 위치에 표시할 수 있다.

2) 문자: 한글로 하되, 필요한 경우에는 한글 옆에 한문 또는 영문 등으로 추가하여 표시할 수 있다.

3) 글자 크기

가) **포장 표면적이 3,000㎠ 이상인 경우: 20포인트 이상**

나) 포장 표면적이 50㎠ 이상 3,000㎠ 미만인 경우: 12포인트 이상

다) **포장 표면적이 50㎠ 미만인 경우: 8포인트 이상. 다만, 8포인트 이상의 크기로 표시**하기 곤란한 경우에는 다른 표시사항의 글자 크기와 같은 크기로 표시할 수 있다.

라) 가), 나) 및 다)의 포장 표면적은 포장재의 외형면적을 말한다. 다만, 「식품위생법」 제10조에 따른 식품 등의 표시기준에 따른 통조림ㆍ병조림 및 병제품에 라벨이 인쇄된 경우에는 그 라벨의면적으로한다.

4) 글자색: 포장재의 바탕색과 다른 단색으로 선명하게 표시한다. 다만, 포장재의 바탕색이 투명한 경우 내용물과 다른 단색으로 선명하게 표시한다.

5) 그 밖의 사항

가) 포장재에 직접 인쇄하는 것을 원칙으로 하되, 지워지지 아니하는 잉크ㆍ각인ㆍ소인 등을

사용하여 표시하거나 스티커, 전자저울에 의한 라벨지 등으로도 표시할 수 있다.

나) 그물망 포장을 사용하는 경우에는 꼬리표, 내찰 등으로도 표시할 수 있다.

나. 포장재에 원산지를 표시하기 어려운 경우: 별표 1 제2호나목을 준용하여 표시한다.

라. **통신판매의 경우 원산지 표시방법**(제3조제1호 및 제2호 관련)

1. 일반적인 표시방법

가. 표시는 한글로 하되, 필요한 경우에는 한글 옆에 한문 또는 영문 등으로 추가하여 표시할 수 있다. 다만, 매체 특성상 문자로 표시할 수 없는 경우에는 말로 표시하여야 한다.

나. 원산지를 표시할 때에는 소비자가 혼란을 일으키지 않도록 글자로 표시할 경우에는 글자의 위치·크기 및 색깔은 쉽게 알아 볼 수 있어야 하고, **말로 표시할 경우에는 말의 속도 및 소리의 크기는 제품을 설명하는 것과 같아야** 한다.

다. 원산지가 같은 경우에는 일괄하여 표시할 수 있다. 다만, 제3호나목의 경우에는 일괄하여 표시할 수 없다.

2. 판매 매체에 대한 표시방법

가. 전자매체 이용

1) 글자로 표시할 수 있는 경우(인터넷, PC통신, 케이블TV, IPTV, TV 등)

가) 표시 위치: 제품명 또는 가격표시 주위에 원산지를 표시하거나 제품명 또는 가격표시 주위에 원산지를 표시한 위치를 표시하고 매체의 특성에 따라 자막 또는 별도의 창을 이용하여 원산지를 표시할 수 있다.
나) 표시 시기: 원산지를 표시하여야 할 제품이 화면에 표시되는 시점부터 원산지를 알 수 있도록 표시해야 한다.
다) 글자 크기: 제품명 또는 가격표시와 같거나 그보다 커야 한다.
라) 글자색: 제품명 또는 가격표시와 같은 색으로 한다.

2) 글자로 표시할 수 **없는 경우(라디오 등)**

1회당 원산지를 ''두 번 '이상 말'로 표시하여야 한다.

나. 인쇄매체 이용(신문, 잡지 등)

1) 표시 위치: 제품명 또는 가격표시 주위에 표시하거나, 제품명 또는 가격표시 주위에 원산지

표시 위치를 명시하고 그 장소에 표시할 수 있다.

2) 글자 크기: 제품명 또는 가격표시 글자 크기의 1/2 이상으로 표시하거나, 광고 면적을 기준으로 별표 1 제2호가목3)의 기준을 준용하여 표시할수 있다.

3) 글자색: 제품명 또는 **<u>가격표시와 같은 색</u>**으로 한다.

3. 판매 제공 시의 표시방법

가. 별표 1 제1호에 따른 농수산물 등의 원산지 표시방법 , 별표 1 제2호가목에 따라 원산지를 표시해야 한다. 다만, 포장재에 표시하기 어려운 경우에는 전단지, 스티커 또는 영수증 등에 표시할 수 있다.

나. 별표 2 제1호에 따른 농수산물 가공품의 원산지 표시방법
별표 2 제2호가목에 따라 원산지를 표시해야 한다.

다. 별표 4에 따른 영업소 및 집단급식소의 원산지 표시방법: 별표 4 제1호 및 제3호에 따라 표시대상 농수산물 또는 그 가공품의 원료의 원산지를 포장재에 표시한다. 다만, 포장재에 표시하기 어려운 경우에는 전단지, 스티커 또는 영수증 등에 표시할 수 있다.

마. **<u>영업소 및 집단급식소의 원산지 표시</u>**방법(제3조제2호 관련)

1. 공통적 표시방법

가. 음식명 바로 옆이나 밑에 표시대상 원료인 농수산물명과 그 원산지를 표시 한다. 다만, 모든 음식에 사용된 특정 원료의 원산지가 같은 경우 그 원료에 대해서는 다음 예시와 같이 일괄하여 표시할 수 있다.

[예시]

우리 업소에서는 "국내산 쌀"만 사용합니다.
우리 업소에서는 "국내산 배추와 고춧가루로 만든 배추김치"만 사용합니다.
우리 업소에서는 "국내산 한우 쇠고기"만 사용합니다.
우리 업소에서는 "국내산 넙치"만을 사용합니다.

나. 원산지의 글자 크기는 메뉴판이나 게시판 등에 적힌 음식명 글자 크기와 같거나 그 보다 커야 한다.

다. 원산지가 **<u>다른 2개 이상의 동일 품목을 섞은 경우에는 섞음 비율이 높은</u>** 순서대로 표시한다.

2. 영업형태별 표시방법

가. 휴게음식점영업 및 일반음식점영업을 하는 영업소

1) 원산지는 소비자가 쉽게 알아볼 수 있도록 업소 내의 모든 메뉴판 및 게시판(메뉴판과 게시판 중 어느 한 종류만 사용하는 경우에는 그 메뉴판 또는 게시판을 말한다)에 표시하여야 한다. 다만, 아래의 기준에 따라 제작한

원산지 표시판을 아래 2)에 따라 부착하는 경우에는 메뉴판 및 게시판에는 원산지 표시를 생략할 수 있다.

가) 표제로 "원산지 표시판"을 사용할 것
나) 표시판 크기는 가로 × 세로(또는 세로 × 가로) 29cm × 42cm 이상 일 것
다) 글자 크기는 <u>60포인트 이상(음식명은 30포인트 이상)일</u> 것
라) 제3호의 원산지 표시대상별 표시방법에 따라 원산지를 표시할 것
마) 글자색은 바탕색과 다른 색으로 선명하게 표시
2) 원산지를 원산지 표시판에 표시할 때에는 업소 내에 부착되어 있는 가장 큰 게시판(크기가 모두 같은 경우 소비자가 가장 잘 볼 수 있는 게시판 1 곳)의 옆 또는 아래에 소비자가 잘 볼 수 있도록 원산지 표시판을 부착하여야 한다. 게시판을 사용하지 않는 업소의 경우에는 업소의 주 출입구 입장 후 정면에서 소비자가 잘 볼 수 있는 곳에 원산지 표시판에 하여야 한다.
3) 1) 및 2)에도 불구하고 취식(취식)장소가 벽(공간을 분리할 수 있는 칸막이 등을 포함한다)으로 구분된 경우 취식장소별로 원산지가 표시된 게시판 또는 원산지 표시판을 부착해야 한다. 다만, 부착이 어려울 경우 타 위치의 원산지 표시판 부착 여부에 상관없이 원산지 표시가 된 메뉴판을 반드시 제공하여야 한다.

나. 위탁급식영업을 하는 영업소 및 집단급식소
1) **<u>식당이나 취식장소에 월간 메뉴표, 메뉴판, 게시판 또는 푯말</u>** 등을 사용하여 소비자(이용자를 포함한다)가 원산지를 쉽게 확인할 수 있도록 표시하여야 한다.
2) 교육ㆍ보육시설 등 미성년자를 대상으로 하는 영업소 및 집단급식소의 경 우에는 1)에 따른 표시 외에 원산지가 적힌 주간 또는 월간 메뉴표를 작성하여 가정통신문(전자적 형태의 가정통신문을 포함한다)으로 알려주거나 교육ㆍ보육시설 등의 인터넷 홈페이지에 추가로 공개하여야 한다.
다. 장례식장, 예식장 또는 병원 등에 설치ㆍ운영되는 영업소나 집단급식소의 경우에는 가목 및 나목에도 불구하고 소비자(취식자를 포함한다)가 쉽게 볼 수 있는 장소에 푯말 또는 게시판 등을 사용하여 표시할 수 있다.

마. **<u>넙치, 조피볼락, 참돔, 미꾸라지, 뱀장어, 낙지, 명태, 고등어, 갈치, 오징어, 꽃게 및</u>** 참조기의 원산지 표시방법: 원산지는 국내산(국산), 원양산 및 외국산으로 구분하고, 다음의 구분에 따라 표시한다.

1) 국내산(국산)의 경우 "국산"이나 "국내산" 또는 "연근해산"으로 표시한다.
[예시] 넙치회(넙치: 국내산), 참돔회(참돔: 연근해산)
2) **<u>원양산의 경우 "원양산" 또는 "원양산, 해역명"으로 한다.</u>**
<u>[예시] 참돔구이(참돔: 원양산), 넙치매운탕(넙치: 원양산, 태평양산)</u>
3) 외국산의 경우 해당 국가명을 표시한다.
[예시] 참돔회(참돔: 일본산), 뱀장어구이(뱀장어: 영국산)
바. 살아있는 수산물의 원산지 표시방법은 별표 1 제2호다목에 따른다.

⁂ 원산지를 ''혼동하게 할 우려가 있는 표시 및 ''위장판매의 범위(제4조 관련)

1. **원산지를 ''혼동''하게 할 우려가 있는 표시** (농수산물원산지표시법 제 6조 규정)

가. 원산지 표시란에는 원산지를 바르게 표시하였으나 포장재 · 푯말 · 홍보물 등 다른 곳에 이와 유사한 표시를 하여 원산지를 오인하게 하는 표시 등을 말한다.

나. 가목에 따른 일반적인 예는 다음과 같으며 이와 유사한 사례 또는 그 밖의 방법으로 기망(기망)하여 판매하는 행위를 포함한다.

1) 원산지 표시란에는 외국 국가명을 표시하고 인근에 설치된 현수막 등에는 "우리 농산물만 취급", "국산만 취급", "국내산 한우만 취급" 등의 표시 · 광고를 한 경우

2) 원산지 표시란에는 외국 국가명 또는 "국내산"으로 표시하고 포장재 앞 면 등 소비자가 잘 보이는 위치에는 큰 글씨로 "국내생산", "경기특미" 등과 같이 국내 유명 특산물 생산지역명을 표시한 경우
3) 게시판 등에는 "국산 김치만 사용합니다"로 일괄 표시하고 원산지 표시란에는 외국 국가명을 표시하는 경우
4) 원산지 표시란에는 여러 국가명을 표시하고 실제로는 그 중 원료의 가격이 낮거나 소비자가 기피하는 국가산만을 판매하는 경우

2. **원산지 ''위장''판매의 범위**
가. 원산지 표시를 잘 보이지 않도록 하거나, 표시를 하지 않고 판매하면서 사실과 다르게 원산지를 알리는 행위 등을 말한다.
나. 가목에 따른 일반적인 예는 다음과 같으며 이와 유사한 사례 또는 그 밖의 방법으로 기망하여 판매하는 행위를 포함한다.
1) 외국산과 국내산을 진열 · 판매하면서 외국 국가명 표시를 잘 보이지 않게 가리거나 대상 농수산물과 떨어진 위치에 표시하는 경우
2) 외국산의 원산지를 표시하지 않고 판매하면서 원산지가 어디냐고 물을 때 국내산 또는 원양산이라고 대답하는 경우
3) 진열장에는 국내산만 원산지를 표시하여 진열하고, 판매 시에는 냉장고에서 원산지 표시가 안 된 외국산을 꺼내 주는 경우
3. 원산지 법률 제 6조의 2 과징금 : 2년 기준 2회 이상 위반, 5배 부과 및 3억초과 못한다.

.제6조의2(과징금) 및 별표 과징금 구간
① 농림축산식품부장관, 해양수산부장관, 특별시장·광역시장·특별자치시장·도지사 또는 특별자치도지사(이하 "시·도지사"라 한다)는 제6조제1항 또는 제2항을 2년간 2회 이상 위반한 자에게 그 위반금액의 5배 이하에 해당하는 금액을 과징금으로 부과·징수할 수 있다. 이 경우 제6조제1항을 위반한 횟수와 같은 조 제2항을 위반한 횟수는 합산한다.
② 제1항에 따른 위반금액은 제6조제1항 또는 제2항을 위반한 농수산물이나 그 가공품의 판매금액으로서 각 위반행위별 판매금액을 모두 더한 금액을 말한다.
③ 제1항에 따른 과징금 부과·징수의 세부기준, 절차, 그 밖에 필요한 사항은 대통령령으로 정한다.
④ 농림축산식품부장관, 해양수산부장관, 시·도지사는 제1항에 따른 과징금을 내야 하는 자가 납부기한까

지 내지 아니하면 국세 또는 지방세 체납처분의 예에 따라 징수한다.

⑤ 적발한 날부터 2년 간 위반횟수를 가산하며,위반금액 산정은 먼저 판매금액을 산정하고, 판매금액 산정이 불가한 경우는 인근 2개업소의 평균가격을 산정, 이 두 번째도 불가한 경우 매입가격에 30%를 곱하여 산정한다. 수입의 경우 통관 금액, 즉 수입신고 금액의 1/10이나 3억 중 적은 금액이 기준으로 위반금액을 산정한다.

위 반 금 액	과징금의 부과금액
100만원 이하	위반금액 × 0.5
100만원 초과 500만원 이하	위반금액 × 0.7
500만원 초과 1,000만원 이하	위반금액 × 1.0
1,000만원 초과 2,000만원 이하	위반금액 × 1.5
2,000만원 초과 3,000만원 이하	위반금액 × 2.0
3,000만원초과 4,500만원 이하	위반금액 × 2.5
4,500만원 초과 6,000만원 이하	위반금액 × 3.0
6,000만원 초과	위반금액 × 4.0(최고3억원)

. 2019년 추가 : 주꾸미,다랑어,아귀, 총15종 : 오징어,고등어,꽃게,넙치,조피볼락,참돔,미꾸라지,뱀장어,낙지,갈치,참조기,명태(황태,북어 등 건조한 것은 제외한다)((해당 수산가공품을 포함한다. 이하 같다)),주꾸미,다랑어,아귀. :원산지 표시 대상 15종.

. TAC : 현재 2019년 바지락이 추가되어 12가지이다. :고등어, 도루묵, 전갱이 , 참홍어(2011년부터 인천과 전남 관리), 붉은대게, 대게 , 개조개(2011년부터 제주특별자치도에에서 관리 이관), 키조개 , 제주소라(2013년부터 전남,경남 관리), 꽃게, 오징어 , 바지락(2019년 경남 추가)

제3. 친환경농어업 육성 및 유기식품 등의 관리 · 지원에 관한 법률 (약칭: 친환경농어업법)

제1장 총칙

제1조(목적) 이 법은 농어업의 환경보전기능을 증대시키고 농어업으로 인한 환경오염을 줄이며, 친환경농어업을 실천하는 농어업인을 육성하여 지속가능한 친환경농어업을 추구하고 이와 관련된 친환경농수산물과 유기식품 등을 관리하여 생산자와 소비자를 함께 보호하는 것을 목적으로 한다.

제2조(정의) 이 법에서 사용하는 용어의 뜻은 다음과 같다. <개정 2013.3.23.>

1. "친환경농어업"이란 합성농약, 화학비료 및 항생제·항균제 등 화학자재를 사용하지 아니하거나 그 사용을 최소화하고 농업·수산업·축산업·임업(이하 "농어업"이라 한다) 부산물의 재활용 등을 통하여 생태계와 환경을 유지·보전하면서 안전한 농산물·수산물·축산물·임산물(이하 "농수산물"이라 한다)을 생산하는 산업을 말한다.
2. "친환경농수산물"이란 친환경농어업을 통하여 얻는 것으로 다음 각 목의 어느 하나에 해당하는 것을 말한다.--4회 기출
   가. 유기농수산물
   나. 무농약농산물, 무항생제축산물, 무항생제수산물 및 활성처리제 비사용 수산물(이하 "무농약농수산물등"이라 한다)
3. "유기"[Organic]란 제19조제2항에 따른 인증기준을 준수하고, 허용물질을 최소한으로 사용하면서 유기식품 및 비식용유기가공품(이하 "유기식품등"이라 한다)을 생산, 제조·가공 또는 취급하는 일련의 활동과 그 과정을 말한다.
4. "유기식품"이란 「농어업·농어촌 및 식품산업 기본법」 제3조제7호의 식품 중에서 유기적인 방법으로 생산된 유기농수산물과 유기가공식품(유기농수산물을 원료 또는 재료로 하여 제조·가공·유통되는 식품을 말한다. 이하 같다)을 말한다.-4회 기출
5. "비식용유기가공품"이란 사람이 직접 섭취하지 아니하는 방법으로 사용하거나 소비하기 위하여 유기농수산물을 원료 또는 재료로 사용하여 유기적인 방법으로 생산, 제조·가공 또는 취급되는 가공품을 말한다. 다만, 「식품위생법」에 따른 기구, 용기·포장, 「약사법」에 따른 의약외품 및 「화장품법」에 따른 화장품은 제외한다.
6. "유기농어업자재"란 유기농수산물을 생산, 제조·가공 또는 취급하는 과정에서 사용할 수 있는 허용물질을 원료 또는 재료로 하여 만든 제품을 말한다.-4회 기출
7. "허용물질"이란 유기식품등, 무농약농수산물등 또는 유기농어업자재를 생산, 제조·가공 또는 취급하는 모든 과정에서 사용 가능한 것으로서 농림축산식품부령 또는 해양수산부령으로 정하는 물질을 말한다.
8. "취급"이란 농수산물, 식품, 비식용가공품 또는 농어업용자재를 저장, 포장[소분(小分) 및 재포장을 포함한다. 이하 같다], 운송, 수입 또는 판매하는 활동을 말한다.
9. "사업자"란 친환경농수산물, 유기식품등 또는 유기농어업자재를 생산, 제조·가공하거나 취급하는 것을 업(業)으로 하는 개인 또는 법인을 말한다.-4회 기출

제3조(국가와 지방자치단체의 책무) ① 국가는 친환경농어업 및 유기식품등에 관한 기본계획과 정책을 세우고 지방자치단체 및 농어업인 등의 자발적 참여를 촉진하는 등 친환경농어업 및 유기식품등을 진흥시키기 위한 종합적인 시책을 추진하여야 한다.

② 지방자치단체는 관할구역의 지역적 특성을 고려하여 친환경농어업 및 유기식품등에 관한 육성정책을 세우고 적극적으로 추진하여야 한다.

제4조(사업자의 책무) 사업자는 화학적으로 합성된 자재를 사용하지 아니하거나 그 사용을 최소화하는 등 환경친화적인 생산, 제조·가공 또는 취급 활동을 통하여 환경오염을 최소화하면서 환경보전과 지속가능한 농어업의 경영이 가능하도록 노력하고, 다양한 친환경농수산물, 유기식품등 또는 유기농어업자재를 생산·공급할 수 있도록 노력하여야 한다.

제5조(민간단체의 역할) 친환경농어업 관련 기술연구와 친환경농수산물, 유기식품등 또는 유기농어업자재 등의 생산·유통·소비를 촉진하기 위하여 구성된 민간단체(이하 "민간단체"라 한다)는 국가와 지방자치단체의 친환경농어업 및 유기식품등에 관한 육성시책에 협조하고 그 회원들과 사업자 등에게 필요한 교육·훈련·기술개발·경영지도 등을 함으로써 친환경농어업 및 유기식품등의 발전을 위하여 노력하여야 한다.

제6조(다른 법률과의 관계) 이 법에서 정한 친환경농수산물, 유기식품등 및 유기농어업자재의 표시와 관리에 관한 사항은 다른 법률에 우선하여 적용한다.

제2장 친환경농어업 및 유기식품등의 육성·지원

제7조(친환경농어업 육성계획) ① 농림축산식품부장관 또는 해양수산부장관은 관계 중앙행정기관의 장과 협의하여 5년마다 친환경농어업 발전을 위한 친환경농업 육성계획 또는 친환경어업 육성계획(이하 "육성계획"이라 한다)을 세워야 한다.

② 육성계획에는 다음 각 호의 사항이 포함되어야 한다.
1. 농어업 분야의 환경보전을 위한 정책목표 및 기본방향
2. 농어업의 환경오염 실태 및 개선대책
3. 합성농약, 화학비료 및 항생제·항균제 등 화학자재 사용량 감축 방안
4. 친환경농어업 발전을 위한 각종 기술 등의 개발·보급·교육 및 지도 방안
5. 친환경농어업의 시범단지 육성 방안
6. 친환경농수산물과 그 가공품 및 유기식품등의 생산·유통·수출 활성화와 연계강화 및 소비 촉진 방안
7. 친환경농어업의 공익적 기능 증대 방안
8. 친환경농어업 발전을 위한 국제협력 강화 방안
9. 육성계획 추진 재원의 조달 방안
10. 제26조 및 제35조에 따른 인증기관의 육성 방안
11. 그 밖에 친환경농어업의 발전을 위하여 농림축산식품부령 또는 해양수산부령으로 정하는 사항

③ 농림축산식품부장관 또는 해양수산부장관은 제1항에 따라 세운 육성계획을 특별시장·광역시장·특별자치시장·도지사 또는 특별자치도지사(이하 "시·도지사"라 한다)에게 알려야 한다.

제8조(친환경농어업 실천계획) ① 시·도지사는 육성계획에 따라 친환경농어업을 발전시키기 위한 특별시·광역시·특별자치시·도 또는 특별자치도(이하 "시·도"라 한다) 친환경농어업 실천계획(이하 "실천계획"이라 한다)을 세우고 시행하여야 한다.

② 시·도지사는 제1항에 따라 시·도 실천계획을 세웠을 때에는 농림축산식품부장관 또는 해양수산부장관에게 제출하고, 시장·군수 또는 자치구의 구청장(이하 "시장·군수·구청장"이라 한다)에게 알려야 한다. <개정 2013.3.23.>

③ 시장·군수·구청장은 시·도 실천계획에 따라 친환경농어업을 발전시키기 위한 시·군·자치구 실천계획을 세워 시·도지사에게 제출하고 적극적으로 추진하여야 한다.

제9조(농어업으로 인한 환경오염 방지) 국가와 지방자치단체는 농약, 비료, 가축분뇨, 폐농어업자재 및 폐수 등 농어업으로 인하여 발생하는 환경오염을 방지하기 위하여 농약의 안전사용기준 및 잔류허용기준 준수, 비료의 작물별 살포기준량 준수, 가축분뇨의 방류수 수질기준 준수, 폐농어업자재의 투기(投棄) 방지 및 폐수의 무단 방류 방지 등의 시책을 적극적으로 추진하여야 한다.

제10조(농어업 자원 보전 및 환경 개선) ① 국가와 지방자치단체는 농지, 농어업 용수, 대기 등 농어업 자원을 보전하고 토양 개량, 수질 개선 등 농어업 환경을 개선하기 위하여 농경지 개량, 농어업 용수 오염 방지, 온실가스 발생 최소화 등의 시책을 적극적으로 추진하여야 한다.

② 제1항에 따른 시책을 추진할 때 「토양환경보전법」 제4조의2와 제16조 및 「환경정책기본법」 제12조에 따른 기준을 적용한다.

제11조(농어업 자원과 농어업 환경의 실태조사 및 평가) ① 농림축산식품부장관ㆍ해양수산부장관 또는 지방자치단체의 장은 농어업 자원 보전과 농어업 환경 개선을 위하여 농림축산식품부령 또는 해양수산부령으로 정하는 바에 따라 다음 각 호의 사항을 주기적으로 조사ㆍ평가하여야 한다.

1. 농경지의 비옥도(肥沃度), 중금속, 농약성분, 토양미생물 등의 변동사항
2. 농어업 용수로 이용되는 지표수와 지하수의 수질
3. 농약ㆍ비료ㆍ항생제 등 농어업투입재의 사용 실태
4. 수자원 함양(涵養), 토양 보전 등 농어업의 공익적 기능 실태
5. 축산분뇨 퇴비화 등 해당 농어업 지역에서의 자체 자원 순환사용 실태
6. 그 밖에 농어업 자원 보전 및 농어업 환경 개선을 위하여 필요한 사항

② 농림축산식품부장관 또는 해양수산부장관은 농림축산식품부 또는 해양수산부 소속 기관의 장 또는 그 밖에 농림축산식품부령 또는 해양수산부령으로 정하는 자에게 제1항 각 호의 사항을 조사ㆍ평가하게 할 수 있다.

제12조(사업장에 대한 조사) ① 농림축산식품부장관ㆍ해양수산부장관 또는 지방자치단체의 장은 제11조에 따른 농어업 자원과 농어업 환경의 실태조사를 위하여 필요하면 관계 공무원에게 해당 지역 또는 그 지역에 잇닿은 다른 사업자의 사업장에 출입하게 하거나 조사 및 평가에 필요한 최소량의 조사 시료(試料)를 채취하게 할 수 있다. <개정 2013.3.23.>

② 조사 대상 사업장의 소유자ㆍ점유자 또는 관리인은 정당한 사유 없이 제1항에 따른 조사행위를 거부ㆍ방해하거나 기피하여서는 아니 된다.

③ 제1항에 따라 다른 사업자의 사업장에 출입하려는 사람은 그 권한을 표시하는 증표를 지니고 이를 관계인에게 보여주어야 한다.

제13조(친환경농어업 기술 등의 개발 및 보급) ① 농림축산식품부장관ㆍ해양수산부장관 또는 지방자치단체의 장은 친환경농어업을 발전시키기 위하여 친환경농어업에 필요한 기술과 자재 등의 연구ㆍ개발과 보급 및 교육ㆍ지도에 필요한 시책을 마련하여야 한다.

② 농림축산식품부장관ㆍ해양수산부장관 또는 지방자치단체의 장은 친환경농어업에 필요한 기술 및 자재를 연구ㆍ개발ㆍ보급하거나 교육ㆍ지도하는 자에게 필요한 비용을 지원할 수 있다.

제14조(친환경농어업에 관한 교육ㆍ훈련) 농림축산식품부장관ㆍ해양수산부장관 또는 지방자치단체의 장은 친환경농어업 발전을 위하여 농어업인, 친환경농수산물 소비자 및 관계 공무원에 대하여 교육ㆍ훈련을 할 수 있다. <개정 2013.3.23.>

제15조(친환경농어업의 기술교류 및 홍보 등) ① 국가, 지방자치단체, 민간단체 및 사업자는 친환경농어업의 기술을 서로 교류함으로써 친환경농어업 발전을 위하여 노력하여야 한다.

② 농림축산식품부장관ㆍ해양수산부장관 또는 지방자치단체의 장은 친환경농어업 육성을 효율적으로 추진하기 위하여 우수 사례를 발굴ㆍ홍보하여야 한다. <개정 2013.3.23.>

= 이하 생략 ' 다음카페' 전국수산물품질관리사회' 참조

제4. 농수산물품질관리법령상 별표의 시정명령 및 과태료.과징금.

제1. 농수산물품질관리법률 및 시행령 등 별표 규정 (시정명령 및 과태료 등)

※ 시정명령 등의 처분기준(제11조 및 제16조 관련)

1. 일반기준

가. 위반행위가 둘 이상인 경우

1) 각각의 처분기준이 시정명령, 인증취소 또는 등록취소인 경우에는 하나의 위반행위로 간주한다. 다만 각각의 처분기준이 표시정지인 경우에는 각각의 처분기준을 합산하여 처분할 수 있다.

2) 각각의 처분기준이 다른 경우에는 그 중 무거운 처분기준을 적용한다. 다만, 각각의 처분기준이 표시정지인 경우에는 무거운 처분기준의 2분의 1까지 가중할 수 있으며, 이 경우 각 처분기준을 합산한 기간을 초과할 수 없다.

나. 위반행위의 횟수에 따른 행정처분의 기준은 최근 1년간 같은 위반행위로 행정처분을 받는 경우에 적용한다. 이 경우 행정처분 기준의 적용은 같은 위반행위에 대하여 최초로 행정처분을 한 날과 다시 같은 위반행위로 적발한 날을 기준으로 한다.

다. 생산자단체의 구성원의 위반행위에 대해서는 1차적으로 위반행위를 한 구성원에 대하여 행정처분을 하되, 그 구성원이 소속된 조직 또는 단체에 대해서는 그 구성원의 위반의 정도를 고려하여 처분을 경감하거나 그 구성원에 대한 처분기준보다 한 단계 낮은 처분기준을 적용한다.

라. 위반행위의 내용으로 보아 고의성이 없거나 특별한 사유가 있다고 인정되는 경우에는 그 처분을 표시정지의 경우에는 2분의 1의 범위에서 경감할 수 있고, 인증취소·등록취소인 경우에는 6개월 이상의 표시정지 처분으로 경감할 수 있다.

※ 과태료 규정

과태료의 부과기준(제45조 관련)

1. 일반기준

가. 위반행위의 횟수에 따른 과태료의 가중된 부과기준(제2호바목 및 사목의 경우는 제외한다)은 최근 1년간 같은 위반행위로 과태료 부과처분을 받은 경우에 적용한다. 이 경우 기간의 계산은 위반행위에 대하여 과태료 부과처분을 받은 날과 그 처분 후 다시 같은 위반행위를 하여 적발된 날을 기준으로 한다.

나. 가목에 따라 가중된 부과처분을 하는 경우 가중처분의 적용 차수는 그 위반행위 전 부과처분 차수(가목에 따른 기간 내에 과태료 부과 처분이 둘 이상 있었던 경우에는 높은 차수를 말한다)의 다음 차수로 한다.

다. 위반행위가 둘 이상인 경우로서 그에 해당하는 각각의 처분기준이 다른 경우에는 그 중 무거운 처분기준에 따른다.

라. 부과권자는 다음의 어느 하나에 해당하는 경우에 제2호에 따른 과태료 금액을 2분의 1의 범위에서 감경할 수 있다. 다만, 과태료를 체납하고 있는 위반행위자의 경우에는 그러하지 아니하다.

1) 위반행위자가 「질서위반행위규제법 시행령」 제2조의2제1항 각 호의 어느 하나에 해당하는 경우

2) 위반행위자가 자연재해ㆍ화재 등으로 재산에 현저한 손실이 발생했거나 사업여건의 악화로 중대한 위기에 처하는 등의 사정이 있는 경우

3) 위반행위가 고의나 중대한 과실이 아닌 사소한 부주의나 오류로 인한 것으로 인정되는 경우

4) 그 밖에 위반행위의 정도, 위반행위의 동기와 그 결과 등을 고려하여 감경할 필요가 있다고 인정되는 경우

※ 표준규격품 법 5조

위반 행위	행정처분 기준		
	1차 위반	2차 위반	3차 위반
1.표준규격품 의무표시사항이 누락 된 경우	**시정명령**	표시정지 1개월	표시정지 3개월
2.표준규격품이 아닌 포장재 에 표준규격품의 표시를 한 경우	**상 동**	상 동	상동
3.표준규격품의 생산이 곤란 한 사유가 발생한 경우	**표시정지 6개월**	no	no
4.내용물과 다르게 거짓표시 나 과장된 표시를 한 경우	표시정지 1개월	표시정지 3개월	**표시정지 6개월**

※ 품질인증 법 14조 이하

위반행위	행정처분 기준		
	1차 위반	2차 위반	3차 위반
1.의무표시사항이 누락된 경우	시정명령	표시정지 1개월	**표시정지 3개월**
2/1.품질인증을 받지 아니한 제품을 품질 인증품으로 표시한 경우 2/2.품질인증품의 생산이 곤란하다고 인 정되는 사유가 발생한 경우	**인증 취소**	no	no
3. 품질인증기준에 위반한 경우	**표시정지 3개월**	표시정지 6개월	no
4. 내용물과 가르게 거짓표시 또는 과장 된 표시를 한 경우	표시정지 1개월	**표시정지 3개월**	**인증 취소**

※ **시정명령 -법 32조 이하** 지리적 표시품

위반행위	행정처분 기분		
	1차 위반	2차 위반	3차 위반
1/1.지리적표시품 생산계획의 이행이 곤란 하다고 인정되는 경우 1/2. 등록된 지리적표시품이 아닌 제품에 지 리 적표시를 한 경우	**등록 취소**	no	no
2. 등록기준에 미치지 못한 경우	표시정지 3개월	**등록취소**	
3. 내용물을 다르게/거짓표시/과장된 표시	표시정지 1개월	표시정지 3개월	**등록취소**
4. 의무표시사항이 누락된 경우	시정명령	표시정지 1개월	**표시정지3개월**

※ 안전성검사기관의 지정취소 및 업무정지에 관한 처분기준 별표

위반내용	위반횟수별 처분기준		
	1차 위반	2차 위반	3차 위반
1/1. 거짓이나 그 밖의 부정한 방법으로 지정 1/2. 업무정지명령 위반-계속 업무시 1/3. 고의/중과실로 검사성적 거짓 발급 1/4. 검사관련 -위조.변조 로 검사성적서 발급 1/5. 검사 없이 검사성적서 발급 1/6. 의뢰 이외의 시료 검사-발급시 1/7 검사와 실제 검사와 다르게 발급 시	지정취소	no	no
2. 검사 업무의 범위 및 방법에 관한 사항 - 지정받은 검사업무 범위를 벗어난 경우 등	검사업무 정지 1개월	검사업무 정지 3개월	검사업무 정지 6개월
3. 검사기관 지정기준 등 -시설.장비 등 기준이 미달 시	검사업무 정지 3개월	검사업무 정지 6개월	지정취소
3/2. 시설,장비 등 "둘"이상 지정기준 미달	검사업무 정지 6개월	지정취소	
4. 검사 관련 기록 관리 5. 검사기간 등 6. 검사성적서 발급 등	개별 정리 요함.		

※ 법 89조/90조 등 검사기관의 지정취소 등 관련 행정처분

위반행위	위반횟수별 처분기준		
	1회	2회	3회 이상
1/1. 거짓,그 밖의 부정한 방법으로 지정 받은 경우 1/2. 업무정지 기간 중에 검사업무를 한 경우	**지정취소**	no	no
2/1.검사를 성실하게 하지 않은 경우 - 검사품의 재조제가 필요한 경우	경고	- 업무정지 3개월	-**업무정지 6개**월 또는 지정취소

- 검사품의 재조제가 필요하지 않은 경우 - 정당한 사유없이 지정된 검사를 하지 않은 경우		-업무정지 1개월 -업무정지 1개월	-업무정지 3개월 또는 지정취소 -업무정지 3개월 또는 지정취소
3.검사를 거짓으로 한 경우	업무정지 3개월	**업무정지 6개월** 또는 지정취소	**지정취소**
4. 법 89조 3항-시설.장비 등 -지정기준에 미치지 못한 경우	업무정지 1개월	업무정지 3개월	**-업무정지 6개**월 또는 지정취소
5.법 89조 3항 시설,인력 등 기준이 ''''둘''이상 미치지 못한 경우	**-업무정지 6개**월 또는 지정취소	**지정취소**	

※ 법 91조 검사관의 자격취소 및 행정처분 등

위반행위	위반횟수별 처분기준		
	1회	2회	3회 이상
1. 위격검사가 ''경고통보''에 해당하는 경우	**자격정지 6개월**	자격취소	
2. 위격검사가 ''주의통보''에 해당 시	자격정지 3개월	**자격정지 6개월**	자격취소
3. 거짓 등 부정방법 검사/재검사 등 모든 ''상단''외 사유의 경우	자격취소	no	no

※ 법 98조 ~~100조 -검정기관의 자격취소 및 행정처분 등

위반내용	위반횟수별 처분기준		
	1차 위반	2차 위반	3차 위반
1/1. 거짓/부정으로 지정받은 겨우 1/2. 업무정지 기간 중에 검정업무를 한 경우 1/3. 고의/중과실로 거짓으로 검정결과 내준 경우 1/4. 검정결과 기록을 위조.변조 하여 발급 1/5. 검정하지 않고 성적서 발급 1/6. 시료가 의뢰가 아닌 것을 한 경우 1/7. 검정 결과가 실제와 다르게 판정한 경우	지정취소	no	no
2/1. 변경된 검정업무 규정을 인력,시설 등 신고하지 않고 한 경우 2/2. 검정기록 관련 -단순한 사항을 적지 않은 경우 2/3.검정기관/수수료 등-검정기간 준수하지않은 경우 -수수료 규정을 어긴경우-으무교육관련 미 이수 -기관변경신고 등 자료제출 요구를 불응한 경우	시정명령	검정업무 정지 7일	검정업무 정지 15일
3. 그외는 개별적으로 정리 요함.			

※ 과태료 등 -별표 4-법 과태료 부과기준(법 56조 및 60조 이하)

위반행위	과태료 금액		
	1차 위반	2차 위반	3차 뷔반 이상
1/1.. 유전자변형수산물의 표시를 하지 않은 경우 1/2. 유전자변형수산물의 표시방법을 위반한 경우	5만원 이상~~1000만원 이하		
2/1. 양식시설에서 가축을 사육한 경우 2/2. 햅썹-생산.가공시설 등을 -으로 등록한 생산업자가.가공업자가 위생관리에 관한 보고/거짓조고 한 경우	7만원	15만원	30만원
3/1.품질인증 관련 보고 및 점검 등 기피.거부 등 3/2. 우수표시품의 보고 및 점검 등 기피.거부 등 3/3.유전자변형수산물의 표시 조사 보고 및 점검 등 기피.거부 등 3/4.등 등-이력추적관리 등록한자로서 표시 불이행 자 등 상단 1,2 이외의 모든 과태료 규정	100만원	200만원	300만원

제3. 친환경농어업 육성 및 육기식품 등의 관리.지원에 관한 법률

인증취소 등 행정처분 기준 및 절차 (제19조, 제36조, 제40조제2항, 제41조 관련)

1. 일반기준

가. 인증취소는 위반행위가 발생한 인증번호 전체(인증서에 기재된 인증 품목, 인증면적 및 인증종류 전체를 말한다)를 대상으로 적용한다.

나. 가목에도 불구하고 생산자단체가 인증받은 경우 다음 1)부터 3)까지 의 어느 하나에 해당하는 때에는 위반행위를 한 생산자단체의 위반행위자인 구성원에 대해서만 인증취소를 할 수 있다. 이 경우 위반행위 자의 수는 인증 유효기간 동안 누적하여 계산한다.

1) 생산자단체의 구성원이 15명 이하이고, 위반행위를 한 구성원이 5명 이하인 경우
2) 생산자단체의 구성원이 16명 이상 99명 이하이고, 위반행위를 한구성원이 10명 이하인 경우
3) 생산자단체의 구성원이 100명 이상이고, 위반행위를 한 구성원이15명 이하인 경우

다. 인증품의 인증표시 제거·정지·변경 처분은 위반행위가 발생한 인증품을 대상으로 적용한다.
라. 제2호바목부터 차목까지의 규정에서 처분의 대상이 되는 해당 인증품 및 해당 제품(이하 이 목에서 "인증품등"이라 한다)은 다음 1) 및
2)와 같다. 다만, 해당 인증품등에 다른 인증품등이 혼합되어 구분이불가능한 경우는 해당 인증품등과 그 혼합된 다른 인증품등 전체를 처분대상으로 한다.
1) 위반사항이 발생한 인증품등
2) 위반사항이 발생한 인증품등과 생산자, 품목, 생산시기가 동일한 인증품등

제4. 농수산물 원산지 표시법령상 시정명령.과징금.과태료

1. 과징금의 부과기준(제6조의2 제1항 관련)

1. 농수산물 원산지법률 제6조(거짓 표시 등의 금지)

① 누구든지 다음 각 호의 행위를 하여서는 아니 된다.

1. 원산지 표시를 거짓으로 하거나 이를 혼동하게 할 우려가 있는 표시를 하는 행위
2. 원산지 표시를 혼동하게 할 목적으로 그 표시를 손상·변경하는 행위
3. 원산지를 위장하여 판매하거나, 원산지 표시를 한 농수산물이나 그 가공품에 다른 농수산물이나 가공품을 혼합하여 판매하거나 판매할 목적으로 보관이나 진열하는 행위

② 농수산물이나 그 가공품을 조리하여 판매·제공하는 자는 다음 각 호의 행위를 하여서는 아니 된다.

1. 원산지 표시를 거짓으로 하거나 이를 혼동하게 할 우려가 있는 표시를 하는 행위
2. 원산지를 위장하여 조리·판매·제공하거나, 조리하여 판매·제공할 목적으로 농수산물이나 그 가공품의 원산지 표시를 손상·변경하여 보관·진열하는 행위
3. 원산지 표시를 한 농수산물이나 그 가공품에 원산지가 다른 동일 농수산물이나 그 가공품을 혼합하여 조리·판매·제공하는 행위

③ 제1항이나 제2항을 위반하여 원산지를 혼동하게 할 우려가 있는 표시 및 위장판매의 범위 등 필요한 사항은 농림축산식품부와 해양수산부의 공동 부령으로 정한다.

④ 「유통산업발전법」 제2조제3호에 따른 대규모점포를 개설한 자는 임대의 형태로 운영되는 점포(이하 "임대점포"라 한다)의 임차인 등 운영자가 제1항 각 호 또는 제2항 각 호의 어느 하나에 해당하는 행위를 하도록 방치하여서는 아니 된다. <신설 2011.7.25>

⑤ 「방송법」 제9조제5항에 따른 승인을 받고 상품소개와 판매에 관한 전문편성을 행하는 방송채널사용사업자는 해당 방송채널 등에 물건 판매중개를 의뢰하는 자가 제1항 각 호 또는 제2항 각 호의 어느 하나에 해당하는 행위를 하도록 방치하여서는 아니 된다.

제6조의2(과징금)

① 농림축산식품부장관, 해양수산부장관, 관세청장, 특별시장·광역시장·특별자치시장·도지사 또는 특별자치도지사(이하 "시·도지사"라 한다)는 제6조제1항 또는 제2항을 2년간 2회 이상 위반한 자에게 그 위반금액의 5배 이하에 해당하는 금액을 과징금으로 부과·징수할

수 있다. 이 경우 제6조제1항을 위반한 횟수와 같은 조 제2항을 위반한 횟수는 합산한다.

② 제1항에 따른 위반금액은 제6조제1항 또는 제2항을 위반한 농수산물이나 그 가공품의 판매금액으로서 각 위반행위별 판매금액을 모두 더한 금액을 말한다. 다만, 통관단계의 위반금액은 제6조제1항을 위반한 농수산물이나 그 가공품의 수입 신고 금액으로서 각 위반행위별 수입 신고 금액을 모두 더한 금액을 말한다. <개정 2017.10.13>

③ 제1항에 따른 과징금 부과·징수의 세부기준, 절차, 그 밖에 필요한 사항은 대통령령으로 정한다.

④ 농림축산식품부장관, 해양수산부장관, 관세청장, 시·도지사는 제1항에 따른 과징금을 내야 하는 자가 납부기한까지 내지 아니하면 국세 또는 지방세 체납처분의 예에 따라 징수한다.

2. 과징금 부과 별표

(1) 일반기준

가. 과징금 부과기준은 2년간 2회 이상 위반한 경우에 적용한다. 이 경우 위반행위로 적발된 날부터 다시 위반행위로 적발된 날을 각각 기준으로 하여 위반횟수를 계산하되, 1회 위반행위로 적발된 날부터 2년간 위반횟수를 합산하여 과징금을 부과한다.

나. 법 제6조의2제2항에 따라 법 제6조제1항 위반 시 각 위반행위에 의한 판매금액은 해당 농수산물이나 농수산물 가공품의 판매량에 판매가격(해당 업소의 판매 가격을 알 수 없는 경우에는 인근 2개 업소의 동일 품목 판매가격의 평균을 기준으로 한다. 다만, 평균 가격을 산정할 수 없는 경우에는 해당 농수산물이나 농수산물 가공품의 매입가격에 30퍼센트를 가산한 금액을 기준으로 한다)을 곱한 금액으로 한다.

다. 법 제6조의2제2항에 따라 법 제6조제2항 위반 시 각 위반행위에 의한 판매금액은 다음 1) 및 2)에 따라 산출한다.

1) [음식 판매가격 × (음식에 사용된 원산지를 거짓표시한 해당 농수산물이나 그 가공품의 원가 / 음식에 사용된 총 원료 원가)] × 해당 음식의 판매인분 수

2) 1)에 따른 판매금액 산출이 곤란할 경우, 원산지를 거짓표시한 해당 농수산물이나 그 가공품(음식에 사용되어 판매한 것에 한정한다)의 매입가격에 3배를 곱한 금액으로 한다.

라. 통관 단계의 수입 농수산물과 그 가공품(이하 "수입농수산물등"이라 한다) 및 반입 농수산물과 그 가공품(이하 "반입농수산물등"이라 한다)의 위반금액은 세관 수입신고 금액으로 한다.

(2) 세부 산출기준

가. 통관 단계의 수입농수산물등 및 반입농수산물등의 경우에는 위반 수입농수산물등 및 반입농수산물등의 **세관 수입신고 금액의 100분의 10 또는 3억원 중 적은 금액**

나. 가목을 제외한 농수산물 및 그 가공품(통관 단계 이후의 수입농수산물등 및 반입농수산물등을 포함한다)

위 반 금 액	과징금 금액
100만원 이하	위반금액 × 0.5
100만원 초과 500만원 이하	위반금액 × 0.7
500만원 초과 1,000만원 이하	위반금액 × 1.0
1,000만원 초과 2,000만원 이하	위반금액 × 1.5
2,000만원 초과 3,000만원 이하	위반금액 × 2.0
3,000만원 초과 4,500만원 이하	위반금액 × 2.5
4,500만원 초과 6,000만원 이하	위반금액 × 3.0
6,000만원 초과	위반금액 × 4.0(최고 3억원)

제5 원산지 법령 : 과태료의 부과기준(제18조 관련)

(1) 일반기준

가. 위반행위의 횟수에 따른 과태료의 기준은 최근 1년간 같은 유형(제2호 각목을 기준으로 구분한다)의 위반행위로 과태료 부과처분을 받은 경우에 적용한다. 이 경우 위반행위에 대하여 과태료 부과처분을 한 날과 다시 같은 유형의 위반행위를 적발한 날을 각각 기준으로 하여 위반 횟수를 계산한다.

나. 부과권자는 다음의 어느 하나에 해당하는 경우에 제2호에 따른 과태료 금액을 100분의 50의 범위에서 감경할 수 있다. 다만 과태료를 체납하고 있는 위반행위자의 경우에는 그러하지 아니하다.

1) 위반행위자가 「질서위반행위규제법 시행령」 제2조의2제1항 각 호의 어느 하나에 해당하는 경우
2) 위반행위자가 자연재해·화재 등으로 재산에 현저한 손실이 발생했거나 사업여건의 악화로 중대한 위기에 처하는 등의 사정이 있는 경우
3) 그 밖에 위반행위의 정도, 위반행위의 동기와 그 결과 등을 고려하여 과태료를 감경할 필요가 있다고 인정되는 경우

(2) 원산지 표시 등 위반한 경우 과태료 개별기준

1) 법률 제5조(원산지 표시)

① 대통령령으로 정하는 농수산물 또는 그 가공품을 수입하는 자, 생산·가공하여 출하하거나 판매(통신판매를 포함한다. 이하 같다)하는 자 또는 판매할 목적으로 보관·진열하는 자는 다음 각 호에 대하여 원산지를 표시하여야 한다. <개정 2016.12.2>

1. 농수산물
2. 농수산물 가공품(국내에서 가공한 가공품은 제외한다)
3. 농수산물 가공품(국내에서 가공한 가공품에 한정한다)의 원료

제7조(원산지 표시 등의 조사)

① 농림축산식품부장관, 해양수산부장관, 관세청상이나 시ㆍ도지사는 제5조에 따른 원산지의 표시 여부ㆍ표시사항과 표시방법 등의 적정성을 확인하기 위하여 대통령령으로 정하는 바에 따라 관계 공무원으로 하여금 원산지 표시대상 농수산물이나 그 가공품을 수거하거나 조사하게 하여야 한다. 이 경우 관세청장의 수거 또는 조사 업무는 제5조제1항의 원산지 표시 대상 중 수입하는 농수산물이나 농수산물 가공품(국내에서 가공한 가공품은 제외한다)에 한정한다.
② 제1항에 따른 조사 시 필요한 경우 해당 영업장, 보관창고, 사무실 등에 출입하여 농수산물이나 그 가공품 등에 대하여 확인ㆍ조사 등을 할 수 있으며 영업과 관련된 장부나 서류의 열람을 할 수 있다.
③ 제1항이나 제2항에 따른 수거ㆍ조사ㆍ열람을 하는 때에는 원산지의 표시대상 농수산물이나 그 가공품을 판매하거나 가공하는 자 또는 조리하여 판매ㆍ제공하는 자는 정당한 사유 없이 이를 거부ㆍ방해하거나 기피하여서는 아니 된다.
④ 제1항이나 제2항에 따른 수거 또는 조사를 하는 관계 공무원은 그 권한을 표시하는 증표를 지니고 이를 관계인에게 내보여야 하며, 출입 시 성명ㆍ출입시간ㆍ출입목적 등이 표시된 문서를 관계인에게 교부하여야 한다.

제8조(영수증 등의 비치)
제5조제3항에 따라 원산지를 표시하여야 하는 자는 「축산물 위생관리법」 제31조나 「가축 및 축산물 이력관리에 관한 법률」 제18조 등 다른 법률에 따라 발급받은 원산지 등이 기재된 영수증이나 거래명세서 등을 매입일부터 6개월간 비치ㆍ보관하여야 한다.

제9조(원산지 표시 등의 위반에 대한 처분 등)
① 농림축산식품부장관, 해양수산부장관, 관세청장 또는 시ㆍ도지사는 제5조나 제6조를 위반한 자에 대하여 다음 각 호의 처분을 할 수 있다. 다만, 제5조제3항을 위반한 자에 대한 처분은 제1호에 한정한다. <개정 2013.3.23, 2016.12.2, 2017.10.13>

1. 표시의 이행ㆍ변경ㆍ삭제 등 시정명령
2. 위반 농수산물이나 그 가공품의 판매 등 거래행위 금지

② 농림축산식품부장관, 해양수산부장관, 관세청장 또는 시ㆍ도지사는 다음 각 호의 자가 제5조 또는 제6조를 위반하여 농수산물이나 그 가공품 등의 원산지 등을 2회 이상 표시하지

아니하거나 거짓으로 표시함에 따라 제1항에 따른 처분이 확정된 경우 처분과 관련된 사항을 공표하여야 한다.

1. 제5조제1항에 따라 원산지의 표시를 하도록 한 농수산물이나 그 가공품을 생산、가공하여 출하하거나 판매 또는 판매할 목적으로 가공하는 자

2. 제5조제3항에 따라 음식물을 조리하여 판매、제공하는 자

③ 제2항에 따라 공표를 하여야 하는 사항은 다음 각 호와 같다.

1. 제1항에 따른 처분 내용　　2. 해당 영업소의 명칭　　3. 농수산물의 명칭
4. 제1항에 따른 처분을 받은 자가 입점하여 판매한「방송법」제9조제5항에 따른 방송채널사용사업자 또는「전자상거래 등에서의 소비자보호에 관한 법률」제20조에 따른 통신판매중개업자의 명칭
5. 그 밖에 처분과 관련된 사항으로서 대통령령으로 정하는 사항

④ 제2항의 공표는 다음 각 호의 자의 홈페이지에 공표한다. <신설 2016.5.29, 2017.10.13>

1. 농림축산식품부　2. 해양수산부　2의 2. 관세청　3. 국립농산물품질관리원
4. 대통령령으로 정하는 국가검역、검사기관
5. 특별시、광역시、특별자치시、도、특별자치도, 시、군、구(자치구를 말한다)
6. 한국소비자원　7. 그 밖에 대통령령으로 정하는 주요 인터넷 정보제공 사업자

⑤ 제1항에 따른 처분과 제2항에 따른 공표의 기준、방법 등에 관하여 필요한 사항은 대통령령으로 정한다.

제9조의2(원산지 표시 위반에 대한 교육)

① 농림축산식품부장관, 해양수산부장관, 관세청장 또는 시、도지사는 제9조제2항 각 호의 자가 제5조 또는 제6조를 위반하여 제9조제1항에 따른 처분이 확정된 경우에는 농수산물 원산지 표시제도 교육을 이수하도록 명하여야 한다. <개정 2017.10.13>
② 제1항에 따른 이수명령의 이행기간은 교육 이수명령을 통지받은 날부터 최대 3개월 이내로 정한다.
③ 농림축산식품부장관과 해양수산부장관은 제1항 및 제2항에 따른 농수산물 원산지 표시제도 교육을 위하여 교육시행지침을 마련하여 시행하여야 한다.
④ 제1항부터 제3항까지의 규정에 따른 교육내용, 교육대상, 교육기관, 교육기간 및 교육시행지침 등 필요한 사항은 대통령령으로 정한다.

2) 과태료 부과 금액

<table>
<tr><th rowspan="2">위 반 행위</th><th>조 문</th><th colspan="3">과태료 금액</th></tr>
<tr><th>제18조</th><th>1차 위반</th><th>2차</th><th>3차 위반</th></tr>
<tr><td>1.법 제5조제1항을 위반하여 원산지 표시를 하지 않은 경우</td><td>제1항제1호</td><td colspan="3">5만원 이상 1,000만원 이하</td></tr>
<tr><td>2.살아있는 수산물의 원산지를 표시하지 않은 경우</td><td></td><td colspan="3">5만원 이상 1,000만원 이하</td></tr>
<tr><td>3.법 제5조제4항에 따른 원산지의 표시방법을 위반</td><td></td><td colspan="3">5만원 이상 1,000만원 이하</td></tr>
<tr><td>4.15가지 ;
넙치,조피볼락,참돔,미꾸라지,뱀장어,낙지,명태,고등어,갈치,오징어,꽃게, 참조기를 원산지표시을 하지 않은 경우,
다랑어,아귀,주꾸미 추가</td><td>2020년
다랑어,아귀,
주꾸미 추가</td><td>품목별
30만원</td><td>품목별
60만원</td><td>품목별
100만원</td></tr>
<tr><td>5. 법 제6조제4항을 위반하여 임대점포의 임차인 등 운영자가 같은 조 제1항 각 호 또는 제2항 각 호의 어느 하나에 해당하는 행위를 하는 것을 알았거나 알 수 있었음에도 방치한 경우</td><td></td><td rowspan="2">100만원</td><td rowspan="2">200만원</td><td rowspan="2">400만원</td></tr>
<tr><td>6.법 제6조제5항을 위반 하여 해당 방송채널 등 에 물건 판매중개를 의뢰한 자가 같은 조 제1항 각 호 또는 제2항 각 호의 어느 하나에 해당하는 행위를 하는 것을 알았거 나 알 수 있었음에도 방치한 경우</td><td></td></tr>
<tr><td>7.법 제7조제3항을 위반하여 수거·조사·열람을 거부·방해하거나 기피한 경우</td><td></td><td>100만원</td><td>300만원</td><td>500만원</td></tr>
<tr><td>8.법 제8조를 위반하여 영수증이나 거래명세서 등을 수증이나 거래명세서 등을 비치·보관하지 않은 경우</td><td></td><td>20만원</td><td>40만원</td><td>80만원</td></tr>
<tr><td>9.법 제9조의2제1항에 따른 교육을 이수하지 않은 경우(적발 후 2월 내 교육이수 통지하고, 교육대상자가 통지받고 3월내 이수 못한 경우)</td><td></td><td>30만원</td><td>60만원</td><td>100만원</td></tr>
</table>

3. 제2호가목 및 나목12)의 원산지 표시를 하지 않은 경우의 세부 부과기준

가. 농수산물(통관 단계 이후의 수입농수산물등 및 반입농수산물등을 포함하며, 통신판매의 경우는 제외한다)

1) 과태료 부과금액은 원산지 표시를 하지 않은 물량(판매를 목적으로 보관 또는 진열하고 있는 물량을 포함한다)에 적발 당일 해당 업소의 판매가격을 곱한 금액으로 한다.

2) 1)의 해당 업소의 판매가격을 알 수 없는 경우에는 인근 2개 업소의 동일 품목 판매가격의 평균을 기준으로 한다. 다만, 평균가격을 산정할 수 없는 경우에는 해당 농수산물의 매입가격에 30퍼센트를 가산한 금액을 기준으로 한다.

3) 과태료 부과금액의 최소단위는 5만원으로 하고, 5만원 이상은 천원 미만을 버리고 부과하되, 부과되는 총액은 1천만원을 초과할 수 없다.

나. 농수산물 가공품(통관 단계 이후의 수입농수산물등 또는 반입농수산물등을 국내에서 가공한 것을 포함하며, 통신판매의 경우는 제외한다)

3) 가공업자

기준액(연간 매출액)	과태료 부과금액(만원)		
	1차 위반	2차 위반	3차 위반
1억원 미만	20	30	60
1억원 이상 2억원 미만	30	50	100
2억원 이상 4억원 미만	50	100	200
4억원 이상 6억원 미만	100	200	400
6억원 이상 8억원 미만	150	300	600
8억원 이상 10억원 미만	200	400	800
10억원 이상 12억원 미만	250	500	1,000
12억원 이상 14억원 미만	400	600	1,000
14억원 이상 16억원 미만	500	700	1,000
16억원 이상 18억원 미만	600	800	1,000
18억원 이상 20억원 미만	700	900	1,000
20억원 이상	800	1,000	1,000

가) 연간 매출액은 처분 전년도의 해당 품목의 1년간 매출액을 기준으로 한다.

나) 신규영업·휴업 등 부득이한 사유로 처분 전년도의 1년간 매출액을 산출할 수 없거나 1년간 매출액을 기준으로 하는 것이 불합리한 것으로 인정되는 경우에는 전분기, 전월 또는 최근 1일 평균 매출액 중 가장 합리적인 기준에 따라 연간 매출액을 추계하여 산정한.

다) 1개 업소에서 2개 품목 이상이 동시에 적발된 경우에는 각 품목의 연간 매출액을 합산한 금액을 기준으로 부과한다.

4) 판매업자: 가목의 기준을 준용하여 부과한다.

다. 통관 단계의 수입농수산물등 및 반입농수산물등

1) 과태료 부과금액은 **수입농수산물등 및 반입농수산물등의 세관 수입신고금액의 100분의 10에 해당하는 금액**으로 한다.

2) 과태료 부과금액의 **최소단위는 5만원으로 하고, 5만원 이상은 천원 미만을 버리고 부과하되 부과되는 총액은 1천만원을 초과할 수 없다.**

라. 통신판매: 나목1)의 기준을 준용하여 부과한다.

4. 제2호다목의 원산지의 표시···방법을 위반한 경우의 세부 부과기준

가. 농수산물(통관 단계 이후의 수입농수산물등 및 반입농수산물등을 포함하며, 통신판매의 경우와 식품접객업을 하는 영업소 및 집단급식소에서 조리하여 판매·제공하는 경우는 제외한다)

1) 제3호가목의 기준에 따른 과태료 부과금액의 100분의 50을 부과한다.

2) 과태료 부과금액의 최소단위는 5만원으로 하고, 5만원 이상은 천원 미만을 버리고 부과한다.

나. 농수산물 가공품(통관 단계 이후의 수입농수산물등 또는 반입농수산물등을 국내에서 가공한 것을 포함하며, 통신판매의 경우는 제외한다)

1) 제3호나목의 기준에 따른 과태료 부과금액의 100분의 50을 부과한다.

2) 과태료 부과금액의 최소단위는 5만원으로 하고, 5만원 이상은 천원 미만을 버리고 부과한다.

다. 통관 단계의 수입농수산물등 및 반입농수산물등

1) 과태료 부과금액은 제3호다목의 기준에 따른 과태료 부과금액의 100분의 50에 해당하는 금액으로 한다.

2) 과태료 부과금액의 최소단위는 5만원으로 하고, 5만원 이상은 천원 미만을 버리고 부과한다.

라. 통신판매

1) 제3호라목의 기준에 따른 과태료 부과금액의 100분의 50을 부과한다.

2) 과태료 부과금액의 최소단위는 5만원으로 하고, 5만원 이상은 천원 미만은 버리고 부과한다.

마. 식품접객업을 하는 영업소 및 집단급식소

(농산물 축산물은 수산물 범위가 아니므로 삭제 합니다.)

위반 내용	조 문	과태료 금액		
		1차 위반	2차 위반	3차 위반
1.원산지표시 15가지 위반 : 넙치,조피볼락,참돔,미꾸라지,뱀장어,낙지,명태,고등어,갈치,오징어,꽃게, 참조기	다랑어,아귀,주꾸미 추가	품목별 15만원	품목별 30만원	품목별 50만원
2. 살아있는 수산물의 원산지 표시방법을 위반한 경우		제2호나목12) 및 제3호가목의 기준에 따른 부과금액의 100분 의 50		

== 이하 생략

제5. 농수산물 유통 및 가격안정법

※ "표준규격""거래단위" 정리

종 류	품 목	표준거래단위
패 류	생굴	0.2kg,1kg,3kg,10kg
	바지락	3kg,5kg,10kg,20kg
	고막,피조개,우렁쉥이	3kg,5kg,10kg
선 어 류	양태,수조기,숭어,쥐치 화살오징어,도다리	''상 동''3kg,5kg,10kg
	표준거래 품목 문어,전어	3kg,5kg,10kg,15kg,20kg
	서대,조피볼락	3kg,5kg,10kg,15kg
	고 등 어	5kg,8kg,10kg,15kg,16kg,20kg
	오 징 어,대 구	5kg,8kg,10kg,15kg,20kg
	백조기,삼치	5kg,7kg,10kg,15kg,20kg
	붕 장 어	4kg,8kg
	뱀장어,갯장어	5kg,10kg
	참다랑어	10kg,20kg
	기 타 다랑어	15kg,25kg
	가 자 미	3kg,5kg,7kg,10kg
	넙치 (일명 광어)	10kg,15kg,20kg
	명 태	5kg,10kg,15kg,20kg
	멸 치	3kg,4kg,5kg,10kg,

※ 상 단 적 용 예외 등 규정

1. 5kg 미만이나 최대거래단위 이상 등의 경우
2. 거래당사자간의 협의 및 시장 유통여건에 따라서 사용 가능하다
3. 표준규격의 특례 규정은
4. 포장규격 또는 등급규격이 재정되어 있지 않은 품목 또는 품종은
5. 유사품목 또는 품종의 포장규격 또는 등급규격을 적용 할 수 있다.

제2장. 농수산물 유통 및 가격안정에 관한 법률

3단비교표 (법률-시행령-시행규칙)

「농수산물 유통 및 가격안정에 관한 법률」

농수산물 유통 및 가격안정에 관한 법률 [법률 제17091호, 2020. 3. 24., 타법개정]	농수산물 유통 및 가격안정에 관한 법률 시행령 [대통령령 제30509호, 2020. 3. 3., 타법개정]	농수산물 유통 및 가격안정에 관한 법률 시행규칙 [농림축산식품부령 제455호, 2020. 11. 24., 일부개정]
제1장 총칙		
제1조(목적) 이 법은 농수산물의 유통을 원활하게 하고 적정한 가격을 유지하게 함으로써 생산자와 소비자의 이익을 보호하고 국민생활의 안정에 이바지함을 목적으로 한다. [전문개정 2011. 7. 21.]		
제2조(정의) 이 법에서 사용하는 용어의 뜻은 다음과 같다. <개정 2011. 3. 31., 2012. 2. 22., 2012. 6. 1., 2013. 3. 23., 2013. 8. 13., 2014. 12. 31.> 1. "농수산물"이란 농산물·축산물·수산물 및 임산물 중 농림축산식품부령 또는 해양수산부령으로 정하는 것을 말한다. 2. "농수산물도매시장"이란 특별시·광역시·특별자치시·특별자치도 또는 시가 양곡류·청과류·화훼류·조수육류(鳥獸肉類)·어류·조개류·갑각류·해조류 및 임산물 등 대통령령으로 정하는 품목의 전부 또는 일부를 도매하게 하기 위하여 제17조에 따라 관할구역에 개설하는 시장을 말한다. 3. "중앙도매시장"이란 특별시·광역시·특별자치시 또는 특별자치도가 개설한 농수산물도매시장 중 해당 관할구역 및 그 인접지역에서 도매의 중심이 되는 농수산물도매시장으로서 농림축산식품부령 또는 해양수산부령으로 정하는 것을 말한다. 4. "지방도매시장"이란 중앙도매시장 외의 농수산물도매시장을 말한다. 5. "농수산물공판장"이란 지역농업협동조합, 지역축산업협동조합, 품목별·업종별협동조합, 조합공동사업법인, 품목조합연합회, 산림조합 및 수산업협동조합과 그 중앙회(농협경제지주회사를 포함한다. 이하 "농림수협등"이라 한다), 그 밖에 대통령령으로 정하는 생산자 관련 단체와 공익상 필요하다고 인정되는 법인으로서 대통령령으로 정하는 법인(이하 "공익법인"이라 한다)이 농수산물을 도매하기 위하여 제43조에 따라 특별시장·광역시장·특별자치시장·도지사 또는 특별자치도지사(이하 "시·도지사"라 한다)의 승인을 받아 개설·운영하는 사업장을 말한다. 6. "민영농수산물도매시장"이란 국가, 지방자치단체 및 제5호에 따른 농수산물공판장을 개설할 수 있는 자 외의 자(이하 "민간인등"이라 한다)가	제2조(농수산물도매시장의 거래품목) 「농수산물 유통 및 가격안정에 관한 법률」(이하 "법"이라 한다) 제2조제2호에 따라 농수산물도매시장(이하 "도매시장"이라 한다)에서 거래하는 품목은 다음 각 호와 같다. <개정 2017. 5. 8.> 1. 양곡부류: 미곡·맥류·두류·조·좁쌀·수수·수수쌀·옥수수·메밀·참깨 및 땅콩 2. 청과부류: 과실류·채소류·산나물류·목과류(木果類)·버섯류·서류(薯類)·인삼류 중 수삼 및 유지작물류와 두류 및 잡곡 중 신선한 것 3. 축산부류: 조수육류(鳥獸肉類) 및 난류 4. 수산부류: 생선어류·건어류·염(鹽)건어류·염장어류(鹽藏魚類)·조개류·갑각류·해조류 및 젓갈류 5. 화훼부류: 절화(折花)·절지(折枝)·절엽(切葉) 및 분화(盆花) 6. 약용작물부류: 한약재용 약용작물(야생물이나 그 밖에 재배에 의하지 아니한 것을 포함한다). 다만, 「약사법」 제2조제5호에 따른 한약은 같은 법에 따라 의약품판매업의 허가를 받은 것으로 한정한다. 7. 그 밖에 농어업인이 생산한 농수산물과 이를 단순가공한 물품으로서 개설자가 지정하는 품목 [전문개정 2012. 8. 22.] 제3조(농수산물공판장의 개설자) ① 법 제2조제5호에서 "대통령령으로 정하는 생산자 관련 단체"란 다음 각 호의 단체를 말한다. <개정 2017. 5. 8.>	제2조(임산물) 「농수산물 유통 및 가격안정에 관한 법률」(이하 "법"이라 한다) 제2조제1호에 따른 임산물은 다음 각 호의 것으로 한다. <개정 2013. 3. 24.> 1. 목과류: 밤·잣·대추·호두·은행 및 도토리 2. 버섯류: 표고·송이·목이 및 팽이 3. 한약재용 임산물 [전문개정 2012. 8. 23.] 제3조(중앙도매시장) 법 제2조제3호에서 "농수산물도매시장으로서 농림축산식품부령 또는 해양수산부령으로 정하는 것"이란 다음 각 호의 농수산물도매시장을 말한다. <개정 2013. 3. 24.> 1. 서울특별시 가락동 농수산물도매시장 2. 서울특별시 노량진 수산물도매시장 3. 부산광역시 엄궁동 농산물도매시장 4. 부산광역시 국제 수산물도매시장 5. 대구광역시 북부 농수산물도매시장 6. 인천광역시 구월동 농산물도매시장 7. 인천광역시 삼산 농산물도매시장 8. 광주광역시 각화동 농산물도매시장 9. 대전광역시 오정 농수산물도매시장 10. 대전광역시 노은 농산물도매시장 11. 울산광역시 농수산물도매시장 [전문개정 2012. 8. 23.] 제49조(농수산물전자거래의 거래품목 및 거래수수료 등) ① 법 제70조의2제3항에

농수산물을 도매하기 위하여 제47조에 따라 시·도지사의 허가를 받아 특별시·광역시·특별자치시·특별자치도 또는 시 지역에 개설하는 시장을 말한다. 7. "도매시장법인"이란 제23조에 따라 농수산물도매시장의 개설자로부터 지정을 받고 농수산물을 위탁받아 상장(上場)하여 도매하거나 이를 매수(買受)하여 도매하는 법인(제24조에 따라 도매시장법인의 지정을 받은 것으로 보는 공공출자법인을 포함한다)을 말한다. 8. "시장도매인"이란 제36조 또는 제48조에 따라 농수산물도매시장 또는 민영농수산물도매시장의 개설자로부터 지정을 받고 농수산물을 매수 또는 위탁받아 도매하거나 매매를 중개하는 영업을 하는 법인을 말한다. 9. "중도매인"(仲都賣人)이란 제25조, 제44조, 제46조 또는 제48조에 따라 농수산물도매시장·농수산물공판장 또는 민영농수산물도매시장의 개설자의 허가 또는 지정을 받아 다음 각 목의 영업을 하는 자를 말한다. 가. 농수산물도매시장·농수산물공판장 또는 민영농수산물도매시장에 상장된 농수산물을 매수하여 도매하거나 매매를 중개하는 영업 나. 농수산물도매시장·농수산물공판장 또는 민영농수산물도매시장의 개설자로부터 허가를 받은 비상장(非上場) 농수산물을 매수 또는 위탁받아 도매하거나 매매를 중개하는 영업 10. "매매참가인"이란 제25조의3에 따라 농수산물도매시장·농수산물공판장 또는 민영농수산물도매시장의 개설자에게 신고를 하고, 농수산물도매시장·농수산물공판장 또는 민영농수산물도매시장에 상장된 농수산물을 직접 매수하는 자로서 중도매인이 아닌 가공업자·소매업자·수출업자 및 소비자단체 등 농수산물의 수요자를 말한다. 11. "산지유통인"(産地流通人)이란 제29조, 제44조, 제46조 또는 제48조에 따라 농수산물도매시장·농수산물공판장 또는 민영농수산물도매시장의 개설자에게 등록하고, 농수산물을 수집하여 농수산물도매시장·농수산물공판장 또는 민영농수산물도매시장에 출하(出荷)하는 영업을 하는 자(법인을 포함한다. 이하 같다)를 말한다. 12. "농수산물종합유통센터"란 제69조에 따라 국가 또는 지방자치단체가 설치하거나 국가 또는 지방자치단체의 지원을 받아 설치된 것으로서 농수산물의 출하 경로를 다원화하고 물류비용을 절감하기 위하여 농수산물의 수집·포장·가공·보관·수송·판매 및 그 정보처리 등 농수산물의 물류활동에 필요한 시설과 이와 관련된 업무시설을 갖춘 사업장을 말한다. 13. "경매사"(競賣士)란 제27조, 제44조, 제46조 또는 제48조에 따라 도매시장법인의 임명을 받거나 농수산물공판장·민영농수산물도매시장 개설자의 임명을 받아, 상장된 농수산물의 가격 평가 및 경락자 결정 등의 업무를 수행하는 자를 말한다. 14. "농수산물 전자거래"란 농수산물의 유통단계를 단축하고 유통비용을 절감하기 위하여 「전자문서 및 전자거래 기본법」 제2조제5호에 따른 전자거래의 방식으로 농수산물을 거래하는 것을 말한다. [전문개정 2011. 7. 21.]	1. 「농어업경영체 육성 및 지원에 관한 법률」 제16조에 따른 영농조합법인 및 영어조합법인과 같은 법 제19조에 따른 농업회사법인 및 어업회사법인 2. 「농업협동조합법」 제161조의2에 따른 농협경제지주회사의 자회사 ② 법 제2조제5호에서 "대통령령으로 정하는 법인"이란 「한국농수산식품유통공사법」에 따른 한국농수산식품유통공사(이하 "한국농수산식품유통공사"라 한다)를 말한다. [전문개정 2012. 8. 22.] 제20조(농수산물집하장의 설치·운영) ① 법 제50조에 따라 지역농업협동조합, 지역축산업협동조합, 품목별·업종별협동조합, 조합공동사업법인, 품목조합연합회, 산림조합 및 수산업협동조합과 그 중앙회(농협경제지주회사를 포함한다)나 법 제2조제5호에 따른 생산자 관련 단체 또는 공익법인이 농수산물집하장을 설치·운영하려는 경우에는 농수산물의 출하 및 판매를 위하여 필요한 적정 시설을 갖추어야 한다. <개정 2016. 3. 25., 2017. 6. 27.> ② 농업협동조합중앙회·산림조합중앙회·수산업협동조합중앙회의 장 및 농협경제지주회사의 대표이사는 농수산물집하장의 설치와 운영에 필요한 기준을 정하여야 한다. <개정 2017. 6. 27.> [전문개정 2012. 8. 22.]	따른 거래품목은 법 제2조제1호에 따른 농수산물로 한다. ② 법 제70조의2제3항에 따른 거래수수료는 농수산물 전자거래소를 이용하는 판매자와 구매자로부터 다음 각 호의 구분에 따라 징수하는 금전으로 한다. 1. 판매자의 경우: 사용료 및 판매수수료 2. 구매자의 경우: 사용료 ③ 제2항에 따른 거래수수료는 거래액의 1천분의 30을 초과할 수 없다. ④ 농수산물 전자거래소를 통하여 거래계약이 체결된 경우에는 한국농수산식품유통공사가 구매자를 대신하여 그 거래대금을 판매자에게 직접 결제할 수 있다. 이 경우 한국농수산식품유통공사는 구매자로부터 보증금, 담보 등 필요한 채권확보수단을 미리 마련하여야 한다. ⑤ 제1항부터 제4항까지에서 규정한 사항 외에 농수산물전자거래에 관하여 필요한 사항은 한국농수산식품유통공사의 장이 농림축산식품부장관 또는 해양수산부장관의 승인을 받아 정한다. <개정 2013. 3. 24.> [전문개정 2012. 8. 23.]
제3조(다른 법률의 적용 배제) 이 법에 따른 농수산물도매시장(이하 "도매시장"이라 한다), 농수산물공판장(이하 "공판장"이라 한다), 민영농수산물도매시장(이하 "민영도매시장"이라 한다) 및 수산물종합유통센터(이하 "종합유통센터"라 한다)에 대하여는 「유통산업발전법」의 규정을 적용하지 아니한다. [전문개정 2011. 7. 21.]		

제2장 농수산물의 생산조정 및 출하조절		
제4조(주산지의 지정 및 해제 등) ① 시·도지사는 농수산물의 경쟁력 제고 또는 수급(需給)을 조절하기 위하여 생산 및 출하를 촉진 또는 조절할 필요가 있다고 인정할 때에는 주요 농수산물의 생산지역이나 생산수면(이하 "주산지"라 한다)을 지정하고 그 주산지에서 주요 농수산물을 생산하는 자에 대하여 생산자금의 융자 및 기술지도 등 필요한 지원을 할 수 있다. <개정 2017. 3. 21.> ② 제1항에 따른 주요 농수산물은 국내 농수산물의 생산에서 차지하는 비중이 크거나 생산·출하의 조절이 필요한 것으로서 농림축산식품부장관 또는 해양수산부장관이 지정하는 품목으로 한다. <개정 2013. 3. 23., 2017. 3. 21.> ③ 주산지는 다음 각 호의 요건을 갖춘 지역 또는 수면(水面) 중에서 구역을 정하여 지정한다. <개정 2013. 3. 23.> 1. 주요 농수산물의 재배면적 또는 양식면적이 농림축산식품부장관 또는 해양수산부장관이 고시하는 면적 이상일 것 2. 주요 농수산물의 출하량이 농림축산식품부장관 또는 해양수산부장관이 고시하는 수량 이상일 것 ④ 시·도지사는 제1항에 따라 지정된 주산지가 제3항에 따른 지정요건에 적합하지 아니하게 되었을 때에는 그 지정을 변경하거나 해제할 수 있다. ⑤ 제1항에 따른 주산지의 지정, 제2항에 따른 주요 농수산물 품목의 지정 및 제4항에 따른 주산지의 변경·해제에 필요한 사항은 대통령령으로 정한다. [전문개정 2011. 7. 21.]	제4조(주산지의 지정·변경 및 해제) ① 법 제4조제1항에 따른 주요 농수산물의 생산지역이나 생산수면(이하 "주산지"라 한다)의 지정은 읍·면·동 또는 시·군·구 단위로 한다. ② 특별시장·광역시장·특별자치시장·도지사 또는 특별자치도지사(이하 "시·도지사"라 한다)는 제1항에 따라 주산지를 지정하였을 때에는 이를 고시하고 농림축산식품부장관 또는 해양수산부장관에게 통지하여야 한다. <개정 2013. 3. 23.> ③ 법 제4조제4항에 따른 주산지 지정의 변경 또는 해제에 관하여는 제1항 및 제2항을 준용한다. [전문개정 2012. 8. 22.] 제5조(주요 농수산물 품목의 지정) 농림축산식품부장관 또는 해양수산부장관은 법 제4조제2항에 따라 주요 농수산물 품목을 지정하였을 때에는 이를 고시하여야 한다. <개정 2013. 3. 23.> [전문개정 2012. 8. 22.]	
제4조의2(주산지협의체의 구성 등) ① 제4조제1항에 따라 지정된 주산지의 시·도지사는 주산지의 지정목적 달성 및 주요 농수산물 경영체 육성을 위하여 생산자 등으로 구성된 주산지협의체(이하 "협의체"라 한다)를 설치할 수 있다. ② 협의체는 주산지 간 정보 교환 및 농수산물 수급조절 과정에의 참여 등을 위하여 공동으로 품목별 중앙주산지협의회(이하 "중앙협의회"라 한다)를 구성·운영할 수 있다. ③ 협의체의 설치 및 중앙협의회의 구성·운영 등에 관하여 필요한 사항은 대통령령으로 정한다. ④ 국가 또는 지방자치단체는 협의체 및 중앙협의회의 원활한 운영을 위하여 필요한 경비의 일부를 지원할 수 있다. [본조신설 2017. 3. 21.]	제5조의2(주산지협의체의 구성 등) ① 시·도지사는 법 제4조의2제1항에 따른 주산지협의체(이하 "협의체"라 한다)를 주산지별 또는 시·도 단위별로 설치할 수 있다. ② 협의체는 20명 이내의 위원으로 구성하며, 위원은 다음 각 호의 어느 하나에 해당하는 사람 중에서 시·도지사가 지명 또는 위촉한다. 1. 해당 시·도 소속 공무원 2. 「농업·농촌 및 식품산업 기본법」 제3조제2호에 따른 농업인 또는 「수산업·어촌 발전 기본법」 제3조제3호에 따른 어업인 3. 「농업·농촌 및 식품산업 기본법」 제3조제4호에 따른 생산자단체의 대표·임직원 또는 「수산업·어촌 발전 기본법」 제3조제5호에 따른 생산자단체의 대표·임직원 4. 법 제2조제11호에 따른 산지유통인 5. 해당 농수산물 품목에 관한 전문적 지식이나 경험을 가진 사람 중 시·도지사가 필요하다고 인정하는 사람 ③ 협의체의 위원장은 위원 중에서 호선하되, 공무원인 위원과 위촉된 위원 각 1명을 공동위원장으로 선출할 수 있다. ④ 제1항부터 제3항까지에서 규정한 사항 외에 협의체의 구성과 운영에 관한 세부사항은 농림축산식품부장관 또는 해양수산부장관이 정한다. [본조신설 2017. 9. 5.] 제5조의3(중앙주산지협의회의 구성 등) ① 법 제4조의2제2항에 따른 중앙주산지협의회(이하 "중앙협의회"라 한다)는 20명 이내의 위원으로 구성하며, 위원은 다음 각 호의 어느 하나에 해당하는 사람이 된다.	

	1. 각 협의체가 추천한 협의체의 위원 중 농림축산식품부장관 또는 해양수산부장관이 위촉하는 사람 10명 이내 2. 농림축산식품부장관이 지명하는 농림축산식품부 소속 공무원 3명 이내 또는 해양수산부장관이 지명하는 해양수산부 소속 공무원 3명 이내 3. 해당 농수산물 품목에 관한 전문적 지식이나 경험을 가진 사람 중 농림축산식품부장관 또는 해양수산부장관이 필요하다고 인정하여 위촉하는 사람 ② 중앙협의회의 위원장은 위원 중에서 호선하되, 공무원인 위원과 위촉된 위원 각 1명을 공동위원장으로 선출할 수 있다. ③ 제1항 및 제2항에서 규정한 사항 외에 중앙협의회의 구성과 운영에 관한 세부사항은 중앙협의회 위원의 의견을 들어 위원장이 정한다. [본조신설 2017. 9. 5.]	
제5조(농림업관측) ① 농림축산식품부장관은 농산물의 수급안정을 위하여 가격의 등락 폭이 큰 주요 농산물에 대하여 매년 기상정보, 생산면적, 작황, 재고물량, 소비동향, 해외시장 정보 등을 조사하여 이를 분석하는 농림업관측을 실시하고 그 결과를 공표하여야 한다. <개정 2013. 3. 23., 2013. 12. 30., 2015. 3. 27.> ② 제1항에 따른 농림업관측에도 불구하고 농림축산식품부장관은 주요 곡물의 수급안정을 위하여 농림축산식품부장관이 정하는 주요 곡물에 대한 상시 관측체계의 구축과 국제 곡물수급모형의 개발을 통하여 매년 주요 곡물 생산 및 수출 국가들의 작황 및 수급 상황 등을 조사·분석하는 국제곡물관측을 별도로 실시하고 그 결과를 공표하여야 한다. <개정 2013. 3. 23., 2013. 12. 30.> ③ 농림축산식품부장관은 효율적인 농림업관측 또는 국제곡물관측을 위하여 필요하다고 인정하는 경우에는 품목을 지정하여 지역농업협동조합, 지역축산업협동조합, 품목별·업종별협동조합, 산림조합, 그 밖에 농림축산식품부령으로 정하는 자로 하여금 농림업관측 또는 국제곡물관측을 실시하게 할 수 있다. <개정 2013. 3. 23., 2013. 12. 30., 2015. 3. 27.> ④ 농림축산식품부장관은 제1항 또는 제2항에 따른 농림업관측업무 또는 국제곡물관측업무를 효율적으로 실시하기 위하여 농림업 관련 연구기관 또는 단체를 농림업관측 전담기관(국제곡물관측업무를 포함한다)으로 지정하고, 그 운영에 필요한 경비를 충당하기 위하여 예산의 범위에서 출연금(出捐金) 또는 보조금을 지급할 수 있다. <개정 2013. 3. 23., 2013. 12. 30., 2015. 3. 27.> ⑤ 제4항에 따른 농림업관측 전담기관의 지정 및 운영에 필요한 사항은 농림축산식품부령으로 정한다. <개정 2013. 3. 23., 2013. 12. 30., 2015. 3. 27.> [전문개정 2011. 7. 21.] [제목개정 2015. 3. 27.]		제4조(농림업관측 실시자) 법 제5조제3항에서 "농림축산식품부령으로 정하는 자"란 다음 각 호의 자를 말한다. <개정 2013. 3. 24., 2016. 4. 6., 2017. 7. 12.> 1. 농업협동조합중앙회(농협경제지주회사를 포함한다) 및 산림조합중앙회 2. 삭제 <2016. 4. 6.> 3. 「한국농수산식품유통공사법」에 따른 한국농수산식품유통공사(이하 "한국농수산식품유통공사"라 한다) 4. 그 밖의 생산자조직 등으로서 농림축산식품부장관이 인정하는 자 [전문개정 2012. 8. 23.] [제목개정 2016. 4. 6.] 제7조(농림업관측 전담기관의 지정) ① 법 제5조제4항에 따른 농업관측 전담기관은 한국농촌경제연구원으로 한다. <개정 2016. 4. 6.> ② 농림업관측 전담기관의 업무 범위와 필요한 지원 등에 관한 세부 사항은 농림축산식품부장관이 정한다. <개정 2013. 3. 24., 2016. 4. 6.> [전문개정 2012. 8. 23.] [제목개정 2016. 4. 6.]
제5조의2(농수산물 유통 관련 통계작성 등) ① 농림축산식품부장관 또는 해양수산부장관은 농수산물의 수급안정을 위하여 가격의 등락 폭이 큰 주요 농수산물의 유통에 관한 통계를 작성·관리하고 공표하 되, 필요한 경우 통계청장과 협의할 수 있다. ② 농림축산식품부장관 또는 해양수산부장관은 제1항에 따른 통계 작성을 위하여 필요한 경우 관계 중앙행정기관의 장 또는 지방자치단체의 장 등에게 자료의 제공을 요청할 수 있다. 이 경우 자료제공을 요청받은 관계 중앙행정기관의 장 또는 지방자치단체의 장 등은 특별한 사유가 없으면 자료를 제공하여야 한다. ③ 제1항 및 제2항에서 규정한 사항 외에 농수산물의 유통에 관한 통계		

작성·관리 및 공표 등에 필요한 사항은 대통령령으로 정한다. [본조신설 2016. 12. 2.]		
제5조의3(종합정보시스템의 구축·운영) ① 농림축산식품부장관 및 해양수산부장관은 농수산물의 원활한 수급과 적정한 가격 유지를 위하여 농수산물유통 종합정보시스템을 구축하여 운영할 수 있다. ② 농림축산식품부장관 및 해양수산부장관은 농수산물유통 종합정보시스템의 구축·운영을 대통령령으로 정하는 전문기관에 위탁할 수 있다. ③ 제1항 및 제2항에서 규정한 사항 외에 농수산물유통 종합정보시스템의 구축·운영 등에 필요한 사항은 대통령령으로 정한다. [본조신설 2016. 12. 2.]	제6조(종합정보시스템 구축·운영 업무의 위탁 등) ① 농림축산식품부장관 및 해양수산부장관은 법 제5조의3제2항에 따라 같은 조 제1항에 따른 농수산물유통 종합정보시스템(이하 "종합정보시스템"이라 한다)의 구축·운영 업무를 다음 각 호의 기관에 위탁한다. 1. 농산물의 경우: 「한국농수산식품유통공사법」에 따른 한국농수산식품유통공사 2. 수산물의 경우: 「정부출연연구기관 등의 설립·운영 및 육성에 관한 법률」에 따른 한국해양수산개발원 ② 농림축산식품부장관 및 해양수산부장관은 제1항에 따른 위탁 업무 수행에 필요한 경비를 지원할 수 있다. [본조신설 2017. 5. 8.]	
제6조(계약생산) ① 농림축산식품부장관은 주요 농산물의 원활한 수급과 적정한 가격 유지를 위하여 지역농업협동조합, 지역축산업협동조합, 품목별·업종별협동조합, 조합공동사업법인, 품목조합연합회, 산림조합과 그 중앙회(농협경제지주회사를 포함한다)나 그 밖에 대통령령으로 정하는 생산자 관련 단체(이하 "생산자단체"라 한다) 또는 농산물 수요자와 생산자 간에 계약생산 또는 계약출하를 하도록 장려할 수 있다. <개정 2013. 3. 23., 2015. 3. 27.> ② 농림축산식품부장관은 제1항에 따라 생산계약 또는 출하계약을 체결하는 생산자단체 또는 농산물 수요자에 대하여 제54조에 따른 농산물가격안정기금으로 계약금의 대출 등 필요한 지원을 할 수 있다. <개정 2015. 6. 22.> [전문개정 2011. 7. 21.]	제7조(계약생산의 생산자 관련 단체) 법 제6조제1항에서 "대통령령으로 정하는 생산자 관련 단체"란 다음 각 호의 자를 말한다. <개정 2013. 3. 23., 2016. 3. 25., 2017. 6. 27.> 1. 농산물을 공동으로 생산하거나 농산물을 생산하여 이를 공동으로 판매·가공·홍보 또는 수출하기 위하여 지역농업협동조합, 지역축산업협동조합, 품목별·업종별협동조합, 조합공동사업법인, 품목조합연합회 및 산림조합과 그 중앙회(농협경제지주회사를 포함한다) 중 둘 이상이 모여 결성한 조직으로서 농림축산식품부장관이 정하여 고시하는 요건을 갖춘 단체 2. 제3조제1항 각 호에 해당하는 자 3. 농산물을 공동으로 생산하거나 농산물을 생산하여 이를 공동으로 판매·가공·홍보 또는 수출하기 위하여 농업인 5인 이상이 모여 결성한 법인격이 있는 조직으로서 농림축산식품부장관이 정하여 고시하는 요건을 갖춘 단체 4. 제2호 또는 제3호의 단체 중 둘 이상이 모여 결성한 조직으로서 농림축산식품부장관이 정하여 고시하는 요건을 갖춘 단체 [전문개정 2012. 8. 22.] 제10조(과잉생산된 농산물의 수매 및 처분) ① 농림축산식품부장관은 법 제9조에 따라 저장성이 없는 농산물을 수매할 때에 다음 각 호의 어느 하나의 경우에는 수확 이전에 생산자 또는 생산자단체로부터 이를 수매할 수 있으며, 수매한 농산물에 대해서는 해당 농산물의 생산지에서 폐기하는 등 필요한 처분을 할 수 있다. <개정 2013. 3. 23., 2016. 3. 25.> 1. 생산조정 또는 출하조절에도 불구하고 과잉생산이 우려되는 경우 2. 생산자보호를 위하여 필요하다고 인정되는 경우 ② 법 제9조에 따라 저장성이 없는 농산물을 수매하는 경우에는 법 제6조에 따라 생산계약 또는 출하계약을 체결한 생산자가 생산한 농산물과 법 제13조제1항에 따라 출하를 약정한 생산자가 생산한 농산물을 우선적으로 수매하여야 한다. <개정 2016. 3. 25.> ③ 법 제9조제3항에 따른 저장성이 없는 농산물의 수매·처분의 위탁 및 비용처리에 관하여는 제12조부터 제14조까지의 규정을 준용한다. <개정 2016. 3. 25.> [전문개정 2012. 8. 22.] [제목개정 2016. 3. 25.]	제9조(가격예시 대상 품목) 법 제8조제1항에 따른 주요 농산물은 법 제6조에 따라 계약생산 또는 계약출하를 하는 농산물로서 농림축산식품부장관이 지정하는 품목으로 한다. [전문개정 2013. 3. 24.]

<table>
<tr><td>제7조 삭제 <2012. 2. 22.></td><td></td><td></td></tr>
<tr><td>제8조(가격 예시) ① 농림축산식품부장관 또는 해양수산부장관은 농림축산식품부령 또는 해양수산부령으로 정하는 주요 농수산물의 수급조절과 가격안정을 위하여 필요하다고 인정할 때에는 해당 농산물의 파종기 또는 수산물의 종자입식 시기 이전에 생산자를 보호하기 위한 하한가격[이하 "예시가격"(豫示價格)이라 한다]을 예시할 수 있다. <개정 2013. 3. 23., 2015. 6. 22.>
② 농림축산식품부장관 또는 해양수산부장관은 제1항에 따라 예시가격을 결정할 때에는 해당 농산물의 농림업관측, 주요 곡물의 국제곡물관측 또는 「수산물 유통의 관리 및 지원에 관한 법률」 제38조에 따른 수산업관측(이하 이 조에서 "수산업관측"이라 한다) 결과, 예상 경영비, 지역별 예상 생산량 및 예상 수급상황 등을 고려하여야 한다. <개정 2013. 3. 23., 2013. 12. 30., 2015. 3. 27.>
③ 농림축산식품부장관 또는 해양수산부장관은 제1항에 따라 예시가격을 결정할 때에는 미리 기획재정부장관과 협의하여야 한다. <개정 2013. 3. 23.>
④ 농림축산식품부장관 또는 해양수산부장관은 제1항에 따라 가격을 예시한 경우에는 예시가격을 지지(支持)하기 위하여 다음 각 호의 사항 등을 연계하여 적절한 시책을 추진하여야 한다. <개정 2015. 3. 27.>
1. 제5조에 따른 농림업관측·국제곡물관측 또는 수산업관측의 지속적 실시
2. 제6조 또는 「수산물 유통의 관리 및 지원에 관한 법률」 제39조에 따른 계약생산 또는 계약출하의 장려
3. 제9조 또는 「수산물 유통의 관리 및 지원에 관한 법률」 제40조에 따른 수매 및 처분
4. 제10조에 따른 유통협약 및 유통조절명령
5. 제13조 또는 「수산물 유통의 관리 및 지원에 관한 법률」 제41조에 따른 비축사업
[전문개정 2011. 7. 21.]</td><td></td><td>제9조(가격예시 대상 품목) 법 제8조제1항에 따른 주요 농산물은 법 제6조에 따라 계약생산 또는 계약출하를 하는 농산물로서 농림축산식품부장관이 지정하는 품목으로 한다.
[전문개정 2013. 3. 24.]</td></tr>
<tr><td>제9조(과잉생산 시의 생산자 보호) ① 농림축산식품부장관은 채소류 등 저장성이 없는 농산물의 가격안정을 위하여 필요하다고 인정할 때에는 그 생산자 또는 생산자단체로부터 제54조에 따른 농산물가격안정기금으로 해당 농산물을 수매할 수 있다. 다만, 가격안정을 위하여 특히 필요하다고 인정할 때에는 도매시장 또는 공판장에서 해당 농산물을 수매할 수 있다. <개정 2013. 3. 23., 2015. 3. 27.>
② 제1항에 따라 수매한 농산물은 판매 또는 수출하거나 사회복지단체에 기증하거나 그 밖에 필요한 처분을 할 수 있다. <개정 2015. 3. 27.>
③ 농림축산식품부장관은 제1항과 제2항에 따른 수매 및 처분에 관한 업무를 농업협동조합중앙회·산림조합중앙회(이하 "농림협중앙회"라 한다) 또는 「한국농수산식품유통공사법」에 따른 한국농수산식품유통공사(이하 "한국농수산식품유통공사"라 한다)에 위탁할 수 있다. <개정 2011. 7. 25., 2013. 3. 23., 2015. 3. 27.>
④ 농림축산식품부장관은 채소류 등의 수급 안정을 위하여 생산·출하 안정 등 필요한 사업을 추진할 수 있다. <신설 2016. 12. 2.>
⑤ 제1항부터 제3항까지의 규정에 따른 수매·처분 등에 필요한 사항은 대통령령으로 정한다. <개정 2016. 12. 2.>
[전문개정 2011. 7. 21.]</td><td>제10조(과잉생산된 농산물의 수매 및 처분) ① 농림축산식품부장관은 법 제9조에 따라 저장성이 없는 농산물을 수매할 때에 다음 각 호의 어느 하나의 경우에는 수확 이전에 생산자 또는 생산자단체로부터 이를 수매할 수 있으며, 수매한 농산물에 대해서는 해당 농산물의 생산지에서 폐기하는 등 필요한 처분을 할 수 있다. <개정 2013. 3. 23., 2016. 3. 25.>
1. 생산조정 또는 출하조절에도 불구하고 과잉생산이 우려되는 경우
2. 생산자보호를 위하여 필요하다고 인정되는 경우
② 법 제9조에 따라 저장성이 없는 농산물을 수매하는 경우에는 법 제6조에 따라 생산계약 또는 출하계약을 체결한 생산자가 생산한 농산물과 법 제13조제1항에 따라 출하를 약정한 생산자가 생산한 농산물을 우선적으로 수매하여야 한다. <개정 2016. 3. 25.>
③ 법 제9조제3항에 따른 저장성이 없는 농산물의 수매·처분의 위탁 및 비용처리에 관하여는 제12조부터 제14조까지의 규정을 준용한다. <개정 2016. 3. 25.>
[전문개정 2012. 8. 22.]
[제목개정 2016. 3. 25.]</td><td></td></tr>
<tr><td>제9조의2(몰수농산물등의 이관) ① 농림축산식품부장관은 국내 농산물 시장의 수급안정 및 거래질서 확립을 위하여 「관세법」 제326조 및 「검찰청법」</td><td></td><td>제9조의2(몰수농산물등의 인수) ① 농림축산식품부장관은 법 제9조의2제1항에 따른 몰수농산물등을 이관받으려는 경우에는 법 제9조의2제4항에 따른</td></tr>
</table>

<table>
<tr>
<td>제11조에 따라 몰수되거나 국고에 귀속된 농산물(이하 "몰수농산물등"이라 한다)을 이관받을 수 있다. <개정 2013. 3. 23.>
② 농림축산식품부장관은 제1항에 따라 이관받은 몰수농산물등을 매각·공매·기부 또는 소각하거나 그 밖의 방법으로 처분할 수 있다. <개정 2013. 3. 23.>
③ 제2항에 따른 몰수농산물등의 처분으로 발생하는 비용 또는 매각·공매 대금은 제54조에 따른 농산물가격안정기금으로 지출 또는 납입하여야 한다.
④ 농림축산식품부장관은 제2항에 따른 몰수농산물등의 처분업무를 제9조제3항의 농업협동조합중앙회 또는 한국농수산식품유통공사 중에서 지정하여 대행하게 할 수 있다. <개정 2011. 7. 25., 2013. 3. 23.>
⑤ 몰수농산물등의 처분절차 등에 관하여 필요한 사항은 농림축산식품부령으로 정한다. <개정 2013. 3. 23.>
[전문개정 2011. 7. 21.]</td>
<td></td>
<td>처분대행기관의 장(이하 "처분대행기관장"이라 한다)에게 이를 인수하도록 통보하여야 한다. <개정 2013. 3. 24.>
② 제1항에 따른 인수통보를 받은 처분대행기관장은 이관받은 품목의 품명·규격·수량·성질 및 상태 등을 정확히 파악한 후 인수하고, 그 결과를 농림축산식품부장관에게 지체 없이 보고하여야 한다. <개정 2013. 3. 24.>
[전문개정 2012. 8. 23.]</td>
</tr>
<tr>
<td>제10조(유통협약 및 유통조절명령) ① 주요 농수산물의 생산자, 산지유통인, 저장업자, 도매업자·소매업자 및 소비자 등(이하 "생산자등"이라 한다)의 대표는 해당 농수산물의 자율적인 수급조절과 품질향상을 위하여 생산조정 또는 출하조절을 위한 협약(이하 "유통협약"이라 한다)을 체결할 수 있다.
② 농림축산식품부장관 또는 해양수산부장관은 부패하거나 변질되기 쉬운 농수산물로서 농림축산식품부령 또는 해양수산부령으로 정하는 농수산물에 대하여 현저한 수급 불안정을 해소하기 위하여 특히 필요하다고 인정되고 농림축산식품부령 또는 해양수산부령으로 정하는 생산자등 또는 생산자단체가 요청할 때에는 공정거래위원회와 협의를 거쳐 일정 기간 동안 일정 지역의 해당 농수산물의 생산자등에게 생산조정 또는 출하조절을 하도록 하는 유통조절명령(이하 "유통명령"이라 한다)을 할 수 있다. <개정 2013. 3. 23.>
③ 유통명령에는 유통명령을 하는 이유, 대상 품목, 대상자, 유통조절방법 등 대통령령으로 정하는 사항이 포함되어야 한다.
④ 제2항에 따라 생산자등 또는 생산자단체가 유통명령을 요청하려는 경우에는 제3항에 따른 내용이 포함된 요청서를 작성하여 이해관계인·유통전문가의 의견수렴 절차를 거치고 해당 농수산물의 생산자등의 대표나 해당 생산자단체의 재적회원 3분의 2 이상의 찬성을 받아야 한다.
⑤ 제2항에 따른 유통명령을 하기 위한 기준과 구체적 절차, 유통명령을 요청할 수 있는 생산자등의 조직과 구성 및 운영방법 등에 관하여 필요한 사항은 농림축산식품부령 또는 해양수산부령으로 정한다. <개정 2013. 3. 23.>
[전문개정 2011. 7. 21.]</td>
<td>제11조(유통조절명령) 법 제10조제2항에 따른 유통조절명령에는 다음 각 호의 사항이 포함되어야 한다. <개정 2013. 3. 23.>
1. 유통조절명령의 이유(수급·가격·소득의 분석 자료를 포함한다)
2. 대상 품목
3. 기간
4. 지역
5. 대상자
6. 생산조정 또는 출하조절의 방안
7. 명령이행 확인의 방법 및 명령 위반자에 대한 제재조치
8. 사후관리와 그 밖에 농림축산식품부장관 또는 해양수산부장관이 유통조절에 관하여 필요하다고 인정하는 사항
[전문개정 2012. 8. 22.]</td>
<td>제10조(유통명령의 대상 품목) 법 제10조제2항에 따라 유통조절명령(이하 "유통명령"이라 한다)을 내릴 수 있는 농수산물은 다음 각 호의 농수산물 중 농림축산식품부장관 또는 해양수산부장관이 지정하는 품목으로 한다. <개정 2013. 3. 24.>
1. 법 제10조제1항에 따라 유통협약을 체결한 농수산물
2. 생산이 전문화되고 생산지역의 집중도가 높은 농수산물
[전문개정 2012. 8. 23.]
제11조(유통명령의 요청자 등) ① 법 제10조제2항에서 "농림축산식품부령 또는 해양수산부령으로 정하는 생산자등 또는 생산자단체"란 다음 각 호의 생산자등 또는 생산자단체로서 농수산물의 수급조절 및 품질향상 능력 등 농림축산식품부장관 또는 해양수산부장관이 정하는 요건을 갖춘 자를 말한다. <개정 2013. 3. 24.>
1. 제10조에 따른 유통명령 대상 품목인 농수산물의 수급조절과 품질향상을 위하여 제12조제1항에 따른 유통조절추진위원회를 구성·운영하는 생산자등
2. 제10조에 따른 유통명령 대상 품목인 농수산물을 주로 생산하는 법 제6조에 따른 생산자단체
② 제1항 각 호에 따른 요청자가 유통명령을 요청하는 경우에는 유통명령 요청서를 해당 지역에서 발행되는 일간지에 공고하거나 이해관계자 대표 등에게 발송하여 10일 이상 의견조회를 하여야 한다.
[전문개정 2012. 8. 23.]
제11조의2(유통명령의 발령기준 등) 법 제10조제5항에 따른 유통명령을 발하기 위한 기준은 다음 각 호의 사항을 감안하여 농림축산식품부장관 또는 해양수산부장관이 정하여 고시한다. <개정 2008. 3. 3., 2013. 3. 24.>
1. 품목별 특성
2. 법 제5조에 따른 관측 결과 등을 반영하여 산정한 예상 가격과 예상 공급량
[본조신설 2007. 7. 6.]

제12조(유통조절추진위원회의 조직 등) ① 법 제10조제2항에 따라 유통명령을 요청하려는 생산자등은 제10조에 따른 유통명령 대상 품목의 생산자, 산지유통인, 저장업자, 도매업자·소매업자 및 소비자 등의 대표가 참여하여 유통명령의 요청 및 유통조절 추진에 관한 사항을 협의하는 위원회(이하 "유통조절추진위원회"라</td>
</tr>
</table>

		한다)를 구성하여야 하며, 유통명령의 원활한 시행을 위하여 필요한 경우에는 해당 농수산물의 주요 생산지에 유통조절추진위원회의 지역조직을 둘 수 있다. ② 유통조절추진위원회의 구성 및 운영방법 등에 관한 세부적인 사항은 농림축산식품부장관 또는 해양수산부장관이 정한다. <개정 2013. 3. 24.> ③ 농림축산식품부장관 또는 해양수산부장관은 유통조절추진위원회의 생산·출하조절 등 수급안정을 위한 활동을 지원할 수 있다. <개정 2013. 3. 24.> [전문개정 2012. 8. 23.]
제11조(유통명령의 집행) ① 농림축산식품부장관 또는 해양수산부장관은 유통명령이 이행될 수 있도록 유통명령의 내용에 관한 홍보, 유통명령 위반자에 대한 제재 등 필요한 조치를 하여야 한다. <개정 2013. 3. 23.> ② 농림축산식품부장관 또는 해양수산부장관은 필요하다고 인정하는 경우에는 지방자치단체의 장, 해당 농수산물의 생산자등의 조직 또는 생산자단체로 하여금 제1항에 따른 유통명령 집행업무의 일부를 수행하게 할 수 있다. <개정 2013. 3. 23.> [전문개정 2011. 7. 21.]		
제12조(유통명령 이행자에 대한 지원 등) ① 농림축산식품부장관 또는 해양수산부장관은 유통협약 또는 유통명령을 이행한 생산자등이 그 유통협약이나 유통명령을 이행함에 따라 발생하는 손실에 대하여는 제54조에 따른 농산물가격안정기금 또는 「수산업·어촌 발전 기본법」 제46조에 따른 수산발전기금으로 그 손실을 보전(補塡)하게 할 수 있다. <개정 2013. 3. 23., 2015. 3. 27., 2015. 6. 22.> ② 농림축산식품부장관 또는 해양수산부장관은 제11조제2항에 따라 유통명령 집행업무의 일부를 수행하는 생산자등의 조직이나 생산자단체에 필요한 지원을 할 수 있다. <개정 2013. 3. 23.> ③ 제1항에 따른 유통명령 이행으로 인한 손실 보전 및 제2항에 따른 유통명령 집행업무의 지원에 필요한 사항은 대통령령으로 정한다. [전문개정 2011. 7. 21.]		
제13조(비축사업 등) ① 농림축산식품부장관은 농산물(쌀과 보리는 제외한다. 이하 이 조에서 같다)의 수급조절과 가격안정을 위하여 필요하다고 인정할 때에는 제54조에 따른 농산물가격안정기금으로 농산물을 비축하거나 농산물의 출하를 약정하는 생산자에게 그 대금의 일부를 미리 지급하여 출하를 조절할 수 있다. <개정 2013. 3. 23., 2015. 3. 27.> ② 제1항에 따른 비축용 농산물은 생산자 및 생산자단체로부터 수매하여야 한다. 다만, 가격안정을 위하여 특히 필요하다고 인정할 때에는 도매시장 또는 공판장에서 수매하거나 수입할 수 있다. <개정 2015. 3. 27.> ③ 농림축산식품부장관은 제2항 단서에 따라 비축용 농산물을 수입하는 경우 국제가격의 급격한 변동에 대비하여야 할 필요가 있다고 인정할 때에는 선물거래(先物去來)를 할 수 있다. <개정 2013. 3. 23., 2015. 3. 27.> ④ 농림축산식품부장관은 제1항에 따른 사업을 농림협중앙회 또는 한국농수산식품유통공사에 위탁할 수 있다. <개정 2011. 7. 25., 2013. 3. 23., 2015. 3. 27.> ⑤ 제1항부터 제4항까지의 규정에 따른 비축용 농산물의 수매·수입·관리 및 판매 등에 필요한 사항은 대통령령으로 정한다. <개정 2015. 3. 27.>	제10조(과잉생산된 농산물의 수매 및 처분) ① 농림축산식품부장관은 법 제9조에 따라 저장성이 없는 농산물을 수매할 때에 다음 각 호의 어느 하나의 경우에는 수확 이전에 생산자 또는 생산자단체로부터 이를 수매할 수 있으며, 수매한 농산물에 대해서는 해당 농산물의 생산지에서 폐기하는 등 필요한 처분을 할 수 있다. <개정 2013. 3. 23., 2016. 3. 25.> 1. 생산조정 또는 출하조절에도 불구하고 과잉생산이 우려되는 경우 2. 생산자보호를 위하여 필요하다고 인정되는 경우 ② 법 제9조에 따라 저장성이 없는 농산물을 수매하는 경우에는 법 제6조에 따라 생산계약 또는 출하계약을 체결한 생산자가 생산한 농산물과 법 제13조제1항에 따라 출하를 약정한 생산자가 생산한 농산물을 우선적으로 수매하여야 한다. <개정 2016. 3. 25.> ③ 법 제9조제3항에 따른 저장성이 없는 농산물의 수매·처분의 위탁 및 비용처리에 관하여는 제12조부터 제14조까지의 규정을 준용한다. <개정 2016. 3. 25.> [전문개정 2012. 8. 22.] [제목개정 2016. 3. 25.]	

[전문개정 2011. 7. 21.]	제12조(비축사업등의 위탁) ① 농림축산식품부장관은 법 제13조제4항에 따라 다음 각 호의 농산물의 비축사업 또는 출하조절사업(이하 "비축사업등"이라 한다)을 농업협동조합중앙회·농협경제지주회사·산림조합중앙회 또는 한국농수산식품유통공사에 위탁하여 실시한다. <개정 2013. 3. 23., 2016. 3. 25., 2017. 6. 27.> 1. 비축용 농산물의 수매·수입·포장·수송·보관 및 판매 2. 비축용 농산물을 확보하기 위한 재배·양식·선매 계약의 체결 3. 농산물의 출하약정 및 선급금(先給金)의 지급 4. 제1호부터 제3호까지의 규정에 따른 사업의 정산 ② 농림축산식품부장관은 제1항에 따라 농산물의 비축사업등을 위탁할 때에는 다음 각 호의 사항을 정하여 위탁하여야 한다. <개정 2013. 3. 23., 2016. 3. 25., 2018. 4. 17.> 1. 대상농산물의 품목 및 수량 2. 대상농산물의 품질·규격 및 가격 2의2. 대상농산물의 안전성 확인 방법 3. 대상농산물의 판매방법·수매 또는 수입시기 등 사업실시에 필요한 사항 [전문개정 2012. 8. 22.] 제37조의2(고유식별정보의 처리) ① 농림축산식품부장관(법 제13조제4항에 따라 농림축산식품부장관의 업무를 위탁받은 자를 포함한다)은 법 제13조제1항에 따른 농산물 비축사업에 관한 사무를 수행하기 위하여 불가피한 경우 「개인정보 보호법 시행령」 제19조제1호 또는 제4호에 따른 주민등록번호 또는 외국인등록번호가 포함된 자료를 처리할 수 있다. <신설 2014. 8. 6., 2016. 3. 25.> ②농림축산식품부장관 또는 해양수산부장관(법 제27조의2제2항, 이 영 제17조의2제1항 및 제17조의5제1항에 따라 농림축산식품부장관 또는 해양수산부장관의 업무를 위탁받은 자를 포함한다)은 법 제27조의2제2항에 따른 시험의 관리(경매사 자격증 발급을 포함한다)에 관한 업무를 수행하기 위하여 불가피한 경우 「개인정보 보호법 시행령」 제19조제1호 또는 제4호에 따른 주민등록번호 또는 외국인등록번호가 포함된 자료를 처리할 수 있다. <개정 2014. 8. 6.> ③ 도매시장 개설자(제37조제2항에 따라 도매시장 개설자의 권한을 위탁받은 자를 포함한다), 공판장의 개설자 또는 민영도매시장의 개설자는 다음 각 호의 사무를 수행하기 위하여 불가피한 경우 「개인정보 보호법 시행령」 제19조제1호에 따른 주민등록번호가 포함된 자료를 처리할 수 있다. <신설 2014. 8. 6.> 1. 법 제23조에 따른 도매시장법인의 지정에 관한 사무 2. 법 제23조의2에 따른 도매시장법인의 인수·합병 승인에 관한 사무 3. 법 제25조에 따른 중도매업의 허가에 관한 사무 4. 법 제25조의2에 따른 법인인 중도매인의 인수·합병 승인에 관한 사무 5. 법 제25조의3에 따른 매매참가인의 신고에 관한 사무 6. 법 제29조에 따른 산지유통인 등록에 관한 사무 7. 법 제30조에 따른 출하자 신고에 관한 사무 8. 법 제36조에 따른 시장도매인의 지정에 관한 사무 9. 법 제36조의2에 따른 시장도매인의 인수·합병 승인에 관한 사무 [본조신설 2013. 11. 20.]	
제14조(과잉생산 시의 생산자 보호 등 사업의 손실처리) 농림축산식품부장관은 제9조에 따른 수매와 제13조에 따른 비축사업의 시행에 따라 생기는 감모(減耗),		

가격 하락, 판매·수출·기증과 그 밖의 처분으로 인한 원가 손실 및 수송·포장·방제(防除) 등 사업실시에 필요한 관리비를 대통령령으로 정하는 바에 따라 그 사업의 비용으로 처리한다. <개정 2013. 3. 23., 2015. 3. 27.> [전문개정 2011. 7. 21.]		
제15조(농산물의 수입 추천 등) ① 「세계무역기구 설립을 위한 마라케쉬협정」에 따른 대한민국 양허표(讓許表)상의 시장접근물량에 적용되는 양허세율(讓許稅率)로 수입하는 농산물 중 다른 법률에서 달리 정하지 아니한 농산물을 수입하려는 자는 농림축산식품부장관의 추천을 받아야 한다. <개정 2013. 3. 23.> ② 농림축산식품부장관은 제1항에 따른 농산물의 수입에 대한 추천업무를 농림축산식품부장관이 지정하는 비영리법인으로 하여금 대행하게 할 수 있다. 이 경우 품목별 추천물량 및 추천기준과 그 밖에 필요한 사항은 농림축산식품부장관이 정한다. <개정 2013. 3. 23.> ③ 제1항에 따라 농산물을 수입하려는 자는 사용용도와 그 밖에 농림축산식품부령으로 정하는 사항을 적어 수입 추천신청을 하여야 한다. <개정 2013. 3. 23.> ④ 농림축산식품부장관은 필요하다고 인정할 때에는 제1항에 따른 추천 대상 농산물 중 농림축산식품부령으로 정하는 품목의 농산물을 제13조제2항 단서에 따라 비축용 농산물로 수입하거나 생산자단체를 지정하여 수입하여 판매하게 할 수 있다. <개정 2013. 3. 23.> [전문개정 2011. 7. 21.]		제13조(농산물의 수입 추천 등) ① 법 제15조제3항에서 "농림축산식품부령으로 정하는 사항"이란 다음 각 호의 사항을 말한다. <개정 2013. 3. 24.> 1. 「관세법 시행령」 제98조에 따른 관세·통계통합품목분류표상의 품목번호 2. 품명 3. 수량 4. 총금액 ② 농림축산식품부장관이 법 제15조제4항에 따라 비축용 농산물로 수입하거나 생산자단체를 지정하여 수입·판매하게 할 수 있는 품목은 다음 각 호와 같다. <개정 2013. 3. 24.> 1. 비축용 농산물로 수입·판매하게 할 수 있는 품목:고추·마늘·양파·생강·참깨 2. 생산자단체를 지정하여 수입·판매하게 할 수 있는 품목: 오렌지·감귤류 [전문개정 2012. 8. 23.]
제16조(수입이익금의 징수 등) ① 농림축산식품부장관은 제15조제1항에 따른 추천을 받아 농산물을 수입하는 자 중 농림축산식품부령으로 정하는 품목의 농산물을 수입하는 자에 대하여 농림축산식품부령으로 정하는 바에 따라 국내가격과 수입가격 간의 차액의 범위에서 수입이익금을 부과·징수할 수 있다. <개정 2013. 3. 23.> ② 제1항에 따른 수입이익금은 농림축산식품부령으로 정하는 바에 따라 제54조에 따른 농산물가격안정기금에 납입하여야 한다. <개정 2013. 3. 23.> ③ 제1항에 따른 수입이익금을 정하여진 기한까지 내지 아니하면 국세 체납처분의 예에 따라 징수할 수 있다. ④ 농림축산식품부장관은 제1항에 따라 징수한 수입이익금이 과오납되는 등의 사유로 환급이 필요한 경우에는 농림축산식품부령으로 정하는 바에 따라 환급하여야 한다. <신설 2018. 12. 31.> [전문개정 2011. 7. 21.]		제14조(수입이익금의 징수 등) ① 농림축산식품부장관이 법 제16조제1항에 따라 수입이익금을 부과·징수할 수 있는 품목 및 금액산정방법은 다음 각 호와 같다. <개정 2013. 3. 24.> 1. 고추·마늘·양파·생강·참깨: 해당 품목의 판매수입금에서 농림축산식품부장관이 정하여 고시하는 비용산정 기준 및 방법에 따라 산정된 물품대금, 운송료, 보험료, 그 밖에 수입에 드는 비목(費目)의 비용과 각종 공과금, 보관료, 운송료, 판매수수료 등 국내판매에 드는 비목의 비용을 뺀 금액 또는 해당 품목의 수입자로 결정된 자가 수입자 결정 시 납입 의사를 표시한 금액 2. 참기름·오렌지·감귤류: 해당 품목의 수입자로 결정된 자가 수입자 결정시 납입 의사를 표시한 금액 ② 법 제16조에 따라 수입이익금을 납부하여야 하는 자는 제1항에 따른 수입이익금을 농림축산식품부장관이 고지하는 기한까지 기금에 납입하여야 한다. 이 경우 수입이익금이 1천만원 이하인 경우에는 신용카드, 직불카드 등으로 납입할 수 있다. <개정 2013. 3. 24., 2014. 10. 15., 2019. 7. 1.> [전문개정 2012. 8. 23.] 제14조의2(수입이익금의 환급) ① 농림축산식품부장관은 법 제16조제4항에 따라 수입이익금의 환급을 해야 하는 경우에는 지체 없이 환급하여야 할 금액을 납부자에게 알려야 한다. 이 경우 수입이익금 납부일 다음 날부터 환급 결정을 하는 날까지의 기간에 대하여 환급가산금을 합산하여 환급액을 정한다. ② 제1항에 따른 수입이익금 환급금과 제2항에 따른 환급가산금은 기금에서 지급한다. [본조신설 2019. 7. 1.]

제3장 농수산물도매시장		
제17조(도매시장의 개설 등) ① 도매시장은 대통령령으로 정하는 바에 따라 부류(部類)별로 또는 둘 이상의 부류를 종합하여 중앙도매시장의 경우에는 특별시·광역시·특별자치시 또는 특별자치도가 개설하고, 지방도매시장의 경우에는 특별시·광역시·특별자치시·특별자치도 또는 시가 개설한다. 다만, 시가 지방도매시장을 개설하려면 도지사의 허가를 받아야 한다. <개정 2012. 2. 22.> ② 삭제 <2012. 2. 22.> ③ 시가 제1항 단서에 따라 지방도매시장의 개설허가를 받으려면 농림축산식품부령 또는 해양수산부령으로 정하는 바에 따라 지방도매시장 개설허가 신청서에 업무규정과 운영관리계획서를 첨부하여 도지사에게 제출하여야 한다. <개정 2012. 2. 22., 2013. 3. 23.> ④ 특별시·광역시·특별자치시 또는 특별자치도가 제1항에 따라 도매시장을 개설하려면 미리 업무규정과 운영관리계획서를 작성하여야 하며, 중앙도매시장의 업무규정은 농림축산식품부장관 또는 해양수산부장관의 승인을 받아야 한다. <개정 2012. 2. 22., 2013. 3. 23.> ⑤ 중앙도매시장의 개설자가 업무규정을 변경하는 때에는 농림축산식품부장관 또는 해양수산부장관의 승인을 받아야 하며, 지방도매시장의 개설자(시가 개설자인 경우만 해당한다)가 업무규정을 변경하는 때에는 도지사의 승인을 받아야 한다. <개정 2012. 2. 22., 2013. 3. 23.> ⑥ 시가 지방도매시장을 폐쇄하려면 그 3개월 전에 도지사의 허가를 받아야 한다. 다만, 특별시·광역시·특별자치시 및 특별자치도가 도매시장을 폐쇄하는 경우에는 그 3개월 전에 이를 공고하여야 한다. <개정 2012. 2. 22.> ⑦ 제3항 및 제4항에 따른 업무규정으로 정하여야 할 사항과 운영관리계획서의 작성 및 제출에 필요한 사항은 농림축산식품부령 또는 해양수산부령으로 정한다. <개정 2012. 2. 22., 2013. 3. 23.> [전문개정 2011. 7. 21.]	제15조(도매시장의 개설) 법 제17조제1항에 따라 도매시장은 양곡부류·청과부류·축산부류·수산부류·화훼부류 및 약용작물부류별로 개설하거나 둘 이상의 부류를 종합하여 개설한다. [전문개정 2012. 8. 22.] 제16조(도매시장의 명칭) 법 제17조제1항에 따른 도매시장의 명칭에는 그 도매시장을 개설한 지방자치단체의 명칭이 포함되어야 한다. [전문개정 2012. 8. 22.]	제15조(도매시장의 장소 이전 등) ① 시가 지방도매시장의 장소를 이전하려는 경우에는 장소 이전 허가신청서에 업무규정과 운영관리계획서를 첨부하여 도지사에게 제출하여야 한다. ② 특별시·광역시·특별자치시 또는 특별자치도가 법 제17조제1항에 따라 농수산물도매시장(이하 "도매시장"이라 한다)을 개설한 경우에는 같은 조 제4항에 따라 작성한 도매시장의 업무규정 및 운영관리계획서를 농림축산식품부장관 또는 해양수산부장관에게 제출하여야 한다. 해당 도매시장의 업무규정을 변경한 경우에도 또한 같다. <개정 2013. 3. 24.> [전문개정 2012. 8. 23.] 제16조(업무규정) ① 법 제17조제7항에 따라 도매시장의 업무규정에 정할 사항은 다음 각 호와 같다. <개정 2017. 6. 9.> 1. 도매시장의 명칭·장소 및 면적 2. 거래품목 3. 도매시장의 휴업일 및 영업시간 4. 법 제21조에 따라 「지방공기업법」에 따른 지방공사(이하 "관리공사"라 한다), 법 제24조에 따른 공공출자법인 또는 한국농수산식품유통공사를 시장관리자로 지정하여 도매시장의 관리업무를 하게 하는 경우에는 그 관리업무에 관한 사항 5. 법 제23조에 따라 지정하려는 도매시장법인의 적정 수, 임원의 자격, 자본금, 거래규모, 순자산액 비율, 거래대금의 지급보증을 위한 보증금 등 그 지정조건에 관한 사항 6. 법 제23조의2에 따라 도매시장법인이 다른 도매시장법인을 인수·합병하려는 경우 도매시장법인의 임원의 자격, 자본금, 사업계획서, 거래대금의 지급보증을 위한 보증금 등 그 승인요건에 관한 사항 7. 법 제25조에 따른 중도매업의 허가에 관한 사항, 중도매인의 적정수, 최저거래금액, 거래대금의 지급보증을 위한 보증금, 시설사용계약 등 그 허가조건에 관한 사항 8. 법 제25조의2에 따라 법인인 중도매인이 다른 법인인 중도매인을 인수·합병하려는 경우 거래규모, 거래보증금 등 그 승인요건에 관한 사항 9. 법 제29조에 따른 산지유통인의 등록에 관한 사항 10. 법 제30조에 따른 출하자 신고 및 출하 예약에 관한 사항 11. 법 제31조에 따른 도매시장법인의 매수거래 및 상장되지 아니한 농수산물의 중도매인 거래허가에 관한 사항 12. 법 제32조 및 제37조에 따른 도매시장법인 또는 시장도매인의 매매방법에 관한 사항 13. 법 제34조에 따른 도매시장법인 및 시장도매인의 거래의 특례에 관한 사항 14. 법 제35조제4항에 따른 도매시장법인의 겸영(兼營)에 관한 사항 15. 법 제35조의2에 따른 도매시장법인 또는 시장도매인 공시에 관한 사항 16. 법 제36조에 따라 지정하려는 시장도매인의 적정 수, 임원의 자격, 자본금, 거래규모, 순자산액 비율, 거래대금의 지급보증을 위한 보증금, 최저거래금액 등 그 지정조건에 관한 사항 17. 법 제36조의2에 따라 시장도매인이 다른 시장도매인을 인수·합병하려는 경우 시장도매인의 임원의 자격, 자본금, 사업계획서, 거래대금의 지급보증을 위한 보증금 등 그 승인요건에 관한 사항 18. 법 제38조제4호에 따른 최소출하량의 기준에 관한 사항

		19. 법 제38조의2에 따른 농수산물의 안전성 검사에 관한 사항 20. 법 제40조에 따라 표준하역비를 부담하는 규격출하품과 표준하역비에 관한 사항 21. 법 제41조에 따른 도매시장법인 또는 시장도매인의 대금결제방법과 대금지급의 지체에 따른 지체상금의 지급 등 대금결제에 관한 사항 22. 법 제42조에 따라 개설자, 도매시장법인, 시장도매인 또는 중도매인이 징수하는 도매시장 사용료, 부수시설 사용료, 위탁수수료, 중개수수료 및 정산수수료 23. 법 제42조의2에 따른 지방도매시장의 운영 등의 특례에 관한 사항 24. 법 제74조제1항에 따른 시설물의 사용기준 및 조치에 관한 사항 25. 법 제77조에 따른 도매시장법인, 시장도매인, 도매시장공판장, 중도매인의 시설사용면적 조정·차등지원 등에 관한 사항 26. 법 제78조의2 및 영 제36조의2에 따른 도매시장거래분쟁조정위원회의 구성·운영 및 분쟁 심의대상 등에 관한 세부 사항 27. 제20조에 따른 최소경매사의 수에 관한 사항 28. 제28조제1항 및 제2항에 따른 도매시장법인의 매매방법에 관한 사항 29. 제30조에 따른 대량입하품 등의 우대조치에 관한 사항 30. 제31조에 따른 전자식경매·입찰의 예외에 관한 사항 31. 제36조제2항에 따른 정산창구의 운영방법 및 관리에 관한 사항 32. 제37조의2에 따른 표준송품장의 양식 및 관리에 관한 사항 33. 제37조의3에 따른 판매원표의 관리에 관한 사항 34. 제38조에 따른 표준정산서의 양식 및 관리에 관한 사항 35. 제54조에 따른 시장관리운영위원회의 운영 등에 관한 사항 36. 법 제25조의3에 따른 매매참가인의 신고에 관한 사항 37. 그 밖에 도매시장 개설자가 도매시장의 효율적인 관리·운영을 위하여 필요하다고 인정하는 사항 ② 제1항에 따른 도매시장의 업무규정에는 법 제46조에 따른 도매시장공판장의 운영 등에 관한 사항을 정할 수 있다. [전문개정 2012. 8. 23.] 제17조(운영관리계획서) 법 제17조제7항에 따른 도매시장 운영관리계획서에 정할 사항은 다음 각 호와 같다. 1. 도매시장의 대지·건물과 그 밖의 시설의 종류·규모·구조 및 배치상황 2. 개설에 든 투자액의 재원별 조달상황과 부채가 있는 때에는 그 상환계획 3. 법 제21조에 따른 도매시장 관리사무소 또는 시장관리자의 운영·관리 등에 관한 계획 4. 법 제23조에 따른 도매시장법인의 지정계획, 법 제24조에 따른 공공출자법인의 설립계획 또는 법 제36조에 따른 시장도매인의 지정계획 5. 법 제25조에 따른 중도매인의 허가계획 6. 법 제40조에 따른 하역업무의 효율화방안 7. 도매시장 개설 후 5년간의 사업계획 및 수지예산 8. 해당 지역의 수급 실적과 수급 전망에 관한 사항 9. 해당 지역의 도매시장, 농수산물공판장(이하 "공판장"이라 한다), 민영농수산물도매시장(이하 "민영도매시장"이라 한다) 및 농수산물종합유통센터(이하 "종합유통센터"라 한다)별 거래 상황과 거래 전망에 관한 사항 [전문개정 2012. 8. 23.]
제18조(개설구역) ① 도매시장의 개설구역은 도매시장이 개설되는		

특별시·광역시·특별자치시·특별자치도 또는 시의 관할구역으로 한다. ② 농림축산식품부장관 또는 해양수산부장관은 해당 지역에서의 농수산물의 원활한 유통을 위하여 필요하다고 인정할 때에는 도매시장의 개설구역에 인접한 일정 구역을 그 도매시장의 개설구역으로 편입하게 할 수 있다. 다만, 시가 개설하는 지방도매시장의 개설구역에 인접한 구역으로서 그 지방도매시장이 속한 도의 일정 구역에 대하여는 해당 도지사가 그 지방도매시장의 개설구역으로 편입하게 할 수 있다. <개정 2013. 3. 23.> [전문개정 2012. 2. 22.]		
제19조(허가기준 등) ① 도지사는 제17조제3항에 따른 허가신청의 내용이 다음 각 호의 요건을 갖춘 경우에는 이를 허가한다. <개정 2012. 2. 22.> 1. 도매시장을 개설하려는 장소가 농수산물 거래의 중심지로서 적절한 위치에 있을 것 2. 제67조제2항에 따른 기준에 적합한 시설을 갖추고 있을 것 3. 운영관리계획서의 내용이 충실하고 그 실현이 확실하다고 인정되는 것일 것 ② 도지사는 제1항제2호에 따라 요구되는 시설이 갖추어지지 아니한 경우에는 일정한 기간 내에 해당 시설을 갖출 것을 조건으로 개설허가를 할 수 있다. <개정 2012. 2. 22.> ③ 특별시·광역시·특별자치시 또는 특별자치도가 도매시장을 개설하려면 제1항 각 호의 요건을 모두 갖추어 개설하여야 한다. <신설 2012. 2. 22.> [전문개정 2011. 7. 21.] [제목개정 2012. 2. 22.]		
제20조(도매시장 개설자의 의무) ① 도매시장 개설자는 거래 관계자의 편익과 소비자 보호를 위하여 다음 각 호의 사항을 이행하여야 한다. 1. 도매시장 시설의 정비·개선과 합리적인 관리 2. 경쟁 촉진과 공정한 거래질서의 확립 및 환경 개선 3. 상품성 향상을 위한 규격화, 포장 개선 및 선도(鮮度) 유지의 촉진 ② 도매시장 개설자는 제1항 각 호의 사항을 효과적으로 이행하기 위하여 이에 대한 투자계획 및 거래제도 개선방안 등을 포함한 대책을 수립·시행하여야 한다. [전문개정 2011. 7. 21.]		
제21조(도매시장의 관리) ① 도매시장 개설자는 소속 공무원으로 구성된 도매시장 관리사무소(이하 "관리사무소"라 한다)를 두거나 「지방공기업법」에 따른 지방공사(이하 "관리공사"라 한다), 제24조의 공공출자법인 또는 한국농수산식품유통공사 중에서 시장관리자를 지정할 수 있다. <개정 2011. 7. 25.> ② 도매시장 개설자는 관리사무소 또는 시장관리자로 하여금 시설물관리, 거래질서 유지, 유통 종사자에 대한 지도·감독 등에 관한 업무 범위를 정하여 해당 도매시장 또는 그 개설구역에 있는 도매시장의 관리업무를 수행하게 할 수 있다. [전문개정 2011. 7. 21.]		제18조(도매시장 관리사무소 등의 업무) 도매시장 개설자가 법 제21조에 따라 도매시장 관리사무소 또는 시장관리자로 하여금 하게 할 수 있는 도매시장의 관리업무는 다음 각 호와 같다. 1. 도매시장 시설물의 관리 및 운영 2. 도매시장의 거래질서 유지 3. 도매시장의 도매시장법인, 시장도매인, 중도매인 그 밖의 유통업무종사자에 대한 지도·감독 4. 도매시장법인 또는 시장도매인이 납부하거나 제공한 보증금 또는 담보물의 관리 5. 도매시장의 정산창구에 대한 관리·감독 6. 법 제42조제1항제1호·제2호에 따른 도매시장사용료·부수시설사용료의 징수 7. 그 밖에 도매시장 개설자가 도매시장의 관리를 효율적으로 수행하기 위하여 업무규정으로 정하는 사항의 시행 [전문개정 2012. 8. 23.]
제22조(도매시장의 운영 등) 도매시장 개설자는 도매시장에 그 시설규모·거래액		제18조의2(도매시장법인을 두어야 하는 부류) ① 법 제22조 단서에서

<table>
<tr><td>등을 고려하여 적정 수의 도매시장법인·시장도매인 또는 중도매인을 두어 이를 운영하게 하여야 한다. 다만, 중앙도매시장의 개설자는 농림축산식품부령 또는 해양수산부령으로 정하는 부류에 대하여는 도매시장법인을 두어야 한다. <개정 2012. 2. 22., 2013. 3. 23.>
[전문개정 2011. 7. 21.]
[제목개정 2012. 2. 22.]</td><td></td><td>"농림축산식품부령 또는 해양수산부령으로 정하는 부류"란 청과부류와 수산부류를 말한다. <개정 2013. 3. 24.>
② 농림축산식품부장관 또는 해양수산부장관은 제1항에 따른 부류가 적절한지를 2017년 8월 23일까지 검토하여 해당 부류의 폐지, 개정 또는 유지 등의 조치를 하여야 한다. <개정 2013. 3. 24.>
③ 농림축산식품부장관 또는 해양수산부장관은 제2항에 따른 검토를 위하여 도매시장 거래실태와 현실 여건 변화 등을 매년 분석하여야 한다. <개정 2013. 3. 24.>
[전문개정 2012. 8. 23.]</td></tr>
<tr><td>제23조(도매시장법인의 지정) ① 도매시장법인은 도매시장 개설자가 부류별로 지정하되, 중앙도매시장에 두는 도매시장법인의 경우에는 농림축산식품부장관 또는 해양수산부장관과 협의하여 지정한다. 이 경우 5년 이상 10년 이하의 범위에서 지정 유효기간을 설정할 수 있다. <개정 2012. 2. 22., 2013. 3. 23.>
② 도매시장법인의 주주 및 임직원은 해당 도매시장법인의 업무와 경합되는 도매업 또는 중도매업(仲都賣業)을 하여서는 아니 된다. 다만, 제23조의2에 따라 도매시장법인이 다른 도매시장법인의 주식 또는 지분을 과반수 이상 양수(이하 "인수"라 한다)하고 양수법인의 주주 또는 임직원이 양도법인의 주주 또는 임직원의 지위를 겸하게 된 경우에는 그러하지 아니하다.
③ 제1항에 따른 도매시장법인이 될 수 있는 자는 다음 각 호의 요건을 갖춘 법인이어야 한다. <개정 2014. 3. 24., 2015. 2. 3.>
1. 해당 부류의 도매업무를 효과적으로 수행할 수 있는 지식과 도매시장 또는 공판장 업무에 2년 이상 종사한 경험이 있는 업무집행 담당 임원이 2명 이상 있을 것
2. 임원 중 이 법을 위반하여 금고 이상의 실형을 선고받고 그 형의 집행이 끝나거나(집행이 끝난 것으로 보는 경우를 포함한다) 집행이 면제된 후 2년이 지나지 아니한 사람이 없을 것
3. 임원 중 파산선고를 받고 복권되지 아니한 사람이나 피성년후견인 또는 피한정후견인이 없을 것
4. 임원 중 제82조제2항에 따른 도매시장법인의 지정취소처분의 원인이 되는 사항에 관련된 사람이 없을 것
5. 거래규모, 순자산액 비율 및 거래보증금 등 도매시장 개설자가 업무규정으로 정하는 일정 요건을 갖출 것
④ 도매시장법인이 지정된 후 제3항제1호의 요건을 갖추지 아니하게 되었을 때에는 3개월 이내에 해당 요건을 갖추어야 한다.
⑤ 도매시장법인은 해당 임원이 제3항제2호부터 제4호까지의 어느 하나에 해당하는 요건을 갖추지 아니하게 되었을 때에는 그 임원을 지체 없이 해임하여야 한다.
⑥ 도매시장법인의 지정절차와 그 밖에 지정에 필요한 사항은 대통령령으로 정한다.
[전문개정 2011. 7. 21.]</td><td>제17조(도매시장법인의 지정절차 등) ① 법 제23조제1항에 따라 도매시장법인의 지정을 받으려는 자는 도매시장법인 지정신청서(전자문서로 된 신청서를 포함한다)에 다음 각 호의 서류(전자문서를 포함한다)를 첨부하여 도매시장 개설자에게 제출하여야 한다. 이 경우 도매시장법인 지정신청서를 받은 도매시장 개설자는 「전자정부법」 제36조제1항에 따른 행정정보의 공동이용을 통하여 신청인의 법인 등기사항증명서를 확인하여야 한다.
1. 정관
2. 주주 명부
3. 임원의 이력서
4. 해당 법인의 직전 회계연도의 재무제표와 그 부속서류(신설 법인의 경우에는 설립일을 기준으로 작성한 대차대조표)
5. 사업시작 예정일부터 5년간의 사업계획서(산지활동계획, 경매사확보계획, 농수산물판매계획, 자금운용계획, 조직 및 인력운용계획 등을 포함한다)
6. 거래규모, 순자산액 비율 및 거래보증금 등 도매시장 개설자가 업무규정으로 정한 요건을 갖추고 있음을 증명하는 서류
② 도매시장 개설자는 제1항에 따라 신청을 받았을 때에는 업무규정으로 정한 도매시장법인의 적정수의 범위에서 이를 지정하여야 한다.
[전문개정 2012. 8. 22.]</td><td>제18조의3(도매시장법인의 인수·합병의 승인 등) ① 법 제23조의2제1항에 따라 도매시장법인이 도매시장 개설자의 인수·합병의 승인을 받으려는 경우에는 별지 제1호서식에 따른 도매시장법인 인수·합병 승인신청서에 다음 각 호의 서류(전자문서를 포함한다)를 첨부하여 인수·합병 등기신청을 하기 전에 해당 도매시장 개설자에게 제출하여야 한다.
1. 「상법」 제523조 및 제524조에 따른 주주총회의 승인을 받은 인수·합병계약서 사본
2. 인수·합병 전후의 주주 명부
3. 인수·합병 후 도매시장법인 임원의 이력서
4. 인수·합병을 하는 도매시장법인 및 인수·합병이 되는 도매시장법인의 인수·합병 직전연도의 재무제표 및 그 부속서류
5. 인수·합병이 되는 도매시장법인의 잔여 지정기간 동안의 사업계획서
6. 인수·합병 후 거래규모, 순자산액 비율 및 출하대금의 지급보증을 위한 거래보증금 확보를 증명하는 서류
② 도매시장 개설자는 도매시장법인이 법 제23조제3항 각 호의 요건을 갖춘 경우에만 인수·합병을 승인할 수 있다.
③ 도매시장 개설자는 제1항에 따라 도매시장법인이 제출한 신청서에 흠이 있는 경우 그 신청서의 보완을 요청할 수 있다.
④ 도매시장 개설자는 제2항의 요건을 갖추고 있는지를 확인하고 신청서를 접수한 날부터 30일 이내에 그 승인 여부를 결정하여 지체 없이 신청인에게 문서로 통보하여야 한다. 이 경우 승인하지 아니하는 경우에는 그 사유를 분명히 밝혀야 한다.
[본조신설 2012. 8. 23.]</td></tr>
<tr><td>제23조의2(도매시장법인의 인수·합병) ① 도매시장법인이 다른 도매시장법인을 인수하거나 합병하는 경우에는 해당 도매시장 개설자의 승인을 받아야 한다.
② 도매시장 개설자는 다음 각 호의 어느 하나에 해당하는 경우를 제외하고는 제1항에 따라 인수 또는 합병을 승인하여야 한다. <신설 2012. 2. 22.>
1. 인수 또는 합병의 당사자인 도매시장법인이 제23조제3항 각 호의 요건을 갖추지 못한 경우</td><td></td><td>제18조의3(도매시장법인의 인수·합병의 승인 등) ① 법 제23조의2제1항에 따라 도매시장법인이 도매시장 개설자의 인수·합병의 승인을 받으려는 경우에는 별지 제1호서식에 따른 도매시장법인 인수·합병 승인신청서에 다음 각 호의 서류(전자문서를 포함한다)를 첨부하여 인수·합병 등기신청을 하기 전에 해당 도매시장 개설자에게 제출하여야 한다.
1. 「상법」 제523조 및 제524조에 따른 주주총회의 승인을 받은</td></tr>
</table>

2. 그 밖에 이 법 또는 다른 법령에 따른 제한에 위반되는 경우 ③ 제1항에 따라 합병을 승인하는 경우 합병을 하는 도매시장법인은 합병이 되는 도매시장법인의 지위를 승계한다. <개정 2012. 2. 22.> ④ 도매시장법인의 인수·합병승인절차 등에 관하여 필요한 사항은 농림축산식품부령 또는 해양수산부령으로 정한다. <개정 2012. 2. 22., 2013. 3. 23.> [전문개정 2011. 7. 21.]		인수·합병계약서 사본 2. 인수·합병 전후의 주주 명부 3. 인수·합병 후 도매시장법인 임원의 이력서 4. 인수·합병을 하는 도매시장법인 및 인수·합병이 되는 도매시장법인의 인수·합병 직전연도의 재무제표 및 그 부속서류 5. 인수·합병이 되는 도매시장법인의 잔여 지정기간 동안의 사업계획서 6. 인수·합병 후 거래규모, 순자산액 비율 및 출하대금의 지급보증을 위한 거래보증금 확보를 증명하는 서류 ② 도매시장 개설자는 도매시장법인이 법 제23조제3항 각 호의 요건을 갖춘 경우에만 인수·합병을 승인할 수 있다. ③ 도매시장 개설자는 제1항에 따라 도매시장법인이 제출한 신청서에 흠이 있는 경우 그 신청서의 보완을 요청할 수 있다. ④ 도매시장 개설자는 제2항의 요건을 갖추고 있는지를 확인하고 신청서를 접수한 날부터 30일 이내에 그 승인 여부를 결정하여 지체 없이 신청인에게 문서로 통보하여야 한다. 이 경우 승인하지 아니하는 경우에는 그 사유를 분명히 밝혀야 한다. [본조신설 2012. 8. 23.]
제24조(공공출자법인) ① 도매시장 개설자는 도매시장을 효율적으로 관리·운영하기 위하여 필요하다고 인정하는 경우에는 제22조에 따른 도매시장법인을 갈음하여 그 업무를 수행하게 할 법인(이하 "공공출자법인"이라 한다)을 설립할 수 있다. ② 공공출자법인에 대한 출자는 다음 각 호의 어느 하나에 해당하는 자로 한정한다. 이 경우 제1호부터 제3호까지에 해당하는 자에 의한 출자액의 합계가 총출자액의 100분의 50을 초과하여야 한다. 1. 지방자치단체 2. 관리공사 3. 농림수협등 4. 해당 도매시장 또는 그 도매시장으로 이전되는 시장에서 농수산물을 거래하는 상인과 그 상인단체 5. 도매시장법인 6. 그 밖에 도매시장 개설자가 도매시장의 관리·운영을 위하여 특히 필요하다고 인정하는 자 ③ 공공출자법인에 관하여 이 법에서 규정한 사항을 제외하고는 「상법」의 주식회사에 관한 규정을 적용한다. ④ 공공출자법인은 「상법」 제317조에 따른 설립등기를 한 날에 제23조에 따른 도매시장법인의 지정을 받은 것으로 본다. [전문개정 2011. 7. 21.]	제37조(권한의 위임·위탁) ① 농림축산식품부장관 또는 해양수산부장관은 법 제85조제1항에 따라 특별시·광역시·특별자치시·특별자치도 외의 지역에 개설하는 지방도매시장·공판장 및 민영도매시장에 대한 법 제65조제1항 및 제2항에 따른 통합·이전·폐쇄 명령 및 개설·제한 권고의 권한을 도지사에게 위임한다. <개정 2013. 3. 23.> ② 도매시장 개설자는 「지방공기업법」에 따른 지방공사, 법 제24조에 따른 공공출자법인 또는 한국농수산식품유통공사를 시장관리자로 지정한 경우에는 법 제85조제2항에 따라 다음 각 호의 권한을 그 기관의 장에게 위탁한다. 1. 법 제29조(법 제46조제3항에 따라 준용되는 경우를 포함한다)에 따른 산지유통인의 등록과 도매시장에의 출입의 금지·제한, 그 밖에 필요한 조치 2. 법 제79조제2항에 따른 도매시장법인·시장도매인·중도매인 또는 산지유통인의 업무집행 상황 보고명령 [전문개정 2012. 8. 22.]	
제25조(중도매업의 허가) ① 중도매인의 업무를 하려는 자는 부류별로 해당 도매시장 개설자의 허가를 받아야 한다. ② 도매시장 개설자는 다음 각 호의 어느 하나에 해당하는 경우를 제외하고는 제1항에 따른 허가 및 제7항에 따른 갱신허가를 하여야 한다. <신설 2012. 2. 22., 2017. 3. 21.> 1. 제3항 각 호의 어느 하나에 해당하는 경우 2. 그 밖에 이 법 또는 다른 법령에 따른 제한에 위반되는 경우		제19조(중도매업의 허가절차) ① 법 제25조제1항에 따른 중도매업의 허가를 받으려는 자는 도매시장의 개설자가 정하는 허가신청서에 다음 각 호의 서류를 첨부하여 도매시장의 개설자에게 제출하여야 한다. 이 경우 중도매업의 허가를 받으려는 자가 법인인 경우에는 도매시장의 개설자가 「전자정부법」 제36조제1항에 따른 행정정보의 공동이용을 통하여 법인등기부등본을 확인하여야 한다. <개정 2007. 7. 6., 2008. 10. 15., 2009. 6. 9., 2011. 3. 30., 2017. 9. 22.>

<table>
<tr><td>③ 다음 각 호의 어느 하나에 해당하는 자는 중도매업의 허가를 받을 수 없다. <개정 2012. 2. 22., 2014. 3. 24., 2015. 2. 3.>
1. 파산선고를 받고 복권되지 아니한 사람이나 피성년후견인
2. 이 법을 위반하여 금고 이상의 실형을 선고받고 그 형의 집행이 끝나거나(집행이 끝난 것으로 보는 경우를 포함한다) 면제되지 아니한 사람
3. 제82조제5항에 따라 중도매업의 허가가 취소(제25조제3항제1호에 해당하여 취소된 경우는 제외한다)된 날부터 2년이 지나지 아니한 자
4. 도매시장법인의 주주 및 임직원으로서 해당 도매시장법인의 업무와 경합되는 중도매업을 하려는 자
5. 임원 중에 제1호부터 제4호까지의 어느 하나에 해당하는 사람이 있는 법인
6. 최저거래금액 및 거래대금의 지급보증을 위한 보증금 등 도매시장 개설자가 업무규정으로 정한 허가조건을 갖추지 못한 자
④ 법인인 중도매인은 임원이 제3항제5호에 해당하게 되었을 때에는 그 임원을 지체 없이 해임하여야 한다. <개정 2012. 2. 22.>
⑤ 중도매인은 다음 각 호의 행위를 하여서는 아니 된다. <개정 2014. 3. 24.>
1. 다른 중도매인 또는 매매참가인의 거래 참가를 방해하는 행위를 하거나 집단적으로 농수산물의 경매 또는 입찰에 불참하는 행위
2. 다른 사람에게 자기의 성명이나 상호를 사용하여 중도매업을 하게 하거나 그 허가증을 빌려 주는 행위
⑥ 도매시장 개설자는 제1항에 따라 중도매업의 허가를 하는 경우 5년 이상 10년 이하의 범위에서 허가 유효기간을 설정할 수 있다. 다만, 법인이 아닌 중도매인은 3년 이상 10년 이하의 범위에서 허가 유효기간을 설정할 수 있다. <개정 2012. 2. 22.>
⑦ 제6항에 따른 허가 유효기간이 만료된 후 계속하여 중도매업을 하려는 자는 농림축산식품부령 또는 해양수산부령으로 정하는 바에 따라 갱신허가를 받아야 한다. <신설 2017. 3. 21.>
[전문개정 2011. 7. 21.]</td><td></td><td>1. 개인의 경우
가. 이력서
나. 은행의 잔고증명서
2. 법인의 경우
가. 삭제 <2017. 2. 13.>
나. 주주명부
다. 삭제 <2008. 10. 15.>
라. 해당 법인의 직전 회계연도의 재무제표 및 그 부속서류(신설법인의 경우 설립일 기준으로 작성한 대차대조표)
② 법 제25조제7항에 따른 중도매업의 갱신허가를 받으려는 자는 허가의 유효기간이 만료되기 30일 전까지 도매시장의 개설자가 정하는 갱신허가신청서에 다음 각 호의 서류를 첨부하여 도매시장의 개설자에게 제출하여야 한다. <신설 2017. 9. 22.>
1. 허가증 원본
2. 개인의 경우: 은행의 잔고증명서
3. 법인의 경우
가. 주주명부(변경사항이 있는 경우에만 해당한다)
나. 해당 법인의 직전 회계연도의 재무제표 및 그 부속서류
③ 도매시장의 개설자는 법 제25조제7항에 따라 갱신허가를 한 경우에는 유효기간이 만료되는 허가증을 회수한 후 새로운 허가증을 발급하여야 한다. <신설 2017. 9. 22.></td></tr>
<tr><td>제25조의2(법인인 중도매인의 인수·합병) 법인인 중도매인의 인수·합병에 대하여는 제23조의2를 준용한다. 이 경우 "도매시장법인"은 "법인인 중도매인"으로 본다.
[전문개정 2011. 7. 21.]</td><td></td><td>제19조의2(법인인 중도매인의 인수·합병) 법 제25조의2에 따른 법인인 중도매인의 인수·합병에 관하여는 제18조의3을 준용한다. 이 경우 "도매시장법인"은 "법인인 중도매인"으로 본다.
[전문개정 2012. 8. 23.]</td></tr>
<tr><td>제25조의3(매매참가인의 신고) 매매참가인의 업무를 하려는 자는 농림축산식품부령 또는 해양수산부령으로 정하는 바에 따라 도매시장·공판장 또는 민영도매시장의 개설자에게 매매참가인으로 신고하여야 한다. <개정 2013. 3. 23.>
[전문개정 2011. 7. 21.]</td><td></td><td>제19조의3(매매참가인의 신고) 법 제25조의3에 따라 매매참가인의 업무를 하려는 자는 별지 제2호서식에 따른 매매참가인 신고서에 다음 각 호의 서류를 첨부하여 도매시장·공판장 또는 민영도매시장 개설자에게 제출하여야 한다. <개정 2017. 2. 13.>
1. 개인의 경우
가. 신분증 사본 또는 사업자등록증 1부
나. 증명사진(2.5㎝×3.5㎝) 2매
2. 법인의 경우: 법인 등기사항증명서 1부
[전문개정 2012. 8. 23.]</td></tr>
<tr><td>제26조(중도매인의 업무 범위 등의 특례) 제25조에 따라 허가를 받은 중도매인은 도매시장에 설치된 공판장(이하 "도매시장공판장"이라 한다)에서도 그 업무를 할 수 있다.
[전문개정 2011. 7. 21.]</td><td></td><td></td></tr>
</table>

제27조(경매사의 임면) ① 도매시장법인은 도매시장에서의 공정하고 신속한 거래를 위하여 농림축산식품부령 또는 해양수산부령으로 정하는 바에 따라 일정 수 이상의 경매사를 두어야 한다. <개정 2013. 3. 23.> ② 경매사는 경매사 자격시험에 합격한 사람으로서 다음 각 호의 어느 하나에 해당하지 아니한 사람 중에서 임명하여야 한다. <개정 2014. 3. 24., 2015. 2. 3.> 1. 피성년후견인 또는 피한정후견인 2. 이 법 또는 「형법」 제129조부터 제132조까지의 죄 중 어느 하나에 해당하는 죄를 범하여 금고 이상의 실형을 선고받고 그 형의 집행이 끝나거나(집행이 끝난 것으로 보는 경우를 포함한다) 집행이 면제된 후 2년이 지나지 아니한 사람 3. 이 법 또는 「형법」 제129조부터 제132조까지의 죄 중 어느 하나에 해당하는 죄를 범하여 금고 이상의 형의 집행유예를 선고받거나 선고유예를 받고 그 유예기간 중에 있는 사람 4. 해당 도매시장의 시장도매인, 중도매인, 산지유통인 또는 그 임직원 5. 제82조제4항에 따라 면직된 후 2년이 지나지 아니한 사람 6. 제82조제4항에 따른 업무정지기간 중에 있는 사람 ③ 도매시장법인은 경매사가 제2항제1호부터 제4호까지의 어느 하나에 해당하는 경우에는 그 경매사를 면직하여야 한다. ④ 도매시장법인이 경매사를 임면(任免)하였을 때에는 농림축산식품부령 또는 해양수산부령으로 정하는 바에 따라 그 내용을 도매시장 개설자에게 신고하여야 하며, 도매시장 개설자는 농림축산식품부장관 또는 해양수산부장관이 지정하여 고시한 인터넷 홈페이지에 그 내용을 게시하여야 한다. <개정 2012. 2. 22., 2013. 3. 23.> [전문개정 2011. 7. 21.]		제20조(경매사의 임면) ① 법 제27조제1항에 따라 도매시장법인이 확보하여야 하는 경매사의 수는 2명 이상으로 하되, 도매시장법인별 연간 거래물량 등을 고려하여 업무규정으로 그 수를 정한다. <개정 2013. 11. 29.> ② 법 제27조제4항에 따라 도매시장법인이 경매사를 임면(任免)한 경우에는 별지 제3호서식에 따라 임면한 날부터 30일 이내에 도매시장 개설자에게 신고하여야 한다. <개정 2017. 2. 13.> [전문개정 2012. 8. 23.]
제27조의2(경매사 자격시험) ① 경매사 자격시험은 농림축산식품부장관 또는 해양수산부장관이 실시하되, 필기시험과 실기시험으로 구분하여 실시한다. <개정 2013. 3. 23.> ② 농림축산식품부장관 또는 해양수산부장관은 제1항에 따른 경매사 자격시험에서 부정행위를 한 사람에 대하여 해당 시험의 정지·무효 또는 합격 취소 처분을 한다. 이 경우 처분을 받은 사람에 대해서는 처분이 있은 날부터 3년간 경매사 자격시험의 응시자격을 정지한다. <신설 2015. 6. 22.> ③ 농림축산식품부장관 또는 해양수산부장관은 제2항 전단에 따른 처분(시험의 정지는 제외한다)을 하려는 때에는 미리 그 처분 내용과 사유를 당사자에게 통지하여 소명할 기회를 주어야 한다. <신설 2015. 6. 22.> ④ 농림축산식품부장관 또는 해양수산부장관은 제1항에 따른 경매사 자격시험의 관리(제2항에 따른 시험의 정지를 포함한다)에 관한 업무를 대통령령으로 정하는 바에 따라 시험관리 능력이 있다고 인정하는 관계 전문기관에 위탁할 수 있다. <개정 2013. 3. 23., 2015. 6. 22.> ⑤ 제1항에 따른 경매사 자격시험의 응시자격, 시험과목, 시험의 일부 면제, 시험방법, 자격증 발급, 시험 응시 수수료, 자격증 발급 수수료, 그 밖에 시험에 관하여 필요한 사항은 대통령령으로 정한다. <개정 2015. 6. 22.> [전문개정 2011. 7. 21.]	제17조의2(경매사 자격시험의 관리) ① 농림축산식품부장관 또는 해양수산부장관은 법 제27조의2제2항에 따라 같은 조에 따른 경매사 자격시험(이하 "시험"이라 한다)의 관리(경매사 자격증 발급은 제외한다)에 관한 업무를 「한국산업인력공단법」에 따른 한국산업인력공단(이하 "한국산업인력공단"이라 한다)에 위탁한다. <개정 2013. 3. 23.> ② 한국산업인력공단이 시험을 실시하려는 경우에는 시험의 일시·장소 및 방법 등 시험 실시에 관한 계획을 수립하여 농림축산식품부장관 또는 해양수산부장관의 승인을 받아야 한다. <개정 2013. 3. 23.> ③ 한국산업인력공단은 시험의 실시에 필요한 실비를 농림축산식품부령 또는 해양수산부령으로 정하는 바에 따라 징수할 수 있다. <개정 2013. 3. 23.> [전문개정 2012. 8. 22.] 제17조의5(경매사 자격증의 발급 등) ① 농림축산식품부장관 또는 해양수산부장관은 법 제27조의2제2항에 따라 같은 조에 따른 경매사 자격증의 발급에 관한 업무를 한국농수산식품유통공사에 위탁한다. <개정 2013. 3. 23.> ② 한국농수산식품유통공사의 장은 시험에 합격한 사람에 대하여 경매사 자격증을 발급하고 경매사 자격 등록부에 이를 적어야 한다. ③ 한국농수산식품유통공사의 장은 경매사 자격증의 발급에 필요한 실비를 농림축산식품부령 또는 해양수산부령으로 정하는 바에 따라 징수할 수 있다. <개정 2013. 3. 23.> [전문개정 2012. 8. 22.] 제37조의2(고유식별정보의 처리) ① 농림축산식품부장관(법 제13조제4항에 따라	

<table>
<tr>
<td></td>
<td>농림축산식품부장관의 업무를 위탁받은 자를 포함한다)은 법 제13조제1항에 따른 농산물 비축사업에 관한 사무를 수행하기 위하여 불가피한 경우 「개인정보 보호법 시행령」 제19조제1호 또는 제4호에 따른 주민등록번호 또는 외국인등록번호가 포함된 자료를 처리할 수 있다. <신설 2014. 8. 6., 2016. 3. 25.>
②농림축산식품부장관 또는 해양수산부장관(법 제27조의2제2항, 이 영 제17조의2제1항 및 제17조의5제1항에 따라 농림축산식품부장관 또는 해양수산부장관의 업무를 위탁받은 자를 포함한다)은 법 제27조의2제2항에 따른 시험의 관리(경매사 자격증 발급을 포함한다)에 관한 업무를 수행하기 위하여 불가피한 경우 「개인정보 보호법 시행령」 제19조제1호 또는 제4호에 따른 주민등록번호 또는 외국인등록번호가 포함된 자료를 처리할 수 있다. <개정 2014. 8. 6.>
③ 도매시장 개설자(제37조제2항에 따라 도매시장 개설자의 권한을 위탁받은 자를 포함한다), 공판장의 개설자 또는 민영도매시장의 개설자는 다음 각 호의 사무를 수행하기 위하여 불가피한 경우 「개인정보 보호법 시행령」 제19조제1호에 따른 주민등록번호가 포함된 자료를 처리할 수 있다. <신설 2014. 8. 6.>
1. 법 제23조에 따른 도매시장법인의 지정에 관한 사무
2. 법 제23조의2에 따른 도매시장법인의 인수·합병 승인에 관한 사무
3. 법 제25조에 따른 중도매업의 허가에 관한 사무
4. 법 제25조의2에 따른 법인인 중도매인의 인수·합병 승인에 관한 사무
5. 법 제25조의3에 따른 매매참가인의 신고에 관한 사무
6. 법 제29조에 따른 산지유통인 등록에 관한 사무
7. 법 제30조에 따른 출하자 신고에 관한 사무
8. 법 제36조에 따른 시장도매인의 지정에 관한 사무
9. 법 제36조의2에 따른 시장도매인의 인수·합병 승인에 관한 사무
[본조신설 2013. 11. 20.]</td>
<td></td>
</tr>
<tr>
<td>제28조(경매사의 업무 등) ① 경매사는 다음 각 호의 업무를 수행한다.
1. 도매시장법인이 상장한 농수산물에 대한 경매 우선순위의 결정
2. 도매시장법인이 상장한 농수산물에 대한 가격평가
3. 도매시장법인이 상장한 농수산물에 대한 경락자의 결정
② 경매사는 「형법」 제129조부터 제132조까지의 규정을 적용할 때에는 공무원으로 본다.
[전문개정 2011. 7. 21.]</td>
<td></td>
<td></td>
</tr>
<tr>
<td>제29조(산지유통인의 등록) ① 농수산물을 수집하여 도매시장에 출하하려는 자는 농림축산식품부령 또는 해양수산부령으로 정하는 바에 따라 부류별로 도매시장 개설자에게 등록하여야 한다. 다만, 다음 각 호의 어느 하나에 해당하는 경우에는 그러하지 아니하다. <개정 2013. 3. 23.>
1. 생산자단체가 구성원의 생산물을 출하하는 경우
2. 도매시장법인이 제31조제1항 단서에 따라 매수한 농수산물을 상장하는 경우
3. 중도매인이 제31조제2항 단서에 따라 비상장 농수산물을 매매하는 경우
4. 시장도매인이 제37조에 따라 매매하는 경우
5. 그 밖에 농림축산식품부령 또는 해양수산부령으로 정하는 경우
② 도매시장법인, 중도매인 및 이들의 주주 또는 임직원은 해당 도매시장에서 산지유통인의 업무를 하여서는 아니 된다.
③ 도매시장 개설자는 이 법 또는 다른 법령에 따른 제한에 위반되는 경우를</td>
<td></td>
<td>제24조(산지유통인의 등록) ① 법 제29조에 따른 산지유통인으로 등록하려는 자는 도매시장의 개설자가 정한 등록신청서를 도매시장 개설자에게 제출하여야 한다.
② 도매시장 개설자는 산지유통인의 등록을 하였을 때에는 등록대장에 이를 적고 신청인에게 등록증을 발급하여야 한다.
③ 제2항에 따라 등록증을 발급받은 산지유통인은 등록한 사항에 변경이 있는 때에는 도매시장 개설자가 정하는 변경등록신청서를 도매시장 개설자에게 제출하여야 한다.
[전문개정 2012. 8. 23.]
제25조(산지유통인 등록의 예외) 법 제29조제1항제5호에서 "농림축산식품부령 또는 해양수산부령으로 정하는 경우"란 다음 각 호의 경우를 말한다. <개정 2013. 3. 24.>
1. 종합유통센터·수출업자 등이 남은 농수산물을 도매시장에 상장하는 경우</td>
</tr>
</table>

<table>
<tr>
<td>제외하고는 제1항에 따라 등록을 하여주어야 한다. <개정 2012. 2. 22.>
④ 산지유통인은 등록된 도매시장에서 농수산물의 출하업무 외의 판매·매수 또는 중개업무를 하여서는 아니 된다.
⑤ 도매시장 개설자는 제1항에 따라 등록을 하여야 하는 자가 등록을 하지 아니하고 산지유통인의 업무를 하는 경우에는 도매시장에의 출입을 금지·제한하거나 그 밖에 필요한 조치를 할 수 있다.
⑥ 국가나 지방자치단체는 산지유통인의 공정한 거래를 촉진하기 위하여 필요한 지원을 할 수 있다.
[전문개정 2011. 7. 21.]</td>
<td></td>
<td>2. 법 제34조에 따라 도매시장법인이 다른 도매시장법인 또는 시장도매인으로부터 매수하여 판매하는 경우
3. 법 제34조에 따라 시장도매인이 도매시장법인으로부터 매수하여 판매하는 경우
[전문개정 2012. 8. 23.]</td>
</tr>
<tr>
<td>제30조(출하자 신고) ① 도매시장에 농수산물을 출하하려는 생산자 및 생산자단체 등은 농수산물의 거래질서 확립과 수급안정을 위하여 농림축산식품부령 또는 해양수산부령으로 정하는 바에 따라 해당 도매시장의 개설자에게 신고하여야 한다. <개정 2013. 3. 23.>
② 도매시장 개설자, 도매시장법인 또는 시장도매인은 제1항에 따라 신고한 출하자가 출하 예약을 하고 농수산물을 출하하는 경우에는 위탁수수료의 인하 및 경매의 우선 실시 등 우대조치를 할 수 있다.
[전문개정 2011. 7. 21.]</td>
<td></td>
<td>제25조의2(출하자 신고) ① 법 제30조제1항에 따라 도매시장에 농수산물을 출하하려는 자는 별지 제6호서식에 따른 출하자 신고서에 다음 각 호의 구분에 따른 서류를 첨부하여 도매시장 개설자에게 제출하여야 한다.
1. 개인의 경우: 신분증 사본 또는 사업자등록증 1부
2. 법인의 경우: 법인 등기사항증명서 1부
② 도매시장 개설자는 전자적 방법으로 출하자 신고서를 접수할 수 있다.
[전문개정 2012. 8. 23.]</td>
</tr>
<tr>
<td>제31조(수탁판매의 원칙) ① 도매시장에서 도매시장법인이 하는 도매는 출하자로부터 위탁을 받아 하여야 한다. 다만, 농림축산식품부령 또는 해양수산부령으로 정하는 특별한 사유가 있는 경우에는 매수하여 도매할 수 있다. <개정 2013. 3. 23.>
② 중도매인은 도매시장법인이 상장한 농수산물 외의 농수산물은 거래할 수 없다. 다만, 농림축산식품부령 또는 해양수산부령으로 정하는 도매시장법인이 상장하기에 적합하지 아니한 농수산물과 그 밖에 이에 준하는 농수산물로서 그 품목과 기간을 정하여 도매시장 개설자로부터 허가를 받은 농수산물의 경우에는 그러하지 아니하다. <개정 2013. 3. 23.>
③ 제2항 단서에 따른 중도매인의 거래에 관하여는 제35조제1항, 제38조, 제39조, 제40조제2항·제4항, 제41조(제2항 단서는 제외한다), 제42조제1항제1호·제3호 및 제81조를 준용한다.
④ 중도매인이 제2항 단서에 해당하는 물품을 제70조의2제1항제1호에 따른 농수산물 전자거래소에서 거래하는 경우에는 그 물품을 도매시장으로 반입하지 아니할 수 있다.
⑤ 중도매인은 도매시장법인이 상장한 농수산물을 농림축산식품부령 또는 해양수산부령으로 정하는 연간 거래액의 범위에서 해당 도매시장의 다른 중도매인과 거래하는 경우를 제외하고는 다른 중도매인과 농수산물을 거래할 수 없다. <신설 2014. 3. 24.>
⑥ 제5항에 따른 중도매인 간 거래액은 제25조제3항제6호의 최저거래금액 산정 시 포함하지 아니한다. <신설 2014. 3. 24.>
⑦ 제5항에 따라 다른 중도매인과 농수산물을 거래한 중도매인은 농림축산식품부령 또는 해양수산부령으로 정하는 바에 따라 그 거래 내역을 도매시장 개설자에게 통보하여야 한다. <신설 2014. 3. 24.>
[전문개정 2011. 7. 21.]</td>
<td></td>
<td>제26조(수탁판매의 예외) ① 법 제31조제1항 단서에 따라 도매시장법인이 농수산물을 매수하여 도매할 수 있는 경우는 다음 각 호와 같다. <개정 2013. 3. 24., 2013. 11. 29., 2014. 10. 15., 2017. 6. 9.>
1. 법 제9조제1항 단서 또는 법 제13조제2항 단서에 따라 농림축산식품부장관 또는 해양수산부장관의 수매에 응하기 위하여 필요한 경우
2. 법 제34조에 따라 다른 도매시장법인 또는 시장도매인으로부터 매수하여 도매하는 경우
3. 해당 도매시장에서 주로 취급하지 아니하는 농수산물의 품목을 갖추기 위하여 대상 품목과 기간을 정하여 도매시장 개설자의 승인을 받아 다른 도매시장으로부터 이를 매수하는 경우
4. 물품의 특성상 외형을 변형하는 등 가공하여 도매하여야 하는 경우로서 도매시장 개설자가 업무규정으로 정하는 경우
5. 도매시장법인이 법 제35조제4항 단서에 따른 겸영사업에 필요한 농수산물을 매수하는 경우
6. 수탁판매의 방법으로는 적정한 거래물량의 확보가 어려운 경우로서 농림축산식품부장관 또는 해양수산부장관이 고시하는 범위에서 중도매인 또는 매매참가인의 요청으로 그 중도매인 또는 매매참가인에게 정가·수의매매로 도매하기 위하여 필요한 물량을 매수하는 경우
② 도매시장법인은 제1항에 따라 농수산물을 매수하여 도매한 경우에는 업무규정에서 정하는 바에 따라 다음 각 호의 사항을 도매시장 개설자에게 지체 없이 알려야 한다. <개정 2017. 2. 13.>
1. 매수하여 도매한 물품의 품목·수량·원산지·매수가격·판매가격 및 출하자
2. 매수하여 도매한 사유
[전문개정 2012. 8. 23.]

제27조(상장되지 아니한 농수산물의 거래허가) 법 제31조제2항 단서에 따라</td>
</tr>
</table>

<table>
<tr><td></td><td></td><td>중도매인이 도매시장의 개설자의 허가를 받아 도매시장법인이 상장하지 아니한 농수산물을 거래할 수 있는 품목은 다음 각 호와 같다. 이 경우 도매시장개설자는 법 제78조제3항에 따른 시장관리운영위원회의 심의를 거쳐 허가하여야 한다.
1. 영 제2조 각 호의 부류를 기준으로 연간 반입물량 누적비율이 하위 3퍼센트 미만에 해당하는 소량 품목
2. 품목의 특성으로 인하여 해당 품목을 취급하는 중도매인이 소수인 품목
3. 그 밖에 상장거래에 의하여 중도매인이 해당 농수산물을 매입하는 것이 현저히 곤란하다고 도매시장 개설자가 인정하는 품목
[전문개정 2012. 8. 23.]
제27조의2(중도매인 간 거래 규모의 상한 등) ① 중도매인이 법 제31조제5항에 따라 해당 도매시장의 다른 중도매인과 거래하는 경우에는 중도매인이 다른 중도매인으로부터 구매한 연간 총 거래액이나 다른 중도매인에게 판매한 연간 총 거래액이 해당 중도매인의 전년도 연간 구매한 총 거래액이나 판매한 총 거래액 각각(중도매인 간 거래액은 포함하지 아니한다)의 20퍼센트 미만이어야 한다. <개정 2017. 6. 9.>
② 법 제31조제5항에 따라 다른 중도매인과 거래한 중도매인은 법 제31조제7항에 따라 다른 중도매인으로부터 구매한 농수산물의 품목, 수량, 구매가격 및 판매자에 관한 자료를 업무규정에서 정하는 바에 따라 매년 도매시장 개설자에게 통보하여야 하며, 필요한 경우 다른 중도매인에게 판매한 농수산물의 품목, 수량, 판매가격 및 구매자에 관한 자료를 업무규정에서 정하는 바에 따라 매년 도매시장 개설자에게 통보할 수 있다.
[본조신설 2014. 10. 15.]</td></tr>
<tr><td>제32조(매매방법) 도매시장법인은 도매시장에서 농수산물을 경매·입찰·정가매매 또는 수의매매(隨意賣買)의 방법으로 매매하여야 한다. 다만, 출하자가 매매방법을 지정하여 요청하는 경우 등 농림축산식품부령 또는 해양수산부령으로 매매방법을 정한 경우에는 그에 따라 매매할 수 있다. <개정 2013. 3. 23.>
[전문개정 2012. 2. 22.]</td><td>제17조의6(도매시장법인의 겸영사업의 제한) ① 도매시장 개설자는 법 제35조제5항에 따라 도매시장법인이 겸영사업(兼營事業)으로 수탁·매수한 농수산물을 법 제32조, 제33조제1항, 제34조 및 제35조제1항부터 제3항까지의 규정을 위반하여 판매함으로써 산지 출하자와의 업무 경합 또는 과도한 겸영사업으로 인한 도매시장법인의 도매업무 약화가 우려되는 경우에는 법 제78조에 따른 시장관리운영위원회의 심의를 거쳐 법 제35조제4항 단서에 따른 겸영사업을 다음 각 호와 같이 제한할 수 있다. <개정 2013. 11. 20.>
1. 제1차 위반: 보완명령
2. 제2차 위반: 1개월 금지
3. 제3차 위반: 6개월 금지
4. 제4차 위반: 1년 금지
② 제1항에 따라 겸영사업을 제한하는 경우 위반행위의 차수(次數)에 따른 처분기준은 최근 3년간 같은 위반행위로 처분을 받은 경우에 적용한다.
[전문개정 2012. 8. 22.]</td><td>제28조(매매방법) ① 법 제32조 단서에서 "농림축산식품부령 또는 해양수산부령으로 매매방법을 정한 경우"란 다음 각 호와 같다. <개정 2013. 3. 24.>
1. 경매 또는 입찰
가. 출하자가 경매 또는 입찰로 매매방법을 지정하여 요청한 경우(제2호나목부터 자목까지의 규정에 해당하는 경우는 제외한다)
나. 법 제78조에 따른 시장관리운영위원회의 심의를 거쳐 매매방법을 경매 또는 입찰로 정한 경우
다. 해당 농수산물의 입하량이 일시적으로 현저하게 증가하여 정상적인 거래가 어려운 경우 등 정가매매 또는 수의매매의 방법에 의하는 것이 극히 곤란한 경우
2. 정가매매 또는 수의매매
가. 출하자가 정가매매·수의매매로 매매방법을 지정하여 요청한 경우(제1호나목 및 다목에 해당하는 경우는 제외한다)
나. 법 제78조에 따른 시장관리운영위원회의 심의를 거쳐 매매방법을 정가매매 또는 수의매매로 정한 경우
다. 법 제35조제2항제1호에 따라 전자거래 방식으로 매매하는 경우
라. 다른 도매시장법인 또는 공판장(법 제27조에 따른 경매사가 경매를 실시하는 농수산물집하장을 포함한다)에서 이미 가격이 결정되어 바로 입하된 물품을 매매하는 경우로서 당해 물품을 반출한 도매시장법인 또는 공판장의 개설자가 가격·반출지·반출물량 및 반출차량 등을 확인한 경우
마. 해양수산부장관이 거래방법·물품의 반출 및 확인절차 등을 정한 산지의 거래시설에서 미리 가격이 결정되어 입하된 수산물을 매매하는 경우</td></tr>
</table>

		바. 경매 또는 입찰이 종료된 후 입하된 경우 사. 경매 또는 입찰을 실시하였으나 매매되지 아니한 경우 아. 법 제34조에 따라 도매시장 개설자의 허가를 받아 중도매인 또는 매매참가인외의 자에게 판매하는 경우 자. 천재·지변 그 밖의 불가피한 사유로 인하여 경매 또는 입찰의 방법에 의하는 것이 극히 곤란한 경우 ② 정가매매 또는 수의매매 거래의 절차 등에 관하여 필요한 사항은 도매시장 개설자가 업무규정으로 정한다. [전문개정 2012. 8. 23.]
제33조(경매 또는 입찰의 방법) ① 도매시장법인은 도매시장에 상장한 농수산물을 수탁된 순위에 따라 경매 또는 입찰의 방법으로 판매하는 경우에는 최고가격 제시자에게 판매하여야 한다. 다만, 출하자가 서면으로 거래 성립 최저가격을 제시한 경우에는 그 가격 미만으로 판매하여서는 아니 된다. <개정 2012. 2. 22.> ② 도매시장 개설자는 효율적인 유통을 위하여 필요한 경우에는 농림축산식품부령 또는 해양수산부령으로 정하는 바에 따라 대량 입하품, 표준규격품, 예약 출하품 등을 우선적으로 판매하게 할 수 있다. <개정 2013. 3. 23.> ③ 제1항에 따른 경매 또는 입찰의 방법은 전자식(電子式)을 원칙으로 하되 필요한 경우 농림축산식품부령 또는 해양수산부령으로 정하는 바에 따라 거수수지식(擧手手指式), 기록식, 서면입찰식 등의 방법으로 할 수 있다. 이 경우 공개경매를 실현하기 위하여 필요한 경우 농림축산식품부장관, 해양수산부장관 또는 도매시장 개설자는 품목별·도매시장별로 경매방식을 제한할 수 있다. <개정 2013. 3. 23.> [전문개정 2011. 7. 21.]		제30조(대량 입하품 등의 우대) 도매시장 개설자는 법 제33조제2항에 따라 다음 각 호의 품목에 대하여 도매시장법인 또는 시장도매인으로 하여금 우선적으로 판매하게 할 수 있다. 1. 대량 입하품 2. 도매시장 개설자가 선정하는 우수출하주의 출하품 3. 예약 출하품 4. 「농수산물 품질관리법」 제5조에 따른 표준규격품 및 같은 법 제6조에 따른 우수관리인증농산물 5. 그 밖에 도매시장 개설자가 도매시장의 효율적인 운영을 위하여 특히 필요하다고 업무규정으로 정하는 품목 [전문개정 2012. 8. 23.] 제31조(전자식 경매·입찰의 예외) 법 제33조제3항에 따라 거수수지식·기록식·서면입찰식 등의 방법으로 경매 또는 입찰을 할 수 있는 경우는 다음 각 호와 같다. 1. 농수산물의 수급조절과 가격안정을 위하여 수매·비축 또는 수입한 농수산물을 판매하는 경우 2. 그 밖에 품목별·지역별 특성을 고려하여 도매시장 개설자가 필요하다고 인정하는 경우 [전문개정 2012. 8. 23.]
제34조(거래의 특례) 도매시장 개설자는 입하량이 현저히 많아 정상적인 거래가 어려운 경우 등 농림축산식품부령 또는 해양수산부령으로 정하는 특별한 사유가 있는 경우에는 그 사유가 발생한 날에 한정하여 도매시장법인의 경우에는 중도매인·매매참가인 외의 자에게, 시장도매인의 경우에는 도매시장법인·중도매인에게 판매할 수 있도록 할 수 있다. <개정 2013. 3. 23.> [전문개정 2011. 7. 21.]		제33조(거래의 특례) ① 법 제34조에 따라 도매시장법인이 중도매인·매매참가인 외의 자에게, 시장도매인이 도매시장법인·중도매인에게 농수산물을 판매할 수 있는 경우는 다음 각 호와 같다. 1. 도매시장법인의 경우 가. 해당 도매시장의 중도매인 또는 매매참가인에게 판매한 후 남는 농수산물이 있는 경우 나. 도매시장 개설자가 도매시장에 입하된 물품의 원활한 분산을 위하여 특히 필요하다고 인정하는 경우 다. 도매시장법인이 법 제35조제4항 단서에 따른 겸영사업으로 수출을 하는 경우 2. 시장도매인의 경우: 도매시장 개설자가 도매시장에 입하된 물품의 원활한 분산을 위하여 특히 필요하다고 인정하는 경우 ② 도매시장법인·시장도매인은 제1항에 따라 농수산물을 판매한 경우에는 다음 각 호의 사항을 적은 보고서를 지체 없이 도매시장 개설자에게 제출하여야 한다. 1. 판매한 물품의 품목·수량·금액·출하자 및 매수인 2. 판매한 사유 [전문개정 2012. 8. 23.]

제35조(도매시장법인의 영업제한) ① 도매시장법인은 도매시장 외의 장소에서 농수산물의 판매업무를 하지 못한다. ② 제1항에도 불구하고 도매시장법인은 다음 각 호의 어느 하나에 해당하는 경우에는 해당 거래물품을 도매시장으로 반입하지 아니할 수 있다. <개정 2012. 2. 22., 2012. 6. 1., 2013. 3. 23., 2019. 8. 27.> 1. 도매시장 개설자의 사전승인을 받아 「전자문서 및 전자거래 기본법」에 따른 전자거래 방식으로 하는 경우(온라인에서 경매 방식으로 거래하는 경우를 포함한다) 2. 농림축산식품부령 또는 해양수산부령으로 정하는 일정 기준 이상의 시설에 보관·저장 중인 거래 대상 농수산물의 견본을 도매시장에 반입하여 거래하는 것에 대하여 도매시장 개설자가 승인한 경우 ③ 제2항에 따른 전자거래 및 견본거래 방식 등에 관하여 필요한 사항은 농림축산식품부령 또는 해양수산부령으로 정한다. <개정 2013. 3. 23.> ④ 도매시장법인은 농수산물 판매업무 외의 사업을 겸영(兼營)하지 못한다. 다만, 농수산물의 선별·포장·가공·제빙(製氷)·보관·후숙(後熟)·저장·수출입 등의 사업은 농림축산식품부령 또는 해양수산부령으로 정하는 바에 따라 겸영할 수 있다. <개정 2013. 3. 23.> ⑤ 도매시장 개설자는 산지(産地) 출하자와의 업무 경합 또는 과도한 겸영사업으로 인하여 도매시장법인의 도매업무가 약화될 우려가 있는 경우에는 대통령령으로 정하는 바에 따라 제4항 단서에 따른 겸영사업을 1년 이내의 범위에서 제한할 수 있다. [전문개정 2011. 7. 21.]	제17조의6(도매시장법인의 겸영사업의 제한) ① 도매시장 개설자는 법 제35조제5항에 따라 도매시장법인이 겸영사업(兼營事業)으로 수탁·매수한 농수산물을 법 제32조, 제33조제1항, 제34조 및 제35조제1항부터 제3항까지의 규정을 위반하여 판매함으로써 산지 출하자와의 업무 경합 또는 과도한 겸영사업으로 인한 도매시장법인의 도매업무 약화가 우려되는 경우에는 법 제78조에 따른 시장관리운영위원회의 심의를 거쳐 법 제35조제4항 단서에 따른 겸영사업을 다음 각 호와 같이 제한할 수 있다. <개정 2013. 11. 20.> 1. 제1차 위반: 보완명령 2. 제2차 위반: 1개월 금지 3. 제3차 위반: 6개월 금지 4. 제4차 위반: 1년 금지 ② 제1항에 따라 겸영사업을 제한하는 경우 위반행위의 차수(次數)에 따른 처분기준은 최근 3년간 같은 위반행위로 처분을 받은 경우에 적용한다. [전문개정 2012. 8. 22.]	제33조의2(견본거래 대상 물품의 보관·저장시설의 기준) 법 제35조제2항제2호에서 "농림축산식품부령 또는 해양수산부령으로 정하는 일정 기준 이상의 시설"이란 다음 각 호의 시설을 말한다. <개정 2013. 3. 24.> 1. 165제곱미터 이상의 농산물 저온저장시설 2. 냉장 능력이 1천톤 이상이고 「농수산물 품질관리법」 제74조제1항에 따라 수산물가공업(냉동·냉장업)을 등록한 시설 [전문개정 2012. 8. 23.] 제33조의3(전자거래방식에 의한 거래) ① 법 제35조제3항에 따라 도매시장법인이 「전자문서 및 전자거래 기본법」에 따른 전자거래방식으로 전자거래를 하려면 전자거래시스템을 구축하여 도매시장 개설자의 승인을 받아야 한다. <개정 2012. 8. 31.> ② 전자거래시스템의 구성 및 운영방식 등에 필요한 세부사항은 농림축산식품부장관 또는 해양수산부장관이 정한다. <개정 2013. 3. 24.> [전문개정 2012. 8. 23.] 제33조의4(견본거래방식에 의한 거래) ① 법 제35조제3항에 따라 도매시장법인이 견본거래를 하려면 제33조의2의 시설에 보관·저장 중인 농수산물을 대표할 수 있는 견본품을 경매장에 진열하고 거래하여야 한다. ② 견본품의 수량, 견본거래의 승인 절차 및 거래시간 등은 도매시장의 개설자가 업무규정으로 정한다. [본조신설 2009. 6. 9.] 제34조(도매시장법인의 겸영) ①법 제35조제4항 단서에 따른 농수산물의 선별·포장·가공·제빙(製氷)·보관·후숙(後熟)·저장·수출입·배송(도매시장법인이나 해당 도매시장 중도매인의 농수산물 판매를 위한 배송으로 한정한다) 등의 사업(이하 이 조에서 "겸영사업"이라 한다)을 겸영하려는 도매시장법인은 다음 각 호의 요건을 충족하여야 한다. 이 경우 제1호부터 제3호까지의 기준은 직전 회계연도의 대차대조표를 통하여 산정한다. <개정 2012. 6. 29., 2013. 11. 29., 2017. 2. 13.> 1. 부채비율(부채/자기자본×100)이 300퍼센트 이하일 것 2. 유동부채비율(유동부채/부채총액×100)이 100퍼센트 이하일 것 3. 유동비율(유동자산/유동부채×100)이 100퍼센트 이상일 것 4. 당기순손실이 2개 회계연도 이상 계속하여 발생하지 아니할 것 ② 도매시장법인은 겸영사업을 하려는 경우에는 그 겸영사업 개시 전에 겸영사업의 내용 및 계획을 해당 도매시장 개설자에게 알려야 한다. 이 경우 도매시장법인이 해당 도매시장 외의 장소에서 겸영사업을 하려는 경우에는 겸영하려는 사업장 소재지의 시장(도매시장 개설자와 다른 경우에만 해당한다)·군수 또는 자치구의 구청장에게도 이를 알려야 한다. <신설 2013. 11. 29.> ③ 도매시장법인은 겸영사업을 하는 경우 전년도 겸영사업 실적을 매년 3월 31일까지 해당 도매시장 개설자에게 제출하여야 한다. <신설 2013. 11. 29.> [전문개정 2007. 7. 6.]
제35조의2(도매시장법인 등의 공시) ① 도매시장법인 또는 시장도매인은 출하자와 소비자의 권익보호를 위하여 거래물량, 가격정보 및 재무상황 등을 공시(公示)하여야 한다. ② 제1항에 따른 공시내용, 공시방법 및 공시절차 등에 관하여 필요한 사항은		제34조의2(도매시장법인 등의 공시) ① 법 제35조의2에 따라 도매시장법인 또는 시장도매인이 공시하여야 할 내용은 다음 각 호와 같다. 1. 거래일자별·품목별 반입량 및 가격정보 2. 주주 및 임원의 현황과 그 변동사항

농림축산식품부령 또는 해양수산부령으로 정한다. <개정 2013. 3. 23.> [전문개정 2011. 7. 21.]		3. 겸영사업을 하는 경우 그 사업내용 4. 직전 회계연도의 재무제표 ② 제1항에 따른 공시는 해당 도매시장의 게시판이나 정보통신망에 하여야 한다. [전문개정 2012. 8. 23.]
제36조(시장도매인의 지정) ① 시장도매인은 도매시장 개설자가 부류별로 지정한다. 이 경우 5년 이상 10년 이하의 범위에서 지정 유효기간을 설정할 수 있다. ② 제1항에 따른 시장도매인이 될 수 있는 자는 다음 각 호의 요건을 갖춘 법인이어야 한다. <개정 2014. 3. 24., 2015. 2. 3.> 1. 임원 중 이 법을 위반하여 금고 이상의 실형을 선고받고 그 형의 집행이 끝나거나(집행이 끝난 것으로 보는 경우를 포함한다) 집행이 면제된 후 2년이 지나지 아니한 사람이 없을 것 2. 임원 중 해당 도매시장에서 시장도매인의 업무와 경합되는 도매업 또는 중도매업을 하는 사람이 없을 것 3. 임원 중 파산선고를 받고 복권되지 아니한 사람이나 피성년후견인 또는 피한정후견인이 없을 것 4. 임원 중 제82조제2항에 따라 시장도매인의 지정취소처분의 원인이 되는 사항에 관련된 사람이 없을 것 5. 거래규모, 순자산액 비율 및 거래보증금 등 도매시장 개설자가 업무규정으로 정하는 일정 요건을 갖출 것 ③ 시장도매인은 해당 임원이 제2항제1호부터 제4호까지의 어느 하나에 해당하는 요건을 갖추지 아니하게 되었을 때에는 그 임원을 지체 없이 해임하여야 한다. ④ 시장도매인의 지정절차와 그 밖에 지정에 필요한 사항은 대통령령으로 정한다. [전문개정 2011. 7. 21.]	제18조(시장도매인의 지정절차 등) ① 법 제36조제1항에 따라 시장도매인 지정을 받으려는 자는 시장도매인 지정신청서(전자문서로 된 신청서를 포함한다)에 다음 각 호의 서류(전자문서를 포함한다)를 첨부하여 도매시장 개설자에게 제출하여야 한다. 이 경우 시장도매인의 지정절차에 관하여는 제17조제1항 각 호 외의 부분 후단을 준용한다. 1. 정관 2. 주주 명부 3. 임원의 이력서 4. 해당 법인의 직전 회계연도의 재무제표와 그 부속서류(신설 법인의 경우에는 설립일을 기준으로 작성한 대차대조표) 5. 사업시작 예정일부터 5년간의 사업계획서(산지활동계획, 농수산물판매계획, 자금운용계획, 조직 및 인력운용계획 등을 포함한다) 6. 거래규모, 순자산액 비율 및 거래보증금 등 도매시장 개설자가 업무규정으로 정한 요건을 갖추고 있음을 증명하는 서류 ② 도매시장 개설자는 제1항에 따라 신청을 받았을 때에는 업무규정으로 정한 시장도매인의 적정수의 범위에서 이를 지정하여야 한다. [전문개정 2012. 8. 22.]	
제36조의2(시장도매인의 인수·합병) 시장도매인의 인수·합병에 대하여는 제23조의2를 준용한다. 이 경우 "도매시장법인"은 "시장도매인"으로 본다. [전문개정 2011. 7. 21.]		제34조의3(시장도매인의 인수·합병) 법 제36조의2에 따른 시장도매인의 인수·합병에 관하여는 제18조의3을 준용한다. 이 경우 "도매시장법인"은 "시장도매인"으로 본다. [전문개정 2012. 8. 23.]
제37조(시장도매인의 영업) ① 시장도매인은 도매시장에서 농수산물을 매수 또는 위탁받아 도매하거나 매매를 중개할 수 있다. 다만, 도매시장 개설자는 거래질서의 유지를 위하여 필요하다고 인정하는 경우 등 농림축산식품부령 또는 해양수산부령으로 정하는 경우에는 품목과 기간을 정하여 시장도매인이 농수산물을 위탁받아 도매하는 것을 제한 또는 금지할 수 있다. <개정2013. 3. 23.> ② 시장도매인은 해당 도매시장의 도매시장법인·중도매인에게 농수산물을 판매하지 못한다. [전문개정 2011. 7. 21.]		제35조(시장도매인의 영업) ① 법 제37조제1항에 따라 도매시장에서 시장도매인이 매수·위탁 또는 중개할 때에는 출하자와 협의하여 송품장에 적은 거래방법에 따라서 하여야 한다. ② 도매시장 개설자는 거래질서 유지를 위하여 필요한 경우에는 업무규정으로 정하는 바에 따라 시장도매인이 제1항에 따라 거래한 명세를 도매시장 개설자가 설치한 거래신고소에 제출하게 할 수 있다. ③ 법 제37조제1항 단서에 따라 도매시장 개설자가 시장도매인이 농수산물을 위탁받아 도매하는 것을 제한하거나 금지할 수 있는 경우는 다음 각 호와 같다. 1. 대금결제 능력을 상실하여 출하자에게 피해를 입힐 우려가 있는 경우 2. 표준정산서에 거래량·거래방법을 거짓으로 적는 등 불공정행위를 한 경우 3. 그 밖에 도매시장 개설자가 도매시장의 거래질서 유지를 위하여 필요하다고 인정하는 경우 ④ 도매시장 개설자는 제3항에 따라 시장도매인의 거래를 제한하거나 금지하려는 경우에는 그 대상자, 거래제한 또는 거래금지의 사유, 해당 농수산물의 품목 및 기간을 정하여 공고하여야 한다. <개정 2017. 2. 13.> [전문개정 2012. 8. 23.]

제38조(수탁의 거부금지 등) 도매시장법인 또는 시장도매인은 그 업무를 수행할 때에 다음 각 호의 어느 하나에 해당하는 경우를 제외하고는 입하된 농수산물의 수탁을 거부·기피하거나 위탁받은 농수산물의 판매를 거부·기피하거나, 거래 관계인에게 부당한 차별대우를 하여서는 아니 된다. 1. 제10조제2항에 따른 유통명령을 위반하여 출하하는 경우 2. 제30조에 따른 출하자 신고를 하지 아니하고 출하하는 경우 3. 제38조의2에 따른 안전성 검사 결과 그 기준에 미달되는 경우 4. 도매시장 개설자가 업무규정으로 정하는 최소출하량의 기준에 미달되는 경우 5. 그 밖에 환경 개선 및 규격출하 촉진 등을 위하여 대통령령으로 정하는 경우 [전문개정 2011. 7. 21.]	제18조의2(수탁을 거부할 수 있는 사유) 법 제38조제5호에서 "대통령령으로 정하는 경우"란 농림축산식품부장관, 해양수산부장관 또는 도매시장 개설자가 정하여 고시한 품목을 「농수산물 품질관리법」 제5조제1항에 따른 표준규격에 따라 출하하지 아니한 경우를 말한다. <개정 2013. 3. 23.> [전문개정 2012. 8. 22.] [제목개정 2013. 11. 20.]	
제38조의2(출하 농수산물의 안전성 검사) ① 도매시장 개설자는 해당 도매시장에 반입되는 농수산물에 대하여 「농수산물 품질관리법」 제61조에 따른 유해물질의 잔류허용기준 등의 초과 여부에 관한 안전성 검사를 하여야 한다. 이 경우 도매시장 개설자 중 시는 제17조제1항 단서에 따라 해당 도매시장의 개설을 허가한 도지사 소속의 검사기관에 안전성 검사를 의뢰할 수 있다. <개정 2011. 7. 21., 2014. 3. 24.> ② 도매시장 개설자는 제1항에 따른 안전성 검사 결과 그 기준에 못 미치는 농수산물을 출하하는 자에 대하여 1년 이내의 범위에서 해당 농수산물과 같은 품목의 농수산물을 해당 도매시장에 출하하는 것을 제한할 수 있다. 이 경우 다른 도매시장 개설자로부터 안전성 검사 결과 출하 제한을 받은 자에 대해서도 또한 같다. <개정 2018. 12. 31.> ③ 제1항에 따른 안전성 검사의 실시 기준 및 방법과 제2항에 따른 출하제한의 기준 및 절차 등에 관하여 필요한 사항은 농림축산식품부령 또는 해양수산부령으로 정한다. <개정 2013. 3. 23.> [전문개정 2011. 7. 21.]		제35조의2(안전성 검사의 실시 기준 및 방법 등) ① 법 제38조의2제1항에 따른 안전성 검사의 실시 기준 및 방법은 별표 1과 같다. ② 도매시장 개설자는 제1항에 따른 안전성 검사 결과 기준미달로 판정되면 기준미달품 출하자(다른 도매시장 개설자로부터 안전성 검사 결과 출하제한을 받은 자를 포함한다)에 대하여 다음 각 호에 따라 해당 농수산물과 같은 품목의 농수산물을 도매시장에 출하하는 것을 제한할 수 있다. <개정 2019. 7. 1.> 1. 최근 1년 이내에 1회 적발 시: 1개월 2. 최근 1년 이내에 2회 적발 시: 3개월 3. 최근 1년 이내에 3회 적발 시: 6개월 ③ 제2항에 따른 출하제한을 하는 경우에 도매시장 개설자는 제1항에 따른 안전성 검사 결과 기준 미달품 발생사항과 출하제한 기간 등을 해당 출하자와 다른 도매시장 개설자에게 서면 또는 전자적 방법 등으로 알려야 한다. [전문개정 2012. 8. 23.]
제39조(매매 농수산물의 인수 등) ① 도매시장법인 또는 시장도매인으로부터 농수산물을 매수한 자는 매매가 성립한 즉시 그 농수산물을 인수하여야 한다. ② 도매시장법인 또는 시장도매인은 제1항에 따른 매수인이 정당한 사유 없이 매수한 농수산물의 인수를 거부하거나 게을리하였을 때에는 그 매수인의 부담으로 해당 농수산물을 일정 기간 보관하거나, 그 이행을 최고(催告)하지 아니하고 그 매매를 해제하여 다시 매매할 수 있다. ③ 제2항의 경우 차손금(差損金)이 생겼을 때에는 당초의 매수인이 부담한다. [전문개정 2011. 7. 21.]		
제40조(하역업무) ① 도매시장 개설자는 도매시장에서 하는 하역업무의 효율화를 위하여 하역체제의 개선 및 하역의 기계화 촉진에 노력하여야 하며, 하역비의 절감으로 출하자의 이익을 보호하기 위하여 필요한 시책을 수립·시행하여야 한다. ② 도매시장 개설자가 업무규정으로 정하는 규격출하품에 대한 표준하역비(도매시장 안에서 규격출하품을 판매하기 위하여 필수적으로 드는 하역비를 말한다)는 도매시장법인 또는 시장도매인이 부담한다. ③ 농림축산식품부장관 또는 해양수산부장관은 제1항에 따른 하역체제의 개선 및 하역의 기계화와 제2항에 따른 규격출하의 촉진을 위하여 도매시장 개설자에게 필요한 조치를 명할 수 있다. <개정 2013. 3. 23.> ④ 도매시장법인 또는 시장도매인은 도매시장에서 하는 하역업무에 대하여 하역 전문업체 등과 용역계약을 체결할 수 있다.		

[전문개정 2011. 7. 21.]		
제41조(출하자에 대한 대금결제) ① 도매시장법인 또는 시장도매인은 매수하거나 위탁받은 농수산물이 매매되었을 때에는 그 대금의 전부를 출하자에게 즉시 결제하여야 한다. 다만, 대금의 지급방법에 관하여 도매시장법인 또는 시장도매인과 출하자 사이에 특약이 있는 경우에는 그 특약에 따른다. <개정 2012. 2. 22.> ② 도매시장법인 또는 시장도매인은 제1항에 따라 출하자에게 대금을 결제하는 경우에는 표준송품장(標準送品狀)과 판매원표(販賣元標)를 확인하여 작성한 표준정산서를 출하자와 정산 조직(제41조의2에 따른 대금정산조직 또는 그 밖에 대금정산을 위한 조직 등을 말한다. 이하 이 조에서 같다)에 각각 발급하고, 정산 조직에 대금결제를 의뢰하여 정산 조직에서 출하자에게 대금을 지급하는 방법으로 하여야 한다. 다만, 도매시장 개설자가 농림축산식품부령 또는 해양수산부령으로 정하는 바에 따라 인정하는 도매시장법인의 경우에는 출하자에게 대금을 직접 결제할 수 있다. <개정 2012. 2. 22., 2013. 3. 23., 2018. 12. 31.> ③ 제2항에 따른 표준송품장, 판매원표, 표준정산서, 대금결제의 방법 및 절차 등에 관하여 필요한 사항은 농림축산식품부령 또는 해양수산부령으로 정한다. <개정 2013. 3. 23.> [전문개정 2011. 7. 21.]		제36조(대금결제의 절차 등) ① 법 제41조제2항 본문에 따라 별도의 정산 창구(법 제41조의2에 따른 대금정산조직을 포함한다)를 통하여 출하대금결제를 하는 경우에는 다음 각 호의 절차에 따른다. 1. 출하자는 송품장을 작성하여 도매시장법인 또는 시장도매인에게 제출 2. 도매시장법인 또는 시장도매인은 출하자에게서 받은 송품장의 사본을 도매시장 개설자가 설치한 거래신고소에 제출 3. 도매시장법인 또는 시장도매인은 표준정산서를 출하자와 정산 창구에 발급하고, 정산 창구에 대금결제를 의뢰 4. 정산 창구에서는 출하자에게 대금을 결제하고, 표준정산서 사본을 거래신고소에 제출 ② 제1항에 따른 출하대금결제와 법 제41조의2에 따른 판매대금결제를 위한 정산창구의 운영방법 및 관리에 관한 사항은 도매시장 개설자가 업무규정으로 정한다. [전문개정 2012. 8. 23.] 제37조(도매시장법인의 직접 대금결제) 도매시장 개설자가 업무규정으로 정하는 출하대금결제용 보증금을 납부하고 운전자금을 확보한 도매시장법인은 법 제41조제2항 단서에 따라 출하자에게 출하대금을 직접 결제할 수 있다. [전문개정 2012. 8. 23.] 제37조의2(표준송품장의 사용) ① 법 제41조제2항에 따라 도매시장에 농수산물을 출하하려는 자는 별지 제7호서식의 표준송품장을 작성하여 도매시장법인·시장도매인 또는 공판장 개설자에게 제출하여야 한다. ② 도매시장·공판장 및 민영도매시장 개설자나 도매시장법인 및 시장도매인은 출하자가 제1항에 따른 표준송품장을 이용하기 쉽도록 이를 보급하고, 작성요령을 배포하는 등 편의를 제공하여야 한다. ③ 제1항에 따라 표준송품장을 받은 자는 업무규정으로 정하는 바에 따라 보관·관리하여야 한다. [전문개정 2012. 8. 23.] 제38조(표준정산서) 법 제41조제3항에 따른 도매시장법인·시장도매인 또는 공판장 개설자가 사용하는 표준정산서에는 다음 각 호의 사항이 포함되어야 한다. 1. 표준정산서의 발행일 및 발행자명 2. 출하자명 3. 출하자 주소 4. 거래형태(매수·위탁·중개) 및 매매방법(경매·입찰, 정가·수의매매) 5. 판매 명세(품목·품종·등급별 수량·단가 및 거래단위당 수량 또는 무게), 판매대금총액 및 매수인 6. 공제 명세(위탁수수료, 운송료 선급금, 하역비, 선별비 등 비용) 및 공제금액 총액 7. 정산금액 8. 송금 명세(은행명·계좌번호·예금주) [전문개정 2012. 8. 23.]

제41조의2(대금정산조직 설립의 지원) 도매시장 개설자는 도매시장법인·시장도매인·중도매인 등이 공동으로 다음 각 호의 대금의 정산을 위한 조합, 회사 등(이하 "대금정산조직"이라 한다)을 설립하는 경우 그에 대한 지원을 할 수 있다. 1. 출하대금 2. 도매시장법인과 중도매인 또는 매매참가인 간의 농수산물 거래에 따른 판매대금 [본조신설 2012. 2. 22.]		제36조(대금결제의 절차 등) ① 법 제41조제2항 본문에 따라 별도의 정산 창구(법 제41조의2에 따른 대금정산조직을 포함한다)를 통하여 출하대금결제를 하는 경우에는 다음 각 호의 절차에 따른다. 1. 출하자는 송품장을 작성하여 도매시장법인 또는 시장도매인에게 제출 2. 도매시장법인 또는 시장도매인은 출하자에게서 받은 송품장의 사본을 도매시장 개설자가 설치한 거래신고소에 제출 3. 도매시장법인 또는 시장도매인은 표준정산서를 출하자와 정산 창구에 발급하고, 정산 창구에 대금결제를 의뢰 4. 정산 창구에서는 출하자에게 대금을 결제하고, 표준정산서 사본을 거래신고소에 제출 ② 제1항에 따른 출하대금결제와 법 제41조의2에 따른 판매대금결제를 위한 정산창구의 운영방법 및 관리에 관한 사항은 도매시장 개설자가 업무규정으로 정한다. [전문개정 2012. 8. 23.]
제42조(수수료 등의 징수제한) ① 도매시장 개설자, 도매시장법인, 시장도매인, 중도매인 또는 대금정산조직은 해당 업무와 관련하여 징수 대상자에게 다음 각 호의 금액 외에는 어떠한 명목으로도 금전을 징수하여서는 아니 된다. <개정 2012. 2. 22., 2013. 3. 23.> 1. 도매시장 개설자가 도매시장법인 또는 시장도매인으로부터 도매시장의 유지·관리에 필요한 최소한의 비용으로 징수하는 도매시장의 사용료 2. 도매시장 개설자가 도매시장의 시설 중 농림축산식품부령 또는 해양수산부령으로 정하는 시설에 대하여 사용자로부터 징수하는 시설 사용료 3. 도매시장법인이나 시장도매인이 농수산물의 판매를 위탁한 출하자로부터 징수하는 거래액의 일정 비율 또는 일정액에 해당하는 위탁수수료 4. 시장도매인 또는 중도매인이 농수산물의 매매를 중개한 경우에 이를 매매한 자로부터 징수하는 거래액의 일정 비율에 해당하는 중개수수료 5. 거래대금을 정산하는 경우에 도매시장법인·시장도매인·중도매인·매매참가인 등이 대금정산조직에 납부하는 정산수수료 ② 제1항제1호부터 제5호까지의 규정에 따른 사용료 및 수수료의 요율은 농림축산식품부령 또는 해양수산부령으로 정한다. <개정 2012. 2. 22., 2013. 3. 23.> ③ 삭제 <2012. 2. 22.> [전문개정 2011. 7. 21.]		제39조(사용료 및 수수료 등) ① 법 제42조제1항제1호에 따라 도매시장 개설자가 징수하는 도매시장 사용료는 다음 각 호의 기준에 따라 도매시장 개설자가 이를 정한다. 다만, 도매시장의 시설중 도매시장 개설자의 소유가 아닌 시설에 대한 사용료는 징수하지 아니한다. <개정 2014. 10. 15.> 1. 도매시장 개설자가 징수할 사용료 총액이 해당 도매시장 거래금액의 1천분의 5(서울특별시 소재 중앙도매시장의 경우에는 1천분의 5.5)를 초과하지 아니할 것. 다만, 다음 각 목의 방식으로 거래한 경우 그 거래한 물량에 대해서는 해당 거래금액의 1천분의 3을 초과하지 아니하여야 한다. 가. 법 제31조제4항에 따라 같은 조 제2항 단서에 따른 물품을 법 제70조의2제1항제1호에 따른 농수산물 전자거래소(이하 "농수산물 전자거래소"라 한다)에서 거래한 경우 나. 삭제 <2017. 6. 9.> 다. 법 제35조제2항제1호에 따라 정가·수의매매를 전자거래방식으로 한 경우와 같은 항 제2호에 따라 거래 대상 농수산물의 견본을 도매시장에 반입하여 거래한 경우 2. 도매시장법인·시장도매인이 납부할 사용료는 해당 매시장법인·시장도매인의 거래금액 또는 매장면적을 기준으로 하여 징수할 것 ② 법 제42조제1항제2호에 따라 도매시장 개설자가 시설사용료를 징수할 수 있는 시설은 다음 각 호의 시설로 하며, 연간 시설 사용료는 해당 시설의 재산가액의 1천분의 50(중도매인 점포·사무실의 경우에는 재산가액의 1천분의 10)을 초과하지 아니하는 범위에서 도매시장 개설자가 정한다. 다만, 도매시장의 시설 중 도매시장 개설자의 소유가 아닌 시설에 대한 사용료는 징수하지 아니한다. <개정 2014. 10. 15., 2017. 6. 9., 2019. 8. 26.> 1. 별표 2의 필수시설 중 저온창고 2. 별표 2의 부수시설 중 농산물 품질관리실, 축산물위생검사 사무실 및 도체(屠體: 도축하여 머리 및 장기 등을 제거한 몸체) 등급판정 사무실을 제외한 시설 ③ 제2항에 따라 저온창고의 사용료를 계산할 때 다음 각 호의 농산물에 대한 것은 산입하지 아니한다. <신설 2014. 10. 15.> 1. 도매시장에서 매매되기 전에 저온창고에 보관된 출하자 농산물

		2. 정가매매 또는 수의매매로 거래된 농산물 ④ 법 제42조제1항제3호에 따른 위탁수수료의 최고한도는 다음 각 호와 같다. 이 경우 도매시장의 개설자는 그 한도에서 업무규정으로 위탁수수료를 정할 수 있다. <개정 2014. 10. 15.> 1. 양곡부류: 거래금액의 1천분의 20 2. 청과부류: 거래금액의 1천분의 70 3. 수산부류: 거래금액의 1천분의 60 4. 축산부류: 거래금액의 1천분의 20(도매시장 또는 공판장 안에 도축장이 설치된 경우 「축산물위생관리법」에 따라 징수할 수 있는 도살·해체수수료는 이에 포함되지 아니한다) 5. 화훼부류: 거래금액의 1천분의 70 6. 약용작물부류: 거래금액의 1천분의 50 ⑤ 법 제42조제1항제3호에 따른 일정액의 위탁수수료는 도매시장법인이 정하되, 그 금액은 제4항에 따른 최고한도를 초과할 수 없다. <개정 2014. 10. 15., 2017. 6. 9.> ⑥ 법 제42조제1항제4호에 따라 중도매인이 징수하는 중개수수료의 최고한도는 거래금액의 1천분의 40으로 하며, 도매시장 개설자는 그 한도에서 업무규정으로 중개수수료를 정할 수 있다. <개정 2014. 10. 15.> ⑦ 법 제42조제1항제4호에 따른 시장도매인이 출하자와 매수인으로부터 각각 징수하는 중개수수료는 제4항에 따른 해당 부류 위탁수수료 최고한도의 2분의 1을 초과하지 못한다. 이 경우 도매시장 개설자는 그 한도에서 업무규정으로 중개수수료를 정할 수 있다. <개정 2014. 10. 15., 2017. 6. 9.> ⑧ 법 제42조제1항제5호에 따른 정산수수료의 최고한도는 다음 각 호의 구분에 따르며, 도매시장 개설자는 그 한도에서 업무규정으로 정산수수료를 정할 수 있다. <개정 2014. 10. 15.> 1. 정률(定率)의 경우: 거래건별 거래금액의 1천분의 4 2. 정액의 경우: 1개월에 70만원 [전문개정 2012. 8. 23.]
제42조의2(지방도매시장의 운영 등에 관한 특례) ① 지방도매시장의 개설자는 해당 도매시장의 규모 및 거래물량 등에 비추어 필요하다고 인정하는 경우 제31조제1항 단서 및 제2항 단서에 따라 농림축산식품부령 또는 해양수산부령으로 정하는 사유와 다른 내용의 특례를 업무규정으로 정할 수 있다. <개정 2012. 2. 22., 2013. 3. 23.> ② 삭제 <2012. 2. 22.> [전문개정 2011. 7. 21.]		
제42조의3(과밀부담금의 면제) 도매시장의 시설현대화 사업으로 건축하는 건축물에 대해서는 「수도권정비계획법」 제12조에도 불구하고 그 과밀부담금을 부과하지 아니한다. [본조신설 2015. 6. 22.]		

제4장 농수산물공판장 및 민영농수산물도매시장 등		
제43조(공판장의 개설) ① 농림수협등, 생산자단체 또는 공익법인이 공판장을 개설하려면 시·도지사의 승인을 받아야 한다. <개정 2014. 12. 31., 2018. 12. 31.> ② 농림수협등, 생산자단체 또는 공익법인이 제1항에 따라 공판장의 개설승인을 받으려면 농림축산식품부령 또는 해양수산부령으로 정하는 바에 따라 공판장 개설승인 신청서에 업무규정과 운영관리계획서 등 승인에 필요한 서류를 첨부하여 시·도지사에게 제출하여야 한다. <개정 2018. 12. 31.> ③ 제2항에 따른 공판장의 업무규정 및 운영관리계획서에 정할 사항에 관하여는 제17조제5항 및 제7항을 준용한다. <신설 2018. 12. 31.> ④ 시·도지사는 제2항에 따른 신청이 다음 각 호의 어느 하나에 해당하는 경우를 제외하고는 승인을 하여야 한다. <신설 2018. 12. 31.> 1. 공판장을 개설하려는 장소가 교통체증을 유발할 수 있는 위치에 있는 경우 2. 공판장의 시설이 제67조제2항에 따른 기준에 적합하지 아니한 경우 3. 제2항에 따른 운영관리계획서의 내용이 실현 가능하지 아니한 경우 4. 그 밖에 이 법 또는 다른 법령에 따른 제한에 위반되는 경우 [전문개정 2011. 7. 21.]		제40조(공판장의 개설승인 절차) ① 법 제43조제2항에 따른 공판장 개설승인 신청서에는 다음 각 호의 서류를 첨부하여야 한다. <개정 2019. 7. 1.> 1. 공판장의 업무규정. 다만, 도매시장의 업무규정에서 이를 정하는 도매시장공판장의 경우는 제외한다. 2. 운영관리계획서 3. 삭제 <2019. 7. 1.> ② 제1항에 따른 공판장의 업무규정 및 운영관리계획서에 정할 사항에 관하여는 제16조제1항 및 제17조를 준용한다. ③ 공판장 개설자가 업무규정을 변경한 경우에는 이를 특별시장·광역시장·특별자치시장·도지사 또는 특별자치도지사(이하 "시·도지사"라 한다)에게 보고하여야 한다. [전문개정 2012. 8. 23.]
제44조(공판장의 거래 관계자) ① 공판장에는 중도매인, 매매참가인, 산지유통인 및 경매사를 둘 수 있다. ② 공판장의 중도매인은 공판장의 개설자가 지정한다. 이 경우 중도매인의 지정 등에 관하여는 제25조제3항 및 제4항을 준용한다. <개정 2012. 2. 22.> ③ 농수산물을 수집하여 공판장에 출하하려는 자는 공판장의 개설자에게 산지유통인으로 등록하여야 한다. 이 경우 산지유통인의 등록 등에 관하여는 제29조제1항 단서 및 같은 조 제3항부터 제6항까지의 규정을 준용한다. ④ 공판장의 경매사는 공판장의 개설자가 임면한다. 이 경우 경매사의 자격기준 및 업무 등에 관하여는 제27조제2항부터 제4항까지 및 제28조를 준용한다. [전문개정 2011. 7. 21.]		
제45조(공판장의 운영 등) 공판장의 운영 및 거래방법 등에 관하여는 제31조부터 제34조까지, 제38조, 제39조, 제40조, 제41조제1항 및 제42조를 준용한다. 다만, 공판장의 규모·거래물량 등에 비추어 이를 준용하는 것이 적합하지 아니한 공판장의 경우에는 개설자가 합리적이라고 인정되는 범위에서 업무규정으로 정하는 바에 따라 운영 및 거래방법 등을 달리 정할 수 있다. [전문개정 2011. 7. 21.]		
제46조(도매시장공판장의 운영 등에 관한 특례) ① 도매시장공판장의 운영 및 거래방법 등에 관하여는 제30조제2항, 제31조제1항, 제32조부터 제34조까지, 제35조제2항부터 제5항까지, 제35조의2, 제38조, 제39조부터 제41조까지, 제41조의2 및 제42조를 준용한다. <개정 2012. 2. 22.> ② 도매시장공판장의 중도매인에 관하여는 제25조, 제31조제2항부터 제7항까지, 제42조 및 제75조를 준용한다. <개정 2012. 2. 22., 2014. 3. 24.> ③ 도매시장공판장의 산지유통인에 관하여는 제29조를 준용한다. ④ 도매시장공판장의 경매사에 관하여는 제27조 및 제28조를 준용한다. ⑤ 도매시장공판장은 제70조에 따른 농림수협등의 유통자회사(流通子會社)로 하여금 운영하게 할 수 있다.		제16조(업무규정) ① 법 제17조제7항에 따라 도매시장의 업무규정에 정할 사항은 다음 각 호와 같다. <개정 2017. 6. 9.> 1. 도매시장의 명칭·장소 및 면적 2. 거래품목 3. 도매시장의 휴업일 및 영업시간 4. 법 제21조에 따라 「지방공기업법」에 따른 지방공사(이하 "관리공사"라 한다), 법 제24조에 따른 공공출자법인 또는 한국농수산식품유통공사를 시장관리자로 지정하여 도매시장의 관리업무를 하게 하는 경우에는 그 관리업무에 관한 사항 5. 법 제23조에 따라 지정하려는 도매시장법인의 적정 수, 임원의 자격, 자본금,

[전문개정 2011. 7. 21.]		거래규모, 순자산액 비율, 거래대금의 지급보증을 위한 보증금 등 그 지정조건에 관한 사항 6. 법 제23조의2에 따라 도매시장법인이 다른 도매시장법인을 인수·합병하려는 경우 도매시장법인의 임원의 자격, 자본금, 사업계획서, 거래대금의 지급보증을 위한 보증금 등 그 승인요건에 관한 사항 7. 법 제25조에 따른 중도매업의 허가에 관한 사항, 중도매인의 적정수, 최저거래금액, 거래대금의 지급보증을 위한 보증금, 시설사용계약 등 그 허가조건에 관한 사항 8. 법 제25조의2에 따라 법인인 중도매인이 다른 법인인 중도매인을 인수·합병하려는 경우 거래규모, 거래보증금 등 그 승인요건에 관한 사항 9. 법 제29조에 따른 산지유통인의 등록에 관한 사항 10. 법 제30조에 따른 출하자 신고 및 출하 예약에 관한 사항 11. 법 제31조에 따른 도매시장법인의 매수거래 및 상장되지 아니한 농수산물의 중도매인 거래허가에 관한 사항 12. 법 제32조 및 제37조에 따른 도매시장법인 또는 시장도매인의 매매방법에 관한 사항 13. 법 제34조에 따른 도매시장법인 및 시장도매인의 거래의 특례에 관한 사항 14. 법 제35조제4항에 따른 도매시장법인의 겸영(兼營)에 관한 사항 15. 법 제35조의2에 따른 도매시장법인 또는 시장도매인 공시에 관한 사항 16. 법 제36조에 따라 지정하려는 시장도매인의 적정 수, 임원의 자격, 자본금, 거래규모, 순자산액 비율, 거래대금의 지급보증을 위한 보증금, 최저거래금액 등 그 지정조건에 관한 사항 17. 법 제36조의2에 따라 시장도매인이 다른 시장도매인을 인수·합병하려는 경우 시장도매인의 임원의 자격, 자본금, 사업계획서, 거래대금의 지급보증을 위한 보증금 등 그 승인요건에 관한 사항 18. 법 제38조제4호에 따른 최소출하량의 기준에 관한 사항 19. 법 제38조의2에 따른 농수산물의 안전성 검사에 관한 사항 20. 법 제40조에 따라 표준하역비를 부담하는 규격출하품과 표준하역비에 관한 사항 21. 법 제41조에 따른 도매시장법인 또는 시장도매인의 대금결제방법과 대금 지급의 지체에 따른 지체상금의 지급 등 대금결제에 관한 사항 22. 법 제42조에 따라 개설자, 도매시장법인, 시장도매인 또는 중도매인이 징수하는 도매시장 사용료, 부수시설 사용료, 위탁수수료, 중개수수료 및 정산수수료 23. 법 제42조의2에 따른 지방도매시장의 운영 등의 특례에 관한 사항 24. 법 제74조제1항에 따른 시설물의 사용기준 및 조치에 관한 사항 25. 법 제77조에 따른 도매시장법인, 시장도매인, 도매시장공판장, 중도매인의 시설사용면적 조정·차등지원 등에 관한 사항 26. 법 제78조의2 및 영 제36조의2에 따른 도매시장거래분쟁조정위원회의 구성·운영 및 분쟁 심의대상 등에 관한 세부 사항 27. 제20조에 따른 최소경매사의 수에 관한 사항 28. 제28조제1항 및 제2항에 따른 도매시장법인의 매매방법에 관한 사항 29. 제30조에 따른 대량입하품 등의 우대조치에 관한 사항 30. 제31조에 따른 전자식경매·입찰의 예외에 관한 사항 31. 제36조제2항에 따른 정산창구의 운영방법 및 관리에 관한 사항

<table>
<tr><td></td><td></td><td>32. 제37조의2에 따른 표준송품장의 양식 및 관리에 관한 사항
33. 제37조의3에 따른 판매원표의 관리에 관한 사항
34. 제38조에 따른 표준정산서의 양식 및 관리에 관한 사항
35. 제54조에 따른 시장관리운영위원회의 운영 등에 관한 사항
36. 법 제25조의3에 따른 매매참가인의 신고에 관한 사항
37. 그 밖에 도매시장 개설자가 도매시장의 효율적인 관리·운영을 위하여 필요하다고 인정하는 사항
② 제1항에 따른 도매시장의 업무규정에는 법 제46조에 따른 도매시장공판장의 운영 등에 관한 사항을 정할 수 있다.
[전문개정 2012. 8. 23.]</td></tr>
<tr><td>제47조(민영도매시장의 개설) ① 민간인등이 특별시·광역시·특별자치시·특별자치도 또는 시 지역에 민영도매시장을 개설하려면 시·도지사의 허가를 받아야 한다. <개정 2012. 2. 22.>
② 민간인등이 제1항에 따라 민영도매시장의 개설허가를 받으려면 농림축산식품부령 또는 해양수산부령으로 정하는 바에 따라 민영도매시장 개설허가 신청서에 업무규정과 운영관리계획서를 첨부하여 시·도지사에게 제출하여야 한다. <개정 2013. 3. 23.>
③ 제2항에 따른 업무규정 및 운영관리계획서에 관하여는 제17조제5항 및 제7항을 준용한다.
④ 시·도지사는 다음 각 호의 어느 하나에 해당하는 경우를 제외하고는 제1항에 따라 허가하여야 한다. <개정 2012. 2. 22.>
1. 민영도매시장을 개설하려는 장소가 교통체증을 유발할 수 있는 위치에 있는 경우
2. 민영도매시장의 시설이 제67조제2항에 따른 기준에 적합하지 아니한 경우
3. 운영관리계획서의 내용이 실현 가능하지 아니한 경우
4. 그 밖에 이 법 또는 다른 법령에 따른 제한에 위반되는 경우
⑤ 시·도지사는 제2항에 따른 민영도매시장 개설허가의 신청을 받은 경우 신청서를 받은 날부터 30일 이내(이하 "허가 처리기간"이라 한다)에 허가 여부 또는 허가처리 지연 사유를 신청인에게 통보하여야 한다. 이 경우 허가 처리기간에 허가 여부 또는 허가처리 지연 사유를 통보하지 아니하면 허가 처리기간의 마지막 날의 다음 날에 허가를 한 것으로 본다. <신설 2017. 3. 21.>
⑥ 시·도지사는 제5항에 따라 허가처리 지연 사유를 통보하는 경우에는 허가 처리기간을 10일 범위에서 한 번만 연장할 수 있다. <신설 2017. 3. 21.>
[전문개정 2011. 7. 21.]</td><td></td><td>제41조(민영도매시장의 개설허가 절차) 법 제47조에 따라 민영도매시장을 개설하려는 자는 시·도지사가 정하는 개설허가신청서에 다음 각 호의 서류를 첨부하여 시·도지사에게 제출하여야 한다.
1. 민영도매시장의 업무규정
2. 운영관리계획서
3. 해당 민영도매시장의 소재지를 관할하는 시장 또는 자치구의 구청장의 의견서
[전문개정 2012. 8. 23.]</td></tr>
<tr><td>제48조(민영도매시장의 운영 등) ① 민영도매시장의 개설자는 중도매인, 매매참가인, 산지유통인 및 경매사를 두어 직접 운영하거나 시장도매인을 두어 이를 운영하게 할 수 있다.
② 민영도매시장의 중도매인은 민영도매시장의 개설자가 지정한다. 이 경우 중도매인의 지정 등에 관하여는 제25조제3항 및 제4항을 준용한다. <개정 2012. 2. 22.>
③ 농수산물을 수집하여 민영도매시장에 출하하려는 자는 민영도매시장의 개설자에게 산지유통인으로 등록하여야 한다. 이 경우 산지유통인의 등록 등에 관하여는 제29조제1항 단서 및 같은 조 제3항부터 제6항까지의 규정을 준용한다.
④ 민영도매시장의 경매사는 민영도매시장의 개설자가 임면한다. 이 경우</td><td></td><td></td></tr>
</table>

경매사의 자격기준 및 업무 등에 관하여는 제27조제2항부터 제4항까지 및 제28조를 준용한다. ⑤ 민영도매시장의 시장도매인은 민영도매시장의 개설자가 지정한다. 이 경우 시장도매인의 지정 및 영업 등에 관하여는 제36조제2항부터 제4항까지, 제37조, 제38조, 제39조, 제41조 및 제42조를 준용한다. <개정 2012. 2. 22.> ⑥ 민영도매시장의 개설자가 중도매인, 매매참가인, 산지유통인 및 경매사를 두어 직접 운영하는 경우 그 운영 및 거래방법 등에 관하여는 제31조부터 제34조까지, 제38조, 제39조부터 제41조까지 및 제42조를 준용한다. 다만, 민영도매시장의 규모·거래물량 등에 비추어 해당 규정을 준용하는 것이 적합하지 아니한 민영도매시장의 경우에는 그 개설자가 합리적이라고 인정되는 범위에서 업무규정으로 정하는 바에 따라 그 운영 및 거래방법 등을 달리 정할 수 있다. <개정 2012. 2. 22.> [전문개정 2011. 7. 21.]		
제49조(산지판매제도의 확립) ① 농림수협등 또는 공익법인은 생산지에서 출하되는 주요 품목의 농수산물에 대하여 산지경매제를 실시하거나 계통출하(系統出荷)를 확대하는 등 생산자 보호를 위한 판매대책 및 선별·포장·저장 시설의 확충 등 산지 유통대책을 수립·시행하여야 한다. ② 농림수협등 또는 공익법인은 제33조에 따른 경매 또는 입찰의 방법으로 창고경매, 포전경매(圃田競賣) 또는 선상경매(船上競賣) 등을 할 수 있다. [전문개정 2011. 7. 21.]		제42조(창고경매 및 포전경매) 법 제49조제2항에 따라 지역농업협동조합, 지역축산업협동조합, 품목별·업종별협동조합, 조합공동사업법인, 품목조합연합회, 농협경제지주회사, 산림조합 및 수산업협동조합과 그 중앙회(이하 "농림수협등"이라 한다) 또는 한국농수산식품유통공사가 창고경매나 포전경매(圃田競賣)를 하려는 경우에는 생산농가로부터 위임을 받아 창고 또는 포전상태로 상장하되, 품목의 작황·품질·생산량 및 시중가격 등을 고려하여 미리 예정가격을 정할 수 있다. <개정 2017. 7. 12.> [전문개정 2012. 8. 23.]
제50조(농수산물집하장의 설치·운영) ① 생산자단체 또는 공익법인은 농수산물을 대량 소비지에 직접 출하할 수 있는 유통체제를 확립하기 위하여 필요한 경우에는 농수산물집하장을 설치·운영할 수 있다. ② 국가와 지방자치단체는 농수산물집하장의 효과적인 운영과 생산자의 출하편의를 도모할 수 있도록 그 입지 선정과 도로망의 개설에 협조하여야 한다. ③ 생산자단체 또는 공익법인은 제1항에 따라 운영하고 있는 농수산물집하장 중 제67조제2항에 따른 공판장의 시설기준을 갖춘 집하장을 시·도지사의 승인을 받아 공판장으로 운영할 수 있다. [전문개정 2011. 7. 21.]	제20조(농수산물집하장의 설치·운영) ① 법 제50조에 따라 지역농업협동조합, 지역축산업협동조합, 품목별·업종별협동조합, 조합공동사업법인, 품목조합연합회, 산림조합 및 수산업협동조합과 그 중앙회(농협경제지주회사를 포함한다)나 법 제2조제5호에 따른 생산자 관련 단체 또는 공익법인이 농수산물집하장을 설치·운영하려는 경우에는 농수산물의 출하 및 판매를 위하여 필요한 적정 시설을 갖추어야 한다. <개정 2016. 3. 25., 2017. 6. 27.> ② 농업협동조합중앙회·산림조합중앙회·수산업협동조합중앙회의 장 및 농협경제지주회사의 대표이사는 농수산물집하장의 설치와 운영에 필요한 기준을 정하여야 한다. <개정 2017. 6. 27.> [전문개정 2012. 8. 22.]	
제51조(농수산물산지유통센터의 설치·운영 등) ① 국가나 지방자치단체는 농수산물의 선별·포장·규격출하·가공·판매 등을 촉진하기 위하여 농수산물산지유통센터를 설치하여 운영하거나 이를 설치하려는 자에게 부지 확보 또는 시설물 설치 등에 필요한 지원을 할 수 있다. ② 국가나 지방자치단체는 농수산물산지유통센터의 운영을 생산자단체 또는 전문유통업체에 위탁할 수 있다. ③ 농수산물산지유통센터의 운영 등에 필요한 사항은 농림축산식품부령 또는 해양수산부령으로 정한다. <개정 2013. 3. 23.> [전문개정 2011. 7. 21.]		제42조의2(농수산물산지유통센터의 운영) 법 제51조제2항에 따라 농수산물산지유통센터의 운영을 위탁한 자는 시설물 및 장비의 유지·관리 등에 소요되는 비용에 충당하기 위하여 농수산물산지유통센터의 운영을 위탁받은 자와 협의하여 매출액의 1천분의 5를 초과하지 아니하는 범위에서 시설물 및 장비의 이용료를 징수할 수 있다. [본조신설 2007. 7. 6.]

<table>
<tr><td>제52조(농수산물 유통시설의 편의제공) 국가나 지방자치단체는 그가 설치한 농수산물 유통시설에 대하여 생산자단체, 농업협동조합중앙회, 산림조합중앙회, 수산업협동조합중앙회 또는 공익법인으로부터 이용 요청을 받으면 해당 시설의 이용, 면적 배정 등에서 우선적으로 편의를 제공하여야 한다. <개정 2015. 3. 27.>
[전문개정 2011. 7. 21.]</td><td></td><td></td></tr>
<tr><td>제53조(포전매매의 계약) ① 농림축산식품부장관이 정하는 채소류 등 저장성이 없는 농산물의 포전매매(생산자가 수확하기 이전의 경작상태에서 면적단위 또는 수량단위로 매매하는 것을 말한다. 이하 이 조에서 같다)의 계약은 서면에 의한 방식으로 하여야 한다. <개정 2013. 3. 23.>
② 제1항에 따른 농산물의 포전매매의 계약은 특약이 없으면 매수인이 그 농산물을 계약서에 적힌 반출 약정일부터 10일 이내에 반출하지 아니한 경우에는 그 기간이 지난 날에 계약이 해제된 것으로 본다. 다만, 매수인이 반출 약정일이 지나기 전에 반출 지연 사유와 반출 예정일을 서면으로 통지한 경우에는 그러하지 아니하다.
③ 농림축산식품부장관은 제1항에 따른 포전매매의 계약에 필요한 표준계약서를 정하여 보급하고 그 사용을 권장할 수 있으며, 계약당사자는 표준계약서에 준하여 계약하여야 한다. <개정 2012. 2. 22., 2013. 3. 23.>
④ 농림축산식품부장관과 지방자치단체의 장은 생산자 및 소비자의 보호나 농산물의 가격 및 수급의 안정을 위하여 특히 필요하다고 인정할 때에는 대상 품목, 대상 지역 및 신고기간 등을 정하여 계약 당사자에게 포전매매 계약의 내용을 신고하도록 할 수 있다. <개정 2013. 3. 23.>
[전문개정 2011. 7. 21.]</td><td></td><td></td></tr>
<tr><td>제5장 농산물가격안정기금</td><td></td><td></td></tr>
<tr><td>제54조(기금의 설치) 정부는 농산물(축산물 및 임산물을 포함한다. 이하 이 장에서 같다)의 원활한 수급과 가격안정을 도모하고 유통구조의 개선을 촉진하기 위한 재원을 확보하기 위하여 농산물가격안정기금(이하 "기금"이라 한다)을 설치한다.
[전문개정 2011. 7. 21.]</td><td>제13조(비축사업등의 자금의 집행·관리) ① 농림축산식품부장관은 제12조에 따라 농산물의 비축사업등을 위탁하였을 때에는 그 사업에 필요한 자금의 개산액(概算額)을 법 제54조에 따른 농산물가격안정기금에서 해당 사업의 위탁을 받은 자(이하 "비축사업실시기관"이라 한다)에게 지급하여야 한다. <개정 2013. 3. 23., 2015. 12. 22., 2016. 3. 25.>
② 비축사업실시기관은 제1항에 따라 비축사업등을 위한 자금(이하 "비축사업등자금"이라 한다)을 지급받았을 때에는 해당 기관의 회계와 구분하여 별도의 계정을 설치하고 비축사업등의 실시에 따른 수입과 지출을 구분하여 회계처리하여야 한다.
③ 비축사업실시기관의 장은 제1항에 따른 사업이 끝났을 때에는 지체 없이 해당 사업에 대한 정산을 하고, 그 결과를 농림축산식품부장관에게 보고하여야 한다. <개정 2013. 3. 23., 2016. 3. 25.>
[전문개정 2012. 8. 22.]
제21조(기금계정의 설치) 농림축산식품부장관은 법 제54조에 따른 농산물가격안정기금(이하 "기금"이라 한다)의 수입과 지출을 명확히 하기 위하여 한국은행에 기금계정을 설치하여야 한다. <개정 2013. 3. 23.>
[전문개정 2012. 8. 22.]</td><td>제9조의3(몰수농산물등의 처분) ① 농림축산식품부장관은 이관받은 몰수농산물등이 다음 각 호의 어느 하나에 해당하는 경우 처분대행기관장에게 이를 소각·매몰의 방법으로 처분하도록 할 수 있다. <개정 2013. 3. 24.>
1. 국내 시장의 수급조절 또는 가격안정에 필요한 경우
2. 부패·변질의 우려가 있거나 상품 가치를 상실한 경우
② 농림축산식품부장관은 제1항 각 호의 경우를 제외하고 이관받은 몰수농산물등을 처분대행기관장에게 매각·공매·기부의 방법으로 처분하도록 할 수 있다. <개정 2013. 3. 24.>
③ 처분대행기관장은 제2항에 따른 매각·공매의 방법으로 처분한 경우 인수·보관 및 처분에 든 비용과 대행수수료를 제외한 매각·공매 대금을 법 제54조에 따른 농산물가격안정기금(이하 "기금"이라 한다)에 납입하여야 한다. <개정 2019. 7. 1.>
[전문개정 2012. 8. 23.]</td></tr>
</table>

<table>
<tr><td>제55조(기금의 조성) ① 기금은 다음 각 호의 재원으로 조성한다.
1. 정부의 출연금
2. 기금 운용에 따른 수익금
3. 제9조의2제3항, 제16조제2항 및 다른 법률의 규정에 따라 납입되는 금액
4. 다른 기금으로부터의 출연금
② 농림축산식품부장관은 기금의 운영에 필요하다고 인정할 때에는 기금의 부담으로 한국은행 또는 다른 기금으로부터 자금을 차입(借入)할 수 있다. <개정 2013. 3. 23.>
[전문개정 2011. 7. 21.]</td><td></td><td></td></tr>
<tr><td>제56조(기금의 운용·관리) ① 기금은 국가회계원칙에 따라 농림축산식품부장관이 운용·관리한다. <개정 2011. 7. 21., 2013. 3. 23.>
② 삭제 <2004. 12. 31.>
③ 기금의 운용·관리에 관한 농림축산식품부장관의 업무는 대통령령으로 정하는 바에 따라 그 일부를 국립종자원장과 한국농수산식품유통공사의 장에게 위임 또는 위탁할 수 있다. <개정 2011. 7. 21., 2011. 7. 25., 2013. 3. 23.>
④ 기금의 운용·관리에 관하여 이 법에서 규정한 사항 외에 필요한 사항은 대통령령으로 정한다. <개정 2011. 7. 21.>
[제목개정 2011. 7. 21.]</td><td>제22조(기금의 운용·관리사무의 위임·위탁) ① 삭제 <2001. 3. 31.>
② 농림축산식품부장관은 법 제56조제3항에 따라 기금의 운용·관리에 관한 업무 중 다음 각 호의 업무를 한국농수산식품유통공사의 장에게 위탁한다. <개정 2012. 8. 22., 2013. 3. 23.>
1. 종자사업과 관련한 업무를 제외한 기금의 수입·지출
2. 종자사업과 관련한 업무를 제외한 기금재산의 취득·운영·처분 등
3. 기금의 여유자금의 운용
4. 그 밖에 기금의 운용·관리에 관한 사항으로서 농림축산식품부장관이 정하는 업무
[제목개정 2012. 8. 22.]</td><td></td></tr>
<tr><td>제57조(기금의 용도) ① 기금은 다음 각 호의 사업을 위하여 필요한 경우에 융자 또는 대출할 수 있다. <개정 2012. 2. 22., 2013. 3. 23.>
1. 농산물의 가격조절과 생산·출하의 장려 또는 조절
2. 농산물의 수출 촉진
3. 농산물의 보관·관리 및 가공
4. 도매시장, 공판장, 민영도매시장 및 경매식 집하장(제50조에 따른 농수산물집하장 중 제33조에 따른 경매 또는 입찰의 방법으로 농수산물을 판매하는 집하장을 말한다)의 출하촉진·거래대금정산·운영 및 시설설치
5. 농산물의 상품성 향상
6. 그 밖에 농림축산식품부장관이 농산물의 유통구조 개선, 가격안정 및 종자산업의 진흥을 위하여 필요하다고 인정하는 사업
② 기금은 다음 각 호의 사업을 위하여 지출한다. <개정 2012. 2. 22., 2012. 6. 1., 2018. 12. 31.>
1. 「농수산자조금의 조성 및 운용에 관한 법률」 제5조에 따른 농수산자조금에 대한 출연 및 지원
2. 제9조, 제9조의2, 제13조 및 「종자산업법」 제22조에 따른 사업 및 그 사업의 관리
2의2. 제12조에 따른 유통명령 이행자에 대한 지원
3. 기금이 관리하는 유통시설의 설치·취득 및 운영
4. 도매시장 시설현대화 사업 지원
5. 그 밖에 대통령령으로 정하는 농산물의 유통구조 개선 및 가격안정과 종자산업의 진흥을 위하여 필요한 사업
③ 제1항에 따른 기금의 융자를 받을 수 있는 자는 농업협동조합중앙회(농협경제지주회사 및 그 자회사를 포함한다), 산림조합중앙회 및 한국농수산식품유통공사로</td><td>제23조(기금의 지출 대상사업) 법 제57조제2항제5호에 따라 기금에서 지출할 수 있는 사업은 다음 각 호와 같다.
1. 농산물의 가공·포장 및 저장기술의 개발, 브랜드 육성, 저온유통, 유통정보화 및 물류 표준화의 촉진
2. 농산물의 유통구조 개선 및 가격안정사업과 관련된 조사·연구·홍보·지도·교육훈련 및 해외시장개척
3. 종자산업의 진흥과 관련된 우수 종자의 품종육성·개발, 우수 유전자원의 수집 및 조사·연구
4. 식량작물과 축산물을 제외한 농산물의 유통구조 개선을 위한 생산자의 공동이용시설에 대한 지원
5. 농산물 가격안정을 위한 안전성 강화와 관련된 조사·연구·홍보·지도·교육훈련 및 검사·분석시설 지원
[전문개정 2012. 8. 22.]</td><td></td></tr>
</table>

하고, 대출을 받을 수 있는 자는 농림축산식품부장관이 제1항 각 호에 따른 사업을 효율적으로 시행할 수 있다고 인정하는 자로 한다. <개정 2011. 7. 25., 2013. 3. 23., 2014. 12. 31.> ④ 기금의 대출에 관한 농림축산식품부장관의 업무는 제3항에 따라 기금의 융자를 받을 수 있는 자에게 위탁할 수 있다. <신설 2015. 6. 22.> ⑤ 기금을 융자받거나 대출받은 자는 융자 또는 대출을 할 때에 지정한 목적 외의 목적에 그 융자금 또는 대출금을 사용할 수 없다. <개정 2015. 6. 22.> [전문개정 2011. 7. 21.]		
제58조(기금의 회계기관) ① 농림축산식품부장관은 기금의 수입과 지출에 관한 사무를 수행하게 하기 위하여 소속 공무원 중에서 기금수입징수관·기금재무관·기금지출관 및 기금출납공무원을 임명한다. <개정 2013. 3. 23.> ② 농림축산식품부장관은 제56조제3항에 따라 기금의 운용·관리에 관한 업무의 일부를 위임 또는 위탁한 경우, 위임 또는 위탁받은 기관의 소속 공무원 또는 임직원 중에서 위임 또는 위탁받은 업무를 수행하기 위한 기금수입징수관 또는 기금수입담당임원, 기금재무관 또는 기금지출원인행위담당임원, 기금지출관 또는 기금지출원 및 기금출납공무원 또는 기금출납원을 임명하여야 한다. 이 경우 기금수입담당임원은 기금수입징수관의 직무를, 기금지출원인행위담당임원은 기금재무관의 직무를, 기금지출원은 기금지출관의 직무를, 기금출납원은 기금출납공무원의 직무를 수행한다. <개정 2013. 3. 23.> ③ 농림축산식품부장관은 제1항 및 제2항에 따라 기금수입징수관·기금재무관·기금지출관 및 기금출납공무원, 기금수입담당임원·기금지출원인행위담당임원·기금지출원 및 기금출납원을 임명하였을 때에는 감사원, 기획재정부장관 및 한국은행총재에게 그 사실을 통지하여야 한다. <개정 2013. 3. 23.> [전문개정 2011. 7. 21.]		
제59조(기금의 손비처리) 농림축산식품부장관은 다음 각 호의 어느 하나에 해당하는 비용이 생기면 이를 기금에서 손비(損費)로 처리하여야 한다. <개정 2012. 6. 1., 2013. 3. 23.> 1. 제9조, 제13조 및 「종자산업법」 제22조에 따른 사업을 실시한 결과 생긴 결손금 2. 차입금의 이자 및 기금의 운용에 필요한 경비 [전문개정 2011. 7. 21.]		
제60조(기금의 운용계획) ① 농림축산식품부장관은 회계연도마다 「국가재정법」 제66조에 따라 기금운용계획을 수립하여야 한다. <개정 2013. 3. 23.> ② 제1항의 기금운용계획에는 다음 각 호의 사항이 포함되어야 한다. 1. 기금의 수입·지출에 관한 사항 2. 융자 또는 대출의 목적, 대상자, 금리 및 기간에 관한 사항 3. 그 밖에 기금의 운용에 필요한 사항 ③ 제2항제2호의 융자기간은 1년 이내로 하여야 한다. 다만, 시설자금의 융자 등 자금의 사용 목적상 1년 이내로 하는 것이 적당하지 아니하다고 인정되는 경우에는 그러하지 아니하다. [전문개정 2011. 7. 21.]		

<table>
<tr><td>제60조의2(여유자금의 운용) 농림축산식품부장관은 기금의 여유자금을 다음 각 호의 방법으로 운용할 수 있다. <개정 2013. 3. 23.>
1. 「은행법」 에 따른 은행에 예치
2. 국채·공채, 그 밖에 「자본시장과 금융투자업에 관한 법률」 제4조에 따른 증권의 매입
[전문개정 2011. 7. 21.]</td><td></td><td></td></tr>
<tr><td>제61조(결산보고) 농림축산식품부장관은 회계연도마다 기금의 결산보고서를 작성하여 다음 연도 2월 말일까지 기획재정부장관에게 제출하여야 한다. <개정 2013. 3. 23.>
[전문개정 2011. 7. 21.]</td><td></td><td></td></tr>
<tr><td>제6장 농수산물 유통기구의 정비 등</td><td></td><td></td></tr>
<tr><td>제62조(정비 기본방침 등) 농림축산식품부장관 또는 해양수산부장관은 농수산물의 원활한 수급과 유통질서를 확립하기 위하여 필요한 경우에는 다음 각 호의 사항을 포함한 농수산물 유통기구 정비기본방침(이하 "기본방침"이라 한다)을 수립하여 고시할 수 있다. <개정 2013. 3. 23.>
1. 제67조제2항에 따른 시설기준에 미달하거나 거래물량에 비하여 시설이 부족하다고 인정되는 도매시장·공판장 및 민영도매시장의 시설 정비에 관한 사항
2. 도매시장·공판장 및 민영도매시장 시설의 바꿈 및 이전에 관한 사항
3. 중도매인 및 경매사의 가격조작 방지에 관한 사항
4. 생산자와 소비자 보호를 위한 유통기구의 봉사(奉仕) 경쟁체제의 확립과 유통 경로의 단축에 관한 사항
5. 운영 실적이 부진하거나 휴업 중인 도매시장의 정비 및 도매시장법인이나 시장도매인의 교체에 관한 사항
6. 소매상의 시설 개선에 관한 사항
[전문개정 2011. 7. 21.]</td><td></td><td></td></tr>
<tr><td>제63조(지역별 정비계획) ① 시·도지사는 기본방침이 고시되었을 때에는 그 기본방침에 따라 지역별 정비계획을 수립하고 농림축산식품부장관 또는 해양수산부장관의 승인을 받아 그 계획을 시행하여야 한다. <개정 2013. 3. 23.>
② 농림축산식품부장관 또는 해양수산부장관은 제1항에 따른 지역별 정비계획의 내용이 기본방침에 부합되지 아니하거나 사정의 변경 등으로 실효성이 없다고 인정하는 경우에는 그 일부를 수정 또는 보완하여 승인할 수 있다. <개정 2013. 3. 23.>
[전문개정 2011. 7. 21.]</td><td></td><td></td></tr>
<tr><td>제64조(유사 도매시장의 정비) ① 시·도지사는 농수산물의 공정거래질서 확립을 위하여 필요한 경우에는 농수산물도매시장과 유사(類似)한 형태의 시장을 정비하기 위하여 유사 도매시장구역을 지정하고, 농림축산식품부령 또는 해양수산부령으로 정하는 바에 따라 그 구역의 농수산물도매업자의 거래방법 개선, 시설 개선, 이전대책 등에 관한 정비계획을 수립·시행할 수 있다. <개정 2013. 3. 23.>
② 특별시·광역시·특별자치시·특별자치도 또는 시는 제1항에 따른 정비계획에 따라 유사 도매시장구역에 도매시장을 개설하고, 그 구역의 농수산물도매업자를 도매시장법인 또는 시장도매인으로 지정하여 운영하게 할 수 있다. <개정 2012. 2. 22.></td><td></td><td>제43조(유사 도매시장의 정비) ① 법 제64조에 따라 시·도지사는 다음 각 호의 지역에 있는 유사 도매시장의 정비계획을 수립하여야 한다.
1. 특별시·광역시
2. 국고 지원으로 도매시장을 건설하는 지역
3. 그 밖에 시·도지사가 농수산물의 공공거래질서 확립을 위하여 특히 필요하다고 인정하는 지역
② 유사 도매시장의 정비계획에 포함되어야 할 사항은 다음 각 호와 같다.
1. 유사 도매시장구역으로 지정하려는 구체적인 지역의 범위
2. 제1호의 지역에 있는 농수산물도매업자의 거래방법의 개선방안</td></tr>
</table>

③ 농림축산식품부장관 또는 해양수산부장관은 시·도지사로 하여금 제1항에 따른 정비계획의 내용을 수정 또는 보완하게 할 수 있으며, 정비계획의 추진에 필요한 지원을 할 수 있다. <개정 2013. 3. 23.> [전문개정 2011. 7. 21.]		3. 유사 도매시장의 시설 개선 및 이전대책 4. 제3호에 따른 대책을 시행하는 경우의 대상자 선발기준 [전문개정 2012. 8. 23.]
제65조(시장의 개설·정비 명령) ① 농림축산식품부장관 또는 해양수산부장관은 기본방침을 효과적으로 수행하기 위하여 필요하다고 인정할 때에는 도매시장·공판장 및 민영도매시장의 개설자에 대하여 대통령령으로 정하는 바에 따라 도매시장·공판장 및 민영도매시장의 통합·이전 또는 폐쇄를 명할 수 있다. <개정 2013. 3. 23.> ② 농림축산식품부장관 또는 해양수산부장관은 농수산물을 원활하게 수급하기 위하여 특정한 지역에 도매시장이나 공판장을 개설하거나 제한할 필요가 있다고 인정할 때에는 그 지역을 관할하는 특별시·광역시·특별자치시·특별자치도 또는 시나 농림수협등 또는 공익법인에 대하여 도매시장이나 공판장을 개설하거나 제한하도록 권고할 수 있다. <개정 2012. 2. 22., 2013. 3. 23.> ③ 정부는 제1항에 따른 명령으로 인하여 발생한 도매시장·공판장 및 민영도매시장의 개설자 또는 도매시장법인의 손실에 관하여는 대통령령으로 정하는 바에 따라 정당한 보상을 하여야 한다. [전문개정 2011. 7. 21.]	제33조(시장의 정비명령) ① 농림축산식품부장관 또는 해양수산부장관이 법 제65조제1항에 따라 도매시장, 농수산물공판장(이하 "공판장"이라 한다) 및 민영농수산물도매시장(이하 "민영도매시장"이라 한다)의 통합·이전 또는 폐쇄를 명령하려는 경우에는 그에 필요한 적정한 기간을 두어야 하며, 다음 각 호의 사항을 비교·검토하여 조건이 불리한 시장을 통합·이전 또는 폐쇄하도록 해야 한다. <개정 2013. 3. 23., 2019. 6. 25.> 1. 최근 2년간의 거래 실적과 거래 추세 2. 입지조건 3. 시설현황 4. 통합·이전 또는 폐쇄로 인하여 당사자가 입게 될 손실의 정도 ② 농림축산식품부장관 또는 해양수산부장관은 제1항에 따라 도매시장·공판장 및 민영도매시장의 통합·이전 또는 폐쇄를 명령하려는 경우에는 미리 관계인에게 제1항 각 호의 사항에 대하여 소명을 하거나 의견을 진술할 수 있는 기회를 주어야 한다. <개정 2013. 3. 23.> ③ 농림축산식품부장관 또는 해양수산부장관은 제1항에 따른 명령으로 인하여 발생한 손실에 대한 보상을 하려는 경우에는 미리 관계인과 협의를 하여야 한다. <개정 2013. 3. 23.> [전문개정 2012. 8. 22.] 제37조(권한의 위임·위탁) ① 농림축산식품부장관 또는 해양수산부장관은 법 제85조제1항에 따라 특별시·광역시·특별자치시·특별자치도 외의 지역에 개설하는 지방도매시장·공판장 및 민영도매시장에 대한 법 제65조제1항 및 제2항에 따른 통합·이전·폐쇄 명령 및 개설·제한 권고의 권한을 도지사에게 위임한다. <개정 2013. 3. 23.> ② 도매시장 개설자는 「지방공기업법」에 따른 지방공사, 법 제24조에 따른 공공출자법인 또는 한국농수산식품유통공사를 시장관리자로 지정한 경우에는 법 제85조제2항에 따라 다음 각 호의 권한을 그 기관의 장에게 위탁한다. 1. 법 제29조(법 제46조제3항에 따라 준용되는 경우를 포함한다)에 따른 산지유통인의 등록과 도매시장에의 출입의 금지·제한, 그 밖에 필요한 조치 2. 법 제79조제2항에 따른 도매시장법인·시장도매인·중도매인 또는 산지유통인의 업무집행 상황 보고명령 [전문개정 2012. 8. 22.]	
제66조(도매시장법인의 대행) ① 도매시장 개설자는 도매시장법인이 판매업무를 할 수 없게 되었다고 인정되는 경우에는 기간을 정하여 그 업무를 대행하거나 관리공사, 다른 도매시장법인 또는 도매시장공판장의 개설자로 하여금 대행하게 할 수 있다. <개정 2018. 12. 31.> ② 제1항에 따라 도매시장법인의 업무를 대행하는 자에 대한 업무처리기준과 그 밖에 대행에 관하여 필요한 사항은 도매시장 개설자가 정한다. [전문개정 2011. 7. 21.]		

제67조(유통시설의 개선 등) ① 농림축산식품부장관 또는 해양수산부장관은 농수산물의 원활한 유통을 위하여 도매시장·공판장 및 민영도매시장의 개설자나 도매시장법인에 대하여 농수산물의 판매·수송·보관·저장 시설의 개선 및 정비를 명할 수 있다. <개정 2013. 3. 23.> ② 도매시장·공판장 및 민영도매시장이 보유하여야 하는 시설의 기준은 부류별로 그 지역의 인구 및 거래물량 등을 고려하여 농림축산식품부령 또는 해양수산부령으로 정한다. <개정 2013. 3. 23.> [전문개정 2011. 7. 21.]		제44조(시설기준) ① 법 제67조제2항에 따라 부류별 도매시장·공판장·민영도매시장이 보유하여야 하는 시설의 최소기준은 별표 2와 같다. ② 시·도지사는 축산부류의 도매시장 및 공판장 개설자에 대하여 제1항에 따른 시설 외에 「축산물위생관리법」에 따른 도축장 또는 도계장 시설을 갖추게 할 수 있다. [전문개정 2012. 8. 23.]
제68조(농수산물 소매유통의 개선) ① 농림축산식품부장관, 해양수산부장관 또는 지방자치단체의 장은 생산자와 소비자를 보호하고 상거래질서를 확립하기 위한 농수산물 소매단계의 합리적 유통 개선에 대한 시책을 수립·시행할 수 있다. <개정 2013. 3. 23.> ② 농림축산식품부장관 또는 해양수산부장관은 제1항에 따른 시책을 달성하기 위하여 농수산물의 중도매업·소매업, 생산자와 소비자의 직거래사업, 생산자단체 및 대통령령으로 정하는 단체가 운영하는 농수산물직판장, 소매시설의 현대화 등을 농림축산식품부령 또는 해양수산부령으로 정하는 바에 따라 지원·육성한다. <개정 2013. 3. 23.> ③ 농림축산식품부장관, 해양수산부장관 또는 지방자치단체의 장은 제2항에 따른 농수산물소매업자 등이 농수산물의 유통 개선과 공동이익의 증진 등을 위하여 협동조합을 설립하는 경우에는 도매시장 또는 공판장의 이용편의 등을 지원할 수 있다. <개정 2013. 3. 23.> [전문개정 2011. 7. 21.]	제34조(농수산물직판장의 운영단체) 법 제68조제2항에서 "대통령령으로 정하는 단체"란 소비자단체 및 지방자치단체의 장이 직거래사업의 활성화를 위하여 필요하다고 인정하여 지정하는 단체를 말한다. [전문개정 2012. 8. 22.]	제45조(농수산물 소매유통의 지원) 농림축산식품부장관 또는 해양수산부장관이 법 제68조제2항에 따라 지원할 수 있는 사업은 다음 각 호와 같다. <개정 2013. 3. 24.> 1. 농수산물의 생산자 또는 생산자단체와 소비자 또는 소비자단체 간의 직거래사업 2. 농수산물소매시설의 현대화 및 운영에 관한 사업 3. 농수산물직판장의 설치 및 운영에 관한 사업 4. 그 밖에 농수산물직거래 및 소매유통의 활성화를 위하여 농림축산식품부장관 또는 해양수산부장관이 인정하는 사업 [전문개정 2012. 8. 23.]
제69조(종합유통센터의 설치) ① 국가나 지방자치단체는 종합유통센터를 설치하여 생산자단체 또는 전문유통업체에 그 운영을 위탁할 수 있다. ② 국가나 지방자치단체는 종합유통센터를 설치하려는 자에게 부지 확보 또는 시설물 설치 등에 필요한 지원을 할 수 있다. ③ 농림축산식품부장관, 해양수산부장관 또는 지방자치단체의 장은 종합유통센터가 효율적으로 그 기능을 수행할 수 있도록 종합유통센터를 운영하는 자 또는 이를 이용하는 자에게 그 운영방법 및 출하 농어가에 대한 서비스의 개선 또는 이용방법의 준수 등 필요한 권고를 할 수 있다. <개정 2013. 3. 23.> ④ 농림축산식품부장관, 해양수산부장관 또는 지방자치단체의 장은 제1항에 따라 종합유통센터를 운영하는 자 및 제2항에 따른 지원을 받아 종합유통센터를 운영하는 자가 제3항에 따른 권고를 이행하지 아니하는 경우에는 일정한 기간을 정하여 운영방법 및 출하 농어가에 대한 서비스의 개선 등 필요한 조치를 할 것을 명할 수 있다. <개정 2013. 3. 23.> ⑤ 종합유통센터의 설치, 시설 및 운영에 관하여 필요한 사항은 농림축산식품부령 또는 해양수산부령으로 정한다. <개정 2013. 3. 23.> [전문개정 2011. 7. 21.]		제46조(종합유통센터의 설치 등) ① 법 제69조제2항에 따라 국가 또는 지방자치단체의 지원을 받아 종합유통센터를 설치하려는 자는 지원을 받으려는 농림축산식품부장관, 해양수산부장관 또는 지방자치단체의 장에게 다음 각 호의 사항이 포함된 종합유통센터 건설사업계획서를 제출하여야 한다. <개정 2013. 3. 24.> 1. 신청지역의 농수산물 유통시설 현황, 종합유통센터의 건설 필요성 및 기대효과 2. 운영자 선정계획, 세부적인 운영방법과 물량처리계획이 포함된 운영계획서 및 운영수지분석 3. 부지·시설 및 물류장비의 확보와 운영에 필요한 자금 조달계획 4. 그 밖에 농림축산식품부장관, 해양수산부장관 또는 지방자치단체의 장이 종합유통센터 건설의 타당성 검토를 위하여 필요하다고 판단하여 정하는 사항 ② 농림축산식품부장관, 해양수산부장관 또는 지방자치단체의 장은 제1항에 따라 사업계획서를 제출받았을 때에는 사업계획의 타당성을 고려하여 지원 대상자를 선정하고, 부지 구입, 시설물 설치, 장비 확보 및 운영을 위하여 필요한 자금을 보조 또는 융자하거나 부지 알선 등의 행정적인 지원을 할 수 있다. <개정 2013. 3. 24.> ③ 법 제69조제1항에 따라 국가 또는 지방자치단체가 설치하는 종합유통센터 및 같은 조 제2항에 따라 지원을 받으려는 자가 설치하는 종합유통센터가 갖추어야 하는 시설기준은 별표 3과 같다. ④ 제2항에 따른 지원을 하려는 지방자치단체의 장은 제1항에 따라 제출받은 종합유통센터 건설사업계획서와 해당 계획의 타당성 등에 대한 검토의견서를 농림축산식품부장관 및 해양수산부장관에게 제출하되, 시장·군수 또는 구청장의

		경우에는 시·도지사의 검토의견서를 첨부하여야 하며, 농림축산식품부장관 및 해양수산부장관은 이에 대하여 의견을 제시할 수 있다. <개정 2013. 3. 24.> [전문개정 2012. 8. 23.] 제47조(종합유통센터의 운영) ① 법 제69조제1항에 따라 국가 또는 지방자치단체가 종합유통센터를 설치하여 운영을 위탁할 수 있는 생산자단체 또는 전문유통업체(이하 이 조에서 "운영주체"라 한다)는 다음 각 호의 자로 한다. <개정 2013. 3. 24.> 1. 농림수협등(법 제70조에 따른 유통자회사를 포함한다) 2. 종합유통센터의 운영에 필요한 자금과 경영능력을 갖춘 자로서 농림축산식품부장관, 해양수산부장관 또는 지방자치단체의 장이 농수산물의 효율적인 유통을 위하여 특히 필요하다고 인정하는 자 3. 종합유통센터를 운영하기 위하여 국가 또는 지방자치단체와 제1호 및 제2호의 자가 출자하여 설립한 법인 ② 법 제69조제1항에 따라 국가 또는 지방자치단체(이하 이 조에서"위탁자"라 한다)가 종합유통센터를 설치하여 운영을 위탁하려는 때에는 농수산물의 수집능력·분산능력, 투자계획, 경영계획 및 농수산물 유통에 대한 경험 등을 기준으로 하여 공개적인 방법으로 운영주체를 선정하여야 한다. 이 경우 위탁자는 5년 이상의 기간을 두어 위탁기간을 설정할 수 있다. ③ 위탁자는 종합유통센터의 시설물 및 장비의 유지·관리 등에 드는 비용에 충당하기 위하여 운영주체와 협의하여 운영주체로부터 종합유통센터의 시설물 및 장비의 이용료를 징수할 수 있다. 이 경우 이용료 총액은 해당 종합유통센터 매출액의 1천분의 5를 초과할 수 없으며, 위탁자는 이용료 외에는 어떠한 명목으로도 금전을 징수해서는 아니 된다. [전문개정 2012. 8. 23.]
제70조(유통자회사의 설립) ① 농림수협등은 농수산물 유통의 효율화를 도모하기 위하여 필요한 경우에는 종합유통센터·도매시장공판장을 운영하거나 그 밖의 유통사업을 수행하는 별도의 법인(이하 "유통자회사"라 한다)을 설립·운영할 수 있다. ② 제1항에 따른 유통자회사는 「상법」 상의 회사이어야 한다. ③ 국가나 지방자치단체는 유통자회사의 원활한 운영을 위하여 필요한 지원을 할 수 있다. [전문개정 2011. 7. 21.]		제48조(유통자회사의 사업범위) 법 제70조제1항에 따라 유통자회사가 수행하는 "그 밖의 유통사업"의 범위는 다음 각 호와 같다. 1. 농림수협등이 설치한 농수산물직판장 등 소비지유통사업 2. 농수산물의 상품화 촉진을 위한 규격화 및 포장 개선사업 3. 그 밖에 농수산물의 운송·저장사업 등 농수산물 유통의 효율화를 위한 사업 [전문개정 2012. 8. 23.]
제70조의2(농수산물 전자거래의 촉진 등) ① 농림축산식품부장관 또는 해양수산부장관은 농수산물 전자거래를 촉진하기 위하여 한국농수산식품유통공사 및 농수산물 거래와 관련된 업무경험 및 전문성을 갖춘 기관으로서 대통령령으로 정하는 기관에 다음 각 호의 업무를 수행하게 할 수 있다. <개정 2011. 7. 25., 2013. 3. 23., 2014. 3. 24.> 1. 농수산물 전자거래소(농수산물 전자거래장치와 그에 수반되는 물류센터 등의 부대시설을 포함한다)의 설치 및 운영·관리 2. 농수산물 전자거래 참여 판매자 및 구매자의 등록·심사 및 관리 3. 제70조의3에 따른 농수산물 전자거래 분쟁조정위원회에 대한 운영 지원 4. 대금결제 지원을 위한 정산소(精算所)의 운영·관리 5. 농수산물 전자거래에 관한 유통정보 서비스 제공 6. 그 밖에 농수산물 전자거래에 필요한 업무		제49조(농수산물전자거래의 거래품목 및 거래수수료 등) ① 법 제70조의2제3항에 따른 거래품목은 법 제2조제1호에 따른 농수산물로 한다. ② 법 제70조의2제3항에 따른 거래수수료는 농수산물 전자거래소를 이용하는 판매자와 구매자로부터 다음 각 호의 구분에 따라 징수하는 금전으로 한다. 1. 판매자의 경우: 사용료 및 판매수수료 2. 구매자의 경우: 사용료 ③ 제2항에 따른 거래수수료는 거래액의 1천분의 30을 초과할 수 없다. ④ 농수산물 전자거래소를 통하여 거래계약이 체결된 경우에는 한국농수산식품유통공사가 구매자를 대신하여 그 거래대금을 판매자에게 직접 결제할 수 있다. 이 경우 한국농수산식품유통공사는 구매자로부터 보증금, 담보 등 필요한 채권확보수단을 미리 마련하여야 한다. ⑤ 제1항부터 제4항까지에서 규정한 사항 외에 농수산물전자거래에 관하여

② 농림축산식품부장관 또는 해양수산부장관은 농수산물 전자거래를 활성화하기 위하여 예산의 범위에서 필요한 지원을 할 수 있다. <개정 2013. 3. 23.> ③ 제1항과 제2항에서 규정한 사항 외에 거래품목, 거래수수료 및 결제방법 등 농수산물 전자거래에 필요한 사항은 농림축산식품부령 또는 해양수산부령으로 정한다. <개정 2013. 3. 23.> [전문개정 2011. 7. 21.]		필요한 사항은 한국농수산식품유통공사의 장이 농림축산식품부장관 또는 해양수산부장관의 승인을 받아 정한다. <개정 2013. 3. 24.> [전문개정 2012. 8. 23.]
제70조의3(농수산물 전자거래 분쟁조정위원회의 설치) ① 제70조의2제1항에 따른 농수산물 전자거래에 관한 분쟁을 조정하기 위하여 한국농수산식품유통공사와 같은 항 각 호 외의 부분에 따른 기관에 농수산물 전자거래 분쟁조정위원회(이하 이 조에서 "분쟁조정위원회"라 한다)를 둔다. <개정 2011. 7. 25., 2014. 3. 24.> ② 분쟁조정위원회는 위원장 1명을 포함하여 9명 이내의 위원으로 구성하고, 위원은 농림축산식품부장관 또는 해양수산부장관이 임명하거나 위촉하며, 위원장은 위원 중에서 호선(互選)한다. <개정 2013. 3. 23.> ③ 제1항과 제2항에서 규정한 사항 외에 위원의 자격 및 임기, 위원의 제척(除斥)·기피·회피 등 분쟁조정위원회의 구성·운영에 필요한 사항은 대통령령으로 정한다. [전문개정 2011. 7. 21.]	제35조(분쟁조정위원회의 구성 등) ① 법 제70조의3제1항에 따른 농수산물전자거래분쟁조정위원회(이하 "분쟁조정위원회"라 한다)의 위원은 다음 각 호의 어느 하나에 해당하는 사람으로 한다. <개정 2015. 12. 22.> 1. 판사·검사 또는 변호사의 자격이 있는 사람 2. 「고등교육법」 제2조에 따른 학교에서 법률학을 가르치는 부교수급 이상의 직에 있거나 있었던 사람 3. 「농업·농촌 및 식품산업 기본법」 제3조제1호에 따른 농업, 같은 조 제8호에 따른 식품산업 또는 「수산업·어촌 발전 기본법」 제3조제1호에 따른 수산업 분야의 법인, 단체 또는 기관 등에서 10년 이상의 근무경력이 있는 사람 4. 「비영리민간단체 지원법」 제2조에 따른 비영리민간단체에서 추천한 사람 5. 그 밖에 농수산물의 유통과 전자거래, 분쟁조정 등에 관하여 학식과 경험이 풍부하다고 인정되는 사람 ② 분쟁조정위원회 위원의 임기는 2년으로 하며, 한 차례만 연임할 수 있다. <개정 2018. 4. 17.> [본조신설 2010. 7. 21.]	
제71조 삭제 <2007. 1. 3.>		
제72조(유통 정보화의 촉진) ① 농림축산식품부장관 또는 해양수산부장관은 유통 정보의 원활한 수집·처리 및 전파를 통하여 농수산물의 유통효율 향상에 이바지할 수 있도록 농수산물 유통 정보화와 관련한 사업을 지원하여야 한다. <개정 2013. 3. 23.> ② 농림축산식품부장관 또는 해양수산부장관은 제1항에 따른 정보화사업을 추진하기 위하여 정보기반의 정비, 정보화를 위한 교육 및 홍보사업을 직접 수행하거나 이에 필요한 지원을 할 수 있다. <개정 2013. 3. 23.> [전문개정 2011. 7. 21.]		
제73조(재정 지원) 정부는 농수산물 유통구조 개선과 유통기구의 육성을 위하여 도매시장·공판장 및 민영도매시장의 개설자에 대하여 예산의 범위에서 융자하거나 보조금을 지급할 수 있다. [전문개정 2011. 7. 21.]		
제74조(거래질서의 유지) ① 누구든지 도매시장에서의 정상적인 거래와 도매시장 개설자가 정하여 고시하는 시설물의 사용기준을 위반하거나 적절한 위생·환경의 유지를 저해하여서는 아니 된다. 이 경우 도매시장 개설자는 도매시장에서의 거래질서가 유지되도록 필요한 조치를 하여야 한다. ② 농림축산식품부장관, 해양수산부장관, 도지사 또는 도매시장 개설자는 대통령령으로 정하는 바에 따라 소속 공무원으로 하여금 이 법을 위반하는 자를 단속하게 할 수 있다. <개정 2013. 3. 23.> ③ 제2항에 따라 단속을 하는 공무원은 그 권한을 표시하는 증표를 관계인에게 보여주어야 한다. [전문개정 2011. 7. 21.]	제36조(위법행위의 단속) 농림축산식품부장관 또는 해양수산부장관은 법 제74조제2항에 따라 위법행위에 대한 단속을 효과적으로 하기 위하여 필요한 경우 이에 대한 단속 지침을 정할 수 있다. <개정 2013. 3. 23.> [전문개정 2012. 8. 22.]	

<table>
<tr><td>제75조(교육훈련 등) ① 농림축산식품부장관 또는 해양수산부장관은 농수산물의 유통 개선을 촉진하기 위하여 경매사, 중도매인 등 농림축산식품부령 또는 해양수산부령으로 정하는 유통 종사자에 대하여 교육훈련을 실시할 수 있다. <개정 2013. 3. 23.>
② 도매시장법인 또는 공판장의 개설자가 임명한 경매사는 농림축산식품부장관 또는 해양수산부장관이 실시하는 교육훈련을 이수하여야 한다. <신설 2018. 12. 31.>
③ 농림축산식품부장관 또는 해양수산부장관은 제1항 및 제2항에 따른 교육훈련을 농림축산식품부령 또는 해양수산부령으로 정하는 기관에 위탁하여 실시할 수 있다. <개정 2013. 3. 23., 2018. 12. 31.>
④ 제1항 및 제2항에 따른 교육훈련의 내용, 절차 및 그 밖의 세부사항은 농림축산식품부령 또는 해양수산부령으로 정한다. <신설 2018. 12. 31.>
[전문개정 2011. 7. 21.]</td><td></td><td>제50조(교육훈련 등) ① 법 제75조제1항에 따른 교육훈련의 대상자는 다음 각 호와 같다. <개정 2013. 3. 24.>
1. 도매시장법인, 법 제24조에 따른 공공출자법인, 공판장(도매시장공판장을 포함한다) 및 시장도매인의 임직원
2. 경매사
3. 중도매인(법인을 포함한다)
4. 산지유통인
5. 종합유통센터를 운영하는 자의 임직원
6. 농수산물의 출하조직을 구성·운영하고 있는 농어업인
7. 농수산물의 저장·가공업에 종사하는 자
8. 그 밖에 농림축산식품부장관 또는 해양수산부장관이 필요하다고 인정하는 자
② 도매시장법인 또는 공판장의 개설자가 임명한 경매사는 법 제75조제2항에 따라 2년마다 교육훈련을 받아야 한다. <신설 2019. 7. 1.>
③ 농림축산식품부장관 또는 해양수산부장관은 법 제75조제3항에 따라 제1항 각 호의 유통종사자에 대한 교육훈련을 한국농수산식품유통공사에 위탁하여 실시한다. 이 경우 도매시장법인 또는 시장도매인의 임원이나 경매사로 신규 임용 또는 임명되었거나 중도매업의 허가를 받은 자(법인의 경우에는 임원을 말한다)는 그 임용·임명 또는 허가 후 1년(2016년 7월 1일부터 2018년 7월 1일까지 임용·임명 또는 허가를 받은 자는 1년 6개월) 이내에 교육훈련을 받아야 한다. <개정 2012. 11. 1., 2013. 3. 24., 2013. 11. 29., 2016. 7. 7., 2017. 2. 13., 2019. 7. 1.>
④ 교육훈련의 위탁을 받은 한국농수산식품유통공사의 장은 매년도의 교육훈련계획을 수립하여 농림축산식품부장관 또는 해양수산부장관에게 보고하여야 한다. <개정 2013. 3. 24., 2019. 7. 1.>
[전문개정 2012. 8. 23.]</td></tr>
<tr><td>제76조(실태조사 등) 농림축산식품부장관 또는 해양수산부장관은 도매시장을 효율적으로 운영·관리하기 위하여 필요하다고 인정할 때에는 농림축산식품부령 또는 해양수산부령으로 정하는 법인 등으로 하여금 도매시장에 대한 실태조사를 하게 하거나 운영·관리의 지도를 하게 할 수 있다. <개정 2013. 3. 23.>
[전문개정 2011. 7. 21.]</td><td></td><td>제51조(실태조사 등) 법 제76조에 따라 농림축산식품부장관 또는 해양수산부장관이 도매시장에 대한 실태조사를 하게 하거나 운영·관리의 지도를 하게 할 수 있는 법인은 한국농수산식품유통공사 및 한국농촌경제연구원으로 한다. <개정 2013. 3. 24.>
[전문개정 2012. 8. 23.]</td></tr>
<tr><td>제77조(평가의 실시) ① 농림축산식품부장관 또는 해양수산부장관은 도매시장 개설자의 의견을 수렴하여 도매시장의 거래제도 및 물류체계 개선 등 운영·관리와 도매시장법인·도매시장공판장·시장도매인의 거래 실적, 재무 건전성 등 경영관리에 관한 평가를 실시하여야 한다. 이 경우 도매시장 개설자는 평가에 필요한 자료를 농림축산식품부장관 또는 해양수산부장관에게 제출하여야 한다. <개정 2012. 2. 22., 2014. 3. 24.>
② 도매시장 개설자는 중도매인의 거래 실적, 재무 건전성 등 경영관리에 관한 평가를 실시할 수 있다. <개정 2014. 3. 24.>
③ 도매시장 개설자는 제1항 및 제2항에 따른 평가 결과와 시설규모, 거래액 등을 고려하여 도매시장법인, 시장도매인, 도매시장공판장의 개설자, 중도매인에 대하여 시설 사용면적의 조정, 차등 지원 등의 조치를 할 수 있다. <개정 2014. 3. 24., 2018. 12. 31.>
④ 농림축산식품부장관 또는 해양수산부장관은 제1항에 따른 평가 결과에 따라 도매시장 개설자에게 다음 각 호의 명령이나 권고를 할 수 있다. <개정 2012. 2.</td><td></td><td>제52조(도매시장 등의 평가) ① 법 제77조제1항에 따른 도매시장 평가는 다음 각 호의 절차 및 방법에 따른다. <개정 2013. 3. 24., 2014. 10. 15.>
1. 농림축산식품부장관 또는 해양수산부장관은 다음 연도의 평가대상·평가기준 및 평가방법 등을 정하여 매년 12월 31일까지 도매시장 개설자와 도매시장법인·도매시장공판장·시장도매인(이하 이 항에서 "도매시장법인등"이라 한다)에게 통보
2. 도매시장법인등은 재무제표 및 제1호에 따른 평가기준에 따라 작성한 실적보고서를 다음 연도 3월 15일까지 도매시장 개설자에게 제출
3. 도매시장 개설자는 다음 각 목의 자료를 다음 연도 3월 31일까지 농림축산식품부장관 또는 해양수산부장관에게 제출
가. 도매시장개설자가 제1호에 따른 평가기준에 따라 작성한 도매시장 운영·관리 보고서
나. 도매시장법인등이 제2호에 따라 제출한 재무제표 및 실적보고서
4. 농림축산식품부장관 또는 해양수산부장관은 제1호에 따른 평가기준 및</td></tr>
</table>

<table>
<tr><td>22., 2013. 3. 23., 2014. 3. 24.>
1. 부진한 사항에 대한 시정 명령
2. 부진한 도매시장의 관리를 관리공사 또는 한국농수산식품유통공사에 위탁 권고
3. 도매시장법인, 시장도매인 또는 도매시장공판장에 대한 시설 사용면적의 조정, 차등 지원 등의 조치 명령
⑤ 제1항 및 제2항에 따른 평가 및 자료 제출에 관한 사항은 농림축산식품부령 또는 해양수산부령으로 정한다. <개정 2013. 3. 23., 2014. 3. 24.>
[전문개정 2011. 7. 21.]</td><td></td><td>평가방법에 따라 평가를 실시하고, 그 결과를 공표
② 도매시장 개설자가 법 제77조제2항에 따라 중도매인에 대한 평가를 하는 경우에는 운영규정에 따라 평가기준, 평가방법 등을 평가대상 연도가 도래하기 전까지 미리 통보한 후 중도매인으로부터 제출받은 자료로 연간 운영실적을 평가하고 그 결과를 공표할 수 있다. <신설 2014. 10. 15.>
③ 그 밖에 도매시장 평가 실시 및 그 평가 결과에 따른 조치에 관한 세부 사항은 농림축산식품부장관 또는 해양수산부장관이 정한다. <개정 2013. 3. 24., 2014. 10. 15.>
[전문개정 2012. 8. 23.]
제52조의2(도매시장법인의 지정취소 등) ① 법 제82조제3항에 따라 도매시장 개설자는 도매시장법인 또는 시장도매인이 다음 각 호의 어느 하나에 해당하는 경우에는 도매시장법인 또는 시장도매인의 지정을 취소할 수 있다. <개정 2014. 10. 15.>
1. 법 제77조제1항에 따른 평가 결과 해당 지정기간에 3회 이상 또는 2회 연속 부진평가를 받은 경우
2. 법 제77조제1항에 따른 평가 결과 해당 지정기간에 3회 이상 재무건전성 평가점수가 도매시장법인 또는 시장도매인의 평균점수의 3분의 2 이하인 경우
② 법 제82조제3항에 따라 시·도지사는 도매시장공판장이 법 제77조제1항에 따른 평가 결과 최근 5년간 3회 이상 또는 2회 연속 부진평가를 받은 경우 도매시장공판장의 승인을 취소할 수 있다. <개정 2014. 10. 15.>
[전문개정 2012. 8. 23.]</td></tr>
<tr><td>제78조(시장관리운영위원회의 설치) ① 도매시장의 효율적인 운영·관리를 위하여 도매시장 개설자 소속으로 시장관리운영위원회(이하 "위원회"라 한다)를 둔다. <개정 2011. 7. 21.>
② 삭제 <2008. 12. 26.>
③ 위원회는 다음 각 호의 사항을 심의한다. <개정 2011. 7. 21.>
1. 도매시장의 거래제도 및 거래방법의 선택에 관한 사항
2. 수수료, 시장 사용료, 하역비 등 각종 비용의 결정에 관한 사항
3. 도매시장 출하품의 안전성 향상 및 규격화의 촉진에 관한 사항
4. 도매시장의 거래질서 확립에 관한 사항
5. 정가매매·수의매매 등 거래 농수산물의 매매방법 운용기준에 관한 사항
6. 최소출하량 기준의 결정에 관한 사항
7. 그 밖에 도매시장 개설자가 특히 필요하다고 인정하는 사항
④ 위원회의 구성·운영 등에 필요한 사항은 농림축산식품부령 또는 해양수산부령으로 정한다. <개정 2011. 7. 21., 2013. 3. 23.>
[제목개정 2011. 7. 21.]</td><td>제17조의6(도매시장법인의 겸영사업의 제한) ① 도매시장 개설자는 법 제35조제5항에 따라 도매시장법인이 겸영사업(兼營事業)으로 수탁·매수한 농수산물을 법 제32조, 제33조제1항, 제34조 및 제35조제1항부터 제3항까지의 규정을 위반하여 판매함으로써 산지 출하자와의 업무 경합 또는 과도한 겸영사업으로 인한 도매시장법인의 도매업무 약화가 우려되는 경우에는 법 제78조에 따른 시장관리운영위원회의 심의를 거쳐 법 제35조제4항 단서에 따른 겸영사업을 다음 각 호와 같이 제한할 수 있다. <개정 2013. 11. 20.>
1. 제1차 위반: 보완명령
2. 제2차 위반: 1개월 금지
3. 제3차 위반: 6개월 금지
4. 제4차 위반: 1년 금지
② 제1항에 따라 겸영사업을 제한하는 경우 위반행위의 차수(次數)에 따른 처분기준은 최근 3년간 같은 위반행위로 처분을 받은 경우에 적용한다.
[전문개정 2012. 8. 22.]</td><td>제27조(상장되지 아니한 농수산물의 거래허가) 법 제31조제2항 단서에 따라 중도매인이 도매시장의 개설자의 허가를 받아 도매시장법인이 상장하지 아니한 농수산물을 거래할 수 있는 품목은 다음 각 호와 같다. 이 경우 도매시장개설자는 법 제78조제3항에 따른 시장관리운영위원회의 심의를 거쳐 허가하여야 한다.
1. 영 제2조 각 호의 부류를 기준으로 연간 반입물량 누적비율이 하위 3퍼센트 미만에 해당하는 소량 품목
2. 품목의 특성으로 인하여 해당 품목을 취급하는 중도매인이 소수인 품목
3. 그 밖에 상장거래에 의하여 중도매인이 해당 농수산물을 매입하는 것이 현저히 곤란하다고 도매시장 개설자가 인정하는 품목
[전문개정 2012. 8. 23.]
제54조(시장관리운영위원회의 구성 등) ① 법 제78조제1항에 따른 시장관리운영위원회는 위원장 1명을 포함한 20명 이내의 위원으로 구성한다.
② 시장관리운영위원회의 구성·운영 등에 필요한 사항은 도매시장 개설자가 업무규정으로 정한다.
[전문개정 2012. 8. 23.]</td></tr>
<tr><td>제78조의2(도매시장거래 분쟁조정위원회의 설치 등) ① 도매시장 내 농수산물의 거래 당사자 간의 분쟁에 관한 사항을 조정하기 위하여 도매시장 개설자 소속으로 도매시장거래 분쟁조정위원회(이하 "조정위원회"라 한다)를 둘 수 있다. <개정 2018. 12. 31.>
② 조정위원회는 당사자의 한쪽 또는 양쪽의 신청에 의하여 다음 각 호의 분쟁을 심의·조정한다.
1. 낙찰자 결정에 관한 분쟁
2. 낙찰가격에 관한 분쟁</td><td>제36조의2(도매시장거래 분쟁조정위원회의 구성 등) ① 법 제78조의2제1항에 따른 도매시장거래 분쟁조정위원회(이하 "조정위원회"라 한다)는 위원장 1명을 포함하여 9명 이내의 위원으로 구성한다.
② 조정위원회의 위원장은 위원 중에서 도매시장 개설자가 지정하는 사람으로 한다.
③ 조정위원회의 위원은 다음 각 호의 어느 하나에 해당하는 사람 중에서 도매시장 개설자가 임명하거나 위촉한다. 이 경우 제1호 및 제2호에 해당하는 사람이 1명 이상 포함되어야 한다.</td><td></td></tr>
</table>

3. 거래대금의 지급에 관한 분쟁 4. 그 밖에 도매시장 개설자가 특히 필요하다고 인정하는 분쟁 ③ 조정위원회의 구성·운영에 필요한 사항은 대통령령으로 정한다. [전문개정 2011. 7. 21.]	1. 출하자를 대표하는 사람 2. 변호사의 자격이 있는 사람 3. 도매시장 업무에 관한 학식과 경험이 풍부한 사람 4. 소비자단체에서 3년 이상 근무한 경력이 있는 사람 ④ 조정위원회의 위원의 임기는 2년으로 한다. ⑤ 조정위원회에 출석한 위원에게는 예산의 범위에서 수당과 여비를 지급할 수 있다. 다만, 공무원인 위원이 소관 업무와 직접적으로 관련하여 조정위원회의 회의에 출석하는 경우에는 그러하지 아니하다. ⑥ 조정위원회의 구성·운영 등에 관한 세부 사항은 도매시장 개설자가 업무규정으로 정한다. [전문개정 2012. 8. 22.]	
제7장 보칙 ;개정 2011.7.21		
제79조(보고) ① 농림축산식품부장관, 해양수산부장관 또는 시·도지사는 도매시장·공판장 및 민영도매시장의 개설자로 하여금 그 재산 및 업무집행 상황을 보고하게 할 수 있으며, 농수산물의 가격 및 수급 안정을 위하여 특히 필요하다고 인정할 때에는 도매시장법인·시장도매인 또는 도매시장공판장의 개설자(이하 "도매시장법인등"이라 한다)로 하여금 그 재산 및 업무집행 상황을 보고하게 할 수 있다. <개정 2012. 2. 22., 2013. 3. 23., 2018. 12. 31.> ② 도매시장·공판장 및 민영도매시장의 개설자는 도매시장법인등으로 하여금 기장사항(記帳事項), 거래명세 등을 보고하게 할 수 있으며, 농수산물의 가격 및 수급 안정을 위하여 특히 필요하다고 인정할 때에는 중도매인 또는 산지유통인으로 하여금 업무집행 상황을 보고하게 할 수 있다. <개정 2018. 12. 31.> [전문개정 2011. 7. 21.]		
제80조(검사) ① 농림축산식품부장관, 해양수산부장관, 도지사 또는 도매시장 개설자는 농림축산식품부령 또는 해양수산부령으로 정하는 바에 따라 소속 공무원으로 하여금 도매시장·공판장·민영도매시장·도매시장법인·시장도매인 및 중도매인의 업무와 이에 관련된 장부 및 재산상태를 검사하게 할 수 있다. <개정 2012. 2. 22., 2013. 3. 23., 2018. 12. 31.> ② 도매시장 개설자는 필요하다고 인정하는 경우에는 시장관리자의 소속 직원으로 하여금 도매시장법인, 시장도매인, 도매시장공판장의 개설자 및 중도매인이 갖추어 두고 있는 장부를 검사하게 할 수 있다. <개정 2018. 12. 31.> ③ 제1항에 따라 검사를 하는 공무원과 제2항에 따라 검사를 하는 직원에 관하여는 제74조제3항을 준용한다. [전문개정 2011. 7. 21.]		제55조(검사의 통지) ① 농림축산식품부장관, 해양수산부장관, 도지사 또는 도매시장 개설자가 법 제80조제1항에 따라 도매시장·공판장·민영도매시장·도매시장법인·시장도매인 및 중도매인의 업무와 이에 관련된 장부 및 재산상태를 검사하려는 때에는 미리 검사의 목적·범위 및 기간과 검사공무원의 소속·직위 및 성명을 통지하여야 한다. <개정 2013. 3. 24., 2019. 7. 1.> ② 도매시장 개설자가 법 제80조제2항에 따라 도매시장법인, 시장도매인, 도매시장공판장의 개설자 및 중도매인의 장부를 검사하려는 때에는 미리 검사의 목적·범위 및 기간과 검사직원의 소속·직위 및 성명을 통지하여야 한다. <개정 2019. 7. 1.> [전문개정 2012. 8. 23.]
제81조(명령) ① 농림축산식품부장관, 해양수산부장관 또는 시·도지사는 도매시장·공판장 및 민영도매시장의 적정한 운영을 위하여 필요하다고 인정할 때에는 도매시장·공판장 및 민영도매시장의 개설자에 대하여 업무규정의 변경, 업무처리의 개선, 그 밖에 필요한 조치를 명할 수 있다. <개정 2013. 3. 23.> ② 농림축산식품부장관, 해양수산부장관 또는 도매시장 개설자는 도매시장법인·시장도매인 및 도매시장공판장의 개설자에 대하여 업무처리의 개선 및 시장질서 유지를 위하여 필요한 조치를 명할 수 있다. <개정 2012. 2. 22., 2013. 3. 23., 2018. 12. 31.>		

③ 농림축산식품부장관은 기금에서 융자 또는 대출받은 자에 대하여 감독상 필요한 조치를 명할 수 있다. <개정 2013. 3. 23.> [전문개정 2011. 7. 21.]		
제82조(허가 취소 등) ① 시·도지사는 지방도매시장 개설자(시가 개설자인 경우만 해당한다)나 민영도매시장 개설자가 다음 각 호의 어느 하나에 해당하는 경우에는 개설허가를 취소하거나 해당 시설을 폐쇄하거나 그 밖에 필요한 조치를 할 수 있다. <개정 2012. 2. 22.> 1. 제17조제1항 단서 및 같은 조 제5항, 제47조제1항 및 제3항에 따른 허가나 승인 없이 지방도매시장 또는 민영도매시장을 개설하였거나 업무규정을 변경한 경우 2. 제17조제3항, 제47조제2항에 따라 제출된 업무규정 및 운영관리계획서와 다르게 지방도매시장 또는 민영도매시장을 운영한 경우 3. 제40조제3항 또는 제81조제1항에 따른 명령을 위반한 경우 ② 농림축산식품부장관, 해양수산부장관, 시·도지사 또는 도매시장 개설자는 도매시장법인등이 다음 각 호의 어느 하나에 해당하면 6개월 이내의 기간을 정하여 해당 업무의 정지를 명하거나 그 지정 또는 승인을 취소할 수 있다. 다만, 제26호에 해당하는 경우에는 그 지정 또는 승인을 취소하여야 한다. <개정 2013. 3. 23., 2018. 12. 31.> 1. 지정조건 또는 승인조건을 위반하였을 때 2. 「축산법」 제35조제4항을 위반하여 등급판정을 받지 아니한 축산물을 상장하였을 때 2의2. 「농수산물의 원산지 표시에 관한 법률」 제6조제1항을 위반하였을 때 3. 제23조제2항을 위반하여 경합되는 도매업 또는 중도매업을 하였을 때 4. 제23조제3항제5호 또는 같은 조 제4항을 위반하여 지정요건을 갖추지 못하거나 같은 조 제5항을 위반하여 해당 임원을 해임하지 아니하였을 때 5. 제27조제1항을 위반하여 일정 수 이상의 경매사를 두지 아니하거나 경매사가 아닌 사람으로 하여금 경매를 하도록 하였을 때 6. 제27조제3항을 위반하여 해당 경매사를 면직하지 아니하였을 때 7. 제29조제2항을 위반하여 산지유통인의 업무를 하였을 때 8. 제31조제1항을 위반하여 매수하여 도매를 하였을 때 9. 삭제 <2014. 3. 24.> 10. 제33조제1항을 위반하여 경매 또는 입찰을 하였을 때 11. 제34조를 위반하여 지정된 자 외의 자에게 판매하였을 때 12. 제35조를 위반하여 도매시장 외의 장소에서 판매를 하거나 농수산물 판매업무 외의 사업을 겸영하였을 때 13. 제35조의2를 위반하여 공시하지 아니하거나 거짓된 사실을 공시하였을 때 14. 제36조제2항제5호를 위반하여 지정요건을 갖추지 못하거나 같은 조 제3항을 위반하여 해당 임원을 해임하지 아니하였을 때 15. 제37조제1항 단서에 따라 제한 또는 금지된 행위를 하였을 때 16. 제37조제2항을 위반하여 해당 도매시장의 도매시장법인·중도매인에게 판매를 하였을 때 17. 제38조를 위반하여 수탁 또는 판매를 거부·기피하거나 부당한 차별대우를 하였을 때 18. 제40조제2항에 따른 표준하역비의 부담을 이행하지 아니하였을 때		제52조의2(도매시장법인의 지정취소 등) ① 법 제82조제3항에 따라 도매시장 개설자는 도매시장법인 또는 시장도매인이 다음 각 호의 어느 하나에 해당하는 경우에는 도매시장법인 또는 시장도매인의 지정을 취소할 수 있다. <개정 2014. 10. 15.> 1. 법 제77조제1항에 따른 평가 결과 해당 지정기간에 3회 이상 또는 2회 연속 부진평가를 받은 경우 2. 법 제77조제1항에 따른 평가 결과 해당 지정기간에 3회 이상 재무건전성 평가점수가 도매시장법인 또는 시장도매인의 평균점수의 3분의 2 이하인 경우 ② 법 제82조제3항에 따라 시·도지사는 도매시장공판장이 법 제77조제1항에 따른 평가 결과 최근 5년간 3회 이상 또는 2회 연속 부진평가를 받은 경우 도매시장공판장의 승인을 취소할 수 있다. <개정 2014. 10. 15.> [전문개정 2012. 8. 23.] 제56조(위반행위별 처분기준) 법 제82조제6항에 따른 위반행위별 처분기준은 별표 4와 같다. [전문개정 2012. 8. 23.]

19. 제41조제1항을 위반하여 대금의 전부를 즉시 결제하지 아니하였을 때 20. 제41조제2항에 따른 대금결제 방법을 위반하였을 때 21. 제42조를 위반하여 수수료 등을 징수하였을 때 22. 제74조제1항을 위반하여 시설물의 사용기준을 위반하거나 개설자가 조치하는 사항을 이행하지 아니하였을 때 23. 정당한 사유 없이 제80조에 따른 검사에 응하지 아니하거나 이를 방해하였을 때 24. 제81조제2항에 따른 도매시장 개설자의 조치명령을 이행하지 아니하였을 때 25. 제4항에 따른 농림축산식품부장관, 해양수산부장관 또는 도매시장 개설자의 명령을 위반하였을 때 26. 제1호부터 제25호까지의 어느 하나에 해당하여 업무의 정지 처분을 받고 그 업무의 정지 기간 중에 업무를 하였을 때 ③ 제77조에 따른 평가 결과 운영 실적이 농림축산식품부령 또는 해양수산부령으로 정하는 기준 이하로 부진하여 출하자 보호에 심각한 지장을 초래할 우려가 있는 경우 도매시장 개설자는 도매시장법인 또는 시장도매인의 지정을 취소할 수 있으며, 시·도지사는 도매시장공판장의 승인을 취소할 수 있다. <개정 2013. 3. 23.> ④ 농림축산식품부장관·해양수산부장관 또는 도매시장 개설자는 경매사가 다음 각 호의 어느 하나에 해당하는 경우에는 도매시장법인 또는 도매시장공판장의 개설자로 하여금 해당 경매사에 대하여 6개월 이내의 업무정지 또는 면직을 명하게 할 수 있다. <개정 2013. 3. 23., 2015. 6. 22.> 1. 상장한 농수산물에 대한 경매 우선순위를 고의 또는 중대한 과실로 잘못 결정한 경우 2. 상장한 농수산물에 대한 가격평가를 고의 또는 중대한 과실로 잘못한 경우 3. 상장한 농수산물에 대한 경락자를 고의 또는 중대한 과실로 잘못 결정한 경우 ⑤ 도매시장 개설자는 중도매인(제25조 및 제46조에 따른 중도매인만 해당한다. 이하 같다) 또는 산지유통인이 다음 각 호의 어느 하나에 해당하면 6개월 이내의 기간을 정하여 해당 업무의 정지를 명하거나 중도매업의 허가 또는 산지유통인의 등록을 취소할 수 있다. 다만, 제11호에 해당하는 경우에는 그 허가 또는 등록을 취소하여야 한다. <개정 2012. 2. 22., 2014. 3. 24., 2018. 12. 31.> 1. 제25조제3항제1호부터 제4호까지 또는 제6호를 위반하여 허가조건을 갖추지 못하거나 같은 조 제4항을 위반하여 해당 임원을 해임하지 아니하였을 때(제46조제2항에 따라 준용되는 경우를 포함한다) 2. 제25조제5항제1호(제46조제2항에 따라 준용되는 경우를 포함한다)를 위반하여 다른 중도매인 또는 매매참가인의 거래 참가를 방해하거나 정당한 사유 없이 집단적으로 경매 또는 입찰에 불참하였을 때 2의2. 제25조제5항제2호(제46조제2항에 따라 준용되는 경우를 포함한다)를 위반하여 다른 사람에게 자기의 성명이나 상호를 사용하여 중도매업을 하게 하거나 그 허가증을 빌려 주었을 때 3. 제29조제2항을 위반하여 해당 도매시장에서 산지유통인의 업무를 하였을 때 4. 제29조제4항을 위반하여 판매·매수 또는 중개 업무를 하였을 때 5. 제31조제2항(제46조제2항에 따라 준용되는 경우를 포함한다)을 위반하여 허가 없이 상장된 농수산물 외의 농수산물을 거래하였을 때 6. 제31조제3항(제46조제2항에 따라 준용되는 경우를 포함한다)을 위반하여		

중도매인이 도매시장 외의 장소에서 농수산물을 판매하는 등의 행위를 하였을 때 6의2. 제31조제5항(제46조제2항에 따라 준용되는 경우를 포함한다)을 위반하여 다른 중도매인과 농수산물을 거래하였을 때 7. 제42조(제46조제2항에 따라 준용되는 경우를 포함한다)를 위반하여 수수료 등을 징수하였을 때 8. 제74조제1항을 위반하여 시설물의 사용기준을 위반하거나 개설자가 조치하는 사항을 이행하지 아니하였을 때 9. 제80조에 따른 검사에 정당한 사유 없이 응하지 아니하거나 이를 방해하였을 때 10. 「농수산물의 원산지 표시에 관한 법률」 제6조제1항을 위반하였을 때 11. 제1호부터 제10호까지의 어느 하나에 해당하여 업무의 정지 처분을 받고 그 업무의 정지 기간 중에 업무를 하였을 때 ⑥ 제1항부터 제5항까지의 규정에 따른 위반행위별 처분기준은 농림축산식품부령 또는 해양수산부령으로 정한다. <개정 2013. 3. 23.> ⑦ 도매시장 개설자가 제5항에 따라 중도매업의 허가를 취소한 경우에는 농림축산식품부장관 또는 해양수산부장관이 지정하여 고시한 인터넷 홈페이지에 그 내용을 게시하여야 한다. <신설 2012. 2. 22., 2013. 3. 23.> [전문개정 2011. 7. 21.]		
제83조(과징금) ① 농림축산식품부장관, 해양수산부장관, 시·도지사 또는 도매시장 개설자는 도매시장법인등이 제82조제2항에 해당하거나 중도매인이 제82조제5항에 해당하여 업무정지를 명하려는 경우, 그 업무의 정지가 해당 업무의 이용자 등에게 심한 불편을 주거나 공익을 해칠 우려가 있을 때에는 업무의 정지를 갈음하여 도매시장법인등에는 1억원 이하, 중도매인에게는 1천만원 이하의 과징금을 부과할 수 있다. <개정 2013. 3. 23.> ② 제1항에 따라 과징금을 부과하는 경우에는 다음 각 호의 사항을 고려하여야 한다. 1. 위반행위의 내용 및 정도 2. 위반행위의 기간 및 횟수 3. 위반행위로 취득한 이익의 규모 ③ 제1항에 따른 과징금의 부과기준은 대통령령으로 정한다. ④ 농림축산식품부장관, 해양수산부장관, 시·도지사 또는 도매시장 개설자는 제1항에 따른 과징금을 내야 할 자가 납부기한까지 내지 아니하면 납부기한이 지난 후 15일 이내에 10일 이상 15일 이내의 납부기한을 정하여 독촉장을 발부하여야 한다. <개정 2013. 3. 23., 2015. 6. 22.> ⑤ 농림축산식품부장관, 해양수산부장관, 시·도지사 또는 도매시장 개설자는 제4항에 따른 독촉을 받은 자가 그 납부기한까지 과징금을 내지 아니하면 제1항에 따른 과징금 부과처분을 취소하고 제82조제2항 또는 제5항에 따른 업무정지처분을 하거나 국세 체납처분의 예 또는 「지방행정제재·부과금의 징수 등에 관한 법률」에 따라 과징금을 징수한다. <신설 2015. 6. 22., 2020. 3. 24.> [전문개정 2011. 7. 21.]	제36조의4(과징금의 부과기준) 법 제83조제3항에 따른 과징금의 부과기준은 별표 1과 같다. [본조신설 2007. 7. 2.]	
제84조(청문) 농림축산식품부장관, 해양수산부장관, 시·도지사 또는 도매시장 개설자는 다음 각 호의 어느 하나에 해당하는 처분을 하려면 청문을 하여야 한다. <개정 2013. 3. 23.> 1. 제82조제2항 및 제3항에 따른 도매시장법인등의 지정취소 또는 승인취소		

2. 제82조제5항에 따른 중도매업의 허가취소 또는 산지유통인의 등록취소 [전문개정 2011. 7. 21.]		
제85조(권한의 위임 등) ① 이 법에 따른 농림축산식품부장관 또는 해양수산부장관의 권한은 대통령령으로 정하는 바에 따라 그 일부를 산림청장, 시·도지사 또는 소속 기관의 장에게 위임할 수 있다. <개정 2013. 3. 23., 2013. 12. 30.> ② 다음 각 호에 따른 도매시장 개설자의 권한은 대통령령으로 정하는 바에 따라 시장관리자에게 위탁할 수 있다. 1. 제29조(제46조제3항에 따라 준용되는 경우를 포함한다)에 따른 산지유통인의 등록과 도매시장에의 출입의 금지·제한 또는 그 밖에 필요한 조치 2. 제79조제2항에 따른 도매시장법인·시장도매인·중도매인 또는 산지유통인에 대한 보고명령 [전문개정 2011. 7. 21.]	제37조(권한의 위임·위탁) ① 농림축산식품부장관 또는 해양수산부장관은 법 제85조제1항에 따라 특별시·광역시·특별자치시·특별자치도 외의 지역에 개설하는 지방도매시장·공판장 및 민영도매시장에 대한 법 제65조제1항 및 제2항에 따른 통합·이전·폐쇄 명령 및 개설·제한 권고의 권한을 도지사에게 위임한다. <개정 2013. 3. 23.> ② 도매시장 개설자는 「지방공기업법」에 따른 지방공사, 법 제24조에 따른 공공출자법인 또는 한국농수산식품유통공사를 시장관리자로 지정한 경우에는 법 제85조제2항에 따라 다음 각 호의 권한을 그 기관의 장에게 위탁한다. 1. 법 제29조(법 제46조제3항에 따라 준용되는 경우를 포함한다)에 따른 산지유통인의 등록과 도매시장에의 출입의 금지·제한, 그 밖에 필요한 조치 2. 법 제79조제2항에 따른 도매시장법인·시장도매인·중도매인 또는 산지유통인의 업무집행 상황 보고명령 [전문개정 2012. 8. 22.]	
제8장 벌칙		
제86조(벌칙) 다음 각 호의 어느 하나에 해당하는 자는 2년 이하의 징역 또는 2천만원 이하의 벌금에 처한다. <개정 2012. 2. 22., 2017. 3. 21.> 1. 제15조제3항에 따라 수입 추천신청을 할 때에 정한 용도 외의 용도로 수입농산물을 사용한 자 1의2. 도매시장의 개설구역이나 공판장 또는 민영도매시장이 개설된 특별시·광역시·특별자치시·특별자치도 또는 시의 관할구역에서 제17조 또는 제47조에 따른 허가를 받지 아니하고 농수산물의 도매를 목적으로 지방도매시장 또는 민영도매시장을 개설한 자 2. 제23조제1항에 따른 지정을 받지 아니하거나 지정 유효기간이 지난 후 도매시장법인의 업무를 한 자 3. 제25조제1항에 따른 허가 또는 같은 조 제7항에 따른 갱신허가(제46조제2항에 따라 준용되는 허가 또는 갱신허가를 포함한다)를 받지 아니하고 중도매인의 업무를 한 자 4. 제29조제1항(제46조제3항에 따라 준용되는 경우를 포함한다)에 따른 등록을 하지 아니하고 산지유통인의 업무를 한 자 5. 제35조제1항을 위반하여 도매시장 외의 장소에서 농수산물의 판매업무를 하거나 같은 조 제4항을 위반하여 농수산물 판매업무 외의 사업을 겸영한 자 6. 제36조제1항에 따른 지정을 받지 아니하거나 지정 유효기간이 지난 후 도매시장 안에서 시장도매인의 업무를 한 자 7. 제43조제1항에 따른 승인을 받지 아니하고 공판장을 개설한 자 8. 제82조제2항 또는 제5항에 따른 업무정지처분을 받고도 그 업(業)을 계속한 자 [전문개정 2011. 7. 21.]		
제87조 삭제 <2017. 3. 21.>		
제88조(벌칙) 다음 각 호의 어느 하나에 해당하는 자는 1년 이하의 징역 또는 1천만원 이하의 벌금에 처한다. <개정 2012. 2. 22., 2014. 3. 24., 2018. 12.		

<table>
<tr><td>31.>
1. 삭제 <2012. 2. 22.>
2. 제23조의2제1항(제25조의2, 제36조의2에 따라 준용되는 경우를 포함한다)을 위반하여 인수·합병을 한 자
3. 제25조제5항제1호(제46조제2항에 따라 준용되는 경우를 포함한다)를 위반하여 다른 중도매인 또는 매매참가인의 거래 참가를 방해하거나 정당한 사유 없이 집단적으로 경매 또는 입찰에 불참한 자
3의2. 제25조제5항제2호(제46조제2항에 따라 준용되는 경우를 포함한다)를 위반하여 다른 사람에게 자기의 성명이나 상호를 사용하여 중도매업을 하게 하거나 그 허가증을 빌려 준 자
4. 제27조제2항 및 제3항을 위반하여 경매사를 임면한 자
5. 제29조제2항(제46조제3항에 따라 준용되는 경우를 포함한다)을 위반하여 산지유통인의 업무를 한 자
6. 제29조제4항(제46조제3항에 따라 준용되는 경우를 포함한다)을 위반하여 출하업무 외의 판매·매수 또는 중개 업무를 한 자
7. 제31조제1항을 위반하여 매수하거나 거짓으로 위탁받은 자 또는 제31조제2항을 위반하여 상장된 농수산물 외의 농수산물을 거래한 자(제46조제1항 또는 제2항에 따라 준용되는 경우를 포함한다)
7의2. 제31조제5항(제46조제2항에 따라 준용되는 경우를 포함한다)을 위반하여 다른 중도매인과 농수산물을 거래한 자
8. 제37조제1항 단서에 따른 제한 또는 금지를 위반하여 농수산물을 위탁받아 거래한 자
9. 제37조제2항을 위반하여 해당 도매시장의 도매시장법인 또는 중도매인에게 농수산물을 판매한 자
9의2. 제40조제2항에 따른 표준하역비의 부담을 이행하지 아니한 자
10. 제42조제1항(제31조제3항, 제45조 본문, 제46조제1항·제2항, 제48조제5항 또는 같은 조 제6항 본문에 따라 준용되는 경우를 포함한다)을 위반하여 수수료 등 비용을 징수한 자
11. 제69조제4항에 따른 조치명령을 위반한 자
[전문개정 2011. 7. 21.]</td><td></td><td></td></tr>
<tr><td>제89조(양벌규정) 법인의 대표자나 법인 또는 개인의 대리인, 사용인, 그 밖의 종업원이 그 법인 또는 개인의 업무에 관하여 제86조 및 제88조의 어느 하나에 해당하는 위반행위를 하면 그 행위자를 벌하는 외에 그 법인 또는 개인에게도 해당 조문의 벌금형을 과(科)한다. 다만, 법인 또는 개인이 그 위반행위를 방지하기 위하여 해당 업무에 관하여 상당한 주의와 감독을 게을리하지 아니한 경우에는 그러하지 아니하다. <개정 2017. 3. 21.>
[전문개정 2008. 12. 26.]</td><td></td><td></td></tr>
<tr><td>제90조(과태료) ① 다음 각 호의 어느 하나에 해당하는 자에게는 1천만원 이하의 과태료를 부과한다. <개정 2012. 2. 22., 2013. 3. 23.>
1. 제10조제2항에 따른 유통명령을 위반한 자
2. 제53조제3항의 표준계약서와 다른 계약서를 사용하면서 표준계약서로 거짓 표시하거나 농림축산식품부 또는 그 표식을 사용한 매수인
② 다음 각 호의 어느 하나에 해당하는 자에게는 500만원 이하의 과태료를 부과한다. <개정 2012. 2. 22.></td><td>제38조(과태료의 부과기준) 법 제90조제1항부터 제3항까지의 규정에 따른 과태료의 부과기준은 별표 2와 같다.
[전문개정 2009. 5. 28.]</td><td></td></tr>
</table>

1. 제53조제1항을 위반하여 포전매매의 계약을 서면에 의한 방식으로 하지 아니한 매수인 2. 제74조제2항에 따른 단속을 기피한 자 3. 제79조제1항에 따른 보고를 하지 아니하거나 거짓된 보고를 한 자 ③ 다음 각 호의 어느 하나에 해당하는 자에게는 100만원 이하의 과태료를 부과한다. <개정 2012. 2. 22., 2018. 12. 31.> 1. 제27조제4항을 위반하여 경매사 임면 신고를 하지 아니한 자 2. 제29조제5항(제46조제3항에 따라 준용되는 경우를 포함한다)에 따른 도매시장 또는 도매시장공판장의 출입제한 등의 조치를 거부하거나 방해한 자 3. 제38조의2제2항에 따른 출하 제한을 위반하여 출하(타인명의로 출하하는 경우를 포함한다)한 자 3의2. 제53조제1항을 위반하여 포전매매의 계약을 서면에 의한 방식으로 하지 아니한 매도인 4. 제74조제1항 전단을 위반하여 도매시장에서의 정상적인 거래와 시설물의 사용기준을 위반하거나 적절한 위생·환경의 유지를 저해한 자(도매시장법인, 시장도매인, 도매시장공판장의 개설자 및 중도매인은 제외한다) 4의2. 제75조제2항을 위반하여 교육훈련을 이수하지 아니한 도매시장법인 또는 공판장의 개설자가 임명한 경매사 5. 제79조제2항에 따른 보고(공판장 및 민영도매시장의 개설자에 대한 보고는 제외한다)를 하지 아니하거나 거짓된 보고를 한 자 6. 제81조제3항에 따른 명령을 위반한 자 ④ 제1항부터 제3항까지의 규정에 따른 과태료는 대통령령으로 정하는 바에 따라 농림축산식품부장관, 해양수산부장관, 시·도지사 또는 시장이 부과·징수한다. <개정 2013. 3. 23.> [전문개정 2011. 7. 21.]		
제91조 삭제 <2008. 12. 26.>		

제3 농수산물 유통 및 가격안정에 관한 법률 시행령

제1조(목적)

이 영은 「농수산물 유통 및 가격안정에 관한 법률」에서 위임된 사항과 그 시행에 필요한 사항을 규정함을 목적으로 한다.

제2조(농수산물도매시장의 거래품목)

「농수산물 유통 및 가격안정에 관한 법률」(이하 "법"이라 한다) 제2조제2호에 따라 농수산물도매시장(이하 "도매시장"이라 한다)에서 거래하는 품목은 다음 각 호와 같다.

1. 양곡부류:

미곡ㆍ맥류ㆍ두류ㆍ조ㆍ좁쌀ㆍ수수ㆍ수수쌀ㆍ옥수수ㆍ메밀ㆍ참깨 및 땅콩

2. 청과부류: 과실류ㆍ채소류ㆍ산나물류ㆍ목과류(목과류)ㆍ버섯류ㆍ서류(서류)ㆍ인삼류 중 수삼 및 유지작물류와 두류 및 잡곡 중 신선한 것

3. 축산부류: 조수육류(조수육류) 및 난류

4. 수산부류: 생선어류ㆍ건어류ㆍ염(염)건어류ㆍ염장어류(염장어류)ㆍ조개류ㆍ갑각류ㆍ해조류 및 젓갈류
5. 화훼부류: 절화(절화)ㆍ절지(절지)ㆍ절엽(절엽) 및 분화(분화)
6. 약용작물부류: 한약재용 약용작물(야생물이나 그 밖에 재배에 의하지 아니한 것을 포함한다). 다만, 「약사법」 제2조제5호에 따른 한약은 같은 법에 따라 의약품판매업의 허가를 받은 것으로 한정한다.
7. 그 밖에 농어업인이 생산한 농수산물과 이를 단순가공한 물품으로서 개설자가 지정하는 품목

제3조(농수산물공판장의 개설자)

① 법 제2조제5호에서 "대통령령으로 정하는 생산자 관련 단체"란 다음 각 호의 단체를 말한다. <개정 2017.5.8>

1. 「농어업경영체 육성 및 지원에 관한 법률」 제16조에 따른 영농조합법인 및 영어조합법인과 같은 법 제19조에 따른 농업회사법인 및 어업회사법인
2. 「농업협동조합법」 제161조의2에 따른 농협경제지주회사의 자회사

② 법 제2조제5호에서 "대통령령으로 정하는 법인"이란 「한국농수산식품유통공사법」에 따른 한국농수산식품유통공사(이하 "한국농수산식품유통공사"라 한다)를 말한다.

제4조(주산지의 지정ㆍ변경 및 해제)

① 법 제4조제1항에 따른 주요 농수산물의 생산지역이나

생산수면(이하 "주산지"라 한다)의 지정은 읍ㆍ면ㆍ동 또는 시ㆍ군ㆍ구 단위로 한다.

② 특별시장ㆍ광역시장ㆍ특별자치시장ㆍ도지사 또는 특별자치도지사(이하 "시ㆍ도지사"라 한다)는 제1항에 따라 주산지를 지정하였을 때에는 이를 고시하고 농림축산식품부장관 또는 해양수산부장관에게 통지하여야 한다. <개정 2013.3.23>

③ 법 제4조제4항에 따른 주산지 지정의 변경 또는 해제에 관하여는 제1항 및 제2항을 준용한다.

제5조(주요 농수산물 품목의 지정)

농림축산식품부장관 또는 해양수산부장관은 법 제4조제2항에 따라 주요 농수산물 품목을 지정하였을 때에는 이를 고시하여야 한다.

제5조의2(주산지협의체의 구성 등)

① 시ㆍ도지사는 법 제4조의2제1항에 따른 주산지협의체(이하 "협의체"라 한다)를 주산지별 또는 시ㆍ도 단위별로 설치할 수 있다.

② 협의체는 20명 이내의 위원으로 구성하며, 위원은 다음 각 호의 어느 하나에 해당하는 사람 중에서 시ㆍ도지사가 지명 또는 위촉한다.

1. 해당 시ㆍ도 소속 공무원
2. 「농업ㆍ농촌 및 식품산업 기본법」 제3조제2호에 따른 농업인 또는 「수산업ㆍ어촌 발전 기본법」 제3조제3호에 따른 어업인
3. 「농업ㆍ농촌 및 식품산업 기본법」 제3조제4호에 따른 생산자단체의 대표ㆍ임직원 또는 「수산업ㆍ어촌 발전 기본법」 제3조제5호에 따른 생산자단체의 대표ㆍ임직원
4. 법 제2조제11호에 따른 산지유통인
5. 해당 농수산물 품목에 관한 전문적 지식이나 경험을 가진 사람 중 시ㆍ도지사가 필요하다고 인정하는 사람

③ 협의체의 위원장은 위원 중에서 호선하되, 공무원인 위원과 위촉된 위원 각 1명을 공동위원장으로 선출할 수 있다.

④ 제1항부터 제3항까지에서 규정한 사항 외에 협의체의 구성과 운영에 관한 세부사항은 농림축산식품부장관 또는 해양수산부장관이 정한다.

== 이하 생략

제4 농수산물 유통 및 가격안정에 관한 법률 시행규칙

제1장 총칙

제1조(목적)

이 규칙은 「농수산물 유통 및 가격안정에 관한 법률」 및 같은 법 시행령에서 위임된 사항과 그 시행에 필요한 사항을 규정함을 목적으로 한다.

제2조(임산물)

「농수산물 유통 및 가격안정에 관한 법률」(이하 "법"이라 한다) 제2조제1호에 따른 임산물은 다음 각 호의 것으로 한다.

1. 목과류: 밤·잣·대추·호두·은행 및 도토리
2. 버섯류: 표고·송이·목이 및 팽이
3. 한약재용 임산물

제3조(중앙도매시장)

법 제2조제3호에서 "농수산물도매시장으로서 농림축산식품부령 또는 해양수산부령으로 정하는 것"이란 다음 각 호의 농수산물도매시장을 말한다. <개정 2013.3.24>

1. 서울특별시 가락동 농수산물도매시장
2. 서울특별시 노량진 수산물도매시장
3. 부산광역시 엄궁동 농산물도매시장
4. 부산광역시 국제 수산물도매시장
5. 대구광역시 북부 농수산물도매시장
6. 인천광역시 구월동 농산물도매시장
7. 인천광역시 삼산 농산물도매시장
8. 광주광역시 각화동 농산물도매시장
9. 대전광역시 오정 농수산물도매시장
10. 대전광역시 노은 농산물도매시장
11. 울산광역시 농수산물도매시장

제2장 농수산물의 생산조정 및 출하조절

제4조(농림업관측 실시자)

법 제5조제3항에서 "농림축산식품부령으로 정하는 자"란 다음 각 호의 자를 말한다.

1. 농업협동조합중앙회(농협경제지주회사를 포함한다) 및 산림조합중앙회
2. 삭제 <2016.4.6>

3. 「한국농수산식품유통공사법」에 따른 한국농수산식품유통공사(이하 "한국농수산식품유통공사"라 한다)

4. 그 밖의 생산자조직 등으로서 농림축산식품부장관이 인정하는 자

제7조(농림업관측 전담기관의 지정)

① 법 제5조제4항에 따른 농업관측 전담기관은 한국농촌경제연구원으로 한다.

② 농림업관측 전담기관의 업무 범위와 필요한 지원 등에 관한 세부 사항은 농림축산식품부장관이 정한다.

제8조(농산물수급조절위원회의 설치)

① 농산물의 수급 조절 등에 관하여 농림축산식품부장관의 자문에 응하기 위하여 농림축산식품부에 농산물수급조절위원회(이하 "위원회"라 한다)를 둔다.

② 위원회는 다음 각 호의 사항에 관하여 농림축산식품부장관의 자문에 응한다.

1. 농산물의 수급상황 판단 및 수급조절에 관한 사항
2. 법 제8조제1항에 따른 예시가격 결정에 관한 사항
3. 법 제10조제2항에 따른 유통조절명령에 관한 사항
4. 그 밖에 농산물의 수급조절을 위하여 농림축산식품부장관이 필요하다고 인정하는 사항

③ 위원회는 위원장 2명을 포함한 20명 이내의 위원으로 구성하며, 위원장은 농림축산식품부의 고위공무원단에 속하는 일반직공무원 중에서 농림축산식품부장관이 지명하는 사람과 공무원이 아닌 위원 중에서 호선(호선)에 의하여 선출된 사람이 된다.

④ 제1항부터 제3항까지에서 규정한 사항 외에 위원회의 구성과 운영에 필요한 사항은 농림축산식품부장관이 정한다.

제9조(가격예시 대상 품목)

법 제8조제1항에 따른 주요 농산물은 법 제6조에 따라 계약생산 또는 계약출하를 하는 농산물로서 농림축산식품부장관이 지정하는 품목으로 한다.

제9조의2(몰수농산물등의 인수)

① 농림축산식품부장관은 법 제9조의2제1항에 따른 몰수농산물등을 이관받으려는 경우에는 법 제9조의2제4항에 따른 처분대행기관의 장(이하 "처분대행기관장"이라 한다)에게 이를 인수하도록 통보하여야 한다. <개정 2013.3.24>

② 제1항에 따른 인수통보를 받은 처분대행기관장은 이관받은 품목의 품명·규격·수량·성질 및 상태 등을 정확히 파악한 후 인수하고, 그 결과를 농림축산식품부장관에게 지체 없이 보고하여야 한다.

제9조의3(몰수농산물등의 처분)

① 농림축산식품부장관은 이관받은 몰수농산물등이 다음 각 호의 어느 하나에 해당하는 경우 처분대행기관장에게 이를 소각·매몰의 방법으로 처분하도록 할 수 있다.

1. 국내 시장의 수급조절 또는 가격안정에 필요한 경우
2. 부패·변질의 우려가 있거나 상품 가치를 상실한 경우

② 농림축산식품부장관은 제1항 각 호의 경우를 제외하고 이관받은 몰수농산물등을 처분대행기관장에게 매각·공매·기부의 방법으로 처분하도록 할 수 있다.

③ 처분대행기관장은 제2항에 따른 매각·공매의 방법으로 처분한 경우 인수·보관 및 처분에 든 비용과 대행수수료를 제외한 매각·공매 대금을 법 제54조에 따른 농산물가격안정기금(이하 "기금"이라 한다)에 납입하여야 한다.

제10조(유통명령의 대상 품목)

법 제10조제2항에 따라 유통조절명령(이하 "유통명령"이라 한다)을 내릴 수 있는 농수산물은 다음 각 호의 농수산물 중 농림축산식품부장관 또는 해양수산부장관이 지정하는 품목으로 한다.

1. 법 제10조제1항에 따라 유통협약을 체결한 농수산물
2. 생산이 전문화되고 생산지역의 집중도가 높은 농수산물

제11조(유통명령의 요청자 등)

① 법 제10조제2항에서 "농림축산식품부령 또는 해양수산부령으로 정하는 생산자등 또는 생산자단체"란 다음 각 호의 생산자등 또는 생산자단체로서 농수산물의 수급조절 및 품질향상 능력 등 농림축산식품부장관 또는 해양수산부장관이 정하는 요건을 갖춘 자를 말한다. <개정 2013.3.24>

1. 제10조에 따른 유통명령 대상 품목인 농수산물의 수급조절과 품질향상을 위하여 제12조제1항에 따른 유통조절추진위원회를 구성·운영하는 생산자등
2. 제10조에 따른 유통명령 대상 품목인 농수산물을 주로 생산하는 법 제6조에 따른 생산자단체

② 제1항 각 호에 따른 요청자가 유통명령을 요청하는 경우에는 유통명령 요청서를 해당 지역에서 발행되는 일간지에 공고하거나 이해관계자 대표 등에게 발송하여 10일 이상 의견조회를 하여야 한다.

제11조의2(유통명령의 발령기준 등)

법 제10조제5항에 따른 유통명령을 발하기 위한 기준은 다음 각 호의 사항을 감안하여 농림축산식품부장관 또는 해양수산부장관이 정하여 고시한다.

1. 품목별 특성
2. 법 제5조에 따른 관측 결과 등을 반영하여 산정한 예상 가격과 예상 공급량

== 이하 생략

. 농수산물 유통 및 가격 안정에 관한 법령 행정처분 및 과태료 과징금

농수산물 유통 및 가격안정에 관한 법률 시행규칙 [별표 1] <개정 2012.8.23.>

제1절 법령상 시설기준

(1) 출하농수산물 안전성 검사 실시 기준 및 방법(제35조의2제1항 관련)

1. 안전성 검사 실시기준 :

가. 안전성 검사계획 수립
도매시장 개설자는 검사체계, 검사시기와 주기, 검사품목, 수거시료 및 기준미달품의 관리방법 등을 포함한 안전성 검사계획을 수립하여 시행한다.

나. 안정성 검사 실시를 위한 농수산물 종류별 시료 수거량

1) 곡류ㆍ두류 및 그 밖의 자연산물: 1kg 이상 2kg 이하
2) 채소류 및 과실류 자연산물: 2kg 이상 5kg 이하
3) 묶음단위 농산물의 한 묶음 중량이 수거량 이하인 경우 한 묶음 씩 수거하고, 한 묶음이 수거량 이상인 시료는 묶음의 일부를 시료 수거 단위로 할 수 있다. 다만, 묶음단위의 일부를 수거하면 상품성 이 떨어져 거래가 곤란한 경우에는 묶음단위 전체를 수거할 수 있 다.

4) 수산물의 종류별 시료 수거량

종 류 별	수 거 량
초대형어류(2kg 이상/마리)	1마리 또는 2kg 내외
대형어류(1kg 이상~2kg 미만/마리)	2마리 또는 2kg 내외
중형어류(500g 이상~1kg 미만/마리)	3마리 또는 2kg 내외
준중형어류(200g 이상~500g 미만/마리)	5마리 또는 2kg 내외
소형어류(200g 미만/마리)	10마리 또는 2kg 내외
패 류	1kg 이상 2kg 이하
그 밖의 수산물	1kg 이상 2kg 이하

※ 시료 수거량은 마리수를 기준으로 함을 원칙으로 한다. 다만, 마리수로 시료를 수거하기가 곤란한 경우에는 2kg 범위에서 분할 수거할 수 있다.
※ 패류는 껍질이 붙어 있는 상태에서 육량을 고려하여 1kg부터 2kg까지의 범위에서 수거한다.

라. 안전성 검사 실시를 위한 시료 수거 방법

1) 출하일자ㆍ출하자ㆍ품목이 같은 물량을 하나의 모집단으로 한다.
2) 조사대상 모집단의 대표성이 확보될 수 있도록 포장단위당 무게, 적재상태 등을 고려하여 수거지점(대상)을 무작위로 선정한다.
3) 시료수거 대상 농수산물의 품질이 균일하지 않을 때에는 외관 및 냄새, 그 밖의 상황을 판단하여 이상이 있는 것 또는 의심스러운 것을 우선 수거할 수 있다.

4) 시료 수거 시에는 반드시 출하자의 인적사항을 정확히 파악하여 야 한다.

2. 안전성 검사 방법

농수산물의 안전성 검사는 「식품위생법」 제14조에 따른 식품등의 공전의 검사방법에 따라 실시한다.

(2) 농수산물도매시장·공판장 및 민영도매시장의 시설기준(제44조제1항 관련)

부류별	양곡	청과	수산	축산,화훼약용작물	
도시인구별 시설: 30만 미만:30~100만미만:100만 이상					
대지㎡	1,650	3,300/8250/16,500	1.650/3300/6,600	1,320~	1,650
건물㎡	660	13,20/3,300/6,600	660/1,320/2,540	530~	660
필수시설					
경매장(유개)	500	990/2,480/4,950	500/990/1980	170~	1650
주차장	500	330/830/1650	70/330/660	70~	660
저온창고 도매시장만		300/500/1000			
냉장실			17/30/50 (20톤/40톤/60톤)	70/130/200(80톤/160/240톤)	
저빙실			17/30/50 (20톤/40톤/60톤)		
쓰레기 처리장	30	30/70/100	30/70/100	70~	30
위생시설	30	30/70/100	30/70/100	30~	
사무실	30	30/50/70	30/50/70	30~	
하주대기실	30	30/50/70	30/50/70	30~	
출하상담실					

부류별	양 곡	청 과	수산	축산	화훼 약용작물	
부수시설	상온창고 중 도 매 인 점포 등	저온창고 상온창고 대금정산소 가공처리장 재발효장	상온창고 가공처리장 제빙시설 염장실 용융기 소각시설 대금정산소 수출지원실			
기타시설	회의실,기계실,금융기관 점포, 이용자 편의시설 등					

2. 필수시설 중 "사무실"은 해당 도매시장·공판장 또는 민영도매시장에서 영업하는 도매시장법인·시장도매인·공판장의 사무실을 말한다.

3. 도매시장법인을 두지 않는 도매시장의 경우 경매장을 설치하지 않을 수 있으며, 이 경우 부수시설 중 "중도매인 점포"·"중도매인 사무실"을 적용하지 않고, 필수시설에 "시장도매인 점포"를 추가한다. 도매시장법인과 시장도매인을 함께 두는 도매시장의 경우 필수시설에 "시장도매인 점포"를 추가하되, 도매시장법인의 영업장소(중도매인의 영업장소등 관련 시설을 포함한다)와 시장도매인의 영업장소는 업무규정으로정하는바에따라분리하여운영할수있도록하여야 한다.
4. 부수시설 또는 그 밖의 시설은 도매시장·공판장 또는 민영도매시장의 여건에 따라 보유하지 않을 수 있다.

5.충분한 주차장·차량진입도로 및 상하차대와 상·하수도시설을 갖추어야 한다.

6. 인구는 개설허가 또는 승인신청 당시 인구를 기준으로 한다. 다만, 특별시 및 광역시의 공판장·민영도매시장의 경우에는 그 시설이 설치되는 자치구의 인구를 기준으로 한다.
7. 청과부류를 취급하는 공판장·민영도매시장에 대해서는 청과부류 시설기준의 50퍼센트를 낮추어 적용할 수 있으며, 민영도매시장·공판장이 청과부류와 기타부류를 겸영하는 경우에는 청과부류의 시설기준만을 적용한다.
8. 수산부류중 활어류·패류·해조류·건어류·염건어류·염장어류·건해조류 및 젓갈류만을 취급하는 경우에는 냉장실 및 저빙실을 보유하지 아니할 수 있으며, 이 경우의 시설기준은 기준시설의 50퍼센트를 감하여 적용할 수 있다.

9. 축산부류중에서 조류 및 난류만을 취급하는 도매시장·공판장·민영도매시장에 대해서는 축산부류시설기준의 50퍼센트를 낮추어 적용할 수 있다.
10. 산지에 설치되는 공판장의 경우 위 시설기준에서 50퍼센트를 낮추어 적용할 수 있다. 다만, 산지에 설치되는 수산물공판장은 위 시설기준에서 80퍼센트를 낮추어 적용할 수 있고, 주차장·사무실·하주대기실·출하상담실을 필수시설에서 제외할 수 있다.

(3) 농수산물종합유통센터의 시설기준(제46조제3항 관련)

구 분	기 준
부지	20,000㎡ 이상
건물	10,000㎡ 이상
시설	1. 필수 시설
	가. 농수산물 처리를 위한 집하·배송시설 나. 포장·가공시설, 다. 저온저장고
	라. 사무실·전산실, 마.농산물품질관리실 ,바. 거래처주재원실 및 출하주대기실
	사. 오수·폐수시설 , 아. 주차시설
	2. 편의시설
	가. 직판장, 나. 수출지원실 , 다. 휴게실 , 라. 식당
	마. 금융회사 등의 점포 , 바. 그 밖에 이용자의 편의를 위하여 필요한 시설

1. 편의시설은 지역 여건에 따라 보유하지 않을 수 있다.
2. 부지 및 건물 면적은 취급 물량과 소비 여건을 고려하여 기준면적에서 50퍼 센트까지 낮추어 적용할 수 있다.

(4) 위반행위별 처분기준(제56조 관련)

1. 일반기준
가.위반행위가 둘 이상인 경우에는 그중 무거운 처분기준을 적용하며, 둘 이상의 처분기준이 모두 업무정 지인 경우에는 그중 무거운 처분기준의 2분의 1까지 가중할 수 있다. 이 경우 각 처분기준을 합산한 기간을 초과할 수 없다.
나. 위반행위의 차수에 따른 처분의 기준은 행정처분을 한 날과 그 처분후 1년 이내에 다시 같은 위반 행위를 적발한 날로 하며, 3차 위반 시의 처분기준에 따른 처분 후에도 같은 위반사항이 발생한 경우 에는 법 제82조에 따른 범위에서 가중처분을 할 수 있다.

다. 행정처분의 순서는 주의, 경고, 업무정지 6개월 이내, 지정(허가, 승인, 등록) 취소의 순으로 하며, 업무정지의 기간은 6개월 이내에서 위반 정도에 따라 10일, 15일, 1개월, 3개월 또는 6개월로 하여 처분한다.
라. 이 기준에 명시되지 않은 위반행위에 대해서는 이 기준 중 가장 유사한 사례에 준하여 처분한다.
마. 처분권자는 위반행위의 동기·내용·횟수 및 위반 정도 등 다음의 가중 사유 또는 감경 사유에 해 당 하는 경우 그 처분기준의 2분의 1 범위에서 가중하거나 감경할 수 있다.

1) 가중 사유 : 가) 위반행위가 고의나 중대한 과실에 의한 경우
나) 위반의 내용·정도가 중대하여 출하자, 소비자 등에게 미치는 피해가 크다고 인정되는 경우

2) 감경 사유 : 가) 사소한 부주의나 오류로 인한 것으로 인정되는 경우
나) 위반의 내용·정도가 경미하여 출하자, 소비자 등에게 미치는 피해가 적다고 인정되는 경우
다) 법 제77조에 따른 도매시장법인, 시장도매인의 중앙평가 결과 우수 이상, 중도매인 개설자 평가 결과 우수 이상인 경우(최근 5년간 2회 이상)
라) 위반 행위자가 처음 해당 위반행위를 한 경우로서 5년 이상 도매시장법인, 시장도매인, 중도매 인 업무를 모범적으로 해 온 사실이 인정되는 경우
마) 위반행위자가 해당 위반행위로 인하여 검사로부터 기소유예 처분을 받거나 법원으로부터 선고 유예 판결을 받은 경우

제2 행정 처분 개별 기준 :

가. 도매시장법인, 시장도매인 또는 도매시장공판장 개설자에 대한 행정처분

위반 행위	조문	처 분 기준		
	제82조	1차	2차	3차
1.법 제82조제2항제1호를 위반하여 **도매시장법인, 시장도매인 또는 도매시장공판장 개설자가** 지정조건 또는 승인조건을 위반한 경우	제2항제1호	경고	업무정지3개월	지정/승인취소
2.「축산법」 제35조제4항을 위반하여 등급판 정을 받지 않은 축산물을 상장한 경우	제2항제2호	업무정지 15일	업무정지1개월	업무정지3개월
3.「농수산물의 원산지 표시에 관한 법률」 제 6조제1항을 위반한 경우	제2항제2호의2	경고	업무정지3개월	지정/승인취소
4.법 제23조제2항을 위반하여 경합되는 도매업 또는 중도매업을 한 경우	제2항제3호	경고	업무정지 10일	업무정지 1개월
5.법 제23조제3항제5호를 위반하여 지정요건인 순자산액 비율 및 거래보증금을 갖추지 못한 경우	제2항제4호	업무정지 15일	1개월	3개월
6.법 제23조제4항을 위반하여 도매시장법인이 지정요건을 기한에 갖추지 못한 경우	제2항제4호	지정취소		
7.법 제23조제5항을 위반하여 해당 임원을 해임하지 않은 경우	제2항제4호	경고	지정취소	
8.법 제27조제1항을 위반하여 일정 수 이상의 경매사를 두지 않거나 경매사가 아닌 사람으로 하여금 경매를 하	제2항제5호	경고/업무정지10일/업무정지1개월		

도록 한 경우				
9.법 제27조제3항을 위반하여 해당 경매사를 면직하지 않은 경우	6호			
10.법 제29조제2항을 위반하여 산지유통인의 업무를 한 경우	7호			
11.법 제31조제1항을 위반하여 매수하여 도매를 한 경우	8호	업무정지 15	1월	3월
12.법 제33조제1항 본문을 위반하여 상장된 농수산물을 수탁된 순위에 따라 경매 또는 입찰의 방법으로 최고가격 제시자에게 판매하지 않은 경우	10호	주의	경고	업무정지 1개월
13.법 제33조제1항 단서를 위반하여 출하자가 거래 성립 최저가격을 제시한 농수산물을 출하자의 승낙 없이 그 가격 미만으로 판매한 경우	10호	주의	경고	10일
14.법 제34조를 위반하여 지정된 자 외의 자에게 판매한 경우	11호	경고	업무정지 15일	1개월
15.법 제35조를 위반하여 도매시장 외의 장소에서 판매를 하거나 농수산물의 판매업무 외의 사업을 겸영한 경우	12호			
16.법 제35조의2를 위반하여 공시하지 않거나 거짓의 사실을 공시한 경우	13호	경고	업무정지 10일	1개월
17.법 제36조제2항제5호를 위반하여 지정요건 인 순자산액 비율 및 거래보증금을 갖추지 못 한 경우	14호	업무정지 10일	1개월	3개월
18.법 제36조제2항제5호를 위반하여 도매시장개설자가 지정조건에서 정한 **최저거래금액기준에 미달한** 경우 . 가) 1개월 무실적. 나) 2개월 무실적 . 다) 3개월 무실적 . 라) 3개월 평균거래실적이 월간 최저거래금액 기준에 미달한 경우	제2항제14호	가)주의 나)경고 다)지정취소 라)주의	경고	업무정지 10일
19.법 제36조제3항을 위반하여 해당 임원 해임하지 않은 경우	‘’	경고	지정취소	
20.법 제37조제1항 단서를 위반하여 제한 또는 금지된 행위를 한 경우		경고	업무정지 15일	1개월
21.법 제37조제2항을 위반하여 해당 도매시장의 도매시장법인·중도매인에게 판매를 한 경우		업무정지 15일	1개월	3개월
22.법 제38조를 위반하여 수탁 또는 판매를 거부·기피하거나 부당한 차별대우를 한 경우	17호	경고	업무정지 10일	1개월
23.법 제40조제2항에 따른 표준하역비의 부담을 이행하지 않은 경우	18호	경고	15일	1개월
24.법 제41조제1항을 위반하여 대금의 전부를 즉시 결제하지 않은 경우		15일	1개월	3개월
25.법 제41조제2항을 위반하여 대금결제의 방법을 위반한 경우		경고	1개월	3개월
26.법 제42조를 위반하여 한도를 초과하여 수수료 등을	21호	15일	1개월	3개월

<table>
<tr><td>징수한 경우</td><td></td><td></td><td></td><td></td></tr>
<tr><td>27. 법 제74조제1항을 위반하여 시설물의 사용기준을 위반하거나 개설자가 조치하는 사항을 이행하지 않은 경우</td><td>22호</td><td rowspan="3">경고</td><td rowspan="3">10일</td><td rowspan="3">1개월</td></tr>
<tr><td>28.정당한 사유 없이 법 제80조에 따른 검사에 응하지 않거나 검사를 방해한 경우</td><td>23호</td></tr>
<tr><td>29.제81조제2항에 따른 도매시장 개설자의 조치명령을 이행하지 않은 경우</td><td>24호</td></tr>
<tr><td>30.법 제82조제2항제1호부터 제25호까지의 어느 하나에 해당하여 업무정지 처분을 받고 그 업무의 정지 기간 중에 업무를 한 경우</td><td>26호</td><td>지정/승인 취소</td><td></td><td></td></tr>
<tr><td>31.법 제82조제4항에 따른 농림축산식품부장관, 해양수산부장관 또는 도매시장 개설자의 명령을 위반한 경우</td><td>25호</td><td>업 무 정 지 15일</td><td>1개월</td><td>3개월</td></tr>
</table>

* 비고: 「축산법」 제41조에 따른 처분 등의 요청권자가 일정 기간의 업무정지(업무정지를 갈음하는 과징금 부 과를 포함한다)나 그 밖에 필요한 조치를 요청한 경우에는 2)의 처분기준의 범위에서 그 요청에 따른 처분을 할 수 있다.

나. 중도매인에 대한 행정처분

위반 사항	조문	처분기준		
	법 제82조	1차	2차	3차
1.법 제82조제5항제1호부터 제10호까지의 어느하나에 해당하여 업무의 정지 처분을 받고 그 업무의 정지 기간 중에 업무를 한 경우	제2항제2호의2	허가취소		
2. 법 제25조제3항제1호부터 제4호까지의 규정을 위반하여 허가조건을 갖추지 못한 경우(법 제46조제2항에 따라 준용되는 경우를 포함한다)	제5항제1호	경고	업무정지 3개월	허가취소
3. 법 제25조제3항제6호(법 제46조제2항에 따라 준용되는 경우를 포함한다)를 위반하여 개설자가 허가조건에서 정한 **최저거래금액기준에 미달**하는 경우 . 1개월 무실적 .2개월 무실적 . 3개월 무실적 . 3개월 평균거래실적이 월간 최저거래금액 기준 에 미달한 경우	제5항제1호	.주의 .경고 .허가취소 .주의	경고	업무정지 10일
4.법 제25조제3항제6호(법 제46조제2항에 따라 준용되는 경우를 포함한다)를 위반하여 개설자가 허가조건에서 정한 거래대금의 지급보증을 위한 보증금을 충족하지 못한 경우		15일	1개월	3개월
5.법 제25조제4항을 위반하여 자격요건을 갖추지 않은 임원을 해임하지 않은 경우(법 제46조제2항에 따라 준용되는 경우를 포함한다)		경고	허가취소	
6.법 제25조제5항제1호(법 제46조제2항에 따라 준용되는 경우를 포함한다)를 위반하여 다른 중도매인 또는 매매참가인의 거래참가를 방해하거나 정당한 사유 없이 집단적으로 경매 또는 입찰에 불참한 경우	제5항제2호	주동자 3개월	주동자 허가취소	
		단순가담자 10일	단순가담1개월	단순가담자 3개월
7. 다른 사람에게 자기의 성명이나 상호를 사용하여 중도매업을 하게 하거나 그 허가증을 빌려준 경우	제2호의2	3개월	허가 취소	
8.중도매인 및 이들의 주주 또는 임직원이 산지유통인의 업무를 한 경우주주 또는 임직원이 산지유통인의 업무를 한 경우	제5항제3호	경고	10일	1개월
9.허가 없이 상장된 농수산물 외의 농수산물을 거래한 경우	제5항제5호	15일	1개월	3개월

나-1. 중도매인에 대한 행정처분

위 반 사항	조 문	처분 기준		
		1차	2차	3차
1.법 제31조제3항(법 제46조제2항에 따라 준용 되는 경우를 포함한다)을 위반하여 중도매인이 도매시장 외의 장소에서 농수산물을 판매하는 등의 행위를 한 경우	제5항제6호			
가) 법 제35조제1항을 위반하여 도매시장 외의 장		경고	15일	1개월
나) 법 제38조를 위반하여 수탁 또는 판매를 거부·기피하거나 부당한 차별대우를 한 경우		경고	10일	1개월
다) 법 제39조를 위반하여 매수한 농수산물을 즉시 인수하지 않은 경우		경고	10일	15일
라) 법 제40조제2항에 따른 표준하역비의 부담을 이행하지 않은 경우		경고	15일	1개월
마) 법 제41조제1항을 위반하여 대금의 전부를 즉시 결제하지 않은 경우		15일	1개월	3개월
바) 법제41조제3항에 따른 표준정산서의 사용, 대금결제의 방법 및 절차를 위반한 경우		경고	1개월	3개월
사) 법 제81조제2항에 따른 도매시장 개설자의 조치명령을 이행하지 않은 경우		경고	10일	1개월
2.법 제31조제5항(법 제46조제2항에 따라 준용되는 경우를 포함한다)을 위반하여 다른 중도매인과 농수산물을 거래한 경우	제6호의2	경고	10일	1개월
3. 법령에 위반하여 수수료 등을 징수한 경우	제5항제7호	15일	1개월	3개월
4.개설자가 조치하는 사항을 이행하지 않거나 시설물의 사용기준을 위반한 경우(중대한 시설물의 사용기준을 위반한 경우를 제외한다)	제5항제8호	경고	10일	1개월
5.다른 사람에게 시설 을 재임대 하는 등 중대한 시설물의 사용기준을 위반한 경우	제5항제8호	업무정지 3개월	허가취소	
6.법 제80조에 따른 검사에 정당한 사유 없이 응하지 않거나 검사를 방해한 경우	제5항제9호	경고	10일	1개월
7.「농수산물의 원산지 표시에 관한 법률」 제6조제1항을 위반한 경우	제5항제10호	경고	3개월	허가취소

다. 산지유통인에 대한 행정처분

위 반 내용	조문	처분 기준		
	제82조	1차	2차	3차
1. 법 제29조제4항을 위반하여 등록된 도매시장에서 농수산물의 출하업무 외에 판매·매수 또는 중개업무를 한 경우	제5항제4호	경고	등록 취소	
2.「농수산물의 원산지 표시에 관한 법률」제6조제1항을 위반한 경우	제10호	경고	3개월	등록취소
3. 업무정지 처분을 받고 그 업무정지 기간 중에 업무를 한 경우	제11호	등록 취소		

라. 경매사에 대한 행정처분

위 반 내 용	조문	처분 기준		
	제82조	1차	2차	3차
1. 법 제28조제1항에 따른 업무를 부당하게 수행하여 **도매시장의 거래질서**를 문란하게 한 경우	제4항			
1) 도매시장법인이 상장한 농수산물에 대한 **경매 우선순위의 결정**을 문란하게 한 경우		업무정지 10일	15일	1개월
2) 도매시장법인이 상장한 농수산물의 **가격평가를 문란**하게 한 경우		10일	15일	1개월
3) 도매시장법인이 상장한 농수산물의 **경락자 결정**을 문란하게 한 경우		15일	3개월	6개월

제3절 농수산물 유통 및 가격 안정법 상 과징금 및 과태료

(과징금의 부과기준(제36조의4 관련))

1. 일반기준

가. 업무정지 1개월은 30일로 한다.
나. 위반행위의 종류에 따른 과징금의 금액은 법 제82조제2항 및 제5항에 따 른 업무정지 기간에 제2호의 과징금 부과기준에 따라 산정한 1일당 과징금 금액을 곱한 금액으로 한
다. 업무정지를 갈음한 과징금 부과의 기준이 되는 거래금액은 처분 대상자의 전년도 연간 거래액을 기준으로 한다. 다만, 신규사업, 휴업 등으로 1년간의 거래금액을 산출할 수 없을 경우에는 처분일 기준 최근 분기별, 월별 또는 일별 거래금액을 기준으로 산출한다.
라. 도매시장의 개설자는 1일당 과징금 금액을 30퍼센트의 범위에서 가감하는 사항을 업무규정으로 정하여 시행할 수 있다.
마. 부과하는 과징금은 법 제83조에 따른 과징금의 상한을 초과할 수 없다.

2. 과징금 부과기준

가. 도매시장법인(도매시장공판장의 개설자를 포함한다)

연간 거래액	1일당 과징금 금액
100억원 미만	40,000원
100억원 이상 200억원 미만	80,000원
200억원 이상 300억원 미만	130,000원
300억원 이상 400억원 미만	190,000원
400억원 이상 500억원 미만	240,000
500억원 이상 600억원 미만	300,000
600억원 이상 700억원 미만	350,000
700억원 이상 800억원 미만	410,000
800억원 이상 900억원 미만	460,000
900억원 이상 1천억원 미만	520,000
1천억원 이상 1천500억원 미만	680,000
1천500억원 이상	900,000원

나. 시장도매인

연 간 거래액	1일당 과징금 금액
5억원 미만	4,000원
5억원 이상 10억원 미만	6,000
10억원 이상 30억원 미만	13,000
30억원 이상 50억원 미만	41,000
50억원 이상 70억원 미만	68,000
70억원 이상 90억원 미만	95,000

90억원 이상 110억원 미만	123,000
110억원 이상 130억원 미만	150,000
130억원 이상 150억원 미만	178,000
150억원 이상 200억원 미만	205,000
200억원 이상 250억원 미만	270,000
250억원 이상	680,000원

다. 중도매인

연간 거래 액	1일당 과징금 금액
5억원 미만	4,000원
5억원 이상 10억원 미만	6,000
10억원 이상 30억원 미만	13,000
30억원 이상 50억원 미만	41,000
50억원 이상 70억원 미만	68,000
70억원 이상 90억원 미만	95,000
90억원 이상 110억원 미만	123,000
110억원 이상	150,000

⁂ 과태료의 부과기준(제38조 관련) - 농수산물 유통 및 가격안정법령

1. 일반기준

가. 위반행위의 횟수에 따른 과태료의 가중된 부과기준은 최근 2년간 같은 위반행위로 과태료 부과처분을 받은 경우에 적용한다. 이 경우 기간의 계산은 위반행위에 대하여 과태료 부과처분을 받은 날과 그 처분 후 다시 같은 위반행위를 하여 적발된 날을 기준으로 한다.

나. 가목에 따라 가중된 부과처분을 하는 경우 가중처분의 적용 차수는 그 위반행위 전 부과처분 차수(가목에 따른 기간 내에 과태료 부과처분이 둘 이상 있었던 경우에는 높은 차수를 말한다)의 다음 차수로 한다.

다. 부과권자는 다음 어느 하나에 해당하는 경우에는 제2호의 개별기준에 따른 과태료 금액의 2분의 1 범위에서 그 금액을 줄일 수 있다.

1) 위반행위가 사소한 부주의나 오류로 인정되는 경우
2) 위반사항을 시정하거나 해소하기 위한 노력이 인정되는 경우

2. 개별기준
(단위: 만원)

위반 행위	조문	위반횟수와 과태료 금액		
	제90조			
가. 법 제10조제2항에 따른 유통명령 을 위반한 경우	제1항 1호	250	500	1,000
법 제27조제4항을 위반하여 경매사 임면(임면) 신고를 하지 않은	3항 1호	12	25	50
도매시장 또는 도매시장 공판장의 출입제한 등의 조치를 거부하거나 방해한 경우	제2호	25	50	100
출하제한을 위반하여 출하(타인명의로 출하하는 경우를 포함한다)한 경우	3호	25	50	100
매수인이 법 제53조제1항을 위반하여 포전매매의 계약을 서면에 의 한 방식으로 하지 않은 경우	2항 1호	125	250	500
매도인이 법 제53조제1항을 위반하여 포전매매의 계약을 서면에 의 한 방식으로 하지 않은 경우	3항3호2	25	50	100
매수인이 법 제53조제3항의 표준계약서와 다른 계약서를 사용하면 서 표준계약서로 거짓 표시하거나 농림수산식품부 또는 그 표식을 사 용한 경우	1항 2호	1000		
도매시장에서의 정상적인 거래와 시설물의 사용기준을 위반하거나 적절한 위생·환경의 유지를 저해 한 경우(도매시장법인, 시장도매인, 도매시장공판장의 개설자 및 중도매인은 제외한다)	3항 4호	25	50	100
법 제74조제2항에 따른 단속을 기피한 경우	2항 2호	125	250	500
법 제79조제1항에 따른 보고를 하지 않거나 거짓 보고를 한 경우	2항 3호			
법 제79조제2항에 따른 보고(공판장 및 민영도매시장의 개설자에 대한 보고는 제외한다)를 하지 않거나 거짓 보고를 한 경우	3항 5호	25	50	100
법 제81조제3항에 따른 명령을 위반한 경우	3항 6호			

제4절 ; 농·수산물 관련 법령상 형법 적용 예시

1) 법률 : 제28조(경매사의 업무 등) ① 경매사는 다음 각 호의 업무를 수행한다.

1. 도매시장법인이 상장한 농수산물에 대한 경매 우선순위의 결정
2. 도매시장법인이 상장한 농수산물에 대한 가격평가
3. 도매시장법인이 상장한 농수산물에 대한 경락자의 결정

② 경매사는 「형법」 제129조부터 제132조까지의 규정을 적용할 때에는 공무원으로 본다.

※ 형법 정리 : 공무원 준용 범죄
제129조(수뢰, 사전수뢰)
제130조(제삼자뇌물제공)
제131조(수뢰후부정처사, 사후수뢰)
제132조(알선수뢰)

제129조(수뢰, 사전수뢰)
① 공무원 또는 중재인이 그 직무에 관하여 뇌물을 수수, 요구 또는 약속한 때에는 5년 이하의 징역 또는 10년 이하의 자격정지에 처한다.
② 공무원 또는 중재인이 될 자가 그 담당할 직무에 관하여 청탁을 받고 뇌물을 수수, 요구 또는 약속한 후 공무원 또는 중재인이 된 때에는 3년 이하의 징역 또는 7년 이하의 자격정지에 처한다.

제130조(제삼자뇌물제공)
공무원 또는 중재인이 그 직무에 관하여 부정한 청탁을 받고 제3자에게 뇌물을 공여하게 하거나 공여를 요구 또는 약속한 때에는 5년 이하의 징역 또는 10년 이하의 자격정지에 처한다.

제131조(수뢰후부정처사, 사후수뢰)
① 공무원 또는 중재인이 전2조의 죄를 범하여 부정한 행위를 한 때에는 1년 이상의 유기징역에 처한다.
② 공무원 또는 중재인이 그 직무상 부정한 행위를 한 후 뇌물을 수수, 요구 또는 약속하거나 제삼자에게 이를 공여하게 하거나 공여를 요구 또는 약속한 때에도 전항의 형과 같다.
③ 공무원 또는 중재인이었던 자가 그 재직 중에 청탁을 받고 직무상 부정한 행위를 한 후 뇌물을 수수, 요구 또는 약속한 때에는 5년 이하의 징역 또는 10년 이하의 자격정지에 처한다.
④ 전3항의 경우에는 10년 이하의 자격정지를 병과할 수 있다.

제132조(알선수뢰)
공무원이 그 지위를 이용하여 다른 공무원의 직무에 속한 사항의 알선에 관하여 뇌물을 수수, 요구 또는 약속한 때에는 3년 이하의 징역 또는 7년 이하의 자격정지에 처한다.

===아닌 범죄 :

제133조(뇌물공여등) .제136조(공무집행방해),제137조(위계에 의한 공무집행방해)

제133조(뇌물공여등)

① 제129조 내지 제132조에 기재한 뇌물을 약속, 공여 또는 공여의 의사를 표시한 자는 5년 이하의 징역 또는 2천만원 이하의 벌금에 처한다. <개정 1995.12.29>

② 전항의 행위에 공할 목적으로 제삼자에게 금품을 교부하거나 그 정을 알면서 교부를 받은 자도 전항의 형과 같다.

제134조(몰수, 추징)

범인 또는 정을 아는 제삼자가 받은 뇌물 또는 뇌물에 공할 금품은 몰수한다. 그를 몰수하기 불능한 때에는 그 가액을 추징한다.

제135조(공무원의 직무상 범죄에 대한 형의 가중)

공무원이 직권을 이용하여 본장 이외의 죄를 범한 때에는 그 죄에 정한 형의 2분의 1까지 가중한다. 단 공무원의 신분에 의하여 특별히 형이 규정된 때에는 예외로 한다.

제8장 공무방해에 관한 죄

제136조(공무집행방해)

① 직무를 집행하는 공무원에 대하여 폭행 또는 협박한 자는 5년 이하의 징역 또는 1천만원 이하의 벌금에 처한다. <개정 1995.12.29>

② 공무원에 대하여 그 직무상의 행위를 강요 또는 조지하거나 그 직을 사퇴하게 할 목적으로 폭행 또는 협박한 자도 전항의 형과 같다.

제137조(위계에 의한 공무집행방해)

위계로써 공무원의 직무집행을 방해한 자는 5년 이하의 징역 또는 1천만원 이하의 벌금에 처한다. <개정 1995.12.29>

제138조(법정 또는 국회회의장모욕)

제6 농수안정법령상 경매사 임면 및 각종 서식

1 농수산물 유통 및 가격 안정법령상 경매사 임명 수

1. 법률 규정

1) 농수산물 유통 및 가격 안정법령

제27조(경매사의 임면)

①도매시장법인은 도매시장에서의 공정하고 신속한 거래를 위하여 농림축산식품부령 또는 해양수산부령으로 정하는 바에 따라 일정 수 이상의 경매사를 두어야 한다. <개정 2013. 3. 23.>

②경매사는 경매사 자격시험에 합격한 사람으로서 다음 각 호의 어느 하나에 해당하지 아니한 사람 중에서 임명하여야 한다. <개정 2014. 3. 24., 2015. 2. 3.>

1. 피성년후견인 또는 피한정후견인
2. 이 법 또는 「형법」 제129조부터 제132조까지의 죄 중 어느 하나에 해당하는 죄를 범하여 금고 이상의 실형을 선고받고 그 형의 집행이 끝나거나(집행이 끝난 것으로 보는 경우를 포함한다) 집행이 면제된 후 2년이 지나지 아니한 사람
3. 이 법 또는 「형법」 제129조부터 제132조까지의 죄 중 어느 하나에 해당하는 죄를 범하여 금고 이상의 형의 집행유예를 선고받거나 선고유예를 받고 그 유예기간 중에 있는 사람
4. 해당 도매시장의 시장도매인, 중도매인, 산지유통인 또는 그 임직원
5. 제82조제4항에 따라 면직된 후 2년이 지나지 아니한 사람
6. 제82조제4항에 따른 업무정지기간 중에 있는 사람

③도매시장법인은 경매사가 제2항제1호부터 제4호까지의 어느 하나에 해당하는 경우에는 그 경매사를 면직하여야 한다.

④도매시장법인이 경매사를 임면(任免)하였을 때에는 농림축산식품부령 또는 해양수산부령으로 정하는 바에 따라 그 내용을 도매시장 개설자에게 신고하여야 하며, 도매시장 개설자는 농림축산식품부장관 또는 해양수산부장관이 지정하여 고시한 인터넷 홈페이지에 그 내용을 게시하여야 한다.

제27조의2(경매사 자격시험)

① 경매사 자격시험은 농림축산식품부장관 또는 해양수산부장관이 실시하되, 필기시험과 실기시험으로 구분하여 실시한다. <개정 2013. 3. 23.>

② 농림축산식품부장관 또는 해양수산부장관은 제1항에 따른 경매사 자격시험에서 부정행위를 한 사람에 대하여 해당 시험의 정지·무효 또는 합격 취소 처분을 한다. 이 경우 처분을 받은 사람에 대해서는 처분이 있은 날부터 3년간 경매사 자격시험의 응시자격을 정지한다. <신설 2015. 6. 22.>

③ 농림축산식품부장관 또는 해양수산부장관은 제2항 전단에 따른 처분(시험의 정지는 제외한다)을 하려는 때에는 미리 그 처분 내용과 사유를 당사자에게 통지하여 소명할 기회를 주어야 한다.

④ 농림축산식품부장관 또는 해양수산부장관은 제1항에 따른 경매사 자격시험의 관리(제2항에 따른 시험의 정지를 포함한다)에 관한 업무를 대통령령으로 정하는 바에 따라 시험관리 능력이 있다고 인정하는 관계 전문기관에 위탁할 수 있다. <개정 2013. 3. 23., 2015. 6. 22.>

제28조(경매사의 업무 등)

① 경매사는 다음 각 호의 업무를 수행한다.
1. 도매시장법인이 상장한 농수산물에 대한 경매 우선순위의 결정
2. 도매시장법인이 상장한 농수산물에 대한 가격평가
3. 도매시장법인이 상장한 농수산물에 대한 경락자의 결정

② 경매사는 「형법」 제129조부터 제132조까지의 규정을 적용할 때에는 공무원으로 본다.

2) 수산물 유통법령

(1) 법률 제2조 정의 7. "산지경매사"란 해양수산부장관이 실시하는 산지경매사 자격시험에 합격하고, 수산물산지위판장에 상장된수산물의 가격 평가 및 경락자 결정 등의 업무를 수행하는 자를 말한다.

(2) 제16조(산지경매사의 임면 및 업무)

① 위판장개설자는 위판장에서의 공정하고 신속한 거래를 위하여 해양수산부령으로 정하는 바에 따라 산지경매사를 두어야 한다.

② 위판장개설자는 제17조에 따른 산지경매사 자격시험에 합격한 사람을 산지경매사로 임명하되, 다음 각 호의 어느 하나에 해당하는 사람은 임명하여서는 아니 된다.

1. 피성년후견인 또는 피한정후견인
2. 이 법 또는 「형법」 제129조부터 제132조까지의 죄 중 어느 하나에 해당하는 죄를 범하여 금고 이상의 실형을 선고받고 그 형의 집행이 끝나거나(집행이 끝난 것으로 보는 경우를 포함한다) 집행이 면제된 후 2년이 지나지 아니한 사람
3. 이 법 또는 「형법」 제129조부터 제132조까지의 죄 중 어느 하나에 해당하는 죄를 범하여 금고 이상의 형의 집행유예를 선고받거나 선고유예를 받고 그 유예기간 중에 있는 사람
4. 해당 위판장의 산지중도매인 또는 그 임직원
5. 제26조제3항에 따라 면직된 후 2년이 지나지 아니한 사람
6. 제26조제3항에 따른 업무정지기간 중에 있는 사람

③ 위판장개설자는 산지경매사가 제2항제1호부터 제4호까지의 어느 하나에 해당하는 경우에는 그 산지경매사를 면직하여야 한다.

④ 산지경매사는 다음 각 호의 업무를 수행한다.

1. 위판장에 상장한 수산물에 대한 경매 우선순위의 결정
2. 위판장에 상장한 수산물에 대한 가격 평가
3. 위판장에 상장한 수산물에 대한 경락자의 결정
4. 위판장에 상장한 수산물에 대한 정가·수의매매 등의 가격 협의

⑤ 산지경매사는 「형법」 제129조부터 제132조까지의 규정을 적용할 때에는 공무원으로 본다.

(3) 제17조(산지경매사 자격시험)

① 산지경매사의 자격시험은 해양수산부장관이 실시한다.

② 제1항에 따른 산지경매사 자격시험의 응시자격, 시험과목, 시험의 일부 면제, 시험방법, 자격증 발급, 그 밖에 시험에 필요한 사항은 대통령령으로 정한다.

시행규칙 : **제10조((산지경매사의 임면))** ① 법 제16조제1항에 따라 <u>**위판장개설자는 위판장에 1명 이상의 산지경매사를 두어야 한다**</u>. 이 경우 위판장에 두는 산지경매사의 수는 위판장의 연간 **수산물 거래물량 등을 고려하여 업무규정으로 정한다.** **② 법 제16조제2항 및 제3항에 따라 위판장개설자가 산지경매사를 임면한 경우에는 산지경매사를 임면한 날부터 15일 이내에 시장·군수·구청장에게 그 사실을 통보하여야 한다.**

2. 업무규정

1) 농수산물 유통 및 가격 안정법령

(1) 제16조(업무규정)

① 법 제17조제7항에 따라 도매시장의 업무규정에 정할 사항은 다음 각 호와 같다.

1. 도매시장의 명칭·장소 및 면적
2. 거래품목
3. 도매시장의 휴업일 및 영업시간
4. 법 제21조에 따라 「지방공기업법」에 따른 지방공사(이하 "관리공사"라 한다), 법 제24조에 따른 공공출자법인 또는 한국농수산식품유통공사를 시장관리자로 지정하여 도매시장의 관리업무를 하게 하는 경우에는 그 관리업무에 관한 사항
5. 법 제23조에 따라 지정하려는 도매시장법인의 적정 수, 임원의 자격, 자본금, 거래규모, 순자산액 비율, 거래대금의 지급보증을 위한 보증금 등 그 지정조건에 관한 사항
6. 법 제23조의2에 따라 도매시장법인이 다른 도매시장법인을 인수·합병하려는 경우 도매시장법인의 임원의 자격, 자본금, 사업계획서, 거래대금의 지급보증을 위한 보증금 등 그 승인요건에 관한 사항
7. 법 제25조에 따른 중도매업의 허가에 관한 사항, 중도매인의 적정수, 최저거래금액, 거래대금의 지급보증을 위한 보증금, 시설사용계약 등 그 허가조건에 관한 사항
8. 법 제25조의2에 따라 법인인 중도매인이 다른 법인인 중도매인을 인수·합병하려는 경우 거래규모, 거래보증금 등 그 승인요건에 관한 사항
9. 법 제29조에 따른 산지유통인의 등록에 관한 사항
10. 법 제30조에 따른 출하자 신고 및 출하 예약에 관한 사항
11. 법 제31조에 따른 도매시장법인의 매수거래 및 상장되지 아니한 농수산물의 중도매인 거래허가에 관한 사항
12. 법 제32조 및 제37조에 따른 도매시장법인 또는 시장도매인의 매매방법에 관한 사항
13. 법 제34조에 따른 도매시장법인 및 시장도매인의 거래의 특례에 관한 사항
14. 법 제35조제4항에 따른 도매시장법인의 겸영(겸영)에 관한 사항
15. 법 제35조의2에 따른 도매시장법인 또는 시장도매인 공시에 관한 사항
16. 법 제36조에 따라 지정하려는 시장도매인의 적정 수, 임원의 자격, 자본금, 거래규모, 순자산액 비율, 거래대금의 지급보증을 위한 보증금, 최저거래금액 등 그 지정조건에 관한 사항
17. 법 제36조의2에 따라 시장도매인이 다른 시장도매인을 인수·합병하려는 경우 시장도매인의 임원의 자격, 자본금, 사업계획서, 거래대금의 지급보증을 위한 보증금 등 그 승인요건에 관한 사항
18. 법 제38조제4호에 따른 최소출하량의 기준에 관한 사항
19. 법 제38조의2에 따른 농수산물의 안전성 검사에 관한 사항
20. 법 제40조에 따라 표준하역비를 부담하는 규격출하품과 표준하역비에 관한 사항
21. 법 제41조에 따른 도매시장법인 또는 시장도매인의 대금결제방법과 대금 지급의 지체에 따른 지체상금의 지급 등 대금결제에 관한 사항
22. 법 제42조에 따라 개설자, 도매시장법인, 시장도매인 또는 중도매인이 징수하는 도매시장 사용료, 부수시설 사용료, 위탁수수료, 중개수수료 및 정산수수료
23. 법 제42조의2에 따른 지방도매시장의 운영 등의 특례에 관한 사항

24. 법 제74조제1항에 따른 시설물의 사용기준 및 조치에 관한 사항
25. 법 제77조에 따른 도매시장법인, 시장도매인, 도매시장공판장, 중도매인의 시설사용면적 조정·차등지원 등에 관한 사항
26. 법 제78조의2 및 영 제36조의2에 따른 도매시장거래분쟁조정위원회의 구성·운영 및 분쟁 심의대상 등에 관한 세부 사항
27. 제20조에 따른 최소경매사의 수에 관한 사항
28. 제28조제1항 및 제2항에 따른 도매시장법인의 매매방법에 관한 사항
29. 제30조에 따른 대량입하품 등의 우대조치에 관한 사항
30. 제31조에 따른 전자식경매·입찰의 예외에 관한 사항
31. 제36조제2항에 따른 정산창구의 운영방법 및 관리에 관한 사항
32. 제37조의2에 따른 표준송품장의 양식 및 관리에 관한 사항
33. 제37조의3에 따른 판매원표의 관리에 관한 사항
34. 제38조에 따른 표준정산서의 양식 및 관리에 관한 사항
35. 제54조에 따른 시장관리운영위원회의 운영 등에 관한 사항
36. 법 제25조의3에 따른 매매참가인의 신고에 관한 사항
37. 그 밖에 도매시장 개설자가 도매시장의 효율적인 관리·운영을 위하여 필요하다고 인정하는 사항

② 제1항에 따른 도매시장의 업무규정에는 법 제46조에 따른 도매시장공판장의 운영 등에 관한 사항을 정할 수 있다.

제17조(운영관리계획서)

법 제17조제7항에 따른 도매시장 운영관리계획서에 정할 사항은 다음 각 호와 같다.

1. 도매시장의 대지·건물과 그 밖의 시설의 종류·규모·구조 및 배치상황
2. 개설에 든 투자액의 재원별 조달상황과 부채가 있는 때에는 그 상환계획
3. 법 제21조에 따른 도매시장 관리사무소 또는 시장관리자의 운영·관리 등에 관한 계획
4. 법 제23조에 따른 도매시장법인의 지정계획, 법 제24조에 따른 공공출자법인의 설립계획 또는 법 제36조에 따른 시장도매인의 지정계획
5. 법 제25조에 따른 중도매인의 허가계획
6. 법 제40조에 따른 하역업무의 효율화방안
7. 도매시장 개설 후 5년간의 사업계획 및 수지예산
8. 해당 지역의 수급 실적과 수급 전망에 관한 사항
9. 해당 지역의 도매시장, 농수산물공판장(이하 "공판장"이라 한다), 민영농수산물도매시장(이하 "민영도매시장"이라 한다) 및 농수산물종합유통센터(이하 "종합유통센터"라 한다)별 거래 상황과 거래 전망에 관한 사항

2) 수산물유통법령 상 업무규정 등

제4조(업무규정)
법 제10조제2항에 따른 업무규정(이하 "업무규정"이라 한다)에는 다음 각 호의 사항이 포함되어야 한다.

1. 위판장의 명칭·장소 및 면적
2. 거래품목
3. 휴업일 및 영업시간
4. 산지중도매인의 지정에 관한 사항
5. 최저거래금액, 거래대금의 지급보증을 위한 보증금, 시설사용계약 등 산지중도매인의 지정조건에 관한 사항
6. 산지매매참가인의 신고에 관한 사항
7. 산지경매사의 수(수), 임면(임면) 및 업무에 관한 사항
8. 위판장개설자[법 제10조제1항에 따라 위판장 개설허가를 받은 「수산업협동조합법」에 따른 지구별 수산업협동조합, 업종별 수산업협동조합, 수산물가공수산업협동조합, 수산업협동조합중앙회 및 「수산물 유통의 관리 및 지원에 관한 법률 시행령」(이하 "영"이라 한다) 제3조에 따른 생산자단체와 생산자를 말한다. 이하 같다]가 법 제18조제1항 단서에 따라 수산물을 매수하여 도매하는 경우에 관한 사항
9. 산지중도매인이 법 제18조제3항 단서에 따라 위판장개설자가 상장하지 아니한 수산물을 시장·군수·구청장의 허가를 받아 거래하는 경우에 관한 사항
10. 산지중도매인이 법 제18조제4항 단서에 따라 다른 산지중도매인과 거래하는 경우에 관한 사항
11. 법 제19조제1항부터 제3항까지의 규정에 따른 위판장의 수산물매매 방법에 관한 사항
12. 법 제19조제4항에 따른 위판장의 출하자에 대한 대금결제에 관한 사항
13. 법 제20조에 따른 위판장의 공시에 관한 사항
14. 법 제21조제2항에 따른 산지중도매인의 경영관리에 관한 평가와 평가결과의 처리에 관한 사항
15. 출하자로부터 수산물의 도매를 위탁받는 절차에 관한 사항
16. 위판장의 겸영(겸영)업무에 관한 사항
17. 위판장개설자, 산지중도매인 등이 받을 수 있는 위판장 사용료, 부수시설 이용료, 위탁수수료, 중개수수료에 관한 사항
18. 위판장 안전관리에 관한 사항
19. 위판장 폐기물의 최소화를 포함한 폐기물의 친환경처리에 관한 사항
20. 위판장 시설물의 사용기준 및 조치에 관한 사항
21. 산지중도매인의 시설사용면적 조정·차등지원 등에 관한 사항
22. 그 밖에 위판장개설자가 위판장의 효율적인 관리·운영을 위하여 필요하다고 인정하는 사항

제5조(운영관리계획서)

법 제10조제2항에 따른 위판장의 운영관리계획서에는 다음 각 호의 사항이 포함되어야 한다.

1. 위판장의 대지·건물과 그 밖의 시설의 종류·규모·구조 및 배치상황
2. 위판장 개설에 든 투자액의 재원별 조달상황과 부채가 있는 경우에는 그 상환계획
3. 법 제13조제1항에 따른 위판장개설자의 의무 이행을 위한 투자계획 및 품질향상 등을 포함한 대책
4. 산지중도매인의 지정계획
5. 수산물 하역업무 운영 계획
6. 위판장 개설 후 5년간의 사업계획 및 수지예산
7. 해당 지역의 수산물 수급 실적과 수급 전망에 관한 사항

8. 그 밖에 위판장**개설자가 위판장의 효율적인 관리·운영을** 위하여 필요하다고 인정하는 사항

3. 농수산법령 및 수산물 유통법령 상 경매사 수

1) 청과부류 최소 경매사 수

구 분	5천톤 미만	5천톤 이상 3만톤 미만	3만톤 이상 7만톤 미만	7만톤이상 10만톤미만	10만톤이상 20만톤 미만	20만톤 이상
인 원	2	3	5	7	9	매3만톤 마다 1명 추가

2) (((수산부류 최소경매사 수)))

구 분	1,000톤 미만	1,000톤 이상 ~ 5천톤 미만	5,000톤 이상 ~ 10,000톤 미만	1만톤 이상 ~ 5만톤 미만	50,000톤 이상
인 원	2	3	4	5	메 10,000톤 마다 1명 추가

4. 경매사 임(명)면과 수 : 모의고사 문제

1. 농수산물 유통 가격 안정에 관한 법령 상 경매사 수에 관한 질문이다. 연간 거래규모가 80,000톤인 청과부류 도매시장법인이 확보해야 하는 최소 경매사 수는?

1) 2명 2) 3명 3) 7명 4) 8명

답 : 3번

2. 농수산물 유통 가격 안정에 관한 법령 상 경매사 수에 관한 질문이다. 연간 거래규모가 5,000톤 미만인 청과부류 도매시장법인이 확보해야 하는 최소 경매사 수는?

1) 1명 2) 2명 3) 5명 4) 10명

답 : 2번

청과부류 최소 경매사 수

구 분	5천톤 미만	5천톤 이상 3만톤 미만	3만톤 이상 7만톤 미만	7만톤이상 10만톤미만	10만톤이상 20만톤 미만	20만톤 이상
인 원	2	3	5	7	9	매3만톤 마다 1명 추가

. 농수산물 유통 가격 안정에 관한 법령 상 경매사 수에 관한 질문이다. 연간 거래규모가 1,000톤 미만 인 수산부류 도매시장법인이 확보해야 하는 최소 경매사 수는?

1) 1명 2) 9명 3) 2명 4) 매 1만톤 마다 1명 추가

답 : 3번 2명

(((수산부류 최소경매사 수)))

구 분	1,000톤 미만	1,000톤 이상 ~ 5천톤 미만	5,000톤 이상 ~ 10,000톤 미만	1만톤 이상 ~ 5만톤 미만	50,000톤 이상
인 원	2	3	4	5	메 10,000톤 마다 1명 추가

. 농수산물 유통 가격 안정에 관한 법령 상 경매사 수에 관한 질문이다. 연간 거래규모가 50,000톤 이상 인 수산부류 도매시장법인이 확보해야 하는 최소 경매사 수는?

1) 7명 2) 5명 3) 2명 4) 매 1만톤 바다 1명 추가

답 : 4번 : 5만톤 이상의 경우 매 1만톤 마다 1명 추가가 된다.

.농수산물 유통 및 가격 안정법령상 각종 서식

1. 경매일지 작성방법

경매일지는 경매사가 자기의 주 업무이 공정한 경락가격을 결정하기 위해 작성하는 업무일지이며 또한 도매시장법인은 이 자료를 토대로 하여 가격조정, 물량 조절 및 업무의 보조자료로도 활용하고 있다.

경매일지는 도매시장법인의 취급부류에 따라 다소 상이하나 일반적으로 다음 표에 나타난 바와 같이 경매일지 항목에는 농수산물의 경락가격에 직접적인 영향을 미치는 기온이나 일기 등 날씨와 동일 시장내의 타 도매법인의 농수산물 입하현황 등 일반사항, 경락가격결정을 위한 품목별 경락내정가격의 사정, 그리고 당일 경매업무의 실시사항과 계획사항등으로 구성되어 있다. 이들 경매일지의 각 구성항목은 다음 요령으로 작성한다.

(1) 날씨 난은 당일의 기온과 일기, 강우 및 강설량을 기입한다.
(2) 농수산물 입하현황 난에는 당일 도매시장의 타 법인들의 주요 품목별 입하량을 조사하여 기입한다.
(3) 경락내정가격 사정항목의 주요 걸 품목의 등급별, 즉 특상보로 경락내정가격을 사정하고, 전일가격을 조사하여 기입한다.

(4) 업무사항 항목의 실시사항 난에는 당일 경매업무 관리의 주요 사항을 상세히 기록한다. 예로 출하주의 요망사항이나 산지와의 연락사항, 중도매인 등 구매자의 요망사항, 기타 참고 및 특기사항 등을 기록한다. 그리고 예정사항 난에는 익일 계획사항을 기입하여 경매업무에 효과적으로 대처하도록 노력하여야 한다.

<경매일지 양식>-

담당					결 재

1. 일반 사항

날 씨	기온　　　일 기 : 강우량　　강성량				
농수산물입하 현황	품 목	단 위	수　산		

2. 경락 내정가격 사정

품 목	단 위	경락내정가격사정			전일가격	비 고
		특	상	보 통		

3. 업무사항

실 시 사 항	예 정 사 항

2. 판매원표의 관리 및 작성요령

(1) 판매원표의 관리

판매원표는 경매장에 입하된 물품이 선별되어 경매에 상장하기 위하여 작성되는 것으로 경매를 하기 위한 가장 기초적인 업무이다. 대부분 하역과 동시에 판매원표가 작성되어 경매를 하게 된다.

이건 출하자와 낙찰자에게 위탁상장 물품에 대한 판매대금의 정산 기초자료로도 매우 중요하며 또한 도매시장법인에게는 물량 수급계획과 조절에 참고자료로도 유용하다.

따라서 농안법시행규칙 제37조의3에 의하면 판매원표를 철저히 관리토록 다음과 같이 명문화하고 있다.

(1) 경매에 사용되는 판매원표에는 출하자명, 품명, 등급, 수량, 경락가격, 매수인, 담당경매사 등을 상세히 기입하며, 그양식은 개설자가 정하도록 하고 있다.

(2) 도매시장법인은 일련번호를 붙인 판매원표를 순차적으로 사용하여야 한다.

(3) 입하물품의 부패, 손상이나 판매원표의 분실, 훼손 등으로 인해 판매원표를 정정한 겨웅엔 지체없이 개설자의 승인을 얻어야 한다.만약 불가피하게 판매원표를 정정하고자 할 경우에는 출하자와 구매자 그리고 경매사가 3자합의를 통해 분쟁의 소지를 없애야 한다.

이와 같이 판매원표는 도매시장법인이 출하주와 낙찰자에 대한 판매대금의 정산 기초자료가 되므로 경매사는 경매 시 경매내용을 있는 그대로 작성하여야 하며 절대로 경매사 임의대로 경매내용을 수정하거나 정정하지 않도록 유의해야 한다.

B. 판매원표의 작성요령

판매원표의 관리에 필요한 세부사항은 도매시장의 개설자가 업무규정으로 정하는바, 농수산물도매시장 업무규정 표준안에선 다음과 같은 관리요령을 제시하고 있다.

(1) 도매시장법인은 아래와 같은 양식의 판매원표를 사용하여야 한다.
(2) 도매시장법인은 일련번호를 붙인 판매원표를 순차적으로 사용하여야 한다.
(3) 판매원표는 정정이 불가하다. 다만, 농안법 시행규칙 제38조3 제 4항의 규정에 의해 판매원표를 정정한 경우에는 지체없이 그 원본을 첨부하여 개설자의 승인을 받아야 한다.
(4) 도매시장법인은 판매일자순으로 판매원표를 보관 관리(문서, 디스켓, CD 등)하여야 한다.
(5) 도매시장법인은 경매 이외의 방법으로 판매한 물품의 판매원표를 별도 관리하여야 한다.
(6) 도매시장법인은 전자식 경매를 실시할 경우 경매 내역을 실시간으로 개설자에게 보고하여야 한다.
(7) 개설자는 법인별 전자경매 내역을 품목별 거래여건 등을 감안하여 실시간으로 공개할 수 있다.

또한, 판매원표의 기록사항은 다음과 같은 요령에 의해 작성된다.

(1) 관리번호 난에는 순차적으로 사용 번호를 기입한다.
(2) 번호 난에는 입하된 순서에 따라 번호를 기입한다.
(3) 출하자 난에는 위탁한 상장 농수산물의 출하주의 성명을 기입한다.
(4) 품목 난에는 출하된 품목을 기입한다.
(5) 중량 및 규격 난에는 상장 농수산물의 단위, 즉 kg이나 개, 묶음, 상자 등 단위를 기입한다.
(6) 등급의 난에는 상장 농수산물의 등급 즉, 특상보통 등을 기입한다.

(7) 수량 난에는 경락된 수량을 기입한다.
(8) 가격(경락) 난에는 경락된 상장 농수산물의 단위당 가격을 기입한다.
(9) 총판매대금의 난에는 거래량과 경락단가를 곱한 액수를 기입한다.
(10) 낙찰자번호 난에는 경매에 참여하여 낙찰된 중도매인이나 매매참가인의 고유번호를 기입한다.

<판매원표 양식>

<table>
<tr><td>관리번호</td><td colspan="2"></td><td colspan="4" rowspan="3">판 매 원 표</td><td colspan="2">담당 경매사
김용회
(판매담당자)</td></tr>
<tr><td>판매일시</td><td colspan="2">년 월 일</td><td>정산</td><td>검사</td></tr>
<tr><td>산지명</td><td colspan="2"></td><td>기록</td><td>경매사</td></tr>
<tr><td>출하총량</td><td></td><td>코드</td><td></td><td></td><td></td><td></td><td></td><td></td></tr>
<tr><td>번 호</td><td>출하자</td><td>품명</td><td>중 량 및 규 격</td><td>등급</td><td>수량</td><td>가격
(경락)</td><td>총판매
대금</td><td>낙찰자
번호
(매 수 인)</td></tr>
<tr><td></td><td></td><td></td><td></td><td></td><td></td><td></td><td></td><td></td></tr>
<tr><td>운 임
선급금</td><td colspan="3"></td><td>하역비
선별비</td><td colspan="3"></td><td></td></tr>
</table>

산지위판장명 또는 시장도매인명

문제1) 출하자가 서면으로 최저가격제시에 관한 것이다.거래성립 최저가격제시 경우 처리방법 중 틀린 내용은?

1) 출하자가 거래성립최저가격의 제시는 다음 각 호의 요건을 갖춘 서면에 의하여야 한다.
2) 출하자 및 거래성립최저가격 등이 기재될 것
3) 출하자 본인 또는 대리인이 해당 농수산물의 판매과정에 입회한다는 뜻이 기재된 서면일 것.
4) 최저거래 금액이하로 경락결정하여도 된다.

답 ; 4번

해설 : 거래성립 최저가격제시 경우 처리방법 : 출하자가 서면으로 제출하는 등 농림수산식품부령이 정하는 요건을 갖추어 거래성립 최저가격을 제시하였을 경우엔 그 가격 미만으론 판매가 금지된다.(농안법 제33조 제1항)

거래성립최저가격의 제시는 다음 각 호의 요건을 갖춘 서면에 의하여야 한다.(동법 시행규칙 제29조)

(1) 출하자 및 거래성립최저가격 등이 기재될 것

(2) 출하자 본인 또는 대리인이 해당 농수산물의 판매과정에 입회한다는 뜻이 기재된 서면일 것.

종전에는 관행적으로 출하자가 판매희망 최저가격을 제시한 경우가 있었으며 경매사는 고객에 대한 서비스 제공 차원에서 최대한 제시가격이상으로 판매되도록 노력하였다. 그러나 법적근거가 없어 마찰의 발생이 있었고 출하자도 정당하게 요구하지 못하는 실정이었다.

문제2) 출하자가 최저가격을 제시한 경우 '신청서'양식에서 필요없는 항목은?

1) 참가인의 성명 2) 최저가격 신청 사유 3) 입회장의 전화번호 4) 출하자의 성명

답 : 1번

해설 ; 2번도 문제가 있는 질문인데, 신청사항에서 비고란에 기재해도 될 것 같음.

2. 거래성립최저가격 신청서 (예시)

<table>
<tr><td colspan="5">거래성립최저가격 신청서 (예시)</td></tr>
<tr><td>출하자(성명)</td><td colspan="2"></td><td>주민등록번호</td><td></td></tr>
<tr><td>주 소</td><td colspan="2"></td><td>전화번호</td><td></td></tr>
<tr><td colspan="5">신 청 사 항</td></tr>
<tr><td>품 목</td><td>중량/구격</td><td>수량</td><td>최저가격</td><td>비 고</td></tr>
<tr><td></td><td></td><td></td><td></td><td></td></tr>
<tr><td></td><td></td><td></td><td></td><td></td></tr>
<tr><td></td><td></td><td></td><td></td><td></td></tr>
<tr><td colspan="5">경 매(입 찰) 입회자</td></tr>
<tr><td>입회자 성명</td><td colspan="2"></td><td>주민등록번호</td><td></td></tr>
<tr><td>주 소</td><td colspan="2"></td><td>전화번호</td><td></td></tr>
<tr><td colspan="5">농수산물/산지위판장 '업무규정 제 조의 규정에 의거 위와 같이 거래성립 최정가격을 신청합니다.

2020. 04 . 29

신청인 김 용 회 인
벌교 산지위판장명 귀하</td></tr>
</table>

4. 별지 7호 '**표준송품장**

출하 일시	: 2020.04.29 도착 일시 2020.04.29
수신	김용회 수품사 위판장 귀하

아래 농수산물의 판매를 의뢰합니다.

2020.04.29일

거래 형태 : ( )매 수 ( ) 위 탁 ( )중 개
매매 방법 : ( ) 경매·입찰 ( ) 정가·수의매매

◆ 출하내역

원산지	품목 및 품종	품질인증번호	.우수농산물 관리제도인증 번호 . 이력추적관리 번호	거래별 단량	등급 및 수량	비고
합계						
운임	입금 000000 원정 (원)			차량	기사명	차량번호
출하자	성명	서 명 또는인		전화번호		
산지유통인				팩스번호		
	주소			송금은행		
				송금계좌		
				예금주		
	출하자 신고번호 또는 산지유통인 번호					
매 수 또 는 중 개 금액		매수대금 지급액		중개 상대자		
수령자	김용회 서명 또는 인					

제6. 수산물 유통법령

제1절 산지위판장 및 산지중도매인, 산지경매사 등 업무정지, 과태료, 벌칙 및 벌금

제10조(수산물산지위판장의 개설 등)

① 수산물산지위판장(이하 "위판장"이라 한다)은 「수산업협동조합법」에 따른 지구별 수산업협동조합, 업종별 수산업협동조합 및수산물가공 수산업협동조합(이하 "수협조합"이라 한다), 수산업협동조합중앙회(이하 "수협중앙회"라 한다), 그 밖에 대통령령으로 정하는 생산자단체와 생산자(이하 "생산자단체등"이라 한다)가 시장·군수·구청장의 허가를 받아 개설한다.

② 수협조합, 수협중앙회 또는 생산자단체등(이하 "위판장개설자"라 한다)이 위판장을 개설하려면 위판장 개설허가신청서에 업무규정과 운영관리계획서를 첨부하여 시장·군수·구청장에게 제출하여야 한다.

③ 위판장개설자가 개설한 위판장의 업무규정을 변경할 때에는 시장·군수·구청장의 허가를 받아야 한다.

④ 위판장개설자가 개설한 위판장을 폐쇄하려면 시장·군수·구청장의 허가를 받아 3개월 전에 이를 공고하여야 한다.

⑤ 위판장의 위치, 기능 및 특성 등에 따른 위판장의 종류, 위판장의 개설허가절차, 개설허가신청서, 업무규정 및 운영관리계획서 작성 및 제출, 위판장 폐쇄 등에 필요한 사항은 해양수산부령으로 정한다.

시행규칙 : 해수부령 :**제6조((위판장의 폐쇄))**

① **위판장개설자는 법 제10조제4항에 따라 개설한 위판장을 폐쇄하려는 경우에는 폐쇄에정일 6개월 전에 시장·군수·구청장에게 폐쇄허가를 신청하여야 한다.**

② 위판장개설자는 제1항에 따른 위판장 폐쇄허가 신청을 할 때 다음 각 호의 사항이 포함된 서류를 제출하여야 한다.

1. 폐쇄하려는 위판장의 입지조건, 시설 현황 및 최근 2년간의 거래 실적과 거래 추세 등 현황
2. **폐쇄하려는 위판장을 이용하는 생산자 및 산지중도매인 등 유통종사자의 피해를 최소화하기 위한 계획 및 협의 결과**

③ **제1항에 따른 위판장 폐쇄허가 신청을 받은 시장·군수·구청장은 해당 위판장을 이용하는 생산자 및 유통종사자 등 이해관계인들과의 협의를 거쳐 위판장 폐쇄허가 신청을 받은 날부터 3개월 이내에 위판장 폐쇄허가 여부를 결정하여야 한다.**

④ **시장·군수·구청장은** 위판장의 폐쇄허가 여부를 결정하기 전에 필요한 경우 해양수산부장관, 특별시장·광역시장·특별자치시장·도지사 또는 특별자치도지사(이하 "시·도지사"라 한다)와 **미리 협의할 수** 있다.

⑤ 시장·군수·구청장은 위판장의 폐쇄허가를 하는 경우 폐쇄되는 위판장과 인근 위판장의 통폐합을 권고하는 등 위판장의 폐쇄와 관련하여 필요한 조치를 하거나 지원을 할 수 있다.

제11조(위판장 개설구역)
위판장은 다음 각 호의 어느 하나에 해당하는 지역에 개설할 수 있다.

1. 「어촌ㆍ**어항법」에 따라 지정된 어항**

2. 「**항만법」에 따른 항만**

3. 그 밖에 어획물 양륙시설 또는 가공시설을 갖춘 지역으로서 해양수산부**장관이 지정**하여 고시한 지역

제12조(위판장 허가기준 등)

① 시장ㆍ군수ㆍ구청장은 제10조제2항에 따른 허가신청의 내용이 다음 각 호의 요건을 갖춘 경우에는 이를 허가하여야 한다.

1. 위판장을 개설하려는 구역이 수산물 양륙 및 산지유통의 중심지역일 것
2. 위판장 운영에 적합한 시설을 갖추고 있을 것
3. **업무규정과 운영관리계획서의** 내용이 명확하고 그 실현이 가능할 것

② 시장ㆍ군수ㆍ구청장은 제1항제2호에 따라 요구되는 시설이 갖추어지지 아니한 경우에는 일정한 기간 내에 해당 시설을 **갖출 것을 조건으로 개설허가**를 할 수 있다.
③ 제1항제2호에 따른 위판장 시설기준 등 위판장의 허가 요건과 절차에 필요한 사항은 해양수산부령으로 정한다.

제13조(위판장개설자의 **의무) : (경고 , 10일 , 1월)**

① 위판장개설자는 수산물의 생산자와 거래관계자의 편익과 소비자 보호를 위하여 다음 각 호의 사항을 이행하여야 한다.

1. 위판장 시설의 정비ㆍ개선과 위생적인 관리
2. 공정한 거래질서의 확립
3. 수산물 품질 향상을 위한 규격화, 포장 개선 및 저온유통 등 선도 유지의 촉진
4. **산지중도매인**의 거래 촉진 및 지원

② 위판장개설자는 제1항 각 호의 사항을 효과적으로 이행하기 위하여 이에 대한 투자계획 및 품질향상 등을 포함한 대책을 수립ㆍ시행하여야 한다.
③ 위판장**개설자는 위판장의 시설규모 및 거래액 등을 고려하여 산지중도매인을 두어야** 한다.

제13조의2(수산물매매장소의 **제한) (2년, 2천이하 벌금 = 유통가격법과 동일)**

거래 정보의 부족으로 가격교란이 심한 수산물로서 해양수산부령으로 정하는 수산물은 위판장 외의 장소에서 매매 또는 거래하여서는 아니 된다.

시행규칙 :
제7조의2((매매장소 제한 수산물))

(매매장소 제한 수산물) 법 제13조의2에서 "해양수산부령으로 정하는 수산물"이란 밴장어(종자용 뱀장어를 제외한다)를 말한다.

제13조의3(위판장 위생관리기준)
해양수산부장관은 수산물의 위생관리를 통한 안전한 먹거리 확보를 위하여 위판장의 위생시설 확보 및 적정 온도 유지에 관한 내용이 포함된 위판장 위생관리기준을 **식품의약품안전처장과 협의하여 고시한다.**

제14조(산지중도매인의 지정)

① 산지중도매인의 업무를 하려는 자는 위판장**개설자의 지정을 받**아야 한다.**(2년, 2천만원)**

② 위판장개설자는 다음 각 호의 어느 하나에 해당하는 경우에는 제1항에 따른 산지중도매인으로 지정하여서는 아니 된다.**(업무정지 등 : 경고 , 10일 , 1월)**

1. 파산선고를 받고 복권되지 아니한 사람이나 피성년후견인
2. 이 법을 위반하여 금고 이상의 실형을 선고받고 그 형의 집행이 끝나거나(집행이 끝난 것으로 보는 경우를 포함한다) 면제되지 아니한 사람
3. 제26조제4항에 따라 산지중도매인의 지정이 취소된 날부터 2년이 지나지 아니한 사람
4. 위판장개설자의 주주 및 임직원으로서 해당 위판장개설자의 업무와 경합되는 산지중도매업을 하려는 사람
5. 임원 중에 제1호부터 제4호까지의 어느 하나에 해당하는 사람이 있는 법인
6. 최저거래금액 및 거래대금의 지급보증을 위한 보증금 등 해양수산부령으로 정하는 산지중도매인 지정조건을 갖추지 못한 사람
7. 그 밖에 이 법 또는 다른 법령에 따른 제한에 위반되는 경우

③ 법인인 산지중도매인은 임원이 제2항제5호에 해당하게 되었을 때에는 그 임원을 **지체 없이 해임하여야 한다. (경고, 지정취소)**

④ 산지중도매인은 다른 산지중도매인 또는 산지매매참가인의 거래 참가를 방해하는 행위를 하거나 집단적으로 수산물의 경매 또는 입찰에 불참하는 행위를 하여서는 아니 된다.

(행정처분 : 주동자 : 3개월, 지정취소 , 단순가담자 : 10일, 1개월, 3개월 업무정지)

((벌칙 : 법률 61조 2호 : 1년 이하의 징역 또는 1천만원 이하의 벌금에 처한다.)

⑤ 위판장개설자는 제1항에 따라 산지중도매인을 지정하는 경우 5년 이상 10년 이하의 범위에서 지정 유효기간을 설정할 수 있다. **다만, 법인이 아닌 산지중도매인은 3년 이상 10년 이하**의 범위에서 지정 유효기간을 설정할 수 있다.

⑥ 제1항에 따라 지정을 받은 산지중도매인은 **다른 위판장개설자의 지정을 받은 경우에는 다른** 위판장에서도 그 업무를 할 수 있다.

제15조(산지매매참가인의 신고) (**업무규정 규칙 4조 6호)**

산지매매참가인의 업무를 하려는 자는 해양수산부령으로 정하는 바에 따라 위판장개설자에게 산지매매참가인으로 신고하여야 한다.

제16조(산지경매사의 임면 및 업무)

① 위판장**개설자는 위판장에서의 공정하고 신속한 거래를 위하여 해양수산부령으로 정하는 바에 따라 산지경매사를 두어야 한다.(경고, 10일, 1개월)**

② 위판장개설자는 제17조에 따른 산지경매사 자격시험에 합격한 사람을 산지경매사로 임명하되, 다음 각 호의 어느 하나에 해당하는 사람은 임명하여서는 **아니 된다.(경고, 10일, 1개월)**

1. 피성년후견인 또는 피한정후견인
2.이 법 또는 「형법」 제129조부터 제132조까지의 죄 중 어느 하나에 해당하는 죄를 범하여 금고 이상의 실형을 선고받고 그 형의 집행이 끝나거나(집행이 끝난 것으로 보는 경우를 포함한다) 집행이 면제된 후 2년이 지나지 아니한 사람
3. 이 법 또는 「형법」 제129조부터 제132조까지의 죄 중 어느 하나에 해당하는 죄를 범하여 금고 이상의 형의 집행유예를 선고받거나 선고유예를 받고 그 유예기간 중에 있는 사람
4. 해당 위판장의 산지중도매인 또는 그 임직원
5. 제26조제3항에 따라 면직된 후 2년이 지나지 아니한 사람
6. 제26조제3항에 따른 업무정지기간 중에 있는 사람

③ 위판장개설자는 산지경매사가 제2항제1호부터 제4호까지의 어느 하나에 해당하는 경우에는 그 산지경매사를 **면직하여야 한다..(경고, 10일, 1개월)**

④ 산지경매사는 다음 각 호의 업무를 수행한다.

1. 위판장에 상장한 수산물에 대한 경매 우선순위의 결정 .(10일, 15일, 1개월)
2. 위판장에 상장한 수산물에 대한 **가격 평가.(10일, 15일, 1개월)**
4. 위판장에 상장한 수산물에 대한 정가·수의매매 등의 가격 협의.(10일, 15일, 1개월)

3. 위판장에 상장한 수산물에 대한 **경락자의 결정 (15일, 3개월, 6개월)**

⑤ 산지경매사는 「형법」 제129조부터 제132조까지의 규정을 적용할 때에는 공무원으로 본다.

1. 129조: 수뢰,사전수뢰
2. 130조 : 제3자 뇌물제공죄,

3. 131조 수뢰 후 부정처사, 사후수뢰　　　　　4. 132조 알선수뢰죄)

5. 아닌 것 : **뇌물제공**, 공무상비밀노설죄, 직무유기, 직권남용, 폭행죄 등

제17조(산지경매사 자격시험)

① 산지경매사의 자격시험은 해양수산부장관이 실시한다.

② 제1항에 따른 산지경매사 자격시험의 응시자격, 시험과목, 시험의 일부 면제, 시험방법, 자격증 발급, 그 밖에 시험에 필요한 사항은 대통령령으로 정한다.

> 시행규칙 : **제10조((산지경매사의 임면))**
>
> ① 법 제16조제1항에 따라 **위판장개설자는 위판장에 1명 이상의 산지경매사를 두어야 한다**. 이 경우 위판장에 두는 산지경매사의 수는 위판장의 연간 **수산물 거래물량 등을 고려하여 업무규정으로 정한다.**
>
> **② 법 제16조제2항 및 제3항에 따라 위판장개설자가 산지경매사를 임면한 경우에는 산지경매사를 임면한 날부터 15일 이내에 시장·군수·구청장에게 그 사실을 통보하여야 한다.**

1. **유통가격 안정법 비교** : 도매시장법인은 거래물량 등 고려 하여 2명 이상 경매사를 임명한 후 30일 이내에 개설자에게 신고를 한다.(**미신고 : 100만원 이하 과태료 대상)**

제18조(위판장 수산물 수탁판매 등)

(벌칙 : 18조 1항~4항 위반 **모두 : 1년 이하의 징역 또는 1천 벌금)**

① 위판장개설자는 도매하는 수산물을 **출하자로부터 위탁**받아야 한다. 다만, 수산물의 가격안정 등 해양수산부령으로 정하는 특별한 사유가 있는 경우에는 매수하여 도매할 수 있다.

(행정처분 : 15일, 1개월, 3개월 업무정지)

② 위판장개설자는 해양수산부령으로 정하는 경우를 제외하고는 입하된 수산물의 수탁과 위탁받은 수산물의 **판매를 거부 · 기피하거나 거래 관계인에게 부당한 차별대우**를 하여서는 아니 된다.

(행정처분 : 경고, 10일 , 15일 업무정지)

③ 산지중도매인은 **위판장개설자가 상장한 수산물 외에는 거래할 수 없다.** 다만, 위판장개설자가 상장하기에 적합하지 **아니한 수입산이나 원양산 수산물 등 해양수산부령으로 정**하는 바에 따라 **시장 · 군수 · 구청장으로부터 허가**를 받은 수산물의 경우에는 그러하지 아니하다.

④ 산지중도매인 간에는 거래할 수 없다. 다만, 과잉생산 수산물의 처리 등 해양수산부령으로 정하는 바에 따라 시장·군수·구청장으로부터 허가를 받은 경우에는 그러하지 아니하다.

시행규칙 : **제11조((수탁판매의 예외))**

① 법 제18조제1항 단서에서 "해양수산부령으로 정하는 **특별한 사유가 있는 경우"란** 다음 각 호의 어느 하나에 해당하는 경우를 말한다.

1. 법 제40조제1항 또는 법 제41조제2항에 따른 **수산물의 수매에 필요한 경우**
   (40조 : 과잉생산 시의 생산자보호 :; 41조 비축사업 등)

2. **입하된 수산물의 원활한 유통이나 가격안정을 위하여 특별히 필요한 경우**
3. 업무규정으로 정하는 위판장의 겸영업무를 수행하기 위하여 필요한 물량을 매수하는 경우
4. 법 제19조제1항에 따른 정가수매·수의매매로 도매할 수 있도록 업무규정으로 정하고 있고, 산지중도매인의 요청이 있는 경우로서 그 산지중도매인에게 정가수매·수의매매로 도매하기 위하여 필요한 물량을 매수하는 경우

② 법 제18조제1항 단서에 따라 **수산물을 매수하여 도매한 위판장개설자는 다음 각 호의 자료를 해당 수산물을 매수한 날부터 3년 동안 보관하여야 한다.**

1. **매수하여 도매한 수산물의 품목, 수량, 원산지, 매수가격, 판매가격 및 출하자**
2. 매수하여 도매한 사유

제12조((수탁의 거부 사유))

(수탁의 거부 사유) 법 제18조제2항에서 "해양수산부령으로 정하는 경우"란 다음 각 호의 어느 하나에 해당하는 경우를 말한다.

1. 수산물에 법 제32조(이력제 등 거짓표시 금지 등) 각 호의 어느 하나에 해당하는 행위를 한 경우
2. 법 제34조(장관의 시정조치 : 1년 1천만원 이하 벌금)에 따라 판매금지의 대상이 된 수산물인 경우
3. 법 제37조제1항(불법수산물 등)에 따라 유통이 금지된 수산물인 경우
4. 법 제37조제2항 각 호에 따른 해양수산부장관의 명령을 위반하여 출하된 수산물인 경우
5. 법 제39조제1항(계약생산)에 따른 출하계약을 위반하여 출하된 수산물인 경우
6. 법 제46조제1항(수산물 규격화의 촉진)에 따라 해양수산부장관이 정한 수산물의 규격에 따르지 아니한 수산물인 경우

제13조((상장되지 아니한 수산물의 거래허가))

(상장되지 아니한 수산물의 거래허가) 산지중도매인이 법 제18조제3항 단서에 따라 위판장

개설자가 상장하지 아니한 수산물을 거래할 수 있는 경우는 다음 각 호의 어느 하나에 해당하는 품목의 수산물을 거래하는 경우로서 위판장개설자가 시장·군수·구청장의 허가를 받은 경우로 한다.

1. 품목의 특성으로 인하여 해당 수산물 품목을 취급하는 산지중도매인이 1인이거나 소수이어서 위판장에 상장하여 거래하는 것이 무의미한 품목

2. 수입산 수산물이나 원양산 수산물 중 그 특성상 상장거래에 의하여 산지중도매인이 해당 수산물을 매입하는 것이 현저히 곤란하다고 위판장개설자가 인정하는 품목

제14조((산지중도매인 간 거래))

① 법 제18조제4항 단서에 따라 산지중도매인 간에 거래할 수 있는 경우는 다음 각 호의 어느 하나에 해당하는 경우로서 시장·군수·구청장의 허가를 받은 경우로 한다.

1. 법 제40조제1항에 따라 해양수산부장관이 수산물의 가격안정을 위하여 수산물을 수매하는 데 필요한 경우(40조 : 과잉생산 시의 생산자보호)

2. 법 제41조제1항 또는 제2항에 따라 해양수산부장관이 수산물의 수급조절과 가격안정을 위하여 수산물을 비축하는 데 필요한 경우(41조 비축사업 등)

3. 법 제42조에 따라 해양수산부장관이 단기적인 수산물의 수급조절과 가격안정을 위하여 수산물의 민간수매사업 지원을 하는 데 필요한 경우(장관의 수급조절 , 방출명령 등)

② 제1항에 따라 다른 산지중도매인과 거래한 산지중도매인은 허가받은 거래를 종료한 즉시 거래한 수산물의 품목, 수량, 구매가격 및 구매자와 판매자에 관한 자료를 시장·군수·구청장에게 통보하여야 한다.

제19조(위판장 수산물 매매방법 및 대금 결제)

① 위판장개설자는 위판장에서 수산물을 **경매·입찰·정가매매 또는 수의매매의** 방법으로 매매하여야 한다. 다만, 출하자가 선취매매·선상경매·견본경매 등 해양수산부령으로 정하는 매매방법을 원하는 경우에는 그에 따를 수 있다.

② 위판장개설자는 위판장에 상장한 수산물을 위탁된 순위에 따라 경매 또는 입찰의 방법으로 판매하는 경우에는 최고가격 제시자에게 판매하여야 한다. 다만, 출하자가 서면으로 거래 성립 최저가격을 제시한 경우에는 그 가격 미만으로 판매하여서는 아니 된다.

(위반 : 주의, 경고, 1개월)

③ 제2항에 따른 **경매 또는 입찰의 방법은 전자식(전자식)을 원칙**으로 하되 필요한 경우 해양수산부령으로

정하는 바에 따라 거수수지식(거수수지식), 기록식, 서면입찰식 등의 방법으로 할 수 있다.

④ 위판장개설자는 매수하거나 위탁받은 수산물이 매매되었을 때에는 그 대금의 전부를 출하자에게 즉시 결제하여야 한다. 다만, 대금의 지급방법에 관하여 위판장개설자와 출하자 사이에 특약이 있는 경우에는 그 특약에 따른다.

(즉시결제 위반 : 경고, 1개월, 3개월)

⑤ 제4항에 따른 대금결제에 관한 구체적인 절차와 방법, 수수료 징수 등에 관하여 필요한 사항은 해양수산부령으로 정한다.

시행규칙 :
제16조((전자식 경매·입찰의 예외))

(전자식 경매·입찰의 예외) 법 제19조제3항에 따라 **거수수지식·기록식·서면입찰식** 등의 방법으로 경매 또는 입찰을 할 수 있는 경우는 다음 각 호와 같다.

1. 수산물의 **수급조절과 가격안정을 위하여 수매·비축 또는 수입**한 수산물을 판매하는 경우
2. 그 밖에 품목별·지역별 특성을 고려하여 위판장**개설자가 필요하**다고 인정하는 경우

제20조(위판장의 **공시) (행정처분 : 경고, 10일 , 1개월)**

① 위판장개설자는 출하자와 소비자의 권익보호를 위하여 거래물량, 가격정보, 재무상황, 제16조제1항에 따라 두는 산지경매사, 제21조제1항에 따른 평가 결과 등을 공시하여야 한다.
② 제1항에 따른 공시의 내용, 방법 및 절차 등에 필요한 사항은 해양수산부령으로 정한다.

제21조(위판장의 평가)

① 시장ㆍ군수ㆍ**구청장은 해당 위판장의 운영ㆍ관리와** 위판장개설자의 거래실적, 재무건전성 등 경영관리에 관한 평가를 **2년마다** 실시하여야 한다. 이 경우 위판장개설자는 평가에 필요한 자료를 시장ㆍ군수ㆍ구청장에게 제출하여야 한다.**(업무정지 15일, 1개월, 3개월)**

② **위판장개설자는 산지중도매인의** 거래실적, 재무건전성 등 경영관리에 관한 평가를 실시할 수 있다. **(업무규정상 '1년마다')**

③ 위판장개설자는 제2항에 따른 평가 결과와 시설규모, 거래액 등을 고려하여 산지중도매인에 대하여 시설사용면적의 조정, 차등 지원 등의 조치를 할 수 있다.

④ 시장ㆍ군수ㆍ구청장은 제1항에 따른 평가 결과에 따라 위판장개설자에게 다음 각 호의 명령이나 **권고를 할 수 있다. (업무정지 15일, 1개월, 3개월)**

1. 부진한 사항에 대한 시정 명령
2. 산지중도매인에 대한 시설 사용면적의 조정, 차등 지원 등의 조치 명령

⑤ 그 밖에 위판장 및 산지중도매인에 대한 평가, 조치 등에 필요한 사항은 해양수산부령으로 정한다.

제22조(위판장의 개수ㆍ보수 등 지원)

① **국가 또는 지방자치단체는** 산지의 수산물 공동출하 등을 촉진하기 위하여 위판장개설자에게 부지 확보, 시설물 설치를 위한 개수ㆍ보수 등에 필요한 지원을 할 수 있다.

② 국가와 지방자치단체는 위판장의 효율적인 운영과 생산자의 공동출하를 촉진할 수 있도록 항만 및 어항부지의 사용 등 입지선정과 도로망 개설을 지원하도록 노력하여야 한다.

제22조의2(위판장의 현대화 지원 등)

① **국가 또는 지방자치단체는** 위판장 시설의 현대화를 위하여 위판장의 수산물전자거래(전자경매를 포함한다) 확대, 위판장의 저온유통체계 확립 및 해양수산부령으로 정하는 내용이 포함된 지원계획을 세워야 한다.

② 국가 또는 지방자치단체는 제1항의 지원계획에 따라 위판장개설자에게 지원할 수 있다.

제23조(보고)

① 시장ㆍ군수ㆍ구청장은 위판장개설자로 하여금 그 재산 및 업무집행 상황을 보고하게 할 수 있다. **(미보고, 거짓보고 : 과태료 : 125,250,500, 500만원)**

② 위판장개설자는 수산물의 가격 및 수급 안정을 위하여 특히 필요하다고 인정할 때에는 산지중도매인으로 하여금 업무집행 상황을 보고하게 할 수 있다.

제24조(**검사)(행정처분 : 경고, 10일 , 1개월 업무정지)**

① 시장ㆍ군수ㆍ구청장은 해양수산부령으로 정하는 바에 따라 소속 공무원으로 하여금 위판장개설자의 업무와 이에 관련된 장부 및 재산상태를 검사하게 할 수 있다.

② 제1항에 따라 검사를 하는 공무원은 그 권한을 표시하는 증표를 관계인에게 보여주어야 한다.

제25조(**명령)(과태료 : 25, 50, 100, 100만원)**

시장ㆍ군수ㆍ구청장은 위판장의 적정한 운영을 위하여 필요하다고 인정할 때에는 해양수산부령으로 정하는 바에 따라 위판장개설자에게 업무규정의 변경, 업무처리의 개선, 그 밖에 필요한 조치를 명할 수 있다.

제26조(허가 등의 취소 등)

① 시장ㆍ군수ㆍ구청장은 위판장개설자가 다음 각 호의 어느 하나에 해당하는 경우에는 개설허가를 취소하거나 해당시설을 폐쇄하는 등 그 밖의 필요한 조치를 할 수 있다.

1. 제10조제1항에 따른 **허가를 받지 아니하고 위판장을 개설한 경우(2년, 2천만원 벌금)**

2. 제10조제2항에 따라 제출된 업무규정 및 운영관리계획서와 다르게 위판장을 운영한 경우

3. 제10조제3항을 위반하여 **허가를 받지 아니하고 위판장의 업무규정을 변경한** 경우

4. 제25조에 따른 **명령에 따르지 아니한 경우(25,50,100,100)**

② 시장ㆍ군수ㆍ구청장은 위판장개설자가 다음 각 호의 어느 하나에 해당하면 6개월 이내의 기간을 정하여 해당 업무의 정지를 명할 수 있다.

1. 제13조제1항에 따른 의무를 이행하지 아니하였을 때
2. 제14조제2항을 위반하여 산지중도매인을 지정하였을 때
3. 제16조제1항을 위반하여 산지경매사를 두지 아니하거나 산지경매사가 아닌 사람으로 하여금 경매를 하도록 하였을 때
4. 제16조제2항을 위반하여 산지경매사를 임명하였을 때
5. 제16조제3항을 위반하여 해당 산지경매사를 면직하지 아니하였을 때
10. 제20조제1항을 위반하여 공시하지 아니하거나 거짓된 사실을 공시하였을 때
13. 제24조에 따른 검사에 정당한 사유 없이 응하지 아니하거나 이를 방해하였을 때

(1~5호, 10호, 13호 : 업무정지 : 경고, 10일, 1개월)

6. 제18조제1항을 위반하여 **매수하여 도매하였을 때(15, 1월, 3개월)**

7. **제18조제2항을 위반하여 수탁 또는 판매를 거부ㆍ기피하거나 부당한 차별대우를 하였을 때**

(**경고, 10일, 15일 업무정지**, **벌칙은 1년 징역 또는 1천만원 이하의 벌금)**

8. 제19조제2항을 위반하여 경매 또는 입찰을 하였을 때

(주의, 경고, 1개월)

9. 제19조제4항을 위반하여 즉시 결제하지 아니하였을 때

(경고, 1개월, 3개월)

11. 제21조제1항에 따른 평가 결과 운영 실적이 해양수산부령으로 정하는 기준 이하로 부진하여 출하자 보호에 심각한 지장을 초래할 우려가 있는 경우
12. 제21조제4항에 따른 명령이나 권고를 따르지 아니하였을 때

③ 위판장개**설자는 산지경매사가 제16조제4항의 업무를 부당하게 수행하여 위판장의 거래질서를 문란하게 한 경우 6개월 이내의 기간을 정하여 업무의 정지를 명하거나 면직할 수** 있다.

(경락자결정 위반 : 15일 업무정지 ,3개월, 6개월)

(경매우선순위 문란, 가격평가문란, **정가,수의매매 가격협의 문란 : 10일, 15일, 1개월)**

④ 위판장개설자는 산지중도매인이 다음 각 호의 어느 하나에 해당하면 6개월 이내의 기간을 정하여 해당 업무의 정지를 명하거나 산지중도매인의 지정을 취소할 수 있다.

1. 제14조제2항제1호부터 제4호까지, 제6호 또는 제7호에 해당하여 지정조건을 갖추지 못하였을 때 (행정처분 : 1차 위반 : 지정취소)

2. 제14조제3항을 위반하여 해당 임원을 해임하지 아니하였을 때 (행정처분 : 경고, 지정취소)

3. 제14조제4항을 위반하여 다른 산지중도매인 또는 산지매매참가인의 거래 참가를 방해하거나 정당한 사유 없이 집단적으로 경매 또는 입찰에 불참하였을 때

(벌칙 : 1년 이하의 징역 또는 1천만원 이하의 벌금)
(행정처분 : 주동자 : 3개월, 지정취소 :: 단순가담자 : 10일, 1개월, 3개월 업무정지)

⑤ 제1항부터 제4항까지의 규정에 따른 위반행위별 처분기준은 해양수산부령으로 정한다.
⑥ 위판장개설자가 제4항에 따라 산지중도매인의 지정을 취소한 경우에는 해양수산부장관이 지정하여 고시한 인터넷 홈페이지에 그 내용을 게시하여야 한다.

시행규칙 : **제24조((위반행위별 처분기준 등))**

① 법 제26조제2항제11호에서 "해양수산부장관이 정하는 기준 이하"란 다음 각 호의 경우를 말한다.

(행정처분 : 1차 위반 '15일 업무정지, 2차위반 1개월업무정지, 3차위반 , 3개월 업무정지)

1. 법 제21조제1항에 따른 평가의 결과 2회 연속 거래실적의 평가등급이 해양수산부장관이 정하여 고시하는 등급 이하인 경우

(행정처분 : 1차 위반 '15일 업무정지, 2차위반 1개월업무정지, 3차위반 , 3개월 업무정지)

2. 법 제21조제1항에 따른 평가의 결과 2회 연속 재무건전성의 평가점수가 위판장 평균점수의 3분의 2 이하인 경우

(행정처분 : 1차 위반 '15일 업무정지, 2차위반 1개월업무정지, 3차위반 , 3개월 업무정지)

② 법 제26조제1항부터 제4항까지의 규정에 따른 위반행위별 처분기준은 별표 1과 같다.

제2절 수산물 유통법령 조문

※ 2019년 수산물품질관리사 1차 객관식 출제 범위에서 '수산물 유통의 관리 및 지원에 관한 법령''일명'' 수산물유통법''이 추가 및 포함되었습니다.

제1조(목적)

이 법은 수산물 유통체계의 효율화와 수산물유통산업의 경쟁력 강화에 관하여 규정함으로써 원활하고 안전한 수산물의 유통체계를 확립하여 생산자와 소비자를 보호하고 국민경제의 발전에 이바지함을 목적으로 한다.

제2조(정의)

이 법에서 사용하는 용어의 뜻은 다음과 같다.

1. **"수산물"이란 수산업활동으로 생산되는 산물로서 대통령령으로 정하는 것을 말한다.**

> 시행령 : 제2조((수산물의 범위))
>
> (수산물의 범위) 「수산물유통의관리및지원에관한법률」(이하 "법"이라 한다) 제2조제1호에서 "대통령령으로 정하는 것"이란
>
> 「수산업·어촌 발전 기본법」 제3조제1호가목에 따른 어업 활동으로 생산되는 산물[수산물산지위판장의 도매 품목의 경우 「수산업·어촌 발전 기본법」 제3조제1호가목에 따른 어업 활동으로 생산되는 산물을 염장(염장) 등의 방법으로 단순 처리한 것을 포함한다]을 말한다.

2. **"수산물유통산업"이란 수산물의 도매·소매 및 이를 경영하기 위한 보관·배송·포장과 이와 관련된 정보·용역의 제공 등을 목적으로 하는 산업을 말한다.**
3. **"수산물유통사업자"란 수산물유통산업을 영위하는 자 또는 그와의 계약에 따라 수산물유통산업을 수행하는 자를 말한다.**
4. **"수산물산지위판장"이란 「수산업협동조합법」에 따른 지구별 수산업협동조합, 업종별 수산업협동조합 및 수산물가공 수산업협동조합, 수산업협동조합중앙회, 그 밖에 대통령령으로 정하는 생산자단체와 생산자가 수산물을 도매하기 위하여 제10조에 따라 개설하는 시설을 말한다.**

> 시행령 : 제3조((수산물산지위판장 개설자))
> (수산물산지위판장 개설자) 법 제2조제4호 및 제10조제1항에서 "대통령령으로 정하는 생산자단체와 생산자"란 각각 다음 각 호의 어느 하나에 해당하는 자를 말한다.
>
> 1. 「농어업경영체 육성 및 지원에 관한 법률」 제16조제2항에 따른 영어조합법인
> 2. 「농어업경영체 육성 및 지원에 관한 법률」 제19조제3항에 따른 **어업회사법인**

3. 「수산업·어촌 발전 기본법」 제3조제3호에 따른 어업인(이하 "어업인"이라 한다)
4. 「수산업협동조합법」 제15조제1항에 따른 **어촌계**
5. 「수산업협동조합법」에 따른 지구별 수산업협동조합(이하 "지구별수협"이라 한다), 업종별 수산업협동조합(이하 "업종별수협"이라 한다) 또는 수산물가공 수산업협동조합(이하 "수산물가공수협"이라 한다)이 수산물산지위판장의 개**설을 위하여 조직한 조합 또는 법인**
6. 수산물을 공동으로 생산하거나 수산물을 공동으로 판매·가공 또는 **수출하기 위하여 어업인 5명 이상이 「협동조합 기본법」에 따라 설립한 협동조합 또는 사회적협동조합**
7. 다음 각 목의 어느 하나에 해당하는 자가 출자한 자본금의 합계가 전체 자본금의 100분의 50 이상인 법인
가. 제1호부터 제4호까지의 어느 하나에 해당하는 자 나. 지구별수협 다. 업종별수협 라. 수산물가공수협 마. 「수산업협동조합법」에 따른 수산업협동조합중앙회(이하 "수협중앙회"라 한다)

5. **"산지중도매인"**(産地仲都賣人)이란 수산물산지위판장 개설자의 지정을 받아 다음 각 목의 영업을 하는 자를 말한다.
   가. 수산물산지위판장에 상장된 수산물을 매수하여 도매하거나 매매를 중개하는 영업
   나. 수산물산지위판장 **개설자로부터 허가를 받은 비상장 수산물을 매수 또는 위탁받아 도매하거나 매매를 중개하는 영업**
6. **"산지매매참가인"**이란 수산물산지위판장 개설자에게 신고를 하고 수산물산지위판장에 상장된 수산물을 직접 매수하는 자로서 산지중도매인이 아닌 가공업자·소매업자·수출업자 또는 소비자단체 등 수산물의 수요자를 말한다.
7. "산지경매사"란 해양수산부장관이 실시하는 산지경매사 자격시험에 합격하고, 수산물산지위판장에 상장된수산물의 가격 평가 및 경락자 결정 등의 업무를 수행하는 자를 말한다.
8. "수산물전자거래"란 수산물을 「전자문서 및 전자거래 기본법」 제2조제5호에 따른 전자거래의 방법으로 거래하는 것을 말한다.

제3조(국가 및 지방자치단체의 책무)
① **국가 및 지방자치단체는 수**산물 유통체계의 효율화와 수산물유통산업의 경쟁력 강화를 위한 시책을 추진하여야 한다.
② 지방자치단체는 국가의 수산물유통시책과 조화를 이루면서 지역적 특성을 고려한 지역 수산물유통에 관한 시책을 추진하여야 한다.

제4조(다른 법률과의 관계)
법은 수산물 유통의 관리 및 지원에 관하여 다른 법률에 우선하여 적용한다.

제2장 수산물유통발전계획 등 :

제5조(기본계획의 수립、시행)
① 해양수산부장관은 수산물유통산업의 발전을 위하여 **5년마다 수산물 유통발전 기본계획(**이하 "기본계획"이

라 한다)을 관계 중앙행정기관의 장과 협의를 거쳐 수립 · 시행하여야 한다.

② 기본계획에는 다음 각 호의 사항이 포함되어야 한다.

1. 수산물유통산업 발전을 위한 정책의 기본방향
2. 수산물유통산업의 여건 변화와 전망
3. 수산물 품질관리
4. 수산물 수급관리
5. 수산물 유통구조 개선 및 발전기반 조성
6. 수산물유통산업 관련 기술의 연구개발 및 보급
7. 수산물유통산업 관련 전문인력의 양성 및 정보화
8. 그 밖에 수산물유통산업의 발전을 촉진하기 위하여 해양수산부장관이 필요하다고 인정하는 사항

③ 해양수산부장관은 기본계획을 수립하기 위하여 필요한 경우에는 관계 중앙행정기관의 장에게 필요한 자료를 요청할 수 있다. 이 경우 자료를 요청받은 관계 중앙행정기관의 장은 특별한 사정이 없으면 요청에 따라야 한다.

④ 그 밖에 기본계획 수립의 절차 · 방법 등에 필요한 사항은 해양수산부령으로 정한다.

제6조(시행계획의 수립 · 시행)

① 해양수산부장관은 **기본계획에 따라 매년 수산물 유통발전 시행계획**(이하 "연도별시행계획"이라 한다)을 수립 · 시행하여야 한다.

② 해양수산부장관은 연도별시행계획을 수립하기 위하여 필요한 경우에는 관계 중앙행정기관의 장에게 필요한 자료를 요청할 수 있다. 이 경우 자료를 요청받은 관계 중앙행정기관의 장은 특별한 사정이 없으면 요청에 협조하여야 한다.

제7조(**지방자치단체의 사업 수립 · 시행 등**)

① 특별시장 · 광역시장 · 특별자치시장 · 도지사 또는 특별자치도지사(이하 "시 · 도지사"라 한다)는 기본계획 및 연도별시행계획에 따라 그 관할 지역의 특성을 고려하여 지역별 수산물유통발전 시행계획을 수립 · 추진하여야 한다.

② 해양수산부장관은 수산물유통산업의 발전을 위하여 필요한 경우에는 시 · 도지사 또는 시장(「제주특별자치도 설치 및 국제자유도시 조성을 위한 특별법」 제17조제1항에 따른 행정시장을 포함한다. 이하 같다) · 군수 · 구청장(자치구의 구청장을 말한다. 이하 같다)에게 연도별시행계획의 시행에 필요한 조치를 할 것을 요청할 수 있다.

제8조(실태조사)

① 해양수산부장관은 기본계획 및 연도별시행계획 등을 효율적으로 수립 · 추진하기 위하여 수산물 생산 및 유통산업에 대한 실태조사를 할 수 있다.

② 해양수산부장관은 제1항에 따른 실태조사를 위하여 필요하다고 인정하는 경우에는 관계 중앙행정기관의 장, 지방자치단체의 장, 공공기관의 장, 수산물유통사업자 및 관련 단체 등에 필요한 자료를 요청할 수 있다. 이 경우 자료를 요청받은 관계 중앙행정기관의 장 등은 특별한 사정이 없으면 요청에 협조하여야 한다.

③ 제1항에 따른 실태조사를 위한 시기 및 범위 등 필요한 사항은 대통령령으로 정한다.

시행령 : **제4조((실태조사의 시기 및 범위 등))**
① 법 제8조제1항에 따른 수산물 생산 및 유통산업에 대한 실태조사(이하 "실태조사"라 한다)는 다음 각 호의 구분에 따라 실시한다. 이 경우 해양수산부장관은 제2호에 따른 수시

조사를 실시한 후 1년 이내에 제1호에 따른 정기조사를 실시하여야 하는 경우 등 필요하다고 인정하는 경우 정기조사의 실시 시기를 조정하거나 정기조사의 실시를 생략할 수 있다.

1. 정기조사: 법 제5조제1항에 따른 수산물 유통발전 기본계획(이하 "기본계획"이라 한다) 또는 법 제6조제1항에 따른 수산물 유통발전 시행계획(이하 "연도별시행계획"이라 한다)의 수립에 활용하기 위하여 5년마다 실시하는 조사

2. 수시조사: 수산물의 수급(수급)이 불안정한 경우 등 기본계획 또는 연도별시행계획의 수립·추진과 관련하여 해양수산부장관이 필요하다고 인정하는 경우에 실시하는 조사

② 실태조사의 범위는 다음 각 호와 같다.

1. 수산물의 국내외 유통 현황 및 유통종사자 현황

2. 법 제27조에 따른 수산물 이력추적관리(이하 "이력추적관리"라 한다)의 등록 및 표시 현황

3. 수산물 품질과 위생관리 현황

4. 수산물 생산량, 소비량, 재고량, 감모량(감모량) 및 폐기량 등 수산물 수급 현황

5. 그 밖에 기본계획 또는 연도별시행계획의 수립·추진에 필요한 사항

③ 해양수산부장관은 실태조사를 실시한 경우 그 결과를 해양수산부 인터넷 홈페이지에 게시하는 등의 방법으로 공표하여야 한다.

제9조(수산물유통발전위원회의 설치)

① 해양수산부장관은 수산물유통산업 발전에 관한 주요 사항을 심의하기 위하여 수산물유통발전위원회(이하 "위원회"라 한다)를 둘 수 있다.

② 위원회는 다음 각 호의 사항을 심의한다.

1. 기본계획 및 연도별시행계획의 수립
2. 수산물 유통체계의 효율화
3. 수산물유통산업의 발전을 위한 정책 사항
4. 수산물 수급관리
5. 그 밖에 수산물유통산업에 관한 중요한 사항으로서 해양수산부장관이 회의에 부치는 사항

③ 위원회의 효율적 운영을 위하여 위원회에 분야별로 분과위원회를 둘 수 있다.

④ 위원회 및 분과위원회의 구성 및 운영 등에 필요한 사항은 대통령령으로 정한다.

시행령 : **제5조((수산물유통발전위원회의 구성 등))**

① 법 제9조제1항에 따른 수산물유통발전위원회(이하 "위원회"라 한다)는 위원장 및 부위원장 각 **1명을 포함하여 11명 이상 20명 이내의 위원으로 성별**을 고려하여 구성한다.

② 위원장과 부위원장은 위원 중에서 각각 호선(호선)한다.

③ 위원회의 위원은 다음 각 호의 사람이 된다. 이 경우 제5호 각 목에 해당하는 사람을 각각 1명 이상 포함하여야 한다.

1. 해양수산부 소속 공무원 중에서 해양수산부장관이 임명하는 사람

2. 식품의약품안전처 소속 공무원 중에서 식품의약품안전처장이 지명하는 사람

3. 국립수산물품질관리원 소속 공무원 중에서 국립수산물품질관리원의 원장(이하 "국립수산물품질관리원장"이라 한다)이 지명하는 사람
4. 다음 각 목의 기관 또는 단체의 임직원 중에서 해당 기관 또는 단체의 장이 지명하는 사람
가. 수협중앙회
나. 법 제53조제1항에 따라 설립된 수산물 유통협회
다. 「정부출연연구기관 등의 설립·운영 및 육성에 관한법률」에 따른 한국해양수산개발원(이하 "한국해양수산개발원"이라 한다)
라. 「한국농수산식품유통공사법」에 따른 한국농수산식품유통공사
5. 다음 각 목의 사람 중에서 해양수산부장관이 위촉하는 사람
가. 수산물 유통에 관한 학식과 경험이 풍부한 사람 또는 수산물 유통업을 영위하는 사람 중 해당 분야에서 10년 이상 종사한 사람
나. 「비영리민간단체 지원법」 제2조에 따른 비영리민간단체 중 수산물 관련 단체 또는 「소비자기본법」 제2조제3호에 따른 소비자단체(이하 "소비자단체"라 한다)의 임직원
다. 법 제54조제1항에 따라 설립된 단체의 임직원
④ 제3항제5호에 따라 위촉된 **위원의 임기는 3년으로 하며,** 위원의 사임 등으로 인하여 새로 위촉된 위원의 임기는 전임위원 임기의 남은 기간으로 한다.
⑤ 위원회의 사무를 처리하게 하기 위하여 위원회에 **간사 1명**을 둔다. 이 경우 간사는 해양수산부 소속 공무원 중에서 해양수산부장관이 지명한다.

제3장 수산물산지위판장 :

제10조(수산물산지위판장의 개설 등)
① 수산물산지위판장(이하 "위판장"이라 한다)은 「수산업협동조합법」에 따른 지구별 수산업협동조합, 업종별 수산업협동조합 및수산물가공 수산업협동조합(이하 "수협조합"이라 한다), 수산업협동조합중앙회(이하 "수협중앙회"라 한다), 그 밖에 대통령령으로 정하는 생산자단체와 생산자(이하 "생산자단체등"이라 한다)가 시장 · 군수 · 구청장의 허가를 받아 개설한다.
② 수협조합, 수협중앙회 또는 생산자단체등(이하 "위판장개설자"라 한다)이 위판장을 개설하려면 위판장 개설허가신청서에 업무규정과 운영관리계획서를 첨부하여 시장 · 군수 · 구청장에게 제출하여야 한다.
③ 위판장개설자가 개설한 위판장의 업무규정을 변경할 때에는 시장 · 군수 · 구청장의 허가를 받아야 한다.
④ 위판장개설자가 개설한 위판장을 폐쇄하려면 시장 · 군수 · 구청장의 허가를 받아 3개월 전에 이를 공고하여야 한다.
⑤ 위판장의 위치, 기능 및 특성 등에 따른 위판장의 종류, 위판장의 개설허가절차, 개설허가신청서, 업무규정 및 운영관리계획서 작성 및 제출, 위판장 폐쇄 등에 필요한 사항은 해양수산부령으로 정한다.

시행규칙 : 해수부령 :**제6조((위판장의 폐쇄))**

① 위판장개설자는 법 제10조제4항에 따라 개설한 위판장을 폐쇄하려는 경우에는 폐쇄예정일 6개월 전에 시장·군수·구청장에게 폐쇄허가를 신청하여야 한다.
② 위판장개설자는 제1항에 따른 위판장 폐쇄허가 신청을 할 때 다음 각 호의 사항이 포함된 서류를 제출하여야 한다.
1. 폐쇄하려는 위판장의 입지조건, 시설 현황 **및 최근 2년간의 거래 실적과 거래 추세 등 현황**

2. 폐쇄하려는 위판장을 이용하는 생산자 및 산지중도매인 등 유통종사자의 피해를 최소화하기 위한 계획 및 협의 결과

③ 제1항에 따른 위판장 폐쇄허가 신청을 받은 시장·군수·구청장은 해당 위판장을 이용하는 생산자 및 유통종사자 등 이해관계인들과의 협의를 거쳐 위판장 폐쇄허가 신청을 받은 날부터 3개월 이내에 위판장 폐쇄허가 여부를 결정하여야 한다.

④ 시장·군수·구청장은 위판장의 폐쇄허가 여부를 결정하기 전에 필요한 경우 해양수산부장관, 특별시장·광역시장·특별자치시장·도지사 또는 특별자치도지사(이하 "시·도지사"라 한다)와 **미리 협의할 수** 있다.

⑤ 시장·군수·구청장은 위판장의 폐쇄허가를 하는 경우 폐쇄되는 위판장과 인근 위판장의 통폐합을 권고하는 등 위판장의 폐쇄와 관련하여 필요한 조치를 하거나 지원을 할 수 있다.

제11조(위판장 개설구역)

위판장은 다음 각 호의 어느 하나에 해당하는 지역에 개설할 수 있다.

1. 「어촌、어항법」에 따라 지정된 어항　2. 「항만법」에 따른 항만
3. 그 밖에 어획물 양륙시설 또는 가공시설을 갖춘 지역으로서 해양수산부장관이 지정하여 고시한 지역

제12조(위판장 허가기준 등)

① 시장、군수、구청장은 제10조제2항에 따른 허가신청의 내용이 다음 각 호의 요건을 갖춘 경우에는 이를 허가하여야 한다.
 1. 위판장을 개설하려는 구역이 수산물 양륙 및 산지유통의 중심지역일 것
 2. 위판장 운영에 적합한 시설을 갖추고 있을 것
 3. 업무규정과 운영관리계획서의 내용이 명확하고 그 실현이 가능할 것

② 시장、군수、구청장은 제1항제2호에 따라 요구되는 시설이 갖추어지지 아니한 경우에는 일정한 기간 내에 해당 시설을 갖출 것을 조건으로 개설허가를 할 수 있다.

③ 제1항제2호에 따른 위판장 시설기준 등 위판장의 허가 요건과 절차에 필요한 사항은 해양수산부령으로 정한다.

제13조(위판장개설자의 의무)

① 위판장개설자는 수산물의 생산자와 거래관계자의 편익과 소비자 보호를 위하여 다음 각 호의 사항을 이행하여야 한다.
 1. 위판장 시설의 정비、개선과 위생적인 관리
 2. 공정한 거래질서의 확립
 3. 수산물 품질 향상을 위한 규격화, 포장 개선 및 저온유통 등 선도 유지의 촉진
 4. 산지중도매인의 거래 촉진 및 지원

② 위판장개설자는 제1항 각 호의 사항을 효과적으로 이행하기 위하여 이에 대한 투자계획 및 품질향상 등을 포함한 대책을 수립、시행하여야 한다.

③ 위판장**개설자는 위판장의 시설규모 및 거래액 등을 고려하여 산지중도매인을 두어야** 한다.

제13조의2(수산물매매장소의 제한)
거래 정보의 부족으로 가격교란이 심한 수산물로서 해양수산부령으로 정하는 수산물은 위판장 외의 장소에서 매매 또는 거래하여서는 아니 된다.

시행규칙 : **제7조의2((매매장소 제한 수산물))** **(매매장소 제한 수산물) 법 제13조의2에서 "해양수산부령으로 정하는 수산물"이란 뱀장어(종자용 뱀장어를 제외한다)를 말한다.**

제13조의3(위판장 위생관리기준)
해양수산부장관은 수산물의 위생관리를 통한 안전한 먹거리 확보를 위하여 위판장의 위생시설 확보 및 적정온도 유지에 관한 내용이 포함된 위판장 위생관리기준을 **식품의약품안전처장과 협의하여 고시한다.**

제14조(산지중도매인의 지정)
① 산지중도매인의 업무를 하려는 자는 위판장**개설자의 지정을 받**아야 한다.
② 위판장개설자는 다음 각 호의 어느 하나에 해당하는 경우에는 제1항에 따른 산지중도매인으로 지정하여서는 아니 된다.
1. 파산선고를 받고 복권되지 아니한 사람이나 피성년후견인
2. 이 법을 위반하여 금고 이상의 실형을 선고받고 그 형의 집행이 끝나거나(집행이 끝난 것으로 보는 경우를 포함한다) 면제되지 아니한 사람
3. 제26조제4항에 따라 산지중도매인의 지정이 취소된 날부터 2년이 지나지 아니한 사람
4. 위판장개설자의 주주 및 임직원으로서 해당 위판장개설자의 업무와 경합되는 산지중도매업을 하려는 사람
5. 임원 중에 제1호부터 제4호까지의 어느 하나에 해당하는 사람이 있는 법인
6. 최저거래금액 및 거래대금의 지급보증을 위한 보증금 등 해양수산부령으로 정하는 산지중도매인 지정조건을 갖추지 못한 사람
7. 그 밖에 이 법 또는 다른 법령에 따른 제한에 위반되는 경우

③ 법인인 산지중도매인은 임원이 제2항제5호에 해당하게 되었을 때에는 그 임원을 지체 없이 해임하여야 한다.
④ 산지중도매인은 다른 산지중도매인 또는 산지매매참가인의 거래 참가를 방해하는 행위를 하거나 집단적으로 수산물의 경매 또는 입찰에 불참하는 행위를 하여서는 아니 된다.
⑤ 위판장개설사는 제1항에 따라 산지중도매인을 지정하는 경우 5년 이상 10년 이하의 범위에서 지정 유효기간을 설정할 수 있다. 다만, 법인이 아닌 산지중도매인은 3년 이상 10년 이하의 범위에서 지정 유효기간을 설정할 수 있다.
⑥ 제1항에 따라 지정을 받은 산지중도매인은 다른 위판장개설자의 지정을 받은 경우에는 다른 위판장에서도 그 업무를 할 수 있다.

제15조(산지매매참가인의 신고)
산지매매참가인의 업무를 하려는 자는 해양수산부령으로 정하는 바에 따라 위판장개설자에게 산지매매참가인으로 신고하여야 한다.

제16조(산지경매사의 임면 및 업무)

① 위판장<u>개설자는 위판장에서의 공정하고 신속한 거래를 위하여 해양수산부령으로 정하는 바에 따라 산지경매사를 두어야 한다.</u>

② 위판장개설자는 제17조에 따른 산지경매사 자격시험에 합격한 사람을 산지경매사로 임명하되, 다음 각 호의 어느 하나에 해당하는 사람은 임명하여서는 아니 된다.

1. 피성년후견인 또는 피한정후견인
2.이 법 또는 「형법」 제129조부터 제132조까지의 죄 중 어느 하나에 해당하는 죄를 범하여 금고 이상의 실형을 선고받고 그 형의 집행이 끝나거나(집행이 끝난 것으로 보는 경우를 포함한다) 집행이 면제된 후 2년이 지나지 아니한 사람
3. 이 법 또는 「형법」 제129조부터 제132조까지의 죄 중 어느 하나에 해당하는 죄를 범하여 금고 이상의 형의 집행유예를 선고받거나 선고유예를 받고 그 유예기간 중에 있는 사람
4. 해당 위판장의 산지중도매인 또는 그 임직원
5. 제26조제3항에 따라 면직된 후 2년이 지나지 아니한 사람
6. 제26조제3항에 따른 업무정지기간 중에 있는 사람

③ 위판장개설자는 산지경매사가 제2항제1호부터 제4호까지의 어느 하나에 해당하는 경우에는 그 산지경매사를 면직하여야 한다.

④ 산지경매사는 다음 각 호의 업무를 수행한다.

1. 위판장에 상장한 수산물에 대한 경매 우선순위의 결정
2. 위판장에 상장한 수산물에 대한 가격 평가
3. 위판장에 상장한 수산물에 대한 경락자의 결정
4. 위판장에 상장한 수산물에 대한 정가ㆍ수의매매 등의 가격 협의

⑤ 산지경매사는 「형법」 제129조부터 제132조까지의 규정을 적용할 때에는 공무원으로 본다.

제17조(산지경매사 자격시험)

① 산지경매사의 자격시험은 해양수산부장관이 실시한다.

② 제1항에 따른 산지경매사 자격시험의 응시자격, 시험과목, 시험의 일부 면제, 시험방법, 자격증 발급, 그 밖에 시험에 필요한 사항은 대통령령으로 정한다.

시행규칙 : **제10조((산지경매사의 임면))**

① 법 제16조제1항에 따라 **<u>위판장개설자는 위판장에 1명 이상의 산지경매사를 두어야 한다</u>**. 이 경우 위판장에 두는 산지경매사의 수는 위판장의 연간 **수산물 거래물량 등을 고려하여 업무규정으로 정한다.**

② 법 제16조제2항 및 제3항에 따라 위판장개설자가 산지경매사를 임면한 경우에는 산지경매사를 임면한 날부터 15일 이내에 시장·군수·구청장에게 그 사실을 통보하여야 한다.

제18조(위판장 수산물 수탁판매 등)

① 위판장개설자는 도매하는 수산물을 출하자로부터 위탁받아야 한다. 다만, 수산물의 가격안정 등 해양수산부령으로 정하는 특별한 사유가 있는 경우에는 매수하여 도매할 수 있다.

② 위판장개설자는 해양수산부령으로 정하는 경우를 제외하고는 입하된 수산물의 수탁과 위탁받은 수산물의 판매를 거부ㆍ기피하거나 거래 관계인에게 부당한 차별대우를 하여서는 아니 된다.

③ 산지중도매인은 위판장개설자가 상장한 수산물 외에는 거래할 수 없다. 다만, 위판장개설자가 상장하기에 적합하지 아니한 수입산이나 원양산 수산물 등 해양수산부령으로 정하는 바에 따라 시장ㆍ군수ㆍ구청장으로부터 허가를 받은 수산물의 경우에는 그러하지 아니하다.

④ 산지중도매인 간에는 거래할 수 없다. 다만, 과잉생산 수산물의 처리 등 해양수산부령으로 정하는 바에 따라 시장ㆍ군수ㆍ구청장으로부터 허가를 받은 경우에는 그러하지 아니하다.

시행규칙 : **제11조((수탁판매의 예외))**

① 법 제18조제1항 단서에서 "해양수산부령으로 정하는 특별한 사유가 있는 경우"란 다음 각 호의 어느 하나에 해당하는 경우를 말한다.

1. 법 제40조제1항 또는 법 제41조제2항에 따른 **수산물의 수매에 필요한 경우**

2. **입하된 수산물의 원활한 유통이나 가격안정을 위하여 특별히 필요한 경우**
3. 업무규정으로 정하는 위판장의 겸영업무를 수행하기 위하여 필요한 물량을 매수하는 경우
4. 법 제19조제1항에 따른 정가수매·수의매매로 도매할 수 있도록 업무규정으로 정하고 있고, 산지중도매인의 요청이 있는 경우로서 그 산지중도매인에게 정가수매·수의매매로 도매하기 위하여 필요한 물량을 매수하는 경우

② 법 제18조제1항 단서에 따라 **수산물을 매수하여 도매한 위판장개설자는 다음 각 호의 자료를 해당 수산물을 매수한 날부터 3년 동안 보관하여야 한다.**

1. **매수하여 도매한 수산물의 품목, 수량, 원산지, 매수가격, 판매가격 및 출하자**
2. 매수하여 도매한 사유

제12조((수탁의 거부 사유))

(수탁의 거부 사유) 법 제18조제2항에서 "해양수산부령으로 정하는 경우"란 다음 각 호의 어느 하나에 해당하는 경우를 말한다.

1. 수산물에 법 제32조 각 호의 어느 하나에 해당하는 행위를 한 경우
2. 법 제34조에 따라 판매금지의 대상이 된 수산물인 경우
3. 법 제37조제1항에 따라 유통이 금지된 수산물인 경우
4. 법 제37조제2항 각 호에 따른 해양수산부장관의 명령을 위반하여 출하된 수산물인 경우
5. 법 제39조제1항에 따른 출하계약을 위반하여 출하된 수산물인 경우
6. 법 제46조제1항에 따라 해양수산부장관이 정한 수산물의 규격에 따르지 아니한 수산물인 경우

제13조((상장되지 아니한 수산물의 거래허가))

(상장되지 아니한 수산물의 거래허가) 산지중도매인이 법 제18조제3항 단서에 따라 위판장

개설자가 상장하지 아니한 수산물을 거래할 수 있는 경우는 다음 각 호의 어느 하나에 해당하는 품목의 수산물을 거래하는 경우로서 위판장개설자가 시장·군수·구청장의 허가를 받은 경우로 한다.

1. 품목의 특성으로 인하여 해당 수산물 품목을 취급하는 산지중도매인이 1인이거나 소수이어서 위판장에 상장하여 거래하는 것이 무의미한 품목

2. 수입산 수산물이나 원양산 수산물 중 그 특성상 상장거래에 의하여 산지중도매인이 해당 수산물을 매입하는 것이 현저히 곤란하다고 위판장개설자가 인정하는 품목

제14조((산지중도매인 간 거래))

① 법 제18조제4항 단서에 따라 산지중도매인 간에 거래할 수 있는 경우는 다음 각 호의 어느 하나에 해당하는 경우로서 **시장·군수·구청장의 허가를 받은 경우로 한다.**

1. 법 제40조제1항에 따라 해양수산부장관이 **수산물의 가격안정을 위하여 수산물을 수매하는 데 필요한 경우**

2. 법 제41조제1항 또는 제2항에 따라 해양수산부장관이 수산물의 수급조절과 가격안정을 위하여 수산물을 비축하는 데 필요한 경우

3. 법 제42조에 따라 해양수산부장관이 단기적인 수산물의 수급조절과 가격안정을 위하여 수산물의 민간수매사업 지원을 하는 데 필요한 경우

② 제1항에 따라 다른 산지중도매인과 거래한 산지중도매인은 허가받은 거래를 종료한 즉시 거래한 수산물의 품목, 수량, 구매가격 및 구매자와 판매자에 관한 자료를 시장·군수·구청장에게 통보하여야 한다.

제19조(위판장 수산물 매매방법 및 대금 결제)

① 위판장개설자는 위판장에서 수산물을 **경매ㆍ입찰ㆍ정가매매 또는 수의매매의** 방법으로 매매하여야 한다. 다만, 출하자가 선취매매ㆍ선상경매ㆍ견본경매 등 해양수산부령으로 정하는 매매방법을 원하는 경우에는 그에 따를 수 있다.

② 위판장개설자는 위판장에 상장한 수산물을 위탁된 순위에 따라 경매 또는 입찰의 방법으로 판매하는 경우에는 최고가격 제시자에게 판매하여야 한다. 다만, 출하자가 서면으로 거래 성립 최저가격을 제시한 경우에는 그 가격 미만으로 판매하여서는 아니 된다.

③ 제2항에 따른 **경매 또는 입찰의 방법은 전자식(전자식)을 원칙**으로 하되 필요한 경우 해양수산부령으로 정하는 바에 따라 거수수지식(거수수지식), 기록식, 서면입찰식 등의 방법으로 할 수 있다.

④ 위판장개설자는 매수하거나 위탁받은 수산물이 매매되었을 때에는 그 대금의 전부를 출하자에게 즉시 결제하여야 한다. 다만, 대금의 지급방법에 관하여 위판장개설자와 출하자 사이에 특약이 있는 경우에는 그 특약에 따른다.

⑤ 제4항에 따른 대금결제에 관한 구체적인 절차와 방법, 수수료 징수 등에 관하여 필요한 사항은 해양수산부령으로 정한다.

시행규칙 : 제16조((전자식 경매·입찰의 예외)) **(전자식 경매·입찰의 예외)** 법 제19조제3항에 따라 거수수지식·기록식·서면입찰식 등의 방법으로 경매 또는 입찰을 할 수 있는 경우는 다음 각 호와 같다. 1. 수산물의 **수급조절과 가격안정을 위하여 수매·비축 또는 수입**한 수산물을 판매하는 경우 2. 그 밖에 품목별·지역별 특성을 고려하여 위판장**개설자가 필요**하다고 인정하는 경우

제20조(위판장의 공시)
① 위판장개설자는 출하자와 소비자의 권익보호를 위하여 거래물량, 가격정보, 재무상황, 제16조제1항에 따라 두는 산지경매사, 제21조제1항에 따른 평가 결과 등을 공시하여야 한다.
② 제1항에 따른 공시의 내용, 방법 및 절차 등에 필요한 사항은 해양수산부령으로 정한다.

제21조(위판장의 평가)
① 시장、군수、구청장은 해당 위판장의 운영、관리와 위판장개설자의 거래실적, 재무건전성 등 경영관리에 관한 평가를 2년마다 실시하여야 한다. 이 경우 위판장개설자는 평가에 필요한 자료를 시장、군수、구청장에게 제출하여야 한다.

② **위판장개설자는 산지중도매인의** 거래실적, 재무건전성 등 경영관리에 관한 평가를 실시할 수 있다
③ 위판장개설자는 제2항에 따른 평가 결과와 시설규모, 거래액 등을 고려하여 산지중도매인에 대하여 시설사용면적의 조정, 차등 지원 등의 조치를 할 수 있다.
④ 시장、군수、구청장은 제1항에 따른 평가 결과에 따라 위판장개설자에게 다음 각 호의 명령이나 권고를 할 수 있다.
  1. 부진한 사항에 대한 시정 명령
  2. 산지중도매인에 대한 시설 사용면적의 조정, 차등 지원 등의 조치 명령

⑤ 그 밖에 위판장 및 산지중도매인에 대한 평가, 조치 등에 필요한 사항은 해양수산부령으로 정한다.
제22조(위판장의 개수、보수 등 지원)
① 국가 또는 지방자치단체는 산지의 수산물 공동출하 등을 촉진하기 위하여 위판장개설자에게 부지 확보, 시설물 설치를 위한 개수、보수 등에 필요한 지원을 할 수 있다.
② 국가와 지방자치단체는 위판장의 효율적인 운영과 생산자의 공동출하를 촉진할 수 있도록 항만 및 어항부지의 사용 등 입지선정과 도로망 개설을 지원하도록 노력하여야 한다.

제22조의2(위판장의 현대화 지원 등)
① 국가 또는 지방자치단체는 위판장 시설의 현대화를 위하여 위판장의 수산물전자거래(전자경매를 포함한다) 확대, 위판장의 저온유통체계 확립 및 해양수산부령으로 정하는 내용이 포함된 지원계획을 세워야 한다.
② 국가 또는 지방자치단체는 제1항의 지원계획에 따라 위판장개설자에게 지원할 수 있다.

제23조(보고)
① 시장、군수、구청장은 위판장개설자로 하여금 그 재산 및 업무집행 상황을 보고하게 할 수 있다.
② 위판장개설자는 수산물의 가격 및 수급 안정을 위하여 특히 필요하다고 인정할 때에는 산지중도매인으로

하여금 업무집행 상황을 보고하게 할 수 있다.

제24조(검사)

① 시장ㆍ군수ㆍ구청장은 해양수산부령으로 정하는 바에 따라 소속 공무원으로 하여금 위판장개설자의 업무와 이에 관련된 장부 및 재산상태를 검사하게 할 수 있다.

② 제1항에 따라 검사를 하는 공무원은 그 권한을 표시하는 증표를 관계인에게 보여주어야 한다.

제25조(명령)

시장ㆍ군수ㆍ구청장은 위판장의 적정한 운영을 위하여 필요하다고 인정할 때에는 해양수산부령으로 정하는 바에 따라 위판장개설지에게 업무규정의 변경, 업무처리의 개선, 그 밖에 필요한 조치를 명할 수 있다.

제26조(허가 등의 취소 등)

① 시장ㆍ군수ㆍ구청장은 위판장개설자가 다음 각 호의 어느 하나에 해당하는 경우에는 개설허가를 취소하거나 해당시설을 폐쇄하는 등 그 밖의 필요한 조치를 할 수 있다.

1. 제10조제1항에 따른 허가를 받지 아니하고 위판장을 개설한 경우
2. 제10조제2항에 따라 제출된 업무규정 및 운영관리계획서와 다르게 위판장을 운영한 경우
3. 제10조제3항을 위반하여 허가를 받지 아니하고 위판장의 업무규정을 변경한 경우
4. 제25조에 따른 명령에 따르지 아니한 경우

② 시장ㆍ군수ㆍ구청장은 위판장개설자가 다음 각 호의 어느 하나에 해당하면 6개월 이내의 기간을 정하여 해당 업무의 정지를 명할 수 있다.

1. 제13조제1항에 따른 의무를 이행하지 아니하였을 때
2. 제14조제2항을 위반하여 산지중도매인을 지정하였을 때
3. 제16조제1항을 위반하여 산지경매사를 두지 아니하거나 산지경매사가 아닌 사람으로 하여금 경매를 하도록 하였을 때
4. 제16조제2항을 위반하여 산지경매사를 임명하였을 때
5. 제16조제3항을 위반하여 해당 산지경매사를 면직하지 아니하였을 때
6. 제18조제1항을 위반하여 매수하여 도매하였을 때
7. 제18조제2항을 위반하여 수탁 또는 판매를 거부ㆍ기피하거나 부당한 차별대우를 하였을 때
8. 제19조제2항을 위반하여 경매 또는 입찰을 하였을 때
9. 제19조제4항을 위반하여 즉시 결제하지 아니하였을 때
10. 제20조제1항을 위반하여 공시하지 아니하거나 거짓된 사실을 공시하였을 때
11. 제21조제1항에 따른 평가 결과 운영 실적이 해양수산부령으로 정하는 기준 이하로 부진하여 출하자 보호에 심각한 지장을 초래할 우려가 있는 경우
12. 제21조제4항에 따른 명령이나 권고를 따르지 아니하였을 때
13. 제24조에 따른 검사에 정당한 사유 없이 응하지 아니하거나 이를 방해하였을 때

③ 위판장개**설자는 산지경매사가 제16조제4항의 업무를 부당하게 수행하여 위판장의 거래질서를 문란하게 한 경우 6개월 이내의 기간을 정하여 업무의 정지를 명하거나 면직할 수** 있다.

④ 위판장**개설자는 산지중도매인이 다음 각 호의 어느 하나에 해당하면 6개월 이내의 기간을 정하여 해당 업무의 정지를 명하거나 산지중도매인의 지정을 취소할 수** 있다.

1. 제14조제2항제1호부터 제4호까지, 제6호 또는 제7호에 해당하여 지정조건을 갖추지 못하였을 때
2. 제14조제3항을 위반하여 해당 임원을 해임하지 아니히였을 때
3. 제14조제4항을 위반하여 다른 산지중도매인 또는 산지매매참가인의 거래 참가를 방해하거나 정당한

사유 없이 집단적으로 경매 또는 입찰에 불참하였을 때

⑤ 제1항부터 제4항까지의 규정에 따른 위반행위별 처분기준은 해양수산부령으로 정한다.

⑥ 위판장**개설자가 제4항에 따라 산지중도매인의 지정을 취소한 경우에는 해양수산부장관이 지정하여 고시한 인터넷 홈페이지에 그 내용을 게시**하여야 한다.

시행규칙 : **제24조((위반행위별 처분기준 등))**

① 법 제26조제2항제11호에서 "해양수산부장관이 정하는 기준 이하"란 다음 각 호의 경우를 말한다.
1. 법 제21조제1항에 따른 평가의 결과 2회 연속 거래실적의 평가등급이 해양수산부장관이 정하여 고시하는 등급 이하인 경우
2. 법 제21조제1항에 따른 평가의 결과 2회 연속 재무건전성의 평가점수가 위판장 평균점수의 3분의 2 이하인 경우
② 법 제26조제1항부터 제4항까지의 규정에 따른 위반행위별 처분기준은 별표 1과 같다.

제9장 : 제59조(벌칙)

다음 각 호의 어느 하나에 해당하는 자는 **3년 이하의 징역 또는 3천만원 이하의 벌금에** 처한다.

1. 제32조제1호를 위반하여 이력표시수산물이 **아닌 수산물에 이력표시수산물의 표시를 하거나** 이와 비슷한 표시를 한 자
2. 제32조제2호를 위반하여 이력추적관리의 등록을 하지 아니한 수산물이나 **수입유통이력 신고를 하지 아니한 수산물을 혼합**하여 판매하거나 혼합하여 판매할 목적으로 보관하거나 진열한 자
3. 제32조제3호를 위반하여 이력표시수산물이 아닌 수산물을 이력표시수산물로 광고하거나 이력표시수산물로 잘못 인식할 수 있도록 광고한 자

제60조(벌칙)

다음 각 호의 어느 하나에 해당하는 자는 **2년 이하의 징역 또는 2천만원 이하의 벌금**에 처한다.

1. 제10조제1항에 따른 **허가를 받지 아니하고 위판장을 개설한 자**
2. 제13조의2를 위반하여 위판장 **외의 장소에서 수산물을 매매 또는 거래한 자**
3. 제14조제1항에 따라 위판장**개설자의 지정을 받지 아니하고 산지중도매인의 업무**를 한 자
4. 제26조제2항에 따른 업무정지처분을 받고도 그 업(업)을 계속한 자
5. 제37조제1항을 위반하여 **고의 또는 중대한 과실로 수산물을 유통한 자**
6. 제37조제2항에 따른 제한이나 금지에 따르지 아니한 자

제61조(벌칙)

다음 각 호의 어느 하나에 해당하는 자는 **1년 이하의 징역 또는 1천만원 이하의 벌금**에 처한다.

1. 제14조제2항을 위반하여 산지중도매인을 **지정한 자**
2. 제14조제4항을 위반하여 다른 산지중도매인 또는 산지매매참가인의 거래 참가를 방해하거나 정당한 사유 없이 집단적으로 경매 또는 입찰에 불참한 자
3. 제16조제2항을 위반하여 산지경매사를 임명한 자

4. 제16조제3항을 위반하여 산지경매사를 면직하지 아니한 자
5. 제18조제1항을 위반하여 매수하거나 거짓으로 위탁받은 자
6. 제18조제2항을 위반하여 수산물의 수탁을 거부ㆍ기피하거나 위탁받은 수산물의 판매를 거부ㆍ기피한 자
7. 제18조제3항을 위반하여 상장된 수산물 외의 수산물을 거래한 자
8. 제18조제4항을 위반하여 허가 없이 산지중도매인 간 거래를 한 자
9. 제27조제2항을 위반하여 이력추적관리의 등록을 하지 아니한 자
10. 제34조에 따른 시정명령이나 판매금지 조치에 따르지 아니한 자
11. 제44조제3항에 따라 수입 추천신청을 할 때에 정한 용도 외의 용도로 수입수산물을 사용한 자

제62조(양벌규정)
법인의 대표자나 법인 또는 개인의 대리인, 사용인, 그 밖의 종업원이 그 법인 또는 개인의 업무에 관하여 제59조부터 제61조까지의 어느 하나에 해당하는 위반행위를 하면 그 행위자를 벌하는 외에 그 법인 또는 개인에게도 해당 조문의 벌금형을 과(과)한다. 다만, 법인 또는 개인이 그 위반행위를 방지하기 위하여 해당 업무에 관하여 상당한 주의와 감독을 게을리하지 아니한 경우에는 그러하지 아니하다.

제63조(과태료)
① 다음 각 호의 어느 하나에 해당하는 자에게는 1천만원 이하의 과태료를 부과한다.
1. 제27조제2항에 따라 등록한 자로서 같은 조 제3항을 위반하여 변경신고를 하지 아니한 자
2. 제27조제2항에 따라 등록한 자로서 같은 조 제4항을 위반하여 이력추적관리의 표시를 하지 아니한 자
3. 제27조제2항에 따라 등록한 자로서 같은 조 제5항을 위반하여 이력추적관리기준에 따른 입고ㆍ출고 및 관리 내용을 기록ㆍ보관하지 아니한 자
4. 제33조제1항에 따른 조사ㆍ열람ㆍ수거 등을 거부ㆍ방해 또는 기피한 자

② 다음 각 호의 어느 하나에 해당하는 자에게는 500만원 이하의 과태료를 부과한다.
1. 제23조제1항에 따른 보고를 하지 아니하거나 거짓된 보고를 한 자
2. 제25조에 따른 명령에 따르지 아니한 자
3. 제31조제1항을 위반하여 수입유통이력을 신고하지 아니하거나 거짓으로 신고한 자
4. 제31조제2항을 위반하여 장부기록 자료를 보관하지 아니한 자

③ 제1항 및 제2항에 따른 과태료는 대통령령으로 정하는 바에 따라 해양수산부장관 또는 시장ㆍ군수ㆍ구청장이 부과ㆍ징수한다.

수산물 유통법령 [별표 2] : 과태료의 부과기준(제30조 관련)

1. 일반기준

가. 위반행위의 횟수에 따른 과태료의 가중된 부과기준은 **최근 2년간 같은** 위반행위로 과태료 **부과처분을 받은** 경우에 적용한다. 이 경우 기간의 계산은 위반행위에 대하여 과태료 부과처분을 **받은 날과 그 처분 후 다시 같은 위반행위를하여 적발**된 날을 기준으로 한다.

나. 가목에 따라 가중된 부과처분을 하는 경우 가중처분의 적용 차수는 그 위반행위 전 부과처분 차수(가목에 따른 기간 내에 과태료 부과처분이 둘 이상 있었던경우에는 높은 차수를 말한다)의 다음 차수로 한다.

다. 부과권자는 다음의 어느 하나에 해당하는 경우에는 제2호에 따른 과태료의 2분의 1의 범위에서 그 금액을 줄일 수 있다. 다만, 과태료를 체납하고 있는 위반행위자의 경우에는 그렇지 않다.

1) 위반행위자가 「질서위반행위규제법 시행령」 제2조의2제1항 각 호의 어느하나에 해당하는 경우
2) 위반행위가 사소한 부주의나 오류로 인한 것으로 인정되는 경우
3) 법 위반상태를 시정하거나 해소하기 위한 위반행위자의 노력이 인정되는 경우
4) 그 밖에 위반행위의 정도, 위반행위의 동기와 그 결과 등을 고려하여 과태료를 감경할 필요가 있다고 인정되는 경우

2. 개별기준 : (단위: 만원) : **과태료 구분 (수산물 유통법령 과태료)**

위 반 행 위	조문	위반 횟수 별 과태료			
		1회	2회	3회	4회
* 법 25조 **명령을 따르지 않은** 경우	63조 2항 2호	**25만원**	**50**	100	좌동
* 법23조 1항 **미보고, 거짓보고**	2항1호	**125**	250	500	**좌동**
* 법33조 1항 **조사.열람.수거 등 거부,방해,기피한 경우**	63조 1항 4호	**50**	**100**	300	좌동
* 수산물 **이력제 등록한 자로서**					
1. 등록 후 **변경 신고 못**한자	1항1호	**100**	**200**	**300**	**좌동**
2. 이력추적관리의 **표시 못한자**	1항2호	“ ”	“ ”	“ ”	“ ”
3. 등록 후 27조 5항 위반, 이력추적 관리 기준에 따른 입고, 출고, 관리 내용을 **기록, 보관 하지 않은** 경우	63조 1항 3호	“	“	“	“
* 법 31조 **수입유통이력 위반**					
1. 수입유통이력 **미신고**	2항3호	**50**	**100**	**300**	**500**
2. 수입유통이력 장보 **보관 ‘1년’을** 미보관	4항	“	“	“	“
3. **거짓** 신고	3항	**100**	200	400	500

제4장 수산물의 이력추적관리 :

<u>제27조(수산물 이력추적관리)</u>

① 다음 각 호의 어느 하나에 해당하는 자 중 수산물의 **생산·수입부터 판매**까지 각 **유통단계별로 정보를 기록·관리**하는 이력추적관리(이하 "이력추적관리"라 한다)를 받으려는 자는 해양수산부**장관에게 등록**하여야 한다.

1. 수산물을 **생산**하는 자
2. 수산물을 **유통 또는 판매**하는 자(표시·포장을 **변경하지 아니한 유통·판매자는 제외**한다. 이하 같다)

② 제1항에도 불구하고 대통령령으로 정하는 수산물을 생산하거나 유통 또는 판매하는 자는 해양수산부장관에게 이력추적관리의 등록을 하여야 한다.

시행규칙 : 제25조((이력추적관리의 대상품목 및 등록사항))

① 법 제27조제1항 및 제2항에 따라 수산물의 유통단계별로 정보를 기록·관리하는 이력추적관리(이하 "이력추적관리"라 한다)의 등록을 하거나 할 수 있는 대상품목은 수산물 중 식용이나 식용으로 가공하기 위한 목적으로 생산·처리된 수산물로 한다.

② 법 제27조제1항 및 제2항에 따라 이력추적관리를 받으려는 자는 다음 각 호의 구분에 따른 사항을 등록하여야 한다.

1. 생산자(염장, 건조 등 단순처리를 하는 자를 포함한다)

가. 생산자의 성명, 주소 및 전화번호 나. 이력추적관리 대상품목명

다. 양식수산물의 경우 양식장 면적, 천일염의 경우 염전 면적 라. 생산계획량

마. 양식수산물 및 천일염의 경우 양식장 및 염전의 위치, 그 밖의 어획물의 경우 위판장의 주소 또는 어획장소

2. 유통자

가. 유통자의 명칭, 주소 및 전화번호 나. 이력추적관리 대상품목명

3. 판매자: 판매자의 명칭, 주소 및 전화번호

제26조((이력추적관리의 등록절차 등))

① 법 제27조제1항 또는 제2항에 따라 이력추적관리 등록을 하려는 자는 별지 제3호서식에 따른 수산물이력추적관리 등록신청서에 다음 각 호의 서류를 첨부하여 국립수산물품질관리원장에게 제출하여야 한다.

1. 이력추적관리 등록을 한 수산물(이하 "이력추적관리수산물"이라 한다)의 생산·출하·입고·출고 계획 등을 적은 관리계획서
2. 이력추적관리수산물에 이상이 있는 경우 회수 조치 등을 적은 사후관리계획서

② 국립수산물품질관리원장은 제1항에 따른 등록신청을 접수하면 심사일정을 정하여 신청

인에게 알려야 한다.

③ 국립수산물품질관리원장은 제1항에 따른 이력추적관리의 등록신청을 접수한 경우 제29조에 따른 수산물 이력추적관리기준에 적합한지를 심사하여야 한다. 이 경우 국립수산물품질관리원장은 소속 심사담당자와 시·도지사 또는 시장·군수·구청장이 추천하는 공무원이나 민간전문가로 심사반을 구성하여 이력추적관리의 등록 여부를 심사할 수 있다

☑ 시행령 및 시행규칙 :

제15조(이력추적관리 의무 등록 대상 수산물)

법 제27조제2항에서 "대통령령으로 정하는 수산물"이란 다음 각 호의 어느 하나에 해당하는 수산물 중에서 해양수산부장관이 정하여 고시하는 것을 말한다.

1. **국민 건강에 위해(危害)가 발생할 우려가 있는 수산물로서 위해 발생의 원인규명 및 신속한 조치가 필요한 수산물**
2. **소비량이 많은 수산물로서 국민 식생활에 미치는 영향이 큰 수산물**
3. **그 밖에 취급 방법, 유통 경로 등을 고려하여 이력추적관리가 필요하다고 해양수산부장관이 인정하는 수산물**

③ 제1항 또는 제2항에 따라 이력추적관리의 등록을 한 자는 해양수산부령으로 정하는 등록사항이 **변경된 경우 변경 사유가 발생한 날부터 1개월 이내에 해양수산부장관에게 신고하**여야 한다.

④ 제1항에 따라 이력추적관리의 등록을 한 자는 해당 수산물에 해양수산부령으로 정하는 바에 따라 이력추적관리의 표시를 할 수 있으며, 제2항에 따라 이력추적관리의 등록을 한 자는 해당 수산물에 이력추적관리의 표시를 하여야 한다.

⑤ 제1항 및 제2항에 따라 등록된 수산물(이하 "이력추적관리수산물"이라 한다)을 생산하거나 유통 또는 판매하는 자는 해양수산부령으로 정하는 이력추적관리기준에 따라 이력추적관리에 필요한 입고·출고 및 관리 내용을 기록하여 보관하여야 한다. 다만, 이력추적관리수산물을 유통 또는 판매하는 자 중 행상·노점상 등 대통령령으로 정하는 자는 그러하지 아니하다.

제16조(이력추적관리기준 준수 의무 면제자)

법 제27조제5항 단서에서 "행상·노점상 등 대통령령으로 정하는 자"린 다음 각 호의 어느 하나에 해당하는 자를 말한다.

1. **「부가가치세법 시행령」 제71조제1항제1호에 따른 노점 또는 행상을 하는 사람**
2. **유통업체를 이용하지 아니하고 우편 등을 통하여 수산물을 소비자에게 직접 판매하는 생산자**

⑥ 해양수산부장관은 제1항 또는 제2항에 따라 이력추적관리의 등록을 한 자에 대하여 이력추적관리에 필요한 **비용의 전부 또는 일부**를 지원할 수 있다.

⑦ 그 밖에 이력추적관리의 대상품목, 등록절차, 등록사항, 그 밖에 등록에 필요한 사항은 해양수산부령으로 정한다.

시행규칙 :

제28조((이력추적관리수산물의 표시 등))

① 법 제27조제4항에 따른 이력추적관리의 표시는 별표 2와 같다.
② 제1항에 따른 이력추적관리의 표시는 다음 각 호의 방법에 따른다.

1. 포장·용기의 겉면 등에 이력추적관리의 표시를 할 때: 별표 2에 따른 표시사항을 인쇄하거나 표시사항이 인쇄된 스티커를 부착할 것

2. 수산물에 이력추적관리의 표시를 할 때: 표시대상 수산물에 별표 2에 따른 표시사항이 인쇄된 스티커, 표찰 등을 부착할 것

3. 송장(송장)이나 거래명세표에 이력추적관리 등록의 표시를 할 때: 별표 2에 따른 표시사항을 적어 이력추적관리 등록을 받았음을 표시할 것

4. 간판이나 차량에 이력추적관리의 표시를 할 때: 인쇄 등의 방법으로 별표 2에 따른 표지도표를 표시할 것

③ 제2항에 따라 이력추적관리의 표시가 되어 있는 수산물을 공급받아 소비자에게 직접 판매하는 자는 푯말 또는 표지판으로 이력추적관리의 표시를 할 수 있다. 이 경우 표시내용은 포장 및 거래명세표 등에 적혀 있는 내용과 같아야 한다.

제28조(이력추적관리 등록의 유효기간 등)

① 제27조제1항 및 제2항에 따른 이력추적관리 등록의 **유효기간은 등록한 날부터 3년으로 한다. 다만, 품목의 특성상 달리 적용할 필요가 있는 경우에는 10년의 범위에서 해양수산부령으**로 유효기간을 달리 정할 수 있다.

② 다음 각 호의 어느 하나에 해당하는 자는 이력추적관리 등록의 유효기간이 끝나기 전에 이력추적관리의 등록을 갱신하여야 한다.

1. 제27조제1항에 따라 이력추적관리의 등록을 한 자로서 그 유효기간이 끝난 후에도 계속하여 해당 수산물에 대하여 이력추적관리를 하려는 자
2. 제27조제2항에 따라 이력추적관리의 등록을 한 자로서 그 유효기간이 끝난 후에도 계속하여 해당 수산물을 생산하거나 유통 또는 판매하려는 자

③ 제2항에 따른 등록 갱신을 하지 아니하려는 자가 제1항의 등록 유효기간 내에 출하를 종료하지 아니한 제품이 있는 경우에는 해양수산부장관의 승인을 받아 그 제품에 대한 등록 유효기간을 1년의 범위에서 연장할 수 있다. 다만, 등록의 유효기간이 끝나기 전에 출하된 제품은 그 제품의 유통기한이 끝날 때까지 그 등록 표시를 유지할 수 있다.

④ 그 밖에 이력추적관리 등록의 갱신 및 유효기간 연장 절차 등에 필요한 사항은 해양수산부령으로 정한다.

제30조((이력추적관리 등록의 유효기간))

(이력추적관리 등록의 유효기간) **법 제28조제1항 단서에 따라 양식수산물의 이력추적관리 등록의 유효기간은 5년으로 한다.**

제29조(이력추적관리 자료의 제출)

① 해양수산부장관은 이력추적관리수산물을 생산하거나 유통 또는 판매하는 자에게 수산물의 생산, 입고·출고와 그 밖에 이력추적관리에 필요한 자료제출을 요구할 수 있다.

② 이력추적관리수산물을 생산하거나 유통 또는 판매하는 자는 제1항에 따른 자료제출을 요구받은 경우에는 정당한 사유가 없으면 이에 따라야 한다.

③ 제1항에 따른 자료제출의 범위, 방법, 절차 등에 필요한 사항은 해양수산부령으로 정한다.

제30조(이력추적관리 등록의 취소 등)

① 해양수산부장관은 제27조에 따라 등록한 자가 다음 각 호의 어느 하나에 해당하면 그 등록을 취소하거나 6개월 이내의 기간을 정하여 이력추적관리 표시의 금지를 명할 수 있다. 다만, 제1호 또는 제2호에 해당하면 등록을 취소하여야 한다.

1. 거짓이나 그 밖의 부정한 방법으로 등록을 받은 경우
2. 이력추적관리 표시 금지명령을 위반하여 표시한 경우
3. 제27조제3항에 따른 등록변경신고를 하지 아니한 경우
4. 제27조제4항에 따른 표시방법을 위반한 경우
5. 제27조제5항에 따른 입고·출고 및 관리 내용의 기록 및 보관을 하지 아니한 경우
6. 제29조제2항을 위반하여 정당한 사유 없이 자료제출 요구를 거부한 경우 아니한 경우

② 제1항에 따른 등록취소 및 표시금지 등의 기준, 절차 등 세부적인 사항은 해양수산부령으로 정한다.

제31조(수입수산물 유통이력 관리)

① **외국 수산물을 수입하는 자와 수입수산물을 국내에서 거래하는 자는 국민보건**을 해칠 우려가 있는 수산물로서 해양수산부장관이 지정하여 고시하는 수산물(이하 "유통이력수입수산물"이라 한다)에 대한 유**통단계별 거래명세(이하 "수입유통이력"이라 한다)를 해양수산부장관에게 신고**하여야 한다.

② 수입유통이력 신고의 의무가 있는 자(이하 "수입유통이력신고의무자"라 한다)는 수입유통이력을 장부에 기록(전자적 기록방식을 포함한다)하고, 그 **자료를 거래일부터 1년간 보관**하여야 한다.

③ 해양수산부장관은 유통이력수입수산물을 지정할 때 **미리 관계 행정기관의 장과 협의**하여야 한다.

④ 해양수산부장관은 유통이력수입수산물의 지정, 신고의무 존속기한 및 신고대상 범위 설정 등을 할 때 수입수산물을 국내수산물에 비하여 부당하게 차별하여서는 아니 되며, 이를 이행하는 수입유통이력신고의무자의 부담이 최소화 되도록 하여야 한다.

⑤ 그 밖에 유통이력수입수산물별 신고 절차, 수입유통이력의 범위 등에 필요한 사항은 해양수산부장관이 정한다.

제32조(거짓표시 등의 금지)

누구든지 이력추적관리수산물 및 유통이력수입수산물(이하 "이력표시수산물"이라 한다)에 다음 각 호의 행위를 하여서는 아니 된다.

1. 이력표시수산물이 아닌 수산물에 이력표시수산물의 표시를 하거나 이와 비슷한 표시를 하는 행위
2. 이력표시수산물에 이력추적관리의 등록을 하지 아니한 수산물이나 수입유통이력 신고를 하지 아니한

수산물을 혼합하여 판매하거나 혼합하여 판매할 목적으로 보관하거나 진열하는 행위

3. 이력표시수산물이 아닌 수산물을 이력표시수산물로 광고하거나 이력표시수산물로 잘못 인식할 수 있도록 광고하는 행위

제33조(이력표시수산물의 사후관리)

① 해양수산부장관은 이력표시수산물의 품질 제고와 소비자 보호를 위하여 필요한 경우에는 관계 공무원에게 다음 각 호의 조사 등을 하게 할 수 있다.

1. 이력표시수산물의 표시에 대한 등록 또는 신고 기준에의 적합성 등의 조사
2. 해당 표시를 한 자의 관계 장부 또는 서류의 열람
3. 이력표시수산물의 시료(試料) 수거

② 제1항에 따라 조사·열람 또는 시료 수거를 할 때 이력표시수산물을 생산하거나 유통 또는 판매하는 자는 정당한 사유 없이 거부·방해하거나 기피하여서는 아니 된다.

③ 제1항에 따라 이력표시수산물을 조사·열람 또는 시료 수거를 할 때에는 미리 점검이나 조사의 일시, 목적, 대상 등을 점검 또는 조사 대상자에게 알려야 한다. 다만, 긴급한 경우나 미리 알리면 그 목적을 달성할 수 없다고 인정되는 경우에는 알리지 아니할 수 있다.

④ 제1항에 따라 조사·열람 또는 시료 수거를 하는 관계 공무원은 그 권한을 표시하는 증표를 지니고 이를 관계인에게 보여주어야 하며, 성명·출입시간·출입목적 등이 표시된 문서를 관계인에게 내어주어야 한다.

⑤ 그 밖에 이력표시수산물의 조사·열람 등을 위하여 필요한 사항은 대통령령으로 정한다.

제34조(이력표시수산물에 대한 시정조치)

해양수산부장관은 이력표시수산물이 **다음 각 호의 어느 하나에 해당하면 대통령령으**로 정하는 바에 따라 그 시정을 명하거나 해당 품목의 판매금지 조치를 할 수 있다.

1. 등록 또는 신고 기준에 미치지 못하는 경우 2. 해당 표시방법을 위반한 경우

제5장 수산물의 품질 및 위생 관리

제35조(수산물 저온유통체계 등의 구축-골드 체인 → 2018년 기출

① 해양수산부장관은 수산물의 생산단계부터 판매단계까지의 모든 유통과정에서 저온유통체계 등의 구축을 위하여 다음 각 호의 사항이 포함된 시책을 수립·시행하여야 한다.

1. 활어·선어·냉동수산물 등의 보존방식에 따른 유통 위생관리기준의 확립
2. 저온유통 등을 위한 유통시설의 시설기준 마련 및 모니터링
3. 저온유통 등을 위한 운송 기준
4. 그 밖에 수산물 저온유통체계 등의 구축을 위하여 필요한 사항

② 해양수산부장관은 제1항에 따른 시책을 달성하기 위하여 수산물유통사업자에게 필요한 지원을 할 수 있다.

③ 그 밖에 수산물 지온유통체계 등의 구축을 위하여 필요한 기준과 설비 등에 대한 사항은 대통령령으로 정한다.

시행령 : 제19조((수산물 저온유통체계 등의 구축을 위한 기준 등))

① 해양수산부장관은 법 제35조에 따라 수산물의 생산단계부터 판매단계까지의 모든 유통 과정에서 저온유통체계 등의 구축을 위한 시책을 수립·시행하거나 수산물유통사업자에게 지원을 하기 위하여 필요하면 설비 등의 기준을 정하여 고시할 수 있다.

② 제1항에 따른 설비 등의 기준은 수산물유통사업자가 취급하는 수산물의 종류, 수산물의 소비행태 및수산물유통사업자의 영업 특성, 사업규모 등을 고려하여 정하여야 한다.

③ 해양수산부장관은 제1항에 따라 설비 등의 기준을 정하여 고시하려는 때에는 미리 식품의약품안전처장과 협의하여야 한다.

제36조(수산물 어획 후 위생관리 지원)

① 해양수산부장관과 지방자치단체의 장은 어획된 수산물의 위생관리 및 선도유지 등을 위하여 어획 후 위생관리에 대한 다음 각 호의 사업을 실시하여야 한다.

1. 어획 후 위생관리를 위한 어상자 등 기자재 및 시설의 개발·보급
2. 위판장, 수산물산지거점유통센터 및 소비지분산물류센터(이하 "위판장등"이라 한다), 「농수산물 유통 및 가격안정에 관한 법률」에서 정하는 도매시장·공판장 및 그 밖의 유통시설, 「전통시장 및 상점가 육성을 위한 특별법」에서 정하는 전통시장 등에서의 수산물의 품질관리 및 위생안전 시설 확보
3. **수산물 위생관리를 위한 교육 및 홍보**
4. 그 밖에 수산물 어획 후 위생관리를 위하여 해양수산부장관 또는 지방자치단체의 장이 필요하다고 인정하는 사업

② 해양수산부장관은 제1항에 따른 수산물 어획 후 위생관리를 위하여 필요한 시설 및 장비를 확충할 것을 수산물유통사업자에게 권고할 수 있으며, 이에 필요한 지원을 할 수 있다.

제37조(불법 수산물의 유통 금지 등)

① 누구든지 다음 각 호에 해당하는 수산물은 유통하여서는 아니 된다.

1. 「원양산업발선법」 제13조제2항제1호부터 제9호까지의 규정을 위반하여 포획·채취한 수산물
2. 그 밖에 방사능 오염 등으로 인하여 국민의 건강을 해칠 우려가 있어 대통령령으로 정하는 수산물

② 해양수산부장관은 수산물 유통질서의 확립 및 위생관리를 위하여 필요하면 다음 각 호의 사항을 명할 수 있다.

시행령 :

제20조((불법 수산물의 유통 금지 등))

① 법 제37조제1항제2호에서 "대통령령으로 정하는 수산물"이란 다음 각 호의 어느 하나에 해당하는 수산물을 말한다.

1. 「식품위생법」 제4조제2호부터 제6호까지의 어느 하나에 해당하는 수산물
2. 「수산업법」 제61조제1항제1호에 따라 처리가 제한되거나 금지되는 수산물

② 해양수산부장관은 법 제37조제2항제1호에 따라 양식한 어획물의 처리에 관한 제한이나 금지를 명령하는 경우에는 다음 각 호의 사항을 정하여 고시하여야 한다.

1. 처리에 관한 제한이나 금지 명령의 대상이 되는 어획물의 종류
2. 제한 또는 금지되는 기간

③ 해양수산부장관은 법 제37조제2항제2호에 따라 수산물의 포장 및 용기(용기)의 제한 또는 금지를 명령하는 경우에는 다음 각 호의 사항을 정하여 고시하여야 한다.

1. 포장 및 용기의 제한 또는 금지 사유
2. 포장 및 용기의 사용·판매에 관한 제한 또는 금지의 내용

제39조(계약생산)

① 해양수산부장관은 주요 수산물의 원활한 수급과 적정한 가격 유지를 위하여 수협조합, 수협중앙회, 생산자단체 등과 수산물 생산자 간에 계약생산 또는 계약출하를 하도록 장려할 수 있다.

② 해양수산부장관은 제1항에 따라 생산계약 또는 출하계약을 체결하는 자에 대하여 「수산업 · 어촌 발전 기본법」 제46조에 따라 설치된 수산발전기금(이하 "수산발전기금"이라 한다)으로 계약금의 대출 등 필요한 지원을 할 수 있다.

제40조(과잉생산 시의 생산자 보호)

① 해양수산부장관은 수산물의 가격안정을 위하여 필요하다고 인정할 때에는 그 생산자 또는 생산자단체로부터 수산발전기금으로 해당 수산물을 수매할 수 있다. 다만, 가격안정을 위하여 특히 필요하다고 인정할 때에는 「농수산물 유통 및 가격안정에 관한법률」 제17조제1항 또는 제43조제1항에 따른 도매시장 또는 공판장에서 해당 수산물을 수매할 수 있다.

시행령 :

제21조((과잉생산된 수산물의 수매 및 처분))

① 해양수산부장관은 다음 각 호의 어느 하나에 해당하는 경우 법 제40조제1항에 따라 해당 수산물을 수매할 수 있다.

1. 생산조정 또는 출하조절에도 불구하고 과잉생산으로 수산물의 가격폭락이 우려되는 경우
2. 그 밖에 적조(적조)의 발생 등 해양수산부장관이 생산자를 보호하기 위하여 필요하다고 인정되는 경우

② 해양수산부장관은 제1항에 따라 수산물을 수매하는 경우 다음 각 호의 어느 하나에 해당하는 생산자 또는 생산자단체가 생산한 수산물을 우선적으로 수매하여야 한다.

1. 법 제39조에 따른 생산계약 또는 출하계약을 체결한 생산자 또는 생산자단체

2. 법 제41조제1항에 따라 출하를 약정한 생산자

③ 해양수산부장관은 제1항에 따라 수매한 수산물을 법 제40조제2항에 따라 판매·수출·기증하거나 폐기하는 등 필요한 처분을 할 수 있다.
④ 해양수산부장관은 제1항에 따라 수산물을 수매하는 경우 필요한 자금의 개산액(개산액)을 산정하여 그 범위에서 수산물을 수매하고, 제3항에 따라 해당 수산물에 대한 처분을 완료하면 해당 수매 및 처분에 대한 비용을 정산하여야 한다.
⑤ 법 제40조에 따른 수산물의 수매 및 처분과 관련하여 경비를 산정하기 어려운 사업관리비 등 비용의 산정 기준과 그 밖의 수산물의 수매·처분 및 비용정산과 관련하여 필요한 세부사항은 해양수산부장관이 정한다.

제41조(비축사업 등)

① 해양수산부장관은 수산물의 수급조절과 가격안정을 위하여 필요한 경우에는 수산발전기금으로 수산물을 비축하거나 수산물의 출하를 약정하는 생산자에게 그 대금의 일부를 미리 지급하여 출하를 조절할 수 있다.

시행령 : 제22조((비축사업의 내용))

(비축사업의 내용) 법 제41조제1항에 따른 수산물 비축사업(이하 "비축사업"이라 한다)의 내용은 다음 각 호와 같다. <개정 2018.3.27>
1. 비축용 수산물의 수매·수입[법 제41조제4항에 따른 선물거래(선물거래)를 포함한다]·포장·수송·보관·판매·수출 및 기증 등 처분
2. 비축용 수산물을 확보하기 위한 어로(어로)·양식·선매(선매) 계약의 체결

제23조((비축사업 자금의 집행·관리))
① 해양수산부장관은 「수산업·어촌 발전 기본법」 제46조에 따라 설치된 수산발전기금에서 비축사업에 필요한 자금의 개산액을 산정하여 그 자금으로 비축사업을 실시하여야 한다.
② 해양수산부장관은 제1항에 따라 실시한 비축사업을 완료한 경우 해당 비축사업에 대한 정산을 하여야 한다.
③ 비축사업과 관련하여 경비를 산정하기 어려운 사업관리비 등 비용의 산정 기준과 그 밖의 비축사업의 관리, 판매 및 정산에 필요한 세부사항은 해양수산부장관이 정한다.

제24조((수산물 수매 및 비축사업의 손실처리))
① 해양수산부장관은 법 제43조에 따라 법 제40조에 따른 수매 또는 비축사업의 사업별로 사업의 비용으로 처리할 수 있는 관리비의 한도를 정하여야 한다.
② 제1항에 따른 구체적인 사업별 관리비의 한도 산정방법 등 필요한 사항은 해양수산부장관이 정한다.

제46조(수산물 규격화의 촉진)

① 해양수산부장관은 수산물의 상품성 향상, 유통의 효율성 제고 및 공정한 거래형성을 위하여 거래품목과 어상자 등의 규격을 정할 수 있다.

② 해양수산부장관은 수산물 규격화의 촉진을 위하여 수산물유통사업자에게 거래품목의 규격에 맞는 장비의 제조·사용, 규격에 맞는 포장, 이에 필요한 유통 시설 및 장비의 확충을 요청하거나 권고할 수 있으며, 이에 필요한 지원을 할 수 있다.

③ 해양수산부장관은 수산물 규격화의 촉진에 참여하는 자에게 수산정책자금의 우선 지원 등의 우대조치를 할 수 있다.

④ 제1항에 따른 거래품목의 종류 및 규격 등에 관하여 필요한 사항은 해양수산부령으로 정한다.

시행규칙 : **제40조((수산물 규격의 제정))**

① 법 제46조제1항에 따른 수산물의 규격은 품목별 포장규격 및 품목별 등급규격으로 구분하여 정한다.

② 제1항에 따른 **품목별 포장규격은 「산업표준화법」 제12조에 따른 한국산업표준**(이하 "한국산업표준"이라 한다)에 따른다.

다만, 한국산업표준이 제정되어 있지 **아니하거나 한국산업표준과 다르게 품목별 포장규격을 정할 필요가 있다고 인정되는 경우에는** 보관·수송 등 유통 과정의 편리성, 폐기물 처리문제를 고려하여 **다음 각 호의 항목에 대한 규격을 따로** 정할 수 있다.

1. 거래단위
2. 포장치수
3. 포장재료 및 포장재료의 시험방법
4. 포장방법
5. 포장설계
6. 표시사항
7. 그 밖에 품목의 특성에 따라 필요한 사항

③ 제1항에 따른 품목별 **등급규격은 품목 또는 품종별로 그 특성에 따라 고르기, 크기, 형태, 색깔, 신선도, 건조도, 결점, 숙도(숙도) 및 선별 상태 등에 따라 정한다.**

④ 해양수산부장관은 제1항에 따른 수산물 규격을 제정 또는 개정하기 위하여 필요하면 전문연구기관 또는 「고등교육법」 제2조에 따른 학교 등에 시험을 의뢰할 수 있다.

제41조((규격품의 출하 및 표시방법 등))

① 해양수산부장관은 법 제46조제2항에 따라 수산물 규격화를 촉진하기 위하여 수산물을 생산, 출하, 유통 또는 판매하는 자에게 법 제46조제1항에 따른 규격에 따라 수산물을 생산, 출하, 유통 또는 판매하도록 권장할 수 있다.

② 법 제46조제1항에 따른 규격에 부합하는 수산물을 출하하는 자가 해당 수산물이 규격품임을 표시하려는 경우에는 해당 수산물의 포장 겉면에 "규격품"이라는 문구와 함께 다음 각 호의 사항을 표시하여야 한다.

1. 품목
2. 산지
3. 품종. 다만, 품종을 표시하기 어려운 품목은 해양수산부장관이 정하여 고시하는 바에 따라 품종의 표시를 생략할 수 있다.
4. 등급
5. 실중량. 다만, 품목 특성상 실중량을 표시하기 어려운 품목은 해양수산부장관이 정하여 고시하는 바에 따라 개수 또는 마릿수 등의 표시를 단일하게 할 수 있다.
6. 생산자 또는 생산자단체의 명칭 및 전화번호

제47조(수산물 직거래 활성화) ⟶ 2017년 등 수품사 1차 및 2차 기출

① 해양수산부장관 또는 지방자치단체의 장은 수산물의 생산자와 소비자를 보호하고 유통의 효율화를 위하여 수산물 직거래에 대한 시책을 수립·시행하여야 한다.

② 해양수산부장관은 제1항에 따른 시책을 달성하기 위하여 수산물의 중도매업·소매업, 생산자와 소비자의 직거래사업, 생산자단체 및 대통령령으로 정하는 단체가 운영하는 수산물직매장, 소매시설을 지원·육성하여야 하며, 그 운영에 필요한 자금을 수산발전기금으로 융자·지원할 수 있다.

③ 해양수산부장관은 수산물 직거래의 활성화를 위하여 생산자단체와 대형마트 등 대규모 전문유통업체 또는 단체가 직거래 촉진을 위한 협약을 체결하는 경우 이를 지원할 수 있다.

④ 해양수산부장관은 수산물 직거래의 촉진과 지원을 위하여 수협중앙회에 수산물직거래촉진센터를 설치할 수 있으며, 이 경우 수산물직거래촉진센터의 운영에 필요한 경비를 지원할 수 있다.

시행령 : 제25조((수산물 직거래 활성화)) **(수산물 직거래 활성화) 법 제47조제2항에서 "대통령령으로 정하는 단체"란 다음 각 호의 어느 하나에 해당하는 단체를 말한다.** **1. 소비자단체** **2. 특별시장·광역시장·특별자치시장·도지사·특별자치도지사 또는 시장(「제주특별자치도 설치 및 국제자유도시 조성을 위한 특별법」 제11조제1항에 따른 행정시장을 포함한다)·군수·구청장(자치구의 구청장을 말한다)이 수산물 직거래의 활성화를 위하여 필요하다고 인정하여 지정하는 단체**

제48조(수산물소비지분산물류센터)-4단계 절차 규정

① 국가나 지방자치단체는 유통비용을 절감하기 위하여 수산물을 수집하여 소비지로 직접 출하할 목적으로 보관·포장·가공·배송·판매 등 수산물의 유통 효율화에 필요한 시설을 갖추고 수산물소비지분산물류센터를 개설하려는 자에게 부지 확보 또는 시설물 설치 등에 필요한 지원을 할 수 있다.

② 수산물소비지분산물류센터의 개설, 시설 및 운영에 관하여 필요한 사항은 해양수산부령으로 정한다.

제49조(수산물산지거점유통센터의 설치)

① 국가나 지방자치단체는 수산물의 처리물량을 규모화하고 상품의 부가가치를 높일 목적으로 수산물을 수집·가공하여 판매하기 위하여 수산물산지거점유통센터를 설치하려는 자에게 부지 확보 또는 시설물 설치 등에 필요한 지원을 할 수 있다.

② 제1항에 따른 수산물산지거점유통센터의 설치, 운영 및 시설기준 등에 관하여 필요한 사항은 해양수산부령으로 정한다.

(1) 기존 6단계(연근해산 수산물)은 생산자-산지위판장-산지중도매인-소비지도매시장-소비지 중도매인-소매상-소비자로 나누어 진다. 이를 4단계로 축소 등 중간마진율을 축소 등 목적인 효율화 정책입니다.

(2) **4단계는 ; 생산자- FPC(산지거점 유통센터=49조)-소비지분산물류센터=48조 - 분산도매물류-소비자**

(3) 해양수산부는 6단계를 4단계로 유통의 간소화를 추진하고 있다.

(4) 유통의 효율화 및 생산자 및 소비자의 비용 등 절감 등등이 목적이다.

1) 법 47조는 수산물관련자의 보호 및 유통효율화를 위한 직거래 시행이고,

2) 법 48조는 **소비지분산물류센터**로 수산물의 수집상의 효율화 정책이다.

3) 법 49조는 **산지거점 유통센터**을 두어서 경제적 가치 등을 향상이 목적이다.

시행규칙 :

제42조((수산물소비지분산물류센터))

① 법 제48조제1항에 따른 수산물소비지분산물류센터는 소비자의 수를 기준으로 유통비용 절감의 효과가 큰 곳부터 순차적으로 설치한다.

② 수산물소비지분산물류센터의 시설기준과 운영에 필요한 사항은 해당 수산물소비지분산물류센터가 수산물을 공급할 수 있는 소비시장의 규모, 취급하는 수산물의 특성 등을 고려하여 해양수산부장관이 정하여 고시한다.

제43조((수산물산지거점유통센터))

① 법 제49조제1항에 따른 수산물산지거점유통센터는 수산물 처리 물량을 규모화하고 수산물의 부가가치를 높이는 효과가 큰 곳부터 순차적으로 설치한다.

② 수산물산지거점유통센터의 시설 및 운영에 필요한 사항은 수산물산지거점유통센터가 처리하는 수산물의 물량, 취급하는 수산물의 특성 등을 고려하여 해양수산부장관이 정하여 고시한다.

제50조(수산물 수요개발 및 소비촉진)

① 해양수산부장관은 소비자의 수산물 선호도 변화에 따른 새로운 수산물의 수요 개발과 수산물의 소비촉진을 위하여 다음 각 호의 사업을 지원할 수 있다.

1. 국민의 수산물 기호 변화 및 식생활 개선을 위한 새로운 수산물 수요개발
2. 수산물 소비촉진을 위한 박람회, 시식회, 요리대회 등의 행사 개최
3. 수산물 소비촉진을 위한 홍보활동
4. 학교급식 및 단체급식에서 수산물 공급 확대를 위한 사업
5. 그 밖에 수산물 소비를 촉진하기 위하여 필요하다고 인정되는 사업

② 해양수산부장관은 수산물유통사업자 또는 관련 단체가 제1항 각 호의 사업을 추진하는 경우에는 필요한 지원을 할 수 있다.

제51조(수산물 유통 정보화 사업)

① 해양수산부장관은 수산물 유통 정보의 원활한 수집·관리 및 제공을 통한 수산물의 유통 효율화 및 전자거래의 활성화를 위하여 수산물의 유통 정보화와 관련한 다음 각 호의 사업을 지원할 수 있다.

1. 수산물 유통 체계의 정보화를 위한 시스템 구축 및 보급
2. 위판장등 수산물 유통시설의 정보관리시스템 구축
3. 수산물 점포의 유통 효율화를 위한 입하·출하, 재고 및 매장 관리를 위한 시스템의 구축 및 보급
4. 수산물 유통 규격화를 위한 표준코드의 개발 및 보급
5. 수산물의 전자적 거래를 위한 수산물전자거래장터(수산물전자거래장치와 그에 수반되는 물류센터 등의 부대시설을 포함한다. 이하 같다) 등의 시스템의 구축 및 보급

6. 수산물 유통정보 또는 유통정보시스템의 규격화 촉진

7. 수산물 유통 정보화를 위한 교육 및 홍보사업의 수행

8. 그 밖에 수산물 유통정보화를 촉진하기 위하여 필요하다고 인정되는 사업

② 해양수산부장관은 수산물유통사업자 또는 해양수산부령으로 정하는 수산물 관련 단체가 제1항 각 호의 사업을 추진하는 경우에는 예산의 범위에서 필요한 지원을 할 수 있다.

제52조(수산물전자거래의 활성화)

① 해양수산부장관은 수산물전자거래를 활성화하기 위하여 다음 각 호의 사업을 추진할 수 있다.

1. 수산물전자거래장터의 설치 및 운영·관리

2. 수산물전자거래에 참여하는 판매자 및 구매자의 등록·심사 및 관리

3. 대금결제 지원을 위한 정산소의 운영·관리

4. 수산물전자거래에 관한 유통정보 서비스의 제공

5. 그 밖에 수산물전자거래에 필요한 업무

② 해양수산부장관은 수산물전자거래를 활성화하기 위하여 예산의 범위에서 필요한 지원을 할 수 있다.

③ 제1항과 제2항에 규정한 사항 외에 거래품목, 거래수수료 및 결제방법 등 수산물전자거래에 필요한 사항은 해양수산부령으로 정한다.

시행규칙 :

제45조((수산물전자거래의 활성화))

① 법 제52조제1항에 따른 수산물전자거래의 대상품목은 수산물로 한다.

② 법 제52조제1항에 따른 수산물전자거래의 수수료는 **수산물전자거래장터(법 제52조제1항 제1호에 따라 해양수산부장관이 설치 및 운영·관리하는 수산물전자거래장터**를 말한다. 이하 같다)를 이용하는 판매자와 구매자로부터 다음 각 호의 구분에 따라 징수하는 금액으로 한다.

1. 판매자의 경우: 수산물전자거래장터 사용료 및 판매수수료

2. 구매자의 경우: 수산물전자거래장터 사용료

③ 제2항제1호에 따른 판매수수료는 거래액의 **1천분의 30을 초과할 수 없다.**

제53조(수산물 유통협회의 설립)

① 수산물유통사업자는 수산물유통산업의 건전한 발전과 공동의 이익을 도모하기 위하여 대통령령으로 정하는 바에 따라 **해양수산부장관의 인가**를 받아 수산물 유통협회(이하 "협회"라 한다)를 설립할 수 있다.

② 협회는 제1항에 따른 설립인가를 받아 설립등기를 함으로써 성립한다.

③ 협회는 법인으로 한다.

④ 협회에 관하여 이 법에서 규정한 것 외에는 「민법」 중 사단법인에 관한 규정을 준용한다. ⑤ 협회는 다음 각 호의 사업을 수행한다.

1. 수산물유통사업자의 권익 보호 및 복리 증진 2. 수산물 유통 관련 통계 조사

3. 수산물 품질 및 위생 관리 4. 수산물유통산업 종사자의 교육훈련

5. 수산물유통산업 발전을 위하여 국가 또는 지방자치단체가 위탁하거나 대행하게 하는 사업

6. 그 밖에 수산물유통산업의 발전을 위하여 대통령령으로 정하는 사업

⑥ 해양수산부장관은 제5항 각 호에 따른 사업을 수행하거나 수산물유통산업의 발전을 위하여 필요한 경우 협회에 지원을 할 수 있다.

⑦ 협회에 대한 인가, 협회의 업무와 정관 등에 필요한 사항은 대통령령으로 정한다.

제54조(수산물 유통관련단체의 설립 및 지원)

① **위판장등에서** 해양수산부령으로 정하는 수산물 유통에 종사하는 자는 **해양수산부장관의 인가를 받아 단체를 설립할 수** 있다.

② 제1항의 단체는 법인으로 하며, 단체의 정관·운영·감독 등에 필요한 사항은 해양수산부령으로 정한다.

③ 해양수산부장관은 제1항에 따른 단체가 수산물유통산업의 발전을 위한 사업을 하려는 경우 그 사업의 타당성 및 공익성 등을 검토하여 필요한 지원을 할 수 있다.

④ 제1항에 따른 단체에 관하여 이 법에 규정된 것을 제외하고는 「민법」 중 사단법인에 관한 규정을 준용한다.

제55조(수산물 유통전문인력의 육성)

① 해양수산부장관은 수산물 유통전문인력을 육성하기 위하여 다음 각 호의 사업을 할 수 있다.

1. 수산물유통산업에 종사하는 유통전문인력의 역량강화를 위한 교육훈련
2. 수산물유통산업에 종사하려는 사람의 취업 또는 창업의 촉진을 위한 교육훈련
3. 수산물 유통체계의 효율화를 위한 선진 유통기법의 개발·보급
4. 수산물 유통시설의 운영과 유통장비의 조작을 담당하는 기능인력의 교육훈련
5. 그 밖에 수산물 유통전문인력을 육성하기 위하여 필요하다고 인정되는 사업

② 해양수산부장관은 제1항 각 호의 사업을 위탁받아 수행하는 기관에 그 사업에 필요한 경비의 전부 또는 일부를 지원할 수 있다.

제8장 보칙

제56조(과징금)

① **시장·군수·구청장은** 위판장**개설자가 제26조제2항에 해당하여 업무정지를 명하려는 경우,** 그 업무의 정지가 해당 업무의 이용자 등에게 심한 불편을 주거나 공익을 해칠 우려가 있을 때에는 업무의 **정지를 갈음하여 1억원 이하의 과징금**을 부과할 수 있다.

② 제1항에 따라 과징금을 부과하는 경우에는 다음 각 호의 사항을 고려하여야 한다.

1. 위반행위의 내용 및 정도
2. 위반행위의 기간 및 횟수
3. 위반행위로 취득한 이익의 규모

③ 제1항에 따른 과징금의 부과기준은 대통령령으로 정한다.

④ 시장ㆍ군수ㆍ구청장은 제1항에 따른 과징금을 내야 할 자가 납부기한까지 내지 아니하면 국세 체납처분의 예 또는 「지방세외수입금의 징수 등에 관한법률」에 따라 이를 징수한다.

시행령 : **제27조((과징금의 부과기준))** (과징금의 부과기준) 법 제56조제3항에 따른 과징금의 부과기준은 별표 1과 같다.

제57조(청문)

해양수산부장관, 시장ㆍ군수ㆍ구청장, 위판장개설자는 다음 각 호의 어느 하나에 해당하는 처분을 하려면 **청문을 하여야 한다.**

1. 제26조제1항에 따른 **개설허가 취소나 해당 시설 폐쇄, 그 밖의 조치**
2. 제26조제2항에 따른 업무정지
3. 제26조제3항에 따른 산지경매사의 면직
4. 제26조제4항에 따른 **산지중도매인의 지정 취소**
5. 제30조에 따른 **이력추적관리 등록의 취소**
6. 제34조에 따른 **이력표시수산물의 판매금지**

제58조(권한의 위임 등)

① 해양수산부장관은 대통령령으로 정하는 바에 따라 이 법에서 정한 권한의 일부를 소속 기관의 장 또는 시ㆍ도지사에게 위임할 수 있다.

② 해양수산부장관은 대통령령으로 정하는 바에 따라 이 법에서 정한 업무의 일부를 다음 각 호의 자에게 위탁할 수 있다.

1. 수협조합, 수협중앙회 또는 생산자단체
2. 「공공기관의 운영에 관한법률」에 따른 공공기관
3. 「정부출연연구기관 등의 설립ㆍ운영 및 육성에 관한법률」에 따른 정부출연연구기관 또는 「과학기술분야 정부출연연구기관 등의 설립ㆍ운영 및 육성에 관한법률」에 따른 과학기술분야 정부출연연구기관
4. 「농어업경영체 육성 및지원에관한법률」 제16조에 따라 설립된 영어조합법인 등 수산 관련 법인이나 단체
5. 제53조제1항에 따라 설립된 협회
6. 제54조제1항에 따라 설립된 단체

제58조 권한의 위임

시행령 : 제28조((권한 등의 위임 및 위탁)) **① 해양수산부장관은 법 제58조제1항에 따라 다음 각 호의 권한을 국립수산물품질관리원장에게 위임한다.** **1. 법 제27조제1항 또는 제2항에 따른 이력추적관리의 등록 및 같은 조 제3항에 따른 등록사항 변경신고의 수리** **2. 법 제28조제3항 본문에 따른 이력추적관리 등록 유효기간의 연장 승인**

3. 법 제29조제1항에 따른 자료제출의 요구
4. 법 제30조제1항에 따른 이력추적관리 등록의 취소 및 이력추적관리 표시의 금지 명령
5. 법 제31조제1항에 따른 수입유통이력 신고의 수리
6. 법 제33조제1항에 따른 조사·열람 및 시료의 수거
7. 법 제34조에 따른 시정명령 및 판매금지의 조치
8. 법 제37조제2항에 따른 제한 및 금지의 명령
9. 법 제38조제1항에 따른 주요 수산물에 대한 재고물량의 조사

② 해양수산부장관은 법 제58조제1항에 따라 법 제55조제1항에 따른 수신물 유통전문인력의 육성을 위한 사업 수행을 해양수산인재개발원의 원장에게 위임한다.

③ 해양수산부장관은 법 제58조제2항에 따라 법 제8조제1항에 따른 실태조사 및 같은 조 제2항 전단에 따른 자료의 요청 업무를 한국해양수산개발원에 위탁한다.

④ 해양수산부장관은 법 제58조제2항에 따라 자격시험의 시행 및관리 업무(법 제17조제2항에 따른 산지경매사 자격증 발급에 관한 업무는 제외한다)를 「한국산업인력공단법」에 따른 한국산업인력공단 또는 「한국해양수산연수원법」에 따른 한국해양수산연수원에 위탁할 수 있다.

⑥ 해양수산부장관은 법 제58조제2항에 따라 다음 각 호의 업무를 수협중앙회에 위탁한다.

1. 법 제17조제2항에 따른 산지경매사 자격증 발급에 관한 업무
2. 법 제40조제1항에 따른 수산물 수매 및 같은 조 제2항에 따른 판매·수출·기증 등 처분에 관한 업무

⑦ 해양수산부장관은 법 제58조제2항에 따라 비축사업 업무를 수협중앙회, 지구별수협, 업종별수협 또는 수산물가공수협에 위탁할 수 있다. <신설 2018.3.27.>

⑧ 해양수산부장관은 제6항제2호 또는 제7항에 따른 업무를 위탁하는 경우에는 다음 각 호의 사항을 정하여 위탁하여야 한다. <개정 2018.3.27.>

1. 대상 수산물의 품목 및 수량
2. 대상 수산물의 품질·규격 및 가격
3. 대상 수산물의 판매방법·수매 또는 수입 시기 등 사업실시에 필요한 사항

⑨ 해양수산부장관은 제4항 또는 제7항에 따라 업무를 위탁한 경우에는 업무를 위탁받은 기관 및 위탁업무의 내용 등을 관보에 고시하여야 한다. <신설 2018.3.27.>

제9장 벌칙

제59조(벌칙)

다음 각 호의 어느 하나에 해당하는 자는 3년 이하의 징역 또는 3천만원 이하의 벌금에 처한다.

1. 제32조제1호를 위반하여 이력표시수산물이 **아닌 수산물에 이력표시수산물의 표시를 하거나** 이와 비슷한 표시를 한 자

2. 제32조제2호를 위반하여 이력추적관리의 등록을 하지 아니한 수산물이나 **수입유통이력 신고를 하지 아니한 수산물을 혼합**하여 판매하거나 혼합하여 판매할 목적으로 보관하거나 진열한 자

3. 제32조제3호를 위반하여 이력표시수산물이 아닌 수산물을 이력표시수산물로 광고하거나 이력표시수산물로 잘못 인식할 수 있도록 광고한 자

제60조(벌칙)

다음 각 호의 어느 하나에 해당하는 자는 **2년 이하의 징역 또는 2천만원 이하의 벌금**에 처한다. <개정 2016.12.2>

1. 제10조제1항에 따른 **허가를 받지 아니하고 위판장을 개설한 자**
2. 제13조의2를 위반하여 위판장 **외의 장소에서 수산물을 매매 또는 거래한 자**
3. 제14조제1항에 따라 위판장개설자의 지정을 받지 아니하고 산지중도매인의 업무를 한 자
4. 제26조제2항에 따른 업무정지처분을 받고도 그 업(업)을 계속한 자
5. 제37조제1항을 위반하여 **고의 또는 중대한 과실로 수산물을 유통한 자**
6. 제37조제2항에 따른 제한이나 금지에 따르지 아니한 자

제61조(벌칙)

다음 각 호의 어느 하나에 해당하는 자는 **1년 이하의 징역 또는 1천만원 이하의 벌금**에 처한다.

1. 제14조제2항을 위반하여 산지중도매인을 **지정한 자**
2. 제14조제4항을 위반하여 다른 산지중도매인 또는 산지매매참가인의 거래 참가를 방해하거나 정당한 사유 없이 집단적으로 경매 또는 입찰에 불참한 자
3. 제16조제2항을 위반하여 산지경매사를 임명한 자
4. 제16조제3항을 위반하여 산지경매사를 **면직하지 아니한 자**
5. 제18조제1항을 위반하여 매수하거나 거짓으로 위탁받은 자
6. 제18조제2항을 위반하여 **수산물의 수탁을 거부·기피하거나 위탁받은 수산물의 판매를 거부·기피한 자**
7. 제18조제3항을 위반하여 상장된 수산물 외의 수산물을 거래한 자
8. 제18조제4항을 위반하여 허가 없이 산지중도매인 간 거래를 한 자
9. 제27조제2항을 **위반하여 이력추적관리의 등록을 하지 아니한 자**
10. 제34조에 따른 시정명령이나 판매금지 조치에 따르지 아니한 자
11. 제44조제3항에 따라 **수입 추천신청을 할 때에 정한 용도 외의 용도로 수입수산물을 사용한 자**

제62조(양벌규정)

법인의 대표자나 법인 또는 개인의 대리인, 사용인, 그 밖의 종업원이 그 법인 또는 개인의 업무에 관하여 제59조부터 제61조까지의 어느 하나에 해당하는 위반행위를 하면 그 행위자를 벌하는 외에 그 법인 또는 개인에게도 해당 조문의 벌금형을 과(과)한다. 다만, 법인 또는 개인이 그 위반행위를 방지하기 위하여 해당 업무에 관하여 상당한 주의와 감독을 게을리하지 아니한 경우에는 그러하지 아니하다.

제63조(과태료)

① 다음 각 호의 어느 하나에 해당하는 자에게는 **1천만원 이하의 과태료**를 부과한다.

1. 제27조제2항에 따라 등록한 자로서 같은 조 제3항을 위반하여 **변경신고를 하지 아니한 자**
2. 제27조제2항에 따라 등록한 자로서 같은 조 제4항을 **위반하여 이력추적관리의 표시를 하지 아니한 자**
3. 제27조제2항에 따라 등록한 자로서 같은 조 제5항을 위반하여 **이력추적관리기준에 따른 입고ㆍ출고 및 관리 내용을 기록ㆍ보관하지 아니한 자**
4. 제33조제1항에 따른 조사ㆍ열람ㆍ수거 등을 거부ㆍ방해 또는 기피한 자

② 다음 각 호의 어느 하나에 해당하는 자에게는 **500만원 이하의 과태료를 부과한다.**

1. 제23조제1항에 따른 보고를 하지 아니하거나 거짓된 보고를 한 자
2. 제25조에 따른 명령에 따르지 아니한 자
3. 제31조제1항을 위반하여 수**입유통이력을 신고하지 아니하거나 거짓으로 신고한 자**
4. 제31조제2항을 위반하여 **장부기록 자료를 보관하지 아니한 자**

③ 제1항 및 제2항에 따른 과태료는 대통령령으로 정하는 바에 따라 해양수산부장관 또는 시장ㆍ군수ㆍ구청장이 부과ㆍ징수한다.

새행령 : **제30조((과태료의 부과기준))**
(과태료의 부과기준) 법 제63조제1항 및 제2항에 따른 과태료의 부과기준은 별표 2와 같다.

2. 수산물 유통법상 개별기준 : (단위: 만원) : **과태료 구분 (수산물 유통법령 과태료)**

위 반 행 위	조문	위반 횟수 별 과태료			
		1회	2회	3회	4회
* 법 25조 **명령을 따르지 않은** 경우	63조 2항 2호	**25만원**	**50**	100	좌동
* 법23조 1항 **미보고, 거짓보고**	2항1호	**125**	250	500	**좌동**
* 법33조 1항 **조사.열람.수거 등 거부,방해,기피한 경우**	63조 1항 4호	**50**	**100**	300	좌동
* 수산물 **이력제 등록한 자로서**					
1. 등록 후 **변경 신고 못**한자	1항1호	**100**	**200**	**300**	**좌동**
2. 이력추적관리의 **표시 못한자**	1항2호	“ ”	“ ”	“ ”	“ ”
3. 등록 후 27조 5항 위반, 이력추적관리 기준에 따른 입고, 출고, 관리 내용을 **기록, 보관 하지 않은** 경우	63조 1항 3호	“	“	“	“
* 법 31조 **수입유통이력 위반**					
1. 수입유통이력 **미신고**	2항3호	**50**	**100**	**300**	**500**
2. 수입유통이력 장보 **보관 '1년'을** 미보관	4항	“	“	“	“
3. **거짓** 신고	3항	**100**	200	400	500

제2편 수산 경영학 및 유통법 및 유통론

제1. 수산물유통구조 및 시장형태 등 거래단계

1. 기존 6/7단계에서 4단계(해수부 정책 방향)

1) 생산자 ⇒ 2) 산지검점유통센터(수산물유통법49조) ⇒ 3)소비지분산물류센터(48조)
⇒ 4) 분산도매물류 ⇒ 소비자

2. 기존 6단계 등(계통출하 범주== 수협 등 어촌게 경유)

1) **생산자** ⇒ 산지도매시장/산지위판장 ⇒ 산지 중도매인 ⇒ 소비지 수협공판장 ⇒ 소비지 중도매인 ⇒ 도매상 ⇒ 소매상 ⇒ 소지바

2) 생산자 ⇒ 산지도매시장/산지 위판장 ⇒ 산지 중도매인 ⇒ 수집상(산지유통인) ⇒ 소비지 중앙도매시장 ⇒ 소비지 중도매인 ⇒ 도매상 ⇒ 소매상 ⇒ 소비자

3) 계통 출하의 품목은 '꽃게(60%의 대부분 자연산), '굴 94% 정도가 산지위판장 등 경우하는 계통출하 범주로 분류된다.

4) 수산물유통법 및 농수산물 유통의 가격안정법에 규정된 절차를 거치는 것이 특징이다.

3. 기존 6단계 등 ''비''계통 출하(경로가 다양하게 형성된다)

1) 원양어선 포획 후 원양선사 ⇒ 전문무역회사 ⇒ **소비지 도매시장 ⇒ 도매상** ⇒ 소매상 ⇒**소비자 (수품사 4회 2차 기출문제)**

2) 수입수산물의 경우 (경로가 다양하다)

(1) **해외생산자** ⇒ 전문무역회사(구 : 무역상사) 또는 개별 수입업자 ⇒ 도매가공업자 경유가능 ⇒ 도매업자 가능 ⇒ 소매업자(전문소매점,대형할인점 ,외식산업회사 등) ⇒ 소비자

(2) 해외생산자 ⇒ 전문무역회사(구 : 무역상사) 또는 개별 수입업자 ⇒ 중간도매상 혹은 소지지 소매업자 ⇒ 소비자 등

4. 기존 거래에서 발전된 최근 형태

(대부분 ''비''계통 출하 범주이며, 다양한 과정으로 이루어진다)

1) 생산자 ⇒ 객주 ⇒ 유사도매시장 ⇒ 도매상 ⇒ 소매상 ⇒ 소비자

(1) 활어 , 넙치 등 비계통 경유가 일반화 경향이다.

2) 생산자 ⇒ 직판장 ⇒ 소비자(수산물 유통법 제47조)

(1) 예시 : B2B,B2C,B2G,G2G 등
(2) 공동판매 등 : 농수산물 유통 및 가격안정법 제

3) 생산자 ⇒ 전자상거래 ⇒ 소비자(수산물유통법 제52조)

4) Private Brand 의 경우 : 생산자 ⇒ PB ⇒ 가공 등 PB자체공장 ⇒ PB상점/백화점 ⇒ 소비자

제2. 법령상 도매시장 등 조직 체계

1.농수산물 유통 및 가격안정법령상 구성

법령상 조직 구성 체계 및 법률 및 시행령.시행규칙

1) 개설자(이하 '4'인 개설자'라 한다)

시행령 제 15조 : 도매시장개설은 법 제17조에 따른 양곡부류,청과부류,수산부류 등 별로 개설하거나 또는 2(TWO)개 부류 이상 개설하는 도매시장을 말한다. 법21조 : 제21조(도매시장의 관리) ① 도매시장 개설자는 소속 공무원으로 구성된 도매시장 관리사무소(이하 "관리사무소"라 한다)를 두거나「지방공기업법」에 따른 지방공사(이하 "관리공사"라 한다), 제24조의 공공출자법인 또는 한국농수산식품유통공사 중에서 시장관리자를 지정할 수 있다.

(1) 중앙도매시장

① 특별시 등(서울 가락동,노량진,울산농수산물도매시장,부산엄궁동,대구북부,인천구월동 및 삼산,광주가화동,대전 오정 및 노은 도매시장,대전 노은 동산물도매시장)

시행규칙 : 제3조(중앙도매시장)
법 제2조제3호에서 "농수산물도매시장으로서 농림축산식품부령 또는 해양수산부령으로 정하는 것"이란 다음 각 호의 농수산물도매시장을 말한다.

1. 서울특별시 가락동 농수산물도매시장
2. 서울특별시 노량진 수산물도매시장
3. 부산광역시 엄궁동 농산물도매시장
4. 부산광역시 국제 수산물도매시장
5. 대구광역시 북부 농수산물도매시장
6. 인천광역시 구월동 농산물도매시장
7. 인천광역시 삼산 농산물도매시장
8. 광주광역시 각화동 농산물도매시장
9. 대전광역시 오정 농수산물도매시장
10. 대전광역시 노은 농산물도매시장
11. 울산광역시 농수산물도매시장

② 승인 : **해수부장관이나 농림축산식품부장관의 승인**

③ 업무규정도 양자의 승인이 필요

법률 : 제22조(도매시장의 운영 등) 도매시장 개설자는 도매시장에 그 시설규모·거래액 등을 고려하여 적정 수의 **도매시장법인·시장도매인 또는 중도매인을 두어 이를 운영하게 하여야 한다. 다만, ''중앙도매시장의 개설자는 농림축산식품부령 또는 해양수산부령으로**

정하는 부류에 대하여는 도매시장법인을 두어야 한다.

(2) 지방자치단제의 지방도매시장(상단 외 도매시장)

① 지방도매시장은 시.도지사 '**허가 단, 업무규정을 개정(시가 개설자인 경우만 적용)은 도지사의 '승인'**
② 시가 도매시장을 폐쇄의 경우 '3개월전'에 도지사 '허가
③ 특별시 등 광역시가 폐쇄의 경우 '3개월전''공고

(3) 농수산물공판장 (법43조)

① 법제2조 5항 및 시행령 3조 : 영어조합법인 등 생산자 단체와 공인법인이 설립하는 것으로 수산업협동조합과 그 중앙회,지역농업협동조합,품목별.업종별협동조합,조합공동사업법인,대통령령으로 정하는 법인 및 생산자관련단체(영농조합법인,영어조합법인,어업회사법인,농협경제지주회사의 자회사,한국농수산식품유통공사)
② **특별시 등 시.도지사의 '승인'(법률제40조)**
③ 업무 : 농수산물의 '도매'
④ 공판장에는 중도매인(공판장개설자의 지정),매매참가인(신고),산지유통인(등록),경매사(임면)를 둘 수 있다.(법제44조)

법률 : 제44조**(공판장의 거래 관계자)**

① **공판장에는 중도매인, 매매참가인, 산지유통인 및 경매사를 둘 수있다.**

② 공판장의 중도매인은 공판장의 개설자가 지정한다. 이 경우 중도매인의 지정 등에 관하여는 제25조제3항 및 제4항을 준용한다.
③ 농수산물을 수집하여 공판장에 출하하려는 자는 공판장의 개설자에게 산지유통인으로 등록하여야 한다. 이 경우 산지유통인의 등록 등에 관하여는 제29조제1항 단서 및 같은 조 제3항부터 제6항까지의 규정을 준용한다.
④ 공판장의 경매사는 공판장의 개설자가 임면한다. 이 경우 경매사의 자격기준 및 업무 등에 관하여는 제27조제2항부터 제4항까지 및 제28조를 준용한다.

(4) 민영농수산물도매시장(법제47조)

① 지방자치단체 및 농수산물공판장 '외''민간인이 개설하는 시장이다.
② 시도지사의 허가(규칙41조)
③ 특별시,광역시, 또는 시 지역에 개설하는 시장
④ 민영시장개설자는 중도매인(지정),매매참가인,산지유통인(수집,출하 : 등록) 및 **경매사(임면)**를 두어 직접운영하거나 '시장도매인(지정)을 두어 이를 운영할 수 있다.

법률: 제48조**(민영도매시장의 운영 등)**

① 민영도매시장의 **개설자는 중도매인, 매매참가인, 산지유통인 및 경**매사를 두어 직접

운영하거나 시장도매인을 **두어 이를 운영하게 할 수 있다.**

② 민영도매시장의 중도매인은 민영도매시장의 개설자가 지정한다. 이 경우 중도매인의 지정 등에 관하여는 제25조제3항 및 제4항을 준용한다.

③ 농수산물을 수집하여 민영도매시장에 출하하려는 자는 민영도매시장의 개설자에게 산지유통인으로 등록하여야 한다. 이 경우 **산지유통인의 등록**등에 관하여는 제29조제1항 단서 및 같은 조 제3항부터 제6항까지의 규정을 준용한다.

④ 민영도매시장의 경매사는 민영도매시장의 개설자가 임면한다. 이 경우 경매사의 자격기준 및 업무 등에 관하여는 제27조제2항부터 제4항까지 및 제28조를 준용한다.

⑤ 민영도매시장의 시장도매인은 민영도매시장의 개설자가 지정한다. 이 경우 시장도매인의 지정 및 영업 등에 관하여는 제36조제2항부터 제4항까지, 제37조, 제38조, 제39조, 제41조 및 제42조를 준용한다.

⑥ 민영도매시장의 개설자가 중도매인, 매매참가인, 산지유통인 및 경매사를 두어 직접 운영하는 경우 그 운영 및 거래방법 등에 관하여는 제31조부터 제34조까지, 제38조, 제39조부터 제41조까지 및 제42조를 준용한다.

다만, 민영도매시장의 규모·거래물량 등에 비추어 해당 규정을 **준용하는 것이 적합하지 아니한 민영**도매시장의 경우에는 그 개설자가 합리적이라고 인정되는 범위에서 업무규정으로 정하는 바에 따라 그 운영 및 거래방법 등을 달리 정할 수 있다.

((상단 4인 개설자의 하부적 조직 구성))

1.법22조:**도매시장에 반드시 두어야 하는 것은 시설규모,거래액 등 고려하여 적정수의 도매시장법인,시장도매인또는 중도매인**을 두고 이를 운영한다.
2. 다만, **중앙도매시장의 개설자는 농림축산식품부령 또는 해양수산부령으로 정하는 부류(청과부류와 수산부류)에 대하여는 도매시장법인**을 두어야 한다.
3. 개설지는 법제38조의2 및 시행규칙 제35조의2에 따른 안전성 검사 의무

1) 도매시장개설자가 검사하고 시정조치 가능
2) 검사를 위한 시료 수거 및 수거 기준

(1)초대형어류(2kg이상/마리) : 1마리 또는 2kg내외
(2)대형어(1kg~2kg미만/마리): 2마리 또는 2kg내외
(3)중형어(500~1kg미만/마리): 3마리 또는 2kg내외
(4)준중형어(200~500g미만/마리): 5마리 또는 2kg내외
(5) 소형어(200g미만/마리): 10마리 또는 2kg내외

(6) 패류어 : 1kg이상 또는 2kg내외
(7) 그 밖의 수산물어 : 1kgd이상 또는 2kg내외

4. 민영도매시장 개설자는 중도매인, 매매참가인, 산지유통인 및 경매사를 두어 ''직접'' 운영하거나 ''시장도매인(지정)을 두어 이를 운영할 수 있다.(법제48조)
5. 시행규칙 제39조 사용료 및 수수료 등

1) 위탁수수료의 최고한도는 도매시장개설자가 정하는데,
(1) 수산부류는 거래금액의 1천분의 60
(2) 일정액의 위탁수수료는 도매법인이 정하되, (1) 한도내로 함
2) 중도매인이 징수하는 중개수수료는 최고한도는 거래금액의 1천분의 40을 한다.
3) 시장도매인이 출하자와 매수인으로부터 징수하는 중개수수료는 최고한도의 2분의 1을 '초과하지 못한다.
4) 정산수수료는
(1) 정률의 경우 : 거래건별 거래금액의 1천분의 1
(2) 정액의 경우 : 1개월에 70만원
5) 전산경매 등 감면 가능하다.
6. 법 88조 과징금 : 해수부장관,농림출산식품부장관,시.도지사 또는 개설자는 법령위반시 업무정지에 갈음하여 부과한다(법 82조 5).도매시장법인은 1억원 이하, 중도매인은 1천 이하 부과한다.

1) 도매시장법인(도매시장법인의 지정을 받은 것으로 보는 공공출자 법인도 포함된다) : 해수부령 또는 농림축산부령에 따른 (중앙도매시장법인은 반드시)청과부류와 수산부류는 반드시 두어야 한다.

(1) 지정 및 유효기간,요건 등
① 도매시장 개설자, 부류별로 '해수부장관이나 농림축산부장관과 협의하여 지정한다. 법인이 다른 도매시장법인을 인수나 합병의 경우 개설자의 승인을 받아야 한다.(법23조의2)
② 유효기간은 5년~10년 이하의 범위로 설정한다.
③ 도매시장에 인적요건(2년이상 경험자이 있는 임원 2명 이상 있을 것 등)
(2) 업무
① 농수산물을 '위탁받아 상장하여 '도매'하거나
② 이를 '매수하여 '도매'하는 시장이다.
③ 법인의 주주나 임원은 해당법인의 업무와 경합되는 '도매업,'중매업은 겸직하지 못한다.

법률 : 제31조**(수탁판매의 원칙)**
① 도매시장에서 도매시장법인이 하는 도매는 **출하자로부터 위탁**을 받아 하여야 한다. 다만, 농림축산식품부령 또는 해양수산부령으로 정하는 특별한 사유가 있는 경우에는 매수하여 도매할 수 있다.
② 중도매인은 도매시장법인이 상장한 농수산물 외의 농수산물은 거래할 수 없다. 다만, 농림축산식품부령 또는 해양수산부령으로 정하는 도매시장법인이 상장하기에 적합하지 아니한 농수산물과 그 밖에 이에 준하는 농수산물로서 그 품목과 기간을 정하여 도매시장 개설자로부터 허가를 받은 농수산물의 경우에는 그러하지 아니하다.
③ 제2항 단서에 따른 중도매인의 거래에 관하여는 제35조제1항, 제38조, 제39조, 제40

조제2항·제4항, 제41조(제2항 단서는 제외한다), 제42조제1항제1호·제3호 및 제81조를 준용한다.

④ 중도매인이 제2항 단서에 해당하는 물품을 제70조의2제1항제1호에 따른 농수산물 전자거래소에서 거래하는 경우에는 그 물품을 도매시장으로 반입하지 아니할 수 있다.

⑤ 중도매인은 도매시장법인이 상장한 농수산물을 농림축산식품부령 또는 해양수산부령으로 정하는 연간 거래액의 범위에서 해당 도매시장의 다른 중도매인과 거래하는 경우를 제외하고는 다른 중도매인과 농수산물을 거래할 수 없다.

⑥ 제5항에 따른 중도매인 간 거래액은 제25조제3항제6호의 최저거래금액 산정 시 포함하지 아니한다.

⑦ 제5항에 따라 다른 중도매인과 농수산물을 거래한 중도매인은 농림축산식품부령 또는 해양수산부령으로 정하는 바에 따라 그 거래 내역을 도매시장 개설자에게 통보하여야 한다.

법률: 제34조(거**래의 특례)**

도매시장 개설자는 입하량이 현저히 많아 정상적인 거래가 어려운 경우 등 농림축산식품부령 또는 해양수산부**령으로 정하는 특별한**사유가 있는 경우에는

그 사유가 발생한 날에 한정하여

도매시장법인의 경우에는 중도매인·매매참가인 외의 자에게,

시장도매인의 경우에는 도매시장법인·중도매인에게 판매할 수 있도록 할 수 있다.

법률: 제35조(도매시장**법인의 영업제한**)

① 도매시장법인은 도매시장 외의 장소에서 농수산물의 판매업무를 하지 못한다.

② 제1항에도 불구하고 도매시장법인은 다음 각 호의 어느 하나에 해당하는 경우에는 해당 거래물품을 도매시장으로**반입하지 아니할**수 있다.

1. 도매시장 개설자의 사전승인을 받아 「전자문서 및 전자거래 기본법」에 따른 전자거래 방식으로 하는 경우
2. 농림축산식품부령 또는 해양수산부령으로 정하는 일정 기준 이상의 시설에 보관·저장 중인 거래 대상 농수산물의 견본을 도매시장에 반입하여 거래하는 것에 대하여 도매시장 개설자가 승인한 경우

③ 제2항에 따른 전자거래 및 견본거래 방식 등에 관하여 필요한 사항은 농림축산식품부령 또는 해양수산부령으로 정한다. <개정 2013.3.23.>

④ 도매시장법인은 농수산물 판매업무 외의 사업을 겸영(兼營)하지 못한다. 다만, 농수산물의 선별·포장·가공·제빙(製氷)·보관·후숙(後熟)·저장·수출입 등의 사업은 농림축산식품부령 또는 해양수산부령으로 정하는 바에 따라 겸영할 수 있다.

⑤ 도매시장 개설자는 산지(産地) 출하자와의 업무 경합 또는 과도한 겸영사업으로 인하여 도매시장법인의 도매업무가 **약화될 우려가**있는 경우에는 대통령령으로 정하는 바에 따라 제4항 단서에 따른 **겸영**사업을 **1년 이내의 범위에서 제한할 수** 있다.

시행령 : 제17조 겸염금지 및 시정명령 :제17조의6(도매시장법인의 겸영사업의 제한)

① 도매시장 개설자는 **법 제35조제5항에 따라 도매시장법인이 겸영사업(兼營事業)으로 수탁·매수한 농수산물을 법 제32조, 제33조제1항, 제34조 및 제35조제1항부터 제3항까지의 규정을 위반하여 판매함으로써 산지 출하자와의 업무 경합 또는 과도한 겸영사업으로 인**

한 도매시장법인의 도매업무 약화가 우려되는 경우에는 법 제78조에 따른 시장관리운영위원회의 심의를 거쳐 법 제35조제4항 단서에 따른 겸영사업을 다음 각 호와 같이 제한할 수 있다.

1. 제1차 위반: 보완명령
2. 제2차 위반: 1개월 금지
3. 제3차 위반: 6개월 금지
4. 제4차 위반: 1년 금지

② 제1항에 따라 겸영사업을 제한하는 경우 위반행위의 차수(次數)에 따른 처분기준은 최근 3년간 같은 위반행위로 처분을 받은 경우에 적용한다.

(3) 법제38조이 수탁의 거부금지 : 도매시장법인 및 시장도매인 공통

① 유통명령을 위반하여 출하하는 경우 등 거부사유 외는 차별대우 등 거부금지가 적용된다.

법률 : 제38조(**수탁의 거부금지 등)**
도매시장법인 또는 시장**도매인은 그** 업무를 수행할 때에 다음 각 호의 어느 하나에 해당하는 경우를**제외하고는 입하된** 농수산물의 수탁을 거부·기피하거나 위탁받은 농수산물의 판매를 거부·기피하거나, 거래 관계인에게 부당한 차별대우를 하여서는 아니 된다.

1. 제10조제2항에 따른 **유통명령을 위반**하여 출하하는 경우
2. 제30조에 따른 **출하자 신고를 하지 아니**하고 출하하는 경우
3. 제38조의2에 따른 **안전성 검사 결과 그 기준에 미달**되는 경우
4. 도매시장 **개설자가 업무규정으로 정하는 최소출하량의 기준에 미달**되는 경우
5. 그 밖에 **환경 개선 및 규격출하 촉진 등을 위하여 대통령령으로 정**하는 경우

(4) 시행규칙 제 34조 겸영 가능하다. : **제34조(도매시장법인의 겸영)**

① 법 제35조제4항 단서에 따른 농수산물의 선별ㆍ포장ㆍ가공ㆍ제빙(제빙)ㆍ보관ㆍ후숙(후숙)ㆍ저장ㆍ수출입ㆍ배송(도매시장법인이나 해당 도매시장 중도매인의 농수산물 판매를 위한 배송으로 한정한다) 등의 사업(이하 이 조에서 "겸영사업"이라 한다)을 겸영하려는 도매시장법인은 다음 각 호의 요건을 충족하여야 한다. 이 경우 제1호부터 제3호까지의 기준은 직전 회계연도의 대차대조표를 통하여 산정한다.

1. 부채비율(부채/자기자본×100)이 300퍼센트 이하일 것
2. 유동부채비율(유동부채/부채총액×100)이 100퍼센트 이하일 것
3. 유동비율(유동자산/유동부채×100)이 100퍼센트 이상일 것
4. 당기순손실이 2개 회계연도 이상 계속하여 발생하지 아니할 것

② 도매시장법인은 겸영사업을 하려는 경우에는 그 겸영사업 개시 전에 겸영사업의 내용 및 계획을 해당 도매시장 개설자에게 알려야 한다.

(5) 법66조 도매시장법인의 대행

① 개설자는 법인이 업무를 못하는 경우나 못할 것이라는 인정을 하는 경우에 '기간을 정하여 직접 운영하거나 다른 법인에게 대행을 시킬 수 있다.

법률 : 제66조(도매시장법인의 대행)

① 도매시장 개설자는 도매시장법인이 판매업무를 할 수 없게 되었다고 인정되는 경우에는 기간을 정하여 그 업무를 대행하거나 관리공사 또는 다른 도매시장법인으로 하여금 대행하게 할 수 있다.
② 제1항에 따라 도매시장법인의 업무를 대행하는 자에 대한 업무처리기준과 그 밖에 대행에 관하여 필요한 사항은 도매시장 개설자가 정한다.

(6) 도매시장법인의 업무갈음 : 법 24조 공공출자법인을 설립 등 : 제24조(공공출자법인)
① 도매시장 개설자는 도매시장을 효율적으로 관리·운영하기 위하여 필요하다고 인정하는 경우에는 제22조에 따른 도매시장법인을 갈음하여 그 업무를 수행하게 할 법인(이하 "공공출자법인"이라 한다)을 설립할 수 있다.
② 공공출자법인에 대한 출자는 다음 각 호의 어느 하나에 해당하는 자로 한정한다. 이 경우 제1호부터 제3호까지에 해당하는 자에 의한 출자액의 합계가 총출자액의 100분의 50을 초과하여야 한다.

1. 지방자치단체 2. 관리공사 3. 농림수협등
4. 해당 도매시장 또는 그 도매시장으로 이전되는 시장에서 농수산물을 거래하는 상인과 그 상인단체 5. 도매시장법인
6. 그 밖에 도매시장 개설자가 도매시장의 관리·운영을 위하여 특히 필요하다고 인정하는 자

③ 공공출자법인에 관하여 이 법에서 규정한 사항을 제외하고는 「상법」의 주식회사에 관한 규정을 적용한다.
④ 공공출자법인은 「상법」 제317조에 따른 설립등기를 한 날에 제23조에 따른 도매시장법인의 지정을 받은 것으로 본다.

(7) 시행령 : **제34조(도매시장법인의 겸영)**

① 법 제35조제4항 단서에 따른 농수산물의 선별、포장、가공、제빙(제빙)、보관、후숙(후숙)、저장、수출입、배송(도매시장법인이나 해당 도매시장 중도매인의 농수산물 판매를 위한 배송으로 한정한다) 등의 사업(이하 이 조에서 "겸영사업"이라 한다)을 겸영하려는 도매시장법인은 다음 각 호의 요건을 충족하여야 한다. 이 경우 제1호부터 제3호까지의 기준은 직전 회계연도의 대차대조표를 통하여 산정한다.
1. 부채비율(부채/자기자본×100)이 300퍼센트 이하일 것
2. 유동부채비율(유동부채/부채총액×100)이 100퍼센트 이하일 것
3. 유동비율(유동자산/유동부채×100)이 100퍼센트 이상일 것
4. 당기순손실이 2개 회계연도 이상 계속하여 발생하지 아니할 것
② 도매시장법인은 겸영사업을 하려는 경우에는 그 겸영사업 개시 전에 겸영사업의 내용 및 계획을 해당 도매시장 개설자에게 알려야 한다. 이 경우 도매시장법인이 해당 도매시장 외의 장소에서 겸영사업을 하려는 경우에는 겸영하려는 사업장 소재지의 시장(도매시장 개설자와 다른 경우에만 해당한다)、군수 또는 자치구의 구청장에게도 이를 알려야 한다.
③ 도매시장법인은 겸영사업을 하는 경우 전년도 겸영사업 실적을 매년 3월 31일까지 해당 도매시장 개설자에게 제출하여야 한다.

2) 중도매인

(1) 4인의 개설자의 '허가'(비상장된 농수산물)또는 '지정(상장된 농수산물)

(2) 업무

① 상장된 농수산물은 '지정' 받고, '매수하여 '도매나 '매매의 중개

② 비상장된 농수산물 '허가'받고, 매수나 위탁받아 도매', 매매 중개한다.

시행규칙 : 제27조(상장되지 아니한 농수산물의 거래허가)

법 제31조제2항 단서에 따라 중도매인이 도매시장의 개설자의 허가를 받아 도매시장법인이 상장하지 아니한 농수산물을 거래할 수 있는 품목은 다음 각 호와 같다.
이 경우 도매시장**개설자는 법 제78조제3항에 따른 시장관리운영위원회의 심의**를 거쳐 허가하여야 한다.

1. 영 제2조 각 호의 부류를 기준으로 연간 반입물량 누적비율이 하위 3퍼센트 미만에 해당하는 소량 품목
2. 품목의 특성으로 인하여 해당 품목을 취급하는 중도매인이 소수인 품목
3. 그 밖에 상장거래에 의하여 중도매인이 해당 농수산물을 매입하는 것이 현저히 곤란하다고 도매시장 개설자가 인정하는 품목

③ 법 25조에 따른 중도매인이 허가를 받은 경우란 개설자가 부류별로 허가를 하는 것을 말한다.

④ 인수.합병의 경우 개설자의 '승인'을 받는다.(법 23조의 2준용)

법률 : 제31조**(수탁판매의 원칙)**

① 도매시장에서 도매시장법인이 하는 도매는 **출하자로부터 위탁**을 받아 하여야 한다. 다만, 농림축산식품부령 또는 해양수산부령으로 정하는 특별한 사유가 있는 경우에는 매수하여 도매할 수 있다.

② **중도매인은 도매시장법인이 상장한 농수산물 외의 농수산물은 거래할 수 없다**. 다만, 농림축산식품부령 또는 해양수산부령으로 정하는 도매시장법인이 상장하기에 적합하지 아니한 농수산물과 그 밖에 이에 준하는 농수산물로서 그 품목과 기간을 정하여 도매시장 개설자로부터 허가를 받은 농수산물의 경우에는 그러하지 아니하다.

③ 제2항 단서에 따른 중도매인의 거래에 관하여는 제35조제1항, 제38조, 제39조, 제40조제2항·제4항, 제41조(제2항 단서는 제외한다), 제42조제1항제1호·제3호 및 제81조를 준용한다.

④ **중도매인이 제2항 단서에 해당하는 물품을 제70조의2제1항제1호에 따른 농수산물 전자거래소에서 거래하는 경우에는 그 물품을 도매시장으로 반입하지 아니할 수 있다.**

⑤ 중도매인은 도매시장법인이 상장한 농수산물을 농림축산식품부령 또는 해양수산부령**으로 정하는 연간 거래액의 범위에서 해당 도매시장의 다른 중도매인과 거래하는 경우를 제외하고는 다른 중도매인과 농수산물을 거래할 수 없다.**

⑥ 제5항에 따른 중도매인 간 거래액은 제25조제3항제6호의 **최저거래금액 산정 시 포함하지 아니한다.**
⑦ 제5항에 따라 다른 중도매인과 농수산물을 거래한 중도매인은 농림축산식품부령 또는 해양수산부령으로 정하는 바에 따라 그 거래 내역을 **도매시장 개설자에게 통보하**여야 한다.

3) 시장도매인

(1) 지정 및 유효기간, 지정요건 등
① 지정 : 도매시장 , 민영도매시장의 개설자로부터 지정을 부류별로 지정을 받고,
② 5년이상 ~10년 이하의 유효기간내에 설정을 받고
③ 요건은 임원 중 이 법을 위반하여 금고이상의 실형을 선고받고 그 형의 집행이 종료되지 않은 경우 등 요건 충족이 필요한다.

(2) 업무
① 농수산물을 '매수 또는 위탁받아 '도매한다.
② 매매를 ''중개하는 영업의 법인
③ 유통명령을 위반하여 출하하는 경우 등 거부사유 외는 차별대우 등 거부금지가 적용된다.
(3) 법 37조 2항 : 금지규정 : 해당도매시장법인은 중도매인에게 판매를 못한다.

4) 경매사 : 도매시장법인은 도매시장의 공정.신속한 도매업무를 위하여 농림부령 또는 해수부령에 정하는 일정 수의 경매사를 둔다(법 27조).

(1) 도매시장법인이 경매사를 2인이상 임면 후 개설자에게 30일 이내에 신고를 하여야 한다.
(2) 농수산물공판장,민영농수산물도매시장 개설자의 임명

시행규칙 : 제20조(경매사의 임면)

① 법 제27조제1항에 따라 **도매시장법인이 확보하여야 하는 경매사의 수는 2명 이상**으로 하되, 도매시장법인별 연간 거래물량 등을 고려하여 업무규정으로 그 수를 정한다.
② 법 제27조제4항에 따라 도매시장법인이 경매사를 임면(임면)한 경우에는 별지 제3호 서식에 따라 **임면한 날부터 30일 이내에 도매시장 개설자에게 신고**하여야 한다

(3) 업무 및 권한 : 상장된 농수산물의 **경매순위결정, 가격평가,경락자** 결정(법28조)

5) 매매참가인

(1) 상단 '4인의 개설자에게 '신고
(2) 중도매인이 아닌 자
(3) 업무:상장된 농수산물을' 직접'매수하는자, 즉 가공업자,소매업자, 수출업자, 소비자단체 등 농수산물의 수요자를 하고, 최종소비자를 말하는 것은 아니다.

6) 산지유통인(법2조 및 29조)

(1) 4자 개설자에게 ''등록''
(2) 업무 : 농수산물을 '수집''후 상단 4자인 개설자에게 부류별로 등록 후 '출하'하는 영업자(법인 포함)이다.
(3) 등록예외 : 법 29조 및 시행규칙 **제25조(산지유통인 등록의 예외)**

법 제29조제1항제5호에서 "농림축산식품부령 또는 해양수산부령으로 정하는 경우"란 다음 각 호의 경우를 말한다.

1. 종합유통센터ㆍ수출업자 등이 남은 농수산물을 도매시장에 상장하는 경우
2. 법 제34조에 따라 도매시장법인이 다른 도매시장법인 또는 시장도매인으로부터 매수하여 판매하는 경우
3. 법 제34조에 따라 시장도매인이 도매시장법인으로부터 매수하여 판매하는 경우

(4) 중복된 업무 방지 (법 29조의 2항) : 제29조(산**지유통인의 등록)**

① **농수산물을 수집**하여 도매시장에 **출하하려는 자는**농림축산식품부령 또는 해양수산부령으로 정하는 바에 따라부류별로 도매시장 개설자에게 등록하여야 한다.

다만, 다음 각 호의 어느 하나에 해당하는 경우에는 그러하지 아니하다.

1. 생산자단체가 구성원의 생산물을 출하하는 경우
2. 도매시장법인이 제31조제1항 단서에 따라 매수한 농수산물을 상장하는 경우
3. 중도매인이 제31조제2항 단서에 따라 비상장 농수산물을 매매하는 경우
4. 시장도매인이 제37조에 따라 매매하는 경우
5. 그 밖에 농림축산식품부령 또는 해양수산부령으로 정하는 경우

-
② 도매시장법인, 중도매인 및 이들의 주주 또는 임직원은 **해당 도매시장에서 산지유통인의 업무를 하여서는 아니 된다.**
③ 도매시장 개설자는 이 법 또는 다른 법령에 따른 제한에 위반되는 경우를 제외하고는 제1항에 따라 등록을 하여주어야 한다. <개정 2012.2.22.>
④ 산지유통인은 등록된 도매시장에서 농수산물의 출하업무 외의 판매·매수 또는 중개업무를 하여서는 아니 된다.
⑤ 도매시장 개설자는 제1항에 따라 등록을 하여야 하는 자가 등록을 하지 아니하고 산지유통인의 업무를 하는 경우에는 도매시장에의 출입을 금지·제한하거나 그 밖에 필요한 조치를 할 수 있다.

⑥ 국가나 지방자치단체는 산지유통인의 공정한 거래를 촉진하기 위하여 필요한 지원을 할 수 있다.

7) 출하자 신고 : 법 30조 : 제30조(출하자 신고)

① **도매시장에 농수산물을 출하하**려는 생산자 및 생산자단체 등은 농수산물의 거래질서 확립과 수급안정을 위하여 농림축산식품부령 또는 해양수산부**령으로 정하는 바에 따라 해당 도매시**장의 **개설자에게 신고**하여야 한다. <개정 2013.3.23.>

② 도매시장 개설자, 도매시장법인 또는 시장도매인은 제1항에 따라 신고한 출하자가 출하 예약을 하고 농수산물을 출하하는 경우에는 위탁수수료의 인하 및 경매의 우선 실시 등 우대조치를 할 수 있다.

8) 농수산물종합유통센터(규칙46조)

(1) 설치 : 국가,지자체 및 전자 2인에게 에게 지원을 받은 사업장
(2) 국가나 지자체는 종합유통센터를 설치하여 생산자단체 또는 전문유통업체에 그 운영을 위탁할 수 있다.
(3) 업무
① 농수산물의 출하경로 다원화를 위하여
② 물류비용을 절감하기 위하여
③ 농수산물의 수집,포장,가공,보관,수송,판매 및 그 정보처리를 위하여 설치한 시설과 이와 관련된 업무시설을 갖춘 사업장

10) 유사도매시장(규칙43조 : 시설 등 정비)

(1) 구역지정 : **시도지사는 공정거래질서 확립을 위하여 유사도매시장구역''을 '지정**
(2) 공정거래질서 확립 및 시설을 정비를 위해서
(3) 특별시 광영ㄱ시 특별자치시 특별자치도 또는 시는 정비계획에 따라 유사도매시장'구역에 ''도매시장을 ''개설하고
(4) **그 구역의 농수산물도매업자를 도매시장법인 또는 시장도매인**으로 **지정**하여 운영하게 할 수 있다.

11) 주산지

① 시도지사가 시,군,구,읍,면,동 단위로 지정, 지정 후 장관에게 통지한다.
② 농수산물 수급조절을 위하여 생산 및 출하 촉진 .저절을 위하여
③ 생산지역이나 생산수면에 지정학 필요한 정보 및 자금 융자 가능하다.
④ 주산지 협의회를 시도지사는 주산지별로이나 시,도 단위별 설치
⑤ 법률 4조 3항 주산지 지정요건

③ 주산지는 다음 각 호의 요건을 갖춘 지역 또는 수면(水面) 중에서 구역을 정하여 지정한다.

1. 주요 농수산물의 재배면적 또는 양식면적이 농림축산식품부장관 또는 해양수산부장관이 고시하는 면적 이상일 것
2. 주요 농수산물의 출하량이 농림축산식품부장관 또는 해양수산부장관이 고시하는 수량 이상일 것

12) 유통협약 : 자율적 수급조절을 위해서

① 생산자,산지유통인,저장업자,도매업자,소매업자,소비자 등의 대표가
② 생산조절,품질향상을 위하여 생산조절 및 출하조절을 위한 협약 체결
③ 대표 등 재적회원 3분의 2이상 찬성을 받아야 협약 성립

(a) 법률 : 제10조(유통협약 및 유통조절명령)
① 주요 농수산물의 생산자, 산지유통인, 저장업자, 도매업자·소매업자 및 소비자 등(이하 "생산자등"이라 한다)의 대표는 해당 농수산물의 자율적인 수급조절과 품질향상을 위하여 생산조정 또는 출하조절을 위한 협약(이하 "유통협약"이라 한다)을 체결할 수 있다.

12-1) **유통명령 : 해수부장관,농림식품부장관이** 부패.변질 등으로 현저히 수급조절을 위해서 '생산자단체,생산자 등에게 요청을 할 수 있는 것이다.

(a) 법률 제 10조 2항 : 농림축산식품부장관 또는 해양수산부장관은 부패하거나 변질되기 쉬운 농수산물로서 농림축산식품부령 또는 해양수산부령으로 정하는 농수산물에 대하여 현저한 수급 불안정을 해소하기 위하여 특히 필요하다고 인정되고 농림축산식품부령 또는 해양수산부령으로 정하는 생산자등 또는 생산자단체가 요청할 때에는 공정거래위원회와 협의를 거쳐 일정 기간 동안 일정 지역의 해당 농수산물의 생산자등에게 생산조정 또는 출하조절을 하도록 하는 유통조절명령(이하 "유통명령"이라 한다)을 할 수 있다.

13) 수산물자조금 사업 : 2019년 제 4회 1차 기출

문제. 최근 완도지역의 전복 산지가격이 kg 당 (10마리) 50,000원에서 30,000원으로 급락하자, 생산자단체에서는 전복 소비촉친 행사를 추진하였다. 이 사례에 해당되는 사업은?

① 유통협약사업 ② 유통명령사업
③ 정부 수매비축사업 ④ 수산물 자조금 사업

14) 법 49조 산지판매제도 확립.제50조(농수산물집하장의 설치·운영)

(a) 법률 : 제49조(산지판매제도의 확립)

① 농림수협등 또는 공익법인은 생산지에서 출하되는 주요 품목의 농수산물 에 대하여 산지경매제를 실시하거나 계통출하(系統出荷)를 확대하는 등 생산자 보호를 위한 판매대책 및 선별·포장·저장 시설의 확충 등 산지 유 통대책을 수립·시행하여야 한다.
② 농림수협등 또는 공익법인은 제33조에 따른 경매 또는 입찰의 방법으로 창고경매, 포전경매(圃田競賣) 또는 선상경매(船上競賣)등을 할 수 있다.

(b) 법률 제50조(농수산물**집하장의 설치·운영**)

① <u>**생산자단체 또는 공익법인**</u>은 농수산물을 대량 소비지에 직접 출하할 수 있는 유통체제를 확립하기 위하여 필요한 경우에는 농수산물집하장을 설 치·운영할 수 있다.
② 국가와 지방자치단체는 농수산물집하장의 효과적인 운영과 생산자의 출 하편의를 도모할 수 있도록 그 입지 선정과 도로망의 개설에 협조하여야 한다.
③ 생산자단체 또는 공익법인은 제1항에 따라 운영하고 있는 농수산물집하 장 중 제67조제2항에 따른 공판장의 시설기준을 갖춘 집하장을 시·도지 사의 승인을 받아 공판장으로 운영할 수 있다.

15) 수탁판매의 원칙 및 법33조의 도매시장법인의 경매,입찰 등

(a) 법률 : 제31조**(수탁판매의 원칙)** ① 항 : 도매시장에서 도매시장법인이 하는 도매는<u>**출하자로부터 위탁**</u>을 받아 하여야 한다. 다만, 농림축산식품부령 또는 해양수산부령으로 정하는<u>**특별한 사유(규칙 26조)**</u>가 있는 경우에는 매수하여 도매할 수 있다.
② 중도매인은 도매시장법인이 상장한 농수산물 외의 농수산물은 거래할 수 없다. 다만, 농림축산식품부령 또는 해양수산부령으로 정하는 도매시장법인이 상장하기에 적합하지 아니한 농수산물과 그 밖에 이에 준하는 농수산물로서 그 품목과 기간을 정하여 도매시장 개설자로부터 허가를 받은 농수산물의 경우에는 그러하지 아니하다.
③ 제2항 단서에 따른 중도매인의 거래에 관하여는 제35조제1항, 제38조, 제39조, 제40조제2항·제4항, 제41조(제2항 단서는 제외한다), 제42조제1항제1호·제3호 및 제81조를 준용한다.
④ 중도매인이 제2항 단서에 해당하는 물품을 제70조의2제1항제1호에 따른 농수산물 전자거래소에서 거래하는 경우에는 그 물품을 도매시장으로 반입하지 아니할 수 있다.

⑤ 중도매인은 도매시장법인이 상장한 농수산물을 농림축산식품부령 또는 해양수산부령으로 정하는 연간 거래액의 범위에서 해당 도매시장의 다른 중도매인과 거래하는 경우를 제외하고는 다른 중도매인과 농수산물을 거래할 수 없다.
⑥ 제5항에 따른 중도매인 간 거래액은 제25조제3항제6호의 최저거래금액 산정 시 포함하지 아니한다.
⑦ 제5항에 따라 다른 중도매인과 농수산물을 거래한 중도매인은 농림축산식품부령 또는 해양수산부령으로 정하는 바에 따라 그 거래 내역을 도매시장 개설자에게 통보하여야 한다.

(b) 법률 제32조(매매방법) 규칙제28조

도매시장법인은 도매시장에서 농수산물을 경매·입찰·정가매매 또는 수의매매(隨意賣買)의 방법으로 매매하여야 한다. 다만, 출하자가 매매방법을 지정하여 요청하는 경우 등 농림축산식품부령 또는 해양수산부령으로 매매방법을 정한 경우에는 그에 따라 매매할 수 있다.

(c) 제33조(경**매 또는 입찰의 방법)**

① 도매시장법인은 도매시장에 상장한 농수산물을 수탁된 순위에 따라 경매 또는 입찰의 방법으로 판매하는 경우에는 **최고가격 제시자에게 판**매하여야 한다.

다만, 출하자가 서면으로 거래 성립 최저가격을 제시한 경우에는 그 가격 미만으로 판매하여서는 아니 된다.

② 도매시장 개설자는 효율적인 유통을 위하여 필요한 경우에는 농림축산식품부령 또는 해양수산부령으로 정하는 바에 따라 대량 입하품, 표준규격품, 예약 출하품 등을 우선적으로 판매하게 할 수 있다.

③ 제1항에 따른 **경매 또는 입찰의 방법은** 전자식(電子式)을 원칙으로 하되 필요한 경우 농림축산식품부령 또는 해양수산부령으로 정하는 바에 따라 거수수지식(擧手手指式), 기록식, 서면입찰식 등의 방법으로 할 수 있다. 이 경우 공개경매를 실현하기 위하여 필요한 경우 농림축산식품부장관, 해양수산부장관 또는 도매시장 개설자는 품목별·도매시장별로 경매방식을 제한할 수 있다.

16) 거래(법34조)의 특례 : 시행규칙 제31조 및 33조

법률34조 : 제34조(거래의 특례) 도매시장 개설자는 입하량이 현저히 많아 정상적인 거래가 어려운 경우 등 농림축산식품부령 또는 해양수산부령으로 정하는 특별한사유가 있는 경우에는 그 사유가 발생한 날에 한정하여 도매시장법인의 경우에는 중도매인·매매참가인 외의 자에게, 시장도매인의 경우에는 도매시장법인·중도매인에게 판매할 수 있도록 할 수 있다.

(a) **규칙 제31조(전자식 경매、입찰의 예외)**

법 제33조제3항에 따라 거수수지식、기록식、서면입찰식 등의 방법으로 경매 또는 입찰을 할 수 있는 경우는 다음 각 호와 같다.

1. 농수산물의 수급조절과 가격안정을 위하여 수매、비축 또는 수입한 농수산물을 판매하는 경우
2. 그 밖에 품목별、지역별 특성을 고려하여 도매시장 개설자가 필요하다 인정하는 경우

(b) 규칙 제33조(거래의 **특례)** ① 등

① 법 제34조에 따라 **도매시장법인이 중도매인、매매참가인 외**의 자에게,시장도매인이

도매시장법인ㆍ중도매인에게 농수산물을 판매할 수 있는 경우는 다음 각 호와 같다.

1. 도매시장법인의 경우

가. 해당 도매시장의 중도매인 또는 매매참가인에게 판매한 후 남는 농수산물이 있는 경우
나. 도매시장 개설자가 도매시장에 입하된 물품의 원활한 분산을 위하여 특히 필요하다고 인정하는 경우
다. 도매시장법인이 법 제35조제4항 단서에 따른 겸영사업으로 수출을 하는 경우

2. 시장도매인의 경우: 도매시장 개설자가 도매시장에 입하된 물품의 원활한 분산을 위하여 특히 필요하다고 인정하는 경우

② 도매시장법인ㆍ시장도매인은 제1항에 따라 농수산물을 판매한 경우에는 다음 각 호의 사항을 적은 보고서를 지체 없이 도매시장 개설자에게 제출하여야 한다.
1. 판매한 물품의 품목ㆍ수량ㆍ금액ㆍ출하자 및 매수인
2. 판매한 사유

17) 출하자에 대한 대금결제 : 법41조, 규칙36조 및 37조

법률 : 제41조**(출하자에 대한 대금결제) ① 도매시장법인 또는 시장도매인**은 매수하거나 위탁받은 농수산물이 매매되었을 때에는 그 대금의 **전부를 출하자에게즉시 결제하여야 한다. 다만,** 대금의 지급방법에 관하여 도매시장법인 또는 시장도매인과 출하자 사이에**특약이 있는**경우에는 그 특약에 따른다.

② 제1항에 따른 대금결제는 도매시장법인 또는 시장도매인이 표준송품장(標準送品狀)과 판매원표(販賣元標)를 확인하여 작성한 표준정산서를 출하자에게 발급하여, 출하자가 이를 별도의 정산 창구(窓口)(제41조의2에 따른 대금정산조직을 포함한다)에 제시하고 대금을 수령하도록 하는 방법으로 하여야 한다. 다만, 도매시장 개설자가 농림축산식품부령 또는 해양수산부령으로 정하는 바에 따라 인정하는 도매시장법인의 경우에는 출하자에게 대금을 직접 결제할 수 있다.

③ 제2항에 따른 표준송품장, 판매원표, 표준정산서, 대금결제의 방법 및 절차 등에 관하여 필요한 사항은 농림축산식품부령 또는 해양수산부령으로 성한다.

규칙 : 제36조(대금결제의 절차 등)

① 법 제41조제2항 본문에 따라 별도의 정산 창구(법 제41조의2에 따른 대금정산조직을 포함한다)를 통하여 출하대금결제를 하는 경우에는 다음 각 호의 절차에 따른다.
1. 출하자는 송품장을 작성하여 도매시장법인 또는 시장도매인에게 제출
2. 도매시장법인 또는 시장도매인은 출하자에게서 받은 송품장의 사본을 도매시장 개설자가 설치한 거래신고소에 제출
3. 도매시장법인 또는 시장도매인은 표준정산서를 출하자와 정산 창구에 발급하고, 정산 창구에 대금결제를 의뢰

4. 정산 창구에서는 출하자에게 대금을 결제하고, 표준정산서 사본을 거래 신고소에 제출
② 제1항에 따른 출하대금결제와 법 제41조의2에 따른 판매대금결제를 위한 정산창구의 운영방법 및 관리에 관한 사항은 도매시장 개설자가 업무규정으로 정한다.

제37조(도매시장법인의 직접 대금결제)
도매시장 개설자가 업무규정으로 정하는 출하대금결제용 보증금을 납부하고 운전자금을 확보한 도매시장법인은 법 제41조제2항 단서에 따라 출하자에게 출하대금을 직접 결제할 수 있다.

17-1) 표준송품장,표준정산서 : 시행규칙 37조 및 38조

제37조의2(표준송품장의 사용)
① 법 제41조제2항에 따라 도매시장에 농수산물을 출하하려는 자는 별지 제7호서식의 표준송품장을 작성하여 도매시장법인·시장도매인 또는 공판장 개설자에게 제출하여야 한다.
② 도매시장·공판장 및 민영도매시장 개설자나 도매시장법인 및 시장도매인은 출하자가 제1항에 따른 표준송품장을 이용하기 쉽도록 이를 보급하고, 작성요령을 배포하는 등 편의를 제공하여야 한다.
③ 제1항에 따라 표준송품장을 받은 자는 업무규정으로 정하는 바에 따라 보관·관리하여야 한다.
제37조의3(판매원표의 관리 등)
① 경매에 사용되는 판매원표에는 출하자명·품명·등급·수량·경락가격·매수인·담당경매사 등을 상세히 기입하도록 하되, 그 양식은 도매시장개설자가 정한다.
② 시장도매인이 사용하는 판매원표에는 출하자명·품명·등급·수량·등을 상세히 기입하도록 하되, 그 양식은 도매시장 개설자가 정한다.
③ 도매시장법인과 시장도매인은 일련번호를 붙인 판매원표를 순차적으로 사용하여야 한다.
④ 입하물품의 부패·손상이나 판매원표의 분실·훼손 등의 사고로 인하여 판매원표를 정정한 경우에는 지체 없이 도매시장 개설자의 승인을 받아야 한다.
⑤ 판매원표의 관리에 필요한 세부 사항은 도매시장 개설자가 업무규정으로 정한다.

제38조(표준정산서)
법 제41조제3항에 따른 도매시장법인·시장도매인 또는 공판장 개설자가 사용하는 표준정산서에는 다음 각 호의 사항이 포함되어야 한다.
1. 표준정산서의 발행일 및 발행자명 2. 출하자명 3. 출하자 주소
4. 거래형태(매수·위탁·중개) 및 매매방법(경매·입찰, 정가·수의매매)
5. 판매 명세(품목·품종·등급별 수량·단가 및 거래단위당 수량 또는 무게), 판매대금 총액 및 매수인
6. 공제 명세(위탁수수료, 운송료 선급금, 하역비, 선별비 등 비용) 및 공제 금액 총액
7. 정산금액 8. 송금 명세(은행명·계좌번호·예금주)

18) 시행규칙 제39조 :사용료 및 수수료 (전자경매 등 수수료 49조)

법률 42조 : 제42조(수수료 등의 징수제한) ① 도매시장 개설자, 도매시장법인, 시장도매인, 중도매인 또는 대금정산조직은 해당 업무와 관련하여 징수 대상자에게 다음 각 호의 금액 외에는 어떠한 명목으로도 금전을 징수하여서는 아니 된다.

1. 도매시장 개설자가 도매시장법인 또는 시장도매인으로부터 도매시장의 유지·관리에 필요한 최소한의 비용으로 징수하는 **도매시장의 사용료**
2. 도매시장 개설자가 도매시장의 시설 중 농림축산식품부령 또는 해양수산부령으로 정하는 시설에 대하여 사용자로부터 징수하는 **시설 사용료**
3. 도매시장법인이나 시장도매인이 농수산물의 판매를 위탁한 출하자로부터 징수하는 거래액의 일정 비율 또는 일정액에 해당하는 **위탁수수료**
4. 시장도매인 또는 중도매인이 농수산물의 매매를 중개한 경우에 이를 매매한 자로부터 징수하는 거래액의 일정 비율에 해당하는 **중개수수료**
5. 거래대금을 정산하는 경우에 도매시장법인·시장도매인·중도매인·매매참가인 등이 대금정산조직에 납부하는 **정산수수료**

② 제1항제1호부터 제5호까지의 규정에 따른 사용료 및 수수료의 요율은 농림축산식품부령 또는 해양수산부령으로 정한다.

규칙 : 제39조(사용료 및 수수료 등)

① 법 제42조제1항제1호에 따라 도매시장 개설자가 징수하는 도매시장 사용료는 다음 각 호의 기준에 따라 도매시장 개설자가 이를 정한다. 다만, 도매시장의 시설중 도매시장 개설자의 소유가 아닌 시설에 대한 사용료는 징수하지 아니한다.

1. 도매시장 개설자가 징수할 사용료 총액이 해당 도매시장 거래금액의 1천분의 5(서울특별시 소재 중앙도매시장의 경우에는 1천분의 5.5)를 초과하지 아니할 것. 다만, 다음 각 목의 방식으로 거래한 경우 그 거래한 물량에 대해서는 해당 거래금액의 1천분의 3을 초과하지 아니하여야 한다.

가. 법 제31조제4항에 따라 같은 조 제2항 단서에 따른 물품을 법 제70조의2제1항제1호에 따른 농수산물 전자거래소(이하 "농수산물 전자거래소"라 한다)에서 거래한 경우

다. 법 제35조제2항제1호에 따라 정가、수의매매를 전자거래방식으로 한 경우와 같은 항 제2호에 따라 거래 대상 농수산물의 견본을 도매시장에 반입하여 거래한 경우

2. 도매시장법인、시장도매인이 납부할 사용료는 해당 도매시장법인、시장도매인의 거래금액 또는 매장면적을 기준으로 하여 징수할 것

② 법 제42조제1항세2호에 따라 도매시장 개설자가 시설사용료를 징수할 수 있는 시설은 다음 각 호의 시설로 하며, 연간 시설 사용료는 해당 시설의 재산가액의 1천분의 50(중도매인 점포、사무실의 경우에는 재산 가액의 1천분의 10)을 초과하지 아니하는 범위에서 도매시장 개설자가 정한다. 다만, 도매시장의 시설 중 도매시장 개설자의 소유가 아닌 시설에 대한 사용료는 징수하지 아니한다.

1. 별표 2의 필수시설 중 저온창고
2. 별표 2의 부수시설 중 농산물 품질관리실, 축산물위생검사 사무실 및 도체(도체) 등급판정 사무실을 제외한 시설

③ 제2항에 따라 저온창고의 사용료를 계산할 때 다음 각 호의 농산물에 대한 것은 산입 하지 아니한다.

1. 도매시장에서 매매되기 전에 저온창고에 보관된 출하자 농산물
2. 정가매매 또는 수의매매로 거래된 농산물

④ 법 제42조제1항제3호에 따른 위탁수수료의 최고한도는 다음 각 호와 같다. 이 경우 도매시장의 개설자는 그 한도에서 업무규정으로 위탁수수료를 정할 수 있다.

1. 양곡부류: 거래금액의 1천분의 20
2. 청과부류: 거래금액의 1천분의 70
3. <u>**수산부류: 거래금액의 1천분의 60**</u>

⑤ 법 제42조제1항제3호에 따른 일정액의 위탁수수료는 도매시장법인이 정하되, 그 금액은 제4항에 따른 최고한도를 초과할 수 없다.

⑥ 법 제42조제1항제4호에 따라 중도매인이 징수하는 중개수수료의 최고한도는 거래금액의 1천분의 40으로 하며, 도매시장 개설자는 그 한도에서 업무규정으로 중개수수료를 정할 수 있다.

⑦ 법 제42조제1항제4호에 따른 시장도매인이 출하자와 매수인으로부터 각각 징수하는 중개수수료는 제4항에 따른 해당 부류 위탁수수료 최고한도의 2분의 1을 초과하지 못한다. 이 경우 도매시장 개설자는 그 한도에서 업무규정으로 중개수수료를 정할 수 있다.

⑧ 법 제42조제1항제5호에 따른 정산수수료의 최고한도는 다음 각 호의 구분에 따르며, 도매시장 개설자는 그 한도에서 업무규정으로 정산수수료를 정할 수 있다.

1. 정률(정률)의 경우: 거래건별 거래금액의 1천분의 4
2. 정<u>**액의 경우: 1개월에 70만원**</u>

19) 규칙 42조의 2 : 산지유통센터운영

제42조의2(농수산물산지유통센터의 운영)

법 제51조제2항에 따라 농수산물산지유통센터의 운영을 위탁한 자는 시설물 및 장비의 유지ㆍ관리 등에 소요되는 비용에 충당하기 위하여 농수산물산지유통센터의 운영을 위탁받은 자와 협의하여 매출액의 1천분의 5를 초과하지 아니하는 범위에서 시설물 및 장비의 이용료를 징수할 수 있다.

20) 과징금(법83조) : 제83조(과징금)

① 농림축산식품부장관,**해양수산부장관, 시·도지사 또는 도매시장 개설자**는 도매시장법인 등이 제82조제2항에 해당하거나 중도매인이 제82조제5항에 해당하여 업무정지를 명하려는 경우, 그 업무의 정지가 해당 업무의 이용자 등에게 심한 불편을 주거나 공익을 해칠 우려가 있을 때에는

업무의 정지를 갈음하여

도매시장법인등에는 1억원 이하,

중도매인에게는 1천만원 이하의 과징금을 부과할 수 있다.

② 제1항에 따라 **과징금을 부과하**는 경우에는 다음 각 호의 사항을 고려하여야 한다.

1. 위반행위의 내용 및 정도
2. 위반행위의 기간 및 횟수
3. 위반행위로 취득한 이익의 규모

③ 제1항에 따른 과징금의 부과기준은 대통령령으로 정한다.

④ 농림축산식품부장관, 해양수산부장관, 시·도지사 또는 도매시장 개설자는 제1항에 따른 과징금을 내야 할 자가 납부기한까지 내지 아니하면 납부기한이 지난 후 15일 이내에 10일 이상 15일 이내의 납부기한을 정하여 독촉장을 발부하여야 한다.

⑤ 농림축산식품부장관, 해양수산부장관, 시·도지사 또는 도매시장 개설자는 제4항에 따른 독촉을 받은 자가 그 납부기한까지 과징금을 내지 아니하면 제1항에 따른 과징금 부과처분을 취소하고 제82조제2항 또는 제5항에 따른 업무정지처분을 하거나 국세 체납처분의 예 또는 「지방세외수입금의 징수 등에 관한 법률」에 따라 과징금을 징수한다.

21) 청문(법84조)

제84조(청문) 농림축산식품부장관, 해양수산부장관, 시·도지사 또는 도매시장 개설자는 다음 각 호의 어느 하나에 해당하는 처분을 하려면 청문을 하여야 한다.

1. 제82조제2항 및 제3항에 따른 '<u>도매시장법인''등의 지정취소 또는 승인취소</u>
2. 제82조제5항에 따른 '<u>중도매업의 허가취소 또는' 산지유통인의 등록취소</u>

2. 수산물 유통의 관리 및 지원에 관한 법령상 구성

수산물유통법령상 조직 구성 체계	법률규정
1. 수산물산지위판장	법제11조 법제12조 법제13조

1) 수산업협동조합법에 따른 지구별 수산업협동조합,업종별 수산업협동조합 및 수산물 가공 수산업협동조합 등 2) 대통령령에 정하는 생산자단체와 생산자가 3) ``수산물을 ``도매``하기 위하여 4) 개설하는 시설 5) '허가 :지구별협동조란, 업종별수산업협동조합 등이 ``시장. 군수.구청장에게 ``허가를 받는다. - 허가 후 해수부장관에게 통보한다. 6) 시장,군수,구청장은 '허가 3개월 전에 공고하여야 한다. 위판장의 폐쇄의 경우 시행규칙6조에 따라 페새예정일 6개월전에 시장,구청장.군수에게 폐쇄허가신청을 하여야 한다. 7) 어항, 항만 등 지역에 허가하고 8) 허가 요건은 구역이 수산물을 양륙 및 산지유통의 중심지역 일 것 등이 요건이다. 9) 위판장개설자는 도매하는 수산물을 출하자로부터 위탁을 받아야 한다. 다만, 수산물의 가격안정 등 해수부령으로 정하는 특별한 사유가 있을 때는 매수하여 도매할 수 있다. 10) 수산물매매장소의 제한(규칙 7조의 2) 거래정보의 부족으로 가격교란이 심한 수산물로서 해수부령으로 정하는 수산물은 위판장 ``외``의 장소에서 매매 또는 거래하여서는 아니된다.(해령: 뱀장어단, 종자용뱀장어는 제외) 11) 매매방법 제한(규칙 제 15조) **제11조((수탁판매의 예외))** ① 법 제18조제1항 단서에서 "해양수산부령으로 정하는 **특별한 사유가 있는 경우"란** 다음 각 호의 어느 하나에 해당하는 경우를 말한다. 1. 법 제40조제1항 또는 법 제41조제2항에 따른 수산물의 수매에 필요한 경우 2. 입하된 수산물의 원활한 유통이나 가격안정을 위하여 특별히 필요한 경우 3. 업무규정으로 정하는 위판장의 겸영업무를 수행하기 위하여 필요한 물량을 매수하는 경우 4. 법 제19조제1항에 따른 정가수매·수의매매로 도매할 수 있도록 업무규정으로 정하고 있고, 산지중도매인의 요청이 있는 경우로서 그 산지중도매인에게 정가수매·수의매매로 도매하기 위하여 필요한 물량을 매수하는 경우 ② 법 제18조제1항 단서에 따라 수산물을 매수하여 도매한 위판장개설자는 다음 각 호의 자료를 해당 수산물을 매수한 날부터 3년 동안 보관하여야 한다. 1. 매수하여 도매한 수산물의 품목, 수량, 원산지, 매수가격, 판매가격 및 출하자 2. 매수하여 도매한 사유 11) 위판장개설자는 위판장에서 경매,입찰,정기매매,수의매매의 방법으로 한다. 다만, 출하자가 선취매매,선상경매,견본경매 등 해수부령으로 정하는 매매	의 2 법제18저 법제19조

방법을 원하는 경우에는 그에 따를 수 있다.	
## 2. 산지중도매인 1) 수산물산지위판장 개설자가 ''지정' 2) 상장된 수산물을 매수,도매,중개 3) 비상장된 수산물은 (1) ''허가''매수,위탁받아 도매,매매를 중개 (2) 개설자가의 ''허가''를 받아야 한다. (법2조,규칙13조비교) 4) 산지중도매인간 거래 (1) 일정한 경우 시장,군수,구청장의 허가를 받아야 한다. (2) 시행규칙 : 제14조((산지중도매인 간 거래)) ① 법 제18조제4항 단서에 따라 산지중도매인 간에 거래할 수 있는 경우는 다음 각 호의 어느 하나에 해당하는 경우로서 시장·군수·구청장의 허가를 받은 경우로 한다. 1. 법 제40조제1항에 따라 해양수산부장관이 수산물의 가격안정을 위하여 수산물을 수매하는 데 필요한 경우 2. 법 제41조제1항 또는 제2항에 따라 해양수산부장관이 수산물의 수급조절과 가격안정을 위하여 수산물을 비축하는 데 필요한 경우 3. 법 제42조에 따라 해양수산부장관이 단기적인 수산물의 수급조절과 가격안정을 위하여 수산물의 민간수매사업 지원을 하는 데 필요한 경우 ② 제1항에 따라 다른 산지중도매인과 거래한 산지중도매인은 허가받은 거래를 종료한 즉시 거래한 수산물의 품목, 수량, 구매가격 및 구매자와 판매자에 관한 자료를 시장·군수·구청장에게 통보하여야 한다. 5) 법 2조 5항 2호 및 규칙 13조 : <u>비상장 수산물의 허가</u> (1) 법2조 용어 정의 5. "산지중도매인"(산지중도매인)이란 수산물산지위판장 개설자의 지정을 받아 다음 각 목의 영업을 하는 자를 말한다. 가. 수산물산지위판장에 상장된 수산물을 매수하여 도매하거나 매매를 중개하는 영업 나. 수산물산<u>지위판장 개설자로부터 허가를 받은 비상장 </u>수산물을 매수 또는 위탁받아 도매하거나 매매를 중개하는 영업 (2) 규칙 : 제13조((상장되지 아니한 수산물의 거래허가)) <u>(상장되지 아니한 수산물의 거래허가)</u> 산지중도매인이 법 제18조제3항 단서에 따라 위판장개설자가 상장하지 아니한수산물을 거래할 수 있는 경우는 다음 각 호의 어느 하나에 해당하는 품목의 수산물을 거래하는 경우로서 <u>위판장개설자가 시장·군수·구청장의 허가를 받은 경우로 한다.</u>	시행규칙 제 13조 및 제14조

1. 품목의 특성으로 인하여 해당 수산물 품목을 취급하는 산지중도매인이 1인 이거나 소수이어서 위판장에 상장하여 거래하는 것이 무의미한 품목 2. 수입산 수산물이나 원양산 수산물 중 그 특성상 상장거래에 의하여 산지중도매인이 해당 수산물을 매입하는 것이 현저히 곤란하다고 위판장개설자가 인정하는 품목	
3. 산지매매참가인 1) 수산물산지위판장 개설자에게 ''신고'' 2) 상장된 수산물을 직접 매수하는 자로서 '상단의 산지중도매인 이닌 가 공업자 등 수산물의 수요자	
4. 산지 경매사 1) 산지경매사 합격하고, 상장된 수산물의 '가격평가,경락자결정 등의 업무 2) 개설자는 위판장의 공정성,신속한 거래를 위하여 해수부령에 정하는 바에 따라 산지경매사를 두어야 한다. 3) 위판장 개설자가 임면 한다.	
5. 수산물유통사업자 1) 수산물의 도매,소매,이를 경영하기 위한 보관,배송 등 정보제공등을 목적으로 하는 자를 말한다.	
6.위판장매매방법 : 법 18조 및 19조 **제18조(위판장** 수산물 수탁판매 등) ① 위판장개설자는 도매하는 수산물을 출하자로부터 위탁받아야 한다. 다만, 수산물의 가격안정 등 해양수산부령으로 정하는 특별한 사유가 있는 경우에는 매수하여 도매할 수 있다. ② 위판장개설자는 해양수산부령으로 정하는 경우를 제외하고는 입하된 수산물의 수탁과 위탁받은 수산물의 판매를 거부·기피하거나 거래 관계인에게 부당한 차별대우를 하여서는 아니 된다. ③ 산지중도매인은 위판장개설자가 상장한 수산물 외에는 거래할 수 없다. 다만, 위판장개설자가 상장하기에 적합하지 아니한 수입산이나 원양산 수산물 등 해양수산부령으로 정하는 바에 따라 시장·군수·구청장으로부터 허가를 받은 수산물의 경우에는 그러하지 아니하다. ④ 산지중도매인 간에는 거래할 수 없다. 다만, 과잉생산 수산물의 처리 등 해양수산부령으로 정하는 바에 따라 시장·군수·구청장으로부터 허가를 받은 경우에는 그러하지 아니하다. **제19조(위판장** 수산물 매매방법 및 대금 결제) ① 위판장개설자는 위판장에서 수산물을 경매·입찰·정가매매 또는 수의매매의 방법으로 매매하여야 한다. 다만, 출하자가 선취매매·선상경매·견본경매 등 해양수산부령으로 정하는 매매방법을 원하는 경우에는 그에 따를 수	

있다. ② 위판장개설자는 위판장에 상장한 수산물을 위탁된 순위에 따라 경매 또는 입찰의 방법으로 판매하는 경우에는 최고가격 제시자에게 판매하여야 한다. 다만, 출하자가 서면으로 거래 성립 최저가격을 제시한 경우에는 그 가격 미만으로 판매하여서는 아니 된다. ③ 제2항에 따른 경매 또는 입찰의 방법은 전자식(전자식)을 원칙으로 하되 필요한 경우 해양수산부령으로 정하는 바에 따라 거수수지식(거수수지식), 기록식, 서면입찰식 등의 방법으로 할 수 있다. ④ 위판장개설자는 매수하거나 위탁받은 수산물이 매매되었을 때에는 그 대금의 전부를 출하자에게 즉시 결제하여야 한다. 다만, 대금의 지급방법에 관하여 위판장개설자와 출하자 사이에 특약이 있는 경우에는 그 특약에 따른다. ⑤ 제4항에 따른 대금결제에 관한 구체적인 절차와 방법, 수수료 징수 등에 관하여 필요한 사항은 해양수산부령으로 정한다.	
7) 위판장(시장,구청장,군수 등),산지중도매 평가 **제21조(위판장의 평가)** ① 시장ㆍ군수ㆍ구청장은 해당 위판장의 운영ㆍ관리와 위판장개설자의 거래실적, 재무건전성 등 경영관리에 관한 평가를 2년마다 실시하여야 한다. 이 경우 위판장개설자는 평가에 필요한 자료를 시장ㆍ군수ㆍ구청장에게 제출하여야 한다. ② 위판장개설자는 산지중도매인의 거래실적, 재무건전성 등 경영관리에 관한 평가를 실시할 수 있다.	법제21조
8) 위판장보수.개수 등 지원 **제22조(위판장의 개수ㆍ보수 등 지원)** ① 국가 또는 지방자치단체는 산지의 수산물 공동출하 등을 촉진하기 위하여 위판장개설자에게 부지 확보, 시설물 설치를 위한 개수ㆍ보수 등에 필요한 지원을 할 수 있다	법22조
9) 수탁판매의 원칙 : 법률 18조 및 19조 **제18조(위판장 수산물 수탁판매 등)** **① 위판장개설자는 도매하는 수산물을 출하자로부터 위탁받아야 한다. 다민, 수산물의 가격안정 등 해양수산부령으로 정하는 특별한 사유가 있는 경우에는 매수하여 도매할 수 있다.** **② 위판장개설자는 해양수산부령으로 정하는 경우를 제외하고는 입하된 수산물의 수탁과 위탁받은 수산물의 판매를 거부ㆍ기피하거나 거래 관계인에게 부당한 차별대우를 하여서는 아니 된다.** **③ 산지중도매인은 위판장개설자가 상장한 수산물 외에는 거래할 수 없다. 다만, 위판장개설자가 상장하기에 적합하지 아니한 수입산이나 원양산 수산물 등 해양수산부령으로 정하는 바에 따라 시장ㆍ군수ㆍ구청장으로부터 허가를 받은 수산물의 경우에는 그러하지 아니하다.** **④ 산지중도매인 간에는 거래할 수 없다. 다만, 과잉생산 수산물의 처리 등 해**	

양수산부령으로 정하는 바에 따라 시장ㆍ군수ㆍ구청장으로부터 허가를 받은 경우에는 그러하지 아니하다. 제19조(위판장 수산물 매매방법 및 대금 결제) ① 위판장개설자는 위판장에서 수산물을 경매ㆍ입찰ㆍ정가매매 또는 수의매매의 방법으로 매매하여야 한다. 다만, 출하자가 선취매매ㆍ선상경매ㆍ견본경매 등 해양수산부령으로 정하는 매매방법을 원하는 경우에는 그에 따를 수 있다. ② 위판장개설자는 위판장에 상장한 수산물을 위탁된 순위에 따라 경매 또는 입찰의 방법으로 판매하는 경우에는 최고가격 제시자에게 판매하여야 한다. 다만, 출하자가 서면으로 거래 성립 최저가격을 제시한 경우에는 그 가격 미만으로 판매하여서는 아니 된다. ③ 제2항에 따른 경매 또는 입찰의 방법은 전자식(전자식)을 원칙으로 하되 필요한 경우 해양수산부령으로 정하는 바에 따라 거수수지식(거수수지식), 기록식, 서면입찰식 등의 방법으로 할 수 있다. ④ 위판장개설자는 매수하거나 위탁받은 수산물이 매매되었을 때에는 그 대금의 전부를 출하자에게 즉시 결제하여야 한다. 다만, 대금의 지급방법에 관하여 위판장개설자와 출하자 사이에 특약이 있는 경우에는 그 특약에 따른다. ⑤ 제4항에 따른 대금결제에 관한 구체적인 절차와 방법, 수수료 징수 등에 관하여 필요한 사항은 해양수산부령으로 정한다	
9-1) 수탁판매 예외 : 규칙 제11조((수탁판매의 예외)) ① 법 제18조제1항 단서에서 "해양수산부령으로 정하는 특별한 사유가 있는 경우"란 다음 각 호의 어느 하나에 해당하는 경우를 말한다. 1. 법 제40조제1항 또는 법 제41조제2항에 따른 수산물의 수매에 필요한 경우 2. 입하된 수산물의 원활한 유통이나 가격안정을 위하여 특별히 필요한 경우 3. 업무규정으로 정하는 위판장의 겸영업무를 수행하기 위하여 필요한 물량을 매수하는 경우 4. 법 제19조제1항에 따른 정가수매·수의매매로 도매할 수 있도록 업무규정으로 정하고 있고, 산지중도매인의 요청이 있는 경우로서 그 산지중도매인에게 정가수매·수의매매로 도매하기 위하여 필요한 물량을 매수하는 경우 ② 법 제18조제1항 단서에 따라 수산물을 매수하여 도매한 위판장개설자는 다음 각 호의 자료를 해당 수산물을 매수한 날부터 3년 동안 보관하여야 한다. 1. 매수하여 도매한 수산물의 품목, 수량, 원산지, 매수가격, 판매가격 및 출하자 2. 매수하여 도매한 사유	규칙11조
10) 수탁거부사유 규칙: 제12조((수탁의 거부 사유))	규칙12조

(수탁의 거부 사유) 법 제18조제2항에서 "해양수산부령으로 정하는 경우"란 다음 각 호의 어느 하나에 해당하는 경우를 말한다. 1. 수산물에 법 제32조 각 호의 어느 하나에 해당하는 행위를 한 경우 2. 법 제34조에 따라 판매금지의 대상이 된 수산물인 경우 3. 법 제37조제1항에 따라 유통이 금지된 수산물인 경우 4. 법 제37조제2항 각 호에 따른 해양수산부장관의 명령을 위반하여 출하된 수산물인 경우 5. 법 제39조제1항에 따른 출하계약을 위반하여 출하된 수산물인 경우 6. 법 제46조제1항에 따라 해양수산부장관이 정한 수산물의 규격에 따르지 아니한 수산물인 경우	
11) 규칙 : <u>제15조((위판장의 매매방법))</u> ① 법 제19조제1항 단서에서 "해양수산부령으로 정하는 매매방법"이란 다음 각 호의 매매방법을 말한다. **<u>1. 선취(선취)매매</u>**: 법 제39조제1항에 따라 「수산업협동조합법」에 따른 지구별 수산업협동조합, 업종별 수산업협동조합, 수산물가공수산업협동조합, 수산업협동조합중앙회 및 영 제3조에 따른 생산자단체와 생산자 간에 계약생산 또는 계약출하 거래를 하는 경우 **<u>2. 선상(선상)매매</u>**: 활어·해조류 등 수산물의 특성과 위판장의 여건상 효율적인 거래를 위하여 선상에서 거래를 하는 경우 **<u>3. 견본경매</u>**: 거래되는 수산물이 규격화되어 견본품이 거래되는 수산물을 대표할 수 있는 경우 견본품을 진열하고 경매를 실시하는 경우 **<u>4. 현장매매</u>**: 출하 어업인의 편의를 제고하기 위하여 항구, 포구, 물양장(물양장),「수산업협동조합법」 제15조제1항에 따른 어촌계 등의 현장에서 매매를 진행하는 경우 ② 제1항 각 호에 따른 매매방법을 이용하는 절차와 방법 등에 관한 구체적인 사항은 위판장개설자가 업무규정으로 정한다. **<u>규칙 " 제16조((전자식 경매·입찰의 예외))</u>** (전자식 경매·입찰의 예외) 법 제19조제3항에 따라 거수수지식·기록식·서면입찰식 등의 방법으로 경매 또는 입찰을 할 수 있는 경우는 다음 각 호와 같다. 1. 수산물의 수급조절과 가격안정을 위하여 수매·비축 또는 수입한 수산물을 판매하는 경우 2. 그 밖에 품목별·지역별 특성을 고려하여 위판장개설자가 필요하다고 인정하는 경우	규칙15조
12) 수수료 규칙 : 제18조((수수료))	

① 위판장개설자 및 산지중도매인은 다음 각 호의 비용을 수수료로 받을 수 있다. 1. 시설사용료: 위판장개설자가 위판장 시설의 사용을 대가로 받는 수수료 2. 위탁수수료(법 제18조제3항 단서에 따라 위판장개설자가 상장하지 아니한 수산물을 거래하는 경우에는 취급수수료를 말한다. 이하 이 조에서 같다): 위판장개설자가 수산물의 판매를 위탁한 출하자(법 제18조제3항 단서에 따라 위판장개설자가 상장하지 아니한 수산물을 거래하는 경우의 출하자를 포함한다)로부터 받는 수수료 3. 중개수수료: 산지중도매인이 수산물의 매매를 중개한 경우에 산지중도매인이 그 수산물을 매매한 자로부터 받는 수수료 ② 제1항제2호에 따른 위탁수수료 또는 제1항제3호에 따른 중개수수료는 다음 각 호의 구분에 따라 위판장개설자가 업무규정으로 정한다. 1. 위탁수수료: 거래금액의 1천분의 60 이내 2. 중개수수료: 거래금액의 1천분의 40 이내	
13) 수산물이력제 유효기간,갱신 등 법률 : 제28조(이력추적관리 등록의 유효기간 등) ① 제27조제1항 및 제2항에 따른 이력추적관리 등록의 유효기간은 등록한 날부터 3년으로 한다. 다만, 품목의 특성상 달리 적용할 필요가 있는 경우에는 10년의 범위에서 해양수산부령으로 유효기간을 달리 정할 수 있다. 규칙 : 제30조((이력추적관리 등록의 유효기간)) (이력추적관리 등록의 유효기간) 법 제28조제1항 단서에 따라 **양식**수산물의 이력추적관리 등록의 유효기간은 5년으로 한다. **규칙 : 제31조((이력추적**관리 등록의 갱신)) ① 국립수산물품질관리원장은 이력추적관리 등록의 유효기간이 끝나기 2개월 전까지 해당 이력추적관리의 등록을 한 자에게 이력추적관리 등록의 갱신 절차와 갱신신청 기간을 미리 알려야 한다. 이 경우 휴대전화 문자메시지, 전자우편, 팩스, 전화 또는 문서 등으로 통지할 수 있다. ② 제1항에 따른 통지를 받은 자가 법 제28조제2항에 따라 이력추적관리의 등록을 갱신하려는 경우에는 별지 제3호서식에 따른 이력추적관리 등록 갱신 신청서에 제26조제1항 각 호에 따른 서류 중 변경사항이 있는 서류를 첨부하여 해당 등록의 유효기간이 끝나기 1개월 전까지 국립수산물품질관리원장에게 제출하여야 한다. ③ 제2항에 따른 신청을 받은 국립수산물품질관리원장은 등록 갱신결정을 한 경우에는 이력추적관리 등록증을 다시 발급하여야 한다.	규칙30조

규칙 : 제32조((이력추적관리 등록의 유효기간 연장)) ① 이력추적관리 등록을 한 자가 법 제28조제3항에 따라 이력추적관리 등록의 유효기간을 연장하려는 경우에는 해당 등록의 유효기간이 끝나기 1개월 전까지 별지 제7호서식에 따른 수산물이력추적관리 등록 유효기간 연장 신청서를 국립수산물품질관리원장에게 제출하여야 한다. ② 제1항에 따른 신청을 받은 국립수산물품질관리원장은 1년의 범위에서 해당 이력추적관리수산물의 출하에 필요한 기간을 정하여 유효기간을 연장하고 이력추적관리 등록증을 다시 발급하여야 한다.	
14) 등록 대상 및 면제 : 시행령 15조 및 16조 제15조((이력추적관리 의무 등록 대상 수산물)) (이력추적관리 의무 등록 대상 수산물) 법 제27조제2항에서 "대통령령으로 정하는 수산물"이란 다음 각 호의 어느 하나에 해당하는 수산물 중에서 해양수산부장관이 정하여 고시하는 것을 말한다. 1. **국민 건강에 위해(위해)가 발생할 우려가 있는 수산물로서 위해 발생의 원인규명 및 신속한 조치가 필요한 수산물** 2. 소비량이 많은 수산물로서 국민 식생활에 미치는 영향이 큰 수산물 3. 그 밖에 취급 방법, 유통 경로 등을 고려하여 이력추적관리가 필요하다고 해양수산부장관이 인정하는 수산물 제16조((이력추적관리기준 준수 의무 면제자)) (이력추적관리기준 준수 의무 면제자) 법 제27조제5항 단서에서 "행상·노점상 등 대통령령으로 정하는 자"란 다음 각 호의 어느 하나에 해당하는 자를 말한다. 1. 「부가가치세법 시행령」 제71조제1항제1호에 따른 노점 또는 행상을 하는 사람 2. 유통업체를 이용하지 아니하고 우편 등을 통하여 수산물을 소비자에게 직접 판매하는 생산자	

제3 농수산물 유통 및 마케팅

제1절. 유통과 마케팅의 개념

(1) 유통(流通, distribution)

1) 유통의 정의

일반적으로 유통의 정의는 생산자로부터 만들어진 상품과 서비스가 소비자에게 이전되어 도달하는 과정을 말하는데, 상품,화폐,유가증권 등이 경제주체 사이에서 사회적으로 이전하는 것을 광의의 유통이라 하고, 상품의 유통만을 협의의 유통이라 한다.

2) 유통의 목적

수송,보관,재고,포장,하역 등을 효율적으로 관리하여 고객에 대한 서비스를 향상 시키고 유통비용을 절감시켜 매출 증대와 가격 안정화를 도모하는 것을 말한다.

3) 유통의 분류

① 상적 유통 : 재화의 이동을 동반하지 않은 상거래 유통, 즉 소유권의 이전하는 것이다.

② 물적 유통 : 상적(소유권 이전) 유통에 따른 운반 또는 보관 등 유통활동을 말한다.

③ 금융적 유통 : 다른 유통주체에게 자금을 대여해 주는 유통 주체이다.

④ 정보 유통 : 각 유통 단계마다 정보를 공유하는 것을 말한다.

4) 유통의 역할

① 사회적 불일치 극복 : 생산지와 소비자까지를 연결하면서 정보 전달 등 공유를 하면서 사회적 불일치를 해소하는 역할을 한다.

② 장소적 불일치 극복 : 농수산물을 보관 및 운송을 하여 장소적 불일치를 해소하는 역할이다.

③ 시간적 불일치 극복 : 어획을 채포 후 유통과정을 거쳐 소비자에까지 흐름을 해소하는 것.

5) 유통의 기능

① 매매 : 유통의 기능인 매매는 생산자의 상품을 소비자에게 판매하는 기본적인 기능이다.

② 보관

유통의 기능인 보관은 상품을 생산한 때부터 소비할 때까지 안전하게 관리하는 기능이다.

③ 운송 : 유통의 기능 중 운송은 생산지에서 소비자까지 상품을 운반하는 기능이다.

④ 금융 : 자금으로 융통하여 매매를 용이하게 하는 기능이다.

⑤ 보험 : 유통시 발생할 위험으로부터 매매가 안전하게 이루어지도록 하는 기능이다.

⑥ 정부통신 : 생산자와 소비자 사이의 의사소통을 원활하게 하는 기능을 말한다.

이를 요약하면, 농수산물인 자사의 제품이나 서비스를 어떤 유통경로를 통해 표적 시장이나 고객에게 제공할 것인가를 결정하고 새로운 시장기회와 고객 가치를 창출하는 일련의 활동이다. 또한 유통은 생산과 소비를 잇는 경제활동으로 공급업체로부터 최종 소비자로 이어지는 하나의 유통시스템 새로운 가치와 소비를 창출하는 토대가 된다.

기업의 유통 활동은 상품이나 서비스가 생산자나 서비스 제공자로부터 최종 고객에게 이르는 과정에 개입되는 다양한 조직들 사이의 거래 관계를 설계하고 운영하며, 그것을 통해 협상, 주문, 촉진, 물적 흐름(수송, 보관), 금융, 대금 결제 등과 같은 유통(혹은 마케팅) 기능의 흐름을 촉진시키는 활동을 의미한다.

6) **농수산수산물 유통의 과정에서 발생하는 각종 기능**

1) 장소의 거리- 생산되는 장소는 일정한 바다에 국한되있으나 소비는 전세계 어느 나라나 일국의 전국에서 이루어지는 거리(운송기능)를 말한다.(산지경매사 1회 기출)
2) 시간의 거리-고기를 잡을 수 있는 어기는 한정되어 생산되나 소비는 연중으로 이루어지는 거리(보관기능)를 일컫는다.(수품사 6회 2차 기출)
3) 인식의 거리-생산된 수산물에 대한 정보나 평가 등에 있어 생산자는 잘 알고 있으나 소비자는 정확한 정보나 충분한 평가가 어려운 거리(정보전달기능)를 말한다.
4) 소유권의 거리-사고팔고 하는 거래가 성립되지 않으면 안되는 거리(거래기능)
5) 상품구색의 거리-생산자는 한정된 소수의 수산물을 생산하고 있는데 반해 소비자는 많은 종류의 수산 물을 원하고 선택하기를 원하는 상품종류의 거리
6) 품질의 거리-생산되는 수산물의 품질과 소비자가 요구하는 품질사이에 존재하는 거리로서 소비자를 위해 선별하거나 등급화, 규격화 등이 요구되는 거리이다.
7) 수량의 거리-대량생산된 수산물을 소량단위로 나누어야 하며 소량생산된 수산물을 대형수요를 위해 대형수요를 위해 모아 주어야 하는 거리를 말한다.
8) 운송기능-수산물생산지나 양륙산지 등과 소비자 사이의 장소의 거리를 연결시켜주는 기능, 시간효용 창출 기능.
9) 보관기능- 수산물생산조업시기와 비조업시기 등과 같이 시간의 거리를 연결시켜서 소비자가 언제든지 수산물을 구입할 수 있도록 하는 기능을 말한다.(수품사 2020년 6회)
10) 정보전달기능-판매하는 수산물의 원산지나 냉동어, 선어의 선도 등 수산상품에 대한 인식의 거리를 연결하는 기능
11) 거래기능-생산자가 팔고자 하는 수산물의 소유권과 구입하고자 하는 소비자사이의 소유권거리를 중간에서 적정가격을 통해 연결시켜주는 기능을 말한다.
12) 상품구색기능-시장수요의 다양성에 대응하기 위해 전국적으로 산재되는 다양하면서 여러 종류의 수산물을 수집하여 다양한 상품 구색을 갖추는 기능을 일컫는다.
13) 선별기능-다양한 수산물을 구분하여 상, 중, 하와 같이 등질생산물을 소집합으로 선별하거나 수산물 이용배분과정에 있어 선어, 냉동, 가공 등과 같이 시장의 다양성에 대비하기위해 수산물을 등급별로 선별하는 기능을 말한다.
14) 집적기능-연안수산물과 같이 전국적으로 산재하여 있는 등질수산물을 소집합을 대집합으로 모으는 기능을 말한다.(수품사 2020년 6회 기출)
15) 분할기능-원양어업과 같이 어업생산에 의해 생산된 대량수산물을 각시장의 소규모 수요에 맞추어 소량으로 분할하는 기능을 일컫는다.

(2) 마케팅

기업 환경 변화에 動態的으로 적응하면서, 현재 또는 潛在的인 최종 소비자나 사용자의 욕구를 충족시킬 수 있는 재화와 용역을 효과적으로 제공하기 위하여 제품, 판매 경로, 판매 촉진, 물적 유통 등의 경영 활동을 수행하는 행동 또는 System을 말한다.

(3) 수산직 공무원 기출 분석

문제 1) 다음 중 수산물 마케팅 활동에 포함되지 않는 것은 ? 답 : 3번

① 생산(판매) 품목의 결정　　② 가격의 결정
③ 마케팅 종사인원의 결정　　④ 판매 경로의 결정

문제 2) 수산물 마케팅의 특징에 대한 설명으로 적절하지 않은 것은 ? 답 : 2번

① 가격의 변동성이 생산의 불확실성으로 인해 상대적으로 높은 편이다.
② 소비지에서 1회 구매량이 대량이어서 마케팅 비용이 적게 든다.
③ 수산물의 품질과 규격을 일률적으로 유지하기가 어렵다.
④ 수산물은 유통경로가 복잡하고 그 단계가 여러 과정으로 이루어져 있다.

제2절. 유통의 효용과 기능

(1)유통의 4대효용과 유통기능

유통활동을 통해 생산과 소비사이의 간격을 연결하므로서 시간효용, 장소효용, 소유효용, 형태효용. 을 창출한다

소유효용은 상적유통활동을통한 소유권이전기능이며, 시간,장소,형태효용은 물적유통활동을 통한 장소적 거리, 시간적 거리를 연결하는 물적유통기능을 담당한다. 이러한 기능들을 원활히 수행하기 위한 유통조성기능이 있다

(2). 소유권 이전기능(상적유통:교환기능, 상거래 기능):

계약을 통해 상품이 생산자로부터 소비자에게 넘어가는 과정에서 교환을 통하여 소유권이 바뀌는 것 이는 소유권이 이전되는 유통기능으로 가장 본원적인 기능이다.

1) 구매와 판매 기능　 2) 수집과 분배(판매)기능 등으로 분류한

도표 : 김태산 인용

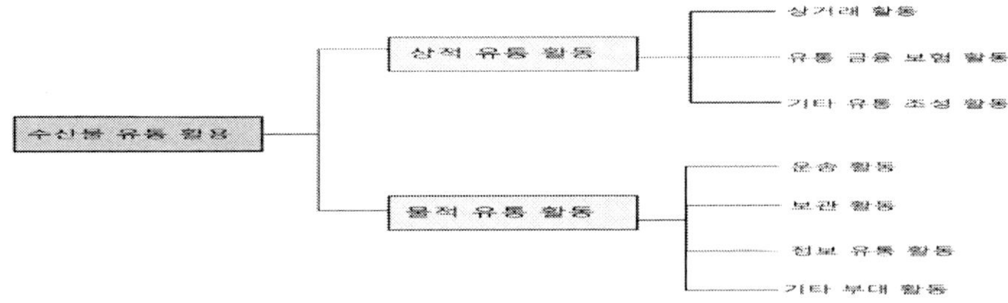

(3) 저장기능

① 생산과 소비 사이에 시간적 간격을 연결해주는 기능을 말한다.

② 저장기능은 시간효용을 증대시킨다. 시간의 거리를 말하며, 이는 고기를 잡을 수 있는 어기는 한정되어 생산되나 소비는 연중으로 이루어지는 거리(보관기능)를 일컫는다.

(4) 수송기능

① 생산지와 소비지간 공간적 간격을 연결해주는 물적유통기능이다.

② 수송기능은 장소 효용을 증가시킨다. 장소의 거리로 해석되는 것으로 이는 생산되는 장소는 일정한 바다에 국한되있으나 소비는 전세계 어느 나라나 일국의 전국에서 이루어지는 거리(운송기능)를 말한다. 한편, 운송기능과도 연관이 있는 것으로 수산물생산지나 양륙산지 등과 소비자 사이의 장소의 거리를 연결시켜주는 기능

(5) 가공기능

1)가공기능의 의의

① 생산된 원료 형태의 농산물에 인위적으로 힘을 가하여 그 형태(크기,모양,맛등)를 변화시키는 물적유통기능이다.

② 수산물의 형태 효용을 증대시킨다.수산물의 특성 중 수분의 60% 이상이므로 부패에 노출이 쉽기에 일정한 가공을 하면서 형태를 변형시켜서 부패 방지도 하지만, 소비자의 소비 트랜드에 맞추는 기능도 하는 것이 가공 기능 즉, 형태 효용과 연관되어 있다.

2) 가공의 경제적 효과

① 가공공저에 투입되는 인력으로 직업 창출이 되고, 이와 더불어서 부가가치 증가하며, 소비자의 효용성 증가. 가공식품 수요증가 . 형태변화에 따른 총수요 증가가 일어나다.

제3절. 유통조성 기능:

상적유통기능이나 물적 유통기능이 효율적으로 수행되도록 도와주는 기능을 말하는데, 표준화 및 시장금융 기능 등으로 나누어 진다.

(1) 표준화 및 등급화 기능

1) 표준규격화; 표준규격에 맞춰 등급으로 분류, 규격포장재로 출하하여 내용물과 표시사항이 일치되도록함. 상품성향상과 유통효율제고 및 공정거래실현 기여함.

2)수산물 등급화의 경제적 효과

① 유통비용 절감(견본거래와 통명거래 가능, 공동상품화로 공동출하 등 일괄거래 가능)

② 시장경쟁력의 제고와 가격효율을 향상 등이 경제적 효과로 들 수 있다.

3) 수산물 등급설정의 문제점

농수산물품질관리법률 제5조 표준규격을 규정하여 법적인 규격화 및 등급화를 시도하고 있지만, 등급화의 단점으로 볼 수 있는 것을 살펴본다.

① 바람직한 등급 수는 각 특성에 맞춰 완전한 동질적 생산물로 나타내게 된다.

② 너무 세분화된 등급은 각 등급에 따른 공급량이 충분하여야 각 등급별 가격결정이 이루어진다.

③ 객관적 기준적용의 어려운데, 수산물품질관리사가 많은 경험과 지식으로 수산물을 등급판정 등을 하면 나름 이를 보완 가능하다.

④ 등급간에는 구입자가 가격 차이를 인정할 수 있도록 이질적이어야 하며 동일 등급내의 상품은 가능한 동질적이어야 한다.

⑤ 유통과정에 따른 품질변화를 최소화 하여야 한다.

(2)유통금융 기능

농수산물의 소유권 이전이 수반되는 담보거래, 외상거래, 어음거래 등을 일어나는 현상을 말한다.

(3)위험부담기능

① 물적 위험 (물리적 손해): 파손, 부패, 감모, 화재, 동해, 홍수, 열해, 지진 등) ; 물적 위험을 방지하기 위한 방법으로 수산물을 채포 후 즉시 온도 등 조절하여 신선하게 보전을 하는 것 등이다. 이를 위해서 냉동 보관 온도 등 콜드체인 시스템 등 정비를 국가 정책 등으로 하고 있다.

② 경제적 위험(시장위험): 가격하락, 소비자 기호변화, 유행의 변화, 경제조건의 변화 등) : 경제적 위험 등 보전하기 위하여 수협에서 운영하는 보험제도와 금융기관의 각종 보험제도를 가입하여 위험에 대비하고 있다.

(4)시장정보기능

유통활동을 원활하게 하기위해 필요한 정보수집, 분석 및 분배활동 등을 말한다. 정보의 유통비용 감소효과와 불확실성 감소로 위험부담비용 감소시키면서. 상품의 규격, 등급화로 유통비용 절감이 된다.. 경쟁력 유지로 자원배분 비효율성에 따른 비용절감을 할 수 있다. 시장 유통 및 수산 기업의 수산물 생산에는 정보가 가능한 완벽하게 수집하여야 한다.

① 정보와 자료, 지식 비교

정보는 자료(Date= 어떤 현상이 일어난 사건이나 사상을 기록 한것을 말한다)나 지식(다양한 종류의 정보가 한 층 더 농축된 상태로 목적에 맞게 일반화된 정보를 말한다)과 다른 정보의 특징을 가지고 있다.

② 정보의 특성

가장 중요한 것으로 정보의 정확성이며,
완전성,경제성,신뢰성,단순성,통합성,관련성,적시성,적절성,입증가능성 등을 들 수 있는데, 한 정보 주체만의 주관성이 아닌 객관적인 시각의 정보가 수산 기업에서 중요한 정보로 분류된다.

(5) 유닛로드(UNIT LOAD SYSTEM) 시스템의 개요

1) 물류흐름과 물류표준화 및 유닛시스템

① 최근 국가 물류비 절감을 위하여 생산지에서 소비지까지 팔레트 단위로 일관하여 물품을 수송하는 단위화물 물류체계(ULS : Unit Load System)가 도입되고 있다. ULS는 수송화물의 보호기능이 우수하며 작업효율이 높고 운반이 쉬워 작업의 표준화에 따라 계획적인 작업이 가능한 장점이 있다.
② 일관수송체계(ULS) : 물류 과정상의 단절을 최소화하기 위해 물류기기, 차량 등의 규격들이 서로 정합성이나 uniform load를 갖도록 하는 것을 말하며., 이와 관련하여 우리나라는 일관수송용 표준 파렛트를 T-11으로 하고 있으며, T-11은 가로와 세로의 길이가 모두 1,100mm인 파렛트를 말한다.(출처 : 산업통상자원부)
③표준화란 사람이 공동사회를 형성해서 생활을 영위하는데 어떠한 공통의 기준을 정하여 이것을 보급시켜서 서로 이익확보를 도모하는 것을 표준화라고 한다.구체적으로는 물류표준화란 포장, 하역, 보관, 수송, 정보 등 각각의 물류기능 및 단계의 물동량 취급단위를 표준규격화하고 이에 사용되는 기기, 용기, 설비 등을 대상으로 규격, 강도, 재질 등을 통일시키는 것을 말한다.
④ 물류표준화의 대상을 규격(치수), 재질, 강도 등인데 이 중에서 가장 중요한 것은 규격의 표준화라고 할 수 있다. 규격이 표준화·통일화되어야 수송, 보관, 하역 등의 제반기능 및 단계마다 일관작업이 가능하도록 표준화 하는 것을 말한다.
⑤ 유닛로드시스템이란 하역작업의 혁신을 통해 수송합리화를 도모하기 위한 것으로 “화물을 일정한 표준의 중량 또는 체적으로 단위화시켜 일괄해서 기계를 이용하여 하역, 수송하는 시스템”을 말한다. 이 시스템은 협동일관수송의 전형적인 수송시스템으로서 하역작업의 기계화 및 작업화, 화물파손방지, 적재의 신속화, 차량회전율의 향상 등을 가능하게 하는 물류비 절감의 최적화방법을 말하며, 유닛로드 시스템의 대표적인 것은 파렛트화와 컨테이너화가 대표적이다. 한국산업규격(KS)에 따르면, 유닛로드란 ‘수송, 보관, 하역 등의 물류활동을 합리적으로 처리하기 위하여 복수의 물품 또는 포장화물을 기계·기구에 의한 취급에 적합하도록 하나의 단위로 정리한 화물을 일컫는다. 또한 이 용어는 하나의 대형물품을 취급할 경우에도 사용한다’라고 정의하고 있다. ‘유닛로드를 도입함으로써 하역을 기계화하고, 수송·보관 등을 일관하여 합리화시키는 시스템’이라고 정의하고 있다.
⑥ 유닛로드화의 대표적인 것이 파렛트화 및 컨테이너화인데 이들은 사용하면 처음 물품이 적재되는 때로부터 최종 목적지까지 도착하여 물품이 각각 분리될 때까지 파렛트 및 컨테이너에 적재된 상태 그대로 취급하는 것을 일관파렛트화(palletization) 및 일관컨테이너화라고 말한다. 최근에 제3자 물류 등을 국가 정책으로 화물 취급에 다양성을 보여 주고 있다. 초기 비용은 고가이지만, 장기적인 시각에서 비용이 절감된다고 본다.

제4절. 상품으로서의 농.수산물유통의 특성

(1) 농.수산물 특성

농수산물의 가장 중시할 특징은 가격 대비 부피가 크고, 수분의 함량이 약 60% 이상이라 부패가 되기가 쉽기에 소비될 때까지 신선하게 농수산물을 보전 유지하는 것이 특징이다.

(2) 농.수산물유통의 특성:

1) 수산물의 종류와 기능이 다양성하여 취급하는데 다양한 방법이 필요하다.
2) 다른 상품에 비해 강한 부패변질성-선도유지위한 유통시스템이 요구된다.

3) 부피와 중량-가치에 비해 부피가 크고 무거운편-유통비용이 크다.
4) 생산물의 규격화 및 균질화의 어려움이 있다.
5) 생산량의 계절적 변동성과 계획생산과 계획판매의 곤란성
6) 어업생산자의 다수영세성과 분산성 등이 유통의 특성이다.

3) 농.수산물의 소량 분산성 소비형태의 특성
1) 출하시기와 출하량 조절곤란하다.
2) 유통구조가 복잡하고 유통경로 다양하다.
3) 수확후 품실관리가 어려운 품목일수록 유통마진이 커지며, 수산어가의 수취율이 떨어진다.

5)가격의 변동성
농수산업자는 수확량의 측정 곤란성 등으로 농수산물 및 농수산물 생산의 특징 및 유통상 특질을 고려하여 냉장보관설비의 확충, 저온유통시스탬, 유통단계의 축소방안 등이 모색되어야 한다. 농수산물의 보관은 보통 냉장 등 시설을 이용하여도 6개월 정도가 보관기간을 잡고, 이를 위한 시설설비가 주요한 매몰비용으로 잡고 농수산물 기업을 운영하여야 하고, 이 비용이 농수산물의 원가에 계상된다. 가격 변동성의 가장 많은 영향을 주는 것은 수산물의 경우 어획량의 비계획성이 가격 변동성에 가장 영향을 미친다.

문1-1. 수산물의 특성에 관한 설명으로 옳지 않은 것은?
① 수산물은 규격화 및 등급화가 곤란하다 ② 수산물은 운반, 보관비용이 많다 ③ 수산물은 유통경로가 단순하다. ④ 수산물은 수요와 공급의 비탄력적이다.
해답. 수산물의 유통기구가 다양한 형태로 생산지를 중심으로 전국적으로 존재 ③ x

6) 수요공급 곡선 균형 : 도표 김태산 인용

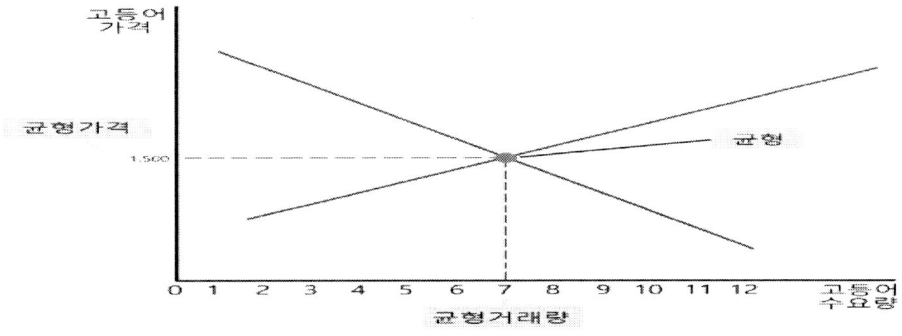

도표 :유통 조성 기능 도표 : 김태산 인용

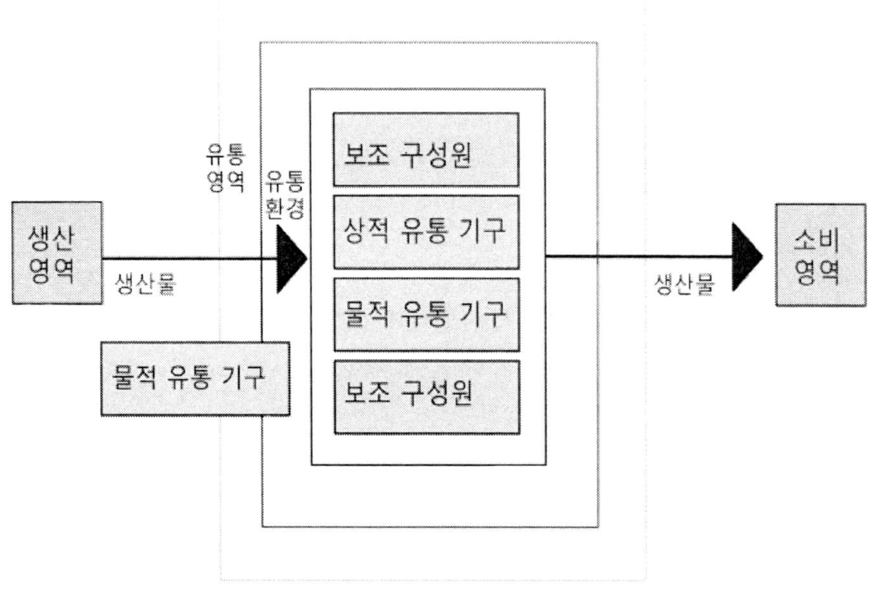

제2 농.수산물 유통구조

제1절. 농.수산물 유통기구

농수산물을 소비자에게까지 흐름을 담당하는 유통기관과 유통경로를 검토하여야 한다. 유통기관은 도매상,소매상, 중간상인 등으로 나누어 지고, 계통출하 및 비계통출하로도 나누어 진다. 한편 유통경로를 보면, 생산자의 농수산물 상품이 최종소비자에게 전달될 때까지의 마케팅 활동을 수행하는 중간상인들의 상호 연결과정을 말하고, 농수산물 유통 및 가격안정법령 및 수산물 유통법령 상 산지 유통인 등을 말한다. 유통경로의 효용의 종류는 ①시간 효용 ② 장소 효용 ③ 소유 효용 ④ 형태 효용 등로 나누어 진다.

1. 농.수산물 유통기구의 의의

(1)의의: 수신물을 생산자로부터 소비자에게 유통되는 데 필요한 여러 가지 유통기능을 현실적으로 담당,수행하기 위해 상호관련하여 활동하는 전체 조직체계이다.

(2)유통기구 구성

-유통기관: 유통활동 주제로 중간상이 대표적 형태이다.-유통경로: 유통기관의 요인에 따라 다양한 형태이며,상품 (수산물 및 수산가공품)이 유통대상이다.

2. 수산물 유통기구의 분류

(1)유통단계별 분류

① 수집단계(수집기구): 지역수협, 산지수집상, 정기시장(5일장) 등

② 중계단계(도매단계- 중계기구): 도매시장, 수협의 공판장과 위판장 ,유사도매시장

③ 분산단계- 분산기구(소매기구)- 소매시장의 구분: 슈퍼, 전문점, 편의점, 백화점, 마트 등이 그 예시이다.

(2). 수집기구의 의의 유형

1)의의

수집기구는소량 분산적으로 여러 산지에서 어획된 수산물을 수집하고 대량화하여 상품단위를 형성한다.

2)유형

수집기구를 구성하는 유통 기관으로는 일반적으로 수집상 반출상, 수산업협동조합 등이 있다.

(3). 중계기구의 의의와 유형

1)의의

수집된 수산물을 소매시장으로 이전시켜주는 기능(주로 도매단계)을 한다.

중계기구는 수집 및 분산의 양 기구를 연결시키는 조직으로서 수집기구의 종점인 도시에 분산기구의 시발점이 되는 기구이다.

2) 유형 중계기구 통해 농수산물이 대량으로 신속하게 분산되고 있는데 중계기구의 일반적인 형태로는 농수산물 도매시장, 농. 수협 공판장, 유사도매시장을 들 수 있다.

- 농수산물도매시장

. 농수산물 유통 및 가격 안정에 의한 법률에 의해 제정

. 공영도매시장은 정부가 전액 출자하여 개설된 도매시장

. 일반 법정도매시장은 기존의 건물에 형태만 변경한 다음 지방정부의 개설 허가를 받아 설립한 도매시장이다.

① 농. 수협 공판장

. 협동조합법에 의해 개설

. 생산자 단체인 농,수협에서 도매시장기능을 할 수 있도록 공판장 개설

. 민간 도매시장 구조와 비슷함

② 유사도매시장(농수안법 제64조)

. 소매시장법에 의해 인가되어 도매시장기능을 하고 있는 유사도매시장

. 소매시장이지만 도매시장의 기능을 수행

(4). 분산기구의 의의와 유형

1)의의

수산물을 최종 소비자에게 전달해주는 기능(주로 소매단계)을 한다. 분산기구는 수산물의 집적 또는 대량공급을 전제로 하여 다수의 최종 소비자의 분산적인 소량수요를 충족시키는데 그 특질이 있다.

2)유형

분산기구를 구성하는 유통기관으로는 도매상과 소매상이 있다.

① 전통적인 소매상은 구멍가계, 일반식품점, 전문점, 편의점 등

② 대형소매기관으로는 슈퍼마켓, 백화점, 하이퍼마켓 등에서 대량의 상품을 구비하고 저렴한 가격으로 판매하는 소매기관이다.

3)매매도매상과 위탁도매상

수산물도매상은 수집상이나 반출상의 위탁을 받아 농산물을 판매하여 그대가로 판매수수료를

취득하는 경우가 많은데 이러한 도매상을 매매도매상과 구별하여 위탁도매 상이라 한다.

3. 농.수산물 유통기구의 변화

(1)유통기구의 전문화와 계열화 및 다변화

1) 전문화는 분업의 원리에 따라 소요 기술을 종류별로 분류하는 것을 말하며, 계열화는 특정 물자에 대한 생산을 고려하여 생산 체계를 분류하는 것을 말한다.

2) 유통 기구의 유통방법이나 유통체계 및 모양이 다양하고 복잡해지는 것을 말하고. 그렇게 만들어 가면서 기업의 한 품종만 또는 한 가지 유통구조에서 오는 위험을 방지하는 전략이라 할 수 있다. 예시로 B기업은 수출다변화를 꾀하여 a품목뿐만 아니라 b,c품목을 수출할 계획도 있고, a품목이 미국에서 인기가 없다면 수요가 있을만한 다른 나라를 찾아내서 수출할 계획도 가질 수 있는 것입니다.

(2)유통기구의 집중화와 분산화

1) 집중화란 한곳으로 모이게 됨. 또는 한곳으로 모이게 하는 것을 말한다. 농수산물 시장형태에서 시장집중화의 척도는 소수의 기업이 산업의 산출, 판매, 고용의 많은 부분을 점유하고 있는 범위를 말한다. 이러한 사실은 일반적으로 집중화의 비율로 표현된다. 전형적인 비율은 4개의 가장 큰 회사가 점유하는 것의 비율이나, 산업의 총산출 중 80%를 점유하는 수량의 회사에 의해 생산된 산업의 생산량의 백분율을 측정한다.

2) 농수산물 유통망이 한곳을 중심으로 모여 있던 것이 다양한 경로로 유통망을 갈라서 흩어지게 분산하는 것을 말한다.

(3)유통기구의 통합화

1) 수직적 통합(원재료의 획득에서 최종제품의 생산,판매에 이르는 전체적인 공급과정에서 기업이 이 일정 부분을 통제하는 전략으로 다각화의 한 방법이다. 동종업계의 다른 기업과 통합하는 수평적 통합과 대비된다.) : 연관유통기구 결합, 유통경로 단축하는 방법이다.

① 제조업자의 중간상 소유- 전방통합 : ⓐ 수직적 통합이란 원재료의 획득에서 최종제품의 생산,판매에 이르는 전체적인 공급과정에서 기업이 이 일정 부분을 통제하는 전략으로 다각화의 한 방법이다. 동종업계의 다른 기업과 통합하는 수평적 통합과 대비된다.ⓐ 수직적 통합은 ⒜ 전방통합과 ⒝ 후방통합의 두 가지로 구분할 수 있다. 원료를 공급하는 기업이 생산기업을 통합하거나, 제품을 생산하는 기업이 유통채널을 가진 기업을 통합하는 것을

⒜ 전방통합(前方統合)이라 하며, 이는 기업의 시장지배력을 강화시키기 위한 전략으로 사용된다. 반면 유통기업이 생산기업을 통합하거나, 생산기업이 원재료 공급기업을 통합하는 것을

⒝ 후방통합(後方統合)이라하며, 이는 기업이 공급자에 대한 영향력을 강화하기위한 전략으로 사용된다.

②소매상의 제조업자와 소매상소유- 후방통합(유통경로 지배)

2) 수평적 통합 (동종업계의 다른 기업과 통합하는 수평적 통합과 대비된다.) ; 동일 유통활동 기구간의 결합하는 통합방법이다. 수평적 통합에 의하여, ① 대기업간의 통합의 경우에는 시장점유율을 높여 가격선도자(price leader) 역할을 수행할 수 있으며, ② 중소기업의 경우에는 생산설비능력이 증가하여 생산규모 확대의 장점을 확보할 수 있고, ③ 판매망을 강화할 수 있으며, 또 자금조달력도 강해지는 등 기업은 각종의 유익을 얻을 수 있다

① 시장 점유율 높여 가격선도자 역할 수행하기 위한 목적으로 수평적 통합을 한다.

② 생산설비능력 증대로 생산규모 확대하기 위한 목적을 한다.

③ 판매망 강화 및 원료, 자금조달력 강화 이윤 증대, 운영효율성 재고한다.

제2절 주요 농.수산물 유통경로

1. 수산물 유통경로의 의미

(1)의의: 수산물 유통경로란 수산물이 생산자로부터 소비자에게 유통되는 과정에서 다양한 유통기구를 경유하는 과정을 의미한다.

(2)유통경로의 형태

1) 직접유통과 간접유통

① 직접유통: 수산물과 화폐의 교환이 유통기관의 개입없이 생산자와 소비자사이에 직접 이루어지는 것을 말한다.

② 간접유통: 수산물 생산자와 소비자사이에 유통기관의 개입하는 것으로, 가장 보편적 형태이다 마케팅 기능의 분업에 의해 특화된 전문 기관에 의해 수행된다.

2) 수직적 유통경로와 수평적 유통경로

① 수직적 유통경로란 생산자,도매상,소매상 등의 유통 구성원들이 하나의 통일된 시스템을 이루는 유통경로를 말한다.

② 수평적 유통경로란 자원이 부족한 농수산물 기업들이 효과적인 마케팅 활동을 수행하기 위하여 같은 경로 단계에 있는 다른 기업과 결합하는 형태를 말한다.

(3) 유통 형태 결정의 영향 요인

1) 제품 특성 : 소비지에 가까운 생자는 직거래 형태의 유통 구조를 갖고 있는 것이 특징이다.
2) 시장 특성 : 생산지 시장의 경우 중간 상인의 도움이 필요한 경우가 많아서 산지유통인들의 정보를 이용하는 경향이 많다.
3) 기업의 특성: 소규모 기업의 경우는 다양한 유통 방법을 선택한다.
4) 중간상의 특성 : 중간상은 마진율에 따라서 다른 유통경로를 선택한다.
5) 경쟁적 특성 : 경쟁적인 경우 수직적 유통경로를 선택하는 전략을 취하는 경향이 있다.

2)계통출하와 비계통출하

① 계통출하

생산자가 수협.농협에 판매를 위탁하는 유형을 말하고, 산지위판장도 계통출하에 포함된다.

생산자-(산지도매시장(산지수협위판장)-산지중도매인)-(소비도매시장(소비지수협공판장/중앙도매시장등)-소비지중도매인)-도매상-소매상-소비자

② 비계통출하: 생산자가 수협외의 유통기구에 판매되는 형태이고, 유사도매시장이 그 예시이다.

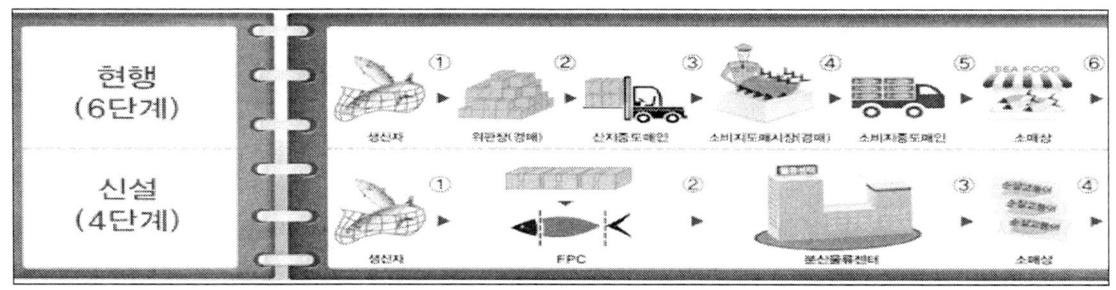

3) 객주,직판장,전자상거래의 유통 주체가 있는데, 이들이 비계통 출하자들이다. 비계통출하가 전자상거래로 이루어 지는 것이 현재의 소규모 수산업 등에서 할용되고 있다.

2. 활어 유통경로

(1)활어유통의 의의

활어란 넓은 의미로 '살아있는 수산물' 또는 해조류를 제외한 '살아있는 어패류'를 뜻하며.

활어유통은 활어를 살아있는 상태로 시장에 유통시키는 과정을 말한다. 최종소비단계에서 대부분 '회'로 소비된다.

(2) 유통경로

1) 산지유통: 주요 유통기구는 산지수협위판장이나 수집상들이며, 산지의 수집상이나 생산자 직거래등에 의해 출하되는 비계통출하가 더 비중이 크다.

2) 소비지 유통:주요 유통기구는 소비지 도매시장이며, 활어의 경우 공영도매시장보다는 민간도매시장에서 주로 취급한다.

(3) 주요품목 : 주요 품목으로는 양식산 넙치,자연산 꽃게,굴종류가 있다.

3. 선어 유통 경로

(1) 선어유통의 의의

선어란 어획과 함께 냉장처리를 하거나 저온에 보관하여 냉동하지 않은 신선한 어류 또는 수산물을 의미하며 살아있지 않다는 점에서 활어와 구별되지만, 연근행상 등 어업 후 빙장을 이용하여 신속히 산지 위판장에 경매를 하여 소비지로 유통시킨다.

(2)선어의 유통경로

1) 산지유통:

일반해면 어업에서 생산된 선어중 계통출하비중이 90%내외로 선어의 대부분이 수협의 산지위판장을 경유하고 있다

2)소비지 유통단계:

주요 유통기구는 소비지 도매시장이며, 최근에는 대형마트나 백화점등 산시와 직거래하면서 소비지 도매시장을 경유하지 않는 비중이 늘고 있다.

3)주요품목 : 고등어나 갈치 등이 있다

4. 냉동수산물 유통경로

(1) 냉동수산물의 의의

냉동수산물이란 어획된 수산물이 동결된 상태에서 유통되는 상품의 형태를 의미한다. 보통 원양어선에서 다랑어 등을 어획 직후 냉동한 상태로 보관하면서 어획물을 관리한다.

(2) 냉동수산물의 유통경로

1) 냉동수산물의 유통경로의 특징

냉동수산물은 주로 원양수사물, 수입수산물에서 나타나기 때문에 대부순 시간이나 거리적인 제한으로 냉동보관한다

2) 원양 냉동수산물의 유통경로

원양수산물은 100% 냉동수산물로 수협의 산지 위판장을 경유하지 않고 주로 원양어업회사가 '전문무역회사'(기존 일반도매상들)들에게 입찰을 통해 판매한다.

3) 수입 냉동수산물의 유통경로

수입수산물은 일본등 인접국가나 고가 수산물을 제외하고 대부분 냉동 수산물 형태로 수입하는 데 우리나라의 경우 산지위판장이 수입수산물을 취급하지 않기 때문에 계통출하가 아닌 비제도적 시장인 유사도매시장을 경유하는 유통경로를 거친다

(3)냉동 수산물의 주요 품목 : 원양산 냉동명태/원양산 냉동 오징어등이 있다

5. 수산가공품 및 건어물 유통경로

(1)수산가공품의 의의와 종류

1)의의

수산가공품은 수산물의 부패변질적 특성과 선도저하를 극복하고 부가가치를 높이기 위해 수산물의 원료에 물리,화학적 변화를 주어 그 이용가치를 높인 상품이다.

2)종류

냉동품/건제품/염장품/훈제품/통조림/조미가공품등이 있다

(2)수산가공품의 유통경로

수산가공품은 일반적으로 원료조달과정에 수산물 유통의 특수성이 반영되는 대신에 가공이후의 유통단계는 저장성이 높을수록 일반식품의 유통경로와 유사하다

1) 국내 연근해산 원료인 경우

국내 연근해 수산물을 가공원료는 가공업자가 생산자와 직거래나 산지수집상 또는 위판장과의 거래를 통해 조달한다.

2)원양수산물이 원료인 경우 - 2018년 2차 서술형 문제

원양수산물은 원양어업회사가 가공공장을 가지고 있는 경우 생산에서 직접 원료조달하지만, 가공공장이 독립적인 경우 1차 도매업자 또는 2차 도매업자로부터 원료를 구입한다.

추가 해설 : 원양수산물은 보통 무역학적으로 다음단계가 ''전문무역회사''가 입찰 등 하여 구매한 후 수출을 하든지 수입을 하는 구조로 무역법상 규정되어 있다.

3)수입 수산물이 원료인 경우

가공업자는 원료를 직수입하거나 수입업자를 통해 조달하게 된다

(3) 수산가공품의 주요 품목

마른 멸치, 참치캔등이 있다.

(4)수산가공품의 유통상 이점

① 부패억제를 하면서 그 결과로 장기간 저장이 용이하고, 시기에 맞게 공급조절이 가능하다.

② 가공을 하면서 비가식부를 제거하여 부피를 줄이는 결과로 농수산물 수송이 용이하다.

③ 가공제품을 소비자 기호에 맞게 만들고, 위생적으로 안전한 제품생산으로 상품성 향상이 된다

제3절 수산물 유통기관과 수산물 거래 및 시장 유형

1. 산지시장 거래

(1) 산지시장의 의의

어업생산의 기점으로 어선이 접안할 수 있는 어항시설을 갖추어져 있고, 어획물의 양육과 1차적 가격형성이 이루지면서 유통배분되는 시장이다. 수산업협동조합이 개설운영하는 산지위판장으로, 도매시장과 같은 역할을 수행한다

2) 산지시장의 필요성

① 산지위판장이 연근해 어장에 근접위치하여 소규모 어가들 및 수산물 생산 기업에 효용성를 주는 장소적 기능을 한다.

② 산지위판장의 신속한판매 및 대금결제(어업생산고는 어업생산사이클의 시간단축과 직결됨)

3) 산지거래 기능

① 교환 기능 -수급조절 기능 -물적유통 기능 -상품화 기능 등을 한다.

2. 도매시장 거래(중개시장-특유한 것)

(1)도매시장의 의의와 분류등

1)의의

수산물 수집과 분산시장의 중간 중계기능을 수행하는 시장으로서

생산지에서 대도시등의소비즈에게 수산물을 원할히 공급하기 위해 대도시를 중심으로한 소비지에 개설되어 구체적인 시설과 제도를 갖추고 상설적인 도매거래가 이루어지는 구체적 장소이다

2)분류(도매시장을 개설운영자 기준)

① 법정도매시장 : 지방자치단체가 개설하는 시장으로 중앙도매시장과 지방도매시장으로 구분

② 공판장:수협이나 기타 생산자단체가 일정한 목적하에 수산물을 도매하기 위하여 지방자치단체장의 승인을 받아 개설운영하는 사업장

③ 유사(민간)도매시장:법정도매시장이 아닌 소매시장의 허가를 얻어 민간이 개설운영하여도매행위를 하는 시장

도표 : 김태산 인용

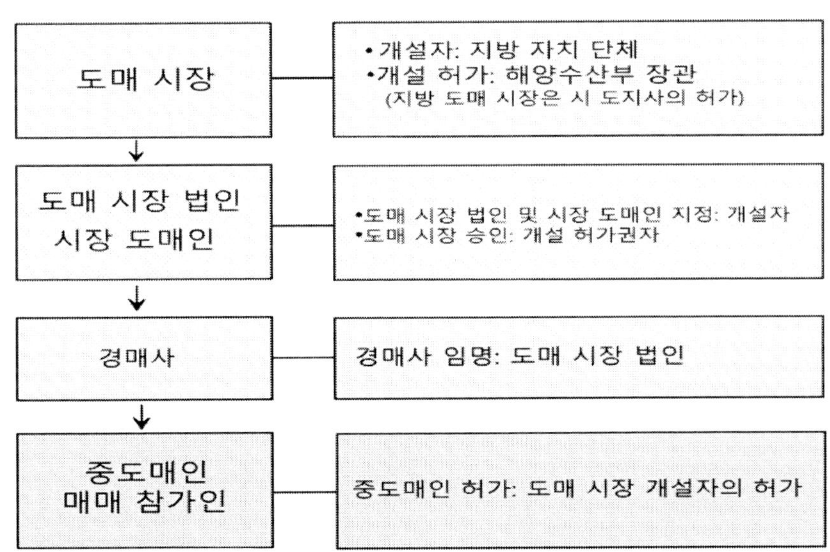

3) 기능:

가격형성기능, 배급기능, 유통경비 절약기능, 위험전가 기능 (선물거래 등으로), 거래안전기능 , 수급불균형을 조절기능(<u>거래총수 최소화원리와 대량준비의 원리에 근거</u>)등

※ 거래총수 최소화의 원리: 일정기간에 있어 특정수산물의 거래가 생산자와 소매업자가 직접 거래할 때의 거래 총수보다 도매시장조직이 개재함으로써 생산자와 도매조직, 도매조직과 소매업자의 거래총수가 적어진다는 것.

(2) 도매시장의 구성(유통관련 법령기준)

1) 도매시장 법인: 개설자로부터 지정받고 수산물을 위탁받아 상장하여 도매하거나 매수하여 도매하는 법인.

2) 시장도매인: 개설자 지정, 매수, 위탁받아 도매나 중개하는 영업을 하는 법인.

3) 중도매인: 도매시장 내의 상회보유 등록상인 개설자의 허가, 지정받아 상장 수산물을 매수해 도매하거나 매매중개 영업을 하는 자 선별평가기능(경매나 입찰참여),금융결제기능,수산물의 보관가공처리기능을 담당

4)매매참가인: 상장 수산물 직접 매수인으로 실수요자.

5) 경매사

6) 산지유통인:도매시장 개설자에게 등록하고 수산물을 수집하여 수산물도매시장이나 수산물공판장에 출하하는 영업을 하는자(출하업무외 판매나 매수 또는 중개업무는불가)

(3) 소비지도매시장의 거래제도

1) 수탁판매의 원칙

2) 거래방식의 제한 : 도매시장법인은 수산물 매매방식으로 공개경매, 입찰, 정가매매 또는 수의매매(구매자와 판매자가 사전에 가격을 서로 협의하여 결정방식)방식만 인정한다.

3) 거래참가자 제한 : 도매시장 및 공판장등에 상장된 수산물은 시장내의 중도매인 또는 매매참가인 외의자에게 판매할 수 없다. 예외적사유가 있는 경우 시장도매인의 경우 도매시장법인이나 중도매인에게 판매할 수 있다.

4) 법정 거래수수료 징수 : 전자경매의 경우 거래금액의 3/1000 등으로 거래 수수료를 도매시장 개설자가 징수 한다.

3. 소매시장 거래:

(1)의의 :

소매업은 농수산물 상품을 최종 소비자에게 판매하는 시장을 말한다. 좁은 의미로는 농수산물 상품을 판매하는 기관만 말하지만, 광의로는 농수산물의 상품과 서비스를 모두 거래하는 것도 포함한다.

(2) 기능

① 생산자와 공급업자에 대한 역할

대량매입, 소량분할로 수량조절기능.소비자에게 수요촉진기능, 소비자의 요구 등 정보 제공 역할, 도매상과 소비자에게 시장조사 자료 제공기능,판매활동을 통한 생산활동 지원 등을 한다.

② 소비자에 대한 역할

자체 신용정책으로 소비자의 금융부담 감소.소비자에게 쇼핑 장소 제공 등, 올바른 상품을 제공,상품정보 및 유행정보 등 제공한다.

(3) 소매업의 마케팅 기능

① 소유권 이전 기능 : 중간 상인 등에게 농수산물을 구매하여 소비자에게 판매하는 것을 말한다.

② 물적 유통 기능

③ 조성 기능 : 표준화,단순화,등급화,시장금융,위험부담,시장정보 등 기능을 말한다.

(4) 소매방법 및 종류

1) 방법:소매점판매, 통신 판매, 방문판매, 자동판매기 등

2) 종류: 백화점, 다중양판점(의류나 생활용품을 다품종 대량 판매하는 대형 소매점), 연쇄점, 수퍼마켓, 하이퍼마켓, 전문점, 편의점, 창고형 도소매점, 아울렛,전문양판점, 드럭스토어, 무점포소매상(자동판매기, TV홈쇼핑, 전자상거래, 카탈로그판매, 방문판매) 등

3) 소매업태별 주요 특징 및 종류

① 백화점은 다양한 상품계열(선매품,전문품,생활필수품 등)하면서 대면 판매,현금정찰판매,풍부한 인적 및 물적 서비스로써 판매활동을 전개하는 상품 계열별로 부문 조직화된 대규모 소매기관이다.

② 슈퍼마켓은 편의품 중심으로 다양한 상품을 갖추어 박리다매를 도모하는 소매점 형태이다.더나아가 슈퍼체인을 구조망으로 구성하여 슈퍼마켓의 대형화 및 표준화를 실현하는 업종형태이다.

③ 연쇄점이란 유사한 상품을 판매하는 여러 개의 점포가 중앙본부의 통제 관리를 통해 획일화 및 표준화를 시도하면서 판매력 및 시장점유율을 강화해 가는 소매업종 조직이다.연쇄점 종류로는 가맹점형 연쇄형(임의형 연쇄점,협동적 연쇄점, 프랜차이즈 가맹점) 및 회사형 연쇄점으로 분류된다.

④ 프랜차이즈 가맹점이란 본부는 가맹점에 경영에 관한 지도와 상품 및 노하우를 제공을 하는 형태이다.가맹점은 본부에 가입금,보증금,정기적인 납입금을 제공하여야 한다.

⑤ 쇼핑센터란 전문적인 개발자에 의해 계획적으로 개발,소유,관리,운영되고 있는 소매업종으로 쇼핑센터 주체는 표면적으로 부동산업에 속하고 있는데, 내용면으로는 소매업에 속한다. 종류로는 쇼핑몰(개방형 몰과 폐쇄형 몰로 분류한다),근린형,지역형,광역형 등으로 분류한다.

⑥ 쇼핑몰이란 넓은 의미에서 쇼핑센터의 한 유형으로 쇼핑센터에 포함된다.도심지역으리 재활성화를 위하여 도시재개발의 일환으로 형성된 쇼핑센터의 유형으로 폐쇄형 쇼핑몰의 형식을 취하지만, 지금은 개방형과 폐쇄형으로 분류도 한다.

⑦ 카테고리 킬러(Category Killer음성듣기)

카테고리 킬러란 상품 분야별 전문 매장. 종합소매점에서 취급하는 상품 가운데 한 계열의 품목군을 선택해 타 업체와 비교할 수 없을 정도의 다양한 상품 구색을 갖추고 저가에 판매하는 전문 업체다.

우리 주변에 자주 접하는 가전제품, 스포츠용품, 완구용품 등 대중적인 구매력을 갖춘 품목을 중심으로 여러 거점에 전문 매장이 형성되고 있다. 이러한 매장은 셀프서비스와 낮은 가격을 바탕으로 운영되는 것이 특징이다.

카테고리 킬러의 유래는 단어 자체에서 보면, 이 카테고리에 '살인자'를 뜻하는 킬러(Killer)란 단어를 접목함으로써 상품이나 업태를 불문한 치열한 먹이사슬을 통칭하는 용어로 쓰이기도 한다. 이들은 체인화를 통한 현금 매입과 대량 매입, 전략 매입, 개발 수입 등을 무기로 판매 가격을 낮췄다는 공통적인 특징을 갖고 있다. 최근엔 가전제품, 카메라, 완구류를 넘어 의류나 식품 분야로까지 영역이 확산되고 있다. 우리나라에서는 하이마트(가전제품), 농협 하나로마트(농산품), 베스트오피스(사무용품), 맘스맘(유아용품) 등이 대

표적인 카테고리 킬러다.

이 카테고리 킬러는 상품 분야별 전문 매장. 기존의 종합소매점에서 취급하는 상품 가운데 한 계열의 품목군을 선택, 그 상품만큼은 타업체와 비교할 수 없을 정도로 다양하고 풍부한 상품구색을 갖추고 저가격으로 판매하는 전문업태이다. 세계적인 완구판매점 체인인 토이잘스가 카테고리 킬러의 원조이다.

가전제품, 스포츠용품, 완구용품 등 대중적 구매력을 갖춘 품목들을 중심으로 여러 군데 거점을 가진 전문 매장을 형성하고 있다. 이는 셀프서비스와 낮은 가격을 바탕으로 운영되는 것이 특징이다.

과거엔 특정 상품을 지정해 쓰였지만 최근에 와선 특정 상품만이 아니라 특정 업태까지 가리키는 등 거의 영역이 무차별적으로 확대됐다.

카테고리 킬러에서 '살인자'를 뜻하는 킬러(Killer)란 단어를 접목함으로써 상품이나 업태를 불문하고 상호간 치열한 먹이 사슬화를 통칭하는 용어로 쓰이고 있다.

이들은 대부분 체인 전개에 의한 현금매입과 대량매입, 전략매입, 개발 수입 등을 무기로 저가판매를 실현한다는 공통적인 특징을 갖고 있다.

이전에는 주로 가구나 가전제품, 카메라, 완구류 등의 분야를 위주로 이 같은 카테고리 킬러가 많이 등장했지만 최근에는 크랜드가 의류나 식품 분야로까지 영역이 확산되고 있다.

예시로 가전제품 전문점인 하이마트를 비롯해 농산품 전문점 농협 하나로마트, 사무용품 전문점 베스트오피스, 유아용품 전문점 맘스맘 등이 대표적이다

⑧ 할인점

DS란 모든 제품을 상시 산 가격(EDLP: Every Day Low Price으로 파는 소매점으로 표준적인 상품을 저가격으로 대량 팜매하는 상점이며, 새로운 유형의 소매 유통업태로 탄생되어 자리 잡아가고 있다.영업 방법은 원칙적으로 철저한 셀프서비스를 통해 저가격으로 대량 판매하는 형태이다.

⑨ 전문 할인점

고객에게 제공하고자 하는 상품이나 서비스를 전문화한 소매유통기관을 말한다.

종 류	전 문 할 인 점
카테고리 킬러	1.할인형 전문점으로 특정 상품계열을 전문점과 같이 상품구색을 갖추고 저렴하게 판매한다. 2. 대량판매와 낮은 비용으로 저렴한 상품가격을 판매한다. 3. 사무용품,자동차용품,완구,가전용품,완구 등을 취급하며 차별화가 어렵도록 브랜드 이미지 형성한다.
홈센터	1.주택을 꾸미기 위한 개수나 보수, 리모델링에 사용되는 건자재나 가구를 파는 유형으로 원스톱 운영방식이다.

⑩ 무점포 소매점

최근에 활성화가 되고 있는 전자상거래 및 농수산물 산지 직거래 형태 등이 무점포 형식으로 분류가 가능하고 그 종류는 다양하다.

종 류	무 점 포 유 형
전자상거래 유형	장소와 시간적 제약이 없이 국내외의 어디서나 판매가 가능한 형태이다.
통신판매점	텔리마케팅,전자상거래,카타로그판매점,TV 홈쇼핑 등으로 나누어 진다.
방문판매점	제조업제의 세일즈맨이 직접 소비자에게 상품을 판매하는 방식이다.
자동판매기 소매업	자동판매기기를 통한 판매방식이다.
아웃렛	아웃렛은 메이커 제조업체의 재고,하자,이월상품 등을 염가로 판매하는 직영점이었으나 최근 타이메이커의 상품까지 취급하는 재고처리 업종이다.
테마파크	특정한 테마를 설정하고 이에 어울리는 시설이나 음식 및 쇼핑 등 종합적으로 위락시설을 구성하여 놀이에서 쇼핑까지 하나의 코스로 즐길 수 있는 시설의 형태 상점이다.
파워센터	할인점,카테고리 킬러 등 저가판매를 전략으로 하는 염가점을 집적시킨 초대형 소매센터를 말한다.특징은 광대한 부지에 주차시설도 되어 있어 편리성을 더하는 공간이다.

⑪ 산지 직거래

ⓐ 의의:산지 직거래란 시장을 거치지 않고 생산자와 소비자 또는 생산자 단체와 소비자 단체가 직결된 형태이다

ⓑ 기능:시장의 기능을 수직적으로 통합하여 시장활동을 할 수 있고 유통비를 절감 할 수 있다

ⓒ 유형 : 주말 농어민 시장, 수산물 직판장, 수산물 물류센터, 우편 주문 판매제도 등이 있다.

(5) 도매업종 유형

1) 개념 : 도매업은 재판매 또는 사업을 목적으로 하는 자에게 농수산물 상품을 판매하는 중간 유통업자를 말하고, 농수산물 관련 법령에서 산지유통인이나 중개인 등을 예시로 볼 수 있다.

2) 도매업의 역할

① 농수산물 생산자,일반 제품의 제조업자를 위한 역할

도매상은 수산물의 생산자의 적은 비용으로 시장을 확대할 수 있다.
대량 구매가 가능한 도매업자인 중간상인들은 고객들의 소량 주문을 효율적인 저리가 가능하게 한다.
도매상을 통한 생산자는 다수의 소배상과 직접 접촉하지 않으므로 비용을 절약할 수 있다.
도매상이 유통의 위험 등을 부담하므로 생산자의 위험이 감소 등 이점이 있다.
단점은 중간상인의 개입으로 유통 마진 등 발생하는 것이 문제로 대두 된다.

② 소매업자를 위한 역할

중간상인은 생산자와 소매상 사이에 제품구색을 갖추어 소매상의 주문업무를 원할히 처리한다.
도매상은 다종의 품목을 보관하고 즉시 출고함으로써 소매상의 재고부담을 감소시킨다.
중간상인의 숙련된 판매원을 통해 소매상에게 기술적,사업적인 지원을 제공하는 이점이 있다.
중간상인의 소매상에게 배달 및 수리 등 다양한 서비스를 처리함으로써 소매상의 노력을 감소시킨다.
단점은 유통비용의 증가로 인한 도매상의 유통마진율을 소매상이 부담하는 것 등이다.

3) 도매상의 유형

① 종합상인 도매상 및 전문상인 도매상(완전 기능 도매상),한정기능 도매상으로 현금판매도매상,트럭도매상,직송도매상으로 나누어 진다. 상인 도매상은 상품에 대한 소유권을 보유하고 독립적으로 운영하는 사업체를 말한다.

② 대리 도매상

상품에 대한 소유권을 보유하지 않고 단지 상품거래를 촉진시켜 주고 판매가격의 일정비율을 수수료로 받으면 대리 중간상 또는 기능 중간상이다.

③ 제조업자나 생산자 도매상

이는 제조업자에 의해 직접 운영되는 도매상 형태이다.생산자가 자기소유으로 설치한 판매점을 제고통제 및 판매촉진의 관리 등 하는 형태이다.

4. 선물거래

(1)의의

① 일정거래소(선물거래소)에서 미래의 일정시점에 거래할 상품의 가격을 미리 결정하고 미래의 해당시점에서 쌍방계약을 이행하는 거래방법으로서 저장성이 있으며 수요, 공급이 많으며 정부통제가 없는 품목 중 가격변동이 극심한 농축수산물과 비철금속에너지, 귀금속 등 상품선물을 중심으로 발전하고 있다.

② 네이버 인용 : 선물(futures)거래란 장래 일정 시점에 미리 정한 가격으로 매매할 것을 현재 시점에서 약정하는 거래로, 미래의 가치를 사고 파는 것이다

ⓐ 선물(futures)거래란 장래 일정 시점에 미리 정한 가격으로 매매할 것을 현재 시점에서 약정하는 거래로, 미래의 가치를 사고 파는 것이다. 선물의 가치가 현물시장에서 운용되는 기초자산(채권, 외환, 주식 등)의 가격 변동에 의해 파생적으로 결정되는 파생상품(derivatives) 거래의 일종이다.

미리 정한 가격으로 매매를 약속한 것이기 때문에 가격변동 위험의 회피가 가능하다는 특징이 있다. 위험회피를 목적으로 출발하였으나, 고도의 첨단금융기법을 이용, 위험을 능동적으로 받아들임으로써 오히려 고수익 · 고위험 투자상품으로 발전했다. 우리나라도 1996년 5월 주가지수 선물시장을 개설한 데 이어 1999년 4월 23일 선물거래소가 부산에서 개장되었다.

ⓑ 1848년에 미국의 시카고에서 82명의 회원으로 시작된 세계 최초의 선물거래소인 시카고상품거래소(CBOT; Chicago Board of Trade)가 설립되어, 콩, 밀, 옥수수 등의 주요 농산물에 대해 선물계약을 거래하기 시작했다. 이때 거래된 농산물은 당시 세계 농산물 선물거래의 80%를 차지할 정도였다. 60년대 이후 세계경제환경이 급변하면서 금융변수들에 대한 효율적인 관리수단의 필요성이 제기되어 70년대 금융선물이 등장했다. 72년 미국의 시카고상업거래소(CME; Chicago Mercantile Exchange)에서 밀턴 프리드만 등 경제학자들의 자문을 통해 통화선물이 도입되었다. 그 후 73년에 개별주식옵션, 76년에 채권선물 등 각종 선물관련 금융상품이 개발되기 시작했다

(2) 선물거래의 기능

1) 가격발견 기능

선물거래는 경제주체들의 미래 자산가격에 대한 예상이 반영되어 가격이 결정되기 때문에 미래자산에 대한 귀중한 정보를 제공함.

2) 콘탱고와 백워데이션

① 콘탱고(정상시장): 선물가격이 현물가격보다 높거나, 만기가 먼 원월물의 가격이 만기가 가까운 근월물의 가격보다 높은 경우 ---> 선물가격이 현물가격보다 높은 이유는 보유비용 때문이다.

② 백워데이션(역조시장): 현물가격이 선물가격보다 높거나, 만기가 가까운 근월물의 가격이 만기가 먼 원월물의 가격보다 높은 경우이다.

3) 위험전가

① 매도헤지: 선물 매도계약을 통해 위험을 헤지하는 경우이다.

② 매수헤지: 선물 매수계약을 통해 위험을 헤지하는 경우이다.

4) 효율성 증대기능 *효율성: 시장의 가격불균형이 없는 상태를 의미

시장에서 가격 불균형이 발생할 경우 고평가 매도, 저평가 매수를 통해 불균형을 즉시 해소함. 따라서 현물시장만 있는 경우보다 선물시장이 있는 경우 양 시장을 보다 효율적으로 만들어 진다.

5) 거래비용 절약 등이 선물거래의 특징이다. 이르 요약하면 ① 위험전가 기능 ② 가격예시 기능: 현물가격 변동 안정화 ③ 재고배분 기능 ④ 자본형성 기능이다.

(3)관련 용어

1) 선도거래: 선물거래시 선물거래소를 이용하지 않는 경우.

2) 선물계약

3) 베이시스: 현물가격과 선물가격의 차이로서 계약만기에 베이시스는 '0'에 가깝게 된다.

4) 마진(Margin): 선물거래는 계약이행을 보장하기위해 부담금(증거금)제도 운영하며 이 부담금을 마진이라 한다.

5) 마진콜: 가격상승 등의 요인으로 부담금을 추가 납입을 요구하는 것

6) 헤징: 환율, 금리, 주가지수등의 변동에따르는 위험부담을 배제키위해 취하는 모든 행동 (일종의 투자전략)

(4)선물거래가 가능한 수산물

① 연간 절대거래야이 많고 생산 및 수용의 잠재력이 큰 품목으로 시장규모가 있을 것

② 장기 저장성이 있고 품질의 동질성유지가 가능한 품목

③ 계절,연도 및 지역별 가격 진폭이 큰 품목

④ 대량생산자와 대량수요자와 전문취급상이 많은 품목

⑤ 표준규격화가 용이하고, 생산,가격,유통등에 대한 정부통제가없는 품목 등이다.

제4 농.수산물 전자상거래

(1) 개념

생산자나 소비자가 컴퓨터를 이용해 인터넷이나 PC통신접속해 물건을 사고 파는 행위를 말한다.
이를 분설하면 (네이버 인용), 인터넷이나 PC통신을 이용해 상품을 사고 파는 행위로 요약할 수 있다.

ⓐ 전자상거래는 인터넷이 보편화되기 이전에도 기업간 문서를 전자적 방식으로 교환하거나, PC통신의 홈쇼핑·홈뱅킹 등 다양한 형태로 존재해 왔으나, 인터넷이 대중화되면서 전자상거래는 인터넷상에서의 거래와 관련지어 생각하게 되었다.

ⓑ 협의의 전자상거래란 인터넷상에 홈페이지로 개설된 상점을 통해 실시간으로 상품을 거래하는 것을 의미한다. 거래되는 상품에는 전자부품과 같은 실물뿐 아니라, 원거리 교육이나 의학적 진단과 같은 서비스도 포함된다. 또한 뉴스·오디오·소프트웨어와 같은 디지털 상품도 포함된다.

ⓒ 광의의 전자상거래는 소비자와의 거래뿐만 아니라 거래와 관련된 공급자, 금융기관, 정부기관, 운송기관 등과 같이 거래에 관련되는 모든 기관과의 관련행위를 포함한다. 전자상거래 시장이란 생산자(producers)·중개인(intermediaries)·소비자(consumers)가 디지털 통신망을 이용하여 상호 거래하는 시장으로 실물시장(physical market)과 대비되는 가상시장(virtual market)을 의미한다.

ⓓ 전자상거래는 기존의 조세 및 관세의 변화로 정부수입에 영향을 주고 통화 및 지불 제도에 대해 새로운 제도를 도입해야 하고, 거래인증·거래보안·대금결재·소비자보호·지적소유권보호 등에 관하여 새로운 정책을 수립해야 한다. 기업은 내부적으로 고객서비스를 향상시키고, 비용을 절감하며, 외부적으로는 시장을 전세계로 확대해야 한다.

전자상거래로 이루어지는 경제활동을 디지털경제(digital economy)라 하는데, 실물경제와 디지털경제가 경제활동의 양대 축을 이루고 있다. 전자상거래는 정보통신기술과 정보시스템 개발기술의 발전으로 나타났으며, 이는 인간의 경제생활은 물론 의식구조와 사회구조의 변동을 초래하고 있다.

(2) 전자상거래의 특징(수산물유통법 52조 및 농수안법 제72조의 2)

① 짧은 유통경로, 시공의 제약이 없는 것이 가장 특징이다. 초보자라도 누구나 가장 기본적인 컴퓨터 기본 활용 지식만 보유하면 농수산물을 중간 거래 비용없이 판매가 가능하다.

② 무점포 가능- 고객정보획득 용이- 유통비용 절감 - 1:1마케팅 가능

③ 실시간 고객서비스 구현이 가능하고, 의사반영이 신속하다.

(3) 전자상거래의 기대 효과

① 생산사단체들의 시장지배력 상승(산지의 공동출하, 공동판매 통해)이 긍적적인 효과이다.

② 신속정확한 경매 - 유통경로 단축 - 생산자(판매이익)와 소비자(지출감소)모두의 가격 만족 - 표준화, 등급화 용이 등이 이점으로 부각된다.

(4) 전자상거래의 유형(B:기업 C:개인 G:정부)은 다양한 형태로 창출되고 있다.
B2B,B2C,B2G,G2C,C2C, 최근에는 O2O(ON LINE AND DFF LINE) 형태로 정착하고 있다. O2O(ON LINE AND DFF LINE)는 주문은 직장에서 컴퓨터 활용이나 셀폰 활용하여 농수산물 등을 주문하고 퇴근 중에 집 부근에서 주문 물건을 받아서 가는 형태의 전자상거래 유형이다.

(5) 농.수산물전자상거래의 제약요인

① 거래가능 품목의 제한, 유통기한이 짧다(반품처리가 곤란)

② 어민, 영세가공업자의 자금과 기술수준의 미약하다.

③ 수산물의 표준화, 등급화가 미흡하다.

④ 가격의 불안정성과 연중 지속판매 상품확보의 어려움이 있다.

⑤ 공산품에 비해 물류비용이 과다 소요(가격대비 운송비가 높다)되는 것이 단점이다.

(6) 전자상거래와 유비쿼터스(ubiquitous) = 시공간 상관없이 자유롭게 네트워크 접속할 수 있는 환경을 말하는 기반시스템을 이용한 RFID(무선 인식, 무선 주파수 이용하여 대상 사람이나 물건을 식별할 수 있도록 해 주는 기술을 말하며, 교통카드 , 하이패스 이용 등에 활용하고 있다. 전자상거래와도 밀접한 시스템이다.

(7) 전자상거래의 온라인 쇼핑몰의 주요 유형

① 오픈 마켓, 종합 쇼핑몰 등

② 소셜커커스, B_2B 쇼핑몰

③ 폐쇄몰(회원에게만 상품 등 공개 하여 판매) , 전문몰(충성고객, 특정고객만 판매), 자사몰 등

(8) 전자상거래 유형 :

① B_2B,B2C,B2G,G2C,C2C, 최근에는 O2O(ON LINE AND DFF LINE) 형태로 정착하고 있다.

② B_2E : Business - to 0 Empoyee : 기업과 소비자 간의 거래 형태를 말한다.

③ C = Customer = 소비자, G = Government= 정부, B =Business= 기업을 뜻한다.

제5. 협동조합유통과 농.수산물공동판매

(1) 협동조합유통의 의의와 필요성

1) 의의: 농가.어가가 수협이나 그 밖의 조직을 통해서 농산물을 공동으로 판매하는 것을 말한다.

2) 필요성

- 생산자가 유통부분을 수직적으로 통합함으로써 수송비와 거래비용을 줄여 유통마진을 절감할 수 있다.
- 협동조합을 통해서 시장 교섭력을 제고시켜 있다.
- 협동조합이 유통사업에 참여함으로써 민간 유통업자의 시장지배력을 견제할 수 있어 초과이윤을 얻지 못하게 한다.
- 농업생산자의 경영다각화를 위하여 위험을 분산시키고 가격안정화를 유도하고 안정적인 시장을 확보할 수 있다.
- 협동조합 임직원의 전문적인 지식과 능력을 제고시킬 수 있다.
- 수산물의 출하 시기 조절이 용이하다.

(2) 농수산물 공동판매제의 의의와 기능

1)의의

어업생산자의 다수영세성과 분산성과 수산물의 강한 부패변질성으로 수산물의 판매에 있어 공동판매의 필요성이 대두된다. 어민에 의한 공동판매는 어민에 의해 조직된 어촌계나 수협을 통해 이루어 지는 데 수협의 공동판매는 조합원의 경제적 이익조모에 가장 기초적 사업이 된다.

2) 기능:공동판매로 어업자간 경쟁을 피하고 거래상과의 거래에서 강한 교섭력을 가질 수 있다/어업자간 경쟁완화와 공급물량의 규모성과 출하시기조절로 높은 가격을 받을 수 있다. /수협을 통한 공동판매를 통해 개인별판매에 소요되는 시간과 경비를 줄이고 위험을 줄일수 있다

(3) 공동판매의 유형과 원칙

1)유형

공동판매의 유형과 원칙

생산자가 공동으로 경비를 부담하고 공동판매한다. 유형으로는 수송의 공동화, 선별, 등급화, 포장 및 저장의 공동화, 시장대책을 위한 공동화 및 표준화 유형이다.수산물 공동 판매의 유형 , 공동 판매(줄여서 공판이라 한다) 유형은 '' 기능과 발전 '' 단계에 따라 네가지로 나뉜다.

1) 공동수송공판 : 공동 수송 공판은 수송만 공동으로 하는 경우로 수송 비용의 절감을 위해 다수 생산자가 출하대상과 수송방법을 통일·조정한 후 함께 출하 하는 것이다.
2) 공동선별공판 : 공동 선별 공판은 수산물의 선별 작업을 공동으로 하고, 출하시 등급이나 무게 단위, 포장 방법을 동일하게 하는 것이다. 물론 이때에 수송도 공동으로 이루어진다.
3) 공동계산공판 : 공동 계산 공판은 수산물의 품질과 등급별로 판매를 하고, 비용과 대금을 정산하는 것을 의미한다. 따라서 생산자는 출하시에 등급과 물량을판정 받고, 일정 기간 혹은 단기간의 전체 판매 금액에서 자기의 등급별 물량만큼 판매 대금을 받는 방식이다. 이 공동 계산 공판은 공동 수송 및 공동 선별을 포함하며 한 걸음 진전된 출하 방법이라고 할 수 있다. 하지만 이 방법은 등급화, 규격화가 제대로 되어 있지 않으면 분쟁이 발생할 수 있어 쉽지 않은 방법이다.
4) 전략적공판 : 전략적 공판은 수산물 '마케팅'을 공동으로 하는 것이다. 이 단계는 한 단계 더나아가 보다유리한조건에 판매하기 위해 시장별 출하물량 및 판매 시기의 조정, 체계적인 판매 촉진 활동, 공동 브랜드 추진 등의 마케팅 활동을 하는 것이다.'수산업'에서 공동 판매를 쉽게 볼 수 있는 사례가 ''위판장을 이용한 출하'이다. 위판장은 다양한 지역과 업종을 아우르고 있어 특정 집단을 위해 활동을 하기에는 한계가 있다. 하지만 '위판장을 잘 활용하는 것도 수산물 '공동 판매를 하는 방법으로 유용하다. 이를 요약하면, 생산자가 공동으로 경비를 부담하고 공동판매한다.

㉠ 수송의 공동화 ㉡ 선별, 등급화, 포장 및 저장의 공동화
㉢ 시장대책을 위한 공동화

2)원칙

① 무조건위탁: 조건없이 일체를 위임하여야 한다.

② 평균판매: 판매를 계획적으로 실시하여 수취가의 지역적, 시간적 차이를 평준화하려는 원칙이므로 배송 등 계획적으로 관리가 가능하다.

③ 공동계산: 조합에서 집계한 실적에 따라 조합원의 개별성은 무시하고 성과를 공정하게 분배하는원칙이다.

(4)공동계산의 장단점

① 생산자 측면 장점: 상품성 제고와 브랜드 구축, 시장교섭력 증대 등 대량거래의 이점 실현, 어가소득 안정, 판매와 수송 등에서 규모의 경제 실현이 이점이 있다.

② 수요처 측면 장점: 소요물량에 대한 구매안정화, 유통비용 및 구매위험 감소

③ 유통효율성 측면의 장점: 유통비용 감축, 농산물의 품질저하 및 감모 최소화, 공정하고 엄격한 품질관리가 가능하다.

④ 단점: 어가지불금 지연, 개성상실, 유동성 저하, 전문경영기술 부족 등 이다.

제6. 농수산물 유통마진과 비용

(1)수산물 유통마진

1) 유통마진 개념

유통마진이란 소비자가 지불한 가격에서 생산자가 판매한 가격을 제한 상품의 가격을 말하는데, 이를 상세하면,

① 소비자가 유통부문에 지불하는 가격, 즉 제공된 유통서비스의 가격

② 유통마진 = 유통비용 + 유통이윤(상인이윤)

③ 유통비용(marketing cost)은 유통기능, 즉 상적유통(거래유통), 물적유통(수송, 저장, 가공 등) 및 조성기능의 수행에 따른 비용

④ 유통이윤(marketing profit)은 유통단계에 종사하는 유통기관들의 이윤

⑤ 유통마진 = 소비자 지불액 - 생산자(농가) 수취액

이를 요약하면

1) 유통마진:최종소비자 지출금액-생산농가 수취금액=유통비용 +유통이윤

2) 유통마진율=[(소비자가격-농가(어가)수취가격)/소비자가격]*100

3) 다양한 유통마진 용어

① 출하자 마진 = 출하자 수취가격 - 생산자 수취가격

② 도 매 마 진 = 도매가격 -출하자수취가격

③ 중도매 마진 = 중도매가격 - 도매가격

④ 소 매 마 진 = 소매가격 - 중도매가격

2) 농.수산물의 유통마진율이 높은 이유

① 부패, 변질, 파손이 쉽고 가격대비 무게와 부피가 크며 규격화가 곤란하다.

② 계절성이 있고 선별, 가공, 수송, 저장,감모비용이 과다 소요

③ 유통단계에 많은 중간상인 개입, 수집,분배비용 과다.

④ 유통경로 복잡, 단계가 많아 오통비용과다.

⑤ 소비단계에 마진율이 높다.

⑥ 중간상인의 유통이윤이 크다.

⑦ 경제발전에 따라 어가 수취율이 저하 경향 등이다.

(2)수산물의 유통비용

1) 개념: 생산에서 소비까지 모든 과정에서 소유권이전기능(수산물거래로 소유권이 이전되는 것으로 금융거래,매매 등이 예시이다), 물적유통기능, 유통조성기능 등을 수행하면서 발생하는 비용

2) 유통비용의 구성

. 직접비용: 수송비, 포장비, 하역비, 저장비, 가공비 등

. 점포임대료, 자본이자, 통신비, 제세공과금, 감가상각비 등이다.

3)물적 유통 비용

생산되어 소비에 이르기까지 운송, 포장, 하역, 보관, 유통 가공 등에 소요되는 모든 비용

물적 유통 비용의 분류으로 소유권과는 다른 시각에서 이루어 진다.

① 영역별 분류: 조달, 생산, 사내, 판매, 반품, 회수, 폐기물류비 등

② 기능별 분류: 운송비, 보관 및 재고 관리비, 포장비, 하역비, 유통 가공비 등

③ 지급 형태별 분류: 자가물류비, 위탁물류비, 재료비, 노무비, 경비 등이다.

4) 유통비용의 절감방안

① 소유권 이전기능의 효율성 증대방안

② 산지유통시설 확충, 공동출하 확대. 직거래활성 . 도매시장 거래방식 다양화

③ 전자상거래 활성화 등이 필요하다.

④ 물적유통기능의 효율성 증대방안

⑤ 저장효율 증대 . 보관기술 개발 . 수송기술 혁신 . 수송시설의 가동률 증대

⑥ 수송시 부패와 감모 방지 등이 기대된다.

⑦ 유통조성기능의 효율성 증대방안

⑧ 유통에대한 금융지원정책이 다양하게 기금조성을 하여 국가에서 지원하고 있다.

8. 농.수산물의 소비변화와 기술발전

(1) 농.수산물 소비변화

1) 어패류에 대한 소비선호도 증가

2) 소득향상으로 수산물 소비의 고급화

3) 핵가족화, 노령화등 사회환경의 변화로 외식증가(외부화)와 간편식에 대한 수용증가(간편화)

4) 농.수산물 안전성문제에 대한 관심증대하고 있다.

(2) 유통기술의 발달:수산물의 저장, 가공,수송기술(저온유통시스템)의 발달

문. 대형할인업체 등장의 영향에 대한 설명으로 옳은 것은?
① 수산물의 경우 대형할인업체의 산지구입비율이 낮아졌다. ② 업체간의 경쟁감소로 소비자는 저가격구입이 가능해졌다. ③ 제조업자의 영향력이 이전보다 작아졌다. ④ 상품차별화에 대한 관심증대로 가격경쟁이 더 중요하게 되었다.
해답. 산지구입비율이 높아져 업체간 경쟁이 증가하여 비가격경쟁이 치열해짐 ③ o

제7 경매 제도

1. 경매의 의의

수산물 및 농수산물 등 경매사 제도 및 경매제도는 법률(농수산물품질관리법령, 수산물유통법령, 농수산물 유통.가격안정법령, 농수산물원산지표시에 관한법령 등)에 근거하여 실시되고 있는 것이며, 수산물 및 농산물에서 산지유통인 등 출하자의 수농산물을 출하,수탁을 받아서 공공성을 가진 장소에서 수산물 및 농산물의 중개 및 도매를 하는 방법 중 하나인 경매제도가 있다.일반적으로 경매(Auction)라 함은 다수의 판매인과 다수의 구매인이 일정한 장소에서 주어진 시간에 경쟁을 하여 판매할 물품의 가격을 공개적으로 결정하는 방법을 말한다.경매가 입찰과 다른 점은 매매 신청가격을 시종 공표해 가면서 가격을 결정하여 매매 성립에 도달하게 하는 것으로써 동일인이 몇 번이라도 가격신청을 새로이 할 수 있다는 것이다.이런 점에서 경매는 이론적으로 가장 이상적인 판매방법이라고 하겠으나, 실제로 그 과정은 복잡하고 까다롭다. 입찰은 이에 비해 신중을 기할 수 있으나 거래과정에 신속을 기할 수 없다.이론적으로 보면 경매에 의한 판매는 수요와 공급을 반영한 균형가격으로 이끌어 간다. 도매시장에 상장된 상품이 많든 저든 언제나 구매인이 경쟁적인 호가에 의해서 공개적으로 호가를 할 수 있다는 것이다. 이러한 공개적인 방법은 시장 안에서의 각종 비밀매매를 방지함으로써 불공정거래의 원인을 제거하고 공정거래를 보장하는 것이다.경매제도는 원래 노예거래 제도부터 시작하여 부동산 매매, 중고가구나 농수산물에 이르기까지 광범위하게 채택되고 있으며, 그 중에서도 농수산물 거래에 보다 일반적으로 적용되고 있다. 그것은 농수산물이 다른 상품에 비해 경매 제도에 적응할 수 있는 완전 경쟁의 성질을 다른 상품보다 더 많이 갖추었기 때문이다. 이론적으로 완전경재체계가 이루어 지므로 경제학 이론인 공급 및 수요이론, 거미집 이론, 선물거래, PLC, 4P,4C,4M,STP 이론 등이 적용된다.일반적으로 많은 사람들에게 경매제도는 염가판매의 수단으로 통하고 있다. 그것은 대량의 상품을 일시에 쉽게 판매할 수 있는 방법이기 때문일 것이다. 특히 농수산물을 많이 수확하는 미국의 경우 한때 과잉 공급된 수입 청과물을 공급 과잉시장에서 일시에 판매하는 수단으로 채택되었다. 그러다가 점차로 대량 판매자가 생산물을 규칙적으로 등급에 따라 공급하게 되어 이러한 판매방법을 적절하게 이용하게 되면서 경매제도는 일반화되었다. 경매는 일련의 상품이 계속하여 판매되기 때문에 예상구매자에게는 매우 복잡한 것이다. 그래서 만약 주의를 하지 않으면 자신이 구매하는 상품량이 평균 비용에 영향을 미친다는 것과 그 자신이 완전 차별가격에 대해 책임을 져야 된다는 것을 모르는 경우가 있다. 그리고 경매과정은 일반적으로 구매자로 하여금 상품구매에 관한 완전한 지식을 갖지 못한 일정 지점에서 상품 한 단위 또는 그 이상의 단위를 구매하도록 의사결정을 강요하게 된다. 그러므로 상품 구매자는 일정한 상품에 대한 구매를 단 한 번에 결정하여야 하는 것이다.

2. 법령상 경매 규정

농수안법 경매 규정 : 제31조**(수탁판매의 원칙)** ① 도매시장에서 도매시장법인이 하는 도매는 **출하자로부터 위탁**을 받아 하여야 한다. 다만, 농림축산식품부령 또는 해양수산부령으로 정하는 특별한 사유가 있는 경우에는 매수하여 도매할 수 있다. <개정 2013.3.23.>

② 중도매인은 도매시장법인이 상장한 농수산물 외의 농수산물은 거래할 수 없다. 다만, 농림축산식품부령 또는 해양수산부령으로 정하는 도매시장법인이 상장하기에 적합하지 아니한 농수산물과 그 밖에 이에 준하는 농수산물로서 그 품목과 기간을 정하여 도매시장 개설자로부터 허가를 받은 농수산물의 경우에는 그러하지 아니하다. <개정 2013.3.23.>
③ 제2항 단서에 따른 중도매인의 거래에 관하여는 제35조제1항, 제38조, 제39조, 제40조제2항·제4항, 제41조(제2항 단서는 제외한다), 제42조제1항제1호·제3호 및 제81조를 준용한다.

④ 중도매인이 제2항 단서에 해당하는 물품을 제70조의2제1항제1호에 따른 농수산물 전자거래소에서 거래하는 경우에는 그 물품을 도매시장으로 반입하지 아니할 수 있다.

⑤ 중도매인은 도매시장법인이 상장한 농수산물을 농림축산식품부령 또는 해양수산부령으로 정하는 연간 거래액의 범위에서 해당 도매시장의 다른 중도매인과 거래하는 경우를 제외하고는 다른 중도매인과 농수산물을 거래할 수 없다. <신설 2014.3.24.>

⑥ 제5항에 따른 중도매인 간 거래액은 제25조제3항제6호의 최저거래금액 산정 시 포함하지 아니한다. <신설 2014.3.24.>

⑦ 제5항에 따라 다른 중도매인과 농수산물을 거래한 중도매인은 농림축산식품부령 또는 해양수산부령으로 정하는 바에 따라 그 거래 내역을 도매시장 개설자에게 통보하여야 한다. <신설 2014.3.24.>

제32조(매매방법) 도매시장법인은 도매시장에서 농수산물을 **경매·입찰·정가매매 또는 수의매매(隨意賣買)의 방법**으로 매매하여야 한다. 다만, 출하자가 매매방법을 지정하여 요청하는 경우 등 농림축산식품부령 또는 해양수산부령으로 매매방법을 정한 경우에는 그에 따라 매매할 수 있다. <개정 2013.3.23.>

제33조(경**매 또는 입찰의 방법**)
① 도매시장법인은 도매시장에 상장한 농수산물을 수탁된 순위에 따라 경매 또는 입찰의 방법으로 판매하는 경우에는 **최고가격 제시자에게 판**매하여야 한다.

다만, 출하자가 서면으로 거래 성립 최저가격을 제시한 경우에는 그 가격 미만으로 판매하여서는 아니 된다. <개정 2012.2.22.>

② 도매시장 개설자는 효율적인 유통을 위하여 필요한 경우에는 농림축산식품부령 또는 해양수산부령으로 정하는 바에 따라 대량 입하품, 표준규격품, 예약 출하품 등을 우선적으로 판매하게 할 수 있다. <개정 2013.3.23.>

③ 제1항에 따른 경매 또는 입찰의 방법은 **전자식(電子式)을 원칙**으로 하되 필요한 경우 농림축산식품부령 또는 해양수산부령으로 정하는 바에 따라 거수수지식(擧手手指式), 기록식, 서면입찰식 등의 방법으로 할 수 있다.
이 경우 공개경매를 실현하기 위하여 필요한 경우 농림축산식품부장관, 해양수산부장관 또는 도매시장 개설자는 품목별·도매시장별로 경매방식을 제한할 수 있다.

제34조(거**래의 특례) 도**매시장 개설자는 입하량이 현저히 많아 정상적인 거래가 어려운 경우 등 농림축산식품부령 또는 해양수산부**령으로 정하는 특별한** 사유가 있는 경우에는 그 사유가 발생한 날에 한정하여 도매시장법인의 경우에는 중도매인·매매참가인 **외의 자에게**, 시장도매인의 경우에는 도매시장법인·중도매인에게 판매할 수 있도록 할 수 있다.

第35조(도매시장**법인의 영업제한**) ① 도매시장법인은 도매시장 외의 장소에서 농수산물의 판매업무를 하지 못한다.

② 제1항에도 불구하고 도매시장법인은 다음 각 호의 어느 하나에 해당하는 경우에는 해당 거래물품을 도매시장으로 **반입하지 아니할** 수 있다. <개정 2012.2.22., 2012.6.1., 2013.3.23.>

1. 도매시장 개설자의 사전승인을 받아「전자문서 및 전자거래 기본법」에 따른 전자거래 방식으로 하는 경우

2. 농림축산식품부령 또는 해양수산부령으로 정하는 일정 기준 이상의 시설에 보관·저장 중인 거래 대상 농수산물의 견본을 도매시장에 반입하여 거래하는 것에 대하여 도매시장 개설자가 승인한 경우

③ 제2항에 따른 전자거래 및 견본거래 방식 등에 관하여 필요한 사항은 농림축산식품부령 또는 해양수산부령으로 정한다. <개정 2013.3.23.>

④ 도매시장법인은 농수산물 판매업무 외의 사업을 겸영(兼營)하지 못한다. 다만, 농수산물의 선별·포장·가공·제빙(製氷)·보관·후숙(後熟)·저장·수출입 등의 사업은 농림축산식품부령 또는 해양수산부령으로 정하는 바에 따라 겸영할 수 있다. <개정 2013.3.23.>

⑤ 도매시장 개설자는 산지(産地) 출하자와의 업무 경합 또는 과도한 겸영사업으로 인하여 도매시장법인의 도매업무가 **약화될 우려가** 있는 경우에는 대통령령으로 정하는 바에 따라 제4항 단서에 따른 **겸영**사업을 **1년 이내의 범위에서 제한할 수** 있다.

第35조의2(도매시장**법인 등의 공시) ① 도매시장법인 또는 시장도매인은 출하자와 소비자의 권익보**호를 위하여 거래물량, 가격정보 및 재무상황 등을 공시(公示)하여야 한다.

② 제1항에 따른 공시내용, 공시방법 및 공시절차 등에 관하여 필요한 사항은 농림축산식품부령 또는 해양수산부령으로 정한다.

3. 수산물 유통법상 경매 등 조문

제17조(산지경매사 자격시험)

① 산지경매사의 자격시험은 해양수산부장관이 실시한다.

② 제1항에 따른 산지경매사 자격시험의 응시자격, 시험과목, 시험의 일부 면제, 시험방법, 자격증 발급, 그 밖에 시험에 필요한 사항은 대통령령으로 정한다.

제18조(위판장 수산물 수탁판매 등)

① 위판장개설자는 도매하는 수산물을 출하자로부터 위탁받아야 한다. 다만, 수산물의 가격안정 등 해양수산부령으로 정하는 특별한 사유가 있는 경우에는 매수하여 도매할 수 있다.

② 위판장개설자는 해양수산부령으로 정하는 경우를 제외하고는 입하된 수산물의 수탁과 위탁받은 수산물의 판매를 거부·기피하거나 거래 관계인에게 부당한 차별대우를 하여서는 아니 된다.

③ 산지중도매인은 위판장개설자가 상장한 수산물 외에는 거래할 수 없다. 다만, 위판장개설자가 상장하기에 적합하지 아니한 수입산이나 원양산 수산물 등 해양수산부령으로 정하는 바에 따라 시장·군수·구청장으로부터 허가를 받은 수산물의 경우에는 그러하지 아니하다.

④ 산지중도매인 간에는 거래할 수 없다. 다만, 과잉생산 수산물의 처리 등 해양수산부령으로 정하는 바에 따라 시장·군수·구청장으로부터 허가를 받은 경우에는 그러하지 아니하다.

수산물 유통법 **제19조(위판장 수산물 매매방법 및 대금 결제)**

① 위판장개설자는 위판장에서 수산물을 경매·입찰·정가매매 또는 수의매매의 방법으로 매매하여야 한다. 다만, 출하자가 선취매매·선상경매·견본경매 등 해양수산부령으로 정하는 매매방법을 원하는 경우에는 그에 따를 수 있다.

② 위판장개설자는 위판장에 상장한 수산물을 위탁된 순위에 따라 경매 또는 입찰의 방법으로 판매하는 경우에는 최고가격 제시자에게 판매하여야 한다. 다만, 출하자가 서면으로 거래 성립 최저가격을 제시한 경우에는 그 가격 미만으로 판매하여서는 아니 된다.

③ 제2항에 따른 경매 또는 입찰의 방법은 전자식(전자식)을 원칙으로 하되 필요한 경우 해양수산부령으로 정하는 바에 따라 거수수지식(거수수지식), 기록식, 서면입찰식 등의 방법으로 할 수 있다.

④ 위판장개설자는 매수하거나 위탁받은 수산물이 매매되었을 때에는 그 대금의 전부를 출하자에게 즉시 결제하여야 한다. 다만, 대금의 지급방법에 관하여 위판장개설자와 출하자 사이에 특약이 있는 경우에는 그 특약에 따른다.

⑤ 제4항에 따른 대금결제에 관한 구체적인 절차와 방법, 수수료 징수 등에 관하여 필요한 사항은 해양수산부령으로 정한다.

제20조(위판장의 공시)

① 위판장개설자는 출하자와 소비자의 권익보호를 위하여 거래물량, 가격정보, 재무상황, 제16조제1항에 따라 두는 산지경매사, 제21조제1항에 따른 평가 결과 등을 공시하여야 한다.

② 제1항에 따른 공시의 내용, 방법 및 절차 등에 필요한 사항은 해양수산부령으로 정한다.

그런 의미에서 경매란 구매자로 히여금 처음 구매하려던 상품이 다음에 구매하려는 그것보다 한계가치가 더 높을 것이라는 이유 때문에 그들 자신의 의사 결정에 대하여 책임을 지는 과정이다. 만약 구매자가 구입한 상품의 한계수입(MR)과 한계비용(MC)이 같아지게 되면 전체적으로 보아 구매자 잉여는 감소될 것이지만 구매자 자신은 구매 판단기준을 갖게 될 것이다.

. 이윤극대화조건

<1> 한계수입이 한계비용과 같아야 하며,

<2> 한계비용곡선이 한계수입곡선을 아래로부터 교차해야한다.

판매량 Q1에서는 한계수입이 한계비용보다 크므로 판매량을 증가해감에 따라 이윤은 증가해간다.

반대로 Q2에서는 한계비용이 더 크므로 판매량을 증가해감에 따라 손실이 커져갈 것이다.

그러므로 한계비용곡선이 한계수입곡선을 아래로부터 교차하는 E점에 해당하는 판매량 Q0에서 이윤극대가 된다. 그런데 판매량 Q3에서는 한계비용곡선이 한계수입곡선을 위에서부터 교차하기 때문에 하나의 극대손실을 가져오는 판매량이 된다.

4. 경매의 중요성

1) 시장거래는 여러 가지 방법에 의하여 이루어지고 있다. 수산물산지경매사를 필요를 하는 산지위판장의 이론은 다소 미미하여 기존의 농수안법에 규정된 중앙도매시장, 지방도매시장 등을 모델로 하는 도매시장을 중심으로 이하 설명한다.

2) 도매시장 거래의 경우 생산자로부터 농수산물의 판매를 위탁받은 도매시장법인은 생산자의 뜻에 따라 가능한 한 높은 가격으로 판매하려 하고, 소비자를 대신한 중도매인이나, 매매참가자는 가능한 한 싼 값으로 구입하려고 한다. 이들 파는 측과 사는 측과의 사이에 거래를 잘 조정하여 적정가격을 형성하는 것이 도매시장에서 경매사의 역할이다.

3) 일반적으로 도매시장에서의 가격형성은 농수산물 수급관계를 반영하여 가격이 형성된다. 농수산물의 단기 가격결정은 그 형성과정에서 능률문제로 집약되며 이러한 능률은 가격변동 폭과 균형으로 수렴되는 정도에 달려 있다. 따라서 공정한 경매방법에 의한 신속한 가격결정은 공정한 거래의 필수요건이라 하겠다.

도매시장에서 결정되는 가격수준은 소비자 지불가격과 생산자 수취가격을 결정하는 기준이 되며, 생산지의 수집시장이나 분산시장의 가격형성에 큰 영향을 미친다. 우리나라에서도 도매시장에 상장되는 농수산물의 출하량이 점차 늘어나고 그 규모도 대형화되고 있다.

4) 그러나 가격변동 폭은 크고 경락가격 또는 출하자나 구매자에게 만족스러운 수준이 되지 못하고 있다. 이러한 사실은 경매제도에 대한 인식부족과 함께 농업인들이 도매시장으로의 출하를 기피하여 직거래 및 종합유통센터 등의 거래량이 계속 늘어나는 원인의 하나가 되고 있다.

5) 물론 경매는 상반된 이해 집단에 의해 수행되는 특수 기능이다. 그러나 효율적이고 공개적인 경매제도가 공정하게 채택되고 대부분의 농수산물이 도매시장을 통하여 거래가 이루어진다면, 도매시장은 출하자, 구매인 및 소비자 모두에게 구심력을 갖게 될 것이다.

4. 경매의 장단점

1) 경매제도의 유리한 점

경매에 의한 판매방법은 다른 거래 방법에 비해서 몇 가지 유리한 점이 있다.먼저 산지경매사 등 경매사 자격은 국가시험을 통과한 사람만이 경매사 업무를 하므로 국가의 관리감독 등 교육을 일정하게 이수한 사람, 그리고 산지위판장 등 개설자에게 지정을 받고서 상장된 수산물을 경매대상으로 하므로 공정성, 객관성, 민원유발저감 효과 등이 있는 제도이다.

① 경매제도는 공개 판매제도라는 점이다. 판매자와 구매자가 그들의 경쟁자가 지불하거나 수취하는 수준을 알 수 있는 공개시장이 형성된다. 따라서 다양한 가격 전파 기능을 통해 쉽고 빠르게 가격정보가 전달되어 많은 소매시장관리자, 유사시장, 대형유통업체, 소량구매자들의 밀접한 감시역할이 가능해지

고, 또한 생산출하자들에게도 경락가격을 수시로 알릴 수 있어 출하조절도 가능하게 된다.

② 모든 시장참여자들이 경쟁할 수 있어 부패성 농수산물 생산자나 출하자들이 이에 맞추어 생산계획을 할 수 있게 된다.

③ 경제적인 판매수단이 된다. 대량의 농수산물 거래에 의한 경매방법은 경매수수료를 낮출 수 있어 출하자에게 이익을 줄 수 있다. 도매시장법인 측에서도 대량거래에 의한 총영업이익의 극대화로 수수료를 절감할 수 있을 것이다.

④ 생산자나 출하자에게 고급품과 마찬가지로 저급품의 농수산물에도 충분한 시장가치를 제공한다. 상품의 등급에 따른 단계적인 경매는 각 등급에 따르는 적정가격을 보장해 준다.

⑤ 대규모 생산농가나 소규모 생산농가에게 균등한 판매기회를 갖게 한다.

⑥ 생산자가 시장가격의 추세를 관찰할 수 있는 위치에 있다. 경락가격이 생산비나 경영비용 이하로 떨어지면 생산자는 어느 정도의 작물 수확기 내에서는 즉각적으로 수확을 중단하여 가격 하락을 방지할 수 있다.

⑦ 생산자들은 지역상인에게도 거래할 수 있는 시장 선택의 기회가 확대되기 때문에 수취가격을 더 확실하게 받을 수 있다.

⑧ 수산물유통법 및 농수산물 유통.가격 안정법상 수산물 및 농산물의 경매 관련 법 제도와 농수산물 품질관리법률 제5조 규정인 '표준규격' 내용인 농수산물의 등급화와 표준화에 대한 가치를 수산업인.농업관련 종사자분들에게 교육시키는데 직간접적의 도움을 주고 경제적인 유인이 되게 한다.

2) 경매제도의 불리한 점

경매제도는 농수산물 거래에 있어 여러 가지 장점도 있지만 반면에 다음과 같은 몇 가지 불리한 점도 있는 것이다. 경매제도의 활용하는 산지위판장 등의 도매시장에서는 장을 최대한 활용하고, 단점을 보완하는 정책이 필요하다.

① 경매제도하에서는 낮은 가격 또는 불안정한 가격이 형성될 수도 있다. 일부 구매자의 호가에 대해 다른 구매자가 적절한 호가 견제가 미흡할 경우 가격변동폭이 심하며, 따라서 출하자는 계속적으로 출하하는데 불안을 느끼게 된다. 경우에 따라서는 개별시장에서 판매되는 것이 경매로 판매되는 경우보다 일정한 가격을 유지할 수 있다는 점이 경매에 대한 비판으로 제기된다.

이것은 처음에 출하되는 농수산물이 유리한 조건으로 경매되면 농업인들은 농수산물 출하량을 증대시키게 되고 결과적으로 수요증대가 수반되지 않는 한 가격이 하락하여 경매방법이 도리어 불리해질 수 있다.

② 도매시장에서 구매자가 수적으로 지나치게 제한되어 있어 충분한 경쟁조건을 제공하지 못할 수 있다. 시장개설자의 시장관리방법에 따라서는 구매자를 제한하여 수요제한 현상을 가져오게 되어 가격하락을 초래할 수도 있다.

③ 지나치게 많은 거래자, 취급자들이 모여 시장 질서를 교란시킬 가능성이 있다.

④ 중량거래가 정확히 이루어지지 않거나 등급제도가 잘 지켜지지 않는 경우도 있다. 경매하에서는 표본, 즉 견본거래가 일반적인데, 견본 농수산물이 전체 출하 농수산물의 양이나 질과 일치하지 않거나 추량자가 등급 규정에 의한 표준규격화를 지키지 않아 출하자와 구매자가 서로 불신하게 되는 경우도 있다.

⑤ 출하자나 생산자는 상품이 도매시장법인(공판장)에 상장되기까지, 특히 집중 출하기에는 상당한 시간을 기다려야 하며 경매장시설이 미비된 곳에서는 경매가 늦어짐에 따라 상품이 변질될 우려가 있다.

⑥ 많은 출하자가 전문적인 경매방법을 이해하지 못하고 있다. 따라서 이들은 구매자들끼리 서로 담합하여 가격상승을 억제하고 출하자에게 불리하게 경매가 이루어진다고 생각하게 되는 것이다. 이들은 또한 경매제도가 유통과정에 중도매인이나 경매사를 중간상인으로 추가시켜 유통비용을 증가시키는 것으로 믿고 있다.

⑦ 제공되는 서비스에 비해서 경매수수료가 높을 수 있다. 소규모 경매시장이나 출하 상장되는 농수산물량이 적은 경우에도 일정한 경매진행 인원을 확보하여야 하기 때문에 이에 따른 필요비용을 충당하기 위해서는 수수료가 높아질 수 밖에 없는 요인을 가지고 있다.

⑧ 경매장의 보관 및 위생시설이 불완전한 경우, 대량의 농수산물이 한꺼번에 집결됨에 따라 부패, 변질될 가능성이 많다. 특히 축산물의 생축경우에는 질병이 전염될 가능성이 높다고 할 수 있다.

3) 경매제도의 단점을 보완하는 법령 등 대책

① 표준규격화가 되면 순차식이동경매에서 '표본경매'를 거쳐 무표본 전자경매 제도 등이 정착이 될 것이라 사료된다.

② 산지위판장 등은 표준규격화 촉진 방안을 실시하여 보관 등 비용을 최소화 하여 생산자 등의 이익이 될 정책이 필요하다.

5. 경매의 발전 방향

경매는 도시화, 규격화, 진전, 새로운 과학기술의 발전 등 여건변화에 따라 효율적 방식으로 발전한다. 초기단계에서는 기본적으로 현물시장(Cash or Spot Market)이므로 경배방식은 '시장내에 있는 현물' 거래를 위해 '순차식 이동 경매형태'를 띠게 된다.

다음 단계로 도시화에 따른 출하물량의 증대와 규격화가 진전되면 표본(Sample)을 추출하여 그것을 기초로 경매를 실시하는 '표본경매방식'으로 발전하여 시장운영의 능률화를 추구하게 되며 이렇게 되면 '다품목 동시 경매방식'의 도입이 가능해지게 된다.

규격화가 완전히 정착되어 신뢰성이 확보되는 단계에 가면 Computer 등 현대과학기술의 발전 추세를 수용하여 표본도 추출할 필요없이 Computer에 출하자, 산지, 물량, 등급 등 정보를 기초로 경매를 시행하는 '무표본 신용 전산 경매체제'로 발전하게 된다.

이러한 신용거래체계가 정착되는 단계에 가면 현물을 시장에 반입하지 않고 FAX, EDI, E-mail 등으로 물량 출하의사만 표시하면 경매 후 낙찰자에게 물량을 인도하여 가격 형성과정과 물량 이동과정이 분리되는 방식으로 발전되거나 내일의 출하 예정물량을 금일 경매하는 선물거래(Forward Contact) 방식으로 발전하여 시장운영의 고도화를 추구하게 된다.

이러한 형태가 더욱 발전하면 전국적으로 연결된 COmputer Terminalmf 활용하여 단순히 판매대상 농수산물의 설명(Description)과 인도결정 및 장소(Dilivery Plan) 등을 기초로 전산경매를 하는 소위 Computerized Forward Contract Market 형태로의 발전을 가져와 유통효율을 극대화하게 된다.

이러한 발전과정이 더욱 극단화된 형태가 선물시장(Futures Market)형태로서 현물시장의 성격이 없어지는 단계이다.

이러한 과정을 도식화하면 다음과 같다.

<여건변화에 따른 경매 방식>

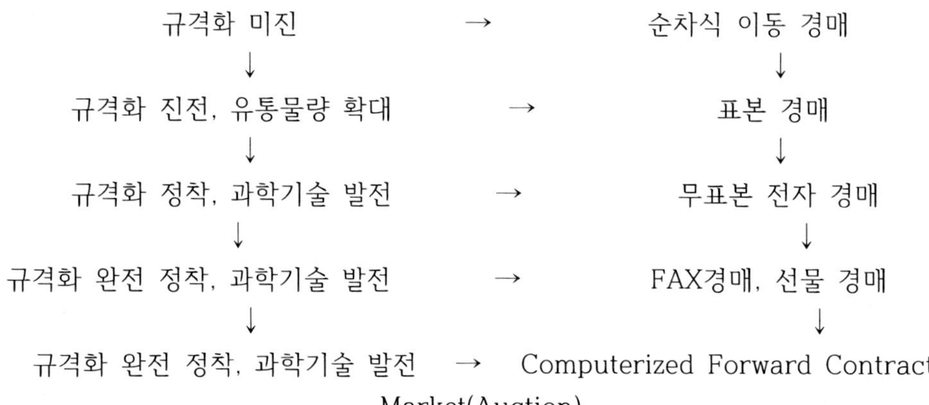

수산물 유통법상 표준규격화

제7장 수산물 유통 기반의 조성 등

제46조(수산물 규격화의 촉진)
① 해양수산부장관은 수산물의 상품성 향상, 유통의 효율성 제고 및 공정한 거래형성을 위하여 거래품목과 어상자 등의 규격을 정할 수 있다.
② 해양수산부장관은 수산물 규격화의 촉진을 위하여 수산물유통사업자에게 거래품목의 규격에 맞는 장비의 제조ㆍ사용, 규격에 맞는 포장, 이에 필요한 유통 시설 및 장비의 확충을 요청하거나 권고할 수 있으며, 이에 필요한 지원을 할 수 있다.
③ 해양수산부장관은 수산물 규격화의 촉진에 참여하는 자에게 수산정책자금의 우선 지원 등의 우대조치를 할 수 있다.
④ 제1항에 따른 거래품목의 종류 및 규격 등에 관하여 필요한 사항은 해양수산부령으로 정한다.

6. 경매대상 농수산물의 특성

일반적으로 경매를 통해 판매될 수 있는 농수산물의 특성을 살펴보면 다음과 같다.
이하 이론이 나름 정리된 농산물이론으로 시작하여 수산물 경매대상에 응용한다.

1) 농산물의 경우는 정기적으로 충분히 대량 공급될 수 있고, 어떤 수집기관에 의해 조절될 수 있어야 한다. 즉 판매적기에 충분한 양을 공급함으로써 판매자나 구매자 모두에게 비용을 절감시켜 주고, 구매자에게 최대의 능률을 가져다 줄 수 있어야 한다.

반면 수산물의 경우 수확하는 시기 및 장소가 양식을 제외하고는 시기별 차이, 계절별 차이 등의 특징으로 농산물과 다른 면을 고려하여야 한다.

2) 효과적인 경매를 위해 등급 및 포장에 맞는 엄격한 표준화가 이루어져야 한다. 대량의 농수산물을 신속하게 거래하기 위해서는 견본 거래방법을 채택하게 되므로 등급화, 표준화가 뒤따라야 한다. 따라서 등급 및 포장에 따른 표준화가 곤란한 농수산물은 경매대상에서 제외되는 경우가 발생한다.

3) 부패성이 강하거나 비정기적으로 공급되거나, 생산이 계절적이거나 또는 연중 혹은 매일 공급량 진폭이 큰 농축수산물이어야 한다. 단 이것은 정규 판매경로가 발전이 되지 않고 시설이 불완전하여 부패성 농수산물을 취급할 수 없다는 특히 최대출하기를 전제로 한다. 그러나 모든 농수산물이 이러한 성질을 갖고 있는 것은 아니다. 곡물, 버터, 달걀과 같은 농축산물은 경매를 통한 신속한 거래가 요구되지만, 추후에 예상고객을 찾을 수도 있으며, 저장의 필요성도 부패성 농축수산물에 비해 덜하다. 또 같은 계절적 부패성 농축수산물이라 하더라도 계약 등에 의해 판로가 확정된 경우에는 구태여 경매방법을 채택할 필요가 없는 것이다.

4) 다수의 구매자가 있어서 이것들이 대량으로 출하되더라도 이것을 변질이 되기 전에 반복적으로 신속하게 구입할 수 있는 농수산물, 즉 다수의 구매자가 공통적으로 관심을 가질 수 있는 일반적인 농축수산물이어야 한다. 소량 집합적인 희소 농축수산물은 경매거래의 대상이 되지 않는다.

5) 경매과정에서 출하자나 구매자가 필요에 따라 방어적인 조치를 취하더라도, 즉 가격결정조건이 적절치 않은 경우 거부를 하더라도 여기에 상응하여 저장 및 운반이 용이하여야 한다.

이상과 같은 특성을 갖춘 농축수산물은 일부 곡물을 비롯하여 청과물, 축산물 등이 있겠지만 실제로 이런 특성을 갖춘 농축수산물은 제한되어 있음을 알 수 있다.
반면 수산물은 일부양식을 제외하고는 계절성, 시기별 수확하는 것 등이 차이가 있고, 수산물은 사후 농산물과 달리 ATP 정지 또는 감소와 젓산의 증가,생성으로 농산물보다 부패에 노출되는 것이 특징으로 신선도 유지 등 다양한 수산물 제품으로 보관,관리가 필요하다.

7. 농수산물의 가격 결정이론 : 경매 방식 분류 : 수산물의 가격 결정에 응용 함

배추나 고추 같은 농산물은 전년도 가격이 비교적 높게 형성되어 생산자에게 많은 이익이 돌아가게 되면 그 다음해에는 거의 예외 없이 대량생산으로 인한 공급과잉으로 가격이 폭락하여 생산자가 큰 손해를 보게 된다.

가격 변동에 대해 수요는 즉각 반응을 보이지만 공급은 비탄력적으로 일정한 시간이 지나야 반응을 보이기 때문인데 이를 규명한 이론을 살펴보기로 한다.

1) 영국식 경매 방식 (The English Auction)은 가장 일반적으로 많이 이용되고있는 경매 방식으로 낮은 가격에서 시작해서 점차 가격을 높여 부르는 상향식경매 방식이다. 세부방식으로는가격을하나씩 부르는호가식, 동시에 가격을부르는동시 호가식, 표찰등에 적어 경매사에게 보여 주는기록식(표찰

식), 손으로가격을표시하는수지식이 있다.

2) 네덜란드식 경매 방식 (The Dutch Auction)은 최고 가격에서 점차 가격을 낮추어 가는 하향식 경매 방식을 취하고 있다. 전자식과 기계식이 있는데, 이는 사용하는 도구의 차이를 나타낸 것이다. 전자식을 보통 전자식 경매라고 하는데, PDA나 스마트폰등을이용하여 경매가를 입력하며, 전광판에 이를 표시하고, 자동적으로 가격이 공개되는 방식이다. 기계식은 시계와 비슷한 도구를 이용하여 정해진 시간과 가격을 표시하는 방법이다

3) 한일식경매

한일식 경매 방식 (TheKorea-JapanAuction)은 영국식 경매와같이 상향식 경매로경매 참가자들이 거의 동시에 입찰가격을 제시하는 동시 호가식 경매이다. 한·일식 동시호가 경매는 경매 참가자가 경쟁적으로 가격을 높게 제시하면서 경매사는 그들이 제시한 가격을 공표하는 역할을 하면서 경매를 진행시킨다. 주로 사용되는 방법은 수지식이다.

4) 노르웨이 전자경매

노르웨이의 생산자 단체인 청어협회는 청어와 고등어 등을 위판장 없이 온라인 전자경매로 판매하고 있다. 전자경매 흐름은 생산자들이 고등어를 어획하면 해상에서 어획 위치, 어종, 어획량, 평균 크기, 입찰 가능 지역 등 경매에 필요한 정보를 청어협회에 유선으로 보고한다. 이때 입찰 가능 지역이란 구매자의 가공 공장에 양륙하기 위하여 어선이 갈 수 있는지역을 말한다(노르웨이는 가공 공장에 직접 양륙함). 청어협회는 생산자로부터 어획 보고를 접수, 구매자들이 입찰할 수 있도록 홈페이지에 경매에 필요한 정보를 공지한다. 구매자들은 청어협회 홈페이지를 통해 어획량, 중량에 따른 등급, 어장 위치 등을 확인한 후 입찰에 참여하며, 경매가 진행되는 동안 최고 호가를 부른 참가자에게 낙찰된다. 경매가 종료되면 생산자들은 구매자의 가공 공장으로 어선을 이동시켜 피쉬 펌프를 이용 어선에서 어획물을 양륙함으로써 거래가 종료된다.

(3) **수요 공급의 법칙**이란 어떤 상품에 관한 수요량(사고자 하는 양) 및 공급량(팔고자 하는 양)이 가격에 미치는 영향을 나타내는법칙이다. 예를 들어, 사고자 하는 양은 100개인데, 팔고자 하는 양이 200개라면 상품이 많이 남게 되어 가격이 떨어진다. 하지만 반대라면 물량이 모자라서 서로 사려고 하다 보니 가격이 올라가는 것이다.수산물 거래에서 경매나 입찰은 이 법칙을 잘 적용한 예이다. 수산물을 소비히는 소비자의 필요량은 쉽게 변하지 않지만, 생산량은 자연의 영향을 많이 받아 크게 변하기 쉽기 때문이다. 일반적으로 수산물은 원가를 알기 어려운 상품이다. 물론 어업에들어가는 경비는 쉽게 계산할 수 있지만, 어선원의 임금이나 유통업자의 마진 등은 딱히 정해진 것이 없다. 구매자의 입장에서도 어느 정도의 가격이 적당한지 알 수 없다. 그러다 보니 다수의 구매자가 모여 생산량이나 계절적인 조건 등을 토대로 구매자 스스로 판단하여 가격을 결정하는 경매와 같은 방식이 합리적인 가격 결정 방식이 되는 것이다. 하지만 가공된 수산물처럼 원가가 분명한 수산물의 경매는 반드시 좋은 방식은 아니다. 경매는 많은 장점에도 불구하고 경매사가 필요하고 경매를 위한 준비를 해야 하는 등 오히려 비용이 많이 드는 방식이고, 정해진 시간에만 해야 하는 등의 제약이 있다.

분 류			
경 매	영국식	호가식,동시 호가식,기록식(표찰식)수지식	
	네덜란드식	전자식, 기계식	
	한 일 식	영국식과 상향식경매로 입찰가격을 동시호가식 경매	
	입찰	판매입찰(최고가 낙찰제,제2가격 낙찰제),구매입찰(최저가 낙찰제,제한적 평균가 낙찰제),동시매매입찰	
수의 매매 = 상대 매매	흥정거래=협의 매매(호가식,주산식),계약 거래(예약상대거래),선인도 후정상 거래(선취게약)		
정가 매매	정찰제,공시가격,최저 기준 가격제,최고 기준 가격제		

※ 농수산물 경제이론 중 수용 공급 이론 정리 : 도표 김태산 인용

(a) 수요곡선이란 그래프의 세로축은 상품가격을, 가로축은 수요량을 나타낸다. 일부 예외는 있지만 가격과 수요량은 대체로 상품가격이 낮아질수록 수요량이나 판매량은 늘어나는 반비례 관계에 있다. 따라서 수요곡선은 왼쪽에서 오른쪽으로 갈수록 아래로 향하는 우하향의 곡선으로 그려진다. 이러한 관계는 '다른 조건이 일정하다'는 전제하에 도출될 수 있다. 다른 조건들이란 시장에 존재하는 소비자의 수, 소비자의 기호 또는 선호, 대체재의 가격, 소비자의 기대가격, 개인소득 등을 말한다. 이런 조건들 가운데 최소한 한 가지만 달라져도 수요는 변화하며, 그결과는 수요곡선 자체의 이동으로 나타난다. 수요곡선이 왼쪽으로 움직이면 수요의 감소를 의미하고, 오른쪽으로 이동하면 수요의 증가를 나타낸다.

(a) 수요곡선

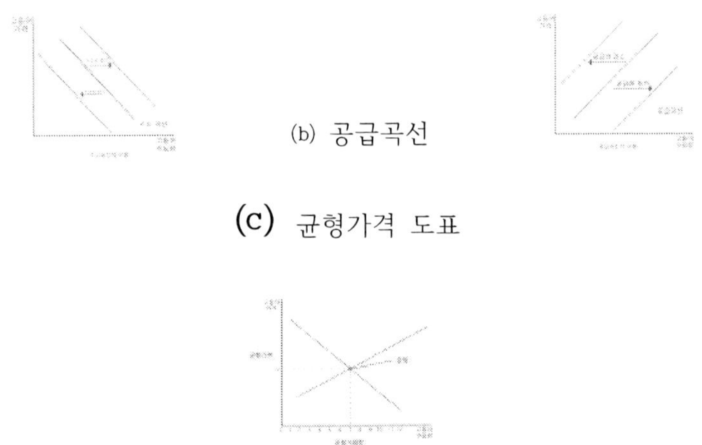

(b) 공급곡선

(c) 균형가격 도표

도표 : 김태산 인용

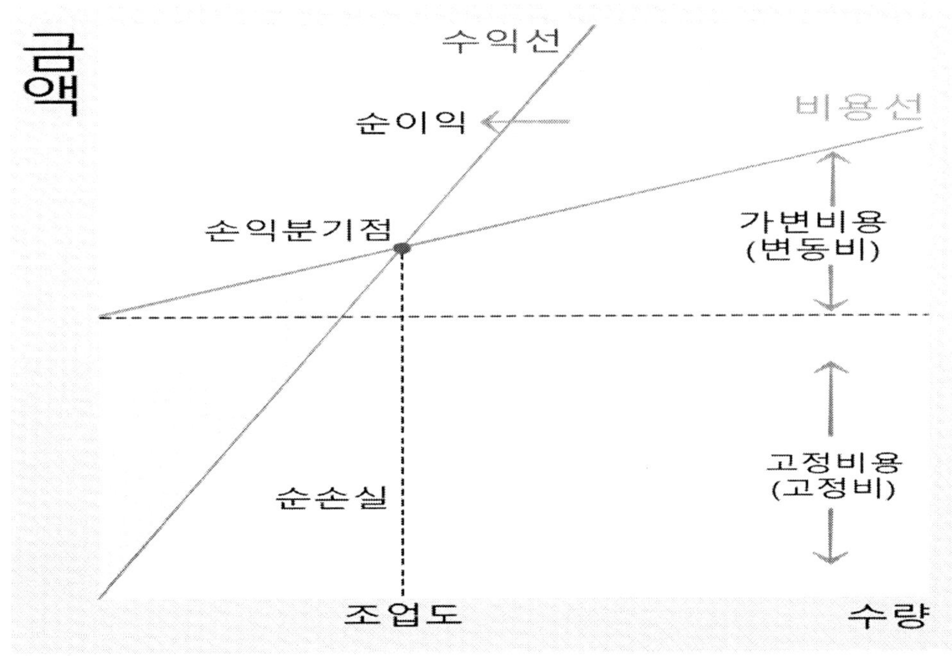

제8 농수산물 경제이론

경제학은 인간의 경제활동과 사회의 경제현상에서 발견되는 규칙성, 즉 경제에 관한 법칙을 탐구하는 한문이다. 경제원칙은 최소의 희생으로 최대의 효과를 얻고자 하는 경제원칙 내지 경제주의에 따른다는 원칙이다. 농수산물의 경제 이론은 생산자와 중간상인 및 소비자로 걸쳐 유통되므로 먼저 시장이론을 분석 후 농수산물의 유통체계 및 유통이론을 설명한다.

경제학을 배울 때는 경제활동을 분석하는 이론도 조금은 습득을 하여야 하므로 이에 설명을 한다. 즉 경제 활동은 인간이 자원 또는 생산요소를 투입하여 생활에 필요한 재화와 서비스를 생산,분배,소비하는데 관련된 인간의 활동을 의미한다. 경제활동의 분류는 생산활동, 분배활동,소비활동으로 대별할 수 있다.

한편 경제활동의 주체를 분류하면, 생산활동의 주체로서 농수산물 생산업자 및 기업을 말하고, 소비활동의 주체로는 가게 및 소비자 대상으로 판매하는 식당 등. 경제활동의 순환으로는 가계와 기업으로 나눈다. 정부의 경제활동이 결합되고, 거시적으로 분류하면 거시경제학 범주가 된다. 현제는 개방경제 체제라 국제적인 해외경제까지 검토하여야 하는 국제경제 시스템이다.

경제 문제는 가장 중요한 이론 중 하나가 희소성의 원칙이다.이 희소성의 원칙과 선택의 문제가 경제학의 가장 중요한 핵심이론이다.

ⓐ 희소성의 원칙

희소성은 인간의 물질적 욕구에 비하여 그 충족 수단이 제한되어 있거나 부족한 상태를 일컫는데, 희소성은 절대적인 수가 부족해서가 아니라 필요에 비해 상대적으로 부족하기 때문에 일어나는 현상이다.. 예를 들어 열대 지방에서는 에어컨이 많아도 에어컨의 수량보다 사람들이 더 많이 필요로 하기 때문에 희소성이 있지만, 추운 지역에서는 에어컨이 적어도 사람들이 원하지 않기 때문에 희소성 원칙이 적용되지는 않지만, 부호들의 보여주기식으로 에어컨을 비치하는 경향도 있다.
결국은 이 희소성이란 시대나 장소, 상황에 따라 달라지는 것이 특징이다.. 이처럼 욕구에 비해 자원이 한정된 상태인 자원의 상대적 희소성 때문에 경제 문제가 발생한다.

ⓑ 선택문제 : 희소성과 경제 문제

먼저 선택의 문제는 자원의 희소성으로 인해 더 큰 만족을 얻을 수 있는 재화나 서비스를 선택해야 하는 상황을 말하고, 이는 기본적인 경제 문제, 즉 자원의 희소성으로 인해 발생한다. 이를 분설하면,
ⓐ 생산물의 종류와 수량의 문제 : 무엇을 얼마나 생산할 것인가?
ⓑ 생산 방법의 문제 : 어떻게 생산할 것인가?
ⓒ 분배의 문제 : 누구를 위하여 생산할 것인가?

ⓒ 기회비용

경제학에서 중요히 하는 하나의 이론을 더보면 ‘ 기회비용’ 이다. 기회비용이란 어떤 생산요소를 한 가지 용도에 사용할 때의 기회비용은 그 생산요소를 다른 용도에 사용함으로써 생산할 수 있는 (그러나 포기한) 재화의 가치를 말한다. 기회비용은 희소성과 선택의 문제에서 발생하는 비용 개념으로 경제학에서의 비용은 기회비용의 개념이다. 즉, 기입의 생산비는 생산요소의 기회비용을 의미한다. 모든 경세석 선택은 기회비용을 고려해야 합리적 선택이 된다.

제1절. 일반시장이론

(1) 개념과 형태

1) 개념

시장이란 인적·물적·시간적 공간적 요소들이 유기적으로 합쳐져 교환의 기능을 중심으로 이루어진 사회적 제도를 말하는데, 학문적으로는 보면, 어떤 재화나 서비스가 수요공급원리에 따라서 가격이 형성되고 거래되는 추상적인 기구나 조직(구체적 장소 포함)을 말한다. 다시 분설하면, 여러 가지 상품을 사고 파는 일정한 장소나 상품으로서의 재화와 서비스의 거래가 이루어지는 추상적인 영역을 일컫는 것이 시장이다.

2) 형태(경쟁구조에 의한 구분)

시장형태 / 구별요소	완전경쟁	불완전경쟁		
		독점적 경쟁	과점	독점
기업의 수	수없이 많다	많다	적다	하나
가격 지배력	전혀 없다	어느 정도 있다	꽤 크다	매우 크다
상품의 동질성 (상품차별화)	동질적	이질적	동질적 또는 이질적	동질적
진입의 자유	제한 없다	어느정도 자유롭다	제한적	금지
주요경쟁수단	가격경쟁	가격경쟁 및 비가격 경쟁(제품차별화)	치열한 비가격 경쟁	홍보적 광고
시장에서의 행동	-	-	담합 가능성	-
한국 경제의 예	주식	미장원, 식당, 주유소, 약국 등	설탕, 시멘트, TV, 자동차	철도, 전력, 상수도

※ 1몰1가 법칙은 정보가 완전한 공유가 이루어지는 시장에서 이론이 성립된다.

(2)시장의 기능

시장의 고유한 기능은 물품의 교환에 있다. 물품을 적절히 교환하기 위해서는 이와 관련된 정보의 수집이 선행되어야 하는데, 이러한 정보가 교환되는 곳도 시장이다. 물품의 교환에 따른 정보의 가치에 따른 가격 차별화 전략도 필요한 것이 특징이다. 다시 시장의 고유한 기능인 ⓐ 물품의 교환 기능을 다시 보자면, 물품과 정보의 교환이 시장기능의 전부는 물론 아니다. 경제적 거래관계에 직접적으로 도움이 되지 않는 정보의 교환이라든가 사교와 유흥, 그리고 심심한 사람들의 눈요기에 이르기까지 시장은 특히 민중들의 전통적 생활에 삶의 맥박을 공급하던 심장이었다고 할 수 있다. 따라서, 물품과 그에 따른 정보의 교환이라는 경제적 기능 외에도 ⓑ 시장의 사회적·문화적 기능이, 특히 농촌주민들의 의식구조와 생활양식과 관련하여 알맞게 조명될 필요가 있다.

그러나 시장이 전통적으로 민중들의 삶의 핵심이었다면, 시장의 핵심은 위에서 이미 지적한 바와 같이 경제적 기능에서 찾지 않을 수 없다. 시장은 시장을 통해 해결이 가능한 ⓒ 경제문제를 조정하는 사회적 제도이다. 이 제도 내에서는 독특한 행위양식의 생활화가 요구되는데 그것이 바로 경쟁원칙이다. 시장은 다양한 정보 및 결정 , 판매 전략 등이 필요한 것이 특징이다. 이하 시장의 기능을 요약해보면,

① 거래(교환)이 이루어지므로 이로 인해 경쟁이 다각적으로 이루어지면서 그 결과로 농수산물의 물품의 가격이 형성되고, 가격을 형성할 때 다양한 가격 차별적인 전략도 필요하므로 그에 따른 다양한 정보가 전달되고, 자원이 배분되어 이루어 지는 장소를 시장이라 한다.

(3) 농수산물 및 수산물의 가격 결정 방법

1) **상품의 가격을 결정하는 방법**은 여러 가지이다. 수의 거래, 정가거래, 경매, 입찰 등이 보편적인 방식이다. 이 중 수산물의 가격을 결정하는 가장 일반적인 방법은 ‘경매이다. 경매란 수산물을 사고자 하는 희망자가 여러 명일 때 값을 제일 많이 부르는 마지막 한 사람에게 판매하는 것을 말한다. 이에 비해

수산물에서 다음으로 많이 쓰이는 '입찰은 여러명의 구매 희망자로부터 구매 가격을 서면이나 휴대용 전자단말기 등으로 신청하게 한 다음, 최고가를 신청한 사람에게 판매하는 방법이다. 이 경우 판매량이 많아 한 사람이 구매하기 힘들 때는 경쟁 입찰이라고 해서 신청한 가격이 높은 순서대로 물량을 배정한다. '수의 매매는 구매자와 판매자가 서로 협의하여 가격을 결정하는 방식으로 흥정 거래라고도 한다. '정가 거래는 말 그대로 가격을 미리 정해 두고 거래하는 것이다. 우리나라에서 수산물의 거래 방법을 정하고 있는 법률은 '농수산물 유통 및 가격 안정에 관한 법률(농안법)'인데, 원래 경매만 허용되고 정가 수의 매매, 상장 예외를 예외적으로 허용하는 체제였다. 하지만 2011년의 농안법 개정으로 정가 수의 매매도 경매와 동등하게 적용이 될 수 있도록 바뀌었다.

2) 경매방식(2020년 수품사 2차 기출)

① 영국식 경매 방식 (The English Auction)은 가장 일반적으로 많이 이용되고있는 경매 방식으로 낮은 가격에서 시작해서 점차 가격을 높여 부르는 상향식경매 방식이다. 세부방식으로는가격을하나씩 부르는호가식, 동시에 가격을부르는동시 호가식, 표찰등에 적어 경매사에게 보여 주는기록식(표찰식), 손으로가격을표시하는수지식이 있다.

② 네덜란드식 경매 방식 (The Dutch Auction)은 최고 가격에서 점차 가격을 낮추어 가는 하향식 경매 방식을 취하고 있다. 전자식과 기계식이 있는데, 이는 사용하는 도구의 차이를 나타낸 것이다. 전자식을 보통 전자식 경매라고 하는데, PDA나 스마트폰등을이용하여 경매가를 입력하며, 전광판에 이를 표시하고, 자동적으로 가격이 공개되는 방식이다. 기계식은 시계와 비슷한 도구를 이용하여 정해진 시간과 가격을 표시하는 방법이다

③ 한일식경매 : 한일식 경매 방식 (TheKorea-JapanAuction)은 영국식 경매와같이 상향식 경매로경매 참가자들이 거의 동시에 입찰가격을 제시하는 동시 호가식 경매이다. 한·일식 동시호가 경매는 경매 참가자가 경쟁적으로 가격을 높게 제시하면서 경매사는 그들이 제시한 가격을 공표하는 역할을 하면서 경매를 진행시킨다. 주로 사용되는 방법은 수지식이다.

④ 노르웨이 전자경매 : 노르웨이의 생산자 단체인 청어협회는 청어와 고등어 등을 위판장 없이 온라인 전자경매로 판매하고 있다. 전자경매 흐름은 생산자들이 고등어를 어획하면 해상에서 어획 위치, 어종, 어획량, 평균 크기, 입찰 가능 지역 등 경매에 필요한 정보를 청어협회에 유선으로 보고한다. 이때 입찰 가능 지역이란 구매자의 가공 공장에 양륙하기 위하여 어선이 갈 수 있는지역을 말한다(노르웨이는 가공 공장에 직접 양륙함) . 청어협회는 생산자로부터 어획 보고를 접수, 구매자들이 입찰할 수 있도록 홈페이지에 경매에 필요한 정보를 공지한다. 구매자들은 청어협회 홈페이지를 통해 어획량, 중량에 따른 등급, 어장 위치 등을 확인한 후 입찰에 참여하며, 경매가 진행되는 동안 최고 호가를 부른 참가자에게 낙찰된다. 경매가 종료되면 생산자들은 구매자의 가공 공장으로 어선을 이동시켜 피쉬 펌프를 이용 어선에서 어획물을 양륙함으로써 거래가 종료된다.

(3) 가격차별의 정의와 조건, 유형

1) 정의

ⓐ 가격차별 전략이란 농수산물 생산자의 일부 독점기업이 자신이 생산하는 상품에 대한 소비자계층간의 수요탄력성이 다를 경우, 시장을 2개 이상으로 분할해서 분할된 각 시장에 상이한 가격으로 판매하는 것을 말한다. 이 때의 가격을 차별가격이라고 한다. 독점기업이 가격차별을 실시하는 이유는 그의 전생산물을 단일시장에서 균일한 가격으로 판매할 때보다 더 많은 이윤을 획득할 수 있기 때문이다. 가격차별의 실시가 가능하기 위해서는 위의 ⓑ 수요탄력성이 달라야 한다는 것 이외에도 다음과 같은 조건이 충족되지 않으면 안된다. ① 시장분할에 필요한 비용이 그것으로부터 얻어지는 추가적 이윤보다 작아야 한다. ② 구매자에 의한 재판매, 즉 구매자가 어떤 한 시장에서 상품을 사서 다른 시장에 다시 판매하는 것이 불가능해야 한다. 이 조건이 충족되지 않으면 사람들은 가격이 저렴한 시장에서 상품을 구매하여 가격이 보다 높은 시장에 판매함으로써 이익을 보려 할 것이다. 그 결과 모든 시장에서 가격이 균등화될 것이다. 따라서 가격차별은 그

이전이 용이하지 않은 전기, 가스, 수도 등과 같은 상품에 적용할 수 있다. 또한 독점기업은 국내시장과 해외시장과 같이 지역적으로 떨어져 있는 시장에 대해서도 가격차별을 적용할 수 있다

2) 가격차별의 조건

① 시장분할에 필요한 비용이 그것으로부터 얻어지는 추가적 이윤보다 작아야 한다. ② 구매자에 의한 재판매, 즉 구매자가 어떤 한 시장에서 상품을 사서 다른 시장에 다시 판매하는 것이 불가능해야 한다. 이 조건이 충족되지 않으면 사람들은 가격이 저렴한 시장에서 상품을 구매하여 가격이 보다 높은 시장에 판매함으로써 이익을 보려 할 것이다. 그 결과 모든 시장에서 가격이 균등화될 것이다.

가격차별이 가능한 전제조건을 보면

(a) 기업이 시장(가격)지배력을 판매자 보유(독점직 위치)하여야 한다.

(b) 서로 다른 수요군(시장)으로 쉽게 구분가능(시장간의 이동 불가)해야 하며,

(c) 상이한 시장 사이에 재판매 불가능 해야하고,

(d) 상이한 시장사이에 수요의 가격탄력도가 서로 달라야 한다

(e) 시장(수요군)분리비용이 가격차별의 이익보다 작아야 한다

3) 유형

① 가격차별은 1급, 2급, 3급 가격차별로 구분된다. 1급 가격차별이란 각 단위의 재화에 대해 소비자가 지급할 용의가 있는 최대 금액인 유보가격에 해당하는 가격을 설정하는 것이다. 1급 가격차별은 '완전 가격차별'이라고도 한다. 2급 가격차별이란 소비자의 구입량에 따라 단위당 가격을 서로 다르게 설정하는 것이다. 대표적인 예로 전기요금, 수도요금 같이 사용량이 많아질수록 점점 낮은 요금을 부과하는 경우다. 3급 가격차별이란 소비자의 특징에 따라 시장을 몇 개로 분할해 각 시장에서 서로 다른 가격을 설정하는 것이다. 일반적인 가격차별은 3급 가격차별을 의미한다.

(a) 제1차 가격차별(개인별 가격차별): 판매자가 재화에 대해 소비자가 지불할 용의가 있는 최대가격수준(수요가격)으로 계속 상이하게 가격을 정해 판매하는 방법

(b) 제2차 가격차별(그룹별 가격차별): 그룹별 소비자가 지불할 용의가 있는 가격수준을 서로 다르게 책정, 판매하는 방법

예> 단체손님의 수에 따라 차별적으로 가격을 정하는 식

(c) 제3차 가격차별(시장별 가격차별): 판매자가 수요의 가격탄력성이 다른 각 시장에서의 가격과 판매량을 서로 다르게 결정하는 방법. (가장 빈번한 방법)((2중가격제))

(d) 가격 책정 기준

수요의 가격탄력성이 크다(수요자의 대응가능성이 크다)→ 낮은 가격 책정
수요의 가격탄력성이 작다(수요자의 대응가능성이 작다)→ 높은 가격 책정

(4) 가격 차별화 전략

경쟁사를 상대하여 마케팅 수단을 특이화함으로써 표적고객의 선호를 창출하여 마케팅 목표를 달성하려는 전략. 차별화 대상에 따라 여러 가지 전략을 구사할 수 있다.

1) 제품 차별화: 종래의 제품과는 다른 차별성을 추구함으로써 잠재소비자의 선호에 의한 수요를 이끌어내려는 차별화. 품질, 디자인, 포장, 판매조건과 같은 수단을 통해 이루어지며 제품 차별화가 효과적으로 이루어지면 기업은 가격경쟁을 피하고 판매경로 설정과 통제를 유리하게 전개할 수 있다.

2) 서비스 차별화: 차별화 대상을 물리적인 제품이 아닌 서비스 상품 혹은 제품에 수반되는 서비스에 초점을 맞춘

것. 차별화를 위한 주요 변수로는 배달, 설치, 고객 훈련, 자문 서비스, 애프터서비스, 종업원 등이 있다.

3) 가격 차별화: 가격을 경쟁사 가격과 다르게 설정하여 마케팅 목표를 가격요인으로 성취하려는 것. 저가전략이나 고가전략, 침투가격전략 등은 가격 차별화를 통해 마케팅 활동을 수행하는 사례다.

4) 이미지 차별화: 기업 혹은 상표 이미지를 경쟁사의 그것과 구별시켜 소비자 선호를 획득하려는 전략이다. 제품요인만으로는 차별화가 힘든 오늘날의 추세에 비추어 소비자의 기업 혹은 상표에 대한 태도가 구매결정에 큰 영향을 미치고 있는데 이미지 차별화는 이러한 소비자의 구매 행동에 대응하기 위해 기업과 상표 이미지를 경쟁사와 차별시켜 상표에 대한 호의적인 태도를 창출하려는 전략이으로 볼 수 있다.

(4) 수산물 판매 시장 종류

1) 산지도매시장 혹은 산지 위판장

① 어획물을 양육 후 바로 형성되는 시자이므로 1차 가격형성이 이루어지는 시장이며, 수산물유통법령 산 산지 위판장을 보토 말하면, 이는 시장군수구청장의 허가로 성립한다.

② 어촌계 및 수협에서 개설 및 운여을 하고, 신속한 판매 및 대금결제가 이루어 지는 시장

③ 어획물의 소유권 등 이전 후 어획물의 용도에 따라 바로 분배가 이루어 지는 곳이다.

④ 산지위판장에는 산지 중도매인, 산지매매참가인, 산지경매사 등의 유통주체가 활동을 한다.

2) 소비지도매시장

① 중앙도매시장 : 농수산물유통 및 가격 안정법령 상 농림축산식품부장관 및 해양수산부장관의 승인을 받고, 전국에 8개의 중앙도매시장이 있어며, 중앙도매시장은 반드시 청과부류와 수산부류는 개설을 하여야 하는 제도가 있다.

② 지방도매시장 : 농수산물유통 및 가격 안정법령 상 시도지사의 허가을 받는다.

③ 농수산물공판장 :농수산물유통 및 가격 안정법령 상 시도지사의 승인을 받는다.

④ 민영도매시장 : 농수산물유통 및 가격 안정법령 상 시도지사의 허가을 받는다.

3) 소매시장 : 재래식 시장 및 소매단계의 백화점이나 수펴,마트 등을 말하고, 소비자와 직접 연결된 시장을 말한다.

(5) 시장별 기능

1) 산지 도매시장 개념 및 기능

① 개념

현재 우리 나라에서는 연·근해 어획물의 대부분이 일차적으로 산지 도매시장에서 가격이 형성되며, 주로 소비지 도매 시장으로 출하되고 있다.

② 기능 : 어획물의 양육과 진열 기능, 거래형성 기능, 대금결제 기능, 금융기능, 판매기능, 보관 및 운송 기능, 가공 전단계 기능 등을 하고 있다.

ⓐ 산지 도매 시장이 어장에 근접한 연안에 위치하고 있어 거리상 이점이 있다.

ⓑ 산지 도매 시장에서의 신속한 판매 및 대금 결제 기능은 어업 생산 증대에 직결된다.

ⓒ 어획물의 다양한 형태의 이용 배분이 가능하다.

2) 소비지 도매시장 기능

① 전국의 산지 시장에서 소비지를 향한 상품을 수집하는 집하 기능을 한다.

② 수집된 후 경매 등을 통하여 소비지인 도시로 유통시키는 분산 기능을 수행한다.

③ 신속한 대금 결제 기능을 하여 중간 상인 등 자금에 여유를 주는 기능도 한다.

④ 수산물의 전국적인 소량적 수집 후 대량적 유통을 하는 기능을 한다.

3) 소매 시장의 기능과 형태

① 수산물의 소매 시장은 유통 과정 중 마지막 단계로서 최종소비자가 이용하는 시장이다. 그 형태는 재래식 시장, 백화점및 슈퍼마켓의 수산물 코너, 직매장, 노점상, 행상 등이 있다.

제2절. 농수산물의 수요와 공급이론과 가격

자본주의 사회에서 ⓐ 수요란 개인이 돈을 지불하여 살 수 있는 ,사려고 할 의사가 있는 양을 의미한다.즉 소비자가 일정기간 동안 가격을 비롯한 여러 가지 요인에 따라 재화나 서비스를 구매하려는 욕구를 수요라 한다. 한편 ⓑ 공급이란 농수산물 생산자가 팔기를 원하는 계획량을 말하며, 이는 그들이 파는 데 노력한 양과, 실제 판매한 양과는 다를 수 있는 계획적인 량을 말한다.

이 수요와 공급을 연결하는 것이 농수산물의 가격이론이다. 가격은 자원의 효율적 배분을 하는 기능이 아주 우수한 것으로 경제학자들은 평가하고 있다.

도표 : 김태산 인용

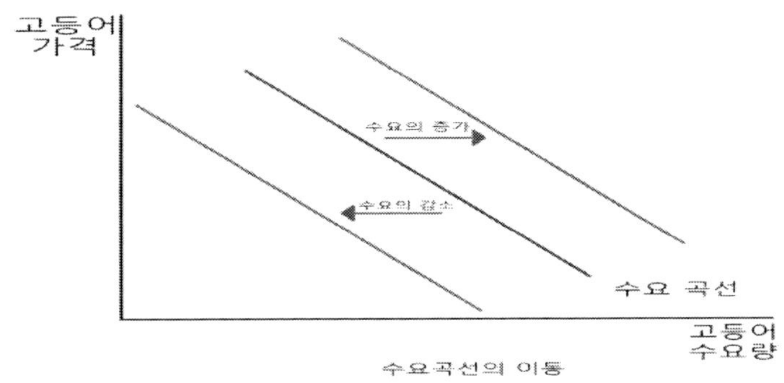

수요곡선의 이동

도표 : 김태산 인용

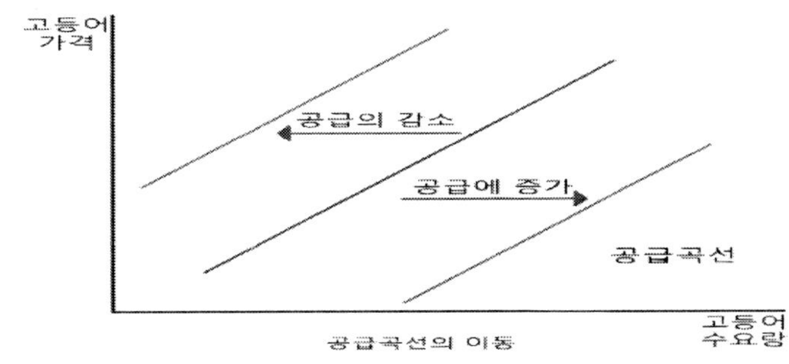

공급곡선의 이동

도표 : 김태산 인용 : 균형가격

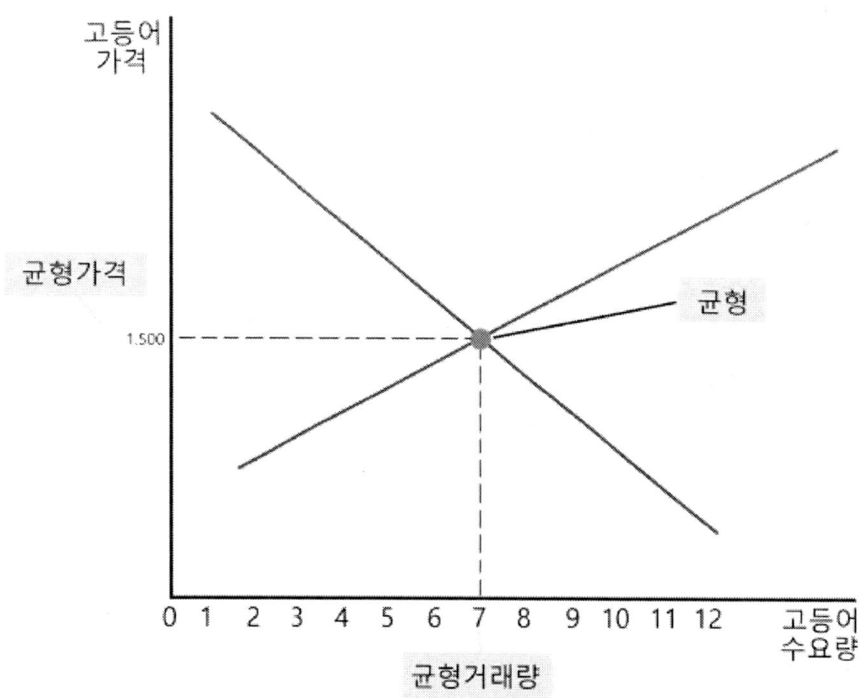

1. .농 수산물의 가격

(1). 수요. 공급의 법칙 및 가격형성

1) 수요. 공급의 법칙이란 경쟁시자에서 재화의 시장가격과 거래수량이 수요와 공급에 따라 결정하는 법칙을 말한다. 하나의 재화에 대한 수요량은 그 재화의 가격이 높아지면 감소한다.

2) 수산물 가격형성의 특성

- 수산물가격은 경쟁가격이다. 농산물생산자가 다수이고, 영세 생산자 비율이 높다.
- 수요와 공급의 특수성 때문에 가격이 불안정하다.
- 공산품에 비하여 계절변동이 크다.

(2) 농수산물가격의 특징과 기능:

1)특징

가격변화에 대한 수요와 공급이 적어 비탄력적(수요와 공급의 변화에 가격변화의 정도가 크다)

2)기능

수요량과 공급량이 일치 하도록 인도하는 가격의 기능을 가격의 매개변수적 기능이라 한다.

- 정보전달 기능 - 배분의 기능- 자원과 소득의 분배

(3) 에치켈의 거미집 이론(네이버 인용)

1) 의의: 가격변동에 대해 수요와 공급이 시간차를 가지고 대응하는 과정을 구명한 이론이다.

① 일반적인 재화의 경우 수요가 변화하면 곧 공급도 함께 변화해 시장 가격이 안정된다. 하지만 농수산물의 경우, 가격 변동 시 수요는 즉각 반응하는 반면 공급은 생산 시간이 필요하기 때문에 시차를 두고 반응한다. 따라서 초과수요와 초과공급에 의한 가격 폭등과 가격 폭락을 반복하는 과정을 통하여 시장 균형에 도달하게 된다. 이것이 수요 공급 곡선상에서는 거미집과 같은 형태를 그리며 균형 가격에 수렴되기 때문에 '거미집 이론' 또는 '거미집 모형'으로 불린다.

2) 거미집이론의 모형

① 거미집 모형의 유형은 공급의 가격탄력성이 수요의 가격탄력성보다 작은 '수렴형'과 공급의 가격탄력성이 수요의 가격탄력성보다 큰 '발산형', 공급의 가격탄력성과 수요의 가격탄력성이 동일한 '순환형'으로 나눌 수 있다

- 수렴형: 균형가격 형성(제1의 안정)
- 발산형: 불안정성
- 순환형: 제2의 안정, 수요곡선의 기울기=공급곡선의 기울기 수요, 공급의 가격탄력도가 같다.

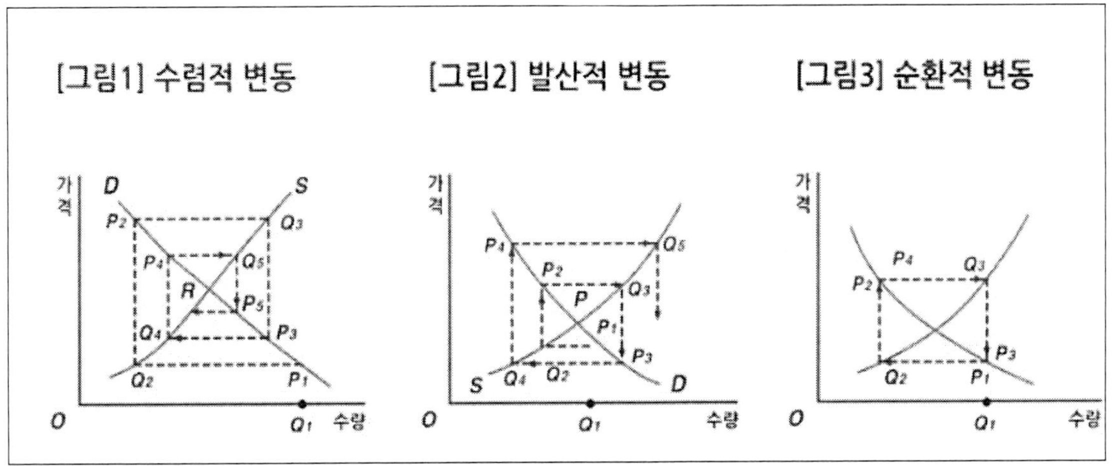

3) 거미집이론에 따른 수산물가격의 변동

① 농.수산물가격과 공급간의 시차에 의한 가격 변동 설명

② 계획된 생산량과 실현된 생산량이 언제나 동일함을 가정한다

③ 수요와 공급곡선의 기울기의 절대값이 같을 때(순환형)가격은 일정한 폭으로 진도하게 된다

2. 농.수산물의 수요

1)수산물 수요의 의의

① 경제주체가 상품을 구입하고자 하는 욕구를 말하는데, 이는 일정 기간에 구입하는 양으로 나타낸다. 이러한 욕구는 어느 상품을 단순히 가지고 싶다는 막연한 욕구가 아니라, 특정 상품을 사려는 의지와 실제로 살 수 있는 구매능력을 갖춘 욕구를 의미한다.

② 수요란 일정 기간 동안 상품을 구매하고자 하는 욕구라 한다. 수요는 원칙적으로 일정 기간을 전제로 하여 측정하는 유량 개념이며 예외적으로 일정 시점을 전제하여 저량으로 측정한다. 그리고 구매'한'것이 아닌 구매 '하고자'하는 것이다. 즉, 사전적 개념이다. 그리고 지불 능력이 뒷받침된 유효수요이다. 수요량이란 수요의 크기를 수량으로 표시한 것으로서 일정한 가격에 구매하고자 하는 최대 수량을 말한다.

(a) 수산물 수요란 일정기간동안 사람들이 수산물을 구매 하려는 욕구

(b) 유량개념(일정기간), 사전적 개념(구매), 유효수요의 개념(실질 구매력 보유)을 말한다.

(c) 유량 변수와 저량 변수 : 유량 변수는 일정 기간을 전제하여 측정하는 변수이다. 소득, 신규주책 공급량, 수출, 수입, 순영업소득 등은 유량 변수이다. 저량 변수는 일정 시점을 전제하여 측정하는 변수다. 재산,

중고주택 공급량, 재고량, 순자산, 통화량 등은 저량 변수이다.

2) 수요 결정요인 : 수요량의 크기에 영향을 미치는 여러 요인으로서 가격, 소득, 관련재 가격, 기호, 인구 등이 있다.

3) 수요곡선 :
수요 결정요인 중 다른 요인이 일정한 경우 당해 재화의 가격과 수요량 사이의 관계를 그래프로 나타낸 곡선. 일반적으로 우하향(예외적으로 수평이나 수직 또는 우상향일 수 있음)하며 개별수요곡선을 수평합하여 시장수요곡선을 구하고 시장수요곡선이 개별수요곡선보다 완만하다.

4) 수요법칙
가격이 상승하면 수요량이 감소하고 가격이 하락하면 수요량이 증가한다는 법칙을 말한다.

5) 가격효과
상품의 가격 변화에 따르는 수요량의 변동 효과. 대체효과와 소득효과의 합으로 나타낼 수 있다.

6) 대체효과
상품의 가격이 변할 경우 상대가격 변화에 따르는 수요량의 변화 효과. 즉, 어떤 재화의 가격이 상승하면 다른 재화의 가격이 상대적으로 싸게 되므로 가격이 상승한 재화의 수요를 감소시키며 상대적으로 싸게 된 다른 재화의 수요를 증가시키는 효과를 말한다.

7) 소득효과
상품의 가격이 변할 경우 실질소득 변화에 따르는 수요량의 변화 효과. 즉, 가격이 하락하면 실질소득이 증가하게 되고 이에 따라 수요량을 변화시키는 효과가 소득효과이다.

2) 수산물 수요의 법칙: 수산물 수요는 수산물가격에 반비례(수요곡선을 우하향)

① 상품의 수요량·공급량과 그 가격과의 함수관계를 설명한 법칙. ① 한 상품의 공급 측의 사정이 일정한데 수요량이 증가하면 가격은 올라간다. 이 반대로 수요량이 감소되면 가격은 내려간다. 이것을 수요의 법칙이라고 한다. ② 수요 측의 사정이 일정한데 공급량이 증가하면 가격은 내려가고 공급량이 감소하면 가격은 올라간다. 이것을 공급의 법칙이라고 한다. 균형이론에 의하면 가격은 수요와 공급의 일치점에서 정해진다고 하며 이것을 균형가격이라고 한다. 이렇게 수요함수와 공급함수의 교차점, 즉 수요와 공급의 일치점에서가격이 정해지는 현상을 수요공급의 법칙이라고 한다.

3) 수요량의 변화: 해당상품가격 이외의 다른 모든 요인들이 일정하고, 해당 상품가격만 변화할 때의수요량 변화를 말하며 수요곡선상 위에서의 이동으로 나타난다.

4) 수요의 변화: 해당상품 가격 이외의 다른요인들이 변화하면, 해당 상품의 모든 가격수준에서의 수요량 변화를 말하며 수요곡선 자체이동으로 나타난다.

5)수요변화의 요인(가격 외 요인)

-소비자 소득수준의 변화-연관재의 가격변화 -물가상승에 대한 기대가 있나.

제3절 농수산물수요의 탄력성

(1) 탄력성

1) 탄력성 개념

가격의 상대적 변화에 대한 수량의 상대적 변화가 탄력성을 의미하기 때문에 이 탄력성의 크기 여하에 의해 화폐액(판매액 또는 지출액)증감이 발생한다. 탄력성이 크다는 것은 가격 변화에 대한 수량 변화가 그만큼 많다는 것을 의미한다.

2)탄력성의 분류

① 수요의 가격 탄력성(Ed)

상품의 가격이 변동할 때, 이에 따라 수요량이 얼마나 변동하는지를 나타내는 지표이며 수요의 가격 탄력성 결정 기준으로 대체재의 유무, 소득에서 차지하는 비중 등이 있다.

ⓐ Ed = 수요량의 변동률(%) / 가격의 변동률(%)

② 공급의 가격 탄력성(Es)

상품의 가격이 변동할 때 공급량의 변동이 얼마나 민감한지를 나타내는 지표이며 공급의 가격 탄력성은 생산 기간에 따라 다르게 나타난다. 생산 기간이 짧은 상품은 가격 변동에 탄력적으로 대응할 수 있으므로 공급의 탄력성이 크다. 일반적으로 공산품의 공급은 탄력적이며, 농산물의 공급은 비탄력적이다.

ⓐ Es = 공급량의 변동률(%) / 가격의 변동률(%)

(2)수요의 가격탄력성

1) 의의 :

수요의 가격탄력성은 상품가격의 변화율에 대한 수요량의 변화율의 상대적 크기로 측정한다.
독립변수변화율 분의 종속변수변화울이 탄력성 비율(종속변수변화율/독립변수변화율)이다.

(a) 탄력성 = 종속변수변화율/독립변수변화율 : 독립변수 1%가 변할 때 종속변수가 몇% 변하되는가를 나타내는 것이 탄려성 의미이다.

탄력성 값	가격변화율에 대한 수요량의 변화율	표현방법
$0 < \epsilon_d < 1$	가격변화율에 비해 수요량의 변화율이 작다	비탄력적
$\epsilon_d = 1$	가격변화율과 수요량의 변화율이 같다	단위 탄력적
$1 < \epsilon_d < \infty$	가격변화율에 비해 수요량의 변화율이 크다	탄력적

2)수요의 가격탄력성의 크기

2)수요의 가격탄력성의 크기

※ 탄력성이 **1보다 작으면 비탄력적이고, 탄력성이 1보다 크면 탄력적이다.**

3) 재화 종류별 상대적 탄력성

① 일반재화(탄력적) > 농.수산물(비탄력)　　② 사치재 > 필수재

③ 대체재 많을수록 > 대체재 적을수록　　④ 다용도 > 비다용도

⑤ 소득에서 지출비중이 높은 경우(공산품) > 소득에서 지출비중이 낮은 경우(농산물)

(3). 수산물수요의 소득탄력성

1) 의의: 구매자의 소득(독립변수)이 변할 때 당해 수산물에 대한 수요량(종속변수)가 얼마나 민감하게 반응하는가를 나타내는 지표 (소득이 1% 변화시 수요량이 몇% 변하는가)이다. 이하 경제학에서 사용하는 상품들의 용어를 먼저 설명한다.

① **정상재**(正常財, normal goods)는 다른 조건이 불변일 때, 소득이 증가(감소)함에 따라 수요가 증가(감소)하는 재화이다. 즉 수요의 소득탄력성이 양(+)인 재화를 말한다.

② 기펜재

상품의 가격이 하락하면 수요가 증가하는 것이 일반적이나 기펜재의 경우에는 가격이 하락함에도 불구하고 수요가 줄어든다. 기펜재는 수요법칙의 예외현상이라 할 수 있다. 공인중개사 시험에서는 중요도가 낮다.

③ 베블렌 효과

재화의 가격이 상승함에도 불구하고 수요가 증가하는 효과. 자신의 부를 과시하거나 허영심을 채우기 위한 비이성적 수요. 공인중개사 시험에서는 중요도가 낮다.

④ 대체재

어느 한 재화를 소비하면 다른 재화는 그만큼 덜 소비되어 대체 또는 경쟁적인 관계에 있는 재화. 사과와 배, 커피와 녹차 등이 그 예이다. 두 재화 중 대체재 가격의 상승(↑)은 그 재화의 수요량을 감소시키고 다른 재화의 수요량을 증가(↑)시킨다. 즉, 대체재 가격의 변화 방향과 다른 재화의 수요량 변화 방향이 서로 같다.

⑤ 보완재

어느 한 재화가 소비되면 다른 재화도 함께 소비되어 서로 보완 관계에 있는 재화. 커피와 설탕, 프린터와 잉크 등이 그 예이다. 두 재화 중 보완재 가격의 상승(↑)은 그 재화의 수요량을 감소시키고 다른 재화의 수요량을 감소(↓)시킨다. 즉, 보완재 가격의 변화 방향과 다른 재화의 수요량 변화 방향이 서로 다르다.

⑥ 우등재(정상재, 상급재)

소득이 증가(↑)하면 수요량이 증가(↑)하고 소득이 감소(↓)하면 수요량이 감소(↓)하는 재화. 즉, 우등재는 소득의 변화 방향과 수요량 변화 방향이 서로 같다.

⑦ 열등재(하급재)

소득이 증가(↑)할 때 수요량이 감소(↓)하고 소득이 감소(↓)하면 수요량이 증가(↑)하는 재화. 즉, 열등재는 소득의 변화 방향과 수요량 변화 방향이 서로 다르다.

2) 소득의 탄력성에 따른 재화의 구분

① 우등재: (정상재, 보통재, 상급재)소득↑ 수요↑ (탄력성 값 ‘ + ’)

② 열등재: (하급재)소득↑수요↓ (탄력성 값 ‘ - ’)

③ 중간재: 소득변화에 수요변화가 없는 재화 (탄력성 값 ‘ 0 ’)

(4). 농.수산물수요의 교차탄력성

1)의의

연관상품의 가격(독립변수)이 변할 때 당해 수산물에 대한 수요량(종속변수)이 얼마만큼 민감하게 반응하는가를 나타내는 지표를 말한다.

2)상품종류별 교차탄력성

① 대체재: 두 재화를 바꿔 소비해도 만족에 차이가 없는 재화(+)를 말하고, 대체재란 두 상품이 서로 대체적인 관계에 있는 경우인데, 이는 한 상품의 가격이 변화하는 방향과 대체관계에 있는 다른 상품의 수요가 변화한 방향이 같은 상품의 현상을 말한다.대체재는 수요의 교차탄력성이 플러스(+)인 재화를 말한다.(쇠고기와 고래고기,쇠고기와 돼지고기 등)

② 보완재: 두 재화를 함께 소비할 때 만족이 커지는 재화(-)이다. 보완재는 한 상품의 가격과 다른 상품의 수요가 반대방향으로 변화하는 현상을 가진 상품을 말한다. 예시로 자동차와 경유나 가솔린, 카메라와 필름 등이다.

③ 독립재: 두 재화 소비에 영향을 미치지 않는 재화(0)를 말한다.서로 아무 영향을 주지 않는 상품을 말한다. 고등어와 책이나 자동차와 집이 그 예시이다.

※ (농)수산물의 수요와 공급의 가격탄력성이 비탄력적인 이유

수요측면	수산물은 사치품이 아닌 생활필수품
	소득대비 비중이 낮다
	대체재 종류가 많지 않다
공급측면	생산에서 수확까지 일정기간이 소요
	가격변화에 대한 생산증감의 신축성이 낮다
	가격 등락시 공급증감의 반응이 늦다

(2) 농수산물의 공급

1)개념: 유량개념(일정기간), 사전적 개념(공급하고자), 유효수요의 개념(판매력 보유)

2) 농산물 공급의 법칙: 타조건이 동일한 경우 농산물에 대한 공급량은 가격에 정비례한다.
즉, 단위당 가격상승하면 공급량은 증가하고 가격이 하락하면 공급량은 감소한다.

※농수산물의 공급곡선(이하 일반 공상품의 이론 응용 함)

3)공급량의 변화

해당상품의 가격상승→공급량증가→공급곡선 상에서 우상향 이동

해당상품의 가격하락→공급량감소→공급곡선 상에서 좌하향 이동한다.

4)공급의 변화

생산요소 가격의 상승→공급량감소→공급곡선 자체의 좌측으로 수평 이동

생산요소 가격의 하락→공급량증가→공급곡선 자체의 우측으로 수평 이동한다.

5)공급변화의 요인 : 생산요소의 가격변화(재료비/노무비/경비),연관재의 가격변화,기술의 변화한다.

(2) 수산물 공급의 탄력성:수산물의 가격 변화에 당해수산물의 공급량의 반응도.

(3) 수산물 기업의 경영 상태 파악하기 : 손익분기점 도표 : BEP:Break Even Point : 김태산 인용

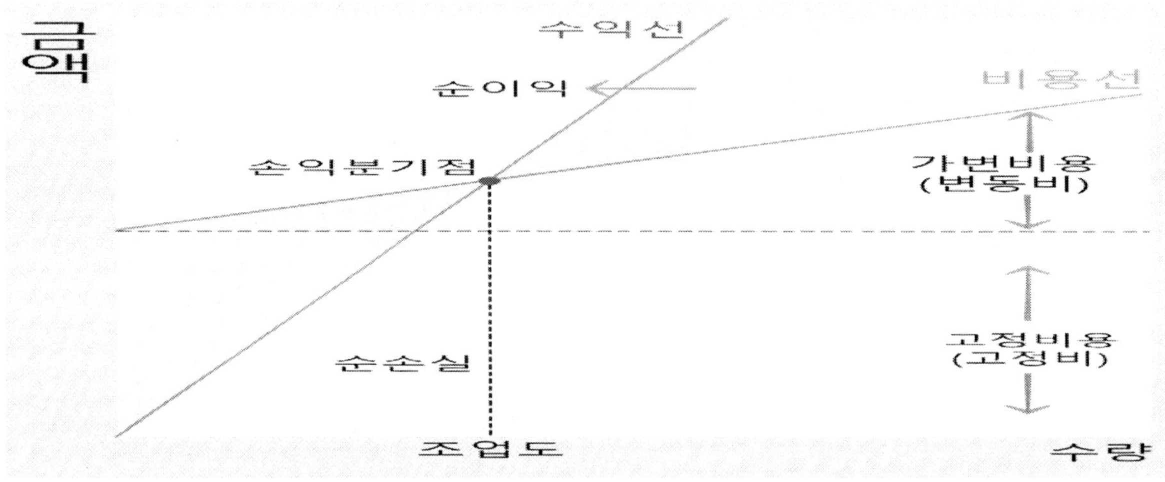

② BEP 설명

손익분기점은 총매출액선과 총비용선이 교차하는 점이다. 손익분기점분석은 도표법이나 공헌이익법을 이용하여 산출하는데 손익분기점을 분석할 때 원가-조업도-이익 사이(CVP분석)의 관계를 비교적 정확하게 나타낼 수 있어야 손익분기점분석을 신뢰할 수 있다. 수산경영 기업에 유리하기 위해서는 고정비를 줄이고 변동비율을 낮추어야 한다. 이러한 과정을 합리화 과정이라 한다.

(4) 손익분기점(損益分岐點, break-even point, BEP)와 수산 노동시장 관련성(수산경영 191p 참조)

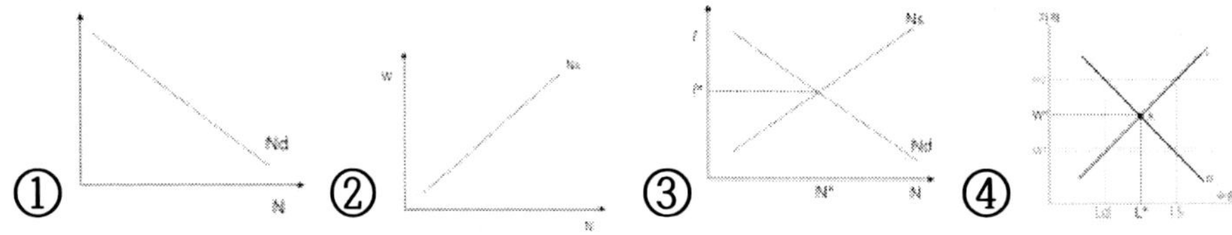

제9 농수산물 무역형태 및 수입과 수출

1. 수입 : 외국에서 우리 나라에 수산물 등 물건을 반입 및 수취하는 국제적 계약에 따른 물품의 국내로 이동하는 것을 말한다.

(1) 수입 : 외국산을 자국에서 사들이는 것을 말한다. 보통 무역 관례로 수입 절차는 거래선 발굴 후 → 계약 → 수입허가나 승인 →신용장 개설 및 통지 →운송서류 내도(수취) →대금 지급이나 결제 →수입통관 →수입화물 반출 및 컨테이너 반환 →사후관리 등

① 절차 : 계약성립 → 수입승인(자국) → 신용장 개설이나 상품 댓가 지불 → 외국의 공급자가 물건 운송 및 운송서류 송부 → 신용장 처리 등 → 수입통관 및 물건 수령 → 국내 반입 절차 등으로 이루어 진다.

2. 수출 : 한국의 상품을 외국으로 무역거래의 대상 상품을 보내는 행위 등으로 말한다.

(1) 수출 : 자국의 상품 및 기술 등을 외국에 파는 것을 말한다. 보통 절차로는 거래산 발굴 후 →수출계약체결 →신용장 수취(내고) →수출허가나 승인 →물품 제조나 확보 →수출통관 →운송 및 보험 등 계약 →선적 및 선기 적재 → 수출대금 회수 →사후관리 순서로 이루어 진다.

① 절차 : OFFER(주문 권유 등) → 오퍼 승낙(acceptance) → 수출계약 체결 → 수출신용장 내도(수취) → 제품 및 수산물 어획 준비 후 포장 → 운송 섭외 및 수출컨테이너 적재 후 → 수출신고 및 승인 → 수출금융 이용 → 외국에서 서류 확보 및 물건 확보 → 수출대금 송금 등으로 이루어 진다.

3. 무역 관련 주요 서류

(1) 상업송장 : Commercial Invoice, 수출자가 수입자에게 계약에 일치하는 물품을 공급하였다는 증거로 제시하는 서류이다, 수출자는 대금청구서 기능을 수입자에게는 수입구매서 기능을 하는 서류이다.

① 선적송장 : 실제로 선적된 물품 기준으로 작성된 상업 송장을 말한다.

② 견적송장 : 가격산정의 기초자료로 선적 전에 제공 등 하여 수입상의 수입 승인을 위해 사용되는 송장이다.

③ 세관송장 : 수입물품의 과세가격 결정 등에 이용되는 것으로 수입국의 세관이 확인하는 송장을 말한다.

④ 영사송장 : 수출국의 수출상 등이 가격을 높게 책정하여 외화 도피나 관세 포탈 등을 방지하기 위하여 수출국 주제의 수입국 영사가 확인하는 송장을 말한다.

(2) 포장명세서 : P/L(packing list) , 수출자가 수입상 앞으로 작성하는 서류로서, 선적화물의 포장과 운송 및 통관상의 편의를 제공하는 서류이다. 총중량, 순중량,부피,포장식별번호 등을 기재한다.

.(3) 원산지 증명서 : C/O(certificate of origin) , FTA 원산지를 확인하여 관세 등 혜택을 받기 위한 서류로서 수출상의 수출국이나 자율적 발급을 하여 수입국의 수입상에게 보내는 서류이다.

(4) 검사증명서 : I/C(inspection certificate), 방사능 측정 등 검사를 국가 공인 기관이 하여 수출상이 수입상에게 보내는 서류이다.

도표 : 김태산 인용 : 무역 및 검사 절차

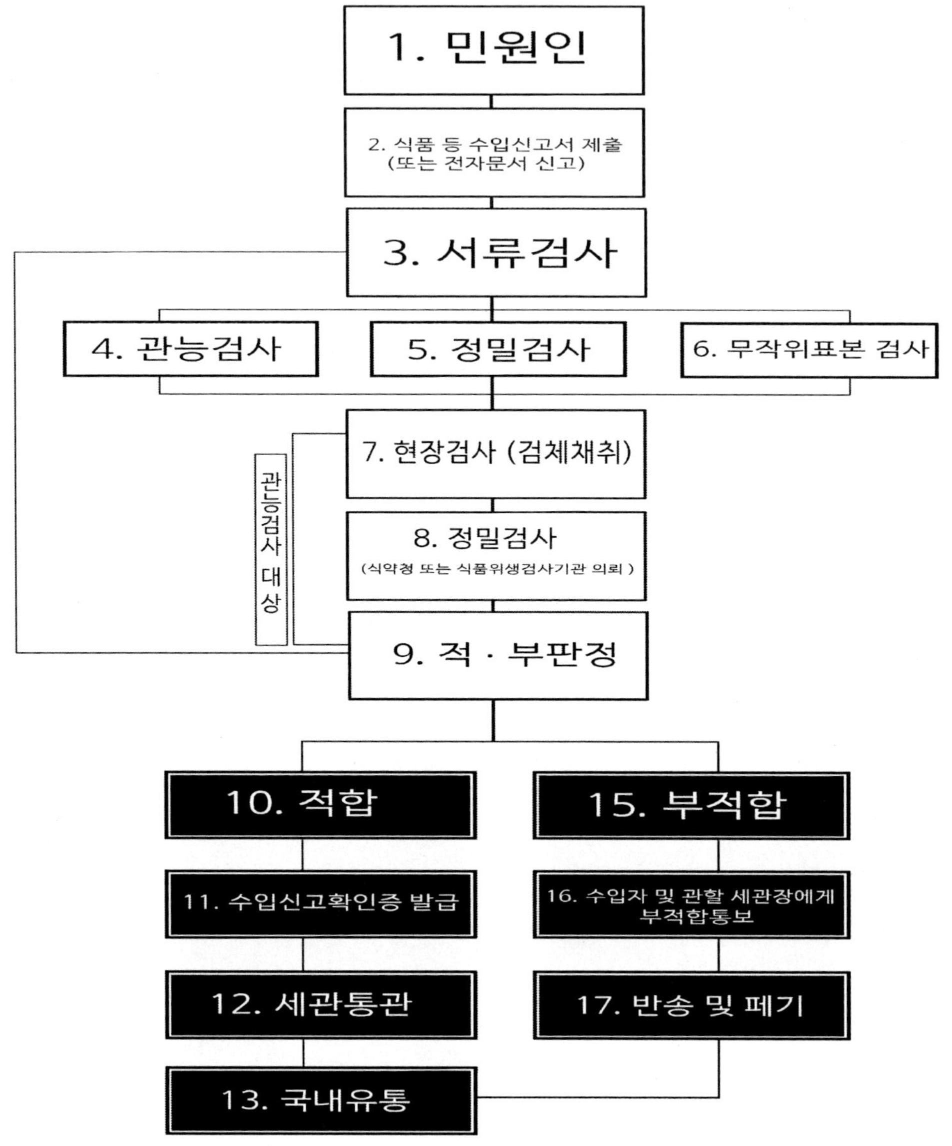

(5) 선적서류 : 선하증권 등

선하증권	.B/L(Bill of Lading),운송인이 화물 수취증명서, 운송계약서, 권리증권, 유통증권, 요식증권,처분증권,문언증권,지시증권,요인증권 등 화물을 상징하는 유가증권이다.
해상화물운송장	비유통성 해상화물 운송장, 비권리증권(항해 중전매 불가)
항공화물운송장	비유통성 항공화물 운송장, 비권리증권.수취식 증권

㉠ B/L(Bill of Lading) 종류 : 선적선하증권, 수취선하증권, 무사고선하증권, 사고부 선하증권(foul B/L : 파손화물보상장(L/I)필요), 기명식 선하증권,지시식선하증권(특정한 수하인을 기재하지 않고, to order 등으로 포기하여 상황에 따른 지시로 수하인을 변경가능 한 선하증권)등이 있다.

㉡ Master B/L : 선박회사가 발행하는 선하증권

㉢ House B/L : 포워더인 복합운송주선업자가 발행하는 선하증권이다. 이는 선박회사가 먼저 Master B/L 을 발행하면 포워더는 다시 각각의 화물의 화주에게 House B/L을 발행하는 절차로 이루어 진다.

㉣ 통선하증권 = 통과선하증권 = Through B/L : 운송이 복수의 운송이 이루어 지는데, 최초의 운송인이 목적지까지 운송계약을 체결할 때 발행하는 선하증권이다.최초의 운송인이 전구간의 운송에 책임을 지게 된다.

4. 무역 조건 : 품질,가격,수량,운송 조건 등을 협의 후 무역이 이루어 진다.

(1) 무역계약의 개념 및 성격

① 수출입 당사자가 물품을 인도와 함께 물품의 소유권도 양도할 것을 약속하는 국제물품매매계약이다. 주 계약을 매매계약으로 하여 운송 및 보험계약, 외국환거래 등 부수적인 계약이 수반되고 국제적 법령 및 관습의 차이로 인한 복잡다기한 과정이다.

② 무역계약의 법적성격

㉠ 낙성계약(양자의 청약과 승낙)

ⓐ 청약은 확정,불확정,조건부,반대,교차 청약으로 나눈다.

ⓑ 승낙은 청약과 일치하는 무조건적이고 절대적인 성격의 승낙으로 한다. 보통 의사표시의 도달주의에 따르지만, 격지자간의 경우 영미와 한국 민법은 발신주의를 채택하고 있다.

ⓒ 청약의 분류 (이하 설명)

3. 청약의 분류

확정청약	청약자가 승낙의 유효기간을 정하고 그 기간에 승낙이 있어면 원칙적으로 계약이 성립하는 청약	
불확정청약 (자유청약)	청약자가 승낙기간을 지정하지 않았고, 확정적이라는 의사표시를 하지 않은 청약	
조건부청약	무확정 청약	.시세변동에 따른 가격변동 조건 . offer subject to our final offer
	재고잔류조건부청약	.재고가 남아있는 경우만 계약 성립청약 . offer subject to being unsols . offer subjet to prior sale
	점검매매조건부청약	.피청약자가 물품점검 후 계약 성립 . 반품도 가능한 청약 . offer on approval
	반품허용조건부청약	. 물품을 대량 송부 후 미판매분은 반품 . offer on sale or return
반대청약	원청약 거절 + 새로운 청약, 피청약자가 조건을 변경 및 그 변경한 추가한 청약	
교차청약	동일한 청약이 서로 교차하는 경우 양 청약이 상대방에게 도달한 때 계약이 성립되는 청약	

㉡ 유상계약(수출상은 물품인도,수입상은 대금지급)
㉢ 쌍무계약
㉣ 불요식계약(원칙적으로 무형식의 계약이다)

(2) 무역계약의 기본조건 : 물품인도와 대금 지급에 수반되는 여러 조건을 확정하기 위해서 무역계약시 약정하는 조건이다. 품질,수량,가격,운송,선적, 보험,결제 조건 등이다.

① 품질조건 ; 품질결정방법 : 견본매매,상표매매,표준품매매 등 조건이다.

품질결정방법	견본매매,상표매매,명세서매매, 규격매매, 점검매매,표준품매매
품질결정시기	선적품질조건, 양륙품질조건,특수품질조건
품질증명방법	권위있는 검사기관의 감정보고서로 증명
명세서 매매	정밀,고가,의료기기 등 견본제공이 불가능한 경우 도면이나 규격서 등으로 제시

② 표준품매매 : 냉동어류는 판매적격품질조건(GMQ)

판매적격품질조건(GMQ) Goods Merchantable QUALITY	.약정물품의 인도 당시 판매 가능한 품질로 인도하기로 약정하는 조건 .상품성 보장 품질조건이며 주로 도착지품질인도조건이다. . 냉동어류, 목재류,광석류 등에 주로 적용된다.
FAQ(Fair Average Quality 평균중등품질조건	. 일반적으로 벌크상태로서, 등급이나 규격이 없는 상품 . 곡물류, 과실, 차 등 농산물에 주로 이용된다.
USD(Usual Standard Quality) 보통표준품질조건	. 공인기관의 판정에 의하여 공인된 품질로 인도하는 것 . 오징어, 인삼, 원면 등에 이용된다.

.

③ 수량조건 : 과부족용인조건(more or less Clause)란 벌크 화물 거래 시 일정범위 내에서 수량의 과부족을 인정하는 조항이며, 보통 '10%' 초과하지 않는 범위에서 허용한다. 신용장 거래는 수량, 청구금액 등 총액의 한도에서 5% 허용 규정이 있다. 톤종류도 Long톤인 1,016kg 등이 있다.

Long Ton	English Ton, Gross Ton	2,240lbs(1,016kg)
Metric Ton	French Ton, Kilo Ton	2,204lbs(1,000kg)
Short Ton	American Ton,Net Ton	2,000lbs(907kg)

④ 가격조건 : 국제 운송에 수반되는 운송료, 보험료, 하역비 등의 조건결정이다. 인코텀즈2010에 따라 가격조건이 결정될 것을 합의 후 결정되는 것이 일반적이다.

⑤ 결제조건 : 현금 및 신용장, D/P, 국제팩토링 등의 방식을 선택하는 조건이다.

⑥ 선적조건 : 물품의 선적시기와 선적방법에 대하여 약정하는 조건이다.

선적 지연	.매도인의 고의나 과실 등으로 인한 지연은 매도인이 부담 . 단, 천재지변,코로나19,전쟁,파업 등 약정이 있어면 면책 가능하다.
분할 선적 조건	. 거래물량을 여러번 나누어서 선적하는 방법이다. . 신용장상에 분할 금지 규정이 없는 경우 가능하다.
환적 조건	. 화물을 운송 중에 다른 선박이나 차량으로 다시 옮겨 싣는 것 . 신용장상에 환적 금지 규정이 없다면 신용장은 수리된다. . FTA 등 원산지 규정에 즉, 국가간 협정에 따라 환적을 금지하여 직접운송조건이 부기되어 있고, 엄격히 직접운송에 따라야만 FTA 적용이 되어 관세 등 혜택이 가능하다.

⑦ 보험조건 : 인코텀즈 2010의 CIF,CIP는 매도인이 매수인을 위한 보험을 부보(cover)하여야 하지만, 무역 계약 당사자간 협정으로 변경 등 가능하다. 해상보험에서 사용되는 협회적하약관에는 ICC(a), ICC(b),ICC(c) Clause 의 세가지 기본 보험 약관이 있고, 보험금액의 한도는 통상 송장금액의 110%로 정하여 납부한다.

⑧포장 및 화인조건 : 제품 보호에 적절한 포장 등 조건이다.

⑨이면 기재 조건 등 : 불가항력 조항, 하드쉽 조항(불가항력 사태 규정 등), 재판관할 규정 등이 이면 기재 조건이다.

(3) 운송조건 (2020년 기출 응용)

① 수출입시 이용되는 운송조건

㉠ EXW : 공장인도조건이하고도 하며, 수출자가 가장 유리한 조건이며, 수출국의 공장에서 수출자의 의무가 종료되므로, 수입자는 외국의 공장에서 적재된 상품을 가지고 자국으로 가야한다. 수출신고와 자국의 수입신고도 수입자가 모두 하여야 한다.

㉡ FCA : FOB는 본선인도조건이고, FAC는 복합운소에 사용되는데, 운송인도조건이므로 수출자가 운송인에게 물건을 인도하므로 그 지점에서 수출자의 의무는 종료되느 것을 복합운송에 많이 활용된다.

㉢ CIF : 수출자가 화물의 본선까지 해상운임과 보험료도 부담하는 조건이다.

㉣ DDP : (수입국의)관세 지급 인도조건으로 수출자가 수출국의 자국의 수출 관련 비용은 물론 수입자의 국가에서 수입 통관도 하여 운송도 마무리 하여서 수입자의 공장 내의 하역 장소까지 물건을 인도하여야 하는 것으로 수출자가 가장 의무가 많은 운송조건이다.

② Incoterms 2020 운송조건 12가지(복합운송 및 해상운송조건)(변경 정리)

복합운송 조 건 (8가지)	EXW	Ex Works	공장 인도조건	지정장소
	FCA	Free Carrier	운송인 인도조건	지정장소
	CPT	Carriage Faid to	운송비 지급인도조건	지정목적지
	CIP	Carriage and Insurance Paid to	운송비.보험료 지금인도조건	지정목적지
	DAT	Delivered At Terminal	터미널 인도조건	지정목적지
	DAT	삭제 후 DPU 신설		
	DAP	Delivered At Place	목적지 인도조건	지정목적지
	DPU	Delivered at place unloaded	도착지 양하 인도 조건	지정장소
	DDP	Delivered Duty Paid	관세지급인도조건	지정목적지
해상운송 조 건 (4가지)	FAS	Free Alongside Ship	선측인도조건	지정선적항
	FOB	Free On Board	본선인도조건	지정선적항
	CFR	Cost and Freight	운송비포함인도조건	지정목적항
	CIF	Cost,Insurance and Freight	운송비,보험료포함인도조건	지정목적항

. 해상운송은 FAS,FOB,CFR,CIF(FOB : 2020년 기출 수산직)
. 모든 운송 가능한 것은 상단 4개(FAS,FOB,CFR,CIF) 외는 가능하다.

(5) 농수산물 무역관리와 무역계약의 체결

무역거래는 이국 간의 국경을 통한 재화와 서비스의 이전이기 때문에 당사자 간의 신뢰가 중요하며 계약과정, 물품인도, 서류인도, 대금결제, 국제상관습 등을 사전에 충분히 숙지해야 한다.

수출 절차는 일반적으로 매매계약이 체결되고 개설은행으로부터 신용장이 도착한 이후에 필요한 경우 수출승인을 얻은 다음 수출물품을 확보하여 수출통관 · 물품선적 · 수출대금회수의 과정을 거치면서 최종적으로 관세환급 및 사후관리 등을 실시하는 것을 말한다.

수입 절차는 수출업자와 수입계약을 체결하고 필요한 경우에는 수입승인을 받아 신용장을 개설하여 수출업자에게 통지한다. 수출업자가 수출이행완료 후, 선적서류가 도착하면 수입대금을 지불하고 수입화물을 통관하여 물품을 확보한 후에 사후관리를 하는 것을 말한다.

무역관리는 무역거래에 대하여 규제나 통제행위를 통해 무역거래의 전부 혹은 일부 내용인 총액, 내용, 시기, 결제방법 및 거래상대국 등을 적극적으로 규제하는 것을 의미하며 자국의 경제적 이익을 도모하기 위하여 국가가 간섭 혹은 통제하는 것을 말한다. 그러므로 무역관리제도는 물품의 수출입을 규제 또는 지원하기 위한 각종의 법규 및 제도적 장치를 뜻하게 된다. 우리나라는 무역을 관리하기 위하여 법률을 제정하여 실시하고 있으며 대외무역법, 관세법, 외국환거래법을 무역 관련 3대 기본법이라고 한다.

무역계약은 국제간에 이루어지는 매매계약으로서 매도인이 매수인에게 약정품의 소유권을 양도하여 상품을 인도할 것을 약속하고, 매수인은 이를 받아들인 후 대금을 지급할 것을 약정하는 계약이다. 무역계약은 매 건별로는 수출자의 오퍼에 대한 수입자의 승낙에 의하거나, 수입자의 주문에 대한 수출자의 주문승낙에 의해 무역계약이 체결된다. 무역계약서를 작성할 때는 수락된 오퍼의 내용을 토대로 하여 품질, 수량, 가격, 포장, 운송, 보험, 결제, 클레임 해결방법 등 실제 매매거래와 관련된 모든 조건을 합의하여야 한다.

(2) 무역운송과 보험 및 결제

국제운송에는 해상 · 육상 · 항공 및 복합운송이 있으며 역사적으로 국제무역은 해상운송을 중심으로 발전되어 왔다.

해상운송(shippingoroceantransportation), 즉 해운이란 선박을 이용하여 타인의 화물을 운송하고 그 대가로 운임을 취득하는 상행위를 말한다. 특히 해상운송은 대량운송이 가능하고, 경제적이기 때문에 원거리 이동에 필수적인 무역물품의 운송에 가장 적합한 운송형태로 널리 이용되어 왔다. 해상운임은 화주가 선박을 이용하여 화물을 운송한 대가인데, 운임의 수준은 시장경제의 원칙인 수요와 공급의 원리에 의해 결정되어진다.

정기선 운송은 항로별로 해운동맹이 결성되어 있어 운임률이 정해져 있으나 맹외선사와의 경쟁으로 인해 실제로 선사가 징수하는 시장운임은 운임률보다 훨씬 낮은 경우가 대부분이며 시황에 따라 변동폭도 크다. 선화증권은 선주가 화주로부터 화물운송을 위탁받은 사실과 화물을 목적지까지 운송하여 이를 선화증권의 소지자에게 인도할 것을 약속하는 증권으로 정당한 소지인이 증권상의 권리를 행사하고 그 화물의 인도를 청구하기 위해서는 증권을 제시해야 한다.

항공운송은 항공기에 의한 여객, 화물, 우편물의 운송을 말하며, 민간항공사의 국제적인 기관으로서 국제항공운송협회(IATA: International Air Transport Association)가 있다. 시급을 요하는 상품이나 계절상품 등은 항공운송이 적합하다.

복합운송은 특정의 화물을 운송인 전체 운송구간에 대하여 책임을 지고 육 · 해 · 공 가운데 두 가지 이상의 운송형태를 결합하여 운송하는 방식을 말한다. 이러한 일관운송의 전체적인 책임을 지는 주체가 바로 복합운송인이며, 복합운송인이 발행하는 복합운송계약의 증거서류를 복합운송증권이라고 한다.

국제무역거래에서는 운송계약과 더불어 보험계약이 체결되어야 한다. 운송보험은 운송형태에 따라서 해상보험, 육상보험, 항공보험으로 구분되지만 해상보험이 그 주류를 이루고 있다.

해상보험이란 해상사업 중에 발생할 수 있는 손해에 대하여 보상할 것을 목적으로 하는 손해보험의 일종이다. 영국 해상보험법에서는 '보험자가 피보험자에 대하여 그 계약에 의해 합의된 방법과 범위 내에서 해상손해, 즉 해상사업에 수반하여 발생하는 손해를 보상할 것을 약속하는 계약이다.'라고 정의한다.

무역보험은 수출거래에 수반되는 여러 가지 위험 중에 해상보험과 같은 통상의 보험으로는 구제될 수 없는 위험을 한국무역보험공사에서 손실을 보상하는 비영리 정책보험이다.

. 무역결제는 송금, 추심, 신용장 등의 방식이 있다.

① 송금
채무자가 채권자에게 채무액을 송부하는 것을 말하며, 여기서 이용되는 환을 송금환이라 한다. 송금결제방식에는 수출상이 먼저 송금을 받은 후 제품을 선적하고 선적서류를 수입상에게 보내주는 방식인 사전송금방식과 수출상이 먼저 선적을 한 후에 수입상이 수입대금을 송금하는 방식인 사후송금방식이 있다.

② 추심방식
무신용장 결제방식 중 대표적인 결제방식으로, 수출상이 먼저 매매계약에 일치한 물품을 수입상 앞으로 선적한 후에 계약서에 명시된 선적서류에 수입상을 지급인으로 하여 발행한 환어음을 첨부하여 이를 수출상의 거래은행에 추심을 의뢰하면 이 은행이 수입상의 거래은행에 다시 추심을 의뢰하여 대금을 결제하는 방식이다. 추심방식의 거래는 결제시기에 따라 지급인도조건(D/P)과 인수인도조건(D/A)거래가 있다.

③ 신용장(L/C: LetterofCredit)
수입상을 개설의뢰인(applicant)으로 하고 수출상을 수익자(beneficiary)로 하여 수입상의 거래은행인 개설은행이 신용장에 명기된 조건과 일치하는 서류를 제시하면 수입상을 대신하여 수출상(수익자)에게 신용장대금의 지급이나 어음의 인수 등을 확약하는 조건부 지급확약서이다. 즉, 신용장은 무역대금 결제수단이라고 할 수 있다.

(3) 무역클레임
무역클레임은 매매계약 당사자의 일방이 계약이행 위반에 대한 손해배상을 청구하는 것으로 무역클레임의 발생 원인은 크게 간접적 원인과 직접적 원인으로 구분하며, 간접적 원인은 언어, 상관습, 법률의 차이로 발생하는 원인이며 직접적 원인은 무역계약 이행과정에서 발생하는 원인이다. 무역클레임의 해결방법에는 청구권 포기와 화해 등 당사자 간의 해결방법이 있고 알선 · 중재 · 소송 등 제3자에 의한 해결방법이 있다.

(4) 전자무역
전자무역이란 가상공간인 인터넷을 통해 국제간에 재화나 서비스를 사고파는 행위로서 컴퓨터 통신망이 구성하는 가상공간 자체가 시장이고, 인터넷 접속 이용자가 고객이 된다. 이러한 거래는 물리적 공간이 가상의 시장으로서의 역할을 하며, 이는 전통적인 상거래와는 차이가 있다. 따라서 전자무역이란 수출입에 관련된 각종 상거래 서식이나 행정 서식을 관련 당사자의 합의에 의하여 디지털화하고 상호 간의 정보를 전자문서의 형태로 바꾸어 인터넷을 통해 컴퓨터로 주고받음으로써 신속하고 정확하게 무역 업무를 실현하는 이른바 종이 없는 무역을 구현하는 것이다.

전자무억결제는 환어음을 이용하지 않고 전자방식으로 결제함으로써 거래를 완결하는 시스템을 말한다. 전자결제시스템은 거래당사자에게 대금지급의 확실성과 거래의 안정성 및 신속성 보장이 전제되어야 한다.

1) 국제 수산물 및 농산물 무역 관련 주요 용어

• 무역(internationaltrade): 국제간에 이루어지는 상품의 매매이며, 개별기업 차원에서 정치 · 경제 · 문화적 환경이 상이한 국가 간에 이루어지는 국제 상거래를 뜻한다.

• 세계무역기구(WTO: WorldTradeOrganization): 세계적 규모의 경제기구로 세계무역 분쟁조정, 관세인하, 반덤핑 규제 등 법적 권한과 구속력을 행사할 수 있는 범세계적 기구를 뜻한다.

• 복합운송(multimodaltransportation): 해상, 항공, 육상 등 수출국에서 수입국까지 거래물품의 이동이 두 가지 이상의 운송수단에 적재되어 이동되는 운송의 형태를 뜻한다.

• 신용장(L/C: letterofcredit): 무역거래에서 수입자의 신용을 은행이 보증함으로써 수입자를 대신하여 수출자에게 대금지급을 확약하는 증서를 뜻한다.

• 전자무역(e-trade): 가상공간인 인터넷을 통해 국제간 재화나 서비스를 사고파는 행위를 뜻한다.

. 선하증권 분류 및 성질

㉠ B/L(Bill of Lading) 종류 : 선적선하증권, 수취선하증권, 무사고선하증권, 사고부 선하증권(foul B/L : 파손화물보상장(L/I)필요), 기명식 선하증권,지시식선하증권(특정한 수하인을 기재하지 않고, to order 등으로 포기하여 상황에 따른 지시로 수하인을 변경가능 한 선하증권)등이 있다.

㉡ Master B/L : 선박회사가 발행하는 선하증권

㉢ House B/L : 포워더인 복합운송주선업자가 발행하는 선하증권이다. 이는 선박회사가 먼저 Master B/L 을 발행하면 포워더는 다시 각각의 화물의 화주에게 House B/L을 발행하는 절차로 이루어 진다.

㉣ 통선하증권 = 통과선하증권 = Through B/L : 운송이 복수의 운송이 이루어 지는데, 최초의 운송인이 목적지까지 운송계약을 체결할 때 발행하는 선하증권이다.최초의 운송인이 전구간의 운송에 책임을 지게 된다.

제10 농수산물 유통 및 판매

1. 판매 개념 및 유통

(1) 판매 의의
수산물의 판매란 어획물의 소유권을 이전하고 그에 상응하는 현금을 받아서 이윤을 획득하는 것이 판매이다. 상품으로써 매매되고 교환하여 소비자에게 배급하는 경제적인 행위가 판매이다.

(2) 수산물의 유통
생산된 어획물은 상품으로서 시장에서 매매단계를 거켜서 결국 소비자에게 도달 된 후 소비 과정을 거친다. 이를 수산물 유통이라 하고, 유통에 관련된 판매경로 등이 부각된다.

2. 수산물의 판매 경로 : 기존 6/7단계에서 4단계(해수부 정책 방향)

(1) 생산자 ⇒ 2) 산지거점유통센터(수산물유통법49조) ⇒ 3)소비지분산물류센터(48조)
⇒ 4) 분산도매물류 ⇒ 소비자

(2) 기존 6단계 등(계통출하 범주== 수협 등 어촌계 경유)

1) 생산자 ⇒ 산지도매시장/산지위판장 ⇒ 산지 중도매인 ⇒ 소비지 수협공판장 ⇒ 소비지 중도매인 ⇒ 도매상 ⇒ 소매상 ⇒ 소지자
2) 생산자 ⇒ 산지도매시장/산지 위판장 ⇒ 산지 중도매인 ⇒ 수집상(산지유통인) ⇒ 소비지 중앙도매시장 ⇒ 소비지 중도매인 ⇒ 도매상 ⇒ 소매상 ⇒ 소비자
3) 계통 출하의 품목은 '꽃게(60%의 대부분 자연산), '굴 94% 정도가 산지위판장 등 경우하는 계통출하 범주로 분류된다.
4) 수산물유통법 및 농수산물 유통의 가격안정법에 규정된 절차를 거치는 것이 특징이다.

(3) 기존 6단계 등 "비"계통 출하(경로가 다양하게 형성된다)

1) 원양어선 포획 후 원양선사 ⇒ 전문무역회사 ⇒ 소비지 도매시장 ⇒ 도매상 ⇒ 소매상 ⇒소비자 (수품사 4회 2차 기출문제)
2) 수입수산물의 경우 (경로가 다양하다)
① 해외생산자 ⇒ 전문무역회사(구 : 무역상사) 또는 개별 수입업사 ⇒ 도매가공업자 경유가능 ⇒ 도매업자 가능 ⇒ 소매업자(전문소매점,대형할인점 ,외식산업회사 등) ⇒ 소비자
② 해외생산자 ⇒ 전문무역회사(구 : 무역상사) 또는 개별 수입업자 ⇒ 중간도매상 혹은 소지지 소매업자 ⇒ 소비자 등

(4) 기존 거래에서 발전된 최근 형태
(대부분 ''비''계통 출하 범주이며, 다양한 과정으로 이루어진다)

1) 생산자 ⇒ 객주 ⇒ 유사도매시장 ⇒ 도매상 ⇒ 소매상 ⇒ 소비자
2) 생산자 ⇒ 직판장 ⇒ 소비자(수산물 유통법 제47조)
3) 생산자 ⇒ 전자상거래 ⇒ 소비자(수산물유통법 제52조)

4) Private Brand 의 경우 : 생산자 ⇒ PB ⇒ 가공 등 PB자체공장 ⇒ PB상점/백화점 ⇒ 소비자

3. 상적 유통 시스템과 물적 유통 시스템 개념 및 특징

1.상적유통
어업자에게서 소유권을 양도받은 상인은 다시 다음 단계의 유통이나 소비자에게 소유권을 양도하는 일련의 과정을 말한다. 유통부문 중 재화의 이동을 동반하지 않는 현상, 즉 서류의 이동, 금전의 이동, 정보의 이동등을 의미한다.

2.물적유통(불류업)
물적유통은 수산물의 장소적,시간적 괴리를 조정하기 위해 수행되는 유통 기능을 말하고, 포장,보관,수송 및 어획물의 처리를 효과적으로 하는 것을 말한다. 수송 또는 보관 업무만을 전문적으로 취급하는 업종이 물류업이다. 경제구조의 현대화, 광역화로 상품이 소비자에게 사용되어지기 직전의 유통단계만을 담당 해주는 유통업이 발생되었는데, 이것이 물적 유통이라 한다. 보관,운송,배달 등으로 분류되며, 다양한 유통망이 그 역할을 한다.

도표 : 김태산 인용

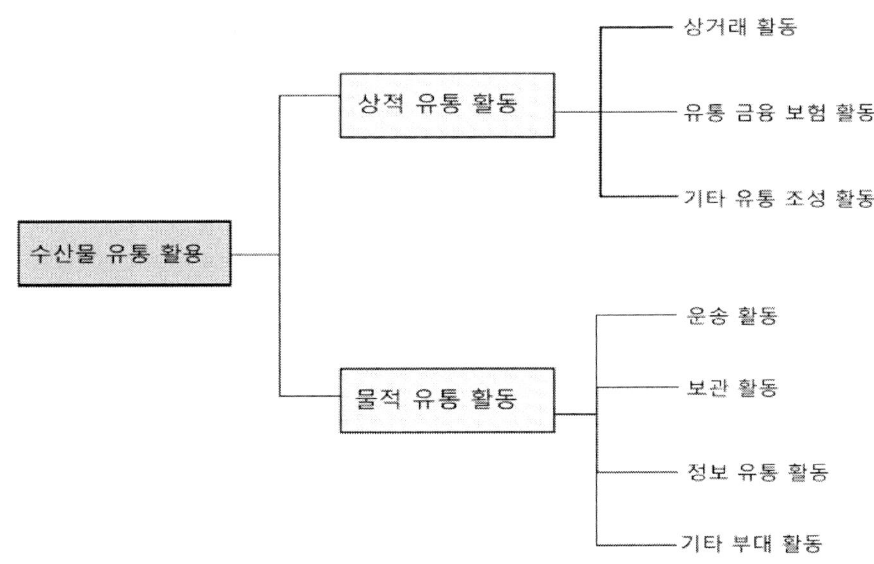

4. 도매시장의 기구

상설시장으로서 주로 최종소비자 이외의 사람에게 물품의 매매, 교환, 기타 용역을 제공하는 시장이다. 시장법에서는 도매시장의 규모를 건물면적 5,000㎡(?) 이상, 매장면적은 건물면적의 60% 이상(?)으로 규정하고 있다. 도매시장에는 다음의 시설을 갖추어야 한다. ① 전기·급배수 등 유용물 시설 ② 상담실, 소비자 휴게소, 자유계량대, 공중전화 등 소비자 보호시설 ③ 셔터, 점포내장, 표지물, 홍보판 등 기본시설 ④ 오물수거장 등 각종 위생시설을 갖추어야 하면, 농수산물 유통 및 가격안정법령 및 수산물 유통법령에 규정하는 시설 및 인력을 구비하여야 한다. 법령상 중앙도매시장은 전국에 11개가 있다.

(1) 중앙도매시장 : 농수산물유통 및 가격 안정법령 상 해양수산부장관의 승인을 받는다.
(2) 지방도매시장 : 농수산물유통 및 가격 안정법령 상 시도지사의 허가을 받는다.
(3) 농수산물공판장 :농수산물유통 및 가격 안정법령 상 시도지사의 승인을 받는다.
(4) 민영도매시장 : 농수산물유통 및 가격 안정법령 상 시도지사의 허가을 받는다.
(5) 산지위판장
(6) 중도매인과 시장유통인 등으로 나눈다.

도표 : 김태산 인용

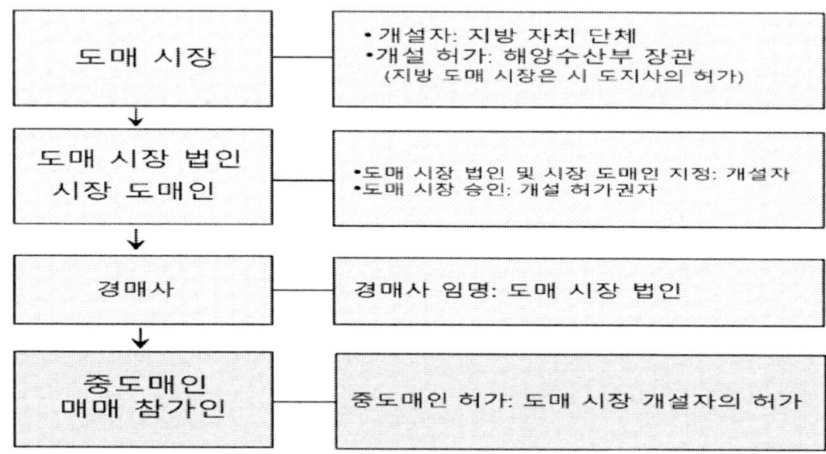

5.농수산물 유통 및 가격 안정법령

(1) 법률 ; 제2조(정의) 이 법에서 사용하는 용어의 뜻은 다음과 같다.

1. "농수산물"이란 농산물·축산물·수산물 및 임산물 중 농림축산식품부령 또는 해양수산부령으로 정하는 것을 말한다.
2. "농수산물도매시장"이란 특별시·광역시·특별자치시·특별자치도 또는 시가 양곡류·청과류·화훼류·조수육류(鳥獸肉類)·어류·조개류·갑각류·해조류 및 임산물 등 대통령령으로 정하는 품목의 전부 또는 일부를 도매하게 하기 위하여 제17조에 따라 관할구역에 개설하는 시장을 말한다.
3. "중앙도매시장"이란 특별시·광역시·특별자치시 또는 특별자치도가 개설한 농수산물도매시장 중 해당 관할구역 및 그 인접지역에서 도매의 중심이 되는 농수산물도매시장으로서 농림축산식품부령 또는 해양수산부령으로 정하는 것을 말한다.
4. "지방도매시장"이란 중앙도매시장 외의 농수산물도매시장을 말한다.
5. "농수산물공판장"이란 지역농업협동조합, 지역축산업협동조합, 품목별·업종별협동조합, 조합공동사업법인, 품목조합연합회, 산림조합 및 수산업협동조합과 그 중앙회(농협경제지주회사를 포함한다. 이하 "농림수협등"이라 한다), 그 밖에 대통령령으로 정하는 생산자 관련 단체와 공익상 필요하다고 인정되는 법인으로서 대통령령으로 정하는 법인(이하 "공익법인"이라 한다)이 농수산물을 도매하기 위하여 제43조에 따라 특별시장·광역시장·특별자치시장·도지사 또는 특별자치도지사(이하 "시·도지사"라 한다)의 승인을 받아 개설·운영하는 사업장을 말한다.
6. "민영농수산물도매시장"이란 국가, 지방자치단체 및 제5호에 따른 농수산물공판장을 개설할 수 있는 자 외의 자(이하 "민간인등"이라 한다)가 농수산물을 도매하기 위하여 제47조에 따라 시·도지사의 허가를 받아 특별시·광역시·특별자치시·특별자치도 또는 시 지역에 개설하는 시장을 말한다.
7. "도매시장법인"이란 제23조에 따라 농수산물도매시장의 개설자로부터 지정을 받고 농수산물을 위탁받아 상장(上場)하여 도매하거나 이를 매수(買受)하여 도매하는 법인(제24조에 따라 도매시장법인의 지

정을 받은 것으로 보는 공공출자법인을 포함한다)을 말한다.

8. "시장도매인"이란 제36조 또는 제48조에 따라 농수산물도매시장 또는 민영농수산물도매시장의 개설자로부터 지정을 받고 농수산물을 매수 또는 위탁받아 도매하거나 매매를 중개하는 영업을 하는 법인을 말한다.

9. "중도매인"(仲都賣人)이란 제25조, 제44조, 제46조 또는 제48조에 따라 농수산물도매시장·농수산물공판장 또는 민영농수산물도매시장의 개설자의 허가 또는 지정을 받아 다음 각 목의 영업을 하는 자를 말한다.

가. 농수산물도매시장·농수산물공판장 또는 민영농수산물도매시장에 상장된 농수산물을 매수하여 도매하거나 매매를 중개하는 영업

나. 농수산물도매시장·농수산물공판장 또는 민영농수산물도매시장의 개설자로부터 허가를 받은 비상장(非上場) 농수산물을 매수 또는 위탁받아 도매하거나 매매를 중개하는 영업

10. "매매참가인"이란 제25조의3에 따라 농수산물도매시장·농수산물공판장 또는 민영농수산물도매시장의 개설자에게 신고를 하고, 농수산물도매시장·농수산물공판장 또는 민영농수산물도매시장에 상장된 농수산물을 직접 매수하는 자로서 중도매인이 아닌 가공업자·소매업자·수출업자 및 소비자단체 등 농수산물의 수요자를 말한다.

11. "산지유통인"(産地流通人)이란 제29조, 제44조, 제46조 또는 제48조에 따라 농수산물도매시장·농수산물공판장 또는 민영농수산물도매시장의 개설자에게 등록하고, 농수산물을 수집하여 농수산물도매시장·농수산물공판장 또는 민영농수산물도매시장에 출하(出荷)하는 영업을 하는 자(법인을 포함한다. 이하 같다)를 말한다.

12. "농수산물종합유통센터"란 제69조에 따라 국가 또는 지방자치단체가 설치하거나 국가 또는 지방자치단체의 지원을 받아 설치된 것으로서 농수산물의 출하 경로를 다원화하고 물류비용을 절감하기 위하여 농수산물의 수집·포장·가공·보관·수송·판매 및 그 정보처리 등 농수산물의 물류활동에 필요한 시설과 이와 관련된 업무시설을 갖춘 사업장을 말한다.

13. "경매사"(競賣士)란 제27조, 제44조, 제46조 또는 제48조에 따라 도매시장법인의 임명을 받거나 농수산물공판장·민영농수산물도매시장 개설자의 임명을 받아, 상장된 농수산물의 가격 평가 및 경락자 결정 등의 업무를 수행하는 자를 말한다.

14. "농수산물 전자거래"란 농수산물의 유통단계를 단축하고 유통비용을 절감하기 위하여 「전자문서 및 전자거래 기본법」 제2조제5호에 따른 전자거래의 방식으로 농수산물을 거래하는 것을 말한다.

(2) 시행령 : 제2조(농수산물도매시장의 거래품목)

「농수산물 유통 및 가격안정에 관한 법률」(이하 "법"이라 한다) 제2조제2호에 따라 농수산물도매시장(이하 "도매시장"이라 한다)에서 거래하는 품목은 다음 각 호와 같다.

1. 양곡부류:

미곡·맥류·두류·조·좁쌀·수수·수수쌀·옥수수·메밀·참깨 및 땅콩

2. 청과부류: 과실류·채소류·산나물류·목과류(목과류)·버섯류·서류(서류)·인삼류 중 수삼 및 유지작물류와 두류 및 잡곡 중 신선한 것

3. 축산부류: 조수육류(조수육류) 및 난류

4. 수산부류: 생선어류·건어류·염(염)건어류·염장어류(염장어류)·조개류·갑각류·해조류 및 젓갈류

5. 화훼부류: 절화(절화)・절지(절지)・절엽(절엽) 및 분화(분화)

6. 약용작물부류: 한약재용 약용작물(야생물이나 그 밖에 재배에 의하지 아니한 것을 포함한다). 다만, 「약사법」 제2조제5호에 따른 한약은 같은 법에 따라 의약품판매업의 허가를 받은 것으로 한정한다.

7. 그 밖에 농어업인이 생산한 농수산물과 이를 단순가공한 물품으로서 개설자가 지정하는 품목

제3조(농수산물공판장의 개설자)

① 법 제2조제5호에서 "대통령령으로 정하는 생산자 관련 단체"란 다음 각 호의 단체를 말한다. <개정 2017.5.8>

1. 「농어업경영체 육성 및 지원에 관한 법률」 제16조에 따른 영농조합법인 및 영어조합법인과 같은 법 제19조에 따른 농업회사법인 및 어업회사법인

2. 「농업협동조합법」 제161조의2에 따른 농협경제지주회사의 자회사

② 법 제2조제5호에서 "대통령령으로 정하는 법인"이란 「한국농수산식품유통공사법」에 따른 한국농수산식품유통공사(이하 "한국농수산식품유통공사"라 한다)를 말한다.

(3) 시행규칙 : 제3조(중앙도매시장)

법 제2조제3호에서 "농수산물도매시장으로서 농림축산식품부령 또는 해양수산부령으로 정하는 것"이란 다음 각 호의 농수산물도매시장을 말한다. <개정 2013.3.24>

1. 서울특별시 가락동 농수산물도매시장(수산물 및 농산물 통합 도매시장)
2. 서울특별시 노량진 수산물도매시장(수산물 시장 만)

3. 부산광역시 엄궁동 농산물도매시장(농산물 시장 만)
4. 부산광역시 국제 수산물도매시장(수산물 시장 만)

5. 대구광역시 북부 농수산물도매시장(수산물 및 농산물 통합 도매시장)

6. 인천광역시 구월동 농산물도매시장(인천은 2곳 다 농산물이고, 수산물은 유사 도매시장이다)
7. 인천광역시 삼산 농산물도매시장

8. 광주광역시 각화동 농산물도매시장(농산물만 있음)

9. 대전광역시 오정 농수산물도매시장 (수산물 및 농산물 통합 도매시장)
10. 대전광역시 노은 농산물도매시장(농산물 시장만)

11. 울산광역시 농수산물도매시장 (수산물 및 농산물 통합 도매시장)

제11 농수산물 마케팅

제1절.농수산물 마케팅의 개요

1. 의의

마케팅이란 생산자가 상품 또는 서비스를 소비자에게 유통시키는데 관련된 모든 체계적 경영활동을 말한다. 생산자에서 소비자에 이르기까지 상품 및 서비스의 흐름을 관리하는 농수산물 생산 관련 기업의 활동인데, 시장조사,상품계획,가격결정,선전 및 광고,판매촉진,유통 등을 수행하는 활동 시스템을 말한다.결국 마케팅이란 소비자의 욕구 충족과 장기적으로 생산자와 소비자의 소득 증대나 복지증진에 기여함으로써 그 대가로 이익을 추구하는 활동 시스템이다.

2. 마케팅의 기능

기능으로 가장 중요한 것은 소유권 이전기능이다. 구매와 판매를 통해 이루어 지는 결과물이다. 이하 마케팅 기능을 소유권 이전 기능외를 상설 분설한다.

1) 제품관계: 신제품의 개발 및 기존 제품의 개량, 새 용도의 개발, 포장. 디자인의 결정, 낡은 상품의 폐지 등
2) 시장거래관계: 시장조사, 수요예측, 판매경로의 설정, 가격정책, 상품의 물리적 취급, 경쟁대책 등
3) 판매관계: 판매원의 인사관리, 판매활동의 실시, 판매사무의 처리 등
4) 판매촉진관계: 광고, 선전, 각종 판매촉진책의 실시 등
5) 종합조정관계: 이상의 각종 활동에 관련된 정책. 계획 책정, 조직설정, 예산관리 등이다.

3. 마케팅 관리

마케팅 관리란 농수산물 기업의 조직 목표 달성으로 표적 시장이나 표적 구매자들과의 상호 유용한 교환을 창조,고양 및 유지하기 위하여 고안된 프로그램을 분석,계획 및 통제 등 하는 일련의 활동이다.

4. 마케팅의 종류

마케팅의 종류
1. 데이터베이이스 마케팅 : 원투원 마케팅이라 하며, 고객에 대한 데이터베이스를 구축하여 활용하는 제품의 판매하는 마케팅을 말한다.
2. 그린 마케팅 : 환경의 효율적 관리를 통하여 인간의 삶의 질을 향상시키기 위한 사회지향적 마케팅을 말한다.
3. 전사적 마케팅 : 마케팅 분야가 농수산물 생산 및 판매 기업의 전반적인 제반 활동을 수행하는 것
4. 메가마케팅 : 마케팅활동을 종전의 마케팅 믹스 4P나 마케팅 컨셉에만 국한하지 않고, 영향력,대중관계,포장 등과 관련된 일련의 마케팅 활동으로 취급하는 것을 말한다.
5. 심비오틱마케팅 : 2개 이상의 독립된 기업들의 계획과 자원을 결합하여 마케팅 문제와 관리를 효율적으로 해결하기 위한 일련의 마케팅 활동을 일컫는다.

5. 마케팅관리과정

(1) 표적소비자

① 시장세분화 : 이는 세분시장이 최적의 판매 등 기회가 될 수 있는가를 결정하는 과정이다.

② 표적시장의 선정 : 시장세분화의 결과를 검토한 후에 진입, 각 세분시장의 매력도를 평가하여 하나 또는 그 이상의 세분시장을 선정하는 과정이다.

③ 시장위치 선정 : 표적소비자를 유도할 수 있는 바람직한 위치를 잡을 수 있도록 하는 일련의 활동을 말한다.

(2) 마케팅 믹스 개발

마케팅목표를 효과적으로 달성하기 위하여 마케팅 활동에 사용된는 활용도구들을 전체적으로 균형이 잡히도록 조정 및 구성하는 일련의 활동을 말한다.

(3) 마케팅 활동 관리 및 절차

마케팅 분석 ⇒ 마케팅 계획의 수립 ⇒ 마케팅의 실행 ⇒ 마케팅 통제

(4) 마케팅의 풀전략과 푸쉬(중간상 대상) 전략

1) 풀전략(FULL) : 최종소비자에서 제조업자나 생산자 단계로 가는 전략으로, 기업 이미지나 상품광고를 통해 소비자들 스스로가 판매점에 와서 자사의 상품을 지명 구매하도록 하는 마케팅 전략을 말한다.

2) 푸쉬전략(PUSH) : 생산자나 제조업자에서 최종소비자 단계로 가는 전략을 말하며, 판매원에 의한 판매를 통해 소비자의 수요를 창출하는 마케팅 전략을 말한다.

3) 네이버 등 인용 : 푸시 전략은 주로 제조업체가 도매나 소매 등 유통업체를 대상으로 판촉활동을 하거나 영업사원들을 통해 프로모션을 하는 것을 말합니다.브랜드 의존도가 낮은 상품은 소비자들에게 직접 홍보하는 것보다 푸시 전략이 더 효과적입니다. 풀전략은 최종구매자를 대상으로 직접 프로모션을 하는 것인데, 소비자에게 직접 제품,브랜드, 기업명 등을 알려 인지도와 판매량을 높이는 전략입니다.

(5) 농수산물 소매업 마케팅 전략

1) GE.McKinsey 모형

① 산업의 매력도와 사업의 강점의 두차원에서 전략사업단위를 평가하는 다중요소접근방법이다.

② 범주의 크기는 산업전체의 규모가 대상이다.

③ 모형의 선택은 청신호 지역, 적신호지역, 주의신호 전략으로 분류한다.

2) 컨조인티 분석

① 선호도예측, 시장점유율예측을 가능하게 하는 분석기법이다. 제품대안들에 대한 선호도 분석을 통해 소비자의 속성평가 유형을 보다 정확히 밝혀내고 있다.

② 목적은 독립변수와 종속변수의 속성들의 관계를 밝혀내는 것을 말한다.

③ 분석단계는 제1단계에서 5단계까지로 분류한다. 제1단계는 제품에 대한 속성을 파악, 2단계는 속성의 수준 선정, 3단계는 적당한 프로파일 구성,4단계는 컨조인트 모형 추정하는 것이고, 5단계는 브랜드자산을 측정하는 것이다.

3) 가격 민감도

① 소비자의 가격에 대한 저항도를 나타내는 것을 말하며, 소비자가 수용할 수 있는 최적의 가격대 중 최적을 이익을 얻을 수 있는 가격대를 검토 후 선정하는 것을 말한다.

② 가격 민감도 측정 방법

ⓐ 실질적인 가격,브랜드 선택, 양을 바탕으로 가격탄력성을 측정한다.

ⓑ 컨조인트 분석방법과 같이 가격수용 태도를 측정하기 위한 소비자 대상의 설문조사를 한다.

ⓒ 소비자의 반응과 구매 형태를 살펴볼 수 있는 통제된 환경에서의 조작된 실험을 한다.

③ 가격 민감도의 영향원인

ⓐ Unique Value Effect, ⓑ Substitution Awareness 등

제2절 마케팅환경과 마케팅조사

1. 마케팅 환경

1) 미시적 환경: 마케팅활동의 개별주체들 간의 관계로 구성, 경쟁업자, 소비자등의 공중, 정부등

2) 거시적 환경: 마케팅활동을 둘러싼 자연환경과 인문환경으로 인문환경은 경제적, 기술적환경, 정치적, 행정적환경, 사회, 문화적 환경 등이다.

3) 마케팅환경 분석시 고려사항

① 소비구조 변화 : 소비자의 소비 트랜드에 따라서 수산 기업의 수산 생산을 하여야 한다.

② 경쟁환경의 변화 : 방사능 유출 국가의 수산물 소비의 감소 등을 고려하여야 한다.

③ 시장구조의 변화 등을 분석시 고려하여야 한다.

2. 마케팅 조사자료

(1)자료의 종류

1) 1차자료(primary date):당면조사 위해 직접 수집된 자료를 말한다.

① 수산 유통 기업의 판매정보수집 기법 : 관찰수지법(상점 내 점내 관찰,점외 관찰 등으로 분류),직접수집법(앙케이트 조사, 전화에 의한 수집, 유치에 의한 수집, 개인 면접에 의한 수집 등)

2) 2차자료(secondary date): 다른 목적을 위해 이미 수집된 자료(연구기관 보고서,정부기간 자료등)자료의 신빙성에 대해 의심해야(측정단위문제, 조사시기의 문제)하는 문제가 단점이다.

(2)1차 자료수집방법 : 문헌 연구법, 질문지법, 실험법, 면접법 그리고 참여관찰법 등입니다.

1) 관찰법 : 피험자의 행동을 관찰하여 자료를 수집하는 연구와 평가의 기본 수단이다. 관찰법은 분류하는 기준에 따라 여러 가지로 나누어진다. 예를 들어, 관찰상황의 통제 여하에 따라서 자연적 관찰과 통제적 관찰로, 관찰자와 피관찰자 간의 참여 여하에 따라서 참여 관찰(partici-pant observation)과 비참여 관찰(non-participant observation)로 나눈다(이종승, 2009). 자연적 관찰은 관찰상황을 조작하거나 인위적으로 특별한 자극을 주는 일 없이, 자연적인 상태에서 있는 그대

로를 관찰하는 방법이다. 이는 자칫 잘못하면 관찰의 신뢰도가 떨어질 염려가 있어, 관찰자의 훈련이 특히 문제가 되고 피관찰자에게 접근하기 어려운 문제가 있다.

① 통제적 관찰이란 관찰의 시간 · 장면 · 행동 등을 의도적으로 설정해 놓고 이러한 조건하에서 나타나는 행동을 관찰하는 방법이다. 예를 들어, 관찰자가 밖에서 들여다볼 수 있도록 장치된 방 안에서 유아를 놀게 한 다음 유아의 놀이행동을 관찰하는 것이다. 통제적 관찰은 보통 실험적 관찰법이라고 하는데, 어떤 행동을 발생시킬 특정한 환경적 조건을 설정한 다음 필요한 동일 행동을 반복시켜 정확한 관찰을 되풀이할 수 있게 만든다. 독립변인을 통제할 수 있다는 인위적 조건 때문에 종속변인으로서의 피관찰자의 행동을 분석하기 쉽고, 실험 전후의 결과를 비교할 수 있다는 장점이 있다. 그러나 관찰조건을 통제한다는 것이 그렇게 쉬운 일이 아니라는 점과 아무리 독립변인을 통제하더라도 그에 개입될 오차변인 때문에 판단 및 해석에 오류를 범할 수 있다는 단점이 있다. 또한 관찰조건의 인위성 때문에 실제 생활장면에 그대로 적용할 수 있는가 하는 의문, 즉 일반화의 범위가 제한된다는 단점이 있다.

② 참여 관찰이란 관찰자가 피관찰자와 함께 생활하면서 피관찰자의 행동을 관찰하는 것을 말한다. 참여관찰을 하는 경우에는 피관찰자가 의식하지 못한 상태에서 관찰하는 것이 최상의 방법이지만, 이것이 불가능하다면 아예 관찰자임을 알리고 피관찰자와 같이 생활하면서 그들의 행동을 알아본다. 참여 관찰은 심층적이고 포괄적인 연구를 할 수 있다는 점과 평소에는 관찰할 수 없는 특수한 행동에 관한 자료를 수집할 수 있다는 장점이 있다. 반면에 관찰자의 많은 인내와 용기가 필요하며, 감정적 요인의 영향을 받기 쉽고 경우에 따라서는 피관찰자가 관찰자를 의식한 나머지 일상 행동과는 다른 독특한 행동을 할 우려가 있다는 단점이 있다.

③ 비참여 관찰이란 관찰자가 피관찰자의 생활에 참여하지 않고 관찰하는 것을 말한다. 대부분의 관찰은 비참여 관찰이라고 볼 수 있다. 이것은 통제적 관찰일 수도 있고 자연적 관찰일 수도 있다. 비참여 관찰에서는 피관찰자가 관찰자를 의식하고 있어도 하는 수 없다. 이 관찰의 장점은 관찰을 주지적이고 계획적으로 할 수 있다는 점이다. 그러나 심층적인 자료를 얻기 어렵고 피상적 관찰이 되기 쉬운 단점이 있다.

2) 서베이법(대인면접법,전화면접법,우편조사법,인터넷조사법등):대상자에게 질문하여 자료수집 방법이다.

① 서베이란 연구자가 모집단으로부터 추출된 표본을 대상으로 해서 연구하고자 하는 주제와 관련된 질문이나 면접을 통해 실증적인 데이터를 얻어내고, 통계적 절차를 통해 데이터를 분석하는 조사방법이다. 특정 주제에 대한 태도나 인식, 행동 등은 모두 서베이를 통해 기술되고 예측될 수 있다고 볼 수 있다. 서베이는 면접이나 설문 등을 통하여 연구하고자 하는 개인 혹은 집단에 대한 정보를 획득하는 과정이라는 점에서 독립변인에 대한 처치를 통해 변인들 간의 인과관계를 설명하는 실험조사와는 다르다고 할 수 있다. 서베이는 인과관계에 대한 설명보다는 현상에 대한 기술과 예측을 목적으로 하는 것이지만, 정교하고 논리적인 분석을 통해 어느 정도의 인과관계 추론을 할 수 있으며, 추후 연구에 대한 통찰을 제공할 수도 있다. 이때 서베이 조사에서 자료를 수집하는 방법으로는 개별면접, 우편조사, 전화면접, 집단질문지조사 등의 4가지를 들 수 있다.

3) 실험조사법 : 실험법은 연구 대상을 실험 집단과 통제 집단으로 각각 나눈 뒤, 통제 집단에는 조작을 가하지 않고 실험 집단에는 일정한 조작을 하여 독립변수가 실험 집단에 미치는 영향을 통제 집단과 비교하여 측정함으로써 자료를 수집하는 방법을 말한다.

① 실험법을 시행하기 위해서는 우선 동일한 조건으로 구성된 실험 집단과 통제 집단을 설정한다. 실험 집단은 실험의 대상이 되는 집단으로 독립변수가 영향을 미치도록 처치한 집단이고, 통제 집단은 독립변수의 영향을 받지 않는다는 점을 제외하고는 모든 조건이 실험 집단과 동일한 집단을 가리킨다. 실험 집단과 통제 집단은 연구 대상인 모집단 전체를 대표할 수 있는 표본이어야 하며, 독립변수를 제외한 나머지 측면에서는 가급적 두 집단이 동일하도록 조건을 통제해야 한다. 인위적인

실험을 통해 실험 집단과 통제 집단에서 나타난 종속변수의 변화를 비교함으로써 독립변수와 종속변수 사이의 관계를 확인한다. 미국의 심리학자 로버트 로젠탈(Robert Rosenthal, 1933~)은 1968년 샌프란시스코의 한 초등학교에서 전교생을 대상으로 지능검사를 한 후, 검사 결과와 상관없이 무작위로 20%의 학생을 뽑았다. 선발된 학생들의 명단을 교사에게 주면서 이들을 지능지수가 높은 학생들이라고 믿게 하고 8개월 후 이전과 동일한 지능검사를 다시 실시하였는데, 그 결과 20%의 학생들이 다른 학생들보다 지능지수가 더 높게 나왔으며 학교 성적도 크게 향상되었다. 이를 통해 교사의 기대가 학생들에게 긍정적인 영향을 미친다는 결과를 도출할 수 있었는데, 이를 로젠탈 효과(Rosenthal effect)라고 한다.(네이버 인용)

제3절. 농수산물 마케팅 및 마케팅 조사 요약

1. 개념

(1) 수산물을 효율적으로 판매하기 위한 계획·시장조사·촉진·판매·통제활동에서 생산단계까지 관여하는 적극적이고 통일적인 활동을 말한다.

(2) 소비자의 욕구의 다양화,생산자 간의 경쟁격화, 수산물 어획의 생산량 감소 현상 등으로 수산물의 마케팅 전략이 더욱 중요한 시대가 되었다.

(3) 수산물 마케팅이란, 수산물 생산자 또는 수산물 판매자가 수산물을 판매함에 있어서 가장 효율적으로 수산물을 판매하는 활동뿐만 아니라, 또 수산물의 원활한 판매를 위해서 수산물의 생산 영역까지도 관여하는 적극적인 활동을 뜻한다.(고교 수산경영 인용)

1) 마케팅 필요성(고교 수산경영 인용)

수산물 생산자인 어업자 또는 생산자 단체 및 수산 기업은 경영 목표를 먼저 설정하고, 목표를 달성하기 위해서 '어떤 종류의 수산물을 생산하는 것이 좋은지에 대한 정보를 제공하고, 또 어떤 방법으로 팔 것이며, 또 어떤 판매 촉진 활동을 전개할 것인가'를 종합적으로 계획하고 이것을 체계적으로 실행 및 통제해 나가는 관리 활동을 수산물 마케팅이라고 한다.수산물 마케팅애시 중요한 것은, 생산된 수산물을 생산자가 단순히 판매하는 행위로 끝나는 것이 아니고, 제값을 받고 판매할 수 있는 수산물임을 알아보고, 생산 계획을 세워 생산한 다음, 이것을 적당한 시기, 적당한 장소, 그리고 적당한 가격으로 잘 판매하도록 하는 것이다.

2) 마케팅의 범위 및 중요성

'마게팅 (marketing)' 의 개념 및 범위는 '판매'의 개념에 생산 단계보다 앞서 실시되는 시장 조사 몇 소비자욕구 파악 등의 활동도 포함시키는 것이다.그러므로 수산물 마케팅의 중요한 과정에는 시장 수요와 소비자의 구매 동향, 생산 계획, 판매 활동, 판매 후 소비자와의 밀접한 관계 등이 포함된다.

3) 수산물 마케팅의 특징

수산물은 일반 상품과 비교할 때 독특한 특성을 가지고 였기 때문에, 고로 인하여 수산물 마케팅에서도 다음과 같은 특성이 있다.

① 거래할 때 시간적·수량적 제한을 받는다.수산물은 부패성이 강하기 때문에 장기간 보관이 어려워야 하고, 생산자사 계획한데로 생산이 이루어지지 않으므로 생산 또는 과소 생산으로 거래에 제한을 받는다.

② 마케팅 경로가 복잡하고, 생산물의 이용 형태가 다양하다.

수산물의 생산이 계절적으로 이루어지고, 어장도 해역별로 분산되어 있으며, 다양한 형태의 생산자가 전국의 해안을 따라 흩어져 있기 때문이다. 또,생산물이 신선, 냉동, 가공물의 재료 같은 다양한 형태로 이용되고 있는 것도 수산물 마케팅 경로가 복잡한 원인이 된다.

③ 품질과 규격을 동일하게 유지하기 어렵다.

공산품은 대부분 규격과 품집 상태가 일정하게 등급별로 정해져 였으며, 농산물도 수산물보다는 상품 규격과 품질 수준을 유지하는 것이 비교적 쉽다.그러나 수산물의 경우는 생산자의 생산 계획내로 생산이 되지 않고, 더욱이 다양한 종류의 수산물이 생산되므로 동일한 이종이라 하더라도 같은 크기, 같은 품질 수준을 유지하기가 어렵다.

④ 가격의 변동이 심하다.

일반 공산품은 시장 가격이 비교적 안정적으로 유지되고 였으나, 수산물의 경우는 생산의 불확실성, 강한 부패성으로 인하여 가격 수준을 일정하게 유지하는 것이 힘들다. 따라서 최종 소매 단계에 이르면 판매자 및 장소에 따라 가격이 다르게 나타난다.

⑤ 일반적으로 1 회의 구매량이 소량이다.

수산물은 강한 부패성이 있어서 오래 저장해 놓고 먹을 수 없기 때문에 소비자는 조금씩 자주 사 먹게 된다. 이른 단점을 보완하는 것이 수산물 식품의 가공품 즉, 다양한 기능식품의 개발이고, 지금 다양하게 활성화 되고 있다.

2. 마케팅 활동과 마케팅의 4P(생산자나 기업의 입장) 및 4C(소비자 주권 시각)

수산물 마케팅의 활동에는 생산 품목의 결정, 판매 경로의 결정, 가격의 결정, 판매 촉진 수단의 결정을 들 수 있다.

(1) 마케팅 믹스의 구성요인을 4P라고 하여 고객을 중심으로 한 개념이며,제품·장소·가격·촉진'이라 한다. 4P vs 4C의 비교는 다음으로 정리된다.

- 유통경로(place)-편리성(Convenience)→제품을 편리하게 구매할 수 있는 곳
- 가격전략(Price)-고객의 비용(Cost to the Customer)
- 상품전략(Product)-고객가치(Customer Value)→고객이 구매하는 제품, 서비스
- 촉진전략(Promotion)-의사소통(Communication)

3. 마케팅 환경

제도적 환경과 사회·경제적 환경으로 대별되며, 제도적 환경으로는 수산물의 거래에 관한 국내적 기준의 강화 및 우루과이 협정에 따른 시장의 진세계화, 해양법 발효로 인한 TAC의 확대화 등이고, 사회·경제적 환경으로는 통신·교통의 발달로 인한 시간적·공간적 거리를 좁혀주는 것이면서 소비자의 건강에 대한 인식의 변화로 인한 소비패톤의 변화를 들수 있다.

4. 마케팅 조사

(1) 개념

먼저 마케팅 조사란, 상품의 생산자 및 판매자로 하여금 생산 및 판매에 관한 효과적인 의사 결정을 위해 유용하고 실행할 수 있는 정보를 제공할 목적으로 자료를 체계적으로 획득·분석 ·해석하는 과정이라고 할 수 있다.즉, 마케팅 조사는 과거 및 현재 상황의 조사와 분석을 통해 미래를 예측함으로써 전략 수립의 지침을 제공하는 미래 지향적인 활동인 것이다.

(2) 조사의 목적 및 필요성

마케팅 조사의 목적 및 필용성은 생산 및 판매에 관련된 의사결정에 유용한 정보를 제공하는것이 가장 중요한 목적이므로 조사를 체계적으로 자료를 수집 및 획들 후 철저히 분석을 하는 과정을 마케팅 조사의 목적이며, 조사의 필요성이다.마케팅 조사의 필요성 오늘날 상품을 생산하고 판매하는 활동 읍 원활히 하기 위해서는 미케팅 조사 활동이 필요하다. 그 필요성은 크게 다음 두 가지로 말할 수 있다.

첫째, 소비자 중심 시장이 되어 가고 있다.
둘째, 소비자의 욕구가 빠르게 변화하고 였다.

(3) 마케팅 조사의 분류

1) 수요분석조사

① 시장 특성조사

ⓐ 시장의 규모 및 시장의 성장 가능성을 조사한다.

ⓑ 대체품의 유무에 관한 조사를 한다.

② 소비자 행동 및 특성 조사 : 구매자 및 구매량, 구매동기에 관한 조사를 한다.

2) 환경분석조사

① 내부환경 분석 : 자금 및 기술력,능력에 대한 분석이며, 강점과 약점을 파악하는데, 이용되는 기법은 SWOT분석이 이용된다.

② 외부환경 분석 : 시장 여건 및 경기 동향에 관한 조사를 하고, 소비자의 소득 수준 및 선호도에 관한 조사를 한다.

(4) 마케팅 조사의 내용

마케팅 조사의 주요 내용은' 시장 상황을 분석하기 위한 조사, 경쟁 전략을 위한 조사 ,성과 측정을 위한 조사 등이 있다.

5. 시장 상황을 분석하기 위한 조사

시장 상황을 분석하기 위한 조사는 대개 시장을 탐색하기 위하여 실시되며,여기에는 목저에 따라 (1) 수요 분석, (2) 경쟁 분석, (3) 환경 분석 등 세 가지가 있다.

(1) 수요 분석

1) 소비자 행동 및 특성 조사

·구매자는 누구이며, 어디에서, 어떻게, 언제, 무엇을, 얼마나 구매하는가?

·그들이 구매하는 동기와 구매 후의 행동은 어떠한가?

2) 시장 특성 조사 : 시장의 규모는 얼마이며, 성장 가능성은 있는가? 대체품이 들어올 수 있는 가능성은 였는가? 경쟁자는 누구이며, 장점 및 단점은 무엇인가?

(2) 경쟁 분석 : 경쟁자는 누구이며, 장점 및 단점은 무엇인가?

(3) 환경 분석(내외부 환경분석)(SWOT 분석: 강점과 약점은 내부, 기회와 위험은 외부)

1) 내부 환경 분석 : 수산기업 자체의 자금 능력, 기술력에 대한 강점과 약점 등

2) 외부 환경 분석 : (기회와 위험)

경제 여건 및 경기 동향 , 소득 수준 등 ·사회적 ·문화적 특성, 수산물의 신호도 등

(4) 경쟁 전략 개발을 위한 조사

1) 시장세분화 분석 : 유효한 세분화 기준은 무엇이며, 표적 시장은 어디가 가장 유리한가?

2) 전략개발분석

① 제품 분석 : 기존 제품의 특징은 무엇이며, 제품 차별화의 방법은 무엇인가?

② 유통 경로 분석 : 판매 경로는 몇 개 였는가? 물적 유통 체계는 잘 되어 있는가?

③ 가격 분석 : 소득에 비해 판매량의 변화는 얼마나, 경쟁자의 가격은 얼마인가?

④ 촉진 분석 : 촉진 예산의 규모와 방법은 적당한가?

⑤ 성과 측정을 위한 조사

촉진 효과와 소비자 만족도는 어느 정도인가? 제품별 시장 점유율은 얼마인가 ?

3) 시장 상황을 분석하기 위한 조사 현대 추이

① 수요 분석(현 시대는 소비자 주권시대, 즉 needs 시대라 수요 분석이 가장 중요하다)

㉠ 시장 특성 조사

ⓐ 시장의 규모 및 시장의 성장 가능성 조사, 즉 유입 및 유출 인구 등 분석이 필요.

ⓑ 기업 제품과 관련 된 보완제와 대체품 등 유무와 판매 성향 등 조사가 필요하다.

㉡ 소비자 행동 및 특성 조사

ⓐ구매자 소득 수준 및 구매량, 구매동기 등에 관한 조사가 필요하다.

② 환경분석(SWOT 분석 기법 활용 : 기업의 강점 및 약점, 기회와 위기 등으로 분석)

㉠ 내부환경 분석 : 기업의 강점과 약점을 분석하는 것인데, 기업의 자금력,기술력, 시장통제 능력 등에 대한 강점과 약점을 조사하는 것이다.

㉡ 외부환경 분석

ⓐ 외부의 환경에 대응하기 위한 분석이며, 시장여건 및 경기동향에 관한 조사

ⓑ 침투할 시장의 소비자의 소득 수준 및 선호도에 관한 조사를 한다.

③ 경쟁분석 : 시장에서 경쟁할 타 기업의 장단점을 분석하기 위한 조사 단계이다.

4) 경쟁 전략 개발을 위한 조사의 현대적 추이

① 시장 세분화 분석 : 시장별로 표적시장을 구분하여 조사하는 것을 말한다.

② 전략 개발 분석 (기업의 광고 등 마케팅 믹스인 4‘P’로 분석한다)

㉠ 제품분석(product) : 기존 제품의 장단점 및 신규 제품과의 차별화를 위한 조사를 한다.

㉡ 유통경로분석(place)

ⓐ 기존은 off-line의 전포 등을 분석하여 소비자의 취향에 맞추어서 분석 조사한다.

ⓑ 소비자 성향을 분석하여 on-line 비율을 활용하여 직거래 등 유통경로를 분석하여 시대에 부응하는 유통경로, B2B, O2O(온라인 주문, 오프라인 배송) 등 활용을 위한 분석 단계이다.

㉢ 가격 분석(price)

ⓐ 경쟁사의 가격 분석조사 및 소비자의 소득 변화에 따른 판매량 분석 조사를 한다.

㉣ 촉진분석(promotion) 및 환류분석(소비자의 고충처리 및 반품처리 등) 조사

ⓐ 광고 및 홍보 등 방법 및 효과를 분석 조사하고 광고효과 등을 분석 조사한다.

ⓑ 판매 후 고객의 의사 및 불만 등 민원 처리를 분석 조사 한다.

5. 마케팅조사와 관련된 수산물 공급 및 수요에 영향을 미치는 요인

1) 수산물 수요에 영향을 미치는 요인

① 소비자의 소득수준 및 소비자의 선호도 변화로 수요가 변동한다.

② 동일 거주지의 생활의 동질화 및 변화에 따른 수요의 변화

③ 소비자의 건강에 관심이 증가하여 이에 따른 수요의 변화가 수요에 영향을 미친다.
④ 수요은 다른 사람의 소비에 따르는 밴드 효과 등이 수요에 영향을 준다.

ⓐ 소득 수준 : 소득이 향상되면 건강과 맛을 즐기기 위해 수산물 수요량이 증대된다.
ⓑ 소비자 기호 : 최근, 국민의 수산물에 대한 인식이 단순한 부식에서 건강 식품, 기호 식품으로 바뀌어 고 구매력이 증가된다.
ⓒ 생활 양식 (life style) 의 변화 : 오늘날 우리 나라는 국민 소득 수준의 향상과 함께 수산물을 취급하는 외식업도 크게 증가하고 있어 수산물의 수요롤 증대시키는 요인이 되고 였다.

2) 수산물 공급에 영향을 미치는 요인
① 수산 기업의 어획 기술의 향상에 따른 공급의 변화가 가장 큰 요인이다.
② 전세계의 무역 촉진이 되어서 수입의 증가한다.
③ 수산자원의 자연적인 조건을 개선하여 공급량을 향상시키는 것도 요인이다.
④ 양식업의 기술변화로 수산물 공급에 영향을 끼친다.

ⓐ 수산 자원의 풍도(豊度) : 어업에 있어서 수산물 공급 사정은 어장에 희유·서식하고 있는 수산 자원의 풍도에 의해 결정된다.
ⓑ 생산량의 변화 : 수산물은 계절에 따라 생산량의 변화가 심하며, 생산량에 따라 공급량이 결정된다.
ⓒ 수산 기술 수준 : 어군 탐지기 등 최신 장비를 설치하고 첨단 어구·어법을 사용하여 어획물의 생산 기술이 발달하면 공급량은 증대된다.
ⓓ 수입량 : 최근 우리 나라에도 외국으로부터 많은 수산물이 수입되고 있다. 이는 수산물의 공급량이 증대하는 중요한 요인이 된다.

6. 마케팅 활동 절차

(1) 생산 및 판매 품목결정 : 어업 및 양식 기술과 장비가 바달하면서 어종 및 어획량을 예측하여 생산품목을 결정하는 것이 가능한 수준이다. 그 결과 생산 및 판매에 계획적인 활동이 가능하다.

(2) 가격 결정 : 수확 된 수산물을 계통과 비계통에 따른 전반적인 상황을 고려하여 결정한다.
수산물 판매자가 어획물을 수협에 위탁(계통방식의 경우) 판매할 경우에는 어획물에 대한 가격을 스스로 결정한 수 없으나, 자유 판매(비계통방식)의 경우에는 수산물 판매자 스스로 판매 가격을 걸정해야 한다. 특히, 이 때 고려해야 할 시항은 품질 수준과 시장 상황이다.품질 수준이란, 곧 수산물의 신선도를 의미하며, 신선도에 따라 가격의 차이가 현저하기 때문에, 수산물 판매자는 높은 가격을 받기 위해서 수산물의 신선도 유지를 위한 여러 가지 필요한 수단과 방법을 강구해야 한다. 특히 저온저장방법을 많이 활용한다.

(3) 판매경로 결정 :
수산물이 생산자로부터 소비자에게 전달되는 과정을 수산물 유통 경로 또는 판매 경로라고 한다.기존 6단계를 할 것인지, 아님 직거래나 전자거래 등을 할 것인지를 결정하는 것이다.

(4) 유통경로 결정 : 중간 상인의 개입없이 할 것인지, 중간상인의 경험을 이용하여 경로를 선택할 것인지 등 결정하는 단계이다.
(5) 촉진수단 결정 : 광고 및 홍보 등 판매촉진을 하는 것을 말한다.
(6) 보관창고 등 결정 : 저온 유통 체계 (cold chain system) : 수산물이 생산 단계에서부터 소비자의 수중에 들어가기까지 부패 및 변질을 방지할 수 있도록 저온 상태를 유지하면서 수산물을 판매하는 체계를 말한다. 이러한 판매 체계가 이루어지기 위해서는, 냉동· 냉장 설비의 완비, 가공 시설의 확충 , 등

급·규격화를 위한 검사 제도의 확립 등이 필요하다. 수산물 규격 관련 법령 및 정책에서도 실시하고 있다.

7. 마케팅 기능

(1) 미시적 마케팅 : 개별 기업의 목표 달성 수단으로 수행

1) **선행적 마케팅** : 생산 전의 활동으로 마케팅 조사, 마케팅 계획 등이 해당

2) **후행적 마케팅** : 생산 후의 활동으로 경로, 가격, 촉진활동 등이 해당

(2) 거시적 마케팅 : 생산자와 소비자의 연결을 위하여 수행하는 것을 말한다.

8. 국제적 · 친환경적 마케팅 환경의 변화

(1) 수산물 거래 기준의 국제적 강화

최근 국제지인 수산물 거래에 관한 규빈에는 수산 식품의 안전, 소비자의긴강, 품집 기준의 이행 환경 치화적 수산뭉 유통, 교역의 자유화, 시장 접근방해의 방지 등에 관한 사항, 국제 교역의 법령 및 행정 절차의 투명성, 통계정보 수집 및 분배 교환 등에 관한 사항을 명시하고 있다.이러한 규범은 현재 국제지 환경이 세계 무역 기구 (WTO尸 체제하에 였을뿐 아니라 경제 협력 기구 (OECD)31 의 가입국인 우리 나라는 그 이행이 필연적이며, 앞으로 이행 조건이 더욱 강화될 것으로 보여 기존의 제도가 개선·정착될 것으로 에상된다.

(2) 수산물 무역의 자유화(수입의 증대)

최근 APEC 에서의 수산물에 대한 어기 자유화 협상 등 수산물 무역의 자유화에 내한 국제저 움직임으로 수입 제한 조치들이 완화되거나 제거되고 였어 수산물 무역에 관한 장애가 없어지고 있으며, 따라서 수산물을 좋아하는 우리 나라로서는 수산물의 수입이 증대되고 있다.

(3) 유통 시장의 개방

UR 협상 이후 국제적 인 개방화 추세에 따라 1996 년부터 우리 나라의 유통시장이 전면 개방되어 의국인 투자 환경이 저극 개선됨에 따라 유통업에 내 한 의국 기업의 진출이 급증하고 있다.

(4) TAC 제도의 도입

섀 해양법의 방효와 함께 국제적인 어업 관리 제도가 된 TAC 제도가 실시되고 있다.

(5) 통신·교통의 발달

컴퓨터의 발달이 점점 고도화됨에 따리 이를 이용하여 생산지와 소비지의각종 정보를 전달해 주는 근거리 정보망, 온라인 정보망, 인터넷 등 고도 기술이 이용된 통산망이 잘 구축 등으로써 생산지와 소비지 간의 공간적, 시간적 거리를 가깝게 하고 있다.이와 같은 정보 통신 기술의 계속적인 발달은 수산물을 포함한 모든 상품 거래의 방식을 변화시키고 있다.

(6) 오늘날 수산물에 대한 소비 패턴은 양적·질적으로 많이 변화 추세

양적인 면에서는 수산물 소비량이 증가하고 였다.그리고 질적인 면에서 수산물의 소비 목저이 '영양가가 높으므로' '성인병을 예방하기 때문에'로 바뀌고 였다. 또, 이동 인구의 증가, 독신 세대의 증가, 여성의 사회 진출의 증가, 청수년의 기호 졍회, 건강 및 기호 식품으로 변화하는 경향이 변화추세이다.

(7) 강화된 거래 기준의 제도화

수산물의 국내·외적으로 거래 기준이 강화되는 추세에는 소비자의 건강과 환경을 중시하는 유통과 거래의 투명성 등이 핵심을 이루게 된다. 따라서 수산물 거래의 새 기준과 제도화가 이루어지고 있다.

(8) 유통 업체의 대형화

선전화된 경영 기술을 가진 외국 업체가 진입하면, 행상, 좌판상, 재래 시장이 위축·감소하는 반면에 백화집, 대형 슈퍼마켓, 편의집, 수산물 전문점 등 현대식 대형 소매점들이 늘어나고, 매출량과 매장 면적, 그리고 전국적인 체인점포가 늘어나고 있다.

(9) 유통 정보화의 촉진

수산물 시장이 투명성을 높이기 위해서는 수산물 유통의 정보화가 촉진되어야 한다. 앞으로는 일반화가 되어가는 사이버 시장 (Cyber market) 에서 거래할 수 있는 전자 상거래가 더욱 활성화될 것으로 예상된다.

(10) 표준화 및 다양화의 촉진

수산물에 대한 소비 패턴의 변화에 따라 구매의 편리성을 신호하는 소비자가 증가하고, 그 소비자는 가공 식품의 구매 비중을 증대시킬 것이다. 따라서, 수산물의 표준화는 촉진될 것이다.

(11) 환경과 자원을 중시하는 소비자의 출현

자원 및 환경 문제가 사회적으로 문제가 됨에 따라 앞으로 수산물 시장에도 자원 및 환경을 중시하는 소비자가 많이 출현할 것으로 본다. 청정지역 원산지 표시제도 등 인증이 있는 수산물의 소비가 진작되고 있는 것이 현실이다.

제4 소비자의 행동분석 및 유형

1. 소비자 행동 및 행동분석의 의의

(1)소비자행동의의의

소비자 행동 (consumer behavior)은 시장에서 재화와 서비스의 구매 및 소비와 관련된 소비자의 행동을 말한다.

(2) 소비자 행동 분석의 의의

소비자 행동 분석 또는 소비자 행동 연구는 기업의 마케팅 활동 수행에 있어서 소비자의 행동이 결정적으로 중요한 변수가 된다는 점을 고려하여 소비자 행동을 체계적이고 포괄적으로 연구, 분석할 필요가 있다는 점을 말한다.

2. 소비자의 구매행동

1)의의

농수산물의 구매하는 소비자의 구매할 때 일어나는 각종 변화야상을 말하며, 일반적으로는 소지자의 일상 생활 행동으로 구매하는 행동을 의미한다.

2)유형

농수산물 소비자들이 상품을 구매하는 과정에서 상품에 대한 흥미나 관심 단계부터 시작하여 구매 결정까지의 과정에서 일어나는 노력의 정도를 관여도(INVOLVEMENT)하 한다. 이에는 일상필수품은 저관여 현상이 일어나고, 자금이 많이 드는 상품이나 소비자 본인이 좋아하는 상품에서 관여도가 높은 것을 고관여 구매활동이라 한다.

① 저관여 구매행동: 농수산물 등을 과거의 경험이나 습관에 의해 쉽게 구매결정을 내리는 것.

② 고관여 구매활동: 신중하게 구매의사결정을 내리는 것.

③ 저관여 상품의 판매확대를 위해서는 숙도를 높여야 하고 고관여 상품은 다양한 상품을 제공해야 한다.

3) 소비자의 구매행동에 영향을 미치는 주요 요인 및 (네이버 인용하여 상세 설명)

사회적 요인	사회계층, 준거집단, 가족, 라이프스타일 등
문화적 요인	생활양식, 국적, 종교, 인종, 지역 등
개인적 요인	연령, 생활주기, 직업, 경제적상황, 인성 등
심리적 요인	욕구, 동기, 태도, 학습, 개성 등

① 심리적 요인(욕구, 동기, 태도, 학습, 개성 등)

인간의 심리학은 소비자의 의사 결정 과정에 매우 중요한 역할을 합니다.

ⓐ 욕구 : 사람이 상품과 서비스를 사용하도록 동기를 부여하는 요인과 소비할 무언가를 구매하는 데 영향을 미치는 요인을 말한다. 이처럼 욕구에는 단계가 있다는 이론을 제창한 사람이 미국의 심리학자 매슬로우(Abraham H.Maslow)이다. 인간의 요구는 소비 결정의 강력한 동기입니다. 인간의 욕구에 대해 이야기 할 때 생리적 욕구, 안전에 대한 욕구, 사랑과 가족 욕구, 사회적 욕구, 자아 실현 요구와 같은 다양한 종류의 욕구가 있습니다. 생리적 욕구구와 안전에 대한 요구는 인간의 모든 요구 중에서 가장 중요하며 소비 결정을 내리도록 동기를 부여합니다.

ⓑ 인식

우리는 사회와 공동체에 살고 있는 사회적 동물이며 무의식적으로 우리의 마음은 항상 환경에서 공부하고 배우고 있습니다. 고객 리뷰, 홍보 계획, TV 광고 및 소셜 미디어에 대한 피드백은 사람들에게 인상을 줍니다. 결과적으로 소비자에 대한 인식을 만듭니다. 사람들이 쇼핑을 할 때 이미 마음에 있는 인식이 결정에 영향을 미칩니다.

ⓒ 학습

사람이 쇼핑을 나가서 물건을 사면 그 제품을 사용하면서 제품에 대해 알게됩니다. 학습 과정은 시간이 걸리며 소비자의 지식, 경험 및 기술에 따라 다릅니다.

ⓓ 태도와 신념

사람들은 다른 신념을 가지고 있으며 구매 결정에 영향을 미칩니다. 소비자의 태도 또한 매우 중요하며 다양한 제품에 대한 소비자의 행동을 알려줍니다. 마케터들이 관심을 갖는 이유는 특정 제품에 대한 소비자의 태도가 회사의 브랜드 이미지를 만들어내기 때문입니다

② 사회적 요인

우리 인간은 사회적 존재이며 사람들 주위에 살고, 사회를 만들고, 같은 생각을 가진 사람들의 커뮤니티를 만들고 싶어합니다. 우리 주변 사람들이 우리를 받아 들일 수 있도록 사회의 사회 규범을 따르는

것도 우리의 본성입니다.

ⓐ 공동체 의식

그룹은 두 명 이상의 사람들이 모이고 공통된 목표를 가지고있을 때입니다. 그룹의 사람들은 일반적으로 같은 생각을 가진 사람들이며 서로 연결되기를 원합니다.

ⓑ 가족

당신이 태어난 가족은 우리의 행동, 성격 및 성격을 형성하고 발전시킵니다. 아이들은 부모를 따르고 배웁니다. 그들이 보는 TV 채널과 광고의 종류와 그들이 사는 물건의 종류가 아이들의 행동에 영향을 미치며, 가족이 아이들의 첫 학교라고 말할 수도 있습니다.

ⓒ 역할 및 상태

우리는 평생 동안 다른 역할을합니다. 아이, 형제, 자매, 형제 자매, 학생, 전문가, 어머니, 아버지, 딸 등의 역할처럼. 모든 역할은 우리가 환경에 따라 특정한 방식으로 행동해야만 합니다. 예를 들어, 당신이 회사의 CEO라면 그 지위에 맞게 물건을 사곤합니다.

③ 문화적 요인(생활양식, 국적, 종교, 인종, 지역 등)

문화는 특정 커뮤니티에서 사람이나 그룹이 따르는 일련의 코드와 가치입니다. 그렇기 때문에 다른 문화권의 사람들은 자신이 자란 문화의 지배적인 가치와 이념을 따르기 때문에 다르게 행동합니다.

ⓐ 문화

문화는 강력한 동기 부여 원동력이며 소비자의 구매 행동에 큰 영향을 미칩니다. 문화는 대다수 사람들의 일련의 코드, 가치, 선호, 이념, 욕구, 욕구로 구성됩니다.

ⓑ 사회 계층

모든 사회에는 전 세계적으로 다양한 종류의 사회 계층이 있습니다. 사람들이 사회 계급을 만든 이유는 소득, 교육, 가족 배경, 직업, 거주지 등 많은 요인들 때문입니다. 특정 사회 계층의 사람들은 동일한 가치 집합을 공유합니다

④ 개인적 요인(개인 연령, 생활주기, 직업, 경제적상황, 인성 등)

연령, 생활 방식, 직업, 소득 등과 같은 많은 개인적 요인이 있습니다. 이는 소비자에게도 중요하며 구매 행동에 영향을줍니다. 이러한 개인적 요인은 사람마다 다릅니다.

ⓐ 연령

우리의 선호도와 선택은 우리의 삶을 통해 계속 변합니다. 그 나이는 소비자의 행동 과정에서 매우 중요한 요소입니다.

ⓑ 직업

직업은 우리가 생계를 위해하고 생계를 얻는 것입니다. 다른 직업의 사람들은 직업과 관련된 다른 물건을 구입합니다. 예를 들어, 교수의 구매는 의사와 엔지니어와 완전히 다를 것입니다.

ⓒ 라이프 스타일

라이프 스타일이란 사람의 태도와 지역 사회에서 행동하는 방식을 의미하며 소비자 행동에 영향을 미칩니다. 예를 들어 건강한 생활 방식을 갖고 있는 사람은 정크 푸드보다는 건강한 음식과 제품을 선택합니다.

⑤ 경제적 요인

(개인 소득 및 개인 은행 등 신용상태 등이며, 이는 사회적 요인과 구별하기가 다소 곤란하다)

경제적 요인에는 구매력, 개인 소득, 시장 상황 및 기타 경제적 변수가 포함됩니다. 예를 들어, 국가가 성장하면 사람들은 일자리를 갖게 되고 사람들은 쇼핑할 수있는 추가 여윳돈이 늘어나게 됩니다.

ⓐ 개인 소득

개인 소득은 모든 비용을 제한 후 남은 돈을 의미합니다. 가처분 소득이라고도 합니다. 가처분 소득이 높을수록 구매력이 높아집니다. 가처분 소득이 있으면 그에 따라 비용이 증가합니다. 사람들은 가처분 소득이 떨어지면 지출을 줄입니다.

ⓑ 소비자 신용

신용 카드 회사가 소비자 신용, 은행 대출, 자동차 대출, 고용 구매 및 기타 신용 옵션을 더 쉽게 가질 수 있도록합니다. 이는 사람들이 신용에 쉽게 접근할 수 있도록 함으로써 사람들이 경제에 더 많이 지출하기를 원한다는 것을 의미합니다.

ⓒ 개인 보유하고 있는 유동 자산

유동 자산은 수중에 있는 현금, 증권, 채권 또는 은행 계좌를 의미합니다. 쉽게 사용하고 현금으로 전환할 수있는 자산입니다. 유동 자산이 높을수록 구매자는 더 많은 지출 옵션을 갖게됩니다.

ⓓ 정부 정책

정부의 재정적 규칙과 규정은 정부 정책입니다. 예를 들어, 정부가 이자율, 지출 세, 현금 세 또는 인플레이션을 인상하는 경우입니다. 최근에 문재인 정부의 부동산 정책으로 서울 및 전국의 아파트 매매 현상을 다양한 정책으로 제한을 하여 부동산 시장의 급변하게 요동을 치는 것이 그 예시이다. 허나 정책이라 수요 공급 원리에서 벗어나는 정책은 국민이 그 정책을 거부하는 경향을 보여주는 예시이다.

4) 소비자의 구매의사 결정 과정

문제인식 → 정보탐색 → 선택대안평가 → 구매 → 구매 후 평가 단계로 나누어 진다.

제5. 농수산물 마케팅 전략

1 마케팅의 세가지 전략

1) 시장점유 마케팅 전략 - 공급자(생산자)중심

① STP전략 : 시장세분화, 표적시장, 차별화 (기출: 시장의 개념으로 접근)(6회기출)

② 4P MIX (마케팅 믹스) : 제품, 가격, 유통경로, 홍보의 측면에서 차별화를 도모하는 전략

2) 고객점유 마케팅 전략 - 수요자(소비자)중심 - 소비자를 중심으로 한 고객 지향적 시도 -고객의 주의(Attention), 관심(Interest), 욕망(Desire), 구매 행동(Action)으로 이어지는 소비자의 구매의사 결정과정의 각 단계에서 마케팅 효과를 극대화 하는 것이 고객점유마케팅이다. (AIDAS)

3) 관계마케팅 전략-공급자와 수요자의 상호작용

1회성이 아닌 양자간 장기적이고 지속적인 관계를 유지하는 관계마케팅이 새로운 개념으로 부상

4) Cutomer Relationship Management : 고객관계관리(CRM)

① 개념

고객관계관리(CRM)이란 Cutomer Relationship Management의 약자인데, 고객의 특성을

파악하고 그것을 기초로 하여 고객의 욕구에 부합하는 상품 및 서비스를 개발하여 제공하는 마케팅 활동 기법이라 한다.

② 목적

목적은 신규고객 확보보다 기존고객 유지가 비용면에서 더 효율적이라는 것을 알게 되었고, 고객 1인으로 부터 창출되는 이익 규모는 오랜된 고객일 수록 높다. 고객관계관리(CRM)는 고객에 대한 상세한 정보로 인한 고객생애가치(LTV = Lifw Time Value란 한 고객이 고객으로존재하는 전체기간 동안 수산 기업에게 제공하는 이익의 합계를 말한다)를 극대화하는 것이 목적이다

③ 효과

고객관계관리(CRM)의 효과는 재구매율 증가, 애호도의 향상 및 신규고객의 창출효과,비용절감,유통체널과의 관계개선,시장 세분화 능력의 향상,수산 기입 내부조직의 강화,당기기식 전략(pull strategy = 기업에서 최종 소비자에게 직접 또는 간접적으로 홍보나 광고활동을 수행하는 것) 등이 효과를 발생시킨다.

④ 구축단계

고객관계관리(CRM) 구축단계는 고객의 자료 수집 → DB화 → 고잭의 행동에 대한 점수화 → 고객행동 분석 및 예측 →고객집단의 세분화 → 이탈방지를 위한 마케팅 수립 →지속적인 개발,측정,검증,실현 등 → 수산 기업의 경쟁력 강화로 나누어 진다.

2. STP전략(segmentation, target, positioning) 의 구체적 내용

(1)시장세분화

1) 시장세분화(segmentation) 전략의 의의: 다양한 욕구와 서로다른 구매능력을 가진 소비자를 욕구가 유사하고 동질적 집단으로 세분화하여 고객의 욕구를 보다 정확하게 충족시키는 알맞은 제품을 공급하는 것을 말한다.

2)효율적인 세분화 조건

① 세분시장의 규모와 구매력을 측정할 수 있는 측정가능성

② 세분시장에 접근가능하고 그시장에 활동할 수 있는 접근 가능성

③ 세분시장을 유인하고 그시장에서 효과적인 영업활동을 할 수 있는 행동가능성

④ 세분화된 시장 사이에 특징, 탄력성이 있는 유효정당성

⑤ 각 세분화시장은 일정기간 일관성 있는 특징을 갖는 신뢰성 조건을 말한다.

3) 시장 세분화 기준 변수

① 지리적 변수 - 국가, 지방, 도시 등 지역에 따라 시장세분화
② 인구통계학적 변수(사회, 경제적) - 나이, 생애주기, 성, 소득 등에 따라 시장 세분화
③ 심리도식적 변수- 사회적 계층이나 라이프사이클, 성격, 기호 등이 포함
④ 행동적 변수- 구매 또는 사용 상황, 소비자가 추구하는 편익, 제품사용 경험, 사용률, 충성도(loyalty), 제품에 대한 태도, 구매자의 상태 등에 근거해 시장을 세분화하는 것이다.

(2) 표적시장(target):

1)의의 및 유형:

① 의의: 시장영업범위로 세분화된 시장에서 자신의 상품과 일치되는 수요집단을 확인 하거나 선정된 목표 집단으로부터 신상품을 기획하게 된다.

② 비(무)차별적 마케팅: 대량마케팅이라고도 하며 기업이 하나의 상품이나 서비스로 시장전체에 진출하여 가능한 다수의 고객을 유치하려는 전략으로 시장세분화와 배치되는 전략이다.

③ 차별적 마케팅: 각 시장별로 별개의 제품이나 마케팅 프로그램을 세우는 경우 - 집중적 마케팅: 자원이 한정된 중소기업에 적합하며 한 개 또는 몇 개의 시장부문에 집중하는 전략이다.

(3) 시장위치 선정(positioning: 차별화전략) -시장위치(position): 제품이 소비자들에 의해 지각되고 있는 모습 (소비자 마음속에 경쟁제품과 비교되어 차지고있는 위치) - 위치선정(positioning): 소비자 마음속에 자사제품이나 기업을 가장 유리한 포지션에 있도록 노력하는 과정이다.

3. 마케팅 믹스: 기업이 표적시장에 도달하여 목적달성을 위해 마케팅의 구성요소를 조합하는 것을 말한다.

* 마케팅 믹스의 구성요소

유통경로(place)	유통경로 선택, 유통계획 수립 등
상품전략(products)	차별화 전략, 포장, 상표, 디자인, 서비스 등
가격전략(price)	시가전략, 고가전략, 저가전략 등
촉진전략(promotion)	광고, 홍보, 전시, 시식회 등

* 마케팅 믹스의 4P(기업의 입장) 와 4C(고객의 입장) 관계성(현재는 4M시각까지)

4P(기업관점)		4C(고객관점)
유통경로(Place)	**4M : Media, Message, Market, Merchandise.**	편리성(Convenience)
상품전략(Products)		고객가치(Customer value)
가격전략(Price)		고객측 비용(Cost to the Customer)
촉진전략(Promotion)		의사소통(Communication)

4 판매촉진

1) 좁은 의미의 판매 촉진: 광고, 홍보 및 인적판매와 같은 범주에 포함되지 않는 모든 촉진 활동

① 홍보 : 기업, 단체, 관공서 등의 조직체가 커뮤니케이션 활동을 통해 스스로의 생각이나 계획,활동, 업적 등을 널리 알리는 활동을 말한다.선전과 유사하나 선전은 주로 위에서 아래로의 정보전달이 주로 하므로 홍보와 다른다.

ⓐ 홍보의 특징은 무료광고의 효과를 얻는 것이다.

ⓑ 홍보의 유형 : 기자회견,제품홍보,기업홍보,로비활동, 카운슬링(경영자에게 공공적 문제와

기업의 위치 및 이미지 등에 대해 조언하는 것을 말한다.

② 인적판매 : 판매원이 직접 고객과 대면하여 자사의 제품이나 서비스를 구입하도록 권유하는 커뮤니케이션 활동이다.

③ DM광고(Direct - mail Advertising) : 우편에 의해서 직접 예상 고객에게 송달되는 광고로 직접광고의 일종이다. 우편광고,우송광고, 통신광고라고도 한다.

④ Publicity(퍼블리시티) : 좁은 의미로서의 홍보(PR)로서, 수산 기업주가 언론에 대하여 벌이는 간접적인 광고 활동을 말하며, 상품 또는 기업에 대한 홍보를 언론이 일반 보도로 다루도록 함으로써 결과적으로 무료로 광고 효과를 얻는 것을 말한다.

⑤ 광고

(a) 개념

광고란 소비 대중을 대상으로 하여 상품의 판매나 서비스의 이용 또는 기업이나 단체의 이미지 증진 등을 궁극 목표로 이에 필요한 정보를 매체를 통하여 유료 또는 무료로 전달하는 모든 홍보행위이다. 광고는 동시에 다수의 소비 대중에게 상품 또는 서비스 등의 존재를 알려 판매를 촉진하는 일종의 설득 커뮤니케이션 활동이다. 즉, 광고는 글, 그림, 사진, 도안, 영상, 소리 등의 표현 메시지를 신문, 잡지, 라디오, 텔레비전 등 대중매체 또는 우편, 포스터, 팜플렛, 옥외 광고, 극장, 인터넷 등 다양한 전달 매체에 게재 또는 방송한다. 이로써 예상 구매자에게 상품 및 서비스 등에 관한 정보 내용을 널리 전달, 설득하여 판매 등 소기의 목적 달성을 촉진하고자 하는 활동이다.

(b) 유형

광고의 유형은 그 분류 기준에 따라 다양하게 나누어진다. 대표적인 것을 보면 영리성 여부에 따라 영리 광고와 비영리 광고로 분류된다. 영리 광고는 상품 등을 판매할 목적으로 하는 일반 상업적 광고를 가리키고, 비영리 광고는 적십자사 등의 공공단체나 공공 광고 기구에 의한 비상업적 광고이다. 일반적으로 공공 또는 공익 광고라고 일컬어진다.

(c) 목적 및 기능

광고의 목적이나 기능에 따라 크게 제품 광고(또는 판매 광고)와 비제품 광고로 나눌 수 있다. 제품 광고는 기업이 생산하는 상품이나 서비스의 판매를 증진시키기 위해 행하는 광고이다. 반면 비제품 광고는 광고주의 사회적 공헌이나 기업 경영의 중요성을 일반 대중으로 하여금 인식하게 하여 그들의 호의나 신뢰를 획득하고자 시행하는 광고이다. 흔히 기업 광고 또는 이미지 광고라 부른다. 전달되는 지역의 범위에 따라 국제 광고, 전국 광고, 지역 광고, 지방 광고로 나누어진다. 그 밖에도 전달 매체에 따라 신문 광고, 잡지 광고, 라디오 광고, 텔레비전 광고, 교통 광고, 우송 광고, 옥외 광고, 전단 광고, 영화 광고 등으로 분류된다. 광고의 목적은 주로 광고내용에 대해 대중이 일정한 방식으로 반응하도록 설득하는 것이다. 광고의 발전은 인쇄술의 발달로 가능했다.

2) 판매촉진의 개념

판매촉진이란 특정제품에 대한 고객 및 중간상의 인지도와 관심을 증대시켜 짧은 기간 내에 제품 구매를 유도하기 위한 마케팅활동을 의미하며, 예상고객을 설득하고 그들에게 구매를 유도하여 수요욕구를 환기시키는 모든 활동을 말한다.

3) 판매촉진의 기능

① 정보의 전달기능 : 촉진활동의 주요 목적은 정보를 널리 유포하는 것으로 이러한 촉진활동은 커뮤니케이션의 기본적인 원리에 따라 이루어 진다.

② 설득의 기능 : 대부분의 촉진활동은 설득을 목적으로 소비자가 그들의 행동이나 생각을 바꾸거나 현재의 행동을 더욱 강화하도록 설득하는 기능을 한다.

③ 상기의 기능 : 이는 촉진활동은 자사의 상표에 대한 소비자의 기억을 되살려 소비자의 마음속에 유지시키기 위한 것을 말한다.

④ 판매촉진의 목적이나 기능은 수산 기업이 표적시장에 동사의 제품을 알리고, 동사의 상품을 적절히 차변화하며, 동사의 상표에 대한 소비자의 충성도를 높이는데 있는 것이다.

4) 판매촉진의 장단점

① 장점은 단기적이고 직접적인 효과 및 충동구매를 유발할 수 있다.

② 단점은 장기간의 효과는 미흡할 수 있고, 경쟁사의 모방이 용이 하는 것 등이다.

③ 각종 판매촉진 활동의 장점 및 단점 비교

구 분		장 점	단 점
협 의	광고	.자극적 표현 전달 기능 .장기 및 단기적인 효과 .신속한 메세지 전달기능	.정보전달의 양이 재한적이다. .고객별 전달정보의 차별화가 곤란 .광고효과의 측정 곤란
	홍보	.높은 신뢰도 .촉진효과의 기대	.통제의 어려움
	인적 판매	. 고객별 정보전달의 정확성 . 즉각적인 피드백 기능	. 과다한 비용 소요 .대중적 상표에 부적절하다. .촉진의 속도가 느림
광 의	판매 촉진	. 단기적이고 직접적인 효과 . 출동구매 유발 효과	. 장기간의 효과 미흡 .경쟁사의 모방 용이하다.

5) 판매촉진 수단

① 가격 할인 : 시장상황인 변동함에 따라 상품의 가격을 인하하는 것을 말한다. 일반적으로 제품의 시초 판매가격에 그 상품의 유행이 지나거나 판매되지 않았을 때를 대비해 고려하는 경우가 흔하다.

② 쿠폰 : 쿠폰은 '구매자에게 특정 제품을 할인받을 수 있는 자격을 제공하는 증거물(voucher) 또는 증명물(certificate)로, 기업이나 조직체가 소비자에게 제공하는 선물(gift) 또는 인센티브(incentive)로서 구매 심리나 동기에 영향을 미치는 유형물'이다(John. R. Rossiter &Larry Percy, 1987). 또한 쿠폰은 '때때로 가격을 할인하거나 무료로 제공하며, 특정 제품을 소비자에게 구입 또는 시용하도록 자극을 주는 증명물'로 정의되고 있다(Julie M. Moss, 1977). 따라서 쿠폰은 한마디로 판매 촉진을 위해 사용되는 일종의 '가격할인권'으로, 상품의 구매 동기 유발이나 촉진을 목적으로 소비사에게 여러 혜택이나 가격할인 등을 제공하는 다양한 형태의 대상물로 이해할 수 있다. 또 소비자를 단기간에 관리할 수 있는 가격 메리트(merit)나 인센티브(incentive)로서 프로모션 기법 중 최고의 수단이기도 하다. 그 본질은 역시 구매 동기 유발에 있다.

③ 환불 정책 : 환불은 가격 세일즈 프로모션 기법 중 하나로 다른 말로 'refund'라고 한다. 자사의 상품이나 제품을 구매한 경험이 있는 고객을 대상으로 제품 구매 이후 특정한 사유에 의해 특정 시기나 특정 장소에 한해 제품 가액의 일부나 전액을 돌려주는 행위다. 구매 경험이 있는 고객을 대상으로 자사 제품의 신뢰도나 완성도가 높다는 인식을 심어 주어 관심을 유발하는 기법이다. 환불은 집객으로 모인 고객들을 상대로 펼치는 수단으로 흔히 제품 이미지의 강화나 매출 증대를

목적으로 한다. 이 이외에도 경연, 경주, 게임 등의 상품제공, 경품을 제공하는 행사를 하는 것 등이다.

6) 판매촉진 전략: 소비자의 구매결정 전 단계에서는 홍보, 광고가 판매촉진보다 효과가 높다.

① 풀(pull)전략: 제조업자나 생산자가 최종소비자를 대상으로 광고와 판매촉진수단을 동원하여 촉진활동을 말한다.

② 푸쉬(push)전략 : 제조업자나 생산자가 소비자나 유통업자를 대상으로 인적 판매와 판매촉진 수단을 동원하여 촉진활동을 말한다. 중간상 대상이 특징이다.

③ 피알(PR) 진략 : 우호적 이미지를 구축하거나 비우호적인 소문, 사건 등을 처리하거나 방지하는 활동을 말한다.

5. 상품포장

1) 포장의 유형

① 겉포장(외부포장): 수송 주목적(취급용이, 상품보호)으로 하는 포장을 말한다.

② 속포장(내부포장): 겉포장 속의 포장(구매편리)하는 것을 말한다.

2) 포장의 중요성

- 외관수려한 제품의 선호
- 제품차별화 유도로 경쟁우위 확보
- 셀프점의 경우 좋은 포장제품은 순간광고의 효과
- 유통업자의 입장에서는 유용하며 수익증가 효과가 가능하다.

3) 포장의 장, 단점

① 장점 : 가격전달, 채소의 습도유지, 중,대포장은 소비촉진, 제품광고 촉진 수단, 소매단계의 부패 감소, 판매부서의 노동력 감소로 비용 절감

② 단점 : 소비자의 선택의 폭을 감소, 포장비용은 가격을 증가하여 이윤감소, 단순적재나 전시품을 선호하는 소비자도 있다.

4) ((국립수산물품질관리원 고시 제 2019 - 6호))

'수산물표준규격 및 고시 일부를 일부 개정 고시 합니다.

' 2019년 6월 28일 ' 국립수산물품질관리원장'

'수산물 표준규격'

제1조 목적

농수산물품질관리법 제 5조 등 수산물의 포장규격과 등급규격에 관하여 필요한 세부사항을 규정함으로써 '수산물의 상품성제고와' 유통능률 향상 및 공정한 거래 실현에 기여함을 목적으로 한다.

제 2조 정의

1.'표준규격품이라 ' 이 고시에서 정한 포장규격 및 등급규격에 맞게 출하하는 수산물을 말한다. 다만, 등급규격이 제정되어 있지 않은 품목은 포장규격에 맞게 출하하는 수산물을 말한다.

2.'포장규격이란 '거래단위'포장치수, 포장재료, 포장방법, 포장설계 및 표시사항 등을 말한다.

3.'등급규격'이란 수산물의 품종별 특성에 따라 형태, 크기, 색택, 신선도, 건조도 또는 선별상태 등 품질구분에 필요한 항목을 설정하여 '특, 상, 보통'으로 정한 것을 말한다.

4.'거래단위'란 수산물의 거래시 포장에 사용되는 각종 용기 등의 무게를 '제외한' 내용물의 무게 또는 마릿수를 말한다.

5.'포장치수'란 포장재 '바깥쪽'의 길이, 너비, 높이'를 말한다.
6.'겉포장'이란 산물 및 속포장한 수산물의 수송을 주목적으로 한 포장을 말한다.
7. '속포장'이란 소비자가 구매하기 편리하도록 겉포장 속에 들어있는 포장을 말한다.
8. '포장재료'란 수산물을 포장하는데 사용하는 재료로써 식품위생법 등 관계 법령에 적합한 골판지, PP, PE, PS, PPC 등을 말한다.

6. 상표(브랜드) - 2018년 수품사 2차 기출

1) 상표화

어떤 기업이 자사의 상품을 고유하게 표시하고 다른 회사의 상품과 구별하기 위해 사용하는 시각적 기호 또는 도안 등을 말한다. 상표는 주로 단어·문구·숫자·도안·이름 등으로 만들어지며, 그밖에 상품·포장의 형태나 특징, 기호를 첨부한 색채조합, 단순한 색채조합, 열거된 모든 기호의 조합 등을 이용해 고안되기도 한다. 상표는 재화·용역의 출처를 나타냄으로써 2가지의 중요한 기능을 한다. (a) 어떤 상품을 다른 사람의 상품으로 표시하거나 다른 이름으로 유통시키는 불공정한 경쟁으로부터 제조업자와 상인을 보호한다. (b) 고객에게 상품의 질을 보장함으로써 소비자를 보호하는 역할을 한다. 전 세계의 나라에서 지적재산권, 무형 재산권으로 법률상 보호를 하고 있는데, 우리 나라도 상표법상 등록을 하면 재산권으로 보호를 받는다.

① 상표란 타사의 제품과 구별하기 위한 문자, 기호, 도형 혹은 그 결합
(일반적으로 제품과 서비스의 표식 포함)

② 상표화 중요성 : 농업연관 산업제품의 상표는 판매자 소비자 모두에게 이점이 된다.

③ 소비자의 신뢰와 유통채널을 통해 더 많은 수요 창출 효과를 유발할 수 있다.

④ 소비자의 일정수준의 품질에 대한 신뢰감은 불확실성을 감소시킬 수 있다.

2) 상표특징

① 제품의 이점 표현하고 소비를 촉발시킨다.

② 상표명은 실제적이고, 분명하며 기억하기 쉬워야 하는 것이 상표의 전제 조건이다.

③ 상표명은 제품이나 기업의 이미지와 일치 하여야 함

④ 상표명은 법적으로 보호받을 수 있어야 한다

3) 상표의 기능

① 상품식별가능 - 출처표시 기능(제조,가공, 증명, 판매업자와 관계 등)

② 품질보증 기능- 광고 선전기능 등이 있다.

7. 가격전략

(1) 가격의 중요성 : 고가격 저판매와 저가격 수익성 악화 등의 기업이윤 극대화에 중요요소

(2) 가격모색자와 가격순응자

① 가격모색자 : 제품에 대한 시장가격에 대해 통제 가능한 농업연관 산업의 판매자들 (가공업자, 도매상, 분배상 등)

② 가격순응자 : 농민(생산자의 영세 다수), 상품거래자, 수출업자 등이다.

(3) 가격결정의 방법

1)원가기준가격결정법

① 원가가산가격결정법 : 제품의 단위원가에 일정비율의 금액을 가산하여 가격 결정을 한다.

② 목표가격결정법 : 예상 총원가에 대해 목표이익률을 실현해줄 수 있는 가격을 결정하는 방법

2) 수요기준가격결정법-수요의 강도를 기준으로 가격결정 - 2018년 기출

① 원가차별법 : 수요의 탄력성(고객별, 시기별)을 기준으로 둘이상의 가격을 결정하는 방법

② 명성가격결정법 : 구매자가 가격에의해 품질을 평가하는 경향이 강한 고급품목 등에 대하여 가격을 결정하는 방법 ※심리적 가격전략에도 해당

③ 단수가격결정방법 : 가격이 가능한 최선의 선에서 결정되었다는 인상을 구매자에게 주기위해 고의로 단수를 붙여 가격을 결정하는 방법

(예: 10,000원미만의 9,000원 대의 가격제시 9,980원)

3) 경쟁기준가격결정법

① 경쟁수준 가격결정법(관습가격) : 우세한 관습적 가격에 따름

② 경쟁수준 이하 가격결정법 : 가격에 민감한 소비자층 흡수하는 전략이다.

③ 경쟁수준 이상 가격결정법

고소득층 흡수하는 방법이다. 스키밍 가격 전략을 예시로 들 수 있다.

(4) 가격전략 유형과 구분 : 가격결정방법론

가격은 상품과 소비자를 잇는 매개체로 상품과 소비자 사이의 욕구 교환을 실현한다. 콘텐츠 상품의 가격은 다음과 같은 분석 과정을 통해 작성된다.

ⓐ 상품의 원가는 얼마인가?
ⓑ 유사 문화 상품(동일 상품이 아니면 유사한 상품을 비교)의 가격은 얼마인가?
ⓒ 해당 상품을 소비하는 목표 소비자들의 가격 민감도는 어떠한가?
ⓓ 다른 나라에서는 어느 정도의 가격을 부과하는가?

콘텐츠는 문화 상품이기에 개인이 느끼는 가격뿐 아니라 가족이 합의할 수 있는 가격, 또한 가격 결정자가 구매 결정을 할 수 있는 최적 가격에 대한 분석이 필요하다.

가격은 상품 이미지, 기업의 이익, 상품 차별화 등 기업의 전략에 따라 고가 정책(High Price Strategy), 중가 정책(Moderate Price Strategy), 할인가 정책(Discount Price Strategy) 등 정책 차원에서 결정된다. 가격을 결정하는 가장 기본 방식은 상품의 원가를 기반으로 한 결정 방식과 가치를 기반으로 한 가격 결정 방식으로 구분된다.

원가 기반은 단어 그대로, 상품의 원가가 얼마인지 정산하여 적정 수익을 창출할 수 있는 지점의 가격을 찾아가는 방법이다. 반면 가치 기반의 가격 설정 방식은 고객이 해당 상품을 인지하고 구매 행위로 이어질 수 있는 고객의 잠재적인 가치를 반영할 수 있는 가격 설정 방식이다. 원가 기반의 가격 결정은 원가를 바탕으로 사업자의 적정한 마진을 더하여 최종 가격이 결정되지만, 가치 기반의 가격은 원가와 상관없이 고객이 인지하는 가격이다. 따라서 원가가 낮더라도 고객이 높은 가치를 느끼고 이 가격을 지불한다면 원가와 관계없이 고객이 지불하는 가격이 최종 가격이 된다.

1) 심리적 가격전략

① 단수가격 : 소비자의 심리를 고려한 가격 결정법 중 하나로, 제품 가격의 끝자리를 홀수(단수)로 표시하여 소비자로 하여금 제품이 저렴하다는 인식을 심어주어 구매욕을 부추기는 가격전략. 제품 가격을 설정할 때 가격의 끝자리를 단수로 표시하여 정상가격보다 약간 낮게 설정하는 마케팅 전략이다. 예를 들어 제품의 정상가격이 2달러일 경우 1.99달러, 원화로는 30,000원을 29,900원으로 표시할 경우 불과 1센트 혹은 100원의 차이임에도 불구하고 가격대가 변함으로써 소비자는 그 차이를 더 크게 인지하고 구매 결정을 내리게 된다. 2009년 미국 콜로라도 주립대학 케네스 매닝(KennethManning)과 데이비드 스프로트(David Sprott) 교수가 끝자리에 변화를 수어 왼쪽 자릿수가 변하면 사람은 실제 변화폭보다 그 차이를 더 크게 인식한다는 '왼쪽 자릿수 효과(left digit effect)'를 밝혀내면서 이 개념이 마케팅에 도입되기 시작하였다. 이러한 가격결정법은 홈쇼핑이나 대형마트에서 흔히 사용된다.

② 관습가격 : 소비자들로부터 심리적인 가격저항을 가장 많이 받는것이 "관습가격상품(Customary Price Product)"이다. 관습가격이란 어떤 상품이 오랫동안 같은 가격으로 시장을 지배할때 발생하는 것으로 소비자들에게 그상품은 얼마라는 등식이 고정화된 가격을 말한다. 이때문에 메이커나 서비스 제공자는 가격을 이보다 낮추면 품질불량의이미지를 받아 매출이 오르지 않고 또 이보다 높이면 비싸다는 인식을 주어가격조정에 상당한 어려움을 겪게 된다.

③ 명성가격 : 가격 결정 시 해당 제품군의 주 소비자층이 지불할 수 있는 가장 높은 가격이나 시장에서 제시된 가격 중 가장 높은 가격을 설정하는 전략으로 주로 제품에 고급

이미지를 부여하기 위해 사용된다.

④ 개수가격: 개당 얼마씩이라는 식의 개수 가격을 설정하는 방식이다.

⑤ 저가가격전략 : 신제품을 시장에 선보일 때 초기에는 낮은 가격으로 제시한 후 시장점유율을 일정 수준 이상 확보하면 가격을 점차적으로 인상하는 정책이다. 빠른 시간 안에 시장에 침투하여 목표한 시장점유율을 달성하고자 할 때 활용하는 가격전략으로 시장침투가격전략, 혹은 도입기 저가전략이라고도 한다.
소비자들이 가격에 민감하게 반응하는 시장이거나 규모의 경제가 존재하여 가격 인하에도 이익을 확보할 수 있는 경우, 제품의 차별화가 어려운 경우, 혹은 시장의 후발주자가 기존 경쟁제품으로부터 고객을 빼앗고 시장점유율을 확보하기 위해 이러한 저가전략을 사용한다. 스키밍 가격전략과 대비되는 개념이다.

⑥ 스키밍 가격 전략 : 시장에 신제품을 선보일 때 고가로 출시한 후 점차적으로 가격을 낮추는 전략으로 브랜드 충성도가 높거나 제품의 차별점이 확실할 때 사용한다. 신제품을 시장에 처음 내놓을 때 진출가격을 고가로 책정한 후 점차적으로 가격을 내리는 전략으로 초기 고가 전략이라고도 한다. 저가의 대체품들이 출시되기 전 빠른 시간 안에 초기 투자금을 회수하고 이익을 확보하기 위해 사용한다. 초기 고가격에 제품을 사용할 의사가 있는 얼리 어답터들의 유보가격을 기준으로 제품을 출시한 뒤, 가격을 내려 소비자층을 확대하는 식으로 이윤을 극대화한다는 개념이다. 시장이 가격에 민감하지 않을 때 유효한 전략이며 경쟁사가 모방이 어려울 정도로 해당 제품의 기술력이나 차별성이 뛰어날 경우, 혹은 브랜드 충성도가 있을 경우 이 전략이 적합하다. 대표적인 예로 새로운 모델의 핸드폰을 출고할 때 처음에는 높은 가격을 책정하다가 점차적으로 가격을 인하하는 가격정책이 이에 해당한다.

제6 상품수명주기(제품라이프사이클)

1. 개요

상품수명주기이론은 전형적인 신제품의 매출은 시간의 추이에 따라 도입기, 성장기, 성숙기, 쇠퇴기의 네단계를 거치면서 s자형 커브를 그린다는 것이다. 발전단계에 따라 마케팅의 전략과 과제도 달라진다.

다시 부연 설명하면, 하나의 제품이 시장에 나온 뒤 성장과 성숙 과정을 거쳐 결국은 쇠퇴하여 시장에서 사라지는 과정. 일반적으로 도입기, 성장기, 성숙기, 쇠퇴기의 4단계로 이루어진다.

기업은 영속성을 원하는 만큼 제품의 라이프 사이클에 지대한 관심을 갖지 않을 수 없다. 현재의 제품이 성숙기 또는 쇠퇴기에 달하기 전에 동향을 잘 파악하여 그 제품의 이익감소분을 보충하여 성장해가야 하는 것이다. 그래서 그 대책으로서 신제품의 계획적 추가와 구제품의 계획적 폐기가 요청되고, 동적인 시장수요에 맞추어 적정 제품구성을 확립할 필요가 있다. 또 라이프 사이클은 산업에도 적용되는 것으로 산업면에서의 검토도 필요하고, 우리가 관심을 갖고 있는 농수산물 생산 및 유통, 판매와도 밀접한 연관이 있다. 최근에는 방사성 오염의 염려로 기존에 많이 소비하는 수산물 등도 그 변화가 생명의 안전에 대한 갈구로 계속 변화되고 있다.

2. 주기별 분류

① 도입기이다. 도입기는 제품이 처음으로 시장에 등장하는 시기이다. 이 단계에서는 제품의 인지도가 낮고 잠재 구매 고객이 정확하게 파악되지 않는 경우가 많기 때문에 이익이 많이 창출되지 않는다.

② 성장기이다. 성장기는 제품이 어느 정도인지도를 얻게 됨에 따라 판매가 급속도로 증가하는 시기이다. 어떤 제품이 성장기에 들어서게 되면 반드시 경쟁업체에서 모방상품을 내놓게 되는데, 이런 경우에 기업은 자사 제품의 장점을 강조하는 마케팅을 펼쳐 고정 소비자를 확보하는 동시에 소비자들의 선택적 수요를 자극해야 한다. 경쟁업체들의 등장은 시장점유율을 빼앗아 가기도 하지만, 동시에 시장을 크게 확대시키는 효과가 있다. 그렇기 때문에 점유율이 감소하더라도 총 판매량은 증가하는 경우가 많아서 경쟁업체의 등장이 꼭 해가 된다고만 할 수 없다. 또한 업체 간의 경쟁을 통해 제품의 품질이 향상되기 때문에 소비자 입장에서는 이 시기에는 이익이 될 수 있는 경향이 있다.

③ 성숙기이다. 성숙기는 판매 증가율이 감소하기 시작하면서 판매량이 일정 수준에서 꾸준히 유지되는 시기이다. 이 시기에는 경쟁 심화로 인한 과도한 가격경쟁이나 판매촉진 비용의 증대로 이윤이 감소하기도 하며, 경쟁에서 밀린 업체들은 시장에서 나가기도 한다. 이 단계에서의 기업의 목표는 자사 제품의 경쟁우위를 점하고 고정고객을 꾸준히 관리하는 데 있다.

④ 쇠퇴기이다. 제품은 시간이 지남에 따라 과도한 경쟁, 트렌드의 변화, 기술혁신에 따른 기존 제품의 불필요, 열악한 시장 환경과 같은 여러 가지 요소들로 인해서 쇠퇴기를 겪는다. 이 시기에는 판매량이 지속적으로 감소하는데 이에 따라 기업은 해당 제품의 마케팅 활동을 점차적으로 줄여 나간다. 기업들은 제품의 수명주기를 각 단계별로 구분하여 맞춤형 전략 수립 및 마케팅, 제조 전략 및 시설 배치, 커뮤니케이션 도구를 개발하고 접목시켜 수익을 극대화하는 방안을 모색하여야 지속적인 농수산물 생산자 등 기업을 이루어 갈 수 있다.

1. 도입기에서의 전략은 좋은 품질의 제품을 내놓는 것과 동시에 제품 인지도를 높이기 위한 마케팅, 세일즈 프로모션에 많은 투자를 해서 제품의 아이덴티티를 구축하는 것이 가장 중요한 시기이다.

1)도입기 특징

① 상품을 개발하고 도입하여 판매를 시작하는 단계/수요도 작고 매출증가율도 잦음/상품의 가격은 높고 경쟁은 독과점 양상을 띰/매출성장이 느리고 과도한 도입비용지출로 이익이 나지 않는 단계로 적극적 판매촉진활동이 필요한 시기이다.

② 수요량과 가격 탄력성이 적다.

③ 경기변동에 대해 민감하지 않으며 조업도가 낮아 적자를 내는 일이 많은 단계이다.

④ 상품의 인지도가 낮으므로 소비자들에게 제품을 알려서 인지도를 높이는 것이 중요한 단계로 우선 기업의 이미지 광고보다는 그 상품의 얼마나 좋은 지를 알리기 위한 제품광고가 필요하다.

2. 성장기에는 대량의 광고와 새로운 시장과 유통경로 개척, 품질 개선에 많은 비용을 투자한다. 많은 비용 지출이 발생하지만 그만큼 이익이 가장 많이 증가하는 시기이다.

1)성장기 특징

① 수요가 급속도로 증가하여 매출이 늘고 시장확대되는 시기로 공급확대와 상품 및 가격차별화를 도모하는 단계로 높은 가격에도 수요는 증가해 높은 매출과 이익을 확보 한다.

② 성장기에는 수요량이 증가하고 가격 탄력성도 커진다. 또한 초기 설비는 완전히 가동되고 증설이

필요해지기도 하며, 조업도의 상승으로 수익성도 호전된다.

③ 성장기는 경쟁자가 많이 생기는 것을 고려한 기업 전술이 필요하다.

3. 성숙기에는 브랜드 파워를 강화하고 품질 개선을 지속적으로 실시한다. 고객의 충성도를 유지시키기 위한 여러 가지 마케팅 활동을 펼치는 것이 좋다.

1)성숙기 특징

① 시장의 포화단계로 대량생산이 본 궤도에 이르며 원가가 내림으로서 상품단위별 이익이 최고조에 달하나 매출증가율이 저하되며, 점유율을 유지하기 위해 마케닝 비용의 증가와 함께 이익이 감소하며, 한정된 파이의 쟁탈양상으로 제품의 차별성이 중시되며, 경쟁에서 살아남는 것이 전략과제이다.

② 대다수의 잠재적 구매자에 의해 상품이 수용됨으로써 판매성장이 둔화되는 기간이다.

③ 성숙기은 이익은 '최고수준에 이루지만' 이후부터는 경쟁에 대응하여 상품의 지위를 유지하기 위해서 판매 광고 등 비용이 늘어나 이익이 감소하기 시작한다.

4. 쇠퇴기에는 해당 수준에서 제품을 유지시키는 전략을 취하고, 판단하에 생산을 중단하고 시장에서 퇴거하는 것이 좋다.

1)쇠퇴기 특징

① 매출의 금격한 감소와 이익도 발생하지 않는 단계로서 가격은 원가수준에 머무르며 마케팅 비용은 최소화된다.

② 수요가 경기변동과 관계없이 감퇴하며, 광고 및 판매촉진도 거의 효과가 없는 단계이다.

③ 기술발달로 인해 대체품이 나오거나 소비자의 기호변화 등으로 기존 상품에 대한 소비자의 욕구가 사라지는 경우 등이 쇠퇴이유로 들수 있다.

④ 시장점유율이 급속히 하강하여 손해를 보는 일이 많아진다.

제12 농수산물 유통정보 및 유통정책

1절. 농수산물 유통정보

(1) 농수산물 유통정보의 의의

1) 정보의개념

정보란 어떤 행동을 취하기 위한 의사결정을 목적으로 하여 수집된 각종자료를 처리하여 획득한 지식을 말하며, 수산물 유통정보란 수산물 유통에 관련된 사람들 즉 생산자. 유통업자, 소비자등 시장활동참여자들이 합리적 의사결정을 위해 필요한 각종 자료와 지식을 말한다.

2)유통정보의 기능

① 유통활동의 불확실성과 유통비용을 감소

② 생산자에게 보다 많은 수익 창출을 내는 것이다.

③ 유통업자에게 보다 많은 이윤

④ 소비자에게 저렴한 가격 제시가 가능하다.

(2) 유통정보의 요건

① 완전성 : 관련 지식이 단편적이거나 부분적인 것이 아니라 필요한 정보에 관한 모든 사항을 망라하여 완전한 지식으로 묶어야 한다는 뜻이다.

② 정확성:유통현장에서 일어나는 현상을 그대로 반영하는 정확한 정보여야 올바른 의사결정에 활용가능 하다.

③ 적시성과 신속성:양질의 정보라도 필요한 시간대에 전달되지 않으면 정보가치가 상실되며,특히 수산물과 같이 시간에 따른 부패성이 강한 식품은 다른 상품보다 적시성이 더욱 중요시 된다.

④ 기타 객관성, 유용성과 간편성, 계속성과 비교가능성등이 있다.

(3)관련 유통정보의 용어

1) 바코드: 상품별고유번호로 ISBN+국가기호로 구성, 주문번호의 정확성과 시스템의 안정성에 도움되며 정보시스템 개발을 위한 기반을 말한다.

2) 판매시범관리(POS:Point of Sale)시스템: 소매업자의 경영활동에 관한 정보를 관리하는 것 (판매기록, 발주, 매입, 고개자료 등)을 말하며, 유통업체에서 판매시점에 자료를 수집,처리를 하는 경영활동에 이용하는 시스템이다. POS 구성은 스케너,터미널,스토어 컨토롤러 등으로 구성한다. 특징으로는 단품처리, 자동판매,판매시점에서의 정보 인력 등이다.

3) 자동발주 시스템: (EOS: Electronic Ordering System) 재고량이 재주문점에 도달하면 컴퓨터에의해 자동발주가 이루어지는 시스템(도, 소매업자에게 효과)

4) 전자문서교환: (EDI): 인간의 개입없이 컴퓨터와 컴퓨터간의 정보전달 [기업간 EDI프로토콜이 같아야 함]을 말한다.

5) KAN(국가코드 3자리,제조업체4자리,상품품목 5자리, 체크디지트1자리) 및 ITF 비교

구 분	KAN	ITF
코드자리 수	표준 13자리, 단축 8자리	14자리
사 용 처	소비자 구매단위(낱개포장)	기업간 거래단위(집합포장)
응용분야	POS분야,EOS시스템 분야	재고관리,입출고관리,선반관리,분류 등

1) 바코드는 미국의 슈퍼마켓이나 그밖의 상점에서 사용하는 바코드는 각각의 식품이나 상품에 고유 부호를 부여하는 통일상품코드(Universal Product Code/UPC)를 따르고 있다. UPC 시스템에서는 왼쪽의 숫자 5개는 제조업자를 나타내는 데 사용되고, 오른쪽의 숫자 5개는 제조업자가 특정 종류의 제품을 나타내는 데 사용된다. 일반적으로, 바코드에 담긴 정보는 이것이 전부이다(→ 바코드 스캐너). 바코드 표시법은 1970년대에 도입되었는데, 지금은 일상적인 상거래에 보편적으로 쓰이고 있다. 상점에서는 소비자가 구입한 상품을 계산할 때 그 상품의 가격 및 그밖의 자료를 얻기 위해 바코드를 사용한다. 슈퍼마켓의 계산대에서 스캐너를 상품의 바코드에 갖다대 상품을 확인하면, 컴퓨터가 상품의 가격을 찾아 숫자를 금전등록기에 나타냄으로써 소비자가 지불해야 할 금액에 합산된다. 바코드의 가장 큰 장점은 바코드를 스캐너로 읽는 순간, 단순히 정보를 저장했다가 나중에 처리하는 데 그치는 것이 아니라, 그 즉시 사용자가 세세한 정보를 처리할 수 있다는 점이다.

2) QR(Quick Response) : 2차원 바코드로 흰색과 검정색을 가로 세로 패턴으로 엮어서 숫자뿐만 아니라 알파벳 등의 문자 데이터도 담을 수 있다. QR은 'Quick Response'의 약어로, 1994년 일본 덴소웨이브사가 개발했다. QR 코드는 숫자만 사용할 경우 최대 7,089자, 영어와 숫자는 최대 4,296자, 문자는 최대 2,953b까지 담을 수 있다. 또한 3kb 정도의 동영상 및 음성도 바이너리 데이터로 저장할 수 있다. 오류복원 기능을 통하여 손상된 데이터를 복원할 수 있으며, 코드 안에 3개의 위치 찾기 심벌이 있어 안정적인 고속인식이 가능하다. QR 코드는 1개의 데이터를 여러 QR 코드로 나누어 저장하는 것도 가능하다. 현재 생산, 물류, 판매, 모바일쿠폰, 광고, 마케팅 등 다양한 분야에 활용되고 있다.

3) POS(Point Of Sales): 금전등록기와 컴퓨터 단말기의 기능을 결합한 시스템으로 매상금액을 정산해 줄 뿐만 아니라 동시에 소매경영에 필요한 각종정보와 자료를 수집·처리해 주는 시스템으로 판매시점 관리 시스템이라고 한다. POS 시스템은 POS 터미널과 스토어 컨트롤러, 호스트 컴퓨터 등으로 구성되어 있으며, 상품코드(bar code) 자동판독장치인 바코드리더가 부착되어 있다. 즉, 상품포장지에 고유마크(bar code)를 인쇄하거나 부착시켜 판독기(scanner)를 통과하면 해당 상품의 각종 정보가 자동적으로 메인 컴퓨터에 들어가게 된다. POS 시스템을 사용하게 되면 자사제품의 판매흐름을 단위품목별로 파악할 수 있을 뿐 아니라 신제품과 판촉제품의 판매경향과 시간대, 매출부진 상품, 유사품이나 경쟁제품과의 판매경향 등을 세부적으로 파악할 수 있어 판매가격과 판매량과의 상관관계, 주요공략 대상, 광고계획 등의 마케팅 전략을 효과적으로 수립할 수 있다. 또한 일일이 사람의 손을 필요로 했던 재고·발주·배송관리 체계를 단순화·표준화시켜 원가절감을 기할 수 있다.

① POS(Point Of Sales) 기능 : 계산원의 관리 및 생산성 향상, 점포 사무작업의 단순화, 가격표부착작업의 감소, 고객 및 계산원의 부정방지, 상품명이 기재된 영수증 발행, 품절방지 및 상품의 신속한 회전, 고수익 상품의 조기 파악 등을 기능 및 장점으로 대두되고 있다.

(4) 각종 인터넷 용어

1) VAN : 데이터 통신처리업체를 매개로 하여 자금을 교환하고, 통신회선에 정보처리 기능을 결합하여 온라인 네트워크화한 정보통신망을 말한다.

2) EDI : 전자문서교환이라고도 하며, 기업 사이에 컴퓨터를 통하여 표준화된 양식의 문서를 전자적으로 교환하는 정보전달방식이다.

3) CALS : 정보시스템을 이용한 종이 없는 전자적 통합물류이며, 생산 및 유통 시스템이다.

4) 인터넷 : 하나의 호스터 컴퓨터에 집중되어 있는 PC통신망과 달리 전세계의 여러 컴퓨터가 상호 연결되어 있다는 점이 특징이며, 분산형 통신망이다.

5) SCM : 공급망관리(SCM, Supply Chain Management)란 제품이 생산되어 판매되기까지의 모든 공급과정을 관리하는 시스템을 일컫는다. 생산·유통·소비에 이르는 물류의 흐름을 파악·관리하는 경영전략으로, 공급망의 전체적인 최적화를 달성하기 위해 도입되었다. 기업이 제품 생산을 중시하던 과거와 달리 제품의 유통이나 협력업체와의 공조 등 전체 흐름을 중시하는 쪽으로 인식을 달리하게 된 것도 공급망관리 개념의 등장에 영향을 미쳤다. 개별적인 공급 단계를 통합해 신속하고 저렴하게 제품을 공급하는 것이 공급망관리의 목적이다. 공급망관리 개념은 크게 '공급망계획(SCP, Supply Chain Planning)'과 '공급망실행(SCE, Supply Chain Execution)'으로 나뉜다. 공급망계획(SCP)은 각 단계에서 기업이 제품에 대한 수요를 예측해 제품을 생산할 수 있도록 하는 시스템으로 수요계획, 제조계획, 유통계획, 운송계획, 재고계획 등이 있다. 공급망계획(SCP)의 각 단계들은 서로 연계되어 정보가 전달되므로 실제 수요를 예측·파악해 계획을 수립하는 등 기업이 더 나은 의사결정을 할 수 있도록 돕는다. 공급망실행(SCE)은 계획 단계가 아닌 실제 제품 판매 시 유통과정에서 제품의 흐름을 관리하는 시스템이다. 공급망실행(SCE)의 관리 단계에는 주문관리, 생산관리, 유통관리, 역물류관리 등이 있다. 제품의 주문에서부터 하자로 인해 반품되는 물건에 대한 역물류관리까지 각 단계에서의 재무정보를 파악하고 운영·관리할 수 있게끔 한다.

① 공급망관리(SCM, Supply Chain Management) 기능

(a) 실시간 재고 파악의 기능으로 생산,유통,판매에 사용될 안정된 정보를 제공받을 수 있다.

(b) 시장과 고객 요구변화에 대해 신속하게 대응하므로, 모든 업무절차가 빠르고 정확하게 처리된다.

(c) 재고의 구매,관리에 소요되던 비용 절감에 따른 이익 증가로 자금 흐름이 개선된다.

(d) 가상 네트워크를 통해 타 산업으로부터 수평적 확장이 가능하다.

6) RFID(Radio Frequency Identification) : 무선식별 시스템(RFID : Radio-Frequency Identification)은 안테나와 전자 태그의 무선 주파수를 이용해 비접촉 상태에서 ID(정보)를 식별하는 시스템이다.

① RFID는 반도체 칩과 주변에 안테나를 결합한 태그(RFID Tag), 태그와 통신하기 위한 안테나와 RFID 리더(Reader), 그리고 이러한 시스템을 제어하고 수신된 데이터를 처리하는 서버(Server)로 구성하고, 사용하는 주파수에 따라 저주파, 고주파, 극초단파, 마이크로파로 나눌 수 있다

② 전파를 이용하여 정보를 읽어내는 유사한 기술이 처음 사용된 것은 1939년 제1차 세계대전 당시 영국에서 비행기에 부착해 적과 아군을 식별하기 위해 이용되었다. 레이더 IFF(Identification of Friend or Foe)에서 질문 신호를 보내고 비행기에서 답 신호가 오면 아군기로 판단하는 것이다. 레이더가 "뭐 먹고 싶어?"라고 질문하고 비행기는 "불고기!"라고 답변한다. 즉, 전파로 질문 신호를 보내면 그 전파를 감지한 아군 비행기에서 자동으로 응답 신호를 보내 아군임을 알게 해주는 원리다.

③ 1973년 마리오 카둘로가 특허를 취득한 장비는 메모리를 갖추고 전파로 통신하는 진정한 최초의

RFID라고 할 수 있다. 현재의 RFID 기술은 보안 기능이 매우 취약하여, 태그 정보 및 센서 노드의 위 · 변조 및 네트워크에서 개인 추적 정보 유출 등의 위험에 노출되어 있다. 보완을 기술적으로 연구 등 하고 있는 실정이지만, 활용이 넓다.

제2절. 농수산물정책 및 관련 유통법령

(1) 농수산물정책의 의의와 목적

정부등 공공단체가 수산물의 유통과정(국내나 수출입과정)이나 수급관계에 개입하여

수산물 가격 안정화와 물적 유통의 효율화를 통한 유통비용 절감. 식품안전성 확보해 나가는 공공시책이다.

(2)정부정책의 기능

㉮ 가격통제기능 ㉯ 유통조성기능 : 법률과 시설지원, 연구 조사활동 지원 등.

㉰ 소비자 보호기능 등을 하고 있다.

(3) 정부의 농산물 관련 사업 : 계약생산과 자금지원, 자조금 적립지원,
가격예시(기획제정부장관과 선 협의)와 시책연계 추진 , 과잉생산시 생산자 보호, 유통협약,
유통명령(유통조절명령)과 손해 보전, 비축사업 등이다.

(3)정책의 유형

1)수산물 가격 및 수급안정 정책

㉮ 정부주도형:수산비축 사업

㉯ 민간협력형:유통협약(공급조절),자조금사업(수요조절), 수산업관측사업 등이다.

2) 농수산물 시장과 산업정책

㉮ 수산물 유통시설 지원정책, 수산물 유통구조 개선대책 등이다.

(4) 농수산물 유통개혁의 과제

㉮ 수산업관측 강화로 수급 사전 대응 능력 제고, 유통협약 및 유통명령제 도입, 산지유통혁신

㉯ 공영도매시장 운영혁신, 수산물 직거래 확대와 소매유통 개선, 물류혁신과 정보화 촉진

㉰ 수산물의 품질 고급화와 안전한 수산물공급체계 구축 : 콜드체인시스템도입 등이다.

3절 농수산물 유통관련 법규정 문제 검토

1. 농수산물유통 및 가격안정법률

1) 제5조의3(종합정보시스템의 구축 · 운영) ① 농림축산식품부장관 및 해양수산부장관은 농수산물의 원활한 수급과 적정한 가격 유지를 위하여 농수산물유통 종합정보시스템을 구축하여 운영할 수 있다.

② 농림축산식품부장관 및 해양수산부장관은 농수산물유통 종합정보시스템의 구축 · 운영을 대통령령으로 정하는 전문기관에 위탁할 수 있다.

③ 제1항 및 제2항에서 규정한 사항 외에 농수산물유통 종합정보시스템의 구축 · 운영 등에 필요한 사항은 대통령령으로 정한다.

2) 제6조(계약생산)

① 농림축산식품부장관은 주요 농산물의 원활한 수급과 적정한 가격 유지를 위하여 지역농업협동조합, 지역축산업협동조합, 품목별 · 업종별협동조합, 조합공동사업법인, 품목조합연합회, 산림조합과 그 중앙회(농협경제지주회사를 포함한다)나 그 밖에 대통령령으로 정하는 생산자 관련 단체(이하 "생산자단체"라 한다) 또는 농산물 수요자와 생산자 간에 계약생산 또는 계약출하를 하도록 장려할 수 있다. <개정 2013. 3. 23., 2015. 3. 27.>

② 농림축산식품부장관은 제1항에 따라 생산계약 또는 출하계약을 체결하는 생산자단체 또는 농산물 수요자에 대하여 제54조에 따른 농산물가격안정기금으로 계약금의 대출 등 필요한 지원을 할 수 있다. <개정 2015. 6. 22.>

3) 제13조(비축사업 등) ① 농림축산식품부장관은 농산물(쌀과 보리는 제외한다. 이하 이 조에서 같다)의 수급조절과 가격안정을 위하여 필요하다고 인정할 때에는 제54조에 따른 농산물가격안정기금으로 농산물을 비축하거나 농산물의 출하를 약정하는 생산자에게 그 대금의 일부를 미리 지급하여 출하를 조절할 수 있다.

4) 제49조(산지판매제도의 확립) ① 농림수협등 또는 공익법인은 생산지에서 출하되는 주요 품목의 농수산물에 대하여 산지경매제를 실시하거나 계통출하(系統出荷)를 확대하는 등 생산자 보호를 위한 판매대책 및 선별 · 포장 · 저장 시설의 확충 등 산지 유통대책을 수립 · 시행하여야 한다.

② 농림수협등 또는 공익법인은 제33조에 따른 경매 또는 입찰의 방법으로 창고경매, 포전경매(圃田競賣) 또는 선상경매(船上競賣) 등을 할 수 있다.

5) 제50조(농수산물집하장의 설치 · 운영) ① 생산자단체 또는 공익법인은 농수산물을 대량 소비지에 직접 출하할 수 있는 유통체제를 확립하기 위하여 필요한 경우에는 농수산물집하장을 설치 · 운영할 수 있다.

② 국가와 지방자치단체는 농수산물집하장의 효과적인 운영과 생산자의 출하편의를 도모할 수 있도록 그 입지 선정과 도로망의 개설에 협조하여야 한다.

③ 생산자단체 또는 공익법인은 제1항에 따라 운영하고 있는 농수산물집하장 중 제67조제2항에 따른 공판장의 시설기준을 갖춘 집하장을 시 · 도지사의 승인을 받아 공판장으로 운영할 수 있다.

6) 제51조(농수산물산지유통센터의 설치 · 운영 등)

① 국가나 지방자치단체는 농수산물의 선별 · 포장 · 규격출하 · 가공 · 판매 등을 촉진하기 위하여 농수산물산지유통센터를 설치하여 운영하거나 이를 설치하려는 자에게 부지 확보 또는 시설물 설치 등에 필요한 지원을 할 수 있다.

② 국가나 지방자치단체는 농수산물산지유통센터의 운영을 생산자단체 또는 전문유통업체에 위탁할 수 있다.

③ 농수산물산지유통센터의 운영 등에 필요한 사항은 농림축산식품부령 또는 해양수산부령으로 정한다.

제13 농수산물 유통론 및 PLC, SWOT,STP

제1절. 개요

1. 농수산물 유통기구의 의의

(1) 의의

수산물을 생산자로부터 소비자에게 유통되는 데 필요한 여러 가지 유통기능을 현실적으로 담당,수행하기 위해 상호관련하여 활동하는 전체 조직체계이다.

(2) 유통(流通)이란, 생산자가 만든 물건을 소비자가 구매하기까지의 과정에서 일어나는 여러 활동을말한다. '유통'을통해 물건이 '상품'이 되고, 거기에 새로운 가치(돈 혹은 대가)가 생기는 것이다. 이러한 일련의 활동이 사람들의 생활을 더욱 풍요롭게 하기 때문에제 2의 생산 활동이라고도 하는 것이다. 수산물 유통은 말 그대로 수산물의 '유통'이다. 하지만 수산물이 가진 상품적인 특성이 일반적인 상품의 유통과는 다른 차이를 만들어 낸다. 수산물 유통은 수산물이 생산된 후 어떤 유통기구를 통해 어떻게 가격이 형성되면서 소비자에게 전달되는지를 살펴보는것으로서 수산물 생산과 소비의 연결 역할을 강조하는 것이 수산물 유통이다.

(3) 수산물 유통은 일반 제품 유통에 비해 다음과 같은 다섯 가지 특성을 갖고 있다.

먼저, 수산물의 성분 상 수분이 약 60% 이상 함유 및 지질의 성질 등을 부패성(품질 관리의 어려움) , 유통되는 경로의 다양성, 생산물의 규격화 및 균질화의 어려움 , 가격의 변동성 , 수산물구매의 소량분산성 등이다. 이러한 특성으로 인해 수산물 유통이 공산품 유통이나 농산물 유통과 다른 성격을 가지게 되는것이다.

(4) 수산물 유통의 기능

1) 수산물유통의기능

수산물 유통은 수산물 자체의 가치를 창조하지는 않지만 수산물이 지닌 유효한 효용을 높이는활동이다. 여기에서 자체의 가치를창조하지 않는다는말은수산물유통이 생산(어업, 양식업, 수산물가공업)을하는것은아니기 때문이다. 선별·포장하고, 선도를관리하고, 운반하고, 광고하는 등의 '서비스'를 제공함으로써 새로운 가치를 만들어 낼 수 있다.

2) 기능의 분류

운송 및 포장, 배송 등의 서비스가 바로 수산물 유통 기능이고, 그 대가인 이윤이 바로 유통을 통해 만들어진 가치이다. 수산물 유통기능에는운송기능, 보관기능,정보전달기능, 거래 기능, 상품구색 기능, 선별 기능, 집적 기능, 분할 기능 등이 있다.

① 운송기능:산지와소비지를 연결시켜 주는기능(거리, 장소의 차이를보완)

② 보관 기능: 어획이 많이 나는 시기에 보관한 후 안 나는 시기에 팔 수 있게 하는 기능(시간의 차이, 생산의 계절성을보완)

③ 정보 전달 기능: 어획량 정보, 가격 정보, 기타 원산지, 크기 등 원활한 거래를 위한정보 제공 기능(수산물에 대한 상품 정보 제공, 인식의 차이를 보완)

④ 거래 기능: 판매자와구매자를 연결시켜 주는 기능(소유권 이전 기능) 등이다.

⑤ 유통기관 즉 유통활동 주체로 중간상(산지유통인 등)이 대표적 형태이다.

제 2절. 제품 등 PRODUCTS LIFE CYCLE

1. 제품'판매 등'에 대한 '시간적' 추이를 단계화시킴으로써, 각각의 단계에 따른 마케팅 전략과 수익성 측면에서 어떤 기회가 있으며 어떤 면에서 문제가 있는지를 명확히 파악할 수 있게 된다. 제품판매에 대한 시간적 추이는 일반적으로 S자형 곡선을 그리며, 이를 다음과 같이 4단계로 나눌 수 있다.

(1) 도입기 : 제품이 시장에 막 출시된 시기로, 매상고의 증가가 완만하고 이익도 거의 없다.

(2) 성장기 : 매상이 급속하게 증가하고, 이익 면에서도 커다란 개선을 발견할 수 있는 시기이다.

(3) 성숙기 : 매상 증가가 둔화되기 시작하고, 이익이 최고조에 달하는 시기이다.

(4) 쇠퇴기 : 매상이 저하되고 이익도 줄어드는 시기이다. 각 단계의 시기는 일반적으로 매상고의 증감 비율에 의해 결정된다.

2. 제품 라이프 사이클 각 단계별 '''광고'' 전략 등

(1) 도입기

제품이 시장에 처음 출시되어 판매성장율이 낮고 이익이 거의 없거나 적자인 때이다. 고객은 혁신층이며 경쟁자가 거의 없는 시장형성의 초기단계이다. 도입기의 마케팅 전략은 혁신층의 고객들이 가격에 대해 '비탄력적인 성향이 강하므로 '고가정책을 쓸 수 있으며, 제품의 '희귀성을 바탕으로 한 '고품위전략을 펼치면서 고객의 반응에 따라 '개선점을 빠르게 수용해 나가야 한다. 광고전략은 '시험구매 유도를 위한 제품의 '우수성 전달에 주안점을 두고 '유통망 확보에도 많은 노력을 기울려야 한다.

(2) 성장기

제품의 판매량이 급격히 성장하는 때이다. 이익이 점차 늘기 시작하며, 고객은 혁신층에 이어 조기수용층까지도 흡수하게 되고, '경쟁업체도 늘어나 '경쟁이 치열해지기 시작한다. 성장기의 마케팅 전략은 '시장점유율의 '우위를 유지하고 확대시켜 나가기 위해 제품의' 개선과 다양화, '가격공세 및 '''광고''를 통한 제품의'' 인지도 유지에 주력해야 한다.

(3) 성숙기

판매량이 ''최대한 늘어나고 어느 시점에서 '일정수준을 '유지하게 되는 때이다.
경쟁업체도 크게 늘어나서 경쟁이 치열해지나, ''선발기업의 이익은 ''높은 수준에서 유지된다.
고객은 추종층까지 확산된다. 성숙기의 마케팅 전략은 다각도로 검토되어야 하는데, 제품의 사용빈도를 늘리는 방법이나 새로운 용도의 창출 또는 새로운 시장개척 등을 들 수 있다. 이와 함께 품질의 개선이나 새로운 유통경로의 검토 등도 고려해볼 수 있다.

(4) 쇠퇴기

제품의 판매가 급격히 감소하기 시작하는 때이다. 경쟁업체의 숫자도 줄어들고, 이익도 감소하기 시작한다. 쇠퇴기의 마케팅 전략은, 비용을 절감해 나가면서 시장 추세를 감안하여 ''철수 여부를 결정하는 것이다. 그러나 쇠퇴기라고 해서 모두 시장을 떠날 필요는 없다. 오히려 다수의 경쟁기업이 떠나므로 독점적인 반사이익을 얻을 수도 있다. 가격을 '낮춰 재고정리를 하거나 '고정고객 유지만을 위한 유통경로를 남겨두고 유통비용을 줄여나가는 방법 등도 활용된다.

제3절. 강점·약점·기회·위협(SWOT)

기업의 내부환경을 분석해 강점과 약점을 발견하고, 외부환경을 분석해 기회와 위협을 찾아내 이를 토대로 강점은 살리고 약점은 보완, 기회는 활용하고 위협은 억제하는 마케팅 전략을 수립하는 것을 의미한다.

이 때 사용되는 4요소를 강점·약점·기회·위협(SWOT)이라고 하는데 이 중 강점과 약점은 경쟁기업과 비교할 때 소비자로부터 강점 약점으로 인식되는 것이 무엇인지,

기회와 위협은 외부환경에서 유리한 기회, 불리한 요인은 무엇인지를 찾아내 기업 마케팅에 활용하는 것을 말한다. 기업 내부의 강점과 약점, 기업 vs 외부의 기회와 위협을 대응시켜 기업의 목표를 달성하려는 SWOT 분석에 의한 마케팅은 4가지 전략으로 이뤄진다.

① SO(강점-기회) 전략으로 시장의 기회를 활용하기 위해 강점을 사용하는 전략을 선택하는 것이고

② ST(강점-위협) 전략으로 시장의 위협을 회피하기 위해 강점을 사용하는 전략을 말한다.

③ WO(약점-기회) 전략은 약점을 극복함으로써 시장의 기회를 활용하는 것이고

④ WT(약점-위협) 전략은 시장의 위협을 회피하고 약점을 최소화하는 전략이다.

일부에서는 기업 자체보다는 기업을 둘러싸고 있는 외부환경을 강조한다는 점에서 위협·기회·약점·강점(TOWS)으로 부르기도 한다.

제4절. STP 전략-시장 세분화 등

A. **Segmentation**

모든 고객에게서 기회와 수요가 있는 것이 아닌, 특정 고객들에서 대부분의 기회와 수요가 발생하며 그에 집중하여 Sales &Marketing을 전개할 필요가 있다. 세분화는 시장을 공통적인 수요와 구매행동을 가진 그룹으로 나누어 그 그룹의 욕구와 필요에 맞추어 Sales &Marketing을 전개하는 것을 말한다. 세분화의 기준에는 인구학적, 지역적, 사회적, 심리적 방법등이 있다. 세분화의 결과는 상호간에는 이질성(heterogeneity)이 극대화되어야 하고, 세분시장 내에서는 동질성(homogeneity)이 극대화 되어야 바람직하다.

Segmentation 세분화의 **기준이 되는 변수**

- 구매 행동 변수 : 사용량(대량사용자, 보통사용자, 소량사용자등을 구분한다),브랜드 충성도
- 인구통계적 변수 : 가장많이 사용되는 기본적인 변수이다. 연령, 성별, 지역, 소득수준, 학력, 가족 수
- 심리적 변수 : 사회계층, 개성, 라이프스타일
- 사용상황 변수 : 누가, 무엇을, 언제, 어디서, 어떻게 사용하는가를 말한다
- 추구편익 변수 : 기능적인효익(제품의 속성이나 기능에서 얻는 효익), 심리적인 효익(제품이미지, 자기만족, 신분의 표시 등과 같이 심리적인 측면을 나타내는 것)

효과적인 시장 **Segmentation 세분화의 조건**

- 측정가능성 : 각 세분시장의 규모와 구매력과 같은 세분시장의 틀은 구체적으로 측정 가능한 것이어야 한다.

- 규모 : 각 세분시장은 기업이 개별적인 마케팅프로그램을 실행할 수 있을 정도로 충분한 규모를 지니고 있어야 한다.
- 접근가능성 : 소비자에게 접근할 기회가 없다면 세분 시장으로서의 가치를 상실하게 된다.
- 차별적 반응 : 각 세분시장은 마케팅믹스에 대해 서로 다른 반응을 보여야 한다.

B. **Targeting**-세분화 의 다음으로 '집중'할 것인지 선택'하는 것

세분화를 통하여 나뉜 시장 또는 그룹 중 어떤 곳에 ''집중할 것인지 선택하는 것이다. 선택한 곳에서 경쟁우위를 확보할 수 있다는 판단하에 선택할 수도 있지만, 시장 또는 그룹에 대한 평가에 의해 선택하고 그곳에 적절하게 경쟁우위를 개발할 수도 있다. 세분시장의 평가로는

1. 세분시장의 요인
   - 세분시장규모 : 세분시장을 평가할 때 시장이 크기는 절대적 의미와 상대적 의미를 모두 고려하여야 한다. 일반적으로 시장의 규모가 클수록 기업의 이윤획득이 용이하다고 생각하기 쉬우나, 규모가 큰 시장의 기업의 수익을 보장하여 주지는 않는다.
   - 세분시장 성장률 : 세분시장의 높은 성장률은 바람직한 세분시장의 특성이지만, 이는 모든 기업들에게 매력적인 요소로 작용하기 때문에 치열한 경쟁이 일어나기 쉽다.
   - 제품수명주기 : 제품수명주기는 시장성장률에 아주 밀접한 관계가 있으므로 고려해야 한다.
   -
2. 경쟁요인
   - 현재의 경쟁자 : 경쟁강도 뿐만 아니라 현재 경쟁자들과의 경쟁에서 확실한 경쟁우위를 확보 할 수 있는 가에 대한 분석을 한다.
   - 잠재적 경쟁자 : 높은 수익률은 곧 잠재경쟁자의 진입을 촉진시킬수 있다. 현재 경쟁사는 아니지만 가능성이 있는 경쟁자들을 고려해야 한다.
   -
3. 적합성
   - 기업목표 : 기업목표와 일치하지 않으면 소용없다.
   - 자원 : 제품개발 능력, 유통경로접근, 판매원 확보 능력, 광고 능력 등 자사의 자원을 효율적으로 공략할 수 있는 가를 검토해야 한다.
   - 기존의 시장과 마케팅믹스와의 조화 : 기업은 기존에 참여하고 있는 세분시장과 새로이 진입하고자 하는 시장이 조화를 이룰 수 있는지를 검토해야 한다.
   -

4. Targeting **타겟 전략**

   - 차별화 전략 : 다양한 소비자 니즈에 대응하여 각 세분시장별 마케팅을 수립해야 한다. 하지만 집중적이지 못해 효율성이 떨어질 수 있다.
   - 비 차별화 전략 : 보편성이 높은 제품으로 큰 시장이 형성되어 있는 시장을 선택했을 때 쓰는 전략이다. 하지만 기존 브랜드와의 경쟁으로 시장 기회가 적다.
   - 집중화 전략 : 특정 세분시장 마케팅에 집중하는 전략이다. 한정적인 자원으로 특정 시장에 우위를 차지 할 수 있는 기회가 크다. 하지만 고객 니즈의 변화로 위험 변수가 있다.

C. Positioning -**인식**되고자하는 이상향으로 기업의 제품과 이미지가 인식되도록 마케팅 믹스

고객에게 인식되고자하는 이상향으로 기업의 제품과 이미지가 인식되도록 마케팅 믹스를 사용하는 마케팅의 과정이다. 다양한 제품과 경쟁사들 사이에서 돋보이기 위해서는 '차별화'가 필요하며, 마케팅을 통하여 자사 제품의 특성과 이미지를 실제와 어느정도 다르게 인식하게 만들수 있다.

1. Positioning 포지셔닝 전략의 유형으로는

- 속성/유익에 의한 포지셔닝 : 자사의 제품이 경쟁제품과 비교하여 다른 차별적 속성과 특징을 가져 다른 유익을 제공한다고 고객에게 인식시키는 전략
- 사용상황에 의한 포지셔닝 : 적절한 사용상황 묘사 또는 제시
- 제품사용자에 의한 포지셔닝 : 제품이 특정한 고객들에게 적절하다고 포지셔닝 하는 방법
- 경쟁에 의한 포지셔닝 : 고객의 지각 속에 자리 잡고 있는 경쟁제품과 명시적 혹은 묵시적으로 비교함으로써 자사제품의 상대적 혜택을 강조하는 방법
- 니치 시장(틈새 시장)에 대한 포지셔닝 : 기존 제품이 충족시키지 못하는 시장의 기회를 이용하는 방법
- 제품군에 의한 포지셔닝 : 특정 제품군에 대한 고객의 우호적 태도를 이용하여 자사의 제품을 그 제품군과 동일한 것으로 포지셔닝 하는 전략
-

2. Positioning 포지셔닝을 작성하는 방법
- 정량적인 방법 : 객관적인 자료를 통해 일반화 하여 눈에 보이기 쉬운 방법으로 한다
- 정성적인 방법 : 기존자료를 바탕으로 작성자의 주관적인 판단이 들어간다. 일반화하기엔 한계가 있지만 통찰력으로 단기간에 결과를 얻을 수 있다.
-
-

D. 인터넷 마케팅의 S. T. P. 전략

인터넷마케팅 전략도 STP전략이 유용하다.
하지만 인터넷의 ''특성상 전략을 ''우선적으로 수립하는 것이 ''고객을 파악하는 ''단계보다 우선적으로 진행될 수 있다.
‘

(1) S:고객의 ‘구매성향과 즐겨찾기 등으로 고객의 ’필요와 욕구 및 고객 ‘특성에 따라 유사한 성향의 소비자를 나누어 세분화
(2) T:기업과 가장 잘 ‘맞는 집단을 선정
(3) P:경쟁사 대비 ‘차별적인 위치를 확보하여 경쟁우위를 획득

제14. WTO와 FTA 제도

1. WTO 개념

WTO는 설립협정에 의하여 설립하였으며 법인격을 가지며 기능 수행이 필요한 법적 능력을 부여 받고 있다, 이러한 WTO는 협정당사국들과 같은 목적을 수행하고자 국제무역기구를 설립 하게 되었다. FTA는 WTO 범위내에서 이루어 지는 국제협약이다. WTO는 총회, 각료회의, 무역위원회, 사무국 등의 조직으로 구성되어 있으며 이 밖에 분쟁해결기구(DSB)와 무역정책검토기구(TPRB)도 있다. WTO는 합의제를 원칙으로 하며, 합의 도출이 어려울 경우 다수결 원칙(1국 1표 원칙 과반수 표결)에 의해 의사를 결정한다. 우리나라에서는 1994년 12월 16일 WTO 비준안 및 이행 방안이 국회에서 통과되었다.

2.전 세계 무역 증진

무역 빛 경제활동의 상호관계가 WTO의 회원국들의 생활수준을 향상시키고 완전고용의 달성과 함께 실질소득과 유효수요의 지속적인 양적확대를 추구하며 상품과 생산 및 교역을 증진하는 방향으로 이루어져야 함을 인식하여야 한다.1986년에 시작된 UR 협상은 1947년에 설립되어 세계무역질서를 이끌어온 GATT 체제의 문제점을 해결하고, 이 체제를 다자간 무역기구로 발전시키는 작업을 추진하게 되었다. 그후 7년 반에 걸친 논의 끝에 1994년 4월 모로코의 마라케시에서 개최한 UR 각료회의에서 마라케시선언을 채택하였고 UR 최종의정서, WTO 설립협정, 정부조달협정 등에 서명하였다. 다음해인 1995년 1월 1일 WTO가 공식 출범하였다

3. 환경보전노력과 보호수단

지속 가능한 개발과 부합되는 방법으로 세계자원의 효율적 이용을 도모하되 회원국들은 상이한 경제수준에 상응하는 환경보전노력과 보호수단을 허용하여야 한다.

4. **차별대우 폐지**

상호호혜의 바탕 위에서 관세 및 여타 무역장벽의 실질적인 삭감과 함께 국제무역상의 차별대우를 폐지함을 목표로 하여야 한다.

5. 다자간 무역체제 구축

GATT는 물론 과거의 무역자유화 노력 및 UR협상의 결과 전체를 포괄하는 통합되고 보다 자생력 있는 다자간 무역체제를 구축하여야 한다. 다자간 무역체제의 기본원칙의 보존과 목표의 증진을 위해 WTO를 설립하였다.

1986년에 시작된 UR 협상은 1947년에 설립되어 세계무역질서를 이끌어온 GATT 체제의 문제점을 해결하고, 이 체제를 다자간 무역기구로 발전시키는 작업을 추진하게 되었다. 그후 7년 반에 걸친 논의 끝에 1994년 4월 모로코의 마라케시에서 개최한 UR 각료회의에서 마라케시선언을 채택하였고 UR 최종의정서, WTO 설립협정, 정부조달협정 등에 서명하였다. 다음해인 1995년 1월 1일 WTO가 공식 출범하였다

6. WTO 기본원칙의 확대

GATT의 기본정신으로 하고 있다.
●<u>최혜국대우</u>(Most-favoured-nation (MFN): treating other people equally)_
●<u>내국민 대우 원칙을 기본원칙</u>으로 채택하고 있다. 이를 분설하면,

(1) 기본원칙(Principles of the trading system)
① 차별 없는 교역 (Trade without discrimination)
② 보다 자유로운 교역 (Freer trade: gradually, through negotiation)
③ 예측가능성 (Predictability: through binding and transparency)
④ 공정경쟁의 촉진 (Promoting fair competition)
⑤ 경제개발 및 개혁의 장려 (Encouraging development and economic reform)

(2) WTO란

모든 통상 협상에서 기본이 되는 WTO 협정은 농업, 섬유, 의류, 금융, 통신, 정부조달, 산업표준, 식품위생규제, 지적재산권 등 다양한 분야의 교역관계를 관장하는 국제법 문서입니다.

WTO의 모든 협정문에는 몇 가지 기본정신이 흐르고 있습니다.

① 교역 대상국간에 차별이 없어야 함.

② 교역 장벽을 감축해 보다 자유로운 교역이 되어야 함

③ 시장개방 약속을 통해 기업, 투자자, 정부에게 예측 가능성을 부여해야 함

④ 수출 보조금이나 덤핑 수출 등 불공정한 관행을 억제해야 함

⑤ 모든 국가를 동등하게 대우하는 최혜국 대우의 원칙(Most-Favored Nation Treatment)

이 '최혜국 대우'가 WTO 협정 하에서 가장 중요한 원칙입니다. WTO 협정 하에서는 회원국들 간에 차별적인 대우를 할 수 없습니다. 특정국가에 대해 특혜를 부여하는 경우(예를 들어 특정국가의 상품에 낮은 관세를 부과) 다른 모든 WTO 회원국에게도 그와 동등한 대우를 해야 합니다.

이 원칙은 상품교역을 관장하는 <GATT 제1조>에 명시돼 있습니다.

만약 어느 한 국가가 특정국가에 대해 특혜관세를 부여하게 되면 최혜국 대우 원칙에 정면으로 위배되는 것입니다.

(3) MFN(최혜국)대우의 예외적 적용

·① 자유 무역 협정: 특정 지역 내에 있는 국가들은 자유무역협정을 체결하여 그 지역 밖에서 수입되는 상 품에는 최혜국 대우 원칙을 적용하지 않을 수도 있다.
② 불공정한 교역을 하고 있는 상대방 국가에 대한 조치:불공하게 교역되고 있다고 판단되는 특정국가로부터 수입상품에 대해서 무역장벽을 높일 수 있다.
③ 일부 서비스 분야: 제한된 상황에서 차별 가능
④ 이러한 예외는 매우 엄격한 조건하에서만 허용된다.

제6절 FTA (free trade agreement , 自由貿易協定)

(1) 개념

FTA 란 특정 국가 간의 상호 무역증진을 위해 물자나 서비스 이동을 자유화시키는 협정으로, 나라와 나라 사이의 제반 무역장벽을 완화하거나 철폐하여 무역자유화를 실현하기 위한 양국간 또는 지역 사이에 체결하는 특혜무역협정이다. 그러나 자유무역협정은 그동안 대개 유럽연합(EU)이나 북미자유무역협정(NAFTA) 등과 같이 인접국가나 일정한 지역을 중심으로 이루어졌기 때문에 흔히 지역무역협정(RTA:regional trade agreement)이라고도 부른다.

세계무역기구(WTO) 체제에서는 크게 두 가지 형태가 있는데, 하나는 모든 회원국이 자국의 고유한 관세와 수출입제도를 완전히 철폐하고 역내의 단일관세 및 수출입제도를 공동으로 유지하는 방식으로, 유럽연합이 대표적인 예이다. 다른 하나는 회원국이 역내의 단일관세 및 수출입제도를 공동으로 유지하지 않고 자국의 고유관세 및 수출입제도를 그대로 유지하면서 무역장벽을 완화하는 방식으로, 북미자유무역협정이 대표적인 예이다.

WTO가 모든 회원국에게 최혜국대우를 보장해 주는 다자주의를 원칙으로 하는 세계무역체제인 반면, FTA는 양자주의 및 지역주의적인 특혜무역체제로, 회원국에만 무관세나 낮은 관세를 적용한다. 시장이 크게 확대되어 비교우위에 있는 상품의 수출과 투자가 촉진되고, 동시에 무역창출효과를 거둘 수 있다는 장점이 있으나, 협정대상국에 비해 경쟁력이 낮은 산업은 문을 닫아야 하는 상황이 발생할 수도 있다는 점이 단점으로 지적된다.

(2) 세계 최대 FTA : 아시아 태평양 자유무역협정 (RCEP)

유럽과 미국이 전염병과 싸우고 있는 동안 중국은 세계 최대의 자유무역협정 중 하나에 성공하고 있다. 11월 15일 베트남 하노이에서 화상으로 열린 자유무역협정 주최자들은 도널드 트럼프의 서명식을 복사한 것같다. 15명의 아시아 및 오세아니아 정부 수반과 장관들이 역내포괄적경제동반자협정(RCEP)에 서명하자 마자 서명이 있는 폴더를 웹캠에 넣는다.

도쿄 , 캔버라, 베이징의 남성, 웰링턴 또는 서울의 여성이 차례로 2장의 종이에 서명을 한다. 카메라가 이 모습을 잡을때 마다 화상 회의의 다른 참가자들은 박수를 보낸다.

한국, 중국, 일본에서 호주와 베트남까지 15개국이 아시아태평양지역 역사상 최대규모의 무역 협정에 합의했다. 22억 명의 사람들이 새로운 무역 블록에 살고있다.

그들은 세계경제 생산량의 30% 이상을 생산하며 코로나 위기 이전에는 세계 무역량의 29%를 차지했다. 새로운 무역 체계의 장이 시작되고 있다.

(3) FTA 진행 추이

① FTA ⇒ 관세동맹 ⇒ 공동 시장 ⇒ 경제 동맹 ⇒ 완전 경제통합

② FTA는 가장 첫 번째 순서로 자리를 가지고 있지만, WTO 무역규범에서 인정하는 범위에서 각자국의 재량과 자율적인 협정으로 한 FTA가 많이 진행되고 있다. 단 일본의 경우는 FTA와는 먼 정책었는데, 최근에 아시아 태평양 자유무역협정 (RCEP)에 적극적으로 시각을 변화시키고 있다.. 반면 우리 대한

민국은 적극적으로 FTA를 활용한 무역정책을 수출 및 수입 드라이브정책으로 하고 있다.상단의 아시아 태평양 자유무역협정 (RCEP)의 변화 및 진행 추이가 대한 민국에서는 주위 깊게 대응하여야 하는 무역환경에 놓여있다.

(4) 네이버 인용 : 이 글은 한국학술정보에서 펴낸 'WTO와 FTA로 살펴보는 국제무역질서의 이해(2008)', 김종훈 한미 FTA 협상 수석대표 외 FTA 추진 관료들이 쓰고 국정홍보처에서 펴낸 '국정브리핑 - 사자에게는 더 넓은 들판이 필요합니다(2006)', 외교통상부에서 운영하는 한미 FTA 공식사이트 (www.fta.go.kr)의 자료를 바탕으로 작성되었다.

1) FTA의 기본 정의

① 현재 세계 무역의 기본 규칙과 기준을 제시하는 유일하게 권위있는 기구가 바로 WTO(세계무역기구 : World Trade Oganization)이다. 대부분의 국가가 이에 합의했고, 2001년 중국마저 이에 가입하면서 전세계의 모든 국가간 무역은 WTO 체제 아래에서 이루어진다고 볼 수 있다. WTO는 기본적으로 '다자주의 원칙'을 취하고 있다. 다시 말해 모든 회원국들에게 공평하게 최혜국대우를 보장해주며 특수한 차별을 지양한다.

② 반면 최근에 등장하고 있는 형식의 무역협정인 FTA(자유무역협정 : Free Trade Agreement)는 두 국가 간의 무역장벽을 완화하거나 철폐하기 위해 양국 간에 체결하는 특혜무역협정을 말한다. 쉽게 말해 WTO가 사용하는 '다자간 합의'가 아닌 '양자간 합의' 형식의 체결이다. 한마디로 두 국가끼리만 서로 특혜를 주고 FTA에 참여하지 않은 다른 국가들에게는 차별을 준다. 여기에서 의문이 생긴다. 어째서 WTO는 자신들의 지향성과 반대되는 FTA라는 체제를 인정해주고 있을까?

③ 찬성론자의 입장

FTA 찬성론자들은 이에 대해 WTO가 채택하고 있는 다자간 체제의 취약점을 제시한다. 각 지역과 문화권마다 이해관계가 다르고, 상품과 서비스의 품목과 종류, 서로 거래하는 국가의 시스템은 천차만별인데 일관된 하나의 협정만을 제시하는 것은 어떤 상황에서는 '비효율적'이라는 것이다. WTO의 기본목적이 전세계 국가간 무역 장벽 해체를 통한 자유로운 무역의 실현인데, 어떤 면에서는 FTA가 이러한 WTO의 맹점을 해결해 줄 수 있다고 파악하는 것이다. 실제로 1970년대~1990년대까지 중남미의 남미공동시장(MERCOSUR)와 LAFTA, 유럽의 EU, 아프리카의 AMU, COMESA(남부아프리카공동시장), SADC(남부아프리카관세동맹), 중동의 ACM(아랍공동시장) 등 다양한 종류와 형식의 FTA가 등장했다. 그리고 이 흐름은 더욱 가속화 되어 최근에 FTA의 채결 개수는 점점 늘어나고 있다.

④ 최근까지 일본은 반대를 일관해오다가 최근에 아시아 태평양 자유무역협정 (RCEP)에 참석을 하였다. 경제가 특정국가에 종속된다는 종속이론 등이 반대론자들의 주장이다.

제3편 : 수 확 전·후 품질관리

제1.서류검사.관능검사.정밀검사(농수산물품질관리법 제88조)

[별표 24] <개정 2013.3.24>

수산물 및 수산가공품에 대한 검사의 종류 및 방법(제113조제1항, 제115조제1항 및 제2항 관련)

1. 서류검사

가. "서류검사"란 검사신청 서류를 검토하여 그 적합 여부를 판정하는 검사로서 다음의 수산물·수산가공품을 그 대상으로 한다.

1) 법 제88조제4항 각 호에 따른 수산물 및 수산가공품

2) 국립수산물품질관리원장이 필요하다고 인정하는 수산물 및 수산가공품

나. 서류검사는 다음과 같이 한다.

1) 검사신청 서류의 완비 여부 확인

2) 지정해역에서 생산하였는지 확인(지정해역에서 생산되어야 하는 수산물 및 수산가공품만 해당한다)

3) 생산·가공시설 등이 등록되어야 하는 경우에는 등록 여부 및 행정처분이 진행중인지 여부 등

4) 생산·가공시설 등에 대한 시설위생관리기준 및 위해요소중점관리기준에 적합한지 확인(등록시설만 해당한다)

5) 「원양산업발전법」 제6조에 따른 원양어업의 허가 여부 또는 「식품산업진흥법」 제19조의5에 따른 수산물가공업의 신고 여부의 확인(법 제88조제4항제3호에 해당하는 수산물 및 수산가공품만 해당한다)

6) 외국에서 검사의 일부를 생략해 줄 것을 요청하는 서류의 적정성 여부

2. 관능검사

가. "관능검사"란 오관(五官)에 의하여 그 적합 여부를 판정하는 검사로서 다음의 수산물 및 수산가공품을 그 대상으로 한다.

1) 법 제88조제4항제1호에 따른 수산물 및 수산가공품으로서 외국요구기준을 이행했는지를 확인하기 위하여 품질·포장재·표시사항 또는 규격 등의 확인이 필요한 수산물·수산가공품

2) 검사신청인이 위생증명서를 요구하는 수산물·수산가공품(비식용수산·수산가공품은 제외한다)

3) 정부에서 수매·비축하는 수산물·수산가공품

4) 국내에서 소비하는 수산물·수산가공품

나. 관능검사는 다음과 같이 한다.

국립수산물품질관리원장이 전수검사가 필요하다고 정한 수산물 및 수산가공품 외에는 다음의 표본추출방법으로 한다.

1) 무포장 제품(단위 중량이 일정하지 않은 것)

신청 로트(Lot)의 크기		관능검사 채점 지점(마리)
	1톤 미만	2
1톤 이상	3톤 미만	3
3톤 이상	5톤 미만	4
5톤 이상	10톤 미만	5
10톤 이상	20톤 미만	6
20톤 이상		7

2) 포장 제품(단위 중량이 일정한 블록형의 무포장 제품을 포함한다)

신청 개수		추출 개수	채점 개수
	4개 이하	1	1
5개 이상	50개 이하	3	1
51개 이상	100개 이하	5	2
101개 이상	200개 이하	7	2
201개 이상	300개 이하	9	3
301개 이상	400개 이하	11	3
401개 이상	500개 이하	13	4
501개 이상	700개 이하	15	5
701개 이상	1,000개 이하	17	5
1,001개 이상		20	6

3. 정밀검사

가. "정밀검사"란 물리적·화학적·미생물학적 방법으로 그 적합 여부를 판정하는 검사로서 다음의 수산물·수산가공품을 그 대상으로 한다.

1) 검사신청인 또는 외국요구기준에서 분석증명서를 요구하는 수산물 및 수산가공품

2) 관능검사결과 정밀검사가 필요하다고 인정되는 수산물 및 수산가공품

3) 외국요구기준에 따라 수출된 수산물 및 수산가공품에서 유해물질이 검출된 경우 그 수산물 및 수산가공품의 생산·가공시설에서 생산·가공되는 수산물

나. 정밀검사는 다음과 같이 한다.

외국요구기준에서 정한 검사방법이 있는 경우에는 그 방법으로 하고, 그 방법이 없을 때에는 「식품위생법」 제14조에 따른 식품등의 공전(公典)에서 정한 검사방법으로 한다.

비고

1. 법 제88조제4항제1호 및 제2호에 따른 수산물·수산가공품 또는 수출용으로서 살아있는 수산물에 대한 별지 제69호서식의 위생(건강)증명서 또는 별지 제70호서식의 분석증명서를 발급받기 위한 검사신청이 있는 경우에는 검사신청인이 수거한 검사시료로 정밀검사를 할 수 있다. 이 경우 검사신청인은 수거한 검사시료와 수출하는 수산물이 동일함을 증명하는 서류를 함께 제출하여야 한다.
2. 국립수산물품질관리원장 또는 검사기관의 장은 검사신청인이 「식품위생법」 제24조에 따라 지정된 식품위생검사기관의 검사증명서 또는 검사성적서를 제출하는 경우에는 해당 수산물·수산가공품에 대한 정밀검사를 갈음하거나 그 검사항목을 조정하여 검사할 수 있다.

제2 수산가공·위생 · 수확 후 품질관리·통조림 · HACCP

제1절. 수산물의 특징 및 수산물의 변화

1. 수산물 및 어류 등의 특징(고교 수산일반 인용)

1) 어획량의 불안정성

어·패류는 어획량 및 어종별 구성이 매년 달라져서 일정하지 않다. 정어리, 고등어, 전갱이,오징어 등의 어획량의 변동은 좋은 예가 되며, 이것은 수산물의 계획적 가공에 큰 방해가 된다.그러나 부화 방류 사업으로 모천 회귀율이 좋아지는 연어류 및 증양식 어·패류는 안정적인 공급이 가능하다.

2) 원료의 다종 다양성

수산물은 농·축산물과 달리, 어류, 연체류, 갑각류, 해조류 등 종류가 많고, 종류에 따른 형태와 화학 성분의 차이가 많기 때문에 수산물 가공에는 고도의 기술과 지식이 요구된다

3) 부패, 변질하기 쉬움

육상 동물육보다 어·패육은 부패, 변질하기 쉬운 결점이 있다. 그 첫 번째 이유로는 형태학적인 점으로, 근육이 연약하며 이것을 보호하는 근막, 외피 등이 얇고 비늘도 떨어지기 쉬운 어류가 많다는 것이다. 외상을 받으면 이곳으로 부패 세균이 침입하기 쉽고, 사후에 어체 표면에많은 점질성 물질이 미생물 증식의 원인이 된다. 두 번째 이유로는 어·패류의 사후에 관여하는각종 효소의 활성이 육상 동물육보다 높은 점이다. 세 번째는 축육과 어·패육은 취급 방법이다른 점이다. 축육은 도살 후 내장을 제거하고 지육으로 냉각 저장하지만, 대부분의 어·패류는 어획후 내장과 함께 저온 수송하므로, 소화관, 아가미, 체표에 오염된 부패 세균에 의한 부패가 촉진된다. 네 번째로 어·패류의 지질은 EPA, DHA 등 고도 불포화 지방산 비율이 많아서 자동산화하기 쉬우며, 산화에 의하여 생성된 과산화물 및 분해물은 단백질의 변성 등을 촉진시킨다

4) 어체의 대소, 부위, 어기에 따른 성분 조성의 변동

어·패류는 같은 어종이라도 체내 성분 조성의 변동이 큰 것이 특징이다. 어체는 크기가 큰것이 지방 함량이 많고, 작은 것은 적다. 부위에 따른 성분 차이가 많이 나는 것은 참치육으로,복부육은 지방 함량이 가장 많고, 피하 지방 부분도 지방 함량이 많으며, 붉은살의 등육은 지방함량이 적다. 어획 시기에 따라서는 지방 함량이 낮은 흰살 생선은 차이가 적지만 지방 함량이높은 붉은살 생선은 차이가 많이 나며, 단백질 힘량은 큰 변화가 없다.

5) 혈합육의 존재

어류에는 보통육과 혈합육이 존재하며, 미오글로빈(myoglobin)이 다량 함유되어 있으며 진한 적색을 띤다. 혈합육에는 지방, 타우린(taurine), 무기질 등의 함량이 보통육보다 높아서 영양적으로는 우수하지만, 선도 저하가 보통육보다 비교적 빠르다.

(1) 적색육 :
붉은 살 또는 일본식 용어로 혈합육이라고도 한다. 적색육에는 지방과 색소가 많다.
(2) 백색육 : 흰살 또는 일본식 용어로 보통육이라고도 한다. 일반적으로 적색육 어류가 백색육 어류보다

선도변화가 빠르다.

(고교 수산일반 인용)

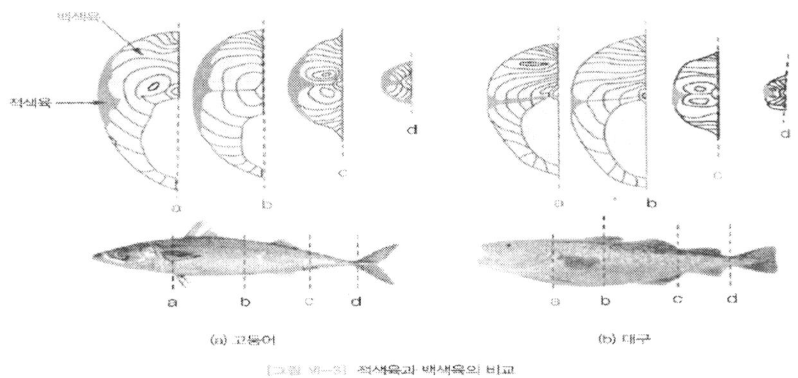

적색육과 백색육의 비교

6) 생리 활성 물질의 존재

최근에 수산물이 건강 식품으로 주목받고 있다. 수산물 중에 포함된 생리 활성 물질로서 가장각광 받고 있는 것은 지방을 구성하는 오메가-3 지방산인 EPA와 DHA, 그리고 수산 무척추 동물(패류, 오징어, 문어 등)과 혈합육에 많은 타우린이 있다. 그리고 해조류인 한천, 다시마, 미역등에 식이 섬유(dietary fiber)가 많다.

7) 유독종의 존재 '어류 등 자연적인 독성

어·패류 중에는 종류에 따라서 생체 중에 독소를 갖고 있는 것, 또는 성장 상태에 따라서일시적으로 독소를 생산하는 것도 있으며, 이것을 식용하면 식중독을 일으킨다. 독소를 지니고있는 수산물은 복어(tetrodotoxin), 고둥류(tetramine), 담치류(mytilotoxin), 바지락(venerupin), 해삼(holothruin), 불가사리(saponin) 등이 있다.

ⓐ 어패류 및 그 가공품에서-섭취 후 장관 네에서 생산된 독소에 의한 식중독-호열성이므로 가열 후 신속히 냉각하여 예방한다. 참조 : 산지 경매사 상품성 평가 : 김용회 저 181p 참조

복어(난소,간장,혈액)	테트로도톡신
뱀장어(혈액)	악티톡신
해삼(혈액)	홀로수림
문어(타액)	티라민
바지락(내장)	베네루핀-치사률 50%
굴(근육,내장). 홍합(근육,내장)	색시톡신-치사률 10%
굴(내장)	베네톡신
홍합(간장),진주담치	미틸로톡신
독꼼치,곰치	ciguatoxin,clupeotoxin

ⓑ 식중독의 분류 및 특징

세균성 식중독	1. 감염형 식중독 ; 식품에 부착하여 증식한 균을 사람이 섭취하여 사람의 소화기관을 감염시켜 인간의 대사기능이 중독되는 현상으로 발생하는 식중독이다. (1) 샬모넬라(2) 장염 비브리오,(3) 병원성 대장균,에르시니아(세감 살장에병) 2. **독소형 식중독** ; 식품에서 세균이 자체 증식을 하여 생성된 독소를 인간이 식품과 함께 섭취함으로써 생기는 중독현상이다. (1) 포도상구균,장구균, (2)보툴리누스균(세독포장) (3) 중간형 ; 웰치균 (통신대교재는 웰치균을 독소형으로 분류)
자연독 식중독	동물성 ; 복어 독,조개류 등(자복조) 식물성 ; 독 버섯,감자 등
화학물질 식중독	유해금속 ; 수은 ,납 ,카드뮴 등

8) 냄새 성분

어류는 선도가 좋을 때에는 냄새가 약하냐, 선도가 떨어지게 되면 비린내와 같은 좋지 못한 냄새가 강해진다. 비린내에는 트리메틸아민(TMA) 등 많은 화합물이 관여하고있다. 일반적으로 트리메틸아민은 바닷물고기에는 있지만, 민물고기에는 극히 적은 특징이 있다.상어, 가오리, 홍어 등의 연골 어류 근육에는 트리메틸아민옥사이드(TMAO)와 요소의 함유량이 일반 어류보다 월등히 많다. 이들이 분해되면 각각 트리메틸아민과 암모니아가 생성되므로 냄새가 매우 강해진다. 숙성시킨 홍어나 상어의 냄새가 강한 것은이 때문이다. 민물고기(미꾸라지 등)에서 나는 흙냄새는 지오스민 (geosmin) 등에서 비롯된다.

9) 엑스 성분

(1) 엑스 성분(extractives)은 어패류 중의 고분자 물질(단백질, 다당류, 핵산), 지방, 색소 등을 제외한 분자량이 비교적 작은 수용성 물질을 통틀어서 일컫는다. 엑스 성분은어패류의 맛과 기능성에 중요한 역할을 하고, 어패류의 변질과도 관련이 많기 때문에 식품학적인 면에서도 매우 중요한 성분이다. 일반적으로 척추동물보다 무척추 동물에서 엑스 성분 함유량이 많다. 어패류의 엑스성분에서 가장 많이 차지하는 것은 유리 아미노산(글리신, 알라닌, 글루탐산 등)이다.아미노산은 단맛, 신맛, 쓴맛, 감칠맛 등의 다양한 맛을 내므로 어패류의 맛에 커다란 역할을 한다.

(2) 핵산 : 유전이나 단백질 합성을 지배하는 중요한 물질로, 생물의 증식을 비롯한 생명 활동유지에 중요한 작용을 하며, DNA와 RNA가 있다.

(3) 유리 아미노산 : 어떤 성분과도 결합하지 않고 존재하는 아미노산을 말한다.

10) 색소

어패류에 들어 있는 색소는 피부에 있는 피부 색소, 근육에 있는 근육 색소, 혈액에있는 혈액 색소, 내장에 있는 내장 색소로 나눌 수 있다. 피부 색소에는 멜라닌과 카로티노이드가 있다. 근육 색소에는 미오글로빈(대부분의 어류)과 아스타잔틴(연어, 송어)등이 있다. 혈액 색소로는 어류에서는 헤모글로빈, 갑각류에서는 헤모시아닌이 있다.내장색소로는 오징어 먹물에 있는멜라닌이 있다. 헤모글로빈에는 철 (Fe)이, 헤모시아닌에는 구리(Cu)가 함유되어 있다.

11) 해조류의주요성분

해조류는 탄수화물과 무기질의 함유량이 높고, 지방과 단백질 함유량이 낮다. 미역,다시마, 감 퇴 등의 식용 해조류는 25~60%의 탄수화물을 함유하고 있지만, 대부분이 체내에서 소화 흡수되지 못하므로 에너지원이 되지는 못한다. 해조류에 함유되어 있는 대표적인 탄수화물은 한천, 카라기난 및 알긴산이다. 한천은 홍조류인 우뭇가사리 및 꼬시래기에서 주로 추출하여 제품으로 한 것이다. 카라기난은 홍조류인 진두발등에서 추출한 것이고, 알긴산은 갈조류인 감태 등에서 추출한 것이다. 이들 탄수화물은 식품산업, 의약품 및 화장품 산업에서 다양하게 이용되고 있다.

2.. 수산물의 변화과정의 화학적인 상세 해설 등 (김기홍 설명 및 김용회 정리 등)

(수산물 채포 후 생 -사-해당작용-사후경직-해경-자기소화 -발효식품활용-부패)

1) 수산물의 변화과정에서 수산물 중 어류가 살아있을 때 에너지원인 글리코겐의 생성되는데 이 과정이 ATP라 한다. 이는 수산물의 혈액인 이를 분석하면 생선의 소화관을 통해서 에너지원이 되는 포도당을 흡수하는데 이 때 돌기의 육모가 에너지를 흡수한다. ,이 에너지가 포도당 즉 에너지이다. 그러나 수산물의 생선의 근육에서 이 포도당을 바로 사용을 하지 못하므로 변화를 시켜주는 것이 간의 역할이다. 고로 간이 사용가능한 글리코겐 효소로 변화시켜주는 과정이 필요하다.

2) 간이 근육이 사용가능한 에너지원으로 분류되는 글리코겐 효소로 변화시켜서 살아 움직이게 하는 에너지를 내게 한다. 이 과정을 ATP(근육이 힘을 내는 과정 = 에너지 발생과정)라 한다. 수산물이 살아 있을 때는 ATP가 일정한 절차를 거치는 것이지만, 수산물이 죽은 후는 ATP과정이 아니라 젓산의 생성이 된다. 이 젓산의 변화가 수산물의 변화과정이고, 이 젓산의 활동으로 간기능 저하 수산물의 피로가 누적되고 결국은 사후경직 후 해경. 자기소화. 부패로 진행된다.

3) 간에서 이 젓산의 분해도 기능을 하므로 간의 중요한 장기 중 하나이다. 사후경직은 근육의 본질인 힘을 발휘하지 못하는 단계이고, 결국은 굳어지는 것이다. 이 굳어지는 것은 젓산의 축적으로 산도가 증가되는데 이를 측정하는 지표가 ph 이다. 이후 해경에서 근육이 풀리면서 근육으 연한 현상이 되는데 발효식품(젓갈 . 식×해 등), 홍어 및 축육 등에서 활용되고, 해경 후 자기소화 단계와 유사한 상황으로 수산물에서는 이를 인위적으로 개입하는 것이 소금 활용하는 염제품, 햇볕을 활용하는 건제품 등으로 분류될 수 있다.

4) 사후경직은 결국은 ATP가 변화되어 그 부산물인 젓산의 생성이므로 이를 방지하는 것인 신선도을 유지하는 것이고, 이 신선도 측정 방법(ATP,pH,VBN-휘발성염기질소,K값,TMA-트리메텔아민,히스타민,암모니아 등) 및 측정 후 신선도 유지방법으로 소금을 활용하는 방법, 유통법 제 35조인 콜드체인(저온저장방법) 등이 이용된다. 결국에는 이 사후경직 단계가 가장 중요한 과정이므로 이 시점에서 수산물의 가치는 판단되는 것이고, 해경 및 자기소화 전에 수산물을 보존하는 것이 가장 중요하다.

5) 자기소화를 세분화 하면 젓산의 축적으로 사후경직이 일정한 후 근육이 풀리면서 해경단계로 진행되고, 이후 자기소화 단계로 나누어 지는데, 이는 단백질 효소인 구조망인 팹티드 및 이 팹티드가 전자해리가 일어나서 분자인 아미노산으로 변화되고 이 양자의 작용으로 조직연화 및 부패 촉진 등 현상이 일어 난다.

6) K 값은 신선한 횟감용의 선도측정에 활용된다. 이는 ATP의 분해정도를 이용하는 신선도를 판정하는 방법이다. K 값은 ATP의 분해가 사후에 일어난다.(2020년 수품사 2차 기출)

7) K 값 = (H × R + HX) / (ATP + ADP + AMP + IMP + H × R + HX)

8) ATP→ADP→AMP→IMP→inosine →Hypoxanthine로 변화되는 과정이다.

제2절. 수산어류의 사후 변화

1. 어패류는 살아 있을 때와 죽었을 때 근육에서 일어나는 변화가 다르다. 죽게 되면 살아 있을 때와는 달리 산소가 공급되지 않는 상태(혐기 상태)로 되고, 미생물이나 효소에 의하여 근육이 비가역적으로 분해가 진행된다.

(고교 수산일반 인용)

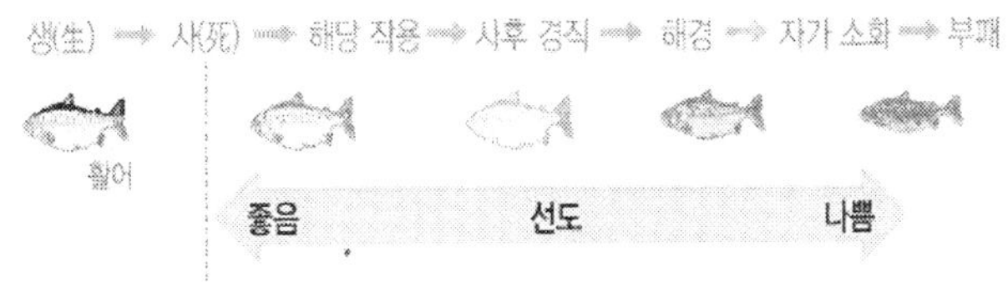

[그림 VI-4] 어패류의 사후 변화 과정

1) 해당작용

① 어류가 호흡이 중단되면 어류체내에 산소공급이 중단되고, 이에 따라 ATP는 혐기적 대사과정인 해당 반응을 통해 생산되는데, 호기적 대사에 비해 비효율적이다.

② 혐기적 반응을 통해 체내에 젖산(LACTIC ACID)이 생성되어 pH가 저하된다.

③ 체내 pH가 저하는 결국 해당 반응을 저해하고, 체내에 ATP 감소를 가져온다.

2) 사후경직 : 이는 적색어가 백색어보다 사후경직이 빨리 진행되는 경향이 있다.

① 어체가 굳어지는 현상을 말한다.

② ATP 감소에 의해 칼슘(Ca) 펌프 작용이 저하되어 근육 세포내에 칼슘의 농도가 증가함에 따라 근육의 수축 현상이 계속 지속되기 때문이다.

3) 해경 : 사후경직 후 근육이 느슨해지는 단계이고 극히 짧은 과정이다.

4) 자기/자가소화 = 자기융해

① 해경과 동시에 단백질,지방,글리코겐 등의 고분자가 어체 자체내의 효소 작용에 의하여

② 저분자로 분해되는 과정이다.

③ 자기소화에 미치는 요인은 ' 온도'어종'pH' 등 영향을 많이 받는다.

5) 부패

(1) 부패 특징

① 자기소화에 의한 분해작용으로 어육 단백질이 분해되어 저분자인 아미노산 등에 의한 부패세균이 작용하는 단계이다.

② 자기소화가 진행되면 미생물이 증식하기 좋은 환경이 되어 급속히 미생물이 증식하는 단계가 부패 단계이다.

③ 이 미생물의 효소 작용에 의해 어체 성분인 단백질, 지질 등이 ''아민류(히스티딘), 암모니아'저급 지방산 등으로 분해되고,

④ TMAO도 TMA로 전환되어 '비린내''가 나는 것이 부패 단계이다.

(2) 부패 과정 : 부패란 TMAO(트리메틸아민옥시드)가 세균에 의해 트리메틸아민(TMA)으로 환원되는

것이고 비린내의 주요 성분이다.

① 부패 냄새는 아민류,암모니아 등 생성하여 매운 맛과 부패(악취) 냄새가 난다.

② 히스타민은 유독성 아민류에서 생성되는 중독성으로 알레르기,두드러기 등의 일어나는 것이다.

③ 식품 규격상 허용한도 : 히스타민 : 200 mg/kg 이하(다랑어류에 한한다)

④ 부패 및 산패 등 개념

부 패	**아민류,암모니아** 등 생성하여 매운 맛과 부패(악취) 냄새가 난다.
산 패	효소의 변질 중 단백질의 변화로 인한 가지소화와 관련하여 팹티드,아미노산이 조직연화와 부패촉직과 관련되고,지질분해효소인 지방산과 스테롤이 변화되어 불쾌한 맛이나 냄새가 나는데,이는 산소와 지질의 결합으로 변화는 현상이고 이를 산패라 한다.
변 패	탄수화물이나 지질이 변질되는 현상을 말한다.
부패와 발효	혐기성세균은 산소에 반응하지 않고 유기물을 분해하여 에너지를 발생하는데, 그 부산물이 인간에게 이로우면 발효이고 해로우면 부패가 된다. 발효는 주로 탄수화물의 분해되는 과정의 부산물을 말한다.

6) 발효

① 종류는 식해, 젓갈, 액젓 등으로 나눈다.

② 미생물이 자신이 가지고 있는 효소를 이용해서 유기물을 분해시키는 과정을 발효라 하고,사람에게 유익한 경우이다. 악취가 나거나 유해한 물질이 생성되면 부패하고 한다.

③ 발효는 무산소 호흡의 범주에 속하는 것이고

④ 예시로 젖산균은 무산소상태에서 포도당과 반응시키면 젖산을 말등러 내는 과정이 발효이다.

도표 : 김태산 인용 : 발효와 발효식품

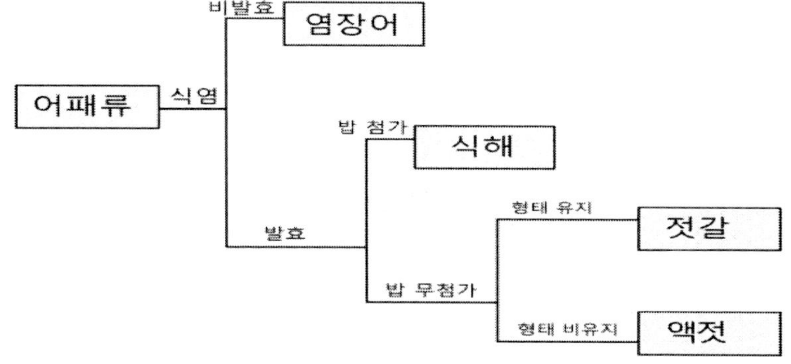

염장품, 젓갈, 액젓 및 식해의 비교

제3절 수산물의 특성과 저장 등 관련하여 품질 변화

1. 개념

수산물 및 가공식품의 수분 등 특징으로 인하여 부패에 쉽게 노출되는데, 이는 주요원인인 미생물의 변화로 나누어 진다. 이에는 미생물 작용조절, 자가효소 작용조절 등이고, 대안을 저장법활용, 미생**물 및 효소 제어 등 기술과 연관**된다.

2. 저장시 품질변화 원인과 종류

1) 미생물의 의한 품질변화

(1) 미생물증식에 따른 식품성분들의 분해
(2) 독성대사물의 생성으로 인한 품질저하
(3) 단백질이 미생물에 의한 INDOLE 등의 악취 발생
(4) 지질의 화합물-carbonyl 등으로 분해로 인한 품질저하

2) 화학적 원인에 의한 품질변화

(1) 지방질 식품의 저장시 자동산화(산소와 지질의 결합으로 인한 '산패) 등에 의한 식품의 품질저하 이는 지질분해효소인 지방산,스테롤에 의하여 불쾌한 맛 ,냄새,산패촉진 등으로 변화된다.
(2) 단백질의 분해효소인 팹티드,아미노산이 자기소화에 작용하여 조직연화 및 부패촉진을 하는 것이다.
(3) 냉동저장시 빙결정(0. 5~-2도씨에서 수분의 얼음이 되는 상태)의 성장에 따른 단백질의 냉동변성.
(4) 기타 색소화합물의 변화에 의한 식품의 변색 및 갈변현상,이는 효소적 갈변으로 갈변 효소인 티로시나아제(효소명)라는 아미노산 성질의 ''타로신''효소가 새우 등에서 검정색소인 ''멜라닌''으로 변하는 것이있고, 흑변인 멜라닌의 억제 방안으로 산성아황산나트륨용액에 식품을 침지 후 냉동 저장하는 방안 등이 있다. 또 갈변에는 비효소의 의한 -식품의 성분간의 반응에 의해 갈색화되는 비효소적 갈변으로 나누어 지고,아스코르빈산 산화반응,메밀러드 반응 등이 나타나고,대안으로는 콜드체인 등 활용이다.

3) 물리적 원인에 의한 품질변화

(1) 동결어류의 해동시 육질의 스폰지화로 고유 물성의 변화로 인한 식품의 품질저하 현상
(2) 해동시 빙결정이 녹아서 수분이 육질에 흡수되지 못하고 체액이 분리되는 것을 drip 이라 한다.
(3) 저장온도의 변화로 표면경화현상발생,지질,단백질의 변성 및 분해촉진 등

제4절 염장품

1. 염장법의 개념 및 소금 등 사용 목적 등

1) 개념 등 : 염장법은 어패류의 육,내장,나소 등을 소금 절임하여 만든 제품을 말한다. 염장품의 풍미는 염장 중 조직 자체가 지닌 자가효소와 어체 표면 및 내장에 분포된 미생물 등 여러 효소가 혼입된 미생물이 변하면서 분비하면서 생긴다.

이는 원료의 특성인 단백질에서 아미노산까지 분해되어 염장법 특유의 독특한 풍미를 나타내게 된다. 자기소화에서 단백질분해효소인 팹티드,아미노산으로 변하여 조직이 연해지고,부패촉진을 한다.

2) 목적은 자기소화 효소 진행을 막아서 부패를 방지하는 것이 목적이다.

3) 염장품의 "숙성"정도 지표

이는 유리아미노산 및 아미노태 질소,엑스 성분(어육 용출 성분 중 -단백질,지질,색소,고분자 등 제외한) 나머지 수용성 성분을 엑스성분이라 한다. 이는 발효식품의 숙성 중 증가하는 속성이 있어므로 제품의 숙성 정도를 판정한는데 이용된다.

4) 엑스 성분

(1) 엑스 성분(extractives)은 어패류 중의 고분자 물질(단백질, 다당류, 핵산), 지방, 색소 등을 제외한 분자량이 비교적 작은 수용성 물질을 통틀어서 일컫는다. 엑스 성분은어패류의 맛과 기능성에 중요한 역할을 하고, 어패류의 변질과도 관련이 많기 때문에 식품학적인 면에서도 매우 중요한 성분이다. 일반적으로 척추동물보다 무척추 동물에서 엑스 성분 함유량이 많다. 어패류의 엑스성분에서 가장 많이 차지하는 것은 유리 아미노산(글리신, 알라닌, 글루탐산 등)이다.아미노산은 단맛, 신맛, 쓴맛, 감칠맛 등의 다양한 맛을 내므로 어패류의 맛에 커다란 역할을 한다.

(2) 핵산 : 유전이나 단백질 합성을 지배하는 중요한 물질로, 생물의 증식을 비롯한 생명 활동유지에 중요한 작용을 하며, DNA와 RNA가 있다.

(3) 유리 아미노산 : 어떤 성분과도 결합하지 않고 존재하는 아미노산을 말한다.

(4) 정리(수산일반 고교 수산 인용)

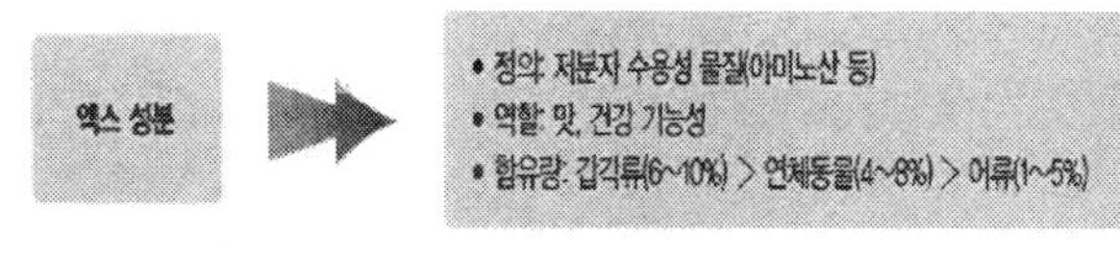

● **소금의 개념**-이경혜 교수. 김용회 서술형 9회 등 인용

1. 소금은 인류 최초의 방부제이자 조미료로 5, 000년 전 고대 이집트에서 어류에 소금을 이용한 엄장법이 시작되었다고, 기록에 의하고, 우리 선조도 고춧가루의 사용 전에 소금이 사용된 것이 기록에 보인다. 다만, 정확성으로 본다면 조선 후기로 보여지는 문헌에는 동해의 어육을 원주로 이동, 유통 시킬 수단으로 소금을 사용했다고 한다.

2. 소금에 의하여 어육 중의 수분함량이 (수산물의 어체와 서로 흡수,방출 등 하여 삼투압 작용)감소한다. 염장의 방부 원리는 주로 소금의 탈수작용과 방부효과를 이용하는 것이다.

일반적으로 10% 전 후의 소금을 사용하여 염장을 한다.

3. 염장에 의하여 세균의 번식은 상당히 억제될 수 있지만 ''자기소화''의 효소작용을 억제되는 것이 아니고, 서서히 진행되어 염장 중 어육의 육질은 점차 연화 된다. 따라서 ''자기소화''효소의 작용을 ''이용''한 것이 ''젓갈''과 같은 ''수산발효식품''이다.

♣ 염지 [鹽漬, curing]

원료육에 식염, 육색 고정제, 염지 촉진제 등의 염지제를 첨가하여 일정기간 담가 놓는 제조공정을 말한다. 식염만에 의한 소금 절임과 구별하여 큐어링(curing)이라고 부른다. 제품의 품질의 양부를 결정하는 요인이 많은 관계로 식육가공상 중요하고 필수적인 공정이다. 염지에 의해서 초래되는 효과는 다음과 같다.

4. 어패류에 적용되는 염장법의 종류

1) 염장법의 종류-수품사 3회 2차 '2017년'기출

(1) 마른간법 ; 수산물에 '직접' 소금을 뿌린다. 원료무게의 20~35%가 소금의 양이 사용되고, 염장의 잘못시 그 피해를 부분적으로 할 수 있는 것 등이 장점이다.
(2) 물 간 법 ; 식염에 놓인 소금물에 ''담가서 염장, 주로 소형어에 사용되다. 이는 어체에 접촉되지 '않아서 산화가 적고, 소금의 침투가 균일하다.
(3) 개량 물간법 ; 상단 1), 2)의 단점을 보완한 방법이다. 이는 누름돌이용을 한다. 장점은 수산물의 외관과 수율이 좋고 식염의 침투가 균일하다.
(4) 특수 염장법은 변압,염수 주사법,압착염장법 등이 있다.

▶ 특수염장법의 설명하시오. -5점-이경혜 및 김용회 2차 서술형 인용

1. 염장법이란 어체를 전처리한 수산물을 ''소금을''가하여 ''수분''함량을 줄여 만든 제품을 말한다, 이때 염장을 하면 삼투압 작용으로 탈수가 되고 맛, 조직감, 저장성이 향상된다. 방법으로는 마른간법, 물간법, 개량물간법 및 특수 엽장법 등이 있는데,이는 ''어체에 ''소금'을 접촉'' 등 방법으로 나누어 진다

2. 특수 염장법 종류

1) 변압 염장법

(1) 긴밀히 밀폐할 수 있는 용기에 '식품을 넣고' 용기 내를 감압하여 식품 내에 녹아 있는 기체를 제거한 후 염수를 주입하여 물간한다.
(2) 다른 방법으로 급속 염장법과 유사하지만 다른 점은 용기 '내를 직접' 가압을 하여 식염의 침투를 신속하게 하여 염장 기간을 단축하는 데 이를 급속 염장법이라고 한다.

2) 염수 주사법

(1) 대형의 염수 주사기로 대형 어육에 염수를 주사한 후 일반염장법으로 염장하는 방법을 말한다.
(2) 이는 육 내부까지 신속히 식염을 침투시커서 염장 기간을 1/3정도 줄인다.

3) 압착 염장법

(1) 먼저 마른간을 한 다음 식염수를 주입하여 물간한다.

(2) 식염의 침투가 된 후는 염수에서 건져서 작당하게 가압하여야 한다.

(3) 이는 과잉의 염분을 수분과 함께 밖으로 압출하는 과정이다.

5. 염장법과 원료의 품질 및 원료 소금 그리고 소금물의 측정-보메도 방법

1) 선도가 좋은 원료선택이 가장 중요하고,원료가 좋지 않은 경우 식염의 침투에도 문제가 있다.

2) 원료소금 : 이는 증발염,천일염 등이 사용되고,이 소금에 불순물이 함유되어 있다 불순물의 경우 식염의 침투 속도가 늦고,침투량도 적다. 고로 순도가 좋은 소금을 측정하는 방법이 필요하다.

3) 소금물의 비중 측정-식염과 같은 비중액에 사용되는 비중계이다.

(1) 증액 보메계 ; 이는 물보다 무거운 용액의 비중을 측정하는 것이다.

(2) 경액 보메계 ; 이는 물보다 가벼운 용액의 비중을 측정하는 것이다.

(3) 비중과 보메도의 관계 : D 는 비중 ,B 는 보메도(15도씨 측정)

① D = 144. 3/144. 3-B(보매 중액용,

② B = 144. 3/144. 3+B(보매 경액용)

(4) 보메도 비중계를 이용한 자숙수의 식염농도 정량 및 수행순서

1) 각 시료 용액에 라벨량을 한 후 비커 또는 메스실린더에 넣고 온도계로 온도를 측정한 후 15℃로 조정하여 둔다. 보메비중계로 도수를 측정하고, 기록한 후 보메도를 비중으로 환산된 비중으로 계산 등하고 기록하지만, 온도조정이 되지 않은 경우 15℃를 기준으로 온도 1℃가 높을 때마다 0.05를 더해주고, 낮을 때는 0.05를 빼준다.

. 염장법과 발효식품 구분 및 비교

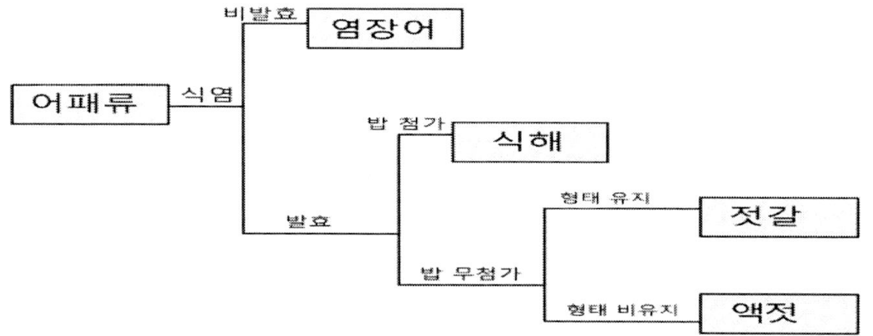

염장품, 젓갈, 액젓 및 식해의 비교

비교 : 2020년 젓갈 특징 및 다른 나라 용어 출제 됨. 필리핀 및 일본 용어 (숏쯔류 등)

. 전통 젓갈과 저염 젓갈의 비교

구 분	전 통 젓 갈	저 염 젓 갈
염 도	10~20%	4~7%
숙성 기간	10~29일	0~3일
감칠 맛 생성	자기소화에 의한 아미노산 등 생성	조미료 향신료에 의한 맛
부패 방지	소금에 의한 부패방지	보존료,수분활성도,저온에 의한 보전
보 존 성	높다(상온 저장 가능)	낮다(냉장 보관)
제품 특성	보존 식품	기호 식품

. 수산발효식품의 가공 및 이용방법 분류

제품	원재료	부재료	숙성 발효기간	이용방법
젓갈	어류,패류,갑각류,내장, 색소	소금	2주~1년	주미 후 식용
양념젓갈	어류,패류,갑각류,내장,생식소	소금, 향신료,조미료	3일~6주	직접 식용
식해	어류,연채류,생식소	소금,쌀밥,향신료,맥아,조미료	3일~2주	직접 식용
액젓(한국)	어류,갑각류,갑각류,내장,생식소	소금	6월~1년	김치,소스 등 조미용
멸치 액젓	소금 : 원료(1:4 혹은 1:3)		12월~18개월	
까나리아 액젓	소금 : 원료(1: 3)		12개월	
일본 액젓	숏쓰루 : 소금 : 원료(1: 5)		3~6개월	끓여서 기름제거
베트남,라오스 등 액젓	누옥맘 :소금 :원료(1: 3 혹은 2:3)		3~12개월	가열 살균
캄보디아 액젓	툭트레이 ; 소금 : 원료(1: 5)		5~12개월	nouc mam도 있음
태국 액젓	남플라 : 소금 : 원료(1: 1~ 1:5)		5~12개월	소형 해산어 담수어
말레이시아액젓	부두 : 소금 : 원료(1: 3~5)		3~12개월	설탕 첨가
간장절임	갑각류(게,새우)	간장, 향신료,조미료	4주	직접 사용

제5절 수산물 관련 온도계와 온도 범위의 용어 정리

1. 저온저장법의 분류-빙장. 냉각저장. 동결저장법 등으로 나눈다.

1) 빙장 -얼음을 활용하여 수산물을 급속히 온도저하를 하여 단기간 정장에 활용하는 방법이다
  A. 쇄빙법 = 포빙법 : 얼음조각을 수산물과 섞어서 저장/냉각시키는 것
  B. 수빙법 : 단수나 해수를 써서 수산물을 침지시키는고 냉각하는 것
  C. 약제얼음이용법 : 선어의 수송에 사용되는 것이고,빙장법 등 얼음의 량의 문제를 해결하는 방안이다. 이는 방부제를 함유한 약제를 사용하여 빙장하는 방법이다.
2) 냉각저장 : 어체를 동결하지 않고 0도씨에서 저장하는 것
3) 동결저장법 : 급속동결 후 -18도씨에서 장기간 저장하는 방법이며, 글레이징(분무법과 침지법) 후 냉장으로저장하는 방법이고 일명 냉동법이라 한다.
 (1) 글레이징이(glazing)란 동결한 어패류의 표면에 입힌 얇은 얼음 막(3~5mm)을 말한다. 얼음 옷 또는 빙의라고도 한다. 글레이즈는 보통 동결 생선을 깨끗한 얼음물에 5~10초 동안 담그거나 동결품의 표면에 물을 분무해서 만든다(얼음 막을 입히는 작업을 글레이징이라 함). 장기간 저장하는 동안에는 얼음이 증발되어 글레이즈가 소실되므로 1~2개월마다 다시 한다. 동결품의 건조와 변색 방지에 효과적이다. 그 양은 동결 어패류의 5% 이하가 일반적이다.

2. 이경혜 교수 등 온도 분류(보편적으로 '정'이란 얼음 덩어리를 말하고, 점은 온도를 말한다)
 1) 냉장 ; 10℃~0℃에서 냉장이란 수산물을 빙결정(0. 5~-2도씨) 보다 높은 온도에서 저장하는 것.
 2) 칠 드 ; 5℃~-5℃ ,
 3) 빙온점 ; -1℃는 (0℃ ~ 어는 점)
 4) 부분동결점 ; -3℃는 ,
 5) 동 결 ; -18℃ 이하는 동결로 나누어 진다.
 6) 빙결점(0. 5℃~~ -2℃) ; 수분의 얼음 및 비율(빙결율 = 1 - 식품의 빙결점/식품의 품온 * 100)
 7) 최대빙결정 생성대 ; -1℃ ~ -5℃ 식품 중의 수분의 약 80% 이상이 빙결정으로 만들어지는 구간.
 8) 심온 동결
  어체의 속까지 어는 것을 말하고, 공정점(-55℃ ~ -60℃) 구간내에서 식품의 언 후 어는 구간 (- 18℃)이 , 즉 온도중심점이 -18도씨 이하로 내려서 동결하는 것을 말한다.
 9) 동결곡선 분류
  ① 온도 중심점 ; 수산물이 가장 늦게 어는 지점을 말한다.
  ② 공정점 ; 수분이 모두 어는 지점 (-55℃ ~ -60℃)을 말한다.
  ③ 빙결점(0. 5℃~~ -2℃) ; 수분이 얼음으로 변환 되는 온도 지점을 말한다.
   비율(빙결율 = 1 - 식품의 빙결점/식품의 품온 * 100)
  ④ 최대빙결정 생성대 ; -1℃ ~ -5℃ ; 식품 중의 수분의 80% 이상이 빙결정으로 만들어지는 구간이고, 35분 내로 통과하는 공정을 급속동결이라 한다.
  ⑤ 냉각저장법 ; -2℃ 부근에서 냉각하는 것을 말하고 방법으로는 빙장법 등으로 나누어 진다.
  ⑥ 급속동결과 완만동결

	구분	급속동결	완만동결
①	최대빙결정생성대 통과시간	짧다	길다
②	빙결정의 상태	크기가 작고 수가 많다	크기가 크고 수가 적다
③	품질변화	적다	많다
④	사용처	대부분 수산물의 동결에 이용한다.	냉동두부, 한천의 제조, 과즙의 동결 농축 등에 이용한다.

도표 : 김태산 인용 : 내용 이경혜 동남대 교수 인용

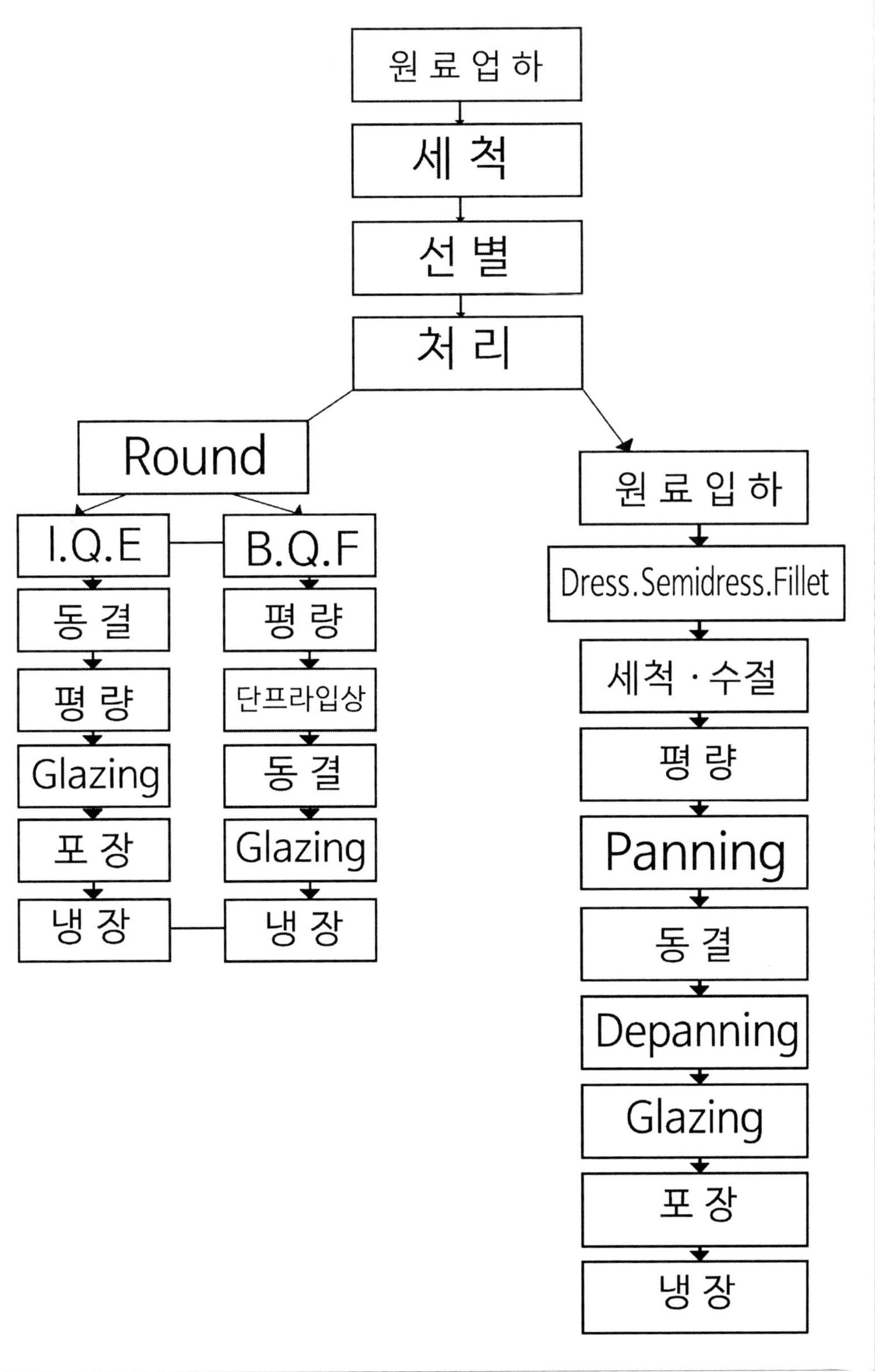

2. 저온 저장법 [低溫貯藏法] -수산고교,대학교수와 일반 수험서 분류 인용

1) 개념 : 수확한 농수산물을 저장하는 방법의 하나. 수산물 및 과수의 경우, 기계 시설을 사용하여 저장고 내의 온도를 0℃에 가까운 저온으로 유지하고 상대 습도는 85~95%로 유지하여 수산물 및 과실을 저장하는 방법이다.

(고교 수산일반 인용)

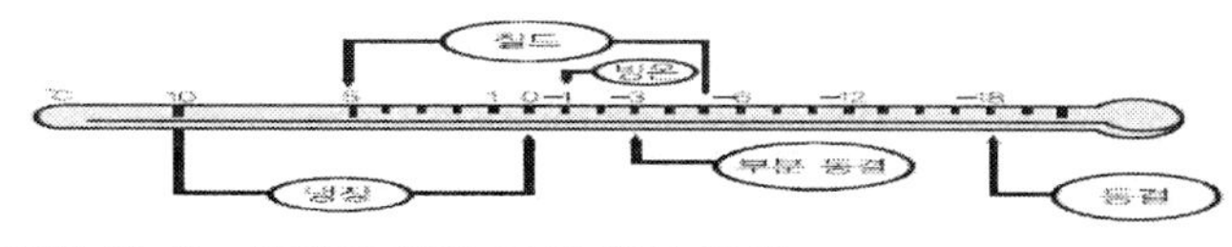

그림 VI-6 식품의 저온 저장 온도 범위

2) 어패류의 선도유지방법인 저온저장법에는 냉각저장법,동결저장법 나누어 진다. (고교 수산 등 인용)

(1) 저온 저장법(냉장법) ; 어체를 동결시키지 않고 0도씨 정도로 저장하는 것이다.

가. 냉각저장법 : 어체를 동결시키지 않고 0도씨 정도로 저장하는 것이다. 상온 이하에서 단기간 저장하는 선도유지법으로 빙장법과 냉각해수저장법이 있다.

A. 빙장법 : 얼음을 이용하여 어체의 온도를 저하시키며 어패류 체내의 수분을 얼리지 않은 상태에서 짧은 기간 동안 성도를 유지할 때 사용한다. 전통적인 저장법으로 선어의 저장과 수송에 사용하며 청수빙/담수빙과 해수빙/해수빙을 사용한다. 빙장법에는 쇄빙법과 수빙법. 약제얼음이용법 등으로 나누어 진다.

B. 냉각해수 저장법 : 어패류를 -1℃로 냉각시킨 해수에 침지 후 냉장시키며, 회유성어류 중 지방질이 풍부한 어종에 주로 사용하며 빙장법을 대체할 수 있는 저장법으로 비용이 저렴하여 이용확산 및 개발 등 활용 중이다.

C. 칠드 ; -5℃~5℃ 사이의 냉장점과 어느점 부근의 온도에서 식품을 저장하는 방법.

나. 동결 저장법 (일명 동결법)

A. 급속동결 후 -18도씨에서 장기간 저장하는 방법이며, 글레이징 후 냉장으로 저장하는 방법이고 일명 냉동법이라 한다.

㉠ 급속동결(I. Q. F);시간이 약 35분 내로 어체를 -1℃ ~ -5℃(최대빙결점 생성대)를 급속이 통과하는 것을 말하고 완만동결은 약 35분 이상 통과하여 동결하는 것을 말한다.

B. 어패류를 전처리한 후 급속동결하여 -18℃ 또는 그 이하로 유지하여 동결상태로 저장하는 방법이다. 동결저장식품의 장점은 저장성이 우수하여 신선도를 유지하는 것이고, 즉석조리 등 편의성이 증대되며 안전성이 우수하나, 유통 저장에 비용이 증가되기도 한다.

C. -18℃ 이하에서 저장(냉장저장)하면 미생물 및 효소에 의한 변패등이 억제되어 선도유지기간이 연장되며,온도,PH, 어종 등에 따라 보통 6개월에서 1년 정도의 선도유기가 가능하다.

(2) T. T. T(시간 - 온도 허용한도) 곡선-냉동상테에서 식품을 저장하는 경우에 품질저하량/율을 파악.

① 개념 : 저장기간과 수산물의 품온도 상호 관계를 숫자적으로 처리하는 기술적 용어이다.

② 계산 : 각종 온도 구간에서 1일 수산물을 저장한 경우의 품질변화. 저하율을 나타낼 수 있다. 즉 특정곡 선의 온도에서 각 식품의 품온에서의 기준치가 1일당의 품질변화량을 나타내어 그 변화량을

구하여 품질저하량을 구하는 것이다.

③ 수식 : 품질 저하율(%) = 100/ 실용 저장기간(일수) * 100

④ 유농난세에서 어느 시점에 그 동결 품의 실용저장 가능기간,시점 등을 파악하여 소비된 식품의 저하율을 파악할 수 있다.

⑤ T. T. T 가 1인 경우 관능검사에 의하여 처음으로 품질저하가 인정되는 때의 변화량의 기준점 그 다음 서 숫치가 소요된 일수로 나눈 값이 그 품온의 1일당 품질변화량을 나타낸다. T. T. T값이 1. 0 이하이 동결식품은 양호,1. 0이상이면 품질저하가 크다란 의미이다.

⑥ 동결곡선과 최대빙결정 생성대 통과 시간

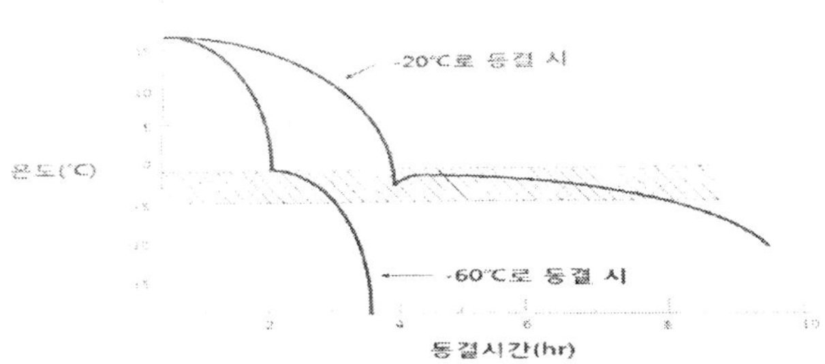

(3) Aw 수분활성도 및 등온흡습. 방출 곡선 (이경혜 교수 및 김용회 2차 서술형 등 인용)

어육의 수분함량과 저장성과 관련하여 미생물의 발육이 억제되는 조건이 어육의 수분함량의 40% 이하로 유지하면 세균 발육이 억제되어 상온에서도 수산물의 변패를 방지하면서 장기간 저장이 가능하다. 이와 관련된 것이 Aw 수분활성도 인데, 이는 공기 중의 습도가 낮으면 어체로부터 수분은 증발하게 되고, 반대로 습도가 높으면 어체는 흡습하게 되어 결국은 평행에 달하게 되는 것을 일컫는다. 미생물의 발육에 상대습도가 영향을 미치는 것은 어육의 수분함량이 아니라 Aw 수분활성도와 관계된다.

① 이를 이론화 시킨 것이 Aw 수분활성도 및 등온흡습. 방출(식품의 흡습하여 평형이 될 때까지 움직이는 현상을 나타내는 곡선이다. Aw 수분활성도 - 식품에 들어 있는 물의 자유도를 나타내는 지표로,수분의 식품이 나태내는 증기압(P)과 그 온도에서 순수한 물의 증기압의 비를 나타낸다.

② 미생물 발육에 이용되는 수분은 자유수와 준결합수의 일부이다. 미생물에 발육가능한 것은 수분활성도,세균 0. 90. 효모 0. 88. 곰팡 0. 80정도이다. 보통 수분활성도는 0. 98~0. 90이고,수산건제품은 0. 60~0. 64정도 이다.

③ 등온흡습. 방출 곡선은 수분함량과 Aw의 관계를 나타내는 곡선이고 어육과 주어진 온도에서 평행화 과정을 나타낸다.

* 유소현상이란 건제품의 현상에서 지질과 산소의 결합으로 인한 것,→ 건어물의 지방 산패 현상입니다.

※ 자유수와 결합수.

(1) 수분은 열역학적인 운동이 자유로운 자유수와 식품성분인 단백질이나 당질과 같은 것에 결합하여 있는 결합수로 분류할 수 있다.

(2) 결합수는 보통 액체와 달리 단단하게 결합되어 있으므로 0도씨 이하에서 얼지 않는 물로 -20~-30도씨에서도 얼지 안으며, 용매로도 작용되지 않고, 미생물포자의 발아나 번식에도 이용될 수 없다.

(3) 결합력은 상대의 극성기에 따라 강약이 있으므로 결합력에서 차이가 있다.

(4) 미생물 발육에 이용되는 수분은 자유수와 준결합수의 일부이므로, 어육에는 결합력이 강한 결합수가 미생물 번식을 막아 안전하게 저장할 수 있다.

(5) 결합수는 흡착수로서 흡착이론의 기초가 되며,식품의 구성부분과 수소결합을 하고 있는 수분이다.

※ 보수성이란 어육의 원래가지고 있는 수분이나 첨가된 수분을 그대로 응집하는 능력을 말한다.

보수성의 분류는 이하로 나누어 진다. (이경혜 131p, 김용회 2차 서술형 10회 인용 등)

1 . 어육의 pH와 수화 : 등전점에서 최소이지만, 등전점보다 산이나 알카리의 첨가에 의하여 수화성 증대. (pH = 7 중성, 7이상은 알카리성(쓴맛),7이하는 산성(신맛)
2. 어육 중 금속성분과 보수성 : 칼륨(K)은 어육의 보수성을 저하시키나,나트륨(Na)는 어육의 보수성을 증대시킨다.
3. 염류의 보수효과 : 어육가공에 첨가되는 소금과 같은 염류는 어육제품의 보소성,결착성,조직,보존성에 영향을 주는데, 어육의 ph가 육단백질의 등전점보다 산성 쪽에 있을 때는 육에 대한 음이온의 결합이 강할수록 육의 보소성은 감소되며,양이온의 결합이 강할수록 보수성은 증가한다.
4. 인산염의 보수효과 : 수산연제품이나 냉동연육 등의 제조에서 보수성과 결착성을 높이기 위해서 첨가.

문제)식품을 보관할 때 미생물이 증식할 수 있는 "위험온도대"에 속하는 것은?

가. -18도에서 0도씨　　나. 0도씨에서 5도씨
다. 5도씨에서 60도씨　　라. 60도씨에서 75도씨

정답 및 해설) 다

통신대 교재 인용 ' 각종 온도' 분류

종 류.세균	중심 온도 ℃			예 시
	최저온도	최적온도	최고온도	
통성 저온성	5 ℃ 이하	25~30 ℃	30`35 ℃	냉장한 생선이나 우유의 부패세균,슈도모나스균
편성 정온서	5 ℃ 이상	15`18 ℃	19~22 ℃	
중온성 세균	10~15 ℃	30~45 ℃	35~47 ℃	장염비브리오,대장균,일반병원세균
고온성 세균	40~45 ℃	55~75 ℃	60~85 ℃	통조림부패세균,보틀리누스균

제6절 건조법/품

수분활성을 저하시켜 미생눌의 생육과 효소의 직용을 억제하여 보장성 등 활용하는 방법이다.

1. 개념

건제품/법이란 수분활성을 저하시켜 미생물의 생육과 효소의 작용을 억제하여 보수성 등 활용하는 방법이다. 증발에 의한 탈수를 건조라 하는데, 일반적으로 어육의 수분함량을 40% 이하로 유지하면 세균 발육이 억제되는 것을 이용한 가공방법이다. 세균이 억제되면 상온에서도 변패되지 않고 장기간 저장할 수 있는 것을 활용히는 방법이다. 미생물 발육가 관련되어 수분활성도(AW) 개념과도 연관이 있고, 이를 응용한 등온흡습곡선 이론을 도출하는 가공품이다.

(1) 건조법의 활용도를 살펴보면, 수산식품은 비교적 수분 함량이 높으므로 건조시켜 이 수분을 제거하면 식품의 보존성을 높일 수 있다. 식품을 불이나 햇볕에 말려서 건조시킬 수 있으므로 건조법은 저장법 중에서 가장 역사가 오래된 것으로 추측된다. 건조법은 말리는 재료에 따라 건과법·건어법·나물 말리기 등으로 분류할 수 있다.

(2) 건어법 : 선도 저하와 부패를 방지하기 위해 내장·머리·생식소·흑막 등을 제거하여 말린다. 말리기 전의 처리방법에 따라 소건법(素乾法 : 그대로 말리는 법)·저건법(煮乾法 : 익혀서 말리는 법)·동건법(凍乾法 : 얼려 말리는 법)·염건법(鹽乾法 : 소금에 절여 말리는 법) 등으로 분류된다. 주로 말리는 어류로는 청어·조기·명태·새우·오징어·문어 등이 있다. 명태 말린 것은 북어라고 하는데, 이는 우리 나라의 독특한 수산 건조식품으로 오늘날에도 관혼상제 등의 의식에 빼놓을 수 없는 건어물이다. 연한 고기를 곱게 두드려 기름, 장, 후추 등을 바른 후 햇볕에 말린 염포, 편포 및 약포 등도 육류 건조식품의 좋은 예이다.

(3) 건조방법의 종류

1) 천일건조법 : 태양의 복사에너지로 수분을 증발시키는 원리를 이용

2) 진공건조법 : 대기압 이하의 압력에서 물의 비등점이 낮아지는 원리를 이용

3) 자연동건법 : 자연열을 이용하여 동결과 융해을 반복하는 것이고 동결과 융해를 반복한다.

4) 동결건조법

① 동결상태의 빙결정을 높여 진공상태에서 ''승화''시켜서 건조하는 원리(동결-승화의 공정으로 이루어진다. 급속동결 후 0.1mmHG~1.0mmHG의 높은 진공상태이다.

② 장점 : 외관이 원형 그대로 유지, 향기,색, 영향손실이 거의 없고, 물에 대상어를 담가면 복원성에서 띄어 난다.

③ 단점 : 다공질 현상이 있어서 표면적이 커지고, 그 결과로 외부의 습도를 흡습하기 쉽고, 이로 인하여 지방산화가 쉽게 일어난다. 다공질이어서 부스러지기가 용이한 것도 단점으로 나타난다.

5) 분무건조법 : 고온의 공기중에 액체를 분무하여-뿌려서-표면적을 넓혀 건조하는 원리

6) 고주파건조법 : 미이크로라를 이용

7) 열풍건조법 : 뜨거운 공기를 이용하여 건조하는 방법이다.

* 유소현상이란 건제품의 현상에서 지질과 산소의 결합으로 인한 것,→ 건어물의 건조할 때 지질과 산소의 화학적 반응으로 일어나는 것이 지방 산패 현상이다.
* 기화는 액체에서 기체로 바로 변화는 것이며, 동결장치에서 암모니아를 이용할 때 액체상태에서 바로 기체로 변화가 일어나는 현상을 기화라 한다.

8) 냉풍건조법 : 냉풍건조는 습기제거를 잘되는 것이 장점이다. 이는 수증기 압을 적게 한 냉풍을 식품에

접촉시켜 수분 증발이 잘되는 것이 장점인데, 이는 식품의 온도를 높이지 않고 건조하므로 갈변이나 지방의 산화를 억제할 수 있다.

9) 건조방법

(1) 자연건조 : 태양열이나 자연풍 이용, 특별한 기술없어도 되는 장점

(2) 인공건조 : 1) 분무건조 2) 드림건조(접촉건조) 3) 동결건조 4) 승화이용
5) 접촉, 드림건조 6) 진공하여 저온건조 등이 있다.

2. 수분활성도와 등온 흡습곡선

1) 수분활성도란 공기 중의 습도가 낮으며 어체로 부터 수분을 증발하고, 반대의 경우는 어체가 수분을 흡습하게 된다. 결국은 건조나 흡습이 평형에 이루어 지는 현상을 말한다. 수분활성도는 보통 지표로 사용되는 것은 물의 자유도를 기준으로 한다. 수분의 식품이 나타내는 증기압과 그 온도에서 있어서의 순수한 물의 증기압의 비를 말한다.

2) 식품의 수분함량과 수분활성과의 관계를 나타내는 곡선으로 주워진 온도에서의 식품의 평형수분 함량을 ycnf, 관계습도 또는 식품의 수분활성도를 x축으로 그린 곳넌을 등온흡습곡선이라 한다. 식품이 흡습하여 평형이 되었을 때와 건조하여 평형이 되었을 때에 따라 각각 '흡습곡선'과 방습곡선'으로 구별하여 사용한다. 이와 같은 현상은 반드시 일치하지는 않지만, 이 현상을 이력현상이라 한다.

3. 건조 중 변화

건조에 영향을 미치는 인자들은 표면적,온도,공기의 유속,공기의 건조도 = 건조도, 압력 등 압력을 감소시키면 건조시간이 단축(진공건조원리?)이 가능하다.

1) 건조 중 물리적 변화

① 건조로 인하여 근섬유가 가늘어지고, 서로 밀착하여 부피가 줄어든다.

② 특징은 세포는 원형 그대로 유지되는 건조 방식이다.

③ 건조로 수용성 물질이 표면으로 이동하여 수분증발로 표면이 결정으로 석출하거나 피막을 형성한다. 피막이 겉마르기라고 하며, 어체 내부는 고온 다습하여 미생물이 번식하기 쉽게된다.

④ 물에 담가면, 복원성이 좋은데 이는 물에 다가면 물을 흡수하는 능력이 뛰어나는 복수형상이 좋다.

2) 건조 중 생물적 및 화학적 변화

① 단백질 변성 : 어체를 열품건조와 같은 일반적인 건조방법을 적용한 경우 단백질의 탈수변성이 양기되어 건조어를 복수(복원성)시켜도 건조전의 상태로 되돌아가지 않는 성질의 변화이다.

② 지방의 산패 ;

지방함량이 많은 어체를 저장하면 공기 중의 산소, 빛, 효소 등의 작용으로 떫은 맛과 불쾌한 자극취가 생성되는 현상을 변패, 즉 산패라 한다.

③ 기름 변색

지방을 많이 함유한 어육을 공기 중에 오래 두면 지방의 자동산화로 어육질이 마치 불에 탄 것과 같이 오렌지색이나 적갈색으로 변색하는 것인데, 산패, 중합, 변색 등의 여러가지 현상을 포함한 기름의 종합적 변패 현사을 기름변색이라 한다. 이는 카르보닐화합물의 기름변색의 원인물질이 될 분만 아니라, 육단백질이 질소화합물과 작용하여 메일라드반응을 일으켜 어육질을 변색시키는 것과도 관련된다.

④ 어육성분의 석출

어육성분의 석출 예시로는 우리 주변에서 많이 볼 수 있는데, 건조 중 오징어의 흰 가루, 타우린이며, 복어는 타이로신, 마른 미역이나 다시마는 만닛트 등이 석출된다.

4. 건조 중에 일어나는 변화

(1) 대상어의 표면이 수축

(2) 표면경화(굳은 피막 형성), 경화 후 건조속도 감소

(3) 화학적 변화 : 산화반응

(4) 갈변현상 : 마이야르반응으로서 당과 아미노산화합물(아미노산 및 단백질)과의 작용으로 갈변 1) 갈변반응은 AW 0.7~0.8 사이에서 가장 활발하다.

(5) 단백질 변성, 분자간의 화합으로 친수성 상실

(6) 세포의 손상으로 가용성 성분 상실

(7) 방향성 손실 1) 수분과 함께 방향성 손실, 맛 저하 등

3. 건조 중 변화 방지 대안

(1) 저온에서 감압하여 건조하는 진공건조 등

(2) 건조 전처리

1) 데치기, 살짝 익히기

2) 아황산가스 및 아황산염 처리 3) 산화방지제 등 사용

5. 건제품의 종류 및 고유어 상 용어 비교

종 류	방 법	예시 및 특징	공정과정
곧마른치	그대로 직접 건조	곧마른오징어	생오징어 - 조리 -말리기 -6일 낮에 말린다.
찐마른치	먼저 가열 후 말림		
간마른치	소금에 절인 후 말림	간마른정어리	생정어리 - 씻기(2~3%소금물에 씻기) -간절임 - 말리기
맛들임마른치	조미액에 조미 후 말림		
훈연마른치	훈연 후 건조		
언마른치	먼저 얼린 후 건조	동건품(동결 및 해동)	

6. 건제품의 종류

건제품	건조방법	대상어 종 류
소건품	그대로 또는 간단히 전처리 후 건조	마른대구,마른오징어,상어지느러미,김, 미역, 다시마 등
자건품	삶은 후 건조	멸치,해삼,전복,새우 등
염건품	소금에 절인 후 건조	고등어,굴비(원료:조기),가자미,민어,염건조기,염건대구 등
동건품	동결 후 '융해' 반복	한천,황태(북어),과메기(원료:꽁치,청어) 등
자배건품	삶은 후 곰팡이를 붙여 배건 및 일건 후 딱딱하게 말림	가쓰오부(원료 : 가다랑어 참치) 등
훈 건 품	염지 후 연기 속에 매달아 건조	훈제오징어,훈제 장어
조미 건품	어패류에 조미액을 담근 후 건조	조미 김, 조미 미역

제7절 훈연법 (2020년 수산직 기출)

1. 개념

수산 훈제품은 어패류를 목재에 불완전 연소시켜 발생하는 연기성분을 흡착시켜 독특한 품미와 보존성을 갖도록 한 가공 수산제품이다. 훈연 중 건조에 의한 수분의 감소, 첨가된 소금 및 연기성분 중의 방부성물질 등에 의하여 보존성을 갖게 되는 특징이 있다.

(1) 어류·육류를 소금에 절인 후 참나무, 자작나무, 오리나무 및 호두나무 등의 목재를 불완전 연소시켜 생기는 연기의 화학성분(포름알데히드 등)을 식품 표면에 부착 및 침투시켜 건조시키는 방법이다. 전나무는 연소 중 액체가 많아서 훈연법에는 사용되지 않고 있다. 이때 발생하는 연기에 함유된 방부성 물질에 의해 미생물의 생육이 억제되어 저장성이 증가되며, 독특한 향기와 맛이 생겨 식품의 맛을 좋게 한다.

(2) 우리 나라에서 일부 염장한 어육을 훈연하여 저장하기도 했으나, 훈연법은 주로 서양에서 많이 이용된 저장법으로, 여기에는 연어·송어·청어·굴 및 조개와 같은 훈제어패류와 소시지·햄 및 베이컨 등의 육제품이 있다.

(3) 훈제를 불완전 연소시켜 발생하는 각종 저분자 물질들과 건조에 의해 저장성을 높이는 방법이다.

2. 훈연의 목적

1) 살균과 건조로 인한 저상성과 기호성 부여
2) 풍미를 개선하고 염지육색이 가열에 의해 안정되어 육색을 좋게 하며
3) 산화방지효과 부여 등을 하는 것이 목적이다.

3. 종류

냉훈법, 온훈법, 전훈법(속훈법), 액훈법 등이 활용된다.

4. 훈제품의 제조기술

① 훈연식(실내연소식, 연통삽입식 등)

② 훈연재(훈연재의 연기 발생에 적합한 온도는 약340℃이고, 400℃ 이상에서는 열분해산물 중 발암성이 강한 benzopyrene을 많이 발생한다) 주의 할 것은 목재 중 전나무는 목재로 사용 안한다는 것을 유의 하여야 한다. 그외 수련된 인력 등이 필요하다.

5. 훈연 중 변화

1) 훈연 중 물리적 변화,생물적 및 화학적 변화

① 중량감소 ② 어육단백질의 변화 ③ 미생물의 변화

④ 산화방지효과

ⓐ 연기 성분 중 페놀, 구아야콜 같은 성분은 항산화효과가 있어 지질성분이 안정화 유지

ⓑ 포름알데히드의 성분은 미생물 사멸

ⓒ 황색포도상구균 사멸효과 등

⑤ 어육색 고정 효과(적색소 : astasin)

⑥ 유기산 생성 증가 -> 산가 증가, 유리지방산(이경혜 교수 인용)

비 교	생 청어육	훈 연 건 조 기 간		
		10일	20일	30일
색 상	담황색	담갈색	농적갈색	농적갈색
산가(A.V)	1.03	7.80	13.37	16.27
요오드가(I,V)	105.24	109.53	110.32	111.53
유리지방산(FFA)	0.37	13.95	7.16	12.53

6. 훈제품의 공정

먼저 대상물을 전처리 - 염지 -염배기 - 물빼기 - 풍건 등 -훈제처리 - 마감 손질 공정를 거쳐 훈제품을 만든다.

7. 훈연법 종류 상세

냉훈법,풍미를 더하는 온훈법,전훈법, 액훈법 등이 있고, 훈제장어가 등 식품이 있다.

(1) 전훈법 electrical smoking method : 다음 인용

1) 훈연실에 전선을 배선하여 이 전선에 원료 육을 고리에 걸어 달고 밑에서 연기를 발생시킨다. 이어 전선에 고전압의 직류 또는 교류전기를 흘려 코로나 방전을 시키면 대전을 하게 되는 연기성분은 반대의 극이 되어 있는 원료육에 효율적으로 부착하게 되는 원리를 이용한 훈제법이다. 전훈법은 같은 온도에 있어서 온훈법에 요하는 시간의 약 1/2 이내의 시간으로 같은 정도의 착색을 볼 수 있는 것이 장점이다.

2) 전훈법의 식품 예시로는 햄, 소시지 등을 훈연하는 방법의 하나. 액훈법과 더불어 훈연을 촉진시키는 방법이다. 훈연실에 나란히 제품을 늘어놓고, 교대로 플러스 또는 마이너스의 전극에 연결하여 연기를 흘려보내면서 15-30kV의 전압을 걸어, 제품 그 자체를 전극으로서 코로나 방전을 하여, 연기의 입자를 급속히 제품에 흡착시키는 방법이다. 이 방법은 훈연시간의 절약, 연기성분 낭비의 방지 등의 점에서 뛰어나지만, 훈연의 목적을 달성할 수 없는 결점이 있다.

(2) 액훈법 liquid smoking : 네이버 인용

1) 훈연액에 아질산염, 소금 등을 용해한 피클에 고기를 담가 염지하므로 염지와 훈연이 동시에 이루어지는 햄이나 베이컨의 제조법을 말한다. 이 방법으로 만든 제품은 훈연의 색택은 약하고 향기도 원래의 훈연보다 떨어진다. 이 방법의 요점은 훈연액을 만드는데 사용한 나무종류와 정제법이며 그에 따라 풍미가 좌우된다. 또한 피클을 만들 때의 pH설정도 중요하다. 훈연액을 정제한 훈연풍미(flavor)는 전혀 별도의 소재로 액훈법과 무관하다.

2) 액훈법은 목재의 건류(乾溜) 또는 목탄 제조시에 생기는 연기성분을 냉각하여 얻어지는 목초액을 목적에 따라서 정제한 것을 훈액이라고 하는데, 이 훈액을 소금에 절이거나, 담근 후 건조하여, 훈연제품과 같은 향기를 부여한 제품을 만드는 방법. 축육제품의 가공에는 거의 이용되지 않지만, 어육가공품에 이용된다. 장점으로는 훈연실을 필요로 하지 않고 간편하지만, 단점은 제품의 풍미는 다소 떨어지는 것이다.

종 류	냉훈법	온훈법	열훈법	액훈법
방 법	1.단백질이 응고하지 않을 정도로 저온에서 훈제하는 것 2. 어체를 10~20℃의 온도에서 1`3주간 훈연하면 수분함량이 35~45% 이하에서 저장성이 좋은 제품을 얻는 방법이다.	30~80℃고온에서 3~8시간 정도 훈제	고온(100~120℃)에서 단기간 훈제	어패류를 직접 훈연액에 침지 후 전도/다시 가열 후 연기로 훈제
장 점	1개월 이상 저장성 보장	풍미가 좋음	맛이 좋다	단시간에 많은 양의 제품을 가공 훈제가능,경비 절약
단 점	풍미가 저하	수분함량이 많아서 저장성 낮음	수분함량이(60~70%) 높아서 저장성이 낮다.	훈역액 농도 조절이 어렵고, 제조과정에 시간 및 비용이 높다.
종류어	연어류,대구,청어,송어,임연수어 등	연어류,송어류,오징어,뱀장어,청어 등	뱀장어,오징어 등	연어 훈제품,오징어훈제품, 청어훈제품 등
특 징				훈연액을 활열수로 숯을 만들어서 연기성분 응축 또는 물에 흡수시켜서 정제 등, 목초액 정제
훈제 온도	15~30℃	30~80℃	100~120℃	
훈제기간	1`3주	3~8시간	2~4시간	
수분함량	낮다(30~35%)	높다(50~60)	높다(60~70)	
보존성	길 다(장점)	짧다	짧다	

♣ 가열살균법 : 식품을 가열하면 부패의 원인인 미생물이 살균되고 효소가 불활성화되므로 식품이 미생물의 해를 입지 않아서 저장성이 증가된다. 미생물과 공기를 차단할 수 있는 밀봉용기에 식품을 넣고 밀봉한 후 용기와 식품에 부착되어 있는 미생물을 함께 가열·살균시킨 다음 식품이 미생물에 다시 오염되지 않도록 하는 방법이다. 가열살균에 의해 만들어진 통조림·병조림·레토르트 파우치 식품 등은 안전하게 장기간 저장할 수 있을 뿐만 아니라 저장 및 운반이 편리한 저장식품이다.

제8절 수산물 변화과정 – 해당작용 → 사후경직→ 해경→ 자기소화→ 부패 등

1.신선도와 관련하여 어패류의 사후변화 (자기소화 진행 측정 방법-질소량 측정 등)

㉠ Glycolysis –해당작용 ; 이는 염기적인 해당을 말하며,글리코겐이 분해되어 생성된 포도당이 연속적인 반응을 나타내어서 젖산이 생성되며 ATP가 변화하는 단계의 현상이다.

㉡ Rigor mortis –사후경직 ; 근육이 수축하여 경화하고 어육의 투명도는 저하되면서 흐려지는 현상이고,근육은 다시 연화된다. 즉 젖산 및 인산이 생성되어 어육의 단백질의 보수성이 증가하여 사후경직이 일어나지만, 젖산의 연속적으로 증가되면 어육단백질의 보수성이 저하되어 수분 분리가 일어나 어육의 근육은 다시 연화되게 된다.

㉢ 사후경직과 관련 하여 해동경직(thaw rigor)은 어획직후 급속동결한 후 단기간내에 해동하면 나타나는 현상으로 급격한 근육 수축현상인데,이는 어육 중에 다량 존재하는 ATP나 글리코겐이 해동으로 급속히 분해되어 경직을 일으키고—해동경직이 일어나면 어육조직에서 DRIP이 유출된다.

㉣ 해경-경질 후 근육이 느슨해 지는 현상이고 지극히 짧은 과정이다.

㉤ 자기소화(AUTOLYSIS). 자가융해(Self digestion) ; 단백질의 분해로 자기소화과정으로 되는데,이 분해로 인하여 알부모스,팹톤 등을 거쳐 아미노산을 생성한다. (팹티드와 아미노산이 조직연화,부패로 촉진) 한편 효소에 의한 변질에서 지질분해 효소도 검토해보면, 지질분해효소인 지방산과 스테롤이 불쾌한 맛,부패로 진행된다. 자기소화의 진행에 따라 단백질은 알부모스,팹톤,폴리팹타이드를 거쳐 아미노산까지 분해되므로 아미노질소 등의 비단백질의 양이 증가 한다. 따라서 ''질소량''을 측정하여 자기소화진행 정도를 판단할 수 있다. 부패 전의 자기소화에 미치는 요인은(어종,ph,온도 등)이다.

2. 발효식품 활용 –액젓 ,식해 등 –부패와 발효 비교,

1) 부패세균은 단백질에 대하여 직접 작용하여 분해하는 경우는 드물고 ''먼저 자기소화에 의한 알부모스나 펩톤과 같은 분해산물이 생성된 후 세균은 이들 어육 ''엑스 분''을 이용하여 증식한다.

2) 그리고 어체 등 주변에 온도 및 습도가 알맞은 경우에 세균의 증식이 (저온,중온,고온성 세균) 작용하여 가속화 되고 그 세균수가 상당하게 증가되면서 아직 자기소화가 전단계에까지도 근육조직을 분해를 한다.

3) 자기소화에 의한 분해작용으로 어육 단백질이 분해되어 생성된 아미노산에 의한 부패세균이 작용하여서 암모니아 ,탄산가스 ,아민류 , 인돌 , 황화수소 등을 생성하고 이를 활용한 식품이 발효식품 계열인 식해,젓갈류 등이고, 자기소화 단계를 지나면서 부패단계로 진행된다.

※ 부패 개념

1. 부패는 미생물이 효소작용으로 인하여 어육이 분해되고 변질되어서 비식용상태가 되는 현상을 말하고, 즉 단백질의 분해과정으로 인하여 암모니아, 아민류, 유기산 등이 생성하여 부패가 된다.

1) 부패세균은 단백질에 대하여 직접 작용하여 분해하는 경우는 드물고 ''먼저 자기소화에 의한 알부모스나 펩톤과 같은 분해산물이 생성된 후 세균은 이들 어육 ''엑스 분''을 이용하여 증식한다.

2) 그리고 어체 등 주변에 온도 및 습도가 알맞은 경우에 세균의 증식이 (저온,중온,고온성 세균) 작용하여 가속화

되고 그 세균수가 상당하게 증가되면서 아직 자기소화가 전단계에까지도 근육조직을 분해를 한다.

2. 발효는 탄수화물이 무산소적으로 어육을 부해하는 것을 말하고, 맛이나 저장성이 향상되어 식용이 가능하며, 사람에게 유리한 제품단계로 변화는 것을 말한다.

3. 발효는 어패류에 20% 이상의 소금을 첨가하여 부패를 막으면서 자기소화 효소 등의 작용을 활용하여 숙성시킨 것으로 맛과 보존성이 좋다. 장염 비브리오(활성 범위 염분의 2~3%)는 소금이 10% 이상이 되면 증식할 수 없으므로 전통젓갈은 식중독 염려가 없다.

4. 저염젓갈은 소금농도를 줄여서 짧은 시간 숙성시킨 것으로 맛과 보존성이 낮다. 고로 장염비브리오 등의 저온성 세균의 생육이 가능하여 서염 젓갈에서는 식중독의 엄려가 있다.

5. 주의를 할 점은 소금은 미생물의 작용을 억제하지만 제거하지는 못한다.고로 저온저장 방법 등이 병행하여 활용 되어야 한다.

6. 역시 새우젓은 다른 젓갈보다 소금 첨가량이 많아서 부패방지를 일정기간은 할 수 있다.

7. 이유: 이것은 새우 껍질 때문에 소금의 침투속도가 느리고 내장에 있는 효소의 활성이 높기 때문이다.

8. 발효식품 분류

구 분	
젓 갈	1. 전통젓갈 : 어.패류의 근육,내장,생식소 등에 고농도의 소금을 넣고 (소금농도가 약 15% 이상 이고), 속성한 것을 말한다. 2. 저염젓갈 : 소금농도를 10% 이하를 넣고 숙성한 것을 말하며, 상업성에 적당하지만, 장염비브리오 중독에 유의를 하여야 한다.
액 젓	1. 어.패류를 고농도의 소금(23%정도)으로 염장하여 1년 이상의 장기간에 걸쳐서 숙성시켜서 액화시킨다. 2. 까나리아 액젓 : 서해5도 특산물 이며, 소금 농도가 25% 정도
식 해	1. 어.패류를 주원료로 하여 소금과 가열한 전분(쌀밥 등)을 혼합하여 유산 발효시킨 보존 식품이다.

9. 염장품과 발효식품 구분 및 비교

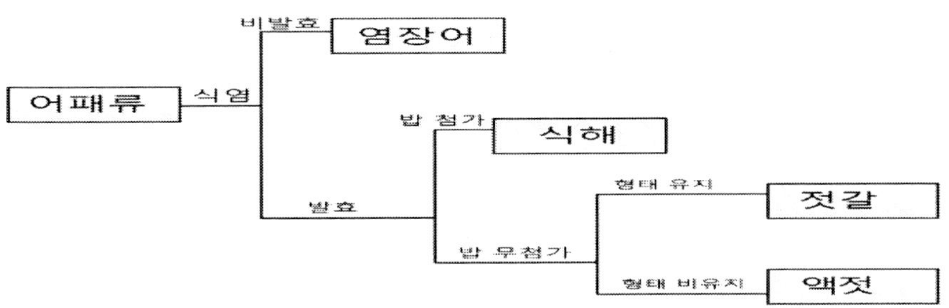

염장품, 젓갈, 액젓 및 식해의 비교

※ 비브리오 패혈증[Vibrio Vulnificus Septicemia]

1) 비브리오균에 오염된 어패류를 생식하거나 피부의 상처를 통해 감염되었을 때 나타나는 급성 질환. 비브리오 불리피쿠스균(Vibrio vulnificus)에 오염된 어패류를 생식하거나 균에 오염된 해수 및 갯벌 등에서 피부 상처를 통해 감염되었을 때 나타나는 질환이다. 특히 만성질환자, 소모성 질환자, 알코올중 독 및 습관성 음주자, 면역기능 저하자에게서 발생률이 높은 급성 세균성 질환이다.

2) 6~9월에 해안 지역을 중심으로 발생하며, 일단 감염되면 병의 진행이 빨라 사망률(60%)이 높은 질환이므로 조기진단 및 신속한 치료가 생존율에 큰 영향을 미친다. 생식하였을 경우 잠복기는 1~2일이나, 피부 감염의 경우는 약 12시간 이다.

3) 피부 감염의 경우는 상처 부위에 부종과 홍반이 발생한 뒤 급격히 진행되어 대부분의 경우 수포성 괴사가 생긴다. 기저 질환이 없는 청장년의 경우에는 항생제 및 외과적 치료로 회복된다. 오염된 해산물을 생식하였을 때에는 급작스런 오한·발열·전신쇠약감 등으로 시작하여 때로는 구토와 설사까지 동반한다. 잠복기는 12~24시간이며, 대부분의 환자에게서 발병 30여 시간 전후에 피부병소가 나타나는데, 특히 넓적다리와 엉덩이 등에 부종·발적·반상출혈·물집·궤양·괴사 등이 나타난다. 만성 간질환이 있는 40~50대 남자의 경우 치명률이 높다.

4) 환자의 격리나 환경소독·검역은 필요 없다. 치료에는 페니실린·암피실린· 세팔로틴·테트라시클린·클로로마이세틴 등 감수성 있는 항생물질을 투여하고, 상황에 따라 절제·배농·절개 등 외과적 처치를 시행한다.

5) 예방을 위해 어패류 보관 시 다른 식품과 분리해서 냉장보관하고, 56℃ 이상의 열로 가열하여 충분히 조리한 후 섭취해야 한다. 특히 간질환 환자, 알코올중독자, 당뇨병, 만성신부전증 등 만성질환자는 6~10월에 어패류 생식을 금하고, 해안 지역에서의 낚시나 갯벌에서의 어패류 손질 등을 피해야 한다. 여름철 해변에 갈 때 피부에 상처가 나지 않도록 주의하며, 상처가 났을 때에는 맑은 물로 씻고 소독을 해야 한다. 횟집에서는 18℃ 이하의 원거리 심해수를 수족관 물로 사용하고, 어패류 조리 기구를 끓이거나 염소소독을 해야 한다.

제9절. 기능식품 •수산 생리활성 물질 •가공식품 및 어체 처리

1. 수산물 처리와 가공식품 목적 등

1) 수산물은 변질이 빠르므로 저장성, 안전성 및 상품성 등의 향상을 위하여 아래와 같은 목적으로 가공 처리를 한다.

(1) 가공 처리의 목적 : 수산물은 보존성, 안전성, 운반 편리성, 이용 효율성 등의 목적으로 여러 가지의 가공처리를 한다.

① 보존성을높인다 : 수산물을 그대로 두면 효소와 미생물에 의하여 변질이 빠르게 진행된다. 그러나 가공 처리하면 효소의 작용과 미생물의 증식을 억제할수 있어서 보존성이 높아진다.

② 위생적인 안전성을 높인다 : 수산물을 가공 처리하면 인체에 유해한 성분이 제거되고, 미생물에 의한 변질을 막아 안전성이높아진다.

③ 운반 및 소비의 편리성을 높인다 : 수산물을 가공 처리하면 원료에 있는 불필요한 부분이 제거되어 취급, 운반, 저장 및 소비가편리하게된다.

④ 효율적 이용성을 높인다.

• 한꺼번에 많은 양이 어획되는 수산물의 선도를 효과적으로 유지하여 다양한 가공 재료로 이용 할 수 있다.

• 저이용 자원(심해어, 남극 크릴 등)과 수산 가공 부산물(껍질, 뼈, 내장 등)을 효율적으로 이용 할 수 있다.

⑤ 부가가치를 높일 수 있다.

수산물의 비린내를 제거하고, 선도를 유지하여 수산 가공품의 기호성과 상품 가치를 높인다.

2) 어체 및 어육 처리 (고교 수산일반 인용)

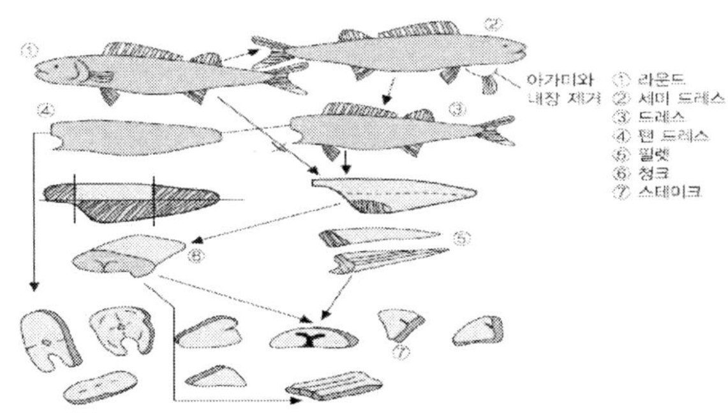

그림 VI-8 어체의 처리 형태

표 VI-2 어체 및 어육의 명칭과 처리 방법

종류	명칭	처리 방법
어체	라운드(round)	머리, 내장이 붙은 전어체
	세미 드레스(semi dress)	아가미, 내장 제거
	드레스(dress)	아가미, 내장, 머리 제거
	팬 드레스(pan dress)	머리, 아가미, 내장, 지느러미, 꼬리 제거
어육	필렛(fillet)	dresss하여 3장 뜨기한 것
	청크(chunk)	dress한 것을 뼈를 제거하고 통째 썰기한 것
	스테이크(steak)	fillet를 약 2cm 두께로 자른 것
	다이스(dice)	육편을 2~3cm 각으로 자른 것
	초프(chop)	채육기에 걸어서 발라낸 육

2. 가공품 종류 등

1) 개념 및 종류

수산물을 이용하여 만드는 가공품에는 동결품, 건제품, 염장품, 훈제품, 연제품, 통조림, 수산 발효 식품, 해조류 가공품 및 어분 등이 있다.

(1) 동결품 : 수산물에 함유되어 있는 수분을 동결시켜 만든 제품이다. 동결품을 만들기 위해서는 여러가지 동결 방법이 사용된다. 또한 동결품을 이용하기 위해서는 해동을 해야한다.

(2) 건제품 : 수산물에 함유되어 있는 수분을 건조시켜 만든 제품이다. 건제품을 만들기 위해서는 여러가지 건조 방법이 사용된다.

(3) 염장품 : 수산물에 소금을 첨가하여 만든 제품이다. 염장품을 만들기 위해서는 여러가지 염장방법이 사용되는데, 일반 염장품과 특수염장품으로 나누어 진다. 일반 연방품/법에는 물간법, 개량물간법 등이 있다.

(고교 수산 수산일반 인용)

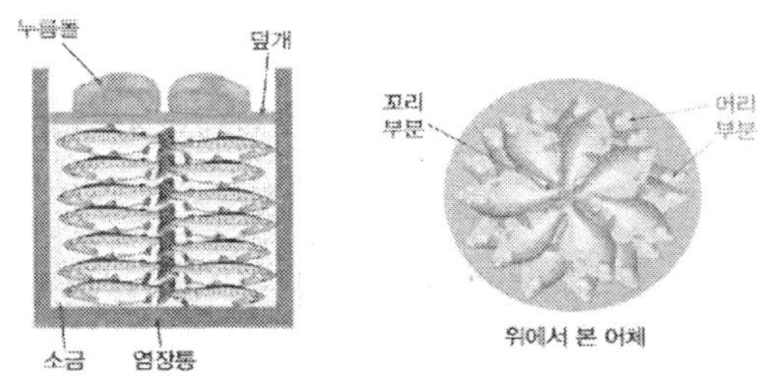

[그림 VI-11] 개량 물간법

(4) 훈제품 : 목재를 불완전 연소시켜 발생되는 연기(훈연)에 어패류를 씌어 어느 정도건조시켜 독특한 풍미와 보촌성을 지니도록 한 제품이다. 훈제용 목재는 일반적으로 수지 함유량이 적은 활엽수를 시용하며, 참나무, 떡갈나무, 자작나무, 개암나무, 너도밤나무, 상수리나무, 호두나무 등이 있다. 그 밖에 왕겨, 옥수수심이 사용하기도 한다. 훈제연기 속에 포함된 페놀류는 항균력과 항산화성이 있으나, 벤조피렌은 발암성이 있어 주의를 요한다.

(5) 연제품 : 어육에 소량(2~3%) 의 소금을 넣고 고기갈이 한 육에 맛과 향을 내는 부원료를 첨가하고 가열하여 탄력 있는 겔(gel)로 만든 제품이다.어육을 단순히 가열하면 단백질이 변성하여 보수력이 약하므로 탄력 있는 겔로 되지못하고 부서지기 쉬운 육 덩어리 상태로 된다. 그러나 어육에 2~3%의 식염을 가하여고기갈이 하면 근원섬유 단백질이 녹아나와 점질성의 졸(sol)이 되며, 이 상태의 것을 가열하면 탄력 있는 겔인 연제품이 된다.연제품은 어종이나 어체의 크기 등에 관계없이 원료의 사용 범위가 넓고, 맛의 조절이 자유로우며, 다양한 부 원료의 배합이 가능한 가공 특성을 지니고 있다. 게맛 어묵은 현재 전 세계적으로 많은 소비가 이루어지고 있는 대표적인 연제품이다.

(6) 연제품 가공공정(김태산 인용)

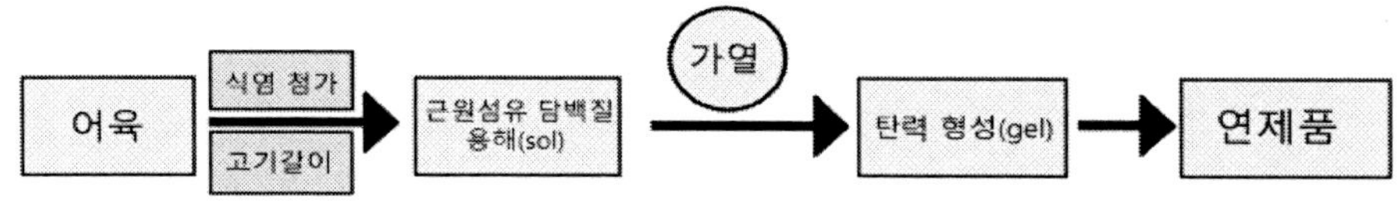

연재품의 가공 원리

(고교 수산 수산일반 인용 = 어묵의 제조 공정)

공정	내용
채육 공정	어체 처리, 세정, 채육
수세 및 탈수 공정	수세, 협잡물 제거, 탈수
동결 수리미	첨가물 혼합, 충진 · 계량, 동결 저장
해　　동	반해동(자연 해동, 접촉식 해동, 고주파 해동)
고기갈이 공정	사일런트 커트, 스톤 그라인더, 진동 고속 커트(초벌 갈이, 두벌 갈이, 세벌 갈이)
성형 공정	찐 어묵, 구운 어묵, 튀김 어묵 등 각종 성형기로 성형
가열 공정	· 1단가열　· 2단가열
냉각 · 포장	· 컨베이어식 강제 냉각 장치로 냉각 · 포장(완전 포장 및 간이 포장)
보관 · 유통	냉장 저장

그림 VI-20 어묵의 제조 공정도

(6) 통조림 및 레토르트 식품 : 통조림의 제조법은 프랑스에서 나폴레옹 시대에 발명되었다. 통조림은 빈 캔에 식품을 넣어 탈기하고, 밀봉한 후에 가열 살균하여 냉각한 제품이다. 통조림은 캔을 밀봉하여 미생물 침입을 방지하고, 고온에서 살균하여 변질을 막아 장기 저장이 가능하도록 한 것이다. 통조림은 위생적이고 이용이 간편할 뿐만 아니라 신속 대량 생산이 가능한장점이 있다. 레토르트(retort) 식품은 1950년대 후반 미국에서 통조림 및 병조림 용기에 대신한 플라스틱 용기를 개발한 것이 계기가 되어서 발달하였다.

(7) 조미 가공품 : 어패류에 소금, 조미료, 향신료 등의 혼합 조미액을 첨가하여 조림,건조 등의 공정을 거쳐서 만든 제품을 말한다. 조미액에 의하여 맛과 저장성이 향상된다. 여기에는 조림류인 조미 자숙품과 조미 건제품이 있다. 조림류에는 오징어, 새우,패류, 다시마, 김, 까나리 등이 사용된다. 조미 건제품에는 쥐치포, 꽁치포, 멸치포, 복어포, 명태포, 찢은 조미 배건 오징어, 압연 조미 오징어, 조미 배건 빙어 등이 있다.

. 도표 : 김태산 인용

냉동사이클

압축과정	응축과정	팽창과정	증발과정	압축과정
(기름분리기)	(수액기)		(액 분리기)	
냉매를 상온으로 액화하기 쉬운 상태로 만든다.	냉매는 기체에서 액체가 된다.	냉매액을 증발하기 쉬운상태	냉매는 액체에서 기체로 변화한다.	

(8) 수산발효식품 : 어패류의 근육 및 내장에 소금을 가하여 변질을 방지하면서, 원료의 자가 소화 효소와 미생물(세균, 효모) 등으로 독특한 풍미를 생성시킨 것을 일컫는다. 대표적인 것으로는 젓갈, 액젓 및 식해가 있다.

(9) 해조류가공품 : 해조류 가공품으로는 마른 김, 조미 김, 마른 미역, 염장 미역 등이 있다. 해조 다당류 제품으로는 한천, 알긴산 및 카라기난이 대표적이다.

(10) 기타 수산 가공품 : 이는 대표적인 것은 어분과 어유이다. 어분은 다획성 어류, 식품 가공에 부적합한 잡어 및 부산물(머리, 뼈, 내장)을 이용하여 만들며, 어분의 제조 과정에서 어유도 생산되며, 안전성 허용기준 규정에도 적합하여야 한다.

2) 동결과 동결 방법

(1) 동결은 수산물에 함유되어 있는 수분을 얼려서 빙결정으로 만드는 과정을 말한다.수산물을 동결하는 방법에는 특별한 냉동 설비가 필요 없는 자연 냉동법과 냉동 설비를 필요로 하는 기계 냉동법이 있다.

(2) 자연냉동법

- 융해 잠열 이용 방법 얼음이 녹을 때 흡수하는 융해 잠열 (79.68kcal/kg)을 이용하는 방법
- 승화 잠열 이용 방법: 드라이아이스(-78.5℃)가 승화할 때 흡수하는 승화 잠열(137kcal/kg)을 이용하는 방법이다.

(3) 기계냉동법 : 이는 암모니아와 프레온 등의 냉매를 이용한 냉동기로 수산물을· 동결할 때많이 사용된다. 이 방법은 냉매가 증발할 때 흡수히~든 증발 잠열을 이용하여 수산물을동결시킨다. 여기에는 공기 동결법(반 송풍 동결법, 송풍 동결법)과 접촉식 동결법이 있다. 일반 어류의 동결은 송풍 동결법이, 수리미(동결 연육)와 필레의 동결은 접촉식 동결법이 많이 활용된다.

(4) 침지 동결법은 방수성과 내수성이 있는 플라스틱 필름에 밀착 포장된 어패류를 냉각 브라인에 침지하여 동결하는 방법으로 급속 동결법의 하나이다. 사용되는 브라인에는 염화나트륨(21.2%, -19.4℃), 염화칼슘(30.3%, -50.4℃) 및 프로필렌글리콜(45.0%, -25℃) 등이 있다.

3) 해동 : 동결된 수산물(동결품)에 있는 빙결정을 녹여 동결 이전의 상태로 복원하는과정을 일컫는다. 해동은 동결 수산물을 이용할 때 반드시 필요한 공정이다. 해동 수산물(해동품)의 품질에 영향을 주는 인자로는 해동 전의 품질, 해동 속도, 해동 마침 온도, 해동방법 등을 들 수 있다.

① 복원 : 해동 과정에서 만들어진 수분의 흡수가 커다란 영향을 미친다. 수분의 흡수가 잘 될수록 해동 중에 드립이 적어, 해동품의 품질이 좋다. 수분의 흡수가 잘 되려면 동결 저장 중에 조직의 파괴가 적고, 단백질의 변성이 적게 일어나야 한다.

② 해동속도 : 동결품을 해동할 때는 해동 속도에 따라 급속 해동과 완만 해동이 있다. 급속 해동은열풍, 열수, 감압, 가압, 전자파 등을 이용한다. 반면에 완만 해동은 흐르는 물이냐 냉장온도에서 하는경우가많다. 일반적으로신선한어패류등은완만해동쪽이 바람직하다.수산물을 해동할 경우 해동 속도보다 오히려 해동 마침 온도가 품질에 더 큰 영향을 미친다. 따라서 해동 마침 온도는 가능한 한 낮게 하는 것이 좋다. 일반적으로 5℃이하가 바람직하다. 실제로는 완전히 해동시키지 않고 반해동의 단계(중심 온도로서-3 ~ -4℃) 에서 다른 처리를 하는 것이 바람직하다.

4) 드립(drip) : 동결품을 해동할 때 밖으로 흘러나오는 액즙을 말한다. 드립의 발생은 해동중에 빙결정이 녹아서 만들어진 수분이 육질에 흡수되지 못하여 유출하기 때문이다.드립에는 단백질, 엑스 성분, 염류, 비타민 등의 영양 성분이 많다. 드립이 많아지면 육조직이 퍽퍽하고 맛과 영양가도 떨어지게 되므로 드립의 발생량을 줄이는 것이 중요하다. 드립의 종류는 유출드립과 압출드립으로 나누어 진다.

- 유출 드립: 해동할때에 흡수되지 못한수분이 자연히 식품밖으로흘러나온 것
- 압출 드립 : 유출 드립 이 나온 뒤 압력 (1~2kg/cm2)을 가할 때 흡수되지 못한 수분이밖으로흘러 나온것을 말한다.

(수산 고교 수산일반 인용)

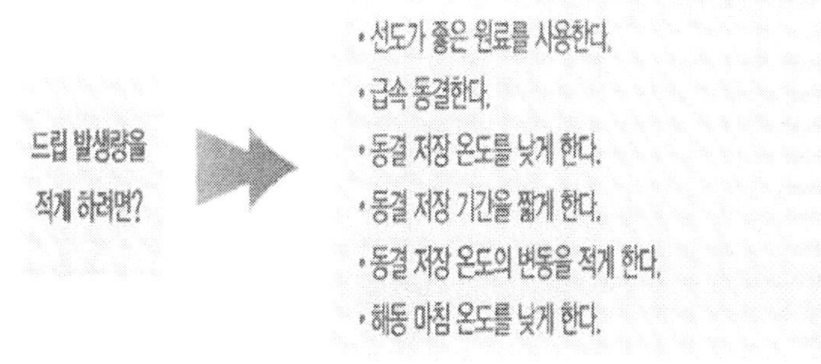

5) 연제품 및 동결 수리미 ,어육 소시지

(1) 개념 : 연제품은 어육에 소량(2~3%) 의 소금을 넣고 고기갈이 한 육에 맛과 향을 내는 부원료를 첨가하고 가열하여 탄력 있는 겔(gel)로 만든 제품이다.

도표 : 김태산 인용

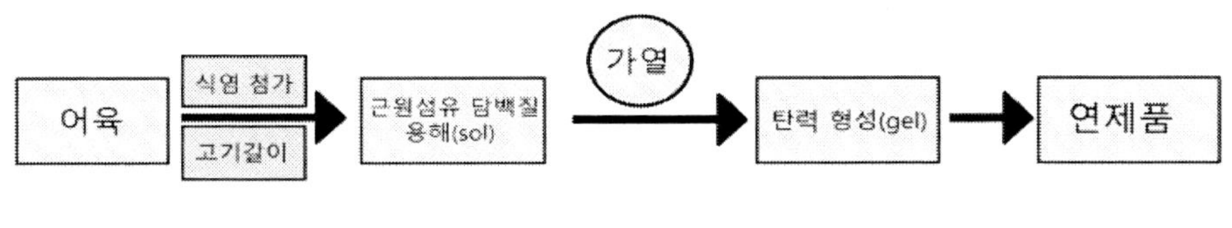

연재품의 가공 원리

(3) 근원섬유 단백질 : 어패류의 근육에 가장 많이 들어 있는 단백질로 미오신과 액틴이 대표적이며, 근육의 수축과 이완 등 근육운동을 하는주역 단백질이다. 물에는 녹지않으나 소금 등의 용액에 녹아 단백질 겔을 만드는 데 중요한 역할을 한다.

(4) 졸과 겔 : 겔은 졸 용액이 젤리 모양으로 응고한 상대의 것이고, 졸은 고체 입자가 액체 중에 분산되어 있는 용액 상태를 말한다.

6) 동결 수리미 (Frezen surimi)

① 변천 추이 : 이는 1960년대 일본에서 북태평양 명태를 이용하여 처음으로개발되었다.지금은 명태 이외에 실꼬리돔, 갈치, 갯장어, 남방 대구 등의 다양한어종이 이용되고 있다. 동결 수리미는 원료에서 채육하여 수세한 어육에 설탕(6%)과 중합인산염(0.2 ~ 0.3%)을 첨가하여 동결한 무염 수리미가 대부분이다.동결 수리미의 장점은 어육에 동결 내성을 부여하여 장기간 저장이 가능하며, 가공부산

물의 일괄 처리가 가능하다. 제조된 수리미는 동결하여 수송 및 장기 저장하는데,일반적으로 -18℃ 이하로 동결 저장한다. 동결 수리미가 개발되기 이전에는 연제품 가공 공장에서 원료어를 사용하여 채육,수세 등의 전 공정으로 연제품을 만들었으나, 최근에는 대부분이 동결수리미를 시용하여 공정을 줄이고 있다.

② 개념 : 연제품의 제조원리와 같으나, 냉동변성을 방지위해서 '설탕과 솔피톨'을 첨가하여 냉동상태로 보관한 것을 말한다.

7) 어육 소시지: 일반 연제품과 같으나, 동결 수리미에 돼지기름, 전분, 향신료 등을 배합하여 축육 소시지와 같은 풍미를 갖는다. 기체 투과성이 없는 열수축성 포장재에 채워 고압 살균하여 저장성을 가지도록 한 제품이다.

3. 기능성식품 개념

1) 식품의 ① 1차 기능은 생명 유지에 필요한 영양소를 공급해 주는 것이며, ② 2차 기능은 맛 향, 색등 감각에 관계되며,③ 3차 기능은 생체조절기능인 노화억제, 질병 방지와 회복 등에 관여하는 것인데, 이 ③ 3차 기능을 가진 가공식품을 기능성 식품이라 한다.

(1) 기능성수산식품 : 수산물에는 사람에게 유익한 기능을 하는 다양한 기능성 물질을 함유하고 있다. 수산물에 있는 기능성 물질을 이용하여 질병을 예방하는 건강 기능 식품, 미용과 관련한기능성 화장품 및 의약품의 개발이 활발히 진행되고 있다.

2) 오메가 - 지방산(Ω-3 fatty acid)

(1) 멸치 등 기능성 식품 : 오메가-3 등,기능성 식품을 설명

㉠ 추운 지방에 사는 에스키모 인들은 전통적인 식생활 중 기름이 많은 것을 섭취하므로서 심장 질환 등 예방 효과에 있다.

㉡ 이는 오메가 3 지방산 등이다.

㉢ 사람의 인체는 이 지방 등을 체내에서 생성 못하므로 어류 등에서 얻어야 한다.

㉣ 지방산3는 정어리류,고등어,청어 등에 많이있다.

(2) EPA. DHA

㉠ 어유는 포화지방산 VS 불포화 지방산의 비율이 20:80이며, 이 불포화지방산 중 C20:5n-3 ,C22:n-3 ; C가 이중결합을 5개 이상 가지는 EPA, DHA인데,정어리나 청어 등의 간유에 많다.

㉡ 어유의 신선한 간에서 얻은 기름이 간유이고, 이 간유에는 비타민A, 비타민D 및 에이코사펜(EPA), 도코사헥사엔산(DHA)가 있다.

㉢ EPA 기능은 (탄소 20개, 이중결합 5개)

1) 면역력 강화 2) 항암효과 3) 콜레스테롤저하 4) 동맹경화 예방 등 효능이 있다.

㉣ DHA(C22, 이중결합6개)의 기능

1) 당뇨, 암 등의 성인병 예방 2) 학습능력 증진, 향상

3) 시력향상 4) 혈액 흐름 촉진 등

㉤ DHA(C22, 이중결합6개)는 공기와 접촉하면 유지의 변질과 이취(나쁜 냄새)의 원인이 되고, 등푸른 생선인 고등어,참치,정어리,꽁치,방어 등에 많이 함유되어 있다.

4. 기능식품 분류 : 인정형과 개별형

식품의약품안전처 고시형	효능
글루코시만	관설 건강 및 연골보호 등
오메가-3(EPA,DHA)	혈액흐름 개선 등
스콸렌	항산화(산화 억제 및 세포노화방지) 작용 등
클로렐라(어류의 초기 먹기인 로티퍼의 먹이로 클로렐라가 사용도 된다.)	녹조류에 속하는 단세포,플랑크톤 일종이며, 엽록소,비타민,아미노산 등 풍부,콜레스테롤 수치를 낮추어 주고,체질개선,건강증진 기능 등
키토산	키토산은 키틴의 분해로 만들어진다.

개별 인정형(회사가 요청 후)	효 능
콜라겐	효소분해,펜티아드,피부보습(약국광고)
DHA 농축 유지	혈액개선 흐름 등
한천 분말	배변 활동
리프리놀(녹색입술조개)	-오메가 - 3 등 복합물질, 카르티노이드 등 구성 -만성염증성 질환과 천식에 효능 -위장관에 효능, 황산화 기능 -골관절엄,호흡기, 염증성 등 효능(염증의 매개체인 류코트리엔 생성을 억제하여 그 결과로 효과)

. 기능성수산가공식품의 고시형과 개별형

식품의약품안전처 고시형	효 능
글루코사민	관절 건강 및 연골보호 등
오메가-3(EPA,DHA)	혈액흐름 개선 등
스콸렌	향산화 작용 등
클로렐라	로티퍼의 먹이,녹조류 단세포,CGF치과용기능
키토산	게,새우,갑각류 껍데기,양식사료 등에 이용

개별 인정형 ,회사가 신청 한 후 승인	효 능
콜라겐	효소분해,펜티아드,피부보습(약국광고)
DHA 농축 유지	혈액개선 흐름 등
한천 분말	배변 활동
리프리놀(녹색입술조개)	-오메가 - 3 등 복합물질 -카르티노이드 등 구성 -- 만성염증성 질환과 천식에 효능 -- 위장관에 효능, 황산화 기능 -- 골관절엄,호흡기, 염증성 등 효능(염증의 매개체인 류코트리엔 생성을 억제하여)

※ 수품사 5회 기출 분석 문1) 기능성 수산가공품에는 고시형과 개별인정형이 있다. 다음 중 개별 인정형에 해당하는 것은 ? 답 : 1번

1. 리프리놀 2. 글루코사민 3. 클로렐라 4. 키토산

※ 광합성 구조에 따른 해조류 분류

1. 녹조류 : 청각,파래,매생이,우산말,글레나 등
2. 갈조류 : 미역, 다시마, 모자반,감태,톳,곰피,뜸부기,대황
3. 홍조류 : 김(포피린), 우뭇가사리, 꼬시래기,진두발,비단풀, 돌가사리 등

5. 해조가공품 중 기능성 식품

(1) 한천
① 자연한천제조법(우뭇가사리 등) 및 공업한천제조법(우뭇가사리 ,꼬시래기) 등
② 우뭇가사리 -동결탈수법, 꼬시래기-압착탈수법
③ 한천은 아가로스와 아가로펙틴의 혼합물
④ 냉수에는 잘 녹지 않으나 고온인 80도씨 이상의 물에는 잘 녹는 특성이다.

(2) 카라기난-종류는 람다. 카파,등
① 홍조류의 진두발,돌가사리 등의 다당류가 카라기난이다.
② 원료를 전처리 후 자숙과정 후 추출을 한다.
③ 칼락토스와 안히드로갈락토스가 결합된 고분자 다당류이다.
④ 단백질과 결합하여 단백질 겔을 형성하는 성질이 있고, 70도씨 이상의 온도에서는 용해가 된다.
⑤ 아이스크림 안정제,초코릿 침전방지제 및 수산 냉동품의 빙의입히기에 사용되고 있다.

(3) 알긴산
① 미역-알긴산에 함유되어 있는 '카복실기의 이온교환 특성 이용 한 것
② 제조공정은 알긴산법 및 칼슘알긴산법 등이 있다.
③ 물에 녹지 않으나 나트륨염,암모늄염 등의 알카리염은 물에 놓아 점성이 큰 용액을 만든다.
④ 알긴산의 용도는 식품산업용 및 의약품용(치과인상제,지혈제 등),공업용 ,화장품산업 등에 활용

6. 기능식품 개별 분류

성분 종류	성분함유종류	특징 및 기능
키틴. 키토산(Chitin. chitosan)	게,새우,갑각류 껍데기,오징어뼈,곤충 등	1. 키토산은 키틴의 분해로 만들어지고,기능은 항균작용,혈류개선,수술용 실,다이어트 식품, 하수 및 분뇨처리,인공피부, 인공뼈, 화장품 보습제 등에 이용 등 2. 치어의 생존율 및 성장촉진 사료로도 이용된다. 3. 불안정한 키틴을 탈아세틸화하면 안정된 키토산이 생성된다. 4. 인체내에 분해를 못하므로 체내에 흡수되지는 않는다.
콜라겐. 젤라틴	어류의 껍질,비늘	1. 피부재생,보습효과에 탁월하다. 의약품소재 등 활용 2, 콜라겐을 가열하면 젤라틴으로 된다. 3. 기능성수산 가공품의 개별형 중에 속하고 피부보습에 탁월하다.
글루코사민	게,새우,갑각류 등 키틴. 키토산 성분을 분해	1. 기능성수산 가공품의 고시형에 속하고,관절 및 연골건강에 보완하는 기능이 있다.
타우린(Taurine)	굴,조개류,오징어,문어 등 연체동물	1. 오징어의 흰가루가 타우린은 단백질을 구성하지 않고 유리 상태로 세포내에 존재한다. 2. 시력,당뇨병,혈압조절,숙취해소 등 3. 굴에 특히 많이 함유되어 있고 붉은살 어류의 혈합육(적색어류)에 많이 함유가 특징이다.
요오드	해조류,어패류 등	1.기초대사률을 조절.단백질 합성촉진.중추신경계 발달에 관여하는 기능을 가지고 있고 우리나라는 해산물 등 섭취가 많아 결핍증이 거의 없다.
콘드로이틴 황산	상어,홍어,고래,오징어연골,해삼의 세포벽 등	1. 연골이나 동물의 결합조직에 분포하는 다당의 일종으로 조직에서는 단백질과 결합하고 유리형으로 존재하는 것은 없다. 2. 관절 윤활제, 뼈형성 ,혈액응고 ,관절통 치료제 활용 등
후코이단	갈조류,미역,다시마,톳,모즈쿠 등	1. 1913년 스웨덴 요한 킬란 교수가 발견 2. 후코스가 풍부한 고분자 황산화 다당체를 말한다. 3. 콜레스테롤과 지방 흡수를 억제하고 담즙산을 배설시켜 혈중콜레스테롤 수치를 낮추는 기능이 있다. 4. 미역 등 알긴산이 위에서 소장으로 가는 음식의 이동을 지연시켜 혈당의 급격한 상승을 막아주는 기능도 한다.
오메가 -3 지방산 함유 유지	참치 등	1. 기능성수산 가공품의 고시형에 속하고,혈중 중성지질 개선, 혈액흐름 개선에 좋다,
스콸렌(Squalene)	상어의 간유	1. 기능성수산 가공품의 고시형에 속하고, 항산화 작용을 한다.

제10절 수산식품 가공원료의 특징 이경혜 기본서 22p 인용

1) 일반적 특성

(1) 수분의 다량 함유(60~90%)로 부패 및 변질이 용이하다.
(2) 포화지방산 보다 불포화 지방산이 많고, 근육조직이 축육과 비교하여 단순하여 자기소화가 신속하여 부패세균의 부착기회가 많다.
(3) 선도가 떨어지면 강한 비린내가 나며, 담수어보다도 해수어의 경우 심하다.
(4) 어패류는 근육,껍질 등에 여러 가지 색소가 함유되어 있고, 이들은 세포를 함유하는데 이 세포의 수축,확장 등에 따라 여러 가지 다양한 색채를 나타낸다.

2) 조직상 특성 -이경혜 23p 및 김용회 2차 11회 참조

(1) 어체조직은 머리,몸통,꼬리로 나누어 진다.
(2) 근육의 특성으로는 근섬유의 평활근과 횡문근으로 나누어 진다.
(3) 식용에 가능한 것은 주로 골격근이며,의지에 의하여 움직일 수 있는 수의근이다.
(4) '근섬유'는 근을 구성하는 단위체로 근섬유소에 의하여 들러져 있다. 내부는 근원섬유가 규칙적으로 줄지어 있는 현상이다.

3) 성분상의 특성-어패류의 일반성분은 생체부위,계절,연령,어체크기,어장 등 차이에 따라 변화가 있다.

(1) 가다랑어; 수분 70% , 단백질 25. 4% ,지질 3. 0% , 탄수화물0. 3% ,회분 1. 3% 등으로 구성 되어 있음
(2) 수분은 어린고기 (치어) 내부에 많고,적색어보다는 백색어에 많이 함유.
(3) 지질은 일반성분 중 가장 변동이 심하고, 산소와 결합하여 산패를 촉진하는 성분의 효소이다.

4) 수산물의 어체에 함유되어 있는 각 성분의 특성

(1) 수분 : 함량이 어육의 60~90% 함유되어 있고, 어육의 가공성,저장성, 맛 등에 영향이 있다. 특히 결합수의 함량은 수분의 함량에서 11~25% 정도가 된다.
(2) 어육 중의 결합수 함량(%) 및 결합수 특징/성- 이경혜 32p

어 종	총수분량(%)	자유수(%)	결합수(%)	건어물 1g당 결합수(%)
도 루 묵	80. 5	68. 9	11. 6	0. 59
골 뚜 기	78. 4	60. 2	18. 2	0. 85
고 등 어	73. 4	50. 2	23. 2	0. 87

① 결합수의 특성은 조직 내 성분과 결합되어 0℃ 이하에서도 얼지 않은 물로 -30℃ 에서도 얼지않는다.
② 결합수는 용매로도 작용하지를 않으며, 미생물이 이용하지도 않는다.
③ 미생물 발육에 이용되는 수분은 자유수와 준결합수의 일부가 이용된다. 고로 결합수 비율이 중요 함.

(3) 단백질 - 구조단백질,기질단백질,근장단백질,단백질의 영향가치(성장에 필요한 라이신 함량이 있음)

① 구조단백질 -어육의 구조단백질은 전 근육 단백질의 약 70% 함유되어 있고 염용성이며,
② 구조단백질은 가공특성과 관계가 있어 어묵 제조에서 탄력성형성의 주체가 된다. (다음 추가 설명 함)
③ 지질단백질 -물에 불용성이며,콜라켄과 엘라스틴이 주요구성성분이다.

(4) 지질-어류 지질의 구성 지방산

① 어류 지질의 구성 지방산 -포화 ; 불포화 비율이 20:80이고 불포화지방산의 비율이 높아서 산화가 용이하여 변질 및 부패가 용이하다.
② 구성 지방산 조성은 불포화지방산 80%로 상온에서 액상이고 산화되기가 쉽다.
③ 불포화지방산 80%는 ''올레산(oleic acid, C18:1)'고도 불포화 지방산에는 탄소의 2중결합에 따라서 EPA(eicosapentaenoic acid; C20:5n-3), DHA(docosahexaenoic acid ; C22 : 6n-3) 등 있다.

제11. 근형질단백질 • 어묵 • 연제품의 탄력성 원리

1. 어육 및 연제품 가공시 고기갈이와 pH의 상관관계

1) 개념

어육을 단순히 가열하면 단백질이 변성 응고하여 보수력이 상실되므로, 육중의 수분은 드립(drip)으로 빠져나오게 되어 탄력있는 겔(gel)로 되지 못하고 부서지기 쉬운 육덩어리 상태로 된다. 그러나 어육에 2~3%의 식염을 가하여 고기갈이하면 근원섬유 단백질이 녹아나와 점질성의졸(sol)이 되며, 이 상태의 것을 가열하면 탄력있는 겔인 연제품이 된다. 연제품의 특징은 어종이나 어체 크기에 관계없이 원료의 사용범위가 넓고 맛의 조절이 자유로우며, 어떤 식품 소재라도 배합이 가능하고, 외관, 향미 및 물성이 어육과는 다르며, 바로 섭취할 수 있다.

2) 동결 수리미

동결 수리미(surimi)는 1960년대 일본에서 북태평양 명태 자원의 고도 이용을 위하여 개발된 것으로, 연제품 원료의 대부분이 동결 수리미가 사용되고 있다. 채육하여 수세한 어육에 설탕(4%), 솔비톨(4%), 중합인산염(0.2~0.3%)을 첨가하는"무염 수리미"가 대부분이다.연제품 원료로서의 동결 수리미 장점은 어육에 동결 내성을 부여하여 장기간 저장이 가능하며, 불가식부의 일괄 처리가 가능하다. 제조된 수리미는 동결하여 수송 및 장기 저장하는데, 일반적으로 -18℃ 이하로 동결 저장한다.

3) 어묵의 제조 방법

어묵의 기본적인 제조 공정은 그림 아래와 같이, ① 어체를 처리하여 채육한 후 ② 채육한 어육을 수세하고, 탈수한 후 ③ 식염, 조미료 및 부원료를 가하여 고기갈이한 후 ④ 일정한 모양으로 성형하고 ⑤ 가열하여 겔화시키고 ⑥ 그 후 냉각하여 포장하는 공정으로 진행된다. 그러나 동결 수리미를 이용하는 경우는 원료어의 전처리 공정이 필요 없으므로, 제조 공정을 보다 단순화 시킬 수 있다.(뒤 314p 참조)

4) 어묵의 종류

어묵류는 배합하는 소재의 종류가 많고, 성형이 자유로우며, 가열 방법이 다양하고, 제품 종류가 많다. 형태별로는 찐 어묵, 구운 어묵, 튀김 어묵, 게맛살 어묵 등이 시판되고 있다. 가열방법에 따른 분류는 그림 아래와 같다.(뒤 315p 참조)

5) 어육 소시지

제조 원리는 일반 연제품과 같으나, 동결 수리미에 돼지 기름, 전분, 향신료 등을 배합하여 축육 소시지와 같은 풍미를 가지게 하여, 기체 투과성이 없는 열수축성 포장재에 채워 고압 살균하여 저장성을 가지도록 한 제품이다.

6) 수산연제품의 개념 및 젤현상과 액상에서 부패 점검 방법과 pH 검토

(1)수산연제품의 분류

튀김어묵,부들어묵,맛살,어육 햄,소시지 등으로 분류되고, 어묵류는 어육에 소량의 식염을 가하여 고기갈이한 육을 가열하여 젤화한 제품을 말한다. 즉 이들 수산연제품 가공시 고기풀은 액상을 가지므로 이 액상의 부패방지를 위해서 산도의 농도가 중요하여 pH측정을 하여 산성화를 방지하는 것인데, 산성화가 된다는 것은 부패와 직접연결이 되므로 이를 측정하는 것이다.

① 어육가열 젤의 망상구조 형성에 관여하는 각종 결합으로는 이온결합(염결합),수소결합,공유결합으로 나누어 진다.

② 연제품의 젤 형성원리는 망상구조의 형성과 젤화, 자연응고,그리고 젤 형성에서 단백질의 역할이 중요하게 작용한다. 미오신의 역할과 액틴의 역할로 분류된다.

③ 젤 형성에 방해하는 육은 근형질단백질과 지질 등이 있어 이를 제거하여야 한다.

④ 식염의 역할을 보면 단백질의 용해작용과 되풀림현상으로 나누어 진다.

⑤ 수산연제품의 가공에서 부재료로는 전분과 식물성 단백질로써 소맥단백질,대두단백질, 동물성단백질로써는 난백,유지 등이 있다.

⑥ (필수적)첨가물로는 조미료,보존료(소르빈산,소르빈산나트륨 등),탄력증강제(산화제,아미노산,염화칼슘,인산염,TGase등이 있다.

⑦ 보존료는 부패 등 방지를 위해서 첨가하는 물질로 방부제의 역할을 하는 것이고, 산화방지제는 지질성분의 산패방지를 위해서 사용하는 첨가물이다.

(2) pH의 범위와 gel 상태 및 pH 시험방법

① pH8.0 이상에서는 젤리모양의 겔의 상태가 되는데 이를 졸이라 한다.
② pH6.5~7.5에서 가장 탄력성이 좋은 망상구조를 형성한다.
③ pH6.0 이하의 경우 점조성을 잃고 가열을 하여도 탄력성을 잃는다.
④ pH 시험방법
(ㄱ) pH리트머스지 또는 pH미터기(유리전극)으로 실험한다.
(ㄴ) 강산성은 pH3.0 미만이고, 약산성은 pH3.5 미만,미산성은 pH5~6.5미만이다.
(ㄷ)중성는 pH6.5~7.5 미만
(ㄹ) 미알카리성는 pH7.5~9.0미만, 약알카리성은 pH9.0~11.0 미만, 강알카리성은 11.0 이상으로 분류된다.
⑤ 다른판정방법과 병용하여 선도를 측정하여 보완하여야 정확한 경우가 필요하다.

3) 겔 형성에 도움을 주는 육 성분 및 첨가물 및 부재료

*1) 근원섬유와 유사한 기능을 하는 식염 및 설탕/당 성분(냉동 수리미 등 식품에 사용)식육의 첨가는 어묵의 탄력성에 지대한 효과가 있다. 즉 식염 농도를 2% 이상이 되면 탄력있는 어묵이 형성되고,5~40%에서는 가장 탄력이 강한 어묵이 만들어 진다.

*2) 부재료인 전분과 어묵 및 식물성 단백질 소재인 소맥,대두 단백질 그리고 동물단백질인 난백 등도 탄력에 기여를 한다.

*3) 탄력 증강을 위해서 첨가물인 산화제,아미노산,염화칼슘,인산염,TGase 등이 사용된다.

*4) 어묵의 겔 형성 원리 - 이경혜 교수 인용'' 5회 2차 기출'

① 어육 → ② 수세(미오겐 제거) →+Nacl(양이온 염화나트륨 방출) →

③ 고기갈이(염용성단백질 용출) →

④ 가열 -겔 고정,방치 - setting 과정으로 망상구조가 형성된다.

⑤ 연제품 가공공정 (김태산 인용)

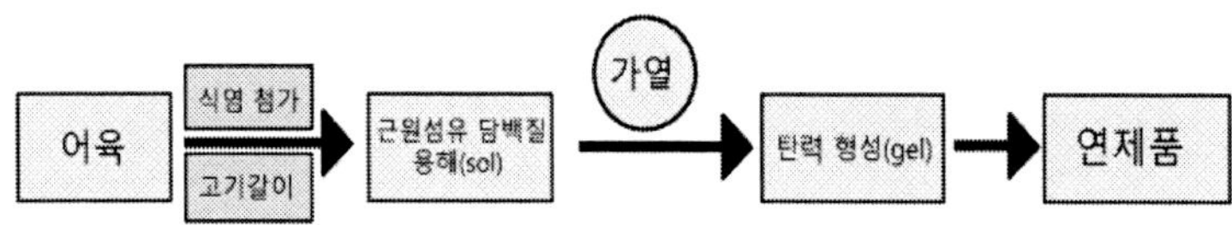

연재품의 가공 원리

2. 망상구조(냉동수리미와 어묵류)

1) 어묵류는 소량의 식염을 가하여 고기 갈이한 육을 가열하여 ''젤''화한 제품인데,이론은 식염에 의한 액토마이신의 용출,가열에 의한 액토마이신 분자 간의 가교 결합(주로 수소결합)으로 인한 ''망상 구조의 형성 및 망상구조 내의 수분 함량 과정으로 진행된다.
2) 젤 형성의 단백질의 역할 및 젤을 방해하는 요소
3) 어육의 근육단백질은 20~35%의 근형질 단백질,60~75% 근원섬유 단백질,2~5% 근기질 단백질로 되어있다. 이 중에서 어묵의 망상 구조를 형성하는 주성분은 근원섬유 단백질이며, 근원섬유의 주요 구성 성분은 MYOSIN 과 actin (미오신과 액틴)이다
(1) '미오신의 역할은 근원섬유의 단백질의 60%를 차지하며, 어묵의 탄력을 만드는 기본 성분이다. 탄력이 강한 젤이 만들어지고 약 19배 정도 연신력이 있지만, 식감이 다소 떨어진다.
(2) '액틴은 근원섬유 단백질에서 20%정도의 함유량을 가지고 있지만, 액틴을 없애고 어묵을 제조시는 탄력있는 젤이 되지 않는다. 이는 망상구조에는 역할이 미미하지만, 성형 및 식감을 증가시키는 역할을 한다.

4) 탄력을 ''저해''하는 즉 젤 형성을'' 방해하는 육 성분
(1) 근형질 단백질
① 수세시 육성분 중 근형질단백질, 지질,무기염 등이 제거되는 데,이는 젤 형성하는 방해 성분을 제거하는 목적도 있다. 고로 ''수세''가 미생물 세균 등 제거와 함께 젤 형성에도 기여한다.
② 붉은 살 어육의 젤 형성이 저하는 이 ''근형질''단백질 함량이 많은 이유이다.
(2) 지질
① 어육을 수세하면 지방이 대다수 제거되므로 젤 강도가 증가된다.
② 지방을 제거하는 것이 젤 강도가 증가한다.

5) 근원섬유와 유사한 기능을 하는 식염 및 설탕/당 성분(냉동 수리미 등 식품에 사용)
(1) 식염의 첨가는 어묵의 탄력성에 지대한 효과가 있다. 즉 식염 농도를 2% 이상이 되면 탄력있는 어묵이 형성되고,5~40%에서는 가장 탄력이 강한 어묵이 만들어 진다.
(2) 부재료인 전분과 어묵 및 식물성 단백질 소재인 소맥,대두 단백질 그리고 동물단백질인 난백 등도 탄력에 기여를 한다.
(3) 탄력 증강을 위해서 첨가물인 산화제,아미노산,염화칼슘,인산염,TGase 등이 사용된다.
(4) (수품사 3회 기출) - 수세 및 연육에 당을 첨가 이유

3. 연제품의 탄성원리 추가 설명--게맛살, 어묵의 수산연제품에 어류 근육 단백질을 이용하여 만드는데, 연제품의 탄력 형성 원리를 기술하시오.-행시 기출 변형---5점
1) 어육 연제품의 제조 공정 ; 먼저 고기갈이 공정-성형공정-가열공정-냉각 포장-어육햄 및 어육 소시지의 가공 단계로 나눈다.
2) ''겔''이란 콜로이드 용액(졸)이 일정한 농도 이상으로 진해져서 그물 조직이 형성되어 굳어진 것으로 '' 그 결과''탄력을 지닌다.
3) 연제품의 탄력 형성원리 상단 겔의 제조공정에 따라서 연제품에 탄력성이 형성된다.
4) 겔 형성에 영향을 주는 요인 들-탄력성 형성 원리
(1) 어종 및 선도; 통계적으로 경골어류, 바다고기, ''백색류가 겔 형성에 좋다.
(2) 수세 ; 수용성단백질은 겔 형성에 저해, 이를 제거하여 겔에 좋다
(3) 소금농도 ;고기갈이 때 소금 2~3% 첨가하면 겔 형성에 좋다.
(4) 고기갈이 육의 ph 및 온도 ; 어육은 ph5~7. 5 에서 겔 좋다.
(5) 가열조건 ; 온도가 높고 가열속도가 빠를수록 좋다.
(6) 첨가물 ; 조미료, 광택제, 탄력보강제 등 적절히 사용하여 겔 좋다.

《 고교 수산일반 인용》

그림 VI-20 어묵의 제조 공정도

4. 어묵의 변패 방지 대책

1) 저온에 의한 방지 ; 1~5도씨에서 냉장하는 제품을 완전히 동결하면 변패방지효과는 있지만, 빙결 정 생 성 등 부작용도 있다.
2) 건조에 의한 방지 ; 건조에 의하여 어묵 표면에 엷은 건조피막을 만들면 표면에 부착한 세균의 발육을 지연시킬 수 있다.
3) 방부제에 의한 방지 ; 소르빈산 및 소르빈산 칼륨으로 곰팡이, 효모 및 부패세균에 대하여 정균작용을 광범위하게 작용할 수 있다.
4) 포장에 의한 방지 ; 염제품은 내열성, 열수축성, 기체투과 방지성이 있는 포장재로 진공포장이나 케이싱포장을 하고, 지방산화 방지를 위하여 적등색으로 착색한 셀로판 등으로 외포장을 하는 경우도 있다.
5) 배합재료에 의한 방지 ; 설탕을 함유한 제품은 설탕이 분해하여 생성된 텍스트란이 점질물질의 원인이 된다. 이를 방지하기 위하여 설탕 대신 포도당이나 과당, 솔비톨 등으로 점질물질의 발생의 발생을 억제할 수 있다.
6) 고온처리에 의한 방지 ; 고온처리에 의한 연제품의 변질 방지방법
저온살균한 후 저온 유통하거나, PH 6. 0 이하 및 수분활성도를 0. 9 이하로 조절하여 저온살균한 후 상온 유통한다. 120도씨에서 4분 이상 가압살균 후 상온 유통한다.

7) 어묵의 가열방법에 따른 분류(통신대 교재 인용)

가열방법	가열 온도(℃)	가열 매체	제품 종류
증자법	80~90	수증기	진어묵,판붙이 어묵
탕자법	80~95	물	어육소시지,마 어묵
배소법	100~180	공기	구운 어묵(부들어묵)
튀김법	170~200	식용유	어단,튀김 어묵

5. 수산물 중 변패 유형 : 녹변 및 갈변 과 청변/흑변의 비교

① 참치는 -피가 -헤모글로빈 (적혈구) -변색시 갈변/녹변으로 변질
② 게등 - 갑각류는 - 혈구가 -헤모시아닌-적혈구가 아닌 - 경우이다 -변색은 ''청변''이다
③ 산패 : 지질과 산소의 결합으로 일어나는 변패의 종류 중 하나이다.
④ 흑변 : 황화수소가 통조림 용기의 철이나 주석 등과 결합하면 캔 내면에 흑변이 일어난다.
⑤ 유소현상이란 건제품의 현상에서 지질과 산소의 결합으로 인한 것,→ 건어물의 지방 산패 현상입니다.

제12절 어체 처리 및 어육 처리, 해동의 "드립 및 드립 양" 측정

1. 어체 및 어육 처리(수확 후 전처리 과정)

1) 전처리 개념
2) 어체 및 어육 처리(수산고교 일반 인용)

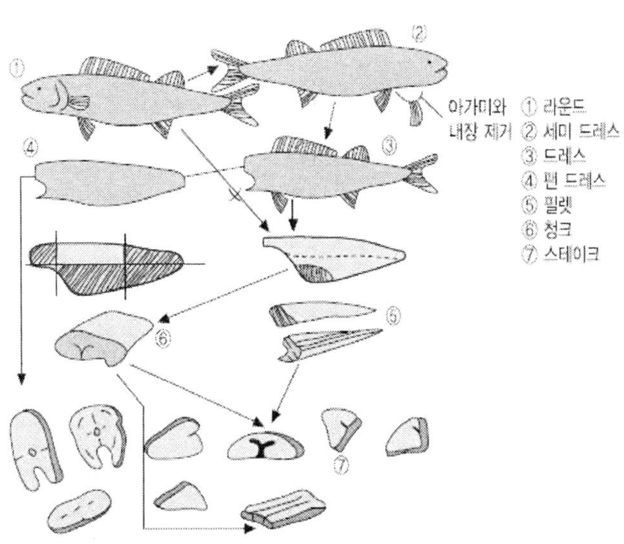

그림 Ⅵ-8 어체의 처리 형태

표 Ⅵ-2 어체 및 어육의 명칭과 처리 방법

종류	명칭	처리 방법
어체	라운드(round)	머리, 내장이 붙은 전어체
	세미 드레스(semi dress)	아가미, 내장 제거
	드레스(dress)	아가미, 내장, 머리 제거
	팬 드레스(pan dress)	머리, 아가미, 내장, 지느러미, 꼬리 제거
어육	필렛(fillet)	dresss하여 3장 뜨기한 것
	청크(chunk)	dress한 것을 뼈를 제거하고 통째 썰기한 것
	스테이크(steak)	fillet를 약 2㎝ 두께로 자른 것
	다이스(dice)	육편을 2~3㎝ 각으로 자른 것
	초프(chop)	채육기에 걸어서 발라낸 육

2. 해동 및 드립

드립이란 냉동품의 해동 시 ''빙결정이 녹아서'' 생성한 수분이 ''육질에 흡수되지 못''하고 체액이 분리되어서 유출하는 액즙으로 드립은 수산물이 신선하거나. 급속 동결되고, 동결 냉장온도를 낮게 하거나 온도 변화 폭이 적게하거나, 동결 냉장 기간이 짧으면 드립량은 적게 발생한다. 즉, 수산물물 동결 후 가공하기 위해서 해동을 하는 공정에서 어체 속의 수분이 풀리면서 본 어체에 흡수되지 못하고 흘려나오는 수분 등을 드립이라 한다. 이러한 드립은 식품을 냉동하였을 때의 빙결정의 생성에 따르는 조직의 파괴나 단백질의 냉동변성 등에 의해서 해동 시에 식품 중의 수분이 유지되기 어렵게 되기 때문에 생긴다.

3· 드립 량 측정 수행 순서

준비는 냉동어류·저울·비닐봉지·동결 전·후 무게 측정 장비,봉지 무게를 미리 측정 해 둔다·

1) 냉동 어류를 약500g 을 비닐봉지에 넣은 후 무게를 단다
2) 상온에서 약 1시간 방치(고교 기본서는 약 3시간 정도라고 기록되어 있다.)하여 행동한 후에 유출된 액즙을 잘 분리시켜서 남은 어류의 남은 무게를 단다·
3)·드립'률'=%은 해동전의 중량—해동 후의 중량/해동 전의 중량 ×100
4) 드립 방지를 위해서는 조치 등 —5점 별도--가능 합니다·
5) 드립 종류—자연드립=유출드립=free drip
   (1) 드립'량'%=채취시료의 해동전후 무게 차/채취 시료의 해동 전 무게×100
6) 압출드립=강제드립—일정한 압력을 가하여 계산
   (1)드립량%=가압전후 시료의 무게 차/자연 드립 후 시료의 무게×100

※ **DRIP방지 억제방안**은--16년 기출

1. 가능시 급속해동을 한고,동결시 급속 동결을 한다.
2. 동결 중 온도 변화를 없게 한다.
3. 냉동 중 상하 온도의 변화를 적게 한다.
4. 가장 중요한 것은 ''신선''신선한 ''원료의 선택이 이다.
5. 이는 저온 저장방법-cold chain- 등 활용하여야 한다. 등

제13절 자연독.식중독. 세균. 박테리아 등

1. 타우린-오징어, 문어-마비성 충주 신경계-문어 류는 먹이로 갑각류를 먹는다.

2. 장염 비브리오에 의한 식중독 특징

1) 호염성 세균으로 열에 약하고 민물에 잘 사멸 하며,
2) 여름철 해수에 널리 분포(7~9월 집중 발생)한다.
3) 어패류가 주원인 식품이고, 가열 섭취, 민물세척, 저온유통 등으로 예방을 할 수 있다.
4) 염분 10~20%에서도 생육이 가능하다. 최적 생육 염분 농도는 3% 이므로 저염 젓갈이 소금농도가 7% 이므로 장염비브리오 예방에 주의가 필요하다.
5) 생선회 등 손질한 도마나 2차 감염 등이다.
6) 예방법은 조리기구를 고온(65도씨)에서 5분간 살균 및 행주를 열탕 살균 하고, 저온(4도씨)에서는 번식을 못하므로 저온 저장 처리하고, 담수-수도물에 약하므로 수돗물로 세척 필수하여야 한다.

3. 테트라민

이는 중독은 한해성 심해에 서식하는 '고둥'에 있는 테트라민 독소에 의해 발생하며, 현기증, 두통, 멀미 증세를 보인다.

4. 보툴리누스균에 의한 식중독 특징.

1) 가장 강한 독소를 생성하고, 통조림의 살균지표세균으로 치사율이 높다. 통조림 살균조건 준수 등으로 예방할 수 있다.
2) Botulinus는 신경독소인 뉴로톡신을 생산한다. 세균성 식중독 중 저항력이 가장 강하다.
3) Neurotoxin뉴로톡신은 가열에 의하여 80도씨~30분,100도씨에서 1~3분 동안 가열하면 파괴된다.
4) 원인은 통조림의 불충분하게 가열 후 밀봉 저장한 식품이 대표적이다.

5. 테트로도톡신

1) 복어에 있는 독이고,신경 독으로 열에 강하고, 독성이 강하고,
2) 끓어도 파괴되지 않는다. 3) 식후 30분 ~5시간만에 발병한다.
4) 특징은 . 마비 증상 유발과 치사율이 높고,
5)난소, 간장, 껍질, 내장에 독소 성분이 많 이 분포하고, 근육에는 거의 없다.
6) 복어의 알과 생식선-난소 등-청산가리와 비교하여 치사률이 약 1000배 이상이다. 등등

6. Welchii(웰치 중간형 식중독)는 어패류 및 그 가공품에서 섭취 후 장관 안에서 생산된 독소에 의한 식중독이다. 호열성이므로 가열 후 신속히 냉각하여 예방한다.

복어(난소,간장,혈액)	테트로도톡신
뱀장어(혈액)	악티톡신
해삼(혈액)	홀로수림
문어(타액)	티라민
바지락(내장)	베네루핀-치사률 50%
굴(근육,내장). 홍합(근육,내장)	삭시톡신-치사률 10%
굴(내장)	베네톡신
홍합(간장),진주담치	미틸로톡신

7. 식중독의 분류 및 특징

세균성 식중독	1. 감염형 식중독 ;샬모넬라,장염 비브리오, 병원성 대장균,에르시니아
	1. 독소형 식중독 ; 포도사상구균,장구균, 보툴리누스균 . 중간형 ; 웰치균
자연독 식중독	동물성 ; 복어 독,조개류 등(자복조) 식물성 ; 독 버섯,감자 등
화학물질 식중독	유해금속 ; 수은 ,납 ,카드뮴 등

1) 고둥류는 테트라민이 잔연독이다.

2) 샬모넬라균

1) 어패류,튀김류,어육 연제품 및 그 가공품에서 원인식품이다.
2) 예방법으로는 식품을 60도씨에서 30분간 가열 살균하면, 효과적이고,저온 보관을 하여야 예방된다.
3) 원인균으로는 통성혐기성이며,최적조건은 ph7~8이고,온도는 36~38도씨이다.

3) 포도상구균식중독 (황색)

(1) 독소는 Entererotoxin(장내독소)
(2) 잠복기는 평균 2~3시간이고,세균성 식중독 중 기간이 가장 짧다.
(3) 통성혐기성,무편모,소금 7. 5%의 배지에서도 발육이 가능 하다.
(4) 리스테리아에 의한 식중독 특성은 고염, 저온 상태에서도 증식되며, 냉동수산물이 주원인 식품이다. 가열조리섭취, 생식금지, 냉장고 청결 등이 예방책이다.
(5) 중금속 : 수은(미나미타병) , 카드뮴(이타이타이병), 아연, 납(통조림 용기),구리,안티몬,주석(통조림의 납땜),바륨 등이 있다.

4) 식품 규격 공전 고시 상 독 정리

(1) 최종소비자가 그대로 섭취할 수 있도록 유통판매를 목적으로 위생처리하여 용기·포장에 넣은 수산물은 살모넬라(Salmonella spp.) 및 리스테리아 모노사이토제네스(Listeria monocytogenes) 음성,(개정 == , n = 5, c = 0 , m = 0 / 25g , M = 10)
(2) 장염비브리오(Vibrio parahaemolyticus) 및 황색포도상구균(Staphylococcus aureus) g당 100 이하이어야 한다.

8. 식중독의 원인 및 증상 등

병원체	잠복기	증상	2차 감염
살모넬라균	12~36시간	설사, 발열 및 복통은 흔함	O
황색포도상구균	1~6시간(2~4시간)	심한 구토, 설사	X(2차 없다)
장염비브리오균	4~30시간	설사, 복통, 구토, 발열	X (2차 없다)
여시니아 엔테로콜리티카	1~10일 (통상 4~6일)	설사, 복통(가끔심하다)	X(2차 없다)

9. 자연독, 복어독, 식중독 ,미생물

1) 자연독은 자연산물에 의한 식중독으로서 독버섯·원추리·박새풀 등에 의한 식물성 식중독과 복어 등에 의한 동물성 식중독으로 분류됨 발생원인이며, 식물 또는 동물이 원래부터 가지는 성분이거나, 먹이사슬을 통해 동물의 체내에 축적되어 유독하다.

2) 미생물에 의한 식중독은 세균성과 바이러스성 식중독으로 분류하며, 세균성 식중독은 감염형과 독소형으로 세분한다. 통신대 교재에는 미생물을 박테리아(-곰팡이),바이러스 그리고 세균으로 분류하고 있다.
3) 화학적 식중독 : 수산 가공 식품에 본의 아니게 유입되거나, 제조 및 가공 등 공정에서 생성되는 것을 말하면, 포장 용기 등에서도 생성된다. 히스타민과 중금속 등이 있다.
4) 복어 독은 어류 독이 대표 주자이다. 장기별로는 난소에 가장 많다. 복어독은 어류 종류나 계절에 따라 다르다. 식품공전 상 식용 가능 복어류는 21종이다. 봄철 산란기의 난소에서 특히 독이 많다.

이 독을 테트로톡신이라고 하는데 아래 도표가 복어가 독을 함유하는 부위이다. 김태산인용

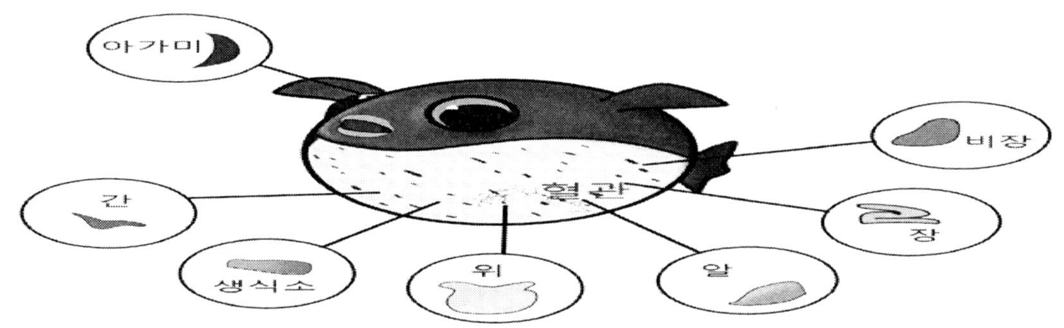

10. 세균과 바이러스 비교

	세균	바이러스
특성	균에 의한 것 또는 균이 생산하는 독소에 의하여 **식중독 발병**	크기가 작은 DNA 또는 RNA가 단백질 외피에 둘러 쌓여 있음
증식	온도, 습도, 영양성분 등이 적정하면 자체 증식 가능	자체 증식이 불가능하며 반드시 숙주가 존재하여야 증식 가능
발병량	일정량(수백~수백만) 이상의 균이 존재하여야 발병 가능	미량이라도 발병 전염 가능함 (2021.03.29일 정정)
증상	설사, 구토, 복통, 메스꺼움, 발열, 두통 등	메스꺼움, 구토, 설사, 두통, 발열 등
치료	항생제 등을 사용하여 치료 가능하며 일부 균은 백신이 개발되었음	일반적 치료법이나 백신이 없음
2차감염	2차 감염되는 경우는 거의 **없음**	대부분 2차 감염됨

11. 식중독 감염 경로 : 도표 : 김태산 인용

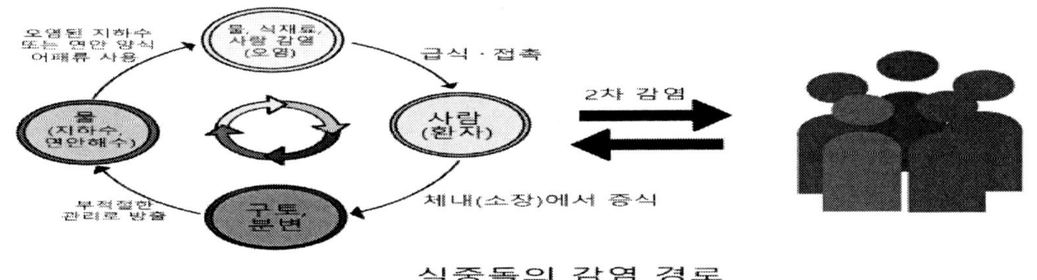

식중독의 감염 경로

12. 마비성 패독의 독화 과정 : 도표 : 김태산 인용

1) 분류 : 패류 독은 마비성 패독, 설사성 패독, 기억상실성 패독 등이다.

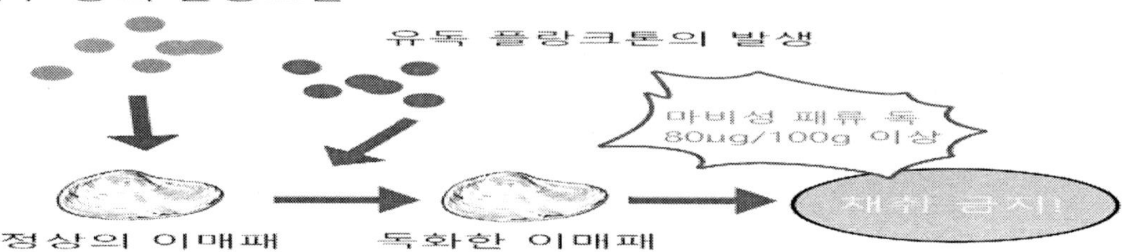

2) 특징

① 패류독소는 패류의 중장선(패류의 소화기관)에 존재하며 중금속이나 독소성분의 잔류 가능성이 높으므로 반드시 제거하고 섭취하여야 한다. 가열 조리 시에도 쉽게 파괴되지 않는다.

② 마비성 패류독소 식중독(PSP) 증상은 섭취 후 30분 내지 3시간 이내에 마비, 언어장애, 오심, 구토증상을 나타낸다.

③ 설사성 패류독소 식중독(DSP)은 설사가 주요 증상으로 나타나고 구토, 복통을 일으킬 수 있다.

④ 기억상실성 패류독소 식중독(ASP)은 기억상실이 주요증상으로 나타나고 메스꺼움, 구토를 일으킬 수 있다.

문제) 은복이라 불리며 복어 중에 독이 없는 복어 중 하나를 골라보시오?

1) 검복 2) 자주복 3) 밀복 4) 졸복

답) 3) 밀복

해설 : 복어 중 식용가능한 복은 약 21종이 있다.

1) 복어독의 기준은 육질과 껍질 기준 : 10MU/g 이다.

2) 21종은 복섬,흰점복,졸복,매리복,검복/황복,눈불개복,자주복,검자주복,까치복/금밀복,흰밀복,검은밀복,불룩복,삼채복/강담복,가시복,브리커가시복,쥐복,노란거북복/까칠복 으로 21개종이 식용가능한 종으로 분류된다.

복어 독 분포

제14절 통조림 공정

1. 수산물을 입상 후 선별 및 포장 후 탈기-밀봉-가열 - 살균-냉각-포장으로 나눈다.

1) 수산물의 특성인 수분의 60%이상이 공기와 접촉으로 세균 등이 전염되는 것을 막기위해서 공기 등을차단하여 수산물의 신선. 보전을 위한 것이 탈기이다.
2) 탈기은 캔 내부의 내용물(유해 미생물-세균-을 사멸시키는 공정)과 밀봉의 목적은 외부 미생물의 오염을 차단하는 것이다.
3) 탈기와 동시에 밀봉 절차가 동시에 진행한다.
4) 냉각은 살균 후 내용물의 품질 변화를 방지하여 수산물의 보전성. 안전성 등을 위해서 급속하게 40도씨 냉각을 하는 것이다.

(수산 고교 수산일반 인용)

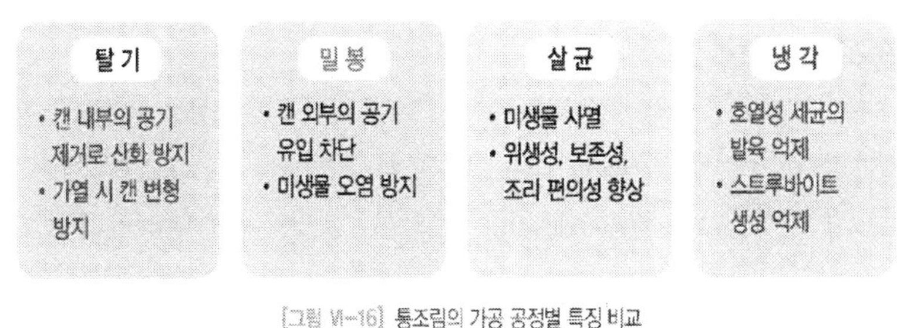

[그림 Ⅵ-16] 통조림의 가공 공정별 특징 비교

2. 통조림의 가공공정 4대 과정의 목적 및 특징 설명

1) 탈기의 목적 및 특징

통조림의 관내의 산소를 제거함으로서 관내면의 부식방지, 산화로 인한 내용물의 향미, 영양가 및 손실을 막으며, 가열 살균할 때 관내공기의 팽창에 의하여 관 밀봉부 파손을 방지하고, 회기성 세균의 발육을 억제하고, 가열탈기법의 경우는 내용물을 가열로 살균시간을 단축할 수 있다. 또 탈기의 정도를 캔의 진공도를 측정하여 확인하는 방법을 이용한다.

2) 탈기 공정(2020년 기출)

식품을 용기에 넣고 밀봉하기 전에 용기안의 공기를 제거하는 작업을 탈기(脫氣,exhausting)라 하며, 일반적으로 사용되는 탈기법에는 ⓐ 가열 탈기법, ⓑ 기계적 탈기법, ⓒ증기 분사법, ⓓ 가스 취입법 등이 있다. 보통 ⓐ, ⓑ의 방법이 많이 사용되고 있으며, ⓓ의 방법은 맥주, 청량음료, 분유, 녹차 등의 통조림에 CO2 또는 N2 가스를 사용하여 취입 밀봉한다.

(1) 탈기는 캔의 식품을 살 쟁임하고 나서 캔 내에 있는 공기를 제거하는 공정이다. 이는 산소에 의해서 일어나는 미생물의 증식 및 내용물의 품질 변화 등을 억제하는 것이다.
(2) 탈기에 사용되는 기기는 밀봉(seaming 시이밍)은 캔의 몸통과 뚜껑 사이에 빈 틈새가 없도록 시이머로 봉하는 공정이고,시이머는 탈기와 동시에 밀봉이 진행된다.

(3) 시이머 종류는 홈 시이머,세미트로 시이머,진공 시이머 등이 있다.
(4) 이중 시이머(밀봉)은 캔 뚜껑의 컬을 캔 몸통의 플랜지 밑에서 말아 넣고 압착하여 봉하는 방법을 말한다. 밀봉기의 구성은 제1밀봉기,제2밀봉기,시밍 척,리프터로 구성된다.
(5) 시이머의 중요 부분은 lifter,seaming chuck,seaming roll로 구성된다.

3) 밀봉의 목적 및 특징

(1) 목적 및 특징 : 캔 안의 내용물을 외부 미생물과 오염 물질로부터 차단하고,통조림 캔의 진공도 동 유지하는 것이 목적이다. 밀봉 후 밀봉의 점검도 하면서 밀봉을 다시 한번 검정을 하는 공정이 특징이라 할 수 있다.

(2) 밀봉 공정
통조림 제조 공정 중에서 가장 중요한 공정 중의 하나로, 관 외부로부터 공기 및 미생물의 침입을 막아서 식품의 변패를 방지한다. 통조림 밀봉기로서는 이중 밀봉기가 사용되며, 이중 봉기는 척(chuck), 리프터(lifter), 제 1 밀봉 롤 및 제 2 밀봉 롤의 4요소로 구성되어 있다.

4) 살균은 통조림 캔 내부의 내용물에 유해 미생물 등이 오염시 부패로 진행되므로 이를 방지하는 것이 목적이면서,국민의 식생활에 안전성을 보증하는 것이 특징이라 할 수 있다. 특히 보틀리누스균의 사멸이 목적이다. 이 균은 고온 약120도씨에서만 사멸된다.

(1) 통조림의 살균은 115℃에서 60~80분, 또는 120℃에서 20~30분간레토르트 중에서 가열 살균한다. 통조림의 내용물을 부패시키는 세균을 사멸하되, 그 내용물의품질을 크게 손상시키지 않는 범위 내에서 살균하는 방법으로 이러한 살균을 상업적 살균이라한다. 그리고, pH가 4.5 이하인 식품은 클로스트리듐 보툴리늄(clostridium botilinum) 균이발육할 염려가 없기 때문에 병원성 미생물의 발육을 억제하기 위한 저온 살균(100℃ 이하)한다.
(2) 통조림은 레토르트에 널어 고온 가압 살균을 하게 되면 미생물이 사멸하여 보존성과 위생적 안전성이 향상되어 제품의 상업적인 가치 및 궁긍적으로 국민의 건강에도 기여하게 된다. 살균의 방법은 개방식/ 밀폐식 가열 살균법 등이 있다.

5) 포장 전 단계인 냉각은 살균 후 캔 내용물의 변질 방지를 위해서 급속적으로 40도씨까지 온도를 내리기 위하여 냉각액을 주입하여 급속냉각을 하는 것이 목적이고,급속 냉각기기(Retorter) 등이 이용되는 것이 특징이다. 가열 살균을 끝낸 통조림은 될 수 있는대로 빨리 냉각하여, 호열성 세균과 아포 발육, 내용물의 조직 연화 및 황화수소 발생, 스트루바이트 생성 등을 막아야 한다.

6) 냉각의 목적
(1) 내용물의 고온 방치 시간 단축 ; 고온에서 장시간 사열 살균한 통조림을 재빨리 냉각하지 않고 오온시 내용물의 분해가 많아 조직이 물러져 물성이 나빠지고,황화수소의 발생이 많아져 캔 내부의 흑변 원인을 제공하여 부패하게 된다.
(2) 스크루바이트(struvite)결정의 성장 억제 ; 이는 소라,골뱅이 등의 수산물 통조림에서 유리 조각 모양이 나타나는 현상이다. 이를 급속 냉각하여 스크루바이트의 성장을 억제할 수 있는 온도인 30~50도씨 이하가 되어야 한다.
(3) 고온성 세균의 발육 억제 ; 살균 후 50~55도씨 정도의 방치 시간이 길어지면 고온성 세균이 발육하여 품질 변화가 일어나므로 이를 방지하는 것 등이다.
(4) 세균-미생물은 저온균(통성최적25~30℃)의 수도모나스속 등), 중온균(최적온도 30~45℃)비브리오속균), 고온성(최적온도55~75℃)으로 분류한다.(통신대 교재 인용)

3. 레토르트 식품(retortable food)
레토르트 식품의 용기에는 플라스틱 외에 알미늄박(aluminium foil)이 들어있는 불투명 파우치(pouch),

투명 파우치 및 성형 용기가 있다. 알루미늄이 들어있는 3층 적층으로 가공한 식품이다. 레토르트 식품의 제조 공정은 첫째, 식품을 파우치에넣고 둘째, 공기를 탈기하고 셋째, 금속제 열판으로 필림을 열융착 넷째, 레토르트로 가열 살균 다섯째, 냉각한다. 주요한 레토르트 식품은 카레, 스프(soup), 야채 조리 식품 등이 있으며, 수산물로는 참치 기름담금 레토르트 파우치 등이 있다.

4. 조미 가공품

어·패류에 식염, 감미료, 조미료, 향신료 등의 혼합조미액을 첨가하여, 맛 부여와 저장성을 부가하기 위하여 조림하고 건조하는 등의 공정을 거쳐서 만든 제품을조미 가공품이라고 하며, 조림류와 조미 건제품이 있다.조림류(조미 자숙품)에는 오징어, 새우, 패류, 다시마,김, 까나리 등이 있고, 조미 건제품에는 쥐치포, 꽁치포,멸치포, 복어포, 명태포, 찢은 조미 배건 오징어, 압연 조미 오징어, 조미 배건 빙어 등이 있다

원료 김의 수분 측정, 식품공전상 검사 기준 및 관능검사 중 조미김의 합격 기준 등을 설명하세요 ?

1) **원료 김의 검사 기준**

검사 항목	검사기준
규격(mm)	190 × 210 ± 10
수분(%)	12이하(화입 4이하)
중량(g0	220 ± 10%
수량	70 - 90 속/입
형태	형태가 바르며 파지 및 구멍이 거의 없을 것
외관	표면이 매끄럽고 울거나 2매 이상 붙은 것이 없는 것
이물질	망, 로프, 모래, 지푸라기, 조개껍질 등이 없을 것

2) 수분 측정기를 활용한 수분 측정

(1) 수분측정 조건 예시

측정 중량(g)	온 도	시간
2~3	105 ℃	15분

3) 상압가열 건조법을 활용한 수분 측정

(1) 시험 준비 후

(2) 105 ℃ 전후 온도와 건조기에 넣고 3~5시간 전조 후 데시케이트 중에서 약 30분간 식히고 무게를 단다.

(3) 수분 % = W1 - W2/W1 -W0 × 100

(4) W1은 칭량접시와 시료의 무게, W2 SMS 건조 후 칭량접시와 시료의 무게, ,W0는 칭량접시의 항량

4) 정밀검사 중 수분의 검사 방법 비교 : 8회 모의고사 320P 인용

(1) 수분검사방법은 **건조감량법, 증류법, 칼피셔** 법 등이 있다.

(2) 상압가열건조법

(3) 시험방법 - 생략

단, 자동조절기가 달린 건조기 : 적어도 **''± 1 ℃''** **이내의** 온도조절이 가능해야 한다.

(4) 게산 : **수분 % = b-c/b-a × 100**

(5) a: 칭량접시의 질량, b : 칭량접시와 검체의 질량 ,
c : 건조 후 항량이 되었을 때의 질량

5) **조미 김의 공정 중 화입은** 수분을 약 4% 이하를 하게 하여야 하고(수산특산물의 구운김은 3%), 1차구이 및 2차 구이 등 공정 후 조미하여야 하며, 절단 후 제품화 시킨다. 차후 조미구이를 제품화를 위하여 포장 전에 조미김의 완제품을 대상으로 품질기준에 맞게 검사를 하여야 한다.
다음 중 조미김 완제품의 **품질기준 검사를 하는 ''식품공전''상 기준과 ''관능검사''대상에서 조미김(김부각 및 맛김 포함)의 항목 및 합격기준**을 설명하시오?

문1) **조미김 완제품의 품질기준 ''식품공전'상 기준 설명**

---

1) 산가 : 4.0이하(유처리한 김에 한한다)
2) 과산화물가 : 60.0 이하 (유처리한 김에 한한다)
3) 타르색소 : 검출되어서는 안된다.
4) 카드뮴(일반기ㅂ준0 : 0.3mg/kg 이하 (생물기준)
조미김이란 마른 김(얼구운김 포함)을 굽거나, 식용유지,조미료, 식염 등으로 조미 가공한 것을 말한다.

문2) 조미김(김부각 및 맛김 포함)의 **관능검사 대상 항목과 합격기준을** 설명하시오.

항 목	합 격
형 태	형태가 바르고 크기가 고르며 손상이 거의 없는 것
색 택	고유한 색택이 (1) 한 것
(2)	토사 및 그 밖에 (2)이 없는 것
향 미	고유한 향미를 가지고 (3)가 없는 것
(4)	제품에 고르게 (5)한 것

답 : 양호, 협잡물, 이취, 첨가물, 침투

5. 통조림의 전체 일관

1) 통조림의 금속용기의 **장점은 ''보존성, 편리성, 위생성, 외관성 등이** 뛰어나서 다른 포장 용기보다 장점이 많아서 널리 이용되고 있다.

2) 투피스 캔의 종류는 ''DR캔9금속판을 규격에 맞게 절단하여 1회 타발 - 이음매 없이 일정한 모양으로 늘어뜨리는 작업 공정 - 하여 만든 캔이며, 수산물 가공용으로 타원 캔이나 각형 캔의 형태로 생상,사용됨), DRD 캔,   D & I캔,   , DTR 캔 등으로 나누어 진다.

3) 통조림의 캔 **세척의 목적은 ?** 먼저 캔의 도장 상태, 도장면의 결함부 등을 검사 한 후 이상이 없는 경우 세척 공정으로 진행한다. 세척시는 온수, 열수, 스팀 ,압축공기를 사용한다. 이하 세척의 목적은
(1) 이물질 제거　　　　　　　(2) 가열 살균 시 어드히전(adhesion) 방지

4) **탈기목적 및 밀봉의 목적 및 밀봉 기기** 등을 설명하시오?
(1) 호기성 세균의 발육 억제　　　　　　(2) 통조림의 품질 변화 억제
(3) 캔 내면의 부식 방지　　　　　　(4) 가열.살균할 때 캔의 파손 방지 등

5) **밀봉의 목적**(밀봉 = 시이밍 = seaming 은 캔의 몸통과 뚜껑 사이에 빈 틈새가 없도록 시이머로 봉하는 공정이면 시이머에서 탈기와 동시에 캔의 밀봉이 진행된다)

(1) 미생물의 캔 내부에 침입 방지　　　(2) 오염 물질의 유입 방지

(3) 진공도 유지(탈기 공정에서 행한 진공도 유지)

6) **2중밀봉기 및 시이머 기기(2중밀봉기와 시이머 기기)**

(1) 이중 밀봉 : 캔 뚜껑이 컬을 캔 몸통의 플랜지 밑으로 말아 넣고 압착하여 봉하는 방법이다.

(2) 시이머의 주요 부분과 기능

주요 부분	기 능
리프터	1. 밀봉 전 : 캔을 위로 밀어 올려 시이밍 척에 고정시킴. 2. 밀봉 후 : 캔을 아래로 내려 준다.
시이밍 척	밀봉할 때 캔 뚜껑을 캔 몸통에 밀착시켜 고정 한다.
시이밍 롤	1. 캔 뚜껑의 컬을 캔 몸통의 풀랜지 밑으로 밀어 넣고 압착하여 밀봉을 완성시킴 2. 제1롤 : 캔 뚜껑의 컬을 캔 몸통의 플랜지 밑으로 밀어 넣음 3. 제2롤 : 이를 더욱 압착하여 밀봉을 완료시키는 기능을 한다.

7) 탈기 및 밀봉 **수행순서 설명하시오?** 답 : 18cmHG, 30~40cmHG,

(1) 규격에 맞는 캔과 뚜껑을 준비하여야 한다. 이유는 규격이 맞지 않으면 밀봉 불양의 원인이 되다

(2) 밀봉에 앞서서 진공 시이머를 밀봉조건에 맞게 조정한다.

(3) 살 쟁이 및 액 주입이 끝나면 지체없이 시이머로 탈기와 밀봉을 한다.

(4) 진공도는 굴 보일드와 골뱅이 가미 통조림은 (　1　) , 고등어 보일드, 꽁치 보일드, 연어 기름담금, 참치 기름 담금은 (　2　)정도 하게 한다. 지나치게 진공도가 높으면 캔 몸통이 안으로 쭈그러드는 (　　)이 되므로 유의한다.

(5) 밀봉 중에 틈틈이 밀봉 부위를 검사(외관 육안검사, 해체검사 등)하여 밀봉불량 캔의 발생을 방지하면서 공정을 진행한다.

8) 살균 방법은 개방식 가열 살균법과 밀폐식 가열 살균법으로 나누어 지며, 살균의 목적은 '미생물이 사멸하고, 보존성과 위생성, 안전성이 좋아지며, 내용물이 조리가 되어 캔을 개봉하면 바로 먹을 수 있어 이용성과 간편성 등이 장점으로 검토된다. 이 미생물을 살균을 하는 기준을 산도 pH 4.6 기준으로 나누어 지는데, **저산성 식품과 산성식품을 나누어서 살균 기준을 설명하시오? ''살균의 대상은** ''클로스트리듐 보툴리늄''이고, 온도는 120℃, 4분 이상 또는 이와 동등 이상의 효력의 범위에서 멸균 처리 된다.

분 류	pH 범위	식품 종류	살균 기준
저 산성 식품	4.7 이상	1. 어패류의 육, 축육 2. 육류 및 채소의 혼합물 3. 수프류, 소스류	1. 멸균 처리 (120℃, 4분 이상) 2. 가압 살균
산성 식품	4.6 이하	과실류	1. 살균 처리 (100 ℃ 이하) 2. 상압가열

9) 레토르트(RETORT) 기능과 기기를 설명하시오?

(1) 레토르트 기능/역할은 가열에서 사용되고 밀폐식의 고압 살균 솥이다. 내부는 100℃ 이상으로 유지하기 위하여 스팀을 사용한다. 고압 살균 후 레토르트에 냉각액을 주입하여 냉각을 하는데도 사용된다.

(2) **레토르트 주요 기기와 장치의 기능**

주요 기기	기 능
수증기 공급관	수증기 공급장치
수증기 분사 장치	수증기를 레토르트 내부로 뿜는 장치
수증기 제어 장치	수증기의 출입을 조절하여 내부의 온도를 일정하게 유지하는 장치
온도 기록계	살균 시간에 따른 레토르트 내부의 온도 변화를 기록하는 장치
압력계	레토르트 내부의 악력을 나타내는 장치
블리더	1. 레토르트 내부의 공기를 제거하고 수증기를 순환시키는 장치 2. 산균 전 과정에서 열어 두어야 하는 것임
배기구	내부의 공기 및 수증기를 배출시키는 장치
급수구	냉각수를 공급하는 장치

10) 검사 및 포장하기 중 **통조림의 ''품질변화 현상과 '''특징''**을 설명하시오?

1. **품질변화 및 특징**

황화 흑변	1. 가열 살균 중에 근육의 분해로 생성된 황화수소(H2S)와 금속(주석,철)의 반응으로 발생함. 2. 황화수소는 선도가 떨어진 육을 가열하면 많이 발생 함 3. 통조림 캔 내면에 '흑변'을 일으킨다. 4. 수산물 중에서 참치, 게, 바지락 등의 통조림에서 발생이 쉬움. 5. 방지법 : C- 에나멘 캔이나 V-에나멘 캔을 사용한다.
어드히전	1. 어육의 일부가 캔 몸통의 내부나 뚜껑에 눌러 붙어 발생한다. 2. 방지법: 캔 내면에 물을 분무하거나 식용유 유탁액을 도포 함
커드	1. 어류 보일드 통조림의 표면에 부착된 두부 모양의 응고물 2. 수용성 단백질이 녹아 가열 살균할 때 열 응고하여 발생 3. 원료의 선도가 나쁠 때 발생하기 쉬움 4. 방지법 : (1) 묽은 소금물에 침지하여 수용성 단백질을 제거 (2) 육편과 육편 사이에 틈이 없도록 살 쟁이를 함 (3) 살쟁임한 육의 표면 온도가 빨리 50℃ 이상이 되도록 가열 한다.
허니 콤	1. 어육에 벌집 모양의 작은 구멍이 생긴 현상 2. 어육을 가열하였을 때 내부에 발생한 가스가 방출되면서 생긴 통로가 그대로 남아 발생한다. 3. 방지법 : 어체 취급을 조심스럽게 하여 상처를 내지 않도록 해야 한다.
스트루바이트	1. 통조림 내용물에 '유리' 모양의 결정이 나타나는 현상 2. 증성에서 약알카리성의 통조림에서 발생하기 쉬움 3. 골뱅이, 소라 통조림에 많이 나타나며, 참치통조림에서도 pH 6.3 이상 될 땔 발생하는 경우가 있음 4. 방지법 : 30~50 ℃ 범위가 최대 결정 생성 범위이므로 살균 후 통조림을 급랭 시켜야 한다.

문제11) 통조림의 **일반검사 및 포장하기 순서**를 설명하시오? **답 : 37℃, 200**

(1) 외관검사
(2) 가온검사 : 캔을 항온기(1)에 넣어 1~3주 저장하면서 팽창 등의 변질여부를 관찰한다.
(3) 진공도 검사
통조림 진공계로 캔의 팽창 링 부위를 찔러 진공도를 측정하여 불량 캔을 구분하다.
(4) 개관검사 (5) 내용물의 무게 검사
(6) 세균검사 : 세균을 검사하여 세균 발육이 ''음성''이어야 한다.
(7) 화학적검사
내용물의 ''주석''의 함량은 알루미늄 캔을 제외한 캔 제품에서는 150mg/kg 이하잉야 하고, 산성 통조림의 경우는 (2)mg/kg 이하이어야 한다.
(8) 포장 하기 공정

문제12) 통조림 **변형 캔** 설명하시오?

변형 캔	특 징
평면 산패 (flat sour)	외관은 정상, 가스의 생성없이 산을 생성하는 캔
플리퍼 (flipper)	캔의 뚜껑과 밑바닥의 한쪽 면이 약간 부풀어 있어, 이것을 손끝으로 누르면 소리를 내며 원래 상태로 되돌아가는 정도의 팽창 캔
스프링거 (springer)	뚜껑과 밑바닫의 어느 한쪽 면이 플리퍼의 경우보다 심하게 팽창되어 있어, 이것을 손끝으로 누르면 팽창되어 있지 않은 ''반대편'면이 소리를 내며 튀어나오는 정도이 캔.
스웰 켄 (swelled can)	변질이 많이 진행되어 캔의 뚜껑과 밑바닥 모두가 다 같이 부푼 상태의 캔
버클 캔 (buckled can)	캔 내압이 외압보다 켜져서 몸통 부분이 볼록하게 튀어나온 캔
패널 캔 (panelled can)	캔 외압보다 내압이 매우 낮아 캔 몸통의 일부가 안쪽으로 오목하게 쭈그러져 들어간 형태의 캔

13) 통조림 **일반 검사 항목과 내용** 설명하시오? **답 : 55℃, 37.5**

검 사 항 목	내 용
표시사항 및 외관검사	제조일자 등 , 포장상태, 밀봉 등 육안 검사
가온 검사	1. 살균 부족 통조림의 조기 발견에 이용된다. 2. 37℃에서 1~4주 또는 (1)에서 가온 하여 검사 한다.
진공도 검사	1. 탈기,밀봉공정의 완성 여부를 통조림 진공계를 이용하여 검사하는 것 2. 진공계를 팽창 링에 찔러 진공도를 측정함 3. 진공도가 (2) cmHg 이면 ㅊ탈기가 잘 된 것임
개관 검사	캔 내용물의 냄새,색, 육질 상태 ,맛, 액즙의 투명도 등을 검사하는 것
내용물의 무게 검사	제품에 표시된 무게만큼 충전되어 있는지를 검사

문제14) 밀봉 부위 **외부의 육안 검사** 항목 설명하시오?

결함 명칭	결함 상태
립(lip)	보디 훅의 일부가 **혀를 낸 것처럼** 밀봉 부위가 밑으로 빠져나온 것
비(vee)	1. 뚜껑의 컬이 말려 들어가지 않아 **밀봉 부위 밑**으로 쳐진 것 2. 밀봉 부위 아래쪽 둘레에 예리한 V자형의 돌기로 나타남
샤프 시임 (sharp seam)	1. 밀봉할 때 밀봉 부위의 안쪽 윗부분이 척 플래지 위로 말려 올라가 안쪽 윗부분이 **칼날처럼 예리하게 모가 난** 것 2. 랩 부위에 발생 함
DROOP	밀봉 부위가 과도하개 **아래로 쳐진 것**
컷 오버	밀봉 불량으로 금이 가거나 절단 현상
컷 시임	밀봉부위의 아래쪽에 금이 가거나 끊어진 것
거짓 시임	외관으로 이중 밀봉 같이 보이는 허위 밀봉 상태
웨이브 시임	밀봉 부위가 **파도 물결처럼 밀**봉 불량된 것
슬립	시이밍 척과 리프터가 캔을 잡는 힘이 약해서 밀봉이 불완전하게 된 것
점프시임	밀봉부위가 압착 상태가 불량인 것
데드 헤드	카운터싱크 내의 시이밍 척이 헛 돌아감으로써 생기는 헐거운 밀봉 상태

15) 밀봉 부위 **외부의 검사** 항목과 불량 원인

구 분	불 량 원 인
캔 높이 (H)	1.캔 높이가 낮은 것은 리프터의 밀어 올리는 힘이 너무 가하거나, 2. 시이밍 헤드 높이가 너무 낮기 때문에 일어난다.
밀봉 두께 (T)	1. 이 값이 표준 값보다 작으면, 제‘'2‘'롤의 압착력이 강하거나 2. 커버 훅과 보디 훅의 중합이 불량하기 때문이다.
밀봉 너비 (W)	1. 이 값이 표준 값보다 작으면, ‘'제2롤‘'의 압착력의 부족 2. 리프터의 밀어올리는 힘의 부족 3. 시이밍 척과 시이밍 롤의 관계 위치가 불량하기 때문이다.

문제16) 밀봉 부위의 **‘'내‘부 검사 . 육안 검사** 항목 및 기준

검 사 항목	판 정 기 준
밀봉부위 내부의 틈	1. 밀봉 부위 내부의 틈은 없어야 함. 그러나 2. 시이머의 조절 불량 등으로 발생 함
커버 훅 주름도	1. 밀봉의 강도를 나타냄 2. 시이밍 룰의 **압착력이 약하면 주름이 생김** 3. 호칭 307호 이하의 원형 캔에서는 주름도 ‘'2이하‘' 4. 호칭 401호 이상의 원형 캔에서는 주름도 ‘'1이하‘'되어야 함
커버 훅의 처진정도	1. 외관검사에서 랩 부분이 밑으로 많이 쳐진 것은 2. 커버 훅을 버겨서 쳐진 길이를 측정하여야 하고, 3. 쳐진 길이가 커버 훅의 길이의 ‘'‘50%‘'이상일 때는 밀봉력이 감소하므로 밀봉 불량으로 봄
머시룸 플랜지	1. 캔 몸통 플랜지가 과도하게 굽혀 있는 것 2. 이것을 밀봉하면 보디 훅의 길이가 길어짐

17) 밀봉 부위 내부의 치수 측정 항목과 기준

검사 항목	판 정 기 준
보디 훅 길이	1. 리프터의 밀어 올리는 힘과 시이밍 롤의 압착력이 관여하고

(BH)	2. 표준 값보다 (1) mm 이상 짧으면 안됨
커버 훅 길이 (CH)	1. 시이밍 척의 위치와 시이밍 롤의 압착력이 관여하고 2. 표준 값보다 (2)mm 이상 짧으면 안됨
밀봉 훅 중합율 (OL%)	1. 커버 훅과 훅이 겹치는 중합률이고 2. 원형 캔은 (3)% 이상, 타원 캔은 (4) 이상 되어야 한다.

답 : 0.13, 0.13, 45, 40

문제 1) 다음 통조림 제조 과정 중 '가~라'에 해당하는 과정으로 가장 옳은 것은?

[19. 수산직기출]

원료 → 조리 → 세척 → '가 → 액주입 및 냉각 → '나 → 탈기 → '다 → '라 → 냉각 → 검사 → 포장

	가	나	다	라		가	나	다	라
①	살쟁이	살균	칭량	밀봉	②	살쟁이	칭량	밀봉	살균
③	살쟁이	칭량	살균	밀봉	④	칭 량	살균	살쟁이	밀봉

답) ② 살쟁이 칭량 밀봉 살균 , 해설 : (수산 일반 고교 인용)

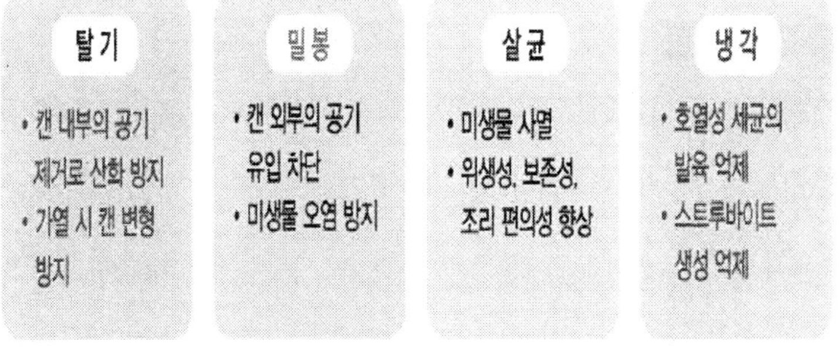

[그림 Ⅵ-16] 통조림의 가공 공정별 특징 비교

문제2): 통조림의 품질 검사 중 일반 검사 항목으로 옳은 것을 모두 고른 것은?

<보기> <ㄱ. 타관 검사 ㄴ. 진공도 검사 ㄷ. 밀봉부위 검사 ㄹ. 세균 검사 ㅁ. 가온 검사>

1) ㄱ,ㄹ 2) ㄱ,ㄴ,ㅁ 3) ㄴ,ㄷ,ㄹ 4) ㄱ,ㄴ,ㄷ,ㅁ

답) 2, 해설 : 1. 통조림의 외관 표시 : ① 크기는 큰크기(L), 중간크기(M),작은크기(S)
② 통조림 종류표시는 보일드통조림(BL),조미(FD),기름담금(OL),훈제기름담금(SO)
③ 제품별 표시는 굴(OY),고등어((MK),꽁치(MP),가다랑어(TS),바지락(SN),골뱅이(BT)
④ 통조림 제조날자표시는 1~9월은 숫자, 10월은 O,11월은 N, 12월은 표시.예시로 2020년 03월 18일인 경우 20318일로 표시를 한다.

제15절 수산물의 변질 종류(갈변,산화,저장 중 변질) HACCP

1. 시간의 경과 및 수산물의 변화 -온도,시간,품온,신선도 등과 관련되어 변화가 된다.

2. 미생물의 관여로 수산물의 변질/변화 -세균,식중독균,미생물의 생육으로 변질된다.

3. 효소에 의한 변질 -화학반응의 반응속도를 촉진하여 생체 촉매로 단백질이 변화

1) 자기소화 단계 ; 단백질의 분해효소인 '팹티드,아미노산 등의 변화로 조직연화,부패촉직 현상이다.

2) 지질 분해 단계 ; 지질분해 효소인 '지방산,스테롤''등의 변화로 불쾌한 맛,냄새,산패촉진되는 현상이다.

4. 갈변에 의한 변질 -수산물의 저장,가공 과정 중에 색깔이 갈색/흑갈색으로 변화되는 현상

1) 비효소적 변화/변질 ; 이는 식품의 성질/식품 내의 성분 간의 반응에 따라 갈색 등 색깔이 변화현상이다.

(1) 메밀러드 반응,아스코르산 산화 반응,캐러멜 반응 등이 분류된다.

(2) 대안으로는 유통법 35조인 콜드 체인 시스템의 활용, 체포 후 즉시 깨끗한 해수 등으로 세척 등 있다.

(3) 갈색으로 변화는 효소성분은 -메트 마이오글로빈-효소이다.

2) 효소적인 변질 -이는 새우 등 갑각류가 색깔이 갈색에서 흑색 등으로 변화되는 현상이다.

(1) 티로시나아제(효소명)라는 이름을 가진 것이고, 아미노산인 ''티로신(효소)''의 작용으로 인하여 검정색소인 ''멜라닌''으로 변하는 것이다.

(2) 흑변 등 억제 방안은 산성아활산 나트륨용액에 침지 후 냉동 저장,유통법 35조 콜드체인 활용 등이 이용된다.

5. 산화에 의한 변질 , 특히 지질의 산화

일명 산패라고도 하는데 ,자연산화,가열산화,감광체 산화등으로 나누어 진다.

1) 개념 ; 수산물의 어육의 지질 성분은 불포화 지방산으로 산소,빛,가열에 쉽게 변화를 하는 것을 산화라 한다.

2) 지질의 변질 ; 산소와 지질의 결합으로 화학적 변화가 산패라 한다.

3) 자동산화 ; 공기 중의 산소를 자연적으로 흡수,방출하는 과정에서 산화되는 것이고 산패라 한다.

4) 가열산화 및 감광체 산화 등으로 나누어 진다.

5) 산패 억제방안은 산소제거장치 등 사용,빛 및 불투명 포장 등 사용,콜드체인 활용,방지제 사용-아스코르브산,BHA,BHT, 토코페롤 등 사용하여 산패 억제가능하다.

6. 수산물 저장 중 동결에 의한 변질 종류 및 억제 방안

1) 동결 중 수산물의 성분의 저항력으로 단백질 변화,건조 현상 등으로 변화되는 것.

2) 단백질의 변성

해동 시 드립 발생 : 방지책으로는 급속동결,방지제(솔비톨 등 당류 첨가)사용

3) 건조,지질의 산화 ,갈변 등 변화 : 방지책으로 포장,글래이징 등 사용한다.

4) 횟감용 참치육의 변색 : −50도씨~-55도씨 온도에서 저장'하는 방안 등이 필요하다.

5) 횟감용 참지의 동결저장시 마이오글로빈의 산화로 '갈색'인 메트마이오글로빈의 변화가 있다.

7. 수산물 변질을 사전에 방지하는 방안 : 식품안전관리인증기준(HACCP)

※ HACCP(해썹)
1. 선행조건 2. (1) 위생관리시설기준(GMP),(2) 표준위생운영지침(SSOP)
2. 예비단계 5. (팀제를 작성하여 용공인지를 공정하게 현장확인)
3. 본절차 7단계 : (위중한모를 개선,검증하여 문서를 작성기록하자)
   (긴급성이 특징이고 이상발생한 경우 바로 조치를 하여야 한다)

1) 선행조건
(1) 위생관리시설기준(GMP) 식품의 제조,가공 조리시 적합한 위생시설과 설비구조 등을 구비하는 것을 말한다. (2) 표준위생운영지침(SSOP) : 식품제조가공에서 주요선행요건 관리를 말한다. ① 영업장관리 ② 위생관리 ③ 제조설비관리 ④ 냉장관리 ⑤ 냉동시설관리 ⑥ 용수관리 ⑦ 보관,운송 관리 ⑧ 제품의 검사관리 ⑨ 제품의 회수 및 반품 프로그램관리 ⑩ 종업원 위생교육 준비 및 실시 등
2) 예비절차 5단계(팀제를 작성하여 용공인지를 공정하게 현장확인)
① 해썹 팀 구성 ② 제품설명서 작성 ③ 용도확인 단계 ④ 공정흐름도 작성 ⑤ 공정흐름도 현장 확인
3) HACCP의 7원칙(위중한모를 개선,검증하여 문서를 작성기록하자)
(원칙 1) 위해 요인을 분석한다. ① 물리적(이물질혼입여부), ② 화학적(독성물질,식품첨가물,농약 등 검사분석), ③ 생물학적(병원성미생물의 존부여부 등) 요인들을 분석하는 과정이다. ④ **위해요소 분석 절차**는 1) 잠재적 위해요소 도출 → 2) 발생원인 규명 → 3) 심각성과 발생 가능성을 고려하여 위해 평가→ 4) 예방 조치 및 관리 방법 설정 → 5) 위해요소 목록표 작성 순이다.
(원칙 2) 중점 관리점(CCP)을 설정한다. : **중점 관리점**이란 위해요소중점관리기준을 적용하여 식품의 위해요소를 예방. 제거하거나 허용수준 이하로 감소시켜 당해 식품의 안전성을 확보할 수 있는 중요한 단계·과정 또는 공정을 뜻한다.
(원칙 3) CCP 관리 기준을 설정한다 = 한계기준설정 . : **한계 기준**이란 중요관리점에서의 위해요소 관리가 허용범위 이내로 충분히 이루어지고 있는지 여부를 판단할 수 있는 기준이나 기준치를 말한다.
(원칙 4) 모니터링 체계 확립한 후 모니터링 : **모니터링**이란 중요관리점에 설정된 한계기준을 적절히 관리하고 있는지 여부를 확인하기 위하여 수행하는 일련의 계획된 관찰이나 측정하는 행위 등을 말한다.
(원칙 5) 허용 한계를 벗어났을 때 개선 조치를 확립한다. : **개선 조치**란 모니터링 결과 중요관리점의 한계기준을 이탈할 경우에 취하는 일련의 조치를 말한다.
(원칙 6) HACCP 시스템의 검증 방법을 확립한다. : **검증이란** HACCP의 시스템이 실제로 적절한지 평가하는 유효성 평가, HACCP의 계획대로 실제로 잘 수행되고 있는지를 평가하는 실행준수성 평가 모두를 뜻한다.
(원칙 7) 기록을 적어서 보관하는 시스템을 확립한다. : **문서화와 기록 유지를** 통하여 지속적인 HACCP 관리를 실행한다. (기록보관의무: 2년)

제16절 수산물의 성분 및 냄새성분 등

1. 수산물의 성분 - 정량실험

1) 해조류의 성분 및 활용(식용 및 가공식품,기능성식품 등)

① 홍조류 : 김(각포체),우뭇가사리(자연한천),꼬시래기(공업한천),새발 등
② 녹조류 : 청각,파래,우산말 등
③ 갈조류 : 미역(1년생, 조류,줄기와 잎아포체),다시마(3년생),모자반 등

(1) 무기질
① 분자에 C(탄소)가 없는 것을 말한다. 해조류 중에는 요오드(I),마그네슘(Mg) 및 망간(Mn),칼슘(Ca),인,철분 등이 있다.

(2) 탄수화물 : 분자에 C(탄소)가 있는 것이고,유기질이며, 수산동물의 에너지원으로 활용된다.
① 고분자다당류인 탄수화물이 많은 해조류는 한천이다.
② 한천 : 우뭇가사리,꼬시래기,진두발 등

(3) 색소성분
헤모시아닌은 전복이나 소라 같은 패류에 존재하는 물질로 구리성분에 의하여 반응을 일으켜 푸른 색깔의 혈색소가 된다.

2) 어.패류의 성분

(1) 수분 및 자유수와 준결합수, 결합수 : 약 60%~93% 함유

(2) 단백질 : 조직,효소,근육 등을 구성하는 유기물질
① 오징어,조개류 등의 연체동물은 약 15% 정도로 단백질 함량을 가지고 있고, 굴,멍게, 해삼 등은 약 5%정도가 된다.
② 조직 중 피부를 구성하는 기질 단백질인 '콜라겐'이 축육에 비하여 적게 함유되어 있어서 조직이 연한 것이 특징이다.
③ 붉은살 생선이 백색어보다 조금 많이 함유되어 있고, 부패 과정과도 관련이 있어서 붉은살 생선이 부패에 보다 쉽게 될 수 있다.

(3) 탄수화물
① 지질보다는 열량이 낮지만 지질과 함께 에너지를 공급하는 중요한 물질이며 다당류인 글리코겐은 동물에게 에너지를 공급하는 중요한 물질이다. 글리코겐이 많은 어종일수록 사후젖산의 생성량이 많아 근육의 pH가 낮아진다. 특히 어패류의 근육 중에 많은 탄수화물은 글리코겐이다. 패류의 글리코겐 함량은 계절에 따라 큰 차이를 보이는데 특히 제철에는 함유량이 높다. 굴의 경우 제철인 겨울에 글리코겐의 함유량이 가장 높다.
② 변화되는 유형 중에서 ''변패와 발효''를 살펴보면, 탄수화물과 지질의 변질이 변패라 한고, 특히 발효는 탄수화물이 분해되어 사람에게 유리히게 식품화 되는 경우를 '발효'라 한다.

(4) 해조류에 들어있는 대표적인 탄수화물

① 한천: 홍조류인 우뭇가사리 및 꼬시래기에서 주로 추출하는 제품

② 카라기난: 홍조류인 진두발 등에서 추출

③ 알긴산: 갈조류인 감태 등에서 추출

* 세포벽을 구성하는 물질 중 황을 함유하고 있는 산성다당류의 일종으로 체내에서 혈액이 응고되는 것을 방지해 주는 것은 푸코이단이다.

④ 어류나 갑각류의 함량은 1%정도 소량이고, 패류는 1~8%정도이며, 패류의 글리코겐 함량은 계절에 따라 변화가 있고, 수확시절인 제철에 함량이 높다.

도표 : 김태산 인용 : 카라기난 공정 절차

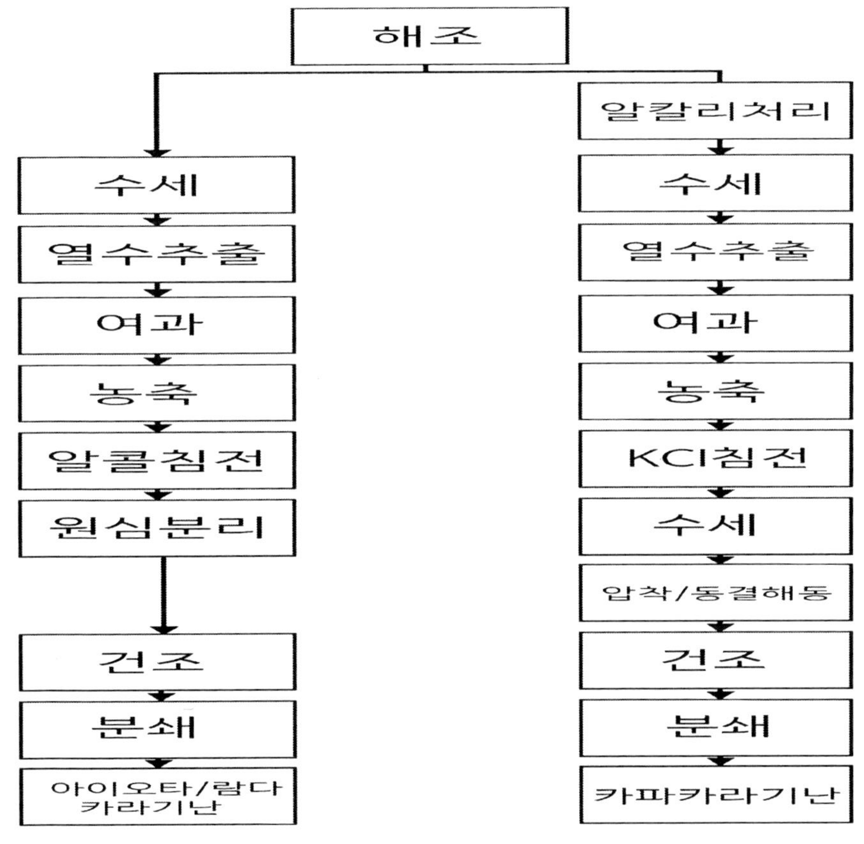

카라기난의 제조 공정

(5) 지질

탄소,수소,산소로 구성된 화합물로서 물에 잘녹지 않고 에테르,알코올 등의 유기 용매에 잘 녹는 성질을 가진 화합물이고, 구성으로는 '중성지방',인지질',스테로이드 등으로 나누어 진다.

① 오메가-3 고도불포화 지방산 (DHA, EPA 등)이 많이 들어있어 생체조절 기능이 우수하다. 지질은 어패류의 일반성분 중 가장 변동이 심하다. 산소와 지질의 화학적반응이 '산패''라 한다.

② 적색육 어류에는 껍질과 근육에 지질이 많고 내장에는 적은 편이다. 백색육 어류에는 근육에 지질이 적고 껍질. 내장 특히 간에 많다.

③ 어체 부위별로 볼 때, 복부에 특히 지질 함유량이 많다. 어획 시기별로 볼 때, 복부에 특히 지질함유량이 많다. 어획 시기별로 산란 전에 지질 함유량이 많은데 어패류의 맛있는 시기는 지질함유량이 많은 시기와 대체로 일치한다. 대체로 자연산 어류보다 양식산에 있어 근육의 지질 함유량이 높은

편이며 수분함량과는 반대의 경향을 보인다.

④ 어육의 불포화지방산이 다량 함유되어 있는 어패류는 산화가 쉽게 일어나고 속도도 빠르게 진행된다.

(6) 엑스성분

어·패류의 성분 중에서 단백질, 지방, 색소 등을 제외한 분자량이 비교적 적은 '수'용성 물질을 통틀어서 엑스 성분(Extracts)이라 한다. 엑스 성분은 어·패류의 맛에 중요한 역할을하고, 어·패류의 변질 등과도 관련이 많기 때문에 식품학적인 면에서도 매우 중요한 성분이다. 일반적으로 척추 동물보다 무척추 동물이 엑스 성분 함유량이 많으며, 해산 동물의 대략적인 엑스 성분 함유량을 종류별로 다르다. 조개류에는 숙신산이 많아 국물이 시원하게 느껴지고, 연체 동물 및 갑각류에는 상쾌한 단맛을 내는 베타인이 많다.

① 어패류의 맛과 기능성에 중요한 역할을 하고 어패류의 변질과도 관련이 많으며 척추동물보다는 무척추동물에서 엑스성분 함유량이 많다.

② 엑스성분에는 아미노산, 뉴클레오티드, 베타인, 유기산 등이 있고, 어패류의 맛에는 아미노산, 뉴클레오티드 등이 많이 관여한다.

③ 어패류의 엑스성분에서 가장 많이 차지하는 것은 글리신, 알라닌, 글루탐산 등과 같은 유리아미노산이다. 특히, 글루탐산은 맛을 내는 아미노산 중에서 가장 중요하다. 뉴클레오티드 중에서 맛에 크게 관여하는 성분은 '이노신산'으로 이것은 매우 좋은 맛을 내는 성분이지만 다른 맛의 성분과 맛의 상승작용이 강한 특성이 있다. 조개류에는 '숙신산'이 많아 국물이 시원하게 느껴지며, 연체동물과 갑각류에는 '베타인'이 많아 상쾌한 맛을 낸다. 타우린도 액스성분인데, 이는 건조오징어의 표피를 덮고 있는 것이 흰 가루 성분인 '타우린'이고, 성게의 쓴맛은 아미노산의 일종인 '발린'이다.

《 고교 수산 인용 》 엑스 성분 함량 분류

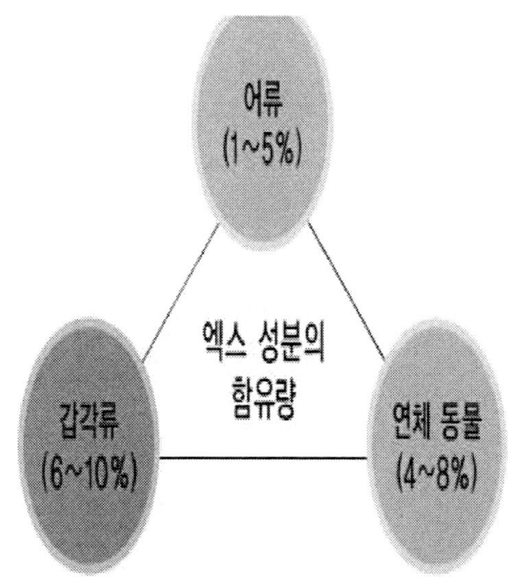

그림 VI-2 어·패류의 엑스 성분 함량

(7) 냄새성분

① 냄새성분은 어류의 특유한 비린내가 나는 것으로 원인물질은 TMAO이며, 어패류의 선도가 저하되면 나는 냄새로 암모니아.저급지방상, 스카톨,인돌 등이 있다.

② 트리메틸아민(TMA)는 해수어에는 존재하나, 담수어에는 없는 것이 특징이다. 특히 상어, 가오리, 홍어 등의 연골어류 근육에는 트리메틸아민옥시드(TMAO)와 요소의 함유량이 일반어류보다 월등히 많다.

③ 어패류를 굽거나 조릴 때에 나는 구수한 냄새는 비린내 성분인 '피페리딘'이 조미성분 등과 반응하여 나는 냄새이며, 오징어나 문어를 삶을 때 나는 독특한 냄새는 '타우린' 때문이다.미꾸라지 등의 민물고기 등에서 나는 흙냄새는 '지오스민' 이다.

(8) 색소성분

① 미오글로빈 : 세포 속에 적색 색소를 함유하고 있어 근육을 붉게 보이는 물질이다. 붉은색 생선에 주로 함유되어 있다. 산소와 결합하여 미오글로빈이 선홍색으로 변한다.

② 카로티노이드 : 가재,새우,게 등의 껍질에 함유되어 있는 물질로써 황색 또는 적색의 색소를 가지고 있다. 가열해도 쉽게 변하지 않는 안정성이 있는 것이 특징이다.

③ 색소의 종류

(a) 피부색소: 멜라닌과 카로티노이드

(b) 근육색소: 미오글로빈(대부분의 어류), 카로티노이드, 아스타잔틴(연어, 송어 등)

(c) 혈액색소: 헤모글로빈(어류)이며, 헤모글로빈에는 Fe(철)이, 헤모시아닌은 갑각류에 있어며 헤모시아닌에는 Cu (구리)가 함유되어 있다. '5회 2차 기출'

(d) 내장색소: 오징어 먹물에 있는 멜라닌이 있다.

(9) 기타 불포화지방산, 타우린 등

① 불포화지방산 : 참지,정어리,고등어,가다랭이,꽁치 등에 많이 함유되어 있는 것으로 지질 구성 중 포화지방산은 약 20%, 불포화지방산은 약 80% 정도이다.

② EPA 및 DHA

㉠ 어유는 포화지방산 VS 불포화 지방산의 비율이 20:80이며, 이 불포화지방산 중 C20:5n-3C22:n-3 ; C가 이중결합을 5개 이상 가지는 EPA, DHA인데,정어리나 청어 등의 간유에 많다.

㉡ 어유의 신선한 간에서 얻은 기름이 간유이고, 이 간유에는 비타민A, 비타민D 및 에이코펜 (EPA), 도코사헥사엔산(DHA)가 있다.

㉢ EPA 기능은 (탄소 20개, 이중결합 5개) 1) 면역력 강화 2) 항암효과 3) 콜레스테롤저하 4) 동맹경화 예방 등 효능이 있다.

㉣ DHA(C22, 이중결합6개)의 기능 1) 당뇨, 암 등의 성인병 예방 2) 학습능력 증진, 향상 3) 시력향상 4) 혈액흐름 촉진 등

㉤ DHA(C22, 이중결합6개) 공기와 접촉하면 유지의 변질과 이취(나쁜 냄새)의 원인이 되고, 등푸른 생선인 고등어,참치,정어리,꽁치,방어 등에 많이 함유되어 있다.

㉥ 어종별 EPA ,DHA 및 지방산 중량 (가식부 100g 당)

(10) 동물성지방(포화지방산)과 식물성지방(불포화지방산) 비교

① 어체 부위별로 볼 때 복부에 특히 지방함유량이 많다.

② 어패류의 맛있는 시기는 지방 함유량이 많은 시기와 대체로 일치한다.

③ 동물성지방(포화지방) : 에너지원천이지만, 사용되지 않고 축적의 경우 비만으로 이어진다.콜레스테롤은 혈관에 쌓이게 되어 동맥경화,심근경색을 일으킨다.혈관건강을 위해서 삼겹살,베이컨,소시지 등 기름기가 많은 육류와 케이크,도넛,라면 등을 조절하여야 한다.

④ 식물성지방(불포화지방) : 혈중 클레스테롤 수치를 낮추고, 혈관을 튼튼히 하여 심혈관질환 예방에 도움을 주는 것이 불포화지방산이고, 오메가3,오메가6,오메가9 등이 있다. 수산물의 어류에는 참치,

연어,등푸른생선 등 어류, 식물은 들기름,아마씨유 등에 함유량이 많다.

3) 수산물과 영양 및 붉은살 생선과 흰살 생선(적색어와 백색어)

1) 영양구성 : 적색어와 백색어에 따라서 다르다.

2) 어육의 구성((혈합육(적색육)과 보통육(백색육))) 및 어육의 특성

① 어류는 근육을 구성하는 단위체인 근섬유가 모여서 근육조직을 이루고 있다.

② 근섬유 속에는 수많은 근원섬유가 줄지어 들어있고 그 사이에 근형질이 들어있다.

③ 근원섬유에는 굵은 필라멘트를 이루고 있고 머리부분과 꼬리부분으로 이루어진 단백질인 미오신과 얇은 필라멘트를 이루고 있는 이중나선 선형 단백질인 액틴이 대부분을 차지한다.

④ 어류의 근섬유의 크기는 축육보다 짧고 굵은 편이다.

⑤ 결합조직은 근섬유나 내부기관을 결속하는 섬유모양의 조직으로 어육은 결합조직이 축육보다 적어 조직이 약하고, 부드러운 것이 특징이다.

3)적색육의 특징

① 비교적 운동성이 강한 회유성 어종에 적색육이 많다.

② 미오글로빈, 헤모글로빈 등과 같은 근육색소의 함량이 많다.

③ 근섬유는 조금 가늘며, 근섬유 내에서는 근원섬유에 비해 근형질량이 많다.

4) 백색육의 특징

① 유동성이 약한 정착성 어류인 돔, 넙치, 대구, 가자미 등과 같이 근육의 색이 비교적 흰 어류를 일컫는다. 이동성이 적은 경우 사후경직도 적게 일어나고 부패도 천천히 진행되는 것이 일반적이다.

② 근육 내의 색소 단백질이 극히 적고 근형질에 비하여 근원섬유가 많으며 수분, 총질소가 다소 많다.

③ 적색육 어류에는 백색육이 어느 정도 함유되어 있지만, 백색육 어류에는 적색육이 거의 없다.

5) 적색육 어류와 백색육 어류의 지방 함유량의 차이

① 적색육 어류: 참치, 방어, 꽁치, 전어 등으로 분류되고, 이들의 껍질과 근육에 지방이 많고, 내장에는 적은 편이다. 흰색어보다 비린내가 심하다.

② 백색육 어류: 도미,명태, 광어, 가자미, 민어, 조기,갈치,우럭 등으로 분류되고, 살이 단단하면서 지방함량이 적어서 소화가 잘되는 특징을 가지고, 맛은 담백하고, 적색어에 비해 비린내가 적게 난다. 분포는 근육에는 적고 껍질과 내장 특히 간에 많다.

6) 적색근과 백색근의 비교

① 적색근은 백색근에 비하여 가늘고 지질이 풍부하다. 적색근과 백색근의 큰 차이점은 운동 시 역할이 다름에 있다.

② 백색근: 포식자로부터 도피나 먹이의 반격 시 급류를 거슬러 올라가는 등 긴급 시에만 사용하며 순간적인 큰 에너지를 발산한다. 산소를 사용하지 않고 글리코겐의 대사로 에너지를 얻는다. 일단 사용하게 되면 곧 다량의 젖산이 축적되어 단시간에 쉽게 피로해진다.

③ 적색근: 어류가 저속으로 회유하거나, 장시간에 걸쳐 지속적인 유영을 하기 위해 사용한다. 지질을 산소로 태워 에너지를 얻으므로 젖산의 축적이 없다. 따라서 장시간의 유영을 계속 유지하여도 피로감이 없다.

7) 적색어와 백색어의 수산물의 사후경직과 관련성

① 적색육 어류(혈합육)에는 회유성 어종인 참치, 방어, 고등어 등이 포함되며, 백색육 어류(보통육)에는 정착성 어종인 돔, 넙치, 조기 등이 포함되고, 백색육 어류에는 혈합육의 비율이 낮고, 적색육 어류는 혈합육의 비율이 높다. 이 혈합육은 보통육에 비해 수분과 단백질이 다소 적은 반면, 지방이 많으며 또 혈합육에는 미오글로빈,

헤모글로빈 등의 색소 단백질이 많이 함유되어 있다. 혈합육에는 근형질 단백질이 많으며, 보통육에는 근원섬유 단백질이 많다.

② 백색육 어류에는 혈합육의 비율이 낮고, 적색육 어류는 혈합육의 비율이 높다.

③ 동일한 환경조건에서 흰살어류가 붉은살어류보다 ''사후경직이''빠르다.그 결과로 부패에도 쉽게 노출되어 부패 속도가 백색어가 적색어보다 빠르다.

④ 결론 : 일반적으로 표층에 사는 적색어와 운동이 많은 회유성 어류인 적색어는 사후경직이 흰살보다 빠르고 부패도 쉽게 진행된다. 고로 이경우는 ''일반적이란''용어로 사용하면 적색어가 흰살어류보다 사후경직이 빠르다 하면 맞는 이론이다.

⑤ 결론 2 : ''단순히'' 적색어가 백색어보다 사후경직이 빠르다''라는 것은 오답으로 보면 된다.

문제1) 어육단백질에 관한 설명으로 옳지 않은 것은?

① 근육단백질은 용매에 대한 용해성 차이에 따라 3종류로 구별된다.

② 혈합육(적색육)은 보통육(백색육)에 비해 근형질 단백질이 적다.

③ 어육단백질은 근기질 단백질이 적고 근원섬유 단백질이 많아 축육에 비해 어육의 조직이 연하다.

④ 콜라겐(Collagen)은 근기질 단백질에 해당된다.

<정답> ②

해설. 어류는 육의 색에 따라 적색육 어류와 백색육 어류로 나누어진다.

1) 적색육 어류(혈합육)에는 회유성 어종인 참치, 방어, 고등어 등이 포함되며, 백색육 어류(보통육)에는 정착성 어종인 돔, 넙치, 조기 등이 포함된다.
2) 백색육 어류에는 혈합육의 비율이 낮고, 적색육 어류는 혈합육의 비율이 높다.
3) 혈합육은 보통육에 비해 수분과 단백질이 다소 적은 반면, 지방이 많다.
4) 혈합육에는 미오글로빈, 헤모글로빈 등의 색소 단백질이 많이 함유되어 있다.
5) 혈합육에는 근형질 단백질이 많으며, 보통육에는 근원섬유 단백질이 많다.

제17절 어패류의 사후변화 과정 및 특징

1. 해당작용

1) 수산물에 함유된 글리코겐이 분해되면서 에너지 물질인 ATP (아데노신 3 인산)변화와 감소가 되면서, 동시에 젖산을 생성되는 과정이다. 결론은 어패류가 죽은 후는 ATP 감소되면서, 젖산은 증가가 핵심이다. 젖산의 생성은 미생물의 발육과 관련이 되며, 미생물의 생육조건을 만들 수 있는 전제조건/환경이다.
2) 젖산의 양이 많아지면 근육의 pH가 낮아지고 근육의 ATP도 분해된다.
3) 젖산의 축적과 ATP의 분해되면 사후경직이 시작된다.
4) 젓산의 생성과 pH가 저하되므로 산이 화학적 반응조건이 된다.
5) 체내 pH 저하는 결국 해당 반응을 저해하고, 체내의 ATP감소를 초래한다.

2. 사후경직

1) 개념
① 사후변화가 진행하면서 어체가 굳어지는 현상을 말하고, 사후경직은 ATP 감소에 의해 칼슘(Ca) 펌프 작용이 저하되어, 근육세포내에 칼슘의 농도가 증가함에 따라 근육의 수축 현상이 계속 지속되기 때문이다.
② 어패류가 죽은 후의 일정시간이 경과 후에는 근육이 수축되어 탄성을 잃고 딱딱하게 되는 현상을 말하고, 죽기전에 알코올 및 에테르에 노출되면 빠르게 진행된다.

2) ATP의 소실에 의하여 미오신과 액틴이 결합하여 액토미오신이 형성되어 근육은 수축 된다. 즉 근육내 에너지 고갈로 액틴과 미오신이 결합하여 사후강직이 일어난다.

3) 사후경직의 시작시간과 지속시간은 어패류의 종류. 연령. 성분조성. 생전의 활동. 사후상태. 사후의 관리 및 환경온도 등에 따라 달라지게 된다.

4) 즉사한 경우가 고생사한 경우보다 사후경직이 늦게 시작되고 지속시간도 길다.

5) 사후경직과 흰색어,적색어 관련성
① 붉은살 생선은 흰살 생선보다 사후경직이 빨리 시작되고 지속시간도 짧다. 공무원 기출 ??? (틀린 지문)
② 답 : 이유는 ''일반직'동일한 조건 등''부과적 단어가 들어가야 된다.
Ⓐ. 바다의 해수어 중 표층에 사는 어류나 활동이 많은 적색어,회유성 어류와 담수어는 보통 사후경직이 빠르고— 부패가 빠르다.
Ⓑ. 일반적으로 희색어/백색어가 적색어보다 사후경직이 빠르다.
Ⓒ. 동일한 조건의 경우 희색어/백색어가 적색어보다 사후경직이 빠르고 사후강직 기간도 짧고, 부패가 쉽게 진행되는 성질을 가진다.
Ⓓ. 결론 : 적색어와 백색어의 경우가 조건이나 전제가 없이 어느것이 사후경직이 빠르다라는 것은 다소 틀린 지문이 될 수 있다. 고로 일반적으로 적색어가 흰살보다 빠르게 사후경직이 진행된다라고 하여야 하는 것이다.
③ 맞음=== 동일한 환경조건에서 흰살어류가 붉은살어류보다 ''사후경직이''빠르다.
④ 맞음 == 혈합육은 미오글로빈이 다량 함유되어 있어며 진한 적색을 가지고, 지방,타우린,무기질 등의 함량이 보통육인 백색육보다 높아서 영양적으로 우수하지만, 선도저하의 측면은 보통육보다 비교적 빠

르게 진행된다.

⑤ 4회 기출 : 사후경직 수축현상은 일반적을 혈합육이 보통육에 비해 더 잘 일어나는 경향이 있다.

6) 어패류의 신선도 유지와 직결되므로 죽은 후에 저온 등의 방법으로 사후경직 지속시간을 길게 해야 신선도를 오래도록 유지할 수 있다. 《 고교 수산일반 인용 》

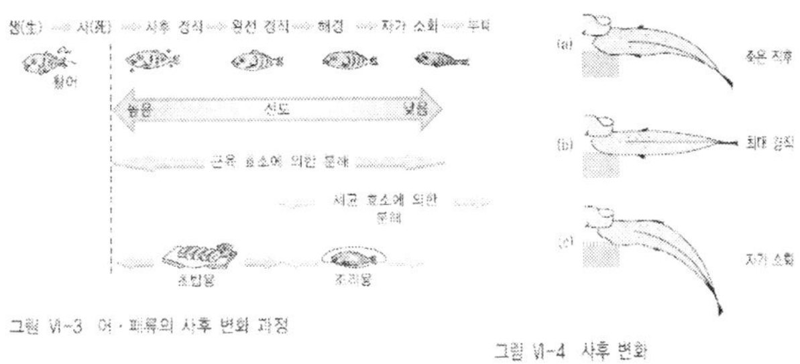

그림 Ⅵ-3 어·패류의 사후 변화 과정

그림 Ⅵ-4 사후 변화

3. 해경

1) 사후경직이 지난 뒤 수축된 근육이 풀어지는 현상이다.

2) 해경의 단계는 극히 짧아 바로 자가(기)소화단계로 이어진다.

4. 자가(기)소화

1) 해경과 동시에 단백질,지방 및 글리코겐 등의 ''고''분자가 어체 ''자체내''의 효소 작용에 의해서 ''저분자''로 분해되기 시작하는 단계를 말한다. 즉 근육 조직 내의 자가소화 작용으로 근육 단백질이 부드러워지는 현상

2) 단백질 분해효소가 분해되면서 펩티드, 아미노산이 생성되어 변질로 가는 것인데 조직연화 및 부패를 촉진하는 것이 자가소화의 특징이다.

3) 자가소화에 영향을 주는 주요요소는 어종, 온도, pH이다.

4) 자가소화가 진행되면 조직이 연해지고 풍미도 떨어지며 부패로 진행된다.

5) 자가소화를 이용한 식품으로 젓갈, 액젓, 식해류 등이 있다.

5. 부패

1) 개념

① 자가소화가 진행되면서 미생물이 증식하기 좋은 환경이 되어서 미생물이 급속히 증가하는데, 이 미생물의 효소작용으로 의해 어체의성분인 단백질,지질 등이 아민류,암모니아, 저급 지방산 등으로 분해되고, 부패가 진행된다.

② 부패의 특징으로 비린내가 나타나는 현상: 트리메틸아민옥시드(TMAO)가 트리메틸아민(TMA)으로 환원되는 과정에서 나는 냄새다.

③ 단백질이나 지질 등이 미생물의 작용에 의해 분해되는 과정이다.

2) 비린내의 주요성분인 트리메틸아민(TMA)은 트리메틸아민옥시드(TMAO)가 세균 또는 효소작용에 의하여 환원되어 발생된다.

3) 아비노산은 분해되어 아민류. 지방산. 암모니아 등을 생성해서 매운맛과 부패냄새의 원인이 된다.

4) 유독성 아민류인 히스타민이 생겨서 알레르기나 두드러기 등의 중독을 일으킨다.

5) 비린내에는 트리메틸아민(TMA)등 많은 화합물이 관여하고 있다. 트리메틸아민은 해수어에는 있지만, 담수어에는 없는 특징이 있다.

6) 미꾸라지 등의 민물고기에서 나는 흙냄새는 지오스민 등에서 비롯된다.

제18절 신선도측정을 위한 관능학적. 화학적 및 세균학적 방법

선도측정방법으로는 서류검사, 관능검사, 정밀검사 등이 있느데, 서류검사는 검사공무원 등 검사에 관련되어서 서류의 진위여부 등으로 식용가능성 등을 판단하는 것이고, 관능검사는 농수산물품질관리법률 제 88조 및 제 106조 2항에 근거를 두고 있고, 정밀검사 등은 농수산물품질관리법률 제 91조 검사관, 100조 검정기관 등 수산물 및 수산가공품의 검사규격 방법 등에서 도출되는 것이다.

1. 관능학적 방법

① 농수산물품질관리법류 제 106조 2항에서 규정한 수산물품질관리사의 업무 중 '수산물의 등급판정''인데, 수품사가 하는 것이 관능검사이고, 이는 시각으로부터 시작하는 ''오관'으로 검사를 하는 것이 관능검사라 한다. 이 오관은 체표,안구,아가미,복부,경도 및 육질 등의 상태로 판정하는 방법이다.

② 수품사는 다양한 경험으로 축적이 되어야 관능검사가 정확화가 가능 하다.고로 연수 등 실무를 하면서 현장화의 실전경험을 키우는 것이 수품사의 의무이다.

③ 제공된 선어를 무작위로 1인당 최소개체 이상을 선정하여 판정 기준에 따라 관능검사를 실시한다.

④ 각 관능검사는 기호도 또는 강도는 선척도법,7단계,9단계 등의 평점법으로 평가하여 점수화한다.

⑤ 선척도법은 관능검사 요원이 선상에 표시한 지점을 자로 측정하고 수치화하여 통계 분석에 이용한다.

⑥ 선도검사 판정 기준의 예시

신 선	중정도	다소불량	불량
어체는 경직기 또는 연화의 극초기로서 특유의 색을 가지고 탄력성이 풍부하고 비늘이 잘 붙어 있다	어체는 경직기를 지났지만 탄력성이 있다.	탄력성이 떨어지고, 일부 어종의 비늘이 탈락된다.	자기분해되고 피부에는 세균의 집락형성에 의한 점액이 있다.
안구는 돌출하고 창등하다.	안구의 긴장이 다소 떨어진다	안구는 돌출되지 않고 혼탁하다.	안구는 침전 혼탁하고 또는 탈락한다.
신선한 바다냄새	냄새는 약간 비린내를 느낄 수 있는 상태	냄새는 비린내가 강하고 이취를 느낄 수 있다.	부패된 냄새가 난다.
복부는 백색 또는 담색으로 오염되지 않고 내장위치,형상은 정상적이며 긴장되어 있다.	복부의 긴장이 다소 떨어진다.	복부는 연약하게 되고 일부 어종은 내장이 노출된다.	내장이 붕괴되고 손가락으로 누르면 연약감이 있고 복부가 절단되어 노출된다.
아가미는 선홍색을 띠고 밀착되어 있고 신선한 냄새가 난다.	아가미는 단기간에 변화되어 주변부부터 선명함이 없어지고 소량의 점질물이 인정되는 경우도 있다.	아가미는 암적색이 되고 점질물이 있으며 냄새가 강하다.	아가미는 암적색으로 되며 열면 불쾌한 냄새가 난다.
육질은 투명하고 모세관이 선명하다.뼈와 살이 밀착되어 분리하기가 어렵다.	육질은 투명하지만 혈관이 약간 불명료하다.	육질은 다소 불투명하며 혈액이 육질에 침윤된다.	육질이 탁해 보인다.

2. 화학적 선도 판정법'''5회 2차 기출'

1) pH(수소이온농도측정법)에 따른 어패류의 초기부패 판정기준

1) 적색육 어류: pH 6.2~6.4

2) 백색육 어류: pH 6.7~6.8

3) 새우류: pH 7.7~7.8　　　4) 활어: pH 7.2~7.4

2) K값 측정법 : K값은 총 ATP 분해 생성물에 대한 이노신(HxR)과 하이포산틴(Hx)량의 백분율을 말한다. 즉 어류의 근육수축에 관여하는 ATP는 사후에 분해되는 것을 활용하는 측정법이다. ATP는 사후 근육 중에서 효소적으로 분해되는 과정을 보면 ATP⇒ ADP⇒ AMP⇒ IMP⇒ inosine(HxR)⇒ hypoxanthine(Hx) 순으로 분해가 되녀, 이때 ATP 분해산물의 함량을 측정하는 것으로 말한다. 보통 K값은 신선한 횟감용 어육의 선도 판정에 적합하다.

1) 즉살어의 K값: 10% 이하

2) 생선회나 초밥 등의 상등품인 신선어 : 20% 전후

3) 소매점에서 선어로 판매할 수 있는 고기: 35% 정도이다. (2020년 수품사 2차 기출)

4) K값(%)=inosine(HxR)+hypoxanthine(Hx)/ATP+ADP+AMP+ IMP+(HxR)+(Hx)

3) 휘발성염기 질소(VBN=volatile basic nitrogen) 측정법 : 어류의 대표적인 부패물질인 TMA,DMA(dimetylamine),암모니아 등은 휘발성을 가진 염기 화합물이므로 선도가 저하됨에 따라 증가를 하는 성질을 이용하여 측정하는 방법이다.

(1) 어육의 부패정도에 따른 휘발성 염기질소의 수치

① 신선육: 5~10mg/100g　　② 보통선도어육: 15~20mg/100g

③ 부패초기어육: 30~40mg/100g의 VBN(휘발성 염기질소)이 들어 있다.

(2) 상어, 홍어(가오리과에 속하는 홍어목)는 이 방법으로 선도를 판정하는 경우 정확성에서 문제가 있어서 다른 상단의 측정방법과 병행하여야 한다.상어,가오리처럼 요소와 TMAO를 다량 함유하고 있는 경우 사후에 암모니아나 TMA를 많이 생산되므로 측정방법으로 적용에 한계가 있는 것이다.

(3) 통조림과 같은 수산가공품의 경우 15~20mg/100g이하 인 것을 사용하는 것이 좋다.

(4) VBN 실험준비 자료 : 원료어, 붕산(H_3BO_3)혼합액, 0.02 N - 황산(H_2SO_4)표준용액,탄산칼슘(K_2CO_3)포화용액,10%삼염화아세트산(trichloroacetic acid)용액, 10% 중성 프르말린(formalin)용액을 준비한다.

(5) 시험 과정 : 건조한 콘웨이 확산용기 뚜껑의 집착 부위에 백색 바셀린을 바른다.

① 확산 용기를 가볍게 움직여서 시료와 탄산칼륨 포화 용액을 혼합하고 37℃의 항온기에서 60분간 방치한 후 0.02N -황산 용액으로 적정한다. 적정은 액의 색깔이 녹색에서 미적색으로 변할 때까지 한다.

② 공시험은 시료 추출액 대신에 5% 삼염화아세트산 용액 1ml를 외실에 취하며 기타의 조작은 상단에 따른다.

(6) VBN 및 TMA 계산식

(a) VBN 및 TMA의 함량(mg%) = 0.28 × (V1 - V0) × F × D × (100/S)

(b) V1 : 본시험의 0.02N - 황산 용액의 적정 소량량(mL)

(c) V0 : 공시험의 0.02N - 황산 용액의 적정 소량량(mL)

(d) F : 0.02N - 황산 용액의 역가, (e) D : 희석배수(50)

(f) 0.28 : 0.02N - 황산 용액의 1ml에 상당하는 휘발성 염기 질소량(mg)

4) 트리메틸아민(TMA) 측정법 : TMA는 TMAO가 세균에 의해 환원되어 생성되는 물질이고, TMA는 암모니아와 더불어 대표적인 비린내 성분이나 암모니아에 비하여 선도 저하에 따른 증가량이 현저하므로 TMA 함량을 측정함으로써 선도측정방법에 장점이 있다.

(1) 초기부패 어류의 TMA 측정값

① 일반어류: 3~4mg/100g ② 대구: 4~6mg/100g

③ 청어: 7mg/100g ④ 다랑어: 1.5~2.0mg/100g

(2) 민물고기는 TMA 방법으로 선도를 판정할 수 없다.

(3) TMA 방법은 상어, 홍어(가오리과에 속하는 홍어목)는 이 방법으로 선도를 판정하는 경우 정확성에서 문제가 있어서 다른 상단의 측정방법과 병행하여야 한다.상어,가오리처럼 요소와 TMAO를 다량 함유하고 있는 경우 사후에 암모니아나 TMA를 많이 생산되므로 측정방법으로 적용에 한계가 있는 것이다.

① 홍어목은 사후에 바로 요소가 분해되면서 바로 암모니아를 생성하므로 TMA측정은 곤란하다.

(4) TMA 실험준비 자료

① 원료어, 붕산(H3BO3)혼합액, 0.02 N - 황산(H2SO4)표준용액,탄산칼슘(K2CO3)포화용액, 10% 삼염화아세트산(trichloroacetic acid)용액, 10% 중성 ''프르말린''(formalin)용액을 준비한다.

② VBN과 동일하게 조작을 하지만, 시료가 다른데, 시료추출물에 탄산칼륨(K2CO3)포화 용액을 가하기 전에 10% 포르말린 용액을 가하여 VBN측정과 같이 한다.

③ VBN 및 TMA 계산식은

(a) VBN 및 TMA의 함량(mg%) = 0.28 × (V1 - V0) × F × D × (100/S)

(b) V1 : 본시험의 0.02N - 황산 용액의 적정 소량량(mL)

(c) V0 : 공시험의 0.02N - 황산 용액의 적정 소량량(mL)

(d) F : 0.02N - 황산 용액의 역가, (e) D : 희석배수(50)

(f) 0.28 : 0.02N - 황산 용액의 1ml에 상당하는 휘발성 염기 질소량(mg)

(5) 휘발성환원성물질(volatile reducing substances : VRS) : 어육의 수증기 증류액의 과망간산칼륨(KMnO4)소비량으로부터 정량하는데 20mg당량을 초과하면 초기부패로 보고 있다.

(6) 수용성단백질의 승홍 침전반응

선도 저하에 따라 가용성 단백질이 증가하므로 승홍(염화제2수은,HgCl2)을 첨가하면 혼탁 내지 침전이 생기게 된다. 이 반응에 의해서 생기는 혼탁의 정도로서 선도를 판정하는 방법이다.

3. 세균학적 방법

1) 어체 세균을 측정하여 선도의 이상여부를 판단하는 것이며, 시간의 많이 소요되는 것이 단점이다.

2) 1g 당 세균수가

① 10^5(100,000마리) 이하의 경우 신선한 것으로 판단

② 10^5 ~10^6은 초기부패 단계로 판단

③ 15*10^6(1천5백마리)이상이며,부패한 것으로 판단한다.

4. 물리적 판정방법

신속하게 판정결과를 얻을 수 있는 장점이 있지만, 어종 또는 개체에 다른 성상 차이가 많아서 일반화적인 방법은 아직은 아니다.물리적 판정은 어육의 경도,어육의 전기저항,안구수정체의 혼탁도,어육 압착즙의 정도 및 안방액의 굴절율을 측정하는 방법이다.

제19절 수소 이온 농도 지수(pH)

1. 개념 및 pH 전개 과정 및 발효와 부패 관련성

1) pH = -log(H+) 식으로 나타내면서 학자들이 정의와 약속을 하였고, 수소이온 농도로 pH를 구하는 공식이며, 이를 실험하여 중성,산성, 염기성을 측정하는 지표의 방법이다.

(1) 특히 중요한 포인터는 === pH 가 낮아지면,산성도가 높아지는 것을 측정하여 수산물의 신선도를 측정하는 것이다. 이 산의 화학반응으로 인하여 어체의 자기소화 단계를 진행한 후에 부패로 진행되고 세균이 더 활성화가 되는 것을 측정하는 지표이다.

(2) pH이해하기

① 수소이온농도는 pH3이 pH9보다 높다고 한다.

② pH가높다고하는 개념은 pH9가 pH3보다 높다는 것을 의미한다.

(3) 수산물.어류가 해당작용이 끝날 무렵부터 젓산이 계속축적이 되므로 이를 측정하는 것이 pH이다. 초기부패가 시작되면 염기성질소화합물이 생성되어 pH가 다시 상승하는 것을 이용하는 데, 다시 상승 시점이 초기부패를 나타내는 시점으로 한다.

2) 수용성 또는 어떤 용액의 산성도나 염기도를 나타내는 정량적인 척도를 말한다.

(1) pH 7 은 중성(물이 중성이다)이고, 미생물 발육저하가 된다.

(2) pH 7 이하는 산성이고 신맛이 난다. 특히 pH 4.6이하의 경우 산성식품이라 말하고, pH 4.5이상인 경우 저산성식품이라고 하며, pH가 3.0이하가 되면 미생물이 활동이 정지된다.

① 보틀리스의 살균의 경우 내열성 포자를 형성하고, 치사률이 높은 독소를 생성하는 균으로 pH4.6 미만의 산성조건에서는 미생물의 증식이 억제된다.

② pH 4.6미만의 경우인 산성식품인 통조림은 저온살균을 하여야 한다.

③ pH 4.6이상인 저산성식품은 레토르트로 고온살균을 하여야 한다.

(3) pH 7이상은 염기성이고 이 알카리성은 쓴맛이 난다.

3) 수산물의 선도가 저하되면 미생물(세균 등)이 활성화(세균이 수소이온(H+)을 활용)되면서 산이 생성되고, 이 산의 생성과 비례하여 pH 농도가 낮아지면서 산성상태가 된다. 즉 이 산의 작용으로 인하여 화학작용이 일어나는데, 이것이 어패류의 자가소화이다. 화학작용이 일어나는 이 때 단백질의 변성((단백질의 기능은 생태구성(세포,효소 등) 즉 조직,근육을 구성한다))이 되면서 황(S), 암모니아 등이 생성되어서 부패로 진행된다. 이들 (황 등)이 공기에 노출되면 부패취가 발생한다.

4) 탄수화물의 변화 및 지질의 변화와 발효 및 부패의 관련성

(1) 변패란 탄수화물이나 지질의 변질을 변패라 한다.

(2) 산패란 지질과 산소의 화학적 변화를 말한다.

(3) 일반적으로 곡물에 많이 함유되어 있는 탄수화물이지만, 어류에도 이 탄수화물이 사람에게 이롭게 변화되어 식생활에 도움이 되는 식품으로 변하는 것이 '발효'단계라 할 수 있다.

① 한천 : 홍조류의 우뭇가사리,진두발,꼬시래기 등

② 카라기난 : 홍조류에 많이 들어있다.

③ 알긴산 : 갈조류의 미역,다시마 등에 함유, 아이스크림 등 식품에 사용되는 소재이다.

2. 개념 탄생

1) 수소 이온 농도 지수 pH란
농경학·화학·생물학 등에 널리 사용되는 이 용어는 1ℓ당 약 1~10 - 14g당량의 수소 이온 농도값을 0~14의 숫자로 전환하여 나타낸다. 중성인 순수한 물에 수소 이온의 농도는 1ℓ당 10 - 7그램당량이고 이것은 pH 7에 해당한다.

3. 내용 및 시약

1) pH지시약은 용량분석(容量分析)에 있어 중화적정법으로 종말점(終末點) 판정의 목적으로 사용한다.
2) pH메타를 사용시에는 산성 4, 중성 7, 알카리 10 표준액을 구입하여 사용한다.
.

4. pH와 산성도 관련성 및 동결 후 해동한 후 재해동 금지한 식품과 pH 관련성

1) pH가 높아지면 산성도가 낮아지고, 알카리성을 띈다,
2) 반면, pH가 낮아지면, 산성도가 높아져서 산성이 되고 신맛이 난다. 이 경우 화학반응을 촉발하여 산성의 작용으로 부패 단계로 진행된다.
3) 냉동 후 가공을 위한 해동하고서 다시 재 해동을 하면 제품이 변질이 되는데 이를 알아보는 것이 pH와 산성도 관련성이다. pH가 해동한 경우 액상에서 산성 비율이 높아진다. 이를 측정하여 제품의 적정성을 판단하는 것이다.

5. pH와 화학적판정 관련성 pH와 부패 수치 판정

1) 선도판정 방법 중 화학적방법으로는 VBN,pH 등이 있다.
2) pH는 상어,홍어 등에는 불가능하다. 고로 pH 방법과 다른 판정법을 병용하여야 한다.
3) pH 수치화 기준 부패의 '초기판정''수치
(1) 활어 : pH 7.2~ pH7.4　　(2) 적색어류 : pH6.2~ pH6.4
(3) 백색어류 : pH6.7~ pH6.8　　(4) 새우류 등 갑각류 : pH7.7~ pH7.8

제20 수산물 수확전후 품질관리 요약

1. 들어가기

. **수산물의 어상자 입상방법**

1) 물고기를 담기 전에 위생적으로 충분히 세척하도록 한다.

2) 입상 시 어류의 종류 크기별로 담아야 하고, 혼합 입상은 피해야 한다.

3) 어상자의 크기보다 어체의 크기가 더 큰 것을 상자에 걸쳐 입상하지 않도록 한다.

4) 어체에 상처가 나지 않도록 갈고리로 찍어 입상하지 않도록 하고, 부득이한 경우 아가미 또는 머리에 한정하여 갈고리를 사용하여 던지거나 밟지 않도록 한다.

5) 어체에 상처가 난 것이나 선도가 나쁜 것을 혼합 입상히지 않도록 한다.

6) 녹은 물이 쉽게 배출되어 어체의 냉각이 잘 되도록 입상한다.

7) 입상배열은 어종이나 용도 및 예정 저장기간을 고려하여 적절히 선택하도록 한다. (배립형은 10일 이전, 복립형은 10일 이후)

. **입상배열방법**

1)배립형: 등 부분을 위로오게 하여 배열하는 방법 **2)복립형**: 배 부분을 위로오게 하여 배열하는 방법

3)평형형: 옆으로 가지런히 배열하는 방법 **4)산립형**: 잡어와 같이 일정한 형태가 없이 아무렇게나 배열하는 방법

. **종이 (골판지) 상자**

⇒ 갈치나 고등어를 냉동하거나 냉동수산물을 주로 취급하는 원양어업에서 나타나는 포장재이다.

. **어상자 중 나무상자의 장단점**

1) 장점

(1) 나무와 나무사이에 간격이 있기 때문에 원형의 어체를 유지시키면서 보관하기에 편리하다.

(2) 다른 소재에 비해 상자 당 가격이 저렴하다. (3) 선상 보관 시에 통풍이 잘되어 어획물의 보관이 용이하다.

2)단점

(1) 나무의 결에 미생물이 오랫동안 보존되면서 위생상의 문제를 일으킬 수 있다.

(2) 나무를 소재로 하여 내구성이 약해 뒤틀림 현상 등이 나타나 반복적인 사용이 어려워 환경 친화적이지 못하다.

(3) 원료를 주로 폐목이나 폐건축 자재를 사용하여 위생상의 문제가 있다.

(4) 어상자의 나무 사이로 보온재 (주로 얼음)나 해수가 떨어져 도로 및 시장 환경을 악화시킨다.

. **발포 폴리스틸렌 상자**

1)장점

(1) 나무상자에 비해 세척 등 위생관리가 가능하다. (2) 나무상자에 비해 가격이 높지만 PE상자에 비해서는 가격이 낮다.

(3) 상자 내에 보온재(얼음, 아이스팩 등)를 사용하기에 용이하다.

(4) 상자 자체가 폐쇄형으로 수산물의 잔해(오염수 등) 및 보온재의 탈수를 막을 수 있다.

2)단점

(1)어획 후 선상에서 나무상자보다 어체 형태를 유지하기에 적합하지 않다.

(2)사용 후 재사용을 위한 내구성이 충분하지 않다.

(3)리사이클 처리시설이 없는 경우에는 환경오염의 원인이 되기도 한다.

. 폴리에틸렌 상자

1 장점

(1) 다른 상자들에 비해 수산물을 가장 위생적으로 보관할 수 있다.

(2) 내구성이 뛰어나 재사용 빈도가 높아 친환경적이다.

2) 단점

(1) 다른 상자들에 비해 단가가 높기 때문에 과다한 비용 지출

(2) PE 상자의 회수물류시스템이 수산물 유통전반에 갖추어지지 않을 경우에 높은 비용을 충당할 방법이 없다.

. 식품포장의 목적

1)품질 보호성 2)품질 보전성 3)품질 편리성

4)정보전달 기능 5)마케팅에 관계된 판매촉진 기능 6)환경 친화적 기능 7)물류비 절감 기능

. 식품포장의 기능

1)제품이 수송 및 취급 중에 손상을 받지 않도록 보호한다.

2)식품을 오래 저장할 수 있도록 보존성을 높인다. 3)밀봉 및 차단기능을 한다.

4)제품의 취급이 간편하도록 편리성을 부여한다.

5)디자인이나 표시내용을 통한 광고로 판매촉진 효과를 부여한다.

6)제품의 외관을 아름답게 하여 상품성을 높인다. 7)내용물에 대한 정보를 소비자에게 전달한다.

8)미생물이나 유해물질의 혼입을 막아 식품의 안전성을 높인다.

9)식품을 담아서 운반하고 소비되도록 분배하는 취급수단이 된다.

. 한국 산업표준과는 별도로 포장규격을 따로 정할 수 있는 항목은

*** 포장규격: 거래단위, 포장치수, 포장재료, 포장설계 및 표시사항 등**

. 식품의 겉포장 (외포장)

1) 내용물의 수송을 주목적으로 한 포장이다.

2) 상자, 포대, 나무통 및 금속 등의 용기에 넣거나 용기를 사용하지 않고 그대로 묶어서 포장한 상태이다.

3) 유통과정에 있어 수송이나 보관을 편리하게 하고 충격, 진동 및 압력 등으로 인하여 손상이 없도록 보호한다.

4) 겉포장재에는 골판지상자, PE대(폴리에틸렌대), PS대(폴리스틸렌대), PP대(직물제 포대), 그물망(PE), 지대(종이포장), 나무상자, 금속재 상자 등이 있다.

. 포장의 수준에 따른 분류

1) 1차 포장: 담은 제품과 직접 접촉하는 포장으로, 이는 1차적이면서 가장 중요한 차단성을 부여한다. (예: 캔, 유리병, 플라스틱 파우치 등)

2) 2차 포장: 골판지 상자와 같이 1차포장된 것들을 여러 개씩 한 단위로 포장하는 것을 말한다.

3) 3차 포장: 2차 포장된 것을 여러 개씩 담도록 한 것이다. (예: 많은 골판지 상자를 쌓고 수축필름으로 감싼 팰릿을 들 수 있다)

4) 4차 포장: 3차 포장된 여러 개 팰릿을 담은 4차 포장인 컨테이너가 자주 사용된다. 이는 크레인을 사용하여 배, 트럭, 열차 등에 옮겨서 수송한다.

. 상업포장

1) 식품포장은 일반적으로 상업포장에 속한다.

2) 주 기능은 수송, 하역의 편의기능과 판매촉진의 기능이다.

3) 최종적으로 소비자 손에 들어가는 포장을 뜻하며 상품포장, 소매포장 또는 소비자 포장이라고도 한다.

4) 판매 및 소비를 위한 포장으로 소매를 주도하는 거래에 있어 상품의 일부로서 또는 상품을 한 단위로 취급하기 위해 시행하는 포장이다.

. 식품 포장재료의 조건

1) 위생성: 포장은 식품과 직접 접촉하는 것이므로 포장재료 자체가 유독하거나 식품의 수분, 신, 염류, 유지 등에 의하여 부식 또는 용출해서 그것이 식품위생상의 문제를 일으키는 일이 없도록 한다. 또한 포장재료 자체가 특이한 냄새나 맛을 지녀서는 안된다.

2)보호성, 보전성

(1)물리적 강도:

①일정한 외력에 버틸 수 있는 강도를 가져야 한다.

②가능한 한 가벼우면서도 물리적 강도가 클 것

③ 인장강도, 신장도, 인열강도, 충격강도, 파열강도, 완충성, 내마멸성 등이 있다.

(2)차단성:

① 포장재료가 갖추어야 할 차단요소에는 방습성, 방수성, 기체차단성, 단열성, 차광성, 자외선 차단성 등이 있다.

② 식품 포장재료가 차단하여야 하는 요소들 중에 가장 중요한 것은 **습도, 산소, 빛**이다.

(3) 투과성

(4) 안전성: 포장재료의 성질 변화에 영향을 주는 요인으로는 수분, 빛, 온도, 약품, 유지 등을 들 수 있다.

3) 작업성: 포장재료를 선정할 때에 작업성을 고려하여 이하 조건을 맞춘다.

(1)포장재의 강도 (2)미끄러짐성 (3)정전기 대전성 (4)열접착성

4)취급편리성 **5)상품성** **6)경제성** **7)환경친화성**

. 가식성 재료

1) 재제장(동물의 내장), 오블레이트, 나투린케이싱 등

2) 오블레이트: 전분을 원료로, 나투린케이싱은 콜라겐을 원료로 하는 가식성 필름이다.

. 골판지의 특성

1) 장점

(1) 대량 생산품의 포장에 적합

(2) 대량 주문요구를 수용할 수 있다.

(3) 규격화가 용이하며 운반과 보관이 편리하므로 수송 중 물류비 절감이 가능하다.

(4) 무게가 가벼워서 겹쳐 쌓기가 쉽고 접을 수 있어 장소를 많이 차지하지 않는다.

(5) 포장작업이 용이하고 기계화 및 생력화가 가능하다.

(6) 포장조건에 맞는 강도 및 형태를 임의로 제작할 수 있다.

(7) 외부충격에 쉽게 손상을 입지 않는다.

2)단점

(1) 종이 특유의 성질인 수분흡수로 인해 압축강도가 저하된다,

(2) 소단위 생산 시 비용이 비교적 높다.

(3) 화물 취급 시 파손이나 휘기 쉽다.

. 속포장용 골판지 상자

1) 상자의 치수가 작은 편이다.

2) 사용하는 골판지의 재질도 저등급이다.

3) 일정하게 정한 규격이 없어 상자의 형식도 간단하고 구조적으로도 약한 형식이 많이 쓰여지고 있다.

. 플라스틱 필름과 성형용기로서의 특성

1)플라스틱 필름

(1)내용물의 보존성이 크다.

(2)열 접착성이 있다.

(3)인쇄적성이 좋다.

(4)유연 포장재료로서 포장의 모양이나 크기조절이 쉽다.

(5)다른 재료를 도포하거나 적층하여 결점을 보완할 수 있다.

2)플라스틱 성형용기

(1)착색이 용이하고 여러 가지 모양으로 쉽게 성형할 수 있다.

(2)대량생산이 가능하다.

(3)표시용 문자나 마크를 부각시킬 수 있다.

(4)값이 저렴하여 1회 사용용기를 만들기에 적당하다.

.플라스틱 필름의 재가공

1) 연신필름

(1) 일축연신필름: 잘 찢어지는 필름이나 방습필름 등에 이용된다.

(2) 이축연신필름: 고강도, 치수안전성, 내충격성, 내열성, 내한성, 기체 차단성 등의 성질이 뛰어나 널리 사용되고 있다.

(3) 연신처리한 필름: 수축필름과 같이 열 수축하거나 또는 열수축률이 크기 때문에 열 경화시켜 가열에 의한 치수 안정성을 높인다.

(4) 식품의 유연 포장재료로 사용되는 폴리프로필렌 (PP), 폴리에스테르 (PET), 폴리아마이드와 야채의 포장 등에 사용되는 폴리스틸렌 필름(PS)등은 이축연신필름이다.

2)수축필름

(1) 수축필름은 적절한 수축률, 수축응력, 수축온도, 열접착성 등의 기본적인 성능 외에 투명성이나 광택성도 요구된다.

(2) 팰릿포장용은 수축응력이 큰 것이 필요하지만 컵라면 같은 경우에는 수축률이 크고 수축응력이 작은 것이 요구된다.

(3) 수축필름에 쓰이는 플라스틱은 폴리염화비닐이나 폴리에틸렌, 폴리프로필렌 등의 올레핀계 플라스틱이 주로 사용된다.

3)가공필름

(1) 적당한 물질을 입힌 필름을 도포필름이라 하고 다른 필름을 겹쳐 붙여서 가공한 필름을 복합 필름 또는 적층필름이라 한다.

(2) PP/PE, PET/PE, N(나일론)/PE 등이 대표적인 가공필름

.플라스틱의 종류

.열가소성 플라스틱: 가열로 한 번 경화시킨 후에도 다시 가열하여 형상 변경 가능하다.

1)폴리에틸렌 (PE)

(1) 사슬모양의 고분자 화합물로 플라스틱 필름 중 가장 많이 쓰이고 있다.

(2) 저밀로 폴리에틸렌 (고압 폴리에틸렌): 내한성이 커서 냉동식품의 포장으로 많이 사용되고 있다.

(3) 고밀로 폴리에틸렌 (저압 폴리에틸렌): 전지절연성이 뛰어나므로 전선의 피복이나 각종 용기 비커 또는 화학 장치의 라이닝 등에 사용된다.

2)폴리프로필렌 (PP)

(1) 플라스틱 필름 중에서 가장 가벼운 것 중의 하나이다.

(2) 광택성 및 인쇄적성은 뛰어나지만 열접착성은 좋지 않아 내측면에 사용되는 경우는 드물다.

3)폴리염화비닐 (PVC)

(1) 위생적인 이유로 식품 포장재료로는 사용하지 않고 농사용 필름과 업무용 스트레치 필름이나 시트 등에 사용된다.

4)폴리염화비닐리덴 (PVDC)

(1) 화학적으로 매우 안정하여 산과 알칼리에 잘 견딘다.

(2) 닭고기나 햄류의 수축포장 및 전자레인지 용, 랩 필름 등에 다양하고 광범위하게 이용된다.

5)폴리스틸렌 (PS)

6)폴리에스테르 (PET): 탄산 음료수병으로 많이 사용된다.

7)셀로판

(1)열 접착성이 없고 수분이나 산소차단성이 거의 없다.

(2)사탕이나 캔디류의 포장에 주로 사용된다.

. **입체진공포장**

. **폼(Form)⇒ 필(Fill)⇒ 실(Seal)**

. 폼-필-실 포장이란 하부필름이 열 성형되어 플라스틱 용기나 만들어진 (폼) 후, 내용물이 충전되고(필), 상부필름이 덮여져 진공 후 밀봉(실)되는 과정이 연속적으로 이루어지는 것을 말한다.

탈산소제 첨가포장

1) 탈산소제 봉입효과

(1)호기성세균에 의한 부패방지 (2)곰팡이 발생억제 (3)벌레방지

(4)지방과 색소의 산화방지 (5)향기와 맛의 보존 (6)비타민류의 보존

. **무균포장**

1) 식품의 살균 2)포장의 살균 3)용기의 성형과 충전 시의 무균적 환경유지 등의 3요소가 무균상태로 되어야 한다.

. **수산물 저온유통체계의 특성**

1) 품질의 안정적 유지로 수급조절이 쉽고 출하조절을 통한 가격안정을 도모할 수 있다.
2) 변질이나 부패에 의한 경제적 손실을 예방할 수 있다.
3) 수산물 공급 증대효과를 기대할 수 있다.
4) 불가식부분을 미리 제거하여 유통시킴으로써 수송비용을 절감할 수 있다.
5) 생선식품을 계획적으로 생산할 수 있으므로 생산비와 출하경비를 절감할 수 있다.
6) 각 소비자가 생선식품을 일괄구입하려는 경향이 생겨 구입에 대한 노력이 경감된다.
7) 소비자의 만족도가 증대된다.
8) 상품 및 등급 규격화로 이어져 전자상거래를 확산시킬 수 있다.
9) 수입수산물에 대한 품질 경쟁력 향성을 위한 차별화 수단으로 활용된다.

. **저온유통시스템 구축의 우선적 고려대상이 되는 수산물의 형태**

1)신선. 냉장수산물

2)냉동수산물

3)건조 및 가공수산물 (저온유통의 필요성이 낮다)

. **T.T.T 개념 -2018년 기출**

1) 냉동식품의 품질 유지를 위한 '시간-온도 허용한도'로 식품의 신선도가 일정온도에서 얼마나 오래 유지되는 것인지를 나타내는 수치

2) 품질 저하량을 알 수 있는 유력한 방법

3) T.T.T 값의 계산치가 **1.0이하이면 냉동식품의 품질은 양호한 편**이며 그 값이 1.0이며 그 값이 1.0을 초과할수록 품질의 저하는 크다.

. 냉동식품의 품질에 영향을 주는 요인

1) 소비자가 이용하는 식품의 품질에 영향을 주는 인자로서는 원료, 냉동과 그 전후처리, 포장, 품온 및 저장기간이 있다.

2) 원료(Product) 냉동과 그 전후처리 (Processing) 및 포장 (Package)은 식품의 초기품질을 구성하는 것으로 P.P.P조건이라 한다.

3) 식품의 최종품질은 P.P.P 조건 이외에 T.T.T 개념에 기초한 품온 및 저장기간의 영향이 크다.

4) P.P.P가 적절하면 생산직후의 냉동식품은 고품질을 갖게 된다. 고품질 유지기간은 그 유지기간 중의 온도에 따라서 변하게 된다.

. 식품재료를 가공할 때 얻을 수 있는 것

1) 장점

(1) 가공성 증가로 부가가치 창출 효과 (2) 다양성 증가 (3) 복합적 요소 증가

(4) 관능적 가치 증가

(5) 상품성 가치 증가로 인한 직업창출 등 효과

(6) 저장성 증가로 인한 부패 등 방지 효과

2) 단점

(1) 자연적 특성의 감소(가식부 보존을 위한 공정 필요)

(2) 가공비용 증가

문제). DHA(Docosa Hexaenoic Acid)에 관한 설명으로 옳지 않은 것은?

①우리 몸에서 만들어지지 않기 때문에 식품으로부터 섭취해야 하는 필수 영양소이다.

② 등푸른 생선에 많이 함유된 탄소수 20개, 이중결합 5개의 오메가-3계열의 고도 불포화지방산 이다.

③ 뇌세포를 활성화시켜 기억력과 학습능력을 향상 시킨다.

④ DHA의 양이 과다할 경우 불포화 고리가 끊어져 산화 지방산이 되기 쉽다.

<정답> ② : ②탄소수 22개, 이중결합 6개 (C22:6)의 오메가-3계열의 고도 불포화지방산이다. 탄소수 20개, 이중결합 5개 (C20:5)의 오메가-3계열의 고도 불포화지방산은 EPA(Eicosa Pentaenoic Acid)이다.

. 어육연제품의 겔 형성 원리(제 18장 .432p 참조) : 도표 : 김태산 인용

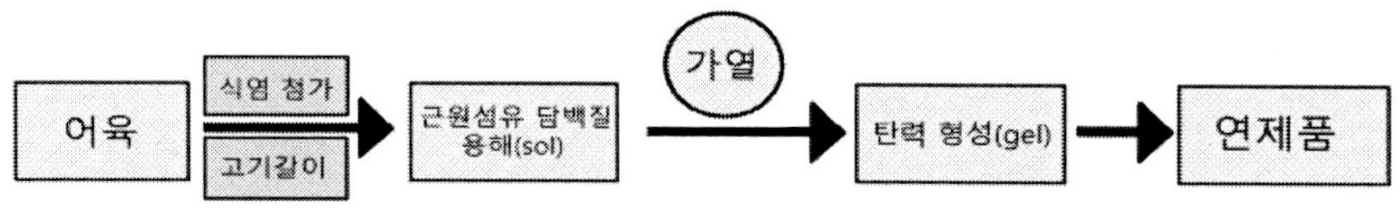

연재품의 가공 원리

.동결수리미의 제조공정

채육공정⇒ 수세공정⇒ 첨가물의 혼합 및 충진→ 동결 및 저장

. 어묵의 겔형성 과정 - 이경혜 교수 및 김용회 핵심 100문 100답 인용

1) 어묵의 겔 형성 과정

(1) 어육의 전처리 (2) 수세 : 미오겐(myogen) 제거

(3) NaCl(염회나트륨) 첨가 (4) 고기갈이 : 염용성 단백질 용출

(5) ① 가열 : gell 고정 ② 방치하는 경우 : setting

2) 어종에 따른 탄력강도와 엉겨앉음 - 이경혜 교수 및 김용회 인용

탄력의 강도	엉겨앉기 수운 어종	엉겨앉음이 보통인 어종	어려운 어종
탄력이 강한 어종	매퉁이,날치	조기,넙치	녹색치,상어류
탄력이 보통인 어종	전갱이,갈치,창꼬치,명태	복어, 갯장어	줄가재미
탄력이 약한 어종	정어리	공치	다랭이류

. **어육연제품의 겔 형성에 영향을 주는 요인**

1) 담수어보다 해수어가 연골어류보다 경골어류가 적색육 어류보다 백색육 어류가 각각 겔 형성력이 좋다.
(담수어< 해수어, 연골어류< 경골어류, 적색육< 백색육)

2) 온수성어류 단백질이 냉수성어류 단백질보다 더 안정하므로 겔 형성력이 더 좋다. (냉수성어류 단백질 < 온수성어류 단백질)

3) 선도가 좋을수록 겔 형성력이 좋다.

4) 어육 중에 존재하는 수용성단백질 (근형질 단백질 등)이나 지질 등은 겔 형성을 방해한다.

5) 수세를 하면 수용성 단백질이나 지질 등이 제거되어 색이 좋아지고 겔 형성에 관여하는 근원섬유 단백질이 점점 농축되므로 겔 형성이 좋아져 제품의 탄력이 좋아진다.

6) 고기갈이 할 때 2-3%의 소금을 첨가하면 근원섬유 단백질의 용출을 도와 겔 형성을 강화시키고 맛을 좋게 하는 역할을 한다.

7) 고기갈이 어육은 pH6.5-pH7.5에서 겔 형성이 가장 강해진다.

8) 가열온도가 높고 또 가열속도가 빠를수록 겔 형성이 강해진다.

. **진공포장제품의 변질은 대부분 바실러스 속의 세균 때문에 일어난다.**

. **어육연제품의 변질방지**

. 가열(중심온도 75℃이상), 저온 (1-5℃에서 냉장), 보존료 사용(소르브산 및 소르브산 칼슘, 칼륨), 포장 등이 있다.

제 4 편 수산 일반

제1 . 수산업 분류 등

1. 수산업의 개념

수산업이란 바다, 강, 호수와 같은 물에서 살고 있는 많은 생물 중에서 우리의 생활에 직접 이용할 수 있는 수산 생물을 잡거나 기르는 산업, 또는 수산 생물을 처리·가공하여 인간에게 유익하게 이용할 수 있게 하는 산업을 의미한다. 수산업은 수산물을 생산하는 과정에 따라 크게 어업, 양식업, 수산물 가공업으로 나뉜다. 우리 나라 수산업법에서는 수산업을「어업·어획물운반업 및 수산물 가공업」으로 규정되어 있고, 수산업 어촌발전기본법에는 수산물 유통업까지 규정되어 있다.

(수산물유통업: 수산물판매업, 수산물운송업, 수산물보관업)

구 분	수 산 일 반	일 반 적 구분
1차 산업	어업(어업 + 양식업)	어업,양식업
2차 산업	**수산 가공업**	**수산 가공업**
3차 산업	어획물 운반업	수산물 유통업

도표 : 김태산 인용 : 수산물의 비젼인 6차 산업

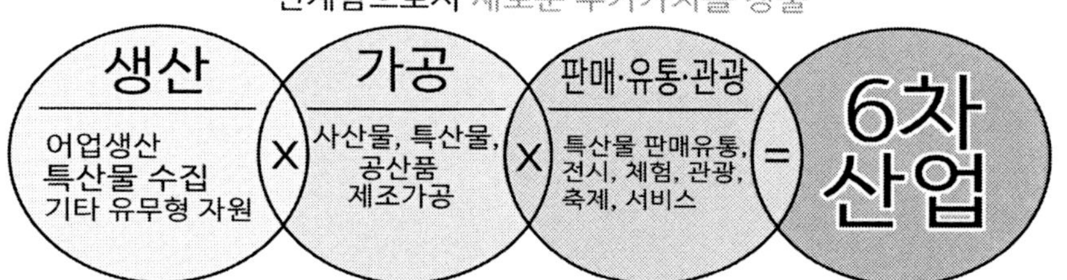

6차 산업의 정의

1) 수산업이란 수산물을 생산 • 처리 • 가공 공정 • 유통 등을 종합화한 응용산업을 말한다.
2) 수산업의 분류는 학계와 법상 다소 다른 분류가 있을 수 있다. 수산직 관련 학습자는 수산업법상 등을 분류기준으로 정리하여야 한다.
3) 어업 : 자연에 있는 수산 동식물을 채포(포획 및 채취)하는 생산 활동을 말한다.
4) 양식업
   ① 수산 동식물을 길러서 농업 • 축산업처럼 인공적으로 길러서 수확하는 것을 말한다.
   ② 양식에 사용되는 어선 • 어구 등을 사용하거나 시설물을 이용하여 생산하는 것도 포함된다.
5) 수산물 가공업 : 수산물의 원료를 활용하여 식료 • 사료 • 비료 • 호료 • 유지 • 가죽 등을 제조하는 것을 말한다.
6) 수산물 유통업 : 수확한 수산물•가공한 수산물을 최종소비자에게 까지 유통하는 시스템을 말한다.

7) 수산업 3요소 : 경영적 요인, 자연적 요인, 시장적 요인으로 분류한다.

8) 수산경영 4대 요소

일반적으로 수산자원은 상품으로써 매매가 가능한 자원만을 말한다 .어업 생산이 이루어지기 위해서는 먼저 수산 자원을 채포 또는 양식할 수 있는 인적 • 물적 수단을 갖추고 있어야하며, 보유하고 있는 인적 • 물적 수단의 양과 이를결합시키는 기술에 따라 생산능력이 정해지게 된다. 그리고 우리나라가 연간 330만톤 정도의 어업생산을 실현하는 데에 있어서는 적어도 이만큼을 채포 또는 양식할 수 있는 인력과 물적생산 수단을 가지고 있다는 것이 전제된다. 이러한 인력과 물적 생산 수단을 결합시키는일은 어업 경영에 의해 이루어지는 것이므로 이를 경영적 요소라고 한다.

(1) 자연적 요소 : 수산자원(어류 · 패류 · 해조류 · 가공시설 등), 어장 등을 말한다. 어업 생산이 이루어지기 위해서는 어업 인력과 물적 생산 수단에 의해 정해지는 어획능력만 가진다고 해서 되는것은 아니며, 생산의 대상 내지 생산활동이 이루어지는 터전으로서 수산자원 및 어장이 있어야한다. 그런데 종래부터 이들은자연에 의해 주어진 것으로 인식되고 있었으므로 이를 자연적 요소라고 한다.
(2) 인적 요소 : 경영관리노동력, 해상노동력, 육상 가공 등 노동력을 말한다.
(3) 기술적 요소 : 경영지식,판매에 활용할 시장판로 등 정보지식, 어획 기술 등
(4) 물적 요소 : 어선,어구,기계설비 등을 말하고, 어획에 활용되는 자본재와 관련된다.

2. 수산업 특성 및 수산식품의 기능 등

1) 수산업의 특성

수산 생물자원은 육상의 광물과 달리 관리만 잘하면 '재생산/재생성 자원'이고, 어류 등은 이동성으로 인하여 주인이 명확하지 않아서 자원관리가 어려운 면도 있고,서식장소와 지상조건에 영향을 많이 받는 것도 특징으로 볼 수 있다. 수산물의 성질상 수분의 다량 함유로 인하여 부패 등에 쉽게 노출될 수 있는 것을 고려하여야 할 단점으로 본다. 수산업은 다른 산업과 비교하여 많은 특성을 갖고 있다. 생산 활동이 바다, 강, 호수 등 수계에서 이루어지기 때문에 물에 대한 기본적인 지식과 물에서 생산 활동이 가능한 기술이 필요하다. 수계에서 생산되는 자원은 인류에게 반드시 필요한 것들이기 때문에 사람이 살아가는 데 많은 도움을 주고 있다. 또한 그 종류가 매우 다양하며 특이한 점도 많다. 최근에 인간이 바다를 무계획적으로 이용만 하다가 바다 오염 등 심각성을 알고서 늦은 감은 있지만, 전 세계의 협력차원으로 바다를 지켜나가면서 수산 생물의 지속성을 강조하는 사명을 실행하고 있다.

2) 수산업의 중요성

수산업은 국가의 기간산업으로 국민의 식생활에 필요한 식량을 공급하는 등 중요성이 부각되고 있다. 수산업은 국가의 기간 산업으로써 국민의 기본적인 생활에 필요한 식량을 공급하고 있으므로 수산업을 통해 생산되는 수산물은 국민 건강의 주요 영양원 역할을 담당하고 있다. 우리 나라 국민의 전통적 식생활에서 주식은 쌀이고 부식은 채소류이었기 때문에 동물성 식품이 차지하는 비중이 낮았다. 그런데 사람이 활동하기 위해서는 탄수화물, 지방질, 무기질, 비타민 등과 함께 단백질을 반드시 섭취해야 하므로, 국제 식량 농업 기구(FAO) 한국 협회에서는 우리 나라 국민의 건강을 고려하여 성인 1인당 1일 단백질 섭취량 75~90g 중에서 1/3은 동물성 단백질로 섭취할 것을 권장하고 있다. 현재의 소비 추세는 건강 기능 수산 식품을 우리 나라 국민들의 소비가 늘어서 수산물에서 영양 요소를 많이 얻고 있다. 국가 정책으로도 다양한 수산 특산물을 양성하는 제도를 개발하여 국민 건강에 기여하고 있다.(고교 수산 인용)

3) 수산물 및 농산물 등 식품의 기능

① 1차 기능 : 생명유지에 필요한 영양분을 공급하여 주는 기능을 말한다.

② 2차 기능 : 맛 • 색• 향 등 감각과 관련된 기능을 말한다.

③ 3차 기능 : 노화억제 • 질병방지 등에 영향을 주는 기능을 하며, 이와같은 식품을 기능성 식품이라 하고 최근에 산업적 기술의 발달과 수산 • 농산물의 부패 방지 및 보관 등을 위하여 다양한 기능식품이 계발되어 이용되고 있다.

수산 기능 식품은 동남대 교수 이경혜 식품학 교수의 자료 및 교재를 많이 할용하여 본서 제15장 9절 이하에 상설하였고, 기능식품을 식품의약품 안저처에서도 고시하는 기능식품과 수산경영 기업이 필요하여 국가에 신청하여 승인을 득한 후 활용하는 개별형으로 분류하여 설명하였다. 기능성 식품의 다양한 발전이 우리가 나아갈 수산인의 사명이라 확신한다.

. 기능식품 종류 : 키틴과 키토산(Chitin. chitosan) 등 분류 및 내용

성분 종 류	성분함유종류	특징 및 기능
키틴. 키토산	게,새우,갑각류껍데기	1. 키토산은 키틴의 분해로 만들어지고,기능은 항균작용,혈류개선,수술용 실,다이어트 식품에 이용 등
콜라겐. 젤라틴	어류의 껍질,비늘	1. 피부재생,보습효과에 탁월하다. 2,콜라겐을 가열하면 젤라틴으로 된다. 3. 의약품소재 등 활용 4. 기능성수산 가공품의 개별형 중에 속하고 피부보습에 탁월하다.
글루코사민	게,새우,갑각류 등 키틴. 키토산 성분을 분해	1. 기능성수산 가공품의 고시형에 속하고,관절 및 연골건강에 보완하는 기능이 있다.
타우린 (Taurine)	굴,조개류,오징어,문어 등 연체동물	1. 오징어의 흰가루가 타우린 2. 시력,당뇨병,혈압조절,숙취해소 등
콘드로이틴황산	상어,홍어,고래,오징어연골,해삼의 세포벽 등	1. 관절 윤활제,뼈형성 ,혈액응고 ,관절통.염 치료제 활용 등에 활용한다.
오메가 -3 지방산 함유 유지	참치 등	1. 기능성수산 가공품의 고시형에 속하고,혈중 중성지질 개선, 혈액흐름 개선에 좋다,
스콸렌 (Squalene)	상어의 간유	1. 기능성수산 가공품의 고시형에 속하고, 황산화 작용을 한다.

3.농수산물품질관리법령·수산업법 ·수산업 어촌 발전기본법령 (법적 수산물 권리제도)

1. 농수산물품질관리법 제 2조, ① 이 법에서 사용하는 용어의 뜻은 다음과 같다.
 1. "농수산물"이란 다음 각 목의 농산물과 수산물을 말한다.
  가. 농산물: 「농업 · 농촌 및 식품산업 기본법」 제3조제6호가목의 농산물
  나. **수산물: 「수산업 · 어촌 발전 기본법」** 제3조제1호가목에 따른 어업활동으로부터 생산되는 산물(**「소금산업 진흥법」 제2조제1호에 따른 소금은** 제외한다)
2. 수산업법상 : 제 2조 정의 이 법에서 사용하는 용어의 뜻은 다음과 같다.
 1) **"수산업"**이란 **어업·어획물운반업 및 수산물가공업**을 말한다.
 2) **"어업"**이란 수산동식물을 포획·채취하거나 양식하는 사업과 *염전에서 바닷물을 자연증발시켜 소금*을 생산하는 사업을 말한다.
 3) "어획물**운반업"**이란 어업현장에서 **양륙지(揚陸地)까지** 어획물이나 그 제품을 운반하는 사업을 말한다.
 4) "수산물**가공업"**이란 수산**동식물을 직접 원료 또는 재료**로 하여 식료·사료·비료·호료(糊料)·유지(油脂) 또는 가죽을 제조하거나 가공하는 사업을 말한다.
3. 수산업 어촌발전기본법상 '수산업'' : 제 2조 정의 : **「수산업·어촌 발전 기본법」(이하 "법"이라 한다) 제3조제1호에 따른 수산업은 다음 각 호의 산업을 말한다.**
 1) **어업: 해면어업, 내수면어업, 해수양식어업, 담수(淡水)양식어업, 소금생산업, 수산종자생산업, 관상어양식업**
 2) **어획물운반업**
 3) **수산물가공업: 수산동물가공업, 수산식물가공업, 동물성유지제조업(수산동물을 가공하는 것에 한정한다),소금가공업**
 4) **수산물유통업: 수산물판매업, 수산물운송업, 수산물보관업**

4.농수산물원산지표시법상 수산물 : 상단 3)의 범위에 다른다.

5. 수산업 협동조합법률 : 어업 및 가공업, 수산업법률 준용한다.

4. 수산업 관련 세계 흐름 및 국가 부서 변천

1) 조선 시대의 정약전의 자산어보 등으로 시발하였고, 일제 치하에서 일본식으로 변경되었지만 해방 후 한국적인 시각에서 새롭게 이루어 지고 있다.

(1) 1950대: 53년 수산업법 제정 및 54년 한국어보에서 한국산 어류 최초 분류하고 57년에는 인도양에서 원양어업의 시험조업을 실시하였다.
(2) 1960년 대 : 제1차 경제계발 정책으로 원양어업이 본격화 되고, 1965년 한일어업협정이 실행 발효되었다.1966년 수산청이 발족되어 수산 행정이 본계도를 시작하였다.
(3) 1970년 대 : 양식업과 근해어장의 개발 및 원양어업의 약진으로 수산업이 도약하는 시기이다.
(4) 1980년 대 : 석유 파동 등으로 연안국 어업 규제 등으로 수산업 성장이 둔화하는 시기이다.
(5) 1990년 대 : 신해양 질서 개편으로 연안국어업국 간의 각종 협정이 발효 등으로 어업 규제하는 시기이며, 1996년 수산청이 '해양수산부에 통합되었다.1999년은 한일어업협정이 개정되었다.
(6) 2000년 대 : 수산업 전반에 세계의 질서 흐름으로 새롭게 재편되어가고, 2001년 한중어업협정이 발효되었다. 조직은 해양수산부가 '농림수산식품부'로 이관 통합되고 이후에 다시 정부조직 개편에 따라 2013년 해양수산부가 재탄생 및 신설되었다.

2) 수산물의 수입과 수출 추이

한국 및 다른 나라의 식량 수급과 공급에서는 국민 소득 수준, 국내 농·수산물 생산량 등에 따라 양과 질의 차이가 있으며, 또한 국내외 생활 환경의 변화와 여건에 따라 달라진다. 우리 나라의 식량 소비구조를 보면, 1971년부터 곡류 소비의 비율이 감소하기 시작했으며, 반대로 축·수산물 소비는 증가함으로써 선진국형의 식

생활 양식으로 전환되고 있다. 수산물의 경우는 1997년 7월부터(WTO 무역 기조에 따른) 외국의 수산물 수입이 전면 개방되는 등 국제 어업 환경에 많은 변화가 있고, 최대 수출국은 일본, 최대 수입국은 중국이다.

5. 세계의 수산업 어장 : 세계 3대 어장 : 1) 북동 대서양 어장(북해어장), 2) 북서 대서양 어장(뉴펀들랜드 어장),3) 북서 태평양 어장을 말한다.

세계의 주요 어장은 대부분 '북반구'에 위치하고 있으며, 이 해역에는 수산 자원 개발이 많이 진행되고 있다. 세계의 대표적인 주요 어장은 북동 대서양 어장, 북서 대서양 어장(뉴펀들랜드 어장), 태평양 북부 어장(북동 태평양 어장과 북서 태평양 어장)을 들 수 있다.

1) 북동 대서양 어장은 북해의 대륙붕을 중심으로 한 대서양 북동부 해역으로 동 그린란드 해류와 북대서양 해류가 만나 조경 수역이 발달하여 어족 자원이 풍부하다. 그리고 일찍부터 연안국에 의해 고도로 개발되었으며, 수산물 소비지인 유럽 여러 나라가 있기 때문에 어장으로서 매우 유리한 조건을 갖추고있다. 주요 어획물은 대구를 비롯하여 청어, 전갱이, 적어류(볼락류) 등이며, 그 밖에 갑각류, 진주 담치, 굴 등으로 총 어획량이 1999년 1,218만톤, 2005년 1,100만톤, 2007년에는 1,072만톤으로 점차 어획량이 감소하는 경향이 있다.

2) 북서 대서양 어장은 캐나다의 뉴펀들랜드, 래브라도 반도, 노바스코샤 반도 및 미국의 메인주,뉴잉글랜드 지방 일대의 북아메리카 동해안 해역을 말한다. 이 어장은 해안선의 굴곡이 심하고,퇴(bank)와 여울(shoal)이 많으며, ⓐ멕시코 만류의 북상 난류와 ⓑ 래브라도 한류가 만나 좋은 어장이 형성된다. 어획물은 대구류, 청어류가 주 대상 어종이고, 가자미류, 고등어류, 적어류, 오징어류, 새우류 및 굴, 가리비 등의 생산이 많으며, ⓒ 트롤 어장으로 적합하기 때문에 많은 원양어업국들이 출어하여 조업하고 있다. 최근에는 남획에 의한 자원 고갈을 막기 위하여 수산 자원관리가 엄격해지고 있다.

3) 태평양 북부 어장은 ㉠ 북동 태평양 어장과 ㉡ 북서 태평양 어장을 포함하며, 중국, 연해주, 쿠릴열도, 캐나다 및 미국의 태평양 북부 구역까지 매우 넓은 해역으로서 세계 최대의 어장이다. 이 어장은 다른 어장보다 늦게 개발되었으나, 어획량이 급격히 증가하고 있다.

㉠ 북동 태평양 어장은 소비 시장이 멀기 때문에 수산 가공업이 발달되어 있다.

㉡ 북서 태평양 어장은 쿠릴 해류와 쿠로시오 해류가 만나 ⓐ 조경 수역이 형성되고 ⓑ 대륙붕의 발달에 따라 좋은 어장의 조건을 갖추고 있기 때문에 어획량이 가장 많은 어장이다. 특히 명태, 대구류, 청어, 정어리류, 적어류, 전갱이류, 연어류, 참치류, 넙치 및 가자미류 등의 어류와 새우, 게 등의 갑각류 및 굴, 대합 등의 조개류, 그리고 해조류의 생산이 많다. 우리 나라는 이 어장에서 일본, 미국, 중국, 러시아, 캐나다등 여러 나라와 함께 조업하고 있으며, 어업 조약 및 협정 등을 체결하고 있다. 그러나 최근에는 러시아, 캐나다, 미국 등 인접 연안국에서 생물 자원을 관리함에 따라 북태평양의 명태를 대상으로 하고 있는 트롤 어업은 어선수 및 생산량이 감소하고 있다. 근년에는 입어료를 내고 명태를 어획할 수 있는 양을 할당 받아 조업하고 있다.

제2절 수산 생물 자원(제7장 참조)

1. 지구 표면에 있는 전체 해양의 표면적은 약 3억 6,000만㎢이다. 이 중에서 남반구에 있는 해양의 표면적은 전체 해양 면적의 약 57%이며, 우리가 살고 있는 북반구에 있는 해양의 표면적은 전체 해양면적의 약 43%가 된다. 그리고 해양은 대양과 부속해로 구분할 수 있는데 대양은 우리 나라가 접해있는 태평양과 인도양, 대서양이 있으며, 각 대양에서의 부속해는 두 대륙 또는 세 대륙에 둘러싸여 좁은해협을 통해 대양으로 연결되어 내해라 할 수 있는 지중해가 있다. 또한 반도, 섬 등에 의해 둘러싸인 연해가 있다. 그러므로 해양은 3대양과 지중해, 연해로 구분할 수 있다.해양은 육지와 같이 해저의 지형이 높거나 낮게 형성되어 있기 때문에 기본 수준면에서 해저까지 그 깊이를 재어 수심이라 한다. 해양의 평균 수심은 약 3,800m이고 육지의 평균 높이는 840m인데 둘을 비교하면 해양의 높낮이 차가 훨씬 큼을 알 수 있다. 해양에서 가장 깊은 곳은 남태평양에 위치한 마리아나 해구의 비티아즈 해연으로 그 수심이 11,034m이고, 육지에서 가장 높은 에베레스트 산은 높이가8,848m이다. 그러므로 2,000m 이상 차이가 난다.

2. 수산자원 개념 및 분포

1) 개념

水棲生物(수서생물) 중에서 산업적으로 수집 또는 포획의 대상이 되는 유용생물을 수산자원이라 한다. 수산자원을 광의 표현하면 어업이 성립되는 범위에서 계속적으로 생산이 가능한 생물량, 협의로는 인류에 필요한 수산생물의 각 군지과 양을 말한다. 바다에 서식하고 있는 생물 자원은 육상의 광물 자원과는 달리 재생성 자원이기 때문에 스스로 성장, 번식하여 자율적으로 재생산이 가능하다. 그러므로 적절한 자원 관리가 이루어지면 이들 자원을 영구히 이용할수 있을 뿐만 아니라 경제적으로 유용한 특징을 활용할 수 있다. 해양에는 개발되지 않은 수많은 자원이 분포되어 있다.

2) 수산자원 분포 현황

해양의 광물 자원은 해수 중에 녹아 있는 많은 종류의 용존 광물 및 수심 4,000~6,000m의 해저에 분포하고 있는 모래, 금, 망간단괴, 해저 지층이나 퇴적물 속에 묻혀있는 석탄, 철, 석유, 가스 등이 있다.

(1) 수산생물의 분포 분류

수산 생물은 육상 생물과는 다르게 물에서 적합한 환경에 적응하면서 생활하고 있다.

수산 생물은 ㉠ 유영 능력이 없거나 미약하여 흐름에 따라 생활하는 부유 생물(plankton), ㉡ 스스로 유영 능력을 갖고 있는 유영 동물(nekton), ㉢ 해양 밑바닥에 살고 있는 다양한 종류의 생물체인 저서 생물(benthos) 등으로 분류할 수 있다.

3) 수산자원의 종류

오늘날 지구상의 동물과 식물은 학명으로 보고된 종만 해도 약 140만종 이상이며, 심지어 1억종이 될 것이라고 추정하는 학자도 있다. 최근에는 지구의 환경 오염으로 생태계의 교란과 함께급속한 생물 다양성의 감소를 지적하고 있다. 지구의 생물 중에서 해양 생물 자원은 어류가 약25,000종, 두족류가 약 1,000종, 갑각류가 약 870,000종, 포유류 약 4,000종 등으로 구분된다. 우리 나라 주변 해역에서는 어류가 900여 종, 연체 동물이 100여 종, 갑각류가 400여 종 이상이 서식하고 있다.

(1) 수산자원의 분류

자원 생물은 생물체들의 형태, 생리, 식성, 크기 및 생태 등 여러 가지 기준에 따라 분류할 수있다. 분류의 단계는 생물을 분류할 때의 기준이 되며, 단위는 종이다. 종이란 것은 일정의 형질을 갖추고 자연계에서 같은 종류끼리만 번식하는 것을 말한다. 생물의 분류는 다음과 같이 7단계 계층 구조의 방식을 사용한다. 즉, 종(種, species)을 최초로 하고, 이 종과 유사한 종을 합하여 속(屬, genus)이라 한다. 특히 이 속과 관계가 깊은 것을 합하여 과(科, family)라 한다. 이후 목(目, order), 강(綱, class), 문(門, phylum) 순으로 구분하며, 마지막으로 지구상의 전 생물은 동물과 식물의 2개의 계(界, kingdom)로 분류된다.

(2) 수산생물의 이름

같은 종류일지라도 국가에 따라 다르고 그 나라의 지방에 따라 다르기 때문에 각 국가마다 공통으로 쓰는 국명을 정하여 사용하고 있다. 또한 세계적으로 사용되는 공통의 이름은 라틴어를 이용하여 학명을 붙여 쓰고 있다.학명은 린네(C. Linne)의 이명식 명명법(二名式命名法, Binomial nomenclature)이 사용되고 있다. 종의 경우"속명+종명"을 병기하고, 종명 뒤에 이름을 붙인 사람(명명자)의 성(姓)을붙여 이용하고 있다. 종 이하의 변종은 삼명법을 사용하며, 모든 계급의 분류군에 이름을 붙일때는 기준 표본을 활용하여 정하고 있다. 우리 나라의 수역에 서식하는 어류를 체계적으로 분류한 자료는 한국어보(1954, 정문기)가 있으며, 여기에는 어류 833종에 대해 형태, 상태, 방언 등을 기록하고 있다.

4) 수산자원의 국제적 관리

과거에는 해양을 누구나 자유롭게 이용할 수 있었다. 또한 특정 국가에 의한 독점을 막기 위해서 해양 자유론 사상(1609년)이 지배적이었다. 그러나 해양으로 인해 인접한 나라 사이에 의견 대립이 많아짐에 따라 19세기에 들어와서 영해는 3해리로 인정되었고, 1945년에는 미국의 대륙붕 선언으로 해양 분할의 시대가 시작하였다고 볼 수 있다. 그러나 좁은 영해와 넓은 공해라는 관념이 우세하여, 공해 이용 자유 시대가 1960년대까지 지속되었으나 이후 연안 국가들의 자국의 어업 자원 보존을 위한 200해리 경제 수역 설정으로 새로운 해양 질서가 생겨 해양 분할 영토화 시대로 접어들게 되었다.

3. 수산자원의 정리

1) 무생물적 환경과 생물적 환경을 생태계(ecosystem)라 하며, 생태계는 무기물에서 유기물을 생산하는 생산자, 유기물을 소비하는 소비자, 유기물을 분해하여 다시 무기물로 환원하는 분해자, 그리고 무생물적 요소로 구성되어 있다.
2) 해양 생물의 먹이 사슬은 영양 염류 → 식물성 플랑크톤 → 동물성 플랑크톤 →작은 어류 → 큰 어류 → 영양 염류로 되는 체계를 유지하면서 순환한다.
3) 해조류의 대표적인 무리는 광합성의 구조에 따른 분류, 육지에서 바다로 분포 구분으로 녹조류(파래), 갈조류(미역, 다시마), 홍조류(김,우뭇가사리 등)가 있다.
4) 어류는 뼈 성분(골격)에 따라 경골 어류(고등어, 조기 등), 연골 어류(가오리, 상어 등)로 구분하고, 또한 생태 특성에 따라 정착성 어류(노래미), 회유성 어류(연어, 뱀장어) 등으로 구분하고 있다.

4. 수계의 종류와 생태(수산 고교 수산일반 인용)

물은 분포되어 있는 범위와 염분량에 따라 그 종류를 해수, 담수, 기수로 구분하고 있으며, 이들 수역에 수서 생물이 서식하고 있는 수권은 위치에 따라 해수역, 내수면 및 기수역으로 구분할 수 있다. 이들 수계 중 내수면은 지구의 육지에 있는 모든 수면,즉 호수, 강, 하천 등을 말하며, 그 면적은 지구 표면적의 약 1%이고 염분은 0.5%o 이하인 담수에 해당한다. 그리고 기수역은 해수와 담수가 혼합되는 수역이고 강과 바다가 접하는 하구 부근으로서 염분은 0.5~25%o 이다. 수권의 대부분을 차지하는 해수역은 지구 표면적의 약 70.8%를 차지하고, 약 40억 년 전에 최초의 생명체가 생겨났으며,평균 깊이가 약 4km, 육지 면적의 약 2.43배가 된다. 해수에는 약 88종의 원소들이 용해되어 있으며, 해수 1kg 중에 용해되어 있는 염분(Salinity)은 약 32~36g이다.

5. 해양환경 개요

바다 밑의 지형으로서 경사,수심,거리, 면적등에 따라 육지에서 바다쪽으로 대륙봉, 대륙사면, 대양저 해구로 나뉜다.

1) 대륙붕 : 해안선에서 수심 200m 내외의 완경사를 가진 해저 지형을 대륙붕이라고 하는데, 태양빛이 바닥까지 닿고, 근처에는 영양염류와 플랑크톤이 풍부하여 좋은 어장이 생성된다.
2) 대륙사면 : 대륙붕과 대양저의 경계로서 수심이 2500M까지이며, 평균 경사는 약 4°를 유지한다.
3) 대양저 : 대양저는 수심 4,000~6,000m의 해저 지형으로 비교적 평탄한 지형
4) 해구 : 평균 6000M이상의 대양저의 음푹파인 해저지형이다.
5) 해저 지형의 면적 : 대양저 >대륙사면 >대륙붕 >해구

   약 (7.5~80%) (12%) (7.6%) (1%)

   ① 해저지형의 순서는 대륙붕,대륙사면, 대양저,해구의 순서이다.대륙사면의 끝 부분을 '대륙대'하고도 한다.

   ② 대륙사면은 전체면적의 12%, 비교적 급한 경사를 보이는 곳으로 평균 경사가 약4도이다

   ③ 대륙붕이 평균 경사는 약 0.1도이고 전체 면적의 약 7.6%이다.그러나 광합성이 가장 활발한 곳으로 해양어류의 먹이가 풍족하고 대부분의 어장이 '대륙붕'에서 형성된다.

6) 대륙붕 및 영해 (본서 2장 참조)

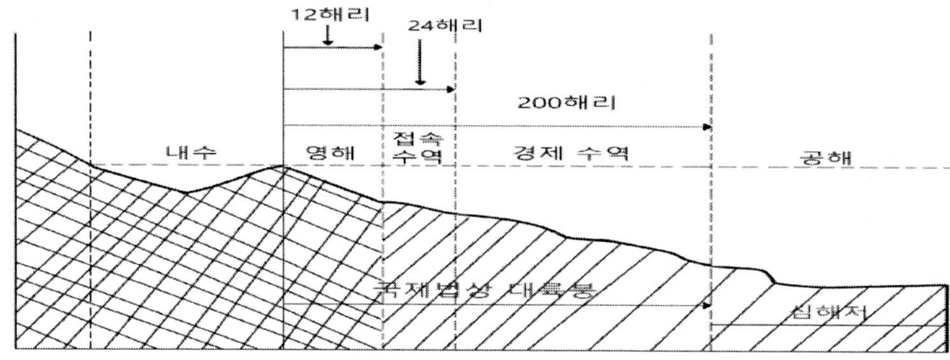

제3절 수산동식물 어업의 집어 등 방법(제5장 참조)

(어로의 3단계 : 어군탐색-집어-투망 및 어획 과정)

1. 어군탐색 과정

어군을 찾는 첫 번째 단계로 눈으로 확인하는 방법인 '표층어군,어군탐지기 등 기기로 의한 탐색 방법,헬리콥터나 비행기를 이용하여 탐색하는 방법(참치 선망어업에서 많이 사용)이다.

2. 집어 종류 및 단계 : 유집,구집, 차단유도 등

1) 유집(어군에 자극을 주어서 모이게 하는 것)-오징어 채낚기

2) 구집(자극 후 멀어지게 하여 모이게 하는 것) -명태트롤

3) 차단유도(어류의 회유 통로를 인위적으로 막아 한곳으로 모이게 하는 것)-방어정치망 등

3. 어획 단계 : 다양한 어종에 따른 다양한 어업기법으로 대상어를 채포하는 단계이다.

4. 수산물의 사료계수 및 사료 효율

1) 사료계수 ; 양식동물의 무게를 1단위 증가시키는데 필요한 사료의 무게 단위로 어류가 습취 후 성장한 정도를 나타내는 것. 사료계수는 = 사료공급량/증육량(수확시 중량-방양시 중량)

2) 사료 효율 ; % = 1/사료계수 X 100 = 증육량/사료공급량 X 100

5. 수산물 채포와 관련된 그물어구와 종류 및 어법 중 함정어구

1) 함정어구의 종류는 깔때기가 달린 어구가 순수한 관형의 함정어구류. 광주리류 중에는 통발과 호망류가 있고, 망 함정류에는 죽방렴, 낙망류, 승망류 등이 있음으며, 망어구류 중의 건망류와 같이 어구를 그물, 참대나무 및 갈대 등으로 만든 것이 있는데 그 명칭은 구성재료에 따라 다르며 또한 고기가 진입하는 점에서 단지(pots)와 다르다. 한편 승망은 둥근 테(hoop)를 넣어서 자루 모양으로 만들어 고기가 들어가면 나오지 못하도록 만든 그물을 말한다. 다시말하면, 일정한 장소에 설치한 장치에 들어간 어류를 잡는 것인데, 이하는 함정어구의 분류를 고교 수산일반에 근거하여 정리한다.

(a) 유인함정종류(문어어 단지, 장어 통발 등),

(b) 유도함정종류(대부망, 대모망, 낙망, 승망 등), (2020년 기출 응용)

(c) 강제함정종류(죽방렴,낭장망,주목망,안강망 등)으로 나누어진다.

① 함정어구 , 함정어법

(a) 유도함정어법(통로 차단 후 유도하여 수확)

(b) 유인함정어법(포획 대상 어류를 어구 속으로 유인해 함정에 빠뜨리는 어법)

(c) 강제함정어법 등이 있다.

② 고정 및 이동식 : 강제함정어법은 물의 흐름이 빠른 곳에 어구를 고정하여 설치해 두고, 대상 생물이 강한 조류에 밀려 강제적으로 자류그물에 들어가게 하여 어획하는 어법이다. 여기에는 어구를 설치 위치가 장기간 고정되는 죽방렴과 주목망, 그리고 어구의 이동이 가능한 낭장망과 안강망이 있다.남해안의 빠른 조류를 이용해 멸치를 잡는 어법으로 죽방렴과 낭장망이다. 한편 서해안은 주로 조업하는 주목망은 비교적 얕은 수심에서 조업을 하며, 안강망은 어구 규모가 확대되어 다양한 어종을 어획하고 있다.

제4절 수산종자(종묘) 및 채묘시설

1. 종묘(수산 종자)

1) 종묘의 개념

종묘 = 수산종자란 수산생물을 이식 • 방류하거나 또는 양식하는데 필요한 어린 개체를 말하며, 대부분 수산동물에 많이 활용되지만, 해조류에서도 김 • 미역 등에도 종묘를 채취하여 활용된다.

2) 종묘의 발인 채묘시설

자연종묘 생산은 자연산의 어린 것을 효과적으로 수집하여 양식용 종묘로 이용하는 것을 채묘라 하며, 우리 나라에서 조개류 양식은 대부분 자연 채묘에 의해 종묘를 확보하고 양식에 이용된다.

① 고정식 : 수심이 얕은 간석지에 말목을 박고 채묘상을 만들어서 설치하는 것이다.
② 완류식 : 대나무나 나뭇가지로 해수의 흐름을 완만하게 조절하는 방법을 말한다.
③ 부동식 : 수심이 깊은 곳에서 뗏목이나 밧줄 시설을 이용하여 시설을 설치하는 것.
④ 침설고정식 : 수심이 깊은 곳의 저층에 채묘기를 설치는 방법이다.
⑤ 침설수하식 : 수심이 비교적 얕은 곳의 저층에 시설을 설치 후 채묘하는 것을 말한다.

3) 종묘(수산종자)의 생산 방식

① 자연종묘생산 및 어종별 종묘 형태

(a) 자연에서 치어나 치패를 수집하여 양식용 종묘로 사용하는 것을 말하고, 부착시기에 채묘기를 유생 최대밀도수층에 설치하여 일정 기간 후 채묘기에 부착 되는 치패를 선별하여 종묘로 사용된다. 다양한 방법은 어종별 차이가 난다.
(b) 뱀장어 : (강하성 어류)바다에서 부화 후 부유생활을 하면서 유생기를 보내다가 이른 봄에 강으로 올라오는 것을 잡아 종묘로 이용하고, 현재 필리핀 등 수입으로 양식을 하고 있다.
(c) 숭어 : 담수와 해수가 만나는 염전 저수지나 양어장에서 치어를 채집하여 종묘로 이용하고 있다.
(d) 방어 : 해조 밑에 모이는 습성을 이용하여 6~7월경 쓰시마 난류를 타고 북상하는 치어를 채묘하여 양식에 이용된다.
(e) 참굴은 고정식 및 부동식으로, 바지락은 완류식으로, 대합도 완류식으로, 피조개는 침설수하식으로 채묘를 하고 있다.

② 인공종묘생산

(a) 자연 환경에 영향을 받지 않고 종묘시기를 조절하는 기술을 말한다.시설비는 많이 든다.
(b) 과정은 먹이생물배양 → 어미 확보 및 관리 → 채란 부화 → 자어(유생)사육 순서이다.
(c) '어류의 초기 먹이로는 '로티퍼,'아르테미아 등이 이용된다.
(d) '패류 초기 먹이는 '케토세로스, '이소크리시스 등이 이용된다.
(e) 로티퍼의 먹이로는 '클로렐라'가 사용되는데, 클로렐라는 녹조류의 단세포 생물로 비타민 .무기질 등이 풍부하여 체질 개선,건강 증진에 좋고, 클로렐라 추출물인 CGF(자가혈고농축성장인자,자기혈재생술, 치과용)가 어린이 성장 발육에 좋은 것이라 한다. 또 우유, 음료수,라면, 피자 등의 식품첨가물로도 사용되면서 활용이증가하는 추세가 클로렐라이다.

2. 수산물 중요자원 생육 변화

1) 넙치 ; 성어확보-채란-알-인공수정-자어사육-치어사육
2) 장어 ; 알-3mm 렙토세팔루스의 유생과정-치어인 실뱀장어가 변태 -성어 과징
3) 김 ; 콘코셀리스 사상체-각포자 방출-어린 유엽-중성포자/어린 유엽반복-김 성장
4) 대합 ; 산란-D형 유생-피면자 유생-성숙 유생
(5) 멍게 ; 수정란-2세포기-올챙이형 유생(척색발생)-척색손실-부착기 유생-입. 출 수공생성

3. 수산물 중요 양식 종류(본서 10장 참조)

1) 돔류

① 가두리 양식으로 주로 하고, 성장이 느리며, 온도는 5℃이하이면 생존에 위험하다.
② 완전양식 가능하고, 3~6월 산란하며, 최적온도는 13℃~28℃이다.
③ 사료에 천연색소인 카로티노이드 혼합을 하고,
④ '로티퍼 → 아르테미아 → 배합사료 → 까나리•정어리와 습사료 상태의 배합사료 사용

2) 잉어

① 우리 나라에서 가장 오래된 양식역사를 가지고 있는 것이 잉어양식이다. 사료를 하루에 여러 번 나누어 주어야 하는 것이 소화관의 특징이다. 부화 직후는 작은 물벼룩 등 플랑크톤 먹이가 적당하다. 자어기는 배합사료를 사용된다. 척추 동물 중 '위장이 없다는 것'을 다시 한번 알고 사료를 나누어 주어야 한다.

② 색이 화려한 관상용. 한국은 생각보다 덜하지만 중국, 동남아시아, 특히 일본 등지에서는 좋은 품종의 비단잉어는 마리당 억단위가 넘어가는 거래를 하고 있다, 덕분에 유전자 조작 잉어 연구도 활발하다. 시장성이 있으니까. 참고로 이 화려한 색상은 전용 먹이를 주어야 그 색깔이 유지된다. 자연으로 방류하거나 오래 전용 먹이를 주지 않고 놔두면 본래 색인 칙칙한 색깔로 돌아온다. 얼마전만 하더라도 창경궁, 경복궁 연못에 있는 잉어는 원래 비단잉어였는데, 예산 부족 등으로 관리 안 한지 수십 년 되어 지금은 거무죽죽한 그냥 잉어다. 국가 당국에서도 예산을 투입하여 지금은 많은 관리를 하고 있다.

③ 자기개발서 같은데서 나오는 '코이의 법칙'의 코이가 바로 비단잉어이다. 코이는 살아가는 환경에 따라 몸집이 크게 달라지는데 사람도 마찬가지로 주변의 환경에 따라 주어진 가능성이 달라지거나 변할 수 있다는 대충 그런 이야기. 코이라고만 하니 뭔 특별한 종류의 물고기 같지만, 그냥 비단잉어다. 우리 수산인도 코이의 법칙에 따라 우리의 몸집과 지식을 향상시켜서 수산업 발전에 정렬을 다하면 우리 수산인의 비젼은 무궁무진하다고 확신한다.

제5절 수산물 어구 및 어법 종류

1. 그물어구 및 어구 어법 및 종류

1) 그물어구의 개념

수산물을 포획하는데 쓰는 도구. 수산생물을 효과적으로 얻으려면 대상 생물의 생활과 습성에 따라 알맞은 방법과 도구를 사용해야 한다. 어구는 직접고기를 잡는 낚시어구, 그물로 잡는 그물어구, 작살이나 형망과 같은 잡어구로 나뉜다. 또한 어법에 따라 그물어구는 들그물류, 걸그물류, 함정그물류, 두릿그물류, 후릿그물류, 끌그물류, 덮그물류로 나뉜다.

2) 어구 어법의 종류

(1) 들그물류(들망,부망) : 바다 밑이나 중간층에 그물을 설치해놓고 집어등이나 먹이등으로 유인을 한 뒤 들어올려 잡는 방식. 주로 남해안 숭어나 멸치를 잡을 때 사용한다.

(2) 걸그물류(자망) :
수중에 그물을 담(보통 수직)처럼 세워놓고, 물살을 이용하여 물고기의 머리가 그물코에 걸리도록 하여 잡는 방식. 주로 고등어, 전갱이, 삼치, 명태 등을 잡을 때 사용한다.

(3) 함정그물류 : 주로 정치망을 뜻하며, 일정한 장소에 정치시켜놓고 함정을 설치해놓는다. 물고기가 함정에 들어가면 나가지 못하게 하여, 잡는 방법이며 가장 많이 사용하는 방법으로는 유도함정류와 강제함정류이다. 유도함정류는 바닷가에서 바깥쪽으로 네트모양으로 길그물을 설치해 물고기떼의 통로를 막아 길그물의 바깥쪽 끝에 설치된 통로로 유도하여 잡는 방법이다. 함정어구에는 유인(문어단지,통발어업), 유도(정치망), 강제함정(안강망,죽방렴,낭잠망)으로 분류한다.

(4) 강제함정류는 외부 힘으로 물고기를 강제로 그물안에 몰아넣어 잡는 방법이다.

(5) 두릿그물류 : 바다 표면이나, 중간층에 있는 물고기를 잡을 때 사용하며 주로, 고등어,다랑어,정어리,청어 등을 잡을 때 사용. (선망어법), 긴 수건 모양이다.

(6) 후릿그물류 : 배에서 먼 곳을 향해 그물을 던져놓고 배 쪽으로 그물을 끌여들여 잡는 방법이다.인기망이라고 하며, 갓후리, 배후리, 손방 등 이용된다.

(7) 끌그물류(예망) : 긴 줄을 메단 깔때기 모양의 그물을 일정 시간동안 끌고 다니며 고기를 잡는다. 가 장 많이 사용하는 끌그물은 오터트롤로서, 입구는 넓은 전개판이 형성되어있고 아래쪽은 추가달려있다. 배가 앞으로 나아가면 전개판이 열리면서 넓은 입구가 형성되고 물고기를 잡을때는 전개판을 닫을 수 있다. 기선권현망(멸치잡이), 쌍끌이 기선권현망, 트롤 등이 이용된다.

(8) 덮그물류 : 수면 위에서 그물을 덮어 어획하는 그물로서 주로 내수면에서 사용되며 작은 규모의 어업활동에서 사용된다.

3) 그물어구와 종류 및 어법 중 함정어구

(1) 함정어구의 종류는 깔때기가 달린 어구가 순수한 관형의 함정어구류. 광주리류 중에는 통발과 호망류가 있고, 망 함정류에는 죽방렴, 낙망류, 승망류 등이 있음으며, 망어구류 중의 건망류와 같이 어구를 그물, 참대나무 및 갈대 등으로 만든 것이 있는데 그 명칭은 구성재료에 따라 다르며 또한 고기가 진입하는 점에서 단지(pots)와 다르다. 한편 승망은 둥근 테(hoop)를 넣어서 자루 모양으로 만들어 고기가 들어가면 나오지 못하도록 만든 그물을 말한다. 다시말하면, 일정한 장소에 설치한 장치에 들어간 어류를 잡는 것인데, 이하는 함정어구의 분류를 고교 수산일반에 근거하여 정리한다.

ⓐ 유인함정종류(문어어 단지, 장어 통발 등),
ⓑ 유도함정종류(대부망, 대모망, 낙망, 승망 등), (2020년 기출 응용)
ⓒ 강제함정종류(죽방렴,낭장망,주목망,안강망 등)으로 나누어진다.

① 함정어구 , 함정어법
ⓐ 유도함정어법(통로 차단 후 유도하여 수확)
ⓑ 유인함정어법(포획 대상 어류를 어구 속으로 유인해 함정에 빠뜨리는 어법)
ⓒ 강제함정어법 등이 있다.

② 고정 및 이동식 : 강제함정어법은 물의 흐름이 빠른 곳에 어구를 고정하여 설치해 두고, 대상 생물이 강한 조류에 밀려 강제적으로 자류그물에 들어가게 하여 어획하는 어법이다. 여기에는 어구를 설치 위치가 장기간 고정되는 죽방렴과 주목망, 그리고 어구의 이동이 가능한 낭장망과 안강망이

있다.남해안의 빠른 조류를 이용해 멸치를 잡는 어법으로 죽방렴과 낭장망이다. 한편 서해안은 주로 조업하는 주목망은 비교적 얕은 수심에서 조업을 하며, 안강망은 어구 규모가 확대되어 다양한 어종을 어획하고 있다.

도표 : 김태산 인용

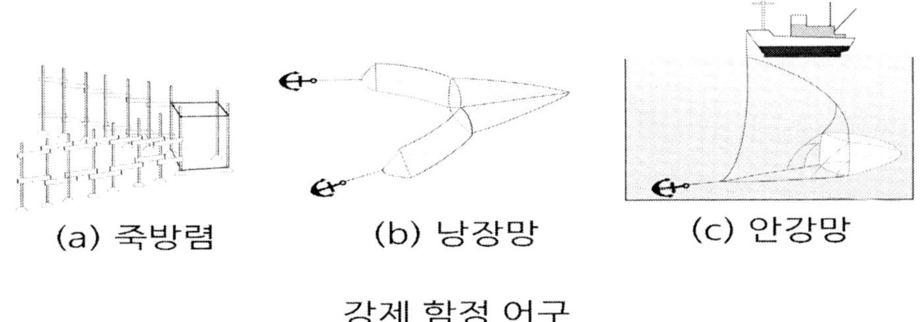

강제 함정 어구

2. 낚시어구

1) 긴 줄에 미끼를 이용해 고기가 미끼를 물도록하여 잡는 방법으로, 외줄낚기, 주낙으로 나눌 수 있다.

(1) 외줄낚기 - 줄 한 가닥에 끝에 바늘을 한 개 달아 한 마리씩 낚아올리는 방법이며, 대낚기와 손줄낚기, 끌낚기가 있다.
(2) 주낙어법 - 한 낚시줄에 여러개의 가짓줄을 달아 여러 마리를 낚아올릴 때 사용하는 방법이다.주로 땅주낙, 뜬주낙, 선주낙 등으로 나뉜다.
(3) 연승어업 - 긴 모릿줄에 일정한 간격으로 아랫줄을 달고 그 끝에 낚시를 매달은 주낙이라는 어구를 사용하여 명태,복어,장어 등을 잡는다.

3. 잡어구

1) 그물어구류와 낚시어구류 이외의 어구를 통틀어 잡어구라 하며, 잡어구의 종류에는 채취어구, 작살, 발통류 등이 있다.

(1) 채취어구 - 바위나 해초에 붙어 서식하는 굴,전복,조개 및 해조류를 채취할 때 쓰는 어구.
(2) 작살류 - 끝이 뾰족하여 물고기의 몸을 찔러 잡을 수 있는 것.
(3) 통발(발통)류 - 함정을 설치하여 어류나 갑각류 등이 어구에 들어오면 나갈 수 없도록 함정을 설치하여 잡는 방법이다.

4. 어구 및 어법 그림 '고교 수산일반 • 국립수산물품질관리원,네이버 • 다음 인용

. **통발 어구** : 질그릇, 시멘트 등으로 만든 단지 모양이 은신처를 제공하여 문어를 어획.

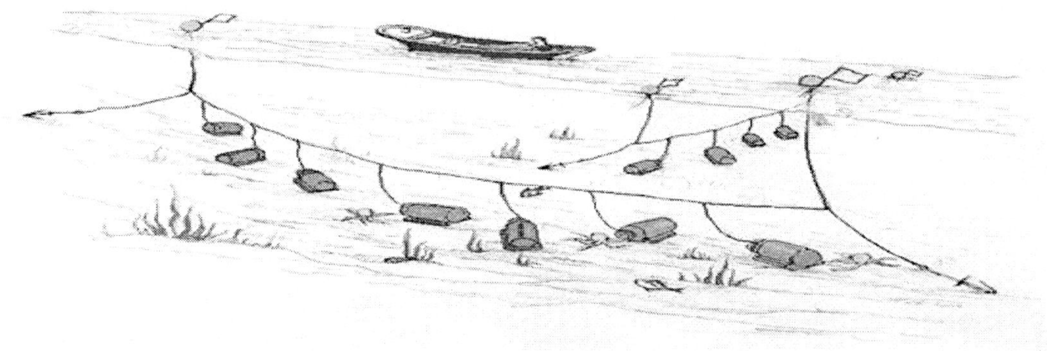

1) 함정어구
(1) 유인어법 : 통발어업,문어단지 어업
(2) 유도어법 : 정치망(걸그물과 통그물로 구성) 어업
(대모망, 각망(대모망 일종),대부망,낙망,승망,죽방렴 = 2020 기출)
(3) 강제어법 : 고정어업(주목망,낭장망,죽방렴(?), 2020 기출), 이동어법(안강망) 등
(4) 2020년 기출 ; 다음 중 유도 함정어구류가 아닌 것? 다음 중 성질이 다른 것? 답 : ①
① 낭장망 ② 대모망 ③ 각망 ④ 대부망 ⑤ 낙망 ⑥ 승망 및 죽방렴 (?)

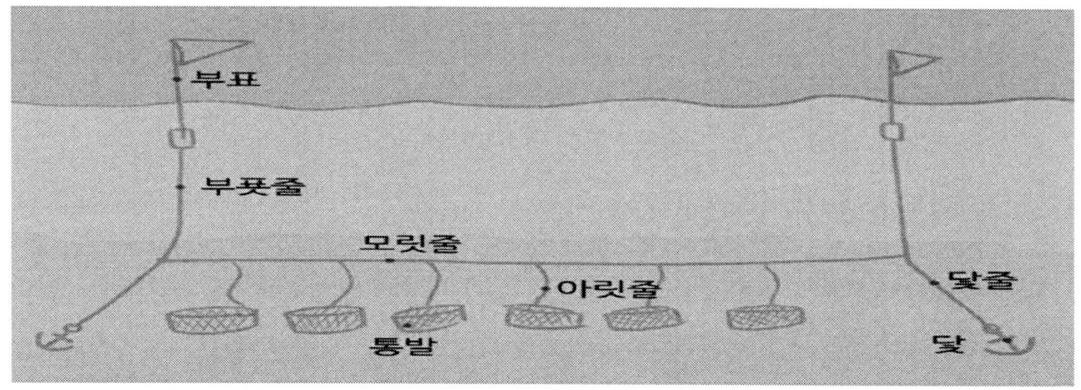

도표 : 김태산 인용

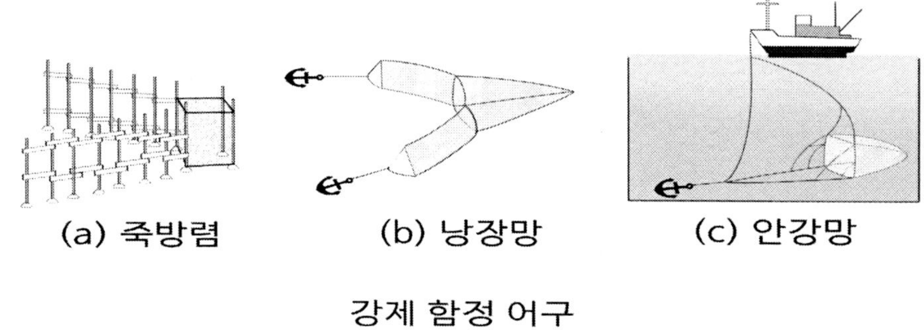

강제 함정 어구

. 주목망 어구 : 4각뿔 모양으로 된 자루그물의 좌우 입구를 나무 말뚝으로 '고정'시켜 조류의 힘에 의해 밀려들어간 고기를 어획하는 어구이고, 서해안에서 조기,갈치,새우 등을 잡는다.

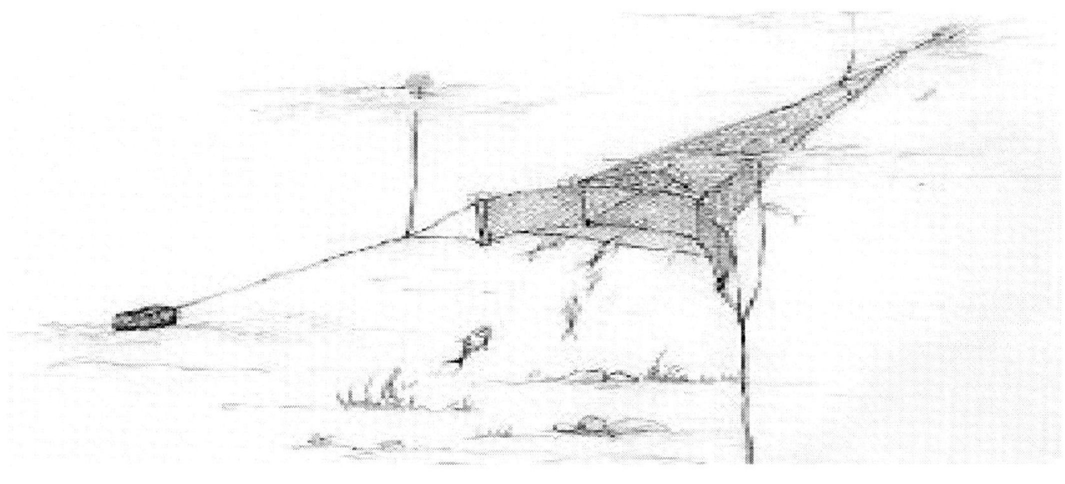

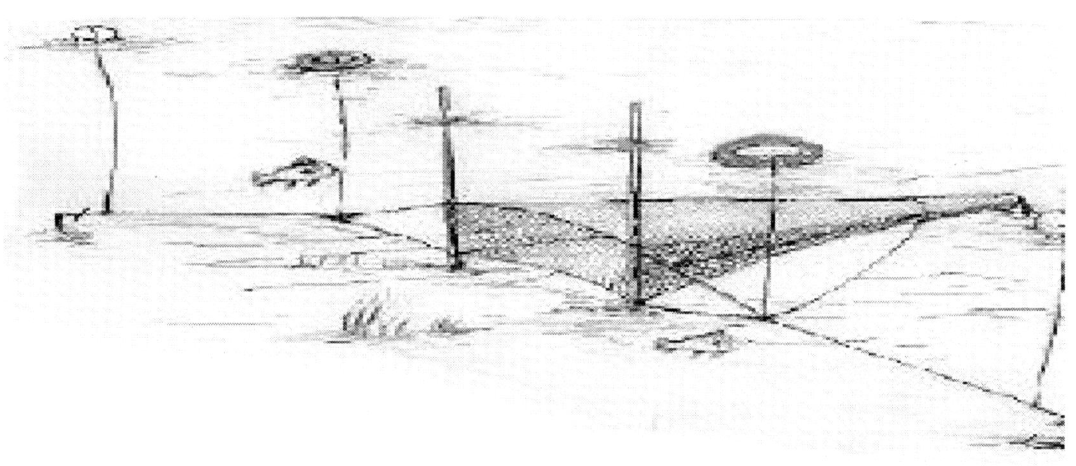

3. 자망어구 = 걸 그물 : 어획 대상물을 꽂히게 하여 잡는 어구 방법, 대상어의 몸 둘레보다 작은 망목을 한 그물을 어도에 쳐서 고기가 그물코에 꽂히게 하는 방법이다.(집어방법이 불요)

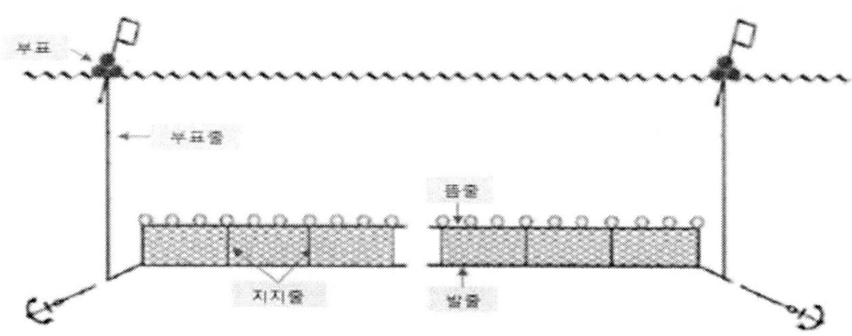

4. 선망 어구(=두릿어법) : 표층이나 중층에 있는 어군을 확인하여 그물로 둘러싸서 우리에 가둔 후 그물의 아래쪽 변에 있는 조임줄을 쪼이어서 어획하는 어망이다.

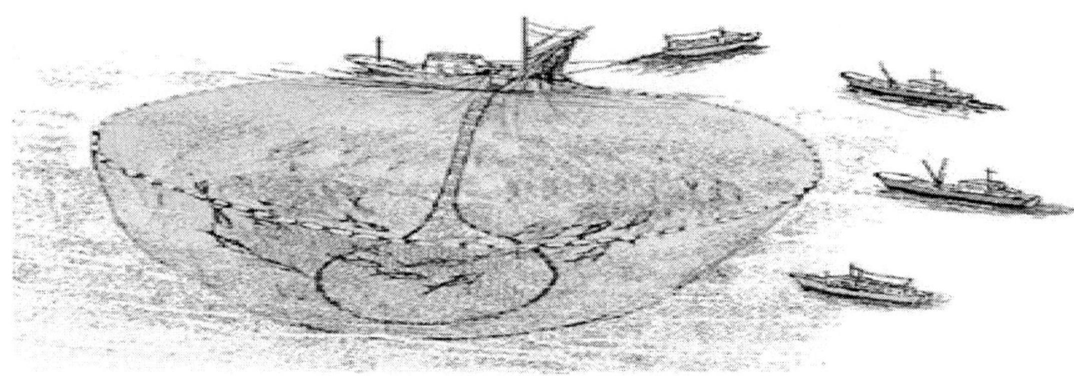

도표 : 김태산 인용

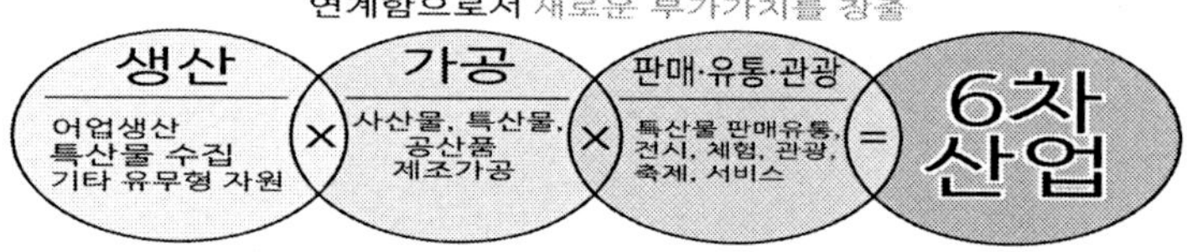

제2 수산업 관리제도

제1절 수산업에 관리

1. 수산업은 수중의 생물을 포획 ·채취, 양식 또는 가공하여 이용하는 산업으로서 국민의 식량 공급은 물론, 경제 활동을 통해 해양 산업 발전, 나아가서 국가 발전에 많은 기여를 하여 왔다. 앞으로도 미래는 바다 및 물을 이용하는 산업인 수산업이 지속적으로 발전할 것이다. 더불어서 전세계가 바다 등을 계발을 환경 정화 이상(자생력 범위이상)으로 하여 환경 오염 등 부작용으로 인하여 개발을 다소 늦추면서 환경 친화적으로 변화가 되고 있다. 즉, 오늘날에는 전 세계적으로 수산 자원의 과도 이용으로 인하여 자원의 감소 현상이 뚜렷하게 나타나고 있어 수산업의 지속 가능성 증대에 노력을 집중하고 있다. 따라서 수산 자원을 지속 가능한 범위 내에서 적정 이용하고. 수산 자원 및 어획량의 정확한 산정, 불법어업의 근절 등이 중요해지고 있어 우리나라에도 기존의 투입량을 관리하는 것을 기본제도로 하면서 산출량을 관리하는 제도는 보완적으로 실시하여 왔던 수산업 관리 제도에 대한 변경 요구가 많아지고 있다. 기존은 수산업법률이 주 대세이었지만, 지금은 수산업을 지속성을 강조하는 수산자원관리법 등이 대세이며, 그에 따른 국가 정책도 변화를 하고 있다. 우리나라는 수산업의 균형 발전과 수산 자원의 지속적 이용을 목적으로. 수산업 활동과 관련한 각종 제도를 제정하여 시행하고 있다.

1) **수산업 관리제도**

세계의 하나인 수산물을 지속적으로 재생산을 하여 유지하기 위하여는 우리 나라의 법적인 지원 및 행정적인 관리 제도와 국제적인 관리제도 등이 다양하게 이루어 지고 있다.

(1) 법적인 관리제도 : 수산업법령, 수산업 어촌발전기본법상, 수산자원관리법령 등

(2) 투입량 관리제도, 산출량 관리제도,기술적 관리제도 등

(3) 국제적 관리제도 : 국제 해양법(EEZ 등), 국제 수산 기구(SPPC=남태평양 상임 위원회, IPHC= 태평양 넙치 위원회 등), 연안국과 원양국의 구성되는 기구(FFA= 남태평양 수산 위원회) 등 관리제도가 있다.

① 소하성 어족, 소하성 회유 : 연어가 대표적이며, 모천국이 1차적 이익과 책임을 지므로 자국의 EEZ에 있어서 어업 규제 권한과 보존의 의무를 함께 가지는 어족이다.

② 강하성 어족, 강하성 회유 :
뱀장어가 대표적이고, 성장기를 대부분 보내는 수역을 가진 연안국이 관리 책임을 진다.

③ 경계 왕래 어족 : 오징어와 명태,돔이 대표적인 어족이며, EEZ 에 서식하는 동일 어족 또는 관련 어족이 2개국 이상의 EEZ에 결쳐 서식할 경우이며, 이 어족은 연안국의 협의하여 조정을 한다.

④ 고도 회유성 어족 : 참치가 대표적이며, 외유범위가 200해리를 넘어서는 어족이며, 연안국과 어로국이 직접 또는 관계 국제기구를 통해 당해 EEZ 내외에서 당해 어족의 보존 및 최대이용을 위해 협력을 해야 할 어족이다.

2. 수산물 관리제도 및 법률 변화

1) 수산업법의 법적 토대에서 지속성을 강조하는 수산업 어촌발전기본법 및 수산자원관리법 시각으로 전환되어 가고 있다.

2) 수산자원의 보호를 위한 조치를 위한 민관협력 및 법제적 제도로 자율 관리어업 등 어촌의 협력이 필요한 시각으로 변화되고 있다. 자율관리 어업이란 어업인의 소득 안정과 증대를 도모하기 위해 어업인들이 공동으로 어업을 관리하는 방식을 말한다.이는 어업인들의 어장 및 수산자원에 대한 주인의식을 함양하면서 지역 특화산업 활성화 등에 도움이 되는 공동체의 자율적 공동체적인 사업이다.

3) 어업인들이 자율적 관리 어업에 참여하기 위하여 어업인이 모여 결성한 단체를 말한다. 자율관리 어업은 어업인 스스로 어업 관리 등에 관한 규칙을 정하고, 이를 공동체적 협력에 의해 실천함으로써 지속 가능한 어업을 통해 어업인의 소득향상과 어촌 사회 발전을 이룩하기 위한 새어촌 운동이다. 즉, 지속

가능한 어업 생산기반구축, 지역별·어업별 분쟁 해소, 어업인의소득 향상과 어촌 사회 발전을 도모하기 위하여 어장 관리, 자원 관리, 경영 개선, 질서유지 등을 어 업 인들이 자율적으로 참여하여 실천하는 운동이다. 우리나라는 자율 관리 어업을 2001년 시범 사업 계획 수립 이후 2002년부터 본격적으로 도입하여 실시하고 있다. 자율 관리 어업이 우리나라에 도입된 배경은 기존 어업 자원 관리의 근간을 이루고 있었던 정부 주도의 다양한 관리 정책이 실효성을 거두지 못하면서 자원 남획, 경쟁 조업 심화 및 어업 질서 문란 등의 여러 문제를 해결하는 한계에 직면하였기 때문이다.

(1) 자율관리어업

구 분	내 용	관리 수단
질서유지	어업인 간 분쟁해결 및 소득격차 해소	지역 및 어업 간 분쟁 해결 등
자원관리	지속 가능 수준으로 자원 보존	생산량 조절 및 사용 어구량 축소 및 어업인 간 조업 협력 조율
어장관리	자원의 산란 및 서식장 보호 , 보전 방안 발굴	어장 환경 개선, 저질 개선, 해안 청소, 유어장 이용객 안내 및 지도 등
경영개선	어구 등 공동 사용하여 그 결과로 비용절감 등을 통한 이익 증대	공동 생산 및 공동 판매 시스템 조직 및 활용하여 판매량 확대 구축화 등

(2) 자율관리어업의 법령 : 수산자원관리법률 시행규칙 : 제16조(어업의 자율관리 지원)

① 법 제34조제1항에 따라 자율적으로 수산자원을 관리하고 어업경영을 개선하며 어업질서를 유지하기 위하여 자체규약을 제정하여 실행하고 해양수산부장관 또는 시·도지사의 지원을 받을 수 있는 어업인단체(이하 "자율관리어업공동체"라 한다)는 다음 각 호의 자격을 가진 어업인이 모여 결성한 단체로서 해양수산부장관이 정하는 요건을 갖춘 단체로 한다.

1. 어촌계원　　2. 「수산업법」에 따라 면허 또는 허가를 받았거나 신고를 마친 자
3. 「내수면어업법」에 따라 면허 또는 허가를 받았거나 신고를 마친 자

② 자율관리어업공동체는 다음 각 호의 사항을 고려하여 자체규약을 제정하여야 한다.

1. 폐어구(폐어구)의 수거, 해적생물(해적생물)의 제거, 해중림(해중림)의 조성 등 어장관리에 관한 사항
2. 어구사용량의 축소, 그물코 크기의 확대, 휴어제(휴어제)의 운영 등 수산자원관리에 관한 사항
3. 공동 생산·판매, 체험어장의 운영 등을 통한 어업 외의 소득증대 등 경영개선에 관한 사항
4. 불법어업 근절대책, 수산 관계 법령의 준수, 자율관리어업공동체 간 분쟁 해결 등 질서유지에 관한 사항

③ 해양수산부장관 또는 시·도지사는 법 제34조제1항에 따라 자율관리어업공동체에 대하여 행정적·기술적·재정적 지원을 하기 위하여 매년 자율관리어업공동체의 어장관리, 수산자원관리 및 경영개선 등의 활동실적에 대하여 평가를 실시하고, 그 결과에 따라 차등을 두어 지원할 수 있다.

④ 제3항에 따른 자율관리어업공동체의 지원에 관한 사항과 그 밖에 어업의 자율관리를 실시하기 위하여 필요한 세부적인 사항은 해양수산부장관이 정한다.

⑤ 자율관리어업 육성 및 지원에 관한 법률 (약칭: 자율관리어업법) : 제1조(목적) 이 법은 자율관리어업의 육성 및 지원을 위한 사항을 규정함으로써 수산자원을 효율적으로 보전、관리하고 지속가능한 어업생산기반을 구축하며 어업인의 삶의 질 향상에 이바지함을 목적으로 한다.

. 자율관리어업과 수산 자원 관리 비교 : 수산일반 수산직 최종모의고사 295p 참조

. 수산 자원 관리

1. 가입 관리

1) 내용 : 이식, 어도, 설치, 산란 치어 방류, 어기 제한, 어장 제한, 체장 제한, 망목 제한, 인공 산란장 설치, 인공 수정란 방류, 인공부화 방류, 인공 종자 방류 등

2) 세분화

. 이식 관리 : 수산생물 분포하지 않는 곳에 알, 새끼 등 방류

. 러셀 방정식과 리커 ABC 이론

. 어도 : 바다와 하천을 왕래하는 연어, 송어, 뱀장어, 은어 등 길을 설치

. 어장 제한 : 성어의 산란장과 치어의 성육장에서 어로 행위 금지 등

. 망목제한 : 한 번의 산란을 주고서 채포 등 할 때를 전제를 하여 산란도 하지 않은 어린 고기를 채포 제한하는 것인 그물 어구를 제한이라 한다. 이는 어린 고기가 잡히지 않도록 하는 것이다.

. 체장 제한은 그물 이외의 어구로 잡는 수산 생물에 적용한다. 몸길이를 제한하여 어린 고기가 잡히지 않도록 하는 것을 말한다.

3) 가입관리 분류 : 이식, 어도, 설치, 산란 치어 방류, 인공 산란장 설치, 인공 수정란 방류, 인공부화 방류, 인공 종자 방류 등, 이식은 생물 분포가 없는 곳에서 성장을 촉진하는 것.

4) 번식 보호 분류 : 어기 제한, 어장 제한, 체장 제한, 망목 제한,

2. 성장관리 : 수산 생물의 성장에 적합한 환경을 제공하여 성장을 촉진함으로써 자원량을 늘리는 것을 말한다.

1) 내용 : 이식, 시비, 수초 제거, 먹이 증강 등

2) 세분화

. 먹이 증강 : 인위적으로 전복, 소라, 성게 등의 어장에 이들의 먹이가 되는 해조류의 숲을 보호하는 것을 말한다.

. 수초 제거 : 식물 부유 생물과 같은 먹이 생물 발생에 필요한 영양 염류가 먹이가 되지 안는 수초 제거나 광선 차단을 하는 것을 제거하는 것을 말한다.

. 이식 : 수온이 낮기 때문에 성장이 느린 냉수종의 북방종을 난해역으로 이동시켜 성장을 촉진하는 전복, 조개 등에 실히하는 것을 말한다.

3. 자연 사망 관리 : 가입한 수산 생물이 자연적으로 사망하는 원인을 제거하거나 그 영향을 완화하는 방법을 의미한다.

1) 원인 및 내용 : 해적 사망, 해황 이변, 수질 오염, 외래 생물 종의 이식 규제 등이 있다.

2) 세분화 및 방법 : 육종(생물이 가진 유전적 성질을 이용하여 새로운 품종을 만들어 내거나 기존 품종을 개량하는 일), 환경 적응적 품종 개발 등

4. 어획 관리 : 어선의 관리, 조업 어선 척수의 제한, 출어 횟수 제한 등을 하는 것을 말한다.

1) 내용 : TAC(1년 기준으로 설정), 어획 할당제 등

5. 환경 관리 : 수산 생물에게 적절한 환경을 인위적으로 유지 또는 조성하여 가입과 성장을 촉진하고

자연 사망을 줄이는 종합적인 자원 증강 수단을 말한다.

1) 방법 : 어류의 안식처 제공하는 투석, 인공어초 투하, 폐선 침몰, 해저 암초 촉파, 콘크리트 바르기, 갈이, 객토, 고르기, 물길 내디, 돌 뒤집기, 갯바위 닦기, 바다숲 조성 등이 포함된다.

도표 : 김태산 인용 : 수산자원의 변동

. 가입 : 수산 생물이 출생하여 성장함에 따라 어체의 크기가 경제적 측면에서 어업의 대상이 되는 계층군에 합세하는 단계를 가입이라 한다.
. 자원 : 계군 네에서 경제적으로 어획의 대상이 되는 계층군을 가르키는 것일 일반적이다.
. 자원량 : 계군내에서 어획의 대상이 되는 계츨군의 총 무게를 말한다.

. 수산자원관리법 시행령 별표 1 및 2 : 포획 및 채취 금지 어종 , 체장 및 체중
: 일부 만 정리 함.

수 산 자 원	학 명	포획채취금지 및 금지기간 구역 수심
어 류	대 구 (Gadus)	1월 16일부터 2월 15일까지
	연어(Oncorhynchus keta)	10월 1일부터 11월 30일까지
	갈치(Trichiurus lepturus)	북위 33도00분00초 이북(이북) 해역에 한정하여 7월 1일부터 7월 31일까지
갑각류	꽃게(Portunus)	6월 1일부터 9월 30일까지의 기간
	닭새우(Panulirus japonicus)	7월 1일부터 8월 31일까지
	오분자기(Sulculus)	제주특별자치도에 한정하여 7월 1부터
해조류	감 태(갈조류 : Ecklonia cava)	5월 1일부터 7월 31일까지.
	넓미역(Undariopsis)	제주특별자치도에 한정하여 9월 1일부터
	대황(갈조류 :Eisenia bicyclis)	5월 1일부터 7월 31일까지
	도박류(진도박 :Grateloupia spp.)	10월 1일부터 다음 해 4월 30일까지
	우뭇가사리(Gelidium amansii)	11월 1일부터 다음 해 4월 30일까지
그 외 낚기 어종	살오징어(Todarodes pacificus)	4월 1일부터 5월 31일까지(근해채낚기
	고등어	4월 26일부터 5월26일 1달간

. 수산자원관리법 시행령 별표 1 및 2 : 포획 및 채취 금지 어종 , 체장 및 체중 : 일부 만

수 산 자원	학 명	포획채취 금지 및 체장 또는 체중
감성돔	Acanthopagrus schlegelii	25센티미터 이하
넙치	Paralichthys olivaceus	35센티미터 이하
대구	Gadus macrocephalus	35센티미터 이하
도류묵	Arctoscopus japonicus	11센티미터 이하
민어	Miichthys miiuy	33센티미터 이하
방어	Seriola quinqueradiata	30센티미터 이하
볼락	Sebastes inermis	15센티미터 이하
조피볼락	Sebastes schlegelii	23센티미터 이하
갈치	Trichiurus lepturus	항문장 18센티미터 이하
참조기	Larimichthys polyactis	15센티미터 이하. 다만,
갯장어	Muraenesox cinereus	40센티미터 이하
말쥐치	Thamnaconus modestus	18센티미터 이하
청어	Clupea pallasii	20센티미터 이하
꽃게	Portunus trituberculatus	6.4센티미터 이하
털게	Erimacrus isenbecki	강원도산에 한정하여 7센티미터 이하
닭새우	Panulirus japonicus	5센티미터 이하
백합	Meretrix lusoria	각장 5센티미터 이하
패류 : 소라	Batillus cornutus	각고 5센티미터. 이하
전복류	Haliotis spp.	각장 7센티미터 이하
대문어	Octopus dofleini	600그램 이하
살오징어	Todarodes pacificus	외투장 15센티미터 이하. 다만,

제2절 어업 및 수산업의 분류

1. 수산업

1) 수산업 개념 : 수산업이란 단순하게 수상생물을 어획 및 채취하거나, 나아가 양식 및 가공을 하여 각 용도에 맞게 제공하는 산업이다. 현재 추세는 양식업 방향과 가공업 방향이 활성화 되고 있다. 근거는 어업에서 시작된다.

2) 어업의 분류

(1) 어장 : 내수면어업과 해양어업(연안,근해,원양어업)으로 나눈다.

(2) 어획물의 종류 : 해수어업, 채패어업,채조어업 등으로 나눈다.

(3) 어업 근거지 : 국내 기지어업(북태평양 명태트롤 어업 등)과 해외 기지어업으로 나눈다.

(4) 경영형태 : 자본가적 어업(조합,회사,합작어업), 비자본자적 어업(단독어업,동족어업,협동적어업)으로 분류된다.

(5) 법적 관리제도 : 면허어업,허가어업,신고어업,등록어업 등으로 분류된다.

(6) 어획물에 따른 어획방법에 따른 분류

① 고등어 선망어업 ② 오징어 채낚기 어업 ③ 참치 연승어업 ④ 전갱이 선망어업 ⑤ 꽁치 봉수망어업 ⑥ 명태 트롤 어업 ⑦ 멸치 권현망어업 ⑧ 멸치 자망어업 ⑨ 문어단지어업 ⑩ 게 통발어업 ⑪ 장어 통발어업 ⑫ 참치 선망어업 등

2. 어업활동의 발달

어업활동의 역사는 인류의 발달과 함께 진화해왔다.선사시대의 단순한 채취어업으로부터, 현대시대에 양식 및 가공•유통까지 인류가 진화함에 따라 어업활동의 방법도 같이 진화했다.
과거에는 근해어업과 연안어업 활동만을 하였지만, 1962년 경제개발계획이 추진되면서,
원양어업 활동이 시작되었다. 1974년에 200M/T을 넘어섰으며, 세계 상위권 수산물 수출국 중 하나로 입지를 굳히게 되었다. 지금은 고도의 노동력으로 선원의 부족 등 임금 문제 및 환경문제 등으로 성장이 둔화되고 있지만, 바다를 다시 활용하는 시대가 오고 있다.

3. 어업활동의 종류 및 생산량

1) 연•근해어업: 생산량이 가장 많지만 영세어업인이 대다수.
2) 원양어업 : 1962년 경제개발계획 추진 후 급속도로 발전하여 생산량이 급증함.
3) 내수면어업 : 해양이 아닌, 담수(하천,저수지 등)에서 활동하는 어업.
4) 양식어업 : 김이 최초로 양식을 하여 지금은 다양하게 확장되고 있다.양식장내에서, 어류,해조류,어패류 등을 양식하는 방법을 말한다.
5) 어업활동 종류별 생산량 순위 :2015,2016년 국내 생산량 비중은 연근해 어업>양식어업>원양어업>내수면어업

4. 수산물의 특성- (2016,2018년 수품사2,4회 1차 기출문제) 2017년 수산물의 특징기출.
1) 수산 생물자원은 주인이 명확하지 않다.
2) 수산 생물자원은 관리만 잘 하면 재생산성이 가능한 자원이다.
3) 생산은 수역의 위치 및 해양 기상 등의 영향을 많이 받는다.
4) 생산시기와 생산량이 일정하지 않다.
5) 표준화 등급화가 어렵다.

6) 부패, 변질되기가 쉽다(이는 어류의 성분 중 수분이 약 60% 이상이고, 지질의 변화 등).

5. 농산물 및 수산물의 특성

농수산물의 가장 중시할 특징은 가격 대비 부피가 크고, 수분의 함량이 약 60% 이상이라 부패가 되기가 쉽기에 소비될 때까지 신선하게 농수산물을 보전 유지하는 것이 특징이다.

1) 농.수산물유통의 특성:

(1) 수산물의 종류와 기능이 다양성하여 취급하는데 다양한 방법이 필요하다.
(2) 다른 상품에 비해 강한 부패변질성-선도유지위한 유통시스템이 요구된다.
(3) 부피와 중량-가치에 비해 부피가 크고 무거운편-유통비용이 크다.
(4) 생산물의 규격화 및 균질화의 어려움이 있다.
(5) 생산량의 계절적 변동성과 계획생산과 계획판매의 곤란성
(6) 어업생산자의 다수영세성과 분산성 등이 유통의 특성이다.

2) 농.수산물의 소량 분산성 소비형태의 특성
(1) 출하시기와 출하량 조절곤란하다.
(2) 유통구조가 복잡하고 유통경로 다양하다.
(3) 수확후 품질관리가 어려운 품목일수록 유통마진이 커지며, 수산어가의 수취율이 떨어진다.

3)가격의 변동성
농수산업자는 수확량의 측정 곤란성 등으로 농수산물 및 농수산물 생산의 특징 및 유통상 특질을 고려하여 냉장보관설비의 확충, 저온유통시스탬, 유통단계의 축소방안 등이 모색되어야 한다. 농수산물의 보관은 보통 냉장 등 시설을 이용하여도 6개월 정도가 보관기간을 잡고, 이를 위한 시설설비가 주요한 매몰비용으로 잡고 농수산물 기업을 운영하여야 하고, 이 비용이 농수산물의 원가에 계상된다. 가격 변동성의 가장 많은 영향을 주는 것은 수산물의 경우 어획량의 비계획성이 가격 변동성에 가장 영향을 미친다.

6. 수산업의 분류

1) 1차산업 - 어업 및 양식업
2) 2차산업 - 수산 가공업
3) 3차산업 - 수산물 유통업 (수산업 어촌 발전 기본법령 상 = 수산업 기본법)

수산업의 분류는 수산업 기본법으로 분류를 하지만, 농수산물 품질관리법령 상 수산업에서는 소금산업진흥법상 소금은 수산업에서 제외하고, 수산업법령상은 수산물 유통업은 포함되지 않는다. 다만, 수산업 어촌 발전 기본법이 수산업의 기본법이므로 이를 근거로 하여 농수산물 원산지표시법령 등에도 수산업 분류가 수산업 기본법에 따른다.

제3절 수산업의 관리제도 및 법적 관리 제도(면허,허가,신고,등록)

1. 수산업 관리제도란

무분별한 포획으로 인한 수산자원 개체수 보존과 환경오염 방지, 해양자원의 주체 결정 등 각 행정기관으로부터 면허취득 및 허가를 받고 행정기관으로부터 어업을 관리받는 제도를 말한다.

수산업 관리제도 분설

세계의 하나인 수산물을 지속적으로 재생산을 하여 유지하기 위하여는 우리 나라의 법적인 지원 및 행정적인 관리 제도와 국제적인 관리제도 등이 다양하게 이루어 지고 있다.

1) 법적인 관리제도 : 수산업 어촌발전기본법(기본법), 수산업법, 수산자원관리법령, 원양 산업 발전법, 농수산물 품질관리법,내수면 어업법, 한중 및 한일 어업협정, 어선법, 선원법, 해사 안전법, 해양 환경 관리법, 연안관리법, 해운법, 항만법, 해상법, 영해 및 접속수역법(EEZ 관리법 등), 배타적 경제 수역법, EEZ 외국인 어업 규제법,해저 광물 자원 개발법 등

2) 투입량 관리제도, 산출량 관리제도,기술적 관리제도 등

① 투입량 관리제도 :

해양생물은 원래 무주물이라 한계없이 잡아버리면 자원이 재생산성에 제한이 되어 고갈될 것인데, 이를 방지하기 위한 제도이다. 법적으로 면허나 허가 제도, 신고 및 등록 등, 어업조정제도 등이다.

② 산출량 관리제도 :

과학적인 통계를 바탕으로 어업 자원의 재생산력을 산출하여 이 범위내에서만 어획 채포를 허용하는 제도이며, 어업 자원의 지속성을 목적으로 한다. 예시로 TAC 등이다. TAC는 생물학적으로 산출된 최대지속적 생산량(MSY)을 기초로 사회 경제적 요소를 고려하여 결정하는 것이 일반적이다. TAC은 국제 해양법 협약에도 시행을 규정하고 있어면, 세계적으로 어업 자원관리 제도로 정착되어 가고 있다. TAC제도로 수산업의 산업적인 영역 및 기회를 결국 확대가 가능한 제도이다.

③ 기술적 관리제도 :

어업활동에 투입되는 기술적 요소, 즉 포획 체장의 규제, 어법 및 어선의 크기에 따른 어장의 규제, 사용하는 어구의 그물코 크기의 제한, 어획 시기의 제한 등을 고려 하여 어업자원을 보호하는 관리 제도이다. 예시로 보면, 수산자원관리법령에 있는 내용은 조업 금지 구역 설정, 유해 어법의 금지(폭발물. 전류 등 사용하여 수산 동식물을 채포하는 것 금지), 보호 수면의 지정과 관리, 불법 어획물의 판매 금지 및 방류 명령, 소화성 어류의 보호와 인공 부화 및 방류, 어도 차단의 금지(소화성 및 강하성 어류의 회유 통로를 확보하는 제도), 그물코 크기 제한 등이다.

④ 그물코 크기 제한은 그물코의 펼친 길이로 표시하는 방법, 그물코 1개의 발 길이로 표시하는 방법, 그물코의 기준 길이 안의 매듭 수로 표시하는 방법, 그물코의 내경으로 표시하는 방법 등이다.

3) 국제적 관리제도

국제어업 관리제도는 1994년에 발효한 유엔 해양법협약을 기본으로 하면서 각 지역적 또는 중요 어종별로 다자간 협약을 체결하여 관리하고 있다.현재의 국제협약으로 자유로운 어업이 가능한 공해는 사실상 거의 없는 실정다. 국제 해양법(EEZ 등), 국제 수산 기구(SPPC=남태평양 상임 위원회, IPHC= 태평야 넙치 위원회 등), 연안국과 원양국의 구성되는 기구(FFA= 남태평양 수산 위원회) 등 관리제도가 있다.

① 소하성 어족, 소하성 회유 : 연어가 대표적이며, 모천국이 1차적 이익과 책임을 지므로 자국의 EEZ에 있어서 어업규제 권한과 보존의 의무를 함께 가지는 어족이다.

② 강하성 어족, 강하성 회유 :
뱀장어가 대표적이고, 성장기를 대부분 보내는 수역을 가진 연안국이 관리 책임을 진다.

③ 경계 왕래 어족 : 오징어와 명태,돔이 대표적인 어족이며, EEZ 에 서식하는 동일 어족 또는 관련 어족이 2개국 이상의 EEZ에 걸쳐 서식할 경우이며, 이 어족은 연안국의 협의하여 조정을 한다.

④ 고도 회유성 어족 : 참치가 대표적이며, 외유범위가 200해리를 넘어서는 어족이며, 연안국과 어로국이 직접 또는 관계 국제기구를 통해 당해 EEZ 내외에서 당해 어족의 보존 및 최대이용을 위해 협력을 해야 할 어족이다.

4) 국제 어업 관리 제도

(1) 국제 해양법

① 국제해양법(Law of the Sea)은 해양을 규율하는 국제법이며, 기본적으로 바다를 국가 권력의 작용 정도에 따라 영해 → 배타적 경제 수역 → 공해 등으로 분류하며, 법적 지위가 다르게 규정되어 있다. 우리 나라는 1996년에 85번째로 서명 국가가 되었다.

② 영공은 영토에서 영해 12해리까지를 말한다.

(2) 배타적 경제 수역과 국제 어업 관리

① 배타적 경제 수역 : EEZ(排他的經濟水域,cxclusiveeconomiczone) 자국 연안으로부터 200해리(370.4km)까지의 모든 자원에 대해 독점적 권리를 행사할 수 있는 유엔 국제해양법상의 수역을 말한다. 1994년 12월에 발효돼 1995년 12월 정기국회에서 비준된 유엔 해양법협약은 연안국의 EEZ 권리를 인정하고 있다. 연안국은 배타적 경제수역에서 ① 해저의 상부수역(上部水域), 해저 및 그 밑의 생물과 비생물의 천연자원을 탐사·개발·보존·관리하기 위한 주권적 권리 및 해수·해류·바람을 이용한 에너지 생산 등 수역의 경제적 탐사와 개발을 위한 다른 활동에 관한 주권적 권리 ② 인공섬, 설비 및 구축물의 설치와 이용, 해양의 과학적 조사, 해양환경의 보호와 보전에 대하여 해양법조약에서 정한 관할권 ③ 해양법조약에서 정한 기타의 권리를 갖는다. 또 다른 나라 배와 비행기의 통항(通航) 및 상공비행 자유가 허용된다는 점을 제외하고는 영해나 다름없는 포괄적 권리가 인정된다. 따라서 다른 나라 어선이 EEZ 내에서 조업하려면 연안국의 허가를 받아야 하고 이를 위반하면 나포, 처벌된다. 그러나 12해리(22.2km) 이내의 영해가 아니면 조업을 하지 않는 한 어느 나라 배도 허가 없이 항해할 수 있다. 아울러 어떤 나라가 일방적으로 200해리 EEZ를 선포한다고 해서 즉각 EEZ 권리가 인정되는 것은 아닌데, 이는 통상 인접국의 EEZ와 겹치는 경우가 많아 경계 획정(劃定)분쟁이 발생하기 때문이다.우리나라는 1996년 EEZ를 선포했으나 한국과 일본 사이에는 육지와 육지 간 거리가 13마일(24km)에 불과한 곳도 있어 자주 마찰을 빚어 왔다. 한편, 한·일 신어업협정은 2001년 1월 22일부터 발효되었고, 한·중어업협정은 2001년 6월부터 발효되어 시행되고 있다.

② 경계 왕래 어족의 관리

배타적 경제 수역이라 하여 연안국만이 관리하는 것은 아니다. 특정 어족이 2개국 이상의 배타적 경제 수역에 걸쳐 서식하고 있을 경우 연안국들이 합의하여 직간접의 적절한 보존 등이 필요한 경우의 어족을 말한다. 오징어와 명태,돔이 대표적인 어족이며, EEZ 에 서식하는 동일 어족 또는 관련 어족이 2개국 이상의 EEZ에 걸쳐 서식할 경우이며, 이 어족은 연안국의 협의하여 조정을 한다.

(3) 고도 회유성 어족 및 소/강하성 어족 관리

(4) 공해와 국제 어업관리

① 공해어업의 자유이지만, 제한이 있다.

② 공해 생물 자원의 관리 및 보존의 필요성 강조: 참치와 같은 고도 회유성 어류 자원의 경우 연안국 등 협력 필요하다.

(5) 해양 포유 동물

국제 해양법상 해양 포유동물의 포획을 금지 또는 제한을 하고 있다. 고래 자원에 관하여 국제적으로 민감하여 국제 포경 조약(국제 포경 위원회 = IWC)에 의해 제한 관리하고 있다.

5) 영역 관리권에 따른 바다의 구분 : 영공은 영토에서 영해 12해리까지를 말한다.

(1) 기선 : 통산기선이라고도 하며, 연안국이 공인하는 대축적,해도에 기재되어 있는 해안의 저조선으로 하고, 이 기선은 영해의 바깥쪽의 한계를 측정하기 위한 기초로 하는 선을 기선이라고 한다.

(2) 내수 : 기선에서 육지 족의 바다를 말한다.연안국의 주권이 조건없이 행사가 되는 지점.

(3) 영해 : 기선에서 바다 족으로 12해리를 말한다.연안국은 주권을 행사가 가능하지만, 무해통항권이 인정되는 범위이다.영해는 해안을 따라 일정한 폭을 갖는 띠 모양의 영역이며, 그 범위는 바다에 접하는 면에 의하여 결정된다.

(4) 접속수역 : 기선에서 24해리 지점을 말한다.

(5) 경제수역 ; 기선에서 200해리 지점까지를 말한다.

(6) 공해 : 내수와 영해를 제외한 해양을 전부, 즉 바다 쪽을 말하고,국제법상 어느나라의 영역에도 속

하지 않고 모든 국가에 개방된 해역을 말한다. 주인이 없는 수산물은 어느 나라도 채포를 할 수 있는 곳이 공해이지만 일정한 제한이 국제법적으로 있다.

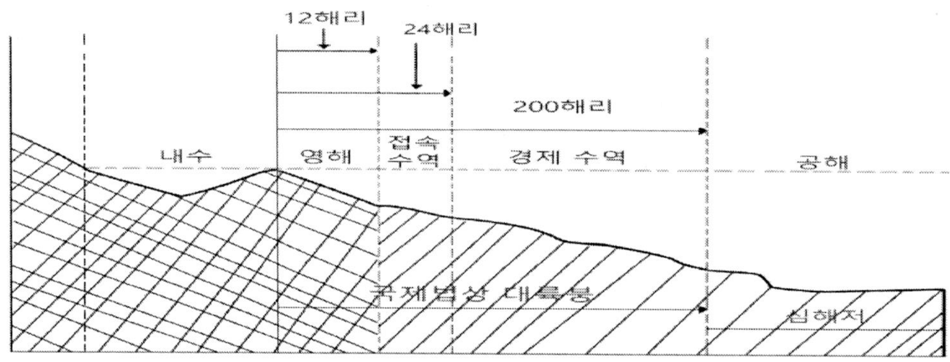

6) 국제 수산 기구

(1) 개념 : 1994년 유엔 해양법 협약 발효 후 공해 어업 자유에서 지역 수산 기구를 통한 조업 규제 체제로 전환되면서 활발하게 진행되고 있다.

(2) 국제 수산 기구의 종류 : UN과 같은 정부 간의 기구와 비국가 기구인 NGO = 비정부간 국제기구 등을 다양한 종류가 있다.

① 대양 수역의 관리를 전제로 설립된 기구
(a) SPPC = 남태평양 상임 위원회 (b) FFA = 남태평양 수산 위원회
(c) INPFC = 북태평양 수산 위원회 (d) NAFO = 북서대서양 수산 기구
(e) NEAFC = 북동대서양 수산 위원회 (f) IOFC = 인도양 수산 위원회
(g) IPFC = 인도 태평양 수산 위원회 →APFIC =아시아 태평양 수산 위원회 등이 활동한다.

② 대상 수역에 있어 특정 어종의 관리를 목적으로 설립 조직된 기구
(a) NPFSC = 북태평양 물개 위원회 (b) IATTC = 전미 열대 다랑어 위원회
(c) IPHC = 태평양 넙치 위원회 (d) PSC = 태평양 연어 어업 위원회
(e) ICCAT = 대서양 다랑어 보존 위원회 (f) NASCO = 대서양 연어 보존 기구 등이 있다.

③ 연안국과 원양국(어업국)으로 구성되어 있는 기구
(a) FFA = 남태평양 수산 위원회
(b) APFIC = 아시아 태평양 수산 위원회 등과 같이 연안국과 원양국이 더불어서 구성된 기구가 있다.

④ 전 해역의 수산 관련 문제를 취급하는 기구
(a) COFI = FAO 수산 위원회
(b) IWC = 국제포경 위원회(1946년 설립된 국제기구, 1980년 부터 전면적으로 고래 잡이를 금지했다. 관리 대상 고래는 80여종이며, 밍크고래, 흰수염고래,향유고래 등 13종이다) 등이 전 해역을 대상으로 하는 기구이다.

⑤ 특정 지역의 수산 관련 문제를 취급하는 기구
(a) OECS = 동카리브국 기구
(b) OLDEFESCA = 라틴 아메리카 수산 발전 기구
(c) INFOFISH = 아태 지역 수산 정보 기구
(d) COPESCAL = 라틴 아메리카 내수면 어업 위원회
(e) CIFA = 아프리카 내수면 어업 위원회
(f) EIFAC = 유럽 내수면 어업 자문 위원회 등과 같이 해역보다는 특정지역의 수산 관련 문제를 취급하는 기구이다.

3) IUU(Illegal Unported and Unregulated) : 어업 근절을 위한 국제 행동 계획을 말한다. 이 기구는 강제성은 없으나, 최근 미국, 호주 등 나라가 동 법을 근거로 자국법을 정비 중이다, 2013년에 동 법으로 우리 나라와 가나 등 나라를 불법 어업을 자행하는 국가로 인식되는 것과 관련된 기구이다.

2. 수산업 관리제도의 법적(령) 규정 (수산업 법률 등)

1) 면허어업(배타적 사용) - (2017년 수품사 3회 기출문제), (2016년 수품사2회 출제)
   면허어업은 행정관청이 일정한 수면을 구획 또는 전용하여 어업을 할 수 있는 자를 지정하고, 일정 기간 동안 그 수면을 (독점)하여 (배타적)으로 이용하도록 권한을 부여하는 것을 말한다.

2) 면허어업의 종류 - (유효기한 10년)(개정 : 정치망, 마을 어업 외 삭제 됨)
   정치망 어업, 마을 어업 외는 현재 수산업법령상 삭제되었다.

3) 문제 중 틀린 보기로 육상해수면양식이업이 나오므로 주의 할 문구. 육상 양식업은 면허제도가 아니라, 허가 어업사항임.

4) 허가어업 : 일반인에게 과해진 어업의 금지를 일정한 경우, 특정인에 해제하여 어업행위를 조절하는 법적 개념이다.(허가와 신고의 유효기한은 5년이다)
   ① 허가어업의 종류(개정 : 육상해수 양식어업 삭제) ,수산업법률 제41조 규정
   근해어업,연안어업,구획어업,종묘생산어업,

5) 신고어업 : 내수면 면허 및 허가에 따른 어업을 제외한 어업으로 신고만으로서, 어업을 할 수 있는 어업(규모가 작음)
   ① 신고어업의 종류(수산업법상 나잠 및 맨손만 신고어업 종류이다), 그 외는 내수면 어업법상 규정이다. 예시로 투망어업,어살어업,통발어업,외줄낚시어업,육상양식어업 등이다.

. 개정 : 정치망, 마을 어업 면허 외는 삭제, 허가는 해수면 양식 어업 삭제

관리제도 종류	어업 유효기간	어업 종류
면허어업	10년(수산업법률 제8조)	정치망 어업, 마을어업, 이외 6가지는 삭제됨
허가어업	5년(법률 제41조)	근해어업, 연압어업, 구획어업, 종묘생산어업, '육상 해수면 양식 어업(법상 삭제됨)'
신고어업	5년	투망어업(수산업법상 삭제), 어살어업, 통발어업 퇴줄낚시어업, 육상양식어업, 나잠어업
등록 어업		수산업 가공업 및 운반법(수산업법)

3 수산업 관련 법령

1) 수산업법: 수산자원의 보호와 수산업의 발전을 위해 제정한 법률이다.
2) 수산자원관리법: 수산자원의 보호 회복 및 조성등에 필요한 사항을 규정하여 수산자원을 효율적으로 관리함으로서 어업인들의 지속적 발전과, 어업인들의 소득증대에 기여할 목적으로 제정 된 법이다.
3) 어촌어항법 : 어촌의 발전과 어항의 개발을 촉진하고 관리와 이용의 효율성을 도모하여 수산업의 진흥과 어촌지역의 발전에 이바지하기 위하여 제정 된 법
4) 수산업 어촌 발전 기본법: 수산업과 수산어촌이 나아갈 방향과 수산업과 어촌의 지속가능 발전을 도모하는 것을 목적으로 제정 된 법이다.

4. 수산자원의 보호를 위한 조치

1) 어구 제한 조치로 수산업법상 규정되어 있다.

2) 그물코 크기 제한 조치 - 수품사 1차 2회 기출

3) 어업 금지 구역 설정 4) 어선의 제한 및 금지 5) 치어 채포 금지 등으로 제한하고 있다.

5. 수산자원의 관리를 위한 제도 (TAC 등)

1). 총 허용 어획량 관리제도(TAC=TOTAL ALLOWABLE CATCH 관리제도)
최대지속 생산량을 기초로 결정하며, 개별어종에 대해 과학인 수산자원 평가로 연간 총허용어획량을 정하여 그 한도 내에서만 어획을 허용하는 자원관리제도 이며, 어업관리제도의 한계를 보완하기 위하여 도입한 제도이다.(수산자원관리법 제 36조)

2) 적용대상 (2016년 수품사 2차 기출문제 출제 중 오답으로 갈치가 나옴),
현재 2019년 바지락이 추가되어 12가지이다.

고등어, 도루묵, 전갱이 , 참홍어(2011년부터 인천과 전남 관리),
붉은대게, 대게 , 개조개(2011년부터 제주특별자치도에에서 관리 이관), 키조개
제주소라(2013년부터 전남,경남 관리), 꽃게, 오징어 , 바지락(2019년 경남 추가)

3) TAC의 취지 : 최대 지속적 생산량을 기초로 사회 경제적 요소를 고려하여 결정하는 원칙이며, 유엔 해양법 협약에서 이 제도를 시행하도록 규정하면서 세계적인 어업 자원 관리제도가 정착되어 가고 있다. 유통과 소비를 연계하는 종합 시스템적 어업 관리 전화하는 전환점이 되고, 통계 등 과학적인 기술 발달을 연계하고 있다.

4) TAC 제도의 특징

① TAC 제도를 운영하기 위하여는 종합 시스템적인 운영 체계를 가진 아이티 산업이 필요하다.

② 매년 초에 TAC가 결정되기에 어업이 개시 되기 전에 이미 생산량을 예상할 수 있다. 이는 수산물의 안정된 수급체계를 구축가능하다.

③ TAC의 결정, 배분,분배, 관리의 모든 체계에서 과학적 의사 결정과 예방적 운영 형태를 지니고 있다. 이는 컴퓨터 등 전자 기술을 이용하여 가능하고, 객관적인 통계의 바탕으로 어업자들의 신뢰가 향상된다.

④ TAC의 정확한 산정과 어획량에 대한 정확한 정보 파악이 점차 향상되고 있다. TAC의 총량에 도달하면 어업을 정지하여야 한다.

5) TAC제도의 단점

① TAC의 정확한 측정이 매우 어려운 것이 사실이다. 이는 회유성 어류나 정착성 어류 등 다양한 어류의 TAC이므로 단점이 대두된다.

② TAC의 결정 및 배분 등 효과적 시행을 위한 행정적 등 시스템을 갖추기가 어렵다.

③ TAC의 실시로 기존 어업자와 어구의 사용 등 협력 차원에서 마찰이 자주 일어 난다.

6) TAC제도의 산정

① TAC제도에 따른 어업 관리는 무엇보다도 정확한 자원 평가를 토대로 한 관학적인 TAC 산정이 필요하므로 우리 나라에서도 IT 산업을 이용하는 기술이 많이 향상되고 있다.

② TAC 산정 절차

(a) 상업적인 어업정보, 과학적인 자원 평가, 생물학적 자원 정보(어종별, 어장별 등) 하여 ,

(b) TAC 심의 위원회(대상 자원의 선정, 대상 자원의 TAC 결정, TAC평가 및 관리 심의)에서 심의 결정 후 ,

(c)중앙 수산 조정 위원회에서 어종별 TAC 결정, 어장별 TAC 설정 등 절차로 산정한다.

도표 : 김태산 인용

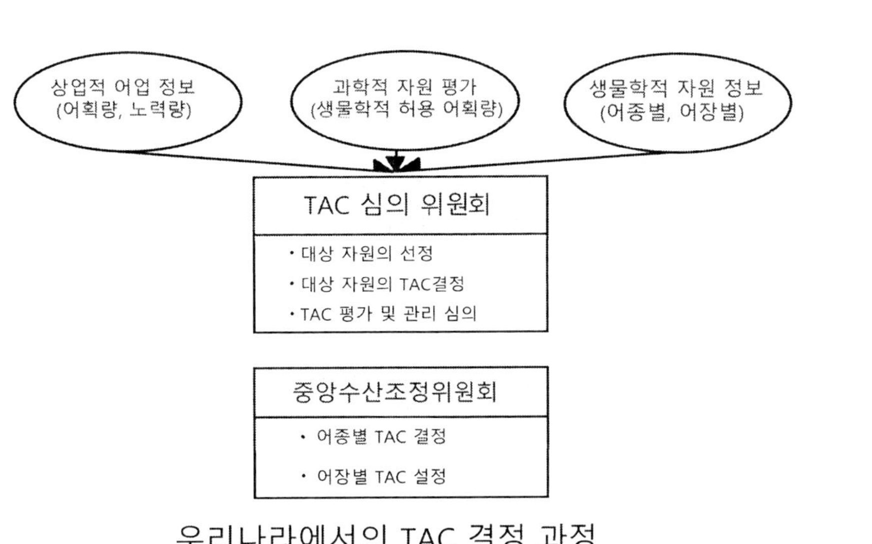

우리나라에서의 TAC 결정 과정

7) TAC제도의 운용 : 수산자원 관리법령에 따른 운용 절차

① 해양 수산부 장관 또는 시도지사는 수산 자원의 보전 및 관리를 위하여 특히 필요하다고 인정 할 때에는 대상 어종 및 해역을 정하여 TAC을 정할 수 있다.

② EEZ 등에서 수산 자원의 보존 및 관리를 위하여 '중앙수산조정위원회의 심의'를 거쳐 수산 자원의 보존 및 관리에 관한 기본 방침, 관리 대상 수산 자원에 대한 동향과 TAC에 관한 사항, 어업의 종류별, 관리대상수산자원의 종별 TAC 등 시도별 어획량에 관한 사항 등 기본계획을 수립하여야 한다.

③ 장관 또는 시도지사는 포획 등 어획량 합계가 TAC 초과할 유려가 있다고 판단될 때에는 그 내용을 공표하여하 한다.

④ 해양 수산부 장관은 관리 대상 수산 자원의 동향, 관리 대상 수산 자원을 주된 대상으로 하는 어업의 경영 상태, 관련 업계의 의견 등을 고려하여 필요하다고 인정되는 때에는 기본계획을 변경할 수 있다.

8) TAC와 개별 할당량 제도

① 무주물의 개념에서 수산자원의 권리성을 부여하는 방안으로 어업자들에게 어업량을 할당하여 어업인들 자신들의 재산인 수산 자원을 스스로 관리할 수 있도록 유도하는 제도이다.

② TAC 결정 후 각 어업자들에게 여러 가지 기준을 정하여 할당하고, 자기 책임하에 이 할당량을 어획하면서 책임도 지게 하는 제도이다. 할당 방법에는

(a) 어선에 할당하는 방법

(b) 어업자들에게 개별적으로 할당

(c) 혼용하는 방법 등

(d) 할당량을 주식과 같이 거래를 할 수 있게 하는 방법 인 양도성 개별 할당제 제도(ITQ) 등이 할용된다.

③ 할당제의 장점은 어획 경쟁 해소, 자율적 자원관리 유도 등이다.
④ 뉴질랜드는 할당제를 성공한 나라의 대표적인 사례이다. 다른 나라에도 도입 등 하고 있다.

9) TAC와 더불어 자율관리형 어업 유형
① 기존의 어업 관리 등 정부주도에서 어촌 등 실정에 맞게 관리하는 제도이다.
② 자율관리어업 분류

구 분	내 용	관리 수단
질서유지	어업인 간 분쟁해결 및 소득격차 해소	지역 및 어업 간 분쟁 해결 등
자원관리	지속 가능 수준으로 자원 보존	생산량 조절 및 사용 어구량 축소 및 어업인 간 조업 협력 조율
어장관리	자원의 산란 및 서식장 보호 , 보전 방안 발굴	어장 환경 개선, 저질 개선, 해안 청소, 유어장 이용객 안내 및 지도 등
경영개선	어구 등 공동 사용하여 그 결과로 비용절감 등을 통한 이익 증대	공동 생산 및 공동 판매 시스템 조직 및 활용하여 판매량 확대 구축화 등

6. 우리나라 수산업의 지속적인 발전을 위한 시책 (2015년 수품사 1차 기출문제 출제)

1) 수산물의 안정적 공급 수산자원 지원적인 보전 정책
2) 외국과의 어업협력 강화
3) 수산자원의 조성(인공 어초 설치, 인공 종묘 방류 등)
4) 어선의 대형화 및 원양어선 세력 확대 (오답으로 연근해의 어선 확대가 나옴)
5) 영어 자금 지원의 확대하여 원양어선 세력화를 도모하는 경향은 있지만, 지금은 전세계적인 수산자원보전에 집중화하여 세계적 규율에서도 제한이 있다.
6) 새로운 어장 개척
7) 총 허용 어획량 관리제도(TAC),수산물의 원산지표시제도의 정착화 등이다.

7. 총 허용 어획량 관리제도 - 수산자원관리법령 규정에 따른 이론과 법령이다.

1) 수산자원 관리법상 총허용 어획량 및 수산자원 조성 법조문

ⓐ 제36조(총허용어획량의 설정)

① 해양수산부장관은 수산자원의 회복 및 보존을 위하여 특히 필요하다고 인정되면 대상 어종 및 해역을 정하여 총허용어획량을 정할 수 있다. 이 경우 제11조에 따른 대상 수산자원의 정밀조사ㆍ평가 결과, 그 밖의 자연적ㆍ사회적 여건 등을 고려하여야 한다.
② 해양수산부장관은 제1항에 따른 총허용어획량의 설정 및 관리에 관한 시행계획(이하 "총허용어획량계획"이라 한다)을 수립하여야 한다.
③ 시ㆍ도지사는 지역의 어업특성에 따라 수산자원의 관리가 필요하면 제2항에서 해양수산부장관이 수립한 수산자원 외의 수산자원에 대하여 총허용어획량계획을 세워 총허용어획량을 설정하고 관리할 수 있다. <개정 2013.3.23>
④ 해양수산부장관 또는 시ㆍ도지사는 총허용어획량계획을 세우려면 관련 기관ㆍ단체의 의견수렴 및 제54조에 따른 해당 수산자원관리위원회의 심의를 거쳐야 한다.
⑤ 제1항부터 제3항까지의 규정에 따른 어업의 종류ㆍ대상어종ㆍ해역 및 관리 등의 총허용어획량계획에 필요한 사항은 대통령령으로 정하고, 총허용어획량계획의 수립절차 등에 필요한 사항은 해양수산부령으로 정한다.

ⓑ 제37조(총허용어획량의 할당)

① 해양수산부장관은 제36조제1항 및 제2항에 따른 총허용어획량계획에 대하여, 시·도지사는 제36조제3항에 따른 총허용어획량계획에 대하여 어종별, 어업의 종류별, 조업수역별 및 조업기간별 허용어획량(이하 "배분량"이라 한다)을 결정할 수 있다.

② 배분량은 대통령령으로 정하는 기준에 따라 어업자별·어선별로 제한하여 할당할 수 있다. 이 경우 과거 3년간 총허용어획량 대상 어종의 어획실적이 없는 어업자·어선에 대하여는 배분량의 할당을 제외할 수 있다.

③ 제2항의 배분량의 할당 절차 등에 필요한 사항은 해양수산부령으로 정한다.

ⓒ 제38조(배분량의 관리)

① 제37조에 따라 배분량을 할당받아 수산자원을 포획·채취하는 자는 배분량을 초과하여 어획하여서는 아니 된다.

② 제1항을 위반하여 초과한 어획량에 대하여는 해양수산부령으로 정하는 바에 따라 다음 연도의 배분량에서 공제한다. 다만, 제44조제1항에 따른 수산자원조성을 위한 금액을 징수한 경우에는 그러하지 아니한다. <개정 2013.3.23>

③ 행정관청은 어획량의 합계가 배분량을 초과하거나 초과할 우려가 있다고 인정되면 해당 배분량에 관련되는 수산자원을 포획·채취하는 자에 대하여 6개월 이내의 기간을 정하여 그 포획·채취를 정지하도록 하거나 그 밖에 필요한 조치를 명할 수 있다.

④ 제37조에 따라 할당된 배분량에 따라 수산자원을 포획·채취하는 자는 어획량을 해양수산부장관 또는 시·도지사에게 보고하여야 한다. <개정 2013.3.23>

⑤ 제2항부터 제4항까지의 규정에 따른 배분량의 공제, 포획·채취의 정지 및 포획량의 보고 절차 등에 필요한 사항은 해양수산부령으로 정한다.

ⓓ 제39조(부수어획량의 관리)

① 제37조제1항 및 제2항에 따라 배분량을 할당받아 수산자원을 포획·채취하는 자는 할당받은 어종 외의 총허용어획량 대상 어종을 어획(이하 "부수어획"이라 한다)하여서는 아니 된다. 다만, 할당받은 어종을 포획·채취하는 과정에서 부수어획한 경우에는 그러하지 아니하다.

② 제1항 단서에 따라 부수어획한 경우에는 그 어획량을 해양수산부령으로 정하는 기준에 따라 환산하여 할당된 배분량을 어획한 것으로 본다. <개정 2013.3.23>

③ 제2항에 따라 환산한 어획량이 할당된 배분량을 초과한 경우에는 제38조제2항을 준용한다.

ⓔ 제40조(판매장소의 지정)

① 해양수산부장관 또는 시·도지사는 제7조제2항제4호에 따른 수산자원 회복계획에 관한 사항의 시행 및 제36조에 따른 총허용어획량계획을 시행하기 위하여 필요하다고 인정되면 수산자원 회복 및 총허용어획량 대상 수산자원의 판매장소를 지정하여 이를 고시할 수 있다.

② 어업인은 제1항에 따른 판매장소가 지정되는 경우 수산자원 회복계획 및 총허용어획량계획의 대상 어종에 대한 어획물은 판매장소에서 매매 또는 교환하여야 한다. 다만, 낙도·벽지 등 지정된 판매장소가 없는 경우, 소량인 경우 또는 가공업체에 직접 제공하는 경우 등 해양수산부장관이 정하여 고시하는 경우에는 그러하지 아니하다.

ⓕ 제2절 수산자원조성 : 제41조(수산자원조성사업)

① 행정관청은 기본계획 및 시행계획에 따라 다음 각 호의 사업을 포함하는 수산자원 조성을 위한 사업(이하 "수산자원조성사업"이라 한다)을 시행할 수 있다.

1. 인공어초의 설치사업　2. 바다목장의 설치사업　3. 바다숲의 설치사업
4. 수산종자의 방류사업　5. 해양환경의 개선사업
6. 친환경 수산생물 산란장 조성사업

7. 그 밖에 수산자원조성을 위하여 필요한 사업으로서 해양수산부장관이 정하는 사업

② 행정관청은 수산자원조성사업을 시행한 수면에 대하여 필요하면 수산자원조성 효과를 조사·평가하여야 하며, 수산자원조성사업의 추진방안, 시설관리 등에 필요한 사항은 해양수산부장관이 정한다.
③ 해양수산부장관은 시·도지사와 시장·군수·구청장에게 제2항에 따라 시행한 수산자원조성 효과를 조사·평가한 결과와 제49조제4항에 따른 수산자원관리수면 관리·이용 현황을 보고하도록 할 수 있다.
④ 해양수산부장관은 시·도지사가 제48조에 따른 수산자원관리수면을 적정하게 관리하고 있지 아니하다고 판단되면 시정을 요구할 수 있으며, 시정요구를 받은 시·도지사는 특별한 사유가 없으면 이에 따라야 한다

8. **원산지표시대상** 15종
2019년 추가 : 주꾸미,다랑어,아귀, 총15종

1) 오징어,고등어,꽃게,넙치,조피불락,참돔,미꾸라지,뱀장어,낙지,갈치,참조기,명태(황태,북어 등 건조한 것은 제외한다)((해당 수산가공품을 포함한다. 이하 같다)),주꾸미,다랑어,아귀.

2) 농수산물 원산지 표시에 관한 법률 시행령 제3조(원산지의 표시대상)

① 법 제5조제1항 각 호 외의 부분에서 "대통령령으로 정하는 농수산물 또는 그 가공품"이란 다음 각 호의 농수산물 또는 그 가공품을 말한다. <개정 2013.3.23, 2018.12.11>
1. 유통질서의 확립과 소비자의 올바른 선택을 위하여 필요하다고 인정하여 농림축산식품부장관과 해양수산부장관이 공동으로 고시한 농수산물 또는 그 가공품
2. 「대외무역법」 제33조에 따라 산업통상자원부장관이 공고한 수입 농수산물 또는 그 가공품. 다만, 「대외무역법 시행령」 제56조제2항에 따라 원산지표시를 생략할 수 있는 수입 농수산물 또는 그 가공품은 제외한다.

② 법 제5조제1항제3호에 따른 농수산물 가공품의 원료에 대한 원산지표시대상은 다음 각 호와 같다. 다만, 물, 식품첨가물, 주정(주정) 및 당류(당류를 주원료로 하여 가공한 당류가공품을 포함한다)는 배합 비율의 순위와 표시대상에서 제외한다.

1. 원료 배합 비율에 따른 표시대상
가. 사용된 원료의 배합 비율에서 한 가지 원료의 배합 비율이 98퍼센트 이상인 경우에는 그 원료
나. 사용된 원료의 배합 비율에서 두 가지 원료의 배합 비율의 합이 98퍼센트 이상인 원료가 있는 경우에는 배합 비율이 높은 순서의 2순위까지의 원료
다. 가목 및 나목 외의 경우에는 배합 비율이 높은 순서의 3순위까지의 원료
라. 가목부터 다목까지의 규정에도 불구하고 김치류 및 절임류(소금으로 절이는 절임류에 한정한다)의 경우에는 다음의 구분에 따른 원료 1) 김치류 중 고춧가루(고춧가루가 포함된 가공품을 사용하는 경우에는 그 가공품에 사용된 고춧가루를 포함한다. 이하 같다)를 사용하는 품목은 고춧가루 및 소금을 제외한 원료 중 배합 비율이 가장 높은 순서의 2순위까지의 원료와 고춧가루 및 소금 2) 김치류 중 고춧가루를 사용하지 아니하는 품목은 소금을 제외한 원료 중 배합 비율이 가장 높은 순서의 2순위까지의 원료와 소금 3) 절임류는 소금을 제외한 원료 중 배합 비율이 가장 높은 순서의 2순위까지의 원료와 소금. 다만, 소금을 제외한 원료 중 한 가지 원료의 배합 비율이 98퍼센트 이상인 경우에는 그 원료와 소금으로 한다.

2. 제1호에 따른 표시대상 원료로서 「식품 등의 표시·광고에 관한 법률」 제4조에 따른 식품등의 표시기

준에서 정한 복합원재료를 사용한 경우에는 농림축산식품부장관과 해양수산부장관이 공동으로 정하여 고시하는 기준에 따른 원료

③ 제2항을 적용할 때 원료(가공품의 원료를 포함한다. 이하 이 항에서 같다) 농수산물의 명칭을 제품명 또는 제품명의 일부로 사용하는 경우에는 그 원료 농수산물이 같은 항에 따른 원산지표시대상이 아니더라도 그 원료 농수산물의 원산지를 표시해야 한다. 다만, 원료 농수산물이 다음 각 호의 어느 하나에 해당하는 경우에는 해당 원료 농수산물의 원산지표시를 생략할 수 있다.

1. 제1항제1호에 따라 고시한 원산지표시대상에 해당하지 않는 경우
2. 제2항 각 호 외의 부분 단서에 따른 식품첨가물, 주정 및 당류(당류를 주원료로 하여 가공한 당류가공품을 포함한다)의 원료로 사용된 경우
3. 「식품 등의 표시·광고에 관한 법률」 제4조의 표시기준에 따라 원재료명 표시를 생략할 수 있는 경우

④ 삭제 <2015.6.1>

⑤ 법 제5조제3항에서 "대통령령으로 정하는 농수산물이나 그 가공품을 조리하여 판매·제공하는 경우"란 다음 각 호의 것을 조리하여 판매·제공하는 경우를 말한다. 이 경우 조리에는 날 것의 상태로 조리하는 것을 포함하며, 판매·제공에는 배달을 통한 판매·제공을 포함한다.

8. 넙치, 조피볼락, 참돔, 미꾸라지, 뱀장어, 낙지, 명태(황태, 북어 등 건조한 것은 제외한다. 이하 같다), 고등어, 갈치, 오징어, 꽃게, 참조기, ''다랑어, ''아귀 및 주꾸미''총 15개 임.
(해당 수산물가공품을 포함한다. 이하 같다)

9. 조리하여 판매·제공하기 위하여 수족관 등에 보관·진열하는 살아있는 수산물

제 4. 우리나라 바다 구성 및 어선

1. 5대양
지표면의 약 70%가 바닷물이며 지구에 있는 모든 물의 97%를 차지한다. 바다는 우리에게 식량과 에너지를 공급해줄 뿐만 아니라 기온 조절 및 다양한 생물이 살아가는데 큰 역할을 한다. 바다는 크게 5대양으로 나뉜다.

	면적	평균 수심
태평양	약 1억8100km²로 5대양 중 가장 크다	3940m
대서양	약 1억 700km²	3926m
인도양	약 7400km²	385m
북극해	약 1400km²	1205m
남극해	약 1400km²	3000~3500m

태평양: 5대양 중 가장 큰 면적을 갖고 있으며, 세계 최대의 어장으로 손꼽힌다. 한류인 쿠릴 해류와 난류인 쿠로시오 해류가 흐르고 있어 어장이 풍부하다. 주로 연어 ·송어 ·대구 ·게 등의 한류어와 정어리 ·고등어 ·다랑어 ·가다랑이 등 난류어가 함께 섞여 있고 패류 ·해조류도 풍부하다. 우리나라도 일부 태평양에 속한다.

대서양: 세계 5대 어장 중 하나이며, 북서부와 북동양 어장이 수산자원이 풍부하며 어획량이 많다. 멕시코 난류와 래브라도 한류가 교류하는 세계적으로 유명한 어장이다. 주로 다랑어,대구류,청어,가자미,고등어 등이 많이 잡힌다.

북극해: 북극을 중심으로 북아메리카 대륙과 유라시아 대륙 사이에 있는 해양이며 민물의 유입이 많아 염분이 적다. 또한 풍부한 어장이 될 것이라는 전망과는 달리 광합성을 하는 식물성 플랑크톤이 8월에만 증식하여, 먹이사슬 관계의 부족 현상 및 다양한 환경 변수에 따르면 전망이 밝지만은 않다.

남극해: 남극해의 냉각된 해류와 인도양,태평양,대서양의 난류가 흘러들어 만나는곳으로, 크릴새우가 풍부한 대표적인 어장이다.

2. 우리나라 바다의 역사.

1) 과거 근해어업에만 의존하던, 어업활동이 원양어업 활동으로 1973년 세계 10권 내의 어업국으로 부상했고, 연간 생산량이 약 330만t으로 세계 8위를 차지했다. 하지만 최근(우리나라는1996년 선포)연안국들의 배타적 경제 수역(EEZ:exclusive economic zone)협정으로 인해, 다시 축소된 어업활동 범위로 인하여 어업활동이 주춤하게 된다. 또한 불합리한 한일어업협정과 한중어업협정으로 인해 현재까지, 영향을 받고 있다.

2) 한일어업협정 - 1965년 1차 한일어업협정을 체결하였으나, 1977년 미국과 소련이 200해리 어업보존수역을 시행하자 일본 역시, 배타적 경제구역을 선포하였다. 이후 남해와 동해 부분이 우리나라의 배타적 경제수역과 일본의 배타적 경제수역이 맞물리게 되고, 주변수역에서 조업하는 한국 트롤어선단에 돌과 화염병을 던져 조업을 저지한 이른바 '무로랑사건'을 일으켰다. 따라서 한일 양국은 새로운 국제어업 환경에 맞게 재협정을 맺게 된다. 하지만 이때 우리나라는 IMF로 인해 일본에게 유리한 협정을 받아드리게 된다(주변을 공동 어로구역으로 설정).

3) 한중어업협정 - 배타적 경제수역이 선포되고 중국과 우리나라 사이의 수역거리는 최대 280해리에 불과하여, 구역을 설정하는데 큰 어려움을 겪게된다. 따라서 한중어업협정에서는 잠정조치수역을 설정하여, 양국이 공동으로 조업을 하는 2001년 6월 30일부터 발효한 한국·중국 사이의 어업협정이다.
* 배타적 경제수역 - 독점적으로 경제권을 부여받는 구역. 단 외국 선박의 자유항해는 보장된다.

3. 우리나라 바다의 특성

1) 우리나는 3면이 바다로 둘러싸인 분지이며, 황해에서는 황해난류와 흐르고, 남해에서는 쿠로시오해류의 영향으로 인해 수온이 평균적으로 높으며 동해는 쓰시마 난류와 리만 한류가 만난다.

동해	서해	남해
1. 수심이 가장깊다 2. 염분이 가장높다 32.33퍼밀 *쓰시마 난류와 리만 한류가만나 난류어종인 고등어,꽁치,방어 등과 한류어종인대구,명태,도루묵 등이 대표적이다.	1. 수심이 얕다. 최대수심 103M 평균수심 44M 2. 염분이 낮다 3. 1.09퍼밀 * 조수간만의 차가심하다. 대표적인 어종으로는 조기,민어, 고등어,홍어가 있으며 꽃게,새우등 갑각류와 전복,굴 등 패류가 대표적이다.	1. 수심이 2번째로 얕다. 최대수심 227M 평균수심 약 100M 2. 염분이 2번째로 낮다. 32.32퍼밀 *쿠로시오 해류의 영향으로 난류성 어종이 풍부하며 한국 최대의 어장이라 불린다. 여름에는 30℃까지 높아지며, 겨울에도 10℃까지 수온이 유지된다. 4계절 내내 한류성 어종과 난류성 어종의 산란장이 되는 풍부한 어장이다. 대표적인 어종으로는 멸치,고등어,갈치,대구 등이 있다.

2) 서해 바다의 특징(네이버 인용 및 9인 공저 인용 및 김용회 1차 및 2차 기본서 인용)

(1) 서해는 수온이 10℃ 이하로 떨어지는 12월 초부터 이듬해 4월 초까지는 침선낚시 등 극히 일부 낚시를 제외한 대부분 낚시가 올 스톱되는 죽음의 바다가 된다. 이른바 조한기(釣閑期)인 것이다. 동절기 서해안에는 요동성과 압록강 일대에서 발원하는 연안 한류가 해안선을 따라 남하하는데, 북쪽으로 올라갈수록 한류의 영향이 강해진다.

예를 들어 12월 평균 해수온도를 보면 목포 앞바다는 10~12℃를 유지하는 데 비해, 군산 이북으로는 벌써 9℃ 이하로 떨어지며, 인천 이북은 8℃ 미만, 신의주 앞바다는 7℃에도 못 미치는 냉탕(冷湯)이 된다.

이러한 저수온 상태는 해가 바뀌고 2월에 최저로 떨어졌다가, 동지나(동중국)해에서 올라오는 황해난류가 세력을 확장하는 3월부터 서서히 상승하기 시작, 4월이 되면 군산권까지 10℃를 회복하면서 우럭·노래미를 필두로 붙박이 어종들이 조금씩 낚이기 시작한다.

하지만 서해의 본격적인 낚시는 12~13℃까지 수온이 상승하는 5월부터다. 이때는 우럭·노래미에 더하여 감성돔·학공치·숭어·붕장어가 격포·군산·서천·서산·당진 등 충남 서해안 연안 방파제까지 올라붙으면서 어장이 활기를 띈다.
수온이 17~18℃까지 오르는 6월이면 농어도 가세할 뿐만 아니라, 경기권의 대부도·영흥도·시화방조제는 물론, 멀리 북단의 백령도와 서해5도 해역의 연안 방파제와 선착장에서도 낚시가 쾌조를 보이게 된다.

(2) 이상을 요약하면, 서해는 12월~이듬해 4월 초까지는 수온이 10℃ 미만의 저수온 상태로서 조한기이고, 수온이 빠르게 상승하는 4월 중순 이후부터 낚시가 기지개를 펴기 시작, 5월을 거쳐 6월이면 피크에 돌입하는데, 이때부터 서해는 어느 바다보다 풍성한 어장으로 탈바꿈하게 된다. 또한 봄 시즌 전개는 난류의 영향을 먼저 받는 남쪽부터 시작해 점차 북상하고, 겨울철 시즌 마감은 한류의 영향을 먼저 받는 북쪽부터 시작해 남쪽으로 남하하게 된다.

한편 2000년대 초반부터 서천 부사방조제 앞과 오천 앞바다 등, 서해안 여기저기에서 갈치가 새롭게 출몰하는가 하면, 당진 석문방조제와 대호방조제, 안산 시화방조제 일대에서 삼치 떼가 다량 출몰하고 있어 꾼들을 즐겁게 하고 있다. 해마다 추석 무렵이면 등장하는 오천 앞바다의 갑오징어가 출몰하는 것을 볼 수 있다.

3) 남해

남해는 크게 남해서부·남해중부·남해동부 3개권으로 나눠 볼 필요가 있다.

(1) 남해동부

부산과 거제를 중심으로 하는 남해동부는 한반도 연안 중에서 쿠로시오 난류의 영향을 가장 강하게 받는 곳이다.

때문에 연중 수온이 최저로 내려가는 ''동절기에도 평균수온이 ''10℃ 이상''으로, 감성돔을 비롯한 볼락·숭어·망상어·노래미 등이 거의 연중 낚이고, 이 밖에도 다양한 어종이 서식한다.

거제·통영 앞바다의 경우 벵에돔은 2~3월을 제외한 나머지 10개월 동안 만나볼 수 있고, 도다리도 3월~11월까지 9개월여 동안 줄곧 낚인다.

(2) 남해중부

여수를 중심으로 하는 남해중부는 여러모로 재밌는 특징을 가진다. 우선 여수 좌측(서편)으로는 갯벌이 발달하고 수심이 얕은 반면, 우측(동편)으로는 갯벌이 드물고 수심이 깊은 지형을 사이좋게 거느리고 있다.

때문에 이곳은 다양한 어종이 서식하고 시즌도 남해서부와는 많이 다른 모습을 보이게 된다. 가장 대표적인 어종이 바로 볼락과 벵에돔이다. 즉 여수 오동도방파제를 비롯, 돌산도와 그 앞바다에 무수히 산재하는 도서 지역 방파제에서 볼락과 벵에돔은 가장 대표적인 어종에 속한다. 하지만 바로 이웃한 고흥 지역의 경우는 볼락과 벵에돔을 만나기가 쉽지 않다. 볼락과 벵에돔은 남해 중부, 남해 동부와 동해 남부·중부의 지역적 특성을 강하게 나타내는 지표어종인 셈이다.

(3) 남해서부

대륙과 서해에서 가까운 남해서부는 해수온의 변화도 서해남부와 유사한 데다, 연안의 지형 또한 대부분 서해 지역처럼 갯벌이 넓게 발달해 있고 수심도 얕은 편이다. 때문에 남해중부나 동부에 비해 시즌이 한 달 가량 늦게 시작되고 일찍 끝난다. 예를 들어 학공치의 경우 격포·군산권에서는 적어도 5월 중순이 돼야 출몰하지만, 해남·진도권에서는 4월이면 벌써 학공치가 출몰할 때가 많다.

또한 연중 수온이 최저로 내려가는 12~2월에도 남해서부의 평균 수온은 10℃ 이상을 유지함으로써 우럭·노래미·붕장어 같은 어종은 한겨울에도 어장이 형성된다.

이밖에 지난 90년대 중반 처음 출몰한 목포 내만권 갈치는 이젠 전국적 지명도를 가진 또 하나의 명물로 자리를 잡아, 갈치가 붙기 시작하는 8월 중순부터 10월 말까지는 밤만 되면 방조제 전 구간에 수천, 수만 명의 꾼들이 몰려 일대 장관을 이루곤 한다.

한편 남해서부 지역에서는 서해안에서는 볼 수 없는 고등어와 전갱이(8~9월)·능성어(9~10월)·도다리(7~8월)·참돔(6~10월)이 낚여 남해의 매력을 맘껏 자랑한다.

4) 동해

동해는 멀리 쿠릴열도에서부터 내려오는 북한해류(한류)와, 쿠로시오 난류의 한 지류인 동한해류(난류)의 세력 관계에 크게 좌우된다. 즉 한류가 더 강하게 내려오면 냉수대가 발달하면서 낚시가 위축되고, 난류가 세력을 키워 한류를 밀어 올리면 낚시는 대체로 호조를 띠고 낚시터 또한 넓어지곤 한다.

때문에 지역과 한·난류의 세력 교차점을 감안해 예로부터 동해는 고성·속초·양양·강릉 등 강릉 이북의 북부권과, 동해·삼척·울진 등지의 중부권, 영덕·포항·경주·울산 등지의 남부권으로 나눠 볼 수 있다. 이들 각 지역마다는 서식 어종과 시즌이 적지 않게 차이가 있기 때문이다.

먼저 동해북부는 벵에돔·보리멸·볼락·농어·붕장어 등 동해중부나 남부에서 쉽게 만날 수 있는 어종들이 드물거나 거의 서식하지 않는다. 반면 동해중부로 내려가면 벵에돔과 농어가 출몰하고, 노래미·가자미·황어·우럭·붕장어·망상어·숭어·졸복 등 일년 내내 낚이는 어종들이 언제든 꾼들을 맞아 주곤 한다. 동해남부로 내려가면 좀더 높은 수온을 선호하는 볼락과 벵에돔 배출이 되고 있다.

4. 해저 지형의 구조

바다 밑의 지형으로서 경사,수심,거리, 면적등에 따라 육지에서 바다쪽으로 대륙봉, 대륙사면, 대양저 해구로 나뉜다.

(1) 대륙붕 : 해안선에서 수심 200m 내외의 완경사를 가진 해저 지형을 대륙붕이라고 하는데, 태양빛이 바닥까지 닿고, 근처에는 영양염류와 플랑크톤이 풍부하여 좋은 어장이 생성된다.

(2) 대륙사면 : 대륙봉과 대양저의 경계로서 수심이 2500M까지이며, 평균 경사는 약 4°를 유지한다.

(3) 대양저 : 대양저는 수심 4,000~6,000m의 해저 지형으로 비교적 평탄한 지형

(4) 해구 : 평균 6000M이상의 대양저의 음푹파인 해저지형이다.

*해저 지형의 면적 : 대양저>대륙사면>대륙붕>해구
약 (80%) (12%) (8%) (1%)

제5 해양환경 및 해저 지형의 구조 · 연안역과 외양역

1. 해양 생태계

1) **개념** : 해양에서 생물군집과 그들을 둘러싼 환경과의 유기적 물질순환계를 말한다.
2) **특징** : 해양은 지구표면의 약 3/4를 차지하고 있고, 평균 수심은 약 3,800m이며, 물은 공기에 비하여 비중,비열 등이 모두 높고, 빛의 통과하기가 어려운 것이 특징이다.

3) 해양의 일반적 지식

일반적으로 대양수인 해수 1,000g 속에 약 35g의 염류가 녹아 있으므로 3.5%(또는 35‰)로 표시하는데, 해수 1,000g 속에 녹아 있는 염류의 총량을 g으로 나타낸 것을 ① 염분(Salinity) 이라 하며, 천분율(‰,permil), psu(practical salinity unit) 등의 단위로 나타낸다.지구 표면에 덮여 있는 전체 해양의 표면적은 약 3 억 6,000만 km2로서, 남반구는 전체 해양 면적의 약57%이며, 우리가 살고 있는 ② 북반구는 전체 해양 면적의 43%가 된다. 그리고 해양은 대양과 부속해로 구분할 수 있는데, 대양은 우리나라가 접해 있는 태평양과 대서양, 인도양, 북극해 및 남극해가 있으며, 각대양에서의 부속해는 두 대륙 또는 세 대륙에 둘러싸여 좁은 해협을 통해 대양으로 연결되어 ③ 내해라 할 수있는 지중해 및 반도, 섬 등에 의해 둘러싸인 ④ 연해로 나누어진다.해양은 육지와 같이 해저의 지형이 높거나 낮게 형성되어 있기 때문에 기본 수준면에서부터 해저까지 깊이를 수심이라 하며, 해양의 평균 ⑤ 수심은 약 3,800m이다. 육지의 평균 높이가 840m인데 해양의 수심은 육지의 높이와 비교하여 높낮이의 차가 훨씬 크다. 해양에서 가장 깊은 곳은 남태평양에 위치한 마리아나 해구의 비티아즈 해연으로 그 수심이 11,034m인데, 육지에서 가장 높은 에베레스트 산(8,848m)과 비교하면 2,000m 이상 차이가 난다.

2. 해양환경

바다 밑의 지형으로서 경사,수심,거리, 면적등에 따라 육지에서 바다쪽으로 대륙봉, 대륙사면, 대양저, 해구로 나뉜다.

1) **대륙붕** : 해안선에서 수심 200m 내외의 완경사를 가진 해저 지형을 대륙붕이라고 하는데, 태양빛이 바닥까지 닿고, 근처에는 영양염류와 플랑크톤이 풍부하여 좋은 어장이 생성된다.
2) **대륙사면** : 대륙붕과 대양저의 경계로서 수심이 2500M까지이며, 평균 경사는 약 4°를 유지한다.
3) **대양저** : 대양저는 수심 4,000~6,000m의 해저 지형으로 비교적 평탄한 지형
4) **해구** : 평균 6000M이상의 대양저의 음푹파인 해저지형이다.
5) **해저 지형의 면적 : 대양저 >대륙사면 >대륙붕 >해구**
약 (7.5~80%) (12%) (7.6%) (1%)

① 해저지형의 순서는 대륙붕,대륙사면, 대양저,해구의 순서이다.대륙사면의 끝 부분을 '대륙대'하고도 한다.
② 대륙사면은 전체면적의 12%, 비교적 급한 경사를 보이는 곳으로 평균 경사가 약4도이다
③ 대륙붕이 평균 경사는 약 0.1도이고 전체 면적의 약 7.6%이다.그러나 광합성이 가장 활발한 곳으로 해양어류의 먹이가 풍족하고 대부분의 어장이 '대륙붕'에서 형성된다.

5-1) 대륙붕, 대륙사면, 대양저,해구 : 대양저는 지구표면의 절반 50%이상이 해산,구릉,대양대저,기요, 심해터널, 등으로 구성, 이는 해산이 높이 솟아 형성되었고, 하와이, 괌 등이 화산섬의 예시이다. 대양저 산맥은 지구 둘레의 1.5배인 65.000km, 높이 2000`3000m, 폭이 1000km이상이며, 지구표면의 22%, 열곡이나 변한 단층, 단열대, 화산활동, 지진이 활동 중이다. 열수공(350도씨)이 있는데 이는 바다의 일부를 암시하는 것이다.

6) 연안의 구분은 해빈역 , 연안역 , 외양역으로 구분을 한다.
① 해빈역은 조상대, 조간대,조하대(수심 20~60m)구분한다.이를 연안 지역이라 한다.
② 연안지역을 조주대(수심 150~200m)도 포함하고 이 '조주대가 연안역이다.
③ 심해지역은 점심해지대, 심해지대, 초심해지대로 나누어 진다.
④ 점심해지대는 700m~3km, 심해층은 3~6km, 초심해층은 6~10km로 나눈다.

7) 해양의 햇빛의 효용성 분류

(a) 무광층은 빛이 없는 구획을 말하고, 수심 1,000m 보다 깊은 곳을 말한다.진광대는 보통 100m 보다 깊지 않은 깊이를 말하고, 표층에서 광합성을 충분히 가능한 빛의 도달가능한 깊이를 말한다.
(b) 진광대는 해양의 2.5% 정도지만 해양생물에 있어 매우 중요한 역할을 하는 곳이다.
(c) 박광대는 작지만 측정가능힌 빛이 있는 수층에서 전혀 해빛이 없는 수심까지 보통 약 1,000m까지로 본다.

(고교 수산일반 인용) (비교 : 물리적, 수직적 분포 : 외양대를 표층대, 중층대, 심층대로 분류)

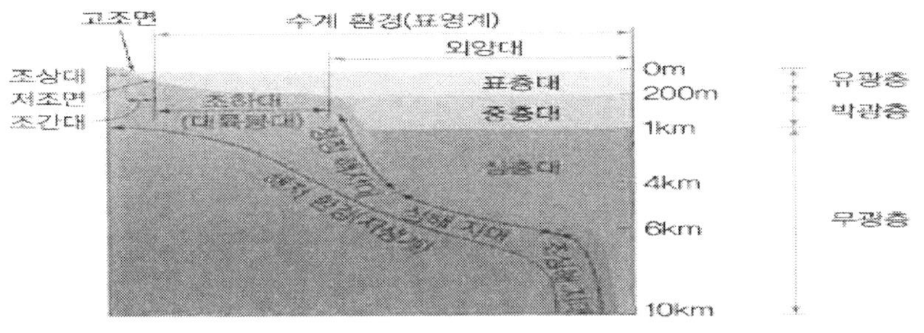

[그림 II-7] 해양의 생태적 구분

(c) 수계 생물의 생태는 부영부와 저서부로 나누어 설명하는 데 부영부에는 생태가 다른두 무리의 수생 생물이 산다. 그 하나는 물속을 자유롭게 헤엄치며 해류를 거스르면서 운동할 수 있는 유영 동물로서 어류, 오징어, 고래 등이 이에 속한다. 또 하나는 운동력이 매우 약하거나 전혀 없어 해류의 흐름에 따라 생활하는 부유 생물로서 현미경을 통해서 관찰가능할 정도의 작은 규조류와 운동력이 미약한 절지동물을 비롯하여 수서 동물의 알과 유생, 어류의 치어, 해파리 등이 이에 속한다.저서부에는 해저의 표면이나 바닷속의 암초 등에 고착하여 사는 생물이 분포하는데, 이 무리의 생물군을 저서생물이라 한다. 저서생물에는 패류, 갑각류, 해조류 등이 있다.

8) 해양의 외양역 분류

부영계는 수평적으로 연안역과 외양역으로 구분하고, 연안역은 대륙붕 위의 구역으로 해안선으로부터 바깥쪽으로 수심200m 까지를 말하고, 그 바깥쪽은 외양역이라 한다. 부영계는 해양의 표면에서 바닥까지 해수 물덩어리 전체를 가리키고, 해수와 물리적, 화학적에 다른 수직적으로 '표층대,중층대,저층대,심층대로 구분한다.

1) 외양(표영계)환경은 독특한 물리적 특성을 가지고 뚜렷한 생물구획으로 구분되고, 표영계 환경은 '연안역과 '외양역'으로 크게 나누어 지며,
2) 연안역은 해안에서 수심 200m 보다 얕은 곳의 수층으로 포함하여 나누고, ' 외양역은 수심 200m 보다 더 깊은 곳을 말한다.
3) 외양역은 표해수층,중심해층,점심해층,심해층으로 구분한다.
(a) 표해수층 : 표면m~200m수심까지의 구역이며, 위쪽의 반정도는 해양에서 유일하게 광합성을 유지하는데 충분한 빛이 있는 곳이다.
(b) 중심해층 : 수심200m~1,000m의 구역이고, 용존산소 최소층이 700~1,000m 사이에 나타나는 구역, 생물

발광으로 새우,오징어,심해어가 서식한다.생물발광이란 생물학적으로 빛을 생성할 수 있는 능력이 있는 것을 말한다.

ⓒ 점심해층 : 수심 1,000m~4,000m 의 구역이다.

ⓓ 심해층 : 수심 4,000m 이상의 구역을 말하고, 외양의 서식처 공간의 약75% 이상을 가지고 있다.완전히 눈이 먼 어류가 많이 서식한다.

9) 영역 관리권에 따른 바다의 구분 : 영공은 영토에서 영해 12해리까지를 말한다.

1)기선 : 통산기선이라고도 하며, 연안국이 공인하는 대축적,해도에 기재되어 있는 해안의 저조선으로 하고, 이 기선은 영해의 바깥쪽의 한계를 측정하기 위한 기초로 하는 선을 기선이라고 한다.

2) 내수 : 기선에서 육지 쪽의 바다를 말한다.연안국의 주권이 조건없이 행사가 되는 지점.

3) 영해 : 기선에서 바다 쪽으로 12해리를 말한다.연안국은 주권을 행사가 가능하지만, 무해통항권이 인정되는 범위이다.영해는 해안을 따라 일정한 폭을 갖는 띠 모양의 영역이며, 그 범위는 바다에 접하는 면에 의하여 결정된다.

4) 접속수역 : 기선에서 24해리 지점을 말한다.

5) 경제수역 ; 기선에서 200해리 지점까지를 말한다.

6) 공해 : 내수와 영해를 제외한 해양을 전부, 즉 바다 쪽을 말하고,국제법상 어느나라의 영역에도 속하지 않고 모든 국가에 개방된 해역을 말한다. 주인이 없는 수산물은 어느 나라도 채포를 할 수 있는 곳이 공해이지만 일정한 제한이 있다.

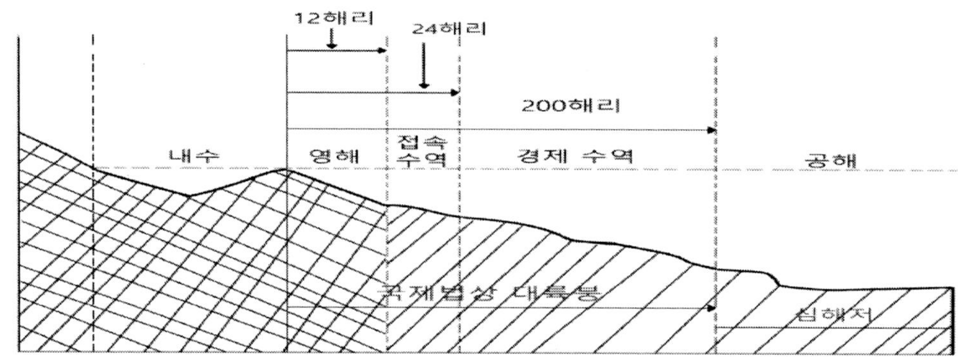

7) 수심에 따른 분류

(1) 천해 : 수심 100m~200m

(2) 심해

① 점심해대 : 200~300m

② 심 해 대 : 3,000~6,000m

③ 초심해대 : 6,000m 이상

제3.어장·어업과 어구 및 어구의 구성, 어법과 우리나라의 주요어업

1. 어업과 어장(수산물을 기르는 장소를 말한다) 및 어로, 어구, 어군, 어법 등

1) 어업의 개념

영리를 목적으로 하는 어로를 어업이라 한다. 일반적으로는 수산동식물을 포획하는 생산적인 작업을 말한다. 수산업법 등 개념 및 분류가 다소 달리 규정되어 있다.

2) 어로의 과정 및 어군 탐색

(1) 어로의 과정

어로행위는 대상생물의 행동 양식 및 습성을 알아내고 그에 적합한 수단방법과 도구를 사용하여 어로 작업이 이루어 진다. 이를 수단을 어법이라 하고 도구를 어구라 한다. 어로의 과정은 첫째 어군의 존재하는 위치를 알아내는 것이고, 둘째는 어군을 보다 좁은 공간에 밀집시키는 것이며, 그 후 대상물을 포획하는 과정이 마지막 과정이다.
(2) 어군 탐색

어로 과정 중 경제적인 효율성 등을 위하여 어군의 밀도가 큰 해역을 어장으로 선택 후 수확하는 것이 필요하고, 이와같이 어군의 소재를 확인하는 것이 어군 탐색이라하고, 어군 탐색 방법은 직접 및 간접으로 나누어 진다.

① 어류의 회유 및 습성,생활 조건 등을 탐색하는 간접적인 어군 탐색이며, 1차 어장 탐색이 이루어 진다. 동해안의 공치는 수온 12~18℃에서 가장 많이 잡히는 것은 이를 이용하는 것이다.
② 2차 어군탐색 혹은 ''직법''적 어군 탐색이라 하고, 어군의 1차인 간접적이 곤란 및 보완하는 것인데, 어군의 어군탐지기 등 이용하여 어군을 찾는 것이다.
③ 비교 : '수산자원량'을 직접조사하는 방법으로는 '트롤조사법, 수중음향조사법,목시조사법 등으로 나누어 지는 것과 빅 하여야 한다.

3) 어업의 분류 및 수산물 용어 - 농수산물품질관리법령 등 용어 비교

3) 어업의 종류

어장, 어획물, 어획방법, 근거지에 의한 분류(내수면 어업, 원양어업 등) 수산업법 등 법적 규제 및 지원에 따른 분류가 된다. 수산업법상 면허 및 허가,신고, 등록어업 등으로 나누어 진다.

4) 어장의 환경 요인

자연환경에 서식하는 수산물의 특성을 알고서 수확 및 관리 등을 하여야 하므로 수산동식물이 서식하는 바다의 생태적 요인들을 분석하는 것인데, 이는 물리적 요인,화학적요인,생물학적 요인으로 나누어 진다.

(1) 물리적 요인

이는 수온,광선(해양생물의 광합성 작용에 영향),바다물의 빛의 투과되는 투명도(투명도란 기름이 30cm 인 흰색 원판을 바닷물에 투입하여 보이지 않을 때까지의 깊이를 재어서 수치로 나타낸는 인위적인 방법을 말한다)와 바닷물의 색깔(수색), 해수의 유동, 바다의 지형 등 , 특히 수온이 가장 중요한 것 중에 하나인데 이는 난류와 한류 등 분석을 하여 어종의 분포와 수확방법 및 시기 등도 관련이 있다.

(2) 화학적 요인 : 이는 염분,용존산소,영양염류 등이 있다.

① 염분농도는 생물의 체액과 체외 환경수의 삼투압 조절에 영향을 미치고, 해산어는 체액 이온 농도가 환경수인 해수에 비해 낮게 유지된다.담수어는 체액 이온농도가 환경수인 담수보다 높다. (염분의 식품공전 검사방법은 : 몰법(시약은 소금물,질산은,크롬산칼륨) 및 회화법(크롬산칼륨 및 질산은이 시약)

② 용존산소는 생물의 호흡과 대사작용에 있어서 반드시 필요한 요소이므로, 부족한 경우 생물의 성장에 지대한 지장을 초래한다. 용존산소는 표층일수록 많고, 하층수일수록 희박하는 것이 특징이다.

③ 영양염류에는 질산염,인산염,규산염 같은 영양염류는 식물 플랑크톤과 해조류가 광합성에 이용되는 것으로 필요한 물질이다. 또한 담수의 유입이 많은 강 하구의 연안지역에서는 육상으로부터 공급되는 영양염류가 많고, 외양에는 적다.표층이 깊은 곳에는 적고, 수심이 깊을수록 영양염류가 증가하는 것이다.

(3) 생물학적인 요인

이는 먹이 생물의 분포, 경쟁생물의 분포, 해적생물과의 관계 등이다. 특히 플랑크톤을 먹이로하는 어업 생물이 조경(어장의 형성 근거)을 형성하는 것이 특징이다.

2. 어장 형성

1) 조경 어장

서로 다른 특성의 두 개의 수괴가 접하는 있는 경계를 조경 또는 해양전선이라고 하는데, 주요한 세계어장들은 이와같은 조경어장에 분포되어 있다. 난류와 한류가 만나는 맥시코만류,쿠로시오와 오야시오 등이 조경어장이다. 이곳은 소용돌이가 일어나며, 발산 · 수렴 현상이 나타난다. 연안해안가는 대륙붕 연변부와 연안수와 외양수 사이에 조경어장이 형성된다.

① 북태평양 조경 어장
난류와 한류의가 만나는 어장으로서 난류성 어류인 다랑어,꽁치,고등어가 한류성 어류인 연어,송어, 명태, 대구 등이 많이 잡히는 어장이다.

② 우리나라 근해의 조경어장
남해의 연안수와 쓰시마난류와의 조경어장은 멸치, 고등어,전갱이가, 동한한류와 북한한류사이에 형성되는 동해의 아극전선 조경어장은 명태, 꽁치, 오징어 등이 많이 난다.

③ 수산직 공무원 기출 분석

문제) 특성이 다른 두 개의 물덩어리 또는 해류가 서로 접하는 경계에서 형성되며, 우리 나라의 동해안에 주로 나타나는 어장은 ? 답 : (3) 조경어장

(1) 와류 어장 (2) 용승어장 (3) 조경어장 (4) 대륙붕 어장

2) 용승어장

해양의 하층에서 질산염,인산염,규산염과 같은 풍부한 영양염류가 용승에 의하여 표면 부근의 태양광선이 도달하는 유광층까지 올라오게 하는 현상의 어장이다.용승어장은 세계 전 대양의 표면적의 0.5% 불과하지만, 세계 전 어류 생산의 약 50%가 생산되는 어장이다.

① 용승의 원인은 바람에 의한 것, 퇴초에 의한 것, 조경이나 조목에 의한 것 등이다.최근에는 인위적으로 조성하는 실험을 하고 있다.
② 미국의 캘리포니아 근해(정어리,멸치,저서어 등), 대서양의 알제리 연해(정어리,문어, 등), 인도양의 소말리아 연근해 등이 용승어장이다.

3) 와류어장

해수의 흐름인 와류로 변하는 현상인데, 이는 해수의 속도차나 해저,해안의 지형 등에 의한 해저 마찰로 인한 저층 윷ㄱ의 감소로 인하여 발생하는 것이고, 역학적 와류,지형적 와류로 분류다 된다.

① 와류운동의 방향이 북남반구에시는 반시계 방향으로 회잔할 때 용승이 생긴다.
② 역학적 와류
조경역에서 반시계 방향으로 회전하면서 와류가 일어나고, 저츨의 차갑고,영양염류가 품부한 해수를 표면까지 상승시켜 어장이 형성된다. 우리나라의 경우 울릉도 근해에서 9월경에 나타나는 냉수괴는 쓰시마난류와 북한한룩 접하는 아한대 극전선을 형성하고, 사행을 한 극전선에서 발산서의 와류 형상이 생긴다. 이 발산성 냉수괴 주변의 난수역은 오징어 어장이 형성된다.
③ 지형성 와류
불규칙적인 해저 지형에 의한 형성이 되는 것인데, 우리나라의 동해의 중층 이심에는 수온 1~2도씨 이하, 염분 34.5psu의 저온 저염수인 동해 고유수가 있고, 그 상층에는 5-~150m 두께의 쓰시마난류가 흐르고 있는데, 주변에 비하여 수심이 얕은 지형적인 영향으로 인하여 용승류가 발생하여 저층의 냉수괴가 표층에 나타나며, 쓰시마난류는 그 영향으로 꾸불꾸불하게 흐른는 것이 특징이다. 수심이 급격하게 얕아진 행거에서는 이러한 냉수괴가 나타나고 그 선단부의 용승류로 인하여 난류를 외해 쪽에서 연안 쪽으로 밀어 붙이거나, 그 반대로 외해로 밀어내어 정어리, 전갱이, 고등어, 등이 분포하게 된다.

4) 대륙붕 어장

해수에 하천수의 유입으로 형성되는 어장을 대륙붕 어장이라 하고, 파랑,조석,대류 등에 의하여 상.하층수의 혼합이 되는 어장이다.대륙붕어장은 산란장,성육장 등이 형성되며, 해저의 저서 생물이 서식하기 좋은 어장이다. 우리나라는 황해,동중국해가 대륙붕어장이고, 베링해 및 오호츠크해(대구,명태, 게 등), 북해 및 바랜츠해(넙치,가자미,대구,청어) 등이 있다.

3.어구와 구성 및 그물감의 규격, 어법 등

1) 어구의 재료는 합성섬유가 지금 사용되지만, 그 전에는 면,삼,짚 등이 사용되었다.
2) 그물실의 종류와 주조

(1) 꼰 그물실 및 땋은 그물실 등으로 나눈다.
(2) 그물실의 규격은 항중법과 항장법(데니어식,호수식,텍스 식 , 번수 등) 으로 나눈다.
(3) 그물실의 물리적 성질 (항장력 및 신장도와 탄력성, 마찰저항, 비중,유연성, 내후성 등)
(4) 그물실이 갖추어야 할 요건
① 항장력이 크고 고를 것 , 미칠에 잘 견딜 것
② 다소 탄력성이 있고, 늘어났더라도 쉽게 복원력이 있을 것
③ 어구의 성질에 맞는 유연성을 가질 것
④ 썩지 않을 것, 물의 자항이 작을 것
⑤ 공급이 품부하고 값이 쌀 것, 일광,온도,습기, 산, 알카리 등에 강할 것 등

4. 그물감의 규격 - 기출 2번

1) 그물코의 크기(9인공저 인용)

(1) 그물코의 벋친 길이로 표시하는 방법
(2) 1개의 발의 길이로 표시하는 방법
그물감을 번쳐 놓았을 때 1개의 그물코의 양쪽 끝 매듭의 중심 사이를 잰 길이로써 나타내며, 길이의 단위로는 mm를 사용한다.
(3) 일정한 폭 안의 씨줄의 수로 표시하는 방법
여자 그물감의 경우에는 일정한 폭(1자 6치 5분 '=' 50m) 안에 든 씨줄의 수로 '몇 경'이라 한다.
(4) 일정한 길이 안의 매듭의 수나 발의 수로 표시하는 방법
보통의 그물감은 5차(15.15cm) 안의 매듭의 열의 수로 , 새끼처럼 굵은 실로 잔 코가 큰 그물감은 5자(151.5cm) 안의 매듭의 열의 수로 '몇절'이라고 도 한다.그물코의 뻗친 길이는 ''k(mm) =

303/n(절) - 1''이 된다.

(5) 그물코의 안지름으로 표시하는 방법

그물코를 형성하는 마름모꼴을 뻗쳐 놓았을 때의 내부의 길이를 재는 것이며, 자원보호의 목적상 그물코의 제한할 때 이용된다.

2) 그물감의 크기

그물감의 공장에서 판매할 때의 단위가 1필이라하고, 이 1필의 그물코의 크기에 관계없이 폭은 100코, 길이는 100장대(151.5m) 이지만, 상거래상 다르게도 사용된다.

3) 그물감의 무게 및 그물감의 재단법

그물감의 무게는 어구를 설계할 때나 매매할 때 필요하다. 그물실의 공기 중 무게에 대하여 어구에 중요한 요소이다. 재단법으로는 '

① 종단법 : 폭을 줄이기 위해서 세로로 끊는 것을 종단법이라 한다.

② 횡단법 : 그물감의 길이를 짧게 하기 위하여 가로로 끊는 것

③ 사단법 : 삼각형이나 사다리꼴 그물감과 같이 직사각형이 아닌 그물감을 얻고자 할 때,즉 그물감을 빗나가게 끊어가는 것을 사단법이라 한다.

5. 어로의 과정 , 어군 탐색 과정 및 어업기기

1) 어로의 과정의 분석 목적

어로 행위는 대상생물의 행동 양식을 분석 후 그에 알맞은 어류 수확을 위한 수단방법과 어구 도구를 사용하기 위한 것이다. 이는 어군이 존재하는 위치를 파악하는 것, 대상물을 잡는 방법 등을 강구하는 것이 목적이다.

(1) 어군 탐색

① 어군의 소재를 파악하는 것이다.

② 간접적 어군 탐색

어군의 생리적 조건의 변화와 관련된 탐색이며, 이를 분석 후 회유성 어류 등 파악하는 것이다. 수산동식물의 생리적 조건에 따른 이동 = 회유를 파악하는 것이다.예시로 수온의 변화 및 해수의 변화에 따른 어군의 회유를 분석하는 것이다. 수온이 12~18도씨에서 동해에서는 꽁치가 많이 잡히는 것이 어군의 회유와 관련된 것이다.

③ 직접적 어군 탐색

어군의 수면 가까이에 있을 때에는 어군이 일으키는 거품이나 갈매기 같은 바닷새의 움직임을 보고 어군의 존재를 알아 내는 것이다.

2) 수산자원의 단위 : 계군의 식별방법

같은 해역이라도 같은 종의 개체군을 혼합된 범위에서 대상어군을 찾아서 수확을 하여야 하므로 이를 식별하는 것이 계군의 식별방법이다. (뒷 편 11장 참조)

(1) 형태학적인 방법　(2) 생태학적인 방법　(3) 어황분석에 의한 방법

(4) 표지방류에 의한 방법　(5) 생화학적 및 유전학적인 방법

도표 : 김태산 인용 : 수산일반 수산직공무원 최종모의고사 38p

. 형태측정법

어획물의 체장조성을 이용하여 자원생물의 동태 및 계군의 특성을 파악하는 방법이며, 이는 길이를 재는 방법이고, 새우는 전체적인 길이를 재고, 오징어는 동장길이를 잰다.

형태측정법 분류	**동장 측정법**	**오징어 : 몸통길이만 측정**
	전장 측정법	어**류,문어,새우 등 : 입~~꼬리끝까지**

	표준 체장 측정법	어류 : 입 ~~몸통 끝까지 측정
	두흉 갑장 측정법	새우, 게류 : 머리~~ 가슴까지 길이
	두흉 갑폭 측정법	<u>게류 : 머리와 가슴의 좌우 길이</u>
	피린 체장 측정법	<u>멸치 : 입 ~~~비늘이 덮어 있는 말단까지</u>

. 도표 김태산 : 형태측정법

. 문어 : 전장

. 갈치 : 항문장

. 새우 : 전장 또는 두흉갑장, 이마뿔 길이, 체장

. 게류 : 두흉갑장, 두흉 갑폭

. 오징어 : 몸통길이 = 동장

. 어류 : 머리길이 = 두장, 표준체장, 피린체장, 전장, 고리자루

. 멸치 : 국제적으로 ' 피린 체장 측정 방법'

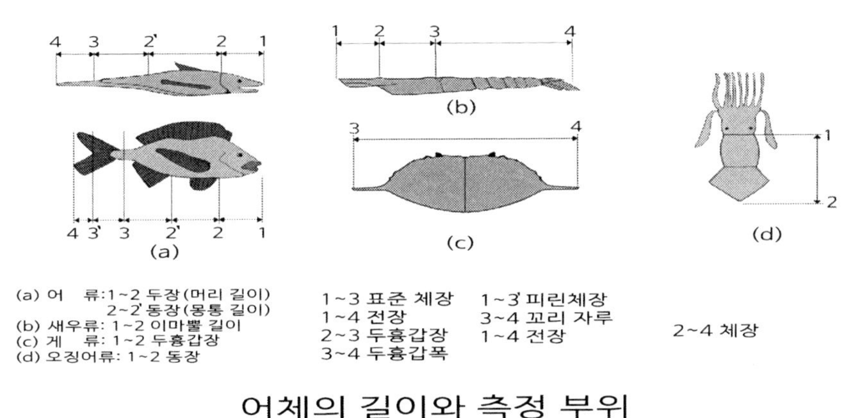

어체의 길이와 측정 부위

. 수산동물의 종류별 체장 계측 방법

분 류		
어 류	전장	주둥이에서 꼬리지느러미 끝까지 길이
	체반폭	체반폭(양쪽 가슴지느러미 사이의 너비를 말한다) 또는 항문장(주둥이에서항문까지의길이를말한다)
갑각류	두흉갑장	두흉갑장(머리·가슴의 껍데기의 길이를 말한다)
패류	각장, 각고	각장(껍데기의 길이를 말한다) 또는 각고(껍데기의 높이를 말한다)
성게	각경	각경(몸체의 지름을 말한다)
오징어류	외투장	외투장(외투막의 길이를 말한다)

. 연령형질법

① 가장 보편적으로 사용되고 있다. ② 비늘은 뒤쪽보다 앞쪽 가장자리의 성장이 더 빠르다.

③ 어류의 비늘.이석.등뼈.지느러미.연조.패각.고래의 수염 및 이빨 등이 활용된다. 이는 연령형질[年齡形質, Age character]의 특징으로 보면, 물고기의 나이를 추정할 수 있는 비늘, 이석, 척추골, 상후두골, 새개골, 쇄골, 지느러미 줄기 등의 형질. 이 중에서도 비늘과 이석, 척추골 등이 많이 이용된다

④ 연령형질 분석

(a) 이석을 통한 분석은 '광어,고등어,대구,가지미 등 이용되며, 연골어류인 홍어,가오리,상어는 이석으로 비효율적이라 다른 방법이 이용된다.

(b) 연안 정착성 어종인 노래미,주노래미는 등뼈'척추골을 이용한다.

3) 연골어류와 경골어류 분류

. 연골어류(상어,가오리, 홍어, 괭이상어,개상어 등)
① 딱딱한 뼈를 가지고 있지 않고 가벼운 물렁뼈로 되어있는 대신 질긴피부를 가지고 있는 특징이 있다.
② 부레가 없고 지방질로 이루어진 간이 커서 부력의 역할을 하며 강한 힘을 낼 수 있는 지느러미가 발달되어 있고, 이빨이 겹겹이 있다.입이 아래쪽에 있다
③ 체내수정하는 난태생이다. (모체 내에서 부화된 후 새끼가 모체 밖으로 나옴)
. 경골어류(<u>참치 고등어 청어 꽁치 등 대부분의 물고기</u>)
① 어렸을 때는 뼈가 연골로 되어 있다가 성장하면서 뼈가 단단히 굳어서 경골이 된다.
② 부레가 있고 대부분이 난생으로 체외수정을 한다.입이 앞쪽에 있다 •미부하수체가 있다.
③ 칠갑상어는 연골어류가 아닌 경골어류에 분류된다.

(3) 집어(집어에는 유집,구집,차단유도 등으로 나누어 분류한다.)

① 어군은 넓게 분산되어 있어므로 이를 한군데 수획하기 좋게 모으는 것을 집어라 하고, 집어에는 유집,구집,차단유도 등으로 나누어 진다.
② 집어의 특징 : 유인용의 미끼가 불필요하다. 달이 밝을 시 집어효과가 저하되며, 야간에만 활용이 가능하다.

① 유집 (예시로 ''유집은 - 오징어채낚기)

어떤 자극을 주어서 어군이 자극의 방향으로 모이게 하는 것을 유집이라 한다. 유집은 불빛을 이용하는 방법이 있고, 고등어, 전갱이, 멸치, 오징어 등과 같이 표층 내지 중층의 어족에 사용된다.이는 주광성을 이용하는 것이다.

(a) 수산직 공무원 기출 분석

문제) 고등어 선망어업에서 사용하는 불(빛)배의 집어 등은 어떠한 방법에 의한 집어인가?
(1) 구 집 (2) 유 집 (3) 차단유도 (4) 회유유도 답 : 유집 2.

② 구집(예시로 구집은 - 명태트롤''이다)

자극을 받아서 자극과 반대방향으로 어군을 모이게 하는 것을 구집이라 한다.소리나 시각적인 자극을 이용하는데 예시로 끌그물 어구에서 날개그물 앞에 후릿줄을 길게 내서 접근해 오는 어군을 놀라게 하여 그물 입구족으로 어군을 유도하는 것이다.

③ 차단유도(예시는 '방어정치망이 차단유도 방법이다.)

어군의 자연적인 통로를 차단하여 어획하기 알맞은 장소로 유영해 가도록 유도하는 방법을 차단유도라 한다. 정치망 걸그물이 대표적이다.

2) 어구와 어법의 분류

(1) 어구의 분류
① 주어구 ② 어군탐지기 ③ 보조어구와 부어구 등
④ 어구의 재료로는 낚시대의 나무 및 합성제품이며, 그물실은 현재 합성섬유가 사용된다.
⑤ 수산직 공무원 기출 분석

문제) 선망어업에 있어서 그물을 투망한 후부터 그물 자락의 침강상태를 파악하는 장치는 ?
(1) 소나(Sonar),　　　　　　(2) 텔레사운드(Telesounder),
(3) 네트 존데(Net Sonder), (4) 네트 레코드 (Net Recorder)
답) 3번

(2) 그물어구와 종류 및 어법

함정어구는 일정한 장소에 설치한 장치에 들어간 어류를 잡는 것인데, 함정어구의 분류는

ⓐ **유인함정류(문어어 단지, 장어 통발 등),**
ⓑ **유도함정류(대부망, 대모망, 낙망, 승망 등),**
ⓒ **강제 함정류(죽방렴,낭장망,주목망,안강망 등)으로 나누어진다.**

도표 : 김태산 인용

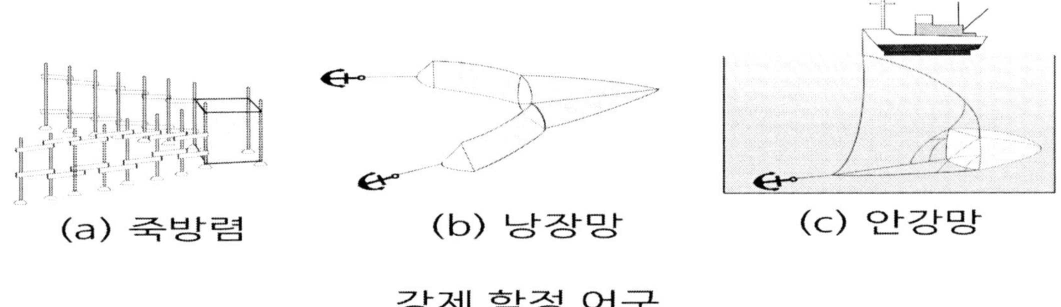

강제 함정 어구

① 함정어구
함정어법은 **ⓐ 유도함정어법(통로 차단 후 유도하여 수확), ⓑ 유인함정어법(포획 대상 어류를 어구 속으로 유인해 함정에 빠뜨리는 어법), ⓒ 강제함정어법** 등이 있다.

② 강제 함정어법
물의 흐름을 이용하는 어법인데, 죽방렴,낭장망,주목망, 안강망, 등이 있다.

③ 수산직 공무원 기출 분석

문제) 함정 어법에 대한 설명으로 옳지 않은 것은 ? 답 : (1) 유인함정어법

① 유도 함정 어법의 대표적 어구는 문어 단지와 통발류이다.
② 강제 함정 어법의 어구에는 죽방렴,주목망,낭장망,안강망이 분류된다.
③ 유도 함정 어법은 어군의 통로를 차단하고, 어획이 쉬운 곳으로 어군을 유도하여 잡아 올리는 방법이다.
④ 강제 함정 어업은 물의 흐름이 바른 곳에 어구를 고정하여 설치해 두고, 어군이 강한 조류에 밀려 강제적으로 자루그물에 들어가게 하여 어획하는 방법으로 안강망 어법이 그 예이다. 갈치, 도기 등 어획에 이용된다.

도표 : 김태산 인용

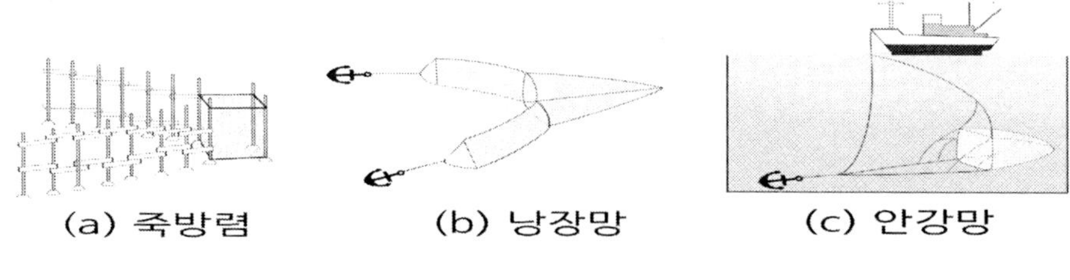

강제 함정 어구

(3) 두릿그물어구(갓후리, 배후리, 손방 등)

① 선망이라고도 하며, 긴 수건 모양의 그물로 둘러싸서 가둔 다음 그물의 포위범위를 좁혀서 어획하는 것이다.
② 중층이나 표층에 모여 있는 어군이 대상이다.
③ 쌍두리선망,외두리 선망 어업 등이 있고, 고등어, 전갱이, 다랑어 어군이 선망어업 대상이다.

(4) 들망어구(= 들그물 어구 및 어법) 와 어법

① 부망어법이라고도 하며, 수면 아래에 그물을 펼쳐 두고 어군을 그물 위로 유인한 후 그물을 들어 올려서 잡는 어법이다.
② 남해안의 숭어 들망, 멸치 들망, 제주도 연안의 자리돔 들망
③ 현재 산업적으로 이용되고 있는 어구는 '봉수망''이다.

(5) 후릿그물 어구와 어법

① 자루의 양족에 길다란 날개가 있고, 그 끝에 글줄이 달린 그물을 멀리 투망해 놓고 육지나 배에서 끌줄을 오므리면서 끌어당겨서 어획하는 어법이다.
② 갓후리, 배후리, 손방(한쪽 고정 후 한척의 배가 글어가서 어획하는 것)

(6) 끌그물 어구와 어법

① 예망어법이라고도 하며, 한 척이나 두 척의 어선이 일정 시간 동안 어구를 끌어서 어획하는 어법을 말한다.
② 기선권현망, 트롤,쌍끌이 기선저인망
③ 트롤어법은 그물어구의 입구를 수평 방향으로 벌리게 하여 전개판을 사용하여 한 척의 선박으로 조업하는 것이 특징이며, 끌그물 어법 중에서 가장 발달된 단계의 어법이다.
④ 어구를 끌면서 어군을 찾아 이동하므로 가장 공격적이고 적극적인 어법이 기계화를 보여주고 있다.
⑤ 끌그물의 발전 단계 : 범선저인망 - 상끌이 기선저인망 - 빔 트롤 - 오터 트롤 어법으로 변화되었다.
⑥ 트롤어업은 글그물 중 가장 발달된 어법형태로서 그물 어구의 빕구를 수평 방향으로 벌리게 하여 전개판을 활용해서 한 척의 어선으로 어업을 하는 것이다.

(7) 걸그물 어구

① 긴 사각형 모양의 어구로서 어군이 헤엄쳐 다니는 곳에 수직이나 수평으로 그물을 펼쳐 두고 지나가는 어류가 그물코에 꽂히게 하여 어획을 하는 방법이다.
② 어획하는 바닷물(해수)에 따른 분류는 표층 고정자망,중층유자망,저층 고정자망 어법으로 나누어진다.
③ 어구의 운영방식에 따른 분류는 흘림 걸그물, 고정 걸그물, 두릿 걸그물 등으로 분류된다.

3) 어업에 활용되는 어업 기계 및 기기

(1) 어업기기의 분류

① 수중정보 수집 장치 기기 : 어군탐색기(기록지식 어군탐지기, 영상식 어굽탐지기 등), 소나, 네트레코드, 네트 존데 등
② 어구 조작용 기계장치 : 작종 권양기, 양승기, 양망기, 트롤 윈치 등
③ 어획장치 기기 : 오징어 자동 조상기, 가다랑어 자동조상기 등
④ 어획 보조 장치 : 가당랑어 어선의 살수장치, 집어 등, 물돛 등
⑤ 어획물 처리 및 이송장치 : 어체 선별기, 컨베이어 시스템, 피쉬 펌프 등

⑥ 기기의 구비 조건은 견고하고 등하중에 대한 강도가 켜야 하며, 해수에 대한 내식성이 켜야 하는 것, 취급 및 운용이 간편하고 경재성이 등이 필수적 요건이다.

6. 우리나라의 주요어업

1) 서해안의 어업

서해안은 동해처럼 뚜렷한 해류가 존재하지 않고, 해안선의 굴곡이 심하여 산란장으로써 적정한 지역이 많아서 다양한 수산동식물이 존재한다.
(1) 안강망 어업
(2) 기선저인망 어업
(3) 쌍끌이 기선저인망 어업

2) 남해안의 어업

다양한 어종이 서식하는곳이 남해안이다. 이는 동해안과 서해안의 중간에 위치하는 것으로 인한 것이고, 멸치, 갈치, 고등어, 삼치 등 다양하다.
(1) 기선권현망 어업 : 멸치 등
(2) 근해 선망어업 : 고등어,전갱이, 말쥐치, 부세 등

3) 동해안의 어업

(1) 오징어 채낚기 어업
(2) 꽁치 유자망어업
(3) 명태 주낙어업
(4) 방어 정치망 어업 : 원토에 갇힌 어획물을 들어낼 때에는 배잡앗줄에서부터 원통그물을 들어 올려 고기받이에 모아서 수납하는 어법이다.

7. 선박과 어구

1. 선박

큰 의미로 물에 떠서, 사람이나 가축,화물등을 적재하여 이동할 수 있는 구조물로 정의되며 부양성, 이동성, 적재성의 특성을 갖고 있다. 선박은 이용 목적에 따라 여러 가지로 나눌 수 있으며, 크게는 사람이나 화물 등을 운반하는 상선과 어업활동을 하는 어선, 군사시설로 사용되는 군사함정과 특수작업선이 있다.

2. 선박의 구조 및 특성

1) 선박은 육상의 구조물과 달리 끊임없는 파도와 부딪히며 외부의 힘으로부터 선체를 지킬 수 있는 구조기능을 갖춰야 하며, 침수를 방지하고 물에 뜨는 부양기능과 화물을 적재할 수 있도록 화물적

재 기능도 갖춰야한다. 또한 조선장치로 자신이 가고자 하는 방향으로 나아 갈 수 잇도록 추진기능을 갖춰야 한다. 또한 선박을 크게 나누자면 선체와 갑판, 조선장치, 계선계류 설비, 통신설비 시스템으로 나눌 수 있다.

(1) 선체 : 물이새지않는 배의 외피를 일컫으며, 선체의 선수 끝은 물을 쉽게 가르기 위한 선미가 있다.
(2) 갑판 : 선체의 종강도를 담당하며, 비와 바람, 파도, 햇빛등을 견딜 수 있도록 요구된다.
(3) 조선장치 : 자신이 나아가고자 하는 방향으로 진행 할 수 있도록 하는 장치(조타기)
(4) 계선계류 설비 : 선박을 목적지의 항만에 로프나 사슬로 일정한 설비에 고정시킬 수 있는 설비
(5) 통신설비 : 선박과 선박끼리 통신이 가능하고 위치파악(GPS)기능과 방향유지 및 항해에 필요한 각종 통신 설비를 말한다.

3. 배의 톤수
배의 크기를 나타내는 방법으로 용도에 따라 배수톤수, 재화중량톤수, 총톤수, 순톤수로 나뉜다.

(1) 배수톤수 : 배의 무게를 배가 밀어내는 물의 무게로 나타낸 양. 주로 군함에 쓰인다.
(2) 재화중량톤수 : 배가 실을 수 있는 총중량. 화물,여객,선원,승객,보급물자,부품 등의 무게를 모두 포함한 무게이다.
(3) 총톤수 : 4000톤 미만의 선체 총용적으로부터 상갑판 위에 있는 조타실, 기관실 등을 공제시킨 용적이다.
(4) 순톤수 : 선박에서 이익을 낼 수 있는 공간의 면적. 순톤수는 총톤수에서 기관실, 선원숙소 등을 제외한 모둔 부피를 뺀 것이다(순톤수는 항수 사용료, 세금 등을 계산하는 기준)

* 톤수 크기 - 배수톤수>재화중량톤수>총톤수>순톤수

4. 흘수와 트림 - 2016년 수품사 3회 기출문제 출제

(1) 흘수 - 배가 물에 잠기는 깊으로, 수면에서 배의 용골 바닥까지의 길이.
(2) 건현 - 흘수를 제외한 배가 물에 잠기지 않는 선체 부분의 높이를 일컫음.(기출 1차)
(3) 트림 - 선미 흘수와 선수흘수의 차이
(4) 등흘수 - 선미 흘수와 선수 흘수의 차이가 없이 수평을 이루고 있는 상태.
(5) 선수 트림 - 선수가 선미보다 더 기울어 진 상태
(6) 선미 트림 - 선미가 선수보다 더 기울어 진 상태
(7) 만재 흘수선 : 선박이 안전하게 운항할 수 있는 적재한도 내의 흘수선(초과시 잠길 수 있음)

도표 : 김태산 인용

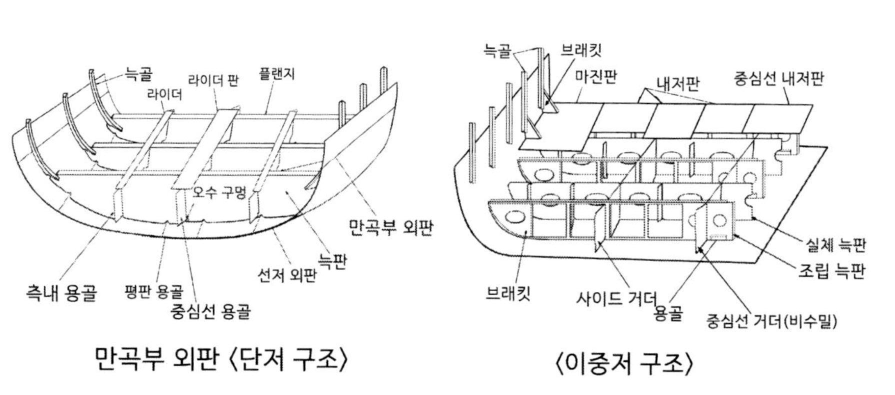

만곡부 외판 〈단저 구조〉 〈이중저 구조〉

어선의 선저 구조

5. 도료 도장법 및 피항법 :

도료를 칠하는 목적은 부식방지,청결, 해양생물부착방지, 미관장식 등이다.

(1) 광명단 도료란 내수성과 피복성이 강하여 가장 널리 사용되는 녹 방지용 도료
(2) 제1호 선저 도료(A/C) : 부식 방지를 위해 외판 부분에 칠하며, 광명단 도료를 칠한 위에 칠하는 것을 말한다.
(3) 제2호 선저 도료(A/F) : 해양 생물 부착을 방지하기 위하여 외판 중 항상 물에 잠겨 있는 부분에 칠하는 것
(4) 제3호 선저 도료(B/T) : 부식 및 마멸 방지를 위하여 만재 흘수선과 경하 흘수선 사이의 외판에 칠하는 것을 말한다.

. 도표 : 김태산 인용 : 선체 하부 도장

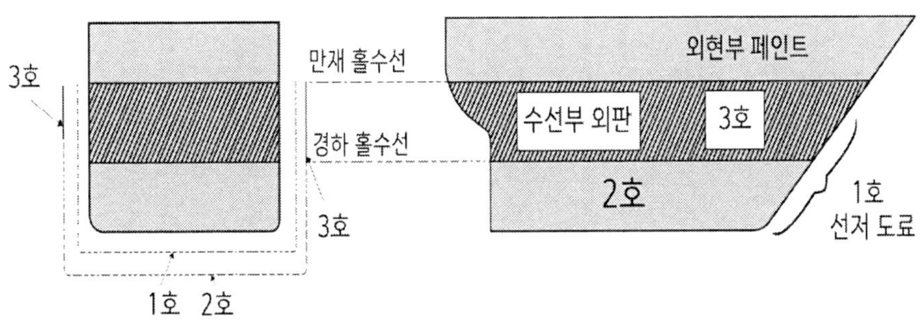

선체 하부의 도장

. 개항의 항계 안에서의 항행 : 해사안전법 상

(1) 항로로 들어오거나 나가는 선박은 항행하는 선박의 진로를 피하여 항행하여야 한다.
(2) 항로 안에서 나란히 항행.병행 항행하여서는 아니된다.
(3) 항로 안에서는 추월이 금지된다.
(4) 항로 안에서 서로 마주칠 경우 오른쪽으로 항행하여야 한다.
(5) 개항질서법이 국제규칙보다 우선 적용된다.
(6) 선박에서 다른 선박을 눈으로 볼 수 있는 상태에 있는 선박에 적용하는 것이 선박이 서로 시계 안에 있는 때의 항법 상단이 적용된다.
(7) 항법 : 피항선의 의무, 병렬 항행의 금지, 마주칠 때의 우측 항행,추월의 금지, 방파제 부근에서의 대피(출항 선박과 마주칠 때 방차제 밖에서 출항하는 선박을 피하여야 한다), 방파제나 부두 등 부근의 항행 등

. 피항법 : 김태산 인용

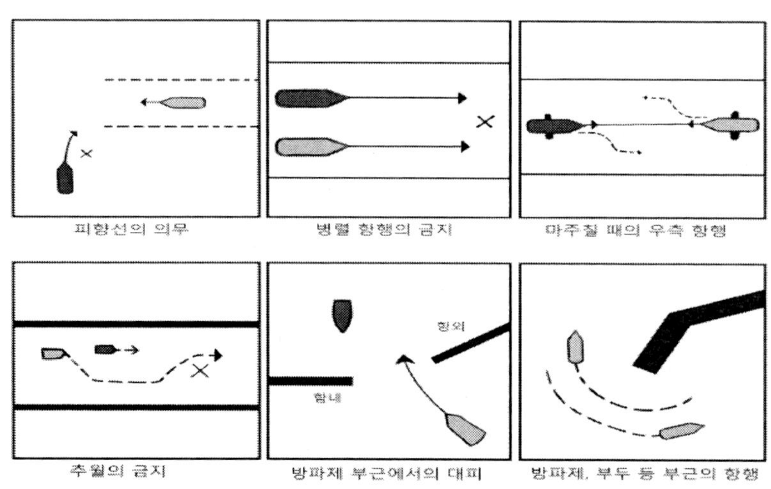

개항에서의 항법

. 피항선의 의무:

(1) 항로 밖에서 항로에 들어오거나 항로에서 항로 밖으로 나가는 선박은 항로를 항행하는 다른 선박의 진로를 피하여 항행하여야 한다.
(2) 우선 피항선 : 주로 무역항의 수상 구역에서운항하는 선박으로서 다른 선박의 진로를 피하여야 하는 선박이다. 즉. 부선. 예선. 급유선.급수선 통선 및 20톤 미만의 선박 등이 우선 피항선이다.
(3) 선박 조종 성능과 피항 책임 비교
조종 능력이 뛰어난 선박이 그렇지 못한 선박을 피해 가도록 규정한 것인데, 단, 이들 선박은 그 본연의 용도와 목적에 따라 운항 중이고, 관련 표시와 신호를 적법하게 이행할 때에만 그 책임과 권한이 주어 진다.
① 수상 항공기 〉 동력선 〉 범선 〉 어선 〉 운전 부자유선 (조종 성능 제한선)

. 선박안전조업규칙

선박에 대한 어업 및 항해의 제한이나 그 밖에 필요한 규제에 관한 사항을 정함으로써 어업과 항해가 안전하게 이루어질 수 있도록 함을 목적으로 하는 것이다.
(1) 적용 대상 : 어선 및 총톤수 100톤 미만의 선박
(2) 적용 제외 : 정부 및 공공단체 소유 선박 및 원양어업에 종사하는 어선, 여객선 및 국외에 취항하는 선박이 적용 제외 대상이다.

6. 노트(=선속) = knot
노트란 프로펠러 회전으로 인해 선박이 앞으로 항해하는 추진력이 생기고 속력이 달라지는데, 속도를 노트라 한다. 노트는 1시간에 1해리(1,852m) 전진하는 속도를 1노트라 한다. 예시로 100해리를 10시간에 주파하면 선속은 약10노트이다. 스크루 프로펠러의 작용에 의하여 선체가 전진하는 빠르기를 선속이라 한다. 선박의 조종은 키에 의하여 진행방향을 조종하고, 스크루 프로펠러의 회전수로써 속력을 조종한다. 즉 전진 또는 후진 속력의 결정은 스크루 프로펠러의 회전수는 주기관의 회전력에 의하여 결정된다.

7. 해상 교통 안전

해상 교통 안전 규정은 해상 교통을 규율하는 국제 조약인 국제해상충돌예방규칙(COLREG 1972년)과 국내 법인 해사 안전법 및 선박의 입출항 및 출항 등에 관한 법률 규정에 따른다.
'국제 해상 충돌 예방 규칙'(COLREG 1972년)과 국내 법인 '해사 안전법'에 규정
ⓐ 안전한 속력, 충돌을 피하기 위한 동작 및 좁은 수로에서의 항행방법 등 항법 규정
ⓑ 상호 시계 내에 있는 선박간의 충돌회피 동작 규정
ⓒ 등화와 형상물의 설비 규정
ⓓ 거대선, 흘수제약선,조종능력 제한선 등의 항해 방법
ⓔ 음향신호와 발광신호의 관련 규정 등이 규정 되어 있다.

안전과 관련하여 살펴보면, 일반적으로 선박은 항해와 정박으로 나누어 볼 때, 먼저 항해와 관련하여 ⓐ 출항 준비 과정(기관,양묘기,조타장치 등 시운전이나 연료 점검 등 하는 절차임)과 항행 후 항구에 ⓑ 입항하는 절차(계전설비, 기적 등 시운전이나 입항 서류 준비 등)으로 나누고, 항해 중 정박에는 ⓒ 묘박(해저에 박힌 닻의 저항력을 이용하여 정박하는 방법), 부두 또는 안벽에 계선줄을 이용하는 것을 ⓓ 안벽 계류라 하고, 이 정박 외는 항해 중에 관련하여 해상 교통 규칙이 있다.

1) 항해규칙(해사 안전법 상 규정)

(1) 마주항행하는 경우
① 주간 : 침로를 우현으로 하여 마주 오는 선박의 좌현 쪽으로 통항한다.
② 야간 : 마주 오는 선박의 홍등을 보며 오른쪽으로 통항한다.

(2) 횡단하는 경우
① 주간 : 상대 선박을 우측으로 보는 선박이 상대 선박의 진로를 피해 항해한다.
② 야간 : 상대 선박의 홍등을 보는 선박이 진로를 피해 통항한다.

(3) 추월하는 경우
① 주간 및 야간 : 상대 선박을 완전히 추월하여 충분한 거리가 생길 때까지 상대 선박의 진로를 피하여 추월하고, 추월당하는 선박은 최대한 속력과 침로를 (현상) 유지한다.

《 고교 수산 일반 인용 》

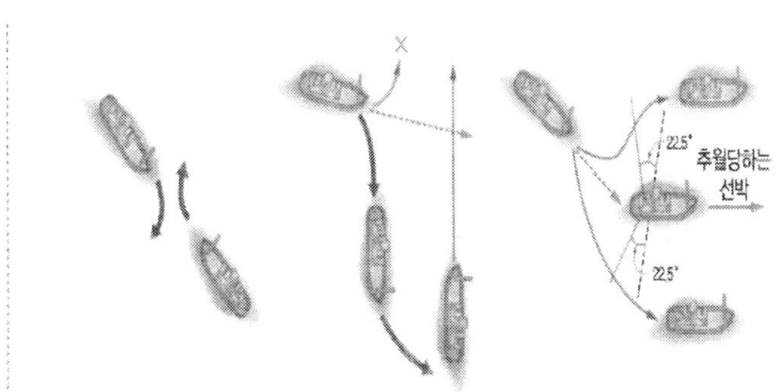

[그림 Ⅳ-15] 선박의 항행 규칙

2) 신호 규칙

(1) 침로 변경 신호
① 우현으로 변경시 : 단음 1회
② 좌현으로 변경시 : 단음 2회

③ 뒤로 후진시 : 단음 3회

(2) 추월 신호
① 우현으로 추월시 : 장음 2회 + 단음 1회
② 좌현으로 추월시 : 장음 2회 + 단음 2회
③ 추월 동의 신호 : 장음 1회 + 단음 1회 + 장음 1회 + 단음 1회

《 고교 수산 일반 인용 》

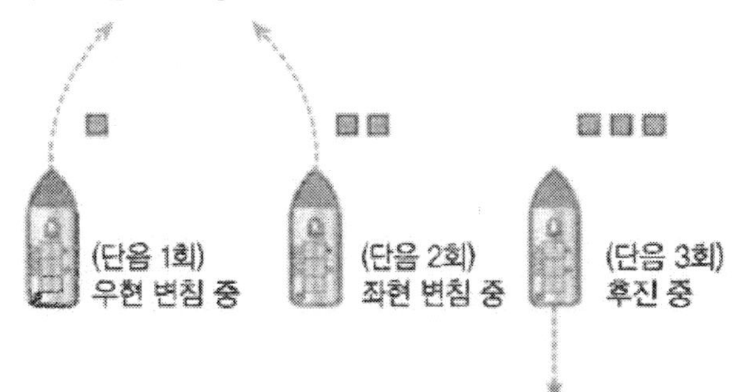

[그림 Ⅳ-16] 침로 신호

3) 야간 등화 규칙 : 선박의 행동은 등화, 형상물, 기류 신호, 음향신호, 기타 통신 수단을 이용하여 표시하지만, 특히 야간에 표시하는 등화는 법규로 정해 두고 있는 데, 이것은 국제적으로 통일되어 있는 것이 특징이다.
(1) 항해 중인 선박 : 우현(녹색등), 좌현(홍색등), 마스트 끝(백색등),선미(백색등)
(2) 트롤 어선 : 트롤 어선의 야간 조업 중에는 녹색등과 백색등을 상하로 표시하여야 한다.
(3) 기타 어선 : 홍색등과 백색등을 상하로 하여야 한다.

8. 그물어구 개념 및 어구 방법 및 종류 분류

1) 수산물을 포획하는데 쓰는 도구. 수산생물을 효과적으로 얻으려면 대상 생물의 생활과 습성에 뜨라 알맞은 방법과 도구를 사용해야 한다. 어구는 직접고기를 잡는 낚시어구, 그물로 잡는 그물어구, 작살이나 형망과 같은 잡어구로 나뉜다. 또한 어법에 따라 그물어구는 들그물류, 걸그물류, 함정그물류, 두릿그물류, 후릿그물류, 끌그믈류, 덮그물류로 나뉜다.

(1) 들그물류(들망,부망) : 바다 밑이나 중간층에 그물을 설치해놓고 집어등이나 먹이등으로 유인을 한 뒤 들어올려 잡는 방식. 주로 남해안 숭어나 멸치를 잡을 때 사용

(2) 걸그물류(자망):**수중에 그물을 담(보통 수직)처럼 세워놓고, 물살을 이용하여 물고기의 머리가 그물코에 걸리도록 하여 잡는 방식. 주로 고등어, 전갱이, 삼치, 명태등을 잡을 때 사용한다.**

(3) 함정그물류 - 주로 정치망을 뜻하며, 일정한 장소에 정치시켜놓고 함정을 설치해놓는다. 물고기가 함정에 들어가면 나가지 못하게 하여, 잡는 방법이며가장 많이 사용하는 방법으로는 유도함정류와 강제함정류이다. 유도함정류는 바닷가에서 바깥쪽으로 네트모양으로 길그물을 설치해 물고기떼의 통로를 막아 길그물의 바깥쪽 끝에 설치된 통로로유도하여 잡는 방법이다. **함정어구에는 유인(문어단지,통발어업),유도(정치망),강제함정(안간망,죽방렴,낭잠망)으로 분류**.

(4) 강제함정류는 외부 힘으로 물고기를 강제로 그물안에 몰아넣어 잡는 방법이다.
(5) 두릿그물류 - 바다 표면이나, 중간층에 있는 물고기를 잡을 때 사용하며 주로, 고등어,다랑어,정어리,청어 등을 잡을 때 사용.**(선망어법), 긴 수건 모양이다.**
(6) 후릿그물류 - 배에서 먼 곳을 향해 그물을 던져놓고 배 쪽으로 그물을 끌여들여 잡는 방법이다.**인기망이라고 하며, 갓후리,배후리,손방 등 이용된다.**

(7) 끌그물류(예방):긴 줄을 메단 깔때기 모양의 그물을 일정 시간동안 끌고 다니며 고기를 잡는다. 가장 많이 사용하는 끌그물은 오터트롤로서, 입구는 넓은 전개판이 형성되어있고 아래쪽은 추가달려있다. 배가 앞으로 나아가면 전개판이 열리면서 넓은 입구가 형성되고 물고기를 잡을때는 전개판을 닫을 수 있다.**기선권현망(멸치잡이),쌍끌이 권현망, 트롤 등이 이용된다.**

(8) 덮그물류 - 수면 위에서 그물을 덮어 어획하는 그물로서 주로 내수면에서 사용되며 작은 규모의 어업활동에서 사용된다.

6. 낚시어구

1) 긴 줄에 미끼를 이용해 고기가 미끼를 물도록하여 잡는 방법으로, 외줄낚기 주낙으로 나눌 수 있다.

(1) 외줄낚기 - 줄 한 가닥에 끝에 바늘을 한 개 달아 한 마리씩 낚아올리는 방법이며, 대낚이와 손줄낚기, 끌낚기가 있다.

(2) 주낙어법 - 한 낚시줄에 여러개의 가짓줄을 달아 여러 마리를 낚아올릴 때 사용하는 방법이다.주로 땅주낙, 뜬주낙, 선주낙 등으로 나뉜다.

7. 잡어구

1) 그물어구류와 낚시어구류 이외의 어구를 통틀어 잡어구라 하며, 잡어구의 종류에는 채취어구, 작살, 발통류 등이 있다.

(1) 채취어구 - 바위나 해초에 붙어 서식하는 굴,전복,조개 및 해조류를 채취할대 쓰는 어구.

(2) 작살류 - 끝이 뾰족하여 물고기의 몸을 질러 잡을 수 있는 것.

(3) 발통류 - 함정을 설치하여 어류나 갑각류 등이 어구에 들어오면 나갈 수 없도록 함정을 설치하여 잡는 방법.

제4.수산 '자원' 및 수산자원의 단위(9인공저 및 김용회 저 인용)

1. 계군

수산자원의 개체군이란 동일한 생물 종이 생태계에서 집단을 이루어 서식하는 것을 말한다.

도표 : 김태산 인용

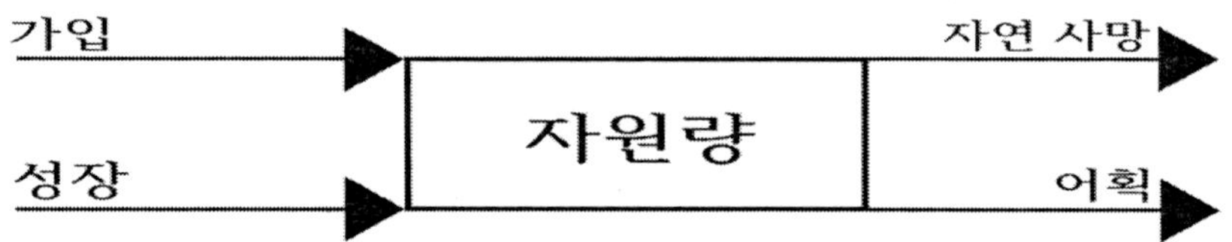

2. 수산자원의 단위 : 계군의 식별방법

같은 해역에서도 여러종이 함께 있기에 이를 분류하여 수확 등에 이용하는 것이 수산자원의 계군의 식별방법의 목적이다.

1) 형태학적 방법

계군의 특정형질에 관한 많은 개체를 측정자료를 통계적으로 분석하는 것이고, 예시로 '비늘의 휴지대의 위치, 가시의 형태, 뼈나 돌기의 형태 등으로 비교 분석하는 것이다.

2) 표지방류에 의한 방법

살아있는 상태로 어획한 후 어체에 표지를 하여 방류하고서, 일정 시간이 지난 후에 어군을 체포하여 분석하는 방법이다.어파발신기를 부착하는 경우도 있다. 특히 회유성 어류에 활용된다

3) 어항분석에 의한 방법 : 여러 어장에서 표본을 수집한 후 분석하는 방법이다.

4) 생화학적 및 유전학적 방법
어류의 근육이나 안구의 아미노산 구성의 차이 등으로 분석하는 것이다.
5) 생태학적 방법 : 각 계군의 생활사 및 산란기, 산란장, 분포와 회유 등 비교 분석하는 방법이다.

. 도표 : 김태산 인용

. 형태측정법

어획물의 체장조성을 이용하여 자원생물의 동태 및 계군의 특성을 파악하는 방법이며, 이는 길이를 재는 방법이고, 새우는 전체적인 길이를 재고, 오징어는 동장길이를 잰다.

형태측정법 분류	동장 측정법	오징어 : 몸통길이만 측정
	전장 측정법	어류,문어,새우 등 : 입~~꼬리끝까지
	표준 체장 측정법	어류 : 입 ~~몸통 끝까지 측정
	두흉 갑장 측정법	새우, 게류 : 머리~~ 가슴까지 길이
	두흉 갑폭 측정법	게류 : 머리와 가슴의 좌우 길이
	피린 체장 측정법	멸치 : 입 ~~~비늘이 덮어 있는 말단까지

. 도표 김태산 : 형태측정법

. 문어 : 전장
. 갈치 : 항문장
. 새우 : 전장 또는 두흉갑장, 이마불 길이, 체장
. 게류 : 두흉갑장, 두흉 갑폭
. 오징어 : 몸통길이 = 동장
. 어류 : 머리길이 = 두장, 표준체장, 피린체장, 전장, 고리자루
. 멸치 : 국제적으로 ' 피린 체장 측정 방법'

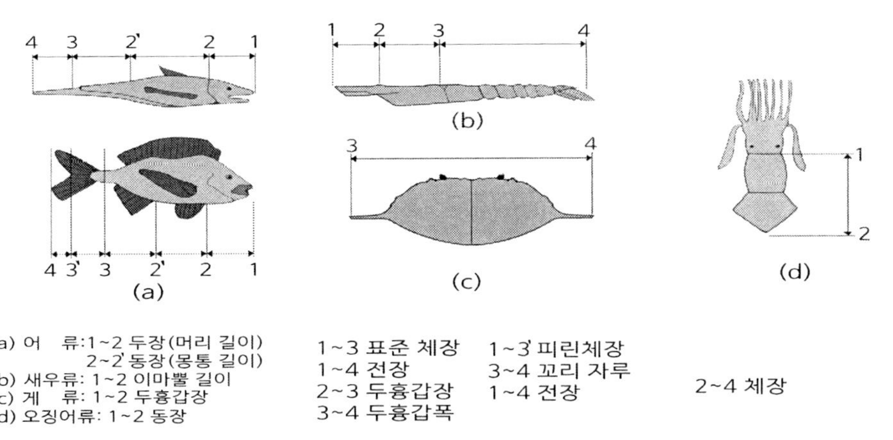

어체의 길이와 측정 부위

. 수산동물의 종류별 체장 계측 방법

분 류		
어 류	전장	주둥이에서 꼬리지느러미 끝까지 길이
	체반폭	체반폭(양쪽 가슴지느러미 사이의 너비를 말한다) 또는 항문장(주둥이에서 항문까지의 길이를 말한다)
갑각류	두흉갑장	두흉갑장(머리·가슴의 껍데기의 길이를 말한다)
패류	각장, 각고	각장(껍데기의 길이를 말한다) 또는 각고(껍데기의 높이를 말한다)
성게	각경	각경(몸체의 지름을 말한다)
오징어류	외투장	외투장(외투막의 길이를 말한다)

3. 분포와 회유 및 유기회유

1) 분포란 발육 등 하기 위해서 적정한 서식지에 모여 있는 것을 말한다. 분포에 가장 큰 요인은 ''수온'' 이라고 한다. 그리고 물의 흐름, 수심 등도 분포에 영향을 미친다.

2) 회유란 수산자원이 발육단계와 생활연주기를 거치는 과정에서 생리적 요구와 환경 변화에 적응하기 위해 무리를 지어 일정한 방향으로 이동하는 것을 회유라 한다.

3) 유기회유란 알,치어 및 치어가 산란장에서 성육장으로 이동하는 것을 말한다.

4. 분포와 회유의 조사방법

1) 어획량 자료를 이용하는 방법

전국적인 수획량의 통계를 받아서 하는 방법인데, 수협의 계통 출하는 다소 정보가 정확하지만,비계통의 경우 정보가 미진하다.

도표 : 김태산 인용

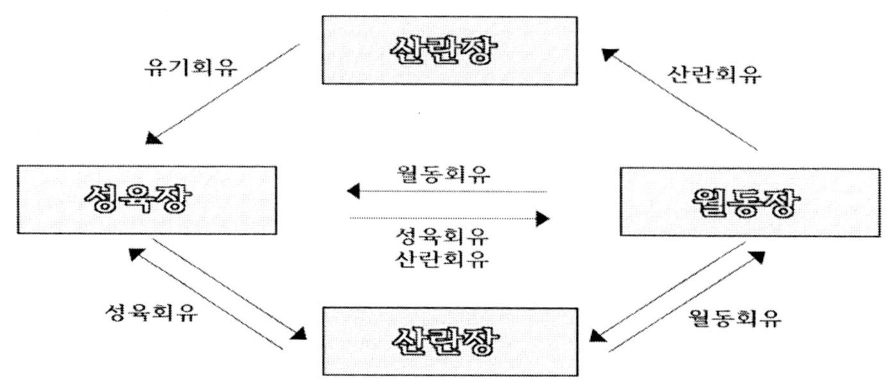

2) 난치어 채집을 통한 방법

간접적으로 난치자 네트를 이용하여 수층별 난치자의 종류와 밀도를 조사 분석하는 것인데, 장점은 비용이 적게 들지만 , 표본성에서 단점이 많다.

(1) 난치어 수송 : 어류자원의 가입이론 중 하나로 해양에서 어류의 알과 치어가 해류의 흐름을 따라 이동하는 상황정도에 따라서 가입의 정도가 결정된다는 것이다.

3) 표지방류에 의한 방법

어체를 체포 후 방류 한 후 일정기간 후 체포하여 분석하는 것인데, 어군의 회유경로나 분포 상황을 비교적 정확히 알 수 있는 것이 장점이다.

4) 음향탐지기를 이용하는 방법 : 배를 타고 가면서 기기에서 음파를 발사 후 되돌아오는 반사파를 분석하는 방법이다.
5) 직접 수집하여 이용하는 방법 : 정약전의 수산어보'의 직접 바다갓 조사

5. 계군의 속성

우연한 집단이 아닌 어군의 계군은 분포 및 회유에 영향을 주는 요인은 ''계군을 구성하는 크기,출생 성질, 사망의 특성, 전입 및 전출 등이다.

1) 전입 이란 인접하는 계군으로부터 개체가 이동하여 다른 어군에 합류하는 것을 말한다.
2) 전출이란 인접하는 계군으로 개체가 이동해 가는 것을 말한다.

이를 개방 계군이라 하지만, 학술적 및 통계적으로 분석할 때는 폐쇄계군을 가정하여 분석을 한다.

6. 수산자원의 조성

수산자원관리법상 '수산자원조성'이란 일정한 수역에 어초,해조장 등 수산생물의 번식에 유리한 시설을 설치하거나 수산종자를 풀어놓는 행위 등 인공적으로 수산자원을 풍부하게 만드는 행위'라고 정의하고 있다.

1) 성조성 : 암과 수컷의 성비를 분석하여 점유비를 구하는 것이고, 성비를 나타내는 것이 성조성이다.
2) 체장조성 : 출생 연도를 달리하므로 개체의 크기를 구분하는 것
3) 연령조성 : 수산생물의 대상 연령(성장 길이 등)에 맞게 조절하는 것이다.
4) 유전자조성 : 수산자원의 본래 가지고 있는 형질, 특성 등 유전적으로 조성히키는 것을 말한다. 열세의 유전자인자를 관리를 하여 양식 성장을 확대시키는 방법 등이 이용된다.

제2. 수산자원의 관리·변동·성장·러셀의 공식

1. 개념

수산자원의 출생 및 성장 그리고 사망에 따른 자원량 변동을 분석 등 하여 수산동식물의 수확가능성을 검토 등 하는 것이다.

2. 가입
① 장래 수산자원 즉 예비 자원이 어구를 어획되는 것(어획 대상 자원)을 가입이라 한다.
② 가입량 R = ''개체군의 총 산란량 × 부화율 × 치어의 생잔율''을 말한다.

도표 : 김태산 인용

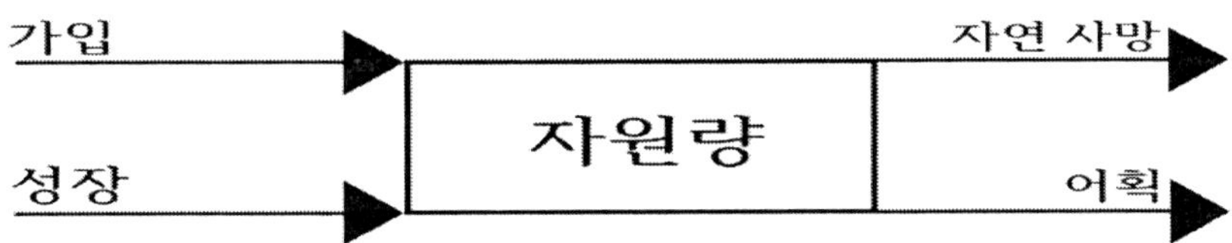

3. 성장
생물체가 목이로부터 영양를 섭취하여 동화작용에 의해 유기물을 재 합성하여 그 일부를 이화작용에 의해 생명 유지에 사용한 후 나머지를 체조직으로 축적하여 개체가 성장하는 것을 말한다.

4. 성장조사법

생물이 출생 후 몸의 변화에 따른 것에 추적하는 것이 그것이 성장조사법의 내용이다.

(1) 사육법 : 시간 간격을 두고 크기를 측정하는 것이다.
(2) 표지재포법
어체를 생포하여 연령과 크기를 측정하고 방생한 후 다시 체포하였을 때의 경과 시간을 측정하는 방법

3) 체장조성법
연령형질이 없는 경우나 뚜렷하지 않은 경우 이용되는데, 갑각류나 어린개체에 유효하게 사용된다. 체장빈도법 혹은 피터센법이라고도 한다. 수명이 2년 미만의 생물에 사용된다.즉 비교적 짧은 산란기의 어군에 사용된다.

(4) 연령형질법
가장 많이 사용하는 방법이고, 자원생물의 연령을 암시하는 형질을 조사하여 연령을 계산하는 방법이다. 어류의 경우 이식,비늘,등뼈,지느러미 연골, 패류의 패각이나 아감딱지, 고래의 수염이나 이빨 등이 이용된다.

(5) 성장식

어체의 크기를 연령의 함수로 나타낸 식을 말한다. 성장식의 직선식은 $Y = a + bX$ 이다.
지수함수식, 로버트슨식,비트란피식, 곰페르츠식 등이 있다.

5. 사망

(1) 자연사망 : 수산물의 생명체가 생존능력이 고갈되어서 자연적으로 사망하는 것이다.즉 어류가 생존 마감으로 사망하는 것을 말한다.

(2) 어획사망 : 인위적으로 어군을 어획하여 사망하는 비율을 말한다. 이를 관리하는 것이 지속 가능한 수산 자원 관리 정책이다.

6. 어황
어획량의 시간에 따라 변동하는 데 이 중 어획량의 변동을 어황이라 한다.

(1) 어황의 변동 요인
① 직접요인으로는 해류,조류의 변동,수온의 변화, 염붐의 변화, 투명도의 변화, 광도의 변화 등 물리적 및 화학적요인과 먹이생물 또는 해적생물의 변화로 인한 생물학적 요인이 있다.
② 간접적 요인으로는 자연적 요인(가입량, 성장, 자연사망량의 변동)과 인위적인(기상의 변화 및 오염 등) 요인이 있다.

(2) 어황의 예보 : 과거의 통계로 미래의 어황을 예보하는 것을 어황의 예보라 한다.
① 통계분석법 ② 상관법 ③ 자원해석법 등이 활용된다.

7. 자원관리 개념 및 자원량 추정방법, 자원관리 방법

적정 어획으로 자원을 유효하게 또한 최대로 이용하기 위해서 자원을 어떻게 관리를 하여야 지속가능한 수산원이 될 까 하는 시각과 부응한다.

1) 가입의 관리 : 기존의 수산생물에 새롭게 합류하는 것을 말한다.

2) 성장의 관리

(1) 성장의 개념
어류가 생존에서 필요한 영양분을 섭취 한후 생존에 필요한 영향분을 제외하고서 몸집 등이 크게 되는 것이나, 생존 외의 세포, 길이, 무게 등 변화는 것을 말한다.

(2) 성장 조사법

① 사육법 : 인위적으로 어류를 키우면서 조사하는 방법이다.
② 표지재포법 : 어류를 체포 후 일정한 표시를 한 후 방류하고 일정기간이 지난 후에 다시 체포하여 변화 등을 조사하는 것이다.
③ 연령형질법 : 어류의 비늘, 이석이나 이빨 등으로 나이를 측정하는 것이다.

④ 체장조사법 및 형태측정법 (고교 수산일반 인용 및 김용회 저 인용)
어획물의 체장종성을 이용하여 자원샘울의 동태 및 계군의 특성을 파악하는 방법이며, 이는 길이를 재는 방법이고, 새우는 전체적인 길이를 재고, 오징어는 동장길이를 잰다.

형태측정법 분류	동장 측정법	오징어 : 몸통길이만 측정
	전장 측정법	어류,문어,새우 등 : 입~~꼬리끝까지
	표준 체장 측정법	어류 : 입 ~~몸통 끝까지 측정
	두흉 갑장 측정법	새우, 게류 : 머리~~ 가슴까지 길이
	두흉 갑폭 측정법	게류 : 머리와 가슴의 좌우 길이
	피린 체장 측정법	멸치 : 입 ~~~비늘이 덮어 있는 말단까지

3) 자연 사망의 관리

(1) 개념 : 인위적인 어획으로 사망과 반대적 개념으로 어류가 생존 마감으로 사망하는 것을 말한다. 거북이나 바다 게는 생존 능력이 거의 무한대의 수산물 생물도 있다.

4) 어획의 관리
해수부의 2030 정책과 TAC 확대 관리나 어선의 제한 및 면허, 허가 등 일정한 요건에 부합하게 행정적인

승인을 하는 것이고, 출어기 제한 등도 예시가 된다.
5) 환경의 관리

바닷의 황폐화를 방지하는 제도이며, 지속적인 바다를 위해서 바다숲 조성 등 제도가 활용된다.

6) 인위적인 환경 파괴 금지하여 관리

(1) 쓰레기 무단 투기 금지
(2) 선박의 폐기물 무단 투입 금지 등
(3) 해양 자원에 반대되는 산업 금지 등

7) 해수부의 2030 정책과 TAC 확대 관리

(1) 2019년 해수부 '수산혁신 2030'' 계획 및 4개년 개혁 : 2019년 02월 발표
(다음카페 - 전국수산물품질관리사회 참조)

(2) 해양수산부는 13일 수산자원 고갈로 위기인 연근해어업을 위한 '수산혁신 2030 계획'을 발표했습니다.

(3) '총허용어획량(TAC·Total Allowable Catch)' 대상 어종과 업종을 지정하는 TAC 의무화가 추진됩니다. 이는 어종별로 매년 잡을 수 있는 어획량을 설정해 자원을 관리하는 제도입니다. 오는 2030년까지 연근해 자원량을 503만톤까지 회복하는 것을 목표로 하며수산업전체 매출액을 100조원까지, 어가소득을 8000만원으로 끌어올린다는 계획입니다.

(4) TAC 관리대상종 어획비율을 80% 달성하여 'TAC 기반 자원관리형 어업구조'를 정착시켜 나갈 계획입니다.

(5) 추진전략의 큰 틀은 '생산지원 중심'에서 '자원관리 중심'으로 전면 개편하는 것입니다. TAC 확대, 불법어업 근절 등 자원관리형 어업구조로 개편하는 것을 정책 방향으로 설정했습니다.

(6) 결론 : 수산자원관리법령을 중심으로 수품사 수산일반 등 대비하면서 1차 및 2차 연계로 농수산물원산지표시에 관한 법률 중 원산지표시대상과도 비교 정리하여야 한다.

도표 : 김태산 인용

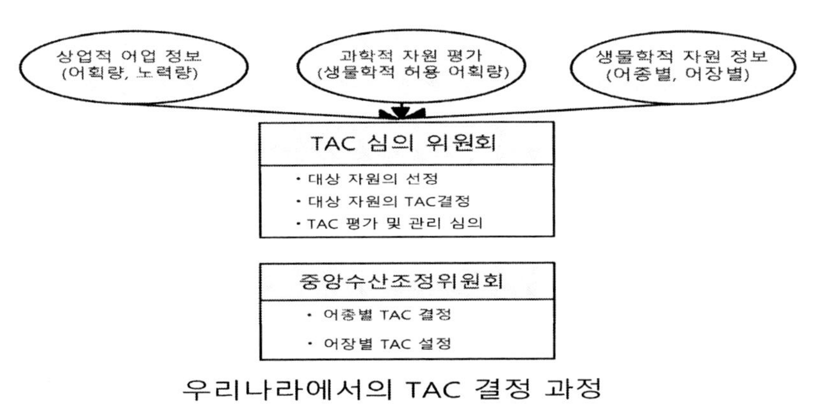

우리나라에서의 TAC 결정 과정

제5. 양식 방법.어류의 섭이와 소화.사료. 사료효율 .사료계수

1. 양식업

1) 개념 :

(1) 인위적으로 기르는 어업을 말한다. 구획된 일정 수역에서 수산생물 및 동물을 소유하고 그 생물을 번식 또는 관리 육성하여 수확하는 것을 말한다.

(2) 자원조성"이란 일정한 수역에 어초(어초)·해조장(해조장) 등 수산생물의 번식에 유리한 시설을 설치하거나 수산종자를 풀어놓는 행위 등 인공적으로 수산자원을 풍부하게 만드는 행위를 말한다.

2) 종묘

(1) 종묘란 농산물이나 수산생물의 번식.생육의 근원이 되는 것을 말한다. 수산생물에서는 이식, 방류, 양식하는 데 필요한 어린 것을 특히 말한다.

3) 종표 : 양식에서 인공 종표의 먹이생물과 관련된 것이다.

2. 양식 방법과 시설 : 완전양시과 불완전한 양식으로 분류가 된다.

1) 양식장의 선정과 중요한 요인

양식장 적지를 선정할 때에는 어종에 따른 물과 종묘 확보 방안 등과 같은 요소를 고려하여야 한다. 양식업자의 가장 중요하게 고려하는 것은 경제성이므로 이하 요인들의 혼합적인 시각을 고려하여 양식장 및 양식종 선정 등를 하고 있다.

(1) 물과 수온 : 수산동식물의 성장에 적합한 적온 및 물이용이 필요하다. 담수양식에서 무지개송어,은어 같은 어종은 산소가 많이 필요한 어종이라 '유수식으로 양식하는 것이 적정한 양식방법이다.

① 식품공전 상 수분 검사 방법 : 건조감량법 = 상압건조법(105℃),증류법,칼피셔법

(2) 염분 : 참돔은 혐염서으로 성장의 염분이 상당히 필요하지만, 참굴은 염분농도가 광염성이라 염분농도와는 관련성이 거의 없지만, 김의 경우 저염분 수역이 양식에 적합하다.

① 염분의 식품공전상 검사 방법 : 몰법(소금,질산은,크롬산칼륨), 회화법(질산은,크롬산칼륨)

(3) 종묘의 확보 및 교통 편리 등 : 종묘확보와 사료비가 양식에서 가장 중요한 사안이다.

(4) 양식 방법(양어지= 치어로부터 식용에 적합한 크기까지 키우는 못을 말한다) 선택

1. 다음에서 어류의 양식방법을 모두 고른 것은?

ㄱ. 지수식 양식	ㄴ. 가두리 양식	ㄷ. 수하식 양식
ㄹ. 바닥식 양식	ㅁ. 유수식 양식	

① ㄱ, ㄴ, ㄹ ② ㄱ, ㄴ, ㅁ ③ ㄴ, ㄷ, ㄹ ④ ㄷ, ㄹ, ㅁ

답) ② :

ㄱ. 지수식 양식-수질관리가 가장 어렵고 중요하다.
ㄴ. 가두리 양식-그물을 치고 물고기를 가두어 기르는 양식
ㅁ. 유수식 양식-흐르는 물에서 양식하는 방법
그 외의 수하식 및 바닥식은 '' ' 패류' ' 에 사용 :
1. 굴양식 : 수중부양식 및 수중수하식(주렁주렁 달아서)
2. 동해안의 '참가리비' 는 연승수하식
3. 서해안의 '바지락' 은 자연상 종패를 수집 후 '바닥식' 으로 양성
4. 남해안의 참굴은 연승수하식 등 활용되고 있다.
5. 전복은 실내의 인공종묘를 생산 후 덩이굴/개체굴 ㅎㅇ태로 '연승수하식
6. 홍합,피조개, 꼬막 등은 인공종묘 또는 자연채묘에 의한 종패를 대상으로 '연승수하식이나 바닥식 방법으로 양식을 한다.

양식업 방법 분류
1) 어류의 양식업 방법 분류
(1) 지수식(자연둑 이용) (2) 가두리식 (3) 유수식 (4) 순환여과식
2) 부착. 패류동물에 이용되는 방법 : 바닥 수하식 양식에 활용
3) **해조류 활용 (1) 뜬발식 (2) 밧줄식 (3) 말목식** 등으로 나누어 진다.

2) 양어지 : 양어지는 지중양식에는 종묘 생산을 하는 경우 친어지,산란지, 부화지, 치어지 등이 필요하지만, 식용어를 양성하는 경우에는 '양성지''만 있어면 된다. 영성지는 치어로부터 식용에 적합한 크기까지 키우는 곳으로, 지수식이나 유수식으로 양식을 한다. 양어지의 분류는 지수식, 유수식, 채방식 , 그물차단식, 그물 가두리식 등으로 나눈다.

① 지수식(정수식) : 물이 고정된 양식방식이다. 유수지에 비해 물의 교환량이 적고, 보급되는 산소량도 적다. 따라서 단위면적당 종묘리방양량도 유수식에 비해 적은 것이 특징이다.

② 유수식 : 1~2급수 등 깊은계곡물을 이용하여 흐르는 물을 이용하는 양식 방법이고 주변 높은 산에서 볼수 있는 양식 시설이다.

③ 채방식 : 해안선의 굴곡을 이용하여 시설한 곳을 말한다.
④ 그물차단식 : 그물을 넓게 벌리고서 그 속에서 양식하는 방법이다.

⑤ 그물가두리식 : 바다 내의 일정한 구획을 구분하여 양식하는 방법이다. 태풍 등 피해가 발생하여 어민의 손실도 자주 보게된다.

3) 양식 수하시설 : 굴, 미역, 다시마와 같은 부착생물이나 가리비 같은 저서생물 및 패류양식에 이용하는 것을 말한다.

① 간이 수하식 : 보통 간조선에서부터 2~4m의 수심이 얕은 곳에 말뚝을 세우고 여기에 대나무 등 횡목을 하여 선반을 만들어서 하는 시설이다.횡목에 수하연을 매달는 방법의 양식 시설이다.
② 뗏목 수하식 : 일정한 시설을 해면에 띄어 여기에 수하연을 매다는 방법이다.

③ 밧줄 수하식 : 표층에 가로로 설치한 밧줄에 뜸통 또는 공 모양의 플리에틸렌 부낭을 띄어 이것들을 서로 연결하여 시설물을 해면에 유지시키고, 그 밧줄에 수하연이나 채롱을 수직으로 매달아 수면 가까이에서 양성하는 경우(굴, 전주조개 등), 등을 말한다.

④ 뜬발식 : 미역, 김 등을 양성하기 위해 고안된 방법이다.김의 경우에는 밧줄로 테두리를 만들고 이것을 부자로 수면에 띄우고 부자에서 닻을 연결하여 게류하는 시설이다.
⑤ 침설 수하식 : 가리비나 우렁쉥이 등을 수하연에 묶거나 붙여 닻과 뜸통을 사용해 저층에 가라앉혀 양성하는 방법이다.

4) 순환여과식 : 신선한 사육수를 대량으로 공급받을 수 없는 경우에 소량의 물로 높은 밀도로 사육하는 방법이다. 양식물을 정화시키는 방법으로는 침전지,여과지 등이 활용된다.

① 침전지 : 여과지 바로 앞에 침전지를 설치하여 미리 큰 입자를 침전 분리 시키는 방법인데 양어지의 물의 먹이 찌거기나 배설물 외에 주위로부넌 들어오는 먼지 등 정화 및 필터하는 방법이다.
② 여과지 : 양식장의 물을 여과지에 통과시키는 방법으로 수중에 용해되어 있는 암모니아 등을 정화시키는 것

3. 양식업의 양어 사료

1) 양어사료의 특징

(1) 어류는 변온동물이므로 육상동물과 다른 영양이 필요하고 사료를 주는 방법도 다르다.
(2) 잡식성 어류는 잉어,붕어, 은어 등이고, 육식성은 무지개 송어,뱀장어, 방어 등이다.
(3) 어류는 수중에서 무기 이온을 흡수하여 항상 삼투압 조절이 필요하다.
(4) 양어사료는 특징을 가지고 양식 사료에 주의를 요구한다. 특징은

① 가장 중요한 특징은 '단백질' 함유량이 현저히 놓아야 하는 것이다. 이는 육류의 사료는 단백질 함량이 20% 정도인데, 양어 사료는 45% 전후의 것이 대부분이다. 이유는 에너지 필요량 즉 사료의 총량의 절반이 단백질이 되어야 하는 것이다. 고로 단백질의 함유량이 높은 사료가 필요하므로 비용도 고가이다.
② 탄수화물의 함유량은 적어야 하는 것이다.이유는 어류가 탄수화물을 에너지원으로 이용하는 능력이 낮기 때문에 에너지원으로 소비하기 쉽게 하는 것이다.

2) 어류의 섭이와 소화 및 흡수

(1) 어류를 효과적으로 양식하기 위해서 급이량,급이 회수, 먹이형태 등이 중요한 요건이다.
(2) 어류의 섭이량은 종류,크기,수온,먹이종류 등에 따라 다르다.
(3) 수온이 높을수록 포식량은 증가한다.
(4) 수중의 용존산소가 감소하면 섭이량도 감소하므로 주의를 요한다.

3) 사료효율과 사료계수

(1) 어떤기간 내에 주어진 사료량에 대하여 그 기간 중에 어류가 얼마나 증육했는가를 알기 위해서 분석하는 것이다.

(2) 사료효율 = (증육량 /공급량) × 100%
(3) 사료계수 = 같은 기간 사료 공급량/ 사육기간 중의 어류의 증육량

4) 급이량과 급이법

(1) 1일 급이량은 = 사육미수 × 평균체증 × 급이량 / 100

5) 각 영양소의 소화율 비교

(1) 단백질의 소화율 : 단백질의 소화,흡수 능력은 매우 높게 나타난다.
(2) 탄수화물의 소화율 : 일반적으로 연어—송어류와 같은 육식성 어류에는 탄수화물의 소화흡수율이 낮게 나타나고, 특히 방어는 흡수율이 현저히 낮아서 사료 중에 전분과 같은 탄수화물을 거의 첨가하지 않는다.
(3) 지방의 소화율 : 이는 상당히 높아 문제가 되지 않는다. 사료 중 지방의 함양은 7%~25% 정도로 거의 변화없이 사용된다.

6) 수산직공무원 기출 분석

4. 양성과 관리제도 및 수용량,방양량, 용존산소량

1) 양성생물을 종묘로부터 판매할 수 있는 크기까지 잘 양성하기 위해서는 방양량과 급이를 적절하게 하

고, 깨끗한 수질 유지와 질병 방지를 하는 것이 중요하다.

2) 수용량이란 양식시설 내에 사육되는 수산생물의 수량(미수 또는 중량)을 수용량이라 한다.

3) 보통 면적당 또는 부피당 수량을 수용밀도라고 하며, 방양시의 수용량을 '방양량'이라 한다.
생산량은 어느 일정 시기에 사육하여 출하 판매한 종묘 또는 식용어의 수량을 계산하여 그 기간에 반입된 종묘 등의 수량에서 판매 등에 이용된 반출량을 빼는 수치로 계산한다.

4) 수용량의 제한 요인

(1) 수용량을 제한하는 최대 요인은 사육하는 수산생물에 공급하는 '''수중 용존산소량''이다.수준용존산소량의 조절을 위해서 낮의 광합성 이용하는 빈도와 야간에는 빛을 이용하는 광합성 작용이 없는 경우가 가장 중요한 용존산소 유지 및 대응방안이 고려되는데, 특히 야간에는 펌프나 교반기를 이용하여 양식장 혹은 못의 물을 혼합시키는 과정이 필요하다. 압축공기를 포말 상태로 수중에 넣는(폭기 과정) 것이 필요하다.

(2) 결국은 공급되는 용존산소량이 많을수록 수용량과 생산량이 높아진다.
(3) 양식장의 환경과 물의 관리도 수용량의 제한 요인이 된다.

(4) 양식장 중 순환여과식 양식시설에는 수중에서 사육생물이 분비 배설하는 ''암모니아''나 유기물 이외에도 먹이 찌꺼기나 그 분해산물이 대량으로 용해되어 이를 이용한 세균이나 원생동물을 증식시켜서 용존산소를 소비하고 이산화탄소를 증가시켜서 결국은 물을 산성화 시키는 것이므로 방지하는 것이 필요하다. 이에 대한 방안으로 순환여과식 시설장에는 암모니아를 없애는 별도의 시설장치가 있다.

5) 수산자원조성"이란 일정한 수역에 어초(어초)、해조장(해조장) 등 수산생물의 번식에 유리한 시설을 설치하거나 수산종자를 풀어놓는 행위 등 인공적으로 수산자원을 풍부하게 만드는 행위를 말한다.(수산자원관리법령상 용어정의)

5. 수확과 출하

1) 수확과 선별 : 종묘를 이식시키거나 일정한 기간 사육을 마치고서 판매를 위해서 이동시키는 것 등이 수확과정이고 이 과정에서 대상에 맞게 수확물을 골라는 것을 선별이라 한다.

2) 절식과 절식의 목적 및 축양

(1) 이식 및 이동 전에 먹이를 줄이거나 주지않는 것을 절식이라 한다.
(2) 절식의 목적은
① 뻘 냄새 제거 ② 소화관의 내용물을 배설 시켜서 이동 중의 물 등 오염방지 등
③ 맛이나 품질을 높여 좋은 생물으로 출하하는 것
④ 생산 대상어종의 대사기능을 저하시켜서 안전하게 수송을 할 수 있게 하는 것 등

(3) 축양이란 수산생물을 적당한 시설에서 일시적으로 산채로 보관하는 과정을 말한다.
(4) 출하 전에는 2~3일 간 유수상태로 먹이를 주지 않는다 . 이를 절식이라 한다.

⁂ 필수아미노산은 10가지/20가지로 분류된다.

1. 개념 : 음식의 단백질의 품질을 결정하는 것은 필수 아미노산들의 존재와 균형과 품질입니다.
1) 필수아미노산들은 체내에서 생산될 수 없기에 음식을 통해 얻어야 합니다.
2) 단백질의 기본 구성단위로 체내에서 합성할 수 없는 아미노산이다.

(1) 단백질은 체내에서 아미노산으로 분해된 후에 흡수·이용된다. 따라서 단백질의 영양가는 그 속에 함유되는 아미노산의 종류와 양에 의하여 정해지는데, 아미노산은 동물의 체내에서 다른 아미노산으로부터 만들어지는 것과, 체내에서는 합성되지 않고 음식으로 섭취되어야 하는 것이 있다. 체내에서 합성되지 않거나 합성되더라도 그 양이 매우 적어 생리기능을 달성하기에 불충분하여 반드시 음식으로부터 공급

해야만 하는 아미노산을 필수 아미노산이라 부르며,

(2) 체내에서 당질의 중간 대사물과 질소 또는 필수 아미노산으로부터 합성될 수 있는 아미노산들을 비필수 아미노산이라고 부른다.

(3) 필수 아미노산의 종류는 동물의 종류나 성장시기에 따라 다르지만, 다음의 10종
발린(valine), 루신(leucine), 아이소루이신(isoleucine),
메티오닌(methionine), 트레오닌(threonine), 라이신(lysine),
페닐알라닌(phenylalanine), 트립토판(tryptophan),
히스티딘(Histidine), 아르지닌(arginine)을 꼽는다.

(4) 필수 아미노산 함량은 식품 단백질의 영양적 가치 평가의 기준으로서 매우 중요하다. 음식을 통해 충분한 양의 필수 아미노산이 공급되지 않으면 체내에서 단백질 합성이 잘 이루어지지 않는다.

도표 : 김태산 인용

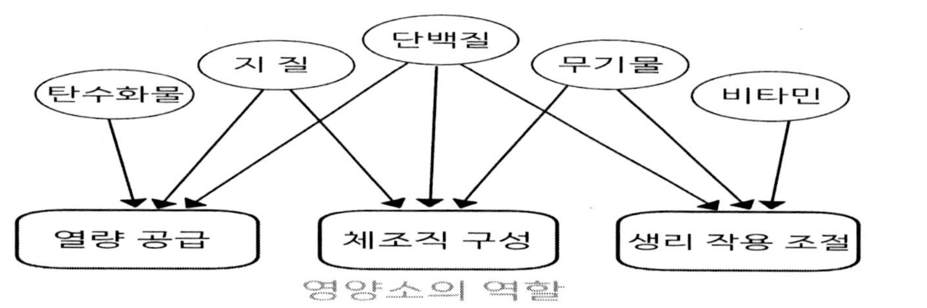

영양소의 역할

2. 필수 아미노산 종류 - 20종류 중

1) 아르기닌 : 면역 체계를 자극하고, 성장호르몬 방출을 유도하고, 암모니아를 해독함으로써 간을 보호한다. (1) 아르기닌이 풍부한 음식 : '''연어,'''''고등어,'''참치등''' **등푸른생선, 달걀** '''굴,'''''전복,'''새우

2) 히스티딘 : 히스타민을 방출하고, 통증 조절과 관련되어 있다.위산 분비를 자극하도록 소화 혈관을 확장시킨다. (1) 히스티딘이 풍부한 음식 : ''고등어,참치등 등푸른생선, 달걀

3) 리신 : 강아지의 뼈의 성장을 촉진하며, 위액 분비를 자극한다.
(1) 리신이 풍부한 음식 : '''''연어,콩류

4) 메티오닌 : 쓸개 기능을 돕고, 간에 지방이 축적되는 것을 방지하며 요로의 pH 균형을 맞추며, '타우린을 발생시킨다. (1) 메티오닌이 풍부한 음식 : 닭가슴살,갈치,달걀,명태

5) 페닐알라닌 : 식욕 조절과 관련되어 있으며, 저혈압에서 혈압을 상승시키고, 피부와 털의 색소 형성에 관한 미네랄과 작용된다. 아드레날린과 노르아드레날린을 생산하다.
(1) 페닐알라닌이 풍부한 음식 : '''새우''

6) 트레오닌 : 에너지 사용을 조절하고, 기분 상승 혹은 우울증상에 작용하며, 아드레날린을 만들고 갑상선 호르몬의 전조가 된다. (1) 트레오닌이 풍부한 음식 : 오리고기,소고기,돼지고기

7) 트립토판 : 수면을 유도하는 세로토닌을 생성한다.
(1) 트립토판이 풍부한 축산물 음식 : 달걀노른자,우유

8) 발린(이소류신과 류신) : 이소류신과 류신은 단백질 전환과 에너지 대사를 조절하기 위해 함께 작용한다. (1) 발린(이소류신과 류신)이 풍부한 음식 : 오리고기,소고기,돼지고기,달걀

9) 타우린 : 많은 대사 과정에 관여하며, 특정 상황에서 필수적인 아미노산이다. '''타우린은 시신경, 뇌와 신경 체께, 심장 기능에 영향을 주며 담즙산과 결합한다. (1) 타우린이 품부한 수산물 : '''오징어 및 ''문어 등

10) 트립토판 : (1) 트립토판이 많은 수산물 : 문어,오징어,홍합,낙지,조개류

※ 식품위생법상 가공품 등 '8가지''표시사항

1. 단백질 ,클레스테롤,당류,탄수화물,나트륨
2. 지방 ,트랜스지방,포화지방,(총 8가지는 필수적인 표시대상이다.)
3. 상단 외 비타민 A 등은 기업의 자률로 부기 가능한 임의적 사항이다.

3) 수송 및 운송중 주의 : 산소공급 및 온도유지 등 조절이 필요하다.

4) 활어수송 방법

① 무수수송 : 패류,갑각류, 성게 등 상자나 바구니 등에 넣어 적당한 온도와 습도를 우지하고 이동시키는 방법
② 활어조 수송 : 트럭의 적재량에 따라 1조에서 수개조의 활어조를 쌓아 올려서 운송하는 것이고 보통 활어조는 비닐 캔바스제 ,FRP 제 등이 활용된다. 운송할 때는 수온을 내리기 위해서 적당량의 얼음을 띄어 수송에 이용된다. 수송 중 산소의 결핍 및 이산화탄소의 증가, pH 나 소온의 변화, 배설물의 누적 등으로 방지하기 위해서 다양한 방안 중 특히 수온을 낮게 하여 대사 기능을 저하시키는 것이 필수적 수송 전략이다.
③ 산소봉입 수송 ; 뱀장어의 운송 중 봉지에 산소를 주입하여 운송하는 방법이며, 세심한 축양과 절식이 선행되어야 하며, 봉지에 치어의 마리수 및 죽은 것 등 선별에 아주 민감한 작업이라 전문가의 세심한 기술로 봉지에 산소를 넣고서 묶는 것이 핵심이다. 운송 시간은 묶은 때로부터 반드시 약 25시간 전후로 목적지의 양식장에 다시 풀어야 만 양식어종이 정상적으로 운송이 가능하다.
④ 활어선 수송 ; 해산이나 자연산 종묘를 이동할 때 사용되며, 배 등이 이동하여 움직이므로 수조관 내에 환수나 해수 유동 시설이 필요하므로, 보통 환수구멍을 이용하여 산소를 주입한다.

⑤ 기출 분석 수산직 공무원 : 답 1번 : 사육수온보다 낮게 유지하는 것이 일반적이다.

문제) 활어 수송방법 중 활어차를 이용한 활어 수송의 기본적인 설명으로 옳지 않은 것은 ?

(a) 운반수의 수온은 사육수온과 유사하게 유지하여 수온스트레스를 줄이는 것이 일반적이다.
(a) 대상어류는 신속하게 활어 수송차량으로 운반하도록 하며, 이 때 외상이 생기지 않도록 각별히 주의한다.
(c) 수확이나 운반 중의 외상을 고려하여 활어 운반 중에 약육을 할 경우도 있다.
(d) 여과장치를 이용하여 오물을 제거하거나 침전시킬 수 있다.

⑥ 동결수송 및 빙장수송
(1) 다랑어류는 -40도씨 이하로 유지하여 수송한다.
(2) 외해나 연안의 어획된 수산동물의 단거리 운송은 어획물 위에 쇄빙을 덮어 운반한다.

도표 : 김태산 인용 : 5대 영양소

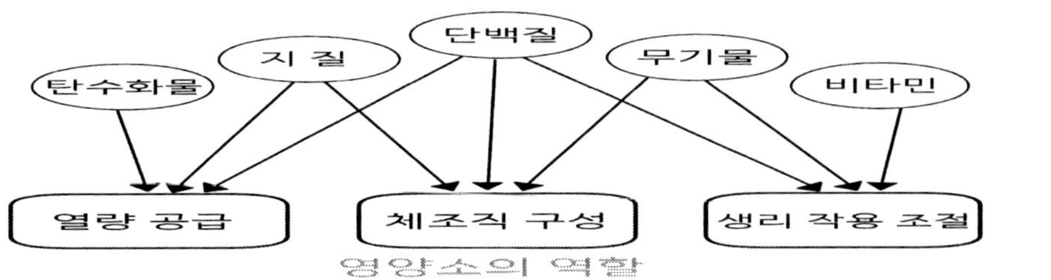

영양소의 역할

제6. 주요 양식 중에 발생하는 수산동물의 질병

1) 개념 : 수산생물은 환경수의 온도에 따라 체온이 변동하는 변온동물이기 때문에 어류의 체온과 모든 대사과정이 환경수의 지배를 받게 되므로 질병의 발생과 같은 공동운명체적 시스템을 가지고 있다. 따라서 수산동물의 질병의 발생과 환경 등을 조사 및 고려가 필요하다.

2) 질병의 발생 : 사육수 어종의 환경변화, 특히 수온,pH, 염분 농도 및 유기물의 오염도와 밀접한 관계로 발생하는 것이 어류의 질병이다.

① 기생충 및 미생물 등에 의한 직접적으로 양식 어류 등에 침입하여 발생하거나, 먹이 및 수질이 나빠져서 어류의 기능이 저하되는 현상을 질병이라 하는데, 병에 걸린 어류의 증상은 먹이를 안 먹고, 평소의 행동, 채색 등이 달라진는 현상이 나타난다.
② 물곰팡이는 알 등에 쉽게 부착 후 기생하므로 종묘의 생산시에 주의를 요하고, 양어장에서 잘 발생하는 기생충으로는 백점충, 포자충, 아가미 흡충, 피부흡충, 닻벌레 등이 있다.
③ '환경의 요인에 의한 질병으로는 산소의 부족에 따른 질병, 기포병(피하조직에 방울이 생기고, 심하면 안구의 돌출 및 폐사가 가능한 질병), 수온의 급변화에 의한 질병, 중금속 및농약에 의한 빌병 등으로 나누어 진다.
3) 어류의 질병의 원인은 ''물'',변온동물, 아가미가 수중에 노출 등이 원인이다.양식생물의 질병은 ''발생원인 및 ''발생요소 등으로 나누어 볼 수 있다.

① 질병은 유기체의 신체적 기능이 비정상적으로 된 상태를 의미하며, 특히 외부의 질병 원인이 되는 세균이나 바이러스 등이 침투하여 질병이 발생한다.

② 질병의 발생요소는 일정한 요소가 충족될 때 발생하는 데, 병인(병원체), 숙주(질병에 걸리는 주체를 말한다), 환경 등 요인으로 질병이 발생한다.

③ 질병의 원인의 구분 : 전염성과 비전염성질병으로 나누어 진다. 전염성 질병은 주로 세균, 기생충, 바이러스 등이 원인이고, 비전염성질병은 먹이, 수질악화, 산소부족 등이 원인이 된다. 병원(병인이란 질병의 원인이 되는 세균,바이러스,기생충 등이다)

병 원		원 인
외인성	비기생성	영양적요소 : 비타민이나 무기물 등 결핍증, 중독증(과산화 지질 등) 환경적 요소 : 수온, 수질(pH, 용존상소 등)
	기생성	병원생물 : 바이러스,세균,곰팡이 등 기생충 : 조충류,갑각류,단생류, 선충류 등
내인성		연령, 유전, 면역 능력, 품종, 성별 등 어체 내의 기증 장애와 손상에 의한 것을 말한다.

4) 어류의 질병의 특징

① 질병은 숙주와 기생체의 관계가 균형을 상실하여 발생하지만, 어류의 감염증은 최대 특징으로 볼 것은 ''숙주가 수중생물''이라는 점이다.

② 물, 즉 수중생물이 질병이라 감염증을 유발시킨 병원체가 숙주에서 이탈하여 육상의 공기 중에 비하여 훨씬 더 수중에서 생존하기에 물을 통한 전염성 문제가 대두된다.

③ 수중생물이 수중에서 서식하고 있는 환경의 가장 중요한 요인은 ''물''이라는 것을 매개로 하여 ''전염병''의 전파가 쉽게 일어나는 것이 가장 중요한 특징이다.

5) 질병의 확인 방법

육안 검사(외부검사와 내부검사로 나누어진다)하는 방법과 병리검사(혈액학적,조직학적,세균학적,바이러스학적,기생충학적 검사 등)이 활용된다.

6)-1.수산질병의 분류

① 세균성질병 : 에로모나스병(솔방울병), 콜롬나리스병(아가미부식병), 비브리오병, 활주세균증, 노카르디아증,에드와드병,연쇄상구균증,등

② 기생충병 : 스쿠티카증, 아가미흡층증, 백점병 등

③ 바이러스성 질병 : 전염성 조혈괴사증, 이리도 바이러스감염증, 버나 바이러스감염증,림포시스티스증, 새우흰반점바이러스병,전염성 췌장괴사증 등

에로모나스병 : 솔방울병이라고도 하며, 봄에 각종 담수어류에서 발생한다.만성화가 되면 피부와 근육에 궤양을 야기하며, 구강, 시느러미, 항문부위에 출혈 등이 동반한다.
이리도 바이러스 : 고수온기 돔류를 포함한 여러 가지 해산어류에 감염되어 대량폐사를 일으키는 질병이다. 주요 감염어류는 방어류, 돔류, 넙치, 농어 등
백점병 : 아가미나 피하 조직밑에 기생하여 발생하는 기생충성 질병이고, 넙치, 참돔, 농어,복어 등에서 발생한다.외형적으로 물고기의 몸이 흰 점으로 덮이는 증상이 나타난다.

6)-2. 수산질병의 종류 **-질병이 발병하는 원인으로 크게 5가지로 나눠진다.**

1. 바이러스성 질병

-바이러서스질병에는 RNA바이러스와, DNA바이러스, 기타바이러스로 분류한다.

(1) RNA -대표적질병

바이러스성 출혈성 패혈증, 전염성 조혈기 괴사증, 부레염, 잉어의 봄바이러스병, 넙치의 라브도 바이러스병, 뱀장어 바이러스성 신장병, 유럽산 뱀장어 바이러스병, 전염성 췌장괴사증, 바이러스성 췌장괴사증, 바이러스성 췌장괴사증, 부르길 바이러스병, 연어의 전염성 빈혈증, 새우의 Taura syndrome virus,

(2) DNA -대표적 질병

림포시스티스병, 췌장병, 적혈구 봉입체 증후군, 형질세포성 백혈병, 잉어의 폭스병, 바이러스성 상피증생증, 차넬메기 바이러스병, 연어의 바이러스병, 참돔 이리도 바이러스병, 넙치의 상피증생증, 뱀장어 Herpesvirus,

(3) 기타바이러스 -대표적 질병

보리새우의 RV-PJ병, 보리새우의 바큐로 바이러스성 중잔선괴사증, 복어의 구백병, 뱀장어의 혈관내피세포괴사증.

2. 세균성 질병

1) 에로모나스병-대표적 질병 ; 절창병, 미국산 뱀장어의 에로모나스병, 비정형 Aeromonas salmoncicida, 운동성 에로모나스 패혈증
2) 슈도모나스병 -대표적 질병 ; 뱀장어의 적점병, 기타 슈도모나스병
3) 활주세균병-대표적 질병 ; 콜룸나리스병(컬럼나리스), 꼬리부식병, 저수온성 활주세균증
4) 비브리오병 ; -대표적 질병
   (1) 은어의 비브리오병, 송어류의 비브리오병, 뱀장어의 비브리오병, 방어의 비브리오병,
   (2) 넙치의 장관백탁 ,조피볼락의 vibrio ordalii(식중독균), 복어의 비브리오병, 보리새우의 비브리오병
5) 에드워드병-대표적 질병 ; Edwardsiella tarda, Edwardsiella ictaluri

6) 연쇄구균병 -대표적 질병 : 무지개송어의 연쇄구균병, 은엉의 연쇄구균병, 해수어의 연쇄구균병
7) Yersinia ruckeri감염증 -레드마우스병
8) 류결절증 9)노카르디아병 10)리케치아병 11)세균성신장병

1) 림포시스티병(바이러스질병)-병어의 두부, 몸통, 지느러미, 꼬리 등 외부에 노출된 체표면에 수포형의 종양이 형성된다. 이 수포형 종양은 표피의 결합조직 세포에 바이러스가 감염되어 거대화되어 발생하는 것으로 림포시스티스 세포라고 한다.
2) 전염성 조혈기 괴사병(바이러스병)-산천어, 무지개송어의 양식에 있어 주된 바이러스성 질병이다. 치료제가 없기에 최적 수온을 유지하도록 노력해야한다.
3) 비브리오병(세균성)-비브리오 속에 속하는 세균에 의해서 일어나는 어병으로서 담수에서 세균에 감염에 따라 무지개 송어, 은어 등에 유행하며 해산어에서는 방어, 복어, 돌돔 등에 해양세균인 호염비브리오라고 하는 비브리오의 감염에 따라 일어남.
4) 미포자충병(기생충)-방어치어의 미포자충병

3. 기생충성 질병

1) 편모충병 -대표적 질병 : 오디늄병증, 크립토비아증, 뱀장어의 Tryphanosoma, 익치오보도증 헥사미타증
2) 섬모충병-대표적 질병 : 칼로도넬라증, 백점충(백점병), 에피스타이리스, carpiniana, 트리코디나증
3) 점액포자충병-대표적 질병 : 믹소보루스증, 장포자충병, 구도아증, 익시디움증, 신종대증
4) 미포자충증-대표적 질병 : 송어류의 Lama병, 방어치어의 미포자충병 5) 근족류
6) 편형동물
(1) 단생류
① 단후흡반류 : Dactylofyrus, Pseudodacylogyrus, Gyrodactylus, Benedenia
② 다후흡반류 : Heteroaxine, Heterobthrium. Microrotyle, Chriocotyle
(2) 흡충류: 흑점병, 송어류의 흡충성 백내장증, 크리노스톰증, 잿방어의 혈관내 흡충병
(3) 조충병-대표적 질병 :잉어의 흡두조충, 은어의 배두조충, 방어의 낭충병
7) 선형동물-대표적 질병 ; 카말라누스, 사상충병, 뱀장어 부레선충병
8) 구두충병 : 구두충의 성추은 척추동물의 소화관내에 존재/기생한다. 자웅이체로 중간 숙주는 1단계 또는 2단게이며, 제 1중간 숙주는 '갑각류' '이다.
9) 절지동물
(1) 요각류 : 대표적 질병 ; 닻벌레병, 에르가시루스증, 칼리구스증, 송어류의 Leophtheirus, 송어류의 Salmonicola
(2) 새미류 -물이병

4. 진균성 질병 : 곰팡이성 질병 - 곰팡이류는 뚜렷한 핵을 가지고 있어며, 유성/무성적으로 번식을 하는 것이 특징이다.

1) 수생균(Saprolegnia) : 사육 수온이 20도씨 이하일 때 선별, 수송 또는 기생충의 감염에 의한 체표의 상처나 세균성 질병의 출혈병소 등 체표에 형성된 궤양병소 등에 2차적을 수생균이 감염된다. 체표 특히 두부나 고리 부누에 균사체가 번식하여 솜모양으로 수생균이 붙여 있는 것이 특징이고, 병어는 수면에 천천히 헤엄치든지 등이 질병 현상이다.

2) 이크치오포누스병(Ichthyophonus) : 무지개송어 치어의 경우 외관상 증상은 체색 흑화와 약간 여윈 생태가 증상이다. 자연 감염된 생사료를 먹이로 투여하였을 때 발생도 한다.
3) 진균성 질병 (1) 편모균류
-대표적 질병 ; Dermocystium증, 사프로레그니아증, 아파노미케스증, 브랜키오미세스증
4)접합균류 -대표적 질병; 이크치오포누스증, 털곰팡이(무코르)증
5)불완전균류 -대표적 질병 ; 검은 아가미병, 포마병, Ochroconos병
6)효모
7)무척추동물의 곰팡이병
(1)편모균류 -대표적 질병; 라제니듐, Haliphthros, Halocrusticida

5. 사료성 질병 : 사료를 생성 및 보관 중에 발생하는 질병을 말한다.

제7. 주요 양식업종

※ 어류의 발육단계 : 알   지어 - 치어 - 유어 - 성어

1) 유영동물의 양식

(1) 넙치 양식

① 광어라고도 하며, 제주도 남해안을 중심으로 종묘의 대량 기술이 개발되어, 방류나 양식도 진보되어 있고, 1960년 대 일본에서 부화자어의 양식이 성공되었다.
② 넙치는 성장이 바라서 경제성을 있고, 지역에 따라 다르지만 약 1년 ~1년 6개월이면 체중 1kg 전후로 키운다. 운송의 장점으로는 고밀도 수송이 가능하며, 백색육의 육질로 타 어종에 비해 가식부분이 많고, 소비자도 즐겨찾는 어종이다.
③ 산란기는 주로 수온이 15도씨 전후로 상승하는 봄에서 여름가지이고, 한 개체가 수회 산란하는 다회 산란형이다. 알은 분리부성난(개별적으로 뜨 다니면서 생육을 하는)이 특징이다.
④ 부화는 수온 18℃에서 부화 후 전장 약 11mm가 되면 변태를 시작한다. 이 시기에는 유체의 내부 및 외부 형태에 심한 변화가 생기는데, 체형은 좌우대칭이 무너지고, 우측 눈이 좌측으로 이동하면 변태가 진행되고, 이 변태는 부화 후 35일 경인 전장 14mm 전후에서 끝난다.

(2) 조피불락 양식(= 우럭) (서대, 조피불락의 거래단위는 3,5,10,15kg)
① 난태성이며, 정착성 어종이다.
② 출산 후 약 60일 전후이며 4~5cm 로 성장하므로 종묘를 이용하는 것이 타 어종에 비해 장점이 된다, 생산기간이 타어종에 비해 짧은 편이다.
③ 육상 수조식으로 종묘를 생산하여 해상 가두리나 육상 수조에서 양성을 한다. 어미의 몸 속에서 알을 부화하는 것이 특징이며, 수온은 15~18℃가 적당하다.

(3) 뱀장어

① 뱀장어는 담수에서 성장 한 후 바다로 내려가서 해수의 수심이 깊은 곳에서 산란하는 것이 특징이며, 회유성 중에서도 산란회유에 속하고, 강하성 어류에 속한다. 이와 반대로 보통의 어류는 소하성 어류의 특성은 해양에서 살다가 산란기에가 되면 강을 거슬러 올라가서 산란을 한다(대표적 어류는 연어).
② 알에서 부화한 유생은 버들잎 모양으로 랩토셀팔루스라고 하며, 필린핀 동부 해역 등에서 산란지로 보여서 이곳에서 치어를 잡는다. 성장 중에 실뱀장어는 봄철에 2월 ~3월경에 가을 거슬러 올라가서 담수생활을 한다. 실뱀장어는 야행성이며, 야간에 빛을 따라 모이는 야행성 및 주광성을 가지며, 주로 야간에 하천에서 등불로 올라오는 실뱅장어를 체포한다.
③ 양식용 종묘는 모두 자연산 종묘를 이용하며, 다양한 종묘 실험을 하고 있지만, 비경제성으로 인한 완전 양식이 아직도 이루어지지 않고 있다.
④ 뱀장어 양식은 정수식 못 양식, 유수식 양성시설, 순환여과식 등 이용되고, 순환여과식 시설로 양식을 하고, 암모니아 배설 시설 등이 필요하다.
⑤ 뱀장어는 알 - 3㎜의 렙토세팔루스의 유상과정 - 치어인 실뱀장어가 변태 - 성어로 성장

(4) 무지개 송어

① 대표적인 냉수종 어류로 수온 10~20℃(최적 15℃)에서 잘자는 것이 특징이다.
② 담수에 서식하며, 보통 2~3년 후에 성숙하고 산란기는 11월~3월이다. 자연에서 자라는 무지개송어는 수서곤충이나 작은 어류를 포식하는 것도 특성이다.
③ 산란기에는 무지개송어는 형태적으로 암수 구별이 가능하다.부화는 최적온도 10℃이고 7~15℃이며, 부화되기까지는 약 31일 소요된다.

④ 무지개송어의 식용어 양식은 1~2kg 또는 5~10g 무게를 종묘를 사용하여 200~300g 이나 경우에 따라서는 1kg까지 성장 후 판매한다.
⑤ 담수어류인 무지개송어의 경우 부화에 필요한 최적수온은 약 10℃를 기준으로 발안(약 15일), 부화(약 30일), 부상(약 60일) 일수로 계산하여 양식을 한다.(공무원 기출)

2) 유영성 저서동물의 양식

(1) 대하

① 대하는 서해에 서식하는 새우종이며, 어미의 체장이 평균 22cm 정도로 대형이고, 성장이 매우 빨라서 1년 이내에 어미가 된다.
② 성숙한 암컷의 난소는 청록색을 띄고 있어 부별이 쉽게 되며, 밤에 3~4회 걸쳐서 산란을 한다. 알은 수온 18~19℃에서 약 33시간이 지나면 '노플리우스''(nauplius)유생으로 부화한 후 탈피를 거듭하면서 ''조에스, ''미시스, ''후기 유생으로 변태를 해 간다.
③ 저서생활을 시작한 후부터 바지락, 배합사료 등을 공브하면서 양식을 하고, 양성법으로는 제방식, 수조식 양성법이 있지만 우리나라는 조석 간만의 차이를 이용하는 제방식 양식법이 주로 이용된다.

(2) 흰다리 새우

① 중남미 지역이 원산지로 그 중심은 멕시코, 콰테말라, 페루 등이고, 대하 등과 더불어 새계의 도처에서 양식이 이루어지고 있다. 우리나라는 2003년부터 흰다리 새우를 양식하기 시작했다.(수입의 경우 수입 후 국내에서 4월 이상 양식을 하여야 '한국산''이 된다)
② 성장이 빠르고, 환경 적응력이 탁월하고, 잡식성으로 식성도 좋다. 특히 동물성 단백질 요구량도 적어서 사료 효율도 뛰어나고 비용도 적게 들어가서 양식 대상어로서 조건에 아주 좋다.
③ 사육에 적합한 수온은 23~30℃, 염분은 28~34psu이다. 수온이 18℃ 이하의 경우는 먹이 활동을 중지하고, 9℃ 이하는 폐사하여 대체로 고온에 강한 것이 특징이다.

(3) 보리새우 및 대하

① 보리새우의 유생 발달 순서는 노플리우스-> 조에아 -> 일반적으로 약 1개월 정도 부화 생활 후미시스 다음 변태하여 어린새우로 성장한다.
(새우의 변태과정 : 부화 - nauplius - zoea - mysis - post-larva)
② 보리새우 속은 현재 인공부화해서 성체까지 완전 양식이 가능하다.
③ 보리새우는 서해안,남해안에 서식하며, 야행성이므로 저녁에 1일 1회 먹이를 준다. 새우류 중 대하는 낮에 활동으로 인하여 1일 2~3회 먹이를 준다.

(4) 게
① 게의 발달 순서는 노플리우스-> 조에어 -> 메갈로파-> 포스트라바
② 절지동물,갑갑류,전세계 4500여종, 10개의 가슴다리로 구성, 생식은 난생이고, 저서생활을 한다. 서식장소는 바다나 담수 등 서식이 가능하다.

3) 부착성 동물의 양식

(1) 굴 및 참굴

① 굴류는 국내의 조개류 양식 대상 종 중에서 생샌량이 가장 많고, 외국에도 수출효자 상품이다. 국내 전 연안에 분포되어 있고, 시장성도 좋다.
② 양성방법으로는 나뭇가지 양성, 수하식 양성, 바닥 양성 등으로 한다. 통상적으로 6~7월 전기 채묘한 치패는 2~3주일 후에 단련시키지 않고 양성장으로 옮겨서 종묘로 활용된다.
③ 변태 및 성장 과정은 ' 수정란 - 담륜자유생(1일 후) - D상 유생 - 각 정기 유생 - 부착 치패(0.3mm 전후의 크기) 및 (2`3주 후) 성장과정을 거친다.
④ 참굴'은 우리나라에 있는 굴 중에서 가장 흔히 볼 수 있는 종이고, 비대칭적으로 껍데기가 구성되어 있는데, 아래는 움폭 파여 있고, 위족은 팽팽하다. 서식은 주로 밀물과 썰물이 교대로 드나드는 '조간대 자웅동체산란'이고, 대부분 양식을 한다.

※ 단련 종묘란 : 채묘되어진 치패 등을 조간대의 단련 상에서 이를 주기적으로 대기 중에 노출시키는 것을 말하고, 장점은 양성되는 기간을 단축시키면서, 생존율이 향상되고, 질병에도 강하면서, 성장도 빠른 것 등이다.

(2) 우렁쉥이

① 멍게(우렁쉥이) 의 변태 과정 :
(1) 수정란 - (2) 2세포기 - (3) 올챙이형 유생(척색발생)

(4) 척색손실 - (5) 부착기 유생 - (6) 입.출 수공생성
② 올챙이형 유생으로 부화하여 유영생활하다가 부착 후 정착한다.

(3) 담치류 . 홍합

① 국내 전 연안에 분포되어 있고, 굴 수하연에 다량으로 부착되어 해적생물로 전에는 취급되었다.
② 양식 대상으로 진주담치, 참담치(홍합) 등이 있다. 양성방법으로는 말목 주착식 양성,수하식 양성으로 1년 양성 후에 수확한다.
③ 성장과정은 ''수정란 - 담륜자 유생(1일 후) - D 상 유생(2일 후) - 각 정기 유생(10일 후) - 부착 취패(0.3mm 전후의 크기)의 성장을 거치게 된다.

(4) 바지락 . 대합류

① 국내 서해,남해 해안에서 생산이 많고, 국내 대합류는 라마르크대합, 대합 등이다.
② 수산물을 좋아하는 일본에 수출 품목이다.
③ 양성지는 조용한 바다, 파도가 거의 없는 바다에 간출시간은 2~3시간, 수심은 3~4m 사이의 지반이 안정적이고, 해수의 유통이 좋고 육수의 영향을 받는 곳, 먹이 생물이 많은 곳이 양식장으로 최적이다.

산란기에는 독소가 있어 치사율이 약50%이며, 이 독소는 베네루핀이며, 바지락의 내장에 있다. 샥시톡신은 굴 및 홍합에 있는 독소이며, 치사율은 약10% 정도로 낮게 보이고 있다.

. 바지락의 분석
ⓐ 수확 제철은 2월~4월, 산란기는 여름철인 7월~8월, 산란 후 2~3주간은 부유생활을 하다가 저서생활로 들어가는 특징이 있다. 저질이나 사니질 등에서 생활을 한다.
ⓑ 식용 외에 새우 양식용 먹이로 활용되고 있다.
ⓒ 생바지락의 총열량은 100g 당 약 60cal 가 있는 것이 특징이다.
ⓓ 바지락의 성분은 수분 84.2% > 단백질 0.1% > 탄수화물 4.0% > 회분 1.9%> 지방 0.8% 함량을 보이며, 특히 지방이 적게 나타나고 있다.
ⓔ 비타민 A,B,C 및 니코타산, 아미노산이 풍부하다.
ⓕ 바지락의 효능은 지방이 적게 함유되어 있어, 다이어트 식품에 좋다. 그 밖에 빈혈방지(철분이 많이 있는 헤모그로빈 함량 다량), 혈관질환예방, 면역력 향상, 원기회복, 간건강 및 숙취해소, 상처회복, 성장 발육에 기능이 좋고, 마그네슘이 계란의 5배 함유되어 있는 것도 특징이다.

(5) 가리비류

① 국내 중요 가리비류는 참가리비, 비단가리비, 해가리비 등이다.
② 가리비류의 양성 방법은 귀메달기, 다층 채롱 등에 수용해서 양성하며, 2년 후에 수확을 한다. 참가리비는 각 장이 20cm로 가장 큰 종이며, 한류계로 동해에 분포하며, 수심이 10~50m 에 분포하는 것이 특징이다. 비단가리비류는 국내 전 연안에 서식하고 각 장이 7.5cm 정도로 소형종이며, 색깔이 아름다움 등이 특징이다.
③ 성장과정은 ' 수정란 - 담륜자 유생(약 4일 후) - D형 유생(5 ~7일 후) - 각 정기 유생(약 15~17일 후) - 성숙유생 - 부착 치패(약 40일 후)의 성장과정을 거친다.

(6) 꼬막 . 피조개 . 새꼬막

① 꼬막류는 천해성종, 서해안 및 남해안의 벌교 등지에 서식하는데, 간조시에 드러나는 조간대에 주로 서식을 한다. 방사륵의 수는 17~18개이고, 주산지는 여자만, 아산만, 들량만, 징흥 등지이다.
② 피조개는 꼬막류 중에서 가장 깊은 곳에 서식하며, 대형이다.저질에 잠입하여 서식하므로 개흙질로 된 연한 곳이 좋다. 방사륵의 수는 42~42개이다.
③ 새꼬막은 저질 중에 얕게 잠입하기 때문에 니질 또는 시니질 등이 서식하기가 좋고, 수심은 저조선에서 10m 이내이며, 보통 1~5m에 서식을 주로 한다. 방사륵의 수는 29~32개이다.

4) 포복성 동물의 양식

(1) 참전복

① 양식산 전복의 주생산지는 전라남도이다. 겨울철 저층 수온이 12도씨인 등온선을 경계로 하여 북쪽에는 참전복이 서식하고, 남족에는 난류계의 전복이 분포한다.
② 참전복만 한류계이고 나머지 전복은(오분자기, 말전복, 시볼트전복)류는 거의 난류계이다.난류계는 끼막전복, 시볼트전복, 말전복 등이 있어나 양식종으로는 참전복(한류계)이 가치가 높아서 양식을 많이 한다.
③ 참전복의 생식세포가 형성되기 시작하는 기초수온은 7.6℃이고, 기초수온에서부터 적산수온은 500~1,500℃이면 생식소가 성숙한다.
④ 양식방법에는 해상 가두리식, 육상 수조식 등이 있다. 양식 과정은 1~2cm 전후의 치패를 채롱이나 바구니 등에 넣어 중간육성을 시작한다.
⑤ 종묘는 인공종묘생산으로 생산하며, 유생이 부유생활을 하는 동안에는 먹이를 먹지 않고 저서생활로 들어간 후 부착성 규조류를 먹게 된다. 유생이 부착하기 전에 플라스틱 파판에 분리하여 ''채롱'' 등에 수용 후 치패를 육성시킨 후 양식장에 방류하거나 가두리 식 양식장,수하식 양성시설 등에서 양성하고서 양성 후 성장 , 즉 채롱에 넣어 양성하면 7cm가지 자라는 시간은 30개월 가량 소요된다.

5) 비부착성 동물의 양식

(1) 대합류

① 대합 : 산란 D형 유생 - 피면자 유생 - 성숙 유생
② 대합류에는 대합과 라마르크대합 등이 분류되며, 우리나라를 비롯한 중국,일본 등지에 분포한다.
③ 대합은 22~27℃가 되는 7월 상순~ 10월 중순에 산란을 하며, 8월이 성기이다. 수정란은 – 포배기 – 담륜자기 – D형 유생 – 피면자기를 거쳐 성숙 유생이 되면 수정 후 약 3주 후에는 저서생활로 들어가게 된다.
④ 플랑크톤 잘 모이는 곳은 와류가 생기는 곳이므로 '와류시설 설비가 필요하다.
⑤ 대합은 습성은 점액질의 근을 길게 내어서 이동하는 습성이 있어므로 대합양식장은 대합 이동을 제한하는 조위망식 시설도 필요하다.

(2) 해삼

① 극피동물, 해삼류, 성장은 10`30cm, 정약전의 자산어보는 해삼, 물명고 서적은 해삼, 흑충 등으로 명명하고 있다. 촉수가 있는 것이 특징이다.
② 해삼 유생 변태과정은 '아우리쿨라리아->돌리올라리아->펜타쿨라
③ 암수구별은 가능하나, 겉모습으로는 구별이 어렵다.수온 17℃ 이하에서 식욕이 왕성하고, 17℃ 이상에서 먹는 것을 중지하며, 25℃ 이상이면 여름잠을 잔다.

6) 해조류 양식 : 녹조류(파래, 청각, 매생이), 갈조류(모자반), 홍조류(김,우뭇가사리,꼬시래기)로 분류되는 해조류는 식용가능한 해조류가 예부터 우리나라에 식용되고 있는데, 지금은 지능식품으로까지 발달된 중요한 식품이 되었다. 기능성 식품으론ㄴ 한천,호료,공업용비료 등에 사용된다.

(1) 김

① 해태라고도 하며, 참김의 생활 사 : 겨울이 지나서 봄에 시작 : 염상체-과포자 -패각사상체 – 포자체 – 각포자낭 – 각포자 – 감수분열 – 중성포자 – 무성생식
② 주요 **<u>양식종은 방사무늬김, 참김이고 그 외에 모무늬돌김,잇바디돌김 등이 있다.</u>**
③ 사상체의 배양조건은 '광선,수온(조가비에 과포자 붙이기를 할 때는 10~15℃를 유지하여야 하고, 6월까지는 25℃ 이상이 되지 않도록 하여야 한다.한 여름의 수온은 28℃를 넘지 않도록 수온관리를 잘하

여야 한다.

④ **김 : 콘코셀리스 사상체 - 각포자 방출 -어린유업 -중성포자.어린유엽반복 - 김성장**

⑤ 채묘 : 배양한 조가비 사상체로부터 방출되는 각포자를 그물발에 부착하는 과정이 채묘라 하는데, 이에는 실내 채묘 및 야외 채묘 등으로 나누어 진다.

⑥ 양성하는 조건은 양식장 환경, 지수식(말목식) 양식, 부류식(뜬흘림발) 양식 등이 이용된다.
마른김의 합불판정 및 등급 판정은 특등, 1등, 2등, 3등, 등외 '5단계로 나누어 진다.

(2) 김의 수출조건과 요오드 및 중금속 기준 검토 : 수산일반 수산직공무원 최종모의고사 329p 참조

㉮ 해조류 관련하여 유해물질이고 카드뮴, 납, 수은 함량이 한국과 EU가 다른 것이 수출에서 가장 대두되는 애로 사항이다. 카드뮴은 한국은 0.3mg/kg, EU는 0.35~0.5, 납은 한국은 0.5, EU는 없고, 수은은 한국에는 '없고', EU는 0.01mg/kg 규정이라 문제가 있다. 한편 요오드는 한국은 없고, EU, 독일은 기준치가 20mg/kg인데, 통관 및 수출입에서 약 85%가 요오드로 애로사항이 많다.

㉯ 요오드(I)는 한국은 '0', 이지만, 독일이나 EU는 200mg/kg이하가 기준이며, 한국 김 수출 통관시 독일 등에서 통관 보류가 되어 무역이 곤란한 사례가 요오드로 약 85%가 통계적으로 애로사항을 보이고 있다. 무역에 관련하여 요오드의 습취시 위험 경고 문구나 요오드 표기 등으로 해결을 하고 있는 실정이다. 무역에서 대상 국가의 기준 치를 보고 무역을 진행하여야 한다.

. 김 : 수산일반 224 및 산지경매사 289P

① 해태라고도 하며, 참김의 생활 사 : 겨울이 지나서 봄에 시작 : 염상체-과포자 -패각사상체 - 포자체 - 각포자낭 - 각포자 - 감수분열 - 중성포자 - 무성생식

② 주요 양식종은 방사무늬김, 참김이고 그 외에 모무늬돌김,잇바디돌김 등이 있다.

③ 사상체의 배양조건은 '광선,수온(조가비에 과포자 붙이기를 할 때는 10~15℃를 유지하여야 하고, 6월까지는 25℃ 이상이 되지 않도록 하여야 한다.한 여름의 수온은 28℃를 넘지 않도록 수온관리를 잘하여야 한다.

④ 김 : 콘코셀리스 사상체 - 각포자 방출 -어린유업 -중성포자.어린유엽반복 - 김성장

⑤ 채묘 : 배양한 조가비 사상체로부터 방출되는 각포자를 그물발에 부착하는 과정이 채묘라 하는데, 이에는 실내 채묘 및 야외 채묘 등으로 나누어 진다.

⑥ 양성하는 조건은 양식장 환경, 지수식(말목식) 양식, 부류식(뜬흘림발) 양식 등이 이용된다. 마른김의 합불판정 및 등급 판정은 특등, 1등, 2등, 3등, 등외 '5단계로 나누어 진다.

. 수산물 중금속 기준 : 식품공전 등 비교

대상식품	납(mg/kg)	카드뮴(mg/kg)	수은(mg/kg)	메틸수은(mg/kg)
어류	0.5 이하	0.1 이하 (민물 및 회유 어류에 한한다) 0.2 이하 (해양어류에 한한다)	0.5 이하 (아래 ㉮의 어류는 제외한다)	1.0 이하 (아래 ㉮의 어류에 한한다)
연체류	2.0 이하 (다만, 오징어는 1.0 이하, 내장을 포함한 낙지는 2.0 이하)	2.0 이하 (다만, 내장을 포함한 낙지는 3.0 이하)	0.5 이하	-
갑각류	0.5 이하 (다만, 내장을 포함한 꽃게류는 2.0 이하)	1.0 이하 (다만, 내장을 포함한 꽃게류는 5.0 이하)	-	-
해조류	0.5 이하 [미역(미역귀 포함)에 한한다]	0.3 이하 [김(조미김 포함) 또는 미역(미역귀 포함)에 한한다]	-	-
냉동식용 어류머리	0.5 이하	-	0.5 이하 (아래 ㉮의 어류는 제외한다)	1.0 이하 (아래 ㉮의 어류에 한한다)
냉동식용 어류내장	0.5 이하 (다만, 두족류는 2.0 이하)	3.0 이하 (다만, 어류의 알은 1.0 이하, 두족류는 2.0 이하)	0.5 이하 (아래 ㉮의 어류는 제외한다)	1.0 이하 (아래 ㉮의 어류에 한한다)

(2) 미역

① 미역은 우리나라 전해역에 분포하는 것이며, 중국,일본에도 서식한다.외국에 이식되어 지금은 뉴질랜드 등에도 서식을 하고 있어며, 서식대는 저조선 이하의 조하대 지역이다.
② 미역양식에서 해수의 수온이 21℃ 이하로 내려가면 채묘틀을 조류소통이 좋은 수심 2~4m에 매달아 아포체 성장을 촉진시키는데 이를 가이식이라 한다.
③ 미역은 ''1년생'' 해조이며, 대체로 늦가을부터 어린 엽상체가 나타나기 시작하여 겨울에서 이른 봄에 걸쳐서 자란다.
④ 종묘 생산은 5~6월경 미역의 포자엽에서 유주자를 인위적으로 대량 방출시켜 이 유주자를 채묘기에 부착시킨 것을 실내에서 관리하여 10~11월경 해수 중에 이식하여 미역이 생장하면 12월! 다음 해 4월경 가지 미역을 수확하는 것이다.
⑤ 양성 및 가이식 : 가이식 후 종묘가 5~10mm로 생장했을 때 본 양성을 하는데, 아포체가 발아가 늦어 수조내에서 크기가 아직 0.55mm이하인 것일지라도, 바다의 수온이 20℃ 이하로 되어 안정되었을 대에는 바로 본 양성을 한다.
⑥ 어미줄 : 시줄에 붙은 유엽이 자라서 부착기를 형성하여 단단히 착생할 수 있는 기질을 만들어 주기 위해 '어미줄''을 설치한다.
⑦ 미역은 서해 5도의 특산품 중 하나이다(꽃게,건우럭,건새우,까나리아 액젓, 미역)
⑧ 미역은 씨줄 붙이기 후 성장한 미역을 수확을 한다.
⑨ 수확은 일제 수확, 솎음 수확, 잎자르기 수확 등의 방법이 있다.

(3) 다시마

① 다시마는 미역처럼 무성세대인 포자체와 유성세대인 현미경적인 배우체가 세대교번을 하는 생활사를 갖는다. 허나 **미역(1년생)과 다른 점은 다시마의 수명은 3~4년이다.**
② 다시마의 번식 시기는 6월에서 다음해의 3월가지의 장기간이다.
③ 변화 과정 중 '유주자의 방출을 효과적으로 하는 방법은 미역의 포자엽 음건법과 동일한 방법으로 한

다. 이는 아포체기에 도달한 종묘는 해중에 가이식을 한다.
④ 연평도, 백령도 등 서해5도에 자연산 분포, 부산은 기장, 전남은 완도 등 양식을 하고 있다.

(4) 톳의 양식

① 우리나라 남부 이남의 수역에 분포되어 있어며, 제주도와 남서 해역이 주산지이다.
② 톳을 생식은 유성생식과 포보자에 의해 새 개체를 만드는 영야 번식이 있는데, 우리가 이용하는 톳은 배우체 세대이고, 특징은 어린 배가 가근 세포로 착생하여 어름에 유체로 자라는 것이 특징이다.
③ 특히 ''황산화제''로 알려지면서 기능성 식품으로 인기를 끌고 있다.

(5) 홑파래(Monostroma) 양식

① 흔히 파래라고 하는데, 홑파래속, 갈파래속의 두 부류가 있다.
② 홑파래는 1층의 엽상체이고, 갈파래는 2층 또는 관상의 형태를 가진 해조류이다.
③ 양식대상이 되는 홑파래는 가을에서 다음 해 초여름에 걸쳐 나타나는 이형 세대 교번을 하는 것이 특징이다.

제8 . 해양의 오염 및 대응 방안 . 국가정책 등

1. 오염원

1) 육상기인 오염원
(1) 산소를 소비하는 유기물
(2) 중금속
(3) 영양염류
(4) 산업 쓰레기
(5) 해양 투기물
(6) 열 오염

2) 해양원인 오염원

(1) 어업활동에 부수되는 오염
(2) 선박 운항에 부수되는 오염 등

2. 오염현상

1) 갯녹음 = 백화현상

(1) 갯녹음이란 조간대의 해조류가 녹아서 유실되는 현상을 말한다.이는 이산화탄소의 증가 및 지구 온난화에 의한 수온 상승 등이 원인이고, 갯녹음에 의한 해중림의 소멸은 어류의 산란장,유어 및 치어의 육성장, 생태계의 파괴가 수반된다.
(2) 해결 방안은 인공적으로 성숙한 미역 및 다시마를 투입하는 방안,바위에 해조류의 종묘를 감아주는 방안 등이 있다.

2) 부영양화

(1) 이는 영양물질 즉 질소와 인의 과잉으로 존재하는 현상으로 인구의 증가, 산업 및 농업과 같은 인위적 요인에 의해서 발생된다. 심한 경우 산소농도의 변동으로 산소의 감소와 주변 동식물의 때죽음이 일어난다.
(2) 방지대책은 생활 하수 및 폐수의 고도 처리가 선행되어야 하며, 오염된 퇴적물의 정화 방안이 필요하다.

3) 적조 현상

(1) 식물성 플랑크톤이나 그 외의 박테리아나 미생물이 번식하여 일시에 많은 양이 미생물 등이 번식이 되어 바닷물의 색깔이 변색되는 것을 말한다.
(2) 대안은 황토 살포법, 퇴적용 천적들 이용 하는 방안이 있다.

4) 빈산소 수괴

(1) 지층의 용존산소가 낮아지는 형상을 말한다.양식장의 수중에 어류가 호흡을 하는데 이용되는 산소 용도를 용존산소라 한다.
(2) 대비안은 수하식 양식장의 경우 수하연의 길이를 짧게 조절하거나, 살포식 패류 양식장에서는 어장정화사업을 철저히 하여야 하고, 해상 어류 양식장에서는 밀식을 방지하는 것 등이다.
(3) 뱀장어 양식장인 순환여과식 시설에서 오후 4시 전후나 새벽 4시 전후로 수중의 물을 펌프로 돌려주는 것도 용존산소의 부족과도 관련이 되어 있어므로 사용된 물의 순환시켜서 수중에 용존산소를 순환시켜주는 것도 역시 용존산소의 공급을 하는 것이다.
(4) 물을 고정시켜 이용하는 양식시설인 지수식에서는 반드시 물의 순환이 필요하다.

5) 냉수대 현상 : 주변해역보다 수온이 5~10도씨 이상이 차가운 해수가 연안에 출몰하는 현상이다.이는 바람의 방향과 세기 등이 원인이다.

6) 청수와 청조

(1) 청수란 바닷물이 바닥까지 보일 정도로 물이 맑고, 그 물이 지나가면 생물이 폐사한다.
(2) 청조란 해수 표층 부근에 바닷물의 색깔이 청백색 또는 은백색을 띄며 마치 비눗물을 풀어놓은 것처럼 보이는 현상이다.
(3) 양자는 비산소 수괴의 형성에 기여한다.

7) 영양염류 : 생물체가 성장하기 위해서 필요로 하는 요소들을 말하며, 이들이 이온이든 유기물 형태이든 무극성 형태이든 상관하지 않는다.

1) 식물 플랑크톤이나 해조류("바닷말"로 순화)의 몸체를 구성하고 그것들의 증식에 제약요인이 되는 인산염, 질산염, 아질산염, 규산염 등을 총칭해서 영양염류 혹은 간단히 영양염이라 한다.
2) 해수나 호소수에 포함되어 있는 영양물질을 이르는데 인산염, 질산염, 규산염이 중요하다. 하천으로부터 공급받는 영양염류(營養鹽類)를 조건으로 하여 1차 생산물인 식물성 플랑크톤이 발생하고 2차 생산물인 동물성 플랑크톤이 번식하게 된다. 이를 바탕으로 하여 수산자원생물이 성장하게 되는데 물 속에 유기물질 등 영양염류가 적으면 플랑크톤 등 어류의 먹이가 될 만한 자원도 빈약하여 생물학적 생산력은 떨어지며 어업이 발달하기도 어려우며 송어나 쏘가리 등의 한랭어족이 서식한다. 영양염류는 연안 해류나 한류에 많고 난류에는 적은 것이 일반적이다.
3) 이것 영양염류가 표층에서는 식물 플랑크톤에 의해 소비되고 저층에서는 표층의 생물 혹은 그 사체가 침강해서 박테리아에 의해 분해되어 무기 영양소로 저장되기 때문에 분해 등 남은 것은 오염 원인이 될 수 있다.
4) 무기염류 : 생체 내에 속해있지 않고 환경에 무기형태 (탄소와 연합하지 않은 형태)로 존재하는 요소들생체 내에 속해있지 않고 환경에 무기형태 (탄소와 연합하지 않은 형태)로 존재하는 요소들(mineral 無機鹽類)로 존재하는 것을 말하며, 생물체를 구성하는 원소 중에서 탄소·수소·산소 등의 3원소를 제외한 생물체의 무기적 구성요소. 광물질(鑛物質)이라고도 한다. 단백질·지방·탄수화물·비타민과 함께 5대 영양소의 하나이다. 인체 내에서 여러 가지 생리적 활동에 참여하고 있다. 무기염류 중 인체를 구성하는 원소인 칼슘(Ca)·인(P)·칼륨(K)·나트륨(Na)·염소(Cl)·마그네슘(Mg)·철(Fe)·아이오딘(I)·구리(Cu)·아연(Zn)·코발트(Co)·망가니즈(Mn) 등의 원소는 미량으로도 충분하지만 없어서는 안되는 것들이다. 따라서 이들 무기염류의 섭취가 부족하면 각종 결핍증을 유발한다.

5) 유기염류 : 생체 내에 속해 있는 요소들이거나, 환경 속에서 이온성으로 존재하지 않고 단백질이나 기타 거대분자를 구성하거나 거기에 붙어있는 요소들을 말한다.

6) 영양염류와 무리 및 유기 염류 비교 : 하천생태계나 해양생태계에 존재하는 식물플랑크톤들은 1차생산자의 역할을 합니다. 얘들은 광합성을 할 때 물 속에 녹아있는 이산화탄소를 이용하지요. 그럼 과연 이산화탄소는 무기염류일까요 유기염류일까요? 대체로 학자들은 물속에 녹아 있는 이산화탄소를 무기염류에 포함시킵니다.

8) 용존 산소량

① 일반적으로 해양오염의 지표는 유기물을 박테리아에 의해 산화시키는데 필요한 산소량을 측정하여 유기 오염의 정도를 알 수 있는 생물학적 산소 요구량(BOD, biochemical oxygen demand), 산업 폐수를 강한 산화제를 이용하여 분해할 때 소모되는 산소량을 ppm 단위로 측정해 산업 폐수의 오염 지표를 알수 있는 화학적 산소 요구량(COD, chemical oxygen demand) 및 용존 산소량(DO, dissolved oxygen),투명도, 수소 이온농도(pH) 등이 있다. 우리나라의 해역 수질 환경 기준치는 I 등급, II 등급, I[등급으로 나누고 pH, COD(mg/1), DO(%), SS(부유 물질, mg/1) 대장균수, 유분, 총질소 등으로 정하고 있다.

② Biochemical Oxygen Demand란 수중 유기물은 호기성 미생물의 작용에 의해 정화되고 안정화되는 과정에서 수중 용존산소를 소비하는데 이를 생물화학적 산소요구량(BOD)라고 하고 ppm(parts per million) 또는 mg/L로 표기한다. BOD는 수중 유기물질의 함량을 간접적으로 나타내는 지표로 어떤 유기물질이 수계에 유입할 때 얼마만큼의 용존산소(Dissolved Oxygen, DO)를 소비할 수 있는가의 잠재능력의 평가이다. 수중 유기물질이 많으면 BOD가 높고 DO가 감소한다. DO가 1mg/L이하인 경우 혐기성상태로 유기물은 부패하여 메탄, 암모니아, 황화수소 등을 생성하여 악취를 발생한다.BOD는 5일 BOD와 최종 BOD로 구분한다. 5일 BOD는 20℃에서 5일간 시료를 배양했을 때 소모된 산소량으로 BOD5 통상 BOD라고 하고 1단계 BOD(Carbonaceous BOD, CBOD)라고도 한다.

ⓐ 수중 용존산소 역할 : 동물의 호흡.

ⓑ 산소 부족현상 : 입올림. 질식사. 먹는량 감소, 소화율 저하, 성장 감소.

ⓒ 산소 감소 : 수온 상승, 염분등의 용존물질 증가. ⓓ 수온 상승시 산소 요구량은 증가한다.

ⓔ 여름철 주성장기에 산소량은 생산을 좌우하는 요인 : 인위적 에어레이션으로 용존산소량을 조절한다.

제9. 수산업법

제1장 총칙

제1조(목적)
이 법은 수산업에 관한 기본제도를 정하여 수산자원 및 수면을 종합적으로 이용하여 수산업의 생산성을 높임으로써 수산업의 발전과 어업의 민주화를 도모하는 것을 목적으로 한다.
제2조(정의)
이 법에서 사용하는 용어의 뜻은 다음과 같다.

1. **"수산업"**이란 **어업·어획물운반업 및 수산물가공업**을 말한다.
2. **"어업"**이란 수산동식물을 포획·채취하거나 양식하는 사업과 *염전에서 바닷물을 자연 증발시켜 소금을 생산하는 사업을 말한다.*
3. "어획물**운반업**"이란 어업현장에서 **양륙지(揚陸地)까지** 어획물이나 그 제품을 운반하는 사업을 말한다.
4. "수산물**가공업**"이란 수산**동식물을 직접 원료 또는 재료**로 하여 식료·사료·비료·호료(糊料)·유지(油脂) 또는 가죽을 제조하거나 가공하는 사업을 말한다.
5. "**기르는어업**"이란 제8조에 따른 **해조류양식어업, 패류양식어업, 어류등양식어업, 복합양식어업, 협동양식어업, 외해양식어업과 제41조제3항제2호에 따른 육상해수양식어업**을 말한다.
6. "외해(外海)"란 육지에 둘러싸이지 **아니한 개방된 바다**로서 해수소통이 원활하여 오염물질이 퇴적되지 아니하는 수면으로서 대통령령으로 정하는 수면을 말한다.
7. **"양식"이란 수산동식물을 인공적인 방법**으로 길러서 거두어들이는 행위와 이를 목적으로 어선·어구를 사용하거나 **시설물을 설치**하는 행위를 말한다.
8 "어장"이란 제8조에 따라 면허를 받아 어업을 하는 일정한 수면을 말한다.
9. **"어업권"이란 제8조에 따라 면허**를 받아 어업을 경영할 수 있는 권리를 말한다.
10. "입어"란 입어자가 마을어업의 어장(漁場)에서 수산동식물을 포획·채취하는 것을 말한다.
11. "입어자"란 제47조에 따라 어업신고를 한 자로서 마을어업권이 설정되기 전부터 해당 수면에서 계속하여 수산동식물을 포획·채취하여 온 사실이 대다수 사람들에게 인정되는 자 중 대통령령으로 정하는 바에 따라 어업권원부(漁業權原簿)에 등록된 자를 말한다.
12. "어업인"이란 어업자와 어업종사자를 말한다.
13. "어업자"란 어업을 경영하는 자를 말한다.
14. "어업종사자"란 어업자를 위하여 수산동식물을 포획·채취 또는 양식하는 일에 종사하는 자와 염전에서 바닷물을 자연 증발시켜 소금을 생산하는 일에 종사하는 자를 말한다.
15. "어획물운반업자"란 어획물운반업을 경영하는 자를 말한다.
16. "어획물*운반업종사자"란 어획물운반업자를 위하여 어업현장에서* ***양륙지까지*** 어획물이나 그 제품을 운반하는 일에 종사하는 자를 말한다.
17. "수산물**가공업자"란 수산물가공업을 경영**하는 자를 말한다.
18. "바닷가"란 **만조수위선(滿潮水位線)과 지적공부(地籍公簿)에 등록된 토지의 바다 쪽 경계선 사이**를 말한다.
19. "유어(遊漁)"란 낚시 등을 이용하여 **놀이를 목적으로 수산동식물을 포획·채취**하는 행위를 말한다.
20. **"어구"**란 수산동식물을 포획·채취하는데 **직접** 사용되는 도구를 말한다.

((개정))

제2조(정의) 이 법에서 사용하는 용어의 뜻은 다음과 같다. <개정 2010. 1. 25., 2015. 1. 20., 2015. 6. 22., 2019. 8. 27.>
1. "수산업"이란 어업·양식업·어획물운반업 및 수산물가공업을 말한다.
2. "어업"이란 수산동식물을 포획·채취하는 사업과 염전에서 바닷물을 자연 증발시켜 소금을 생산하는 사업을 말한다.

2의2. "양식업"이란 「양식산업발전법」 제2조제2호에 따라 수산동식물을 양식하는 사업을 말한다.
3. "어획물운반업"이란 어업현장에서 양륙지(揚陸地)까지 어획물이나 그 제품을 운반하는 사업을 말한다.
4. "수산물가공업"이란 수산동식물을 직접 원료 또는 재료로 하여 식료ㆍ사료ㆍ비료ㆍ호료(糊料)ㆍ유지(油脂) 또는 가죽을 제조하거나 가공하는 사업을 말한다.
5. 삭제 <2019. 8. 27.>
6. 삭제 <2019. 8. 27.>
7. 삭제 <2019. 8. 27.>
8. "어장"이란 제8조에 따라 면허를 받아 어업을 하는 일정한 수면을 말한다.
9. "어업권"이란 제8조에 따라 면허를 받아 어업을 경영할 수 있는 권리를 말한다.
10. "입어"란 입어자가 마을어업의 어장(漁場)에서 수산동식물을 포획ㆍ채취하는 것을 말한다.
11. "입어자"란 제47조에 따라 어업신고를 한 자로서 마을어업권이 설정되기 전부터 해당 수면에서 계속하여 수산동식물을 포획ㆍ채취하여 온 사실이 대다수 사람들에게 인정되는 자 중 대통령령으로 정하는 바에 따라 어업권원부(漁業權原簿)에 등록된 자를 말한다.
12. "어업인"이란 어업자 및 어업종사자를 말하며, 「양식산업발전법」 제2조제12호의 양식업자와 같은 조 제13호의 양식업종사자를 포함한다.
13. "어업자"란 어업을 경영하는 자를 말한다.
14. "어업종사자"란 어업자를 위하여 수산동식물을 포획ㆍ채취하는 일에 종사하는 자와 염전에서 바닷물을 자연 증발시켜 소금을 생산하는 일에 종사하는 자를 말한다.
15. "어획물운반업자"란 어획물운반업을 경영하는 자를 말한다.
16. "어획물운반업종사자"란 어획물운반업자를 위하여 어업현장에서 양륙지까지 어획물이나 그 제품을 운반하는 일에 종사하는 자를 말한다.
17. "수산물가공업자"란 수산물가공업을 경영하는 자를 말한다.
18. "바닷가"란 만조수위선(滿潮水位線)과 지적공부(地籍公簿)에 등록된 토지의 바다 쪽 경계선 사이를 말한다.
19. "유어(遊漁)"란 낚시 등을 이용하여 놀이를 목적으로 수산동식물을 포획ㆍ채취하는 행위를 말한다.
20. "어구"란 수산동식물을 포획ㆍ채취하는데 직접 사용되는 도구를 말한다.

제3조(적용범위)

이 법은 다음 **각 호의 수면** 등에 대하여 적용한다.

1. 바다
2. 바닷가
3. 어업을 목적으로 하여 인공적으로 조성된 육상의 해수면

제2장 면허어업

제8조(면허어업)

① 다음 각 호의 어느 하나에 해당하는 어업을 하려는 자는 시장·군수·구청장의 면허를 받아야 한다. 다만, 외해양식어업을 하려는 자는 해양수산부장관의 면허를 받아야 한다.

1. **정치망어업(定置網漁業)**: 일정한 수면을 구획하여 대통령령으로 정하는 어구(漁具)를 일정한 장소에 설치하여 수산동물을 포획하는 어업
2. **해조류양식어업(海藻類養殖漁業)**: 일정한 수면을 구획하여 그 수면의 바닥을 이용하거나 수중에 필요한 시설을 설치하여 해조류를 양식하는 어업
3. **패류양식어업(貝類養殖漁業)**: 일정한 수면을 구획하여 그 수면의 바닥을 이용하거나 수중에 필요한 시설을 설치하여 패류를 양식하는 어업
4. **어류등양식어업(魚類等養殖漁業)**: 일정한 수면을 구획하여 그 수면의 바닥을 이용하거나 수중에 필요한 시설을 설치하거나 그 밖의 방법으로 패류 외의 수산동물을 양식하는 어업
5. **복합양식어업(複合養殖漁業)**: 제2호부터 제4호까지 및 제6호에 따른 양식어업 외의 어업으로서 양식어장의 특성 등을 고려하여 제2호부터 제4호까지의 규정에 따른 서로 다른 양식어업 대상품종을 2종 이상 복합적으로 양식하는 어업
6. **마을어업**: 일정한 지역에 거주하는 어업인이 해안에 연접한 일정한 수심(水深) 이내의 수면을 구획하여 패류·해조류 또는 정착성(定着性) 수산동물을 관리·조성하여 포획·채취하는 어업
7. **협동양식어업(協同養殖漁業)**: 마을어업의 어장 수심의 한계를 초과한 일정한 수심 범위의 수면을 구획하여 제2호부터 제5호까지의 규정에 따른 방법으로 일정한 지역에 거주하는 어업인이 협동하여 양식하는 어업
8. **외해양식어업**: 외해의 일정한 수면을 구획하여 수중 또는 표층에 필요한 시설을 설치하거나 그 밖의 방법으로 수산동식물을 양식하는 어업

② 시장·군수·구청장은 제1항에 따른 어업면허를 할 때에는 개발계획의 범위에서 하여야 한다.

((개정))

제8조(면허어업) ① 다음 각 호의 어느 하나에 해당하는 어업을 하려는 자는 시장・군수・구청장의 면허를 받아야 한다. <개정 2010. 1. 25., 2013. 3. 23., 2019. 8. 27.>

1. 정치망어업(定置網漁業): 일정한 수면을 구획하여 대통령령으로 정하는 어구(漁具)를 일정한 장소에 설치하여 수산동물을 포획하는 어업
2. 삭제 <2019. 8. 27.>
3. 삭제 <2019. 8. 27.>
4. 삭제 <2019. 8. 27.>
5. 삭제 <2019. 8. 27.>
6. 마을어업: 일정한 지역에 거주하는 어업인이 해안에 연접한 일정한 수심(水深) 이내의 수면을 구획하여 패류・해조류 또는 정착성(定着性) 수산동물을 관리・조성하여 포획・채취하는 어업
7. 삭제 <2019. 8. 27.>
8. 삭제 <2019. 8. 27.>

② 시장・군수・구청장은 제1항에 따른 어업면허를 할 때에는 개발계획의 범위에서 하여야 한다.
③ 제1항 각 호에 따른 어업의 종류와 마을어업 어장의 수심 한계는 대통령령으로 정한다. <개정 2019. 8. 27.>
④ 다음 각 호에 필요한 사항은 해양수산부령으로 정한다. <개정 2010. 1. 25., 2013. 3. 23., 2014. 3. 24., 2019. 8. 27.>

1. 어장의 수심(마을어업은 제외한다), 어장구역의 한계 및 어장 사이의 거리
2. 어장의 시설방법 또는 포획・채취방법
3. 어획물에 관한 사항
4. 어선・어구(漁具) 또는 그 사용에 관한 사항
5. 삭제 <2019. 8. 27.>

5의2. 해적생물(害敵生物) 구제도구의 종류와 사용 방법 등에 관한 사항

6. 그 밖에 어업면허에 필요한 사항

제9조(마을어업 등의 면허)

① 마을어업은 일정한 지역에 거주하는 어업인의 공동이익을 증진하기 위하여 **어촌계(漁村契)나 지구별수산업협동조합(이하 "지구별수협"이라 한다)에만** 면허한다.

② 협동양식어업은 일정한 지역에 거주하는 어업인의 공동이익과 어업의 생산성 향상을 위하여 어촌계, 「농어업경영체 육성 및 지원에 관한 법률」 제16조에 따른 영어조합법인(營漁組合法人)(이하 "영어조합법인"이라 한다) 또는 **지구별수협에만 면허**한다.

③ 면허를 받으려는 수면이 다음 각 호의 어느 하나에 해당하는 경우 그 수면에 대하여 행하는 해조류양식어업과 바닥을 이용하는 패류양식어업 및 어류등양식어업은 그 수면에서 가까운 어촌계, 영어조합법인 또는 **지구별수협에만 면허**한다.

1. 마을어업의 어장에 있는 경우
2. 만조 때 해안선에서 500미터(서해안은 1천미터) 이내의 수면으로서 제88조에 따른 해당 시·군·구수산조정위원회(특별자치도의 경우에는 시·도수산조정위원회를 말한다)가 어업조정(漁業調整)을 위하여 필요하다고 인정하는 경우

제3장 허가어업과 신고어업

제41조(허가어업)

① **총톤수 10톤 이상**의 동력어선(動力漁船) 또는 수산자원을 보호하고 어업조정(漁業調整)을 하기 위하여 **특히 필요하여 대통령령**으로 정하는 총톤수 10톤 **미만의 동력어선**을 사용하는 어업(이하 **"근해어업"**이라 한다)을 하려는 자는 어선 또는 어구**마다** 해양수산부**장관의 허가**를 받아야 한다.

② 무동력어선, 총톤수 10톤 **미만의 동력어선을 사용하는 어업**으로서 **근해어업 및 제3항에 따른 어업 외**의 어업(이하 "연안어업"이라 한다)에 해당하는 어업을 하려는 자는 어선 또는 어구**마다 시·도지사**의 허가를 받아야 한다. <개정 2014. 3. 24. >

③ 다음 각 호의 어느 하나에 해당하는 어업을 하려는 자는 어선·어구 또는 시설마다 시장·군수·**구청장**의 **허가**를 받아야 한다.

1. **구획어업**: 일정한 수역을 정하여 어구를 설치하거나 무동력어선 또는 총톤수 5톤 미만의 동력어선을 사용하여 하는 어업. 다만, 해양수산부령으로 정하는 어업으로 시·도지사가 「수산자원관리법」 제36조 및 제38조에 따라 총허용어획량을 설정·관리하는 경우에는 총톤수 8톤 미만의 동력어선에 대하여 허가할 수 있다.
2. **육상해수양식어업**: 인공적으로 조성한 육상의 해수면에서 수산동식물을 양식하는 어업

④ 제1항부터 제3항까지의 규정에 따라 허가를 받아야 하는 어업별 어업의 종류와 포획·채취할 수 있는 수산동물의 종류에 관한 사항은 대통령령으로 정하며, 다음 각 호의 사항 및 그 밖에 허가와 관련하여 필요한 절차 등은 해양수산부령으로 정한다.

1. 어업의 종류별 어선의 톤수, 기관의 마력, 어업허가의 제한사유·유예, 양륙항(揚陸港)의 지정, 조업해역의 구분 및 허가 어선의 대체
2. 연안어업과 구획어업에 대한 허가의 정수 및 그 어업에 사용하는 어선의 부속선, 사용하는 어구의 종류
3. 육상해수양식어업의 양식물의 종류 및 시설기준

((개정))

제41조(허가어업) ① 총톤수 10톤 이상의 동력어선(動力漁船) 또는 수산자원을 보호하고 어업조정(漁業調整)을 하기 위하여 특히 필요하여 대통령령으로 정하는 총톤수 10톤 미만의 동력어선을 사용하는 어업(이하 "근해어업"이라 한다)을 하려는 자는 어선 또는 어구마다 해양수산부장관의 허가를 받아야 한다. <개정 2013. 3. 23., 2014. 3. 24.>

② 무동력어선, 총톤수 10톤 미만의 동력어선을 사용하는 어업으로서 근해어업 및 제3항에 따른 어업 외의 어업(이하 "연안어업"이라 한다)에 해당하는 어업을 하려는 자는 어선 또는 어구마다 시·도지사의 허가를 받아야 한다. <개정 2014. 3. 24.>

③ 다음 각 호의 어느 하나에 해당하는 어업을 하려는 자는 어선·어구 또는 시설마다 시장·군수·구청장의 허가를 받아야 한다. <개정 2010. 1. 25., 2013. 3. 23.>

1. 구획어업: 일정한 수역을 정하여 어구를 설치하거나 무동력어선 또는 총톤수 5톤 미만의 동력어선을 사용하여 하는 어업. 다만, 해양수산부령으로 정하는 어업으로 시·도지사가 「수산자원관리법」 제36조 및 제38조에 따라 총허용어획량을 설정·관리하는 경우에는 총톤수 8톤 미만의 동력어선에 대하여 허가할 수 있다.
2. 삭제 <2019. 8. 27.>
3. 삭제 <2015. 6. 22.>

④ 제1항부터 제3항까지의 규정에 따라 허가를 받아야 하는 어업별 어업의 종류와 포획·채취할 수 있는 수산동물의 종류에 관한 사항은 대통령령으로 정하며, 다음 각 호의 사항 및 그 밖에 허가와 관련하여 필요한 절차 등은 해양수산부령으로 정한다. <개정 2012. 12. 18., 2013. 3. 23., 2015. 6. 22., 2016. 12. 2.>

1. 어업의 종류별 어선의 톤수, 기관의 마력, 어업허가의 제한사유·유예, 양륙항(揚陸港)의 지정, 조업해역의 구분 및 허가 어선의 대체
2. 연안어업과 구획어업에 대한 허가의 정수 및 그 어업에 사용하는 어선의 부속선, 사용하는 어구의 종류
3. 삭제 <2019. 8. 27.>

⑤ 행정관청은 제35조제1호·제3호·제4호 또는 제6호(제34조제1항제1호부터 제7호까지의 어느 하나에 해당하는 경우는 제외한다)에 해당하는 사유로 어업의 허가가 취소된 자와 그 어선 또는 어구에 대하여는 해양수산부령으로 정하는 바에 따라 그 허가를 취소한 날부터 2년의 범위에서 어업의 허가를 하여서는 아니 된다. <개정 2013. 3. 23., 2016. 12. 2.>

⑥ 제35조제1호·제3호·제4호 또는 제6호(제34조제1항제1호부터 제7호까지의 어느 하나에 해당하는 경우는 제외한다)에 해당하는 사유로 어업의 허가가 취소된 후 다시 어업의 허가를 신청하려는 자 또는 어업의 허가가 취소된 어선·어구에 대하여 다시 어업의 허가를 신청하려는 자는 해양수산부령으로 정하는 교육을 받아야 한다. <신설 2016. 12. 2.>

제41조의2(어업허가의 우선순위)

① 제41조제4항제2호 및 제61조제1항제3호에 따른 허가의 정수가 있는 어업은 다음 각 호의 어느 하나에 해당하는 자에게 우선하여 허가하여야 한다.

1. 허가의 유효기간이 만료된 어업과 같은 종류의 어업의 허가를 신청하는 자
2. 어업의 허가를 받은 어선·어구 또는 시설을 대체하기 위하여 그 어업의 폐업신고와 동시에 같은 종류의 어업의 허가를 신청하는 자
3. 제41조제4항제1호에 따른 어업허가의 유예기간이 만료되거나 유예사유가 해소되어 같은 종류의 어업의 허가를 신청하는 자

② 제1항에도 불구하고 어업허가의 유효기간에 2회 이상 어업허가가 취소되었던 자는 제1항에 따른 어업허가의 우선순위에서 제외한다.

③ 제1항 각 호의 어느 하나에 해당하는 자가 어업허가를 신청하지 아니하거나 제2항에 따라 어업허가의 우선순위에서 제외되어 어업허가의 건수가 허가정수에 미달하는 경우에는 다음 각 호의 순위에 따라 어업허가를 할 수 있다.

1. 제13조에 따른 수산기술자
2. 「수산직접지불제 시행에 관한 법률」 제4조에 따라 해양수산부장관이 선정하여 고시한 조건불리지역에서 1년 이상 거주한 자
3. 신청한 어업을 5년 이상 경영하였거나 이에 종사한 자
4. 신청한 어업을 1년 이상 5년 미만 경영하였거나 이에 종사한 자 및 신청한 어업과 다른 종류의 어업을 5년 이상 경영하였거나 이에 종사한 자

④ 제3항 각 호의 같은 순위자 사이의 우선순위는 신청자의 어업경영능력, 수산업 발전에 대한 기여 정도, 수산 관계 법령의 준수 여부 및 지역적 여건 등을 고려하여 행정관청이 정한다.

⑤ 그 밖에 어업허가의 우선순위에 필요한 사항은 해양수산부령으로 정한다.

제41조의3(혼획의 관리)

① 어업인은 제41조제4항에 따라 포획·채취할 수 있는 수산동물의 종류가 정하여진 허가를 받은 경우에는 **다른 종류의 수산동물을 혼획(混獲)하여서는 아니** 된다. 다만, 대통령령으로 정하는 다음 각 호의 기준을 모두 충족하는 경우에는 혼획을 할 수 있다.
1. 혼획이 허용되는 어업의 종류
2. 혼획이 허용되는 수산동물
3. 혼획의 허용 범위

제44조(어업허가를 받은 자의 지위 승계)

① 제41조 및 제42조에 따라 어업허가를 받은 어선·어구 또는 시설물(이하 이 조에서 "어선등"이라 한다)을 그 **어업허가를 받은 자로부터 상속받**거나 매입 또는 임차한 자(어업허가를 받은 자가 법인인 경우에는 합병·분할 후 존속하는 법인을 포함한다)는 그 어업허가를 받은 자의 지위를 승계한다(상속의 경우 상속인이 반대의 의사표시를 한 경우는 제외한다). 이 경우 종전에 어업허가를 받은 자의 지위는 그 효력을 잃는다. <개정 2012. 12. 18. >

② 제1항에 따라 어업허가를 받은 자의 **지위를 승계한 자는 승계 받은 날부터 30일 이내**에 해당 허가를 처분한 행정관청에 승계 사실을 해양수산부령으로 정하는 절차에 따라 신고하여야 하며, 해양수산부령으로 정하는 어업허가를 받은 어선등의 기준 및 어업허가 신청자의 자격을 갖추지 아니한 자는 승계 받은 날부터 90일 이내에 그 기준과 자격을 갖추어야 한다.

③ 제1항에 따라 어업허가를 받은 자의 지위를 승계 받은 자는 그 어업허가에 부과된 행정처분 또는 부담이나 조건 등도 함께 승계 받은 것으로 본다. 다만, 어업허가의 지위를 승계 받은 자가 그 처분이나 위반사실을 알지 못하였음을 증명하는 때에는 그러하지 아니하다.

④ 행정관청은 제2항에 따른 신고를 받았을 때에는 「전자정부법」에 따라 「가족관계의 등록 등에 관한 법률」 제11조제4항의 전산정보자료를 공동이용(「개인정보 보호법」 제2조제2호에 따른 처리를 포함한다)할 수 있다. <신설 2012. 12. 18. >

제47조(신고어업)

① **제8조·제41조·제42조 또는 제45조에 따른 어업 외의 어업**으로서 대통령령으로 정하는 어업을 하려면 어선·어구 또는 시설**마다 시장·군수·구청장**에게 해양수산부**령으로 정**하는 바에 따라 신고하여야 한다.

② 제1항에 따른 신고의 유효기간은 **신고를 수리(受理)한 날부터 5년**으로 한다. 다만, **공익사업의 시행**을 위하여 필요한 경우와 그 밖에 대통령령으로 정하는 경우에는 그 **유효기간을 단축**할 수 있다.

③ 시장·군수·**구청장은 제1항에 따라 어업의 신고를 수리**하면 그 신고인에게 어업신고증명서를 내주어야 한다.

④ 제1항에 따라 <u>어업의 신고를 한 자는 다음 각 호의 사항을 지켜야</u> 한다.
1. 신고어업자의 주소지와 조업장소를 관할하는 시장·군수·구청장의 관할 수역에서 연간 60일 이상 조업을 할 것
2. 다른 법령의 규정에 따라 어업행위를 제한하거나 금지하고 있는 수면에서 그 제한이나 금지를 위반하

여 조업하지 아니할 것

3. 어업분쟁이나 어업조정 등을 위하여 대통령령으로 정하는 사항을 지킬 것

⑤ 시장·군수·구청장은 제1항에 따라 어업의 신고를 한 자가 제4항에 따른 준수사항을 위반한 경우에는 신고어업을 제한 또는 정지하거나 어선을 매어 놓는 조치를 할 수 있다.

⑥ **신고를 한 자가 다음 각 호의 어느 하나에 해당할 때에는 어업의 신고는 그 효력을 잃는**다. 이 경우 제1호나 제2호에 해당되어 신고의 효력을 잃은 때에는 그 신고를 한 자는 제7항에 따라 해당 공적장부(公的帳簿)에서 **말소된 날부터 1년의 범위에서 신고어업의 종류 및 효력상실사유 등을 고려하**여 해양수산부**령으로 정하는 기간 동안**은 제1항에 따른 어업의 신고를 **할 수 없다**. <개정 2013. 3. 23. >

1. 제4항에 따른 준수사항을 3회 이상 위반한 때
2. 제5항에 따른 신고어업의 제한·정지 또는 어선 **계류 처분을 2회 이상 위반**한 때
3. 제48조제3항에 따른 신고**어업의 폐지신고를 하여야 할 사유가 생**긴 때

⑦ 시장·군수·구청장은 제6항에 따라 어업의 신고가 효력을 잃은 때에는 지체 없이 신고어업에 관한 공적장부에서 이를 말소하여야 하며, 그 내용을 신고인에게 알려야 한다.

제48조(허가어업과 신고어업의 변경·폐업 등)

① 제41조·제42조에 따라 어업허가를 받은 자가 그 허가받은 사항을 변경하려면 허가관청의 변경허가를 받거나 허가관청에 변경신고를 하여야 한다.

② 제47조에 따라 어업의 신고를 한 자가 신고사항을 변경하려면 신고관청에 변경신고를 하여야 한다.

③ 제41조·제42조 또는 제47조에 따라 해당 어업의 허가를 받은 자나 신고를 한 자가 그 어업을 폐업하거나 어업을 할 수 없게 된 경우에는 해당 행정관청에 신고하여야 한다.

④ 제1항부터 제3항까지의 규정에 따른 변경허가·변경신고 및 폐업신고의 사항과 절차, 그 밖에 필요한 사항은 해양수산부령으로 정한다. <개정 2013. 3. 23. > -이하 생략

제4장 기르는어업의 육성 : 삭제 됨 제50조(기르는어업 발전 기본계획)

제5장 어획물운반업

<u>**제57조(어획물운반업 등록)**</u>

① <u>어획물운반업을 경영하려는 자</u>는 그 어획물운반업에 사용하려는 어선마다 그의 주소지 또는 해당 어선의 선적항을 관할하는 시장·군수·구청장에게 등록하여야 한다. 다만, 다음 각 호의 어느 하나에 해당하는 경우에는 등록하지 아니하여도 된다.

1. 제8조에 따른 어업면허를 받은 자가 포획·채취하거나 양식한 수산동식물을 운반하는 경우
2. 제27조에 따라 지정받은 어선이나 제41조 및 제42조에 따라 어업허가를 받은 어선으로 제47조에 따라 어업의 신고를 한 자가 포획·채취하거나 양식한 수산동식물을 운반하는 경우

② 제1항에 따른 어획물운반업자의 자격기준과 어획물운반업의 등록기준은 대통령령으로 정하며, 어획물운반업의 시설기준과 운반할 수 있는 어획물 또는 그 제품의 종류는 해양수산부령으로 정한다.

③ 시장·군수·구청장은 제58조제1항에 따라 어획물운반업의 등록이 취소된 자와 해당 어선에 대하여는 해양수산부령으로 정하는 바에 따라 그 등록을 취소한 날부터 1년의 범위에서 어획물운반업의 등록을 하여서는 아니 된다. <개정 2013. 3. 23. >

제59조(수산물가공업의 등록 등)

수산물<u>가공업의 등록과 신고 등에 관하여는 따로 법률로</u> 정한다.

제6장 어업조정 등 : == 이하 생략

제10 . 수산업·어촌 발전기본법(약칭:수산업기본법)

제1장 총칙

제1조(목적) 이 법은 수산업과 어촌이 나아갈 방향과 국가의 정책 방향에 관한 기본적인 사항을 규정하여 수산업과 어촌의**지속가능한 발전을 도모하고 국민의 삶의 질**향상과 국가 경제 발전에 이바지하는 것을 목적으로 한다.

제2조(기본이념) 이 법의 기본이념은 다음 각 호와 같다.

1. 수산업은 국민에게 안전한 수산물을 안정적으로 공급하고 국토환경의 보전에 이바지하는 등 경제적ㆍ공익적 기능을 수행하는 기간산업으로서 국민의 경제ㆍ사회ㆍ문화 발전의 기반이 되도록 한다.
2. 수산자원ㆍ어장은 미래세대를 포함하는 국민에 대한 수산물의 안정적인 공급 및 환경보전을 위한 기반이며 수산업과 국민경제의 조화로운 발전에 기여하는 귀중한 자원으로서 소중히 이용ㆍ보전되어야 한다.
3. 수산인은 자율과 창의를 바탕으로 다른 산업종사자와 균형된 소득을 실현하는 경제주체로 성장하여 나가도록 한다.
4. 어촌은 고유한 전통과 문화의 보고로서 국민에게 쾌적한 환경을 제공하는 공간으로 발전시켜 이를 미래세대에 물려주도록 한다.

제3조(정의) 이 법에서 사용하는 용어의 뜻은 다음과 같다.

1. **"수산업"이**란 다음 각 목의 산업 및 이들과 관련된 산업으로서 대통령령으로 정한 것을 말한다.
가.**어업**: 수산동식물을 포획(捕獲)ㆍ채취(採取)하거나 양식하는 산업, 염전에서 바닷물을 자연 증발시켜 소금을 생산하는 산업
나. 어획물**운반업**: 어업현장에서 양륙지(揚陸地)까지 어획물이나 그 제품을 운반하는 산업
다. 수산물**가공업: 수산동식물 및 소금**을 원료 또는 재료로 하여 식료품, 사료나 비료, 호료(糊料)ㆍ유지(油脂) 등을 포함한 다른 산업의 원료ㆍ재료나 소비재를 제조하거나 가공하는 산업
라. 수산물**유통업:수산물의 도매ㆍ소매 및 이를 경영하기 위한 보관ㆍ배송ㆍ포장과 이와 관련된 정보ㆍ용역의 제공 등을 목적**으로 하는 산업

2. "**수산인**"이란 수산업을 경영하거나 이에 종사하는 자로서 대통령령으로 정하는 기준에 해당하는 자를 말한다.
3. **"어업인"**이란 어업을 경영하거나 어업을 경영하는 자를 위하여 수산자원을 포획ㆍ채취하거나 양식하는 일 또는 염전에서 바닷물을 자연 증발시켜 소금을 생산하는 일에 종사하는 자로서 대통령령으로 정하는 기준에 해당하는 자를 말한다.
4. "어업**경영체"**란 어업인과 「농어업경영체 육성 및 지원에 관한 법률」 제2조제5호에 따른 어업법인을 말한다.
5. "생산자**단체"**란 수산업의 생산력 향상과 수산인의 권익보호를 위한 수산인의 자주적인 조직으로서 대통령령으로 정하는 단체를 말한다.
6. **"어촌"이란 하천ㆍ호수 또는 바다에 인접**하여 있거나 어항의 배후에 있는 지역 중 주로 수산업으로 생활하는 다음 각 목의 어느 하나에 해당하는 지역을 말한다.

가. 읍·면의 전 지역
나. 동의 지역 중 「국토의 계획 및 이용에 관한 법률」 제36조제1항제1호에 따라 지정된 상업지역 및 공업지역을 제외한 지역

7. "수산**물"이란 수산업 활동으로 생산되는 산물**을 말한다.
8. "수산**자원"이란 수중(水中)에 서식**하는 수산동식물로서 국민경제 및 국민생활에 유용한 자원을 말한다.
9. **"어장"이란 수산자원이 서식하는 내수면, 해수면, 갯벌 등으로서 어업에 이용**할 수 있는 곳을 말한다.

제4조(국가·지방자치단체 및 수산인·소비자 등의 책임) ① 국가와 지방자치단체는 수산업과 어촌의 지속가능한 발전과 공익적 기능을 증진하고, 안전한 수산물을 안정적으로 공급하며, 수산업의 인력 육성, 수산인과 어촌주민의 소득안정, 삶의 질을 향상시키기 위하여 종합적인 정책을 수립하고 시행하여야 한다.
② **수산인과 어촌주민은 수산업·어촌의 발전주체로서 안전하고 품질 좋은 수산물을 안정적으로 생산·공급하고, 생산성 향상과 수산업 경영 혁신 등을 통하여 국가발전에 이**바지할 수 있도록 노력하여야 한다.
③ 생산자단체는 수산물의 수급 안정과 유통 개선, 수산업 경영의 효율화, 수산업과 어촌의 공익기능 제고 등을 통하여 수산업과 어촌의 지속가능한 발전 및 수산인의 권익 신장을 위하여 노력하여야 한다.
④ 소비자는 수산업·어촌의 공익기능에 대한 이해를 높이고 수산물의 건전한 소비를 위하여 적극적으로 노력하여야 한다.

제5조(수산인의 날) ① 수산업·어촌의 소중함을 국민에게 알리고, 수산인의 긍지와 자부심을 고취하기 위하여 **매년 4월 1일을 수산인의 날**로 정한다.
② 국가와 지방자치단체는 수산인의 날의 취지에 적합한 기념행사를 개최할 수 있다.
③ 제2항에 따른 수산인의 날 기념행사에 필요한 사항은 해양수산부령으로 정한다.

제6조(다른 법률과의 관계) 수산업·어촌에 관하여 다른 법률을 제정하거나 개정하려면 이 법에 부합되도록 하여야 한다.

제2장 수산업 · 어촌정책의 수립 등

제7조(수산업·어촌 발전 기본계획 등의 수립) ①**해양수산부장관**은 수산업의 지속가능한 발전과 어촌의 균형 있는 개발·보전을 위하여**5년마다 수산업**·어촌 발전 기본계획(이하 "기본계획"이라 한다)을 수립하여야 한다.

② 기본계획에는 다음 각 호의 사항이 포함되어야 한다.

1. 수산업·어촌의 발전 목표와 정책의 기본방향
2. 수산자원의 지속가능한 이용 및 자급목표
3. 수산업·어촌에 관한 시책
4. 수산업·어촌에 관한 시책을 추진하기 위한 재원의 조달방안
5. 어장환경, 어장관리해역 등을 고려한 수산업 생산기반의 정비·보강 및 보전
6. 그 밖에 수산업·어촌의 종합적·계획적 발전을 추진하기 위하여 필요한 사항

③ 해양수산부장관은 제2항제2호에 따른 수산자원의 지속가능한 이용 및 자급목표를 수립할 때에는 이를 고시하고 수산업·어촌에 관한 중장기 정책의 지표로 활용한다.
④ 해양수산부장관은 기본계획을 수립한 때에는 국회에 제출하여야 한다.

⑤ 광역시장 · 특별자치시장 · 도지사 및 특별자치도지사(이하 "시 · 도지사"라 한다)는 기본계획과 그 관할 지역의 특성을 고려하여 광역시 · 특별자치시 · 도 · 특별자치도 수산업 · 어촌 발전계획(이하 "시 · 도계획"이라 한다)을 수립하고 시행하여야 한다.
⑥ 시장 · 군수 및 자치구(특별시의 자치구는 제외한다. 이하 같다)의 구청장(이하 "시장 · 군수 · 구청장"이라 한다)은 시 · 도계획과 그 관할 지역의 특성을 고려하여 시 · 군 및 자치구의 수산업 · 어촌 발전계획(이하 "시 · 군 · 구계획"이라 한다)을 수립하고 시행하여야 한다.
⑦ 기본계획, 시 · 도계획 및 시 · 군 · 구계획을 수립하고 시행하는 데에 필요한 사항은 대통령령으로 정한다.

제8조(수산업 · 어촌정책심의회) ① 해양수산부에 중앙 수산업 · 어촌정책심의회(이하 "중앙심의회"라 한다)를 두고, 광역시 · 특별자치시 · 도 · 특별자치도에 시 · 도 수산업 · 어촌정책심의회(이하 "시 · 도심의회"라 한다)를 두며, 시 · 군 및 자치구에 시 · 군 · 구 수산업 · 어촌정책심의회(이하 "시 · 군 · 구심의회"라 한다)를 둔다.
② 중앙심의회, 시 · 도심의회 및 시 · 군 · 구심의회는 다음 각 호의 사항을 심의한다.
1. 기본계획, 시 · 도계획 및 시 · 군 · 구계획의 수립 및 변경에 관한 사항
2. 제10조에 따른 수산업 · 어촌에 관한 연차보고서
3. 수산 분야의 중요 정책 등에 관한 사항
③ 중앙심의회, 시 · 도심의회 및 시 · 군 · 구심의회의 구성 · 운영 등에 필요한 사항은 대통령령으로 정한다.

제9조(기본계획 등의 추진) ① 국가와 지방자치단체는 기본계획, 시 · 도계획 및 시 · 군 · 구계획의 효율적 추진을 위하여 매년 예산에 기본계획, 시 · 도계획 및 시 · 군 · 구계획의 시행에 필요한 사업비가 우선적으로 반영될 수 있도록 노력하여야 한다.
② 해양수산부장관은 시 · 도계획 및 시 · 군 · 구계획에 대하여 기본계획과의 연계성, 추진실적 및 성과 등을 평가하여 그 결과에 따라 예산을 차등 지원할 수 있다.

제3장 수산업 발전 기반 및 환경 조성

제15조(**가족어가**의 경영안정과 수산업 종사자의 육성) ① 국가와 지방자치단체는 지역공동체의 유지 및 어촌사회의 안정을 위하여 가족노동력을 중심으로 하는 가족어가(家族漁家)의 생산성 향상 및 경영안정과 어가의 특성에 맞는 규모화, 전문화 및 협동화 등에 필요한 정책을 수립하고 시행하여야 한다.
② 국가와 지방자치단체는 수산업 종사자를 적정하게 확보하고 전문 인력으로 육성하기 위하여 필요한 정책을 수립하고 시행하여야 한다.

제16조(**후계수산업경영인**의 육성) 해양수산부장관은 미래의 수산업인력을 지속적으로 확보하기 위하여 후계수산업경영인의 육성 및 지원에 필요한 시책을 수립하고 시행하여야 한다.

제17조(**전업**수산인의 육성) ① 국가와 지방자치단체는 전문수산업기술 및 경영능력을 갖추고 수산업 발전에 중추적이고 선도적인 역할을 할 수 있는 전업수산인을 육성하는 정책을 수립하고 시행하여야 한다.
② 시 · 도지사 또는 시장 · 군수 · 구청장은 해양수산부령으로 정하는 바에 따라 제1항에 따른 전업수산인을 선정하고 필요한 지원을 할 수 있다.

제18조(**여성**수산인의 육성) ① 국가와 지방자치단체는 수산업정책을 수립하고 시행할 때에 여성수산인의 참여를 확대하는 등 여성수산인의 지위향상과 전문인력화를 위하여 필요한 정책을 수립하고 시행하여야 한다.

② 정부는 여성수산인이 수산업 경영 등에 참여하거나 기여한 정도에 상응하는 사회적·경제적 지위를 인정받을 수 있도록 필요한 정책을 수립하고 시행하여야 한다.

제19조(수산업 관련 조합법인 및 회사법인의 육성) 국가와 지방자치단체는 수산업의 생산성 향상과 수산물의 출하·유통·가공·판매·수출 등의 효율화를 위하여 협업적 또는 기업적 수산업 경영을 수행하는 영어조합법인(營漁組合法人)과 어업회사법인(漁業會社法人) 등의 육성에 필요한 정책을 수립·시행하여야 한다.

제20조(**벤처수산업**등의 육성) ① 국가와 지방자치단체는 수산업의 부가가치를 높이기 위하여 수산업 분야의 첨단과학기술 및 영어·경영기법을 개발하고, 벤처수산업 및 수산 관련 기업 등을 지원·육성하는 정책을 수립하고 시행하여야 한다.

② 제1항에 따른 벤처수산업 및 수산 관련 기업의 범위와 지원·육성에 필요한 세부사항은 대통령령으로 정한다.

제21조(**귀어업인의 육성**)

국가와 지방자치단체는 귀어업인(어촌 이외의 지역에 거주하는 어업인이 아닌 사람이 어업인이 되기 위하여 어촌으로 이주한 사람을 말한다)의 성공적인 정착과 경영기반 조성을 위하여 교육·정보 제공, 창업 지원 등 필요한 정책을 수립하고 시행하여야 한다.

제22조(수산업 관련 단체의 육성) ① 국가와 지방자치단체는 수산인 및 소비자의 권익을 보호하고 이들의 경제활동을 촉진하기 위하여 수산업과 관련된 단체의 설립 및 운영을 지원할 수 있다.

② 국가와 지방자치단체는 제1항에 따른 단체들이 공동의 목적 실현을 위한 사회적 협의기구를 설립·운영하거나 단체의 회원 및 수산인 등에 대한 교육훈련, 경영지도, 상담 등에 필요한 시설을 설치·운영하려는 경우 이에 필요한 비용을 지원할 수 있다.

③ 제1항 및 제2항에 따른 지원에 관한 사항은 대통령령으로 정한다.

제31조(**지식재산권**등의 보호) ① 정부는 수산업 및 어촌 관련 지식재산권을 보호하기 위하여 필요한 정책을 수립하고 시행하여야 한다.

② 국가와 지방자치단체는 수산업·어촌과 관련된 향토산업·어촌지역 특화산업 등의 보호·육성에 필요한 정책을 수립하고 시행하여야 한다.

.

제4장 어촌지역의 발전 및 삶의 질 향상

제34조(수산자원·어장의 지속적 이용과 보전) ① 국가와 지방자치단체는 수산자원·어장이 수산업과 국민경제의 균형 있는 발전을 위하여 지속적으로 이용될 수 있도록 수산자원·어장의 이용 증진에 필요한 정책을 수립하고 시행하여야 한다.

② 국가와 지방사치단체는 수산자원·어장이 적절한 규모로 유지될 수 있도록 수산자원·어장의 보전에 필요한 정책을 수립하고 시행하여야 한다.

제35조(어촌의 자연환경 및 경관 등 보전) 국가와 지방자치단체는 어촌의 자연환경·경관, 해안의 보전·관리 및 수산생태계 보전 등에 필요한 정책을 수립하고 시행하여야 한다.

제36조**(전통 어로 문화의 계승 등) 국가와 지방자치단체는** 전통 어업 문화, 어업 유물, 전통 어법, 재래종의 수산 생물자원 및 어촌 공동체를 유지·계승시켜 나가고 그와 관련된 수산업 박물관·관람 시설물 등의 전시, 교육, 홍보, 어업유산의 지정·관리 등에 필요한 정책을 수립하고 시행하여야 한다.

제5장 통일 대비 수산업·어촌정책과 국제협력

제42조**(북한의 수산업 생산 등의 조사·연구) ① 정부는 통일에 대비하여 북한의 수산업 생산체제, 어업제도, 수산물유통제도, 수산업 생산기반, 수산업 과학기술, 수산업 경영지도, 수산인 교육 및 수산업 통계 등에 관한 조사·연구를 하여야 한다.**

② 정부는 남북한의 수산업·어촌이 상호 보완적으로 발전하는 데에 필요한 정책을 수립하고 시행하여야 한다.

제6장 수산발전기금

제46조(기금의 설치) 정부는 수산업 경영의 지원, 수산물 유통구조개선 및 가격안정, 경쟁력 있는 수산업 육성에 필요한 재원을 확보하기 위하여 수산발전기금(이하 "기금"이라 한다)을 설치한다.

제47조(기금의 조성) ① 기금은 다음 각 호의 재원으로 조성한다. <개정 2017.3.21.>

1. 정부출연금 2. 다른 회계 또는 다른 기금으로부터의 전입금 및 예수금
3. 정부 외의 자의 출연금 또는 기부금
4. 「공공자금관리기금법」에 따른 공공자금관리기금으로부터의 예수금 - 이하 생략

② 정부는 국내에서 기금을 차입하거나 차관을 도입하여 그 자금을 기금에 대여할 수 있다.

.제7장 보칙- **이하 생략**

제11 . 수산자원관리법 및 TAC

제1장 총칙

제1조(목적)

이 법은 수산자원관리를 위한 계획을 수립하고, 수산자원의 보호·회복 및 조성 등에 필요한 사항을 규정하여 수산자원을 효율적으로 관리함으로써 어업의 지속적 발전과 어업인의 소득증대에 기여함을 목적으로 한다.

제2조(정의)

① 이 법에서 사용하는 용어의 뜻은 다음과 같다.

1. "수산자원"이란 수중에 서식하는 수산동식물로서 국민경제 및 국민생활에 유용한 자원을 말한다.
2. "수산자원관리"란 수산자원의 보호·회복 및 조성 등의 행위를 말한다.
3. "총허용어획량"이란 포획·채취할 수 있는 수산동물의 종별 연간 어획량의 최고한도를 말한다.
4. "수산자원조성"이란 일정한 수역에 어초(어초)·해조장(해조장) 등 수산생물의 번식에 유리한 시설을 설치하거나 수산종자를 풀어놓는 행위 등 인공적으로 수산자원을 풍부하게 만드는 행위를 말한다.
5. **"바다목장"**이란 일정한 해역에 수산자원조성을 위한 시설을 종합적으로 설치하고 수산종자를 방류하는 등 수산자원을 조성한 후 체계적으로 관리하여 이를 포획·채취하는 장소를 말한다.
6. "바다숲"이란 갯녹음(백화현상) 등으로 해조류가 사라졌거나 사라질 우려가 있는 해역에 연안생태계 복원 및 어업생산성 향상을 위하여 해조류 등 수산종자를 이식하여 복원 및 관리하는 장소를 말한다[해중림(해중림)을 포함한다].

② 이 법에서 따로 정의되지 아니한 용어는 「수산업법」에서 정하는 바에 따른다.

제3조(적용범위)

이 법은 다음 각 호의 수면 등에 대하여 적용한다.

1. 바다 2. 바닷가 3. 어업을 하기 위하여 인공적으로 조성된 육상의 해수면
4. 「국토의 계획 및 이용에 관한 법률」 제40조에 따라 수산자원의보호·육성을 위하여 지정된 공유수면이나 그에 인접된 토지(이하 "수산자원보호구역"이라 한다)
5. 「내수면어업법」 제2조제1호에 따른 내수면(제55조의2제3항제4호에 따른 내수면 수산자원조성사업에 한정한다. 이하 같다)

제3조의2(바다식목일)

① 바닷속 생태계의 중요성과 황폐화의 심각성을 국민에게 알리고 범국민적인 관심 속에서 바다숲이 조성될 수 있도록 하기 위하여 **매년 5월 10일**을 바다식목일로 한다.

② 국가와 지방자치단체는 바다식목일 취지에 적합한 기념행사를 개최할 수 있다.

③ 제2항에 따른 바다식목일 기념행사에 필요한 사항은 해양수산부령으로 정한다.

제12조(어획물 등의 조사)

① 해양수산부장관 또는 시·도지사는 제10조 및 제11조에 따른 수산자원의 조사나 정밀조사 및 평가를 위하여 필요하면 소속 공무원 또는 제58조에 따른 수산자원조사원(이하 "수산자원조사원"이라 한다)에게 수산물유통시장·수산업협동조합 공판장 등 해양수산부령으로 정하는 곳에 출입하여 어획물을 조사하거나 대상 어선을 지정하고 그 어선에 승선하여 포획·채취한 수산자원의 종류와 어획량 등을 조사

하게 할 수 있다. <개정 2013.3.23>

② 소속 공무원 또는 수산자원조사원이 어획물 등의 조사를 할 때에는 그 권한을 표시하는 증표를 지니고 이를 관계인에게 제시하여야 하고, 관계인은 정당한 사유 없이 이를 거부·방해 또는 회피하여서는 아니 되며, 승선조사 대상으로 지정된 어선의 소유자 또는 어선의 선장은 선내 생활에 대한 안전 확보 및 원활한 조사가 행하여질 수 있도록 협조하여야 한다.

③ 어획물 등의 조사 대상 어선을 지정하거나 승선을 하여 조사를 하려면 미리 해당 어선의 소유자 및 어업인단체와 협의를 하여야 한다.

④ 해양수산부장관 또는 시·도지사는 수산자원의 조사·평가를 위하여 필요하다고 인정되면 「수산업법」 제41조에 따른 근해어업·연안어업·구획어업의 허가를 받은 자, 같은 법 제42조에 따른 한시어업허가를 받은 자, 같은 법 제57조에 따른 어획물운반업 등록을 한 자, 그 밖의 관계자에 대하여 대통령령으로 정하는 어업활동·어획실적에 관한 자료, 수산물의 운반실적 등에 관한 자료를 제출하도록 명할 수 있다. <개정 2013.3.23.>

제3장 수산자원의 보호

제1절 포획·채취 등 제한

제14조(포획·채취금지)

① 해양수산부장관은 수산자원의 번식·보호를 위하여 필요하다고 인정되면 수산자원의 포획·채취 금지 기간·구역·수심·체장·체중 등을 정할 수 있다. <개정 2013.3.23>

② 해양수산부장관은 수산자원의 번식·보호를 위하여 복부 외부에 포란(포란)한 암컷 등 특정 어종의 암컷의 포획·채취를 금지할 수 있다. <개정 2013.3.23>

③ 다음 각 호의 경우를 제외하고는 누구든지 수산동물의 번식·보호를 위하여 수중에 방란(방란)된 알을 포획·채취하여서는 아니 된다. <개정 2013.3.23>

1. 해양수산부장관 또는 시·도지사가 수산자원조성을 목적으로 어망 또는 어구 등에 부착된 알을 채취하는 경우
2. 행정관청이 생태계 교란 방지를 위하여 포획·채취하는 경우

④ 시·도지사는 관할 수역의 수산자원 보호를 위하여 특히 필요하다고 인정되면 제1항의 수산자원의 포획·채취 금지기간 등에 관한 규정을 강화하여 정할 수 있다. 이 경우 시·도지사는 그 내용을 고시하여야 한다.

⑤ 제1항 및 제2항에 따른 수산자원의 포획·채취 금지 기간·구역·수심·체장·체중 등과 특정 어종의 암컷의 포획·채취금지의 세부내용은 대통령령으로 정한다.

제15조(조업금지구역)

① 해양수산부장관은 수산자원의 번식·보호를 위하여 필요하면 「수산업법」 제41조에 따른 어업의 종류별로 조업금지구역을 정할 수 있다. <개정 2013.3.23>

② 제1항에 따른 어업의 종류별 조업금지구역의 지정 등에 필요한 사항은 대통령령으로 정한다.

제16조(불법어획물의 방류명령)

① 「수산업법」 제72조에 따른 어업감독 공무원과 경찰공무원은 이 법 또는 「수산업법」에 따른 명령을 위반하여 포획·채취한 수산자원을 방류함으로써 포획·채취 전의 상태로 회복할 수 있고 수산자원의 번식·보호에 필요하다고 인정하면 그 포획·채취한 수산자원의 방류를 명할 수 있다. <개정 2012.12.18, 2014.11.19, 2015.8.11>

② 제1항의 명령을 받은 자는 지체 없이 이에 따라야 한다.

제17조(불법어획물의 판매 등의 금지)

누구든지 이 법 또는 「수산업법」에 따른 명령을 위반하여 포획·채취한 수산자원이나 그 제품을 소지·유통·가공·보관 또는 판매하여서는 아니 된다.

제18조(비어업인의 포획·채취의 제한)

「수산업법」 제2조제12호에서 정하는 어업인이 아닌 자는 해양수산부령으로 정하는 방법을 제외하고는 수산자원을 포획·채취히여서는 아니 된다. <개정 2012.12.18, 2013.3.23>

제19조(휴어기의 설정)

① 해양수산부장관 또는 시·도지사는 다음 각 호에 해당되면 해역별 또는 어업별로 휴어기를 설정하여 운영할 수 있다. <개정 2013.3.23>

1. 기본계획 및 시행계획에서 휴어기를 설정한 경우
2. 제10조 및 제11조에 따른 수산자원의 조사나 정밀조사 및 평가를 실시한 결과 특정 수산자원의 관리를 위하여 필요한 경우

② 제1항에 따라 휴어기가 설정된 수역에서는 조업이나 해당 어업을 하여서는 아니 된다.

③ 행정관청은 휴어기의 설정으로 인하여 어업의 제한을 받는 어선에 대하여는 그 피해 등을 고려하여 재정적 지원을 할 수 있다.

④ 휴어기의 설정 및 운영을 위한 방법·절차 등에 필요한 사항은 대통령령으로 정한다.

제2절 어선·어구·어법 등 제한

제20조(조업척수의 제한)

① 해양수산부장관 또는 시·도지사는 특정 수산자원이 현저하게 감소하여 번식·보호의 필요가 인정되면 「수산업법」 제63조에 따른 허가의 정수(정수)에도 불구하고 같은 법 제88조에 따른 해당 수산조정위원회의 심의를 거쳐 조업척수를 제한할 수 있다. <개정 2013.3.23>

② 행정관청은 제1항에 따른 조업척수 제한으로 인하여 조업을 할 수 없는 어선에 대하여는 감척이나 피해보전 등의 필요한 지원을 할 수 있다.

③ 조업척수의 제한, 감척 등의 기준 및 방법 등에 필요한 사항은 대통령령으로 정한다.

제22조(어선의 사용제한)

어선은 다음 각 호의 행위에 사용되어서는 아니 된다.

1. 해당 어선에 사용이 허가된 어업의 방법으로 다른 어업을 하는 어선의 조업활동을 돕는 행위
2. 해당 어선에 사용이 허가된 어업의 어획효과를 높이기 위하여 다른 어업의 도움을 받아 조업활동을 하는 행위
3. 다른 어선의 조업활동을 방해하는 행위

제23조(2중 이상 자망의 사용금지 등)

③ 수산자원을 포획·채취하기 위하여 2중 이상의 자망(자망)을 사용하여서는 아니 된다. 다만, 해양수산부장관 또는 시·도지사의 승인을 받거나 대통령령으로 정하는 해역에 대하여 어업의 신고를 하는 경우에는 그러하지 아니하다. <개정 2013.3.23>

④ 해양수산부장관 또는 시·도지사로부터 제3항 단서에 따라 2중 이상 자망의 사용승인을 받은 자가 다음 각 호의 사항을 위반한 때에는 그 승인을 취소할 수 있다. 이 경우 승인이 취소된 자에 대하여는 취소한 날부터 1년 이내에 2중 이상 자망의 사용승인을 하여서는 아니 된다. <개정 2013.3.23>

1. 사용 해역, 사용기간 및 시기
2. 사용어구의 규모와 그물코의 규격
⑤ 제3항 단서에 따른 2중 이상 자망 사용승인 절차에 필요한 사항은 해양수산부령으로 정한다.

제24조(특정어구의 소지와 선박의 개조 등의 금지)
누구든지 「수산업법」 제8조·제41조·제42조·제45조 및 제47조에 따라 면허·허가·승인 또는 신고된 어구 외의 어구 및 이 법에 따라 사용이 금지된 어구를 제작·판매 또는 적재하여서는 아니 되며, 이러한 어구를 사용할 목적으로 선박을 개조하거나 시설을 설치하여서는 아니 된다. 다만, 대통령령으로 정하는 어구의 경우에는 그러하지 아니하다.

제25조(유해어법의 금지)
① 누구든지 폭발물·유독물 또는 전류를 사용하여 수산자원을 포획·채취하여서는 아니 된다.
② 누구든지 수산자원의 양식 또는 어구·어망에 부착된 이물질의 제거를 목적으로 「화학물질관리법」 제2조제7호에 따른 유해화학물질을 보관 또는 사용하여서는 아니 된다. 다만, 대통령령으로 정하는 바에 따라 행정관청 또는 주무부처의 장으로부터 사용허가를 받은 때에는 그러하지 아니하다. <개정 2013.6.4>
③ 제2항 단서에 따른 사용허가 신청 절차 등에 필요한 사항은 해양수산부령으로 정한다.

제26조(금지조항의 적용 제외)
① 제14조·제23조 및 제24조는 다음 각 호의 어느 하나에 해당하는 경우로서 대통령령으로 정하는 바에 따라 관할 시·도지사 또는 시장·군수·구청장의 허가를 받아 수산자원을 포획·채취하는 자에게는 적용하지 아니한다. <개정 2015.6.22>
1. 양식어업 또는 마을어업의 어장에서 사용되는 수산종자의 포획·채취를 위하여 필요한 경우
2. 학술연구·조사 또는 시험을 위하여 필요한 경우
3. 수산자원조성을 목적으로 한 어미고기의 확보와 소하성(소하성)어류의 회귀량 조사 등을 위하여 필요한 경우
4. 수산자원의 이식을 위하여 필요한 경우
5. 제2호부터 제4호까지의 용도로 제공하는 수산자원을 포획·채취한 경우
② 제14조·제23조 및 제24조는 「수산업법」 제45조에 따른 시험어업으로 포획·채취하는 경우에는 적용하지 아니한다.
③ 제14조 및 제23조는 다음 각 호의 어느 하나에 해당하는 경우에는 적용하지 아니한다.
1. 마을어업권자가 시장·군수·구청장의 허가를 받아 수산자원을 포획·채취하는 경우
2. 양식어업자가 양식어장에서 양식물을 포획·채취하는 경우
3. 「수산업법」 제65조제1항에 따라 지정을 받은 유어장에서 낚시로 수산동물을 포획하는 경우
④ 제1항 및 제2항에 따른 허가 및 그 사후관리에 필요한 사항은 해양수산부령으로 정한다.

제27조(환경친화적 어구사용)
① 해양수산부장관 또는 시·도지사는 수산자원의 번식·보호 및 서식환경의 악화를 방지하기 위하여 환경친화적 어구의 사용을 장려하여야 한다. <개정 2013.3.23>
② 해양수산부장관 또는 시·도지사는 대통령령으로 정하는 바에 따라 환경친화적 어구의 개발 및 어구사용의 확대 등에 필요한 조치를 강구하여야 한다. <개정 2013.3.23>
③ 해양수산부장관 또는 시·도지사는 환경친화적 어구의 장려, 개발 및 사용 확대 등을 위하여 자금을 지원할 수 있다. <개정 2013.3.23.>

제3절 어업자협약 등

제4장 수산자원의 회복 및 조성

제1절 수산자원의 회복

第35조(수산자원의 회복을 위한 명령)

① 행정관청은 해당 수산자원을 적정한 수준으로 회복시키기 위하여 다음 각 호의 사항을 명할 수 있다. 이 경우 그 명령을 고시하여야 한다.

1. 수산자원의 번식·보호에 필요한 물체의 투입이나 제거에 관한 제한 또는 금지
2. 수산자원에 유해한 물체 또는 물질의 투기나 수질 오탁(오탁)행위의 제한 또는 금지
3. 수산자원의 병해방지를 목적으로 사용하는 약품이나 물질의 제한 또는 금지
4. 치어 및 치패의 수출의 제한 또는 금지
5. 수산자원의 이식(이식)에 관한 제한·금지 또는 승인
6. 멸종위기에 처한 수산자원의 번식·보호를 위한 제한 또는 금지

② 행정관청은 제1항 각 호의 사항을 위반한 자에 대하여 원상회복을 위하여 필요한 조치를 명할 수 있다. 다만, 원상회복이 불가능하거나 현저하게 곤란하다고 인정되는 경우는 그러하지 아니한다.

③ 제1항에 따른 고시를 하는 경우에는 어업의 제한을 받는 어업자에 대한 지원대책 등을 미리 정하여야 한다.

④ 제1항 각 호에 따른 수산자원의 회복을 위한 제한 또는 금지 등에 필요한 사항은 대통령령으로 정한다.

제36조(총허용어획량의 설정)

① 해양수산부장관은 수산자원의 회복 및 보존을 위하여 특히 필요하다고 인정되면 대상 어종 및 해역을 정하여 총허용어획량을 정할 수 있다. 이 경우 제11조에 따른 대상 수산자원의 정밀조사·평가 결과, 그 밖의 자연적·사회적 여건 등을 고려하여야 한다.

② 해양수산부장관은 제1항에 따른 총허용어획량의 설정 및 관리에 관한 시행계획(이하 "총허용어획량계획"이라 한다)을 수립하여야 한다. <개정 2013.3.23>

③ 시·도지사는 지역의 어업특성에 따라 수산자원의 관리가 필요하면 제2항에서 해양수산부장관이 수립한 수산자원 외의 수산자원에 대하여 총허용어획량계획을 세워 총허용어획량을 설정하고 관리할 수 있다.

④ 해양수산부장관 또는 시·도지사는 총허용어획량계획을 세우려면 관련 기관·단체의 의견수렴 및 제54조에 따른 해당 수산자원관리위원회의 심의를 거쳐야 한다.

⑤ 제1항부터 제3항까지의 규정에 따른 어업의 종류·대상어종·해역 및 관리 등의 총허용어획량계획에 필요한 사항은 대통령령으로 정하고, 총허용어획량계획의 수립절차 등에 필요한 사항은 해양수산부령으로 정한다.

第37조(총허용어획량의 할당)

① 해양수산부장관은 제36조제1항 및 제2항에 따른 총허용어획량계획에 대하여, 시·도지사는 제36조제3항에 따른 총허용어획량계획에 대하여 어종별, 어업의 종류별, 조업수역별 및 조업기간별 허용어획량(이하 "배분량"이라 한다)을 결정할 수 있다. <개정 2013.3.23.>

② 배분량은 대통령령으로 정하는 기준에 따라 어업자별·어선별로 제한하여 할당할 수 있다. 이 경우 과거 3년간 총허용어획량 대상 어종의 어획실적이 없는 어업자·어선에 대하여는 배분량의 할당을 제외

할 수 있다.

③ 제2항의 배분량의 할당 절차 등에 필요한 사항은 해양수산부령으로 정한다.

제38조(배분량의 관리)

① 제37조에 따라 배분량을 할당받아 수산자원을 포획·채취하는 자는 배분량을 초과하여 어획하여서는 아니 된다.

② 제1항을 위반하여 초과한 어획량에 대하여는 해양수산부령으로 정하는 바에 따라 다음 연도의 배분량에서 공제한다. 다만, 제44조제1항에 따른 수산자원조성을 위한 금액을 징수한 경우에는 그러하지 아니한다. <개정 2013.3.23>

③ 행정관청은 어획량의 합계가 배분량을 초과하거나 초과할 우려가 있다고 인정되면 해당 배분량에 관련되는 수산자원을 포획·채취하는 자에 대하여 6개월 이내의 기간을 정하여 그 포획·채취를 정지하도록 하거나 그 밖에 필요한 조치를 명할 수 있다. <개정 2015.2.3>

④ 제37조에 따라 할당된 배분량에 따라 수산자원을 포획·채취하는 자는 어획량을 해양수산부장관 또는 시·도지사에게 보고하여야 한다. <개정 2013.3.23>

⑤ 제2항부터 제4항까지의 규정에 따른 배분량의 공제, 포획·채취의 정지 및 포획량의 보고 절차 등에 필요한 사항은 해양수산부령으로 정한다. <개정 2013.3.23.>

제39조(부수어획량의 관리)

① 제37조제1항 및 제2항에 따라 배분량을 할당받아 수산자원을 포획·채취하는 자는 할당받은 어종 외의 총허용어획량 대상 어종을 어획(이하 "부수어획"이라 한다)하여서는 아니 된다. 다만, 할당받은 어종을 포획·채취하는 과정에서 부수어획한 경우에는 그러하지 아니하다.

② 제1항 단서에 따라 부수어획한 경우에는 그 어획량을 해양수산부령으로 정하는 기준에 따라 환산하여 할당된 배분량을 어획한 것으로 본다. <개정 2013.3.23>

③ 제2항에 따라 환산한 어획량이 할당된 배분량을 초과한 경우에는 제38조제2항을 준용한다.

제40조(판매장소의 지정)

① 해양수산부장관 또는 시·도지사는 제7조제2항제4호에 따른 수산자원 회복계획에 관한 사항의 시행 및 제36조에 따른 총허용어획량계획을 시행하기 위하여 필요하다고 인정되면 수산자원 회복 및 총허용어획량 대상 수산자원의 판매장소를 지정하여 이를 고시할 수 있다.

② 어업인은 제1항에 따른 판매장소가 지정되는 경우 수산자원 회복계획 및 총허용어획량계획의 대상 어종에 대한 어획물은 판매장소에서 매매 또는 교환하여야 한다. 다만, 낙도·벽지 등 지정된 판매장소가 없는 경우, 소량인 경우 또는 가공업체에 직접 제공하는 경우 등 해양수산부장관이 정하여 고시하는 경우에는 그러하지 아니하다. <개정 2013.3.23>

제2절 수산자원조성

수산자원조성"이란 일정한 수역에 어초(어초)·해조장(해조장) 등 수산생물의 번식에 유리한 시설을 설치하거나 수산종자를 풀어놓는 행위 등 인공적으로 수산자원을 풍부하게 만드는 행위를 말한다.

제41조(수산자원조성사업)

① 행정관청은 기본계획 및 시행계획에 따라 다음 각 호의 사업을 포함하는 수산자원 조성을 위한 사업(이하 "수산자원조성사업"이라 한다)을 시행할 수 있다.

1. 인공어초의 설치사업
2. 바다목장의 설치사업
3. 바다숲의 설치사업
4. 수산종자의 방류사업
5. 해양환경의 개선사업
6. 친환경 수산생물 산란장 조성사업
7. 그 밖에 수산자원조성을 위하여 필요한 사업으로서 해양수산부장관이 정하는 사업

② 행정관청은 수산자원조성사업을 시행한 수면에 대하여 필요하면 수산자원조성 효과를 조사·평가하여야 하며, 수산자원조성사업의 추진방안, 시설관리 등에 필요한 사항은 해양수산부장관이 정한다. <개정 2013.3.23>

③ 해양수산부장관은 시·도지사와 시장·군수·구청장에게 제2항에 따라 시행한 수산자원조성 효과를 조사·평가한 결과와 제49조제4항에 따른 수산자원관리수면 관리·이용 현황을 보고하도록 할 수 있다. <개정 2013.3.23>

④ 해양수산부장관은 시·도지사가 제48조에 따른 수산자원관리수면을 적정하게 관리하고 있지 아니하다고 판단되면 시정을 요구할 수 있으며, 시정요구를 받은 시·도지사는 특별한 사유가 없으면 이에 따라야 한다.

제42조(수산종자의 부화·방류 제한)

① 행정관청은 수산자원조성을 위한 수산종자의 부화·방류로 발생하는 생태계 교란 방지 등을 위하여 다음 각 호의 사항을 준수하여야 한다. <개정 2015.6.22>

1. 방류해역에 자연산 치어가 서식하거나 서식하였던 종의 부화·방류
2. 건강한 수산종자의 부화·방류
3. 자연산 치어가 출현하는 시기에 적정 크기의 수산종자의 방류
4. 그 밖에 대통령령으로 정하는 사항

② 해양수산부장관은 부화·방류되면 해양생태계에 악영향을 미치는 수산종자를 고시할 수 있다.

③ 제2항에 따라 고시된 수산종자를 생산·방류하려는 자는 수산에 관한 사무를 관장하는 대통령령으로 정하는 해양수산부 소속 기관의 장의 승인을 받아야 한다. 다만, 양식용 수산종자생산을 위한 경우에는 제외한다. <개정 2013.3.23, 2015.6.22>

④ 제3항에 따른 승인절차 등에 필요한 사항은 해양수산부령으로 정한다.

제42조의2(방류종자의 인증)

① 해양수산부장관은 수산자원의 유전적 다양성을 확보하기 위하여 방류되는 수산종자에 대한 인증제(이하 "방류종묘인증제"라 한다)를 시행하여야 한다. <개정 2015.6.22>

② 누구든지 인증을 받지 아니하고 방류종자인증 대상 수산종자를 방류할 수 없다. 다만, 연구·종교 활동 등 해양수산부령으로 정하는 목적으로 방류하는 경우에는 그러하지 아니하다. <개정 2015.6.22>

③ 방류종자인증 대상 수산종자를 방류하려는 자는 해양수산부장관에게 신청하여야 한다. <개정 2015.6.22>

④ 방류종자인증세의 운영과 관련하여 다음 각 호의 사항에 대하여는 해양수산부령으로 정한다.

1. 인증 대상 수산종자의 품종　　2. 인증기준 및 인증절차
3. 수수료　　4. 인증기관의 업무범위　　5. 그 밖에 인증에 필요한 사항

⑤ 해양수산부장관은 방류종자인증제를 시행하기 위하여 대통령령으로 정하는 전문기관에 방류종자인증 업무를 위탁할 수 있다.

제43조(소하성어류의 보호와 인공부화·방류) : 강하성 어류는 뱀장어로 강에서 바다로 가는 습성의 어류

를 말한다.**(소하성어류는 해양에서 생활하다가 산란기에 강을 거슬러 올라가 산란을 하는 어류이다. 반대적 어류는 강하성 어류이다)**

① 행정관청은 소하성어류의 통로에 방해가 될 우려가 있다고 인정될 때에는 수면의 일정한 구역에 있는 공작물의 설비를 제한 또는 금지할 수 있다.
② 행정관청은 제1항의 공작물로서 소하성어류의 통로에 방해가 된다고 인정하면 그 공작물의 소유자·점유자 또는 시설자에 대하여 방해를 제거하기 위하여 필요한 공사를 명할 수 있다.
③ 행정관청이 정하는 소하성어류, 그 밖의 수산자원을 인공부화하여 방류하려는 자는 다음 각 호의 사항을 관할 시장·군수·구청장에게 신고하여야 한다. 다만, 행정관청, 「수산업법」 제45조제3항에 따른 시험연구기관·수산기술지도보급기관·훈련기관 또는 교육기관에서 방류하는 경우에는 그러하지 아니하다.

1. 방류를 실시할 수면
2. 방류를 실시할 기간·장소 및 마리수

== 이하 생략

도표 : 김태산 인용 : 미래의 수산업 및 6차 산업 비전

어촌에 존재하는 모든 유무형의 자원을 바탕으로 어업과 식품, 특산물제조가공 (2차산업) 및 유통·판매, 문화, 체험, 관광, 서비스(3차산업) 등을 연계함으로서 새로운 부가가치를 창출

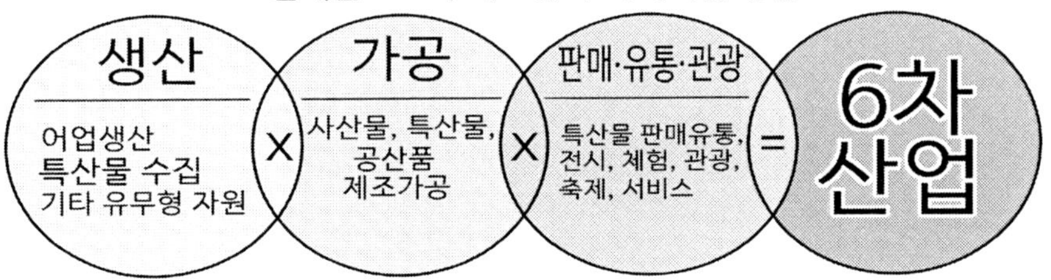

6차 산업의 정의

기본이론

01

기본이론 이해와 개념정리

심화이론

02

기본이론 완성으로
실전문제풀이 과정을 위한 전 단계

문제풀이

03

단계별 문제풀이를 통한
실전 시험준비 과정

최종마무리

04

출제 핵심 포인트 최종점검

단기합격의 명가
고시학원

https://www.gwpa.co.kr

인용서적 및 참고서적 색인 목록

1.수산관련 고등학교 교과서

-수산 양식 고교기본서

-수산 식품가공 고교기본서 1

-수산 식품가공 고교기본서 2

-수산 식품가공 고교기본서 3

-수산 일반, 수산경[경북청]

-수산기능가공 '**고교 기본서**' : **수산생물 및 수산기관 등 약 '20~24권'이상 참조**

-농산물 유통 등

2.수산식품 가공학-이경혜 저(동남보건대학 식품생명 과학부 교수)[진로출판]

3.수산자원생물학 –오철웅.홍성윤 공저(부경대 자원생물학 교수)[(주)라이프사이언스]

4.경영학 개론–이진규.김종인.최종인 공저

5.경영학 – 소비자 행동론[은하출판사]

6.수산물품질관리사[(주)서원각]

7.수확후품질관리론-조현[혜성출판사]

8.수산일반경영[(주)시대고시기획]

9.품질관리 및 등급판정실무-김수철-한국지식개발원 콘텐츠사업부

10.수품사실무-행양수산연구소편[범론사]

11.김용회저 및 수산일반, 수산경영 한권으로 끝내기[(주)시대고시기획]

12. 3일 만에 끝내는 수산 일반, 수산경영[법률저널]

13.[방송통신대학출판부] 재무회계, 관리회계, 원가회계, 경영분석, 인적노사관리,
노사관계론 경제학원론, 회계원리,

14 김용회 저 관세법 및 관세청 관세법 및 원산지관련규정-GRI-해석집 등

-- 김용회 저 관세법 1차 기출 미 관세법 참조 및 관세율표 등 참조

-- 김용회 저 및 무역학 참조 -- 한칠 FTA 규정 참조

-- 김용회 저 행정법 및 김윤조 박사님 행정법 참조 및 한미 FTA 규정 참조

-- 한 EU FTA 규정 참조

-- 관세청 원산지 면제 규정 등 다수 참조

15. 2021년 출간 김용회 저 관세법 참조

16. 2021년 수산직 공무원 대비 김용회 저 수산일반 및 수산경영 개정판 출간 참조

17. 2021년 김용회 저 수품사 1차 대비 기출 해설서 개정판 참조

18. 2021년 수산부류 경매사 대비 상품성평가, 유통론, 법령집 김용회 저 참조

19. 2021년 '산지경매사' 제2회 대비 법령 및 유통상식, 경매실무, 상품성 평가 (김용회 저)

저자 약력 및 저술(수산물 약50권저술)소개

- 김 용 회 -

1. 법학/행정학 학사 (수산부류 저술 약 40권 이상 및 관세법, 행정법 등 저술)
2. 한국외대 경영대학원 '국제해운물류학과'-석사 4기-
   (경영대학원 제 40대 원우회장 역임)
3. (전) 철도청/철도공사 8년 6월 서울역 등 근무
4. 관세사 20기 (2003년 합격)
   2006~2009년 보라매 관세법인 CEO역임.
5. 2009년도 행자부 공개 7급 수석/최고령 합격
   (다음7급준비하는사람들/40대방/178번/관세사20기/6년무료강의자료)
6. 2010. 관세청 인천본부세관(항) 근무(전 근무)
7. (현)2015.11월 인천23기 개업 공인 중개사동기 회장
8. (현) 관세사 20기 동기 회장((관세사 2003년 140명))
9. (현)한국외대 경영대학원 총동문회 제16대 부회장 활동
10. (현) 한국외대 경영대학원 "총동문회" 대위원' 활동
11. 보세사. 물류관리사. 무역영어 등등 자격증 보유
12. 수산물품질관리사 (129번) 2016.12.10일 시험.합격
13. 수산물품질관리사 2차 모의고사 저자(2017.02.발행)
14. (현)2016.02.02일 관세청 인천공항 세관 근무 ~ 2021년 03월 퇴직 예정
15. (현)전국수산물품질관리사회(다음카페) 회장
16. 수산물품질관리사 1차 이론서
17. 수산물품질관리사 1차 기출해설서
18. 수산물품질관리사 2차 서술형 80+@
19. 수산물품질관리사 2차 모의고사
20. 수산물품질관리사 100문 100답
21. 수산직공무원 수산일반 2020년 출간
22. 수산직공무원 수산경영 출간(2020년)
23. 산지경매사 제1회 1차 합격(2019년)
24. 경매사 수산부류 자격증 취득(제18회 = 2020년 합격)
25. 수산직 공무원 수산일반 및 수산경영 제1차 개정판 출간(2021년)
26. 관세직 공무원 대비 관세법 1차 객관식 출간(2021년)
27. 수산물품질관리사 1차 기출 문제집 개정(2021년)판 출간
28. 산지경매사 상품성평가 및 수산물유통상식. 경매실무.수산물유통법령 출간
29. 수산업협동조합 중앙회(천안연수원) 산지경매사 초빙강사(2021년)

저자 약력

주편저자 : 김용회 (관세사 20기,수품사)

수산물법령

김선길 김윤조 김기홍

수산물유통론

김용하 김태양 김동현

수확후품질관리론

정현정 김병효 문주화

수산물일반론

황성찬 강신대 신경훈

수산물 품질관리사 1차 이론서

2021년 4월 10일 1판 3쇄 인쇄
2021년 4월 15일 1판 3쇄 발행

편 저 자: 김용회
발 행 인: 김태양
발 행 처: **그린로드**
등 록: 제 2017--000037호
주 소: 서울시 양천구 목동 중앙북로 8길 128-5번지(목동)
H P: 010-7754-5586
도서주문: 010-3375-2350 **[베스트에듀]**

ISBN : 979-11-89977-00-9 **정가 : 36,000원**